新曲綫 New Curves | 用心雕刻每一本……
http://site.douban.com/110283/
http://weibo.com/nccpub

用心字里行间　雕刻名著经典

发展心理学

——从成年早期到老年期

第 10 版 · 下册

[美] 黛安娜·帕帕拉　萨莉·奥尔兹　露丝·费尔德曼　著

李西营　冀巧玲　等译

申继亮　审校

人民邮电出版社

北　京

图书在版编目（CIP）数据

发展心理学：第10版·下册，从成年早期到老年期 /（美）帕帕拉（Papalia, D.E.），（美）奥尔兹（Olds, S.W.），（美）费尔德曼（Feldman, R.D.）著；李西营，冀巧玲 等译 .
—北京：人民邮电出版社，2013.9（2025.10 重印）
ISBN 978-7-115-32497-9

I. ①发… II. ①帕… ②奥… ③费… ④李… ⑤冀… III. ①发展心理学 IV. ① B844

中国版本图书馆 CIP 数据核字（2013）第 150424 号

Diane E. Papalia, Sally Wendkos Olds, Ruth Duskin Feldman
Human Development, 10th Edition
ISBN 0-07-313380-9

发展心理学——从成年早期到老年期（第10版·下册）

◆ 著　　［美］黛安娜·帕帕拉　萨莉·奥尔兹　露丝·费尔德曼
译　　李西营　冀巧玲 等
审　校　申继亮
策　划　刘　力　陆　瑜
责任编辑　赵延芹
装帧设计　陶建胜

◆ 人民邮电出版社出版发行　北京市丰台区成寿寺路 11 号
邮编　100164　电子邮件　315@ptpress.com.cn
网址　http://www.ptpress.com.cn
电话（编辑部）010-84931398　（市场部）010-84937152
三河市少明印务有限公司印刷

◆ 开本：850×1092　1/16
印张：27　　2013 年 9 月第 1 版
字数：582 千字　　2025 年 10 月河北第 10 次印刷
著作权合同登记号　图字：01-2013-1012

定价：68.00 元

本书如有印装质量问题，请与本社联系　电话：（010）84937152

内容提要

这本《发展心理学》是发展心理学领域的经典著作，第一作者黛安娜·帕帕拉是专门研究人类毕生发展的教授，在个体老化和毕生认知发展方面颇有建树。自第 1 版面世至今，其在美国市场上一直是同类书中的领导者品牌，深受广大读者欢迎。

本书是《发展心理学》的下册，包括后四编，共 7 章。第六编包括第 13、14 两章，阐述了成年早期的发展状况：个体的生理状况达到顶峰；认知能力和道德判断更加复杂；开始进行职业选择；开始建立亲密关系并选择自己的生活方式。第七编包括第 15、16 两章，介绍了成年中期个体的发展状况：身体机能开始部分退化，女性经历更年期；一些基本的心理能力达到巅峰；有人达到事业顶峰，有人出现职业倦怠；照顾孩子和父母的双重责任会导致出现中年危机期。第八编包括第 17、18 两章，描述了成年晚期个体的健康状况和生理能力；各种认知能力的下降以及如何通过其他方式进行补偿；个体退休为其发展个人兴趣爱好及其融入家庭生活创造了条件，从而促使个体去寻找生命的意义。第九编针对生命结束阶段中的死亡和丧亲等相关问题进行了阐述，并引导人们克服死亡恐惧及如何应对死亡。

本书强调了文化和历史对个体发展的影响，注重将理论、研究和实践相结合，集科学性、知识性和通俗性于一体，可以作为普通高等院校心理学专业的本科生和研究生的教科书，也适合社会各类专门从事成年和老年心理学研究和咨询的人员使用，此外还适于对成人心理学感兴趣的广大读者参考阅读。

（本书中部分图片由于涉及第三方版权，从第 9 次重印起进行调整替换，特此告知。）

推荐序

林崇德

在美国学者黛安娜·帕帕拉、萨莉·奥尔兹和露丝·费尔德曼合著的《发展心理学》（Human Development，第 10 版）的中译本即将出版之际，编辑恳切希望我能为该书的中译本作推荐序。2004 年，我曾为这部《发展心理学》（第 9 版）的影印本作序，时光荏苒，已近十年。

在过去的几十年里，我国的发展心理学取得了长足的发展，不仅有若干重要的发展心理学专著问世，而且有大量相关的研究报告频频发表。不过，我们必须正视，我国发展心理学的研究水平与美国、德国和英国等西方发达国家相比，还存在较大的差距。因此，有目的、有计划地学习和吸取西方发达国家在发展心理学领域的优秀成果，当是缩小这种差距的重要途径之一。引进若干有代表性的发展心理学英文原版教科书，并在国内翻译出版，自然是其中的重要组成部分。从这个意义上讲，我愿意推荐手头这本由新曲线出版咨询有限公司引进，申继亮教授组织翻译，人民邮电出版社出版的《发展心理学》。

第一作者黛安娜·帕帕拉是美国著名的发展心理学家、威斯康星大学麦迪逊分校的教授，其主要研究方向是人类毕生的认知发展。她与其他人合著了《孩子的世界》《发展心理学》及《成人发展和老化》等多部畅销教科书，其中《发展心理学》是她的代表作之一。纵观该书，我认为它具有如下特点。

首先，该书将科学理论密切结合研究实践，将基础研究和应用研究进行整合，这也是我在发展心理学研究中所一贯主张的。在本版次中，作者从历年发表的众多研究文献资料中筛选出最有助于学生理解和增长知识的前沿研究，例如凯撒家庭基金会的研究、麦克阿瑟基金研究机构针对中年发展这一主题所开展的调查等。作者运用最新的统计数据，更新了各章的研究资料，给读者完整地呈现了最新的理论和研究成果。

其次，全书强调文化和历史对发展的影响作用。纵观全书，跨文化研究贯穿始终，作者专门设计了“世界之窗”这一栏目，用以反映美国文化中的个体或群体与其他文化中的个体或群体之间的异同。从第一章就开始凸显作者对历史影响的关注，将众多发展议题置于历史背景中进行讨论。这正是这本教科书特有的优势之一。

再次，作者基于研究数据，与大家讨论分享了诸如“婴幼儿看电视是否太多了？”“给孩子讲讲恐怖主义和战争”“青少年是否应该被豁免死刑”“婚姻是否成为一种即将消逝的制度”“亚洲的老龄化现象”以及“预先指示、临终关怀”等问题，这些都是困扰我们、并与时代和我们的生活息息相关的热点问题。

正是因为以上这些特点，这本由美国著名发展心理学家黛安娜·帕帕拉等三人合著的《发展心理学》一经问世即成为该领域的翘楚，自从出版以来已经连续再版十余次。作者以生动的文字和精美的图片、新颖的结构体例、翔实的研究资料，全面准确地呈现了发展心理学领域的最新理论和科研成果，使得这本书既具有科学性，又不失可读性。该书具有重要的实际意义，读一读这本教科书，我们所关注的许多关于个体发展的问题都可以从中找到一定的答案。它已被美国500多所大学及专业院校定为教材，其中包括加州大学洛杉矶分校、西北大学、杜克大学、约翰·霍普金斯大学和华盛顿大学等，并广受赞誉。

我们也曾组织翻译过一些英文学术原著，尽管在翻译过程中始终抱以认真严谨的态度，但是过后，我们也时常发现，当初有些译处还欠妥当。学术著作翻译的困难性由此可见一斑，译者既要具备专业能力，又要具备语言功底。这本教科书是由我的学生申继亮教授牵头翻译的，翻译的主力军是他精心挑选的精干团队，最后由他统稿、审校。翻译历时两年，他们组织过多次专题讨论会，译稿经过了多次互审互校，从而确保了译稿的高质量和科学性。这本教科书作为人民邮电出版社和新曲线公司的重点图书，编辑们收到译稿后，不惜“慢工出细活”，他们审校历时一年，多次和译者沟通交流书中的存疑，从而使这本《发展心理学》的内容更加精准流畅，更具可读性。我相信读者们在阅读之后，会有颇多的收获和感悟。

林崇德

2013年8月1日

于北京师范大学发展心理研究所

译者序

申继亮

自 1882 年，科学儿童心理学奠基人威廉·普莱尔（W. T. Preyer）的代表作《儿童心理学》问世以来，至今已有百余年。在这百余年的历史进程中，由儿童心理学发展而来的发展心理学已成为一门独立的、系统的学科，研究对象由儿童扩展至老年，涵盖生命全程；研究视角也由单一学科演变为跨学科；反映发展心理学研究成果及进展的论著也层出不穷。

在翻译和审校过程中我们深刻体会到，摆在诸位读者面前的这本由新曲线出版咨询有限公司引进的《发展心理学》是众多发展心理学教科书中颇具代表性的作品。

《发展心理学》一书依照时间顺序依次描述了生命历程中每个阶段个体的生理、认知和社会性发展，全书共 19 章，分为九编。由于本书内容非常丰富，因而篇幅很长。读者捧着这样一本“厚重且有分量”的巨著阅读时实在不便，鉴于此，我们与编辑协商，根据本学科的特点和读者群，按照个体生命全程的发展阶段将本书分为上下两册：上册包括前五编，共 12 章，讲述了从生命开始到青少年期的生理、认知和社会性的发展情况，堪称一本完整的“儿童心理学”；下册包括后四编，共 7 章，讲述了从成年早期到老年期的生理、认知和社会性的发展情况，是一本关于“成年和老年的心理学”。划分并非刻意而为之，上下两册仍然是一个连续体，读者朋友们可根据自己的兴趣选择阅读。

本书第一编包括第 1、2 两章，概述了发展心理学研究的历史脉络，以及发展心理学研究涉及的基本概念、理论和研究方法。第二编包括第 3~6 章，描述了生命最初三年的发展。具体介绍了人类胎儿的发育过程，以及危害胎儿发育的因素；婴幼儿的生理、认知和心理社会的发展。第三编包括第 7、8 两章，描述了童年早期的生理、认知和心理社会的发展状况。这一时期儿童的生理发展相对稳定，食欲降低并出现睡眠问题，动作的精细程度和力量得到加强；思维具有自我中心性，但在一定程度上开始理解他人的观点了；自我概念和情绪理解变得更复杂了；独立、自控和自尊提高了；性别认同更明显；游戏更具想象性和社会性；开始重视和其他儿童的交往了。第四编包括第 9、10 两章，描述了童年中期各方面的发展状况。身体发育开始减缓，运动技能得以提高；思维的自我中心逐渐消退，开始具有逻辑性，记忆和语言能力提高；自我概念更加复杂，同伴成为生活的重要部分。第五编包括第 11、12 两章，描述了青少年期的发展状况。青春期的身体发育发生剧变，性发展逐渐成熟；抽象思维和科学推理能力进一步发展，但在一定程度上思维仍具有片面性；这一时期的中心任务是探索同一性，特别是性别认同；同伴团体有助于自我概念的发展，但也会助长反社会行为。第六编包括第 13、14 两章，阐述了成年早期的发展状况。个体的生理状况达到顶峰并开始缓慢下降；认知能力和道德判断更加复杂，并开始进行职业选择；人格特质和类型相对稳定，但仍会变化；个体开始建立亲密关系并选择自己的生活方式。第七编包括第 15、16 两章，介绍了成年中期的发展状况。个体的身体机能部分开始退化，女性经历更年期；一些基本的心理能力达到巅峰，有人会达到事业顶峰，有人会出现职业倦怠或换工作；个体的同一性继续发展；照顾孩子和父母的双重责任会导致出现中年危机期。第八编包括第 17、18 两章，描述了成年晚期的发展状况。尽管这一时期个体的健康状况、生理能力和各种认知能力会有所下降，但个体会通过其他方式进行补偿；个体开始退休，这为发展个人兴趣爱好及融入家庭生活创造了条件，从而促使个体去寻找生命的意义。第九编针对生命结束阶段中死亡和丧亲的相关问题进行了阐述，并引导人们如何克服死亡恐惧和应对死亡。

全书结构清晰，脉络清楚，以“三大领域和八个时期”为主线层层展开，各部分内容之间衔接紧密，浑然一体，凸显了发展心理学的学科本质。同时，在编排方式和栏目设计上充分体现了以读者为中心的特点。每章中的提纲起到了学习地图的作用，使读者对本章内容形成整体轮廓；每章以人物故事形式切入，使读者深刻体会心理学理论与实践之间的密切联系；“学习指路标”中设置的问题有助于激发读者的学习动机和问题意识，并且这些问题贯穿整个章节，不时出现在对应内容之处，以使读者达到自我检查和自我反馈的目的。此外，每章配有专门拓展课外知识的专栏，有助于读者开阔视野，学以致用。

本书的三位作者：黛安娜·帕帕拉（D. E. Papalia）是专门研究人类毕生发展的教授，特别是在个体老化和毕生认知发展方面颇有建树；而萨莉·奥尔兹（S. W. Olds）和露丝·费尔德曼（R. D. Feldman）是出色的作家和教育家，善于把深奥的专业知识科普化，并擅长通过大众媒体，例如个人演讲、电视和广播等形式，把专业知识向专业人士和非专业人士进行广泛的宣传。正是由于本书三位作者的这种优势互补，才使其特色鲜明。

本书的翻译工作主要由我的研究生合作完成。各章节的译者分别是：罗曼楠（前言），李西营（第 1、2 章），林田（第 3、4 章），张恒升（第 5 章），李西营（第 6、7 章），叶舒张（第 8、9 章），冀巧玲（第 10、11、12、13 章），翁洁（第 14 章），赵玉焕（第 15 章），余发碧、倪佳琪（第 16 章），张莉（第 17 章），张恒升（第 18、19 章），赵玉焕（专业术语表）。他们除了翻译各自负责的章节外，还进行了多次互校。李西营负责与新曲线出版咨询有限公司的编辑进行沟通。最后全书由我进行统稿、审校。

限于译者水平，翻译难免有不妥之处，敬请广大读者和各位专家批评指正。

最后，还要感谢人民邮电出版社新曲线出版咨询公司引进这本书，新曲线公司的总裁刘力亲自出面，与我商讨此书的翻译事宜。感谢赵延芹、刘丽丽编辑为本书的出版付出的辛勤劳动。

申继亮

2012 年 10 月于北京

献给那些对我们的成长产生过

重大影响的人——我们的家人、朋友和老师，

他们曾以身作则地养育过我们、

激励过我们、教导过我们，

为我们提供支持和友谊，

并一直陪伴在我们身边。

前　言

自《发展心理学》第一版面世至今，已有三十余年。这期间，发展心理学已经逐渐成为一个严谨的科学领域。与此同时，这本书也在不断“成长”。就像一个正在逐渐成熟的孩子，它在深度、广度和客观性方面不断进步的同时，还保留了其独有的“个性”——引人入胜的语言和通俗易懂的风格。这些特点使本书在这么多年来一直深受广大读者的欢迎。

本版教材的目标

在《发展心理学》之前的几个版本中，我们的团队已经对整本书进行了彻底的修订——从设计到内容，再到教学方法。在第 10 版中，我们最主要的目标是在原有的基础上修改和添加更多新素材。

前沿研究

我们对历年发表的众多文献进行筛选，从中挑选出最有助于学生理解和增长知识的前沿研究纳入本书。例如，在第 3 章中我们补充了关于多胞胎现象的增加趋势和产前环境中存在的危险因素这些最新研究结果。在第 5 章中，我们在“实战演说”专栏中呈现了凯撒家庭基金会的研究：“婴幼儿看电视是否太多了？”在第 11 章中，我们阐述了青少年脑发育的新近研究。在第 13、14 章中，我们对成人发展的描述是基于最近界定的发展阶段——成人初显期的讨论开始的。第 15 章对成年中期发展的讨论和第 16 章中的数据分析，均来自于麦克阿瑟基金研究机构就中年发展这一主题所开展的广泛调查。而在第 18、19 章中，我们呈现了一项关于老年夫妻生活改变的研究，其中包括配偶去世后的悲伤形式。

通过运用可获得的最新统计数据，我们拓展并彻底更新了各章的研究基础。我们希望做到：一方面能够完整地呈现最新的理论和研究工作；另一方面也尽量让我们的论述更精确并具有可读性。

文化和历史影响

在本版中,我们拓展了文化和历史对发展的影响。评论家赞赏我们对文化的强调,并认为这正是本书的一大特色。在本书中,跨文化研究贯穿始终,我们还专门设计了“世界之窗”这一专栏,以此反映美国文化中的个体或群体与其他社会的个体或群体之间存在的异同。例如,在第 1 章中,我们扩大了种族曲解的覆盖范围。在第 6 章中,关于儿童照料这一主题,我们讨论了少数民族或种族的特殊需求。在第 9 章中,我们考察了斯滕伯格的观点——文化和智力之间错综复杂的关系。在第 18 章中,我们在“世界之窗”专栏中探讨了亚洲社会的老龄化现象。同时,我们还新增或者加强了对某些主题的讨论,包括文化适应以及文化如何影响发展的各个方面(例如从记忆到自我概念,从婚姻和同居到平均寿命)。书中的插图部分也力图刻画出文化的多样性。

从第 1 章起,我们就强调历史。在这一章里,我们引入了“特定历史时代的人”这一概念,扩展了对发展心理学研究历史的论述,并更新了埃尔德关于生命历程的研究。在本书的其他部分,我们将诸如分娩习俗、婴儿喂养、预科型高中以及对待死亡和临终关怀等话题置于历史背景中进行讨论。很多章节开篇的焦点人物为我们在描述诸如玛丽安·安德森、玛格丽特·米德和查尔斯·达尔文的儿子多迪这些人的生命历程时提供了历史背景。

我们也始终强调发展的连续性,重视生理、认知和心理社会因素之间的相互关系,并试图将理论、研究和实际问题结合起来。

第十版概览

以下为第十版的概要,包括它的组织结构、教学特点和重要内容的变化。

组织结构

本书按照时间顺序依次描述了生命全程中每个阶段发展的各个方面。通过这种方式,学生可以快速了解关于个体发展全程的全貌。本版的 19 个章节又分为以下九编:

- 第一编概述了发展心理学的发展历史、基本概念、理论和研究方法。
- 第二编描述了生命的开始,包括遗传和环境的影响、胎儿期发育、分娩,以及婴幼儿期的生理、认知和心理社会发展。
- 第三编到第八编被划分为两大分支,其中一个分支讲述的是童年早期、童年中期、青少年期、成年早期、成年中期和成年晚期的生理及认知发展；另一分支讲述的是这些阶段的心理社会发展。

- 第九编涉及生命的结束阶段：死亡和丧亲。

在本版中，我们仍然仔细评估并改进了章节内部以及章节之间的内容结构。例如，在第 5 章中我们重组了婴儿认知方面的素材，以便更清晰地呈现皮亚杰学派和信息加工取向研究之间的联系。因为，我们坚信生命的所有部分对于成长和改变来说都是非常重要的，并且富有挑战性和充满机会。所以，我们对生命历程的各个阶段都给予了不偏不倚的描述，尽量避免厚此薄彼。

教学特点

我们在《发展心理学》中开发出的教学法受到了一致好评，对此我们非常欣慰，这些教学特点详述如下。

我们的综合*学习系统*是一套由各种独特元素所组成的协调一致的集合。这些元素能够共同促进主动学习。

- 学习指路标：在每一章的开始部分都有一系列问题用于强调将要学习的核心概念。当引入相关正文时，每个指路标又会再次出现。
- 学习检查站：在每章节的页边空白处都会呈现一些问题，用于帮助学生评估自己对前面所学内容的掌握程度。
- 我思我秀：在每章节的页边空白处和专栏中会呈现一些需要进行批判性思维的问题，用于鼓励学生根据文中所提供的信息来反思自己的想法。
- 小结：在每个指路标的引导下，对每章节进行小结。这些内容可以引导学生回顾这一章节并检查自己的学习情况。

焦点人物通过介绍处于相应发展阶段的一位名人或不寻常的人，以此引出该章节的内容。而在每章结尾处的“重新聚焦”则与开篇的焦点人物遥相呼应，鼓励学生运用本章所学的概念来诠释焦点人物的生活经历。

这本书每一编的开篇都富有特色，并且包括附带插图的两页材料，这些材料包含以下内容：

- 要点预览：描述各章节的重点提纲。
- 要点概括：从第二编到第九编，介绍重要的主题。
- 阅读链接：寻找焦点人物的生理、认知和心理社会发展之间的交互作用。

本书还设计了三类专栏，通过强调与主要内容相关的主题来增强对主要内容的理解。每章至少包含两类专栏，本书 19 章共有 38 个专栏。每个专栏都含有一个“课外链接”，为学生提供相关的网络链接以获取更多信息。

- “知识拓展”专栏对文中涉及的研究主题进行了深度挖掘。在第十版中，你将会发现一些新的“知识拓展”专栏：“无家可归者”（第 7 章），“婚姻是否成为一种即将消逝的制度？”（第 14 章）以及“百岁老人”（第 17 章）。
- “实战演说”专栏介绍了研究的实际应用。第十版提供了一些新的“实战演说”专栏：“摇晃婴儿综合症”（第 4 章），“给孩子讲讲恐怖主义和战争”（第 10 章），“青少年是否应该被豁免死刑？”（第 11 章）。
- “世界之窗”专栏则用于探索一种或多种文化如何看待某些问题，或者美国的少数群体如何对待或感受本章所提及的问题。新增的内容包括“和学步期儿童作斗争有必要吗？”（第 6 章）以及“亚洲的老龄化问题”（第 18 章）。

第十版的新增特点如下：

- 位于卷首及卷尾的概括性总结帮助学生“发现”个体在每个发展阶段的发展，同时也描绘出个体在各个发展领域上的毕生发展轨迹。

内容变化

在各章的重要主题上，新增或者修正、扩充、更新的内容如下：

第 1 章

- 新增了对种族曲解和特定历史时代的人的讨论。
- 对社会建构的概念进行了详述，这一概念特别适用于青少年期。
- 对社会经济地位、文化和种族对发展的影响进行了扩展性讨论。

第 2 章

- 修改了定性与定量研究方法之间差异的讨论。

第 3 章

- 新增母亲压力对胎儿的影响。
- 新增胎儿评估技术表。
- 修改了性别的决定因素、肥胖的影响因素和自闭症的讨论。
- 更新了多胞胎、唐氏综合征、产前环境的危险因素（包括父亲及外界因素的影响）、产前检查。更新了“胎儿的福利与母亲的权利”专栏。

第 4 章

- 新增实战演说专栏：“摇晃婴儿综合症”。
- 新增死胎、袋鼠式照料和婴儿期的状态调节等信息。
- 扩展了与分娩习俗有关的跨文化和历史信息。

- 更新了剖腹产、分娩中麻醉剂的使用、出生时低体重儿的后果、出生死亡率的趋势、婴儿猝死综合征（SIDS）的增加及其原因、意外死亡、婴儿营养和疫苗安全等信息。

第 5 章

- 新增量表评估。
- 新增“实战演说”专栏：“婴幼儿看电视是否太多了？”
- 更新了以下讨论：贝雷量表（第三版）、符号的发展、诱发性模仿、语言发展以及智力与社会经济地位之间的关系。

第 6 章

- 新增“世界之窗”专栏：“和学步期儿童作斗争有必要吗？”
- 新增少数民族 / 种族对儿童照料的资料。
- 更新了 NICHD 关于“托儿所对儿童的影响”的研究报告。

第 7 章

- 新增“知识拓展”专栏：“无家可归者”。
- 新增了空气污染对健康的影响的资料。
- 修改了对以下内容的讨论：社会经济地位、种族、贫穷和健康、心理理论的研究、记忆的影响因素、语言的延迟发展和补偿性的学前项目。
- 更新了对超重和营养、睡眠模式及睡眠问题的讨论。

第 8 章

- 新增文化差异对自我概念的影响的讨论。
- 修改了关于性别发展、游戏、体罚和心理攻击的讨论。

第 9 章

- 新增能力评估和教育改革的资料，比如特许学校、家庭教学和美国国会开展的“无后进生行动”。
- 修改了关于参加体育运动、考夫曼儿童成套评估测验（K-ABC-II）和由幼儿园向一年级过渡的材料。
- 更新了肥胖、过度紧张、哮喘、艾滋病等信息，更新了罗伯特·斯滕伯格的贡献，心理发育迟滞、学习缺陷和注意力缺陷 / 多动症（ADHD）。

第 10 章

- 新增“实战演说”专栏：“给孩子讲讲恐怖主义和战争”。
- 修改了关于情绪调节、贫困对教养方式的影响、不同的家庭结构、同辈群体的影响以及对儿童攻击性的讨论。
- 更新了运用药物疗法治疗情绪障碍的信息。

第 11 章

- 新增“实战演说”专栏：“青少年是否应该被豁免死刑？”
- 更新了生理活动、睡眠模式、超重和饮食障碍、药物使用和药物滥用趋势、抑郁的治疗、青少年自杀、性别与学业成就和高中辍学等相关信息。
- 把父母工作的材料从专栏移至正文。

第 12 章

- 新增青少年的小团体与大团体以及恋爱关系的内容。
- 更新了关于性取向、性态度、性行为、性风险、性传播疾病、青少年怀孕和分娩以及青少年犯罪的信息。

第 13 章

- 新增成人初显期和反思性思维的相关内容。
- 更新了关于健康统计、遗传和生活方式对健康的影响以及接受高等教育和进入职场的信息。

第 14 章

- 新增“知识拓展”专栏：“婚姻是否成为一种即将消逝的制度？”
- 重新讨论了走向成年期的途径的变化。
- 更新了斯滕伯格的爱情双重理论、性行为、已婚的和非婚的生活方式、父母身份、双赢的婚姻关系、离婚、再婚和继父母身份等内容。

第 15 章

- 更新了成年中期的意义、荷尔蒙和激素替代疗法（HRT）、男性性征、健康趋势和健康的影响因素、沙伊的西雅图纵向研究以及工作与提前退休等知识。

第 16 章

- 重新讨论了情绪化和社会幸福感。
- 更新了相关信息：中年期过渡；生活满意度和幸福感；社会关系的重要性；中年期的婚姻；同居和离婚；与青少年及成年子女之间的关系，包括旋转门症候群；与年迈父母的关系，包括护理问题。

第 17 章

- 新增“知识拓展”专栏：“百岁老人”。
- 新增认知能力、健康和死亡率之间的关系，言语与老化。
- 修改了抗老化治疗，脑的变化，感觉和心理运动功能，生活方式对健康和长寿的影响，抑郁和痴呆（包括阿尔兹海默病）。
- 更新了以下相关信息：人口老龄化，影响平均寿命的因素，为什么会老化，寿命延长的研究，健康状况和残疾，西雅图纵向研究，信息加工能力、神经系统的变化和记忆。

第 18 章

- 新增了情绪化和幸福感的相关内容。
- 拓展了“世界之窗”专栏：“亚洲的老龄化现象”。
- 修改了关于应对方式、宗教 / 灵性和幸福感、成功老化、选择优化与补偿模型、退休趋势、志愿者活动以及社会支持的重要性的讨论。
- 更新了关于老年人经济情况和生活安排的信息。

第 19 章

- 修改了以下讨论：悲伤的模式；儿童对死亡的理解；对丧偶的应对；丧子；临终问题，如预先指示、临终关怀与文化态度。
- 更新了有关自杀趋势和器官捐赠的信息。

致 谢

最后，我们向所有帮助过我们的朋友和同事们表示诚挚的谢意。特别感谢那些审阅了《发展心理学》第九版和第十版的原稿的同仁们。在这次新版的写作过程中，很多人给我们提出了宝贵的意见和建议，也在此表示特别的感谢。参与过本书审阅的人员名单如下：

Mike Arpin,
Coffeyville Community College

Renée L. Babcock,
Central Michigan University

Alan Bates,
Snead State Community College

Dan Bellack,
Trident Technical College

Deneen Brackett,
Prairie State College

Amy Carrigan,
University of St. Francis

Perle Slavik Cowen,
College of Nursing, University of Iowa

Nicole Gendler,
University of New Mexico

Arthur Gonchar,
University of La Verne

Lori Harris,
Murray State University

Jutta Heckhausen,
University of California, Irvine

Henrietta Hestick,
Baltimore County Community College

Kelly Jarvis,
University of California, Irvine

Jyotsna Kalavar,
Pennsylvania State University–New Kensington

Deborah Laible,
Southern Methodist University

Sonya Leathers,
University of Illinois at Chicago

Tammy B. Lochridge,
Itawamba Community College

Karla Miley,
Black Hawk College

Kaelin Olsen,
Utah State University

Randall Osborne,
Texas State University–San Marcos

Lori K. Perez,
California State Univeristy–Fresno

Diane Powers,
Iowa Central Community College, Catonsville

Jennifer Redlin,
Minnesota State Community and Technical College

Stephanie J. Rowley,
University of Michigan

Pamela Schuetze,
Buffalo State College

Peter Segal,
York College of the City University of New York

Jack Shilkret,
Anne Arundel Community College

Peggy Skinner,
South Plains College

J. Blake Snider,
East Tennessee State University

Mary-Ellen Sollinger,
Delaware Technical and Community College

Monique L. Ward,
University of Michigan

Kristin Webb,
Alamance Community College

Colin William,
Columbus State Community College

Lois Willoughby,
Miami-Dade College–Kendall

感谢出版商这些年来对我们的大力支持，特别感谢执行编辑 Mike Sugarman、资深策划编辑 Elsa Peterson、特约发展心理学编辑 Laura Edwards、项目主管 Rick Hecker、负责协调供给的 Sherake Comnors、研究助理 Bill Cabin 和书目助理 Patricia Klitzke。还要感谢拥有灵感和敏锐眼光的 Toni Michaels，他为我们提供了许多优秀的照片，还有为本书的版式进行精湛设计的 Srdj Savanovic。

最后，我们感谢并欢迎读者一如既往地对本书提出宝贵的意见和建议，你们的建议有助于我们继续完善《发展心理学》一书。

黛安娜·帕帕拉
萨莉·奥尔兹
露丝·弗尔德曼

简要目录

详细目录

第六编

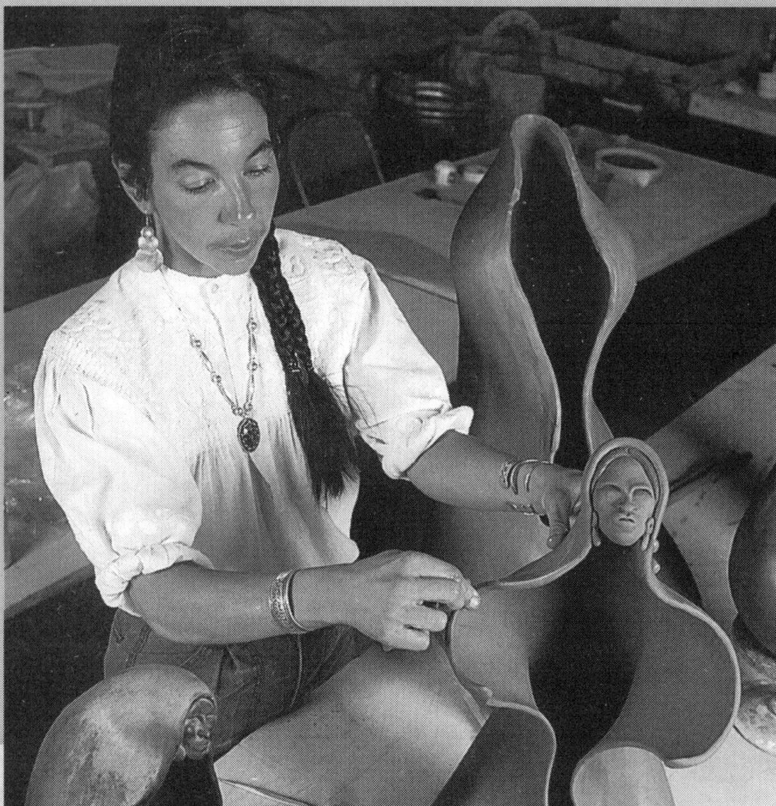

发展科学家曾一度认为，从青春期结束到进入老年期之前的阶段是相对平静的高原，但研究发现事实并非如此。成长和衰退贯穿人的一生，两者之间的平衡因人而异。成年早期（大约从 20 岁到 40 岁）选择和经历的事件与这种平衡的建立有很大关系。

我们将在第 13、14 章看到，在这 20 年中，人们会为自己以后的发展打下基础。人们通常在这段时间离开父母，开始自己的职业，结婚或建立其他亲密关系，生育子女，并开始为社会做出重要贡献。这一阶段的决定将影响人们此后的人生，如健康、幸福和成功。然而，从青春期到承担起成年期责任之间的过渡并不是一蹴而就和泾渭分明的。发展科学家目前把这一过渡期称为成人初显期，我们将在第 13 章和第 14 章对此进行讨论。

阅读链接

- 收入、教育和婚姻状况会影响健康。
- 认知发展和道德发展可以反映出一个人的生活经历。
- 情绪可能影响智力。
- 性别特征的形成可能会影响女性择业和才能的发挥。
- 性别革命使得两性间生命历程和健康模式的差异变小。
- 不孕会导致婚姻问题。
- 工作中的压力会影响家庭关系。
- 没有朋友和家庭的个体更可能患病或死亡。

成年早期

预　览

第13章

成年早期的生理和认知发展

生理状况达到峰值，然后缓慢下降。

生活方式的选择会影响健康。

认知能力和道德判断更加复杂。

个体会做出教育和职业选择。

第14章

成年早期的心理社会发展

人格特质和人格类型变得相对稳定，但所处的人生阶段和生活事件可能会影响人格的变化。

个体会对自己的亲密关系和个人生活方式做出决定。

大多数人在这一阶段会结婚并成为父母。

成年早期的生理和认知发展

第13章

如果……幸福就是没有狂热，

那么，我将永远不知道幸福是什么滋味。

因为我痴迷于知识、经验和创造。

——法国女作家安尼丝·宁在 28~31 岁之间写的日记

焦点人物：亚瑟·阿什——网球冠军*

亚瑟·阿什

网球冠军亚瑟·阿什（1943~1993）是史上最受尊敬的运动员之一。“身材削瘦，书生气，戴着眼镜”（Finn, 1993, p.B1），以其在赛场内外的安静、庄重而闻名。他不会大声与人争辩或乱发脾气，也不会轻视对手。

阿什是第一个在温布尔登锦标赛、美国网球公开赛及澳大利亚网球公开赛中夺冠的非裔美国人。他在弗吉尼亚的里士满长大，由于种族的缘故，他不能参加城市网球锦标赛，只能参加隔离公开赛。作为白人主宰的赛场中唯一的黑人球星，阿什遭到很多偏执者的攻击。但是阿什始终保持镇静，并把自己的反击冲动转移到比赛中。

阿什利用自己的天赋和巨星声誉为反抗种族主义做出了贡献，使得处境不利的年轻人能够获得更多机会。他举办网球培训班，并建立了内城（译者注：内城是美国大城市中破败的贫民区）青年网球项目。在两度被南非公开赛拒之门外后，阿什最终在 1973 年获准参加比赛，并参加了此后两年的比赛。尽管南非的种族隔离制度非常严格，阿什却坚持在自己比赛时实行非隔离座位。

阿什始终没有停止反抗种族隔离的斗争，多数时候这些活动是在幕后悄悄进行的。在一次演讲时，有愤怒的激进分子大声叫喊让阿什下台，并指责他是“汤姆大叔”。阿什彬彬有礼地回敬道：“唯有高尚的道德才能带给你们胜利。当你们屈服于激情

* 关于亚瑟·阿什的传记资料来自 Ashe and Rampersan（1993），Finn（1993）和 Witteman（1993）。

本章提纲

和谩骂，抛弃高尚的道德时，还指望能得到什么呢？”（Ashe & Rampersad, 1993, pp.117, 118）。几年后，阿什因在华盛顿的南非大使馆外举行抗议活动被捕。1990 年，纳尔逊・曼德拉——反抗种族隔离的象征——被释放出狱，在纽约市受到盛大欢迎，这一幕让阿什无比自豪。但遗憾的是，阿什在有生之年没有看到曼德拉当选为南非总统。

1979 年，时年 36 岁，事业正处于巅峰的阿什患上了心脏病，并接受了心脏搭桥手术。被迫退出赛场的阿什担任了 5 年美国戴维斯杯网球队队长。1985 年，在刚刚度过成年早期时，阿什被选入网球名人堂。

1988 年夏的一个早晨，阿什醒来发现右胳膊不能动了。医生告诉他有两个选择：立即进行脑部手术或者再等等看。阿什选择了前者。通过预先的血液检查，发现阿什感染了艾滋病，这可能是 5 年前进行心脏手术时输血传染的。阿什没有恐慌，也没有放弃，他根据当时最好的医疗知识尽全力与疾病作斗争。同时，他选择了对此事保密，一方面为了保护家庭隐私，另一方面也由于他坚持“我没有病”。他打高尔夫，做巡回演讲，为《华盛顿邮报》写专栏，给 HBO（美国家庭影院频道）和 ABC（美国广播公司）体育节目做电视评论，还撰写了长达 3 卷的非裔美国运动员史。

1992 年，由于《今日美国》杂志打算公开阿什的秘密，所以阿什召开新闻发布会宣布自己患有艾滋病。此后他不知疲倦地领导了艾滋病研究运动，并创立了基金会，还发起了一项五百万美元的筹募基金活动。

1993 年，阿什因艾滋病并发肺炎去世，时年 49 岁。去世前不久，阿什还用自己一贯的口吻概括了自己的一生：“我是一个受神保佑的幸运儿，除了艾滋病和心脏病外，我没有任何其他问题”（Ashe & Rampersad, 1993, p.328）。

亚瑟・阿什处理困难的典型方式就像他在赛场上面对对手时一样，优雅、坚决，坚守道德信念且沉着冷静。他一次又一次地将困境扭转为机遇。亚瑟・阿什是一位“能干的人”。

即使没有像阿什那样出众的体育技能，成年早期通常也是展现才能的阶段。多数人在这一年龄段开始组建和经营家庭，并在选定的工作中努力证明自己；他们每天不断检验和扩展自己的身体能力和认知能力；他们面对现实世界，寻找方法解决日常生活中遇到的问题；他们所做的决定会影响自己的健康、职业以及他们想成为的人。

本章我们将介绍成年早期处于人生巅峰的生理功能，以及一些能够影响成年早期及以后健康的因素。我们将就成年早期最重要的认知方面及教育如何促进认知发展进行讨论。我们还考察了文化和性别对道德发展的影响。最后我们讨论这一阶段最重要的任务之一：进入职场。

学习完本章后，你应该可以回答“学习指路标”中的所有问题了。为了检查你对本章“学习指路标”的掌握程度，请复习章节结尾部分的小结。“学习检查站”会贯穿整个章节并不时出现，以便检查你对所学知识的理解程度。

学习指路标

1. 成人意味着什么？哪些因素会影响进入成年期的时间？
2. 一般来说成年早期的生理状况如何？哪些因素会影响个体的健康和幸福？
3. 成年早期有哪些性问题和生殖问题？
4. 成人的思维和智力有哪些独特性？
5. 道德推理是如何发展的？
6. 处于成人初显期的个体如何完成进入大学和步入职场的过渡？这些经历会对认知发展产生怎样的影响？
7. 如何帮助青年人过渡到职场？

成人初显期

一个人什么时候就算是成年人了？在当代美国社会有很多衡量标志。我们在第 11 章已经讨论过，个体在青春期达到性成熟；而被皮亚杰定义为“抽象思维能力”的认知成熟则要更晚一些。法律上也有一些关于成年的界定：17 岁可以参军；18 岁可以参加投票，而且在美国大多数州，18 岁就可以不必经过父母同意而结婚；18~21 岁（各州规定不同）可以签订具有法律约束力的合同。从社会学的角度来界定，当个体能够自立或有一份工作，已婚或建立了有意义的浪漫关系，或者建立家庭后，人们往往就会认为该个体已经成年了。

心理成熟取决于某些任务的完成，如获得同一性、从父母的家中独立出来、形成自己的价值观、建立亲密关系等。有心理学家建议，成年期的开始应该用一些内在的指标来标记，如自主感、自控能力和个人责任感等；而不应用外在标准来衡量。成年更多是一种心理状态，而不是一些离散的事件（Shanahan, Porfeli, & Mortimer, 2005）。准此而论，不论生理年龄多大，一些人终生都没有成年。

在现代工业化国家中，个体进入成年期比以前需要更长的时间，经历的道路也更加复杂。20 世纪中期以前，男性高中毕业后就能够很快找到一份稳定的工作，然后结婚生子。而女性步入成年最主要的途径就是结婚，一旦找到合适的伴侣就意味着成年了。20 世纪 50 年代以后，科技革命使得高等教育或专业培训变得必不可少。性别革命也使得越来越多的女性步入职场，可接受的女性角色范围也越来越广（Furstenberg, Rumbaut, & Settersten, Jr., 2005; Fussell & Furstenberg, 2005）。如今，步入成年期的道路上有很多里程碑：上大学（统招的或在职的），参加工作（全职或兼职），离开父母，结婚，生子，这些转变发生的顺序和时间可能因人而异（Schulenberg, O’Malley, Bachman, & Johnston, 2005）。因此，一些发展科学家认为，从十八九岁到

> **学习指路标**
>
> 1. 成人意味着什么？哪些因素会影响进入成年期的时间？

> **我思我秀**
>
> - 你认为进入成年期最恰当的标准是什么？
> - 你认为这些标准是否会受个体所处文化的影响？

> **学习检查站**
>
> 你能否……
>
> ✓ 比较一下“成人”的各种定义的不同含义？
>
> ✓ 解释在美国和其他一些工业化国家中，个体进入成年期的过程发生了怎样的变化？成人初显期是什么意思？

二十八九岁是生命历程中很独特的阶段——**成人初显期**（emerging adulthood），此时你已不再是青少年，却又没有完全成年（Arnett, 2000, 2004; Furstenberg et al., 2005）。在本章和第 14 章中，我们将详细介绍成人初显期的各种发展历程。

生理发展

学习指路标

2. 一般来说成年早期的生理状况如何？哪些因素会影响个体的健康和幸福？

健康和生理状况

你最喜欢看的体育比赛可能是网球、篮球、足球或花样滑冰。不管什么比赛，大家追捧的运动员（比如当年的亚瑟·阿什）多数都是年轻人，他们的生理状况处于最佳状态。大多数年轻人的健康状况、力量、精力、耐力以及感觉和运动功能都处于一生的顶峰。视敏度在 20~40 岁之间最好；味觉、嗅觉、痛觉和温度觉通常到至少 45 岁后才开始衰退。但是，听力的逐渐衰退——尤其是对高频音而言——则从青春期就已经开始了，25 岁后更加明显。

打排球需要力量、精力、耐力和肌肉的协调性。图中的年轻人一般来说身体状况都极佳。

健康状况

在美国，大多数年轻人健康状况良好或极好。18~44 岁的人群中只有 5.5% 的人认为自己的健康状况一般或较差。造成活动受限最常见的问题是关节炎和其他各种肌肉或骨骼疾病。意外事故是美国 44 岁以下人口死亡的首要原因（NCHS, 2004）。年轻人死亡率在过去 50 年间下降了将近一半，其他年龄段的死亡率也有所下降（Kochanek, Murphy, Anderson, & Scott, 2004; Pastor, Makuc, Reuben, & Xia, 2002）。但另一方面，也有很多成年人甚至是年轻人，出现了超重、缺乏锻炼等不利于健康的现象。

成年早期是为终生身体机能打基础的阶段。一个人的健康可能部分受遗传的影响，但行为因素对现在和以后的健康幸福影响巨大，如饮食、是否有足够的睡眠、进行何种体育锻炼、是否吸烟、喝酒或吸毒等。此外，贫困和种族歧视对健康也有影响（Sankar et al., 2004）。

遗传对健康的影响

人类基因图谱让科学家能够发现许多疾病的遗传根源，从肥胖症、某些癌症（尤其值得注意的是肺癌、前列腺癌和乳腺癌）到精神健康疾病，如酒精成瘾（本章稍后讨论）和抑郁。例如，科学家已经确定了与家族早发型抑郁有关的 19 个不同的染色体区（Zubenko et al., 2003）。科学家还发现了艾滋病（年轻人的六大杀手之一）的一个基因结构（Anderson & Smith, 2005）。在拥有同一地域先祖的人群中，一些人拥有更多的有助于抵抗艾滋病的基因复制，而另一些人则较少，相对来说前者更不容易感染艾滋病毒或患艾滋病（Gonzalez et al., 2005）。

动脉粥样硬化或动脉狭窄可能在儿童期就已经出现，到四五十岁时可能威胁到生命。而动脉粥样硬化的一个致病因素是血液中的胆固醇水平（其他致病因素还有高血压和吸烟）。胆固醇与蛋白质和甘油三酯（脂肪酸）相结合，由低密度脂蛋白（LDL）携带随血液流动，通常被称为“恶性”胆固醇。高密度脂蛋白（HDL），也就是“良性”胆固醇，则能够把胆固醇清除出循环系统。据估计，人类高密度脂蛋白水平的差异约有 80% 取决于遗传因素（“How to Raise HDL”，2001）。但是，下面我们将会讲到，行为因素同样也会影响胆固醇水平。事实上，大部分疾病的产生既受遗传因素也受环境因素的影响。

行为对健康的影响

行为和健康之间的关系说明生理、认知和情感三者存在交互作用。人们对健康的认识会影响他们的行为，而他们的行为又会影响他们的感受。

预防措施非常有用。定期去体检，如做子宫颈抹片检查以便发现子宫颈癌；对睾丸和乳房进行自我检查以便发现其中的肿块，这些都可以预防疾病，或在早期可治疗阶段控制病情。很多肌肉骨骼疾病都与职业有关，且可以预防。腰背伤通常是由于在提举重物或推拉时过度用力造成的。重复性动作伤害，如腕管综合症，可通过调整电脑键盘位置和正确姿势等措施得到控制（Bernard, 1997; National Research Council, 1998, 2001）。

但是，仅仅有好的健康习惯是不够的。个体的人格、情感和所处的社会环境往往比其对健康习惯的认知更重要，这些因素常常会使人们做出一些不利于健康的行为。有项随机电话调查发现，被问到的 153 000 多名成人中，只有 3% 的人说自己遵守下面 4 条健康生活方式：不吸烟，保持健康的体重，每天吃 5 种蔬菜水果，以及进行有规律的体育锻炼（Reeves & Rafferty, 2005）。

下面来看几种与我们的健康密切相关的生活方式：饮食和体重控制、体育锻炼、睡眠、饮酒和吸毒。压力会使内分泌系统和神经系统做出相应的反应，从而引发一些有损健康的行为，如睡眠不足、吸烟、酗酒和吸毒等，这些我们将会在第 15 章详细讨论。在本章的后面部分，我们会讨论一些影响健康的间接因素：社会经济地位、种族 / 民族、性别和各种关系。

> **我思我秀**
>
> - 为拥有更健康的生活方式，你能做哪些具体的事？

饮食和营养　俗话说“吃什么补什么”，这句话概括了营养对身心健康的重要性。一个人的饮食会影响其外貌、情感、患病甚至死亡的概率。2000 年，约有 365 000 名美

这个多汁的汉堡浸透了色素，且动物脂肪含量高。动物脂肪与心脏病以及某些癌症相关。

国成人死于饮食不当和缺乏锻炼等相关的因素（Mokdad, Marks, Stroup, & Gerberding, 2005）。

饮食习惯对心脏疾病有重要影响。在亚瑟·阿什的故事中我们看到，心脏疾病并不是老年人的专利。常吃大量蔬菜和水果，尤其是富含类胡萝卜素的蔬菜（如胡萝卜、红薯、西兰花、菠菜和香瓜），能够降低罹患心脏病和中风的风险（Liu, Manson, Lee, et al., 2000; Rimm et al., 1996），但对乳腺癌则没有明显作用（van Gils, 2005）。

美国国家营养指南建议，成年人每天从脂肪中摄入的能量（卡路里）不应超过 20%~35%（其中饱和脂肪酸不应超过 10%，反式脂肪酸尽量减少），胆固醇摄入量不应超过 300 毫克（U.S. Department of Agriculture & USDHHS, 2005），但美国各年龄段的普通人每日相应的摄入量远远超过这一限度（Ervin, Wright, Wang, & Kennedy-Stephenson, 2004）。

过量摄入脂肪尤其是饱和脂肪酸，会增加罹患心血管疾病的危险；特别是高胆固醇水平（Ervin et al., 2004）与冠心病死亡风险有着直接的联系（Verschuren et al., 1995）。通过饮食控制胆固醇水平，如果有必要也可以用药物控制，能够大大降低这一风险（Scandinavian Simvastatin Survival Study Group, 1994; Shepherd et al, 1995）。过多的摄入动物脂肪或红肉、肉制品，则与结肠癌（Chao te al., 2005; Willett, Stampfer, Colditz, Rosner, & Speizer, 1990）和前列腺癌有关（Giovannucci et al., 1993; Hebert et al., 1998; Willett, 1994; Willett et al., 1992）。

肥胖 / 超重 前面第 3 章我们说过，成年期*肥胖*通常指体重指数（BMI，即体重千克数与身高米数平方之比）大于等于 30，*超重*有时定义为 BMI 介于 25~29 之间。

世界卫生组织称，肥胖已经成为一种世界范围的流行病（WHO, 1998）。从 1980 年到 1994 年，英国肥胖人口翻了一番还多；巴西、加拿大以及欧洲、西太平洋地区、东南亚和非洲的一些国家也有类似的报道（Taubes, 1998）。

在美国，目前人们的平均体重比 20 世纪 60 年代初增加了 24 磅（10.9 千克），但身高只增加了约 1 英寸（2.5 厘米）。1999 年到 2002 年间，20~74 岁的人口中有超过 65% 的人超重，其中包括 31% 的肥胖者；而 1960 年到 1962 年间的相应比例分别为 45% 和 13%。相对于老年人来说，年轻人不容易超重，但 1999 年到 2002 年间，20~34 岁的年轻人一半以上超重，34 岁以上人口的超重比例也大幅上升（Ogden et al., 2004）。

肥胖在黑人女性和墨西哥裔美国女性中尤其普遍。20~72 岁的非西班牙裔黑人女性中约有一半人超重；而相应比例在墨西哥裔美国女性中为 39%，非西班牙裔白人女性为 31%。从 1976 年到 1980 年，黑人女性的肥胖者增加了 60%（NCHS, 2004）。移民在美国居住时间越长，他们超重的可能性就越大（Goel, McCarthy, Phillips, & Wee, 2004）。

肥胖如此普遍的原因是什么？专家将矛头直指零食的增多（Zizza, Siega-Riz, &

Popkin, 2001）。随处可见的便宜快餐、超大份餐量、高脂肪饮食、各种省力技术，以及久坐不动的娱乐活动，如看电视和用电脑等（Harvard Medical School, 2004a; Pereira et al., 2005; Young & Nestle, 2002）。肥胖的遗传倾向与这些环境因素和行为因素可能会相互影响（Comuzzie & Allison, 1998; NCBI, 2002）。有研究已经发现，在白鼠身上存在一种基因突变，这种突变可能会抑制瘦素（一种激素，它可以告诉大脑什么时候吃饱了）生成，从而破坏白鼠脑中的食欲控制中枢（Campfield, Smith, Guisez, Devos, & Burns, 1995; Halaas et al., 1995; Pelleymounter et al., 1995; Zhang et al., 1994）。人类的过量进食可能是由于大脑无法对瘦素信号做出反应（Campfield et al., 1998; Travis, 1996）。此外可能还涉及其他调节体重的激素。目前已知的控制这些激素生成的基因约有 20 多个（Harvard Medical School, 2004a）。

在崇尚修长和苗条的社会，肥胖可能导致各种情绪问题。同时，肥胖还可能导致高血压、心脏病、中风、糖尿病、胆结石、关节炎、其他肌肉和骨骼疾病，以及某些癌症和寿命缩短、生活质量下降（Gregg et al., 2005; Harvard Medical School, 2004a; Hu et al., 2001, 2004; Mokdad, Bowman et al., 2001; Mokdad, Ford, et al., 2003; NCHS, 2004; Pereira et al., 2005; Peeters et al., 2003; Sturm, 2002）。在过去 40 年间，心血管疾病和死亡率都有所下降，这可能归功于医疗技术的提高。但成年人中肥胖者患心血管疾病和死亡的风险仍高于较瘦的人，而仅仅是超重患病风险并不高（Flegal, Graubard, Williamson, & Gail, 2005; Gregg et al., 2005）。体重过轻的成人（BMI 小于 18.5）患病的风险也高于体重正常者（BMI 介于 18.5~25 之间）（Flegal et al., 2005）。

因为肥胖会随着年龄增长而越来越严重，所以成年早期通过健康饮食和有规律的体育锻炼来控制体重增加是最明智的选择（Wickelgren, 1998）。有研究者对 5 000 多名青年男女进行了为期 15 年的追踪研究，结果显示，那些体重变化不大的人到中年时患心脏病的风险较低，即便其中有些人超重（Lloyd-Jones et al., 2004）。

学习检查站

你能否……

- ✓ 总结一下美国青年人的总体健康状况，并说说成年早期死亡的主要原因有哪些？
- ✓ 说说饮食对患癌症和心脏病的概率有怎样的影响？
- ✓ 解释一下“肥胖盛行”的原因是什么？

体育锻炼 经常进行体育锻炼会带来许多益处。除有助于保持适当的体重外，锻炼还能够增加肌肉，增强心肺功能，降低血压，预防心脏病、中风、糖尿病、结肠癌、子宫内膜癌和骨质疏松（中老年妇女常见的骨质变薄，会导致骨折）等多种疾病，缓解焦虑和抑郁，延长寿命（Barnes & Schoenborn, 2003; Boulé, Haddad, Kenny, Wells, & Sigal, 2001; NCHS, 2004; Pratt, 1999; WHO, 2002a）。缺乏体育锻炼是一个全球性的公众健康问题。久坐不动的生活方式是全世界死亡和残疾的十大主要原因之一（WHO, 2002a）。

像图中这些年轻人一样，有规律地进行体育锻炼的人比很少锻炼的人更健康、更幸福，寿命也更长。

即使是中等强度的体育锻炼也有益于健康（NCHS, 2004; WHO, 2002a）。在日常生活中进行更多的锻炼，如路程不远时用步行代替开车，爬楼梯而不乘电梯，这些都和有组织的体育锻炼一样有效（Andersen et al., 1999; Dunn et al., 1999; Pratt, 1999）。但是，尽管体育锻炼有诸多好处，18~44 岁的美国人中约 1/3 的人从不在闲暇时定期进行体育锻炼，其中包括约 30% 的男性和 35% 的女性，而且这一比例还在随年龄增长而上升（NCHS, 2004）。在一项大学体重控制计划中，有 201 位经常坐着的女性参加了随机试验。结合饮食控制和锻炼（主要是步行），12 个月后，她们的体重明显减轻，心肺功能也明显改善（Jakicic, Marcus, Gallagher, Napolitano, & Lang, 2003）。

睡 眠 很多年轻人，尤其是像实习医生这类工作时间不规律的人，常常睡眠不足（Monk, 2000）。睡眠剥夺不仅会影响人的身体健康，还会影响人的认知、情绪和社会功能。

由美国国家睡眠基金会资助（National Sleep Foundation, 2001）的一项大型民意调查发现，被访者如果前一晚没有睡好，第二天就更可能出错、在等候时不耐烦或发怒，或者因为孩子和其他人心烦。睡眠剥夺对交通安全是致命的威胁，在所有致命的交通意外中，约 3.6% 的事故是由昏昏欲睡的司机造成的（Peters et al., 194）。睡眠剥夺甚至会导致过早衰老。有研究发现，对年轻人进行 36 小时的睡眠剥夺会影响他们的前额叶功能（负责工作记忆和语言流畅性的主要脑区），导致他们的前额叶功能像无睡眠剥夺的 60 岁老人一样（Harrison, Horne, & Rothwell, 2000）。

充足的睡眠能够促进复杂运动技能的学习（Walker, Brakefield, Morgan, Hobson, & Stickgold, 2002）和先前所学知识的巩固。即使只是打个小盹也能防止倦怠出现，即防止大脑的知觉加工系统出现过饱和状态（Mednick et al., 2002）。睡眠剥夺往往会对语言学习（Horne, 2000）、记忆的某些方面（Harrison & Horne, 2000b）和口语发音（Harrison & Horne, 1997）造成破坏，并使注意力难以集中（Blagrove, Alexander, & Horne, 1995）。这种破坏似乎是选择性的，主要对无聊单调的任务产生影响（Horne, 2000）。但是，睡眠剥夺还会损害高级决策能力，尤其是在紧急情况下要求个体必须创新、变通、集中注意、发挥元记忆能力、评估现实风险和运用沟通技能时（Harrison & Horne, 2000a）。

大脑的代偿性变化能够帮助维持短时间睡眠不足后的认知表现（Drummond et al., 2000）。但是，长期的睡眠剥夺（每晚睡眠少于 6 小时，持续 3 天以上）会严重影响我们的认知表现，即使有时我们并没有意识到（Van Dongen, Maislin, Mullington, & Dinges, 2003）。

吸 烟 从 1964 年美国卫生总署宣布吸烟和肺癌有关后，美国的吸烟人口逐年减少，但自 20 世纪 90 年代以来，减少的速度有所降低。目前，吸烟在美国成年人可预防的死因中仍居首位。吸烟不仅与肺癌有关，还可能导致罹患心脏病、中风和慢性肺病的风险增高（NCHS, 2004）。此外，吸烟也与其他很多疾病的发生有关，如胃癌、肝癌、喉癌、口腔癌、食管癌、膀胱癌、肾癌、胰腺癌和宫颈癌等多种癌症；胃肠道

疾病如溃疡；呼吸系统疾病如支气管炎和肺气肿；骨质疏松等（Hopper & Seeman, 1994; International Agency for Cancer Research, 2002; National Institute on Aging [NIA], 1993; Slemenda, 1994; Trimble et al., 2005）。

二手烟或被动吸烟会把不吸烟人暴露在与主动吸烟者同样的致癌物中（International Agency for Cancer Research, 2002）。被动吸烟哪怕只有半小时，就会造成循环功能障碍，增加心血管疾病发生的危险（Otsuka et al., 2001）。此外，被动吸烟可能还会增加患宫颈癌的风险（Trimble et al., 2005）。

因为吸烟会成瘾，所以尽管知道吸烟有害健康，很多人还是很难戒烟。吸烟对非裔美国人的危害尤其大，因为和白人相比，他们的血液中会积累更多的尼古丁，患癌症的风险也更高。

尽管吸烟有诸多危害，但美国 18 岁以上的人口中，仍有 25% 的男性和 20% 的女性是烟民（NCHS, 2004）。18~25 岁的年轻人吸烟率最高（见图 13-1）；近 45% 的年轻人报告正在使用烟草制品，其中主要是香烟（SAMHSA, 2004b）。美国印第安人吸烟率最高，而亚裔美国人吸烟率则最低（Lethbridge-Cejku et al., 2004; SAMHSA, 2004b）。

2000 年，全世界约有 500 万人死于吸烟，其中发展中国家和发达国家各占一半。这些人中半数以上年龄在 30~69 岁。由于吸烟而过早死亡的概率男性是女性的 3 倍（Ezzati & Lopez, 2004）。如果目前的发展趋势没有改变的话，到 2020 年，全世界死亡的成年人中将有 1/3 死于吸烟（International Agency for Cancer Research, 2002; WHO, 2002b）。

既然吸烟的危害众所周知，那么为什么还有那么多人会吸烟呢？其中一个原因是吸烟会让人上瘾。成瘾倾向可能是遗传的，某些基因会影响个体戒除成瘾的能力（Lerman et al., 1999; Pianezza et al., 1998; Sabol et al., 1999）。吸烟在影视等媒体中随

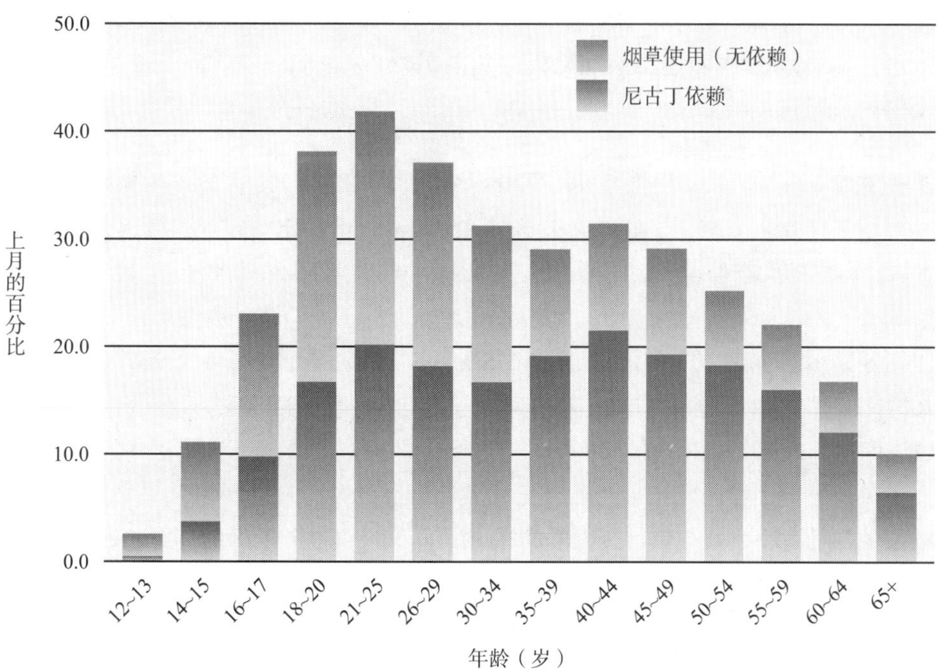

图 13–1

最新的（上个月）各年龄段烟草使用和尼古丁依赖情况：美国，2003 年。烟草使用量在成人初显期达到峰值；但总体来看，其中尼古丁依赖者所占的比例随年龄增长而增加。

资料来源：SAMHSA, 2004b, Figure 4.7.

处可见（参考第 11 章），这可能也是一个重要的影响因素。

戒烟能够降低患心脏病和中风的危险（Kawachi et al., 1993; NIA, 1993; Wannamethee, Shaper, Whincup, & Walker, 1995）。尼古丁口香糖、尼古丁贴片及尼古丁喷鼻剂和吸入器有助于香烟成瘾者安全地逐渐减少依赖性，尤其是当这些物品结合戒烟咨询时效果更好。但长期的尼古丁疗法对女性的效果不如男性，除非把它作为综合戒烟计划的一部分（Cepeda-Benito, Reynoso, & Erath, 2004）。

饮　酒　美国是一个饮酒的社会。广告里常常把烈性酒、啤酒和葡萄酒与高品质生活和"长大成人"画等号。喝酒的人数比例在成年早期最高，21~25 岁的年轻人中约 70% 报告自己在过去一个月喝过酒；21 岁的年轻人中近 48% 是酗酒者，一次聚会能喝至少 5 瓶啤酒（SAMHSA, 2004b）。

大学校园是饮酒的主要场所。尽管在这个年龄段的年轻人经常喝酒很普遍，但和没有上大学的同龄人相比，大学生喝酒更频繁，量也更大（SAMHSA, 2004b）。饮酒和成年早期特有的风险行为相关，如交通事故、犯罪、艾滋病感染（Leigh, 1999）和非法使用毒品、吸烟等。18~24 岁的大学生中有超过 31% 的人承认曾酒后驾车。每年有 1 700 多名大学生死于与饮酒有关的各种伤害（Hingson, Heeren, Winter, & Wechsler, 2005），而每年由于饮酒导致的约会强暴和性侵犯案件多达 7 万例（SAMHSA, 2001; NIAAA, 2002）。

少量或适量饮酒可能能够降低患心脏病、中风和老年痴呆的风险（Ruitenberg et al., 2002）。但长期过量饮酒会造成肝硬化、胃肠道疾病（包括胃溃疡）、胰腺疾病、某些癌症、心力衰竭、中风、神经系统损害、精神病或其他疾病（AHA, 1995; Fuchs et al., 1995）。吸烟同时喝酒的人患口腔癌、喉癌和食管癌的风险更高（HIAAA, 1998）。长期频繁喝酒还会增加患乳腺癌的风险（Singletary & Gapstur, 2001; Smith-Warner et al., 1998）。

非法使用毒品　非法使用毒品在 18~20 岁的人群中最多，其中 23% 的人报告自己在过去一个月沉迷于毒品。随着成年早期的年轻人逐渐安定下来，担负起自己未来的责任，他们通常会停止使用毒品。26 岁以上的成人中近半数（46.1%）曾有过非法使用毒品（主要是大麻）的经历，但现在仍吸毒的人只占 5.6%。吸毒率在 20 多岁时迅速降低，30 多岁到 40 岁出头时维持在 8%~9%，进入老年期会再次下降（SAMHSA, 2004b; 见图 13-2）。美国印第安人和阿拉斯加土著使用非法毒品的比例最高，亚裔美国人的比例最低（SAMHSA, 2004b）。

和青春期一样，成年早期最常见的非法毒品仍是大麻。2003 年，18~25 岁的年轻人中在过去一个月曾吸食过大麻的占 17%，而吸食过可卡因的只有 2.2%，使用过鼻吸剂的则不到 1%（SAMHSA, 2004b）。

长期吸食大麻会严重损害记忆力和注意力（Solowij et al., 2002），长期大量吸

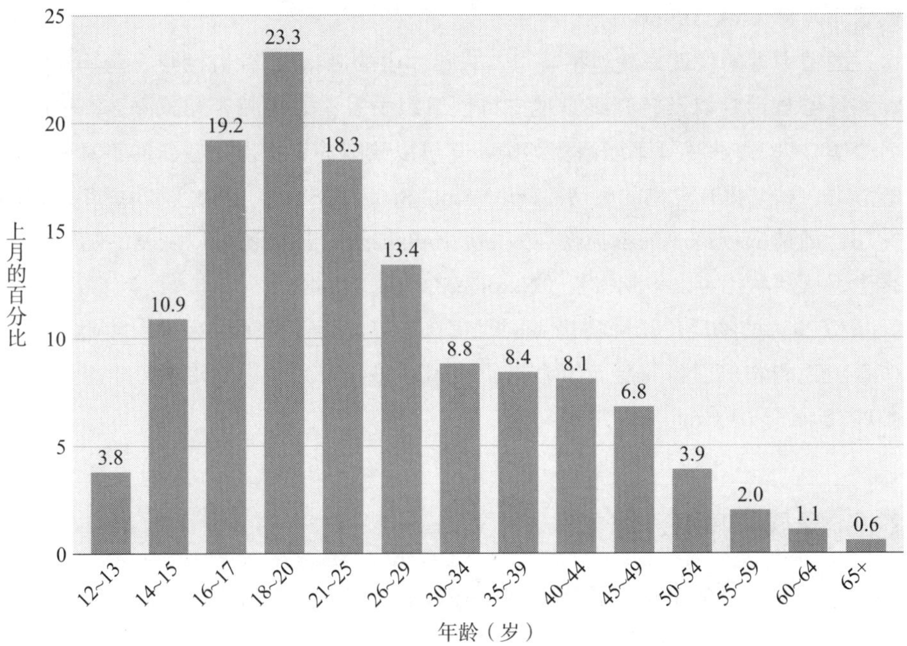

图 13–2

最近的（上个月）各年龄段人群非法毒品使用情况：美国，2003 年。

资料来源：SAMHSA, 2004b, Figure 2.5.

食可卡因也会导致认知功能损伤（Bolla, Cadet, & London, 1998; Bolla, Rothman, & Cadet, 1999）。尽管整体来看，成年人吸食大麻的比例在 1991 年到 2002 年间保持稳定，但大麻滥用和大麻依赖的比例却有所上升，尤其是在黑人和西班牙裔男青年中（Compton, Grant, Colliber, Glantz, & Stinson, 2004）。在 2003 年，曾有过吸毒史的成人患严重精神疾病的比例（18.1%）是从未吸毒者的（7.8%）2 倍（SAMHSA, 2004b）。

物质使用障碍　美国估计有 10% 的成人达到物质使用障碍的临床诊断标准，其中包括饮酒、吸毒或二者皆有；最常见的是酒精滥用和酒精依赖。1 760 万人报告自己有酒精依赖现象，占美国成人的 8.5%（Grant et al., 2004）。

酒精滥用者会反复醉酒以致于处于危险境地，惹出麻烦，或不能进行正常的社会交往、承担正常的责任。酒精依赖或**酒精中毒**（alcoholism）是一种生理状态，其特征是自己无法控制地强迫性饮酒（Grant et al., 2004）。酒精中毒的遗传性为 50%~60%（Bouchard, 2004）。这一障碍通常会在家族中蔓延，酒精成瘾患者的近亲出现酒精依赖的概率是普通人的 3~4 倍（APA, 2000; McGue, 1993）。

酒精中毒和其他成瘾一样，可能是由于大脑神经信号传递模式的长期改变导致的。长期服用可引起欢快精神状态的物质会形成神经适应，一旦缺乏这种物质就会觉得不舒服，渴望得到该物质。酒精中毒患者在不喝酒的 6~48 小时后就会出现很强的生理戒断症状（焦虑、烦躁、震颤、血压升高，有时甚至出现癫痫发作）。和吸毒者一样，酗酒者也会产生物质耐受性，他们需要喝越来越多的酒才能达到“很爽”

学习检查站

你能否……

- ✓ 列举出体育锻炼有哪些好处？
- ✓ 解释为什么睡眠剥夺是有害的？
- ✓ 讨论一下吸烟、饮酒和吸毒的发展趋势及其带来的风险？

的状态（NIAAA, 1996b）。

酒精中毒的处理方法包括解毒（去除体内的酒精）、住院治疗、药物治疗、个体和团体心理治疗以及转介到其他支持性组织中去，如嗜酒者互诫协会（也叫戒酒匿名会）。这些方法尽管不能治疗酒瘾，却可以给酗酒者提供一些新的工具来应对自己的酒瘾，过上更有意义的生活（Friedmann, Saitz, & Samet, 1998）。对成年老鼠的研究发现，酒精依赖造成的脑损伤在戒酒后不再加重，甚至还可以恢复，随着脑细胞的再生，认知功能可以得到恢复（Nixon & Crews, 2004）。

约 20% 的物质使用障碍患者同时存在心境障碍（抑郁）或焦虑障碍；同样，很多心境障碍和焦虑障碍患者也有物质使用障碍。因此，物质使用障碍患者也应进行心理健康评估（Grant et al, 2004）。

影响健康的间接因素

除了行为对健康的直接影响外，还存在一些间接影响因素，包括收入、教育、种族 / 民族和性别等。此外，周围的人和个体步入成年所经历的道路对一个人的健康似乎也有影响。比如说，酗酒在外出上大学的年轻人中最普遍，而年轻人的物质使用在结婚后下降得也最快（Schulenberg et al., 2005）。

社会经济地位和种族 / 民族 很多研究证明社会经济地位和健康之间存在关联。高收入人群的健康状况比低收入人群好，寿命也比后者长（NCHS, 2004）。受教育程度同样也很重要。受教育程度越低，感染传染病、受伤或患慢性病（如心脏病）并因此死亡的风险也越高；同时，受教育程度较低的人也更可能成为凶杀或自杀的受害者（NCHS, 2004; Pamuk, Makuc, Heck, Reuben, & Lochner, 1998）。

像图中这对在庇护所里的母女一样，生活贫困可能会造成营养不良、居住条件和医疗卫生条件差，从而影响个体的健康。

并不是说高收入和良好的教育是健康的直接原因，而是说它们与一些能够影响健康的环境因素和生活方式存在相关。贫穷与营养不良、居住条件差、生活方式不健康、接触污染物、暴力行为和医疗条件差等多种因素有关（Adler & Newman, 2002; Lethbridge-Cejku et al., 2004; NCHS, 2004）。受教育程度高的富人饮食更健康，同时也享有更好的预防保健和医疗条件。他们更注重体育锻炼（因此超重的可能较小），也更少吸烟或使用非法毒品。尽管这些人饮酒的概率更大，但他们会适可而止（NCHS, 2004; Pamuk et al., 1998; SAMHSA, 2004b）。此外，这些人的视力和牙齿往往更健康（Lethbridge-Cejku et al., 2004）。

社会经济地位和健康之间的关系能够解释为什么一些少数族裔人群的健康状况较差（Kiefe et al., 2000）。黑人青年出现高血压的概率是白人青年的 20 倍（Agoda, 1995）。非裔美国青年的死亡率约比白人青年高出 1 倍，因为黑人男青年死于凶杀的概率是白人青年的 7 倍（NCHS, 2004）。

但是，社会经济地位因素并不能解释所有问题。例如，虽然非裔美国人吸烟量少于美国白人，但他们体内尼古丁的含量却高于后者，也比后者更易患肺癌，更难戒除各种成瘾。这可能要用遗传、生物或行为等因素来解释（Caraballo et al., 1998; Pérez-Stable, Herrera, Jacob Ⅲ, & Benowitz, 1998; Sellers, 1998）。一项由国会授权的研究通过对已有的 100 多项研究总结发现，少数民族的医疗条件比白人差，即使二者的保险状况、收入、年龄和疾病严重程度相似（Smedley, Stith, & Nelson, 2002）。

20 世纪 90 年代，尽管多数健康指标的种族差距在大多数种族 / 民族中有所减小，但美国印第安人和阿拉斯加土著并不在此列。工伤、交通事故和自杀导致的死亡在种族 / 民族间的差距越来越大（Keppel, Pearcy, & Wagener, 2002）。关于种族和健康的关系我们会在第 15 章进一步展开讨论。

性　别　男性和女性谁更健康？我们知道，女性的预期寿命更长，死亡率也更低（Kochanek et al., 2004; 见图 13-3 和第 17 章的内容）。女性寿命更长可能得益于双 X 染色体的遗传保护作用（男性只有一条 X 染色体）。在进入更年期之前，女性体内

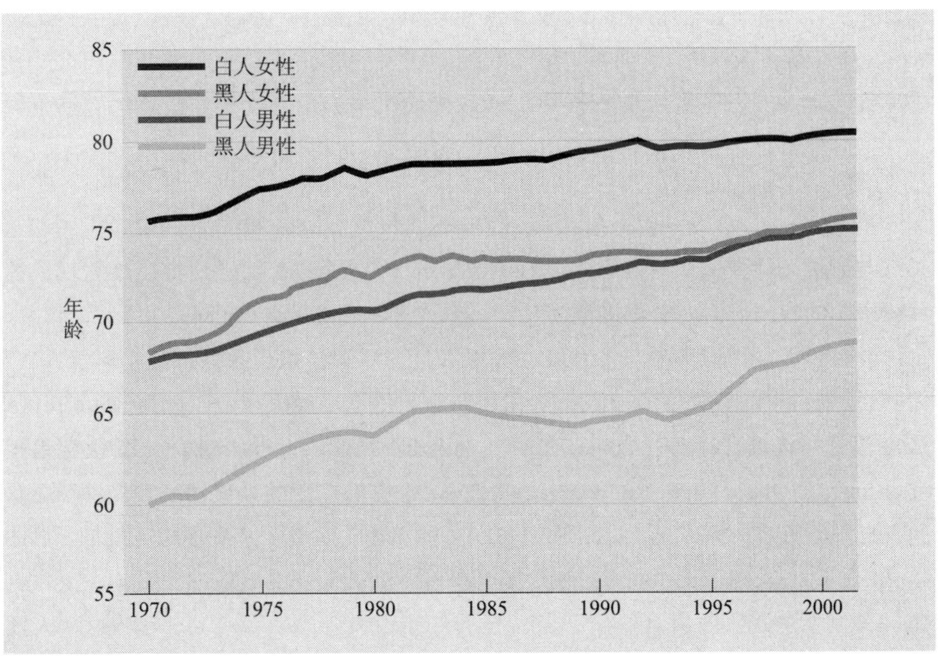

图 13-3

不同性别和种族的预期寿命：美国，1970~2002 年。

资料来源：Kochanek, Murphy, & Anderson, 2004.

的雌激素也有保护作用，尤其是对心血管的健康（Rodin & Ickovics, 1990; USDHHS, 1992）。但是，心理社会因素和文化因素也对健康的性别差异有影响。比如说，男性更喜欢从事冒险活动，也更喜欢吃肉食和土豆，却不喜欢吃水果和蔬菜（Liebman, 1995a; Schardt, 1995）。

尽管女性寿命更长，但和男性相比，她们却更多地报告健康状况一般或较差，更常去医院门诊或急诊室，更常因为一些小病去看医生，也更多地报告无法解释的不适感。尽管男性很少因为健康问题而寻求专业帮助，但他们住院时间更长，健康问题也更多是长期的、威胁到生命的疾病（Addis & Mahalik, 2003; Kroenke & Spitzer, 1998; NCHS, 2004; Rodin & Ichovics, 1990）。

女性更经常看医生并不一定意味着她们的健康状况真的比男性差，也未必表示这些小毛病是臆想的结果或是对自己的疾病过分关注（Kroenke & Spitzer, 1998）；女性可能只是比男性更关注健康。男性可能觉得生病不是“男子汉”的表现，而寻求帮助则意味着自己对健康失去控制。研究发现，当男性把健康问题看做非正常现象或对自尊的威胁，或当他们认为其他男性会因此看不起自己时，就会更少在生病时寻求帮助（Addis & Mahalik, 2003）。女性能得到更好的医疗保健，这可能有助于解释为什么她们比男性更长寿。

目前公众对男性健康问题的关注比以前有所增加。阳痿治疗和前列腺癌筛选检测把更多以前认为健康的男性带进了医院。现在，由于女性生活方式逐渐趋向于男性化，因此，女性的健康模式也在某种程度上与男性趋同。目前美国死于吸烟相关疾病的人口中女性占到 39%（Satcher, 2001）。死于肺癌的男性逐渐减少，而女性却越来越多。事实上，在白人、黑人和亚太群岛女性的所有癌症死亡病例中，肺癌高居榜首；而在西班牙裔女性中，肺癌也列第二位，仅次于乳腺癌（U.S. Cancer Statistic Working Group, 2004）。心脏病死亡率的性别差异正逐渐反过来，部分原因可能是由于男性吸烟率急剧下降，而女性更可能超重或久坐不动。这些变化趋势有助于解释为什么预期寿命的性别差异从 1970 年的 7.6 岁缩小到了 2002 年的 5.4 岁（Kochanek et al., 2004; NCHS, 2004）。

关系与健康 社会关系对健康可能有重要影响（Cohen, 2004）。研究已经发现，社会环境中至少有两方面能够促进健康：社会融合和社会支持（Cohen, 2004）。

社会融合是指积极参与各种社会关系和社会活动，担当各种角色（配偶、父母、邻居、朋友、同事等等）。社交网络会影响一个人的情绪健康和健康行为，如体育锻炼、饮食营养和远离毒品等（Cohen, 2004）。很多研究证明，社会融合与低死亡率相关（Berkman & Glass, 2000; Rutledge et al., 2004）。拥有广泛的社交网络和多种社会角色的人挺过心脏病的概率更大，癌症复发的可能更小，也更少感到焦虑或抑郁（Cohen, Gottlieb, & Underwood, 2000）。他们甚至都很少感冒（Cohen, Doyle, Skoner, Rabin, & Gwaltney, 1997）。

这对幸福的年轻人展示了良好的健康状况。尽管人际关系和健康之间确实存在相关，但谁为因谁为果还不甚清楚。

社会支持是指从社交网络中获得的物质、信息和心理资源，个体能够依赖这些资源应对压力。在高度紧张的情况下，与他人保持联系的人更能吃好睡好，进行足够的体育锻炼，避免染上毒品，也更少悲伤、焦虑、抑郁甚至死亡（Cohen, 2004）。

因为婚姻是能够提供社会融合和社会支持的便捷系统，所以结婚通常有益于健康也就不足为奇，尤其对于男性来说（Wu & Hart, 2002）。一项对 127 545 名美国成人的访谈研究显示，相对于未结婚的、同居的、配偶去世的、分手的或离异的人来说，已婚成人的身心往往更健康，年轻人尤其如此。唯一例外的是，已婚人群，尤其是已婚男性超重或肥胖的概率更大（Schoenborn, 2004）。离异（或同居分手）通常会对身心健康产生不利影响，但维持一段糟糕的婚姻显然也不利于身心健康（Wu & Hart, 2002）。

结婚往往能够提供较好的经济状况，前面我们已经说过，经济状况是身心健康的一个影响因素（Ross et al., 1990）。不论结婚与否，收入较高的人患病后的存活率都大于低收入者；而死亡率最高的是低收入的单身人群（Rogers, 1995）。

学习检查站

你能否……

- ✓ 说说不同的收入、受教育程度、种族（民族）和性别的人群在健康和死亡率方面有哪些差异?
- ✓ 讨论一下人际关系，尤其是婚姻会对身心健康产生怎样的影响?

学习指路标

3. 成年早期有哪些性问题和生殖问题?

性和生殖问题

性和生殖活动能够带来愉悦感，有时还能带给你一个宝宝。这些重要的自然功能也可能会带来一些健康问题，如月经失调、性传播疾病和不孕症。

月经失调

经前综合征（premenstrual syndrome，PMS）是指在月经前两周内出现的身体不适和紧张情绪。症状包括疲劳、头痛、乳房胀痛、手脚肿胀、腹胀、恶心、抽筋、便秘、渴求某种食物、体重增加、烦躁易怒、情绪波动、易哭、注意力不集中或记忆力下降（American College of Obstetricians & Gynecologists, ACOG, 2000b; Moline & Zendell, 2000）。高达 85% 的女性在经期都会出现某些症状，但只有 5%~10% 的人能够达到 PMS 的诊断标准（ACOG, 2000b）。

经前综合征的原因目前还不完全清楚，但它可能是人体对雌激素和黄体激素正常的每月周期性激增（Schmidt, Nieman, Adams, & Rubinow, 1998），以及雄激素即睾丸酮和血清素（一种脑化学物质）的水平变化（ACOG, 2000b）所做出的不正常反应造成的。因为经前综合征与排卵有关，所以在怀孕期间和绝经后就会消失。

经前综合征的治疗措施包括对患者进行教育，做有氧运动，少食多餐，进食富含复合碳水化合物的食物，少摄入盐和咖啡因，规律睡眠等。此外，补充钙、镁和维生素 E 也对经前综合征有益处。药物治疗能够缓解某些症状，如利尿剂可以缓解水肿和体重增加（ACOG, 2000b; Moline & Zendell, 2000）。口服避孕药和替代疗法，如天然黄体酮、月见草油（译者注：一种从月见草种子中压榨的油）和维生素 B6 也有效，但效果有限（ACOG, 2000b）。

*痛经*是一种没有明显器质性原因的经期疼痛（俗称“痉挛”），有时人们会把它和经前综合征混为一谈。痛经会给青春期少女和年轻女性带来很大痛苦，而经前综合征则在 30 岁以上的妇女中更多见。40%~90% 的女性都饱受痛经的困扰，其中 10%~15% 的人痛经非常严重，甚至无法正常生活（Newswise, 2004）。痛经是由于子宫收缩造成的，而子宫收缩受前列腺素的控制，因此我们可以用前列腺素抑制剂，如布洛芬来治疗痛经。前一月经周期时如果过度紧张，可能会导致下一月经周期时出现痛经（Wang et al., 2004）。

性传播疾病（STDs）

美国每年约有 1 500 万人感染一种或一种以上的性传播疾病（性病），其中一半的人一生都无法痊愈。多数性病的感染率在青少年和青年人中最高，这一点也不奇怪，因为该群体发生危险性行为的可能性最大（参考第 12 章）。尽管某些性病现在已经不多见了，特别是梅毒；但其他性病，如淋病和生殖器疱疹的感染率却正在增加。虽然性病在所有种族 / 民族中都存在，但非裔美国人的感染率高于美国白人，其部分原因是由于贫穷、吸毒和滥交等（CDC, 2000c）。

2004 年 12 月，全世界约有 3 940 万人感染艾滋病，其中年龄最大的 49 岁，最小的只有 15 岁。当年新增艾滋病感染者 430 万，所有感染者中有 260 万人死亡。自 2002 年以来，世界各地感染艾滋病的人数都在增加，其中非洲东部和中部以及东欧增长最快（见图 13-4）。但是撒哈拉以南的非洲仍是艾滋病肆虐最严重的地区。世界范围内的艾滋病患者中约半数是女性。新感染的患者中女性所占的比例正在逐渐增加，尤其是在一些异性性接触传染较普遍的地区，如撒哈拉以南的非洲和加勒比地区。吸毒者共用被污染的皮下注射针头、同性恋或双性恋男性（他们可能会在感染后再把病毒传染给他们的女性伴侣）进行无保护的性行为及嫖娼是美国艾滋病传播的主要途径（UNAIDS/WHO, 2004）；由于输血或血液制品感染艾滋病的（就像亚瑟・阿什）只占约 1%（CDC, 2001b）。

艾滋病在美国的传播现在已得到初步控制。1995 年，艾滋病成为 25~44 岁人群的头号杀手。到 2002 年，艾滋病在各种死因中下降到第六位（Hoyert et al., 1999;

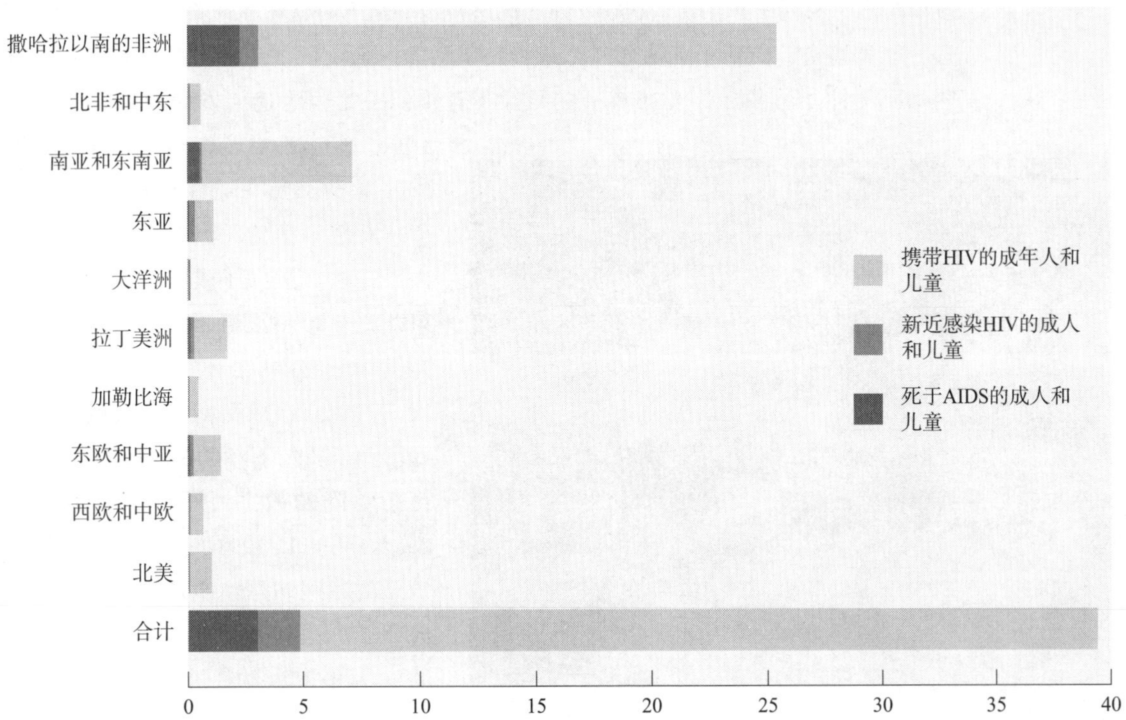

图 13–4

全球及地区的 HIV 感染和 AIDS 患病情况：2004 年。

资料来源：UNAIDS/WHO, 2004.

学习检查站
你能否……
✓ 说说哪些方法可以控制性传播疾病的蔓延？

NCHS, 2004）。劝说男性使用安全套是问题的关键所在，这是预防性传播疾病最有效的措施。一项对美国海军陆战队保安人员的三阶段干预取得了良好效果，他们更多地了解了社会对使用安全套的支持，也更愿意进行安全性行为（Booth-Kewley, Minagawa, Shaffer, & Brodine, 2002）。世界艾滋病防治基金自 2001 年以来增加了 3 倍，所获得的服务也有很大改善，但仍需继续努力（UNAIDS, 2004）。

不孕症

约有 7% 的美国夫妇不孕，即努力尝试 12~18 个月后仍无法怀孕（Centers for Disease Control & Prevention, 2001a）。女性的生育力在接近 30 岁时开始下降，在 30~40 岁之间会显著降低。男性的生育力受年龄影响不大，但在接近 40 岁时会大幅下降（Dunson, Colombo, & Baird, 2002）。不孕症可能会影响夫妻之间的感情，但只有当不孕症导致想要孩子的夫妻永远不可能有孩子时才会造成长期的心理负担（McQuillan, Greil, White, & Jacob, 2003）。

造成男性不育症最常见的原因是精子数量太少。虽然使卵子受孕只需要一个精子，但要攻破卵子的保护膜却必须有数以百万计的精子所释放的酶；因此，当一次射精时产生的精子数量在 6 000 万到 2 亿这一水平之下时就可能怀不了孕。有时射精管可能被堵塞，使精子无法通过；或者精子活力过低，无法成功“游”到宫颈，这些都是男性不育的原因。还有一些男性不育则似乎是因为遗传方面的原因（King, 1996; Reijo, Alagappan, Patrizio, & Page, 1996; Phillips, 1998）。

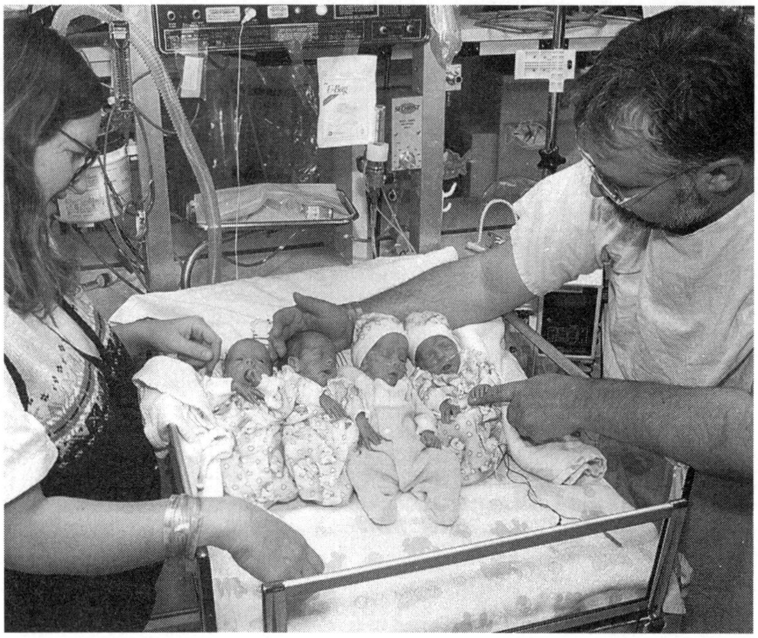

近年来，多胞胎已不是什么新鲜事。晚育、使用生育药物以及体外受精等辅助生殖技术都会大大增加怀多胞胎的概率，但是这些多胞胎往往会早产。

女性不孕的原因有很多，可能是由于无法产生卵子或卵子不正常；也可能是宫颈粘液阻碍了精子通过；或是由于子宫内膜异位，这种子宫内膜疾病可能会造成受精卵无法植入子宫壁。卵子质量下降是 30 岁以上女性生育力下降的最主要原因（van Noord-Zaadstra et al., 1991）。但女性不孕最常见的原因却是输卵管堵塞，从而造成卵子无法到达子宫。在输卵管堵塞的病人中，大约一半是由于性病导致的疤痕组织堵塞了输卵管（King, 1996）。

不孕不育有时可以通过激素治疗、药物治疗或手术来解决。但是，药物会增加高风险多胞胎出现的概率。接受生育治疗的男性更容易产生染色体异常的精子（Levron et al., 1998）。每天补充辅酶 Q10（一种抗氧化剂）有助于提高精子活性（Balercia et al., 2004）。

经过一年的努力仍没有怀孕的夫妻也不必急于进行不孕症治疗。除非有明确的导致不孕的原因，否则在一年半到两年后成功怀孕的机会是比较高的（Dunson, 2002）。在科技发达的今天，那些已经放弃自然怀孕的夫妻仍有很多其他方法来实现做父母的梦想（见专栏 13-1）。

学习检查站

你能否……

✓ 说出两性不孕不育症的病因和治疗方法有哪些？

认知发展

关于成人认知的不同研究视角

学习指路标

4. 成人的思维和智力有哪些独特性？

发展心理学家从多种不同角度对成人的认知进行了研究。一些研究者试图区分出成年期所出现的各种认知能力，或是找出个体在成年后是如何使用这些能力的；另一些研究者则重点考察智力的不同方面，这些智力成分贯穿于人的一生，但通常在成年期达到峰值。目前有一种理论揭示了情感在人的智力活动中所起的重要作用，该理论既适用于儿童，也适用于成人。

超越皮亚杰：成年期新的思维方式

尽管皮亚杰认为形式运算阶段是认知发展的终点，但也有发展心理学家主张，在此阶段之后，个体的认知能力仍在发展变化。新皮亚杰理论和相关研究中的一个分支聚焦于更高水平的抽象思维，或称之为*反思性思维*；另一分支则研究*后形式思维*，这种思维方式会把逻辑、情感和实践经验相结合来解决模糊性问题。

反思性思维　**反思性思维**（reflective thinking）是一种复杂的认知形式，它最初是由美国哲学家、教育家杜威（1910~1991）提出的。杜威把反思性思维定义为：对各种信息、有证可循的观点及其推论进行“主动、持久且谨慎的思考”。具备反思性思维的人会不断质疑假设、进行推断和联想。在皮亚杰所说的形式运算阶段之上，反思性思考者能够创造出复杂的智力系统，从而调和某些看似相悖的观点，例如将各种现代物理理论或人类发展理论相结合，使之形成能够解释很多不同现象的总体理论（Fischer & Pruyne, 2003）。

有人认为，反思性思维能力出现在 20~25 岁之间，因为负责高级思维的大脑皮层区域此时才能够完全髓鞘化（参考第 4 章）。同时，大脑也在形成新的神经元、突

实战演说

专栏13-1

辅助生殖技术

1978年，通过试管受精（IVF）即母体外受精，婴儿路易斯·布朗（Louise Brown）在英国诞生，拉开了辅助生殖技术的帷幕。2000年，25 000多名妇女借助科技成功怀孕，并生下超过35 000名婴儿（Wright, Schieve, Reynolds, & Jeng, 2003），占当年美国新生婴儿总数的近1%（Martin, Hamilton et al., 2002）。

技术和成果 试管受精是目前最常用的辅助生殖技术。这种技术会使用生殖药物来促进排卵，然后通过手术取出一个或多个成熟的卵子，并在试验器皿中进行受精，然后将受精卵植入女性子宫。为了增加怀孕几率，通常会同时植入多个受精卵，这也就增加了不成熟的多胞胎产生的可能（Wennerholm & Bergh, 2000）。但是，自1999年以来，一次植入3个以上受精卵的情况有所减少（Reynolds, Schieve, Martin, Jeng, & Macaluso, 2003）。

卵细胞体外成熟（in vitro maturation, IVM）是一种更新的技术，该技术在排卵周期的早期进行，此时会有30~50个卵泡生成，这些卵泡通常只有一个可以成熟。在排卵完成之前获得大量卵泡，然后在实验室中使之成熟，这样就不必非得注射激素，也就降低了多胞胎出现的可能（Duenwald, 2003）。

和路易斯·布朗的母亲一样，很多女性不得不求助于试管受精技术，因为她们的输卵管堵塞或受损无法修复。这一技术同样可以应用于严重的男性不育症，将一个精子注入卵子来实现受孕，这一技术被称为卵泡浆内单精子显微注射（intracytoplasmic sperm injection, ICSI）。

人工受精（artificial insemination）是将精子注入女性的阴道、宫颈或子宫内。这一技术通常在男性精子数量过少时使用，可以把数次射精获得的精子一次注入。如果男性没有生育力，则可以选择捐赠者的精子进行人工受精（AID）。

卵子质量过低或摘除卵巢的女性可以尝试进行卵子移植。该技术是将一枚卵细胞（也可是由健康女性匿名捐赠的）在实验室中进行受精，然后植入接受者的子宫内。在胚胎移植技术中，受精卵没有立即植入子宫，而是继续在实验室培养到胚胎阶段。但是这种方法会增加同卵双胞胎出现的几率（Duenwald, 2003）。或者也可以用另一种类似方法，卵子在捐赠者体内进行人工受精，几天后将胚胎取出并植入接受者的子宫。

尽管辅助生殖技术的成功率自1978年以来有所提高（Duenwald, 2003），但2000年接受该技术的99 629名妇女中也仅有30.8%的人成功生下宝宝，其中53%的是多胞胎。辅助生殖技术在35岁以下女性中的成功率最高（Wright, et al., 2003）。输卵管内配子移植术（gamete intrafallopian transfer, GIFT）和输卵管内合子移植术（zytoge intrafallopian transfer, ZIFT）是目前较新的技术，该技术是把精子和卵子或是受精卵注入输卵管内（CDC, 2002b; Schieve et al., 2002; Society for Assisted Reproduction Technology, 1993, 2002）。

借助人工方式孕育的孩子到底怎么样呢？一项研究对1 523名英国、比利时、丹麦、瑞典和希腊的人工助孕方式出生的婴幼儿进行了追踪，结果显示，孩子5岁时，在生理发育、健康和发展的其他方面，通过试管受精（IVF）或卵泡浆内单精子显微注射技术（ICSI）生育的孩子与自然生育的孩子并没有显著差异。但是，通过卵泡浆内单精子显微注射技术生育的孩子患先天性泌尿系统异常

触和树突间的联接，而有利的环境因素则可以促进大脑形成的皮层联接更加密集。因此，尽管每一个成年人都具备成为反思性思考者的潜能，但只有少数人能够将这种能力发展到极致，而能够一直运用这种能力解决各种问题的人就更少了。比如说，一个年轻人可能理解“公正”的意思，但在和其他概念（如社会福利、法律、道德和责任）相比时却可能很容易忽略公正的重要性。这可能有助于理解我们在本章后面部分将会讨论的一个问题：很少有成年人能够达到科尔伯格道德推理的最高水平，青少年就更不用说了。对很多成人来说，大学教育有助于反思性思维的发展（Fischer

和肾脏异常的概率确实较高（Barnes et al., 2003; Sutcliffe, Loft, Wennerbolm, Tarlatzis, & Bonduelle, 2003）。通过对100对夫妇（孩子为9~12个月）进行访谈发现，通过人工方式生育的父母比自然生育的父母与孩子的关系更积极，情感卷入也更多（Golombok, Lycett, et al., 2004）。纵向研究发现，到12岁时，通过试管受精或捐赠者人工受精生育的孩子和自然生育或领养的孩子在社会情感发展方面几乎没有差异（Golombok, MacCallum, & Goodman, 2001; Golombok, MacCallum, Goodman, & Rutter, 2002）。

代孕 *代孕法*（surrogate motherhood）是使用未来孩子父亲的精子通过人工受精使代理怀孕的女性怀孕。宝宝在代理怀孕的母体内生长，出生后交给孩子的父亲及其配偶。*妊娠代孕*（gestational surrogacy）是一种较新的方法，父母提供精子和卵子，通过试管受精后植入代理怀孕者的子宫，因此代孕母亲并不是孩子生物学上的母亲。55岁的蒂娜·凯德自己生下了三个外孙，这真是奇事一桩。蒂娜的女儿在努力4年之后仍无法成功怀孕，最终蒂娜为女儿做了代理孕母（Gelineau, 2004）。

有研究调查了42个有代孕宝宝的家庭。结果显示，和自然生育或捐赠卵子生育的家庭相比，这些父母报告的压力较小，对孩子更温暖关爱，也更享受为人父母的乐趣，这可能是由于这些父母非常非常想要孩子，因此对孩子特别投入（Golombok, Murray, MacCallum, & Lycett, 2004）。

辅助生殖技术的相关问题 辅助生殖技术滋生出了一张错综复杂的网络，法律、伦理和心理两难问题交织其中（ISLAT Working Group, 1998; Schwartz, 2003）。单身、同居和同性恋家庭是否应该利用该方法生育孩子？年纪较大的人是否也应该使用该技术进行生育？孩子是否应该了解自己的出身？对潜在捐赠者和代理孕母是否应该进行基因检测？当试管受精产生多个受精卵时，是否应该放弃其中一些，从而增加幸存者健康成长的机会？那些没被选中的胚胎又该如何处理？是否应该要求生育诊所公开辅助生殖技术的风险、选择权和成功率？

在代孕情况下，问题更加复杂（Schwartz, 2003）。谁是孩子“真正”的父母？是代孕母亲还是孩子生物学上的母亲？假如代理孕母自己想要孩子该怎么办？这类案件以前就曾发生过，闹得沸沸扬扬。假如原本想要孩子的父母拒绝履行合同该怎么办？费用支付问题是代孕的另一个争议所在。代孕产业催生出了“繁殖者阶层”，这些贫穷的弱势女性孕育了富人们的孩子，令人震惊。关于捐献卵细胞也存在着类似的问题（Gabriel, 1996）。

但有一件事是确定的：只要有人想要孩子却不能生育，现代人类的科技和创新就可以想方设法满足他们的需要。

我思我秀

假如你或你的配偶不能生育，你们是否会慎重考虑使用这些辅助生殖方法呢？为什么？

课外链接

如需这一主题的更多信息，可登录 http://www.nichd.nih.gov/publications/pubs/counrs/sub3.htm。该网站专门介绍辅助生殖技术相关研究。

& Pruyne, 2003）。

后形式思维 20世纪70年代的研究和理论认为，成熟的思维可能比皮亚杰所描述的更丰富、更复杂（Arilin, 1984; Labouvie-Vief, 1985, 1990a; Labouvie-Vief & Hakim-Larson, 1989; Sinnott, 1984, 1989a, 1989b, 1991, 1998, 2003）。其特点是：能够处理不确定的、不一致的、相互矛盾的、有缺陷的或是折中的信息（就像亚瑟·阿什在面对自己由于身体健康原因不能继续网球生涯这一事实时的表现）。这种更高级的成年

期认知能力有时被称为**后形式思维**（postformal thought）。

后形式思维灵活、开放、具有适应性和个性，它利用直觉、情感和逻辑来帮助人们应付这个看似杂乱无序的世界，将经验运用于模糊性情境之中。

后形式思维是持相对论的。和反思性思维一样，后形式思维也能让人跳出单一的逻辑系统（比如说欧几里德几何、人类发展的某一特定理论，或是现存的政治制度），调和相互冲突的观点或在其中做出选择（比如以色列和巴勒斯坦之争，或夫妻间的矛盾），即使这些观点单独来看都很有道理（Labouvie-Vief, 1990a, 1990b; Sinnott, 1996, 1998, 2003）。不成熟的思维看到的是黑白对立（非对即错、智力对情感、心灵对肉体）；而后形式思维则可以看到二者之间的灰色地带。像反思性思维一样，后形式思维也是在活动和相互作用中获得发展的，在这些活动中，个体可以打破对事物的固有看法，或挑战某些简单极端的观点。

杰出的研究人员简·西诺特（Jan Sinnott, 1984, 1998, 2003）提出了后形式思维的几个标准：

- 转换频道：能够在两个以上不同的逻辑体系下进行思考，并在抽象推理和对现实世界的考虑二者之间进退自如。（例如“这件事可能在理论上能行得通，但在现实生活中却不行。”）
- 明确问题：能够对问题在逻辑上进行归类，并对其参数进行定义。（例如“这是一个道德问题而非法律问题，所以司法判例对解决这一问题没什么帮助。”）
- 过程—产品转换：能够明白，一个问题既可以通过解决类似问题的一般过程来解决，也可以通过产品，即针对特殊问题的具体办法来解决。（例如“以前我碰到过类似问题，我知道怎么解决”，或“对于这个问题，最好的解决办法应该是……”）
- 实用主义：能够在几个可能的解决方案中选出最好的，并说明选择的标准是什么。（例如“如果你想花最少的钱解决问题，就这样做；如果你想用最少的时间解决问题，就那样做。”）
- 多种解决方案：能够意识到大多数问题的原因不仅一个，明白每个人可能都有自己的目标，知道一个问题可以有多种不同的解决方案。（例如“我们先试试你的方法，如果不行再试试我的。”）
- 能意识到事物间的矛盾：明白问题和解决办法之间可能存在着固有的冲突。（例如“这样做可以让他得偿所愿，但最终却只能带给他不幸。”）
- 自我参照思维：个体能够意识到自己必须决定使用哪种逻辑。换句话说，即个体在运用后形式思维。

后形式思维通常发生在社会和情感的背景中，而皮亚杰研究的问题则与此不同。皮亚杰的研究涉及物理现象，要求客观冷静、不掺杂情感地进行观察和分析；但通常社会困境的结构并不清晰，而且充斥着各种情感。在这种情况下，成熟的个体往往会运用后形式思维（Berg & Klaczynski, 1996; Sinnott, 1996, 1998, 2003）。

夫妻之间常常不得不面对 3 种逻辑现实：每一方各自的问题、二人关系的问题以及生活所必须承担的问题。后形式思维不会让夫妻某一方的思维方式占据统治地位，另一方只能妥协退让；而是让两人的观点综合统一，获得双赢，从而促进个体认知和情感的发展。例如，如果一对拥有同等重要职务的夫妻为了谁做家务发生争执，那么，后形式思维有助于他们抛开成长过程中受家庭及社会影响所形成的性别角色观念和态度（Sinnott, 2003）。

有研究发现，在成年早期到成年中期，个体的思维会发展变化，趋向于后形式思维，尤其当涉及情感问题时。在一项研究中，参与者需要对一系列假设情境的原因进行判断，例如一次夫妻间的冲突。研究结果显示：青少年和年轻人倾向于责备个体，而中年人则更多地将冲突归结于个体之间以及个体和环境之间的相互作用。面对的情境越是模棱两可，对问题所做解释的年龄差异就越明显（Blanchard-Fields & Norris, 1994）。

一项对 130 名医科大学新生的追踪研究用实验性证据证明了后形式思维的价值。参与者的模糊容忍度及他们到大三大四时的同理心（情感和认知的结合）预测了患者对他们临床表现的评价（Morton et al., 2000）。我们将在第 15 章对后形式思维做进一步的探讨。

沙伊：认知发展的毕生模型

华纳·沙伊（K. Warner Schaie）的认知发展毕生模型（1977~1978; Schaie & Killis, 2000）着眼于智力发展在社会情境中的应用。他的七阶段理论围绕人生各阶段的突出目标展开，这些目标会逐渐发生变化，从获得信息和技能（*我需要知道什么*）到对知识和技能进行综合（*如何利用我所知道的*），再到寻求事物的意义和目的（*我为什么要知道*）。七阶段的具体内容如下：

1. **获得阶段**（儿童期和青少年期）：儿童和青少年获取信息和技能，主要是好奇求知而学习，或为将来步入社会做准备。
2. **达成阶段**（青少年后期或 20 岁至 30 岁出头）：成年早期不再仅仅是为了好奇求知而学习，而是利用所学来达到某种目的，如职业和家庭。
3. **责任阶段**（将近 40 岁至 60 岁出头）：中年人利用自己的智慧来解决实际问题，这些问题多数与他们对周围人的责任有关，例如家人或雇员。
4. **执行阶段**（三四十岁和贯穿整个中年）：执行阶段可能和达成阶段、责任阶段存在重叠，处于此阶段的个体对社会系统（如政府组织或商业组织）或社会运动负有责任，负责处理各种水平的复杂关系。
5. **重组阶段**（中年晚期）：退休后，个体会围绕一些有意义的目标来重新安排自己的生活和活动，因为此时的生活重心不再是工作。

6. **重新整合阶段**（成年晚期）：老年人可能会放弃一些社会活动，他们的认知功能也可能会因为生理变化而受限。因此，他们通常会更加慎重地选择努力的目标。他们会集中精力朝目标迈进，专注于最有意义的任务。
7. **遗产创造阶段**（老年期）：临近生命终点时，一旦完成重新整合阶段（或二者并进），老年人就会决定如何处置自己的珍贵物品，安排自己的葬礼，口述自己一生的经历，或将其付诸笔端留给自己所爱的人作为遗产。所有这些任务都涉及认知能力在社会和情感情境中的运用。

并非每个人都会依照上面的时间表按部就班地经历这七个阶段，亚瑟·阿什就是如此。他英年早逝，但在去世之前经历了所有阶段。当他还是一个小男孩处于获得阶段时，阿什学到了成为顶级网球运动员所需要的知识和技能。当他还在高中和大学时就已进入了达成阶段，在获得业余巡回赛的过程中，阿什精炼了自己的知识和技能，为日后的职业网球生涯打好了基础。30多岁时，阿什进入了责任阶段，他协助成立了网球运动员联盟并担任主席，后来又成为美国戴维斯杯网球队队长。同时，他也更清晰地意识到，利用自己的地位来促进种族正义和机会均等是他的责任。进入执行阶段后，阿什曾担任美国心脏病协会主席，任公司董事会董事，还在几个城市建立了内城青年网球项目。在此期间，阿什因病结束了网球生涯，而后又与艾滋病艰难斗争。这些经历促使阿什进入了重组阶段，他进行演讲、写作、打高尔夫，还做电视体育评论员。最后，他决定公开自己患艾滋病的消息，这使得阿什进入了重新整合阶段和遗产创造阶段。他掀起了全国范围的艾滋病研究和教育运动，还撰写了关于非裔美国运动员历史的书，其影响是非常深远的。

> **学习检查站**
> 你能否……
> ✓ 解释一下反思性思维和后形式思维有哪些区别？这些高级思维是如何发展，何时出现的？
> ✓ 说说为什么后形式思维尤其适合解决社会问题？
> ✓ 描述一下沙伊的认知发展七阶段。

如果一个人确实完成了上述各阶段，那么传统的心理测验可能就不再适用，因为心理测验采用同类任务来测量人生各阶段。为了测量儿童知识技能而开发的测验并不适用于测量成人的认知能力，因为成人是使用知识技能来解决实际问题和实现自主选择目标的。因此，我们需要开发新的测验来测量成人解决现实生活问题的能力；例如，如何实现收支平衡、如何读懂列车时刻表或对医疗问题做出知情决策等。斯滕伯格的工作正是朝着这一方向的。

斯滕伯格：洞察力和专门技能

艾利克斯、芭芭拉和考特尼3人都申请了耶鲁大学的研究生。艾利克斯在大学期间的成绩几乎都是A，GRE得分很高，有很好的推荐信。芭芭拉成绩中等，GRE成绩也低于耶鲁的标准，但在她的推荐信中充满了对她非凡研究和创造性观点的褒奖。考特尼的大学成绩、GRE成绩和推荐信都不错，但都算不上最好的。

艾利克斯和考特尼收到了研究生入学通知书；芭芭拉没有被录取，但她却被一个研究机构雇佣，可以旁听研究生课程。艾利克斯入学后的第一年成绩很好，但之后就成绩平平。芭芭拉工作成绩斐然，震惊了整个入院审查委员会。考特尼在研究生期间成绩只算中等，但毕业后却轻而易举找到了好工作（Trotter, 1986）。

根据斯滕伯格（1985a, 1987）的智力三元论（第 9 章介绍过），芭芭拉和考特尼在创造性洞察力［即斯滕伯格的**经验性智力**（experiential element）］和实践性智力［即斯滕伯格的**情境性智力**（contextual element）］两方面很突出，但心理测验却无法测出。因为洞察力和实践性智力在成人的生活中非常重要，所以心理测验在测量成人智力和预测其成就时作用有限，它们更适合测量儿童智力，预测儿童的学习成绩。作为一名大学生，艾利克斯的**成分性**（componential）或分析性能力有助于其在考试时获得好成绩。然而科学研究需要原创性思维，因此，芭芭拉出众的经验性智力，她新奇的洞察力和创意在此时就开始闪光。考特尼的实践性、情境性智力，即她的“街头智慧”同样如此。她很清楚自己该如何选择，她选择“热门的”研究课题、在“正确的”杂志上发表论文，更知道用什么办法在哪里找到工作。

智力的年龄变化 创造性和解决实际问题的能力直到中年似乎仍在增长，至少保持稳定（参照第 15 章）；而解决学术问题的能力一般来说却在减退（Sternbert, Wagner, Williams, & Horvath, 1995）。实际问题是在个体实践过程中出现的，解决问题所需的信息也来源于实践。由于实际问题跟个体的关系更密切，所以会促使个体进行更缜密的思维，从而更好地测量其认知能力，这一点是优于与日常生活无关的学术性问题的。学术性问题通常有一个确定的答案和找出答案的正确方法；而实际问题则往往很难界定、有多种可能的解决方法，这些方法又各有利弊（Neisser, 1976; Sternberg & Wagner, 1989; Wagner & Sternberg, 1985）。生活经验能帮助成人解决实际问题。有研究考察了俄罗斯成人在社会制度发生改变时的适应能力。结果显示，斯滕伯格的 3 种智力都有助于适应环境变化，但实践性智力是身心健康最好的预测指标（Grigorenko & Sternberg, 2003）。

内隐知识 实践性智力的一个重要方面是**内隐知识**（tacit knowledge）（参考第 9 章），即“底蕴”、“诀窍”或“悟性”等，这些都不是通过正式教学或公开讲解获得的（Sternberg, Grigorenko, & Oh, 2001; Sternberg & Wagner, 1993; Sternberg et al., 1995; Wagner & Sternberg, 1986）。内隐知识主要是个体独立获得的，是关于如何行事的“常识性”知识，如怎样获得晋升，如何摒弃繁文缛节等。它跟测得的一般认知能力相关不高，但却可以较好地预测管理方面的成就（Sternberg, Grigorenko, & Oh, 2001）。

内隐知识包括自我管理（知道如何自我激励和合理安排时间精力）、任务管理（知道如何写一篇学期论文或申请书）和他人管理（知道何时用什么方式来奖惩下属）（E. A. Smith, 2001）。斯滕伯格对内隐知识进行了测量，方法是让参与者对一些假设的工作情境（例如怎样谋得晋升）进行选择，将他们的选择过程和该领域的专家及大家

这些正在费卢杰郊区巡逻的美国士兵必须具备所有通过经验和训练获得的内隐知识才能保证完成任务，并在铲除伊拉克叛乱分子的日常挑战中生存下来。

普遍接受的“拇指规则”做对比。用这种方法研究的结果显示，内隐知识似乎和IQ相关不高，它对工作成就的预测比心理测验更准确（Sternberg, et al., 1995）。

有人对16位平均工作经验为15年的注册护士进行了研究。在该研究中，参与者面临一些假设的危急情况。其中一个任务是给一名从摩托车上摔下来的病人包扎前臂轻微感染的伤口。患者表现出低血糖症状，虚弱、出汗、发抖和饥饿感，其头部也可能有创伤。研究结果显示，对这一情境处理最成功的护士表现出的外显（即有意习得）知识并不比处理欠妥的护士多。二者的差别体现在对内隐知识的使用上：成功的护士在做决定时更愿意相信自己的感觉和直觉，他们对知识的组织也更宏观和综合（Herbig, Büssing, & Ewert, 2001）。

当然，并非只要有内隐知识就能获得成功，智力的其他方面也在起作用。但是在对企业经理人的研究中发现，用薪酬、管理经验年限和公司业绩作为工作成就的指标时，内隐知识测量、IQ和人格测验几乎可以预测其全部工作成就（Sternberg et al., 1995）。有研究显示，剔除家庭背景和教育程度的影响后，内隐知识与企业经理在特定年龄的薪水和职位相关。内隐知识最丰富的经理不是那些做了很多年经理或在一家公司干了很多年的人，而是在多家公司做过经理的人，这可能是因为他们的经验更宽泛（Sternberg et al., 2000）。

情绪智力

1990年，彼得·萨洛维（Peter Salovey）和约翰·梅耶（John Mayer）两位心理学家提出了情绪智力（简称EI）的概念。情绪智力指认识和处理自己及他人情绪的能力。戈尔曼（Daniel Goleman, 1995, 1998, 2001）是一位心理学家兼科普作家，他推广了情绪智力的概念，使其扩展后包括乐观、责任心、积极性、同理心和社会胜任力等品质。戈尔曼认为，在工作等方面要获得成功，这些品质比IQ更重要。

情绪影响成功，这一观点并不是新近才有的，也不只适用于成人。但是，只有在成人的生活中，在面临“不成功便成仁”的挑战时，我们才可能更清晰地看到情绪在影响人们有效发挥智力方面的重要作用，就像亚瑟·阿什一次次证明的那样。

戈尔曼列举了近500家公司，在这些企业中，情绪智力得分最高的人升到了更高的职位。情绪智力似乎成了优良工作表现的能力基础。戈尔曼认为，优秀的工作能力受以下因素影响：自我意识（情绪的自我意识、正确的自我评价和自信）、自我管理（自我控制、可信赖、责任心、适应性、成就动机和主动性）、社会意识（同理心、服务导向和组织意识）和关系管理（培养他人、施加影响、进行沟通、处理冲突、领导能力、推动变革、建立关系及团队合作）。在这 4 方面至少各有一种能力出众是在所有工作中获得成功的关键（Cherniss, 2002; Cherniss & Adler, 2000; Goleman, 1998）。

情绪智力会影响获得和使用内隐知识的能力，就像我们在本章前面部分讨论过的对护士的研究。在护理领域和其他工作领域一样，情绪智力是有效工作的关键，也是认识自己和他人情绪并做出恰当反应、激发自己和他人积极性的关键（Cadman & Brewer, 2001）。情绪智力还会影响人们亲密关系的质量和在压力环境下的健康状况（Cherniss, 2002）。

> **我思我秀**
>
> - 反思性思维、后形式思维、内隐知识和情绪智力在什么情况下最有用？请具体举例说明。
> - 你身边最聪明的人是谁？为什么你认为他非常聪明？遇到私人问题时，你是否会找他给你一些建议？为什么？

戈尔曼指出，情绪智力并不是认知智力的反面。有些人两种智力都很高，而有些人则都低。情绪智力让我们联想起加德纳提出的个人智力和人际智力（参照第 9 章），它在情绪和认知之间的关系与后形式思维类似。

尽管研究结果支持情绪在智力活动中的作用，但对情绪智力的概念存有争议。认知智力已很难评估，情绪智力则更难测量。首先，各种情绪混杂在一起，容易让人产生误解。如果一个人可以处理恐惧却无法面对内疚，或者能够克服紧张却不能承受无聊，那么我们该怎样评估他的情绪智力呢？其次，某种情绪的作用依赖于情境。例如，愤怒既可能导致有害的行为，也可能激发有益的行为；焦虑既可以警示危险的来临，同时也可能阻碍个体做出有效反应（Goleman, 1995）。再次，学界认为大多数所谓的情绪智力的成分往往是人格特质。有研究发现，客观地测量情绪智力和对其进行准确定义一样，都是不可靠的；而那些自评情绪测验几乎和人格测验无法区分（Davies, Stankov, & Roberts, 1998）。

> **学习检查站**
>
> 你能否……
>
> ✓ 对比一下几种成人认知理论？
>
> ✓ 分别列举一些支持和批评情绪智力概念的例子？

情绪行为最终往往会归结为价值判断。是否应该服从权威，鼓舞还是利用他人，怎样做更明智？“情绪技能和智力技能一样，都是道德中立的……如果没有道德指南的指引，人们既可能利用其情绪技能行善，也可能作恶。”（Gibbs, 1995, p.68）。下面我们来看看成年期“道德指南”的发展。

道德推理

> **学习指路标**
>
> 5. 道德推理是如何发展的？

在第 11 章介绍的科尔伯格理论中，儿童青少年的道德是伴随其认知成熟而发展的。随着儿童摆脱自我中心，能够进行抽象思维，其道德判断也获得了发展。但是在成年期，道德判断往往会更复杂。

科尔伯格认为，能否达到道德推理的第三水平，即完全的原则水平或后习俗道德，

专栏13-2

知识拓展

信仰的毕生发展

能否从发展的角度来研究信仰呢？詹姆士·福勒（Fowler, 1981, 1989）认为是可以的。他把信仰定义为“看待和理解世界的方式”。为了研究人们是怎样获得这些知识的，福勒和他在哈佛神学院的学生一起访谈了400多位参与者，这些参与者来自各个年龄段，他们的种族、受教育程度、社会经济背景、宗教信仰或世俗身份和社会关系各不相同。

福勒的理论关注信仰的*形式*，而非其内容或对象。他的理论不局限于某种特定的信仰系统。信仰可以是宗教的，也可以是非宗教的。人们可以信仰上帝，也可以信仰科学、人文或他们作为终极目标的事业以及令他们的生命有意义的事物。

福勒认为，信仰的发展和认知其他方面的发展一样，也是通过个体与环境的相互作用来实现的。和其他阶段论一样，福勒的信仰发展阶段也是按照规律的顺序进行的，各阶段都建立在前一阶段的基础之上。挑战或打破个体原有平衡的新经验，如受到的批评、遭遇的问题或心灵的启迪等，都可以促使信仰从一个阶段上升到另一阶段。这种转换发生的年龄因人而异，有些人可能终生都在某阶段停滞不前。

福勒的信仰发展阶段与皮亚杰、科尔伯格和埃里克森所描述的阶段大致相同。福勒提出，信仰大约在幼儿1岁半到2岁时开始萌发，此时幼儿已经具有自我意识，开始使用语言和象征性思维，并且已经形成了埃里克森所说的*基本信任*，即明白有影响力的他人能够满足自己的需要。

- *阶段1：直觉与投射的信仰*（18~24个月到7岁）。幼儿努力理解控制自己世界的力量，在此过程中结合成人讲的故事，想象出强大的、虚构的关于上帝、天堂或地狱的影像，这些影像通常是可怕的，有时是持久的。因为前运算阶段的儿童往往容易混淆事物的因果，无法区分现实和幻想，所以这些影像通常是不合理的。由于儿童的思维是自我中心的，所以他们很难分清自己和父母对上帝的看法。他们对上帝的理解主要是服从和惩罚方面的。
- *阶段2：神话与文字的信仰*（7~12岁）。此时儿童的思维更具逻辑性，开始形成更一致的对世界的看法。在能够进行抽象思维之前，儿童往往会从家人和社区的信仰及惯例中获取宗教故事和符号，并对其进行字面理解。现在他们能够超越自己的角度来看待上帝，考虑到人的努力和意图。他们相信：上帝是公正的，善恶终有报。
- *阶段3：综合与形成惯例的信仰*（青少年及以上）。此时的青少年能够进行抽象思维，开始形成理想的意识形态（信念系统）和承诺。在追求自我同一性的过程中，他们寻求更多的与上帝有关的个人关系。但是，他们的同一性并不坚定，他们从其他人（通常是同伴）那里寻求道德权威。他们的信仰是盲目的，遵从群体标准。这一阶段的特点是追随某宗教组织，约50%的成人都不能超越这一阶段。
- *阶段4：个人与反思的信仰*（20岁到25岁左右及这个年龄段以上）。处于这一后习俗阶段的成人会批判性地检验自己的信仰，不受外界权威和群体规范的影响，独立思考自己的信念。由于年轻人对亲密关

主要取决于经验。大多数人在20岁以后才能达到这一水平，在此之前，即使有人能达到也寥寥无几（Kohlberg, 1973）。两类经验能够促进年轻人道德推理的发展：一是在家庭以外遇到的价值观冲突（例如在学校、军队或出国旅游途中），二是在对他人的利益负有责任时（如为人父母）。

经验能够促使成人重新评价自己关于对错和公正的判断标准。有些成人会自发地把个人经验作为解决道德两难问题的依据。例如，癌症患者或其亲戚朋友有得癌症的人，更可能宽容两难故事中偷取昂贵药物治疗自己濒死妻子的人，并用自己的经历来做出解释（Bielby & Papalia, 1975）。亚瑟·阿什曾在竞争激烈的环境中生活，

知识拓展

系非常关注，所以离婚、朋友离世等压力事件通常会促使他们进入这一阶段。

- 阶段 5：整合的信仰（中年及以上）。中年人更清晰地意识到了理性的局限性。他们认识到生活中充满了矛盾和冲突，经常纠结于满足自身需要和为了他人牺牲自己利益的矛盾之中。当开始考虑死亡时，他们会将自己早先的信念统合进信仰系统，从而获得更深的理解和接纳。
- 阶段 6：普适化的信仰（生命晚期）。福勒把一些道德和精神领袖归入这一罕有人达到的终极类别，如圣雄甘地、马丁·路德·金和特蕾莎修女，他们对全人类的愿景和承诺之宽广令人极其振奋。他们满腔热忱，想要“投身到能改变世界和统一世界的力量中”。因此，他们“比其他人更透明、更简单，在某种意义上也更具有人性的光辉”（Fowler, 1981, p.201）。因为他们威胁到了现有的秩序，所以往往会成为殉道者；他们虽然热爱生活，但不墨守成规。这一阶段与科尔伯格的道德发展第七阶段平行。

作为系统研究信仰发展的先驱之一，福勒的影响力巨大，他的著作是很多神学院的指定读物（Koenig, 1994）。但有人批评说，福勒的信仰概念与传统定义不一致，其中包含了接纳，而非内省。他们对福勒强调认知知识提出质疑，认为他低估了简单、坚定且无条件信仰的成熟（Koenig, 1994）。也有人质疑信仰是否都遵照普适化的阶段来发展，至少是否都遵照福勒提出的这六个阶段。福勒本人则提醒大家，尽管他的确让处于信仰发展最高阶段的人扮演了道德和精神榜样，但并不能认为这些人就比其他人更优秀或更真实。

福勒的样本并不是随机的，而是来自美国北部城市或附近的付费志愿者，美国大部分大学都位于这些城市中。因此，他的研究结果可能更适于智商和受教育水平较高的人群（Koenig, 1994）。福勒的研究结果也不适用于非西方的文化。另外，福勒最初的研究样本中 60 岁以上的参与者很少。为了弥补这一缺陷，有研究者（Shulik, 1988）访谈了 40 名老年人，发现他们的信仰发展阶段和科尔伯格的道德发展水平高相关。但是他也发现，信仰发展处于中等水平的老年人出现抑郁情绪的可能性最小。因此，福勒的理论可能忽略了传统宗教信仰对老年人的适应性价值（Kodnig, 1994; 见第 18 章表 18-1）。

另一些批评与对其他毕生发展模型的批评类似。皮亚杰理论、科尔伯格理论和埃里克森理论的最始参与者也不是随机选择的。还需要更多尤其是来自非西方文化的研究，以验证、修改和扩展福勒的理论。

我思我秀

- 有宗教信仰的人是否都信仰上帝？
- 你处在福勒描述的信仰发展的哪个阶段？

课外链接

如需更多关于这一主题的信息，可登录 http://www.psywww.com/psyrelig. 该网站专门介绍宗教心理学，描述“心理学家研究宗教对人们生活的影响所获得的成果”。

这些经历可能促使他更积极坦率地呼吁废除南非的种族隔离制度。这些具有强烈感情色彩的经历能够帮助人们从假设的、客观的角度来重新思考，有助于人们看到不同的观点。

用认知发展阶段并不能完全解释道德判断的发展。当然，仍处于自我中心思维阶段的人是不可能在后习俗水平做出道德判断的；但即使一个人能够进行抽象思维，他也不一定能达到道德发展的最高水平，除非他的个人经验能够跟得上认知发展。在个人经历为道德发展做好准备之前，很多具备思维能力的成年人都无法突破习俗水平阶段的道德推理。

1987年离世前不久，科尔伯格提出了道德推理的第七阶段，超越了对公正的考虑。在此阶段，成人要思考一个问题："为什么要坚守道德？"（Kohlberg & Ryncarz, 1990, p.192）。科尔伯格认为，这一问题的答案是一种宇宙的视角："与宇宙、自然或神明相统一的观点"，即个体能够"从宇宙整体的角度"来看待道德问题（Kohlberg & Ryncarz, 1990, pp.191, 207）。这一观点的实现者凤毛麟角，因此科尔伯格很难把它称为一个发展阶段。但是，科尔伯格明确指出，这一阶段类似于神学家詹姆士·福勒提出的信仰的最成熟阶段（参考专栏13-2），"个体会体验到与自身生命和存在的终极状态的统一"（Kohlberg & Ryncarz, 1990, p.202）。

文化与道德推理

科尔伯格宣称自己的道德发展阶段论是普遍适用的。为了验证这一论断，研究人员在几种非西方文化中对道德两难问题进行了测验。在印度，僧侣们的得分低于平民，这显然是由于科尔伯格的模型不能充分评价佛法中的合作和非暴力等后习俗道德所致（Gielen & Kelly, 1983）。

海因兹偷药的两难故事经过修改后在中国台湾地区施测。修订后的版本中，某人的妻子生病，商店老板拒绝给她食物。这个版本对中国的村民而言似乎并不可信，因为在这种情况下，他们习惯于听到商店老板说："不管他有没有钱，你都应该给他东西"（Wolf, 1968, p.21）。

尽管科尔伯格的理论基础是公正，但中国的社会风俗更偏爱和谐。在科尔伯格的理论框架中，参与者应该依据自己的价值观系统做出非此即彼的决定；而在中国社会中，人们在面临道德困境时往往会公开讨论，以集体标准为导向，努力找到能让尽可能多的人满意的解决办法。在西方，即使好人迫于环境压力违反了法律也是要受到惩罚的；但中国人并不习惯普遍地、毫无例外地应用法律，他们的教育要求服从法官的英明裁决（Dien, 1982）。

> **我思我秀**
>
> - 你有没有见过或亲身经历过这种情况：一个来自其他文化的人表现出道德准则的文化差异？

但是，我们也要谨慎小心，不能对文化态度进行简单粗略的概括。每种文化对正确、幸福和公正这些概念的界定可能都不尽相同。"西方文化是个人主义的，东方文化是集体主义的"这种说法忽略了其中的个体差异，忽视了甚至某一文化内部截然相反的态度，以及做出道德判断的具体情境（Turiel, 1998）。例如，美国政府在东南亚海啸和卡特里娜飓风之后为灾民发放救济金的行为说明，在美国的社会文化中，同情和竞争并重。

性别与道德推理

由于科尔伯格最初的研究是在男性中进行的，因此，吉利根（Carol Gilligan, 1982, 1987a, 1987b）认为他的理论体系过于强调公正和公平等"男性"价值观，而忽略了同情、责任和关爱等“女性”价值观。吉利根指出，女性的道德困境主要是自身需要与他人需要的冲突。而大多数社会文化往往希望男性能够自信、独立，女性能够牺牲自己、以他人为中心。

为了了解女性是如何进行道德选择的，吉利根（Gilligan, 1982）对 29 名孕妇进行了访谈，问她们是决定留下自己的孩子还是终止妊娠。这些女性从自私与责任的角度来看待道德，认为细心照顾他人并避免对他人造成伤害是自己的责任。吉利根的结论是：女性较少像男性那样考虑公正、公平等抽象概念，而更多地考虑自己对特定的人的责任（见表 13-1，吉利根列出了女性道德发展水平）。

但是，总的来说，其他研究人员并未发现道德推理存在显著的性别差异（Brabeck & Shore, 2003）。有人大规模分析对比了 66 项已有研究，结果显示，男女两性在科尔伯格道德两难问题上的反应终生都没有显著差异（L. J. Walker, 1984）。在少数研究中男性得分稍高，但这并不一定是性

卡罗尔·吉利根（照片中间）先后研究了女性和男性的道德发展，得出结论：关爱他人是道德思维的最高水平。

表 13-1　吉利根的女性道德发展水平

阶段	描述
水平 1：个体生存导向	女性关注于自身，关注于实际的、对自己有益的事物
变化 1：从自私到责任	女性意识到自己与他人的关系，考虑为了自身和他人（包括自己还未出世的孩子）的利益，应该怎样做出负责任的选择
水平 2：善于自我牺牲	传统的女性智慧要求女性牺牲自己的意愿来成全别人。女性认为自己要对他人的行为负责，将他人的责任作为自己的选择。女性处于依赖的位置，努力施加间接控制，最后往往会变成操纵者，这种操纵有时是通过内疚感来实现的
变化 2：从善意到真实	女性不再以他人的反应为标准来评价自己的决定，而是考虑自己的意愿和行为的结果。她们形成了新的判断标准，兼顾自己和他人的需要。她们既要“善良”，为他人负责，同时也要“坦诚”，对自己负责。生存再次成为女性的主要关注点
水平 3：非暴力的道德	通过将不准伤害任何人（包括她自己）的命令提升到统领一切道德判断和道德行为的原则，女性建立了自己与他人之间的“道德平等”，从而可以承担在道德两难问题中做出抉择的责任

资料来源：Reprinted and adapted by permission of the publisher from *In a Different Voice: Psychological Theory and Women's Development* by Carol Gilligan, Cambridge, Mass.: Harvard University Press. Copyright © 1982, 1993 by Carol Gilligan.

我思我秀

- 公正与权利，或同情与责任，如果两者兼有的话，你认为哪个在道德中应该优先考虑?

学习检查站

你能否……

✓ 举例说明经验和文化在成人道德发展中的作用?

✓ 陈述一下吉利根最初关于道德发展性别差异的观点，并归纳一下她关于这一主题的研究成果。

别造成的，因为男性通常比女性受教育程度高，工作也更好。一项较新的分析对比了 113 项研究，得出了更加微妙的结论。尽管女性更可能从关怀的角度来考虑，男性更多地是公正导向；但这种差异微乎其微，尤其是在大学生中。参与者的年龄和两难问题的类别比性别影响更大（Jaffee & Hyde, 2000）。因此，证据的分量似乎既不支持吉利根最初的观点，即科尔伯格的理论存在男性偏向，也不支持关于道德存在独特的女性视角（L. Walker, 1995）。

在后来的研究中，吉利根描述了男女两性的道德发展，超越了抽象推理。不用类似于科尔伯格最初使用的假设道德两难问题，而使用现实生活中的两难问题进行研究（如一个女人的情人是否应该对她丈夫坦承他们的关系），吉利根和同事发现，个体在 20 多岁时会对狭隘的道德逻辑感到不满，他们变得更能接受传统道德（Gilligan, Murphy, & Tappan, 1990）。这似乎说明，即使吉利根早期的研究反映出不同的价值观系统，那也不是性别造成的。同时，将科尔伯格的道德发展第七阶段考虑在内的话，其思维发展与吉利根的理论更加一致。两种理论都认为对他人的责任是道德思维的最高水平；都认为与他人的联系、慈悲和关怀对男女两性来说都很重要。

教育和工作

学习指路标

6. 处于成人初显期的个体是如何完成接受高等教育和步入职场的过渡的?这些经历会对认知发展产生怎样的影响?

上几代人从学校毕业后一般都会直接参加工作，实现经济独立；但现在的年轻人往往不清楚自己未来 10 年将会做什么。他们有的在工作和学习之间换来换去，有的则一边工作一边学习（Furstenberg et al., 2005; NCES, 2005b）。没有接受高等教育或中途退学步入职场的人，大部分会在日后重返校园（NCES, 2005b）。很多仍在上学或与父母住在一起的年轻人在经济上都不独立（Schoeni & Ross, 2005）。而那些既不上学也不工作的年轻人，更可能比其他同龄人生活贫困。在 2003 年，16~24 岁的年轻人中有 13% 处于这种状况。美国印第安人、黑人或西班牙人更可能沦为这类人（NCES, 2004a）。

在一项有全美代表性的纵向研究中，通过对 5 465 名年轻人的追踪研究发现，77% 的男性和 82% 的女性在 22 岁时完成了学业，但其中 15% 的男性和 22% 的女性后来又重新回到了校园。在此后 20 年间，75% 的参与者全职工作，经济独立，但也有 16% 的人在 35 岁前回到了童年的住所（Wouw, 2005）。

高中毕业后选择上大学或工作都为认知发展提供了契机。新的学习或工作环境是个体锻炼能力、质疑长期存在的假设和尝试从新的角度看待世界的机会。越来越多的人在超出传统的上学年龄之后（25 岁以上）仍在学习，对于这些人来说，大学教育或职场培训会重新点燃他们的求知欲，提高他们的工作技能，并为他们提供更好的工作机会。

大学过渡期

尽管大学只是通往成年期的道路之一，而且到目前为止还不是最普遍的一条路，但它的确非常重要（Montgomery & Côt ē , 2003）。从 1972 年到 2001 年间，美国高中毕业生继续读两年制或四年制大学的人从 49% 增加到 64%（NCES, 2003, 2005b）。多数大学生毕业后进入了四年制的研究生院，但越来越多的人就读于业余学院或两年制的职业学院（NCES, 2004a; Seftor & Turner, 2002）。其他工业化国家的高校入学率也都有所上升（NCES, 2004a）。

2003 年，18~24 岁的美国年轻人中有 38% 进入了大学。目前美国的大学入学率创历史新高，其主要原因是女大学生的数量激增（For, Connolly, & Snyder, 2005）。1970 年，女性上大学和完成学业的可能性都低于男性。但是现在，尽管男青年读大学的比例高于以往，但女大学生的增长速度远高于男性，所以大学生中 56% 的是女性（NCES, 2005c）。大学生中女生多于男生的国家还有加拿大、法国、意大利、日本、俄罗斯和英国（Sen et al., 2005）。在美国，女性占学士学位（57%）和硕士学位（59%）获得者的一半以上，获得博士学位的也将近一半（46%）（NCES, 2004b）。在一些传统的“女性”职业，如教育、护理、文学和心理工作领域中，女性仍多于男性。尽管现在获得工程学和计算机科学学位的女性比以前要多，但这些领域的学位仍有 70% 以上归入男性囊中。但是，这种性别差异在生物学和健康科学中恰恰相反；在数学和自然科学，尤其是化学科学中，性别差异日益消失（NCES, 2004a; NCES Digest, 2001; 参考表 13-2）。女性获得各类专业学位（法律、医学等）的比例也有显著提高（见图 13-5）。

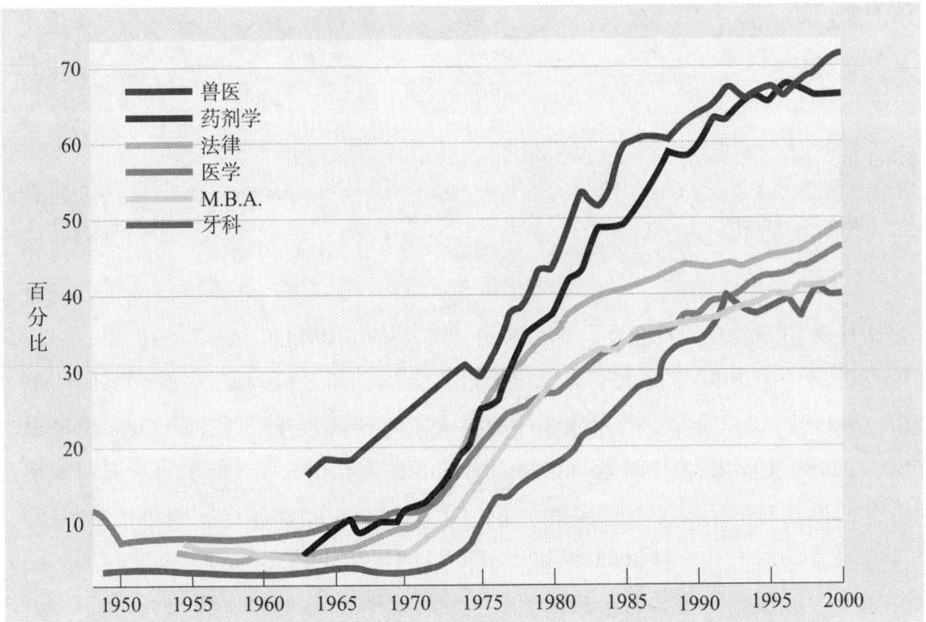

图 13–5

女性获得专业学位的比例：美国，1950 年至 2000 年。

资料来源：Cox & Alm, 2005; data from U.S. Department of Education.

表 13-2 1970~2002 年，美国学位获得者中女性所占的比例

学士学位	1970~1971 年	2001~2002 年
工程学	0.8%	18.9%
物理学	6.7%	22.6%
地质学	11.0%	44.7%
计算机科学	13.6%	27.6%
化学	18.4%	48.4%
生物科学	29.1%	60.8%
数学	37.8%	46.7%
健康科学	77.1%	85.5%
硕士学位	**1970~1971 年**	**2001~2002 年**
工程学	1.1%	21.4%
物理学	6.9%	20.9%
地质学	9.7%	39.7%
计算机科学	10.3%	33.2%
化学	21.4%	45.6%
生物科学	33.6%	57.8%
数学	27.1%	42.4%
健康科学	55.4%	77.5%
博士学位	**1970~1971 年**	**2001~2002 年**
工程学	0.6%	17.3%
物理学	2.9%	15.5%
地质学	3.4%	28.5%
计算机科学	2.3%	22.8%
化学	8.0%	33.9%
生物科学	16.3%	44.3%
数学	7.6%	29.0%
健康科学	16.5%	63.3%

资料来源：Cox & Alm, 2005.

是否接受高等教育受社会经济地位和种族 / 民族等因素的影响。2001 年，来自高收入家庭的高中生中 80% 的人毕业后直接进入大学，而低收入家庭的孩子只有 44%（NCES, 2003）。2002 年，少数民族学生只占全部学历颁授学院学生的 29%（NCES, 2005b）。自 1983 年以来，高中毕业直接进入大学的黑人和白人学生间的差异有所减小，但白人和西班牙裔学生间的差异却更大了（NCES, 2003）。事实上，西班牙裔年轻人的大学入学率从 1974 年到 2003 年是逐渐下降的（NCES, 2005c）。2004 年，25~29 岁的年轻人中，西班牙裔和黑人获得学士学位的比例分别为 17% 和 25%，而白人青

年则为 34%（Fox, Connolly, & Snyder, 2005）。来自移民家庭的年轻人往往比土生土长的美国青年有更强的学业动机，但高等教育所需的费用可能会阻碍他们进一步深造，养家糊口的责任也会迫使他们放弃自己的学术抱负（Tseng, 2004）。

越来越多的大学课程，甚至颁发学位或学历的教育项目都可以进行*远程学习*。通过信件、电子邮件、互联网、电话、录像（实时互动或事先录制好的）或其他技术手段，大学课程可以远程送达学习者面前（Mariani, 2001）。2000 年到 2001 年，超过一半（56%）的高等教育机构提供远程教育，而这一比例在 3 年前只有 34%（NCES, 2004）。

大学适应 很多大学新生都感到被学校的诸多要求压得喘不过气来。不论住在家里还是学校宿舍，家人在经济上和情感上的支持都是新生适应大学生活的一个关键因素。那些适应性强、有着较高的天资、解决问题技能较好、能积极投入学业和学习环境，并且与家人关系紧密但又独立自主的学生往往适应得最好，能充分利用上大学的机会。在强调自我指导学习的班级中，独立性强且成就导向的学生往往表现最好；而依赖性强且遵守纪律的学生则在管理严格的环境中成绩更好。能够与同学和老师建立强有力的社会和学术关系网也是很重要的（Montgomery & Côté, 2003）。

大学期间的认知发展 大学是发现知识和获得个人发展的时期，尤其是在口语和定量技能、批判性思维及道德推理方面（Montgomery & Côté, 2003）。促使学生发生改变的有以下 4 种因素：（1）课程，提供新的观点和思维方式；（2）其他同学，挑战长久持有的观点和价值观；（3）学生文化，不同于大的社会文化；（4）全体教职工，提供新的角色榜样。不论从眼下还是长远利益来看，进入大学（不管哪所大学）本身比上哪所大学更重要（Montgomery & Côté, 2003）。

大学经历可能让人的思维发生根本性的变化（Fischer & Pruyne, 2003）。威廉·佩里（William Perry, 1970）有一项经典研究，他对反思性思维和后形式思维的研究结果与新近的研究不谋而合。该研究访谈了 67 名哈佛大学和拉德克利夫学院的学生，追踪了整个大学期间。结果发现，他们的思维不断发展，从*刻板*到*灵活*，最终到*自由选择的承诺*。很多学生初入大学时对真理抱有僵硬的看法，他们只能接受“正确的”答案。随着逐渐接触更多的不同观点和视角，他们会不断遭遇不确定性。但他们认为这种状态只是暂时的，期望最终能够学到“正确答案”。接下来，他们开始明白，所有的知识和价值观都是相对的。他们认识到不同的社会和个体有着自己的价值观体系。他们现在意识到，自己对很多事物的看法和其他人一样有效；甚至是和父母、老师的一样有效，但他们无法在错综复杂的价值观系统和观念中找出其意义或价值所在。混沌取代了秩序。最终他们达到了*相对主义的承诺*，即尽管存在不确定性，也认识到了其他有效的可能性，但他们做出了自己的判断，选择了自己的信念和价值观。

我思我秀

- 据你的观察，大学生的思维通常是否会按照佩里列出的阶段变化发展？
- 你有没有发现，种族多样性的群体可以提高讨论的知识水平？

多样化的学生群体有助于个体的认知发展。在一项实验中，要求来自 3 所大学的 357 名学生进行小组讨论。每组 4 人，其中 3 人是白人学生，另外一名是研究者的白人或黑人助手。结果显示，有黑人助手的小组比都是白人的小组提出的观点更新颖，也更复杂。研究助手（不论黑人还是白人）与其他 3 人意见不一致时也有类似结果，不过程度稍弱（Antonio et al., 2004）。

完成大学学业 虽然上大学在美国已经是很普遍的事，但毕业却并非如此。在进入大学的年轻人中，只有四分之一（四年制大学是二分之一）能够在 5 年后获得学位（Horn & Berger, 2004; NCES, 2004a），但这并不意味着其他人都中途辍学了。越来越多的学生，尤其是男生会在大学待 5 年以上，或从两年制学院转到四年制学院，为了获取学位不断努力（Horn & Berger, 2004; Peter & Horn, 2005）。

学习检查站

你能否……

- ✓ 说出影响年轻人读大学和完成学业的因素分别有哪些？
- ✓ 说说大学对个体的认知发展有什么影响？

能否完成大学学业不仅受动机、学术能力、所做的准备和独立工作能力的影响，还受社会融合和社会支持的影响，如就业机会、财政支持、适合的生活方式、社会和学术互动的质量，以及学校提供的资源与学生需要之间的匹配程度等。针对高危学生进行的干预计划包括：在师生之间建立有意义的纽带、为学生寻找兼职工作机会、提供学术援助，并帮助学生认识到大学会让他们有更光明的前途，这些计划提高了大学生的上课出席率（Montgomery & Côté, 2003）。

这位美国加州大学伯克利分校的女孩子看起来前途光明。现在进入大学并获得学位的女性多于男性。大学教育往往是得到一份好工作和过上健康满意生活的关键。很多大学还会为残疾学生提供特殊服务和膳宿。

进入职场

工作的性质正在发生变化。2000 年，美国从事服务业和零售业的人数（6 100 万人）是制造业（1 840 万人）的近 4 倍（Bureau of Labor Statistics, 2001）。工作安排越来越多变，越来越不稳定。越来越多的人开始自己当老板，在家进行远程办公，这样可以灵活安排时间，或者干脆做独立承包商（Clay, 1998; McGuire, 1998; Bureau of Labor Statistics, 1998）。以上诸多变化再加上就业市场竞争日趋激烈、对劳动力技能的要求日益提高，使得教育和培训变得至关重要（Corcoran & Matsudaira, 2005）。在全世界范围来看，较高的受教育程度都可以增加人们的就业机会、提高赚钱能力和长期的生活质量（Centre for Educational Research and Innovation, 2004; Montgomery & Côté, 2003）。

尽管男女两性的收入差距在各种受教育程度中都存在，但差距已经显著缩小。1971 年，年轻男性的平均工资比女性高 56%；2002 年，这一差距仅为 18%（NCES, 2004a）。目前大学毕业的女性在很多领域的工资仍低于男性（Peter & Horn, 2005）。

工作中的认知发展　人们会因为所从事的工作不同而发生相应的变化吗？有研究者给出了肯定的答案：在面对挑战性的工作时，个体似乎会获得发展，而这类工作在当今越来越普遍。该研究揭示了工作中的**实质复杂性**（substantive complexity）——指工作要求的思维和独立判断程度——和个体解决认知问题方式的复杂性之间的相互关系（Kohn, 1980）。

有关大脑的研究揭示了人们是怎样解决复杂问题的。成年早期前额叶的全面发展，让人能够同时处理多项任务。核磁共振成像显示，前额叶最前面的部分在解决问题和制定计划时有着特殊的作用。当一个人要搁置还未完成的任务，把注意转到另一任务上去时，这部分大脑就会活跃起来。它可以在人进行第二项任务时将第一项任务保留在工作记忆里。例如，在被电话打断后继续读之前读的报告（Koechlin, Basso, Pietrini, Panzer, & Grafman, 1999）。

认知发展不会局限于工作情境。根据**溢出假设**（spillover hypothesis），在工作中获得的认知发展会延续到工作以外的时间。有研究支持该假设：工作的实质复杂性会极大地影响休闲活动中的智力水平（Kohn, 1980; K. Miller & Kohn, 1983）。

学习检查站

你能否……

✓ 总结一下现在的职场有哪些变化？

✓ 解释工作的实质复杂性和认知发展之间的关系？

✓ 说出兼顾学习和工作有哪些利弊？

工作和上学相结合　根据 11 个国家的 18~34 岁年轻人所写的日记反映的时间分配情况，20 世纪 90 年代的学生用于工作的时间要比过去的 10 年多（Gauthier & Furstenberg, 2005）。兼顾工作和学习会对认知发展和职业准备产生怎样的影响呢？有一项纵向研究对来自 16 个州的 23 所大学的新生随机样本进行了追踪，通过对他们前 3 年大学生活的研究发现，前两年的校内工作或校外兼职对阅读理解、数学推理或批判性思维技能几乎没有影响。到第三年，兼职工作会产生积极影响，这可能是因为工作迫使这些学生更高效地安排自己的时间，并养成更好的工作习惯。但是，一周工作 15~20 个小时或更多的话，往往会产生消极的影响（Pascarella, Edison , Nora, Hagedorn, & Terenzini, 1998）。

在美国，80% 的研究生和专业学位研究生都有工作，其中 63% 的人整年都有全职工作。这些有工作的学生中 70% 认为工作有助于为将来的职业做准备。但是，他们也报告了工作的弊端，如工作会限制自己的课程安排、所选课程的数量以及可选课程（Snyder & Hoffman, 2002）。

成人教育与工作技能　如果没有受过能获得学位或文凭的全日制教育，美国 16 岁以上的年轻人中 47% 的人会接受成人教育，其中大多数教育是与工作相关的（NCES, 2003）。

针对 25~64 岁人群的工作相关的教育中，75% 是雇主付费（NCES, 2003），这是有原因的。不要求大学学历的工作，尤其是一些高薪职业，大多数都需要进行在职培训（Bureau of Labor Standards, 2000-2001）。雇主们很清楚在职教育带来的益处，如激励员工斗志、提高工作质量、更好的团队合作和问题解决能力，以及更好地处理新技术和其他职场变化的能力等（Conference Board, 1999）。

技术技能日益成为现代社会中取得成功不可或缺的要素，同时也是与工作相关的成人教育的主要部分。越来越多的人使用互联网，这已成为一种全球现象。美国一半以上的人都使用互联网，每月新增的上网人数超过200万。在2000年8月到2001年9月的一年当中，25岁以上的职场雇员中，使用互联网工作的人从26.1%增加到41.7%。青年和中年雇员比老年雇员更多地使用互联网和电子邮件办公（Department of Commerce, 2002）。

读写能力培训 在目前的信息时代，**读写能力**（literacy）不仅是进入职场的基本要求，也是生活必需。有文化的人，是指那些能够利用书面信息在社会中正常生活、实现自己目标并发挥自己潜能的人。在20世纪初期，一个人只要上到小学四年级就被认为是有文化的，而如今，高中学历也只能勉强算有文化。

根据20世纪90年代美国对国内外文化程度的调查，近一半的美国成人不能很好地理解书面材料、处理数字或使用文件来胜任现代经济生活（Sum, Kirsch, & Taggart, 2002）。2003年的调查显示，美国成人在一项国际文化程度测验中的成绩低于百慕大、挪威和瑞士的成人，但高于意大利成人（Lemke et al., 2005）。

从世界范围来看，2002年约有八亿成人是文盲，主要分布在撒哈拉以南非洲和东南亚地区（UNESCO, 2004）。在一些发展中国家，女性没有文化尤其普遍，因为这些地方通常认为女性没有必要接受教育。1990年，美国在孟加拉国、尼泊尔和索马里等发展中国家发起了读写能力培训项目（Linder, 1990）。在美国，全国扫盲运动要求各州利用联邦基金资助建立读写能力培训中心。

学习指路标

7. 怎样帮助年轻人过渡到职场?

平稳过渡到职场

虽然有的年轻人能够在教育和工作之间游刃有余，但也有人会苦苦挣扎，甚至“摔跟头”。我们能做些什么，来帮助年轻人顺利过渡到职场，承担起成年期的种种责任呢?

有发展心理学家（Furstenberg et al., 2005; Settersten, 2005）建议采取措施加强职场和教育机构之间的联系，尤其是与社区大学的联系：

- 加强教育部门和雇主之间的对话；
- 调整学校和职场的时间安排，以适应学生兼职工作的需要；
- 请雇主来协助设计半工半读计划；
- 增加短期工作和兼职工作的机会；
- 将学生在工作中和在学校获得的知识更好地联系起来；
- 加强对就业指导顾问的培训；
- 更好地利用研究和支持群体，利用辅导和指导计划；

学习检查站

你能否……

✓ 解释与工作相关的教育的必要性?

✓ 讨论成人文化程度的发展趋势?

✓ 列举有助于年轻人顺利过渡到职场的建议?

- 为全职和兼职学生及雇员提供奖学金、助学金和健康保险。

重新聚焦

回想一下本章开始部分在焦点人物中关于亚瑟·阿什的故事：

- 亚瑟·阿什的故事说明了哪些因素会对健康产生直接和间接的影响?
- 在阿什对自己职业生涯和私人生活中的机遇与挑战的处理方式中，你看到了哪些是反思性思维、后形式思维、内隐知识、情绪智力或道德推理存在的证据?

工作会影响日常生活，不仅是对工作本身，对家庭生活也是如此。工作既能让人满足，也能产生压力。第 14 章通过展示成年早期的心理社会发展，我们将探讨工作对各种关系的影响。

小　结

成人初显期

学习指路标 1：成人意味着什么? 哪些因素会影响进入成年期的时间?

- 在现代科技社会中，进入成年期并没有明确标志，而且进入成年期之前的时间也比以前要长，通往成年期的道路也更多样化。因此，一些发展学家建议，从 20 岁左右到 25 岁左右是一个独特的过渡时期，称为成人初显期。
- 成人初显期由多个里程碑或转变构成，其顺序和发生时间因人而异。经过这些里程碑，或达到其他一些文化特有的标准，可能会决定一个人何时感觉像成人。

生理发展

健康和生理状况

学习指路标 2：一般来说成年早期的生理状况如何? 哪些因素会影响个体的健康和幸福?

- 成年早期一般健康状况良好，生理和感官能力通常都极好。
- 意外是成年早期的首要死因。
- 通过人类染色体图谱能够发现某些疾病的基因基础。
- 生活方式因素，如饮食、肥胖、锻炼、睡眠、吸烟和药物使用或滥用都会影响健康和生存。
- 好的健康与高收入和良好的受教育程度相关。非裔美国人和其他少数民族人群往往比非少数民族美国人健康状况差，社会经济地位是原因之一。
- 女性寿命通常比男性长，部分原因是生物学方面的；但也可能是由于女性更关注健康所致。
- 社会关系，尤其是婚姻关系，往往与身心健康相关。

性和生殖问题

学习指路标 3：成年早期有哪些性问题和生殖问题?

- 成年早期要关注月经失调、性传播疾病和不孕不育症等问题。
- 尽管某些性传播疾病的传染率有所下降，但其他一些却呈上升趋势。
- 在美国，虽然艾滋病的传染已经得到初步控制；但异性之间的传染有所增加，尤其是在年轻女性中。

- 男性不育症最常见的原因是精子数量过少；女性不孕症最常见的原因则是输卵管堵塞。
- 目前有多种辅助生殖技术可供遭遇不孕问题的夫妇进行选择；但这些技术可能涉及伦理和现实问题。

认知发展

关于成人认知的不同研究视角

学习指路标 4：成人的思维和智力有哪些独特性?

- 有研究者明确提出，成人的认知形式超越了形式运算。反思性思维强调复杂逻辑；而后形式思维则包括了直觉和情感。
- 沙伊提出了认知随年龄发展的七阶段：获得阶段（儿童期和青少年期）、达成阶段（成年早期）、责任和执行阶段（成年中期），以及重组阶段、重新整合阶段和遗产创造阶段（成年晚期）。
- 根据斯滕伯格的智力三元论，经验性智力和情境性智力在成年期变得尤为重要。内隐知识测验是传统智力测验的有效补充。
- 在生活中要获得成功，情绪智力至关重要。但是，对情绪智力的界定还存在争议，也难以测量。

道德推理

学习指路标 5：道德推理是如何发展的?

- 劳伦斯·科尔伯格认为，尽管成年期的道德发展不能超出认知发展的限制，但道德主要是依赖经验获得发展的。不同文化环境对经验有着不同的解释。

教育和工作

学习指路标 6：处于成人初显期的个体如何完成进入大学和步入职场的过渡？这些经历会对认知发展产生怎样的影响?

- 大多数成年早期的成年人将进入大学，接受 2 年制或 4 年制的大学教育。越来越多的女性上大学，并对传统的男性主导学科产生巨大冲击。
- 依赖于他们的专业，大学生们在推理能力上有了较大提高。
- 根据佩里的观点，大学生的思维过程从刻板到灵活，再到自由选择的承诺。
- 研究发现，工作中的实质复杂性和个体解决认知问题方式的复杂性之间存在相互关系。
- 工作场所的变化要求更高的教育水平和更多的教育培训；与工作相关的继续教育能提高成人的工作技能。
- 包括美国在内的世界范围内都有一些旨在帮助低读写能力的成人提高其能力的项目。在一些发展中国家女性的读写能力低尤其常见。

学习指路标 7：怎样帮助青年人过渡到职场?

- 通过加强职业教育和工作之间的联系，能帮助青年人完成从大学向职场的转变。

成年早期的心理社会发展

第14章

每一个成年人都需要温暖的庇护，
所需的方式可能与孩子们的类似，
抑或是迥异。

——埃里克·弗洛姆（1900~1980），《健全社会》，1955

焦点人物：英格丽·褒曼——“声名狼藉”的演员*

英格丽·褒曼

英格丽·褒曼（Ingrid Bergman，1915~1982），世界上最杰出的舞台与荧幕演员之一。或许最令人印象深刻的要数她在《卡萨布兰卡》中扮演的角色了。她曾经以《煤气灯下》《真假公主》《东方快车谋杀案》获奥斯卡奖，以《秋天奏鸣曲》获得纽约影评人协会奖，以《螺丝钉的翻转》获得艾美奖。1981年，即逝世前一年，她在息影后再度登台，在《一个叫戈尔达的女人》中饰演以色列首相戈尔达并竞逐艾美奖。

褒曼的私人生活也像她参演的电影情节一样充满戏剧性。正如她的一部电影作品《声名狼藉》（Notorious，又名《美人计》），这个标题概括了她1949年陡然转变的公众形象。此前她一直以健康纯洁的典范形象示人；然而让人吃惊的是，1949年，她竟然为了意大利电影导演罗塞里尼背弃了丈夫和10岁的女儿。而且，她还为这个有妇之夫怀有身孕，这一丑闻举世哗然。

自从11岁那年在瑞典的首次演出之后，褒曼就迷上了表演。她高挑、含蓄、害羞，逐渐在舞台上活跃起来。18岁那年，她为了能出演自己的第一部电影，毅然离开了斯德哥尔摩皇家戏剧学院，因此激怒了她的导师，并警告她电影会毁了她的天赋。

22岁那年，褒曼与彼德·林德斯春医生结婚。他是一个英俊而有成就的牙医，大她8岁，之后又成为了一名杰出的脑外科医生。正是在他的鼓励下，褒曼接受了

* 关于英格丽·褒曼的传记信息来源于 Bergman & Burgess（1980）和 Spoto（1997）。

本章提纲

制片人大卫·希尔茨尼克的邀请，前往好莱坞参与《寒夜情挑》的拍摄。23 岁时，她移居好莱坞，之后她的丈夫和襁褓中的女儿皮娅也到那里与她一起生活。

褒曼的影视生涯总是被家庭琐事时不时打断。“如普通人一样，我有许多事情可以做。建立家庭，相夫教子，这对于任何一个女人的生活来说应该都足够了。”她曾在某次隐退期间这样写道，“但是，我仍然认为每一天都在丧失之中度过，好像只有一半的我是活着的。”（Bergman & Burgess, 1980, p.110）

褒曼开始发现，这个总是帮助自己并替她作决定的丈夫，是一个过分保护、控制欲强、挑剔且嫉妒心强的人。夫妻俩长期分居：她在电影工作室里工作着或在旅途中，而她丈夫则在医院上着班。

同时，褒曼开始不满于工作室安排的电影戏分。当看到罗塞里尼的获奖作品《无防备都市》时，褒曼被电影的力量、现实的残酷，以及罗塞里尼追求艺术自由的勇气所震惊，她毅然写信给他，主动提出要去意大利与他合作。合作的作品即《火山边缘之恋》，影片的结局在她目前看来是一个建构出来的、未实现的婚姻。“我从来没有想到我会爱上他，也没有打算到意大利就一去不返，”她向林德斯春道歉时写道，“但是我又能怎样做？我能改变什么呢？”

33 岁时，已成为票房冠军的褒曼被逐出好莱坞。她与罗塞里尼的丑闻成为当时的国际头条。1950 年褒曼产下私生子罗贝蒂诺；她匆匆离婚，又与罗塞里尼结婚（他是个有家室的人，并未终止原先的婚姻）。她在 1952 年又生了一对双胞胎女儿，但是始终难以见到自己的大女儿皮娅。因为女儿站在自己父亲一边，在长达 6 年的时间里拒绝见自己饱受罪恶感折磨的母亲。所有这些无一不成为当时的国际头条。

这段不被祝福的褒曼—罗塞里尼之恋并没有维持多久。他们一起合作的影片都不叫座，最终，婚姻也走到了尽头。为了避免更大的争端，使两人都能继续各自的生活，褒曼将孩子交给罗塞里尼抚养。1958 年，褒曼在自己 43 岁那年开始了第三段婚姻，与瑞典籍戏剧制作人拉斯结了婚。而她的演艺事业此时也开始复苏，并与大女儿和好。这段婚姻持续了 16 年，但由于工作关系，夫妻俩长期分离，最终不得不以平和的方式结束婚姻关系。但直到褒曼去世两人一直保持着亲密的友谊。

英格丽·褒曼的故事富有戏剧性。它向我们揭示了文化变迁对个体态度和行为的影响。当今，同居、婚外性行为、离婚和私生子这些现象变得越来越普遍，当初人们对于褒曼和罗塞里尼的丑闻如此激愤，现在看来就有点大惊小怪了。但与当时仍然相似的是，在成年早期个人的抉择为之后的人生奠定了基本框架。褒曼的结婚与离婚，她所生育和所爱的孩子们，她对事业的热切追求，她在工作与家庭的冲突中的痛苦挣扎，同样是现代女性所面临的生活事件和问题。

褒曼是否会随着成熟和经历而发生改变？表面上，她似乎在一次又一次重复着同样的循环，但在第二次和第三次婚姻的处理方式上，她看来更加冷静、现实，而且更加有主动权。不过她基本的生活取向还是保持不变的：无论发生什么，她都做

学习指路标

1. 人格在成人期是否会改变？如果会，它是怎样变化的？
2. 在近几十年里成人的发展方式有何变化，什么因素导致了这些转变？
3. 亲密关系是如何通过友谊、爱情和性来表达的？
4. 为什么有一些人保持单身？
5. 同性恋关系的本质是什么？
6. 如何解释越来越多的同居现象，它以怎样的形式呈现？
7. 成年人从婚姻中获得了什么？婚姻处于什么样的文化模式之下？为什么有些婚姻成功而有些却失败了？
8. 大部分成年人在何时会为人父母？父母身份又会如何影响他们的婚姻？
9. 双职工夫妻如何划分各自的责任，如何处理角色冲突？
10. 离婚率因何升高？成年人如何适应离婚、再婚以及继父母身份？

自己认为必须要做的事情。

当人们的身体停止生长的时候，个体的人格是否也会随之停下来，或是它还会持续贯穿人的一生发展下去？成长的方式和亲密关系是如何在近几十年之中发生变化的？在这一章，我们将探索这样一些问题。我们考察对个人和社会生活起奠基作用的那些选择：所采取的性生活方式；结婚、同居或保持单身；是否要生育孩子；发展和保持友谊。

学习完本章后，你应该可以回答“学习指路标”中的所有问题了。为了检查你对本章“学习指路标”的掌握程度，请复习章节结尾部分的小结。“学习检查站”会贯穿整个章节并不时出现，以便检查你对所学知识的理解程度。

人格发展：四种观点

> 学习指路标
> 1. 人格在成人期是否会改变？如果会，它是怎样变化的？

人格的稳定性或变化性部分取决于我们研究和测量它的方式。对成人心理社会发展研究的四种经典方法包括：标准化阶段模型、事件时序模型、特质模型和类型学模型。

像儿童期和青少年期的发展一样，**标准化阶段模型**（normative-stage models）描绘了贯穿成人生命全程的年龄相关的发展。标准化阶段的研究发现了成人人格中主要的、可预测的变化。而**事件时序模型**（timing-of-events models）则认为，随年龄而

表 14-1 4 种人格发展的观点

理论模型	提出问题	研究方法	变化性对稳定性
标准化阶段模型	在贯穿生命全程的某个特定时期是否有典型的人格变化?	深度访谈，传记材料	常规的人格发展变化与个人目标、工作和社会关系有关，分阶段发生
事件时序模型	重要的生活事件往往在什么时候会发生？如果它们提早或推迟发生将会如何?	统计研究，访谈，问卷法	生活事件的非常规发生时机可以带来压力并影响人格发展
特质模型	人格特质是否会成群出现？这些特质群是否会随着年龄的变化而变化?	人格测验，问卷，因素分析	30 岁前人格明显变化，之后变化较缓慢
类型学模型	是否存在基本的人格类型？它们对生命过程的预测水平如何?	访谈，临床判断法，Q 分类技术，行为评价法，自我报告	人格类型表现出从童年到成年的连续性趋势；但一些事件可改变其毕生发展

发生的变化不如那些期望发生的和意外发生的事情以及重要生活事件的发生等因素所引起的变化大。

特质模型（trait models）集中于精神、情绪、气质和行为层面的特质，比如高兴和易怒。大多数基于特质的研究发现，成年人的人格在成人初显期有显著变化，之后即使变化也很缓慢。**类型学模型**（typological models）区分的是更为宽泛的人格类型或风格，这些类型或风格代表了人格特质是如何在个体内部进行组织的。这些模型都趋向于寻找到人格中大量的稳定性。

人格发展的这 4 种研究取向（见表 14-1）对成年人的发展提出了不同的问题，关注发展中的不同方面，往往使用的也是不同的研究方法。例如，发展阶段模型是建立在深度访谈和传记材料的基础之上的，然而特质理论的研究者则主要依靠人格测验和问卷。这样我们就不难理解，为什么这些传统理论的研究者们常常得出难以融合甚至不可比较的研究结果。

标准化阶段模型

标准化阶段模型认为，成年人的人格发展遵循与年龄相关的心理社会性变化的基本顺序。这些变化是常规的，适用于大多数人，并且按时期或阶段相继出现。有时会以情绪危机为突出的特点，而这种危机正是为进一步的人格发展奠定基础。

埃里克森：亲密对孤独 埃里克森的心理社会发展的第六阶段——亲密对孤独，是成年早期的主要问题。埃里克森认为，如果年轻人不能对他人做出深刻的个人承诺，他们就可能会变得过分孤僻或自恋。然而，他们确实也需要一点独处空间来自我反省。

当年轻人处理亲密关系、竞争感、距离感等冲突需求时，他们会发展出一种伦理观，埃里克森将之视为成人的标志。亲密关系要求牺牲和承诺。有些年轻人在青少年时期已建立强烈的自我感，他们已准备好将自己的自我同一性与另一个人相结合。

这个阶段解决了冲突就会发展出爱的“美德”，即伴侣之间的相互奉献，他们选择共同生活，孕育孩子，并帮助孩子健康成长。按照埃里克森的说法，情侣的决定若未能实现自然生育的迫切要求，会导致严重的发展问题。他的理论受到了学界的批评，因为他在健康发展的理想蓝图中没有包括以下人群：单身者、独身主义者、同性恋者、未生育者等，此外他还把自我同一性建立后男性发展亲密关系的模式作为了一种标准（参见第 12 章）。然而我们要清楚的一点是，埃里克森是在 20 世纪中叶建立和发展起自己的理论的，他当时所处的社会背景与当今社会有很大差异。

根据埃里克森的人格发展理论，亲密关系是成年早期的主要成就，通过承诺做出牺牲和妥协而形成。根据埃里克森观点，对于男性来说，只有他获得了自己的同一性，亲密关系才可能获得；而对于女性来说，根据吉利根和其他一些研究者提出的观点，女性先获得亲密关系之后才获得同一性。

埃里克森的后继者：范伦特和莱文森　埃里克森的人格毕生发展思想启发了乔治·范伦特（George Vaillant）和丹尼尔·莱文森（Daniel Levinson）的一些经典研究。1938 年，范伦特进行了一项拨款研究，挑选了 268 名 18 岁的独立自信并且情绪和生理都健康的哈佛本科生作为参与者。追踪到参与者中年时，范伦特（Vaillant, 1977）发现了一种典型的发展模式。20 岁时，许多男性还是事事由父母做主的。在 20 多岁时，有时要到 30 多岁时，他们才能自立、结婚、养育孩子并建立更深厚的友谊。他们努力工作并为家庭作出贡献，几乎不去质疑自己是否选择了正确的伴侣或合适的工作。

莱文森（Levinson, 1978, 1980, 1986）及其耶鲁大学的同事们，通过对 40 名 35~45 岁男性进行深度访谈和人格测验，依据不断演变的**生活结构**（life structure）提出了新的人格发展理论。生活结构就是“在特定时期个人生活的潜在模式或脚本”（1986，p.6）。按照莱文森的说法，成年人大约在 20~25 岁这段重合的时期里形成自己的生活结构。各时期有着各自的起始和积累阶段。每个阶段都有自己的任务，而这些任务的完成将成为下一个生活结构的基础。各个时期和阶段之间存在过渡期。人们在过渡期会再次评估和考虑重建他们的生活方式。的确，根据莱文森的说法，近一半的成年期处于过渡期，而其中可能也潜伏着危机。

莱文森认为，在进入成年早期的阶段（从 17 岁到 33 岁），男性就建立了自己的首次临时生活结构。他们会离开父母，也许上大学或服兵役，在情感和经济上实现独立。他们会选择一份职业或结婚，并且形成自己未来的梦想。在 30 岁的过渡期，他们会重新评价自己所进入的生活结构。然后在成年早期的巅峰时期安定下来并设定好目标（比如成为一名教授，达到一定的收入水平）及实现目标的时间（比如 40 岁）。他们在家庭、事业和社区中过安定的生活。他们对这一阶段问题的处理方式将会影响到他们向成年中期的过渡（参见第 16 章）。

关于女性的标准化阶段研究 在一项对 45 名女性的对比研究中，莱文森（Levinson, 1996）发现，女性所经历的时期、阶段和过渡期与男性相同。但是，由于传统文化对于两性角色界定的区别，女性在形成其生活结构的过程中可能要面临不同的心理和环境限制，而且她们的过渡期更长。

有一项关于 140 名女性的纵向研究，参与者是加利福尼亚奥克兰的密尔斯女子大学的 1958 级和 1960 级的学生。研究者发现了常规的人格发展变化的证据。成人早期人格发展的特点之一就是女性特质（由同情和怜悯与弱小感、自我批评、缺乏信心与进取心等合并而成）出现先升后降的趋势。在 27~43 岁之间，女性变得更加自律，更能承担义务，更独立自主，更自信且应对问题更加游刃有余（Helson & Moane, 1987）。

评价标准化阶段模型 在拨款研究和莱文森早期的工作中，参与者大多或全都是出生于 20 世纪二三十年代的白人中上阶层男性小样本。同样，莱文森后来的研究涉及在 1935~1945 年间出生的女性小样本，赫尔森研究中的密尔斯大学的学生也不具有很好的代表性。这些参与者的发展都受到当时社会事件的影响，但这些事件并不会对之前和之后的群体产生影响。这些参与者的发展还受其社会经济地位、种族和性别的影响。

范伦特和莱文森研究中的男性参与者成长于 20 世纪 30 年代的经济大萧条时期，当他们开始工作时，正处于第二次世界大战后的经济快速发展期。莱文森和赫尔森的女性参与者正处在女性角色巨变的时期，这种变化是由女权运动、经济趋势、家庭生活和工作场所的模式变化等带来的。如今年轻人的发展方式更加多元化，女性角色的选择也更普遍地得到社会认可。在这样的条件下，当今成年男女的发展很可能与上述研究中的参与者不同。此外，关于发展阶段研究的结果未必能直接运用于其他文化之下。某些文化背景下人的毕生发展可能显示出不同的模式（见第 16 章专栏 16-1，关于肯尼亚西南部盖斯族人的生命阶段的讨论。）

然而，标准化阶段的研究有非常持久的影响力。心理学家在埃里克森研究的基础上确定了成功适应人生各阶段所须完成的**发展性任务**（developmental tasks）（Rosiman, Masten, Coatsworth, & Tellegen, 2004）。成年早期的发展任务众多，包括离开童年生活的家庭外出求学、工作或服兵役；建立新的更亲密的友谊或恋爱关系；形成自我效能感和完成个性化过程——一种自我独立和自我依赖感（Arnett, 2000, 2004; Scharf, Mayseless, & Kivenson-Baron, 2004）。这一阶段的其他发展任务在第 13 章已经讨论过，包括完成学业、进入职场并实现经济独立。

或许标准化阶段模型的点睛之处在于提出成年人仍处于持续的发展之中。无论人们是否以该模型的特定方式发展，该模型都对那种认为青少年期之后人格就不再发生重要变化的观点发起了挑战。

事件时序模型

事件时序模型没有将人格发展当成是年龄的函数，而是认为人格的发展过程有赖于人们生活中特定事件发生的时间点。该理认受到了钮加藤（Bernice Neugarten）和其他研究者（Neugarten, Moore, & Lowe, 1965; Neugarten & Neugarten, 1987）的支持。

正如我们在第 1 章中讨论过的，**常规生活事件**（normative life events）（也称为同龄人常规事件）是指人生某一阶段的典型事件——诸如结婚、为人父母、成为祖父母和退休等。当事件在预期的时间点出现就是正常的；而早于或晚于正常发生的时间则是异常的。这些事件若"按时"出现就是常规的；若发生时机不合时宜则被认为是非常规的。该模型认为，人们通常能够很敏锐地觉察到自己的"时刻表"与"**社会时钟**"（social clock），即社会大众对于生活事件发生的适宜时机的常模或预期。

如果生活事件准时发生，那么人格就会发展顺利，否则就可能会招致压力。压力可能来自一件预料之外的事件（如失业），也可能来自于某事件不合时宜的发生（比如 35 岁丧偶或者 50 岁强制退休），或者是由于预期的事件没有发生（如未婚或无法生育）。人格差异会影响人们对生活事件所作的反应，甚至可能会影响这些事件发生的时间。比如，坚强的人可能会比那些过度焦虑的人提早经历成人过渡期和一些任务、生活事件，因为焦虑者可能会推迟建立亲密关系，推迟作职业选择。

典型生活事件发生的时间存在文化和代际差异。例如，自 1970 年起，美国成年人首婚的平均年龄就开始呈上升之势；另一方面，首次生育的年龄也呈现延迟之势。因此，对于某个年代的人来说符合常规的时刻表可能并不适用于下一代。

自 20 世纪中叶，西方社会对于年龄的知觉不再敏感。当今人们越来越能够接受各种"奇闻趣事"：有人 40 岁才为人父母，也有人 40 岁就当上了祖父母；有人 50 岁退休，也有人 75 岁还在上班；有人 60 岁穿牛仔裤；也有人 30 岁就当了大学校长，等等。这种年龄常模范围的拓展破坏了生活事件发生时间的可预测性，而这恰是事件时序模型的理论基础。

事件时序模型强调了个体生命的全程发展观，并且挑战了统一模式下与年龄相关的发展变化观，它为我们理解成人的人格发展作出了重要贡献。然而，它的实用性可能也会受到文化和历史的限制，只适用于行为常模稳定且被广泛认可的文化历史背景。

建筑师哈罗德·费舍（Harold Fisher），在其百岁之时荣获美国最年长的工作者称号。这就是美国社会没有单一的"标准退休时间"的最生动例证。

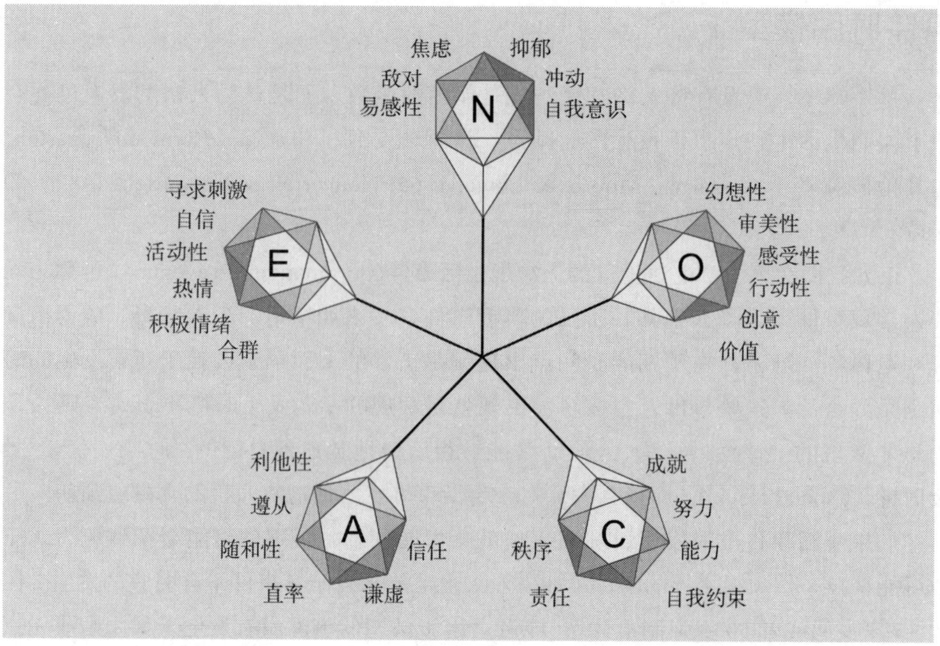

图 14–1
科斯特和麦克雷的五因素模型。每一个因素或人格的某个领域，都代表了一组相关的特质或方面。N= 神经质；E= 外倾性；O= 开放性；A= 宜人性；C= 尽责性。

资料来源：改编自 Costa & McCrae, 1980.

特质模型：科斯特和麦克雷的五因素模型

特质模型寻找的是人格特质的变化或稳定性。科斯特（Paul. T. Costa）和麦克雷（Robert R. McCrae）建立并验证了一个**五因素模型**（five-factor model）（见图 14-1），该模型由五组相关联的特质因素或维度构成，即所谓的“大五”人格。它们分别是（1）神经质（*N*），（2）外倾性（*E*），（3）开放性（*O*），（4）宜人性（*A*）和（5）尽责性（*C*）。从津巴布韦到秘鲁，在 30 多种文化背景的跨文化研究中，研究者都发现了同样的五因素，因此看来其具有普遍性。然而它们在每一种文化中可能并非同样重要，而且在某些文化中可能还存在另外的因素（McCrae, 2002）。

神经质是由 6 个代表情绪不稳定性的特质所组成的特质群。这 6 种特质分别是：焦虑、敌对、抑郁、自我意识、冲动、易感性。外倾性也包含了 6 个方面：热情、合群、自信、活动性、寻求刺激、积极情绪。我们推测英格丽·褒曼在神经质和外倾性的某些方面有很高的得分，而其他方面则得分较低。

开放性高的人往往乐于尝试新事物、接受新观点。英格丽·褒曼在这一方面可能会得分高。

尽责性高的人往往是成功者：他们尽职尽责，有条不紊，恪守本分，深谋远虑，遵纪守法。宜人性高的人通常值得信赖、为人坦率、乐于助人、温顺服从、谦虚正派，并且易摇摆。其中有些特质在年轻的英格丽·褒曼身上有明显的体现，但随着年龄增长，这些特征逐渐弱化。

五因素模型的持续性与变化　以来自各年龄段的美国男女为参与者，通过横断、纵向和时间序列分析，科斯特和麦克雷在数项大样本研究中发现，人格的五个方面都具有相当的持续性（Costa & McCrae, 1980, 1988, 1994a, 1994b; Costa et al., 1986; McCrae & Costa, 1984; McCrae, Costa, & Busch, 1986）。具体来说，“大五”人格的遗传率似乎高达 40%~66%（Bouchard, 1994）。“大五”中至少“宜人性”这个因素在童年期就能确定。一项由 194 位芬兰中部的参与者参与的纵向研究发现，参与者 8 岁时老师与同龄人对其攻击性、顺从性和自我控制的报告结果，能够预测他们 36 岁时的宜人性程度（Laursen, Pulkkinen, & Adams, 2002）。

在美国进行的研究确实揭示了从青春期到 30 岁之间，这五种因素都存在着明显的变化，但之后变化趋缓。宜人性和尽责性在成年期普遍升高；而神经质、外倾性和开放性则下降（McCrae et al., 2000）。这些与年龄相关的变化似乎是普遍存在的，因此研究者认为这可能是成熟的表现。在德国、意大利、葡萄牙、克罗地亚、韩国、爱沙尼亚、俄罗斯、日本、西班牙、英国、土耳其和捷克也发现了类似的发展模式（McCrae, 2002）。

性别差异似乎也是一种普遍现象，这可能暗示人格五因素有其生理基础。女性在神经质、宜人性以及外倾性和开放性的某些方面（即热情温暖和对审美经验的开放）通常比男性得分更高。而男性通常在外倾性和开放性（即自信和观点的开放性）上有更高的得分。在尽责性上几乎不存在性别差异（McCrae, 2002）。

在德国和美国进行的一项研究选取了 25~65 岁的有代表性的成人样本，发现“大五”人格（特别是神经质）与个体的主观健康感和主观幸福感相关（Staudinger, Fleeson, & Baltes, 1999）。尽责性与对长寿有益的健康行为相关（Bogg & Roberts, 2004; 参见第 18 章中的专栏 18-1）。不同的“大五”特质也与婚姻满意度（Gattis, Berus, Simpson, & Christensen, 2004）、亲子关系 (Kochanska, Friesenborg, Lange, & Martel, 2004) 和人格障碍相关。高神经质得分者更有可能遭遇焦虑和抑郁的困扰；外倾性得分低的人更容易得社交恐惧症和广场恐怖症（即对开放式空间的恐惧）（Bienvenu, Nestadt, Samuels, Costa & Eaton, 2001）。

评价五因素模型　这一研究工作为人格的持续性发展，尤其是个体 30 岁以后人格的稳定性提供了有力的例证；但五因素模型也遭到了批评。情境主义理论指出，经验性因素，如社会角色、生活事件、社会环境等对人格也有影响。巴尔特斯的毕生发展观（参见第 1 章）认为，人格在毕生都显示出相当大的可塑性。

一项在美国和加拿大进行的研究有 132 515 名年龄为 21~60 岁的参与者参与。这些参与者主要是白人中产阶级的志愿者，他们在互联网上进行人格测验，以验证五因素模型和情境主义方法（Srivastava, John, Gosling, & Potter, 2003）。虽然每个“大五”人格特质的变化方向与科斯特和麦克雷当年的研究结果类似，但并未发现 30 岁后人格变化显著减缓。相反，该研究发现，在青年期和中年期人格特质仍在逐渐发生系统性变化，而且，不同特质的发展过程也不尽相同。尽责性在成人初显期表现出最大的变化性，此时正是成人开始步入并建立忠贞恋爱关系的时期。然而，宜人性的最大变化却出现在二十几岁到三十几岁，这时大部分成人都开始养育子女。

然而，这些变化的因果方向还有待进一步的研究。是成熟的变化促使人们去寻找符合他们成熟人格的社会角色，还是成人自觉做出改变以迎合他们新角色的需要？抑或这两者是相互作用的？在一项纵向研究中，参与者是 980 位同年出生于新西兰达尼丁的个体，他们 18 岁时的人格特质会影响其在成人初显期时的工作经验；而工作经验同样也反过来对他们 26 岁时测得的人格有些微影响。例如，在青少年时期就善于社交且亲和力好的人往往在他们早期的职业生涯中就获得晋升；反过来，那些地位高、工作满意度高的人往往也会变得更喜欢交际、更友善亲和（Robert, Caspi, & Moffitt, 2003）。这项研究说明，成人期的人格可能比之前人格特质研究所发现的更复杂、更有可塑性。

其他对五因素模型的批评来自方法学。布莱克（Jack Block, 1995a, 1995b）指出，由于五因素模型大部分的研究都是基于参与者的主观评价，除非辅以其他的测量方法，否则它在效度上可能有所欠缺。因素的选择及各因素包含的特质都是主观决定的，可能没有穷举；其他研究者也可以选择不同的因素并且以不同的方式区分相关特质（比如，“大五”模型中热情温暖是外倾性的一个方面，那么是否将它划分到宜人性中更为合适呢？）。最后，人格不仅仅是一系列特质的集合。一个仅从个体差异角度进行特质分组的模型，难以向人们提供一种完整的理论框架，从而理解个体人格内部运行的机制。

类型学模型

布莱克（Block，1971）是类型学研究的先驱。人格类型的研究通常把人格视为功能性的整体，目的是补充和拓展人格特质研究。

采用不同的研究技术进行独立研究，研究者们发现了一些基本的人格类型：较强的高自我韧性、过分约束和自控性弱。三种不同类型的个体在**自我韧性**（ego-resiliency，即压力之下的适应能力）和**自我约束**（ego-control，或 self-control 即自我控制）上有所不同。自我韧性强的人适应性强：自信、独立、能言善辩、注意力集中、乐于助人、喜欢合作并且关注任务解决。过分约束的人害羞、安静、焦虑、依赖他人；他们倾向于独自思考，回避冲突；他们最容易受到抑郁情绪的困扰。自控性弱的人活跃、精力充沛、冲动、顽固并且注意力很容易分散。这些人格类型或相似的人格类型普遍存在于两性群体、不同文化和种族的群体以及不同年龄段的群体中（Caspi, 1998; Hart, Hofmann, Edelstein, & Keller, 1997; Pulkkinen, 1996; Robins, John, Caspi, Moffitt, & Stouthamer-Loeber, 1996; van Lieshout, Haselager, Riksen-Walraven, & van Aken, 1995）。

在新西兰进行的一项纵向研究对 1 024 名 3 岁儿童进行了这三种类型的观察者人格类型评价，评价结果可以预测参与者 19 岁时的人格特质（Caspi & Silva, 1995）。当然，对态度与行为的连续性趋势的研究发现，虽然态度与行为具有连续性，但不能说明人格不会变化；我们也不能据此判断某些人的生活存在适应问题。自控性弱的儿童如果生活在合适的环境中，其能量和自发性会成为生活适应的添加剂，那么他们很可能在成年早期发展得更好一些。过分自我约束的年轻人，像年轻时的英格丽·褒曼，如果他们发现自己这种温顺的依赖性是有价值的，这或许有助于他们走出这种自我限制的桎梏。

在童年期确认的人格类型可以预测他们的发展曲线或长期的行为模式，但一些事件的发生仍然可能会改变他们的毕生发展过程（Caspi, 1998）。一些年轻人因为参军可能进入“暂停期”，这会促使他们重新调整自己生活的方向。存在适应问题的年轻人找一个支持自己的配偶结婚可能成为其人生的转机，会带给他们更乐观更积极的结果。

一个自行车赛车手的工作需要精力、自动自发和冒险精神。这些品质在那些童年期自控性弱的成人身上更容易表现出来。

人格发展的整合取向

支持人格稳定性或变化性的研究者们习惯于为各自的立场辩护，但显然人格发展既有稳定性也有变化性。为了整合不同的人格发展研究取向，科斯特和麦克雷提出了六个有内在关联的要素：*基本倾向*、*外在影响因素*、*特征适应*、*自我概念*、*客观传记*和*动力过程*，这六个要素“构成了大部分人格理论的原始素材”（1994a, p.23）。

*基本倾向*不仅包括人格特质，还包括身体健康、外貌、性别、性取向、智力水平和艺术能力。这些倾向或遗传或后天习得，它们与*外在的*（*环境的*）*影响因素*相互作用，产生了一些*特征适应*：社会角色、态度、兴趣、技能、活动、习惯和信念。比如，爱好音乐（一种基本倾向）与常常接触乐器（一种外在影响因素）结合产生了音乐技能（一种特征适应）。适应性的产生可能是为了应对新的责任和需求、创伤性事件或重大的文化变迁（像女权运动），但基本倾向相对稳定，能影响个体适应的方式（Caspi, 1998; Clausen, 1993; Costa & McCrae, 1994a）。

我思我秀

- 你认为本书所列出的理论模型哪一个能更准确地描述成年期的心理社会发展？

基本倾向和特征适应有助于形成*自我概念*，自我概念与*客观传记*（即个体的实际生活）仅部分相似。因此，如果一名女性认为自己比客观所表现的音乐能力更强，那么她的行为会受到自我形象的影响。*动力过程*将其他 5 个要素联系起来。其中一种过程就是学习，它能使个体适应外在的影响因素（如进行某种乐器的演奏）（Costa & McCrae，1994a）。

学习检查站
你能否……
✓ 比较 4 种成人心理社会发展的理论取向，并讨论如何整合它们？

不同的理论家对这六个要素的重视程度各不相同。特质模型关注基本倾向，而基本倾向是最不易变化的。类型学模型力图确认某些个性适应，如心理韧性。标准化阶段模型和事件时序模型强调客观传记所反映出的普遍或特殊的动力过程（Costa & McCrae, 1994a）。

学习指路标
2. 在最近的几十年里成人的发展方式有何变化，什么因素导致了这些转变？

成年期的变化之路

如果说一些经典的成人心理社会发展理论似乎过时了，尤其是标准化阶段模型和事件时序模型，这在很大程度上是因为成人的发展之路比以前更加多样化了。20 世纪 60 年代之前，美国年轻人的发展顺序通常是：完成学业，离开家，找到一份工作，结婚生子。到了 20 世纪 90 年代，只有 1/4 的成年人遵循上述发展顺序（Mouw, 2005）。

当代年轻人的成年早期为 18 岁到 25 岁甚至更晚，这是他们正式接纳成人角色和责任前的试验期。年轻人可能会找到一份工作，租一间公寓过着单身生活。一对年轻夫妻也可能会在他们能够自立或完成学业前或失业后与父母住在一起。传统的发展任务，如找到一份稳定的工作或建立长期的稳定恋爱关系可能会推迟到 30 岁或更晚（Roisman, Masten, Coatsworth, & Tellegen, 2004）。到底是什么因素影响了成人之路的这些变化？

影响成人发展之路的因素

个体的发展受到诸如性别、学业能力、早期对教育的态度、青少年晚期的期望和社会等级的影响（Mouw, 2005; Osgood et al., 2005）。年轻男性倾向于比女性更早地离开家，但结婚更晚。年轻女性比男性更早地结束学业，但是更可能重返校园继续学习（Mouw, 2005）。

但是，越来越多的年轻人延长了自己的教育年限，推迟了为人父母的时间（Osgood et al., 2005），而这些通常是未来成功和当前幸福的关键。一项纵向研究自 1975 年起逐年追踪了全美有代表性的高中生样本，结果发现，幸福感得分最高的是那些未婚未育、进入大学学习并离家居住的年轻人（Schulenberg et al., 2005）。

一个研究小组（Sanderfur et al., 2005）分析了两代人的纵向研究数据：一组是 1964 年出生的成年人，参加研究时 28 岁；另一组是 1974 年出生的成年人，参加研究时 26 岁。结果发现，父母教育水平高以及就读过私立高中的年轻白人，往往比同龄人更可能获得大学学位，并且延迟建立家庭的时间。来自双亲家庭的女性或父母接受过高等教育的女性成为单身母亲的可能性较小。

在美国的移民和少数民族群体中，年轻成人的发展之路与其父母的教育程度十分相似，但华裔美国家庭与之不同。一项对纽约各种族和移民群体的访谈研究有 3 424 位 18~32 岁的参与者参加，结果发现：46% 的华裔年轻人，尽管他们的父母受教育水平仅为高中及以下，但他们都接受了大学教育；而这种情况在其他种族群体中的比例仅占 8%~19%。华裔年轻人与父母一起居住的时间更长，支持他们的成人更多，并且共同分享父母时间的兄弟姐妹也更少。他们致力于学业，从而推迟全职工作和承担家庭责任的时间。相反，那些教育水平低、较早活跃于社会的年轻人往往更早离开家，获得父母的支持更少，放弃接受高等教育，并且更早生育。过早为人父母明显地限制了他们未来的发展前景（Mollenkopf, Waters, Holdaway, & Kasinitz, 2005）。

与父母的关系是否会影响成年期的适应？

年轻人成功应对离家自立这一发展任务说明，他们发展出了与父母保持亲密但又相对独立关系的能力（Scharf et al., 2004）。当年轻人离开家时，他们必须顺利完成始于青春期的自立过程，重新界定与父母的关系（Lambeth & Hallett, 2002; Mitchell, Wister, & Burch, 1989）。如果年轻人不能很好地解决与父母的冲突，那么他们与朋友、同事和伴侣相处时也会出现相似的冲突（Lambeth & Hallett, 2002）。

一项针对新西兰 900 多个家庭的纵向研究发现，青少年早期积极的亲子关系能够预测他们 26 岁时更温暖更少冲突的亲子关系（Belsky, Jaffee, Hsieh, & Silva, 2001）。但是，控制了青少年早期亲子关系的质量后，研究者发现在参与者 26 岁时，如果他们已婚但还没有孩子、正从事富有成效的活动（如在校学习、工作或操持家务），并且不住在童年时的家里，此时亲子关系更好。这意味着年轻人进入了一个常规发展阶段，直到其他成人角色都发展好以后他们才承担为人父母的责任。这一时期，父母与年轻成年子女的关系是最好的（Belsky, Jaffee, Caspi, Moffitt, & Silva, 2003）。

婴儿期的亲子相处经验会影响成年期的适应。以色列的年轻人高中毕业后都要服兵役，这是他们常规的离家过渡期。在一项研究（Scharf et al., 2004）中，研究者访谈了 88 名高中高年级的以色列男孩，在军事训练一年以后再次对他们进行访谈，三年后他们服完兵役时第三次进行访谈。在最初的评估中，研究者使用的是成人依恋访谈（Adult Attachment Interview, AAI）（George, Kaplan, & Main, 1985; Main, 1995; Main, Kaplan, & Cassidy, 1985; 参见第 6 章）。这是一种半结构化访谈，要求成人回忆并描述与自己童年期依恋有关的经验和感受。

采用 AAI 研究工具，研究者发现，被评定为安全—自主型的人能够连贯地讨论和评价自己早期的依恋经验，他们往往能更好地服军役，退役后与朋友、恋人、父母的关系也更好；而那些否认或难以回忆早期依恋经验的人在这些方便较差。根据参与者及其父母的报告，独立的年轻人能更好地利用服兵役发展成熟。因此，早期的亲子关系可能为个体适应成人期的发展任务奠定了根基（Scharf et al., 2004）。

学习检查站
你能否……
- ✓ 列举几种不同的成人发展之路？
- ✓ 讨论影响年轻人成长之路的因素？
- ✓ 解释始于婴儿期的亲子关系是如何影响成人期的情感适应的？

学习指路标

3. 什么是亲密关系？它是如何通过友谊、爱情和性来表达的？

亲密关系的基础

埃里克森将亲密关系的发展看做成年早期的关键任务。形成强烈、稳定、亲密和互相体贴关系的需求是人类行为的有力动机。自我表露是影响亲密关系的重要因素，即“向他人披露自己的重要信息”（Collins & Miller, 1994, p.457）。人们通过相互自我表露、响应彼此的需要，以及相互尊重和接纳来建立并维持亲密关系（Harvey & Omarzu, 1997; Reis & Patrick, 1996）。

建立亲密关系需要一些技能，如自我意识、同理心、情感交流能力、冲突解决能力和承担许诺的能力。另外，潜在的性关系还需要有性决策能力。在年轻人决定是否结婚、建立非婚的或同性的伴侣关系以及是否要孩子时，这些能力非常重要（Lambeth & Hallett, 2002）。

下面我们将详细地讨成年早期亲密关系的三种形式：友谊、爱情和性行为。

友 谊

成年早期和中期的友谊往往以工作和养育子女活动为中心，分享信任和建议（Hartup & Stevens, 1999）。一些友谊非常亲密并且具有支持作用；另一些则以频繁的冲突为特点。一些朋友有许多共同的兴趣；另一些则基于某一种共同的兴趣。一些友谊持续一生；另一些友谊则非常短暂（Hartup & Stevens, 1999）。有些“最好的友谊”比情侣或配偶关系还要稳定。

年轻的单身个体比那些已婚者或年轻父母更需要朋友，以满足他们的社会需要（Carbery & Buhrmester, 1998）。朋友的数量以及和朋友相处的时间一般从中年期开始会下降。不过，对年轻人来说，友谊仍非常重要。有朋友的人更可能拥有幸福感。拥有朋友会让人自我感觉良好，而自我感觉良好的人也更易交到朋友（Hartup & Stevens, 1999; Myers, 2000）。

女性通常比男性拥有更亲密的友谊，其与女伴的友谊比与男性的友谊更加满意。男性朋友之间更可能共享信息和活动，而非秘密（Rosenbluth & Steil, 1995）；女性朋友之间更可能谈论婚姻问题，更能接受朋友的建议和支持（Helms, Crouter, & McHale, 2003）。

爱 情

大多数人喜欢爱情故事，包括自己的故事。根据斯滕伯格（Sternberg, 1995; 1998b）的双向爱情理论（duplex theory of love），爱情发展本身就充满故事。情侣们就是爱情故事的创作者，他们创作的故事内容反映了他们的人格特点和爱情观。

爱情，对有些人来说是一种瘾，一种强烈的、渴望的和执著的依恋；对另一些人来说是一种梦幻，一个人（往往是女性）期盼着被“穿着闪耀盔甲而来的骑士”（通常是男性）所拯救。还有一些人将爱情看做一种成王败寇的游戏或战争。爱情也可能是一个可怕的故事，有虐待者和受害者；也可能是一个神秘的侦探故事，其中一方总是试图监视对方。爱情还可能是一个旅行的故事，一个民主的故事（双方关系平等），抑或是一座需要精心照料的花园。尽管有些爱情故事（包括以上所提到的一些）本身并不令人满意，但是喜欢相似类型的爱情故事的人还是容易彼此吸引，并且对于彼此间的关系更加满意（Sternberg, Hojjat, & Barnes, 2001）。

恋爱中的情侣往往有相似的兴趣和气质。这对旱冰爱好者可能就是因为他们共同拥有探险欲望和乐于冒险的特点，才结合在一起。

爱情故事一旦开始就很难改变，因为这会涉及到双方对彼此关系再解释和重组织（Sternberg, 1995）。当一些与原有关系相冲突的事情发生时，比如婚外情，人们也会拒绝改变他们的爱情模式。作为替代行为，他们宁可去解释新信息来迎合原有的关系（“她压力太大了；我相信她一定会醒悟过来的”）。借用皮亚杰的术语，人们宁愿把新信息同化到已存在的爱情故事中，也不愿让爱情故事去顺应新信息。

将爱情看做故事，可以帮助我们看清人们如何选择和组合这些“情节”要素。根据斯滕伯格的另一个亚理论——**爱情三元亚理论**（triangular subtheory of love），爱情有三个成分或元素：亲密、激情和承诺。亲密是情感成分，包括自我表露，这会带来彼此关心、温暖和信任。激情是动机成分，能将性渴望转换为生理唤醒的内在驱力。承诺是认知成分，是作出去爱并且与至爱相守的决定。这些元素决定了人们所感受到的爱情模式（见表 14-2）。三角形在大小（人们彼此有多爱）和平衡度（三元素各自所占的比重）上各不相同。按照斯滕伯格的理论，当恋爱双方的爱情三角彼此匹配良好时，他们往往感觉最幸福（Sternberg, in press）。

在过去的 200 年中，西方社会和某些非西方社会的婚姻是建立在爱情基础上的（Goleman, 1992）。个人主义社会中的人们比集体主义社会中的人们更能接受浪漫的爱情。例如，在中国，浪漫爱情可能会遭人侧目。中国人习惯根据社会角色和关系来自我定位，并且将自我放任的感情看做削弱社会网络结构的行为（Beall & Sternberg, 1995）。

“反向吸引”的说法虽然并没有被研究证实，但成人也不一定会选择与自己相似的伴侣。一项研究中的 180 对情侣接受了“大五”人格特质和正向表达（温暖、富于情感、为对方付出以及亲社会行为）的测验。婚姻幸福的情侣只在宜人性上有较

我思我秀

- 除了性关系，如果还有不同，你觉得朋友和恋人之间的差异是什么？
- 如果你曾恋爱过，从自身经历来说，你觉得该部分中的哪个理论或假说更中肯？

表 14-2 爱情的模式

模式	描述
无爱	爱情的 3 种元素，即亲密、承诺、激情都不存在。这里描述的主要是人际关系，是简单的不经意的互动
喜欢	亲密是唯一的表现成分。有亲近、理解、情感支持、爱慕、彼此关联和温暖；但激情和承诺均不存在
迷恋	激情是唯一的表现成分。这是一见钟情，一种强烈的身体吸引和性唤醒；但没有亲密感或承诺。这种如火焰般热烈的醉心之爱，可能突然来袭，也可能迅速灭亡；在一定环境下，有时可能持续一段较长的时间
空爱	承诺是唯一的成分。空爱常常存在于已失去亲密和激情的长期关系中，或者是安排好的婚姻中
浪漫之爱	亲密和激情存在其中。浪漫的情侣不仅身体上彼此吸引，而且情感上也相互结合，然而他们没有彼此承诺
伴侣之爱	亲密和承诺存在其中。这是一种长期的、承诺的友谊。往往发生在这样的婚姻中：伴侣彼此不再需要身体吸引，但仍然彼此亲密而且决定长相厮守
愚蠢之爱	激情和承诺都存在；但没有亲密感。这是一种旋风式求爱的爱情。处于这种关系的情侣基于激情而没来得及发展亲密关系就作出承诺。尽管最初愿意承诺，但这种爱通常不会长久
完美之爱	这种“完全的”爱情具备了所有 3 个元素。恋爱关系中许多人都追求这种爱。维持它比获得要难。伴侣一方可能会改变自己所想要从关系中得到的东西。若另一方也要改变，那么这段关系可能会变成一种不同的形式。若另一方不改变，那么关系可能会瓦解

资料来源：Based on Sternberg, 1986.

弱的匹配性，在其他人格维度上均无匹配。而怨偶们表现出来的相关更弱，不论是在积极的一面还是消极的一面。这些研究表明，人格上的相似性和差异性与伴侣选择或婚姻幸福没有太大的关系（Gattis et al., 2004）。另一方面，西雅图纵向研究——一项关于成年人智力的大型研究发现，夫妻双方在智力功能上存在显著的相似性。

性行为

通常，男女的性行为是不同的；尽管存在个体差异，但大量研究支持该观点。对多数以美国中产阶级白人为参与者的研究综述（Peplau, 2003）发现，撇开性取向，男女性欲方面的差异主要表现在四个方面。第一，男性比女性表现出更强烈的性渴望。男性的性活动往往更频繁，而且他们更可能较早较频繁地进行手淫。第二，男性追求的是生理上的快感，而女性则倾向与亲密、忠诚的伴侣发生性行为。第三，男性比女性在性活动中有更强的主动性与进攻性。第四，女性比男性在性活动上表现出更多的可塑性。女性对性的态度和观念更多受文化、社会和情境因素的影响，比如上大学等。女性的性活动频率比男性的变化更大，而且她们的性认同更易受外界的影响（Peplau, 2003）。

一项主要针对性态度与性行为的全美调查研究发现，美国人对性活动的观点主要分为三类。大约 30% 的美国人持传统的或者以繁殖为目的的态度，即认为性活动只有在婚姻范围内以繁衍下一代为目的才是被允许的。另外 25% 的人（男性多于女性）对性抱有娱乐性的观点，认为任何感觉良好且不伤害他人的性行为都是可以的。还有大约 45% 的人对性持有关联性的观点，认为性应该与爱情或爱慕之情相伴，但不一定是在婚姻范围之内（Laumann & Michael, 2000）。这三种观点构成了美国社会讨论性行为对错时的主要争论点。

对于婚前性行为，尽管男性比女性更倾向采取认可的态度（Peplau, 2003），但是男性和女性都并不像人们有时所想的那样关系混杂。18 岁以后的性伴侣个数的中数是：女性有 2 个，而男性有 6 个。约 30% 的成年人由于认识到艾滋病的危险性，从而改变了自己的性行为，他们拥有更少的性伴侣，更谨慎地选择对象，使用避孕套或者避免进行性接触（Feinleib & Michael, 2000; Laumann, Gagnon, Michael, & Michaels, 1994; Michael, Gagnon, Laumann, & Kolata, 1994）。

在美国许多大学中，被熟悉的人强奸是个大问题（Leambeth & Hallett, 2002）。大学里的女生成为强奸行为受害者的可能性约比总人口中的女性多 3 倍（Gidycz, Hanson, & Layman, 1995）。预防强奸行为发生的措施已经取得了一些进展。在一项研究中，大学中的部分男生参加了一小时之久的会议，目的是获取关于强奸的准确信息，打破强奸神话。这部分男生比控制组对受害者表现出更多同情，并且更能认识到什么是强奸行为（Pinzone-Glover, Gidycz, & Jacobs, 1998）。

在美国，对同性恋的消极态度逐渐减少，这在年轻人当中尤为明显（Smith, 2003）。然而，根据《新闻周刊》的民意调查（2000 年），仍有近半数的人认为同性恋行为是违背伦理的。在另一项调查（美国人价值观调查，1999 年）中，1/3 的参与者认为同性恋是一种病态表现，这与美国心理学会（1997 年，2000 年）所持的立场完全相反。这种对同性恋行为的社会污名会对同性恋者的心理健康产生很大影响。研究已经发现，同性恋群体比异性恋群体更易患焦虑、抑郁和其他精神障碍（Cochran, 2001）。

年轻男女越来越不赞同婚外性行为（Smith, 2005）。事实上，尽管当今美国社会也许不如英格丽·褒曼那个年代那样公开而强烈地反对婚外性行为，但相比同性恋性行为，婚外性行为仍会遭到更大的反对（如今约 94% 的人会反对婚外情）。对同性恋的明显不认可，对婚外性行为更加强烈的反对以及对婚前性行为的不赞许，在一些欧洲国家也是类似的，如英国、爱尔兰、德国、瑞典、波兰，只是程度不同。除了爱尔兰受天主教的影响大以外（Scott, 1998），美国比其他国家都持有更保守的态度。1965 年至 1975 年间，荷兰人对婚外性行为的态度有开放的趋势，与美国大致相同；但之后变得更加保守（Kraaykamp, 2002）。在中国，尽管法律明令禁止婚外性行为，但人们的性观念以及婚前和婚外性行为也明显变得自由化了（Gardiner & Kosmitzki, 2005）。

学习检查站

你能否……

- ✓ 确定维持和增进亲密关系的因素？
- ✓ 描述成年早期友谊的特征？
- ✓ 讨论爱情的本质以及男女如何选择伴侣的理论与研究？
- ✓ 总结性活动和性态度与行为倾向的性别差异？

非婚与已婚的生活方式

如今在许多西方国家，可接受的生活方式准则比 20 世纪前半叶更有弹性。当今人们往往更晚结婚，更多的人非婚生子，也有更多的人婚姻失败。人们或保持单身，或与异性或同性伴侣一起生活，或离婚，或再婚，或成为单亲父母，或选择做丁克族。人们的选择随着成年期发展的进程而不断发生改变。

在美国，由一对已婚夫妇和他们的孩子组成的家庭比例从 1970 年的 40% 下降至 2003 年的 23%，而一个人独居的家庭比例由 17% 上升至 26%。尽管如此，仍有 72% 的人在 30 出头时已婚，而 65 岁前曾结过婚的人则占到 96%（Fields, 2004）。一些各自独立且工作地点相距较远的已婚夫妇过着“两头跑”的婚姻生活，有时也称为“异地共居”。这样的婚姻在其他国家也存在，比如泰国（Adams, 2004）。

一个研究小组在美国、加拿大、德国、意大利和瑞典等国家进行了代表性的调查（Fussell & Gauthier, 2005），比较了来自两个不同群体的女性：一组是到 20 世纪 70 年代时为 20 来岁的年轻人；另一组是到 20 世纪 80 年代时为 20 来岁的年轻人。研究发现，除美国外，在其他国家的两个群体对比中，25 岁后离家独立生活但并未建立家庭的女性在第二组中所占的比例有所增加。然而到 35 岁时，第二组群体中除了 3%~10% 的女性以外，其余女性都已结婚生子。

研究发现了明显的国家间差异。在高度保守的意大利，尽管家庭几乎不受政府扶持，但两代群体中都有 60% 的人 20 岁时仍然住在家中；而其他国家这个年龄的女性大多都离家单住了。在瑞典，同居现象非常普遍。同居就像婚姻一样被认可与接受，而且无论婚否，都可以享受到同样的福利待遇。但是在瑞典，婚前同居生子的女性比例在第二组群体中有所降低，而且第二组群体中的女性有越来越多的人干脆选择不结婚。加拿大、德国和美国的女性比意大利与瑞典的女性更可能成为单亲母亲；且在美国和加拿大第二群体中单亲母亲的比例较第一组更高。尽管如此，在加拿大、德国和美国这三个国家中，仍然有超过半数的年轻女性继续沿着传统的结婚、为人母的路线发展（Fussell & Gauthier, 2005）。

在本部分，我们将详细探讨婚姻和非婚两种生活模式。下一部分我们会谈谈为人父母的问题。

学习指路标

4. 为什么一些人仍然保持单身?

单身生活

如上所述，美国社会中未婚年轻人的比例大幅升高。2003 年，在 20~24 岁的年轻人中，大约 75% 的女性和 85% 的男性都未结婚，而 1970 年的同龄中的未婚比例仅为 36% 和 55%，两者形成了鲜明对比。到 2003 年，甚至 30~34 岁的群体中仍有 23% 的女性和 33% 的男性未婚（Fields, 2004）。

在美国非裔女性中，这种趋势尤其明显，35% 的人到 30 几岁时仍单身（Teachman,

Tedrow, & Crowder, 2000）。一项研究以洛杉矶的黑人、白人和拉丁裔女性为参与者（Tucker, Mitchell & Kernan, 1998），结果发现，这三组女性都觉得难以寻找到拥有相似教育和社会背景的男性。但是非裔女性不同于其他两个群体，在她们40岁时，并不觉得单身是棘手的问题。或许，正如事件时序模型所预测的一样，这可能因为她们认为在其种族群体中单身是很正常的现象。

这些非裔美国妇女看起来很享受她们单身的状态，这种状态在她们的种族群体中并非不正常。

对 1 062 名美国大学女生进行访谈发现，83% 的人希望结婚，并且 63% 的人希望自己能在大学期间遇到未来的丈夫。然而，过去的求爱和约会的社会模式已消失殆尽，在锁定一个目标前年轻人几乎没有机会对各种关系进行探索以判断是否合适。如今大学中社会场景的特征如下：随意“勾搭”伙伴（纯属身体上的接触），一群人“出游”或者是快速移动的承诺关系，包括一起吃、睡和学习（Glenn & Marquardt, 2001）。

一些年轻成人保持单身是因为他们没有找到合适的伴侣，另一些人则是主动选择单身。如今，更多的女性能养活自己，并且不结婚所承受的社会压力也减小了。一些人想自由行走全国或周游世界去探险和寻求刺激，或追求职业生涯，或进一步接受高等教育，或从事创造性的工作。他们不希望自己对自我实现的追求会影响到另外一个人，因而选择单身。有人单身是为了享受性自由；有人觉得单身的生活方式很刺激；有人只是喜欢一个人独处；也有人延迟或逃避婚姻是因为害怕最终会以离婚收场。推迟结婚是可以理解的，因为正如我们所看到的，年轻人越早步入婚姻，婚姻关系就越有可能破裂。

同性恋

学习指路标

5. 同性恋的本质是什么？

在美国，不足 3% 的男性和 1.5% 的女性自称是同性恋者或双性恋者。5% 的男性和 4% 的女性报告在成年期至少有一个同性伴侣。男女同性恋者在大城市里更加普遍，男性为 9%，女性为 5%（Laumann et al., 1994; Laumann & Michael, 2000; Michael et al., 1994）。然而，性认同不一定等同于性取向。在一项研究中，80 名参与者中多数是受过良好教育的年轻白人女性，其中超过 1/4 的人自我报告放弃同性或双性认同，并且减少同性行为已有五年多了；但她们所感兴趣的人仍然没有明显的改变（Diamond, 2003）。

在某些社会中，人们更能容忍、接受或支持同性恋，长期的男同性恋和女同性恋很常见（Gardiner & Kosmitzki, 2005）。在美国，调查发现 40%~60% 的男同性恋和 45%~80% 的女同性恋是浪漫的恋爱关系，其中 8%~28% 的同性恋者一起生活超过大部分同性恋者，像大部分的异性恋者一样，在相互承诺的前提下追求爱情、相守和性满足。

10 年（Kurdek, 2004）。影响同性爱长期满意度的因素与异性爱非常相似（Patterson, 1995b）。

一项纵向研究的参与者为 80 对男同性恋和 53 对女同性恋同居伴侣，均无孩子；对照组是 80 对结婚生子的异性恋夫妻。结果发现同性恋关系与异性恋关系一样健康（Kurdek, 2004）。（调查者选择对比无子女的同性恋伴侣和有子女的异性恋伴侣，因为这是两种类型的关系中最常见的家庭结构。）能够预测伴侣之间关系质量和稳定性的因素有心理调适、人格特质、对伴侣之间平等性的认识、解决冲突的方式和社会支持的满意度等。这些因素对同性恋和异性恋夫妻的影响都是一样的。同性恋伴侣除了社会支持这个因素以外，在其他所有上述的方面都和异性恋夫妻发展得一样好，甚至更好。然而，同性恋伴侣比异性恋夫妻的关系更容易瓦解，部分原因可能是缺少法律保障或者没有孩子来维系两人的关系。

荷兰是世界上第一个于 2001 年立法承认同性婚姻的国家。比利时在 2003 年、西班牙和加拿大在 2005 年也纷纷效仿荷兰的做法。到 2005 年 2 月，已有 16 个欧洲国家*认可了这种特别的民事结合或同性伴侣身份（Associated Press, 2005; Knox, 2004）。在民事结合中，这些伴侣可以享有如下权利：彼此的健康保险和退休金计划，申请联合的税收返还，休丧亲假和异性婚姻中所拥有的其他利益。

在美国，同性恋者全力争取法律对他们这种结合的认可，以及承认他们领养孩子和自己抚养孩子的权利。他们还要求社会终止在雇佣、住房、婚姻服务等方面对他们的歧视。

根据 2004 年 3 月《今日美国》《美国有线电视新闻网》和“盖洛普民意调查”的调查结果，美国 18~20 岁的成人中有近一半的支持同性婚姻；但在 65 岁以上的成

* 丹麦、挪威、瑞典、卢森堡、冰岛、匈牙利、西班牙、法国、德国、葡萄牙、瑞士、芬兰、克罗地亚、波兰、英国、苏格兰，在写作本书时，捷克也正在考虑是否承认该民事结合。

人中只有 19% 的人赞成同性婚姻（Knox, 2004）。美国佛蒙特州是第一个于 2000 年承认同性恋民事结合的州。加利福尼亚、夏威夷、缅因州、马里兰州和新泽西州追随其后，制定了家庭伴侣关系法，给予同性伴侣有限的婚姻权利。然而，民事结合或家庭伴侣关系法并没有向同性伴侣提供异性婚姻所享有的联邦政府给予的权益。

2003 年 11 月，马萨诸塞州最高法院宣布本州允许同性婚姻（Peterson, 2005）。到 2005 年 5 月，近 5 400 对男同性恋和女同性恋情侣在该州结为夫妻（Bellafante, 2005）。不能想象，如果州立法改进意见中禁止同性婚姻的提议被采纳，这种婚姻状况将会变成什么样。同时，在允许同性恋婚姻的加利福尼亚州、纽约和华盛顿的低一级法院，有关的申诉要求仍悬而未决（Peterson, 2005）。

到目前为止，同性婚姻的反对者尚未能通过国家法令修改案去明令禁止同性婚姻，但是国会和 38 个州已立法明确只有异性才可以结婚。此外，有 18 个州的代表都投票同意立法禁止同性婚姻，其中至少有 8 个州也反对同性民事结合（Kranish, 2004; Peterson, 2005）。其他 17 个州或确定了投票时间，或悬而未决是否要进行投票来反对同性婚姻。2005 年，内布拉斯加州联邦行政区的一家法院驳回了一项法律修正案，该修正案提出禁止承认任何形式的同性关系（Citizens for Equal Protection et al. v. Bruning & Johanns, 2005）。

我思我秀

- 是否应该允许同性恋者结婚、收养孩子？或享有伴侣健康护理计划？

一项针对同性恋伴侣是否愿意加入民事结合的研究结果显示，民事结合的女同性恋者比未加入其中的女同性恋者性取向更加开放；而民事结合中的男同性恋者比未加入其中的男同性恋者对有血缘关系的家庭更加亲近些。无论是否加入民事结合，同性恋伴侣们在传统劳动分工上都不像异性夫妇那样明显（Solomon, Rothblum, & Balsam, 2004）。

同居生活

学习指路标

6. 如何解释越来越多的同居现象，它以怎样的形式呈现？

同居（cohabitation）是指有性关系的未婚情侣一起生活，这种生活方式目前越来越普遍。近几十年，同居现象的出现反映了成人初显期年轻人探索尝试婚姻生活的心态和推迟婚龄的趋势。

同居类型：各国对比　对 14 个欧洲国家以及加拿大、新西兰和美国等国家的调查发现，各国女性在 45 岁前[*]至少与他人同居一次的比例差异很大：从法国的 83% 到波兰的 5%。在上述所有国家中，绝大部分同居女性从未结婚（Heuveline & Timberlake, 2004; 参见图 14-2）。

一位英国人口统计学家（Kiernan, 2002）指出，不同类型的同居反映了人们对同

* 德国是36岁，匈牙利是37岁，瑞典是38岁，捷克和美国是40岁，斯洛文尼亚是41岁，意大利和瑞士是43岁。

图 14–2
所选的西方国家中，按之前的婚姻状况女性 45 岁之前至少有一次成人同居经历的可能性（%）。

资料来源：Heuveline & Timberlake, 2004. 数据是欧洲各国联盟经济委员会成员国在 20 世纪 90 年代早中期收集的。

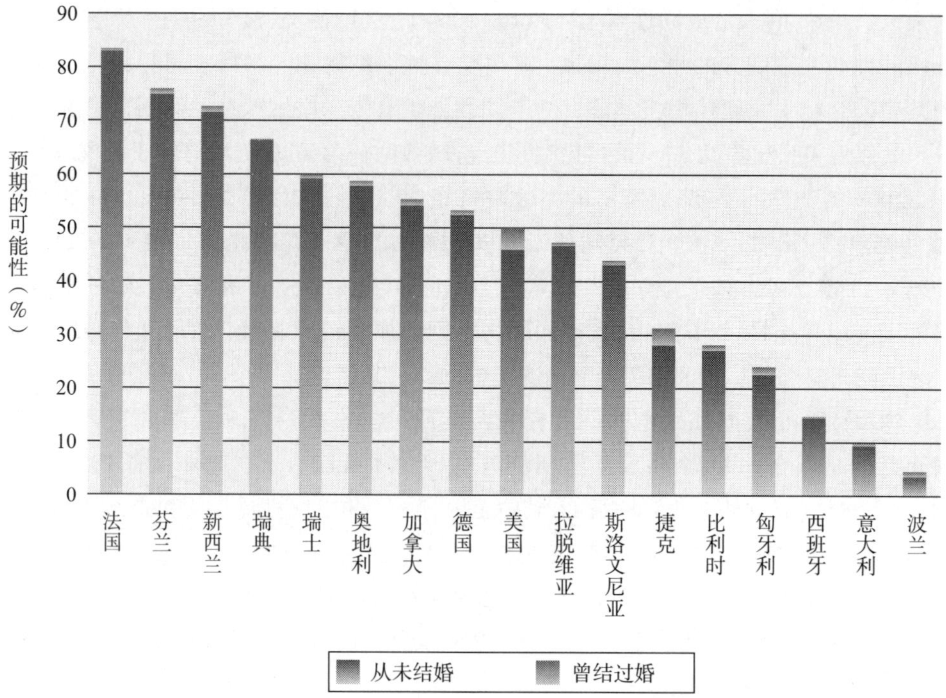

注：以上国家按照预计同居的百分比降序排列，依单身消耗生活表来估算。

居接受度的几个连续阶段。阶段 1，同居被认为是一种边缘的或“前卫”的现象，如在意大利、西班牙和希腊；阶段 2，同居是婚姻的一种检测基础，如在大部分欧洲国家；阶段 3，同居成为婚姻的可替代选项，如在法国；阶段 4，同居几乎等同于婚姻，如在瑞典和丹麦。在视同居与婚姻几乎等价或作为婚姻替代品的国家相比于先同居后结婚的国家，前者的同居关系维持的时间更长（Heuvline & Timberlake, 2004）。

两愿的或非正式的结合几乎与婚姻无异（如阶段 4），这已成为一些欧洲国家的普遍现象，尤其是在瑞典和丹麦。在这些国家，同居情侣与已婚夫妻享有同样的合法权益（Popenoe & Whitehead, 1999; Seltzer, 2000）。在许多拉丁美洲国家，这种双方自愿的结合取代婚姻早已被人们所接受（Seltzer, 2000）。从 2000 年开始，加拿大的同居情侣们就已获得与结婚夫妻相似的合法权利和义务，进入前面提到的阶段 3（Cherlin, 2004; Le Bourais & Lapierre-Adamcyk, 2004）。在大部分西方国家，未婚同居的情侣通常打算结婚并确实会结婚（阶段 2），这类同居时间相对较短（Heuveline & Fimbertake, 2004）。在英国和美国，婚前同居已经导致了晚婚的趋势（Ford, 2002）。

美国的同居现象 根据上面的分析，美国处于阶段 2 向阶段 3 的过渡期。因为同居开始成为一种生活方式而非婚姻过渡的方式（Cherlin, 2004）。在美国，同居显然已

经被广为认同了。2003 年，4 600 万美国家庭中超过 4% 的家庭是由同居情侣组成的，是 1960 年的 10 倍多（Fields, 2004; Seltzer, 2004），其中 41% 的家庭拥有 18 岁以下的孩子（Fields, 2004）。同居现象在年轻人中更加普遍。据估计，目前 25~39 岁之间的未婚女性中 25% 的人处于同居状态。而曾经同居过的比例更大，1995 年 20~44 岁的女性有 45% 的人曾同居过（Bumpass & Lu, 2000）。在美国，所有种族以及不同受教育水平的人群中均出现了同居现象增加的情况，但受教育水平较低的人更有可能同居（Fields, 2004; Seltzer, 2004）。

超过一半的美国已婚夫妇在结婚之前先住在一起，正如英格丽·褒曼和罗伯托·罗塞里尼；大约一半的同居情侣最终结婚，尽管这一比例正逐年下降（Seltzer, 2000, 2004）。因为当同居现象逐渐为人们接受，同居情侣不结婚所承受的社会压力减小了。而且，尽管美国家庭法赋予同居者比结婚者更少的合法权益，但这种现象正在逐步改变，尤其是出于对同居情侣抚养孩子的考虑（Cherlin, 2004; Seltzer, 2004）。

与婚姻关系相比，同居关系往往满意度较低，也不稳定（Binstock & Thrnton, 2003; Bramlett & Mosher, 2002; Heuveline & Timberlake, 2004; Seltzer, 2000, 2004）。美国大约一半的同居生活会在一年之内以结婚终结，只有 10% 的同居生活能持续 5 年（Seltzer, 2004）。

一些研究表明，与婚后才住在一起的夫妇相比，同居后结婚的夫妻往往更不幸福，离婚的可能性也更大（Bramlett & Mosher, 2002; Dush, Cohan, & Amato, 2003; Popenoe & Whitehead, 1999; Seltzer, 2000）。然而，在一项具有全美代表性的横断研究中，参与者为 6 577 名 15~45 岁女性，结果发现，那些只与自己未来的丈夫同居或有性关系的女性并没有更高的离婚风险（Teachman, 2003b）。一项对 136 对情侣进行的纵向研究发现，订婚后同居者比订婚前同居者更不易在婚前婚后发生有问题的关系（Kline et al., 2004）。同居期间未怀孕的情侣关系更稳定，但是那些怀孕的情侣则更可能在婚后分手（Manning, 2004）。

婚前同居者更高的离婚率反映出选择同居或不同居这两类人的特点。同居者倾向于对家庭生活持非传统的态度，与大部分不同居者相比，同居者选择与自己在年龄、种族和以前的婚姻状况相似的伴侣的可能性更小。他们更可能经历父母离异，有继子女，童年经历非传统的家庭生活或频繁多变的生活，而且对离婚持自由散漫的态度。所有这些因素都可以预测不稳定的婚姻（Cohan & Kleinbaum, 2002; Fields & Casper, 2001; D. R. Hall & Zhao, 1995; Popenoe & Whitehead, 1999; Seltzer, 2000; Teachman, 2003a）。然而，也许这些观点在同居现象还不太被人们所接受的几十年前更准确。

我思我秀

- 从你的经验或观察来看，婚前同居好吗？为什么好或为什么不好？如果有孩子的卷入，是否会有不同？

学习检查站

你能否……

✓ 阐述有些人保持单身的理由？

✓ 讨论男同性恋和女同性恋各自会出现什么样的问题？

✓ 给出同居现象增加的理由，并比较几种不同的同居类型，以及举出影响结局的因素吗？

婚姻生活

不同国家的婚姻风俗各不相同。但是，历史上和世界上婚姻形式上的某些共同点说明它满足了人们的基本需要。*一夫一妻制*——与一个伴侣结婚——是大部分发

专栏14-1

知识拓展

婚姻是否会成为一种即将消逝的制度?

有人说，婚姻是一种基本的社会制度，尽管它的意义在不同的文化中不尽相同。根据约翰·霍普金斯大学的社会学家安德鲁·切尔林（Andrew J. Cherlin, 2004）的研究，如今，美国、加拿大和一些欧洲国家婚姻的意义和重要性已经发生了剧烈的变化。一些研究者将这种现象称为“逃避婚姻”（Oropesa & Landale, 2004）。

50年前，在英格丽·褒曼的婚外情引起众怒的那个年代，婚姻具有社会认可的生育、抚养孩子和产生家庭经济、进行社会活动的功能。自20世纪70年代，随着婚姻的焦点从孩子转到成人身上，婚姻作为“一种夫妻关系”和“一种父母伙伴关系”之间的关联开始减弱（Whitehead & popenoe, 2003）。正如切尔林所解释的：婚姻已经去制度化了，其界定已婚人士的社会规范或期望已经弱化了。在社会转型和社会角色变化的时代，对于如何对待彼此、如何对待孩子（如果有的话）和外面的世界，夫妻双方不再能够理所当然地达成共识。

至少有4种因素对婚姻制度的瓦解起了作用：(1）女性大量涌入劳动力市场，引起家庭内部劳动分工的变化；(2）非婚生子现象大量增加；(3）同居现象的接受度不断提高；(4）同性婚姻的出现。切尔林指出，在20世纪婚姻制度发生了两次转折。第一次大转折是“伴侣婚姻”的出现，强调的是浪漫的爱情。相比从前，伴侣之间的满意度变成了衡量婚姻成功与否最重要的方式。然而，基本的婚姻角色大多还是保持不变。正如英格丽·褒曼发现，婚姻仍是社会可接受的拥有性关系和养育孩子的唯一方式。供养家庭，尽到为人父母的责任就可以让人获得满足感。

第二次重大转折是在20世纪最后十几年，伴随着生活标准的提高和已婚女性进入劳动力市场，伴侣婚姻向个体化婚姻转变，强调的是个体的自我表达和满足感。这一转型期的3大主题及其特点是：自我发展（而非自我牺牲）、灵活可变的性别角色和开放的沟通。婚姻的质量开始由个体的满意度而非人们对婚姻角色的完美诠释来评判。

当选择成倍地增加，通往成人之路更加多样化，婚姻“正如一种文化理想失去了势力范围”（Cherlin, 2004, p.852）。现在人们比以前更晚结婚，并且当婚姻不能再满足他们的需要时，更容易离婚。越来越多的女性推迟了生育的时间，婚外孕子也比褒曼那个年代更为人们所接受。的确，许多年轻人将结婚生子看做彼此分离的两件事情。同性婚姻虽是有争议的，但却不再是不可思议的事。

个体发展的中心焦点变为对亲密感的要求——从任何制度化的框架下脱离出来的一种纯粹、自由自在的亲

达国家的基本婚姻模式。一夫多妻制——一位男性同时与多个女性的婚姻——这在大部分伊斯兰教国家、非洲国家和部分亚洲国家是很普遍的。在一妻多夫制的社会，妇女一般握有经济大权，一名女性可能有多位丈夫（Gardiner & Kosmitzki, 2005; Kottak, 1994）。

学习指路标

7. 成人从婚姻中获得了什么？婚姻处在怎样的文化模式之下？为什么有些婚姻成功有些却失败了？

婚姻的益处 在大多数社会中，婚姻制度被视为保证有序养育子女的最佳方式。它承认在一个消费和工作单元中的劳动分工。理想地说，它提供了亲密、承诺、友谊、爱慕、性满足、陪伴和情感成长的机会，以及自尊和同一性的新来源（Gardiner & Kosmitzki, 2005; Myers, 2000）。某些东方哲学传统认为，男女两性的和谐结合对精神实现和物种生存都必不可少（Gardiner & Kosmitzki, 2005）。

在许多工业化国家中，婚姻的重大益处，比如性表达、亲密和经济安全，如今都不再受结婚的限制。确实，随着男女在家务劳动分工上的变化，以及同居、离婚、

密感。一项对 20~29 岁的年轻人的调查发现，94% 的单身者同意“当你结婚，你首先希望你的配偶是你的精神伴侣”，而 79% 的人不同意结婚的主要目的是为了生育孩子（Whitehead & Popenoe, 2003）。

既然婚姻已经成为一种生活方式的选择，为什么还有这么多的人选择结婚？结婚的主要获益可能是切尔林所指出的“强制信任”。婚姻是一种公开的承诺，并且做出这样承诺的伴侣可以更加信赖他们的婚姻。然而，由于人们对离婚接受度的提高，以及同居者也开始获得那些优先保留给婚姻伴侣的法律权利，则婚姻与同居之间的“强制信任”差别正在缩减。

如今，相比其实际意义，婚姻更多地拥有一种象征意义。切尔林说：“婚姻从一种和谐一致的缔造者变成了一种名声的制造者”——成人个体生活的顶点（2004, p.855）。婚姻通常是一件高度个体化的事件，夫妇俩而非他们的家庭成员介入其中经营，并且代表对他们自我发展新阶段的认可。

一些研究者在追求心灵伴侣式的婚姻中看到了缺陷。对婚姻亲密感不切实际的期待可能会带来冲突和不满，尤其是当工作的需求与养育孩子冲突时。离婚和追求一个新的心灵伴侣可能会提供一种暂时轻松的机会，但却不是永久的解决方法。孩子的需要与成人的需要相比，被置于了一个次要地位（Whitehead & Popenoe, 2003）。

正如我们在第 10 章里讨论的，现在大部分研究一致认为：稳定、健康的婚姻对于孩子是有益的。一些研究者指出，这样的婚姻对于成人也是最好的（Whitehead & Popenoe, 2003）。如果是这样的话，婚姻制度可能会进一步演化成为一种新的形式，同时满足个人和社会的需要。

资料来源：除非另有说明，专栏中的材料引自 Cherlin（2004）。

我思我秀

你能想象一下未来的婚姻会发展变化成什么样吗？

课外链接

你可以登录 http://marriage.rutgers.edu，以获得更多有关这一专题的信息。这是美国婚姻调查项目的主页。它是由罗格斯大学的社会学教授波普诺和杰出的家庭问题作家巴巴拉·怀特海德共同指导的。美国婚姻调查项目的目的是让大众了解那些影响婚姻成功和孩子幸福感的社会、经济和文化条件。

婚外生子和同性婚姻合法化运动的增加，研究者（Cherlin, 2004）发现了婚姻的去制度化趋势，虽然它曾一度促使婚姻普遍化，其意义也普遍被人们所理解，但这种社会规范正逐渐减弱（见专栏 14-1）。

步入婚姻 纵观不同的历史时期和各种文化，选择伴侣最普遍的方式是通过安排的：要么是父母之命，要么是媒妁之言。有时订婚礼在童年就进行了。新娘和新郎在结婚前可能都从未谋面。只有在现代社会，基于爱情的自由选择伴侣才成为社会常态（Broude, 1994; Ingoldsby, 1995）。

工业化社会通常的“婚龄”已经变得越来越晚了。50 年前，大部分人在 20 岁出头或 20 岁之前就结婚了，正如英格丽·褒曼一样。今天，包括褒曼的祖籍瑞典在内，许多国家出现晚婚的趋势，因为年轻人花更多时间去追求教育和职业目标或是去发展其他关系。2003 年，美国男性首婚的平均年龄是 27 岁，女性为 25 岁，比 20 世纪

印度的大众婚礼就是世界婚姻习俗多样化的一个例子。

70 年代推迟了近 4 年（Fields, 2004; Kreider, 2005; 见图 14-3）。在英格兰、法国、德国和意大利，平均的首婚年龄更大：男性 29 岁或 30 岁，女性为 27 岁（van Dyk, 2005）。在加拿大，自 1961 年至今，女性首婚的年龄从 23 岁推迟到 26 岁；而男性从 26 岁推迟到 28 岁（van Dyk, 2005; Wu, 1999）。

婚姻生活的过渡会带来许多变化，主要表现在性机能、生活起居、权利和责任、依恋和忠诚等方面。在其他任务上，夫妻双方需要重新界定自己与原先家庭的关系，平衡亲密与自主的关系，并建立令人满意的性关系。

婚后性生活　美国人的性行为显然不像大众传媒所宣扬得那么频繁，而且，已婚者的性行为尽管不如同居者频繁，但比单身者要多。有研究随机抽取了 3 432 名 18~59 岁的男女进行访谈，发现只有约 1/3 的人一周至少有 2 次性生活，其中包括 40% 的已婚夫妇（Laumann et al., 1994; Laumann & Michael, 2000; Michael et al., 1994）。然而，已婚夫妇比单身或同居情侣更多地报告从性行为中得到了情感上的满足（Waite & Joyner, 2000）。

我们很难了解婚外性活动的普遍性，因为没有什么好的方式能确保报告的真实性；但调查结果仍表明，实际的性活动比人们普遍所认为的要少得多。2002 年，约 3% 的已婚夫妇报告他们有非配偶的性伴侣，有 18% 的人报告在他们婚姻生活期间发生过婚外性关系。当前的婚外性活动在年轻人中最为普遍，而且丈夫发生婚外关系的可能性是妻子的 2 倍多（4.3% 对 1.9%）（T. W. Smith, 2003）。

婚姻满意度　一般来说，已婚者会比未婚者更幸福，尽管那些婚姻不幸者比未婚或离婚者更不快乐（Myers, 2000）。与未婚或者离婚的人相比，已婚并维持婚姻状态的人更富裕，女性尤为如此（Hirschl, Altobelli, & Rank, 2003; Wilmoth & Koso, 2002）。但是，我们不能断言婚姻可以带来财富，也可能是善于创造财富的人更可能结婚并保持婚姻状态（Hirschl et al., 2003）。同样，婚姻能否带来幸福感也是个未知

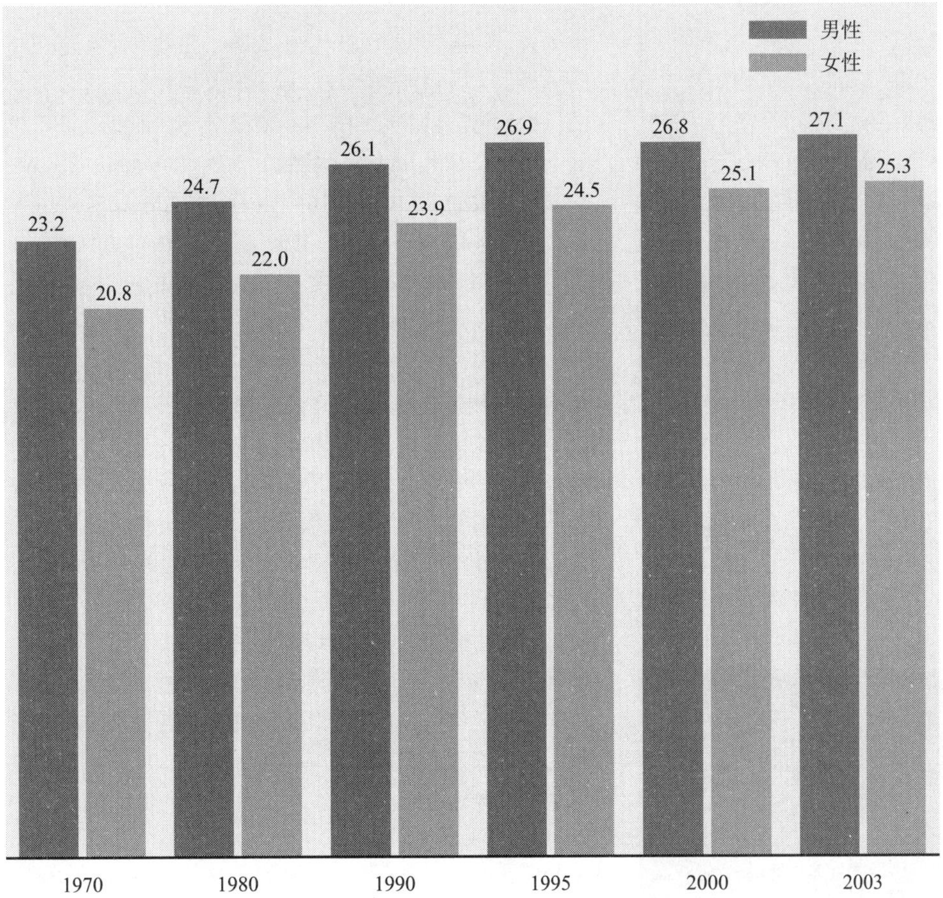

图 14–3
15 岁和 15 岁以上男女首婚的年龄中值：美国，1970~2003 年。

资料来源：Fields, 2004, Figure 5.

数，已婚人士中更大的幸福快乐感可能反映出快乐的人们更可能结婚（Lucas, Clark, Georgellis, & Diener, 2003）。

总的来说，当前的婚姻幸福感与 20 年前的几乎一样，离婚率也没有太大变化。但是现在的夫妻一起做事的时间减少了。这些结论来自两项针对已婚个体的全美调查，分别于 1980 年和 2000 年进行。经济资源增加、平等决策、非传统的性别态度和对婚姻常规模式的支持等因素会对婚姻幸福感产生积极影响；但婚前同居、婚外情、妻子外出工作和更长的工作时间等则会产生负面影响。丈夫更多地分担家务会降低丈夫的婚姻满意度，但会提高妻子的婚姻满意度（Amato, Johnson, Booth, & Rogers, 2003）。一项对 197 对以色列夫妇的研究发现，配偶任何一方出现的情绪不稳定性和消极性都会成为婚姻不幸福的重要预测指标（Lavee & Ben-Ari, 2004）。

影响婚姻成败的因素　婚姻结果能否在夫妻结为连理之前进行预测？在一项研究中，研究者对 100 对夫妇进行了为期 13 年的追踪，参与者大部分是欧裔美国夫妇，从他们未婚时开始追踪。像婚前收入、教育水平、是否婚前同居或是否有婚前性行为，

实战演说

专栏14-2

伴侣暴力

伴侣暴力，或称家庭暴力，是指在身体、性或心理上对配偶、前配偶或暂时伴侣实施的虐待。在美国，大约 90% 的家庭暴力受害者是女性，通常是年轻、贫穷、没上过学的和单身、离婚或分手的女性。据估计，大约每 5 个女性中就有一个曾被伴侣或配偶在身体上攻击过。大约 40% 的家庭攻击会造成伤害，而 10% 的会严重到需要治疗。然而，家庭暴力的实际程度如何还很难确定，很大一部分原因是受害者常常感到羞耻或害怕而不说。在一项研究中，只有 8% 的受虐女性曾告诉过医生自己被虐待，而告诉其他人的还不到一半（Harvard Medical School, 2004b）。

人们发现有两种不同的家庭暴力。一种是情境性伴侣暴力，即在争吵最激烈的时候引发的身体对抗。这种类型的暴力可能是由伴侣一方首先发起的，并且不太可能升级为很严重的情况。另一种更严重的类型是亲密恐怖主义，即男性经常使用情感虐待、强迫有时甚至是威胁和暴力去获得或执行权力或控制女性伴侣。这种类型的伴侣虐待随着时间的推移会愈演愈烈，但其最重要的区别性特征是潜在的寻求控制的动机（DeMaris, Benson, Fox, Hill, & Van Wyk, 2003; Leone, Johnson, Cohan & Lloyd, 2004）。与情境暴力相比，亲密恐怖主义的受害者更可能经历身体上的伤害、工作时间的丧失、健康状况差和心理压力（Leone et al., 2004）。

大部分家庭暴力的受害者是女性，并且其受伤害的程度更严重。对伴侣施暴的男性常常是为了控制伴侣并获得支配地位，他们大部分成长于有暴力的家庭。

亲密恐怖主义可能是一种表征男性身份的方式。对过去有家庭暴力行为的 22 名男性的访谈与其日志的研究表明，这类男性往往有情感表达障碍。如果关系变得紧张或感到心理上受到威胁，他们可能会失去控制并将他们抑制的情感发泄在伴侣身上。一些男性将他们的暴力行为解释成是由他们的妻子或伴侣激起的（Umberson, Anderson, Willliams, & Chen, 2003）。

如果情侣们在一起的时间还相对较短，而且都是初婚且年龄较小，或频繁出现敌意性的争吵，那么他们更可能处于任何一种伴侣暴力风险之中。任何带来关系紧张的事情都可能会提高这种风险，例如，伴侣一方或双方是吸毒者或仅有一方有工作（尤其是如果女性有工作）（DeMaris et al., 2003）。

情感虐待的发生可能会伴随肢体上的暴力行为。一项对 25 876 位加拿大男性和女性的研究发现，12% 的已婚或同居夫妇经历过伴侣暴力或者情感虐待，或两者皆有。大约 8% 的未遭到肢体暴力侵害的女性（遭受过暴力侵害的女性中超过一半）表示经历过情感控制虐待，比如社会孤立、羞辱和家庭经济控制等等。当女性的受教育水平、职业状态和收入高于其伴侣时，往往会发生情感虐待。这样的行为可能是男人过分强调其主导地位的

以及他们在结婚前认识或约会多长时间等等，这些因素都对婚姻成功与否没有影响。真正重要的因素是伴侣对这段关系的幸福感、对彼此的敏感性、理解彼此感受的准确性，以及彼此间的交流和处理冲突的技巧等（Clements, Stanley, & Markman, 2004）。

结婚年龄也是婚姻能否长久的另一个主要预测因素。十几岁就结婚的青少年离婚率很高；二十几岁结婚的人更可能获得婚姻成功。与教育程度和收入水平较低的伴侣相比，大学研究生和家庭收入高的伴侣离婚率更低（Bramlett & Mosher, 2001,

方式（Kaukinen, 2004）。

为什么女性还要跟虐待自己的男性在一起呢？一些人受虐时会自我责备，总是受到奚落、批评、威胁、惩罚和心理操纵，使她们的自信心遭到破坏，并且被自我怀疑所压倒。一些人更加关心保住家庭而非保护自己。女性常常感到自己受困于一段虐待的关系中。伴侣将她们与家人朋友隔离开，这些女性可能在经济上依赖伴侣，同时缺乏社会支持。一些人害怕离开——很现实的害怕，因为一些虐待妻子的丈夫会追捕、骚扰和抽打，甚至杀害想要离开的妻子（Fawcett, Heise, Isita-Espejel, & Pick, 1999; Harvard Medical School, 2004b; Walker, 1999）。如果她们像许多其他女性一样，接受了社会救济，并且用掉了她们的资格时间，那么她们很可能会失去未来的福利。为了改善这一问题，美国一些州在条款中放弃救济时间限制的要求，以保护伴侣暴力的受害者（Leone et al., 2004）。

家庭暴力的后果可能会扩展到伴侣以外。据估计，每年都有将近 200 万 ~ 300 万的美国儿童目睹家庭暴力（Harvard Medical School, 2004b）。一项对 118 份研究的分析表明，和没有目睹家庭暴力的孩子相比，近 2/3 目击了家庭暴力的孩子出现更大的适应问题（Kizmann, Gaylord, Holt, & Kenny, 2003）。目睹了父母打架争斗的孩子，往往会在成年时也卷入家庭暴力（Ehrensaft et al., 2003）或去虐待自己的孩子。然而，暴力的恶性循环并非不可避免。大部分接触到家庭暴力的孩子或被虐待的孩子，长大以后并没有变得有暴力倾向或爱虐待别人（Heyman & Slep, 2002）。

1994 年，美国反暴力妇女法案（Violence Against Women Act）被采纳。它规定了强制性的法律保护，并提供保护基金、国家家庭暴力热线，以及训练有素的法官、法庭人员和从事家庭暴力相关工作的年轻人。加拿大也有相似的项目来帮助那些受虐的女性。在欧洲和拉丁美洲国家也同样以各种不同的方式，为保护妇女和消除基于性别的暴力行为而努力。在英国和巴西，警察会特别受训去处理这种基于性别的暴力行为，帮助女性以更能接受的方式对其进行报告（Walker, 1999）。救助者需要给那些经济依赖于丈夫的女性提供更多的就业和教育机会。医护人员需要对女性的可疑伤处进行询问，并告诉她们与有虐待倾向的伴侣待在一起对她们的身体和心理健康的威胁（Kaukinen, 2004）。

长远来看，消除伴侣虐待的最理想的做法就是“改变男人的社会化模式，这样凌驾于女性之上的权力就不再是界定男人意义的一个必要部分”，以及“在社会各级水平上调和男权与女权之间的平衡”（Walker, 1999, pp.25, 26）。社区标准也可能会产生差异。在高集体效能的社区，邻里的凝聚力和非正式的社会约束都比较强，因而亲密关系的伴侣暴力和自杀率往往也比较低，女性更可能披露自己的问题并寻求社会支持（Browning ,2002）。

我思我秀

你认为对于伴侣暴力可以或应该采取何种措施？

课外链接

你可以登录 http://www.ncadv.org 以获得更多关于这一专题的信息。这是全美联合反家庭暴力研究项目网站的网址，其中有关于该问题的信息、社区反馈、寻求帮助、公共政策和其他资源。

2002）。相比于没有宗教信仰的个体，那些高度依赖宗教信仰的人更不可能轻易离婚（Bramlett & Mosher, 2002）。

有研究以 130 名平均婚龄为 8 年的离婚女性为参与者，让她们回顾自己失败的婚姻，结果发现，她们所提到的离婚原因具有明显的一致性，其中提到最多的是不相容性和缺乏感情支持。对更近些年的离婚情况的研究发现，离婚者为更年轻的女性，原因包括缺乏职业支持。位列第三的原因是配偶虐待，这意味着家庭暴力可能比大家通常认为的更为频繁（Dolan & Hoffman, 1998；见专栏 14-2）。

学习检查站

你能否……

✓ 说出一些结婚的好处?

✓ 指出伴侣选择方式的文化差异和婚龄在历史上的变化?

✓ 讨论婚后的性关系?

✓ 说出婚姻成败的影响因素?

人们描述自己婚姻的方式可以在很大程度上预测婚姻是否成功。在一项全美抽样的纵向研究中，2 034 名 55 岁及以下的已婚人士被问及“你的婚姻是靠什么支撑下去的”。有些人认为自己的婚姻建立在*非物质奖励*的基础之上，如爱、尊重、信任、交流、相容性和对彼此的承诺；而有些人则认为自己之所以不结束这段婚姻是因为有*障碍*存在，如孩子、宗教信仰、经济互依性和对于婚姻制度的承诺等等。前者更可能在婚姻中获得幸福，并维持婚姻达 14 年以上（Previti & Amato, 2003）。

婚姻冲突和婚姻失败中潜藏的一个微妙因素可能是男性和女性对婚姻的期待不同。女性比男性更倾向于强调婚姻中彼此情感表达的重要性（Lavee & Ben-Air, 2004）。如果丈夫在争吵中还嘴或逃避他们的角色责任，妻子往往会延长讨论问题的时间，并产生怨恨；另一方面，如果妻子仅仅是获得补偿，丈夫通常会比较满意（Fincham, Beach & Davila, 2004）。

学习指路标

8. 大部分成年人在何时会为人父母？这种父母身份是如何影响他们的发展的？

为人父母

当今的家庭已经与从前的大家庭不同了。在工业化以前的农业社会，大家庭是必要的，因为孩子要分担家务并在以后照顾年迈的父母。那时儿童的死亡率很高，所以只有多生孩子才有可能确保其中一些长大成人。如今，婴儿和儿童的死亡率大大降低。在发展中国家，人口过多和饥饿是他们面临的主要问题，人们逐渐认识到限制家庭规模并且进一步使孩子独立出去非常必要。在工业化社会，大家庭不再是一种经济资产，除家庭规模外，目前家庭组成、结构和劳动分工都发生了巨大变化。现在大部分母亲都在家做事或外出上班，虽然目前只是少数父亲是孩子的主要照料者，但数量在逐渐增多。更多的单身和同居女性，生育或领养孩子并抚养他们（Teachman et al., 2000），这些女性文化程度普遍较低（Musick, 2002）。数百万孩子和他们的同性恋父母或继父母一起生活（参见第 10 章）。

如今，人们不仅更少生育孩子，而且生育时间更晚，这主要是因为他们将成年早期的时光用于接受教育和确立职业（英格丽・褒曼像大多数那个年代的女性一样，在 23 岁时就生育了第一个孩子）。今天的美国女性首次生育的平均年龄是 25.1 岁，创历史新高（Martin et al., 2003）。随着生育医疗技术的提高，在将近 40 岁甚至四五十岁时才生育孩子的女性明显增多。自 1990 年起，30 岁以下女性的生育率有少量下降（Martin et al., 2003; Martin et al., 2005）。

不同种族的首次生育年龄存在显著差异。日裔美国母亲生育第一个孩子的平均年龄为 31 岁，而美国印地安母亲则为 21.8 岁（Martin et al., 2003；参见图 14-4）。美国的生育率比其他一些发达国家更高，例如日本和英国（Martin, Hamilton, Ventura, Menacker, & Park, 2002），这些国家首次生育的平均年龄大约是 29 岁（Van Dyk, 2005）。

具有讽刺意味的是，一方面是未婚女性占美国生育率的 34%（接近或高于加拿大、英国和北欧）（Cherlin, 2004; Martin et al., 2003; Keirnan, 2002）；另一方面却是越来越多的已婚夫妇却一直没有生育孩子。美国有孩子的家庭比例已从 1970 年的 45% 降到如今的 32%（Fields, 2003）。人口老龄化和晚婚晚育或许可以解释这些数据，但是一些夫妇无疑是选择了不生孩子。许多夫妻将婚姻主要看成是增进彼此亲密关系的一种方式，而不再只是为了生育和抚养孩子（Popenoe & Whitehead, 2003; 参见专栏 14-1）。养育孩子会加重经济负担，并难以协调工作与家庭之间的平衡，这可能也会吓退一些想要孩子的夫妻。2000 年，估计一个中等收入的双亲双子家庭抚养一个孩子到 18 岁的花销为 165 630 美元（Lino, 2001）。更好的儿童照料和其他支持服务可能有助于夫妇遵从自己的真实意愿做出要不要孩子的决定。

共同庆祝孩子的生日是为人父母的快乐时刻之一。如今大部分家庭的规模都比前工业化时代的家庭要小，而且许多成人更晚地生育孩子。

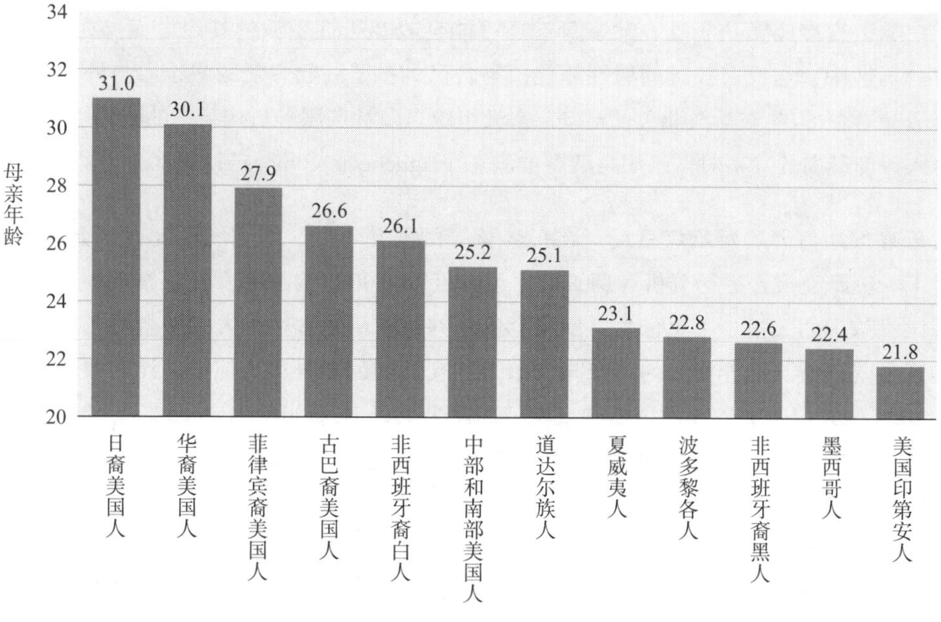

图 14-4

根据种族和西班牙血统，母亲生头胎孩子的平均年龄：美国，2002 年。

资料来源：Martin et al., 2003, Figure 5.

为人父母是一种发展性经历

第一个孩子的出生标志着夫妻生活进入了重要的过渡期。完全依赖他人的新生命将改变夫妻及其家庭成员的关系。随着婴儿的成长，父母也在发展。

男女在父母身份中的卷入程度 男性和女性常常对为人父母有一种复杂的感觉。伴随着兴奋，他们可能会感觉到照顾孩子的责任和承担这种责任所需要的时间和精力。

一项全美性样本的纵性研究对 1 933 名还没有孩子的美国成人的调查发现，即将为人父母对已婚女性的影响比对已婚男性更大。与无子女的已婚女性相比，已婚母亲更多地抱怨家务和婚姻冲突，但她们抑郁的可能却更小。与未婚且无孩子的成人相比，未婚但已做父母的成人报告出更低的自我效能感和更多的抑郁（Momaguchi & Mikie, 2003）。

在褒曼去好莱坞时，她的第一任丈夫彼德·林德斯春决定照顾年幼的女儿，这在当时是非常不易的，但现在看来很平常了。2003 年，有 157 000 位美国已婚父亲不出去工作而留在家中照顾 15 岁以下的孩子（Fields, 2004）。如今的父亲们比以前更多地参与到孩子的生活中，照顾孩子并做家务。尽管如此，大多数父亲仍没有母亲照顾家庭多（Coley, 2001; Olmsted & Weikart, 1994）。在全世界范围内，家庭仍然被认为是以女性为主导的（Adams, 2004）。周末时父亲与孩子相处的时间越来越接近于母亲，而且随着孩子的成长父亲陪孩子的时间越来越多（Yeung, Sandberg, DavisKean, & Hofferth, 2001）。

两项对 2 817 名 18 岁以上美国成年人的全国调查显示，近半数的父母觉得自己陪孩子的时间太少，工作时间较长的父亲对这种感觉尤其强烈（Milkie, Mattingly, Nomaguchi, Bianchi, & Robinson, 2004）。

除了直接照顾孩子外，父亲身份还可能会改变男性生活的其他方面。在 19~55 岁的男性中，与没有孩子的男性相比，与自己的孩子一起生活的父亲参与外界的社会活动更少；但参与学校相关的活动、宗教组织以及社区服务机构组织的活动则更多。卷入程度最高的父亲对自己的生活更加满意（Eggebeen & knoester, 2001）。

学习检查站
你能否……

- ✓ 描述家庭规模的变化和为人父母年龄的变化趋势?
- ✓ 比较男性和女性对于父母责任的态度及其实际表现?
- ✓ 讨论父母身份如何影响婚姻满意度?

父母身份如何影响婚姻满意度 在抚养孩子的前几年里，婚姻满意度通常会下降。对 146 份研究报告进行分析，调查对象包括近 48 000 名男性和女性，发现为人父母者比没孩子的人报告了更低的婚姻满意度；并且孩子越多，为人父母者对于婚姻的满意度就越低。抚养婴儿的母亲与没孩子的女性间的差异最为惊人：没有孩子的女性 62% 的人报告了较高的婚姻满意度，而已为人母者这一比例仅为 38%。这可能是由于抚养婴儿对母亲自由的限制和对适应一种新角色的需要所致（Twenge, Campbell, & Foster, 2003）。

在第一次当父母的以色列年轻人中，认为自己是照顾、养育和保护者角色的父亲比其他父亲更少体验到婚姻满意度下降，而且对父亲身份更适应。那些与孩子接触更少、更多地由妻子照顾孩子的父亲，倾向于对婚姻产生更多的不满意。那些认为自己的生活一团糟并且无法适应母亲身份的女性对婚姻最不满意（Levy-Shiff, 1994）。

双职工夫妻如何应对生活

学习指路标

9. 双职工夫妻如何划分各自的责任，如何处理角色冲突?

现在，美国大部分有子女的家庭都是双职工家庭。2003 年，71% 的已婚母亲和 96% 的已婚父亲在抚养孩子的前几年至少部分时间中都有工作（Fields, 2004）。

双职工家庭有不同的组成形式（Barnett & Hyde, 2001）。在大部分这样的家庭中，传统的性别角色占主导地位：男人作为主要的经济来源，女人作为第二提供者；但这种情况正在发生变化（Gauthier & Furstenberg, 2005）。2003 年，妻子的平均收入占了家庭收入的 35%，与 1973 年仅占 26% 形成鲜明对照；并且 25% 有工作的妻子比丈夫挣钱更多（(Bureau of Labor Statistics, 2005）。在一些家庭中，夫妻均拥有较高职位的工作并且收入也较高。在另一些家庭中，一人或夫妻两人是“缩减工作一族”，即缩短工作时间、拒绝加班或拒绝需要过多出差的工作，以此增加家庭相处时间并减少工作压力（Barnett & Hyde, 2001; Becker & Moen, 1999; Crouter & Manke, 1994）。有的夫妻面临这样的权衡：优先考虑谁的工作，这取决于职业机会和家庭责任的转变。妻子往往更可能去做那些“缩减的工作”，这种情况常常发生在刚生完孩子的前几年（Becker & Moen, 1999; Gauthier & Furstenberg, 2005）。而非裔美国夫妇比欧裔美国夫妇更倾向于男女平等（Dillaway & Broman, 2001）。

双职工生活方式的利与弊 无论男性还是女性，将工作和家庭角色结合起来通常对他们的精神和身体健康都是有益的，并且能加强夫妻间的关系（Barnett & Hyde, 2001）。为家庭收入做贡献使女性更加独立，并且赋予她们更大的经济权力，这样还能减轻男人养家的压力。此外还有一些无形利益：夫妻关系更平等，女性自尊水平更高以及父子关系更亲密（Gilbert, 1994）。

然而，多重角色的益处取决于多种因素：夫妻各自要承担多少种角色，每种角色所需要的时间，夫妻双方从各自角色中所能获得的成功或满意度，以及夫妻两人对性别角色所持有的传统或非传统的态度（Barnett & Hyde, 2001; Voydanoff, 2004）。都有工作的夫妻可能会面临一系列问题：额外的时间和精力的要求、家庭与工作的冲突、配偶之间的竞争状态以及难以满足孩子需要的焦虑感和内疚感。尤其对全职女性来说，有孩子时，家庭需求是最多的（Milkie & Peltola, 1999; Warren & Johnson, 1995）；而当个体努力奠定自己的职场地位或争取晋升的时候，职业对个体的需求也是最多的。成年早期来自这两方面的需求冲突时有发生。

我思我秀

- 对如何处理家庭责任，你会给一对双职工家庭夫妻什么样的建议?

一项研究要求在 3 天时间里，让长子还在幼儿园上学的 82 对夫妻在下班后和休息时间，分别完成一份调查问卷。男性和女性在工作节奏以及心境上的日常波动，

双职工家庭中的男人比起单独一人全职工作养家糊口的男人，倾向于做更多的家务和照顾孩子。在双职工家庭中男性和女性往往都放弃了一些休闲时间以照顾家庭。

会在下班后他们与配偶的互动中反映出来，这表明因工作紧张引起的情绪唤醒会影响婚姻关系（Schulz, Cowan, Cowan, & Brennan, 2004）。

家庭事务的分工以及对婚姻的影响 几乎在所有的社会中，女性即便全职工作，也对照料孩子和家庭事务负有主要责任（Gardiner & Kosmitzki, 2005）。然而，双职工夫妇分配家务的方式和决策产生的心理效应是不一样的。

在瑞典，经济相对独立的女性所做的家务会少一些，尽管她还是比丈夫做得多。在美国，女性并没有普遍地成为主要的养家糊口者。一般每周她们比男人在家务事上多花 10~13 个小时（Evertsson & Nermo, 2004）。比起全职家庭主妇的丈夫，双职工家庭的男人倾向于做更多的家务，照顾孩子也更多（Almeida, Maggs, & Galambos, 1993; Demo, 1991; Parke & Buriel, 1998），并且当学校放假时更多地负责监护较大孩子的各种活动（Crouter, Helms-Erikson, Updegraff, & McHale, 1999; Crouter & McHale, 1993）。夫妻两人都为照顾孩子和做家务牺牲了休闲时间（Gauthier & Furstenberg, 2005）。

双职工的生活方式对婚姻的影响主要取决于丈夫和妻子如何看待他们的角色。不平等的分工并不一定视为不平等；对不公平的感知可能是婚姻不稳定的最大影响因素（Grote, Clark, & Moore, 2004）。配偶认为的公平感可能取决于妻子的经济贡献，她认为自己是共同的经济提供者或仅仅只是丈夫的收入补充，她的工作对她和丈夫的意义以及重要性（Gilbert, 1994）。无论实际的劳动分配如何，能对此达成一致意见、一起享受和谐、相互照顾和全心投入家庭生活的夫妻，比其他夫妻的婚姻满意度更高（Gilbert, 1994）。

学习检查站

你能否……

✓ 说出双职工家庭的利与弊，并讨论一下劳动分工如何影响婚姻？

学习指路标

10. 为什么离婚率上升？成年人如何适应离婚、再婚以及继父母身份？

当婚姻结束

20 世纪 50 年代，由乔治·阿克塞尔罗德主演的《七年之痒》是一部非常流行的电影。电影标题如今看来仍是现实的真实写照：在美国，离婚平均在结婚 7~8 年之后（Kreider, 2005）。离婚更多地导致再婚并建立重组家庭，新家庭中有前一段婚姻中一方或双方各自亲生或收养的孩子。高离婚率表明，要实现结婚的初衷是多么困难。但是高再婚率也表明，人们在契而不舍地追求幸福，正如英格丽·褒曼一样。

离　婚

2002 年，美国的离婚率在 15 岁以上的已婚女性中为 1.8%。20 世纪 80 年代早期是离婚率的高峰时期，尽管此后逐渐降低，但这一离婚率约是 1960 年的 2 倍。近年来离婚率的下降可能是因为较高的受教育水平和较迟的首婚年龄，这两者都与婚姻稳定性有关联（Popenoe & Whitehead, 2004）。当今，仍然有 20% 的美国成年人离婚（Kreider, 2005）。十几岁的青少年、高中辍学学生和非宗教信仰者的离婚率相对较高（Popenoe & Whitehea, 2004）。黑人女性的离婚率仍然高于白人女性（Sweeney & Phillips, 2004）。离婚率在其他的国家也不断激增，阿根廷的离婚率在 1960 年到 2000 年间增加了 8 倍，自 1978 年起中国的离婚率增加了 5 倍，自 1970 年起澳大利亚的离婚率增加了 3 倍（Adams, 2004）。

离婚率为什么如此之高？ 自 20 世纪 60 年代以来，美国和许多其他国家的离婚率显著增长，其原因是更自由的离婚法规的通过所致。该法规规定，离婚无需追究伴侣一方的过错。无过错离婚法规是对社会发展的一种反映，社会发展导致更多的离婚需求（Nakonezny, Shull, & Rodgers, 1995）。这些发展包括：人们认为婚姻是一种彼此牺牲的结合的认知弱化，家庭作为生育单元的传统功能丧失，性生活不满意，广为传播的独立自主、自由选择和浪漫爱情的价值观，不断增加的社会和经济可变性以及更多女性获得有偿工作（Adams, 2004）。

在美国，女性的收入越高，她就越不可能勉强维持不幸的婚姻；如今的女性比男性更可能提出离婚的要求。根据随机电话调查的 1 704 位已婚人士，当夫妇双方的经济地位基本平等，并且他们对彼此的经济义务相对较小时，配偶一方提出离婚的可能性最大（Rogers, 2004）。许多受困于婚姻中的夫妻并不会“为了孩子”而继续待在一起，他们认为让孩子不断接触父母的矛盾冲突会给其带来更大的伤害。无子女夫妻越来越多，他们更容易回到单身状态（Eisenberg, 1995）。

离异孕育了更多的离婚。那些父母离过婚的成年人更可能认为自己的婚姻也不会长久（Glenn & Marquardt, 2001），而且会比那些父母未离婚的成年人更可能离婚（Shulman, Scharf, Lumer, & Maurer, 2001）。离婚已经变成一件可预测的事，社会心理学家提出了“起步婚姻”（starter marriages）的概念，即第一次结婚并且没有生孩子，结束这样的婚姻就像一个人从最初的房子离开一样（Amato & Booth, 1997）。

> **我思我秀**
> - 在美国，离婚是否变得太容易了？

离婚的调适 离婚并不是一个单独的事件，它是一种过程，“是一系列潜在的压力经历在肉体分离之前业已开始，之后还将持续”（Morrison & Cherlin, 1995, p.801）。即使婚姻不幸福，离婚也是痛苦的，尤其是有孩子的家庭。（关于孩子在离婚后的调适在第 10 章讨论过）。

离婚通常会降低个体长期的幸福感，尤其对被动离婚的一方或没有再婚的一方来说更是如此。其原因可能包括亲子关系的解体，与前一任伴侣的不和，经济困难，情感支持的缺失以及不得不搬离原来的家等（Amato, 2000）。特别是对男性，离婚会带来身体或精神或两方面的负面影响（Wu & Hart, 2002）。女性比男性更可能会在离婚或分手之后生活于贫困之中（Kreider & Fields, 2002）。许多人不得不面对与前任配偶持续的抗争，如前任配偶可能不履行对孩子的责任等（Kitson & Morgan, 1990）。婚姻幸福的人或者觉得自己婚姻幸福的人离婚后会有更多消极反应，而且需要更长时间来适应（Lucas et al., 2003）。另一方面，当婚姻冲突严重时，它的终结将有助于提升个体的主观幸福感（Amato, 2000）。

调适过程中的一个重要因素是与前任配偶的情感分离。与前任配偶争吵或还未找到新伴侣的人会体验到更多的悲伤。在离婚期间和离婚之后，比较活跃的社会生活方式将对离婚者有所帮助（Amato, 2000; Thabes, 1997; Tschann, Johnston & Wallerstein, 1989）。

再婚和继父母身份

散文作家塞缪尔·约翰逊说："再婚是希望超越经历的胜利！"高离婚率并不是人们不想结婚的标志。相反，它通常反映出人们对幸福婚姻的渴望，反映的是人们的一种信念：离婚就像一场手术——会带来痛苦和创伤，但它是为了更好的生活所必须经历的阶段。

从世界范围来看，再婚率是很高的，并且还在不断攀升（Adams, 2004）。在美国，1/3 以上的婚姻中新人双方都是再婚者。2001 年，55% 的 25 岁以上离异男性和 44% 的同龄组离异女性都再婚了（Kreider, 2005）。那些从第一段婚姻中分手后再婚的人中有一半又在 3~4 年之内再次经历离婚和再婚（Kreider & Fields, 2002; Kreider, 2005）。再婚比第一段婚姻更可能以离婚的方式结束（Adams, 2004; Parke & Buriel, 1998）。

童话里关于恶毒的继母形象可能还是有一点事实基础的，尤其是女性，通常抚养继子女比抚养亲生孩子要更加困难。然而，随着时间的推移和新关系的加强，重组家庭也能为所有的家庭成员提供一个温暖、养育的良好环境。

重组家庭不仅是由再婚所形成的，而且越来越多的是由同居关系所形成。大约 1/4 的美国重组家庭和一半的加拿大重组家庭是由同居关系组成的（Cherlin, 2004）。对成人和孩子来说，适应重组家庭都有压力（Adams, 2004; 参见第 10 章）。近年来重组家庭数量增加，让整个社会始料未及。将两个家庭单元重新结合，每个家庭都会带来它的习惯和关系网，这样的再婚家庭必须创建自己的适应方式（Hines, 1997）。

越是新近重组的婚姻，前夫或前妻带来的孩

子越大，继父母就越难当。尤其是女性，抚养继子女似乎比抚养亲生孩子更加困难，这可能是因为女性陪孩子的时间通常比男性多（MacDonald & DeMaris, 1996）。

尽管如此，仍然有一些重组家庭像其他任何关爱所有成员的家庭一样，可以提供温暖、养育的氛围。研究者（Papernow, 1993）发现，适应重组家庭存在几个阶段。首先，成年人期待能够顺利、快速地适应，而孩子则幻想着继父母哪天会离开，自己的亲生父母会回到身边。其次，随着冲突的发展，每个父母都会维护自己的亲生孩子。最终，成年人会形成一种强大的联盟来满足所有孩子的需要。继父母会获得重要成人的角色，并且家庭会变成一个统一的整合单元。

学习检查站

你能否……

- ✓ 给出自 20 世纪 60 年代以来离婚率上升的原因？
- ✓ 讨论影响离婚调适的因素？
- ✓ 讨论影响再婚和继父母身份适应的因素？

重新聚焦

回想本章开始部分在人物聚焦中关于英格丽・褒曼的故事：

- 标准化阶段论者、事件时序论者、特质论者以及类型学论者将分别如何描述褒曼的人格发展？
- 褒曼的三段婚姻解释了斯滕伯格的爱情模式中的哪一种？
- 自英格丽・褒曼那个年代之后，人们对于婚外性行为、同居、婚外生子的态度发生了怎样的变化？
- 影响婚姻成功或失败的因素中，哪些适用于褒曼的婚姻，哪些不适用？
- 为什么英格丽・褒曼难以平衡她的职业与婚姻和母亲的角色？
- 褒曼的故事支持更自由宽松还是更严格的离婚法律？

成年早期与朋友、爱人、配偶或孩子形成的稳定联结往往贯穿人的一生，并且影响着中年或成年晚期的发展。人们在自己较成熟的岁月里所经历的变化也影响着彼此之间的关系，我们可以进一步参阅第 7 编和第 8 编的内容。

小 结

人格发展：4 种观点

学习指路标 1：人格在成人期是否会改变？如果会，它是怎样变化的？

- 4 种成人发展观分别是标准化阶段模型、事件时序模型、特质模型以及类型学模型。
- 标准化阶段模型认为，在连续的时间里，与年龄相关的社会情感变化是以危机的出现为标志的。在埃里克森的理论中，成人早期的主要问题是亲密对孤独。
- 钮加藤所支持的事件时序模型，认为成人心理发展受常规生活事件的发生及其时机的影响。然而随着社会对年龄的感受不再那么敏感，“社会时钟”的意义也淡化了。
- 科斯特和麦克雷的五因素理论是围绕着 5 组相关的特质来组织的：神经质、外倾性、开放性、尽责性和宜人性。许多研究发现，人们 30 岁之后在这些特质方面的变化相对较小。
- 以布莱克为代表的类型学模型，其研究确认出人格类型在自我韧性和自我约束上是不同的。这些类型从童年期到成人期似乎一直保持不变。
- 最近，人们试图将这些关于成人人格发展的各种观点取向整合起来。

成年期的变化之路

学习指路标 2：在几十年里，成人的发展方式有何变化？什么因素导致了这些转变？

- 成人初显期，从 18 岁到二十几岁中期甚至晚期，往往是在形成稳定的成人角色和责任之前的一段体验期。这样，传统的发展任务如找到稳定的工作和发展长期的恋爱关系，可能在当今被推迟到 30 岁或更迟。
- 个体成长发展之路可能受到性别、学业能力、早期学习态度、对青少年晚期的预期和社会阶段的影响。
- 越来越多的成人初显期的成人延长了教育时间，并推迟了为人父母的时间。
- 对于处在成人初显期的成人来说，衡量其成功处理离家后的发展任务的指标是能够与父母保持亲密而自主的关系。
- 婴儿期的依恋体验可以影响成人期的适应。

亲密关系的基础

学习指路标 3：什么是亲密关系？它是如何通过友谊、爱情和性表现出来的？

- 年轻人从与同龄人和情侣的关系中寻求感情和身体的亲密感。自我表露和归属感是亲密关系的重要方面。
- 亲密关系与身体和心理健康相关联。
- 大部分年轻人交了许多朋友，但与他们相处的时间却越来越有限。女性的友谊往往比男性的更加亲密。
- 根据斯滕伯格的爱情三角理论，爱情有 3 个方面：亲密、激情和承诺。这些方面结合起来可以组成 8 种不同类型的爱情关系。
- 男性和女性在性的需求和渴望方面是不一样的。
- 在美国，人们对婚前性行为的态度已变得宽松了；但是男女间的关系并不像大家所认为的那样混乱。尽管对同性恋的反对已经有所减弱，但仍然比较强烈；人们对于婚外性行为的反对更加强烈。

非婚与已婚的生活方式

学习指路标 4：为什么一些人保持单身？

- 如今越来越多的人推迟结婚或不结婚。这种趋势在非裔美国女性中尤为突出。
- 保持单身的理由包括职业机会、旅行、性和生活方式自由、自我实现的渴望、女性更大程度上能够自我满足、结婚的社会压力下降、害怕离婚、难以找到合适的配偶，以及缺少约会的机会或可选的伴侣。

学习指路标 5：同性恋的本质是什么？

- 男、女同性恋都会形成长久稳定的性和爱情关系。
- 促使同性恋与异性恋中长期满意度的因素是相似的。然而，由于缺乏社会认可的规范，同性恋者发现他们也很难定义彼此的关系。

- 在美国，男、女同性恋者正在争取那些异性恋结婚的人所享有的权利。

学习指路标 6：如何解释同居现象的增加，它以怎样的形式出现？

- 随着成人初显期这个新阶段的出现以及结婚年龄的延迟，同居现象不断增加，并且在一些国家成为常见的社会现象。
- 同居可以算是一种“试婚”，一种除结婚之外的选择；在一些地方几乎与结婚无异。
- 在美国，同居关系往往不如婚姻关系稳定。

学习指路标 7：人们从婚姻中获得了什么？婚姻处于怎样的文化模式之下？为什么有些婚姻成功有些却失败了？

- 婚姻（在各种形式中）是普遍的，并且满足了人们基本的经济、情感、性、社会和生育抚养孩子的需要。
- 配偶选择的标准与结婚年龄在不同的文化中各不相同。在工业化社会中，人们比前几代人更晚结婚。
- 婚姻中性关系的频率随着年龄增长和新鲜感的丧失而下降。与过去相比，现在人们似乎更少有婚外性关系了。
- 婚姻的成功可能依赖于伴侣对彼此关系的幸福感，对彼此的敏感性，对彼此感觉的确定性，以及沟通交流和处理冲突的技巧。结婚的年龄是婚姻是否能持久的一个重要预测因素。灵活弹性、相容性、情感支持和男女不同的期待，都可能是重要的因素。

为人父母

学习指路标 8：大部分成年人在何时会为人父母？父母身份是如何影响他们的婚姻的？

- 家庭模式随着文化的不同而不同，并且在西方社会发生了很大的变化。如今的女性生较少的孩子，并往往较晚才生育；而且越来越多的人选择不生孩子。
- 父亲比母亲在抚养孩子方面参与较少；但是一些父亲与母亲平等地承担为人父母的责任，还有一些父亲则是主要的照料者。
- 婚姻满意度在孩子出生后的几年内明显下降。对婚姻的预期和家务的分工可能导致婚姻恶化或改善。

学习指路标 9：双职工夫妻如何划分各自责任和处理角色冲突？

- 双职工家庭呈现出几种不同的处理工作和家务需要的模式。这些生活方式各有利弊。
- 在许多案例中，双职工家庭生活的负担大部分都沉重地压在女性身上。一种不公的劳动分工是否会导致婚姻的不幸，可能主要取决于配偶双方如何认识各自的角色。

当婚姻结束

学习指路标 10：离婚率因何升高？成年人如何适应离婚、再婚和继父母身份？

- 离婚率升高的原因有：女性拥有更大的经济独立性、父母不愿让孩子接触到父母的冲突，以及更大的离婚“可预测性”。
- 调适离婚生活是一个长期的过程。调适可能取决于离婚的处理方式、人们对于自己和前任配偶的感觉、与前任配偶的情感分离、社会支持以及个体资源等。
- 大部分离婚的人们在几年之内会再婚；但是再婚婚姻往往比第一次婚姻更加不稳定。
- 重组的家庭可能会经历几个调适阶段。女性的继母角色往往比男性的继父角色更难当。

第七编

成年中期始于何时？是你在生日派对上看到插满40支蜡烛的蛋糕的那一天？是你的孩子离开家的那一天？还是你发现警察们都越来越年轻的那一天？成年中期又是什么时候结束的呢？是在你退休时？是当你收到医保卡的那天？还是第一次在公共汽车上某个年轻人起身为你让座的时候？

成年中期有许多标志，但对于不同的人来说并不完全一样。中年是个体一生的中间岁月，但每个人所经历的内容却各不相同。40岁时，一些人第一次为人父母，而有些人却已成为祖父母。50岁的时候，一些人开始一份新的事业，而有些人正打算提前退休。

正如人生的早期发展，发展的所有方面都是相互关联的。在第15章和第16章，我们将看到，比如更年期的心理影响（并且揭开它的神秘面纱），比如成熟的思考者如何将逻辑与情感结合起来。

阅读链接

- 由于实践经验和判断能力的不断提高，一些运动技能随着年龄的增长而不断提高。
- 和更年期有关的生理症状似乎与人们对于老化的文化态度有关。
- 心理压力常常会导致疾病。
- 后形式运算思维对社会问题的解决尤其有用。
- 人格特点在创造性成就中扮演着重要的角色。
- 成年中期男女两性的人格变化既受荷尔蒙水平变化的影响，又与性别角色的文化变迁有关。
- 对于渐渐老去的父母的责任感可能影响成年中期个体的生理和心理健康。

成年中期

预览

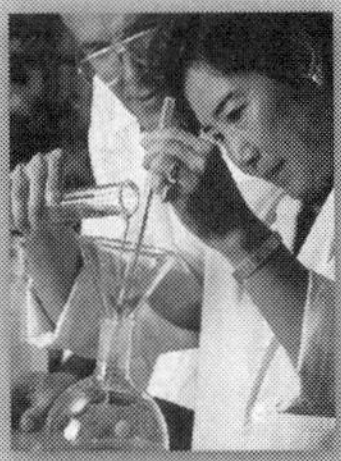

第15章

成年中期的生理和认知发展

某些感觉能力、健康、精力和职业技能可能会开始退化。

女性经历更年期。

某些基本的心理能力达到巅峰；专业技术和解决实际问题的能力很高。

创造性成果的数量可能会下降，但质量会提高。

某些人的事业和经济实力达到巅峰；而另一些人则可能发生职业倦怠或变动。

第16章

成年中期的心理社会发展

同一性继续发展；可能会出现中年转折期。

照顾孩子和年迈父母的双重责任可能会带来压力。

孩子离家会引发空巢症。

成年中期的生理和认知发展

第15章

我们度过了身体机能状态如早晨般的青春年华，
度过了四十或五十岁之前那些活跃的岁月。
但是，我们仍将迎来午后般的人生。在这段时间里，
人们无需如早晨般匆匆度过，
而终于有时间去参与那些曾在激烈的人生竞赛时
被我们忽略了的智力、文化和精神活动。

——安妮·默洛·林德伯格，《来自大海的礼物》，1955

本章提纲

焦点人物：圣雄甘地——印度国父

圣雄甘地

莫罕达斯·卡拉姆昌德·甘地（Mohandas Karamchand Gandhi，1869~1948），* 被印度人民称为圣雄（伟大的灵魂人物）。在他的带领下，印度人民通过长达几十年的非暴力不合作运动，摆脱了英国的殖民统治，获得了自由。他的革命思想和实践深远地影响了世界上其他的领导者，如著名的纳尔逊·曼德拉和马丁·路德·金。甘地被认为是整个时代最伟大的道德楷模之一。

甘地是一个没受过教育的商人的儿子。他的智力甚至没有达到平均水平，但他的语言能力和人际交往技能很高。他有强烈的道德感，并终其一生追求真理。他有挑战权威的勇气，并且愿意为值得追求的目标而冒险。

南非是英国的殖民地。作为南非的律师，甘地见证并经历了印第安少数民族在南非所遭受的歧视。正是在南非，他开始形成关于非暴力的消极抵抗和不合作主义的学说，以及非暴力社会行动。他组织了国民不合作运动与和平游行。他无数次被捕入狱。1908 年，在 40 岁那年，他首次入狱。他在监狱中总共度过了大约 7 年的时光。

* 关于甘地的传记信息来源于 J. M. Brown (1989), Gandhi (1948）和 Gardner (1997) 以及 Kumar 和 Puri(1983)。

工作和教育：基于年龄的角色是否过时了

工作与提前退休

工作与认知发展

成熟的学习者

专栏 15-1：世界之窗

日本妇女的更年期经历

专栏 15-2：知识拓展

成年中期和成年晚期的道德领袖

甘地“感到他自己无法作为道德的代言人而继续前进，为人们找寻更好的生活，除非他自己首先成为道德权威的象征。他在对别人提出要求之前总是先洁身自清”（Gardner, 1997, p.15）。他与妻子以及 4 个儿子从南非首都约翰内斯堡迁离，来到德班外的一个农场。他每天锻炼身体，自力更生，不再穿西方的服饰而穿上简朴的印度服装。1910 年，他建立了一个以禁欲主义和合作为原则的集体农场。1915 年，甘地回到印度，成为公认的全国运动的领导者。他教人们如何容忍。当一个街头暴徒在一个小镇里制造暴乱且杀害警察时，他取消了全印度的政治活动。当磨坊主不肯让步而罢工者们开始焦躁不安的时候，他置自己的身体健康于不顾，以绝食的方式对抗直到获得令人满意的解决方案。

1930 年，甘地已经 60 岁了；但为了反对制盐税，他领导了一场直达海边的游行，长达 200 英里。那里正是数以百计的追随者非法从海水中提取盐的地方。这一事件，像波士顿倾茶事件一样，引起了全印度的反抗风潮。当英国警方袭击并殴打和平游行的人们时，他们的暴行立刻成为世界新闻的头条。从此，英国在印度的殖民统治走向了末路。

甘地用自己的身体、理智以及灵魂编织了一张天衣无缝的网，他的影响正是这种身、心、灵结合的产物。为了理想身体力行，他有效地解决了那些影响着数百万群众的切实难题。在他尽力平息冲突并鼓励合作时，他展示了自己的智慧；而这种智慧植根于他的道德见地。

我们很少有人能够达到甘地的道德和精神高度，也几乎没有人能够像他那样拥有如此有影响力的事业。但是关心和照顾包括我们的后代在内的他人，对于每一个成年人来说都是非常重要的。这就好比我们每个人都会选择一种为其奉献一生的工作一样。对于甘地来说，这些特征在他的中年时期尤为强烈，或者说已经是硕果累累了。

本章我们首先关注中年人普遍经历的生理变化。之后会讨论贫穷、种族歧视以及其他的压力如何侵蚀中年人的健康。我们会关注成年中期的智力变化、思维成熟和生涯发展，并探索创造性成就和道德领袖（诸如甘地）背后的原因。

学习完本章后，你应该可以回答“学习指路标”中的所有问题了。为了检查你对本章“学习指路标”的掌握程度，请复习章节结尾部分的小结。“学习检查站”会贯穿整个章节并不时出现，以便检查你对所学知识的理解程度。

学习指路标

1. 成年中期的突出特征是什么?
2. 一般来说，成年中期会发生哪些生理变化? 这些变化对个体的心理会产生怎样的冲击?
3. 哪些因素会影响成年中期的健康?
4. 成年中期有哪些认知上的得与失?
5. 成熟的中年人与年轻人的思维有何不同?
6. 如何解释创造性成就，它如何随年龄的增长而发生变化?
7. 成年中期个体的工作和教育模式是如何变化的，工作如何影响个体的认知发展?

成年中期：一种社会建构

学习指路标

1. 成年中期的突出特征是什么?

随着平均寿命的延长，“midlife”（中年）这个术语于1895年首次被收录到英文词典当中（Lachman, 2004）。今天，在工业社会中，人们认为中年是一个拥有自己独特的社会规范、角色、机会和挑战的生命阶段。正因如此，很多学者都将中年视为一种社会建构（Gullette, 1998; Menon, 2001; Moen & Wethington, 1999）。在一些传统社会，比如印度偏远地区的高级种姓教徒（Menon, 2001）和肯尼亚的古西人（见第16章专栏16-1），根本不认可在青年和老年之间还有个中年阶段。在印度的另一些地区和日本，成熟和老化主要是一个涉及关系和角色的社会化过程，而非年限变更与生理改变（Menton, 2001）。

在美国，约有8 000万人出生于1946年到1964年的婴儿潮。到2000年时，这些人基本上处于35~54岁之间，并占到了美国总人口的30%（U.S. Census Bureall, 2000）。尽管这些在婴儿潮时期出生的人并不同质，但他们却拥有一些共同的经历，比如越南战争、约翰·肯尼迪和马丁·路德·金的遇刺、双职工家庭的出现（Lachman, 2004）。总的来说，这是一个受过最好教育且最为富裕的中年群体，这个群体正在改变我们对于那个时代生活的看法（Willis & Reid, 1999）。

迄今为止，在整个生命全程中，对中年期的研究最少。中年处在变化相对更为剧烈的青年和老年之间，形成了一个相对平静的“断裂带”。由于婴儿潮时期出生的一代正在步入或者经历着中年期，对中年期的研究也就更多了（Lachman, 2001, 2004）。“美国中年”（MIDUS）是由麦克阿瑟基金会的中年成功发展研究网络发起的一项全面调查研究，通过电话和邮件对7 189个从25岁到75岁的未进收容机构的成年个体进行了调查。调查结果（ Brim, Ryff, & Kessler, 2004）使得研究者开始能够研究那些影响中年期健康、幸福感和生产力的因素，以及个体是如何由中年过渡到老年的。

具有讽刺意义的是，发达国家的医疗和营养进步虽然使得生命终于可以迈入到前所未有的人生后半阶段；但同时也给人们带来了另一个非常重要的问题，那就是人们对伴随着老化出现的生理和其他方面的退化的焦虑。毕生发展观（参见第 1 章）则为我们呈现了一个更为平衡也更为复杂的蓝图。毕生发展观认为，中年并不仅以退化和丧失为主；相反，它还包含业务的精通、能力的提升和个人的成长，就像甘地一样。可塑性这个概念暗示着，个体的老化过程与他的生活内容和方式都有着莫大的关系（Heckhausen, 2001; Lachman, 2001, 2004; Staudinger & Bluck, 2001）。

成年中期始于何时

我思我秀

- 你认为成年中期始于何时，终于何时？
- 想想那些你认识的自认为处于成年中期的人，他们认为自身健康状况好吗？他们对于工作和其他活动的卷入度如何？

对于成年中期的起止时间点，有没有标志成年中期界限的生理和社会事件，目前还没有一致的结论（Lachman, 2001, 2004; Staudinger & Bluck, 2001）。随着健康水平的提高和寿命的延长，成年中期的主观年龄上限也在上升（Lachman, 2001, 2004）。在美国，70~79 岁群体中 33% 的人认为自己是中年人，而 65~69 岁的人中，这一比例达到 50%（National Council on Aging, 2000）。相比之下，那些社会经济地位较低的人，自我报告的成年中期的起点和终点则较早，这可能是由于他们的健康水平较差、较早退休以及做了祖父母角色造成的（Lachman, 2001）。在美国，中年越来越多地成为一种心理状态（Menon,2001）。

本书将 40~65 岁划为成年中期。但正如我们刚刚提到的，对于成年中期目前并没有一致的看法，所以这个界定有一定的主观性。中年也可以根据情境进行定义。一种情境就是家庭：在家庭里，中年人通常指孩子已经长大或者父母已年迈的人。然而在当今社会，有些年过 40 甚至更大的人，他们的孩子却很小；有些甚至根本没有孩子。而那些孩子已经长大的中年人，不管是经历空巢还是子孙绕膝，都会再次体验到充盈感。年龄还可以从生理角度进行划分：从生理上来说，一个规律地进行锻炼的 50 岁的人要比一个过度劳累的 40 岁的人还显得年轻。

成年中期的经历

不仅健康、性别、种族、社会经济地位、同辈群体以及社会文化会导致成年中期的经历产生差异，个性（人格）、婚姻状态、父母地位和职业状况也会使得成年中期的经历千差万别（Lachman, 2004）。根据 MIDUS 的数据，美国绝大多数中年人的身体、认知和情感状态都很好，而且他们对自己的生活质量也感觉良好（Fleeson, 2004; 见图 15-1）。同样地，另一项全美性抽样调查也发现，伴随着年龄的增长，受访者认为只有健康可能会出现更多问题，其他方面则不会（Lachman, 2004）。

但是，通常情况下，成年早期的经历、个人扮演的角色以及出现的问题通常和

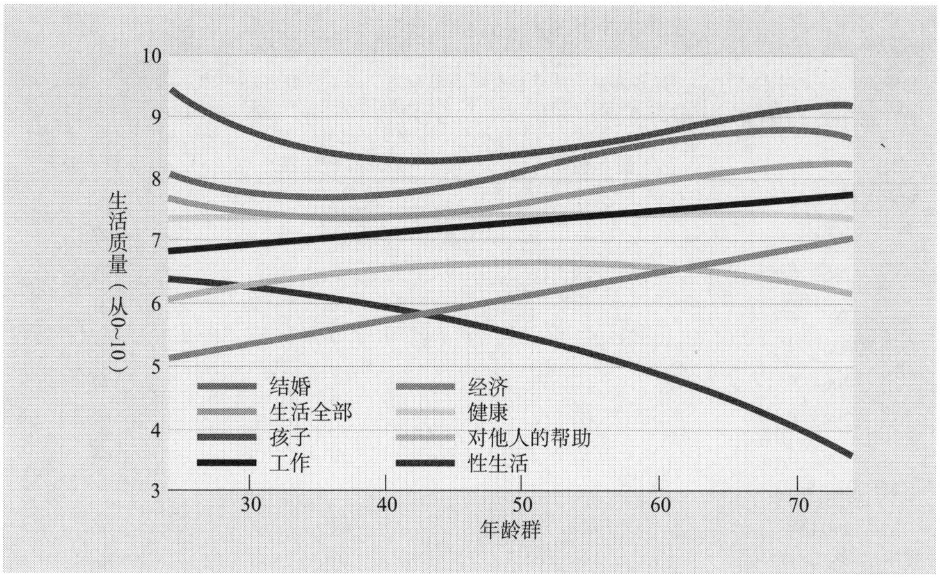

图 15-1

美国不同年龄成人群体对总体生活质量以及生活质量各个方面的评分。

资料来源：Fleeson, 2004. 数据来自麦克阿瑟基金中年成功发展研究网络［MIDUS 全美调查］。

成年晚期并不一样（Lachman, 2004; Staudinger & Bluck, 2001）。在一项对 3 850 名成年人（年龄大于等于 18 岁）所做的具有代表性的电话调查发现，出生于婴儿潮期间，现在年龄为 40~58 岁的个体，他们对自己生命的评估更接近于低一年龄段的人，而不是 59 岁或以上的人。当问及他们对生理和心理健康的满意度、与家人和朋友的关系、工作、休闲、经济状况以及宗教和精神生活的感受时，相对于在婴儿潮时出生的群体和更年轻的成人，成年晚期和年龄更大的成人满意度更高，而前两者都仍处于寻求提升的过程（Keegan, Gros, Fisher, & Remez, 2004; 见表 15-1）。

许多中年人像参议员希拉里·克林顿一样，处于事业的巅峰，享受自由、责任和掌控生活的感觉。

根据 MIDUS 的研究，“老化至少在 75 岁之前是一种积极的现象”（Fleeson, 2004, p.269）。个体差异扩大以及生活轨迹多样化都是中年期的标志（Lachman, 2004）。有些中年人可以参加马拉松比赛，但另一些爬楼梯都要喘粗气；有些个体的记忆力比之前任何时候都要好，但另一些却自感记忆力开始走下坡路；有些人正处于创造性和事业的鼎盛时期，另一些却刚开始缓慢起步或者走到了尽头。不仅如此，还有人会在中年时开始追求全新的、更具有挑战性的目标，而另一些个体却只会为自己尘封已久的梦想暗自神伤。

对于很多人来说，成年中期总是充斥着沉甸甸的责任，要扮演各种艰难的角色：经营家庭、管理部门和企业、教育孩子，或许还要照顾年迈的双亲或者开始个人新

表 15-1 不同代际个体对不同生活领域的满意度

总的来说，你对你的______有多满意？非常满意、有些满意、不太满意还是根本不满意？
表达非常满意的百分比（%）

	更年轻成人	婴儿潮出生者	年龄更大成人
和家人及朋友的关系			
2004 年	64	62	77
2003 年	59	64	75
2002 年	57	63	74
心理健康			
2004 年	62	59	70
2003 年	64	59	67
2002 年	61	61	63
宗教或精神生活			
2004 年	44	48	66
2003 年	39	50	64
2002 年	34	47	60
工作或职业 *			
2004 年	36	40	63
2003 年	34	37	60
2002 年	34	39	50
生理健康			
2004 年	36	32	39
2003 年	33	32	35
2002 年	35	31	38
休闲活动			
2004 年	33	30	51
2003 年	30	29	45
2002 年	33	29	47
个人经济状况			
2004 年	18	22	37
2003 年	18	21	35
2002 年	19	20	35

2004：成年早期（18~39）N=760; 婴儿潮出生者（40~58）N=2266；成年晚期（59+）N=824

2003：成年早期（18~38）N=736; 婴儿潮出生者（39~57）N=2016；成年晚期（58+）N=748

2002：成年早期（18~37）N=781; 婴儿潮出生者（38~56）N=2127；成年晚期（57+）N=758

* 仅有参与者中的全职或者兼职工作者参加

2004：成年早期 N=564; 婴儿潮出生者 N=1615；成年晚期 N=185

2003：成年早期 N=555; 婴儿潮出生者 N=1485；成年晚期 N=197

2002：成年早期 N=572; 婴儿潮出生者 N=1646；成年晚期 N=202

资料来源：Keegan et. al., 2004, Table 1.

的事业。一般来说，绝大多数中年人都能应付上述种种责任和角色，但这往往需要他们牺牲休闲时间（Lachman, 2001，2004）。然而，很多出人头地、并已养育子女的中年人，他们此时对于自由和独立的渴望却是有增无减的（Lachman, 2001）。这种矛盾造成的结果是，很多中年人虽然体验到了很高的成功感、体验到了对工作和社会人际关系的掌控感，但同时他们也更实际地意识到仍有种种局限围绕着自己，他们也清楚地知道，还存在很多自己不能掌控的外部力量（Clack-Plaskie & Lachman, 1999; Lachman, 2004）。个体可以在中年期重新评估自己的目标和抱负，并决定如何最大限度地利用好自己的余生（Lachman, 2004）。

学习检查站

你能否……

- ✓ 解释为什么成年中期是一种社会建构？
- ✓ 比较如何从时间角度、情境角度和生理角度来定义中年？
- ✓ 区别成年早期和成年晚期？
- ✓ 列举成年期个体差异的例子？

生理发展

生理变化

学习指路标

2. 一般来说，成年中期会发生哪些生理变化，这些变化对心理会产生什么影响？

“用进废退”这句至理名言确实得到了研究的证实。

尽管生物性老化和基因构成是某些生理变化的直接原因，但这种生理变化的可能性、速度以及程度还会受年轻时就已形成的生活方式和行为因素的影响。同样，中年时期的健康和生活习惯也会影响中年之后的生活（Lachman, 2004; Whitbourne, 2001）。

做得越多能力越强。个体如果在生命早期比较活跃，60 岁之后这些益处就显现出来了：他们不仅精力更充沛，心理韧性也会更好（Spirduso & MacRae, 1990）。久坐的人肌肉会丧失力量和弹性，直到最后变得不愿参加体力活动。然而，就像甘地意识到的那样，不管何时开始采取更健康的生活方式都为时不晚（Merrill & Verbrugge, 1999）。

对于已经出现的衰老变化，我们的心理和身体会通过各种途径进行补偿（Lachman, 2004）。大多数中年人对于外表、感觉、运动、系统功能以及生殖和性能力的逐渐衰老都能够泰然处之。

感觉和心理运动机能

从成年早期到成年中期，感觉和运动机能的变化是非常细微的，我们几乎意识不到（Merrill & Verbrugge, 1999）。直到有一天，一位 45 岁的男人突然发现如果不戴眼镜，再也看不清电话本了；或者一位 60 岁的老太太不得不承认自己步行不如以前快了。

随着年龄的增长，视力问题主要出现在以下五个方面：近视、运动视力（观看移动的符号)、对光的敏感性、视觉搜索(如定位一个符号)以及视觉信息加工速度(Kline et al., 1992; Kline & Scialfa, 1996; Kosnik, Winslow, Kline, Rasinski, & Sekuler, 1988)。同时,视敏度或者视力的轻微退化也是比较常见的。由于瞳孔发生了变化,对中年人来说,正常光线到达视网膜时会损失一部分,只有在外界光线亮度增加 1/3 的情况下,才能弥补这一损失(Belbin, 1967; Troll, 1985)。

随着晶状体灵活性降低,其转换焦点的功能自然也随之减退。这种变化通常在中年早期就已显现,到 60 岁时晶状体几乎完全丧失灵活性(Kline & Scialfa, 1996)。伴随着老化,人们会出现**远视**(presbyopia),它是由于个体对近距离物体的聚焦能力下降造成的。因为远视,很多 40 岁以上的个体需要佩戴远视镜才能进行阅读(英文前缀"prseby"就是"伴随着年龄"的意思)。在中年期,**近视**(myopia)发生的可能性也会增加(Merrill & Verbrugge, 1999)。双焦或者三焦矫正眼镜将近距离阅读和远视力镜片相结合,可以帮助眼睛在远近物体间进行调节。

随着年龄增长,个体的听力也会逐渐下降。这种下降在生命早期几乎注意不到,但 50 多岁时听力下降会加速(Merrill & Verbrugge, 1999),这就是我们说的**老年性耳聋**(presbycusis)。正常来说,受限的是高于日常谈话声音的高频音(Kline & Scialfa, 1996)。到了中年晚期,25% 的人都会有明显的听力下降失(Horvath & Davis, 1990)。男性听力下降的速度是女性的 2 倍(Pearson et al., 1995)。今天由于工作噪音、喧闹的音乐会、使用耳机等,个体持续或突然暴露于噪音环境中,这使得在 45~64 岁的群体中,听力下降呈现增长的趋势。当然,这种情况是可以避免的(Wallhagen, Strawbridge, Cohen, & Kaplan, 1997)。由环境噪音引发的听力下降可以通过佩戴诸如耳塞或者特殊耳罩等听力保护设备来避免。

一般来说,味觉或者嗅觉的敏感性在成年中期也开始下降(Cain, Reid, & Stevens, 1990; Stevens, Cain, Demarque, & Ruthruff, 1991)。当味蕾变得不敏感,嗅细胞数量也减少时,食物就变得淡而无味了(Merrill & Verbrugge, 1999; Troll, 1985)。相对于男性,女性的这些感觉保持得相对持久,但不排除个体差异。当妻子对甜味不再敏感的时候,丈夫可能觉得自己的马提尼酒也没有以前那么酸了。也就是说,不同的人对不同味道敏感性丧失的程度会不一样。当某个人对咸味的敏感性降低的时候,其他人减退的可能是甜味、苦味或者是酸味。即使是同一个人,对于不同味道的敏感性也不一样,对某些味道的敏感性可能会更高(Stevens, Cruz, Hoffman, & Patterson, 1995; Whitbourne, 1999)。

成年人触觉敏感性的丧失发生在 45 岁之后,痛觉则是在 50 岁之后。然而,虽然痛觉敏感性有所下降,痛觉的保护性功能却依然存在:因为个体对痛觉的感受能力下降的同时,他对痛的忍受能力也会下降(Katchadourian, 1987)。

力量和协调性在个体二十几岁的时候会达到高峰,之后开始逐渐下降。到了 40 岁,肌肉力量的丧失就比较明显了。60 岁之前,丧失的力量占总体的 10%~15%。原因之一就是脂肪替代了肌肉纤维,导致肌肉纤维的比例下降。力量训练可以防止肌肉减少,

很多中年人会发现，运动经验会改善他们在体育运动时运用策略的能力，还能更好地进行判断。这比他们在力量、协调性和反应时上的变化显得更有价值。从成年早期开始就持续进行体育锻炼，比如定期打乒乓球，到了成年中期和成年晚期，不仅能够增强肌肉力量，而且能够保持活力和心理韧性。

甚至还可以重获力量（Whitbourne, 2001）。

耐力的保持就比力量好得多（Spirduso & MacRae, 1990）。耐力的减退是 40 岁以后**基础代谢**（basal metabolism，维持基本的生理功能所消耗的能量）速率逐渐降低的结果（Merrill & Verbrugge, 1999）。相对于不太运用的技能，熟之又熟的技能通常更能抵抗岁月的侵蚀。所以，运动员表现出的耐力衰退就低于平均水平（Stones & Kozma, 1996）。

手的灵活性从 35 岁左右开始就逐渐降低（Vercruyssen, 1997），尽管有些钢琴家，比如弗拉基米尔 · 霍洛维茨在 80 岁后还能继续精彩地演出。人的简单反应时从 20 岁到 60 岁减慢约 20%（Birren, Woods, & Williams, 1980）。简单反应时指的是人们对单一信号的单一反应（比如灯一亮就按按钮）。如果要求个体进行声音反应而非身体反应，简单反应时的年龄差异会显著缩小（S. J. Johnson & Rybash, 1993）。

选择反应任务（比如亮灯时按某个键,听到声音时按另一个键）和涉及多种刺激、反应以及决策的复杂运动技能，在中年期会有所下降；但是这种下降并不必然使得中年人的表现更差。典型的例子就是，中年司机比年轻司机驾驶得要好（McFarland, Tune, & Welford, 1964），60 岁的打字员可以和 20 岁打字员打字效率一样高（Spirduso & MacRae, 1990; Salthouse, 1984）。

在各种各样的活动中，从经验中获得的知识足以弥补生理上的改变。熟练的工人在 40 多岁或 50 多岁时，会表现得比以往任何时候都更有成效，部分原因是他们更为认真和谨慎。相对于年轻工人，中年工人在工作中受伤致残的可能性更小

(Salthouse & Maurer, 1996)，这可能是因为经验和良好的判断能力弥补了中年工人协调性和运动技能的减退。

结构和系统的变化

外表的变化从中年时开始变得明显，它反映了机体结构和系统所发生的改变。进入 50 岁或者 60 岁之后，由于皮下脂肪层变薄，胶原分子硬化，弹性蛋白纤维变得脆弱，个体的皮肤会显得没有以前那么紧致和光滑。头发也会因为更替速率降低变得更稀疏，因为黑色素（一种着色剂）的减少而变得花白。随着汗腺数量的下降，个体的汗液分泌也会减少。身体内脂肪的堆积会使他们的体重上升，而椎间盘的收缩则使得他们的身高变矮（Merrill & Verbrugge, 1999; Whitbourne, 2001）。

骨密度在个体二三十岁的时候会达到顶峰。之后，由于对钙的吸收量少于消耗量，个体的骨骼会变得较为稀疏和易碎。此时，个体就要经历骨质的流失。这种流失在个体五六十岁的时候会加速。对于女性来说这种加速尤其快，足足是男性的 2 倍，有时还会导致骨质疏松症（本章后面会讨论）（Merrill & Verbrugge, 1999; Whitbourne, 2001）。成年早期的吸烟、酗酒和不合理饮食都会加速骨质流失；而有氧运动、抗压训练以及钙质和维 C 摄入量的增加会减缓其流失。累积的压力会使关节变得更僵硬。一些伸展练习和支持关节的肌肉强化练习则可以使个体的身体机能得以改善（Whitbourne, 2001）。

学习检查站

你能否……

- ✓ 总结一下从成年中期开始，感觉和运动机能以及身体结构和机能发生了什么变化？
- ✓ 指出造成身体状况个体差异的因素有哪些？

在中年甚至年纪更大的人群中，机体功能几乎或者根本没有下降的人不在少数（Gallagher, 1993）。但也有一些个体 50 岁中旬就开始出现心跳变慢和不规律的现象。到了 65 岁，心脏高达 40% 的摄氧能力都会丧失，动脉壁可能会变厚和硬化。40 岁后期或者 50 岁开始，心脏病会变得更加普遍。**肺活量**（vital capacity）是指肺部一次性吸入和呼出的最大气体量，在个体大约 40 岁的时候也开始下降，到 70 岁时降低了 40%。体温调节和免疫反应也开始减弱，睡眠也开始变得比较浅（Merrill & Verbrugge, 1999; Whitbourne, 2001）。

性和生育机能

性行为并不仅仅是年轻人的专利。尽管男女两性从中年的某个时间开始都会经历生殖能力的衰退，表现为女性没有能力再生育小孩，男性的生殖活力也开始降低；但是，个体对性的享受完全可以贯穿整个成年期（男性和女性生育系统改变的总结见表 15-2）。尽管如此，很多中年人对自身的性行为和生育机能还是会心存忧虑。我们现在就来看一下。

更年期及其含义 如果女性不再排卵，月经永久停止，不能再生育，我们就说她到

了**更年期**（menopause）。一般认为更年期开始于最后一次月经一年之后。更年期发生的平均年龄大约在 50 或者 51 岁（ Finch, 2001; Whitbourne, 2001 ）。

更年期并不是一个单一事件，而是一种过程（Rossi, 2004）。从 30 岁中旬至 40 岁中旬开始，女性排出的成熟卵细胞开始减少，卵巢分泌的雌性激素水平也开始下降。我们称更年期到来之前荷尔蒙分泌和排卵减慢的这 3~5 年时间为**围绝经期**（perimenopause），也叫绝经期或者“生命转折点”（肾上腺和其他腺体仍然会分泌少量雌激素，具体分泌量因人而异）。在围绝经期，月经开始变得不规律，主要表现为月经量比以前要少，而且在月经完全停止之前，月经周期也比以前要长（Finch, 2001; Whitbourne, 2001）。更年期的来临时间存在极大的个体差异：25% 的女性 30 多岁就已经处于停经期前症候时期了；另有 25% 的女性在刚刚 40 岁就已停经（Rossi, 2004）。

对更年期的态度　在 19 世纪早期的西方社会，“绝经期”（climacteric）这个术语用来表达“生命中重要功能开始下降的那个时期”（Lock, 1998, p.48）。更年期被看做一种卵巢正常功能衰退的障碍。

相比之下，在另一些社会，更年期实际上常被忽视，美国西南部的巴巴哥印第安人就是如此。在诸如印度和南亚等社会，更年期则是一件颇受欢迎的事情，因为此时妇女会从生育期和月经期的一些禁锢之下解脱出来，她们的地位和运动自由也会随之提高（Avis, 1999; Lock,1995）。

“更年期音乐”——正经历“转变”的女性举行的欢快庆祝，这反映了她们对这件自然的生理事件态度的转变。它还讽刺了当代社会中年妇女所扮演的众多社会角色（如超人妈妈、大地母亲、家庭主妇和影视明星等）。

在当今美国，大多数经历过更年期的妇女都会积极地看待它。在 MIDUS 研究中，大多数更年期后妇女表达的唯一感觉是如释

表 15–2　成年中期人类生殖系统的变化

	女性	男性
荷尔蒙变化	雌激素和孕酮水平降低	睾酮降低
更年期症状	潮热，阴道干涩，排尿障碍	不明确
性行为变化	性唤醒强度降低，性高潮来得较快但频率降低	心理唤醒有所丧失，勃起频率下降，性高潮来得慢，不应期变长，阳痿风险增加
生育能力	停止	继续，但生育能力可能会下降

重负（Rossi, 2004）。对于很多妇女来说，更年期是她们迈向成年生活后半阶段的标志——这段时期意味着角色的转变、责任的加重和个人成长。

一位女性如何看待更年期取决于她如何对年轻和魅力的价值进行评估，以及她对妇女角色的态度和她所处的环境。一个没有做过母亲的女性可能会认为更年期意味着她做母亲的可能性彻底没有了；而一个生育并抚养了孩子的女性则认为更年期意味着更大的性自由和性享受（Avis, 1999）。

更年期症状和迷思 在更年期到来之前（围绝经期），大多数妇女几乎或者根本感觉不到生理上的不适感。最为常见的不适感是“潮热”，这是由于荷尔蒙分泌的不稳定影响到了大脑的温度控制中心，从而导致一种瞬间的燥热感传遍全身。然而，超过一半的围绝经期和绝经后的女性从未经历过这种感觉；也有 5% 的围绝经期和 12% 的绝经后的女性几乎每天都会经历这样的感觉（Rossi, 2004）。短期服用人工雌激素（本章后边会谈到）会缓解诸如潮热这样的更年期症状，但这存在一定的风险（“Risk of Hormone Use”，2004）。

更年期的另一些可能的生理症候包括阴道干涩、发热和瘙痒；阴道和泌尿感染；还有由细胞缩水引起的泌尿功能下降（Whitbourne, 2001）。由于对男性和女性来说，和性欲直接相联系的荷尔蒙是雄激素（比如睾酮），因此只要性生活感觉仍旧舒适，且没有干扰健康性生活的身体健康方面的问题，中年期雌激素水平的降低并不会影响大多数女性的性欲（American Medical Association, 1998）。然而，有些女性的性唤起会没有以前那么容易，有些女性还会出现性交疼痛，这是由于阴道细胞变薄和润滑不够造成的。第一个问题可以通过服用少剂量的睾酮来解决，第二个问题可以通过使用水溶性凝胶进行预防或者缓解（Katchadourian, 1987; King, 1996; M.E. Spence, 1989; Williams, 1995）。

有人将许多心理问题，诸如易怒、神经质、焦虑、抑郁、记忆力下降甚至精神错乱等的出现都归结于更年期，但是研究并没有证明这种正常的生理改变会引起诸如此类的精神困扰（Lachman, 2004; Whitbourne, 2001）。很多年轻或年老的女性都会报告有潮热和与之有关的一些其他症状，诸如出汗、失眠、易怒和性交疼痛等，一些男性也会有这些症状（Rossi, 2004）。更年期会导致抑郁，这一说法可能源于发生在更年期女性身上的一个既定事实，即她们在更年期都要经历角色、关系和责任等方面的转变。这些改变可能会让人备感压力。女性如何感知这些变化以及如何对待更年期可能会影响其更年期出现的症状（Avis, 1999; Lachman, 2004; Rossi, 2004）。

更年期感觉不适的女性，往往会伴有痛经；对内外环境（如温度变化）改变的敏感性高；在家里或者工作上压力大（Rossi, 2004）。总的来说，研究表明“所谓更年期综合症可能更多地和个体的人格或者过去的经历有关，而不是更年期本身”（Avis, 1999, p.129）。它可能也反映了一种对于女性和老化的社会观念（见专栏 15-1）。在女性能够积极看待更年期的社会里，或者已过更年期的老龄女性能够获得社会、宗教和政治权利的社会里，更年期的女性几乎不会出现什么问题（Aldwin & Levenson, 2001; Avis, 1999; Dan & Bernhard, 1989）。然而，正如我们本章后面即将谈到的，更年期之后骨密度和心脏功能这些生理改变却会影响女性的健康。

男性在性方面的变化　男性并没有和女性更年期相类似的经历。男性并不像女性那样，在中年会经历荷尔蒙分泌的突然降低。相反，他们的睾酮水平在 30 岁之后每年大约以 1% 的速度缓慢降低，当然这存在着很大的个体差异。因此也就几乎没有证据可以支持"男人更年期"或者"男性更年期"这个概念（Asthana et al., 2004; Finch, 2001; Whitbourne, 2001）。

睾酮的降低不仅与骨密度、肌肉质量的降低有关，而且也与抑郁、焦虑、易怒、失眠、疲劳、虚弱、性驱力的降低、阳痿以及记忆力衰退等有关系（Henker, 1981; Sternbach, 1998; Weg, 1989），但是这些问题与睾酮的分泌水平的确切关系并不是很清楚。和女性一样，男性也会进行心理调适，这种调适可能针对的是一些消极事件，诸如疾病、工作焦虑、子女离家或者双亲去世以及社会对于老化的负面态度等（King, 1996）。

睾酮水平和性功能之间并不存在很强的关系（Finch, 2001）。但是，循环系统和内分泌系统的改变、压力、吸烟、肥胖、糖尿病等健康问题以及上面提到的社会因素都和男性性功能的变化有关系（Finch, 2001; Whitbourne, 2001）。虽然男性的生育能力能够一直持续到生命后期;但从 40 岁后期或 50 岁开始，精子的数量就开始下降，这就降低了受精的可能性（Merrill & Verbrugge, 1999）。男性的勃起也会变慢，硬度不足，性高潮频率下降，射精不再有力，而且不应期也会变长（Bremner, Vitiello, & Prinz, 1983; Katchadourian, 1987; King, 1996; Masters & Johnson, 1966）。尽管如此，性兴奋和性活动仍是他们生活中正常而且重要的内容。

睾酮补充疗法有时用来增强性欲并治疗其他伴随着老化出现的问题。但是初步的研究发现，它确实能够增强性欲和肌肉质量，但是对于骨密度却没有帮助，除非是那些睾酮水平极低的人。补充睾酮可以提高某些特定的认知功能，比如工作记忆、空间记忆和言语流畅性，同时并不会增加罹患前列腺增生和前列腺癌的风险。但是，长期来看这种疗法的利弊并不明朗；而目前正在进行的研究至少 10 年之内很难有结果（Asthana et al., 2004）。同时，从医学角度来讲，睾酮疗法只对那些荷尔蒙明显缺乏的男性才是可取的（Whitbourne, 2001）。

我思我秀

- 你认为你的父母会以何种方式表达他们的性欲望，频率如何？当你到了他们的年龄，你认为自己的性行为会比他们更活跃还是稍逊一筹？

性行为　性行为频率和性生活满意度在四五十岁的时候开始逐渐下降。在 MIDUS 的研究中，报告性生活频率在每周一次或以上的已婚或同居的更年期前女性有 61%，而更年期后的女性比例仅为 41%。这种下降和更年期本身并没有关系，而与个体的年龄和身体状况有关（Rossi, 2004）。可能的身体原因包括慢性病、手术、用药和过多地进食与饮酒。但是通常来说，性生活频率的下降也有非生理的原因，比如单调乏味的夫妻关系，全身心地投入事业和担心财务状况，心理和生理疲劳，抑郁，不

世界之窗

专栏15-1

日本妇女的更年期经历

很多女性都将潮热和夜间盗汗看做更年期的正常现象。然而并不是所有的妇女都会出现这些症状。

玛格丽特·洛克（Margaret Lock，1994）对1 316名45~55岁的日本妇女进行了调查，并将结果和9 376名美国马萨诸塞州和加拿大马尼托巴湖地区女性的数据进行了对比。结果发现，日本女性的更年期经历和西方女性有相当大的差异。

在月经开始变得不规律的日本女性中，只有不到10%的人报告在最初的两个星期里出现了潮热症状，相比之下，加拿大和美国妇女报告潮热的比例分别为40%和35%。实际上，有过潮热的日本女性所占比例不到20%，这远低于加拿大女性的65%；而且有过潮热的日本女性几乎或者根本没有任何生理或者心理不适。（确实，这种西方文化视为更年期主要症状的潮热，在日本几乎不受重视，以致日本根本没有专门用来描述潮热的词汇，而涉及身体状态的词汇则区分得非常细致。）而且，只有3%的日本女性报告说有夜间盗汗的经历，日本女性经历失眠、抑郁、易怒和精力缺乏的比例也远不及西方女性（Lock, 1994）。

而像肩膀僵硬、头疼、腰部疼痛、便秘以及其他一些在西方人眼里与更年期荷尔蒙变化没有直接关系的症状，日本女性报告的比例却更高（Lock, 1998）。日本医生却认为这些病症与女性生殖系统的衰退有关，还有自主神经系统的变化有关（Lock, 1998）。

医生指出的一些症状和女性自己报告的相当类似。医生所指出的更年期症状中，潮热排的并不靠前，甚至有些情况下根本没有出现。然而，极少有日本女性就更年期或其症状向医生咨询，也很少有医生会给患者使用激素治疗（Lock, 1994）。

这位正在花园里工作的日本中年女性看起来很健康。日本更年期的女性几乎没有潮热、不适或者其他生理症状，而西方女性则总会将这些症状和更年期联系在一起。

日本女性认为更年期是生命当中很自然的事情，并不需要治疗。停经对于日本女性的重要性远不及西方女

将性生活置于优先地位，还有担心阳痿或者没有性伙伴等（King, 1996; Masters & Johnson, 1966; Weg, 1989）。处理好这些问题可能会给个体的性生活带来新的活力。

通常我们对中年期的性活动有一些误解，比如令人满意的性活动在更年期会结束，这些误解有时候会成为自我实现的预言。现在，医疗技术的进步和人们对性所持的自由态度让人们意识到，不管是当下还是以后，性活动都是我们生活的一部分。

性功能障碍 有些成年人在性生活中缺乏快感或存在障碍，而且他们所占比例惊人。

性。日语词汇里和停经最接近的词汇是"kônenki"，它指的是一段更长的时期，相当于英语中的"perimenopause"（围绝经期，指更年期前后的几年时间）或者"climacteric"（绝经期）（Lock, 1994, 1998），不仅仅指西方人所称的更年期。

日本人不如西方人那般害怕衰老。除非到了老年，否则男女两性都一样，逃避不了每日的责任，也不能随心所欲。和更年期一样，老化带来的不仅是对智慧的尊重，更为个体带来了新的自由（Lock, 1998）。

文化态度会影响女性对她们身体感受的解读，而这些解读又和她们对更年期的感受有关。潮热在玛雅女性、以色列的北非女性、纳瓦霍女性和一些印尼女性身上很少出现（Beyene, 1986, 1989; Flint & Samil, 1990; Waifish, Antonovsky, & Maoz, 1984; Wright, 1983）。举例来说，玛雅女性经常怀孕或要照料婴儿，她们往往将生养孩子当成负担并且期待着孕育期的结束（Beyene, 1986, 1989）。

营养会不会影响更年期的经历呢？某些植物如远东主要的食物大豆中*植物雌激素*（phytoestrogens，一种非常类似于雌激素的化合物）含量非常高。如果饮食中，比如豆腐和豆粉这类植物比较多的话，会影响到血液中的激素水平。这或许能够解释为什么日本女性不像西方的很多女性那样，在中年的时候会出现一些因为雌激素水平急剧下降所导致的问题。这还能解释为什么日本女性罹患骨质疏松症的比例和冠心病导致的死亡率都较低。而这两类疾病对于更年期后的女性则越来越普遍（Margo N. Woods, M.D., Department of Family Medicine and Community Health, Tufts University School of Medicine, personal communication, November, 1996）。

在巴西进行的一项安慰剂对照双盲研究发现，每日摄入大豆异黄酮可以减轻潮热和其他一些更年期症状，同时还会降低胆固醇和低密度脂蛋白（LDL），因此也能够预防心脏病（Han, Soars, Haidar, de Lima, & Baracat, 2002）。然而，另一项安慰剂对照双盲研究随机选取了246名45~60岁的更年期妇女，她们每周报告的潮热次数至少有35次，结果发现，含有从红三叶草中提取的异黄酮的食物在临床上并不比安慰剂有效，它们在减少潮热的次数和缓解其他更年期病症方面并无显著差别。尽管其中有一种叫作妇更美（promensil）的植物雌激素合成药能够快速缓解一些更年期症状（Tice et al., 2003）。同样，在荷兰进行的一项双盲随机研究也发现，使用含有大豆异黄酮的补品并不能提高60岁以上老年妇女的骨矿物质密度、认知功能或者胆固醇水平（Kreijkamp-Kaspers et al., 2004）。

饮食对更年期或者更年期后女性影响的更多结论有待进一步的追踪研究。同时，针对日本女性更年期经历的研究结果表明，即使是这种普遍的生理事件也存在很大的文化差异，这也又一次说明了跨文化研究的重要性。

我思我秀

你认为日本和西方女性更年期经历不同的原因在哪里？

课外链接

你可以登录 http://www.gfmer.ch/Books/bookmp/185.htm 获得更多日本女性更年期的信息以及另外一些有关日本女性健康和老化的数据。这是由日本京都府立医科大学妇产学系成员负责维护的一个网站。

性功能障碍（sexual dysfunction）是指性欲或性反应表现出持续性困扰的问题。性功能障碍主要表现为性冷淡或缺乏愉悦性体验、性交疼痛和性唤起困难，也可以表现为早泄或性兴奋提前、难以达到高潮以及性表现焦虑。

一项具有广泛代表性的样本研究涉及到1 749名女性和1 410名男性，参与者年龄为18~59岁，结果发现，43%的女性和31%的男性都存在某种性功能障碍（Laumann et al., 1999）。女性的性功能障碍会随着年龄的增长而改善，男性则正好相反。在所有的女参与者中，五十多岁的女性存在性交不愉悦和性焦虑的比例只占最年轻女性皱纹和灰白的头发暗示女性已经过了壮年，体力开始走下坡路；而对男性来说则意味着年富力强。这种年龄判断的双重标准影响中年夫妻对性生活的调适。

的一半；存在性交疼痛的也只有 1/3。相反，与 18~29 岁的年轻男参与者相比，50 多岁的男参与者存在勃起障碍和低性欲的比例多 3 倍（Laumann, Paik, & Rosen, 1999, 2000）。

勃起障碍（erectile dysfunction）（俗称阳痿）是最严重的一种男性性功能障碍，指的是阴茎持续性地不能达到或保持坚挺，以致性行为不尽如人意。据统计，40 岁的男性中约有 39%、70 岁的男性中约有 67% 的人会不时出现勃起障碍（Feldman, Goldstein, Hatzichristou, Krane, & Mckinlay, 1994; Goldstein et al., 1998）。根据马萨诸塞州的一项男性老化研究，40 岁的男性中约有 5%、70 岁的男性中约有 15% 的人完全阳痿（Feldman et al., 1994）。糖尿病、高血压、高胆固醇、肾虚、抑郁、神经错乱和很多慢性病都与勃起障碍有关（Utiger, 1998）；酗酒、吸毒、抽烟、贫乏的性爱技巧、缺乏性知识、不满意的关系、焦虑以及压力等也是勃起障碍的影响因素。

学习检查站

你能否……

- ✔ 说出成年中期男性和女性在生殖方面发生的变化有何不同？
- ✔ 指出哪些因素会影响女性更年期的经历？
- ✔ 描述成年中期性行为所发生的变化？
- ✔ 讨论跟年龄有关的女性和男性普遍存在的性功能障碍？

勃起障碍的治疗要先查找出原因，然后通过药物调理等方式可改善（Effective Solutions for Impotence, 1994; NIH, 1992）。尽管有人用药后罹患了一种罕见的眼疾（Silberner, 2005），但总的来说，昔多芬（俗称伟哥）和其他一些药物（如艾力达和西力士）是安全有效的（Goldstein et al., 1998; Nurnberg et al., 2003; Utiger, 1998）。其他一些利弊兼有的治疗方法包括：用圆弧形真空压缩装置使血液阻留在阴茎海绵体内，注射前列腺素 E1（精液中发现的一种药物，可以扩张血管）以及阴茎植入手术。如果没有明显的生理问题，采取心理治疗或者性治疗（需要伴侣的支持和参与）也会有所帮助（NIH, 1992）。

健　康

学习指路标

3. 哪些因素会影响成年中期的健康?

像其他工业化国家的中年人一样，美国大部分中年人都很健康（Lachman, 2004）。在 45~64 岁的人群中，75% 的人都认为自己身体健康或很健康。而 45~54 岁的群体中有 13%、55~64 岁的群体中有 20% 的人随年龄增长身受慢性病（主要是关节炎和循环系统问题）的影响，活动也会受到一些限制（NCHS, 2004; Schiller & Bernadel, 2004）。

尽管中年人的健康状况总体较好，但很多社会经济地位较低的中年人会经历更多的健康问题（Lachman, 2004），或者担心存在一些潜伏的健康隐患。他们不但精力不如从前，而且更可能遭受偶然或慢性疼痛和疲劳。他们不能再像从前那样轻松自如地熬夜，反而更可能罹患某些疾病，比如高血压和糖尿病；而且，他们想从疾病或极度疲劳中恢复也需要更长的时间（Merrill & Verbrugge, 1999; Siegler, 1997）。

成年中期的健康趋势

从成年中期开始，**高血压**（hypertension，长期性血管压力过大）就日渐成为心血管疾病和肾病的重要致病因素。过去 10 年，美国高血压患者增长了 30%, 达到了前所未有的高度（Fields et al., 2004）；现在，28.6% 的成年人饱受高血压的困扰。高血压的患病率会随着年龄的增长而增加。虽然高血压在女性群体中比在男性群体中更普遍，但是女性会更留意自己的身体状况并且进行针对性的治疗（Glover, Greenlund, Ayala, & Croft, 2005）。长期来看，特定的人格因素，如急躁、敌意等，都会增加罹患高血压的风险（Yan et al., 2003）。

高血压可以通过血压监控、低盐饮食和服用药物加以控制；但是仅有 73.5% 的中年高血压患者对自身状况比较了解，采取治疗的仅有 61%，而病情得到控制的只占 40.5%（Glover et al., 2005）。

欧洲人患高血压的比例比美国人和加拿大人要高出 60%（Wolf-Maier et al., 2003）。预期到 2025 年，全世界罹患高血压的人口比例会从 25% 上升到 33%，这会导致心血管疾病的“流行”，而目前世界上由心血管疾病造成的死亡已达到死亡总数的 30%（Kearney et al., 2005）。

在美国，目前癌症（第 17 章会谈到）已经取代了心脏病，成为 45~64 岁成年人的头号杀手（NCHS, 2004）。总的来说，从 20 世纪 70 年代开始该年龄群体的死亡率骤然下降（Hoyert, Arias, Smith, Murphy, & Kochanek, 2001），很大原因是心脏病治疗水平的提高(Rosamond et al., 1998)。对女性和男性来说，胸痛是心脏病最常见的症状，但女性同时还会表现出诸如背部和下颌疼、恶心呕吐、消化不良、呼吸困难或者心悸等其他一些症状（Patel, Rosengren, & Ekman, 2004）。

20 世纪 90 年代，糖尿病的患病率增加了一倍，成为导致中年人死亡的第五号杀手（NCHS, 2004）。Ⅱ型糖尿病（Type Ⅱ）是糖尿病最常见的类型，一般患病时间是在 30 岁之后，随着年龄增长发病率逐渐升高（American Diabetes Association, 1992）。和青少年型糖尿病（也叫胰岛素依赖型糖尿病）不同，Ⅱ型糖尿病的病因是细胞丧失了对机体所产生的胰岛素的利用能力，从而导致葡萄糖水平上升；而前者则是因为身体本身不能生产足够的胰岛素，使得血糖水平上升。因此Ⅱ型糖尿病患者的身体会补偿性地制造过多的胰岛素。通常，患有Ⅱ型糖尿病的人直到出现严重的并发症（如心脏病、中风、失明、肾病或者四肢麻木）时才会意识到自己罹患了糖尿病（American Diabetes Association, 1992）。

行为对健康的影响

跟年轻时一样，营养、抽烟、酗酒和吸毒以及体育活动在中年期及以后会继续影响个体的健康（Lachman, 2004）。成年中期不吸烟、不过度肥胖而且能有规律地进行体育锻炼的人不仅寿命会更长，而且在老年历经身体机能衰退的时间也更短（Vita, Terry, Hubert,& Fries, 1998）。中年期不再吸烟的男性和女性，他们罹患心脏病和中风的风险同样也会降低（AHA, 1995; Kawachi et al., 1993; tamler et al., 1993; Wannamethee, Shaper, Whincup, & Walker, 1995）。肥胖、缺乏锻炼以及久坐（比如看电视）会增加患糖尿病的几率（Hu, Li, Colditz, Willett, & Manson, 2003; Weinstein et al., 2004）。

1992 年，一项具有全美代表性的研究对 9 824 名 51~61 岁的美国成年人进行调查表明，能有规律地进行中等强度或者积极锻炼的人在此后八年中的死亡率比那些有久坐习惯的人要低 35%。有抽烟、糖尿病、高血压或者冠状动脉疾病家族史的人（这些都是导致心血管疾病的风险因子），如果能够进行积极锻炼，则会受益最多（Richardson, Kriska, Lantz, & Hayward, 2004）。一项对 936 名疑似患有心脏病的女性的多中心研究表明，相对于体重，身体是否健康可能是更重要的患冠状疾病的风险因子（Wessel et al., 2004）。

在中年期，社会经济地位、种族和性别等间接影响因素仍然会影响个体的健康。社会关系也会影响中年人的健康（Ryff, Singer, & Palmersheim, 2004)。另一个影响健康的重要因素是压力。它对个体的心理和生理健康的累积效应通常会在中年时显现出来（Aldwin & Levenson, 2001）。

社会经济地位与健康

社会贫富不均也会继续影响中年人的健康（Marmot & Fuhrer, 2004）。通常，和社会经济地位较高的人相比，社会经济地位较低的人健康状况较差，生活期望较低；

由于慢性病的困扰，他们的活动更为受限，幸福感更差，接受医疗的途径也更为有限（Spiro, 2001）。在 MIDUS 研究中，低社会经济地位与自我报告的健康状况、肥胖以及心理幸福感相关（Marmot & Fuhrer, 2004）。一项对 2 606 名中风患者的追踪研究发现，将所患中风的严重性排除之后，社会经济地位确实会影响病人死亡的可能性（Arrich, Lalouscheck, & Mullner, 2005）。

心理社会的原因可以部分解释社会经济地位和健康之间的关系。社会经济地位低的人往往会有更多的负性情绪和想法，而且通常居住在压力较大的环境中（Gallo & Matthews, 2003）。随着年龄增大，社会经济地位较高的人能够相对较好地控制发生在自己身上的事情，如果需要的话他们会选择更为健康的生活方式、寻求医疗救助和社会支持 (Lachman & Firth, 2004; Marmot & fuhrer, 2004; Whitbourne, 2001)。在社会经济地位低的群体中，健康状况也存在很大的个体差异。社会关系的质量以及从童年期就开始的宗教信仰都是身体健康的保护性因素（Ryff, Singer, & Palmersheim, 2004）。

我们在第 13 章曾提及，很多穷人都缺乏健康保险。1992 年，一项涉及 7 577 名 51~61 岁成年人的美国前瞻性研究发现，在接下来的四年中，没有健康保险的个体健康状况下降的几率要高 63%，行走或上楼梯过程中出现问题的几率则高 23%（Baker, Sudano, Albert, Borawski, & Dor, 2001）。然而，保险只是问题的一部分。一项对 8 355 名英国公务员的追踪研究发现，尽管他们能够平等享受英国的国家医疗保障，但是与等级相对较高的公务员相比，等级相对较低者的健康状况会较差（Hemingway, Nicholson, Stafford, Roberts, & Marmot, 1997）。

种族与健康

自 1990 年起，美国种族间的健康差异虽然开始缩小，但差异依然很显著（Keppel, Pearey, & Wagener, 2002）。尽管癌症的死亡率在逐年下降，但是在黑人群体中并非如此，他们死于肺癌、结肠癌、前列腺癌和乳腺癌的比率仍然很高（CDC, 2002a; Office of Minority Health, Centers for Disease Control, 2005），这主要是因为黑人遭到了区别对待（Bach et al., 2002）。

和年轻人的情况一样，非裔美国中年人的死亡率比白人、西班牙裔和亚裔美国人以及美国土著居民都要高（Kochanek et al., 2004）。2002 年，死于由艾滋病引起的相关疾病的非西班牙裔黑人在 75 岁前预期寿命缩短的时间是非西班牙裔白人的 11 倍，而死于谋杀的比例为 9 倍，死于糖尿病和中风的比例则是其 3 倍（Office of Minority Health, Centers for Disease Control, 2005）。曾患有中风的黑人患者比白人患者更多地报告活动受限制（McGruder, Greenlund, Croft, & Zheng, 2005）。

高血压在非裔美国人中的发病率比在高加索美国人中要高出 50%。根据对非裔美国人和法裔加拿大人进行的血液化验的一项综合研究发现，高血压所表现出的种族差异可能跟一种激素有关，这种激素能够促进肾脏对盐的滞留（Grim et al., 2005）。从1999年到2002年，美国非西班牙裔黑人患高血压的比例达到40.5%。相比之下，非西班牙裔白人和墨西哥裔美国人患此病的比例则分别只有27.4%和25.1%。另外，与非西班牙裔黑人和白人相比，墨西哥裔美国人能够控制高血压的比例较低，仅为17.3%，而前者则为29.8%。和非西班牙裔白人相比，非西班牙裔黑人出现肥胖和心血管健康水平较差的可能性更大，这主要因为他们较少规律性地进行适度身体锻炼（Lavie, Kurubanka, Milani, Prasad, & Ventura, 2004; Office of Minority Health, Centers for Disease Control, 2005）。

一些观察者认为，美国黑人和白人之间的健康差距部分是由偏见和种族歧视造成的压力及挫败感导致的（Whitbourne, 2001）。在加勒比海地区，种族关系要比美国缓和。那里黑人的平均血压和其他种族群体基本一致（Cooper et al., 1999）。

造成非裔美国人健康问题的最大潜在因素可能是贫困。贫困意味着他们会营养不良，居住环境差，无法享受好的医疗条件（Otten, Teutsch, Williamson, & Marks, 1990; Smedley & Smedly, 2005）。然而，贫困并不是唯一的原因；因为同样是贫困，西班牙裔美国中年人的死亡率比美国白人要低（Kochanek et al., 2004）。

和非裔美国人一样，西班牙裔美国人在中风、肝病、糖尿病、艾滋病、杀人以及宫颈癌和胃癌方面发病率也与其他种族存在差异（Office of Minority Health, Centers for Disease Control, 2004）。他们视力受损和得眼疾的比例很高（Globe, Wu, Azen, Varma, & Los Angeles Latino Eye Study Group, 2004; Varma, Torres, & Los Angeles Latino Eye Study Group, 2004; Varma, Fraser-Bell, et al., 2004; Varma, Paz et al., 2004; Varma, Torres et al., 2004; Varma, Ying-Lai, Francis et al., 2004; Varma, Ying-Lai, Klein et al., 2004）。和非西班牙裔白人相比，西班牙裔美国人拥有健康保险和稳定医疗渠道的可能性较小。他们接受胆固醇、乳腺癌、宫颈癌和结肠癌的筛查或接种流感和肺炎疫苗的机会也较少（Balluz, Okoro, & Strine, 2004）。

西班牙裔美国人不是单一的同质群体，不同的亚群体的健康状况存在明显差异。例如，大约21%的波多黎各人报告活动会受限；相比之下，墨西哥、古巴或其他西班牙土著人报告活动受限的比例只有15%。同样，报告健康状况中等或较差的波多黎各人也更多，其中卧病在床、看医生、住院的较多（Hajat, Lucas, & Kington, 2000）。墨西哥裔美国人超重或肥胖的可能性更大（Office of Minority Health, Centers for Disease Control, 2004）。但是，他们的文化或家庭关系网会让他们保持心理健康。同样是墨西哥裔美国人和非西班牙裔白人，在美国出生的比在国外出生的患精神紊乱的风险更高；但在美国出生的墨西哥裔美国人比在美国出生的白人患精神紊乱的风险更低（Grant et al., 2004）。

针对人类基因的研究已经发现，欧洲人、非洲人和中国人的祖先有显著不同的DNA密码（Hinds et al., 2005）。从癌症到肥胖以及特定疾病的倾向性与这种基因的变异有关。最终这类研究会帮助我们找到针对性治疗和预防的措施。

学习检查站

你能否……

- ✓ 描述成年中期一般的健康状态，并指出该年龄群体越来越普遍的健康问题是什么？
- ✓ 讨论成年中期影响健康和死亡率的社会经济地位和种族因素？

性别与健康：更年期后的女性健康

我们在第 13 章曾指出男女两性在健康方面的差异会持续到中年。根据 MIDUS 的研究，女性的健康状况较差，而且多为具体的症状和慢性疾病；而男性则多为酗酒、吸毒之类的问题。另一方面，女性会花更多的精力保养身体。女性的寿命比男性要长（Cleary, Zaborski, & Ayanian, 2004），而且她们在中年期的死亡率也更低（Kochanek et al., 2004）。

骨质流失和骨质疏松症　在更年期之后的第一个 5 年到 10 年的时间里女性的骨质流失会急速加剧（Avis, 1999; Barrett-Conner et al., 2002; Levinson & Altkorn, 1998），原因在于利于钙质吸收的雌激素水平降低了。比较严重的骨质流失会导致**骨质疏松症**（osteoporosis）（也叫“多孔的骨头”），这是一种由于钙质损耗使得骨质变得稀疏易碎的情况。骨质疏松症较为常见的特征是身高显著下降或出现驼背，主要是由变弱的脊椎受到压迫而萎陷造成的。一项针对 200 160 名更年期女性的观察研究发现，近一半的女性出现了早期觉察不到的骨内矿物密度降低的情况，7% 的女性已经得了骨质疏松症（Siris et al., 2001）。骨质疏松症是老年人骨折的主要原因，它对老年人的生活质量甚至生存都有极大的影响（NIH Consensus Development Panel on Osteoporosis Prevention, Diagnosis, and Therapy, 2001; Siris et al., 2001）。

约 3/4 的骨质疏松症发生在美国白人女性身上，且绝大多数是那些皮肤白皙、骨架较小、体重较轻和身体质量指数较低的个体。除此之外，还可能出现在那些家族史中出现过骨质疏松症以及更年期之前卵巢就被摘除的女性身上（NIA, 1993; NIH Consensus Development Panel, 2001; “Should you take,” 1994; Siris et al., 2001）。非裔美国女性的骨密度较大，因此相对于白人女性来说不容易患骨质疏松症；西班牙裔和亚裔女性更容易罹患骨质疏松症。除年龄因素，容易造成骨质疏松症的其他风险因素还有吸烟和缺乏锻炼（Siris et al., 2001）。骨质疏松症具有一定的遗传倾向，因此对那些家族史中出现过此类疾病的女性来说，测量骨密度是极为明智的预防措施（Prockop, 1998; Uitterlinden et al., 1998）。

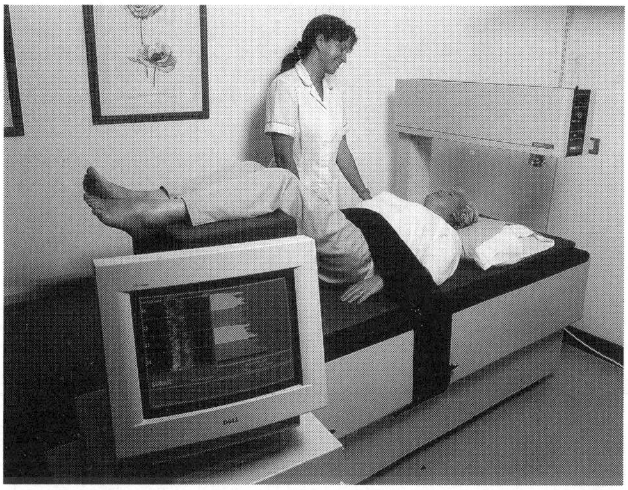

骨密度扫描是为了确定是否患有骨质疏松症而对骨密度进行的检测，它是一种简单无痛的 X 光照射过程。在更年期后的女性中骨质疏松症极为普遍。对那些有骨质疏松症家族史的女性，尤其向她们推荐此类检查。图中检测器显示的正是这位女性脊柱的图像。

在生命早期就养成的好的生活方式和习惯会使情况大有改观（NIH Consensus Development Panel, 2001）。即使骨质流失已经发生，也可以通过合理的营养、负重锻炼和戒烟得以减缓甚至逆转（Barrett-Connor et al., 2002; Eastell, 1998）。

高强度的体能训练和阻抗训练是极为有效的（Layne & Nelson, 1999; Nelson et al., 1994）。40 岁以后的女性每天除了从食物中摄取 1000~1500 毫克的钙质外，还要摄取和每日推荐量相当的维生素 D，因为它可以帮助身体更充分地吸收钙质（NIA, 1993）。研究已经发现了钙质和维生素 D 补充物（Dawson-Hughes, Harris, Krall, & Dallal, 1997; Eastell, 1998; NIH Consus Development Panel, 2001）以及每天一剂阿仑磷酸钠（alendronate, 俗称 Fosamax, 即福善美）对预防骨质疏松症的重要性（"Boosting Brittle Bones," 2004)。雷洛昔芬（raloxifene），一种新的"特制雌激素药"，似乎对维持骨密度以及胆固醇水平具有良好的效果，还能在无副作用的情况下降低家族性乳腺癌的风险（Barett-Connor et al., 2002）。然而，这种药是否有长效作用目前还未得到证明。

乳腺癌和乳房检查 在美国，每 8 个女性中就有 1 个在其生命的某个时间罹患乳腺癌；在英国则是每 9 个人中有 1 个会患此病（American Cancer Society, 2001; Pearson, 2002）。和其他癌症一样，随着年龄的增长个体患乳腺癌的几率也会增加（Barrett-Connor et al., 2002）。过胖的、酗酒的、月经来的早而更年期来的晚的女性，有乳腺癌家族史以及生育晚且孩子少的女性患乳腺癌的风险更大；但如果她们能够进行适当强度的锻炼和保持低脂肪高纤维饮食就会降低风险（Barrett-Connor et al., 2002; Clavel-Chapelton et al., 2002; McTiernan et al., 2003; U.S. Preventive Services Task Force, 2002）。

科学家发现，部分乳腺癌可能和 BRCA1 和 BRCA2 这两种基因有关。携带有缺陷基因的女性患乳腺癌的概率高达 85%，因此她们应该增加体检频率，必要时甚至可以采取预防性乳房切除术（"The Breast Cancer Genes," 1994）。

诊断和医疗技术的进步使得乳腺癌患者的生存希望大大提高。如果在癌细胞扩散之前能够发现，超过 95% 的乳腺癌患者至少能活 5 年；而 50% 的患者至少活 15 年（American Cancer Society, 2001）。**乳房 X 线照相术**（mammography）是一种胸部的 X 光检查。尽管这项检查术对超过 50 岁的女性益处最多，美国的一个预防乳腺癌工作服务组（2002）还是建议，女性从 40 岁开始就应该每隔一到两年做一次检查，尤其适用于有更年期前患乳腺癌家族史的女性。

子宫切除 在美国，接近 33% 的女性在 60 岁之前做过**子宫切除手术**（hysterectomy）（Farquhar & Steiner, 2002）。做这个手术通常是为了切除子宫肌瘤（良性瘤）或是因为子宫非正常出血或子宫内膜异位（Kjerulff, Langenberg, & Rhodes, 2000）。在美国，做过子宫切除的女性人数仅次于剖腹产（Broder, Kanouse, Mittman, & Bernstein, 2000）。这比澳大利亚、新西兰和大多数欧洲国家要高 3~4 倍（Farquhar & Steiner, 2002）。

很多专家都认为子宫切除术被过度使用了。一项对南加利福尼亚州的 9 个托管医疗机构的调查发现，被医生推荐进行的子宫切除术中，76% 的都不符合美国妇产科医师学会制定的有关此类手术的标准，这往往也是因为没有首先排除其他疾病的可能性或者没有尝试其他可替代的医疗或手术方案所致（Broder et al., 2000）。

激素替代疗法　由于更年期使人烦恼的生理变化和雌激素水平的下降有关，因此采用人工的**激素替代疗法**（hormone replacement therapy，HRT）可以缓解潮热、夜间盗汗以及其他症状。单独使用雌性激素会增加罹患子宫癌的风险，所以没有做过子宫切除手术的女性在用此疗法时往往会和黄体酮配合使用，黄体酮是一种女性荷尔蒙。然而，现在有些医学证据开始对 HRT 的效用提出挑战，并质疑它的一些潜在风险。

早期的相关研究表明，激素替代疗法能降低患心脏病的风险，但是现在的研究结果却与之恰恰相反（Davidson, 1995; Ettinger, Friedman, Bush, & Quesenberry, 1996; Grodstein, 1996）。一项大规模的随机组和控制组对比实验研究表明，这种激素替代疗法对高风险女性（指那些已经患心脏病或者相关疾病的个体）可能毫无益处，或者实际上还会增加患病风险（Grady et al., 2002; Hulley et al., 2002; Petitti, 2002）。随后，一项针对健康女性用来检验雌激素和黄体酮结合使用效果的对比实验进行了 5 年后，因为使用这些药物患乳腺癌、心脏病、中风以及脑血栓的风险已经超过了它们所带来的益处而被迫停止（Wassertheil-Smoller et al., 2003; Writing Group for the Women's Health Initiative Investigators, 2002）。

利用上述样本中的一部分参与者进行的另一项研究发现，不管单独使用还是配合黄体酮使用，女性 65 岁之后，雌激素既不能提高她们的认知功能也不能预防其认知功能受损，反而增加了她们罹患痴呆和认知功能下降的风险。这与早期的研究结果相矛盾（Zandhi er al., 2002）。长期使用雌激素还会增加患卵巢癌及胆囊疾病的风险（Lacey Jr. et al., 2002; Rodriguez, Patel, Calle, Jacob, & Thun, 2001）。另外，一项对 16 608 名更年期后女性进行的为期 3 年的随机研究发现，激素替代疗法对提高生活质量并没有显著作用（Hays et al., 2003）。

当然，激素替代疗法也有积极的一面。如果从更年期开始服用雌激素并且持续至少 5 年，能够预防或阻止更年期后的骨质流失（Barrett-Conner et al., 2002; Lindsay, Gallagher, Kleerekoper, & Pichar, 2002）以及预防臀部和其他部位骨折（Writing Group for the Women's Health Initiative Investigators, 2002）。但如果停止使用激素替代疗法，骨质流失会重新出现（Barrett-Connor et al., 2002）。但是，就像我们讨论过的，骨质流失可以用更安全的办法来治疗。

雌激素对乳腺癌的治疗效果还在研究之中。有研究发现，

对更年期后的女性来说，相对于采用激素替代疗法，改变生活方式，比如多锻炼、减肥等才是优先之选。近来的研究已开始质疑激素替代疗法给我们的健康带来的益处。

学习检查站
你能否……

✓ 讨论更年期之后威胁女性健康的因素有何变化，并权衡激素替代疗法的益处和风险?

单独使用雌激素的风险要小于和黄体酮结合使用的风险（Schairer er al., 2000）。近期使用过或正在使用雌激素的女性患乳腺癌的风险可能增加，且使用时间越长则风险越大（Chen, Weiss, Newcomb, Barlow, & White, 2002; Willett, Colditz, & Stampfer, 2000）。

尽管应该在咨询医师后再作出决策，但目前美国心脏协会还是提出了抵制激素替代疗法的建议（Mosca et al., 2001）。对大多数女性来说，要想预防心脏病，通过改变生活方式（例如减肥、戒烟），或如果需要的话通过服药来降低胆固醇和血压，这才是明智之举（Manson & Martin, 2001）。

心理社会因素对健康的影响

所罗门有句古谚语，“愉快的心境堪比良药”（Proverbs 17:22）。当今，研究已经证实这句谚语的准确性。焦虑、绝望等负性情绪往往和较差的生理和心理健康相关联；希望等正性情绪则和健康、长寿如影随形（Ray, 2004; Salovey, Rothman, Detweiler, & Steward, 2000; Spiro, 2001）。由于我们的神经系统（尤其是大脑）和我们所有的生理系统是交互作用的，因此我们的情感和信念会影响我们的身体机能，包括免疫系统机能（Ray, 2004）。负性情绪会抑制免疫系统的功能，使得我们更容易生病；积极情绪的作用正好相反，它能够增强我们的免疫系统功能（Salovey et al., 2000）。

负性情绪对个体健康的影响取决于个体是否能够较好地管理和修复自己的心境，而管理和修复心境可能是气质的功能（Salovey et al., 2000）。如果真是如此，那么人格和健康有一定关联（Ray, 2004; Spiro, 2001）的观点就不足为奇。外向的、宜人的和尽责的人自我报告的健康状况，往往比那些在人格神经质维度上得分较高的人要好（Siegler, 1997; 参见第 14 章）。

人格和健康两者之间关系的很重要的一方面就是个体应对压力的方式。

压力与健康

压力，有时也叫*适应负荷*，就是当我们的应对能力不能满足知觉到的环境要求或**压力源**（stressors）时出现的损伤（Ray, 2004）。正如压力研究先驱汉斯·塞利（Hans Selye）所说，“所发生的事情本身并不重要，重要的是你如何看待它”（quoted in Justice, 1994; p.258）。身体适应压力的能力，就是所谓的*非静态负荷*，需要大脑、肾上腺以及免疫系统三方的参与。大脑负责感知危险（不管是真实的还是想象的），肾上腺负责动员全身和压力抗争，免疫系统执行的是防御功能。

中年人和年轻人面对的压力源有所不同（Aldwin & Levenson, 2001）。中年人的压力主要来自角色转变，包括事业转折、成年子女离家、重新定义家庭关系等（Almeida & Horn, 2004）。在 MIDUS 研究中，年轻人和中年人比老年人报告的压力源更频繁、多样和严重，而且他们在日常生活中出现超负荷和崩溃的程度更为严重（Almeida & Horn, 2004）。紧张的人际关系发生的频率，比如和配偶吵架，从青年到老年逐渐降低；但是因朋友或亲人生病而导致的压力则会逐渐上升。由经济风险或孩子引发的压力会显著上升，这是成年中期的个体所独有的。然而，中年人报告的几乎或根本不能控制的压力却很少（Almeida & Horn, 2004）。

相对于其他年龄群体，中年人应对压力的能力更高（Lachman, 2004）。他们更懂得如何做才能改变让人备感压力的环境，而且也善于接受他们改变不了的事情。他们拥有更有效的压力回避或压力最小化策略。例如，他们会在驾车长途旅行之前确认油箱是否加满，而不是上路后才担心汽油是否会在中途耗尽（Alswin & Levenson, 2001）。一所大学的疼痛中心对 5 823 名成年人所做的研究表明，50 岁以上的成年人比年轻人能更好地应对疼痛和回避沮丧（Green, Tait, & Gallagher, 2005）。（我们将在第 18 章深入讨论应对技能。）

我思我秀

- 生活中你的压力主要源自哪里？你是如何应对的？你发现什么样的应对策略最为有效？

压力如何影响健康　个体一生中发生的压力事件越多，在接下来的一两年中患严重疾病的可能性就越大，这是一项经典研究的发现。在这项研究中，两名精神病医师在对 5 000 名住院病人访谈的基础上，将他们生病之前所发生的生活事件进行了压力排序（Holmes & Rahe, 1976; 见表 15-3）。约一半的人在生病之前的一年内会有 150~300 个“生活变化单位（life change units，LCUs）”，大约 70% 的人则有 300 或以上个生活变化单位。

即使是积极的变化也会让人感到压力，有些人应对压力的反应方式就是生病。压力可以视为某些老年病（例如高血压、心脏出现小毛病、中风、糖尿病、骨质疏松症、消化器官溃疡以及癌症等）的致病因素 (Baum, Cacioppo, Melamed, Gallant, & Travis, 1995; Levenstein, Ackerman, Kiecolt-Glaser, & Dubois, 1999; Light et al., 1999; Sapolsky, 1992; Wittstein et al., 2005)。

很久以前我们就已经发现压力和疾病存在关联；但是，直到最近我们才更多地了解压力如何导致疾病，也才明白为什么有些人比另一些人能更好地应对压力。很多研究都表明，感染病菌（比如细菌或真菌）的人群中只有一小部分人会表现出疾病的症状。只有感染强度超出了个体的机体承受能力并且持续处于非静态负荷状态的时候，个体才会生病。这中间可能还有遗传因素在起作用。一项对 847 名新西兰人从出生开始就进行的追踪研究发现，在从 21 岁到 26 岁经历了多重压力事件的个体和携带了压力敏感基因的个体中，43% 的人患了抑郁；而携带了压力保护型基因的个体患抑郁的比例只有 17%（Caspi et al., 2003）。

对 293 项共涉及 18 941 名参与者的研究进行的分析发现，不同类型的压力源会对免疫系统产生不同的影响。急速或短时间的压力，比如参加测验或当众演讲，会使我们的免疫系统得到加强；而强度大或长期的压力，比如贫困或残疾造成的压力，却会削弱或瓦解我们的免疫系统，从而增加我们患病的可能性。年老或已经生病的

表 15-3 按降序排列的压力生活事件

生活事件	评分	生活事件	评分
配偶死亡	100	子女离家	29
离婚	73	和公婆或媳婿之间的麻烦	29
婚内分居	65	个人杰出成就	28
牢狱之灾	63	妻子开始或结束工作	26
亲近家庭成员死亡	63	开始或结束学业	26
个人受伤或生病	53	习惯的修正	24
结婚	50	和老板之间有麻烦	23
被解雇	47	工作时间变动	20
婚姻不和谐	45	居住地变动	20
退休	45	在学校发生变故	20
家人健康改变	44	消遣方式发生变化	19
怀孕	40	社会活动发生变化	18
性活动困难	39	睡眠习惯发生变化	16
增添新的家庭成员	39	家庭聚会成员数量发生变化	15
财政状况发生变化	38	饮食习惯发生改变	15
密友死亡	37	休假	13
工作变动	36	轻微触犯法律	11
与配偶争论次数的变化	35		
丧失抵押品的赎回权	30		
工作职责变动	29		

资料来源：改编自 Holmes & Rahe, 1976, p.213。

人更容易受压力事件的影响（Segerstrom & Miller, 2004）。研究发现，乳腺癌患者（Compas & Luecken, 2002）、受虐女性、飓风幸存者以及有创伤性应激障碍（PTSD）病史的男性，他们的免疫功能都受到了抑制（Harvard Medical School, 2002a）。正如我们在第 17 章将要讨论的，长期性的严重压力会导致基因性老化（Epel et al., 2004）。

学习检查站

你能否……

- ✓ 谈谈情绪和人格是如何影响健康的？
- ✓ 讨论产生压力的原因和压力导致的结果？压力应对技能的来源以及成年中期压力来自哪里？
- ✓ 解释压力是如何影响健康的？

压力还可以通过其他生活方式等因素间接对健康造成危害。压力之下的个体很可能睡眠较差，抽烟和喝酒较多，饮食较差而且几乎不关注自己的健康。相反，有规律地进行锻炼、较好的营养、每晚至少睡 7 个小时以及经常参加社交活动的人往往压力较少（Ray, 2004）。

在压力下缺乏掌控感的个体往往也容易生病。相信自己能够掌控自己生活的个体倾向参与更加健康的活动。在 MIDUS 研究中，不管社会经济地位如何，具有掌控感的个体不但得病较少，而且机体功能也相对较好（Lachman & Firth, 2004）。这一发现有助于解释与工作相关的压力效应。

2001 年 9 月 11 日的恐怖袭击结束几个月之后，很多曼哈顿居民，尤其是那些距世界贸易中心较近的居民，都表现出创伤性应激障碍或抑郁。

工作压力和倦怠　工作要求高、自主性低和工作中的自豪感低三者结合在一起，就构成了一种典型的压力产生模式（Galinsky, Kim, & Bond, 2001; Johnson, Stewart, Hall, Fredlund, & Theorell, 1996; UNILO, 1993; G.Williams, 1999），产生的压力会增加患高血压和心脏病的风险（Schnall et al., 1990; Siegrist, 1996）。一项对 10 308 名年龄在 35~55 岁的英国公务员的研究发现，工作控制感低及酬劳失衡与在接下来的 5 年中患冠状疾病风险有很强的关联（Bosma, Peter, Siegrist, & Marmot, 1998）。另外，工作责任感高但对自身履行工作职责的能力缺乏自信的员工同样会感到有压力，而且容易感染呼吸系统疾病（Schaubroeck, Jones, & Xie, 2001）。在工作中感知到的压力水平对保持健康很重要；除此之外，每天结束时能够把工作压力抛在脑后的能力同样也很重要（Johansson, Evans, Rydstedt, & Carrere, 1998）。

我思我秀

- 如果你被告知自己做了十年的工作太过老朽或者因为裁员你被解雇了，你会怎么办?

除了会把工作和家庭搅在一起之外，很多女性在工作中体验到的压力尤其大，特别是在合作时。值得一提的是，这些女性的上司通常是男性。一些女性会抱怨，总有一种无形却顽固的“天花板效应”制约着她们，使她们不能达到自己的巅峰（Federal Glass Ceiling Commission, 1995）。另一种常见的女性压力是性骚扰，这种不受欢迎的行为通常会给女性带来心理压力，尤其当这种行为来自上司时更会产生一种敌意的氛围。

公司裁员和将业务外包给劳动者报酬较低的发展中国家，使得工业社会中的失业人数增加。如果个体利用自己的经济、心理和社会资源，并将这种强行的变故看做自己从事新工作的机会以及对自身成长的挑战，那么他就能够更好地应对失业。

职业倦怠（burnout）是对工作中长期存在的压力源的一种长期反应，这种压力源一般是由个体与工作不匹配造成的。或者是工作要求超出了个体的能力范围，个体无力应对；或者是个体的努力没有得到相应的报酬。倦怠在服务性行业（比如教育、医疗、社会工作和治安工作）的员工中尤其普遍。当他们感觉爱莫能助时往往会有一种挫败感（Maslach, 2003）。倦怠通常涉及 3 个维度：情感耗竭、愤世嫉俗感和低效能感（Maslach, 2003）。

一种常见的错误观念认为倦怠是个人问题——倦怠的人工作太过努力、付出太多或他们本来就脆弱无能。研究发现，倦怠和人格特质中的神经质有一定的关系（尤其是焦虑和情绪不稳定）。但是也有更有力的证据表明，工作环境的某些特征也能使人产生压力，比如工作要求高但工作资源少，工作冲突——个体之间的冲突、工作要求之间的冲突以及重要价值观之间的冲突（Maslach, 2003）。

缓解压力和倦怠的最好办法是改变造成压力的环境，让员工相信有机会从事有意义的工作，在工作中能够运用他们的技能和知识以及体验到成就感和保持自尊（Knoop, 1994）。如果干预的目标并不只是降低员工的职业倦怠，还要让他们产生持久积极的工作动机，那么干预会更为有效（Maslach, 2003）。

失业压力 与工作有关的最大压力是失业。2004 年，美国的劳动力失业率为 5.5%。失业者非常积极地寻找但是却无法找到一份工作（Bureau of Labor Statistics, 2005a）。

有关失业的研究发现，失业和头疼、胃部不适以及高血压有关；不仅如此，它还与心脏病、中风、焦虑、抑郁等生理和心理疾病有关；与婚姻和家庭问题有关；与健康以及后代的心理和行为问题有关；与自杀、凶杀以及其他犯罪也有关（Brenner, 1991; Kessler et al., 2004; Merva & Fowles, 1992; Perrucci, Perrucci, & Targ, 1988; Voydanoff, 1990）。

压力不仅源于经济拮据，还源于由失业造成的心理幸福感的下降（Murphy & Athanasou, 1999; Winefield, 1995）。对澳大利亚昆士兰的 248 名失业男性和女性进行的调查显示，失业后丧失集体目标感和不知如何打发时间会使个体感觉有失身份，而这正是个体幸福感降低的最重要的心理因素（Creed & Macintyre, 2001）。那些认为男人必须养家的男性，以及只有在工作中才能找到自我并用金钱来衡量自己价值的男性和女性，失业对他们的影响远远不止没有薪水那么简单。他们会失去自我和自尊，对生活失控（Forteza & Prieto, 1994; Pettucci et al., 1988; Voydanoff, 1987, 1990）。前面也曾提到，控制感的丧失是产生压力的重要因素（Lachman & Firth, 2004）。

失业产生的心理影响一般是暂时的，找到新的工作就可以重建幸福感。动机和掌控感是找工作的关键因素。但和男性、白人以及年轻的求职者相比，女性、有色人种以及年老的个体在找工作时会面临更大的问题（Vinokur, Schul, Vuori, & Price, 2000）。

学习检查站
你能否……
✓ 指出职业压力的来源有哪些？
✓ 总结失业造成的生理和心理影响？

认知发展

成年中期的认知能力会发生什么变化？它们是上升、下降或两者兼而有之？个体在这一时期是否表现出不同的思维方式？年龄如何影响个体解决问题的能力、学习的能力、创新的能力以及工作表现？

成年中期的认知能力测评

学习指路标
4. 成年中期有哪些认知上的得与失？

成年中期认知能力的状态是一个备受争议的话题。采用不同的方法对不同的特征进行测量，得到的结果也不尽相同。采用韦氏成人智力量表——一种心理测量工具（见第 17 章）——进行的大部分研究发现，从成年早期开始，个体的言语和执行能力都会下降。但是，另外两项系列研究得到的结果却鼓舞人心：一项是沙伊（K.Warner Schaie）的西雅图纵向研究，另一项是霍恩和卡特尔关于流体和晶体智力的研究。

沙伊：西雅图纵向研究

中年人在认知的很多方面都处于鼎盛时期。甘地的生活就充分说明了这一点。沙伊和他的同事进行的西雅图成人智力追踪研究的结果也支持此观点（Schaie, 1990, 1994, 1996a, 1996b, 2005; Willis & Schaie, 1999）。

尽管这项持续研究被称为纵向研究，但它采用的研究方法是序列研究法（参见第 2 章）。1956 年，该研究随机选取 500 名参与者参与实验。在 22~67 岁这个年龄范围内，以 5 岁为间隔，每个年龄段分别抽取男女参与者各 25 名，参加 6 种基本心理能力的限时测验，该测验基于瑟斯顿的基本心理能力编制而成（Thurstone, 1938，表 15-4 给出了每项能力的定义和样题）。参与者每隔 7 年参加一次重测，同时会有新的参与者加入进来。到 1994 年，约有 5 000 名参与者接受了测验，从年轻到年老的参与者构成了一个社会经济地位跨度宽广的庞大样本。

研究者发现，不管是从个体角度还是从认知能力角度来看都不存在统一的发展

表 15–4 西雅图成人智力纵向追踪研究中所使用的基本心理能力测验

测验	所测能力	任务	智力类型*
词汇	再认和对词汇的理解能力	将目标词和多重选择列表中的词汇进行同义词匹配	晶体
流畅性	从长时记忆中检索词汇	在限定的时间内，尽可能多地列出给定开头字母的词	晶体、流体兼有
数字	进行计算	进行简单的加法运算	晶体
空间定向	对二维物体进行心理操作	选择能和刺激图形匹配的旋转图形	流体
归纳推理	鉴别解决逻辑问题的模式和推论规则	完成字母序列	流体
知觉速度	快速准确地辨别不同的视觉刺激	对电脑屏幕上闪现的图像做出匹配或不匹配判断	流体

* 随后的部分会给出流体和晶体智力的定义。

资料来源：Schaie, 1989; Willis & Schaie, 1999.

变化模式（Schaie, 1994, 2005）。尽管知觉速度的高峰期出现在 20 几岁，数字能力和言语流畅性的高峰期出现在将近 40 岁时；但另外三项基本能力——归纳推理、空间定向和词汇能力——到中年期才达到顶峰（参见图 15-2）。中年人，尤其是女性，在这三项能力上的平均分数全部高于他们在 25 岁时的分数。

尽管存在很大的个体差异，但西雅图研究中的大部分参与者的绝大多数能力在 60 岁之前均未显著下降；即使 60 岁以后，个体的大部分认知能力也不会下降。实际上，个体的认知能力不但不会全部下降，某些能力还会有所上升（Schaie, 1994, 2005）。可能由于教育水平提高、健康的生活方式以及其他的积极环境影响，不同代际的年龄群体在推理、空间定向和词汇方面都表现出逐步上升的趋势；但是，数字能力从 1924 年出生的代际群体之后开始出现下降；言语流畅性在 1931 年出生的代际群体中表现出下降后又恢复到了原有水平（Schaie, 2005; Willis & Schaie, 1999; 见图 15-3）。

得分最高的个体其社会经济地位也更高。他们具有灵活的人格特质，完整的家庭，喜欢追求认知复杂性较高的职业和活动，配偶的认知能力较高，拥有成就感（Schaie, 1994, 2005）。

一项对巴尔的摩的 384 名年龄在 50 岁及以上的成年人进行的追踪研究发现，社交网络更宽泛的个体，他们的认知功能在 12 年之后保持得更好。这一结论独立于情感支持的影响。但是，更多的社交联系能够产生更好的认知功能，还是仅仅反映更好的认知功能，目前还不明确。如果是前者，很可能是朋友和家庭支持为个体带来多样化的信息和互动机会，从而提高了个体的认知能力（Holtzman et al., 2004）。

我们日渐增长的有关大脑基因型老化的知识或许能帮我们更清楚地理解认知衰退的模式。研究者对 30 名年龄为 26~106 岁死者的脑细胞进行了检查，发现了随年龄增长而受损的两组基因群，其中就包含了与学习和记忆相关的基因。中年期大脑

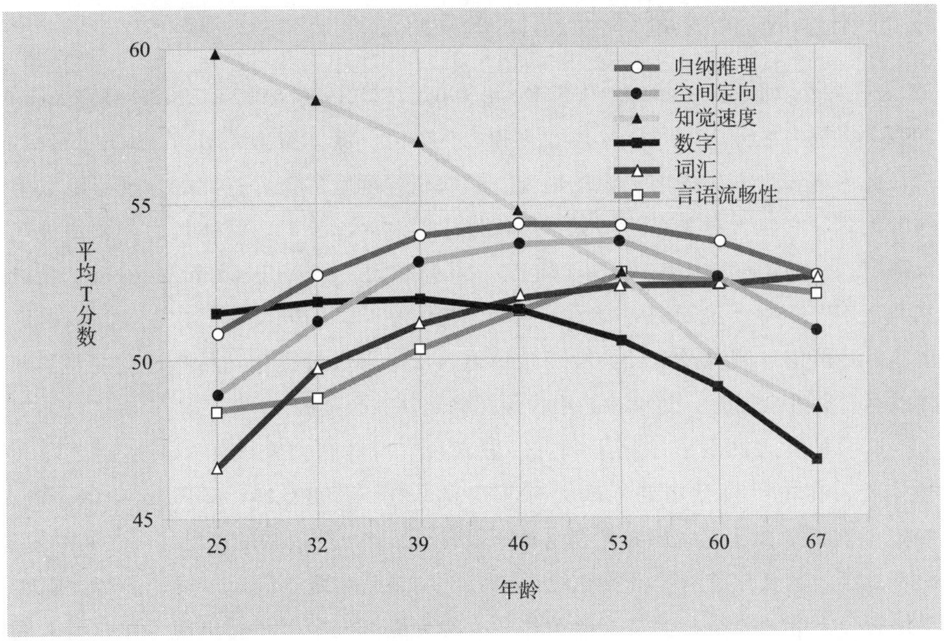

图 15–2

6 项基本心理能力的纵向追踪研究，参与者年龄在 25~67 岁之间。

资料来源：Shaie, 1994; reprinted in Willis & Schaie, 1999, p.237.

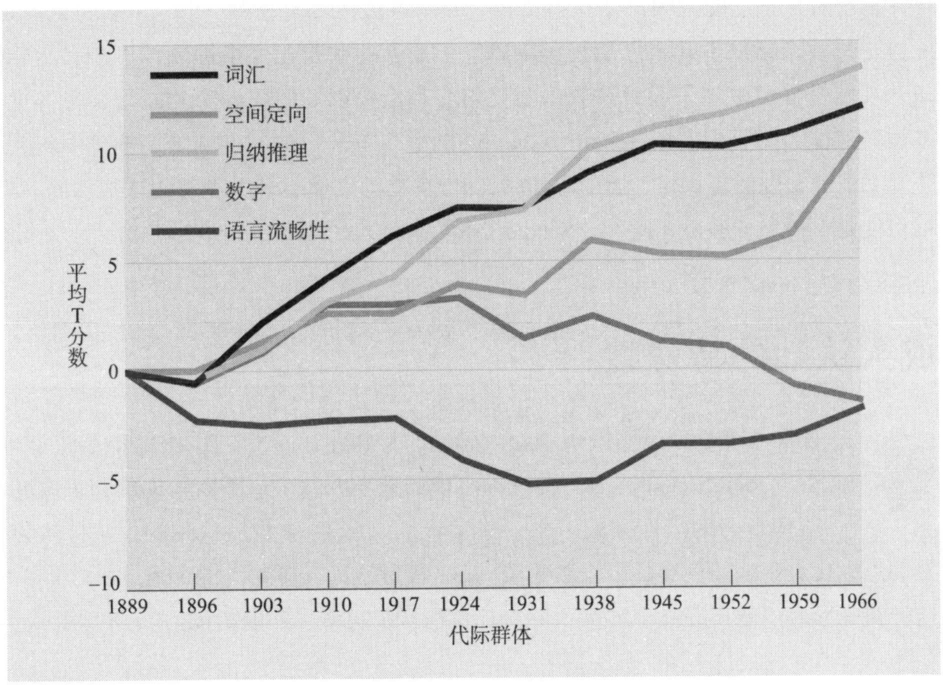

图 15–3

基本心理能力测验的代际得分差异。在出生于 1889~1966 年的群体中，出生距现在较近的代际在归纳推理、词汇和空间定向能力上的得分较高。数字能力则表现出下降。

资料来源：Schaie, 1994.

的变异性最大，有些变异性表现出的基因模式和成年早期的个体极为相似，而另一些基因模式则和老年人的更为接近（Lu et al., 2004）。这有助于解释中年人在认知功能上广泛存在的个体差异。然而，到底是什么导致了这些差异尚不清楚。

霍恩和卡特尔：流体与晶体智力

一系列研究（Cattell, 1965; Horn, 1967, 1968,1970, 1982a, 1982b; Horn&Hofer, 1992）将智力区分为两种：流体智力和晶体智力。**流体智力**（ fluid intelligence ）是指在无需或较少需要先前知识的情况下解决新异问题的能力，比如发现一组数字序列的模式。它包含对关系的知觉、形成概念以及做出推论。流体智力主要由神经系统决定，并随年龄增长表现出下降趋势。**晶体智力**（crystallized intelligence）是指记忆并运用一生中获得知识的能力，例如，找出某个词的同义词。它主要是通过词汇测验、一般信息测验及对社会和两难情境的反应来进行测量。晶体智力主要依赖个体的教育和社会经验，随年龄的增长保持稳定甚至会提高。

这两种智力的发展路径不同。一般来说，流体智力在成年早期达到顶峰，而晶体智力在中年甚至是老年都会有所提高（Horn, 1982a,1982b; Horn & Donaldson, 1980）。但是，由于这些研究大都是横断研究，因此可能反映的仅是代际之间的差异，而不是年龄的变化趋势。西雅图纵向研究的结果就与之不同。尽管流体智力确实比晶体智力下降的要早，但是某些流体智力的衰退直到中年才会出现，如归纳推理和空间定向能力（Willis & Schaie, 1999）。

学习检查站

你能否……

- ✓ 总结一下西雅图纵向研究关于中年期基本推理能力变化的研究结果？
- ✓ 区分晶体智力和流体智力？年龄对两者有怎样的影响？
- ✓ 对比一下西雅图纵向研究与霍恩和卡特尔的研究结果？

目前对知觉速度这项流体智力比较一致的看法是，大致在二十几岁会达到高峰。工作记忆在个体二十几岁之后开始下降。但是，这些变化是渐进的，不会必然导致认知功能受损。中年人通过获取一些受学习和经验影响的更高阶的能力来弥补这些基本神经能力的丧失（Lachman, 2004; Willis & Schaie, 1999）。鉴于大部分中年人的认知功能都很强健且稳定，因此，如果在60岁之前个体表现出显著的认知功能下降，很可能是在神经方面出了问题（Schaie, 2005; Willis & Shcaie, 1999）。

学习指路标

5. 成熟的中年人与年轻人的思维有何不同？

成人认知的特殊性

发展心理学家试图发现中年人思维的特殊性，而不是努力去测量不同年龄阶段相同的认知能力。传统的心理测量学派认为，不断增加的知识改变了流体智力的运作方式；另一些学者，如在第13章所提到的，坚持认为成熟的思维代表了认知发展的一个新阶段——“智力的特殊形式”（Sinnott, 1996, p.361），这种特殊形式可能会提高个体的人际交往技能和解决实际问题的能力。

专业知识的作用

两名年轻的内科医生正在医院的放射实验室里检查一个胸片。他们发现该胸片显示胸腔的左边有一个不正常的白色大斑点。一名医生说：“看上去像是一个大肿瘤，”

另一名医生点头表示同意。此时一名工作多年的放射科医师路过这里，他看了看那张 X 光胸片，说："这位患者的肺部已经衰竭，需要立刻进行手术"（Lesgold, 1983; Lesgold et al., 1988）。

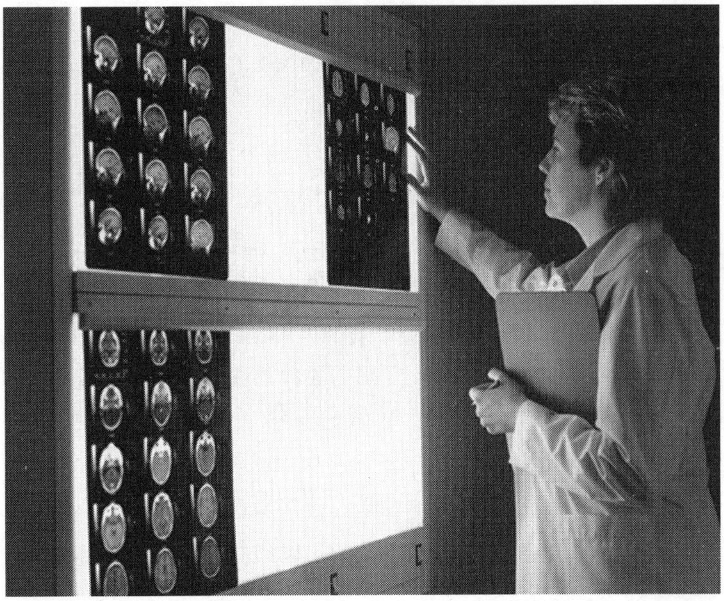

和其他任何领域一样，解释 X 光放射片依赖于积累的专业知识，这种知识会随年龄的增长而增加。专家常常受直觉的引导，很多时候很难说清某个结论是如何得出的。

为什么成熟的中年人在他们所从事的领域内解决问题的能力会更高呢？答案可以从专业知识或者专业技能——一种晶体智力中找到。

高级专业技能在成年中期持续发展，并且独立于总体智力以及大脑信息加工系统中表现出下降趋势的其他能力。研究显示，在经验的作用下，信息加工过程和流体能力变得封装了，或者能对某种特殊的知识起作用从而使得这种知识更易获取、吸收和使用。换言之，**封装**（encapsulation）为专业问题的解决"捕获"了流体能力。因此，尽管中年人比年轻人可能需要花更长的时间去加工新信息，但是在他们熟知的领域里解决问题时，他们可以用经验判断加以补偿（Hoyer & Rybash, 1994; Rybash, Hoyer, & Roodin, 1986）。

在一项经典研究中（Ceci & Liker, 1986），研究者挑选了 30 名热衷赛马的中年人和老年人。根据预选赛的结果，研究者把这些人分成"专家组"和"非专家组"。专家组的人使用更高级的推理方法整合有关联的信息。相反，非专家组的人倾向使用更简单、更不易成功的方法。更高级的推理与智商并无关系：这两组参与者的平均智商不存在显著差异；并且，专家组中智商相对较低者比非专家组中智商较高者使用的推理更复杂。同样，甘地就是一个非常有力的证据，这个宣称自己智商低于男性平均智商水平的人，对看似不能解决的问题找到了专业的解决办法，给那些无权利的人争取权利并使他们获得自由。

对国际象棋手、街头生意人、会计、物理学家、医护人员、航空公司柜台员工以及飞行员等不同职业者的研究发现，专业知识造就了他们在特定领域的优秀表现（Billet, 2001）。随着年龄增长，个体的认知资源会逐渐下降，而这些专业知识有助于缓冲在既定领域解决问题时的认知资源下降（Morrow, Menard, Stine-Morrow, Teller, & Bryant, 2001）。

与新手相比，专家更能关注到事件的不同方面；加工信息和解决问题的方式也与新手不同。他们的思维通常更灵活，更具适应性。通过已有的丰富且高度组织化的心理表征库，他们能更有效地吸收和理解新知识。他们会根据基本规则将知识分类，而不是通过知识表面的异同来进行分类。他们能意识到自己还未知的内容（Charness & Schultetus, 1999; Goldman, Petrosino, & Cognition and Technology Group at Vanderbilt, 1999）。

认知表现不是专业知识的唯一要素。问题解决往往发生在一定的社会情境中。做出专业判断的能力依赖于问题的熟悉度——这些问题往往带有社区或公司文化对工作的期待和要求色彩（这在一定程度上和斯滕伯格的内隐知识类似，参见第 13 章）。即便是已经花大量时间独自练习的钢琴演奏家也必须要适应配备不同音响装置的演奏大厅，适应不同时间和地点的风俗习惯，适应不同观众的偏好（Billet, 2001）。

专家的思维看似是无意识的、直觉的。专家通常意识不到他们作决策背后的思维过程（Charness & Schultetus, 1999; Dreyfus, 1993-1994; Rybash et al., 1986）。他们很难解释自己是如何得出某一结论的，也无法指出一个非专业的问题出在哪儿：那个经验丰富的放射科医师就不明白为什么那两位内科医生会把肺功能衰竭诊断为肿瘤。这种直觉的、以经验为基础的思维也是后形式思维的一种特征。

我思我秀

- 如果你需要手术，你是选择一位中年医生、非常老的医生还是非常年轻的医生？

整合性思维

尽管后形式思维（参见第 13 章）并没有局限在成年期的某个特定阶段，但它似乎更适用于成年中期的复杂任务、多重角色、复杂选择和挑战，如需要综合与平衡工作和生活的要求（Sinnott, 1998, 2003）。后形式思维的一个重要特征是它具有整合的本质。成熟的成年人整合逻辑与直觉和情绪，整合相互矛盾的事实和观点，用已知的知识整合新的信息。他们在解释自己所读到的、见到的和听到的事情时总会赋予其意义。与直接接受信息不同的是，成熟的成年人会用他们的生活经验及以前的知识对所接受的信息进行过滤。

一项研究（C. Adams, 1991）的参与者由青春期早期和晚期的青少年、中年人和老年人组成，他们的任务是总结一个苏菲教学故事。这个故事是：一条小溪不能穿越沙漠，一个声音告诉它让风带它过去。小溪很疑惑但最终还是答应了。最后它被风吹过了沙漠。结果表明，和成人相比，青少年更多地回忆细节，他们的概括成绩也更多地受制于复述故事的能力。成年人，特别是女性成年人，做出的总结往往富有解释意义，能把该故事对她们的心理和隐含意义整合到故事内容里。正如这个研究中一名 39 岁女性的报告：

> 我认为这个故事想说的是，谁都难免有时需要别人的帮助，或为达到目标必须做出改变。有些人可能在很长一段时间内都拒绝改变，直到他们意识到有些事情自己已经无法控制，必须接受帮助。当他们最终愿意做出改变时，他们开始能够接受他人的帮助并信任他人，这时他们就能掌控更多的事情，甚至可以像小溪穿越沙漠那样。（p.333）

社会从成人思维的整合特性中获益。总的来说，老年人变成了道德和精神的领袖（参见专栏 15-2），比如甘地；并且他们将自己掌握的人类知识转化为心灵故事，年轻一代可以从中获得指引。

学习检查站
你能否……

- ✓ 讨论专业知识、知识和智力三者的关系？
- ✓ 例举一个关于整合性思维的案例？

创造性

40 岁时，弗朗克·洛德·莱特设计出了位于芝加哥的罗比之家；艾格妮丝·德米勒编排出了百老汇经典音乐剧《旋转木马》；路易斯·巴斯德提出了疾病细菌学说。查尔斯·达尔文提出进化论时已经 50 岁了；55 岁的托妮·莫里森因小说《宠儿》而获得普利策奖。但是，创造性并不仅限于像达尔文和德米勒这样的人；我们可以从捕鼠器发明者的身上看到创造性，也可以从想出推销捕鼠器新方法的推销员身上看到创造性。

学习指路标

6. 如何解释创造性成就，它是怎样随年龄的增长而发生改变的？

高创造性者的特征

创造性始于天赋，但是仅有天赋是不够的。儿童可能表现出*创造性潜能*，但对成人来说，*创造性成就*更重要：即创造性思维的产品及其数量（Sternberg & Lubart, 1995）。创造性表现是生物、个体、社会以及文化压力交互作用的产物。它是创造者、该领域的规则与技术以及在该领域工作的同事之间动态互动的结果（Gardner, 1986; 1988；Simonton, 2000b）。

超常才能大多是后天形成的，需要经过系统的培训和练习（Simonton, 2000b）。据一项分析显示（Keegan, 1996），非凡的创造性成就得益于深入、高度组织化的客观知识，为了工作本身而不是外在的回报而努力工作的内部动机，对工作强烈的情感寄托——这种寄托能够促使创造者在困难面前不屈不挠。凯甘曾说（Keegan, p.63），就是因为获得了专业知识才使得爱因斯坦从“思维和才能平常的人转变成有非凡创造性的人”。一个人必须首先彻底了解一个领域，这样才能看到这个领域的局限，而后试图彻底的脱离并发展出一种新的、独特的观点。

创造性始于一定的天赋，但是光有天赋是不够的。作家托妮·莫里森于 1993 年获得了诺贝尔文学奖，她在多产的一生中长时间努力工作。她的成功是创造力可能出现在中年期的一个例子。

然而，创造性与专业知识的关系很复杂。一项对 59 名古典作曲家的研究发现，创造性发展并不是直线上升的。从美学观点来看，这些作曲家后期完成的曲目往往不如早期作品；而与用在特定流派内的时间相比，用于一般性的

专栏15-2

知识拓展

成年中期和成年晚期的道德领袖

是什么促使一位有4个孩子、贫困且只有初中学历的单身母亲，为了和她一样贫困的邻居的利益，毅然投身宗教布道事业？又是什么促使一名儿科医生投入更多的时间和精力去医治贫困的孩子，而不是医治父母能够给其丰厚报酬的孩子？

19世纪80年代中期，两位心理学家安妮·科尔比（Anne Colby）和威廉·达蒙（William Damon）试图寻找以上这类问题的答案。他们用了两年的时间寻找日常生活中具有不寻常美德的人。研究者最终确定了23名“道德楷模”，对他们进行了深度访谈，试图发现他们是如何成长为道德领袖的（Colby & Damon, 1992）。

科尔比、达蒙和一个由22名“专家提名者”组成的小组一起合作来寻找道德楷模，这个专家小组由那些经常在自己领域思考道德观念的人组成，包括哲学家、历史学家和宗教思想家等。研究者起草了5条标准：对尊重人性的道义持久的承诺、表里如一、愿意拿自己的利益冒险、鼓励他人的道德行为以及谦逊或不计较自己的利益。

被选中的道德楷模包括10名男性和13名女性，他们在年龄、教育、职业和种族等方面差异较大。年龄跨度从35岁到86岁；种族方面既包括美国白人、非裔美国人，也有西班牙人；教育水平从高中一直到硕士和博士，还涉及法律学科；职业包括宗教人士、商人、教师以及社会领导者。研究者的关注点包括贫困、公民权利、教育、伦理、环境、和平以及宗教自由。

该研究得出了许多令人惊奇的结论，其中一项是参与者在科尔伯格道德判断经典测验中的表现。每一个楷模都会被问及“海因茨偷药两难故事”（见第11章）和一个追加问题，即如果他偷了药，该如何惩罚他？在22种答案中（一个参与者无法计分）只有一半处于后习俗水平，另外一半则处于习俗水平。这两类群体最大的差异是受教育水平：大学或以上学历个体的道德水平相对较高，高中学历的个体没有一位是超过习俗水平的。很显然，道德楷模也不一定能达到科尔伯格所提出的道德的最高阶段。

个体是如何做到道德承诺的？这23位道德楷模的成长并不是孤立的，他们受社会的影响。有些影响从孩提时代开始就非常重要，比如父母的影响；很多其他影响

我思我秀

- 想一想你认识的高创造性者。他的创造性成就多大程度上是个人品质和环境力量共同作用的结果？

音乐训练和作曲的时间更能预测某些流派在美学上获得的成功，比如创作歌剧。这些结果表明，过度强调特定领域内的训练可能会阻碍创造性，多才多艺可能比专业技能更重要（Simonton, 2000a）。

用标准IQ测验测量的一般智力与创造性成就之间的相关很小（Simonton, 2000b）。高创造性者是主动工作的人（Torrance, 1988），是敢于冒险的人；他们倾向于独立、灵活、非常规、不顺从；他们对新的观点和经验保持开放性（Simonton, 2000b）。他们的思考过程往往是无意识的，直接通向灵感的那一刹那（Torrance, 1988）。如同甘地一样，他们会比其他人看问题更深刻，并提出其他人想不出的解决办法（Sternberg & Horvath, 1998）。

在社会背景下创造性的发展会持续一生，并且不要求特定的培养环境。相反，正如甘地一样，创造性似乎是丰富的经历削弱了传统限制的结果，是挑战性的经历增强了坚持和克服困难能力的结果（Simonton, 2000b）。

知识拓展

的作用在晚些时候才会比较明显，它们能够帮助人们评估自己的能力、形成道德目标并获得一些能够达成目标的策略。

这些道德楷模一生都在努力改变：将自己的精力集中在改变社会和改善人们的生活上。他们的道德承诺比较稳定。同时，这些人在一生中还会坚持不断成长、对新思想保持开放态度并且不断向他人学习。

道德承诺稳定性的形成是一个渐进的过程，需要多年的时间来构建。它还是一个协作的过程：领导者要从支持者那里吸取建议；那些能够果断决策的名人也需要吸取周围人的反馈——不管他们是志同道合还是各持己见。

伴随他们的道德承诺持久存在的，还有这些道德楷模特定的人格特征。这些人格特征从中年到老年会一直伴随他们，包括享受生活、利用不利情境的能力、和他人和睦相处、在工作中全神贯注以及幽默感和谦逊。拥有这些特质的个体认为改变是有可能的，而这种乐观的态度会帮助他们和不公平作斗争，并且在困难面前坚持不懈。

虽然道德楷模们的行为具有冒险性，行动时会遇到阻碍，但这些人并不认为自己很勇敢。由于他们的个人目标和道德目标一致，因此他们会尽力去做自己认为应该做的事情，既不考虑会给自己和家人带来什么后果，也不会感到是在牺牲或折磨自己。

当然，并不存在造就道德伟人的“蓝图计划”，正如我们不可能写出“天才制造”这类指导书一样。研究这些人的生活能让我们明白两点：普通人也可以成长为伟人，对变化和新事物的开放态度完全可以贯穿整个成年期。

我思我秀

思考一个你认为的模范楷模，和本研究中提到的这些人相比，这个人的品质如何？

课外链接

你可以登录 http://kenan.ethics.duke.edu/ethic_moral.asp 获得更多关于这个专题的信息。这是杜克大学柯南伦理研究所的网站。

创造性与年龄

创造性表现与年龄有关吗？在发散思维的心理测量研究中（参见第 9 章），参与者表现出的年龄差异具有一致性。无论是横向或纵向数据，平均来看，得分的最高峰值都出现在 40 岁左右。当采用不同的成果指标（出版物、绘画或作曲的数量）来衡量创造性时，得到了相似的年龄曲线。参与者在创造生涯的最后 10 年里，作品数量只是 40 岁左右的一半，虽然这比 20 多岁时多些（Simonton, 1990）。

但是，年龄曲线会因为领域不同而发生变化。诗人、数学家和理论物理学家倾向于在 30 岁左右取得最为丰硕的成果。研究型心理学家在 40 岁左右创造性达到顶峰，随后会有一定程度的下降。小说家、历史学家和哲学家在 50 岁左右工作更卓有成效，然后趋于平稳。这些模式在不同文化和历史时期都保持一致（Dixon & Hultsch, 1999; Simonton, 1990）。

当然，同一个创造者的所有作品并非都具有同等价值；即使是毕加索也会有差强人意的作品。质量比——优秀作品占总体作品的比例——与年龄无关。在某些时期，一个人会创作出大量令人难忘的作品；但可能在另一时期，其创作出的作品被人忽略的也最多（Simonton, 1998）。因此，某件特定作品成为大作的可能性与年龄无关。

学习检查站

你能否……

✓ 讨论创造性成就的先决条件？

✓ 总结创造性表现与年龄的关系？

有时，作品数量的减少会换来质量的提高。一项对 172 名作曲家“封笔之作”的研究发现，他们最后的作品——通常非常短小且旋律简单——也是他们最有价值、最重要且最成功的作品（Simonton, 1989）。

工作和教育：基于年龄的角色是否过时了

学习指路标

7. 成年中期工作与教育的关系模式是如何变化的，工作是如何影响认知发展的？

按照传统，工业化社会的职业角色是基于年龄的（如图 15-4（a）所示）。年轻人去上学；青年人和中年人在工作；老年人的生活主题是退休和休闲。这种生活结构是**年龄分化**（age-differentiated）的。然而，正如研究老年病学的专家瑞利（Matilda White Riley, 1994) 所观察到的：

> ……这些结构未能适应人们生活中的许多变化。毕竟，这样做明智吗？比如将成年时期 1/3 的时间花在退休上，把大多数工作堆压在备受折磨的中年时期，给那些才 55 岁但还想工作的人贴上“太老了”的标签？假设……那些体力很好的老年人——估计下个世纪会有 4 000 万人——要从社会得到的支持将比他们对社会的贡献更大？……变革势在必行！（p.445）

在瑞利看来，角色的年龄分化是前一时期的遗留物，当时人的寿命更短、社会制度缺乏多样性。在这样的时期，人们将自己完全置身于生活的某个方面，不可能享受生命的每个阶段，也可能没有为下个阶段做好充分准备。由于专注于工作，成年人可能忘记了如何玩乐；然而，当他们退休后面对大量突如其来的空闲时间会不知所措。越来越多的老年人（像甘地在他的晚年那样）能继续为社会作贡献，但可用的机会不多且报酬与能力不匹配。

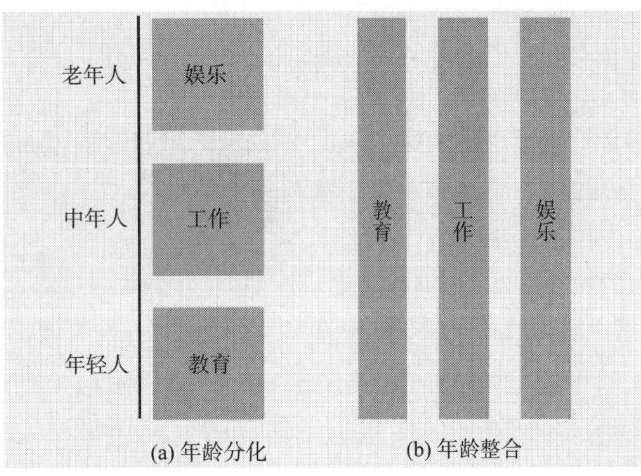

图 15–4

对比社会结构。

（a）传统的年龄分化结构是工业化社会的典型特征。教育、工作与娱乐的角色很大程度上“被分配”给个体不同的生命阶段。（b）年龄整合结构将三种角色贯穿到成年生活的整个过程中，有助于打破不同代际之间的社会壁垒。

资料来源：M. W. Riley, 1994, p.445.

在**年龄整合**（age-integrated）的社会里（如图 15-4（b）所示），学习、工作和娱乐等各种角色对整个成年阶段是开放的（Riley, 1994）。人们可以将教育、工作和休闲的时间分散安排在有生之年的各个阶段。情况似乎正在朝着这个方向发展。大学生会参加工作—学习项目，或在重新开始学业前“中途辍学”一段时间。成年人在进入职业生涯之前先探索不同的发展路径。对于一个正经历着巨大变化的社会而言，职业生涯决策往往是开放式的。成熟的成年人会为了某种特殊兴趣而上夜校或离职一段时间。一个人可能连续有几段职业经历，而每段都需要接受进一步的教育或培训。人们比以前提前或推迟退休，甚至不退休。退休者把时间用于学习或开始一项新的工作。

已有的教育、工作、休闲与退休的研究，大量采用的是旧有的、社会角色的年龄分化模型来描述那代人的生活状态。随着年龄整合模式变得越来越流行，下一代人可能会有非常不同的经历和态度。

学习检查站

你能否……

✓ 解释一个年龄分化的社会与一个年龄整合的社会的差异有哪些，并举例说明吗？

工作与提前退休

在经济增长的 20 世纪 90 年代，像许多工业化国家一样，政府和私人的养老金计划以及个人储蓄使得美国出现了提前退休的趋势；但随着公司缩减退休医疗福利并转变为较少的退休金计划时，这种趋势变得平缓了（Porter & Walsh, 2005）。

根据美国国会预算办公室（CBO，2004a）的资料，2001 年在 50~60 岁的人群中，有 14% 的男性和 24% 的女性退休（见图 15-5）。在这些人中，近 2/3 的男性和 2/5 的女性提出退休的原因是能力丧失。其他退休者群体，尤其对女性来说，退休是由于要照顾其他人或对工作失去了兴趣。

预测退休年龄的主要因素包括健康、适合领取退休金的条件以及财务状况。婚姻状况也会影响退休时间，因为每个配偶的退休时间都必须经过夫妻商议决定（Moen, Kim, & Hofmeister, 2001）。

打算提前退休的人需要存更多钱，从而可以度过一段舒适的退休生活（CBO, 2004b）。现在随着生育高峰的那代人达到或接近退休年龄，如果现有的美国联邦福利不改变，至少一半人已经存够钱以保障退休后的生活水平跟现在一样。1/4 的人在退休期间的生活水平可能会有所下降；另有 1/4 的人没能积攒足够的钱过退休生活，

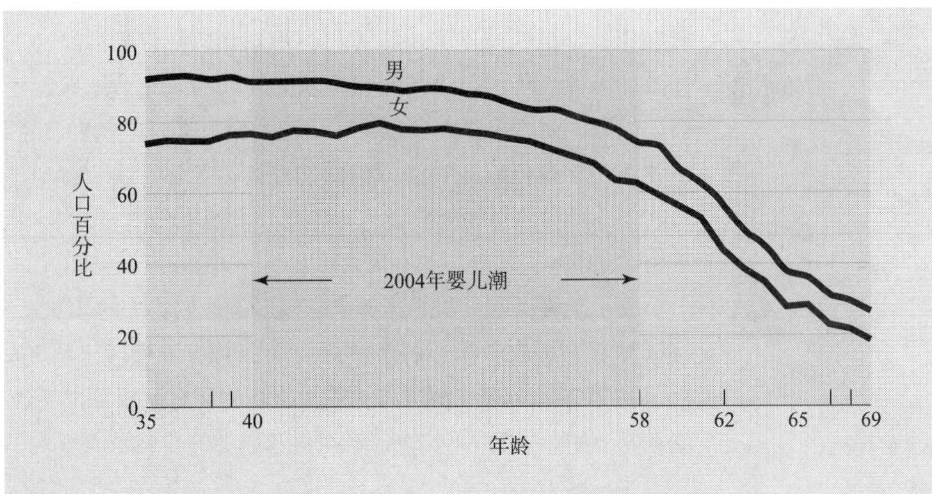

图 15–5

2004 年美国不同年龄的男女劳动力的比例。

资料来源：国会预算办公室，2004a，Figure 1。

将依靠政府的福利（CBO, 2004c）。

现在，由于需要补交健康保险或不愿意放弃令人鼓舞的工作，许多没有足够的存款或退休金的中年或年长工人选择不退休或尝试一项全新的工作。因此，退休越发成为了“中年期的一种过渡，而不是始于中年的转变”（Kim & moen, 2001, p.488）。这个过渡期变得越来越模糊，“涉及到从多项有报酬或无报酬的工作之间进进出出的变化”（p.489）。然而，50 岁的人工作可能主要是由于经济原因；而 60 岁时，内在价值（例如享受工作、希望保持活力以及感到受重视和被尊重）成为决定个体是否继续工作的更重要的因素（Sterns & Huyck, 2001）。

工作与认知发展

“用进废退”同时适用于大脑和身体。工作能影响个体将来的认知功能。

正如我们在第 13 章提到的，一些研究表明，思维灵活的人倾向于从事复杂的工作，即要求独立思考和判断的工作。反过来，这类工作会激发个体更为灵活的思考；而更为灵活的思考将进一步提高完成复杂工作的能力（Kohn, 1980）。因此，与同龄人相比，深度卷入复杂工作中的人会表现出更高的认知能力（Avolio & Sosik, 1999; Kohn & Schooler, 1983; Schaie, 1984; Schooler, 1984, 1990）。据估计，随年龄增长而变化的认知能力存在个体差异，其中有 1/3 源于以下因素：教育、职业和社会经济地位（Schaie, 1990）。如果工作变得更有意义和挑战性，更多成年人会保持或提升他们的认知能力（Avolio & Sosik, 1999）。

美国有 39% 的中年人参加了与工作相关的成人教育。这些学习电脑技能的女性是其中一部分。对成人学习者的教学方法需要直接与他们的动机、目标和精力相匹配。自发项目对成熟的成年人特别有效。

这似乎已经是事实。最近西雅图纵向研究对中年和老年群体的研究发现，大多数认知能力的发展都很好地反映了工作要求的改变，如强调自我管理、多功能团队、奖励灵活、主动的分权决策等（Avolio & Sosik, 1999）。不幸的是，与年轻的工作者相比，年长的工作者获得志愿参加培训、教育或挑战性工作任务的可能性更小，人们错误地认为年长的人无力把握这些机会。但是，西雅图研究发现，认知能力的下降发生在生命晚期，个体在不工作以后认知能力仍然能保持得很好。确实，工作绩效在同一年龄组内的差异要大于不同年龄组之间的差异（Avolio & Sosik, 1999）。

成年人可以通过职业选择来积极影响他们将来的认知发展。持续寻求更多刺激机会的个体更可能保持思维敏捷（Avolio & Sosik, 1999）。一项在德国法兰克福进行的研究比较了 195 名 55 岁及以上的痴呆病人与 229 名 60 岁及以上的非痴呆成年人，结果表明，脑力工作者患痴呆的可能性更小，因为这些工作需要高度的控制力和广泛的交流能力（Seidler et al., 2004; Wilson, 2005）。

成熟的学习者

工作场所的改变必然导致培训或教育需求的增加。技术的拓展与就业市场的改变要求人们终生学习。对很多成年人来说，正规学习是帮助他们发展认知潜力、保持与工作领域的改变同步的途径。一些成年女性早期都忙于持家和育儿，她们需要为重新进入职场迈出第一步。临近退休的人往往想拓展自己的思维和技能，从而可以将休闲时间安排得更加丰富多彩。一些成年人只是单纯的享受学习的过程，并希望终生如此。

我思我秀

- 就你所见，相对于年轻的大学生，那些不符合传统年龄的学生在大学的表现更好还是较差？

1999~2000 年，接近 12% 的美国大学生为 40 岁或以上的人（NCES, 2003）。一些大学根据这些非传统年龄学生的实际需要做出了调整：将他们的生活经历和以前的学习换算成学分。许多大学提供在职入学、星期六课程和夜校、独立研究、经济资助、减免学费课程以及通过电脑或闭路广播进行的远程教学（参见第 13 章）。

并非所有的成年人都是在学院或大学里接受正规教育。2002~2003 年，39% 的 45~64 岁的美国人参加了与工作相关的成人教育；其中 98% 的人参加的都是不发放毕业证书或学位的工作坊或课程（NCES, 2004a）。一些成年人寻求特殊的培训以更新自己的知识与技能；一些成年人是为了新工作而参加培训；另一些成年人是为了晋升或开始创业。

学习检查站

你能否……

- ✓ 讨论成年中期工作和提前退休的趋势？
- ✓ 解释工作是如何影响认知功能的？
- ✓ 解释成熟的成年人重返校园的原因，并针对教育机构如何满足他们的需求提出相应的措施？

不幸的是，某些培训机构不能系统地满足这些成年人的教育和心理需求，不能利用好他们的认知优势。成熟的学习者有他们的动机、目标、发展任务和经验。他们需要可以用于解决特殊问题的知识。围绕自发形成的问题或项目进行合作性学习最适合成熟的成年人（Sinnott, 1998）。

重新聚焦

回顾本章开始部分在焦点人物中关于圣雄甘地的故事：

- 甘地的故事如何例证成年中期的重要性？
- 为什么甘地在成年中期发生了如此重大的转变？
- 当甘地搬到德班外的农场生活，健康受到影响后，你希望甘地采用什么样的养生方式才能适应以后的生活？
- 甘地的决定和行为在哪些方面看起来表现出了流体或晶体智力、后形式思维、实际问题解决能力以及创造性？
- 甘地符合专栏 15-2 中所描述的道德楷模的形象吗？

有关教育、工作以及问题解决、创造性和道德选择的研究都表明，成年期的思维是继续发展的。这些研究证明了认知发展和社会、情绪方面的联系，我们将在第16章谈及这些问题。

小　结

成年中期：一种社会建构

学习指路标 1：成年中期的突出特征是什么？

- 成年中期这个概念是一种社会建构。随着寿命的增加，生命中期出现了新的角色，由此产生了这一概念。
- 成年中期的跨度可以按年龄、情境或生物学来定义。
- 成年中期是一个“失去”和“获得”并存的阶段。
- 许多中年人的生理、认知和情绪状况都较好。他们在这个时期肩负重大的责任，扮演着多重角色；但同时他们也感到自己能够处理好这一切。
- 中年是对未来生活做出判断和决定的时期。

生理发展

生理变化

学习指路标 2：一般来说，成年中期会发生哪些生理变化？它们对个体的心理会产生怎样的冲击？

- 虽然一些生理变化是由年龄和基因导致的，但是行为和生活方式会影响变化的时机和程度。
- 许多中年人对知觉和心理运动机能方面的逐渐且轻微的下降适应良好。骨密度的下降和重要能力的损耗都是正常的。
- 更年期出现在更年期症候的一系列生理变化之后，平均年龄约为50岁或51岁。更年期的症状和对待更年期的态度取决于个体特征、过去经验和文化因素。
- 尽管男性在生命的后期仍然有生育能力，但是许多中年男性的繁殖力和性高潮频率会下降或减少。
- 从总体来看，成年中期的性行为会逐渐减少，但是性生活的质量有所上升。
- 就女性而言，性功能障碍随年龄的增长而降低；而男性恰恰相反。大部分中年男性有勃起障碍。性功能障碍有生理上的原因，但也可能与健康、生活方式以及情感幸福有关。

健　康

学习指路标 3：成年中期有哪些因素会影响健康？

- 大部分中年人身体都比较健康，没有功能障碍。
- 成年中期，高血压开始成为影响健康的主要问题；癌症已经超过心脏病成为这个年龄阶段位居榜首的健康杀手；这一阶段患糖尿病的风险是以前的2倍，目前糖尿病在这个年龄段的死因中排在第15位。
- 饮食、锻炼、饮酒、吸烟等因素影响着人们目前和未来的健康状况；预防很重要。
- 身体健康状况不佳与低收入相关，部分原因是缺少保险。
- 更年期后的女性容易患心脏病，出现骨质疏松，得乳腺癌的几率也随之增加；建议40岁以上的女性定期做乳房X光检查。
- 60岁的美国女性中几乎每3个就有1个做了子宫切除手术。许多专家认为，这种手术被过度使用。
- 逐渐增加的证据显示激素替代疗法的风险要大过它能带来的效益。人格和负面情绪影响健康。
- 当外界的要求大于身体的应对能力时就会产生压力。压力与年龄相关的生理和心理问题有关；而且，严重的压力会影响免疫功能。
- 角色和职业的变化以及其他典型的中年期经历会导致压力。

- 职业倦怠产生的原因包括高压力、低控制感以及无法放松。
- 当个人与职业要求不匹配时就会出现倦怠。这种倦怠常伴随极度的情绪衰竭、愤世嫉俗以及对完成任务的无力感。
- 失业会导致心理和经济压力，失业对生理和心理的影响取决于应对资源。

认知发展

成年中期的认知能力测评

学习指路标 4：成年中期的认知发展有哪些得与失？

- 西雅图纵向研究发现六种心理能力中有三种在成年中期达到了顶峰，但是成年中期的认知能力具有很大的个体差异。
- 流体智力比晶体智力下降得要早。

成人认知的特殊性

学习指路标 5：成熟的中年人和年轻人的思维有何不同？

- 一些理论家提出，中年期的认知采用不同于年轻人的模式。专业或特殊知识的提高有助于个体专业领域内的流体智力的封装。
- 后形式思维在需要整合性思维的情境中似乎特别有用。

创造性

学习指路标 6：如何解释创造性成就，它是怎样随年龄的增长而发生改变的？

- 创造性成就取决于个体的特征以及环境压力和认知能力。
- 创造性与智力之间呈弱相关。
- 心理测量学测得的发散性思维和真实的创造性成就都随着年龄的增长而下降；但是创造性成就达到顶峰的年龄随职业不同而不同。随着年龄的增长，作品质量的提高可能会抵消数量减少带来的影响。

工作和教育：基于年龄的角色是否过时了

学习指路标 7：成年中期个体的工作和教育模式是如何变化的，工作如何影响认知能力的发展？

- 年龄分化到年龄整合的角色转变与寿命延长和社会变迁相呼应。
- 许多美国人在中年期因为残疾而退休；但是相当一部分有工作能力的人也选择了提前退休。
- 复杂的工作会增加认知的灵活性。对许多人来说，工作中发生的变化可能使工作变得更有意义，在认知上也更有挑战性。
- 许多成年人仍然会去上大学或接受其他继续教育。成年人进入学校学习主要是希望增加与工作相关的技能和知识，或者为更换工作做准备。
- 成熟的成年人有特别的教育需求和学习优势。

成年中期的心理社会发展

第16章

悦纳所有的经历，并将其作为
提炼人生意义和价值的原材料，
此举是“成熟”的部分含义。

——霍华德·瑟曼，《沉思的心》，1953

焦点人物：玛德琳·奥尔布赖特——外交官

玛德琳·奥尔布赖特

1997 年 1 月 23 日，玛德琳·科贝尔·奥尔布赖特*（Madeleine Korbel Albright, 生于 1937 年）在自己 60 岁生日的前 4 个月，宣誓就职美国国务卿，成为美国第一位出任此职的女性。这对 11 岁时跟随家人从捷克斯洛伐克移居到美国逃难的她来说，无疑是一个近乎传奇的故事。

奥尔布赖特的人生历程就是“一次又一次地改造自己”的真实故事（Heilbrunn, 1998, p.12）。作为一名外交官的女儿，她的童年是在饱受战争蹂躏的欧洲度过的。少女时期她曾先后就读于丹佛的私人学校和韦尔斯利学院，并且成绩优异。从韦尔斯利学院毕业后的第三天，一位出身显赫的印刷业家族继承人——约瑟夫·米迪尔送给她一场“灰姑娘的浪漫婚礼”，不久，他们生育了一对可爱的双胞胎女儿。13 年后，她的第三个女儿出生了；同时，她获得了哥伦比亚大学的政治学博士学位。

奥尔布赖特积极推动妇女运动，她在哥伦比亚求学期间的老师、美国卡特总统的国家安全顾问布热津斯基（Zbigniew Brzezinski）非常赞赏她的做法并且推荐她成为国家安全委员会的国会联络员。就在卡特总统和奥尔布赖特卸任不到一年的时间，与她生活了 23 年的丈夫另结新欢，两人于 1982 年宣布离婚。这次离婚使她变成独立抚养 3 个女儿的单身母亲，也使她的人生在 45 岁时发生了转折，“开启了一段新的旅程”（Blackman, 1998, p.187）。她受聘于乔治敦大学的外交服务学院，成

* 关于玛德琳·奥尔布赖特生平的资料来源于 Albright（2003），Blackman（1998）和 Blood（1997）。

本章提纲

专栏 16-1：世界之窗
一个没有中年期的社会
专栏 16-2：实战演说
防止照料者倦怠

为电视谈话节目的特邀嘉宾。那个曾被同事们描述为害羞、谦卑的奥尔布赖特不复存在，取而代之的是一个自信、笃定、言语简洁有力的单身女人。

奥尔布赖特于 1984 年和 1988 年先后成为副总统候选人杰拉尔丁·费拉罗和总统候选人迈克尔·杜卡基斯的外交政策顾问。正是在支持杜卡基斯竞选的过程中，50 多岁的奥尔布赖特见到了比尔·克林顿。1992 年，在她离婚后的第十个年头，奥尔布赖特被即将就职总统的克林顿任命为美国驻联合国大使，四年后任美国国务卿，直到 2001 年克林顿离职。"我并不想结束"，她在回忆录中这样说（Albright, 2003, p.3）。

时光荏苒，当她逐渐步入老年时，奥尔布赖特的生活愈发地充实和丰盈。她已婚的女儿、她的孙儿、在职业生涯中给予她诸多支持的朋友都是她强大的后援团。

进入美国国会成为她重塑人生的转折点。后来据新闻报道透露，奥尔布赖特信奉天主教，她有犹太血统，还有几个近亲在纳粹大屠杀中丧生。

她已故的父母从来没有告诉她具有犹太血统。59 岁时，她带着对自己身份和家庭历史的全新理解回到故乡，当她走在布拉格的旧犹太墓园里面对着犹太教堂的墙壁，发现她祖父母的名字就在近 80 万纳粹主义受害者的名单中时，她驻足良久、沉默不语。她静静地站在那里，思索着父母狠心将这段历史斩断、并改信天主教只是为了保护自己的孩子逃离这场"无妄的灭顶之灾"（Blackman, 1998, p.293）。

奥尔布赖特对记者说："我对我的父母为我们兄弟姐妹所做的一切感到非常自豪。"她说，"我与他们如此亲近……我为自己的血统感到骄傲，甚至，越是了解，越是骄傲"（Blood, 1997, p. 226）。

尽管玛德琳·奥尔布赖特的故事富有传奇色彩，但是其重点与很多其他同龄的女性是相似的：为人妻和为人母；同时还要坚守一份职业；甚至会经历中年离婚和中年空巢。

奥尔布赖特最大的优势是她具有极好的适应性。她一次又一次地去适应新的环境，学习新的语言，迎接新的挑战，创造新的自己，她用实际行动来增强实力。她绝大部分的成长和改变正是发生在中年阶段。离婚促使她从过去的自己中跳脱出来：重新审视自我、了解自我。

中年是一段特殊的时期。中年在人的毕生发展中占据着审视从前、展望未来的关键地位，同时也承担着承前启后的重要责任。很多中年人一方面要维持家庭的和睦稳定，一方面也像奥尔布赖特一样寻找自己的社会定位和职业生涯。这些在成年中期（约 25 年）积累的经验会伴随人们进入老年，并且持续影响其观点、感受和行为。

在这一章，我们将会梳理有关中年发展的理论观点、研究内容、心理问题和人生主题。然后，我们聚焦有重大影响的亲密关系和生活事件。通过考察成年中期的婚姻和离异、同性恋、友谊、与子女、父母和第三代的关系等，我们可以发现成年

学习指路标

1. 发展科学家如何研究成年中期心理社会的发展?
2. 经典理论是如何解读成年中期心理社会的变化的?
3. 成年中期有哪些日益突出的关于自我的问题?
4. 社会关系在中年人的生活中发挥怎样的作用?
5. 成年中期已婚的人是更加幸福还是不幸福?同居是否可以发挥与婚姻相似的作用?
6. 中年离婚普遍吗?
7. 成年中期的同性恋与异性恋有何差异?
8. 成年中期的友谊是如何发展的?
9. 伴随子女的成长,中年父母与子女的关系是如何变化的?
10. 中年人如何与父母、兄弟姐妹相处?
11. 现在的祖父母与过去相比有哪些变化,他们扮演什么样的角色?

中期是如此的丰富充实。

学习完本章后,你应该可以回答“学习指路标”中的所有问题了。为了检查你对本章“学习指路标”的掌握程度,请复习章节结尾部分的小结。“学习检查站”会贯穿整个章节并不时出现,以便检查你对所学知识的理解程度。

纵观成年中期的生命历程

学习指路标

1. 发展科学家是如何研究成年中期心理社会的发展的?

发展科学家从不同视角研究中年心理发展的过程。客观方面,他们解析中年人的生活轨迹,如奥尔布赖特从一位怀揣政治热情的妻子和母亲转变为美国政府最高级别的女强人。但连续性的角色和关系的变化也会造成主观的一面:人们会积极建构自我意识和生活结构。因此,思考像奥尔布赖特这样的人如何定义自己以及生活满意度非常重要(Moen &Wethington, 1999)。

在成年中期发生的这些变化并非是孤立的,需要从毕生发展的视角来解读。奥尔布赖特的中年生涯就建立在她的童年经历和青年奋斗的基础之上。但个体早期的人生发展模式不一定是后续人生的蓝图(Lachman & James, 1997);甚至成年早期和成年晚期的关注点都是不一样的(Lachman, 2004)。试想奥尔布赖特在40岁和60岁时的巨大差异!

此外,成年中期的生活并不是由个体独立支撑的。通过与家人、朋友、熟人,甚至陌生人的接触可以提升生活的乐趣。工作和个人角色是相互依存的，例如奥尔布赖特离婚后，她的职业生涯也发生改变。这些角色是在更庞大的社会发展趋势之下应运而生的，如奥尔布赖特的职业生涯转机就得益于妇女地位的提高。

年代、性别、种族、文化和社会经济地位也深深地影响着成年中期的生命历程。奥尔布赖特的经历与她的以婚姻为终身事业的母亲截然不同。她的经历也与当今大多数受过高等教育的年轻女性不同，当今女性在结婚生子前多数都在职场打拼。假如奥尔布赖特是位男性，而不是一名在男性主导社会中努力展示自己才能的女性，我们可以推测其期望和人生轨迹将会是怎样的。假如没有嫁入豪门，奥尔布赖特的人生同样将是另外一番景象。富裕的家境允许她在攻读博士学位时聘请管家来照顾年幼的孩子。我们会把所有这些涉及个体和外界环境的因素纳入到成年中期心理社会发展的研究之中。

学习检查站
你能否……

✓ 区分生命历程中有关主观和客观的观点？

✓ 提出几个能影响成年中期生命进程的因素？

成年中期的变化：经典的理论取向

学习指路标

2. 经典理论是如何解释中年期心理社会性的变化？

在心理学领域，中年期曾经被认为是一段相对稳定的时期。弗洛伊德（1906/1942 年）对 50 岁以上个体的心理发展毫不关心，因为他认为人的个性早在那之前就已经成熟而稳定了。科斯特和麦克雷（1994a）也持相同观点（我们在第 14 章介绍了他们提出的特质模型）。

相反，以马斯洛和罗杰斯为代表的人本主义心理学家则将中年期视为一段积极变化的时期。根据马斯洛的*自我实现理论*，个体只有到中年日趋成熟时才有可能充分发挥自己的潜质。罗杰斯（Rogers, 1961）提出：完整和谐的心理运作需要持续的、毕生的过程来提供源源不断的经验。

正如我们在第 14 章中所指出的，如今发展心理学的研究已经超越了“稳定性和变化性”之争，大量的纵向研究表明，这两方面在个体的心理发展上兼而有之（Franz, 1997; Helson, 1997）。问题是，中年期到底会发生何种变化，这些变化又会以何种方式呈现？

规范—阶段模型

荣格（Carl G.GJung）和埃里克森是规范—阶段理论的先驱，他们的理论为后来很多关于中年期的发展理论和研究提供了框架。

荣格：个性与超越 瑞士心理学家荣格（Carl Jung, 1933, 1953, 1969, 1971）是第一个提出系统的成人发展理论的心理学家。他认为，健康的中年心理发展需要**个性化**（individuation），通过平衡或整合人格中的冲突来建立真实的自我，有时这种冲突是在无意识的层面上进行的。荣格认为，直到 40 岁左右，个体才开始关注自我在家庭

和社会中的责任，并着力在人格中发展相应的品质，从而实现自己的外部目标。女性强调表现和养育，男性则追求成就。中年人开始转而关注内在的精神自我，通过表达自己从前“否认”的自我，从而实现“对立统一”。

对于中年人来说，放弃年轻的形象并且承认死亡是两项必要且巨大的挑战。荣格（Jung, 1966）认为，承认死亡是建立在对自我意义的追寻之上的。这种由外向内的转变会令人不安：当人们质疑自己的承诺时，会有短暂的彷徨。但是拒绝转变、拒绝对自己的生活重新进行定位的人将会丧失这个心理成长的机会。

埃里克森：繁殖对停滞　与荣格视中年期为由外向内的转变的观点不同，埃里克森认为它是一个由内向外的过程。埃里克森提出，40 岁左右的中年人正迈入人生的第七个阶段：**繁殖对停滞**。**繁殖**（generativity），正如埃里克森定义的，是一种对孕育、教养下一代过程的关注，并且希望借此来延续自己的影响。那些没有完成“繁殖”任务的个体将会变得自我放逐、自我放松或停滞不前（无意义感或轻生）。这一阶段的美德是*照顾他人*：“一种个人习得的对关注他人、产品和观点的广泛的承诺”（Erikson, 1985, p.67）。

埃里克森所说的繁殖——一种对指导更年轻一代的关心——可以通过教练或指导而得以表达。繁殖可能是影响中年期幸福感的关键因素之一。

繁殖是如何产生的？根据麦克亚当斯（McAdams, 2001）提出的模型：对不朽和永恒的内在追求与外部需求（表现为不断增强的期待和责任感）相结合会激发人们对下一代的持续的关注，连同埃里克森提出的“物种信念”，都会促成对繁殖的承诺和践行。

埃里克森认为，繁殖在时间上不仅限于中年，在形式上也不仅限于养育子女或孙子女，还可以通过教学或指导、生产或创造以及“自我繁殖”或自我发展来表现。它可以延伸到工作、政治、爱好、艺术和其他领域中，或者是埃里克森所谓的“维护世界”中。在《甘地的真理》一书中，埃里克森（1969 年）指出，当甘地 49 岁时，他挣扎在“父爱和民族”之间，最终他的选择注定他不是一位合格的父亲，而是成为了一位受人尊敬的伟人。

后来的理论家科池（Kotre，1984 年）总结了繁殖的具体形式：*生物性*（受孕和生育），*亲子性*（培育和养育子女），*教导性*（授人知识技能）和*文化性*（传播文化价值观的规范）。科池指出，透过这

世界之窗

专栏16-1

一个没有中年期的社会

即使在美国，中年危机的普遍性也备受争议。在非西方文化中，中年危机又是怎样的呢？有些非西方文化甚至没有清晰的中年概念。例如古西人（Gusii），这是一个在肯尼亚西南地区有着100多万人口的农村社会（Levine, 1980; LeVine & LeVine, 1998）。古西人对每个阶段都有明确期望的“生命计划”，但是这个计划和西方社会的不一样，在很大程度上它是一种基于对生育能力的期望或表现以及对下一代的延伸能力的等级阶段。

古西社会中没有描述“青少年”“青年人”“中年人”的词语，男孩或女孩在9~11岁之间就被行“割礼”，当他/她的第一个孩子结婚时自己就成了一个“老人”。在这两个事件之间,男性处于“*omomura*”阶段（肯尼亚语，“勇士”的意思），此阶段可能从25岁持续到40岁，甚至更长。对女性来说婚姻相对更重要，因此女性多了一个额外的阶段：“*omosubaati*”阶段（肯尼亚语，为“年轻已婚妇女”的意思）。

许多在肯尼亚西部的古西人在他们的孩子长大后，成为仪式从业者，寻求精神力量以弥补他们不断衰退的身体力量。对于女性来说，在男性主导的社会中仪式工作可能是一种掌握权力的方式，就像图中这位占卜者。

生育孩子并不局限于成年早期。在其他的前工业社会里需要很多的人手去种植，而且婴儿或儿童早期的死亡率很高，因此生育能力非常重要。今天，即使婴儿比过去的存活率高了，但只要女性的生理能力允许，她们还是会持续地生育。平均每位女性生育10个孩子。当一位妇女停经了，她的丈夫可能会娶一个更年轻的妻子并

些具体的表现形式，繁殖可以通过两种不同的途径或方式得以体现：博爱（涉及对他人的照顾和抚育）和奉献（个体对社会的创造性、科学性或创业的贡献）。

荣格和埃里克森的追随者：范伦特和莱文森 荣格和埃里克森的想法和研究启发了范伦特（George Vaillant，1977）和莱文森（Daniel Levinson，1978）对男性（参见第14章）的纵向追踪研究。两项研究都描述了中年期的主要变化：30多岁为事业奋斗，40多岁重新评估甚至彻底重组自己的生活，50多岁变得相对平稳期。*

范伦特支持荣格的观点，认为中年男性会变得更加感性和善于表达。无独有偶，莱文森也证实了中年男性对成就的执着降低，取而代之的是对人际关系的关注。他们还发现繁殖对年轻人的影响越来越大，我们会在本章的后面部分详细介绍这一内容。莱文森还研究了繁殖和心理健康的关系。

范伦特对荣格“由外向内”的转折观也持赞同态度。他在哈佛大学抽取的很多参与者样本在40多岁时都放弃了“见习期中令其执着而草率的琐碎工作和满足自己成为世界探险家的狂热渴望”（1977, p.220）。伯尼斯·尼克顿（Bernice Neugarten,

---

* 在莱文森的研究中，对50岁的描述只是预计和推测。

世界之窗

且供养另一个家庭。

在古西社会里，转变是根据生命事件来界定的。地位与这些事件直接相关：行"割礼"，结婚，生孩子（对于女性来说），最终自己的孩子结婚，成为一个准祖父母和值得尊敬的老人。古西社会有自己的"社会时钟"——一套对不同年龄阶段按理说应该发生什么的期望。那些晚婚或根本没有结婚的人、不能生育的男性或女性、生孩子晚的人、没有儿子或只有很少的孩子的人，会受到嘲笑和排挤，这些人也因此可能从事仪式工作以扭转自己的处境。

尽管古西社会中没有可识别的中年过渡期，但是他们中的一些人确实在成为祖父母之前或之后重新评估了自己的生活。对必死性和逐渐衰退的身体的觉知，特别是对女性来说，会催生出一种仪式治疗师的职业。对精神力量的探寻同样也有繁殖的目的：老人有责任在仪式上保护他们的孩子或孙辈免除死亡或疾病。许多从事仪式工作或成为巫师的老年妇女，寻求力量要么是保护他人，要么是伤害他人。这也许是为了弥补她们在男性主导的社会里其人格或经济上的不足。

自从 20 世纪 70 年代以后，由于英国殖民政策的浸透以及这些政策产生的后续影响，古西社会已经进行了变革。随着婴儿死亡率的减少，人口迅速增加，导致食物及其他资源的供应紧张，之前围绕着最大生育能力的"生命计划"已不再适用。年轻一代的古西人对生育限制的不断接纳表明了"更少集中在繁殖力上的成年人成熟的概念将最终成为古西文化的主导"（LeVine & LeVine, 1998; p.207）。

我思我秀

考虑到目前在古西社会里的戏剧性的变化，你认为古西人定义生命阶段的方式会改变吗？如果会，会朝着什么方向发生改变？

课外链接

想了解更多关于古西人的信息，请查看肯尼亚项目网站：http://www.cam.ac.uk/societies/kenyap/gusii/html。

1977）认为这是一种相似的向内审查的倾向，她称为**内省**（interiority）。对于莱文森的参与者而言，中年期的转变已经剧烈到促发"危机感"的地步。

正如我们在第 14 章提到的，这些经典的研究虽然很有启发性，也做了取样和方法论证的工作；但是仍然存在明显的漏洞。莱文森和范伦特绝大多数的研究都是在中产或上层阶级的男性中取样的，参与者的代表性和有效性值得商榷。此外，他们的研究结果反映的是特定人群在特定的文化中扮演特定角色时的经验，可能并不适用于对性别角色有不同定义或者在生活就业选择上有更大弹性的社会。研究结果的局限性还表现在：当个体的基本生存需求得不到保障或者个体所在的文化环境对生命历程有不同的规范时，这些结果并不适用（见专栏 16-1）。最后，这些研究专门研究异性恋者，因而结果也不适用于同性恋者。新近的对中年心理的研究更加具体和精细，对中年人格和经验的覆盖面也更加广泛。

我思我秀

- 基于你的观察，你认为成人的人格在成年中期会发生显著变化吗？如果是，这样的变化和成熟有关吗？或者说他们伴随重要事件吗，例如离婚、职业变动或成为祖父母？

时代生活事件：社会时钟

根据第 14 章介绍的事件时序模型，成人人格的发展主要取决于重要生活事件，

学习检查站

你能否……

- ✓ 辨认研究者研究的关于变化的 3 种类型，并且对每一种类型举例说明？
- ✓ 根据荣格和埃里克森的观点，总结在成年中期发生的重要变化，并指出他们的观点如何影响了其他研究？
- ✓ 指出历史和文化的变化是如何影响成年中期的社会时钟的？

而非年龄本身。中年往往会带来一系列社会角色的转型：养育子女、成为祖父母、跳槽或转行以及退休。在早期的规范—阶段模型中，当时几代人的这些重大事件的发生具有很高的可预测性；但是时至今日，人们的生活正发生翻天覆地的变化，所谓“流动的生命周期”已经打破了死板的时间限制（Neugarten & Neugarten, 1987），并改写了“社会时钟”的原有定义（Josselson, 2003, p.431）。

过去人们的就业模式相对稳定，基本都在 65 岁退休，而当今人们则频繁跳槽、经常面临裁员、退休时间不可预知。在这样的时代，中年期工作的意义对男女两性来说都产生了重大的变化。曾经，女性的生活主题只是努力孕育和养育子女，生育年龄的结束也就意味着她们生命意义的结束。如今，许多中年女性，像奥尔布赖特一样，都在职场打拼。曾经，人们的寿命比较短，中年人会感觉自己已经年老，即将面临生命的终结。如今，中年人感觉自己的生活更加忙碌充实，有人仍忙于抚养年幼的孩子，有人则孩子已经进入青少年期或长大成人，从而将重点转向照料年迈的父母。尽管中年期会面临很多的挑战和事件，但大多数的中年人似乎都能处理得很好（Lachman, 2001, 2004）。

学习指路标

3. 成年中期有哪些日益突出的关于自我的问题？

成年中期的自我：问题和主题

“我跟 20 年前的自己已经截然不同了，”一位 47 岁的建筑师说。他的 6 位四五十岁的朋友也都这样认为。很多人都发现人到中年会发生人格的改变。无论是客观的外部行为还是主观的内心解读，都会有这样一些问题和主题困扰着中年人。“中年危机”真的存在吗？中年期的认同感有怎样的发展变化？男性和女性的变化趋势是否相同？如何保持心理健康？所有这些问题都围绕着自我这一主题展开。

我思我秀

- 就你所知，你的父母或其中一方经历过中年危机吗？如果你是中年人或更年长的人，你经历过这样的危机吗？如果是，那么是什么事件使得这个时期发生了危机？它是否比人生其他阶段的变化更重大？

是否真的存在中年危机？

在 40 至 45 岁期间，个体会回顾并重新评估自己的人生，从而产生一些性格和生活方式上的变化，这就是所谓的**中年危机**（midlife crisis），人们通常认为中年危机是一段压力很大的时期。中年危机曾被定义为同一性危机；事实上，它一直被称为第二青春期。心理学家艾略特 · 雅克（Elliott Jacques, 1967）提出了“中年危机”这一概念，他认为正是对死亡的认识引发了中年危机。很多人意识到他们将无法实现自己的青春梦想，或者即使实现了却并没有带来他们预期的满足感。他们知道如果想改变就必须迅速采取行动。莱文森（Levinson, 1978, 1980, 1986, 1996）认为，由于人们不得不与重建生活的内在需求奋力抗争，所以中年混乱不可避免。

然而，并不是所有人都会经历中年危机（Lachman，2004）。事实上，中年危机

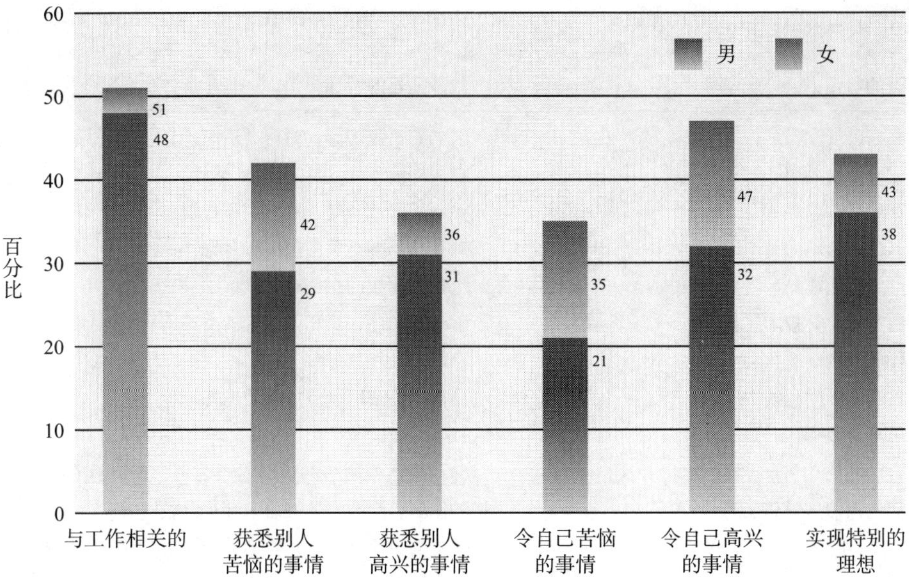

图 16–1
25~74 岁的人报告的过去五年的转折点。

资料来源：Wethington et al., 2004, Figure 3.

似乎很少发生（Aldwin & Levenson, 2001; Heckhausen, 2001; Lachman, 2004; Lachman & Bertrand, 2001）。一些中年人可能会遇到危机或混乱；但也有人会有高峰体验；还有一些人可能介于两者之间：既没有到达高峰也没有遭遇危机，也可能在他们生命的不同阶段或不同领域遭遇危机和产生高峰体验（Lachman, 2004）。

虽然成年中期的一些事件可能会产生紧张感，但是也比成年早期的某些事件的程度轻（Chiriboga, 1997; Wethington et al., 2004）。很多研究者指出，在二十多岁到三十岁出头这段时间，处于成年早期的年轻人在追求职业理想和处理亲密关系时会爆发“青年危机”（Lachman, 2004; Robbins &Wilner, 2001）。

显而易见，中年期是个体毕生心理发展的重要*转折点*之一。在这一时期，个体对人生意义、目标及生活方向的理解会发生重大变化。重大生活事件、常规的变化或一种对过往生命的全新理解都会促发这一转折。然而，在 MIDUS 的调查以及对心理转折点（PTP）的追踪研究中，很多受访者声称自己正是在压力情境的成功解决中获得了积极的成长（Wethington et al., 2004; 见图 16-1）。

转折点往往涉及内省检讨和重新评估价值观及其优先次序（Helson, 1997; Reid & Willis, 1999; Robinson, Rosenberg, & Farrell, 1999）。**中年审查**（midlife review）是一段盘点的时间，对自我产生新的见解并促进个体在中年期进行生命的设计和轨迹的更正。伴随对生命有限的认识，中年审查可能会带来由于未能实现梦想而引发的遗憾，或对*发展期限*（在诸如拥有一个孩子或弥补一段疏远的友谊或家庭关系的能力上的时间限制）有更强烈的意识（Heckhausen, 2001; Heckhausen, Wrosch, & Fleeson, 2001; Wrosch & Heckhausen, 1999）。

某个转折点是否会成为危机，更多取决于个人环境和个体资源，而非年龄。根

表 16–1 具有自我韧性的成年人的特征

最显著的特征	最不显著的特征
能洞察自己的动机和行为	较弱的自我防御，对压力适应不良
热情，有能力结束一段关系	自我挫败
有社会姿态和仪表	对不确定性和复杂性感到不舒服
有生产力、行动力	对很小的挫折反应过度，易怒
冷静的，举止放松	否认不愉快的想法或经验
假想游戏的社会技术熟练	不改变角色，用相同的方式对待所有的事情
对人际间的线索有社会洞察力	基本上处于焦虑中
能够看到重要问题的本质	面对挫折或困境或放弃或退却
真诚可靠，负责任	被情绪所蒙蔽
珍视自己的独立和自主性	面对真实或假想的威胁时很脆弱，常常存在害怕的倾向，全身心地去思考那个问题
能引起他人的喜爱和接纳	感觉被生活欺骗，是生活的受害者
幽默	感觉缺乏生活的个人意义

注：这些项目被用作判断自我弹性的标准，采用的是 California Adult Q-Set。

资料来源：引自 Block, 1991, as reprinted in Klohnen, 1996。

学习检查站

你能否……

- ✓ 解释并比较中年危机和转折点的概念，并讨论他们的普遍性?
- ✓ 说说中年期变化一般有哪些问题，以及哪些因素影响人们成功度过这一时期?

据惠特伯恩（Susan Krauss Whitbourne, p.594）的观点，中年危机可能是“对不能通过身份认同来加工的经验的一种极端宽松的反应”（Whitbourne & Connolly, 1999, p.30）。高神经质的人更可能体验到中年危机（Lachman, 2004）。自我韧性好的人——对潜在压力能灵活充分地利用资源来适应的人——以及那些有掌控感的人更容易顺利度过中年危机（Heckhausen, 2001; Klohnen et al., 1996; Lachman, 2004; Lachman & Firth, 2004）。（表 16-1 概述了具有自我韧性的成年人所具有的最显著和最不显著的特征。）对于性格坚韧的人，像奥尔布赖特，即使是负面事件（如未预意到的离婚）也可以成为积极成长的跳板（Klohnen et al., 1996; Moen & Wethington, 1999）。

同一性的发展：新近的理论取向

尽管埃里克森认为建立同一性是青少年期的主要任务，但是，他同时指出同一性是不断发展的一个过程。实际上，有些发展科学家认为，同一性形成的过程是整个成年期的核心问题（McAdams & de St. Aubin, 1992）。大多数中年人对自我有清晰的认识，并且可以积极地应对变化（Lachman, 2004）。现在，让我们来看看关于同一性发展的新近理论和研究，尤其是关于中年期的同一性发展。

惠特伯恩：同一性是一种过程 惠特伯恩提出的**同一性过程模型**（identity process model）综合了埃里克森、玛西亚和皮亚杰的观点，将同一性视为一种“可以解释个

人经验的组织架构"（Whitbourne & Connolly, 1999, p.28）。同一性是一种对自我知觉的积累，包括意识层面和无意识层面两部分。感知到的个性特征（"我很敏感"或"我比较固执"）、外表特性和认知能力都会被纳入同一性模式。来自于亲密关系、工作环境、社区活动或其他经历的信息被持续不断地纳入同一性，从而证实或修改自我知觉。

就像在第 2 章中皮亚杰对儿童认知发展的描述一样，个体通过两种方式来解释自身与环境的相互作用，即同一性同化和同一性顺应。**同一性同化**（identity assimilation）是指个体试图将新经验融入自己已有的图式中；**同一性顺应**（identity accommodation）则是指个体通过调整图式以适应新的经验。同一性同化用以保持自我身份的一致性和稳定性；同一性顺应则需要更大的改变和调整。这两种形式在绝大部分人身上是兼而有之的。面对犹太出生证明，奥尔布赖特调整自己的同一性图式，接纳了犹太身份和血统；同时也将父母尽力保护自己这一新认知同化进了自我形象中。除非压力事件迫使个体不得不面对（如媒体对奥尔布赖特犹太血统的新闻报道），人们通常会抵制顺应（如奥尔布赖特曾经一度否认自己的犹太血统）。

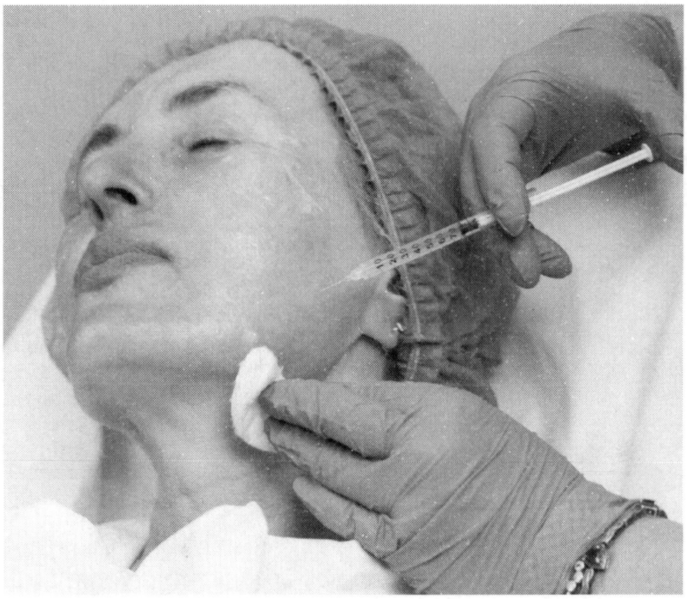

越来越多的人注射肉毒杆菌以暂时舒缓脸部线条和皱纹，这可能体现了惠特伯恩所说的顺应的同一性风格。同一性顺应的人往往关注老化信号。

个体在同化和顺应之间达到的平衡将决定其**同一性风格**（identity style）：同化意味着个体更加保守，顺应则表示相对宽松。更多使用同化而非顺应的个体具有同化同一性风格，相反则为顺应同一性风格。惠特伯恩认为，过度的同化或顺应都是不健康的。过多地使用同化方式会使人缺乏变通、视野变窄、无法与时俱进并总是不遗余力地否认自己的不足；过多地使用顺应方式会使人脆弱、易动摇、经不起批评，这类人的同一性很容易被破坏。最健康的莫过于一种平衡的同一性风格，个体既有足够的弹性来接纳新的变化，也有一定的主见不会随波逐流（Whitbourne & Connolly, 1999, p.29）。惠特伯恩认为同一性风格与玛西亚所说的同一性状态有关系（参见第 12 章）。比如，实现了玛西亚所说的同一性的人拥有平衡的同一性风格，而排他的个体则很可能持同化风格。

学习检查站

你能否……

✓ 总结惠特伯恩的同一性认同模型，描述三种同一性风格的人可能会如何处理老化信号？

根据惠特伯恩的观点，面对老化带来的生理、心理和情绪变化，个体的应对方式与其应对其他威胁已有同一性图式的经验时的方式相似。采用同化方式的个体愿意不惜一切代价保持年轻的自我形象；而采用顺应方式的个体过早地认为自己已经变老，并过度关注老化和疾病的症状。只有那些采用平衡方式的个体才可能抱着开放的心态，改变可以改变的，接受无法改变的。当面对高度紧张的事件时，同一性风格可能会发生变化，如做了很长时间的工作被年轻人取代。

惠特伯恩所描述的同一性认同的过程模型试图同时考虑自我的稳定性和变化性。然而它还需要更多纵向研究的支持（Laehman & Bertrand, 2001）。

繁殖、同一性和年龄 埃里克森将繁殖视为个体同一性形成的一个方面，“我生存的依据决定了我是谁”（1968, p.141）。有些研究也支持这一论点。一项以 40 岁左右的中产阶级银行女雇员（她们都是学龄儿童的母亲）为调查对象的研究表明，那些按照玛西亚的标准获得了同一性的女性心理最健康，她们表达的繁殖感也最强，这证实了埃里克森的观点，即成功实现同一性将为完成其他任务铺平道路（DeHaan & MacDermid, 1994）。另外一项对 333 名密歇根大学毕业的白人女性的横断研究发现，这些参与者 60 多岁时的同一性认同、繁殖感和自信心有高度的正相关（Zucker, Ostrove, & Stewart, 2002）。

标准化的行为对照表、Q 排序和自我报告法（见表 16-2）被广泛用于测量繁殖感。在此基础上的研究表明，尽管实现繁殖感的年龄存在个体差异，但中年人往往

表 16-2 对繁殖感的自我报告测验

- 我努力把通过我的经历所获得的知识传承下去。
- 我感觉到其他人不需要我。
- 我认为我会喜欢教师的工作。
- 我感觉我对许多人都产生了影响。
- 我不愿意在福利机构做志愿者服务。
- 我创造了一些影响他人的东西。
- 我尽力在我做的大部分事情中保持创造性。
- 我认为我死后还会被大家铭记很久。
- 我认为社会不能承担起为所有无家可归者提供食物和住处的责任。
- 其他人会说我为社会做出了独特的贡献。
- 如果我不能拥有自己的孩子，我愿意去收养孩子。
- 我掌握了很重要的技能，我试着将这些技能教给其他人。
- 我觉得我没有做任何在我死后仍会存在的事情。
- 总的来说，我的行为对他人没有积极的作用。
- 我感觉我好像没有做什么对他人有贡献的事情。
- 在我的一生里，我为许多不同的人、团体或活动做了许多贡献。
- 其他人说我是一个非常有生产力的人。
- 我有责任改善我所生活的社区的条件和环境。
- 人们会向我咨询意见。
- 我感觉死后我的贡献仍会存在。

资料来源：Loyola Generativity Scale. Reprinted from McAdams & de St. Aubin, 1992.

比青年人和老年人在繁殖感上得分高（McAdams, de St. Aubin, & Logan, 1993; Keyes & Ryff, 1998; Stewart & Vandewater, 1998）；同时女性的繁殖感比男性的更加强烈，这种性别差异到老年期会逐渐消失（Keyes & Ryff, 1998）。

参加社区或政治团体的志愿者活动是一种集体繁殖感的表现。如同埃里克森的理论所预期的一样，MIDUS 的研究发现，从成年早期到成年中期，个体的志愿服务热情在逐步增强，到 55 岁后略有下降；而到 65 岁会再次高涨（Hart, Southerland, & Atkins, 2003）。从中年到老年，无论是对家庭还是对工作，个体要承担的责任会逐步减少，这为他们发挥集体繁殖感提供了机会（Keyes & Ryff, 1998）。接受过高等教育并且有宗教信仰的成年人会比其他人更热衷于志愿者工作，这也是他们具有很强的移情能力和亲社会性的表现（Hart et al., 2003）。

这些研究都是横断研究，所以无法确定繁殖感和年龄之间的因果关系。但是，为数不多的一些纵向研究可以对此提供强有力的支持（Stewart &Vandewater, 1998）。范伦特（Vaillant，1993）的追踪研究表明，随着年龄的增长，获得繁殖感的人数比例逐渐增加，40 岁时只有 50%，60 岁时则达到了 83%。一项以 1964 年从拉德克利夫学院毕业和 1967 年从美国密歇根大学毕业的女生为研究对象的追踪研究显示，尽管从成年早期开始，女性就产生对繁殖感的渴望，但是真正具备这种繁殖感的能力和成就则是在中年期（Stewart &Vandewater, 1998）。但是，这些结果可能存在阶级和年代的偏差，也可能掩盖了个体差异。

与“繁殖感是在中年期发展”的观点不同，有些研究者倾向于从毕生发展观来讨论这一主题。不同阶段的繁殖感会受很多不同因素的影响，比如社会期望、社会角色（职业、婚姻、父母、公民等）及其发生时间和顺序、性别、教育程度、种族/民族和年代等（McAdams, 2001; Cohler, Hostetler, & Boxer, 1998）。对于同性恋者来说，繁殖感可能会在不同的时间或以不同的形式表达，同性恋者可能会比异性恋者更晚建立亲密关系或为人父母，或从未有过这样的经历；因此许多同性恋者转而通过参加社会活动等其他形式来表现繁殖感（Cohler et al., 1998）。

叙事心理学：作为人生故事的同一性认同　叙事心理学是一个相对较新的领域，它将自我的发展视为一个不断构建自己人生故事的过程，通过戏剧性的叙事有助于理解个体的人生。事实上，一些叙事心理学家将同一性认同本身就视为内化的故事或“剧本”。人们按照剧本的要求进行自我表现（McAdams, Diamond, de St. Aubin, & Mansfield, 1997）。中年往往就是一段回顾人生故事（McAdams, 1993）或打断故事情节的连续性和一致性的时期（Rosenberg et al, 1999）。

叙事心理学家对长期目标是如何引导自我发展、指导个体成长这个问题饶有兴趣。这些毕生发展目标或具有探索性（旨在对自我和他人的成熟全面的理解）、或具有人文气息（旨在获得幸福和快乐），抑或兼而有之。叙事心理学的研究表明，成熟和快乐的人倾向于在计划中设置成长型的目标（Bauer & McAdams, 2004），并且围绕这些目标来构建自传式记忆。老年人往往比年轻人更成熟，对生活也更满意，部分原因是他们更有可能从个人成长方面来解释自己的记忆（Bauer, McAdams, & Sakaeda, 2005）。

随着年轻人逐渐成熟，繁殖感成为人生故事中一项非常重要的主题。一个具有繁殖感的剧本可以让人生更加幸福和圆满。坚信“繁殖行为很重要，且人生的结果将在身后长存”是繁殖感剧本的基础（Bauer, McAdams, & Sakaeda, 2005）。

繁殖感比较强的成年人常常具有很高的责任感（McAdams et al., 1997）。通常情况下，这些人都有“牺牲我一个，幸福天下人”的济世情怀。他们义无反顾地投身到社会进步的事业中去，克服重重阻碍，并最终取得积极的成果。这基本上就是那些道德领袖的人生故事（Colby & Damon, 1992; 参见专栏 15-2）。

性别认同 埃里克森发现，同一性与社会角色和社会承诺是紧密相连的（“我是一名父亲”“我是一位老师”“我是一个公民”）。中年期的角色和关系变化会对性别认同产生影响，但是最深刻的改变可能发生在个体对自我的理解和思考方式上（Josselson, 2003）。

我思我秀

- 从你所观察到的，在中年期男性的男子气以及女性的女子气都会变少吗？

20 世纪 60 年代到 80 年代的许多研究发现，中年男性比青年男性对感情更加开放、对亲密关系更加感兴趣，同时也更富有养育性，这些都是传统的女性特征；同时，中年女性（像奥尔布赖特）则更多地拥有了奋发、自信、成就取向等传统的男性特征（Cooper & Gutmann, 1987; Cytrynbaum et al., 1980; Helson & Moane, 1987; Huyck, 1990, 1999; Neugarten, 1968）。荣格将这些变化视为个性化发展的一部分或一种人格的平衡。心理学家戴维·古特曼（David Gutmann, 1975, 1977, 1985, 1987）则在荣格的基础上做出了更进一步的解释。

根据古特曼的理论，传统的性别角色有助于儿童健康成长。母亲必须扮演照料者的角色，而父亲则承担供给的任务。一旦这种父母身份不再受束缚，出现的将不仅仅是性别的平衡，还有性别的反转——**性别转换**（gender crossover）。男性可以自由地表现其先前压抑的女性化的一面，变得更加内敛和被动；而女性则变得更加强势和独立。

古特曼的研究发现，这些变化可能早在史前的农业社会就已经规范化，在这些社会中有着截然不同的性别角色，却并不一定普遍（Franz, 1997）。当今的美国社会中，男性和女性的角色差异已经不明显。很多年轻的女性一边养育子女一边工作，同时很多男性也积极分担养育职责。这样一来，中年期的性别转换可能就不很明显了（Antonucci & Akiyama, 1997; Barnett, 1997; James & Lewkowicz, 1997）。

有两项纵向研究对 20 岁、30 岁、40 岁的参与者组进行了长达 20 多年的追踪，其中多数参与者受过良好教育。对这两项研究的序列分析显示，人格随着年龄的增长会发生显著的变化，而性别转换与年龄并不相关。无论是男性还是女性在 20 多岁时“男性化”特征都会增强（或者说“女性化”特征逐渐减弱），直到 40 多岁这种倾向才趋于稳定。尽管如此，不论年龄和年代，男性还是比女性表现出更多的“男性化”特点。

米尔斯的追踪研究（参见第 14 章）发现，在抚养子女的过程中，女性比男性更多地提高了自我效能感、自信心和独立性；而男性则比女性增加了一些亲和力的特质（Helson, 1997）。然而，这些变化并不算是性别的转换（Helson, 1993）。尽管米尔斯研究中的参与者在 40 岁左右时曾经过一段混乱期，但他们在 50 岁出头时对生活的评价很高（Helson & Wink, 1992）。同样的，一项对米尔斯学院近 700 名毕业生（年龄跨度从 26 岁至 80 岁）进行的横断研究显示，女性在 50 岁出头时对生活的评价最高(Mitchell & Helson, 1990)。正如荣格所说，自主性和亲密关系卷入之间的平衡在这个年龄段成为了影响生活质量的关键因素（Helson, 1993）。

女性在 50 岁出头被拉韦纳（Ravenna）和她的同事称为处于“生命的鼎盛时期”——这一时期足够年轻去保持健康活跃的状态，又足够成熟去养育自己的孩子，有时间和资源去享受友情和娱乐。该年龄段的女性通常会让自己过得舒服，不再担心如何满足社会的期望。

幸福感的增强可能源自个体在成年中期对以往人生历程的回顾和修正，即通过追求未能完成的愿望和灵感而达到平衡的探寻（Josselson, 2003）。在雷德克里夫（Radcliffe）的追踪研究中，约 2/3 的女性在 37~43 岁之间经历过生活的重大变化。很多中年女性对自己曾经为了照顾家庭而放弃求学或工作感到遗憾甚至后悔；其中一部分女性在将近 50 岁时选择做出改变，另一部分女性依然如故。做出改变的女性比未改变的女性心理更健康，心理调适能力也更好（Stewart & Ostrove, 1998; Stewart & Vandewater, 1999）。

当然，这些研究结论在不同阶层、年代和文化上具有一定的局限性。新近的年轻一代女性多数都较早开始职业生涯、推迟养育子女，以上研究结论并不适用于这些女性。同样，以上结论也不适用于其他社会经济阶层的女性（Stewart & Ostrove, 1998; Stewart & Vandewater, 1999）。随着越来越多的女性将职业发展置于成年早期的第一要务，她们在中年期可能会更加重视被自己忽略的亲密关系和情感需求（Josselson, 2003）。

学习检查站

你能否……

- ✓ 解释繁殖和同一性之间的联系，讨论有关繁殖和年龄的研究？
- ✓ 解释同一性作为一个人生故事的概念，它如何被应用于中年期的过渡和繁殖？
- ✓ 比较荣格和古特曼关于在中年期性别认同转变的概念，并评估他们的研究支持？
- ✓ 讨论中年审查或修订的价值？

心理幸福和积极的精神健康

精神健康不仅仅是指没有精神疾病。积极的精神健康还含有心理健康的意思，心理健康又和健康的自我感觉有关（Keyes & Shapior, 2004; Ryff & Singer, 1998）。这种主观的健康感或幸福感是个体对自己生活的评估（Diener, 2000），并且在中年期有所增加（Lachman, 2004）。发展心理学家如何测量幸福感，什么因素影响了中年时期的幸福感呢？

情 绪 许多研究，包括 MIDUS 的调查，都发现在成年中期及以后消极情绪（诸如愤怒、害怕和焦虑）会逐渐减少。在 MIDUS 的研究中，所有年龄段的女性都比男性有略多的消极情绪（Mroczek, 2004）。根据 MIDUS 的研究结果，平均来讲，男性的积极情绪（例如快乐）在中年期会增加，但女性却会减少；随后在中年晚期，积极情绪在男女两性中都会急剧上升，特别是对男性来讲更是如此。积极情绪和消极情绪的大致发展趋势表明，随着年龄增长人们学会了接受出现的问题（Carstensen, Pasupathi, Mayr, & Nesselroade, 2002）以及有效地调整自己的情绪（Lachman, 2004）。

MIDUS 的研究发现，与老年人相比，中年人和年轻人一样，在情绪上存在更大的个体差异。对中年参与者来说，独特之处在于影响情绪的因素。身体健康状况对各年龄段的成年人的情绪有一致的影响，但是其他两个因素——婚姻状况和教育水平——只有在中年期才会产生显著的影响。已婚中年人比未婚中年人报告更多的积极情绪。教育水平的影响就更复杂了。教育水平更高的人拥有更多的积极情绪和更少的消极情绪，但只有在控制了压力这个因素时才是如此。来自工作和人际关系的压力在中年期一般都较高，两者是中年期最大的情绪影响因素（Mroczek, 2004）。

生活满意度 在全世界使用多种技术来评估主观幸福感的许多研究中，各年龄段的大部分人（包括男性和女性、所有的种族）都报告对他们的生活感到满意（Myers, 2000; Myers & Diener, 1995, 1996; Walker, Skowronski, & Thompson, 2003）。对这一结论的解释之一是，与令人愉快的记忆相联系的积极情绪往往会延续下去，然而与不愉快记忆相联系的消极情绪则会消退。大部分人都有很好的情绪应对技巧（Walker et al., 2003）。无论是在特定的愉快事件还是压力事件之后，诸如结婚或离婚，人们一般都能适应，主观幸福感会返回到或接近于之前的水平（Lucas et al., 2003; Diener, 2000）。

来自朋友和配偶的社会支持以及虔诚的信仰对幸福感非常重要（Csikszenmihalyi, 1999; Diener, 2000; Myers, 2000; 见第 18 章）。特定的人格维度——外倾性和尽责性（Mroczek & Spiro, 2005; Siegler & Brummett, 2000）以及工作和休闲生活的质量（Csikszenmihalyi, 1999; Diener, 2000; Myers, 2000）对主观幸福感也非常重要。

即使是那些有重大疾病或残疾的人也报告，大部分时间都处于良好的情绪状态中（Riis et al., 2005）。“细数个人的幸事”能够帮助个体提高生活满意度；一项对年龄为 22~77 岁之间、患有神经肌肉疾病的 65 名男性和女性进行的研究发现，那些被要求连续 3 周每天记录 5 件感激他人事件的人，相比于没有填写“感谢”表格的控制组来说，对自己的生活更满意，在接下来的一周中更乐观，与他人的联结也更强（Emmons & McCullough, 2003）。

生活满意度随年龄增长会变化吗？一项对 1 927 位男士（大部分都曾在第二次世界大战和朝鲜战争期间在部队服役）进行了 22 年的追踪研究发现，参与者的生活满意度逐渐上升，在 65 岁达到顶峰，随后又逐渐下降。然而，参与者间存在显著的个体差异（Mroczek & Spiro, 2005）。一项长达 17 年的追踪研究选取了 3 608 名具有广泛代表性的德国样本（第一次测试年龄在 16~40 岁之间），大约有 1/4 的人的生活满意度经历了显著的变化（Fujita & Diener, 2005）。

高质量的生活意味着什么？在 MIDUS 研究的中年参与者的子样本中，幸福感受到这些因素的强烈影响：身体健康状况、享受生活的能力、关于自我的积极情绪以及看待生活事件的某种从容感。教育水平起着非常大的作用。在经济来源、健康状况、健康习惯、离婚率以及寿命方面，大学毕业的成年人比高中毕业的成年人拥有更宜人的环境。但是，无论是高教育水平者还是低教育水平者都对自己的生活感到满意（Markus, Ryff, Curhan, & Palmersheim, 2004）。

卡罗尔·莱福：幸福感的维度　卡罗尔·莱福（Carol Ryff）及其同事（Keyes & Ryff, 1999; Ryff, 1995; Ryff & Singer, 1998）借鉴其他理论家（从埃里克森到马斯洛）的观点，提出了包括 6 个维度的幸福感模型和相应的自我报告量表，即莱福幸福感量表（Ryff Well-Being Inventory, Ryff & Keyes, 1995）。这六个维度分别是：自我接纳、与他人的积极关系、自主性、环境掌控感、生活目标和个人成长（见表 16-3）。

根据莱福的观点，心理健康的人对自己和他人都持有积极的态度。他们自己做决定，调整自己的行为，选择或塑造环境来满足自身需要。他们怀有能让自己的生活有意义的目标，他们努力地去探索和发展自己。

一系列采用莱福幸福感量表所做的横断研究表明，总体而言，中年期是一段有着积极精神健康的时期（Ryff & Singer, 1998）。在某些方面，中年人比老年人和年轻人的幸福感更高，但在其他方面却不然。他们比年轻人更有自主性，但是目标感稍差，也更少关注自我成长，这种未来定向的维度在成年晚期甚至会快速降低。另一方面，环境掌控感从中年期到老年期有所提高。自我接纳对所有年龄群体的成年人来说相对比较稳定。当然，由于该研究是横断研究，我们并不知道这些差异是否是因为成熟、年龄增长或代际因素。总的来讲，男性和女性的幸福感十分相似；但是女性有更多的积极社会关系（Ryff & Singer, 1998）。

莱福的量表作为测量心理幸福感的工具之一，被应用于 MIDUS 研究中的多个子群体以及来自纽约的非裔美国人和芝加哥的墨西哥裔美国人的额外样本，总共包含 1 493 位男性和 1 862 位女性。这一集体研究的结果与之前报道的与年龄有关的模式一致。然而，西班牙裔美国女性和黑人女性在某些方面得分低于男性，这揭示了“在各年龄的种族 / 少数民族女性中的低幸福感者较多”（Ryff, Keyes, & Hughes, 2004, p.417）。

令人惊讶的是，当控制了职业和婚姻状况，甚至教育水平和感知到的歧视也被考虑在内，少数民族在某些方面还是显示了积极的幸福感。这可能是因为，在不断迎接少数民族生活各种挑战的过程中，个体的自尊、掌控感和个人成长等因素得到了强化（Ryff et al., 2004）。

表 16-3 莱福量表中的幸福感维度

自我接纳

高分者：获得了对自我的积极态度，认可和接纳自己的多个方面，包括好的或坏的品质；对过去的生活感受积极。

低分者：对自己感到不满意；对过去生活中所发生的事情感到失望；对特定的个人品质感到不满；希望变得与现在的自己不同。

与他人的积极关系

高分者：与他人有着温馨的、令人满意的、值得信赖的关系；关心他人的福利，有强烈的共情能力、爱与亲密感；懂得给予与获取人际关系。

低分者：与他人几乎没有亲近的、值得信赖的关系；很难对他人热情、开放及关心；在人际关系上是孤立的、受挫的；不愿意为维持与他人的重要关系而妥协。

自主性

高分者：能自己做决定、独立；能够应对社会压力，以某种方式思考和行动；根据自己的内心调整行为；根据自己的标准评价自己。

低分者：很在意他人的期望和评价；依据他人的判断来做出重要决定；以屈从社会压力的某种方式思考和行动。

环境掌控感

高分者：对环境有掌控感，感觉有能力应对环境；控制大量复杂的外部活动；有效利用环境中的机会，能够选择和创造适合自己需要和价值观的环境。

低分者：处理日常事务有困难；感觉无力改变或改善周围的环境；意识不到环境中的机会；缺乏对外部世界的掌控感。

生活目标

高分者：生活有目标，有方向感；感觉现在和过去的生活是有意义的；坚信能赋予生活意义；有生存目标。

低分者：缺乏生活的意义感；几乎没有目标，缺乏方向感；看不到过去生活的目标；没有给予生活以意义的愿望和信念。

个人成长

高分者：有不断发展的感觉；将自我看成是成长的、扩展的；对新经验保持开放；有实现自己潜能的感觉；看到自我和行为随时间的推移所发生的进步；自我知识和效能不断增加。

低分者：有个人停滞感；缺乏随时间推移产生的进步及扩展感；对生活没有兴趣、感觉厌烦；感觉不能发展出新的态度和行为。

资料来源：Adapted from Keyes & Ryff, 1999, Table 1, p. 163.

研究发现，与已经在美国生活至少两代的人相比，来自西班牙和亚洲的移民在身体和精神上都更为健康。原因何在？一项研究采用莱福的幸福感量表，参与者为 312 名第一代墨西哥裔美国人和波多黎各移民以及 242 名来自芝加哥和纽约地区的第二代波多黎各人。结果发现，抵制同化提升了第一代移民的幸福感，特别是自主性、人际关系质量及生活目标方面。研究者提出了*种族保护主义*这个词来描述这种趋势，即抵制被同化，坚持熟悉的价值观和习惯从而赋予生活意义。第二代西班牙移民觉得抵制同化较为困难，心理冲突也更多，种族保护主义在提升他们的幸福感方面效果较差（Horton & Schweder, 2004）。

社会幸福感 社会幸福感指个体自我报告的与他人、邻居和社区关系的质量，是心理健康领域研究相对较少的方面。一个研究团队（Keyes & Shapiro, 2004）在 MIDUS 的样本中考察了社会幸福感的五个维度 :（1）社会实现，对一个社会有朝积极方向发展的潜能的信念 ;（2）社会和谐，认为世界是可理解的、符合逻辑的、可预测的 ;（3）社会整合，感觉自己是某个相互支持的团体的一分子 ;（4）社会接纳，对他人有积极的、接纳的态度 ;（5）社会贡献，相信一个人总有对社会有价值的东西。

调查结果发现，大部分美国成年人都有较高水平的社会幸福感，但仍有少数人的社会幸福感水平很低。25~74 岁的成年人中近 40% 的在至少三个维度中的得分排在前 1/3，但也有 16% 的人在任何维度上都不属于得分最高的 1/3，有 10% 的人在至少三个维度中处在得分最低的 1/3 人群中。总体而言，社会幸福感在职业地位较高的男性、已婚或从未结过婚的人群中最高；在职业地位较低的女性和曾经结过婚的人群中最低。

繁殖感，心理调适和幸福感的一个因素 根据埃里克森的观点，繁殖感是“心理成熟和心理健康的一个标志”（McAdams, 2001, p.425）。埃里克森认为，由于工作和家庭的需要，中年期特定的角色和挑战需要个体做出繁殖性的回应，因此繁殖感作为这个时期心理调适的定义性特征而出现。研究逐渐支持和扩展了埃里克森的观点。

在范伦特（Vaillant, 1989）的哈佛校友样本里，通过测量参与者对在工作中他人的责任、对福利机构的贡献以及他们孩子的成就，发现调适最好的男性在 50 岁时最有繁殖感（Soldz & Vaillant, 1998）。一项正在进行的纵向研究以雷德克里夫学院的 1964 级学生为参与者，采用 Q 分类法进行测量，发现那些在 43 岁获得繁殖感的女性，在 10 年后报告她们作为女儿和母亲的跨代角色中有更大的投入，在照料年迈父母时感到的压力也更少（Peterson, 2002）。

繁殖感可以从对多重角色的投入中获得，如家庭的主管、组织和团体的领导（Staudinger & Bluck, 2001）。这种投入在中年期（McAdam, 2001）以及后来的生活中（Sheldon & Kasser, 2001; Vandewater, Ostrove, & Stewart, 1997）都一直与幸福感和满意度相联系，也许是通过感受到为社会做出有意义的贡献来实现的。然而，因为这些发现是相互关联的，我们不能肯定繁殖感就能产生幸福感，也有可能是那些对生活感到满意的人更愿意繁殖和传承（McAdams, 2001）。

学习检查站

你能否……

- ✓ 解释积极的精神健康的含义?
- ✓ 讨论生活满意度和情绪的发展趋势，特别是在成年中期的趋势?
- ✓ 解释对幸福感进行多方面测量的重要性，命名并解释莱福模型的 6 个维度?
- ✓ 定义社会幸福感的五个维度，讲述它们随年龄增长是如何变化的?
- ✓ 解释并找出证据来支持繁殖、心理健康和幸福感的关系?

学习指路标

4. 社会关系在中年人的生活中发挥什么作用？

成年中期的人际关系

如今，很难归纳人际关系在成年中期的意义。这不仅仅是因为中年期覆盖了个体发展的25年，也因为这个时期拥有比之前的任何时期都复杂多样的生活路径（Brown, Bulanda, & Lee, 2005）。一个45岁的人也许已经拥有幸福的婚姻，正在养育孩子；但是另一个同龄人也许正在考虑结婚，正在同居或者像玛德琳·奥尔布赖特一样正处在离婚的边缘。一位60岁的人也许拥有很大的朋友、亲人或同事的交往圈子，而另外一位也许没有活着的亲人，而且只有少数几个亲密的朋友。然而对于大多数中年人来说，与他人的关系非常重要，同早期相比也许起着不同的作用。

关于社会联系的理论

我思我秀

- 社会护航理论或者社会情绪选择理论的观点符合你自己的经验或观察吗？

根据**社会护航理论**（social convoy theory），人们在毕生发展中总是被社会护航队包围着：亲密朋友和不同亲近程度的亲人们组成的圈子，从他们那里我们可以获得帮助、幸福以及社会支持；同时我们也向他们提供照顾、关心及支持（Antonucci & Akiyama, 1997; Kahn & Antonucci, 1980）。个体的特点（性别、种族、宗教信仰、年龄、教育以及婚姻状况）及其所处的环境特点（角色期待、生活事件、经济压力、日常困难、需求以及资源）共同影响这个护航队（或者说支持网络）的规模及构成，影响个体所能获得的社会支持数量和类型，以及从这种支持中所获得的满意度。所有这些因素都会影响个体的健康和幸福（Antonucci, Akiyama, & Merline, 2001）。

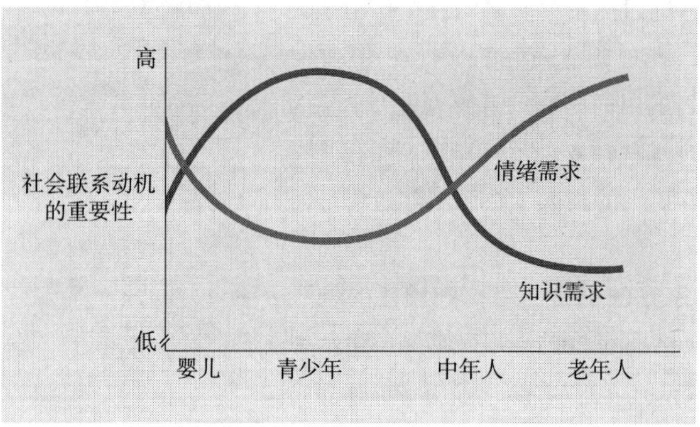

图 16–2

在生命全程中社会联系的动机是如何变化的。根据社会情绪选择理论，婴儿寻求社会联结主要为了情绪上的舒适，青少年及成年早期的个体对向他人寻求信息更感兴趣。从成年中期开始，情绪需求不断上涨。

资料来源：摘自 Carstensen, Gross, & Fung, 1997。

尽管护航队通常会表现出长期的稳定性，但是它们的构成会不断变化。在一段时期内同兄弟姐妹的联结更重要；而在另外的时间里和朋友的联结更重要（Paul, 1997）。工业化国家的中年人通常拥有最大的护航队，因为他们更可能结婚、生子、父母健在，更可能参加工作，除非他们早早就退休了（Antonucci et al., 2001）。女性的护航队，特别是圈子中心的部分，比男性的更大（Antonucci & Akiyama, 1997）。

劳拉·卡斯腾森（Laura Carstensen, 1991, 1995, 1996; Carstensen, Isaacowitz, & Charles, 1999）提出的**社会情绪选择理论**（socialemotional selectivity theory）为我们提供了一种关于人们如何选择与谁共度时光的生命全程观。根据卡

斯腾森的观点，社会互动有三个主要目的：（1）它是信息的一个来源；（2）帮助人们发展和维持自我概念；（3）它是愉悦、舒适或情绪幸福的来源。在婴儿期，第三个目的，即对情绪支持的需求是首要的。从儿童期一直到成年初期，信息收集是主要的。由于年轻人试图了解社会以及自己在其中的位置，所以陌生人可能成为他们信息的最佳来源。到了中年期，尽管信息收集同样重要（Fung, Carstensen, & Lang, 2001），但最初社会联结的情绪调节功能开始变得更加重要。也就是说，中年人越来越多地寻找那些能让他们感觉良好的人（见图 16-2）。检验该理论的研究发现，相比年轻人，中年人及老年人在选择假设的社会同伴时更强调情绪喜好（Carstensen et al., 1999）。

人际关系、性别与生活质量

对于大部分中年人来说，人际关系是影响幸福的重要因素（Markus et al., 2004）。它们可能成为健康和满意度的主要来源，但也可能导致出现压力需求（Lachman, 2004），这些需求在女性身上更为严重。当困难或不幸出现在她们的伴侣、孩子、父母、朋友或同事身上时，责任感及对他人的关心可能有损于女性的幸福感。这种“间接体验到的压力”也许可以解释为什么中年女性对抑郁或其他心理健康问题更加敏感，以及为什么女性比男性对自己的婚姻更不满意（Antonucci & Akiyama, 1997; Thomas, 1997）。

这些中年朋友们围在一起聚餐，看起来非常愉快。对于大多数中年人来说，人际关系是影响幸福感最重要的因素——是健康和满足的来源。

学习检查站

你能否……

✓ 总结两种社会联系的理论模型？

✓ 讨论成年中期的人际关系是如何影响生活质量的？

在研究中年期的社会关系时，我们需要记住这些关系的作用既可能是积极的也可能是消极的。在本章接下来的部分，我们将详细探讨亲密关系在中年期是如何发展的。我们将首先探讨中年人与配偶、同居者、同性恋伙伴以及朋友的关系；接着探讨他们与逐渐成熟的孩子的关系；然后是他们与正在衰老的父母的关系，与兄弟姐妹的关系以及与孙子女的关系。

两愿关系

结婚、同居、同性恋结合以及朋友关系都是典型的同辈的两个人相互选择的结果，这些关系在成年中期是如何发展的？

学习指路标

5. 成年中期已婚的人会变得更加幸福或者不幸福吗？同居是否可以发挥与婚姻相似的作用？

结婚和同居

尽管很多人都预言婚姻机构会倒闭，但是在美国的中年人样本（MIDUS）中，40~59 岁的人中有 95% 的已经至少结婚一次（Marks, Bumpass, & Jun, 2004）。尽管自 1960 年以后，中年期的同居现象大量增加（Brown, Bulanda, & Lee, 2005），约 5% 的人同居，但这一比例也仅仅是年轻人的一半（Marks et al., 2004）。但是，随着婴儿潮这代人年龄的不断增加，这个比例会越来越大（Brown et al., 2005）。

婚姻状态和幸福 对成年初期的人来说，婚姻会带来很多好处：社会支持、对有助于提升健康的行为的鼓励、更大的社会经济来源（Gallo, Troxel, Matthews, & Kuller, 2003）、财富的累积（Wilmoth & Koso, 2002）以及更健康的心理和生理状况（Brown, Bulanda, & Lee, 2005）。在 MIDUS 样本中，男性和女性从婚姻中获得的幸福感等量。但与单身的年轻男性相比，单身中年男性的情绪更差，他们更焦虑、悲伤或焦躁不安，繁殖感也更低。离婚后现在未同居的男性和女性相比于那些仍享受第一段婚姻的人，报告出了更多的消极情绪。然而，体验过非传统角色的中年期女性（离婚、再婚或同居）比更年轻的有相似经历的女性体验到更多的幸福。也就是说，生活经验成为了这些女性的财富（Marks et al., 2004）。

对一个 494 人的样本（大部分是年龄在 42~50 岁之间的白人女性）进行的长达 13 年的追踪研究发现，与没有结婚或同居的女性相比，那些拥有高度满意的婚姻或同居关系的女性，患心血管疾病的风险更低。然而，对于那些对自己的关系不满意的人来说，情况并非如此。因此，不好的人际关系带来的压力可能会抵消潜在的益处（Gallo et al., 2003）。

婚姻满意度 现在，中年人的婚姻与以前大相径庭。以前，人的期望寿命更短，一对夫妇一起生活 25 年、30 年或 40 年已很少见。婚姻结束最普遍的模式是一方死亡，

另一方再婚。人们有很多孩子，并且子女在结婚之前一直生活在家里。中年夫妇空巢的情况不常见。在今天，更多的婚姻以离婚告终；但那些没有离婚的夫妇在最后一个孩子离开家后通常还能一起生活 20 年或更久。

一段长久婚姻的质量会发生哪些变化？有研究者（Orbuch et al., 1996）对两项调查的数据进行分析，以期弄清婚姻满意度的模式。这两项调查分别进行于 1986 年和 1987~1988 年（Orbuch et al., 1996），共涉及 8 929 名处于第一段婚姻中的参与者。研究者发现了一个 U 型模式。在婚姻最初的 20~24 年里，随着结婚时间的增加个体满意度降低；接下来婚姻满意度与婚姻时长之间的关系开始变得积极，在结婚长达 35~44 年之间，夫妻对婚姻的满意度比婚姻的最初四年还高。

我思我秀

- 在你周围有多少长久幸福的婚姻？这些婚姻的质量与我们在文中提到的相似吗？

U 型曲线的最低点，基本上是在成年早期，这时许多夫妇都要应付正处于青春期的孩子，同时还要忙于事业。当孩子成年后，个体婚姻的满意度通常会提高，许多人这时都准备或已经退休，一生财富的积蓄也有助于缓解经济压力（Orbuch et al., 1996）。但同时，这些改变也可能带来新的压力和挑战（Antonucci et al., 2001）。

如果儿子或女儿自立了，会给成年中期的婚姻一个新的契约。孩子长大，夫妻双方的婚姻满意度通常也会随之提升。

婚姻满意度受双方心理状态的影响。一项对 774 对夫妇进行的研究发现，一方的焦虑水平，尤其是抑郁水平，能够预测其对婚姻的满意度；一方的抑郁也会对另一方的婚姻满意度产生消极影响。这些发现表明，在不良婚姻恶化到不可挽回之前，检查夫妻双方的心理是否健康非常重要。迅速满足伴侣的心理需求也许可以阻止一段婚姻的破裂（Whisman, Uebelacker, & Weinstock, 2004）。

同居和心理健康　同居者能否获得同已婚者一样的回报？尽管对中年人和老年人同居的研究很少，但有一项研究对这一问题的回答是“不”！至少对男性来说是这样。即使控制了可能的影响变量，如身体健康、社会支持以及经济来源，但在 18 598 名 50 岁以上的美国人中，同居的男性（而非同居的女性）比已婚对照组更可能抑郁。实际上，同居的男性与没有伴侣的男性一样易患抑郁，如丧偶、离异、分居或未婚男性。这也许是因为男女两性看待彼此关系的方式不同：女性和男性一样，想要一个亲密伴侣；但女性希望在没有正式婚姻要求的潜在责任和义务（也许是必须照顾一个体弱的丈夫）的情况下享受这种伴侣关系。同样，随着年龄不断增长，男性就需要或期望妻子能给予传统意义上的照顾，也会担心不能得到这样的照顾（Brown et al., 2005）。

学习指路标

6. 中年离婚普遍吗?

中年离婚

相对来说，成年中期离婚的现象虽然越来越多，但并不常见（Aldwin & Levenson, 2001）。大多数离婚都发生在婚姻的最初 10 年（Clarke, 1995; Bramlett & Mosher, 2002）。因此，中年人也许认为自己的生活已经稳定，而此时离婚对他们来说可能造成精神创伤，就像玛德琳·奥尔布赖特一样。美国退休人员协会（AARP）曾对年龄在 40~79 岁的 581 名男性和 566 名女性进行了调查，这些人在他们 40 岁、50 岁、60 岁时至少已离婚一次。大多数人认为离婚所带来的情绪上的毁灭性打击虽然不及配偶去世，但也比失业严重，几乎堪比重大疾病所带来的冲击。中年离婚对女性的打击更为严重，就像奥尔布赖特（Montenegro, 2004）。实际上，在任何年龄段离婚，女性受到的消极影响都多于男性（Marks & Lambert, 1998）。

经过长期经营的婚姻比时间较短的婚姻更不易破裂，因为在共同生活的过程中，夫妻建构了**婚姻资本**（marital capital），婚姻带来的经济和情绪上的获益变得很难割舍（Becker, 1991; Jones, Tepperman, & Wilson, 1995）。上过大学的夫妻在结婚 10 年后离婚的危险性较低，这也许是因为受过教育的夫妇往往积累了更多的婚姻资产，如果离婚就会在经济上失去太多（Hiedemann et al., 1998）。中年离婚后没有再婚者比再婚者经济安全感更低，女性尤其如此（Wilmoth & Koso, 2002），因而他们必须去工作，也许有的人之前从未工作过（Huyck, 1999）。根据 AARP 的调查结果，经济安全的丧失是人们在四十几岁时的主要担忧（就像奥尔布赖特一样），离婚时他们需要确定自己能否维持生活。然而，对五十几岁的人来说中年离婚最为困难，这是因为他们更担心自己能否再婚；同时相比更年老的人，他们会更担心自己的未来（Montenegro, 2004）。

中年人为什么会离婚？ AARP 调查对象给出的第一个理由是伴侣虐待——言语的、身体的或情感的。其他一些提到较多的理由还有价值观或生活方式不同、出轨、酗酒、吸毒或仅仅是因为不再相爱了（见图 16-3）。

大多数中年离婚者最后还会再婚，就像奥尔布赖特一样。平均来讲，AARP 调查的对象对自己未来生活的期望同其他的 45 岁以上人群一样高，而高于同年龄段的单身群体。75% 的人认为结束上一段婚姻是正确的决定。大约有 32% 的人也已经再婚，其中 6% 的人同他们的原配偶复婚。他们对未来的展望也比那些没有再婚者更好（Montenegro, 2004）。

然而，不管是因为什么原因，离婚压力仍然存在。大约一半（49%）的 AARP 被调查者报告自己承受着很大的压力，特别是女性，有 28% 的人报告正经受着抑郁的折磨。这一比例与同龄的单身群体类似（Montenegro, 2004）。从积极的方面看，离婚的压力也可能促进个人的成长，就像奥尔布赖特（Aldwin & Levenson, 2001; Helson & Roberts, 1994）。

由于中年离婚越来越普遍，也许像奥尔布赖特因离婚所产生的违背期望的感觉

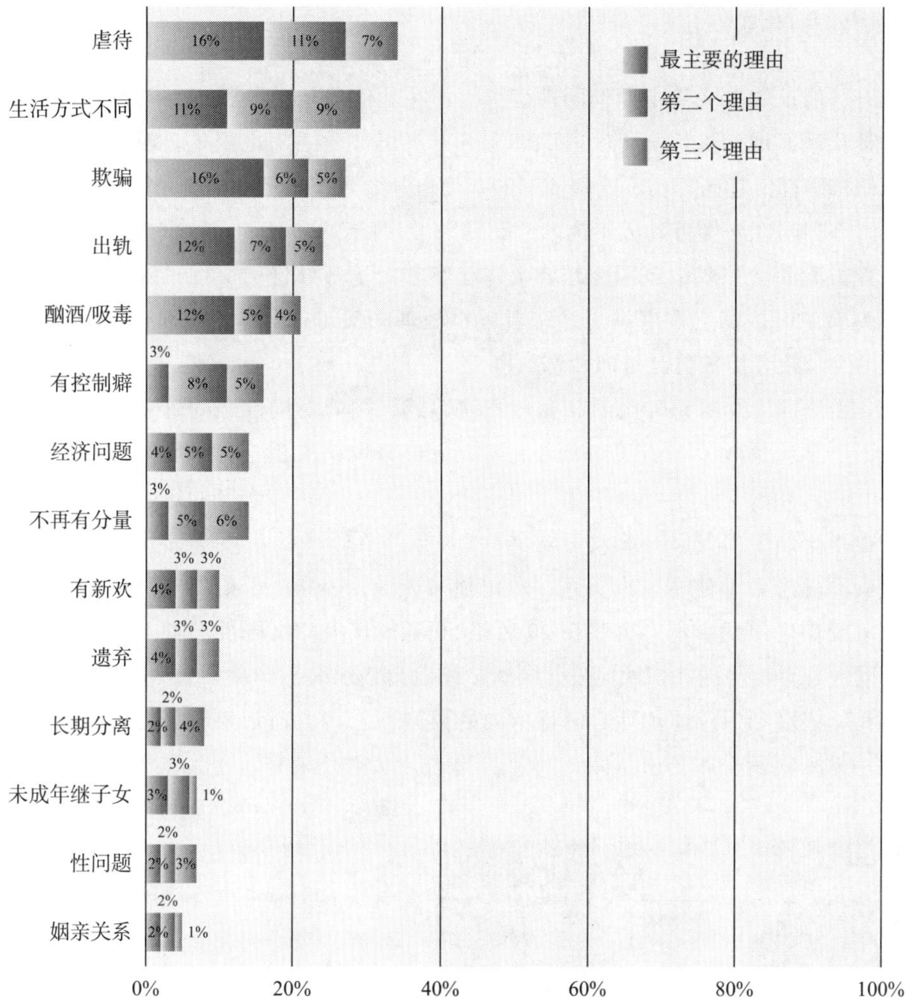

图 16–3
在中年及以后自我报告的离婚的原因。

资料来源：Montenegro, 2004, Figure 4.

也会减小（Marks & Lambert, 1998; Norton & Moorman, 1987）。这种改变很大一部分原因是女性的经济越来越独立（Hiedemann et al., 1998）。随着年龄不断增长，婴儿潮这代人现在正是五十几岁。相比于前辈，他们中的许多人结婚更晚，抚养的孩子更少，离婚的比例预计也会上升（Hiedemann et al., 1998; Uhlenberg, Cooney, & Boyd, 1990）。随着人们在抚养孩子长大后仍能健康生活的预期年限越来越长，结束一段不幸福的婚姻然后再婚也变成了越来越实际而且颇具吸引力的一种选择（Hiedemann et al., 1998）。

事实上，离婚对于中年人幸福感的影响比年轻人更小。这个结果来自一项长达五年的追踪研究，该研究抽取了具有全国代表性的 6 948 名年轻人和中年人样本。研究者采用了莱福的心理幸福感量表以及其他一些测量幸福感的指标。尽管中年人再婚的可能性低于年轻人，但他们在面对分居或离婚时都表现出了比年轻人更强的适应能力（Marks & Lambert, 1998）。

学习检查站

你能否……

- ✓ 描述婚姻满意度的 U 型曲线，并给出能够解释这个曲线的因素？
- ✓ 比较已婚男女和同居男女的心理健康水平？
- ✓ 解释婚姻早期离婚的一般趋势，并且举出哪些因素可能增加在成年中期离婚的风险？

学习指路标

7. 成年中期的男女同性恋关系与异性恋关系有何差异?

男女同性恋

目前正处在成年中期的同性恋男女，在他们成长的过程中，同性恋曾被认为是精神疾病，他们被迫与更大的团体分开，甚至彼此之间也隔离。现在，人们对同性恋的接纳程度越来越高，这些前卫的一代也开始寻找自己的机会。*

许多同性恋者直到成年也未“暴露”，何时承认自己是同性恋会影响到他们发展的方方面面。一些中年同性恋者也许已经开始了开放性的交往，并建立了同性恋伴侣关系；但是仍然有许多同性恋者还在处理同父母或其他家庭成员（甚至是配偶）的冲突，或者掩盖自己是同性恋的事实。

由于同性恋总是伴随着私密性和耻辱感，因此对同性恋的研究容易出现取样偏差。仅有的少数关于男同性恋者的研究大部分也是聚焦于美国城市中的白人，这些人的收入和教育水平都高于居民平均水平。关于女同性恋者的研究到目前为止大部分也是聚焦于白人、专业人士以及中上阶层。在其中的一项研究中，超过25%的中年女同性恋者即使有亲密关系，也仍独自生活（Bradford & Ryan, 1991）。这种现象部分受出生年代影响，这些在20世纪50年代长大的女同性恋者不像许多更年轻的女同性恋者，与同性恋伙伴公开同居会让他们感到很不舒服。

那些直到中年才承认自己性取向的男同性恋者，通常经历了更长时间来寻求解决一系列问题，如身份认同、被贴上罪恶的标签、保密、异性恋婚姻以及与两方亲密关系（同性和异性）的冲突。相反，那些在早年就已经识别并接受自己性取向的人，通常已在同性恋团体里克服了种族、社会经济地位以及年龄的障碍。一些人移居到有大的同性恋团体的城市，在这里他们更容易寻求和建立亲密关系。

这对女同性恋者骄傲地展示了她们从佛蒙特州威利斯顿市政府拿到的市民结婚证。这个例子表明，在美国部分地区以及其他西方工业国家中对同性恋的接纳程度不断增长。许多男女同性恋者在成年后仍然不“站出来”，相比于异性恋者，他们建立亲密关系的时间更晚。

用于稳固一段异性婚姻的原则和方法大部分也适用于同性恋关系。如果家人和朋友都知道了自己是同性恋，并且两个人找到了支持同性恋的环境，那么这种同性恋关系往往会更牢固（Haas & Stafford, 1998）。向父母坦白自己的同性恋倾向通常并非易事，但这样做未必会对同性恋关系造成坏的影响（LaSala, 1998）。如果家人和朋友承认和支持这

* 除非另有说明，此讨论基于Kimmel & Sang, 1995。

种关系，那么这段关系的质量会变得更好（R. B. Smith & Brown, 1997）。

同性恋夫妇往往比异性恋夫妇更注重平等；但他们也同异性恋夫妇一样，很难平衡事业和婚姻的关系。对男同性恋者来说，其中一方对事业关注较少会比较好；但是如果双方都注重婚姻关系则是最幸福的。

友　谊

学习指路标

8. 成年中期的友谊是如何发展的？

如同卡斯腾森的理论所指出的，中年期的社会关系网络往往会缩小，但却更亲密。朋友关系仍然存在，而且如同对于玛德琳·奥尔布赖特一样，是个体情绪支持和幸福的强大来源，特别是对女性来说（Adams & Allan, 1998; Antonucci et al., 2001）。友谊通常是在工作和育儿过程中建立起来的，其他一些则是由于邻里之间或在志愿组织里的接触而建立的（Antonucci et al., 2001; Hartup & Stevens, 1999）。

中年期的友谊往往会为个体提供很多帮助，特别是在危急时刻，比如离婚、年老的父母出了问题，成年人会向朋友寻求情绪支持、实际的指导、安慰、陪伴和倾诉（Antonucci & Akiyama, 1997; Hartup & Stevens, 1999; Suitor & Pillemer, 1993）。朋友之间出现冲突常常是由于在价值观、信念和生活方式上的差异，双方通常能够在维护彼此尊严的情况下"坦言"这些冲突（Hartup & Stevens, 1999）。

友谊的重要性因时而异。一项对 155 名大多来自中下层的白人男性和女性开展的追踪研究发现，朋友关系对女性的幸福在中年初期更为重要，而对男性来说则是中年后期更为重要（Paul, 1997）。

友谊对同性恋者来说通常有特殊的重要性，与亲人相比，女同性恋者更可能从女同性恋朋友、爱人甚至是旧情人那里获得情感支持。男同性恋者同样也依赖朋友圈子，他们积极建立和维持朋友关系。朋友关系网能够使他们与年轻人保持团结和联系，而这种联系对中年异性恋者来说往往通过家庭来获得。朋友因为艾滋病去世对男同性恋团体中的许多人来说都是一种精神创伤（Kimmel & Sang, 1995）。

学习检查站

你能否……

✓ 比较同性恋关系和异性恋关系是如何形成和维持的？

✓ 讨论在成年中期朋友关系的数量、质量和重要性？

与长大成人的子女的关系

学习指路标

9. 随着孩子逐渐进入成年期，亲子关系会发生怎样的变化？

为人父母的过程就是一个不断放手的过程，这个过程通常在父母中年时达到顶点（Marks et al., 2004）。伴随着当今延迟结婚生育的趋势，一些中年人——在 MIDUS 的研究中大约有 3% 的男性和 7% 的女性（Marks et al., 2004）——现在正面临着这样的问题：如找一个好的日托机构、学前项目、观看星期六早上的卡通节目。但是，大多数父母在中年早期必须处理一系列截然不同的问题，这些问题源于与不久后即将离开父母的子女共同生活。一旦孩子们成年并且有了自己的孩子，原先两代人的家庭在人数上和联结上就会加倍。正是这些中年父母，通常是女性，成为了家庭的“家族维系者”，维持着大家庭各种分支的联结（Putney & Bengtson, 2001）。

青春期的孩子：给父母的问题

青春期和中年期是一生中最易出现情绪危机的两个时期，而且有讽刺意味的是，这两类人，即中年期的父母与青春期的孩子，偏偏常住在同一屋檐下。中年人在处理自己特有的焦虑时，还需要每天应付无论是身体、情绪还是社会性都在发生巨大变化的孩子。

“青春期不可避免地会发生混乱和叛逆”（参见第 12 章），尽管许多研究都驳斥了这种刻板印象，但青春期子女对父母权威的反抗也是必要的。对父母来说，一项重要任务就是接受正在成熟的孩子本来的样子，而不是父母希望他们应该怎样。

来自不同领域的理论家都将青春期描述为一段使父母质疑、重估、降低幸福感的时期。然而，这种现象不是必然的。MIDUS 的研究显示，相比于没有孩子的人，父母会有更多的心理压力，但同时也会表现出更高的心理健康水平和繁殖感，特别是对于男性来说（Marks et al., 2004）。

一项问卷调查以 129 个双亲家庭为调查对象，其中大部分是白人家庭，且来自社会各个阶层的这些家庭最大的孩子在 10~15 岁，研究发现了非常复杂的性别差异。对一些父母来说，特别是有儿子的、从事专业工作的白领男士，孩子在青春期会给父母带来更大的满足感、幸福感以及自豪感。对于大部分父母来说，子女在青春期的常规变化会带来积极和消极相混合的情绪，对有青春期女孩的母亲来说尤为如此；此时的母女关系既亲密又充满冲突。母子关系中敏感且易受伤的是母亲，尤其当她们把全部精力都用于照顾家庭和孩子而无暇工作赚钱时（Silverberg, 1996）。一项对 191 个孩子处于青春期的家庭进行的追踪研究发现，为了补偿母子、父女关系中的接纳和温情问题，父母往往会增加自己在工作上的情感投入，尤其是父亲则会把更多的时间花在工作上（Fortner, Crouter, & McHale, 2004）。

孩子离家：空巢

关于**空巢**（empty nest）的普遍观点通常认为，在最年幼的孩子离家后，父母会出现适应困难，特别是对母亲来说。但有研究对此观点提出质疑，尽管确实有些在养育孩子方面投入过多精力的女性会难以适应空巢，但更多女性发现空巢后自己获得了解放，就像玛德琳·奥尔布赖特（Antonucci et al., 2001; Antonucci & Akiyama, 1997; Barnett, 1985; Chiriboga, 1997; Helson, 1997; Mitchell & Helson, 1990）。现在，长大后的孩子又回到空巢家庭可能会给父母带来更多的压力（Thomas, 1997）。

空巢对婚姻的影响取决于婚姻的质量和时长。对一段美满的婚姻来说，孩子长大后离开家可能会给夫妇两人带来第二次蜜月（Robinson & Blanton, 1993）。而对于一段不稳定的婚姻，如果夫妻是为了孩子才勉强一起生活，那么他们现在就没有理由来维系这段婚姻了。

对一些女性来说，空巢可能让她们摆脱了古特曼所谓的“父母慢性疾病”（Cooper & Gutmann, 1987, p.347）。如同玛德琳·奥尔布赖特一样，母亲既可以追求自己的兴趣，同时也会为自己的成年孩子所取得的成就感到骄傲。对于那些依赖于父母角色而获得身份认同的夫妇，或者那些之前迫于父母责任而将婚姻问题抛在一边，现在却不得不面对的夫妇来说，空巢对于他们来说会变得更为艰难（Antonucci et al., 2001）。

空巢并不是父母生涯结束的标志，它是进入新阶段的过渡期：父母和成年子女的关系。

养育长大成人的孩子

美国前总统富兰克林·德拉诺·罗斯福（Franklin Delano Roosevelt）的儿子埃利奥特·罗斯福（Elliott Roosevelt）曾经讲述过一个关于自己母亲的故事。埃利奥特·罗斯福说，在一次国宴上，母亲埃莉诺（Eleanor）坐在他的旁边，她俯身在他的耳边说悄悄话，那时候他已经四十几岁了。后来有个朋友问埃利奥特，母亲向他说了什么，他回答说：“她要我把豌豆吃了”。

即使积极的养育时期已经结束，孩子们也已离开家并生活得很好，但父母仍然是父母。成年子女的父母在中年期的角色会产生新的问题，这就需要两代人发展出新的态度和行为。在 MIDUS 的调查中，有超过 54% 的中年女性和 38% 的中年男性正处在这个阶段（Marks et al., 2004）。

在中产阶级家庭中，当年轻人成家立业时，中年父母给予孩子的支持通常会大于他们从孩子那获得的（Antonucci et al., 2001）。一些父母很难将子女当作成年人；但同时许多年轻人也很难接受父母对他们的持续照顾。在一种温暖的支持性家庭环境中，这样的冲突可以通过敞开心扉的交流得到解决（Putney & Bengtson, 2001）。

大多数年轻人和父母都相处融洽，享受着彼此的陪伴。但是，并非所有的跨代家庭都符合一种模式。据估计，大约有 25% 的跨代家庭无论是在地理位置上还是情感上都*紧密相连*，他们经常联系、相互帮忙和支持；另外 25% 的家庭是*合群的*，但成员间的联系和帮助较少；约有 16% 的家庭是*应尽责任的*关系，成员间有较多的互动，但情感联结较少；17% 的家庭在地理位置和情感上都是*疏远的*；另一类是那种“*远而近*”的关系（占 16%），在一起的时间很少，但仍能保持温暖的感觉，这种感觉能重新建立起联系和交换。成年后的孩子往往跟母亲走得更近（Bengtson, 2001; Silverstein & Bengtson, 1997）。

延长养育："混乱的家"

如果一个家庭应该空巢的时候子女却没有离家或离家后又与父母重新生活在一起，会发生什么事呢？ 20 世纪 80 年代以来，在大部分的西方国家中，越来越多的成年子女离开家的时间推迟到 30 岁或更晚（Mouw, 2005）。另外，随着许多年轻人，特别是男性，重新返回父母的家庭中，有时候不止一次，甚至还带着自己的家庭，**旋转门症候群**（revolving door syndrome，也称为*回旋镖现象*）已经变得越来越普遍（Aquilino, 1996; Putney & Bengston, 2001）。

2000 年，美国 25~34 岁的年轻人中有 10.5% 居住在原生家庭中，大部分是单身的、离婚的、分居的以及结束了同居关系的人。当年轻人正开始在社会立足或正在处理经济、婚姻以及其他困难问题时，原生家庭是他们方便的、可获得支持的、并且容易得到的"天堂"（Aquilino, 1996; Putney & Bengston, 2001）。

我思我秀

- 你赞同成年的孩子继续与父母一起生活吗？如果赞同，在什么情况下赞同？你认为应该使用哪些家庭规则？

延长养育子女如果与父母的正常期望相抵触，就可能会导致两代人的关系紧张（Putney & Bengston, 2001）。随着孩子从青春期步入成年初期，父母一般都期望他们会独立，孩子们自己也会这么期望。孩子的独立也是父母成功的标志。事件时序模型认为，已经长大成人的孩子推迟离开家的时间或又返回原生家庭，都可能导致关系紧张（Antonucci et al., 2001; Aquilino, 1996）。因此，就像我们在第 14 章中提到的，如果年轻人有工作并且居住在离父母较远的地方，那么父母和成年孩子之间的相处情况是最好的（Belsky, Jaffss, Caspi, Moffitt, & Silva, 2003）。当成年子女和父母住在一起时，如果父母看到孩子越来越独立，比如考入了大学，亲子关系就会比较融洽（Antonucci et al., 2001; Aquilino, 1996）。

学习检查站

你能否……

- ✓ 讨论孩子处于青春期的父母会经历哪些变化？
- ✓ 讲述大部分的男性和女性对空巢是如何应对的？
- ✓ 描述父母和成年子女关系的典型特征？
- ✓ 给出延长养育现象的原因，并且讨论它对家庭关系的影响？

但是，现在这种父母和孩子一起居住的非正常现象变得少了，特别是对有多个子女的父母来说。现在的观点认为，空巢过渡期是一种长期的分离过程，而不是突然的离开，通常这个时期都会持续数年（Aquilino, 1996; Putney & Bengston, 2001）。有研究者对 1 365 户具有广泛代表性的样本进行调查，该样本大部分都是白人，而且是中年结婚并且有成人子女的住户，这些住户中接近 28% 的有一个或更多的成年子女居住在家里。调查结果表明，延长养育未必是一种破坏性的经历，成年子女的存在似乎对父母的婚姻幸福感、婚姻冲突量或夫妇单独相处的时间并没有影响。和成年子女住在一起可以被看成是家庭稳固的表现，是父母对年轻的成年子女预期外的帮助（Ward & Spitze, 2004）。

学习指路标

10. 中年人如何与父母、兄弟姐妹相处？

与其他亲属的关系

在成年早期，除非有特殊需要，通常情况下个体与原生家庭的父母和兄弟姐妹的关系退居次要的地位；这时工作、配偶或伴侣以及孩子会处于最重要的位置。在中年期，这些最早的亲属联结会以一种新的方式重新变得重要；照顾和支持年老父母的责任落在了中年子女肩上。此外，一种新的关系通常会在这一时期开始，即当上祖父母。

与年迈父母的关系

尽管发展缓慢，但成年中期的子女与父母的关系可能会出现戏剧性的变化。许多中年人会比之前更为客观地看待父母，认为父母既有力量但又需要帮助。这期间还可能发生其他一些事情：某一天，中年人发现自己的父亲或母亲变老了，需要子女的照顾了（Troll & Fingerman, 1996）。

联系和相互帮助　基于频繁的联系和相互帮助，大部分中年人与父母的关系都很温暖和亲近（Antonucci & Akiyama, 1997; Bengtson, 2001）。女儿和年迈母亲的关系尤其亲近（Bengston, 2001; Willson, Shuey, & Elder, 2003）。

就多数而言，父母还是会继续向子女提供帮助，特别是在危急时刻（Bengston, 2001）。虽然有些老年人身体健康、精力充沛、生活独立；但是也有些老年人还是需要成年子女帮助做决定，可能在日常事务和经济上依赖于子女。有时也会出现角色转换，如父亲或母亲成了子女照顾的对象，特别是在配偶去世后（Antonucci et al., 2001）。在 MIDUS 的研究中，年龄在 40~59 岁之间的中年人中有 20% 的父母一方去世，且健在一方身体不太好，健在方通常是母亲（Marks et al., 2004）。

随着人类寿命的延长，一些发展学家提出了一个新的生命阶段，即**子女成熟期**（filial maturity），这时的中年子女"学会接受和满足父母的依赖需求"（Marcoen, 1995, p. 125）。这种常规发展被看成是**孝顺危机**（filial crisis）的良好结果：在这种危机中，成年人学会在双向关系中实现对父母的爱和责任与自主性之间的平衡。大部分中年人都愿意承担对父母的责任（Antonucci et al., 2001）。

大部分中年人和他们年迈的父母的关系都很温馨、亲切，就像这对母女一样。

然而，在成年中后期，家庭关系会变得复杂。由于长寿越来越普遍，只有有限的情感和经济资源的夫妇可能在满足自己需求（可能还有他们孩子的需求）的同时，还需要分配一部分资源给年迈的父母。在一项对艾奥瓦州农民家庭老年人的后续研究中（该研究开始于 1989 年，参见第 1 章的专栏 1-1），研究者访谈了 738 名中年子女，这些参与者来自于 420 个家庭，其中大部分双亲健在且联系紧密。研究显示，超过 25% 的成年子女和年迈的父母或公婆存在矛盾，近 8% 的矛盾很深。以下几种关系尤其容易产生矛盾：和公婆或岳父母的关系、女性和母亲或婆婆的关系、与身体不好的父母、公婆或岳父母的关系、女儿服侍父母的关系以及幼年不和父母一起生活的成年子女与父母的关系（Willson rt al., 2003）。

矛盾会因为处理竞争的关系而浮现出来。一项在全美范围内对 3 622 对已婚夫妇（这些夫妇至少父母一方健在）的调查显示，为年迈父母提供帮助存在交换现象，并且依赖于家庭血缘关系。大部分夫妇会提供时间或金钱，但只提供其中一种。只有很少的人会都提供两种帮助。夫妻双方一般更倾向于响应妻子父母的需求，这可能是因为妻子与父母的关系更亲近。相比白人夫妇，非裔美国夫妇及西班牙裔夫妇更可能始终都为双方的父母提供各方面的帮助（Shuey & Hardy, 2003）。

成为年迈父母的照顾者 几代人通常在父母身体都很健康且精力旺盛的时候相处得最好。当老人身体变弱，特别是当他们智力衰退或人格改变时，照顾他们的负担就可能导致子女与父母关系紧张（Antonucci et al., 2001; Marcoen, 1995）。寿命延长意味着老年人有更大的风险患上慢性病和残疾，发达国家尤为如此；同时家庭人数比以前变得少了，也意味着很少有兄弟姐妹来分担照顾父母的责任（Kinsella & Velkoff, 2001）。大部分丧失自理能力的老人都不愿意去费用很高的疗养院（见第 18 章），而是在家或与子女同住接受长期的照料（Sarkisian & Gerstel, 2004）。

这位中年的女儿开始意识到她的母亲不再是充满力量的，而开始依靠她了。随着子女的成熟，中年人学会带着爱和责任去接受和满足他们父母的依赖，与此同时也让父母保持足够多的自主性。

在世界范围内，照顾他人似乎是典型的女性职能（Kinsella & Velkoff, 2001）。如果父亲去世或离异，当母亲不能自理时，女儿可能就会承担照顾者的角色（Antonucci et al., 2001; Schulz & Martire, 2004）。也许是因为母女关系的亲密性，母亲也更愿意接受女儿的照顾（Lee et al., 1993），而且女儿也更愿意满足父母的需要。另一个能够解释照顾他人存在性别差异的原因，可能是就业方面的性别差异，尽管如前文提到的，性别差异在逐渐缩小，但男性和女性的工资以及工作类型仍存在差异。如果妻子比丈夫赚钱少，或其工作可以暂时搁置，那么妻子就更可能从工作中抽出时间来照顾老人。如果没有工作，儿子也会承担照料父母的工作（Sarkisian & Gerstel, 2004），但是他们很少会向父母提供基本的个人照顾（Marks, 1996; Matthews, 1995）。

照料带来的紧张关系 照料他人可能会带给自身压力（Schulz & Martire, 2004）。许多照料者都觉得这项任务是一种身体、情绪和经济上的负担，尤其是当他们有全职工作，经济来源有限或缺少支持和帮助时（Lund, 1993a; Schulz & Martire, 2004）。对有工作的女性来说，再承担额外的照顾者的角色是困难的（Marks, 1996），但是如果减少工作时间或辞去工作以承担照料的义务，又会增加经济压力（Schulz & Martire, 2004）。（灵活安排工作和家庭的日程以及请病假都有助于缓解这一问题。）另一方面，在年迈的父母需要照料时，可能恰逢中年子女正准备退休的时候，这时中年子女再支付照顾体弱老人的额外花销就会存在困难；同时可能中年子女自己也存在健康问题（Kinsella & Velkoff, 2001）。

照顾一位有生理缺陷的老人很困难，要照顾一位痴呆老人更是难上加难。痴呆老人除了丧失日常生活的基本能力外，可能还有大小便失禁、多疑、焦虑不安或抑郁；受幻觉影响还可能梦游，对自己和他人都造成威胁，需要持续不断的监护（Biegel, 1995; Schulz & Martire, 2003）。每天花数小时和一个精神错乱的老人在一起，而这个人甚至可能都认不出你是谁，这会令人非常痛苦且无助（Climo & Stewart, 2003），两人的关系可能因此恶化。有时照料者在压力下会出现身体和心理方面的问题（Schulz & Martire, 2004; Vitaliano, Zhang, & Scanlan, 2003）。因为女性比男性更可能承担照料者的角色，因此，女性的幸福也就更可能受损（Climo & Stewart, 2003）。有时由于持续高负荷的照料工作带来的压力太大，会出现照料者辱骂、忽视，甚至是抛弃需要照顾的老人的现象（见第 18 章）。

这类压力的后果可能是出现**照料者倦怠**（caregiver burnout），即照顾年老亲人的成年人出现身体、心理及情绪上的枯竭（Barnhart, 1992）。（专栏 16-2 讨论了能够防止照料者倦怠的基本策略。）有时必须做其他一些安排，例如照顾老人制度化，援助生活或在兄弟姐妹间进行责任分配等（Shuey & Hardy, 2003）。

情绪压力不仅源于照料工作本身，也源于平衡照料老人与中年期其他责任之间的关系(Antonucci et al., 2001; Climo & Stewart, 2003)。年迈的父母需要依赖于子女时，可能恰是中年子女努力养活自己的孩子（如果养育期延长，则是正在抚养自己的孩子）的时候。这些“中年的一代”有时被称为**夹心一代**（sandwich generation），这些相互竞争的需求和有限的时间、金钱和精力可能会把“夹心一代”榨干。

一些研究对“夹心”问题的范围提出了挑战（Kinsella & Velkoff, 2001; Putney & Bengtson, 2001）。在美国、欧洲和加拿大的研究都发现，只有相对较少的中年人在照料老人、处理工作和养育孩子之间出现夹心状态（Hagestad, 2000; Marks, 1998; Penning, 1998; Rosenthal, Martin-Andrew, & Matthews, 1996）。成年的孩子一般在他们需要照料年迈的老人之前就离开了家。

我思我秀

- 如果你父母的一方或双方都需要长期的照顾，你会怎么做？子女或其他亲人应该为这种照顾负多少责任？社会又应该负多少责任，以什么样的方式负责？

实战演说

专栏16-2

防止照料者倦怠

即使是最耐心、最有爱心的照料者在满足老年人看起来无止境的需求这样长期的压力下也可能会受挫、焦虑、甚至愤怒。通常家人或朋友都没有意识到照料者有权利感到失望、受挫和被利用。照料者除了承担亲人的残疾或疾病这样的压力外，还需要有他们自己的生活（J. Evans, 1994）。

社区支持项目可以减少照料工作给照料者带来的压力和负担，防止他们倦怠，延长对被照顾者的制度化需求。支持服务包括做饭和做家务，运输和护送服务，成年人日间照料中心，可以在照料者外出工作或办理个人事务时提供监督活动。*老年临托中心*（通过暂住在护士或家庭健康助手那里来替代监督护理）会让固定的照料者腾出一些时间，几个小时、一天、一个周末或一周。暂时住在疗养院是另一种可供选择的方式。在一个辅导、支持和自我帮助的团队里，照料者可以分享问题、获得团体资源的信息，也可以提高技能。

尽管对这些方法的效果存在争议，但一些研究者指出，一些项目确实能提高照料者的动力，减少他们的压力（Gallagher-Thompson, 1995）。在一项追踪研究中，有合适的团体支持的照料者在很多方面都有所成长。一些人变得更具移情能力、关怀他人、善解人意、耐心、富有同情心；对他们照料的人更加亲近，对自己的健康也更加珍视。一些人对履行照料责任感到很高兴。一些人已经“学会了更加珍惜生命，学会了一天慢慢来，不用着急。”少数人还学会了“笑对情景和事件”（Lund, 1993a）。

最近，随机控制的实验聚焦在有更广泛基础的干预上，它的目标不仅有照料者，还有病人，并且提供个人或家庭的辅导、个案管理、技能培训、环境调整以及行为管理策略。这些研究的结果表明，诸如此类的多种服务和支持相结合能够显著降低照料者的负担，提高他们的技能、满意度和幸福感——甚至还能改善病人的症状（Schulz & Martire, 2004）。

行为训练和精神疗法能够帮助照料者处理病人的困难行为和他们自己的消沉倾向（Gallagher-Thompson, 1995）。一项由芝加哥大学开展的行为训练项目已经取得了显著的效果，这个项目帮助病人学会进行一些自我保健，变得更加随和、更少出现恶语中伤的行为。照料者也学会了一些技术，诸如后效契约（“如果你这样做，后果将会是……”）、建立所需行为的模式、复述和给予反馈等。

一些家庭的照料者回顾时会把照料老人的经历视为一件独特的有意义的事情（Climo & Stewart, 2003）。尽管角色冲突看起来具有压倒性，但一些中年人能够在多重角色间处理得很好。如同态度一样，环境也会对任务的完成产生很大影响（Bengtson, 2001）。在雷德克里夫的女性研究中，那些在中年早期就已获得了繁殖感的女性，当需要照顾年老的父母时感觉到的负担会更少（Peterson, 2002）。如果照料者深深地爱着体弱多病的父母，关心家庭的延续性，将照料工作看成是一种挑战，拥有合适的个人、家庭和社区资源来应对这项挑战，那么照料工作就能成为个人成长的机会；这些成长体现在能力、同情心、自我认识和自我超越方面（Bengtson, 2001; Climo & Stewart, 2003; Bengtson, Rosenthal, & Burton, 1996; Biegel, 1995; Lund, 1993a）。

与兄弟姐妹的关系

在一些横断研究中，兄弟姐妹的关系在整个生命历程中呈现出一种沙漏形状，

实战演说

“照料者权利法案”（Caregiver’s Bill of Right, Home, 1985）能帮助照料者保持一种积极的心态，提醒他们自己的需要也很重要：

照料者权利法案

我有权利：

- 照顾我自己。这不是自私的行为，它可以帮助我有能力更好地照顾我的亲人。
- 即使亲人反对，也可以向其他人求助。我意识到我自己只有有限的忍耐力和力量。
- 就像我要照顾的人身体健康时一样，我要维持自己生活的各个方面，这个“自己的生活”不包括我要照顾的人。我知道我要为这个人做每一件力所能及事情，但是我也有权利为自己做一些事情。
- 偶尔生气、沮丧以及表达其他一些消极的感受。
- 拒绝任何亲人通过内疚、生气或抑郁来操控我（无论是有意的还是无意的）的意图。
- 接受我所爱的人为我所做的一切关心、爱、原谅和接纳，只要我也这样对他们。
- 为我正在做的事情感到骄傲，为满足亲人需要的勇气鼓掌。
- 保护自己的个性以及为自己生活的权利。它可以在亲人不再需要我的照顾时帮助我继续生活下去。
- 在美国，从身体和心理上帮助有缺陷的老人取得了很大进步，那么我们也可以期望并且要求在帮助和支持照料者方面也能有同样的进步。
- （将你自己想要的权利声明加在这张清单上，每天读给自己听）。

我思我秀

我们还能做什么来减少照料者的负担呢?

课外链接

更多关于给予照料者缓解和支持的信息，请登录 http://www.helpguide.org/elder/respite.htm 或登录 http://www.acponline.org/public/h_care/6-respit.htm。这是一篇来自美国医师学院和美国内部医学学会名为“获得‘临托中心’照顾或在家的额外帮助”的文章。

联系最多的时间在两个端点——儿童期和成年中后期，而联系最少的是在成年中期养育孩子的几年里。在成家立业后，兄弟姐妹之间的联系又会重新建立起来（Bedford, 1995; Cicirelli, 1995; Putney & Bengtson, 2001）。

与兄弟姐妹一直保持联系对中年期个体的心理幸福感非常重要（Antonucci et al., 2001），尽管这种重要性相比于其他关系（例如朋友关系）来说会随着时间变化而降低或升高。兄弟姐妹的关系对于男女两性来说似乎存在不同的作用。对女性来说，对兄弟姐妹积极的感情与良好的自我概念相关；而对男性来说则促进其有更高的斗志。无论对于男性还是女性，与兄弟姐妹联系越多，产生心理问题的可能性越小（Paul, 1997）。

照顾年迈父母能够使兄弟姐妹走得更近，但相互之间也可能产生怨恨和冲突（Antonucci et al., 2001; Bedford, 1995; Bengtson et al., 1996）。在分担照顾任务(Lerner, Somers, Reid, Chiriboga, & Tierney, 1991）；Strawbridge & Wallhagen, 1991）或分配遗产方面可能会意见不统一，特别是在兄弟姐妹之间的关系本不融洽的情况下。

在需要照顾年迈的父母且夫妻两人都工作的讨论组中，17 个小组中有 16 个小组

学习检查站
你能否……

- ✓ 描述经常存在于中年子女和老年父母之间孝顺关系的平衡变化?
- ✓ 描述照料老年父母的潜在压力来源?
- ✓ 讨论与人生其他阶段相比，在中年期与兄弟姐妹之间关系的特征及重要性?

的 63 位成年人都出现了因兄弟姐妹之间分担照顾责任不均出现的问题。一些参与者因照料任务的分工不公平而感到苦恼，要求兄弟姐妹分担更多；但是如果兄弟姐妹不同意,他们就会更加烦恼。其他一些参与者则采用认知策略让分配看起来更趋公平，如承担了更多责任的女性参与者可能通过告诉自己“照料他人本来就是女人的活”，从而减少其兄弟的责任。一些参与者试图举出一些原因来证明某个兄弟姐妹承担最多责任合情合理：谁住的离父母最近，谁的工作时间最少或家庭责任最少，谁的个性特点最适合来照顾他人（Ingersoll-Dayton, Neal, Ha, & Hammer, 2003）。

祖父母时期

学习指路标

11. 现在的祖父母与过去相比有哪些变化，他们都扮演什么样的角色?

祖父母时期往往在主要的养育活动（养育自己的孩子）结束之前就开始了。根据一项对 1 500 位属于美国退休人员协会（AARP）的祖父母进行的电话调查显示，在美国，成年人平均在 48 岁成为祖父母（Davies & Williams, 2002）。随着当今寿命的延长，许多成年人会有数十年的时间为人祖父母，看着自己的孙子女长大成人（Reitzes & Mutran, 2004）。

如今的祖父母与过去相比有很多不同之处。现在，美国一对祖父母平均有 6 个孙子女（Davies & Williams, 2002），而在 20 世纪初，一对祖父母会有 12~15 个孙子女（Szinovacz, 1998; Uhlenberg, 1988）。随着中年离婚事件越来越多，约有 20% 的祖父母是离异或分居的（Davies & Williams, 2002），许多孩子都有继祖父母。年幼孩子的祖父母一般都还在工作，因此照看孩子的时间可能更少。另一方面，提前退休的趋势可以为祖父母留出更多的时间给孙子女。有的祖父母的父母还在世，他们需要在照顾父母和孙子女之间进行平衡。无论在发达国家还是发展中国家，许多祖父母都为孙子女提供部分或主要的照看（Kinsella & Velkoff, 2001; Szinovacz, 1998）。

祖父母角色 在许多发展中国家，例如在拉丁美洲或亚洲，大家庭占主导，而且祖父母在养育孩子以及做家庭决定方面都起着不可或缺的作用。在泰国的某些城市和中国台湾地区，50 岁以上的人口约有 40% 的家中有未成年的孙辈，而在有 10 岁以下孙子女的人中大约一半的人——通常来说都是祖母——会承担照料孩子的工作（Kinsella & Velkoff, 2001）。

我思我秀

- 你和你的祖母或祖父的关系是否亲近? 如果是，这种关系以怎样独特的方式影响了你的成长?

在美国，大家庭在少数民族中很常见，但是占主导的还是核心家庭。孩子长大成人后通常都会离开家，根据自己的爱好、理想和工作去建立新的、自主的核心家庭。尽管在 AARP 的调查中 68% 的祖父母每周或两周都会至少见一次孙子女，但是仍然有 45% 的人由于住得太远而不能经常看见自己的孙子女（Davies & Williams, 2002）。但是距离并不一定会影响祖父母与孙子女关系的质量（Kivett, 1991, 1993, 1996）。许多中年或老年的男性和女性都将祖父母作为他们最重要的角色之一（Reitzes & Mutran, 2002）。

通常祖母都和孙子女保持联系，她们是家庭关系的维护者。一般而言，祖母和孙子女（特别是孙女）的关系比祖父与孙子女间的关系更亲近和温暖，情感联系更多，与孙子女见面也更多（Putney & Bengtson, 2001）。那些与孙子女联系频繁、对祖父母角色持积极态度以及有高自尊的祖父母，对自己的祖父母角色更为满意（Reitzes & Mutran, 2004）。

在 AARP 样本中，祖父母与孙子女一起做的最多的事情就是吃晚餐、看电视、购物以及给他们讲故事；他们有超过一半的锻炼或休闲时间都是和孙子女一起度过的。超过一半的人会为孙子女的教育投资，大约 45% 的人报告他们会支付孙子女的生活费，约 15% 的人会在孩子的父母外出工作时帮忙照顾孩子（Davies & Williams, 2002）。事实上，在美国，祖父母是照顾孩子的第一人选，有 21% 的学前儿童以及 15% 的学龄儿童在父母工作时都和祖父母待在一起（Smith, 2002）。在其他一些发达国家也存在类似的现象（Kinsella & Velkoff, 2001）。

随着孙子女慢慢长大，与祖父母之间的联系会逐渐减少，但是感情会增加。祖父母越年轻，这种联系的减少就会越迅速，因为他们身体更健康、更有钱，生活也更忙碌（Silverstein & Long, 1998）。

学习检查站
你能否……

✓ 描述在最近几代人中，祖父母的角色有哪些变化？

✓ 描述在家庭生活中，祖父母起着什么样的作用？

离婚或再婚后的祖父母　离婚或再婚现象增多的一个结果就是，越来越多的祖父母

在日本，祖母喜欢像图中这位一样穿着传统的衣服作为她们崇高地位的标志。在西方社会，成为祖父母同样是一个重要的里程碑。

就像这位祖母正在教她的孙女缝被子一样，祖母在孙子女的发展中起着非常重要的作用。一般祖母和孙子女的关系比祖父和孙子女的关系更加亲近、温暖。

和孙子女的关系处于濒危或紧张状态中。离婚后往往是母亲获得孩子的监护权，所以外祖父母就会与孙子女联系更多，关系也更紧密，而爷爷奶奶与孙子女的联系则会变少、变弱（Cherlin & Furstenberg, 1986; Myers & Perrin, 1993）。如果一位离婚的母亲再婚，通常她从父母那得到的支持会减少，但是孩子和外祖父母的联系不会减少。然而对于爷爷奶奶来说，新的婚姻会增加爷爷奶奶被取代的可能性，或者父亲会带着孩子搬离原来的住所，这使得爷爷奶奶和孙子女的联系变得更为困难（Cherlin & Furstenberg, 1986）。

因为孙子女与祖父母的关系对孩子的成长非常重要，所以美国各州都给予祖父母（在一些州中还包括曾祖父母、兄弟姐妹或其他人）这样的权利：如果法官觉得这样做对孩子成长最有利的话，那么在父母离婚或其中一方去世后，祖父母有权利去探望自己的孙子女。然而，少数州的法院已经废除了这条法律，一些立法机关还限制祖父母探望的权利。2000 年的 6 月最高法院废除了华盛顿的“祖父母法”，理由是该法规过多地侵犯了孩子父母的权利（Greenhouse, 2002a）。

通常，父母中的任何一方再婚都会产生新的祖父母和孙子女。继祖父母可能会觉得要与新的孙子女培养融洽的关系并不容易，特别是与年龄较大或那些并不与祖父母一起居住的成年孙子女（Cherlin & Furstenberg, 1986; Longino & Earle, 1996; Myers & Perrin, 1993）。

随着中年期离婚现象的增加，越来越多的家庭需要面对祖父母离婚所带来的影响。一项对爱荷华州农村老年人的追踪研究发现，离婚后的祖父母与孙子女的关系往往会变糟，这通常是因为离婚后祖父母和孙子女住得较远，同时他们与成年子女的联结也会减弱。这种现象对爷爷奶奶来说尤其如此。但是，好的祖父母—父母关系可以弥补这种潜在的消极影响（King, 2003）。

抚养孙子女 许多祖父母都是孙子女的唯一或主要的照料者。在发展中国家，出现这种现象的一个原因是农村的父母到城里打工而无法照看孩子。这种“跨代”家庭存在于世界各地，特别是非洲—加勒比地区的国家。在非洲撒哈拉以南的地区，艾滋病使得许多孩子成为孤儿，祖父母就承担起了父母的角色（Kinsella & Velkoff, 2001）。

在美国，越来越多的祖父母（甚至是曾祖父母）充当起孩子“默认的父母”，这些孩子的父母通常由于少女怀孕、吸毒、生病、离婚或死亡而无法照顾孩子（Allen et al., 2000）。2001 年，大约有 240 万祖父母在抚养孙子女（U.S. Census Bureau, 2002）。有 9% 的非裔美国孩子都居住在祖父母家里，西班牙裔的孩子占 5%，非西班牙裔的白人孩子占 4%（Fields, 2003）。许多祖父母照料者都是离异或丧偶的，他们依靠固定的工资生活（Hudnall, 2001），其中一些甚至经济拮据（Casper & Bryson, 1998）。2000 年，处于贫困线以下的非裔美国祖母照料者中，有 80% 的人没有接收到公共援助（Minkler & Fuller-Thomson, 2005）。

对于中年人或老年人来说，计划外的代理父母的责任是一种对身体、情绪和经济的透支。也许他们不得不辞职，搁置退休计划，大量减少娱乐休闲和社会生活，从而导致健康受损。大多数祖父母在精力、耐心和忍耐力方面不如从前，有些也跟不上目前的教育和社会发展趋势（Hudnall, 2001）。

许多祖父母承担起养育孙子女的责任是因为他们爱这些孩子，不希望孩子被陌生人收养。然而，年龄差距可能成为障碍，两代人都会觉得被自己的传统角色欺骗了。同时，祖父母常常不得不处理两种情绪：一种是内疚感，来源于成年子女无法抚养自己的孩子；另一种是对自己成年孩子的怨恨感。对一些夫妇来说，抚养孩子所带来的压力会导致夫妻关系紧张。如果父母中的一方或双方都恢复了正常的抚养孩子的角色，对祖父母来说，要将孙子女还给其父母会感到很难过（Crowley, 1993; Larsen, 1990-1991）。

那些仅提供**亲属抚养**（kinship care）却没有成为孩子的养父母、也没有监护权的祖父母，他们没有合法地位，所拥有的权利不比无偿保姆多。他们也会面临许多实际问题：从送孩子上学到获得孩子的学习成绩记录，再到为孩子购买医疗保险。即使祖父母有孩子的监护权，孙子女也不在户主提供的医疗保险范围内。如同有工作的父母一样，有工作的祖父母也需要经济实惠的儿童保健以及对家庭有利的工作政策，例如有照顾生病孩子的事假。1993 年颁布的联邦家庭与医疗休假法就已经将养育孙子女的祖父母包含在内了，但是很多人都没有注意到这点。

学习检查站

你能否……

- ✓ 描述父母离婚或再婚是如何影响祖父母与孙子女的关系的？
- ✓ 讨论在抚养孙子女的过程中都有哪些挑战？

重新聚焦

回顾在本章开始部分关于焦点人物玛德琳·奥尔布赖特的故事：

- 奥尔布赖特在中年期的生活历程如何体现了本章中讨论到的观点？
- 本章中讨论到的每一种理论如何描述和解释奥尔布赖特中年期所经历的变化？
- 荣格、古特曼或米尔斯的追踪研究中描述到的性别认同的变化，在奥尔布赖特身上有表现吗？
- 你认为奥尔布赖特在莱福的六维幸福感量表上的得分会如何？
- 我们讨论到的在中年期不断变化的哪些关系可以应用到奥尔布赖特身上？

祖父母可以成为指导的来源、玩伴、与过去的链接以及家庭连续性的标志。他们自己投身到未来几代人的生活中，以此来表达对繁殖和对超越死亡的渴望。那些没有成为祖父母的男性或女性可能会通过收养孙子女或是在学校、医院做志愿服务来满足自己繁殖的需要。成年人通过发展出一种埃里克森所谓的照顾的“美德”，来为自己进入成人发展的最后一个时期做好准备，这一主题我们会在第八编进行探讨。

小　结

纵观成年中期的生命历程

学习指路标 1：发展科学家如何研究成年中期的心理社会发展？

- 发展科学家看待中年心理社会发展时既是客观的（在发展轨迹或路径上），也是主观的（人们的自我感觉以及他们积极构建自己生活的方式）。
- 变化和连续性一定会出现在整个生命历程中。

成年中期的变化：经典的理论取向

学习指路标 2：经典理论如何解读成年中期心理社会的变化？

- 尽管一些理论学家认为人格本质上是在成年中期形成的，但越来越多的人同意这样的观点，即成年中期的发展既有其变化的一面也有其稳定性。变化既可以是成熟的过程（常规的）也可以是非常规的。
- 人本主义心理学家，诸如马斯洛和罗杰斯，将中年看成是一种发生积极变化的机会。
- 荣格认为，男性和女性在成年中期会表现出之前被压抑的人格。两个必要的任务包括放弃年轻的形象以及承认死亡的必然性。
- 埃里克森的第七个发展阶段是繁殖对停滞。繁殖可以通过以下几种方式来表达：养育子女和孙子女、教书或做导师、生产或创造、自我发展以及“维护世界”。这个时期的美德就是*照顾*。
- 范伦特和莱文森发现了中年生活中在生活方式或人格上的主要变化或危机。
- 现今生活圈子更大的流动性部分反驳了“社会时钟”的假设。

成年中期的自我：问题和主题

学习指路标 3：成年中期有哪些日益突出的关于自我的问题?

- 成年中期的关键心理社会问题和主题涉及中年危机、同一性认同的发展（包括性别认同）以及心理幸福感。
- 研究并不支持存在一种常规的中年危机，理解为存在一种转变更为准确；这个转变往往涉及中年审查现象，这可能就是一个心理上的转折点。
- 根据惠特伯恩的模型，同一性认同的发展是一种人们不断根据经验和他人反馈来确认和调整自我概念的过程。同一性风格可以预测对老龄化冲击的适应性。
- 繁殖感是同一性发展的一个方面。目前关于繁殖感的研究发现在中年期最为普遍，但是并非人人都如此。繁殖感会受到社会角色、社会期望以及个人特点的影响。
- 斜事心理学将同一性的发展看成是一个构建生命故事的连续过程。
- 研究发现，在成年中期女性男性化、男性女性化的倾向越来越多，很大一部分原因可能是代际效应，也可能是因为所使用工具的类型不同。研究总体上都不支持古特曼提出的性别转换概念。
- 基于莱福的六维量表的研究结果发现，总体而言，成年中期是一段积极的心理健康的时期；尽管它会受到社会经济地位的影响。
- 关于社会幸福感有限的研究结果表明，社会幸福感在成年中期很高；但是在大量的少数民族人群中却很低。婚姻和 SES 是重要的影响因素。
- 成年中期的繁殖感与心理幸福感相关。卷入多重角色可以获得繁殖感，但并不是所有角色都起着同等的重要作用。
- 许多研究都表明，对女性来说五十几岁甚至是六十几岁可能是女性的鼎盛时期。

成年中期的人际关系

学习指路标 4：社会关系在中年人的生活中发挥着什么作用?

- 关于人际关系不断变化的重要性有两种理论，分别是卡恩和安托露丝提出的社会护航理论，卡斯腾森提出的社会情绪选择理论。根据这两种理论，社会情绪支持在中年及其他时期的社会互动中是一个重要的影响因素。
- 中年期的人际关系对个体身体和心理的健康都很重要，但也能出现压力需求。

两愿关系

学习指路标 5：成年中期已婚的人是更加幸福还是不幸福?同居是否可以发挥与婚姻相似的作用?

- 关于婚姻质量的研究结果显示，在养育孩子的一段时间里婚姻满意度有所降低；而在孩子成年离开家后夫妻间又出现了关系的好转。
- 中年同居可能对男性的幸福感有消极的影响，但是对女性却没有。

学习指路标 6：中年离婚普遍吗?

- 成年中期离婚相对来说比较少，但是也在不断增加。离婚可能产生很大压力，可以改变生活。婚姻资本对中年离婚有一定的阻碍作用。
- 在成年中期离婚可能比在成年初期离婚对幸福感的威胁更少。

学习指路标 7：成年中期的男女同性恋与异性恋有何差异?

- 由于许多同性恋者都延迟“暴露”，所以他们经常在中年时才开始建立亲密关系。
- 男女同性恋夫妇比异性恋夫妇更注重关系平等，但是同样面临着平衡家庭和事业的问题。

学习指路标 8：成年中期的友谊是如何发展的?

- 相比年轻人，中年人往往在朋友关系中投入的时间和精力更少；但他们确实也需要朋友的情感支持以及实际的指导。
- 友谊对同性恋者来说有着特殊的重要性。

与长大成人的子女的关系

学习指路标 9：伴随子女的成长，中年父母与孩子的关系是如何变化的？

- 孩子处于青春期的父母会失去对孩子生活的控制，一些父母在这方面做得更好，另一些则不然。
- “空巢”对于大部分女性来说是一种解放；但是对那些身份认同是基于父母角色的夫妇或那些现在必须面对之前被掩盖的婚姻问题的夫妇来说，却是充满压力的。
- 中年父母一般仍会参与到成年子女的生活中，总体来讲，大部分人与子女的相处是愉快的。这时可能会产生这样的冲突：已经长大成人的子女希望父母能把他们当作成年人看待，但是父母仍然经常照顾他们。
- 现在，更多的成年子女推迟了离开父母家庭的时间，或者又重新返回到父母的家里，有时候还带着自己的家庭。如果父母看到成年子女正在走向独立，适应就会更容易。

与其他亲属的关系

学习指路标 10：中年人是如何与父母、兄弟姐妹相处的？

- 中年人与父母的关系通常都具有很强的情感联结。两代人通常保持着密切的联系，而且相互提供帮助和获得支持。但援助通常是父母给予子女。
- 随着寿命的延长，越来越多年迈的父母都需要依靠中年子女来照顾。接受这种依赖需求是子女成熟的标志，这也可能是孝顺危机的结果。
- 在成年中期照料年迈父母的可能性会增加，特别是对女性来说。
- 照料工作可能带来巨大的压力，但也能带来满意感。社区支持项目能够防止照料者倦怠。
- 尽管与兄弟姐妹之间的联系在成年中期比更早或更晚的时候要少，但是大部分中年兄弟姐妹仍然保持联系，他们之间的关系对个体幸福感有重要作用。

学习指路标 11：现在的祖父母与过去相比有哪些变化，他们都扮演什么样的角色？

- 大部分美国成年人在成年中期成为祖父母，平均有 6 个孙子女。
- 尽管与过去相比，现在美国大多数的祖父母参与孙子女的生活减少（通常是因为地理位置的分离），但是他们仍能对孙子女产生重要影响。
- 祖母比祖父在“家族维系”上更重要。
- 成年子女或祖父母自身离婚或再婚能够影响祖父母与孙子女的关系。
- 越来越多的祖父母都在养育那些父母无力抚养的孩子。养育孙子女可能产生身体、情绪和经济上的紧张。

第八编

阅读链接

- 对健康信息的理解会影响个体获得适当的健康护理。
- 锻炼可以提高心理警觉性和斗志。
- 大脑的血流量会影响认知作业。
- 自信、兴趣和动机会影响个体智力测验的成绩。
- 尽责性和婚姻稳定性可以预测长寿。
- 对情绪问题的认知评估有助于个体建立应对策略。
- 和正常退休的人相比，65岁后仍持续工作的男性健康状况更好，受教育水平更高，并且把工作看作自我实现的途径。
- 身体状况和文化模式影响老年人如何安排生活。
- 信赖朋友的人往往会长寿。

传统意义上，65 岁是个体进入成年晚期，即生命最后阶段的转折点。但是，很多 65 岁，甚至 75 岁或 85 岁的人却仍然不觉得自己“老”，他们的行为表现也不“老”。

进入成年晚期，个体差异更加明显，“用进废退”成为紧迫任务。大多数老年人身心健康；身体和智力都很活跃的老年人多数能力都不会衰退，有些能力甚至还会提高。反过来，身体和认知功能也会带来社会心理效应，通常，身体和认知功能决定着老年人的情绪状态和能否独立生活。

成年晚期

预 览

第17章

成年晚期的生理和认识发展

第18章

成年晚期的心理社会发展

尽管老年人的健康状况和生理能力在一定程度上有所下降，但是很多老年人仍然身体健康，行动敏捷。

加工速度的降低影响某些方面的功能。

大多数人具有心理警觉性。

尽管智力和记忆力在某些方面有所退化，但是多数老年人可以通过其他方式来弥补。

退休为老年人发展兴趣爱好和特长提供了新的机会。

老年人在应对个人丧失和走向死亡的过程中逐渐理解了生命的意义和目的。

与家庭成员和亲密朋友的关系为老年人提供了情感支持。

寻找生命的意义是重中之重。

成年晚期的生理和认知发展

第17章

为什么我们不能换个角度，
从人们在社会中扮演的或新或
旧的社会角色来看待生命中的这几年，
这可能是个体发展甚至精神升华的另一阶段？

——贝蒂·弗莱顿，《生命之泉》，1993

本章提纲

焦点人物
约翰·格林——太空先驱

当今的老年人
人口老龄化
从老年初期到老年晚期

生理发展

寿命和老化
预期寿命的变化趋势和影响因素
人为什么会变老
人的寿命可以延长多久？

生理变化
器官和身体组织的老化
大脑的老化
感觉和心理运动功能
睡眠
性功能

生理和心理健康
健康状况
慢性疾病和残疾
生活方式对健康和寿命的影响
心理和行为问题

认知发展

认知发展的方方面面
智力和加工能力
记忆：如何变化
老年人的认知表现是否可以提高？
智慧

终生学习

焦点人物：约翰·格林——太空先驱

约翰·格林

1998年10月29日，科学宇航员约翰·格林*（生于1921年）乘坐“发现号”航天飞机，从位于卡纳维拉尔角肯尼迪航天中心发射升空，开始他的第二次太空之旅。1962年，即40岁时，他成为美国第一位绕地飞行的宇航员。1998年，他再次穿上橙色宇航服时，已是77岁高龄，成为迄今为止人类历史上年龄最大的太空人。

在他的成年生活中，格林多次获得奖章和创造记录。朝鲜战争中，他作为战斗机飞行员，获得了5枚杰出飞行十字勋章。1957年，他驾驶超音速飞机完成了首次穿越美国的飞行。1962年，他乘坐“友谊7号”单人宇宙飞船，用了不到5小时绕地球飞行3周后，他立即成了美国的民族英雄。

1974年，格林被选为俄亥俄州参议员，并且连任四届。作为国会老化研究特委会的成员，格林对老龄化研究充满兴趣，他在“发现号”9天的太空之旅，将自己的老迈之躯作为研究航天飞行对衰老影响的试验品。

格林在浏览医学刊物时发现，相比人体在正常状态下的衰老过程，失重状态下的太空飞行会加速衰老。因此，他突发奇想，必须有一位老年太空人升空实验，给科学家提供关于老化进程的一些信息，而此人非他莫属。通过研究失重对他的骨骼、肌肉、血压、心率、平衡、免疫系统、睡眠周期的影响，以及飞行后的恢复能力，

* 关于约翰·格林的资料来自Cutler（1998），Eastman（1965），以及《纽约时报》和其他报纸的相关报道。

并将获得的这些信息和年轻的宇航员对比，医学研究可以获得一些信息并有助于广泛应用。诚然，这些数据不能提供明确的因果关系；但是，任何一个好的个案研究，都可以为将来进一步的大样本研究提供理论假设。飞行同样可能有其他的重要意义：推翻人们对老年人的传统认识。

即使对于身体素质良好的年轻人来讲，太空旅行也是一种挑战。并不是每个人都可以成为宇航员，应试者必须通过严格的身体和心理测试。因为年龄较大，格林要符合更为严格的生理标准。作为一个热爱举重和剧烈运动的人，格林的身体状况非常好。他出色地通过考查，并接受了近 500 小时的训练。

10 月的一天，天高气爽，万里无云，在两次推迟后，伴随着倒计时解说员"六位航天英雄和一段美国传奇"的解说，"发现号"宇宙飞船发射升空。3 小时 10 分钟后，当载着老格林和其他五位宇航员的"发现号"航天飞机从夏威夷上空 550km 处飞过时，老格林重复着 36 年前当他驾驶着"友谊 7 号"小型飞船，成为美国首位太空人时向地面控制人员报告时的两句老话："重力为零！感觉棒极了！"。11 月 7 号，"发现号"在卡纳维拉尔角着陆，尽管有些虚弱和摇晃，但格林还是独立走出机舱。随后的四天内，他就完全恢复了平衡，恢复了正常状态。

格林的成就向人们证明，77 岁的他依然可以拥有"太空先锋"的称号。他的英勇事迹征服了全世界人民的心。正如美国老年社会学系的院长斯蒂芬·卡特勒所说（Stephen J. Cutler）："……格林证明了老年人的能力和他们所做的创造性贡献，你难以想象出一个比这更好的方式"（1998, p.1）。

约翰·格林为人们理解衰老提供了新的视角，这对以往人们对于老年期的普遍看法，即"老年期是不可避免的身体和心理下降时期"提出了挑战。总的来讲，与过去任何时候相比，今天的人类寿命更长，生活状况更好。在美国，与以往相比，老年人的身体更健康、队伍更庞大、心态更年轻。伴随着健康习惯的建立和医疗条件的提高，严格界定成年中期和成年晚期之间的分界点越来越难。目前，很多 70 岁的老年人，他们的行动、思维和感觉与 50 岁左右的老人同样好。

本章首先描述当今老年群体的人口学趋势；接下来介绍了成年晚期个体寿命延长，生活质量提高，生物老化原因的相关理论和研究；并且考察了生理变化和健康状况。随后，我们将目光转向认知发展：智力和记忆的变化，智慧的出现，以及生命晚期继续教育的盛行。在第 18 章我们将介绍个体对老化的适应，以及生活方式和人际关系的改变。呈现在你面前的是一幅人类整体而不是老人的画面——尽管有些个体比较贫弱；但大多数个体独立、健康并积极参与社会活动。

学习完本章后，你应该可以回答"学习指路标"中的所有问题了。为了检查你对本章"学习指路标"的掌握程度，请复习章节结尾部分的小结。"学习检查站"会贯穿整个章节并不时出现，以便检查你对所学知识的理解程度。

学习指路标

1. 当今社会的老年群体发生了哪些变化?
2. 人的预期寿命是如何变化的，与以往有哪些不同?
3. 研究者提出哪些解释老化原因的理论，延长寿命的研究说明了什么?
4. 成年晚期个体的生理方面会产生哪些变化? 这些变化在不同个体之间的差异如何?
5. 成年晚期常见的健康问题有哪些，相关的影响因素有哪些?
6. 一些老年人将会经历怎样的心理和行为失调?
7. 成年晚期，个体认知能力通常会有哪些得失？干预措施是否有助于提高老年人的认知表现?
8. 老年人可以参加的教育机会有哪些?

当今的老年人

在日本，老年是身份地位的象征。比如，旅客入住旅馆，总是被问及年龄，以确保他们可以得到与年龄相符的待遇。在美国则相反，老年人是不受欢迎的。人们潜意识里关于老年人的刻板印象在年轻时就已经内化为个体自我的一部分，通过多年社会态度的强化，逐渐成为自我刻板印象的一部分。这种自我刻板印象无意识地影响老年人对自己行为的期待，并且发挥着自我实现预言的作用（Levy，2003）。

年龄歧视（ageism）是指因年龄产生的偏见或歧视。当今，由于人们所见的如约翰·格林一样充满活力、身体健康的老年人不断增多，这使得人们在反对年龄歧视的工作上取得了很大进展。关于老年人成功的报道也经常见诸媒体。通常情况下，荧幕上的老年人很少被塑造成步履蹒跚、拄着拐杖和孤立无助的形象，而是头脑冷静和受人尊敬的智者。

我们不要被他人年龄带来的错觉蒙蔽双眼，而要看到事实真相和现实的多面性。那么，今天的老年群体是什么样子呢?

我思我秀

- 在日常生活和媒体中，你听到的有关老年人的刻板印象有哪些?

人口老龄化

当今社会，全球老龄化时代已经来临。2000 年，60 岁以上的人口约为 6.05 亿。到 2050 年，预计世界范围内老年人口的比例将在人类历史上首次超过 14 岁及以下儿童的人口比例。而老龄化增长速度较快的多数是欠发达国家（Administration on Aging, 2003b; 见图 17-1）。经济增长、营养改善、健康生活方式、传染疾病的有效

学习指路标

1. 当今社会的老年群体发生了哪些变化?

图 17–1
2000~2050 年（预计）全球 60 岁及以上老年人口数量。2030 年后，发达国家老年人口的增长速度变慢，但是欠发达国家仍保持较高的增长速度。

资料来源：Administration on Aging, 2003b; data from U.S. Census Bureau, International Data Base.

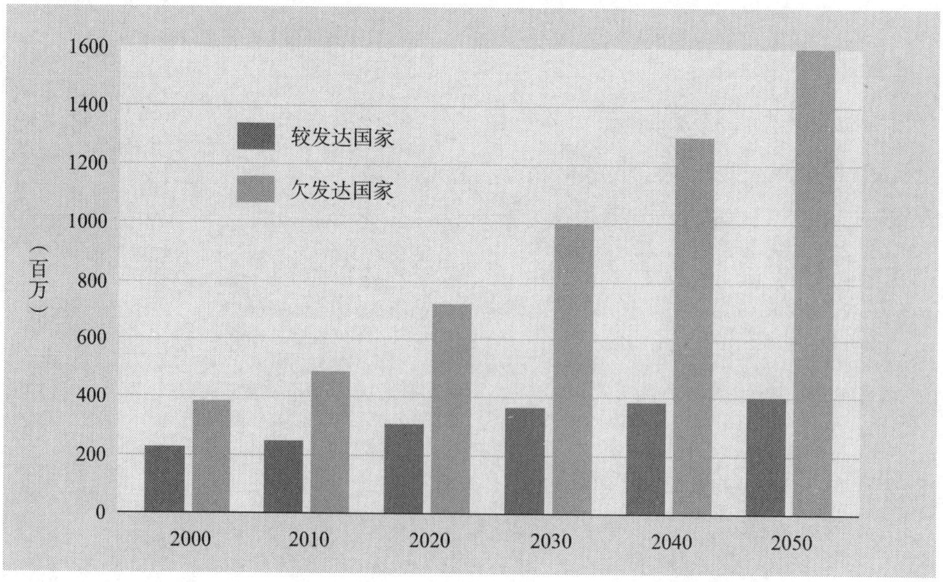

控制、干净饮水和卫生设施以及科技和医疗的提高，这些都大大延长了人类寿命（Administration on Aging, 2003b; Kinsella & Velkoff, 2001）。

在美国，人口老龄化有几个特殊的原因。其中之一是 20 世纪早期到中期的高出生率和高移民率，以及家庭规模缩小的趋势，这些都导致了年轻群体数量的相对减少。自 1990 年以来，美国人口中 65 岁及以上老年人所占比例增长了 3 倍，从 4.1% 增加到 12.4%；然而，和大多数发达国家相比，这个比例还是比较低的。2010 年后，随着生育高峰一代开始进入 65 岁，老年人群的比例仍不断扩大。预计到 2030 年，美国人口中 65 岁及以上的老人所占比例将占到 20%，数量达 7 150 万，是 2000 年的 2 倍。预计到 2030 年后，随着最后一批婴儿潮人口步入 65 岁，老年人口的增长比例会有所下降（Federal Interagency Forum on Aging-Related Statistics, 2004; 见图 17-2）。

老年群体本身也在老化。老年群体中 80 岁及以上人群的比例迅速增长。2000 年，该年龄段的人口占世界老年人口的 17%（Administration on Aging, 2001; Kinsella & Velkoff, 2001; U.S. Census Bureau, 2001），占美国老年人口的 12%（Gist & Hetzel, 2004）。在美国，85 岁及以上人口的比例是 1900 年的 38 倍；预计 2030 年后，随着生育高峰的一代人开始步入该年龄段，85 岁及以上人口所占比例的增长速度将更快（Federal Interagency Forumon Aging-Related Statistics, 2004; 见图 17-2）。

老年人群中民族多样性也不断增加。2003 年，美国老年人口中超过 17% 的是少数民族，到 2050 年，这个比例将达到 39%。其中华裔和西班牙裔老年人口所占比例增长最快，从 2003 年的 200 万到 2050 年的 1 500 万；预计到 2028 年，西班牙裔老年人将成为老年人中数量最多的少数民族群体（Federal Interagency Forum on Aging-Related Statistics, 2004）。

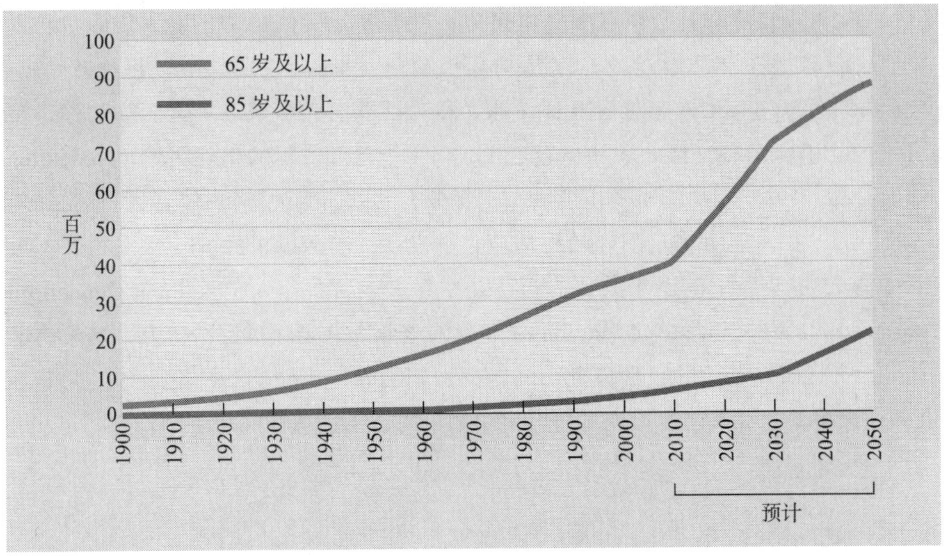

图 17–2

1900~2000 年和 2010~2050 年（预计）美国 65 岁及以上人口的比例。

资料来源：Federal Interagency Forum on Aging-Related Statistics, 2004, p. 2.

从老年初期到老年晚期

老龄化人口对于经济的影响取决于该群体中健康人口所占的比例。从这个角度来讲，将来经济的发展趋势是令人振奋的。因为之前人们认为由于年龄老化带来的许多不可避免的问题，如今则是可以治愈的，这些问题不是老化本身的问题，而是由生活方式或患病所造成的。

主因老化（primary aging）是指从生命早期开始，并且持续一生的、逐渐的、不可避免的身体退化。这种老化是人们无论做什么也不可避免的。**次因老化**（secondary aging）则是由于疾病、过度劳累和缺少锻炼造成的，这些因素通常在个体可控的范围内（Busse, 1987; J. C. Horn & Meer, 1987）。

健康和寿命与人们的受教育状况及其他社会经济因素密不可分（Kinsella & Velkoff，2001）。范伦特曾对 237 名哈佛大学学生和 332 名贫困的城市年轻人进行了长达 60 年的追踪研究。研究发现，贫困的个体除非接受完大学教育，否则他们的健康状况恶化得更快。一些能预测个体健康和寿命的变量超出了个体的控制范围，如父母的社会地位、童年时期家庭的凝聚力、祖辈的寿命、童年期的气质类型。而其他一些因素则是可以控制的，除受教育水平外，还有酒精滥用、吸烟、身体质量指数、锻炼、婚姻的稳定性和应对策略（Vaillant & Mukamal，2001）。

当今，专门从事老化研究的社会学家将老年群体分为三类："初老人""中老年"和"老老人"。依次而言，*初老人*一般是指年龄在 65~74 岁之间的老人；通常情况下，他们行为活跃、充满活力、精力充沛。*中老人*是指年龄在 75~84 岁之间的老人。*老老人*是指 85 岁及以上的老人；通常情况下，他们年老体弱，日常生活不能自理。

另一种有趣的划分方法是**功能年龄**（functional age），它是指个体与相同生理年龄的人相比，在自然和社会环境中发挥的功能。比如，一位 90 岁的老人健康状态良好，而一位 65 岁的老人状况不佳。从功能年龄角度来讲，这位 90 岁老人更年轻。因此，我们可以用*初老人*来形容身体健康、行为活跃的大多数老年人（如约翰·格林）；用*中老人*来形容身体衰弱的少数老人，而不管他们实际的生理年龄（Neugarten & Neugarten，1987）。功能年龄主要和*主观年龄*有关，而主观年龄是指人们感受到的自己的年龄。在一项全美范围内的电话调查中发现，半数以上的 65~74 岁的老年人及 33% 的 75 岁及以上的老年人认为自己是中年人或者青年人（National Council on the Aging, 2002）。**老年学**（gerontology）是针对老年人和老化过程的研究，**老年病学**（geriatrics）是研究老化的医学分支，两者都强调给老年人提供支持性服务，尤其是老老人，大多数老老人已经花光了自己多年的积蓄，无法承担医疗费用。

学习检查站
你能否……

- ✓ 讨论人口老龄化的原因和影响？
- ✓ 指出划分初老人、中老人和老老人的两条标准？

生理发展

寿命和老化

人的寿命有多长？人为什么会变老？你想长生不老吗？几千年来，人类一直在苦苦思索这些问题。

要回答人的寿命有多长这个问题，就要涉及一些相关概念。**预期寿命**（life expectancy）是指出生在特定时期和地域的个体，考虑其目前的年龄和健康状况，从统计学角度讲个体所能生存的年龄。预期寿命是建立在**长寿**（longevity）或者群体成员的实际寿命的基础上。预期寿命的增加反映了*死亡率*的降低（人口总体或者特定年龄群体在特定年份死亡的比例）。*寿命*（life span）是指人类能活的最长年限。

人为什么会变老？这是一个古老的话题：它传递了人们对于永葆青春的渴望。在这种渴望背后是恐惧，并非对生理年龄的恐惧，更多的是对生物学上老化的恐惧，如健康状况差，体力变差等。长生不老这个问题不仅表达了人们对于寿命的关注，还有对于生命质量的关注。

学习指路标

2. 人的预期寿命发生了哪些变化，与以往有什么不同？

预期寿命的变化趋势和影响因素

人口老龄化的趋势反映了人类预期寿命的增加。根据初步的数据统计，在美国，2003 年出生的个体预期可以活到 77.6 岁，比出生于 1900 年的个体高出 30 岁（Hoyert, Kung, & Smith, 2005），同时也是人类历史初期时预期寿命的 3 倍（Wilmoth, 2000）。从世界范围来讲，1950~1955 年，人类的平均寿命是 46.5 岁，而 2002 年则是 65.2 岁（WHO，2003b）。这么长的寿命是史无前例的（见图 17-3）。一些著名的

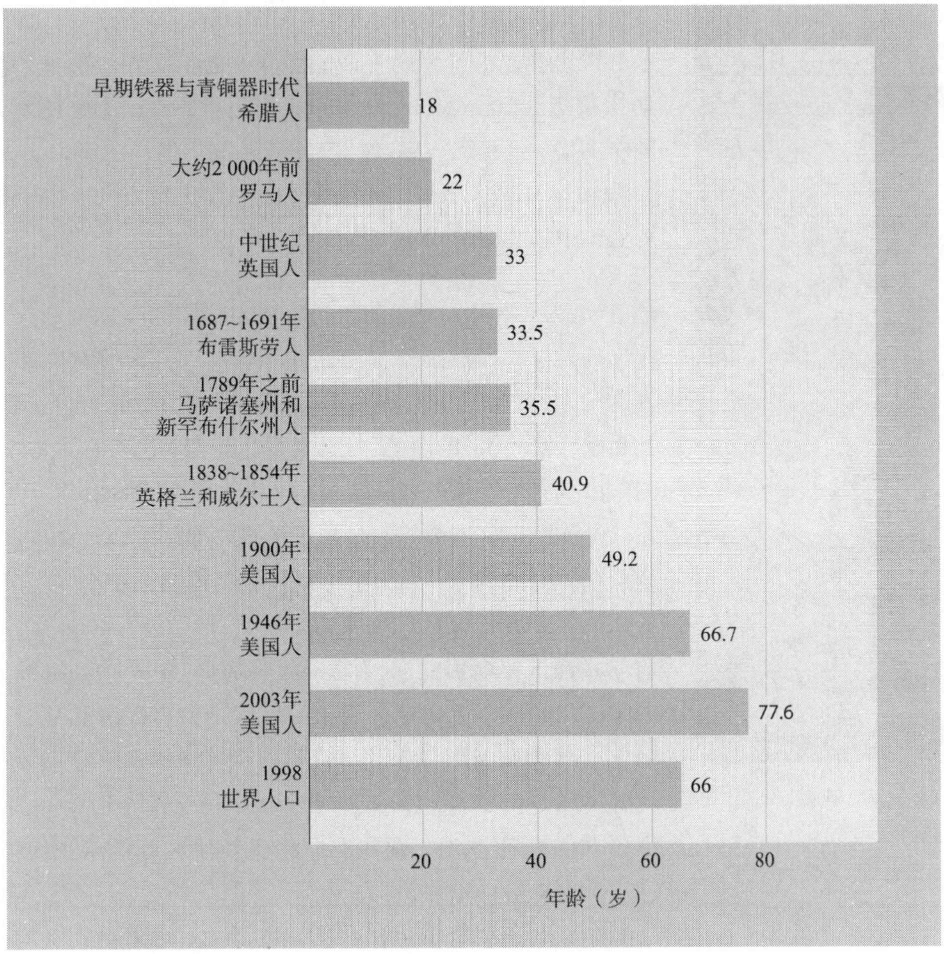

图 17–3
从古代到现代预期寿命的变化。

资料来源：Adapted from Katchadourian, 1987; 1998 world data from WHO, 1998; preliminary 2003 U.S. data from Hoyert et al., 2005.

老年学专家预言：未来数十年，如果人类现在的主要生活方式不发生改变，那么由此引发的与肥胖相关的疾病和传染病的增加将会抵消医学进步对寿命的积极作用，美国人的预期寿命上升的趋势将会中止，甚至还会有所下降（Olshansky et al., 2005; Preston, 2005）。

性别差异　在世界范围内，女性比男性更长寿（Kinsella & Velkoff, 2001）。女性寿命长和以下因素有关：较强的自理能力、愿意积极求医、获得的社会支持更多。另外，从生物学的角度讲，和女性相比，男性更加脆弱。

20 世纪以来，美国女性预期寿命的增长幅度大于男性。1900 年，女性的预期寿命只比男性多 2 年；到 1979 年，预期寿命的性别差异增加到了 7.8 年。这种差异扩大的主要原因在于：男性因吸烟致病（心脏病和肺癌）死亡的数量增多，女性由于生产导致的死亡率下降。此后男性和女性之间预期寿命的差距缩小为 5.3 岁（Hoyert et al., 2005），主要原因在于女性因癌症、心脏病和慢性呼吸疾病而死亡的比例增加

随着寿命增加，多代同堂的家庭越来越普遍。画面中是居住在怀俄明州保留区，一名阿拉巴霍妇女的四世同堂家庭。曾祖母照料曾孙子女的现象也不再稀奇。平均来讲，女性的预期寿命比男性要长。当今，很多老年人身体健康、强壮。

了（NCHS，2004）。

在美国，由于预期寿命的差异，老年女性和男性的数量比接近 3:2（Administration on Aging, 2003a），这种差异随年龄增加而扩大。到 85 岁时，女性和男性的比例大于 2:1（Gist & Velkoff，2004），与国际上的性别比例相似（Kinsella & Velkoff，2001）。

地区和民族差异 发达国家和发展中国家的预期寿命存在很大的差异。在寿命为 70 岁的老人群体中，其中 60% 来自发达国家，仅有 40% 来自发展中国家。在非洲的塞拉利昂共和国，2002 年出生的女性预期寿命不到 36 岁；而在日本，同年出生的女性预期寿命高达 85 岁（WHO，2003b）。

发展中地区寿命提高最显著的是东亚国家，从 1950 年的预期寿命不到 45 岁，到 2000 年预期寿命大于 72 岁。尽管如此，一些地区的预期寿命却在下降。1987~1994 年间，前苏联和俄罗斯男性的预期寿命下降了 7.3 岁（Kinsella & Velkoff, 2001），造成这种现象的原因主要有经济和社会不稳定、酗酒和吸烟率上升、营养不良、抑郁及医疗系统恶化等（Notzon et al., 1998）。在非洲一些地区，到 2010 年，由于艾滋病的重创，预期寿命将比其他地区低至少 30 岁（Kinsella & Velkoff, 2001）。

在美国预期寿命也存在巨大差异。平均来讲，美国白

图 17–4

美国不同性别和种族的个体出生在不同年代的预期寿命，2003。

资料来源：Hoyert et al., 2005。注：数据是预计的。

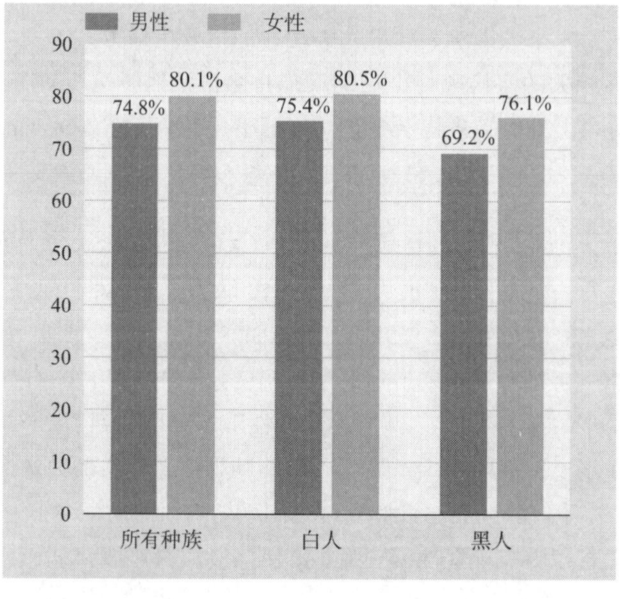

人的寿命比非裔美国人高 5 岁，尽管这种差距随着两个群体预期寿命的增加在缩小（Hoyert et al., 2005; NCHS, 2004; 见图 17-4）。如前面几章所讲，非裔美国人，尤其是男性，从婴儿期到成年中期更容易患病和死亡。但是，这种差距到了成年晚期开始缩小，到 85 岁，非裔美国人的有生之年要比美国白人稍微长些（Federal Interagency Forum on Aging-Related Statistics, 2004）。

计算预期寿命的一种新方法是个体在身体状况良好，没有残疾的情况下，预计可以生存的年数。在 191 个国家中，日本的健康预期寿命是最长的，为 74.5 岁。美国男性的健康预期寿命为 67.5 岁，女性为 70~72.6 岁，排在第 24 位。与其他工业化国家相比，美国的健康寿命较短的原因包括：城市贫民和某些少数民族的健康状况差；青年和中年人群中感染 HIV 死亡和残疾人口比例相对较高；患肺病和冠心病的比例较高；暴力水平较高（WHO，2000）。

图中打太极拳的日本老年女性展现的是一幅健康和谐的画面。在所有的工业化国家中，日本的预期寿命最长。

人为什么会变老

进一步延长健康的预期寿命，取决于我们对身体状况如何随时间变化的相关知识的掌握。随着年龄增长，个体的身体功能在一段时期内明显下降，这种衰老是什么引起的？为什么不同个体的身体功能开始下降的时间不同？就此而言，人们变老的根本原因是什么呢？

从生物学的角度讲，老化的理论很多，概括来讲，大多数理论可以归为两类（见表 17-1）：基因程控理论和变速理论。

学习检查站

你能否……

✓ 总结预期寿命的变化趋势，包括性别、地区和民族的差异？

基因程控理论　**基因程控理论**（genetic-programming theories）认为，身体会随基因内的正常发展时间表发生老化。基因程控失败源于程控的衰老：在与年龄相关的损失（如视觉、听觉和运动控制）显现之前，特定基因被"关闭"。一项对蠕虫的研究表明，细胞代谢过程中产生能量的微小生物体——线粒体——的破碎，会加速细胞走向自我毁灭（Jagasia, Grote, Westermann, & Conradt, 2005）。这种缺陷可能是老化的主要原因（Holliday, 2004）。另一个可能的原因是，生物钟通过基因控制荷尔蒙的变化或者引发免疫系统疾病，这会造成机体对传染性疾病抵抗能力变差。一些生理变化，如肌肉力量的丧失、脂肪的堆积、器官的萎缩均可能与荷尔蒙活性下降有关（Lamberts, van den Beld, & van der Lely, 1997; Rudman et al., 1990）。免疫系统的功能也会随着年龄的增长而逐渐下降（Holliday, 2004; Kiecolt-Glaser & Glaser, 2001）。

学习指路标

3. 研究者提出的解释老化原因的相关理论有哪些，关于寿命延长可能性的研究说明了什么？

表 17-1 老化的生物学理论

基因程控理论	变速理论
程控衰老理论。老化是特定基因有序开关的结果。衰老期是和年龄有关的缺损变得显著的时期	*磨损理论*。细胞和组织的关键部分发生耗损
内分泌理论。生物钟通过激素控制老化进程	*自由基理论*。氧自由基累积损伤造成细胞和器官失去功能
免疫理论。机体免疫功能下降导致个体对疾病的免疫力降低，因此导致衰老和死亡	*活动速率理论*。器官新陈代谢的速度越快，寿命越短
进化理论。老化是进化的一个属性。这个属性使一个物种的成员仅仅能活到繁殖后代就足够长了	*自我免疫理论*。免疫系统变得混乱并且破坏自身的身体细胞

资料来源：Adapted from NIH/NIA, 1993, p.2.

一系列研究表明，生物钟由染色体上的保护*端粒*控制，每次细胞分裂后端粒就会缩短，直至细胞分裂终止。这个程序的破坏可能最终会使细胞分裂的终点提前到来（de Lange，1998）。以 143 名 60 岁及以上的正常老年人为对象的一项研究表明，血液 DNA 样本中端粒的缩短和早逝存在关联，尤其对患有心脏病和传染性疾病的老年人，这种关系更加密切（Cawthon, Smith, O'Brien, Sivatchenko, & Kerber, 2003）。在比利时对家庭成员开展的一项研究发现，端粒的长度可能通过 X 染色体遗传给下一代，因此男孩只能遗传来自母亲的染色体端粒（Nawrot, Staessen, Gardner, & Aviv, 2004）。但是，一项对 58 名中青年母亲血液样本的分析发现，照顾患有慢性疾病孩子的母亲，其端粒较短，且端粒酶的水平也较低，这种端粒酶可以使性染色体修复自身的端粒，这种变化在年龄较大的妇女中更加明显。这些研究表明，压力可能影响端粒的变化（Epel et al., 2004）。

与基因程控理论不同的另一种理论是*老化的进化理论*。根据这种理论，自然选择的主要目的是生殖健康，将基因资源投入超出繁殖年龄的生命不符合繁殖的目的（Baltes，1997）。因此，老化是一种进化特征，使物种成员生活得足够长以便于繁殖。那么，如何解释人类寿命的延长呢？一种假设是当成人不再和年轻人竞争可利用的资源时，生命可以延长（Travis，2004）。另一种解释是人类通过持续照顾年轻人来延续繁殖的目的（Lee，2003；Rogers，2003）

变速理论 **变速理论**（variable-rate theories）有时也叫*错误理论*，这种理论将老化看作是随机过程的结果，存在很大的个体差异。在大多数变速理论中，随机误差或环境侵袭对机体系统造成损伤，从而导致老化。其他变速理论关注内部过程，诸如**新陈代谢**（metabolism）（使用氧气将食物转化为能量的过程），认为内部过程直接且持续地影响老化的速率（NIA, 1993; Schnierder, 1992）。

*磨损理论*认为，机体老化是由于机体系统在分子水平上不断受损造成的（Hayflick,

2004; Holliday, 2004）。正如前面第 3 章中提到的，通过细胞分裂，机体细胞不断增加；这个过程在以下两方面中是必不可少的：一是平衡无用细胞或潜在危险细胞的依序死亡；二是确保器官和系统的正常功能。随着人们的衰老，这些细胞将丧失修复或替代损伤细胞的能力。来自内部和外部的压力源（包括有害物质的累积，如新城代谢的化学产物）可能加重这一侵蚀过程。

自由基理论关注**自由基**（free radicals）的有害作用：新陈代谢过程中形成高度不稳定的氧原子或者氧分子，它们具有很强的反应性，可能会破坏细胞膜、细胞质、脂肪和碳水化合物，甚至 DNA。随着年龄增长，来自自由基的破坏不断积累并达到一定水平；这可能会引发关节炎、肌肉萎缩、白内障、癌症、迟发性糖尿病、神经障碍如帕金森病（Stadtman, 1992; Wallace, 1992）。关于果蝇的实验研究支持了自由基理论，当果蝇获得额外的可以消除自由基的复制基因时，它们的寿命比正常的果蝇长 1/3（Orr & Sohal, 1994）。相反，老鼠的体内含有一种 *MsrA* 基因，可以抵抗自由基的破坏作用，科学家培育出来的不含 *MsrA* 基因的老鼠，它们的寿命比正常老鼠的一半还要短（Moskovitz et al., 2001）。

生存速率理论认为身体只能从事一定数量的工作，并且只有这么多。身体工作得越快，能量使用得越多，身体耗尽的速度越快。因此，新陈代谢的速度，或者说能量的使用状况决定了生命的长度。研究发现，通过把鱼放入冷水中降低新陈代谢的速度，可以使鱼的寿命比生活在温水中更长（Schneider，1992）。（下一章中，我们将为生存速率理论提供更多的证据。）

自我免疫理论认为，老化可使免疫系统发生紊乱，释放出攻击自身细胞的抗体。

有规律的体育锻炼和一些有益于健康的好习惯是否能延缓老化带来的消极影响？对此，不同的理论见仁见智；但有一点是明确的，即基因和生活方式都对寿命起一定作用。

专栏17-1

实战演说

“抗老化”治疗是否有效？

纵观人类历史，人们一直在苦苦寻找长生不老药或者其他的方法来阻止或者扭转老化进程（Binstock，2004；Haber，2004）。在13世纪，英国科学家罗吉尔·培根（Roger Bacon）提出“高龄男性通过吸入年轻处女的气息可以返老还童”（Hayflick，1994）。1889年，布朗—塞奎（Charles Edouard Brown-Sequard）宣称，老年男性通过饮用狗睾丸中的提取物可以保持年轻和活力。探险家庞塞德莱昂（Ponce de Leon）一直寻找永葆青春之泉，最终以失败告终。如今，伴随着婴儿潮一代慢慢变老，很多商贩采用网络和其他途径兜售抗衰老产品和疗法——从酸奶疗法到腺体提取物和激素注射——并且声称这些产品和疗法确实有效（Perls, 2004）。

51位老化领域顶尖的科学家发表的意见书指出，商家的声明是没有任何科学依据的（Olshansky, Hayflick, & Carnes, 2002b）。正如老化领域3位主要的科学家给出的结论：“人类的老化可以通过任何方式改变的说法是没有实际证据的，并且目前没有证据支持……抗老化产品可以延长人的寿命”（Olshansky, Hayflick, & Perls, 2004, p.513）。

老年病学专家警告人们，抗老化产品不仅欺诈消费者，还可能对身体造成伤害。补品的包装上标出的与其他药物相互作用的说明“没有可信度，没有明确的服用方法，并且通常没有注意事项”（Olshansky et al., 2002a, p.94 ）。提高激素水平的治疗方法目前没有证据证明其作用，且可能会产生副作用，比如骨骼过度生长、腕管综合症、关节疼痛和肿胀，还可能增加癌症的发病率（Harman & Blackman，2004; Olshansky et al., 2002a）。

正如本章指出的，饮食中的抗氧化剂如维生素C和维生素E可能有助于抵抗特定疾病，但是抗氧化剂补品对自由基效果的研究并没有达成一致性（International Longevity Center, 2002; Olshansky et al., 2002a），并且可能还具有副作用。以营养丰富的老年人为参与者，大范围、随机的、控制性研究并不支持服用抗氧化剂。

中药银杏叶萃取物、维生素E及其他非处方性补品由于对于记忆和认知有积极效果而倍受推崇。关于上述物质的初步控制性研究表明，在一定程度上，它们的效果还是令人充满希望的；但是在得出更可靠的结论之前，还需要在健康老年人身上进行周密的研究（McDaniel, Maier, & Einstein, 2002）。特别是关于银杏系列的研究最终既没有支持，也没有反对它被普遍认为的效果（Gold, Cahill, & Wenk, 2002）。随机选择200多名60岁及以上的健康男性和女性作为安慰剂控制组，长达6周的研究表明，银杏对于记忆或者认知功能没有明显的可测量的益处（Solomon, Adams, Silver, Zimmer, & DeVeaux, 2002）。

抗老化产品效果难以测量的一个原因是，科学家至今为止还没有发现老化明确的生物标志，即适用于特定年龄段个体任何可测量的生物变化。因此，目前没有客观的方法来评估特定的疗法是否确定可以推迟生物钟（Butler et al., 2004; International Longevity Center, 2002; Olshansky et al., 2002a; Warner, 2004）。

人们对于抗老化治疗探寻的背后隐含的基本假设认为，老化就是一些事情出现了错误，也就是说，老化是一种疾病。事实上，老化是生命的一部分。老年病学家呼吁，我们应该将更多的资源投入到关于“长寿药物”的研究中，即治疗特定疾病的方法并延长人的寿命，而不是去寻找抗老化的治疗方案。

我思我秀

你或者你认识的人是否使用过据说可以提高记忆或者可抗其他老化问题的疗法？如果有，你认为效果如何？你是如何知道的？

课外链接

要进一步了解这个话题的相关信息，可以登录http://www.ilcusa.org。这是纽约西泰山医学院国际长寿中心的网站，它是一个非盈利性组织，专门协调研究、政策和教育来帮助政府发布人口老化和寿命的信息。这个中心与日本、英国、法国和多米尼加共和国都有合作。

这种功能失调称为**自体免疫**（autoimmunity），研究认为它对一些与老化有关的疾病和功能紊乱负有不可推卸的责任（Holliday, 2004）。这样看来，问题的一部分似乎是细胞死亡是如何调控的。正常情况下，这个过程由基因程式决定。但是，当破坏多余细胞的机制功能失调，细胞清除机制的破坏可能导致中风、阿尔茨海默症、癌症和自体免疫疾病。这些问题同样也可以由人体*必需细胞*的死亡引起（Aggarwal, Gollapudi, & Gupta, 1999）。

基因程控理论和变速理论都具有实践意义。如果人类被预先程序化，按照一定的速度老化，那么，人类只能尝试改变恰当的基因以延缓衰老过程，此外别无他法。另一方面，如果老化是可变的，那么生活方式和身体锻炼（像约翰·格林的锻炼养生）可以影响老化进程。但是，目前没有足够的证据支持目前市场上大量商业化的"抗衰老"的补救措施（International Longevity Center, 2002; Olshansky, Hayflick, & Carnes, 2002a, 2002b; Olshansky, Hayflick, & Perls, 2004; 见专栏 17-1）。

这样来看，这些老化理论好像只能解释老化中的部分事实而已（Holliday, 2004）；可控的环境因素和生活方式可能与基因相互作用共同决定人类的寿命和生存状况。一项调查选取了 1 402 名不同年龄段的成人，研究发现：基因变量可以解释骨骼组织生物年龄 57% 的变异。这意味着，其他的变异可能需要由环境变量来解释（Karasik, Hannan, Cupples, Felson, & Kiel, 2004）。

新近的理论吸取了进化论和变速论（Hayflick, 2004）的观点，认为自然选择的结果使得能量资源只能维持到繁殖。繁殖以后，身体中的剩余能量不足以继续维持身体细胞和系统在分子水平上的完整。随着时间的流逝，这种随机发生的恶化超越了身体的修复能力，从而使个体在疾病和死亡面前变得脆弱不堪。尽管每个个体都经历同样的老化过程，但是从细胞到组织，再到器官，每个人的老化速度却是不同的。

世界上健在的、寿命最长的老人——巴西阿斯托加的玛丽亚·奥利维亚·达·席尔瓦。她出生于 1880 年，2005 年 2 月 28 号她度过了自己的 125 岁生日。

人的寿命可以延长多久？

*延长寿命*是指人类可以控制自身生命的长度和生活质量。这可以追溯到 16 世纪意大利文艺复兴时期的贵族路易吉·柯娜洛（Haber，2004）。柯娜洛在所有事情上都实行节制，最终活到了 98 岁——这个年龄接近科学家曾经预测的人类寿命的上限。今天这个上限已经被远远超越。2005 年 2 月 28 号，当来自巴西阿斯托加的玛丽亚·奥利维亚·达·席尔瓦庆祝她的 125 岁生日时，她成为世界上仍健在、年龄最大的老人，并且是人类历史上寿命最长纪录的保持者（Lehman，2005）。这一记录的上一位保持者是一名叫珍妮·卡尔芒的法国老人，她于

1997年辞世，享年122岁。那么，人类的寿命是否可以更长呢？

最近，反映各寿命期限的人类或者动物比例的**存活曲线**（survival curves）支持了寿命有生物限制的观点。随着寿命界限的临近，物种成员每年死亡的数量越来越多。和以往相比，尽管现在的人类寿命更长，但是这个存活曲线仍旧在100岁左右终止；这意味着，不论身体如何健康，人类寿命的最大极限不可能更高。

莱昂纳德·海弗利克（Leonard Hayflick, 1997）发现，在实验室条件下培养的细胞最多能再生50次，这被称为**海弗利克界限**（Hayflick limit），它证明寿命是由基因控制的（Schneider, 1992）。如果如海弗利克所言，人体的细胞和实验室情境下的细胞经历了同样的进程，那么人类细胞的寿命是有生物限度的，因此海弗利克估计人类的寿命在110年左右。

但是，在很老的群体中，这个模式似乎发生了改变。例如，在瑞士，19世纪60年代人类的最大寿命是101岁，到20世纪90年代增加到108岁，主要原因是由于70岁之后老年人死亡率降低（Wilmoth, Deegan, Lundstrom, & Horiuchi, 2000）。此外，100岁以上老人的死亡率实际上下降了（Coles, 2004）。在一年内，110岁个体死亡率要低于80岁的个体（Vaupel et al.,1998）。换句话讲，人类如果足够强壮可以达到一定的年龄，那么便可能生活更长的时间。这就是为什么一位65岁的老人的预期寿命要比新生儿的预期寿命要长（Administration on Aging, 2003a; NCHS, 2004）。从这点和其他一些人口学上的证据来看，至少有一位研究者认为人类的寿命是没有固定上限的（Wilmoth, 2000）。

另外一些研究者认为基因至少部分决定着人类的寿命（Coles，2004），并提出人类寿命呈指数增加的观点是不现实的（Holliday，2004）。20世纪70年代以来，人类预期寿命的增加源自于与老化相关疾病的减少，如心脏病、癌症和中风。除非科学家找到可以改变老化基本过程的方法，否则想进一步延长人类寿命会困难至极（Hayflick, 2004; International Longevity Center, 2002; Olshansky, Carnes, & Desesquelles, 2001; Olshansky, Hayflick, & Carnes, 2002a）。而在老年病学专家看来，这是不可能的壮举（Hayflick, 2004; Holliday, 2004）。

但是，针对动物的科学研究正在挑战每个物种生物极限不可改变的观点。科学家通过轻微的基因修改已经延长了蠕虫、果蝇和老鼠的健康寿命（Ishii et al., 1998; T. E. Johnson, 1990; Kolata, 1999; Lin, Seroude, & Benzer, 1998; Parkes et al., 1998; Pennisi, 1998）。这些研究表明延迟衰老、显著增加人类的平均寿命和最大寿命具有一定的可能性（Arking, Novoseltseva, 2004）。当然，在人类群体中，对生物过程的基因控制可能更加复杂。因为不是单一的基因或者过程对衰老和死亡发挥主导作用，所以我们似乎不可能找到人类老化基因的“快速修复”法（Hayflick, 2004; Olshansky et al., 2002a）。

一系列关于饮食限制的研究使我们充满了希望，这些研究受到生存速率理论的激发。该理论认为新陈代谢的速度或者能量的使用是决定老化的关键因素（International

Longevity Center, 2002）。研究发现，大量减少卡路里（但是仍包含所有必需的营养成分）可以明显延长昆虫和鱼类的寿命。事实上，几乎对所有的实验物种都有效果（Heibronn & Ravussin, 2003; Weindruch & Walford, 1988）。适量减少卡路里（约 10%）可以显著提高啮齿动物 24% 的存活率（Duffy et al., 2001）。在一项关于 117 只恒河猴的实验室纵向研究中，其中 8 只恒河猴以维持正常体重必须的方式饲养，而其他恒河猴则以随意的方式饲养。25 年后，限定卡路里的恒河猴寿命比对照组的大 7 岁，患年龄相关疾病也较少（Bodkin, Alexander, Ortmeyer, Johnson, & Hansen, 2003）。

我思我秀

- 试想一下，如果你的寿命能如你所愿，你想活多长？哪些因素影响了你的答案？
- 下面的选项中你更愿意选哪个：寿命足够长或者寿命相对较短但质量足够高？

由于人类的寿命比较长，在人类身上进行系统的饮食限制实验可能不切实际。但是，一项以 1 915 名居住在夏威夷欧胡岛、健康且不吸烟的日裔美国男性为对象，从他们的成年中期到老年期的追踪研究，发现了有趣的结论。36 年以来，这些男性每天记录他们吃的食物。研究发现，消耗的卡路里数量低于同伴平均水平 15% 者，其死亡率是最低的。但是卡路里的摄取低于平均水平 50% 者，死亡的可能性反而增加（Willcox et al., 2004）。

这是由于卡路里摄取量的减少延长了寿命，还是其他一些相关因素在起作用呢？以 700 名健康正常饮食男性为对象的研究表明，他们中寿命最长的个体在以下三个方面的生理表现与长期减少卡路里摄取量的恒河猴的生理表现相似：体温低、血液胰岛素水平低、硫酸去氢表雄酮（一种在正常老化中减少的类固醇激素）水平高。这表明寿命可以通过直接影响上述生理表现的方式延长，而无需降低卡路里的摄取。

学习检查站

你能否……

- ✓ 比较生物老化的两类理论，它们的内在含义及相关的证据？
- ✓ 描述延长人类寿命的两方面研究，并讨论其研究发现的意义？

如果有一天，人类真的实现了永葆青春这一古老梦想，那么很多老年病学专家将会担忧因老化相关疾病和能力丧失而导致的体弱者会增多（Banks & Fossel, 1997; Cassel, 1992; Stock & Callahan, 2004; Treas, 1995）。但是，延长动物寿命的实验和百岁老人的研究表明，这种担忧是没有根据的，致命疾病也会越来越倾向于出现在长寿人类生命的最后阶段（International Longevity Center, 2002; 见专栏 17-2）。

生理变化

学习指路标

4. 成年晚期会发生哪些生理变化，这些变化在不同个体间的差异如何？

伴随着衰老，人类表现出一些典型的生理变化，这些变化即使对于非专业的观察者也一目了然。老年人的皮肤苍白，出现各种老年斑，缺乏弹性；随着脂肪和肌肉的萎缩，皮肤上布满皱纹；腿部静脉曲张变得更加普遍；头发变白变少，体毛稀疏。

由于脊柱椎骨凸起萎缩，老年人的身高变矮。骨骼变薄可以引起颈椎后面的“老年驼峰”，患有骨质疏松症的妇女更加明显。另外，骨骼化学成分的改变增加了骨折的风险性。一些肉眼看不见的变化会影响内部器官和身体系统、大脑以及感觉、动作和性功能。

专栏17-2

知识拓展

百岁老人

马里兰州菲德里克的埃拉·斯迪帕（Ella Stumpe）在98岁时，自学了微软软件。5年之后，她已经103岁高龄，这期间她在电脑上已经写了几本书，其中一本名为《在我生命的百岁之际》。斯迪帕将她的长寿归功于有节制的生活方式，包括30岁患有溃疡之后，她采用的非酸性饮食（Ho, 1994）。

安娜·格诺帕来自明尼苏达州，舍本镇，在她104岁时，仍坚持不懈地进行关于她的生活和家庭故事的写作。在工业化国家中，美国的百岁老人最多。很多百岁老人都是女性，并且非常多的百岁老人身体健康、充满活力。

在20世纪之交，美国10万人中仅有1人的寿命超过100岁。今天，10万人口中百岁以上老人的数目大约是当初的10倍（Terry, Wilcox, McCormick, & Perls, 2004）。2002年，美国有50 364位百岁老人。自1990年来，该比例增加了35%（联邦老龄事务局，2003a）。在欧洲，百岁老人的比例也显著增加（Kinsella & Velkoff, 2001），尤其是在苏格兰，老年人活到100岁的可能性不断增加；生于1860年的人，10 000人中平均有1.5人；生于1900年的人，10 000人中平均就有38.5人（Benloucif, Zee et al., 2005）。

关于百岁老人的大量研究，挑战了人类长期以来关于健康和老化以及人类生命极限的传统观念，即人类的寿命大约是100岁。正如本章提到的，100岁之后，死亡率有所下降（Coles, 2004; Vaupel et al., 1998）。但是，很少有人活过110岁（Coles, 2004）。据可靠证据，2003年世界范围内仅有45名“超级百岁人”，他们身体极其虚弱。对这些老人的研究表明，如果医学上没有一些不可预见的突破，那么人类的生命极限不会超过125岁（Coles, 2004）。

权威的老年病学家提醒人类，更长的寿命意味着人类要忍受更多慢性疾病的困扰。相反，越来越多的证据支持*疾病压缩模型*，该模型假设在接近人类寿命极限的个体中，严重疾病只有到临终前很短的时间才会出现。100岁时因支气管肺炎去世的一位日本冲绳县的老太太证明了这个模型。直到97岁时，她身体还一直很健康，仅在临终前的3年，她经历了一系列的跌倒和骨折，表现出严重的认知功能损害，需要完全依赖照料者，并且呼吸道反复感染（Bernstein et al., 2004）。

以美国和加拿大共424名百岁老人为研究对象，结果发现他们的健康史可分为三种不同模式。大约20%（男性32%，女性15%）的人是*疾病幸免者*，他们没有患病。*幸存者*（男性24%，女性43%）指在80岁前被诊断为患有老化相关的疾病（中风、心脏病、癌症、高血压、骨质疏松、甲状腺紊乱、帕金森病、糖尿病、慢性肺梗塞

器官和身体组织的老化

器官和组织功能的变化在个体内和个体间均具有高度的多样性。一些机体系统迅速衰退，而另一些则几乎没有变化（见图17-5）。伴随着慢性压力，老化使人体的免疫功能降低；因此，老年人更容易受呼吸传染病的影响（Kiecolt-Glaser & Glaser, 2001），并且几乎是不可避免的（Koivula, Sten, & Makela, 1999）。另一方面，消化系统的机能却相对较好。心率变得越来越慢，并且规律性降低。心脏周围的脂肪层不

知识拓展

疾病，或者白内障），但是仍然活着。最大的群体是延迟者（男性 44%，女性 42%），即成功将老化相关疾病的发病期延迟到 80 岁或以后。显然，本研究中大约半数的男性和女性百岁老人并没有患老年群体中最普遍的三种致命疾病——心脏病、中风和癌症（除皮肤癌外）。总体来讲，87% 的男性和 83% 的女性避免了疾病或者延迟了患病（Evert, Lawler, Bogan, & Perls, 2003）。

如何解释上述现象呢？一种可能的解释就是独特的基因在发挥作用，保护老人免受严重疾病，如癌症和阿尔茨默兹病的侵害（Silver et al., 2001）。百岁老人似乎没有和老化相关致命疾病基因和过早死亡基因。以百岁老人为样本开展的研究发现，他们的 4 号染色体和长寿（Perls, Kunkel & Puca, 2002a, 2002b; Puca et al., 2001）及健康老化有关（Reed, Dick，Uniacke，Foroud, & Nichols, 2004）。百岁老人，特别是超级百岁老人往往来自长寿家庭（Coles, 2004）。同样，百岁老人的儿女们也在一些特定疾病上（心血管疾病、糖尿病、高血压和中风）的发病年龄较晚，但是在和老化相关的其他疾病上并非如此（Terry, Wilcox, McCormick, & Perls, 2004）。

对新英格兰镇 41 名在世的百岁老人开展的研究发现，遗传因素在长寿中发挥着巨大的作用。百岁老人的兄弟姐妹很多也是百岁老人（Perls, Wilmoth et al., 2002）。马萨诸塞州 90% 的百岁老人在平均年龄 92 岁时，认知和身体功能都保持着独立；75% 的百岁老人在 95 岁时认知和身体功能独立（Hitt, Young-Xu, & Perls, 1999）。33% 的人没有痴呆症状（Silver, Jilinskaia, & Perls, 2000）。这些百岁老人在教育水平、社会经济地位、居住地、民族和饮食方式上都有很大差异。有人是素食主义者，也有人却吃一些高脂肪食物；有人是运动员，也有人从不进行剧烈的运动。但是，他们中几乎没有是肥胖者和严重吸烟的人。许多百岁老人是终生未婚的妇女，其中很多是 40 岁以后才有孩子。百岁老人共同的人格特征就是具有成功应对压力的能力（Perls, Alpert, & Fretts, 1997; Perls, Hutter-Silver, & Lauerman, 1999; Silver, Bubrick, Jilinskaia, & Perls, 1998）。

或许这种品质可以通过马萨诸塞州的利河伯地区的安娜·摩根（Anna Morgan）的例子来说明。她活到 101 岁，临终前安排好了自己的葬礼。“我不想让这些事成为孩子的负担。”她对研究者解释道，“他们年纪都大了，你知道的”（Hilts, 1999, p.D7）。

我思我秀

你是否认识百岁老人？如果认识，他 / 她长寿的秘诀是什么？他 / 她的家人是否也长寿呢？

课外链接

如果你想了解关于这个话题的更多信息，请登录 http://www.bumc.bu.edu/Dept/Content.aspx?DepartmentID=361&PageID=5749. 这是波斯顿大学医学院的网站，这个网站提供百岁老人的背景信息，并且和新英格兰百岁老人的研究有联系。或者登陆 http://www.grg.org/calment.html。这个网站包含目前健在的超级百岁老人的名单，也包含历史上有记录的已故超级百岁老人的名单。

断堆积，进而影响心脏的功能，造成血压升高。

另一个与身体健康有关的重要变化是**备用容量**（reserve capacity）的下降。在极端压力情况下，这些备用容量可以帮助身体系统的功能发挥到最大限度。随着年龄增长，备用水平逐渐下降，一些老年人不能再像从前一样，对于超负荷的身体需要做出回应。比如，年轻人能够先铲雪，接着去溜冰；但是年纪大的老人，往往铲完雪后心脏容量就已经耗尽，甚至连基本的铲雪活动都不能连续完成，中途不得不随时休息。

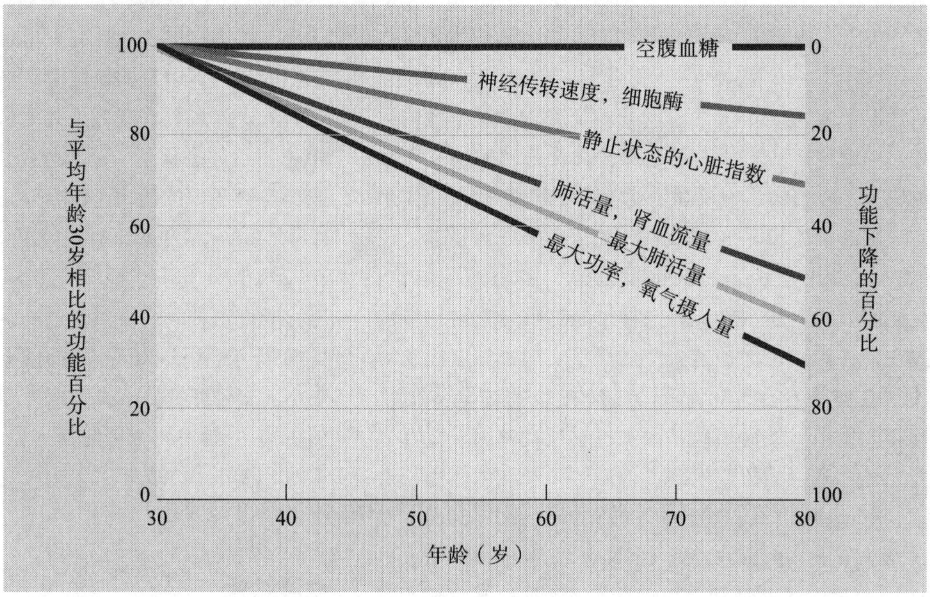

图 17–5

器官功能的下降。身体内部系统功能效率的个体差异在青年期通常很小，但到老年期会变大。

资料来源：Katchadourian, 1987.

但是，也有很多像约翰·格林那样正常、健康的老年人，他们的系统功能几乎没有变化。许多活动并不要求最佳表现才能带来享受和价值感。通过这种方式安慰自己，大部分老年人几乎可以做任何他们需要做和想要做的事情。

大脑的老化

正常情况下，健康老年人大脑的变化通常是适度的；大脑功能变化的差异很小（Kemper, 1994），但是不同个体之间却存在很大差异（Deary et al., 2003; Selkoe, 1991, 1992）。30 岁之后，大脑重量明显下降，速度先慢后快，到 90 岁时，大脑的重量下降达 10%。大脑重量的下降是由于*大脑皮层中神经元的丧失*，大脑皮层是大脑负责大部分认知任务的区域。最新的研究表明，脑重量下降的原因并不是神经元*数量*大范围内的减少，而是神经元自身的萎缩造成一些连接组织如轴突、树突和突触的丧失（参考第 4 章）。在前额叶皮层中，神经元的萎缩开始的最早，并且萎缩速度最快；前额叶皮层在人类记忆和高水平的认知功能中发挥重要作用（West, 1996; Wickelgren, 1996）。随着大脑重量的减轻，中枢神经系统逐渐变慢的问题开始凸显出来，进而影响到身体的协调性和认知活动。

或许部分由于高血压，轴突中的白质发生病变，进而降低认知活动。一项追踪研究选取出生于 1921 年的 83 名苏格兰男性和女性，研究发现，在他们 78 岁时，白质的异常可以解释认知功能变异的 14%，与个体早期的心理功能无关（Deary, Leaper, Murray, Staff, & Whalley, 2003）。

男性特定的大脑结构，包括大脑皮层，其萎缩速度比女性的要快（Coffey et al., 1998）。但是过于肥胖的女性，其大脑皮层萎缩出现得比较早（Gustafson, Lissner, Bengtsson, Bjorkelund, & Skoog, 2004）。同样，在受教育程度较低的个体身上，大脑皮层的萎缩开始得也比较早（Coffey, Saxton, Ratcliff, Bryan, & Lucke, 1999）。这表明，教育（或者相关的因素，比如高的收入或者较少残疾）可以增加大脑的备用容量，其功能在于降低老化带来的潜在有害作用（Friedland, 1993; Satz, 1993）。有氧锻炼可以减缓脑组织的萎缩（Colcombe et al., 2003）。以老鼠为对象的研究表明，水果和蔬菜可以延迟甚至扭转因年龄增加带来的大脑功能的降低（Galli, Shukitthale, Youdim, & Joseph, 2002）。

有研究通过对 30 名 26~106 岁参与者的大脑组织检测发现，特定基因上 DNA 的显著损害会影响大多数老年人和少数中年人的学习和记忆能力。研究者同样可以选择性地破坏实验室中培养的大脑细胞中的相同基因，模拟大脑老化（Lu et al., 2004）。以 48 只老年猎犬为参与者的研究表明，食用抗氧化剂的饮食，结合规律的身体活动和心理刺激，大脑的老化可以降到最低甚至阻断。研究还发现，接受饮食干预或环境干预的猎犬在认知测验上的表现优于控制组；而同时接受饮食和环境干预的猎犬在认知测验上的表现最佳（Milgram et al., 2005）。

大脑的变化并非全部是破坏性的。通过研究恒河猴的大脑皮层中负责学习和记忆功能脑区的细胞分裂发现，老化的大脑可以生长出新的神经元，而这曾经一度被认为是不可能的（Eriksson et al., 1998）。在成年老鼠身上，这种新产生的恒河猴细胞可以发育成成熟的功能性神经细胞（Van Praag et al., 2002）。这些研究发现使科学家对寻找通过大脑自身的复原力治愈一些疾病（如阿尔茨海默症）充满了信心。

学习检查站
你能否……
✓ 概括生命晚期系统功能的普遍变化和差异状况?
✓ 证明大脑重量减轻的可能来源有哪些，并且解释大脑再生变化的重要性?

感觉和心理运动功能

随着年龄增长，个体在感觉和运动功能上的差异逐渐显现出来。一些老年人的感觉和运动功能急剧下降；而另一些老年人的感觉和运动功能却几乎没有什么变化。一位 80 岁的老人可以听清楚轻声谈话的每个字；而另一位老人可能甚至连门铃声都听不到。感觉和运动功能的损害在老老人身上更加严重。视觉和听觉问题会剥夺老人的社会关系和独立性（Desai, Pratt, Lentzner, & Robinson, 2001; O'Neill, Summer, & Shirey, 1999），运动功能的损害限制了老年人的日常活动。

现在，一些新型技术可以帮助很多老人避免感觉缺陷，提高他们的视觉和听觉能力。发明者以重新设计物理环境的方式来满足老人的需要，见表 17-2。

视觉和听觉　在美国，18% 的老人报告受到视力问题的困扰（Federal Interagency Forum on Aging-Related Statistics, 2004）。老人在深度知觉、颜色知觉、日常阅读、缝纫、购物和烹饪活动上存在困难（Desai et al., 2001）。视敏度的下降造成老年人在阅

表 17-2 为老年群体进行的环境改变*

视力辅助措施

- 增加阅读光线的亮度
- 大号字的书籍
- 铺有地毯的或有纹理（不是发亮）的地板
- 视觉（频）信号声音化："会说话"的出口标志；感觉热时，设备大声提醒；光线暗的时候，电子设备发出通知；汽车发出即将发生碰撞的警告通知。

听力辅助措施

- 公共广播系统和录音设备达到老年人的听力范围
- 公园长椅和沙发的角度或者组合有利于老年人面对面的交流

手的灵活性辅助措施

- 加长的梳子和刷子
- 可拉伸的鞋带
- 用魔术贴代替纽扣
- 轻便机动的锅具洗刷器及园林工具
- 水龙头轻叩转换器
- 不用弯腰的脚拖布
- 声控电话拨号器
- 长柄易握的拉链
- 有轮廓的饮食器具

家中走动和安全的辅助措施

- 扶梯代替楼梯
- 杠杆代替旋钮
- 较低的壁橱货架
- 为长期坐着的人准备较低的窗户
- 防止自来水烫伤的监控器
- "软浴缸"防止滑倒，增加舒适度，防止浴缸中的水迅速冷却
- 用感应器来监控独居老人的活动，有任何异常情况则向亲戚朋友求助

行人安全的辅助措施

- 道路信号灯变化较慢
- 交通安全岛以便行动缓慢者停下来或者休息
- 较低的公交站台和台阶

安全驾驶的辅助措施

- 清晰的道路标志和路面标记
- 通过言语指令启动汽车程序来操作窗户、收音机、加热器、车灯、雨刮器、甚至点火系统
- 挡风玻璃根据风和光的条件，自动调节色彩，并且配置大的液晶显示屏显示速度和其他信息，这样老年司机的视线不用离开路面，并且不必再次调整注意力

温度调整

- 家庭和旅馆配有加热设备
- 每个房间有自动调温器
- 保暖性衣服
- 能发热的食物

* 很多创新已经投入使用，另外一些将来可能出现。

资料来源：Dychtwald & Flower, 1990; Eisenberg, 2001; Staplin, Lococo, Byington, & Harkey, 2001a, 2001b.

读小字体或者浅色字体时存在困难（Akutsu, Legge, Ross, & Schuebel, 1991; Kline & Scialfa, 1996）。视觉问题可能会引发事故和灾难。社区居住的老年人口中大约 1 800 万人年报告他们在洗澡、穿衣和屋内行走方面存在困难，造成这种困难的部分原因是视力下降（Desai et al., 2001）。

老年人的眼睛需要更亮的光线才能看清楚，它们对强光更加敏感；因此，老年人在定位和识别交通信号上可能存在困难。对于这些视力下降的老年人来讲，开车非常危险，尤其是在晚上（D. W. Kline et al., 1992; D. W. Kline & Scialfa, 1996）。在一项针对加利福尼亚州索诺玛 2 085 名 55 岁及以上老年人的研究中发现，近 47% 的老年人报告他们会减少或者避免驾驶。他们提到最多的理由是视力问题，尤其是女性（Ragland, Satariano, & MacLeod, 2004; Satariano, MacLeod, Cohn, & Ragland, 2004）。

老化导致的黄斑退化是老年人视力损伤的主要原因，视网膜中央逐渐丧失区分细节的能力。左图是视力正常人的视觉图片。右图是黄斑退化患者看同一幅图的视觉图片。

轻微的视力问题可以通过以下方式得以缓解：戴眼镜、医疗、外科手术或者如表 17-3 中所列出的环境改善。但 70 岁以上的老人中，接近 20% 的人视力丧失问题不能通过上述措施得以改善（Desai et al., 2001）。

多数视力损害（包括失明）都是由白内障、老化相关性的黄斑退化、青光眼或者糖尿病视网膜病变（一种和年龄无关的综合性糖尿病）引起的。65 岁以上的老年人中，半数以上患有**白内障**（cataracts），眼睛晶状体中模糊不清或者不透光的区域最终引发视力模糊（Schaumberg et al., 2004）。在美国，老人通常采用手术治疗白内障，并且这种手术也是相当成功的。由**老年性黄斑退化**（age-related macular degeneration），使得视网膜的中央部位逐渐丧失快速区分细节的能力，这是引起老人视力下降的主要原因。临床个案实践表明，激光手术、光动力学治疗、抗氧化剂和锌的补充可以阻止视力的进一步恶化（Foundation Fighting Blindness, 2005）。

青光眼（glaucoma）是由于眼内压增高造成视神经不可逆转的损害；如果放任不管将会导致失明。1995 年，8% 的老人患有青光眼，但是大多数人并没有意识到自己患病。亚裔美国人患有青光眼的数量是美国白人的 2 倍（Desai et al., 2001）。早期的治疗可以降低眼内视神经压力，从而延迟发病时间（Heijl et al., 2002）。

在美国，将近 47% 的老年男性和 30% 的老年女性报告自己有听力问题。年龄越大，听力损伤越严重（Federal Interagency Forum on Aging-Related Statistics, 2004）。85 岁以上老人有 60% 的存在听力问题（Federal Interagency Forum on Aging-Related Statistics, 2004），并且白人多于黑人（Lee, Gómez-Marín, Lam, & Zheng, 2004）。85 岁以上老年人中将近 17% 的人听力完全丧失（Desai et al., 2001）。听力丧失可能会让人对老年人产生误解，认为他们注意力不集中、心不在焉且易怒。此外，听力丧失往往会对患者及其配偶或伴侣的幸福感产生不利影响（Wallhagen, Strawbridge, Shema,

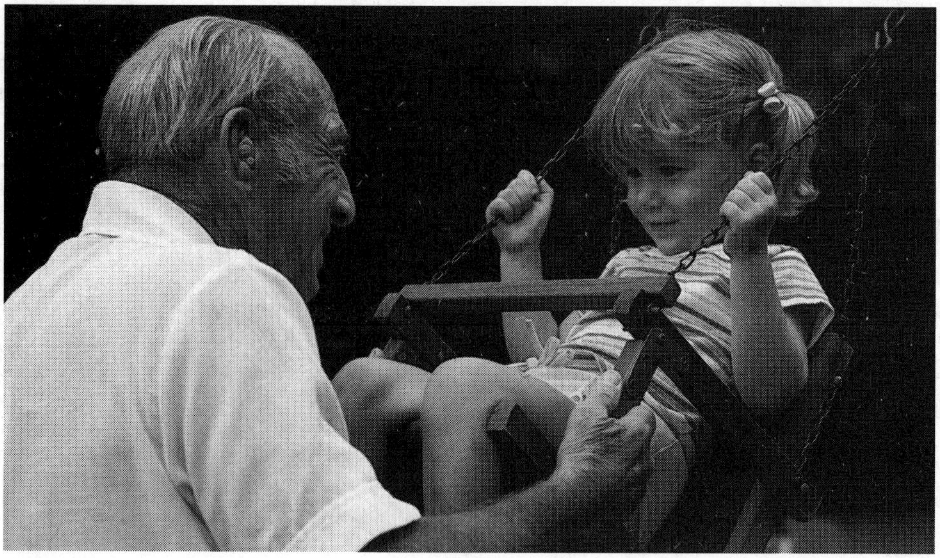

图中老人借助听力辅助装置更容易听清小孙女的高频音。65~74 岁老年人中约 33% 存在某种程度的听力丧失，85 岁以上的老年人更是高达 50%，听力丧失严重妨碍了他们的日常活动。

& Kaplan, 2004)。同时，听力丧失可能也导致老年人记不住别人说过的话（Wingfield, Tun, & McCoy, 2005)。

助听器对个体有帮助，但个体很难适应；因为它的原理是通过扩大背景噪音和人们要听的声音来实现的。只有 10% 的老年女性和 19% 的老年男性报告配带助听器（Federal Interagency Forum on Aging-Related Statistics, 2004)。另一种听力辅助设备是植入电话扩音器（Desai et al., 2001)。

力量、耐力、平衡感和反应时 从成年期到 70 岁，个体的力量会丧失 10%~20%，70 岁后丧失更多。随着年龄增长，和身体健康其他方面相比（如灵活性），行走耐力持续下降，尤其是在女性身上表现更加明显（Van Heuvelen, Kempen, Ormel, & Rispens, 1998)。自然老化、活动减少和疾病共同导致了肌肉力量的下降（Barry & Carson, 2004)。

上述能力的丧失似乎部分可以得到逆转。一项针对 60~90 岁老年人的干预研究发现，经过长达 8 周到 2 年的举重训练、力量训练和耐力训练，参与者的肌肉力量、肌肉纤维大小和灵活性都有所增强，同时，速度、耐力和腿部肌肉力量，以及自发的身体运动也都提高了（Ades, Ballor, Ashikaga, Utton, & Nair, 1996; Fiatarone et al., 1990, 1994; Fiatarone, O'Neill, & Ryan, 1994; Foldvari et al., 2000; McCartney, Hicks, Martin, & Webber, 1996)。即使强度较低，频率适度的有氧舞蹈和运动训练也可以增加肺活量、腿部肌肉力量和活力（Engels, Drouin, Zhu, & Kazmierski, 1998)。尽管上述效果某种程度上可以改善肌肉质量；但是对老年人来说，最主要的益处可能还是训练诱发大脑激活和协调肌肉活动的适应能力（Barry & Carson, 2004)。

老年群体中这些可塑性的证据尤其重要，因为老年人的肌肉萎缩，容易跌倒和

表 17–3　预防在家跌倒的安全清单

楼梯、走廊和过道	无堆积物 照明良好，尤其是楼梯顶部 在楼梯底部和顶部均设置开关 两边和整个楼梯的扶手固定牢固 地毯附着牢固并且不能磨损；粗糙的纹理和打磨的条纹确保地面安全
浴室	浴缸、淋浴和厕所周围安装便捷的把手 不打滑的垫子，打磨过的防潮条纹或地毯； 夜灯
卧室	电话和夜灯或者灯的开关安装在床边容易够到的范围内
所有活动空间	电源线和电话线远离过道 大小地毯较好地固定在地面上 检查是否有危险，比如暴露在外面的钉子和松散的门槛装饰 家具和其他物品摆放在熟悉的位置，并且不要挡路；圆形的餐桌或者用软垫包裹餐桌边角 沙发和椅子的高度适于坐和站

资料来源：改编自 NIA，1993。

骨折，并且在日常生活任务上需要帮助。老年人容易跌倒的一个原因是，向大脑发出身体所处空间位置信息的感受细胞的敏感性降低，而这些信息是个体维持平衡所必须的。反应变慢和错误的深度知觉也是平衡感丧失的原因（Agency for Healthcare Research and Quality and CDC, 2002; Neporent, 1999）。

大部分的跌倒和骨折可以通过提高肌肉力量、平衡感和训练步伐速度来预防（美国卫生保健研究与质量管理处和疾病控制中心，2002），同时也可以通过消除家庭中普遍存在的危险因素来避免（Gill, Williams, Robison, & Tinetti, 1999; NIH Consensus Development Panel, 2001; 见表 17-3）。改善平衡感的锻炼可以恢复身体的控制和姿势的稳定性。中国传统的太极拳对于维持身体平衡、保持肌肉力量和提高有氧代谢能力尤其有效。

睡　眠

和以往相比，老年人的睡眠更少，也较少做梦。老人深度睡眠的时间也更加有限，并且由于身体问题或者在强光条件下，他们更容易惊醒（Czeisler et al., 1999; Lamberg, 1977）。但是，如果认为老年人的睡眠问题是正常的那就危险了；长期失眠，如果不进行治疗，将成为抑郁的前期征兆。

不论是否配合药物治疗，认知行为疗法（只在睡觉时待在床上，每天早晨定点起床，并且学习与睡眠需求有关的错误信念）都有长期的疗效（Morin, Colecchi, Stone, Sood, & Brink, 1999; Reynolds, Buysse, & Kupfer, 1999）。研究者选择了12名老年男性和女性进行了两周的研究，每天进行90分钟轻度到中度的运动，并且不时穿插社交活动，这些干预改善了老人的认知功能和自我感知的睡眠质量（Benloucif, Orbeta et al., 2004）。

性功能

个体维持性功能最重要的因素是多年以来持续的性活动。通常情况下，在性生活方面活跃的健康男性到了70多岁或者80多岁仍能进行某些形式的积极有效的性表达活动。从生理角度来讲，女性毕生都可以进行性生活；但是她们要达到满意的性生活，主要的障碍可能是缺少伴侣（Masters & Johnson, 1966, 1981; NIA, 1994; NFO Research Inc., 1999）。

学习检查站

你能否……

- ✓ 描述感觉和运动功能以及睡眠需求方面的典型变化，并说明它们如何影响老年人日常的生活?
- ✓ 讨论性功能的变化，并且阐述成年晚期性生活的可能性?

成人晚期的性和早期是有差别的。显然，男性需要更长的时间才能勃起和达到高潮；更加需要手部的刺激；两次勃起之间间隔的时间也将更长。勃起功能障碍将会增加，通常情况下也是可以治疗的（Bremner, Vitiello, & Prinz, 1983; NIA, 1994; 参见第15章）。和以往相比，女性的乳房充盈及其他性唤起的信号变得不明显。阴道的弹性降低，并且需要人工润滑油。

尽管如此，大多数老年人同样可以享受性生活（Bortz, Wallace, & Wiley, 1999）。如果年轻人和老年人都认为老年性生活是正常的和健康的，老年人在性生活上就更容易满足。为老年人提供住房安排和护理，应该考虑到他们的性需要。如果有其他可以替代的药物，医生应避免开出干扰老年人性功能的处方；如果妨碍性生活的药物必须使用，医生也应该告知病人药物的副作用。

学习指路标

5. 成年晚期常见的健康问题有哪些，哪些因素影响这些健康问题?

生理和心理健康

预期寿命的提高使得长寿和身心健康的关系成为一个紧迫的问题。如今，老年人的健康状况如何？如何延缓甚至避免健康状况的下降呢?

健康状况

健康状况恶化并不是老化不可避免的后果（Moore, Moir, & Patrick, 2004）。在美国，虽然多数老年人的健康状况平均水平不如青年期和成年中期；但是他们健康状况的总体水平还是比较好的。65岁及以上的老年人中有73%认为自己的健康状况良好或非常好，并且白人报告的健康状况比非裔美国人和西班牙裔美国人好。85 岁及以上的老年人中，67% 的非西班牙裔白人认为自己健康状况很好；而黑人和西班牙裔美国人的比例较低，分别为 52% 和 53%（Federal Interagency Forum on Aging-Related Statistics, 2004）。在人类生命早期，贫困会导致健康恶化、无法获得和使用医疗护理（NCHS; 2004）。

慢性疾病和残疾

美国 80% 以上的老年人至少患有一种慢性疾病，50% 的老年人至少患有 2 种慢性疾病（Moore, Moir, & Patrick, 2004）。85 岁以上老人在老年人中所占的比例本身比较少——但是他们中半数以上的人羸弱不堪：难以面对压力、疾病、残疾和死亡。虚弱并不简单是生理功能的变化。针对 1 558 名墨西哥美国老年人长达 7 年的研究发现，对生活积极乐观、拥有较高的自尊和享受生活的老人不容易变得羸弱不堪（Ostir, Ottenbacher, & Markides, 2004）。

常见慢性疾病　在美国，可能导致老年人死亡的四大杀手都是慢性病，分别为：心脏病、癌症、中风和慢性下呼吸道感染（NCHS，2004）。事实上，心脏病、癌症和中风在美国老年人死亡发病率中总共占到 60%（Moore, Moir, & Patrick, 2004）。美国老年人将 95% 的健康护理费用都用在了慢性疾病上（Moore, Moir, & Patrick, 2004）。从世界范围来讲，60 岁及以上的老人主要死于心脏病、中风、慢性肺病、下呼吸道感染和肺癌（WHO, 2003a）。下文将会谈到，由上述疾病引发的死亡大部分都是可以通过健康的生活方式预防的。

高血压和糖尿病的发病率不断升高，其中老年人群的患病率分别为 50% 和 16%。高血压影响血液到脑部的供应，是引发中风的危险因素（表 17-4 列出了中风的提示）。高血压也与认知能力，如注意、学习、记忆、执行功能、心理运动能力、视觉和知觉以及空间技能的下降有关（Waldstein, 2003）。另外一些常见慢性病及所占的比例如下：关节炎（36%）、心脏病（31%）和癌症（21%）。女性更容易患高血压、哮喘、慢性支气管炎和关节炎症状；而男性更容易患心脏病、癌症、糖尿病和肺气肿（Federal Interagency Forum on Aging-Related Statistics, 2004）。在不同种族或者民族中，慢性疾病也存在很大差异。从 2000~2001 年间，65% 的非裔美国老年人患高血压，而白人和西班牙裔老年人患此病的比例低于 50%。白人患糖尿病的比例为 14%，而黑人和西班牙裔美国人几乎是白人的 2 倍，分别为 25% 和 23%。另一方面，22% 的白人患癌症，而黑人和西班牙裔美国人的比例仅为 10%（Moore, Moir, & Patrick, 2004）。

残疾和活动受限　自 20 世纪 80 年代中期以来，在美国和法国，身体残疾或者长期活动受限的老年人比例不断下降（Federal Interagency Forum on Aging-Related Statistics,

表 17-4 中风的征兆
• 面部、手臂或者腿部突然麻木或无力，尤其是身体的一侧
• 突然出现混乱、言语或者理解困难
• 突然出现单眼或者双眼视觉困难
• 突然走路困难、头晕、失去平衡或者协调感
• 突然出现莫名其妙、没有任何原因的头痛

资料来源：American Stroke Association, 2005.

2004），可能的原因是老年人受教育水平不断提高，了解相关的预防知识。但是在其他的工业化国家中，变化趋势却各不相同（Robine & Michel, 2004）。

美国老年人中，不足10%的人难以进行基本的**日常生活活动**（activities of daily living，ADLs，如穿衣、洗澡和在房间内走动）；超过20%的人在更加复杂的**工具性日常生活活动**（instrumental activities of daily living，IADLs，如购物或者单独就医）方面存在困难。由于慢性疾病，大约22%的初老人，33%的中老人和53%的老老人的*功能性活动*受到限制（如散步、爬楼梯、伸手够东西、举东西或者搬运东西）（Gist & Hetzel, 2004）。

慢性疾病不严重时，通常可以控制，并不会妨碍个体的日常生活。患有关节炎或者气短的人，走路时可以减少步幅或者把物品放在较低的架子上。但是，一旦个体患上慢性疾病，备用容量就会丧失，即使一点小病或者轻微的伤害都能引发严重的反应。一项以754名来自康涅狄格州纽黑文市的老年人为研究对象的纵向研究发现，住院就医或者至少有一段时间活动受限（如由于跌倒）的老年人，更容易发展成永久性的残疾（Gill, Allore, Holford, & Guo, 2004）。

生活方式对健康和寿命的影响

生命晚期，个体能否保持健康通常取决于生活方式，尤其是锻炼和饮食（de Groot et al., 2004）。

体育运动 每天坚持锻炼身体可以预防由于正常老化引起的生理衰退，如前面提到的约翰·格林。常规的锻炼可以增强心脏和肺的功能，降低压力，还可以防止高血压、动脉硬化、心脏病、骨质疏松症和糖尿病。锻炼有助于维持速度、毅力、力量和耐力以及基本的循环和呼吸功能。锻炼可以使关节和肌肉更加强壮、灵活，减少伤害；同时，可以预防或缓解下背部疼痛和关节炎症状，还可以提高心理活动的灵活性和认知表现，缓解焦虑和轻度抑郁，坚定信念。锻炼可以使患有肺病和关节炎慢性疾病的个体自立，并防止运动受限状况的进一步恶化（Agency for Healthcare Research and Quality and CDC, 2002; Blumenthal et al., 1991; Butler, Davis, Lewis, Nelson, & Strauss, 1998a, 1998b; Kramer et al., 1999; Kritchevsky et al., 2005; Mazzeo et al., 1998; NIA, 1995; NIH Consensus Development Panel, 2001; Rall, Meydani, Kehayias, Dawson-Hughes, & Roubenoff, 1996）。

缺乏运动会引发心脏病、糖尿病、结肠癌和高血压。同样也可能导致肥胖，进而影响循环系统、肾脏和糖代谢；缺乏运动还可能引发退行性疾病、缩短寿命（Agency for Healthcare Research and Quality and CDC, 2002）。在加拿大，对 9 008 名社区老年人的流行病学研究发现，很少或从不锻炼的老年人在此后五年内更容易死亡或者变成植物人（Rockwood et al., 2004）。针对 7 553 名白人老年女性开展的纵向研究表明，以六年为一个周期，在这个周期内，运动水平增加的老年人在接下来的六年半内，死亡率更低（Gregg et al., 2003）。即使是年龄很大、身体很虚弱的老年人，适当的锻炼也可以提高存活率（Landi et al., 2004）。在华盛顿随机选择 201 名 70 岁及以上的老年人，进行为期 12 个月的干预研究。在此期间，这些老年人进行锻炼，接受慢性疾病管理能力及提高同伴支持的训练。当接受这些训练后，身体轻微或者中度残疾的老年人可以具备日常生活能力（Phelan, Williams, Penninx, LoGerfo, & Leveille, 2004）。

我思我秀

- 你定期锻炼身体吗？周围你所认识的老年人中，有多少也这样做？当步入老年时，你会一直进行哪些体育运动？

营　养　美国营养调查的结果表明，81% 的美国老年人报告自己的饮食较差或者亟待改善，缺乏日常水果和乳制品是主要问题（Federal Interagency Forum on Aging-Related Statistics, 2004）。

营养对一些慢性疾病有重要作用，如动脉硬化、心脏病和糖尿病的发生以及功能或活动受限（Houston, Stevens, Cai, & Haines, 2005）。健康的饮食可以降低肥胖、

这些来自不同国家充满激情的滑雪者，不仅仅只是出于兴趣；当他们年老时，还能在很多方面受益于日常的体育锻炼。体育锻炼能很好地帮助他们延长寿命，并且避免一些常见的生理变化——通常被错误认为是“正常老化”的生理变化。

高血压和高胆固醇带来的风险（Federal Interagency Forum on Aging-Related Statistics, 2004）。地中海饮食法（高橄榄油、富含谷物、水果和坚果）能够降低心血管疾病的风险（Esposito et al., 2004）。研究发现，在欧洲 70~90 岁的健康老年人中，地中海的饮食结合体育锻炼、适度饮酒和不吸烟，几乎 68% 的老人将寿命提高了 10 岁（Knoops et al., 2004; Rimm & Stampfer, 2004）。多吃水果和蔬菜，尤其是富含维生素 C 的果蔬，如柑橘和果汁、绿叶蔬菜、西兰花、卷心菜和甘蓝等可以降低中风的发病率（Joshipura et al., 1999）。

学习检查站
你能否……
✓ 概括老年人的健康状况，并确认老年期常见的几种慢性病？
✓ 提供体育锻炼和营养可以影响健康和寿命的证据支持？

忽视牙齿护理会导致蛀虫或者牙周炎（牙龈疾病），引发牙齿脱落，（NCHS, 1998），这会对营养不良有重要影响。和以往相比，尽管如今的美国老年人更加重视牙齿健康，但是 2002 年的调查发现，近 20% 的老年人牙齿全部掉光了，其中多数是穷人和少数民族（Moore, Moir, & Patrick, 2004; Vargas, Kramarow, & Yellowitz, 2001）。

心理和行为问题

学习指路标
6. 一些老年人将会经历怎样的心理和行为失调？

年龄越大，心理越健康。这与我们通常的观点相左。美国老年人中只有 6% 的人报告经常受到心理问题困扰（Moore, Moir, & Patrick, 2004）。尽管如此，心理和行为困扰在老年群体中的确是存在的，并且可以造成重要的日常活动功能损害和认知能力下降（van Hooren et al., 2005）。

众多老年人及其家人错误地认为，面对心理和行为问题，我们束手无策；殊不知，即使活到近 100 岁，一些心理和行为问题也可以预防、治愈或者减轻，如药物中毒、精神错乱、新陈代谢或传染性疾病、营养不良、贫血、甲状腺功能低下、轻微的大脑损伤、酗酒和抑郁（NIA, 1980, 1993; Wykle & Musil, 1993）。

抑郁症状在老年人身上是非常普遍的，但是由于错误地将其认为是正常老化的附属物而经常容易忽略。一些老年人由于生理和情感功能的丧失而抑郁，也有一些老年人因为抑郁而造成明显的"脑功能障碍"。如果老年人寻求帮助，抑郁是可以减轻的。

抑　郁 2002 年，美国 11% 的老年男性和 18% 的老年女性报告有抑郁的临床症状（Federal Interagency Forum on Aging-Related Statistics, 2004）。脑成像研究发现，抑郁与神经化学物质失衡及控制情绪、思维、睡眠、食欲和行为的神经回路功能失调相关（NIMH, 1999b）。

遗传可以解释 40%~50% 的抑郁症风险（Bouchard, 2004; Harvard Medical School, 2004d）。抑郁症的易感性似乎是多个基因和环境因素交互作用的结果（NIMH，1999b），比如压力事件、孤独和物质滥用。成年晚期特有的风险因素包括慢性疾病和残疾、认知能力下降、离婚、分居或者丧偶（Harvard Medical School, 2003d; Mueller et al., 2004）。

生命早期的经历可能为此后的抑郁埋下祸根。MIDUS 的调查发现（参见第 15 章和第 16 章），童年期缺乏父母情感支持的个体，与他们成年期和老年期的抑郁症状以及慢性疾病密切相关（Shaw, Krause, Chatters, Connell, & Ingersoll-Dayton, 2004）。

抑郁通常伴随着其他临床疾病。一些医生在面对疾病缠身的老年人时，往往更多关注医学上的病症，如糖尿病或关节炎，而把抑郁症放在次要地位。但是，有临床研究对 1 801 名患有重度抑郁且平均患有 4 种医学疾病的老年人调查发现，与任何一种疾病相比，抑郁在心理功能状态、残疾和生活质量中发挥着更为普遍的作用（Noel et al., 2004）。

抑郁可以加速老化带来的生理功能的下降，因此，准确诊断、预防和治疗抑郁将有助于更多的老年人延长寿命和保持活力（Penninx et al., 1998）。抑郁可以通过抗抑郁药物、心理治疗或者两者结合的方式治疗（Harvard Medical School, 2005）。常规的有氧锻炼可以降低轻度或者中度的抑郁症状（Dunn, Trivedi, Kampert, Clark, & Chambliss, 2005）。

痴　呆　痴呆是精神病学上的常用术语，它可以引起认知和行为功能的下降以至严重影响个体日常活动（美国精神病学协会［APA］, 1994）。尽管认知功能随年龄增长有一定程度的下降是正常的；但痴呆这种严重的认知损害并非不可避免。

教育和较大的头围似乎可以防止患上痴呆（Mortimer, Snowdon, & Markesbery, 2002），从事一份有挑战性的工作也可以预防痴呆（Seidler et al., 2004）。认知损害较多发生在身体健康状况不佳的个体身上，尤其是患有中风或者糖尿病的个体（Tilvis et al., 2004）。散步或者长期有规律的体育运动可以降低认知损害的风险（Abbott et al., 2004; van Gelder et al., 2004; Weuve et al., 2004），此外，补充营养或许也可以降低认知损害的风险（Manders et al., 2004）。在一项研究中，老年女性每天适度饮酒可以使认知损害或者痴呆的风险降低 40%（Espeland et al., 2005）。针对 50 岁及以上老年人的一项纵向研究表明，拥有较大社会网络或者较多社会联系的个体，或者经常从家人及朋友那里获得情感支持的个体，在 12 年之后，认知能力几乎没有下降（Holtzman et al., 2004）。

多数痴呆无法治愈，但是早诊断或者早治疗可使 10% 的临床患者病情逆转（NIA, 1980, 1993; Wykle & Musil, 1993）。大约 2/3 的痴呆是由于**阿尔茨海默病**（Alzheimer's disease，AD）导致的（Small et al., 1977）。**帕金森病**（Parkinson's disease）是常见的第二大引发痴呆的疾病，它是一种神经系统逐渐病变的疾病，临床表现为震颤、僵直、行动迟缓和姿势不稳（Nussbaum，1998）。老年临床患者中 80% 的痴呆属于阿尔茨海默症、帕金森病和*梗塞痴呆症*，它们都是由一系列较小的中风引起的，并且都是不可逆转的。

阿尔茨海默病　20 世纪 90 年代早期，当美国前总统罗纳德 · 里根（Ronald Reagan）的笑话讲到一半不能完成时，他多年的高尔夫好友意识到，事情不太对劲。多年之后，

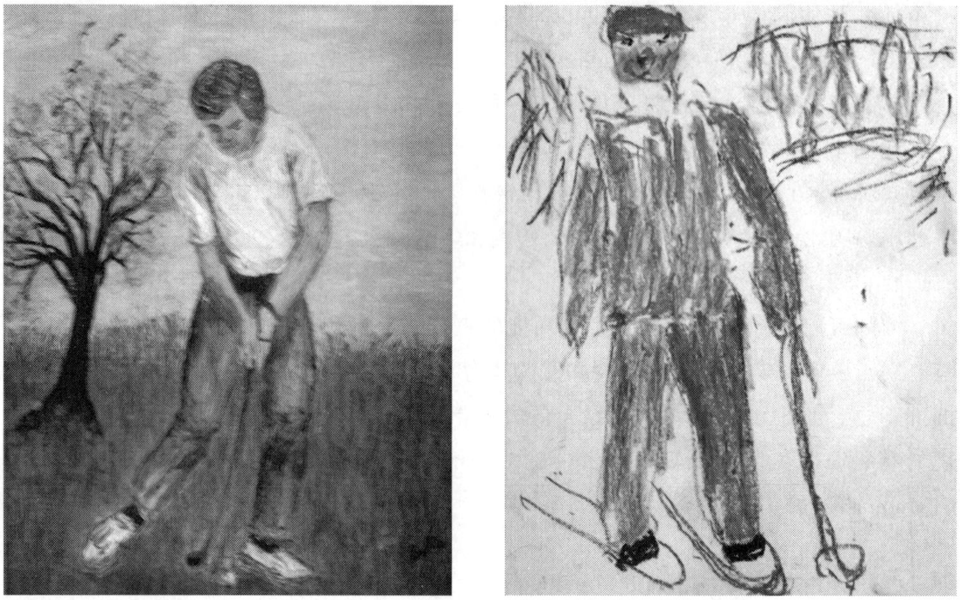

上图是艾丝特·利普曼·罗森塔尔（Esther Lipman Rosenthal）的艺术作品。作品描述的是创作者的丈夫在患帕金森病之前和之后打高尔夫球的画面，从图中可以看出患帕金森病后身体的逐步恶化。图片（a），当她丈夫55岁未患帕金森病时所画。（b）当她丈夫75岁时患上帕金森病早期时所画。图片由琳达·戈尔曼（Linda Goldman）免费提供。

里根不得不中断他每周一次的高尔夫运动，因为他不知道自己在哪里。2004年，里根总统去世，享年94岁，这么多年他经受阿尔茨海默病的折磨，甚至都不认识自己的孩子（Blood & Rogers, 2004）。

阿尔茨海默病是老年人群中最普遍、最可怕的一种晚期疾病。世界范围内，至少1 500万人经受到该病的折磨（Reisberg et al., 2004）。阿尔茨海默病逐渐侵蚀病人的智力和意识，甚至病人对自身身体功能的控制能力，最终导致病人死亡。据估计，美国有450万人患有阿尔茨海默病。到2050年，预计患有此病的人数将达到1 320万。随着年龄增长，患阿尔茨海默病的风险也大大增加；因此，人类寿命的延长意味着，更多人会活到患阿尔茨海默病风险最高的年龄（Hebert, Scherr, Bienias, Bennett, & Evans, 2003）。

症状 阿尔茨海默病典型的症状是记忆受损、言语障碍、视觉障碍和定向障碍（Cummings, 2004）。阿尔茨海默病早期显著症状是近期记忆减退或者不能接受新的信息，表现为经常重复刚刚问过的问题或中途搁置没有完成的日常任务。这些早期症状特别像正常的遗忘或者常被理解为老化的正常表现而被忽略（表17-5是阿尔茨海默病与正常的心理丧失的对比）。

人格上的变化也是很普遍，阿尔茨海默病的早期表现通常为僵化、冷漠、自我

表 17-5 正常行为与阿尔茨海默病的对比

正常行为	疾病症状
暂时性遗忘事情	永久性遗忘最近发生的事情，重复询问同一个问题
不能从事一些有挑战性的任务	不能从事一些包含很多步骤的常规任务，比如做饭和端饭
忘记不常见或者复杂的单词	忘记简单的单词
在陌生的城市迷路	在自己的社区迷路
时常注意力不集中，并且不能照看孩子	忘记自己在照看孩子，把孩子单独放在家里自己出去
在核对记账薄时出错	忘记记账薄上的数字是什么意思，自己要做什么
将日常用品放错地方	将物品放在不合适的地方，导致不能有效拿出（比如将手表放在玻璃鱼缸）
偶尔的情绪变化	快速、明显的情绪波动及人格变化，丧失主动性

资料来源：根据阿尔茨海默病协会资料改编（未更新）。

中心和情绪失控。及早发现和诊断对于治疗很重要（Balsis, Carpenter, & Storandt, 2005）。其他一些常见症状有：易怒、焦虑、抑郁，后来会发展出幻觉、精神错乱、精神恍惚。长时记忆、判断力、集中注意力、定向能力和言语能力都受到损害，并且在日常生活能力上存在困难。最后，患者完全不理解语言或者是失语，不认识家庭成员，自己不能进食，大小便失禁，不能行走、站立和吞咽固体食物。通常，在上述症状出现 8~10 年后，患者就会死亡（“Alzheimer’s Disease, Part I,” 1998; Cummings, 2004; Hoyert & Rosenberg, 1999; Small et al., 1997）。

成因和风险因素 一种叫作 β 淀粉体蛋白肽的异常蛋白质的累积可能是阿尔茨海默病的罪魁祸首（Bird, 2005; Cummings, 2004）。阿尔茨海默病患者的大脑中含有大量的**神经纤维缠结**（neurofibrillary tangles）（大量死亡的神经细胞相互缠绕）和大量柔软的一团一团的**淀粉样斑**（amyloid plaque）（神经细胞之间空隙中 β 淀粉体形成的非功能性组织）。由于这些淀粉斑不能溶解，大脑无法将其清除。最终，它们变得稠密，到处都是，并且破坏周围的神经细胞（Harvard Medical School, 2003a）。

阿尔茨海默病或者至少它的发病年龄具有很大的遗传性（Bird, 2005; Harvard Medical School, 2003a）。但是，教育和认知刺激活动与较低的阿尔茨海默病风险相关（Crowe, Andel, Pedersen, Johansson, & Gatz, 2003; Wilson & Bennett, 2003）。一项以两个种族混居的社区老年人为对象，为期四年的纵向研究表明，教育本身并不能预防阿尔茨海默病，而事实上是受教育者的认知活动更加有影响力（Wilson & Bennett, 2003）。对瑞士 10 079 对双胞胎开展的研究表明，从事复杂工作，尤其是和人打交道的工作，这类个体患阿尔茨海默病的几率比较低（Andel et al., 2005）。

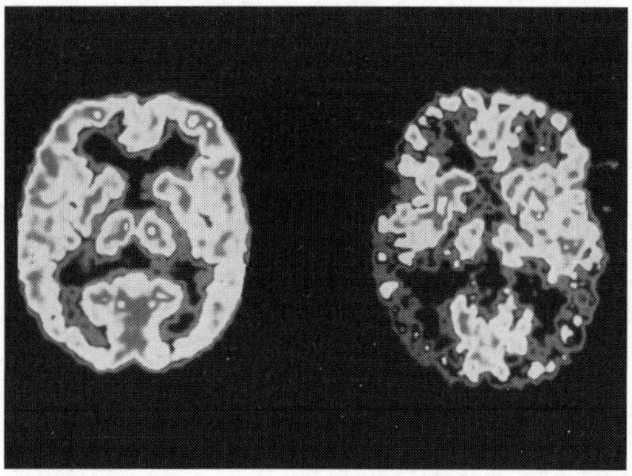

PET 扫描发现：阿尔茨海默病人的大脑（右图）和正常人的大脑（左图）相比，表现出显著的恶化。黄色和红色区域表示大脑的高度活动区域；蓝色和黑色区域是大脑的低度活动区。扫描发现，右图中大脑两半球的功能和血流量减少，这种变化通常发生在阿尔茨海默病人的大脑中。PET 的工作原理是通过将放射性追踪物质注入血液揭示大脑新陈代谢活动。

认知活动为什么可以降低个体患阿尔茨海默病的风险？一种可能的假设是**认知储备**（cognitive reserve）。认知储备如同器官贮备，可以使恶化的大脑在压力条件下继续执行功能，并达到最佳状态，且不表现出任何损害的迹象。持续的认知活动可以建立认知储备，推迟痴呆的发病年龄（Crowe et al., 2003）。

饮食、锻炼及其他生活方式同样也发挥着重要作用。富含维生素 E、氮 3 脂肪酸和未经氢化不饱和脂肪酸（如油性沙拉酱、坚果、种子、鱼类、蛋黄酱和鸡蛋）的食物能够预防阿尔茨海默病，但是富含高饱和与反式不饱和脂肪的食物，诸如红色肉类、黄油和冰淇淋则会增加患阿尔茨海默病的风险（Morris, 2004）。吸烟也可以增加患此病的风险（Launer et al., 1999; Ott et al., 1998）。另一些可能的风险因素正在研究中，如睡眠窒息和早期脑损伤（“Alzheimer’s Disease, Part III,” 2001）。

诊断和预防 阿尔茨海默病只能通过死亡后对脑组织解剖才能确诊，但是科学家正在加快开发其他工具以增加在活人身上诊断此病的可信度。神经成像技术就是其中一种工具，它可以让研究者真实地看到活着的病人大脑皮层形状（Shoghi-Jadid et al., 2002），尤其在排除痴呆的其他成因上非常有用（Cummings, 2004）。通过大脑扫描进行的纵向研究表明，健康成年人和老年人海马区域新陈代谢的降低，可以精确预测在接下来的 9 年内哪些个体会患上阿尔茨海默病或者相关记忆功能受损（Mosconi et al., 2005）。在一项判断早期阿尔茨海默病成因的实验中，美国西北大学的研究者采用生物条形码扩大新技术探查到在脑脊液中有少量称为 ADDLs（淀粉样蛋白 -β- 派生扩散性配体）的蛋白（Georganopoulou et al., 2005）。通过血液检测测量高半胱氨基酸（Seshadri et al., 2002）和淀粉样前体蛋白的水平（Padovani et al., 2002）或许可以预测或者诊断阿尔茨海默病或者早期阶段其他形式的痴呆。

认知神经筛选测验可以初步区分正常老化造成的病人经验性认知变化和早期痴呆造成的认知变化（“Early Detection,” 2002; Solomon et al., 1998）。在加州圣地亚哥大学进行的一项研究表明，个体在纸笔认知测验上的表现可以预测在一年或两年内哪些个体将会患上阿尔茨海默病（Jacobson, Delis, Bondi, & Salmon, 2002）。在西雅图开展的成人智力（见第 15 章）追踪研究表明，心理测验的结果可以早于诊断 14 年预测痴呆（Schaie, 2005）。

尽管现在已经确定了与阿尔茨海默病有关的一些基因（Bertram et al., 2005; Bird, 2005），尤其是与中年患病相关的基因，但到目前为止，基因检测在预防和诊断阿尔茨海默病方面的作用仍十分有限。尽管如此，认知测验、大脑扫描和临床症状相结合对于预防和诊断阿尔茨海默病是有帮助的（“Alzheimer’s Disease, Part I,” 2001）。拥有和早发性阿尔茨海默病有关的 APOE-e4 基因的健康中年期个体，尽管没有表现出明显的症状，但他们在空间注意和工作记忆（Parasuraman, Greenwood, & Sunderland, 2002）以及前瞻记忆上存在缺陷。所谓*前瞻记忆*，是指记住将来某一时间要做什么的能力，比如吃药或者赴约（Driscoll, McDaniel, & Guynn, 2005）。前瞻记忆受损也是阿尔茨海默病的早期症状。

针对阿尔茨海默病和老化的一项纵向研究以 678 名天主教修女为参与者，研究团队分析了修女在 20 岁左右写的自传。研究发现，自传中富含思想的修女，在今后的生活中认知损害或者患上阿尔茨海默病的可能性比较小（Riley, Snowdon, Desrosiers, & Markesbery, 2005）。

治疗和阻止 尽管治愈阿尔茨海默病的方法还不存在，但是早期诊断和治疗可以减慢该病的进程，并且能提高患者的生活质量。由美国食品和药物管理局认可的一种药物是美金刚（市场上以盐酸美金刚闻名）。美金刚可以抑制谷氨酸的活动，谷氨酸是大脑的化学物质，可以过度刺激大脑细胞，引发细胞破坏或者死亡。在一项双盲安慰剂试验中，每日服用一定剂量的美金刚，持续 28 周，可以减轻中度或者重度阿尔茨海默病的恶化，且没有副作用（Reisberg et al., 2003）。

胆碱脂抑制剂，比如多奈哌齐（市场上以爱忆欣闻名）已成为减缓或者稳定轻度或中度阿尔茨海默病病程的标准治疗药物（Cummings, 2004）。但是，该药物并不具备长期的疗效，针对爱忆欣进行为期五年的研究发现，服用爱忆欣的病人和服用安慰剂的病人，两年后他们并没有显著差异（AD2000 Collaborative Group, 2004）。同样，在三年的双盲实验中，服用多奈哌齐一年后没有明显效果，并且在整个三年中都没有什么效果（Petersen et al., 2005）。

胆碱脂抑制剂通常和美金刚及大剂量的维生素 E 结合起来服用。但是结果存在混淆，维生素 E 可能会有影响（Cummings, 2004）；新近一项为期三年的研究发现，维生素 E 并没有发挥作用（Petersen et al., 2005）。研究者同样也对消炎药和银杏叶等草本疗法进行了测验，但是都没有充分的证据表明它们有效（Cummings, 2004; Foley & White, 2002; Harvard Medical School, 2003a; Morris et al., 2002）。一种充满希望的疗法是免疫治疗。在一项研究中，接种蛋白疫苗的阿尔茨海默病人在记忆测验上的表现优于安慰剂注射的病人，并且疗效持续了一年时间（Fox et al., 2005; Gilman et al., 2005）。

在不能治愈的情况下，疾病的管理至关重要（Cummings, 2004）。在早期阶段，记忆训练和记忆辅助工具可以提高认知功能（Camp et al., 1993; Camp & McKitrick, 1992; McKitrick, Camp, & Black, 1992）。行为治疗可以减缓疾病的恶化、提高交流能力和降低破坏性行为（Barinaga, 1998）。药物可以缓解痛苦，减轻抑郁，有助于患者的睡眠。适当的营养和流体食物的摄入、配合锻炼、物理治疗和其他医学状况的控

学习检查站
你能否……

- ✓ 阐述为什么生命晚期抑郁比我们通常意识到的更加普遍？
- ✓ 说出引发老年痴呆的 3 个主要原因？
- ✓ 概括阿尔茨海默病的普遍性、症状、诊断、原因、风险因素、治疗和预防相关的已知内容？

制是非常重要的，并且医生和照料者之间的合作是最根本的（Cummings, 2004）。

认知发展

认知发展的方方面面

> 学习指路标
>
> 7. 成年晚期，个体认知能力通常会有哪些得失？干预措施是否有助于提高老年人的认知表现？

诗人威廉斯（William Carlos Williams）于 68 岁首次患上中风，并于 79 岁去世。这期间，他出版了 3 本诗集，其中一本中提到老年“因失去而获得”。他的这句话似乎总结了成年晚期认知功能研究的最新发现。正如巴尔特斯从毕生发展研究视角所言，衰老既有失去又有收获。接下来，我们首先看看成年晚期的智力和基本加工能力，然后是记忆，最后是和老年密切相关的智慧。

智力和加工能力

成年晚期的智力是否会下降？这一问题的答案依赖于所测能力是什么以及如何测量。成年晚期，一些能力，比如心理加工速度和抽象推理能力可能会下降，但其他一些能力却表现出上升的趋势。尽管加工能力的变化可能反映了神经病理学上的变化，且存在很大的个体差异；但是功能下降并不是必然的，而且是可以预防的。

很多生理和心理因素可能导致我们低估了老年人的智力。视觉和听觉丧失可能使老人在测验指导语理解上存在困难。大多数智力测验上的时间限制对于老年人是相当困难的；如果给予充裕的时间，老年人的表现也许会更好（Hertzog, 1989; Schaie & Hertzog, 1983）。老年人可能预期自己在任务上表现不好，这将会成为自我实现的预言（Schaie, 1996b）。除非这些测验用于应聘工作或者其他重要的用途，否则老年人缺少动机。

老年人智力的测量 研究者通常采用**韦克斯勒成人智力量表**（Wechsler Adult Intelligence Scale，WAIS）测量老年人的智力。该量表得分可以反映参与者的言语智力和操作智力及总体的智力水平。老年人在韦克斯勒成人智力量表上的表现不如年轻人，并且差距主要体现在非言语测验上。在操作量表的 5 个分测验中（如填图、拼图、迷津）的得分随年龄增长下降；但是，在言语量表的 6 个分测验中，尤其是词汇、常识和理解上，得分随年龄的变化较小并且缓慢（见图 17-6）。这被称为经典的老化模式（Botwinick, 1984）。

那么，如何解释这种模式呢？首先，随年龄增长而变化的言语测验，其项目是基于知识的；这些项目不需要测试者想出或者做任何新的事情。操作任务则要求参

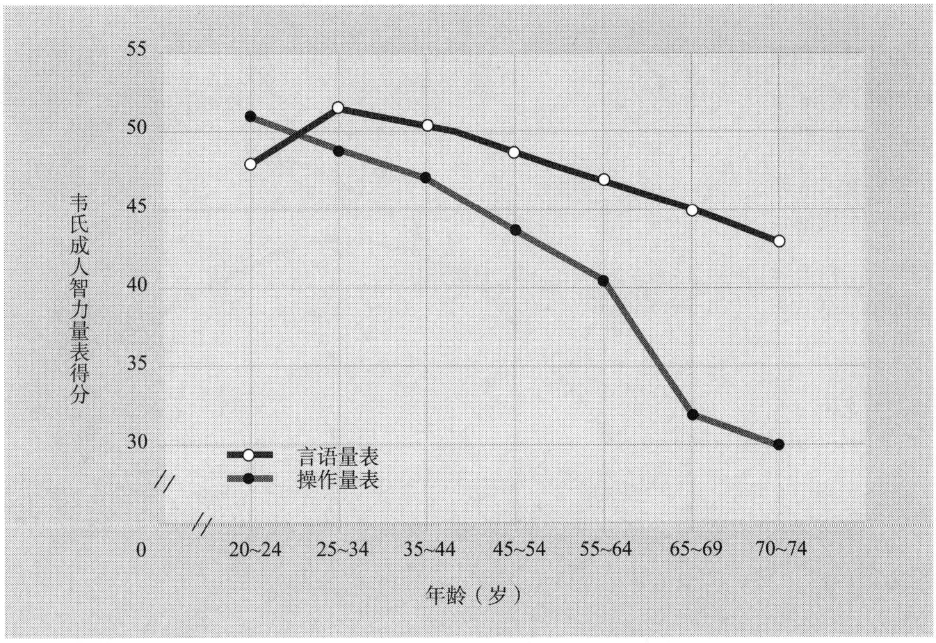

图 17–6
韦克斯勒成人智力量表修订版（WRIS–R）上表现出的经典老化模式。随着年龄增长，操作分量表上的得分下降得比言语分量表的得分更快。

资料来源：Botwinick, 1984.

与者加工新信息；对知觉速度和运动能力有一定要求，这些都反映了肌体和神经学方面的下降。老年人不同认知技能的保持趋势不同，这引发了一系列的理论和研究。

两种智力　在第 15 章介绍的一项研究区分了流体智力和晶体智力，流体智力主要取决于神经学方面的状态，而晶体智力则主要依靠知识的积累。正如韦克斯勒成人智力量表上经典的老年模式所描述的，这两种智力表现出不同的发展路径。但是，在经典的老化模式中，言语和操作测验的成绩在成年期的大部分时间都是随年龄增长而下降的。尽管变化显著，但只是量的差异。更加鼓舞人心的是在整个老年期，尽管流体智力较早开始下降，并且是持续下降的，但晶体智力曲线是上升的（见图 17-7）。实际上，有研究者提出，成年晚期晶体智力上升的重要性甚至可能超越流体智力的下降（Sternberg et al., 2001）。

工具性日常活动，比如填写医学表格、查找应急电话号码和阅读医学标签更多和流体智力而不是晶体智力相关，并且随年龄增长表现出下降趋势（Diehl, Willis, & Schaie, 1994; Schaie, 1996a; Schaie & Willis, 1996; Willis & Schaie, 1986a）。尤其是在知觉速度慢的老年人身上，这种下降趋势发生得更早（Willis & Schaie, 1999; Willis et al., 1998）。

巴尔特斯（1997）和他的同事提出了**双重加工模型**（dual-process model），该模型试图测量智力不断提高的方面和更可能恶化的方面。在这个模型中，**智力中的机械成分**（mechanics of intelligence）是大脑神经生理机制的“硬件系统”：独立于特定内容的信息加工能力和问题解决能力。它和流体智力是一样的，通常随年龄增长而

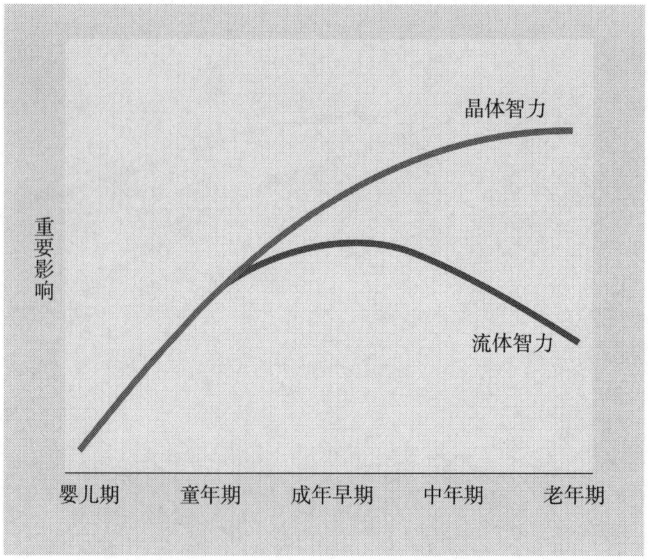

图 17–7

毕生发展过程中流体智力和晶体智力的变化。根据霍恩和卡特尔的经典研究，成年初期之后流体能力（主要由生物因素决定）开始下降，但是晶体能力（主要受文化影响）一直到成年晚期还在增长。西雅图追踪研究发现了更加复杂的模式，即某些方面的流体能力直到中年后期仍保持不变（见第 15 章，图 15–2）。

资料来源：J. L. Horn & Donaldson, 1980.

下降。**智力中的实用成分**（pragmatics of intelligence）是基于文化的“软件系统”：实用思维、累积的知识和技能的应用、特殊领域的专长和专业实践和智慧。智力的实用成分在整个成年晚期是不断发展的，这与晶体智力相似，但是更加拓展了晶体智力的范围，包括信息和知道如何从教育、工作和生活经验中获取信息。

柏林老化研究是一项为期六年的纵向研究，参与者是 132 名 70~100 岁的老年人，结果表明，智力的变化模式符合双重过程模型。机械智力或者流体智力——情景记忆、流畅性（根据给出的特定字母联想词的能力）和知觉速度随着年龄增长而下降；但是言语知识（实用—晶体智力）一直到 90 岁还是相当稳定的（Singer, Verhaeghen et al., 2003）。

双重加工模型中一个重要概念是**选择补偿最优化**（selective optimization with compensation，SOC）。老年人通过实用能力或者其他生理、认知和心理资源来补偿弱化的机械能力（Baltes, 1993; Baltes, Lindenberger, & Staudinger, 1998; Lang, Rieckmann, & Baltes, 2002; Marsiske, Lang, Baltes, & Baltes, 1995）。比如，一个打字员通过增加阅读来补偿反应速度的下降（Salthouse, 1991）。但是，有些时候补偿并不是有效的，并且实用成分也同样会下降（第 18 章将进一步讨论 SOC）。

西雅图追踪研究：用进废退 在西雅图成人智力的追踪研究中，研究者测量了以下 6 个方面的心理能力：词汇、言语流畅性、数字（计算能力）、空间定向、归纳推理和知觉速度。与其他研究结果一致，知觉速度通常最早开始下降，且非常迅速（参考第 15 章，图 15-2）。其他方面的认知能力下降比较慢，且并非全面下降。如果个体的生命足够长，最终大多数人的认知功能似乎将衰退至某一特定的点上；但是很少

有人所有能力都削弱，甚至大多数能力削弱的人也很少，有些领域的能力甚至有所提高。大多数相当健康的老年人直到将近 70 岁或者 70 多岁，心理能力才表现出些许的丧失。直到 80 岁，老年人才低于年轻人的平均表现。甚至到了这个时候，言语能力和推理能力的下降也很小（Schaie, 2005）。

西雅图研究中最著名的发现就是惊人的个体差异。一些个体 40 多岁时心理能力就开始下降，但是一些个体的全部功能却能保持到生命晚期。实际上，甚至到了将近 90 岁时几乎所有参与者在所测的一种或多种能力上仍没有下降（Schaie, 2005）。受教育水平低、对生活不满意和人格灵活性降低较多的男性更容易在心理能力上表现出下降趋势。从事复杂认知活动的个体，其心理能力保持的时间更长（Schaie, 2005）。从事挑战性认知活动的可以促进个体心理能力的保持或者提高（Schaie, 1983）；并且，如我们前面提到的，挑战性活动可以保护个体远离痴呆。

日常问题解决能力　当然，智力的目的不是参加测验，而是处理日常生活中的各种挑战。很多研究发现，个体在日常问题上的实际决策质量（如买什么车、乳腺癌选择什么治疗方案、存多少钱用于养老或者如何比较保险政策），如果和智力测验成绩有相关，也仅是中度相关（M. M. S. Johnson, Schmitt, & Everard, 1994; Meyer, Russo, & Talbot, 1995），并且通常情况下和年龄没有关系（Capon, Kuhn, & Carretero, 1989; M. M. S. Johnson, 1990; Meyer et al., 1995; Walsh & Hershey, 1993）。同样地，针对日常问题解决能力（如面对淹没的地下室该做什么）的研究，并没有发现它如流体智力那样，表现出较早的下降；甚至一些研究发现，至少在整个成年中期，日常问题解决能力是显著提高的（Berg & Klaczynski, 1996; Cornelius & Caspi, 1987; Perlmutter, Kaplan, & Nyquist, 1990; Sternberg, Grigorenko, & Oh, 2001）。

在一项经典研究中（Denney & Palmer, 1981），84 名 20~79 岁的参与者回答下面假设性的问题：由于暴风雪，你被困在车里一整天或者你 8 岁的孩子放学后回家晚了一个半小时。研究者对参与者的回答进行评分，参与者给出的问题解决的实践方案越多，得分就越高。依据这个标准，得分最高的参与者是 40 多岁和 50 多岁的个体。这表明，日常问题解决能力在成年中期达到顶峰。随后的研究选择老年人特别熟悉的问题（关于退休、守寡和健康恶化），研究发现，同样是 40 多岁的参与者能想到更多的问题解决方案（Denney & Pearce, 1989）。但是，在其他一些研究中，设置的问题不是上面那些假设性的问题，而是由参与者自己提出的实际问题，计分方式根据回答质量计分，而不是根据回答数量计分。研究发现，成年中期之后，实际日常问题解决能力似乎并没有下降（Camp, Doherty, Moody-Thomas, & Denney, 1989; Cornelius & Caspi, 1987）。

如何解释上述研究结果的不一致呢？正如我们所见，不同研究者采取的研究问题是不同的，这些问题与实际生活的关联度是不同的，评分标准也存在差异。同样，个体差异（如教育水平）也可能会影响参与者对问题的知觉和解决能力（Berg &

Klaczynski, 1996; Blanchard-Fields, Chen, & Norris, 1997; Thornton & Dumke, 2005)。

当注意到这些变量后，我们对已有的文献进行梳理和分析，可以得出结论：日常问题的有效解决能力并非在成年中期达到顶峰。实际上，从成年初期到生命晚期，个体的日常问题解决能力是比较稳定的，直到生命晚期之后才开始下将。但是，由于日常问题解决能力的多数研究都是横断研究，关于它随年龄的变化趋势我们很难定论。当研究关注人际问题而不是工具性问题，如怎样退有残缺的商品，不同年龄参与者的问题解决能力的差异缩小（Thornton & Dumke, 2005）。当呈现的问题和老年人情感关联时，老年人能更加有效地解决问题；对于这类问题，他们有更加广泛和多样的策略应用于不同的情境（Berg & Klaczynski, 1996; Blanchard-Fields, Chen, & Norris, 1997）。

但是，基于个人经验的思维并不总是能产生最好的结果。当给 172 名青年、中年和老年参与者呈现宗教和社会阶层对一些行为（如药物使用、创造性表现、养育技能和对权威的遵从）影响的假设性结果时发现：和年轻人相比，中年人和老年人更倾向不加批判地接受支持他们偏见的证据，并且对于相反的证据置若罔闻。研究者认为可能的原因是中年人或者老年人个人日常问题解决经验的使用，可能对他们的分析性思维产生干扰作用（Klaczynski & Robinson, 2000）。

加工能力的变化 如何解释成年晚期不同的认知能力在变化过程中的差异呢？目前，研究者普遍认为，以反应时为指标的中枢神经系统功能普遍下降是认知能力和信息加工效率变化的主要原因。诚然，加工速度丧失并不是智力老化的全部。老年人在需要复杂新技能的任务上加工能力有所下降；但是在依赖长期形成的习惯和知识的任务上却表现得很好（Bialystok, Craik, Klein, & Viswanathan, 2004; Craik & Salthouse, 2000）。

到目前为止，像认知能力随年龄下降的证据一样，加工速度在认知表现上的证据几乎全部来自横断研究，这可能混淆了代际与年龄的效应。纵向研究并没有发现个体表现出明显的下降。但是，由于人员流失和练习的作用，纵向研究设计对于老年对象更加有利（Singer, 限 Berhaeghen et al., 2003）。例如，关于 5 899 名英国中年人和老年人（年龄为 49~92 岁）长达 17 年的研究发现，练习作用掩盖了流体智力的下降（Rabbitt et al., 2004）。

研究者选择 302 名年龄在 66 岁到 92 岁的老年人为参与者，设计了聚合交叉研究，以便发现年龄、速度和认知的关系。研究发现，在横向研究中，加工速度可以解释大部分由于年龄差异带来的认知能力上的变化。但是，在纵向研究中，当控制个体差异后，这些差异却变小或者消失。因此，“加工速度远非横断研究所表明的那样，是个体的重要决定性因素，随年龄增长而下降”（Sliwinski & Buschke, 1999, p. 32）。

认知神经学家通过记录反应时，观察给出刺激到做出反应整个过程的所有复杂步骤。研究发现，加工过程的所有成分并没有表现出同样的下降，这对我们长期持有的观点形成了巨大的冲击。在一项反应时任务中，研究者测量了青年人和老年人大脑的电生理活动。参与者的任务是当大量繁杂的字母中出现一个特定的单词时，按键做出反应。研究发现，大脑活动并不是整体减缓，而只是在特定的任务和操作上有所减缓（Bashore, Ridderinkhof, & van der Molen, 1998）。

随年龄增长，从一项任务或功能转移到另一项任务或功能上的能力有所下降（Salthouse, Fristoe, McGuthry, & Hambrick, 1998）。这或许有助于解释类似老年人在需要快速注意转移任务上存在困难，比如开车。但是，在成年双语者身上并非如此，双语者需要分辨两种语言，需要持续保持注意力以便控制与此刻无关的信息流出。因此，在一项反应时的测验中，中年和老年双语者在任务上的表现比同龄只使用一种语言的参与者要好（Bialystok et al., 2004）。

学习检查站
你能否……
✓ 给出老年人智力可能被低估的几个理由？
✓ 比较韦克斯勒成人智力测验上流体智力和晶体智力曲线表现出的经典老化模式以及巴尔特斯的双重过程模型？
✓ 概括西雅图追踪研究中与成年晚期认知变化相关的结果？
✓ 讨论实际日常问题解决能力和年龄的关系？
✓ 讨论关于神经活动下降的研究结果及其与认知能力下降的关系？

认知能力和死亡率　个体的寿命有多长以及生活状况如何，智力可能是一个很重要的预测因素。这一结论来自对 2 230 名苏格兰成年人进行的流行病调查，这些参与者在 11 岁时进行过智力测验（测验和斯坦福—比奈智力测验高度相关）。总而言之，测验中儿童期智商低于其他参与者智商 15 个点的个体，只有 79% 的可能性活到 76 岁（Gottfredson & Deary, 2004）。同样，柏林老化研究中心长达 6 年的研究表明：实验开始时，拥有较高智力水平及该期间认知功能较少下降的老年人，在 6 年的研究结束之后，他们生存的概率更高（Singer, Verhaeghen et al., 2003）。

但是，另一项研究发现，个体 56 岁时的反应时比智商更能预测 70 岁时的死亡率，这表明信息加工的有效性可以解释智力和寿命之间的联系（Deary & Der, 2005）。另一种可能的解释是聪明的人能更好地学习有助于阻止慢性疾病和意外伤害的相关信息和问题解决技能，并且当他们患病或者受伤害时，能更加配合治疗（Deary & Der, 2005; Gottfredson & Deary, 2004）。

学习检查站
你能否……
✓ 讨论智力与健康和死亡率的关系？

记忆：如何变化

记忆力衰退通常视为衰老的标志之一。一个曾将时间表装在大脑中的男人，现在不得不将自己的安排写在日历上；一个吃几种药片的女性不得不将每天的用量量好并且放在确保能看见的地方。美国老年人最担心的事情就是记忆的丧失（National Council on the Aging, 2002）。但是，和其他认知功能一样，老年人的记忆力下降比较慢并且存在很大的个体差异。2002 年，32% 的 85 岁及以上老年人中患有中度或者严重的记忆损害，但是 65~69 岁老年人中的比例仅为 5%（Federal Interagency Forum on Aging-Related Statistics, 2004）。

为了更好地理解记忆如何随年龄增长而下降，我们需要回顾前面第 7 章和第 9 章所介绍的不同记忆系统，这些记忆系统可以使大脑在以后某一时间加工使用各种信息（Budson & Price, 2005）。传统上，将记忆系统分为短时记忆和长时记忆。

短时记忆 研究者通常采用让参与者复述数字顺序的方式测量短时记忆，这个顺序可以是呈现的顺序（顺序数字广度），也可以是相反的顺序（倒序数字广度）。随年龄增长，顺序数字广度能力保持较好（Craik & Jennings, 1992; Poon, 1985; Wingfield & Stine, 1989），但是倒序记忆广度则不然（Craik & Jennings, 1992; Lovelace, 1990）。原因是什么？一种被广泛接受的解释是即时的顺序复述只需要**感觉记忆**（sensory memory），而这种记忆在一生中都保持高效；倒序的复述则需要在**工作记忆**（working memory）中操作信息，而这种记忆在 45 岁后逐渐萎缩（Swanson, 1999），使得个体很难同时处理多项任务（Smith et al., 2001）。

任务的复杂性是其中的关键因素（Kausler, 1990; Wingfield & Stine, 1989）。只需复述或者重复的任务，随年龄增长而下降得较少。需重组或精细化的任务，随年龄增长而下降得较大（Craik & Jennings, 1992）。如果让你将下列项目：创可贴、大象和报纸，根据形状按从小到大的顺序口头排列（创可贴、报纸和大象），你必须回忆先前有关创可贴、报纸和大象的知识（Cherry & Park, 1993）。那么，你需要更多的心理努力在头脑中保持额外的信息，占用更多有限的工作记忆容量。

长时记忆 信息加工研究者将长时记忆划分为三个主要的类别：情景记忆、语义记忆和程序记忆。

你是否记得今天早餐吃的是什么？你停车时是否锁车了？这些信息都被存储在**情景记忆**（episodic memory）中，而情景记忆是长时记忆系统中最易随年龄增长而衰退的。尤其是个体回忆最近发生事件相关信息的能力下降的更多（Poon, 1985; A. D. Smith & Earles, 1996）。

因为情景记忆和特定的事件相联系，个体通过在头脑中重建最初的经历，从心理“日记”中提取项目。和年轻人相比，老年人的情景记忆能力较差，可能是由于老年人对事件发生的背景关注较少（事情发生的地点、人物），因此唤醒记忆的联结也较少（Kausler, 1990; Lovelace, 1990）。同样，老年人往往将经历过的很多相似事件联系在一起。当他们回忆与众不同的事件时，与年轻人表现得一样好（Camp, 1989; Cavanaugh, Kramer, Sinnott, Camp, & Markley, 1985; Kausler, 1990）。

语义记忆 **语义记忆**（semantic memory）如同心理百科全书；它包括历史事实、地理位置、社会风俗、文字意义以及类似的知识。语义记忆并不需要记住曾经学习某事物的时间和地点；因此，语义记忆随年龄增长而下降得较少（Camp, 1989; Horn, 1982b; Lachman & Lachman, 1980）。事实上，词汇和语言规则的知识甚至随年龄增长而增加（Camp, 1989; Horn, 1982b）。在一项大样本代表性序列研究中，以 829 名 35~80 岁个体为参与者，研究发现；60 岁之后，和情景记忆相比，个体的语义记忆下降得较少（Rönnlund, Nyberg, Bäckman, & Nilsson, 2005）。

如何骑自行车或者使用打字机的记忆都是**程序记忆**（procedural memory）的例

子（Squire, 1992, 1994）。程序记忆包括运动技能、习惯和过程，个体一旦掌握，不需要意识努力就可以被激活。尽管老年人可能需要补偿反应随年龄增长变慢的问题，但程序记忆相对来说不受年龄影响（Kauster, 1990, Salthouse, 1985）。

启动（priming）是随年龄增长的一种特殊的无意识记忆，是指解决问题、回答问题或者从事先前做过的工作的能力增加（A. D. Smith & Earles, 1996）。正如给墙壁表面涂底漆是为墙壁刷漆做准备一样，记忆启动是为个体回答问题做准备的，当个体在考试时遇到先前在练习册上做过的题，或解一道与先前课堂上学过的步骤相同的教学题时，启动就发挥作用了。启动可以提高 3 种形式的长时记忆。它能解释为什么老年人在识别熟悉的图画或者回忆起熟悉的单词上和年轻人一样好。

知道如何骑自行车是程序记忆的一个例了。一旦习得，程序技能在不需要意识努力的情况下就可以被激活。甚至一位老人第一次骑自行车，多年之后仍记得如何骑自行车。

言语和记忆：老化的作用　你是否有过这样的瞬间，曾经记住的单词却怎么也想不起来？这种事情几乎在所有人身上都发生过。到了成年晚期这种现象更加普遍，而且更加让人沮丧（Burke & Shafto, 2000）。在一项测试中，要求给单词下定义，老年人表现得和年轻人一样好；但是当要求根据给定的意义写出特定单词时，老年人表现出更多的困难（A. D. Smith & Earles, 1996）。这种“舌尖现象”的经历可能和工作记忆有关（HHeller & Dobbs, 1993; Light, 1990; Schonfield, 1974; Schonfield & Robertson, 1960, cited in Horn, 1982b）。老年人在说出图片上物体的名称时表现出更多的错误，在口语中出现更多模棱两可的引用和舌尖现象，表现出更多“嗯”或“啊”的停顿。老年人在发音和拼写不一致的单词上（如 indict）表现出更多的拼写错误（Burke & Shafto, 2004）。这些问题的产生原因并不是词汇知识的丧失——如我们前面所言，通常是保持很好——而是言语提取的失败。

言语的其他方面随年龄如何下降呢？在一项追踪研究中，研究者让 30 名健康的、年龄在 65~75 岁的老人回答下面的问题：“描述对你的生活影响最大的人”和“描述在你身上发生的一件意想不到的事情”。参与者的口语回答在语法复杂性和命题内容两方面（概念的密度及概念的关系）从 65 岁到 80 岁随年龄的增加而下降，尤其是 75 岁左右的参与者下降最快。通过和被诊断可能患阿尔茨海默病的老年人的对比研究发现，患病的老年人无论在哪个年龄段，在相应问题上的成绩都表现出很大的下降（Kemper, Thompson, & Marquis, 2001）。

为什么一些记忆系统会下降？　如何解释老年人记忆的丧失？研究者提出了几种假设。一种是关注记忆信息加工的 3 阶段：编码、存储和提取；另一种是关注记忆工作的生物结构。

编码、存储和提取的问题 人们对新信息进行*编码*是为了更容易记忆。和年轻人相比，老年人在新信息编码上缺乏有效性和精确性，例如，将资料按照字母排序或者创建心理联结（Craik & Byrd, 1982）。多数研究发现，老年人和青年人在有效编码方面拥有同样多的策略知识（Salthouse, 1991）。但是，在实验室研究中却发现，在训练或者至少是在提示的情况下，老年人才会采用这些策略（Craik & Jennings, 1992; Salthouse, 1991）。当给年轻人和老年人简要指导回忆成对关联词组（如国王和王冠）的有效策略（如视觉想象）时，他们对同一策略的使用频率差距很小，所以这不能充分解释两者回忆成绩上的差异。因此，即使老年人和年轻人使用同一策略，老年人使用策略的有效性也更低（Dunlosky & Hertzog，1998）。

另一种假设是个体的*存储能力*降低，以至于很难甚至无法提取信息。一些研究表明，年龄越大，越可能出现“存储失败”（Camp & McKitrick, 1989; Giambra & Arenberg, 1993）。但是，既然衰减记忆的痕迹可能被保留，那么，重构这些记忆或者至少迅速地再学习这些材料是可能的（Camp & McKitrick, 1989; Chafetz, 1992）。

老年人的回忆能力比年轻人差，但是再认能力却和年轻人一样好，因为再认对*提取系统*的要求更低（Hultsch, 1971; Lovelace, 1990）。但是在再认任务上，老年人搜寻记忆花费的时间要比年轻人长（Lovelace, 1990）。

我们必须记住的一点是，大多数针对编码、存储和提取的研究都是在实验室情境下开展的。而在现实世界中，这些功能操作起来会有所不同。

神经学上的变化 加工速度的下降（本章前面已述），反映了中央神经系统功能的普遍下降，它是记忆能力随年龄丧失的根本原因（Luszcz & Bryan, 1999; Hartley, Speer, Jonides, Reuter-Lorenz, & Smith, 2001）。在很多研究中，控制知觉速度后，个体在记忆任务上的表现随年龄而下降的趋势实际不存在了（A. D. Smith & Earles, 1996）。

如前面第 5 章所述，不同记忆系统依赖不同的大脑结构。因此，特定大脑结构的损害可能破坏与此相连的特定形式的记忆。例如，阿尔茨海默病破坏了工作记忆（位于前额叶）、语义记忆与情景记忆（位于额叶和颞叶），帕金森病影响程序记忆，这种记忆位于小脑、基底神经核和其他区域（Budson & Price, 2005；见第 4 章，图 4-6）。

位于中央位置的*海马回*，体积很小，但对情景记忆中存储新信息的能力具有关键作用（Budson & Price, 2005; Squire, 1992）。随着年龄增长，海马回的神经细胞大约丧失 20%（Ivy, MacLeod, Petit, & Markus, 1992），而与海马回明显无关的无意识学习则较少受到影响（Moscovitch & Winocur, 1992）。额叶神经联结复杂性的提高，与此区域相对应的先前记忆的回忆能力可能会提高（Squire, 1992）。以修女为研究对象，在她们去世前一年进行的单词回忆测验大脑成像的对比研究发现，无论痴呆和非痴呆的老年人，海马回萎缩在认知功能的下降中发挥着重要作用（Mortimer, Gosche, Riley, Markesbery, & Snowdon, 2004）。海马回以及与情景记忆相关脑组织的损伤均可以导致近期记忆的丧失（Budson & Price, 2005）。

情景记忆的编码和提取都涉及额叶。额叶功能的失调可能引起错误的记忆，即回忆起从来没有发生的事情（Budson & Price, 2005）。前额叶与工作记忆密切相关，它的老化可能会引发注意力不能集中或者注意力丧失、执行多步骤任务出现困难这些普遍的问题（Budson & Price, 2005）。

随年龄增长，大脑特定区域功能的丧失通常能通过其他区域来补偿。研究者将老年人和大学生从事两项记忆任务的大脑活动进行对比。当任务要求参与者记忆电脑屏幕上出现的多组字母时，大学生仅大脑的左半球被激活；当任务要求参与者记住屏幕出现点的位置时，大学生仅大脑的右半球被激活。在两种任务情况下，老年人不仅表现的和大学生一样好，他们额叶的左边和右边都同时得到了激活（Reuter-Lorenz，Stanczak, & Miller, 1999; Reuter-Lorenz et al., 2000）。另一项研究中，具有一定教育水平的老年人和年轻人在执行记忆任务时激活了不同的脑区：年轻人更多依赖内颞叶，而老年人更多依赖额叶（Springer, McIntosh, Winocur, & Grady, 2005）。大脑功能的转移有助于解释为什么阿尔茨海默病的早期症状通常不明显，直到疾病后期才被发现，因为先前功能正常的脑区补偿了受损脑区及丧失工作能力的脑区（“Alzheimer’s Disease, Part I,” 1998）。

学习检查站

你能否……

- ✓ 确定记忆的两个系统如何随年龄的增长而下降，并解释下降原因？
- ✓ 解释问题的编码、存储和提取如何影响成年晚期的记忆？
- ✓ 指出几点和记忆有关的神经学上的变化？

元记忆：内部观点

> “和以往相比，现在我记东西效率更低。”
>
> “我基本不能控制我的记忆。”
>
> “我的记忆力和以往一样好。”

这些条目来自**成人的元记忆**（Metamemory in Adulthood，MIA）问卷，它专门用来测量元记忆，即关于记忆如何工作的信念或者知识。

老年人采用自我报告方式完成成人元记忆问卷。与年轻人相比，老年人的元记忆呈如下特点：感知到记忆更多的改变，自身的记忆力降低，对自身记忆的控制能力较低（Dixon, Hultsch, & Hertzog, 1988）。但是，至少在一定程度上，这些知觉反映了人格特点（Pearman & Storandt, 2004）或者老年人对记忆丧失的刻板预期（Hertzog, Dixon, & Hultsch, 1990; Poon, 1985），而非老年人实际的记忆表现。对 283 名 45~94 岁社区居民调查研究发现，人格特征（尽责性和神经质）和自尊能解释个体元记忆中 1/3 的变异（Pearman & Storandt, 2004）。

老年人自身的表现可能受到内化的社会态度的影响。在中国等对于老化持积极态度的文化中，老年人在记忆任务上比美国的老年人表现更好（Levy & Langer, 1994）。在一项对比研究中，进行记忆测验前，启动老年人和年轻人关于老化的积极或者消极的刻板观念。积极启动组的老年人在记忆任务上的回忆成绩要优于消极启动组的老年人。但是，启动并不影响年轻人的测验结果，这表明刻板印象只在特定的年龄组中起作用（Hess, Hinson, & Statham, 2004）。在另一项针对老年人和年轻人的对比研究中发现，个体记忆控制的信念显著影响其任务表现。老年人更倾向相信自己的控制能力低，他们的表现更差。通过设定目标，老年人和年轻人都可以表现得更好，但是老年人设定的目标更低并且成绩提高得更少（West & Yassuda, 2004）。

老年人的认知表现是否可以提高？

可塑性是巴尔特斯毕生发展研究方法的重要特征。巴尔特斯及其同事的研究处于老年人干预研究的前沿，他们致力于通过训练提高老年人的认知表现，一系列研究都是基于成人发展和丰富项目（ADEPT），这个项目由宾夕法尼亚州立大学发起（Baltes & Willis, 1982; Blieszner, Willis, & Baltes, 1981; Plemons, Willis, & Baltes, 1978; Willis, Blieszner, & Baltes, 1981）。

在 ADEPT 的一项研究中，一组平均年龄为 70 岁的老年人接受图片之间关系（在呈现的一系列图片中，决定下一张图片是什么的规则）的训练任务（任务主要用来测量流体智力）。研究发现，干预组的老年人在任务上的表现优于控制组。第三组是自我学习组，即接受同样训练材料和问题，但不给予正式指导，发现他们的表现也优于控制组，并且自我学习组参与者的成绩在一个月后仍然较好（Blackburn, Papalia-Finlay, Foye, & Serlin, 1988）。显然，独立解决问题的机会促进了更多的持续学习。

在西雅图追踪干预研究中（Schaie, 1990, 1994, 1996b; Schaie & Willis, 1986; Willis & Schaie, 1986b），流体智力下降的老年人经过干预后，在以下两项流体能力上获得了显著提高：空间定向和归纳推理，尤其是归纳推理。事实上，大约 40% 的参与者

当今时代，不仅年轻人是计算机使用能手；很多老年人也加入计算机时代，学习有用的新技能。研究表明，通过训练和学习，老年人可以提高自身的认知表现。

又回到了他们 14 年前的熟练水平。实验室研究中流体能力的提高水平与客观测量的日常功能有一定程度的相关（Schaie, 1994, 2005; Willis, Jay, Diehl, & Marsiske, 1992）。

纵向研究的结果表明，干预训练不仅可以恢复老年人丧失的能力，甚至可以超越他们之前的成就（Schaie & Willis, 1996）。无论在 ADEPT 还是在西雅图追踪研究中，7 年后，接受干预训练的参与者保留的认知能力超过未接受训练的控制组（Schaie, 1994, 1996a, 1996b; Willis, 1990; Willis & Nesselroade, 1990）。

认知退化通常可能和较少的脑力活动有关（Schaie, 1994, 1996b, 2005），正如一些老年运动员需要恢复体力一样，老年人通过训练、练习和社会支持似乎也可能获得心理上的恢复。成年人通过参与智力练习的长期项目可以维持或者增加备用能力，进一步避免认知下降（Dixon & Baltes, 1986）。

一些研究者提出了记忆术的训练项目（见第 9 章）：帮助人们提高记忆的技术，比如将一系列项目视觉化，建立面孔和名字之间的联结，或者将故事中的元素转化为心理想象。对 33 项研究的分析结果表明，老年人能从记忆术的干预训练中获益。不同记忆术之间的区别是很小的（Verhaeghen, Marcoen, & Goossens, 1992）。但是，记忆训练的效果在高龄老人身上似乎是非常有限的。柏林老化研究中心对 96 名 75~101 岁老年人开展的一年研究表明：记忆术训练后，他们成绩的提高是有限的，接下来的练习也表现出很小的差别（Singer, Lindenberger, & Baltes, 2003）。

一项以老鼠为对象的实验研究结果给人类带来了希望，研究发现操纵基因似乎能对抗记忆丧失。随年龄增长，控制一个单元神经受体信号的基因活性降低。额外复制此类基因饲养的老鼠在记忆测验上比正常老鼠表现要好（Tang et al., 1999）。另一项以白鼠为对象开展的研究表明，食用富含抗氧化剂的水果和蔬菜，比如蓝莓和菠菜，可以延迟甚至逆转由于年龄增长而带来的大脑功能及认知和运动成绩的下降（Galli, Shukitt-Hale, Youdim, & Joseph, 2002）。另一方面，一些备受吹捧的能改善记忆的药物（如银杏叶）是否有助于改善记忆，如果能，到底作用有多大？这些都还缺少足够的证据（见专栏 17-1）。

学习检查站

你能否……

- ✓ 讨论老年人对自己的记忆能力评价如何，并指出提高老年人记忆的方法？
- ✓ 指出成年晚期认知能力可塑性的证据，并且指出它们的局限性吗？

智　慧

长期以来，智慧是哲学家苦苦思索的话题；而现如今它也成了心理学家重要的研究主题。心理学家研究智慧的途径主要集中在社会判断、人格或者认知专长方面。每个方面的研究都可以提供关于智慧是什么的有价值信息（Shedlock & Cornelius, 2003）。

社会判断研究方法主要探讨人们关于“智慧的人”原型观、及寻找他们的共同之处（Sternberg, 1990）。人格理论家，如荣格和埃里克森（见第 18 章），将智慧看作是人格完善和自我发展的毕生积累。

作为一种认知能力，智慧可以定义为“关于现实生活的一套专家知识系统，以及运用这些知识的反思判断”(Kramer, 2003, p. 132)。它涉及对不确定、矛盾的现实情境的洞察和意识，并且可能带来*超越*，即个体与自我专注的分离(Kramer, 2003)。一些理论家将智慧看作是后形式思维的一种扩展，是理智和情感的合成物(Labouvie-Vief, 1990a, 1990b)。

我思我秀

- 你认为应采用什么方法研究老年人的认知功能，你得出的结论与本章的是否一致?
- 晚年生活中，哪些方式可以保持较高的智力活动水平?当你老了以后，你会发展新的或者更广泛的兴趣爱好吗?
- 想想你是否认识最富有智慧的人。如果有，本章中提到的哪些智慧标准可以描述这个人?如果没有，你将如何定义和测量智慧?

斯滕伯格(1998)将智慧看作道德的一个方面，是实践智力的一种特殊形式。它包括什么目标是好的价值判断及如何达到目标的缄默知识，其目的在于通过平衡多种通常相互冲突的兴趣来达到普遍好的目标。约翰·格林重返太空便是一个很好的例子，他需要平衡对医学带来的可能益处、自身的成就感、可能的风险和家人焦虑等因素的矛盾。

巴尔特斯及其同事将智慧作为一种认知能力并开展了广泛的研究(Baltes, 1993; Baltes & Staudinger, 2000; Pasupathi, Staudinger, & Baltes, 2001)。巴尔特斯的双重加工模型将智慧看作一种实用智力，认为它是抵御神经老化的晶体智力形式。

巴尔特斯及其同事在柏林马克斯·普朗克研究所开展了一系列研究，以各个年龄段和各种职业的成年人为参与者，选择假设性两难任务，采用出声思维的方式进行研究。依据参与者的反应进行评分，评分原则是个体是否在有关人类环境和生活问题处理上表现出丰富的事实性知识和程序性知识。其他标准还包括：是否意识到文化环境会影响问题的解决；问题可能具有多种解释和解决方案；解决方案的选择取决于个体的价值观、目标和优先顺序(Baltes & Staudinger, 2000; Pasupathi et al., 2001)。

在其中一项研究之中(J. Smith & Baltes, 1990)，以60名年龄为25~81岁受过良好教育、从事特定职业的德国人为对象，给予他们4个两难的问题情境，比如：权

2005年，美国最高法院成员(退休前的审判员Sandra Day O'connor，前排右起第二个；退休前的审判长William Rehnquist，前排中间)的平均年龄是65岁。老年人是否比年轻人更加智慧?从研究可以看出，并非如此。

衡癌症和家庭需要的轻重是否决定接受提前退休。这些参与者共提供了 240 种解决方案，只有 5% 的回答富有智慧，并且这个比例在青年、中年和老年人中的分配几乎是平均的。参与者在符合自身生命阶段的问题决策上表现得更加富有智慧。例如，老年人在下面的问题上提供了很好的建议：一位 60 岁的寡妇，刚刚开始自己的事业，得知她的儿子和 2 个孙子必须离开，并且希望母亲能一起去帮忙照顾孩子。

在另一项研究中，研究者以他人认为富有智慧的 14 名中年人和老年人（平均年龄 67 岁）为对象。研究中给他们呈现 2 个两难问题，一个是上面的 60 岁寡妇问题，另一个是关于一位想要自杀的朋友的电话问题。这些“智慧提名者”的表现与同龄（其他研究中表现好的）的、经过专门训练如何处理各种问题的临床心理医生的表现一样好。研究发现，与控制组的老年人和年轻人（控制受教育水平和职业地位）相比，两组“专家”都给出了更富有智慧的答案（Baltes, Staudinger, Maercker, & Smith, 1995）。

显然，智慧并不是老年人的特有品质；它不受年龄限制。相反，它似乎相当稀少，且是在特定个体身上相对稳定或者轻微增长的一种复杂现象（Staudinger & Baltes, 1996; Staudinger, Smith, & Baltes, 1992）。智慧是很多因素（如人格、直接或替代的生活经验）共同作用的结果（Shedlock & Cornelius, 2003）。良师的指导有助于你变得更加智慧（Baltes & Staudinger, 2000; Pasupathi et al., 2001）。

学习检查站

你能否……

- ✓ 对比研究智慧的几种方法？
- ✓ 概括巴尔特斯关于智慧的研究成果？

终生学习

学习指路标

8. 老年人可以参加的教育机会有哪些？

钱利坤（音译）是一名优秀的学生，参加完 3.7km 竞走比赛后，走进了中国古代诗歌和健康护理的课堂。或许在你看来，这似乎没有什么不寻常，但他却是一位 102 岁的老人，他是中国“老年大学”庞大网络中成千上万学生的一员。这是中国推广终生学习项目的一个例子，所谓**终生学习**（lifelong learning）是让各个年龄段的成年人有组织地持续学习。

在发展中国家的农村地区，很多老年人的受教育水平比较低，他们在教育还没有普及的环境中长大。相反，在发达国家，和前人相比，老年人接受的教育更好，并且这一趋势将在更年轻的一代人身上持续。1950 年，大约 17% 的美国老年人受过高中教育，并且仅有 3% 的老人年获得学士学位。到 2003 年，72% 的老年人受过高中教育，至少 17% 的老年人获得学士学位（Federal Interagency Forum for Aging-Related Statistics, 2004）。

在现今的复杂社会中，对教育的需求永不过时。专门为成年人设定的教育项目如雨后春笋般涌现。一类是免费或者费用较少的课程，由专职人员或者志愿者任教，在社区老年护理中心、社区活动中心、宗教机构或者店面进行。这些课程通常具有实用性或者针对一些社会热点问题（Moskow-McKenzie & Manheimer, 1994）。比如，在日本，社区教育中心会提供儿童护理、健康、传统艺术和手工、业余爱好、运动和体育等方面的课程（Nojima, 1994）。另一类是基于学院或者大学的项目发起的，教育是主要目的（Moskow-McKenzie & Manheimer, 1994）。老年游学营是国际性的非营利性教育网络和文化机构，为年龄在55岁及以上的成年人提供低费用、无学分的寄宿课程及户外学习冒险。每年将近20万人参加遍布在90个国家的1万多个老年游学营项目（“What is Elderhostel?”, 2005）。

在美国，从20世纪70年代中期以来，为老年人提供的继续教育课程迅速增多（Moskow-McKenzie & Manheimer, 1994）。很多地区的社区学院或者州立大学，还有一些私立大学，都为老年人提供特定的课程。

学习检查站

你能否……

- ✓ 区分老年人参加的两种不同类型的教育项目？
- ✓ 确认有利于老年人学习的条件？

当学习材料和学习方法考虑到老年人正在经历的身体、心理和认知变化时，他们的学习效果最佳（Fisk & Rogers, 2002）。例如，学习血糖仪校准，如果使用操作手册进行抽象教学，老年人的表现比年轻人差；但是当采用视频演示这种友好界面教学时，老年人和年轻人表现得一样好，并且可以保持很长时间（Mykityshyn, Fisk, & Rogers, in press）。

重新聚焦

回顾本章开始部分在焦点人物中介绍的关于约翰·格林的故事：

- 格林乘坐“发现号”航天飞机的太空之途能粉碎社会对老年人的刻板印象吗？
- 格林的故事如何例证了“初老人”与“老老人”之间的区别？
- 本章中的哪些理论和研究结果能更好地解释格林在老年期的生理和认知状况？

老年继续教育的蓬勃发展表明：人类可以重新建构生命的进程以便在每个发展阶段获得更大的满足感（见第15章）。如果工作、娱乐和学习渗透到了我们的整个生命历程，那么年轻人自我建构的早期压力将会较少，中年人的负担将会降低，老年人将获得更多激励，并且感到自身的价值。这种模式对于个体成年晚期的情感健康具有重要贡献，这些内容我们将在第18章进行讨论。

小　结

当今的老年人

学习指路标 1：当今社会的老年群体发生了哪些变化？

- 当今我们所见到的充满活力、身体健康的老年人越来越多，这使人类在反对老年人歧视的工作上取得了一定的进展。
- 在美国，甚至世界范围内，与以往相比，老年人所占的比例有所增加，并且这个比例将继续上升。其中 80 岁以上的老年人是比例增长最快的年龄组。
- 当今社会，很多老年人身体健康，精力旺盛，充满活力。尽管主因老化带来的后果将会超越人类的控制，但是人们可以避免次因老化带来的后果。
- 老化研究专家将 65~74 岁的人称为初老人，75~84 岁的人称为中老人，85 岁及以上的人称为老老人。但是，采用功能年龄的分类更加有用。

生理发展

寿命和老化

学习指路标 2：人的预期寿命是如何变化的，与以往有哪些不同？

- 人的预期寿命显著提高。寿命越长，人类想要活得更长。
- 总体来讲，发达国家的预期寿命要比发展中国家的长；美国白人的预期寿命比亚裔美国人的长；女性的预期寿命比男性的长。
- 预期寿命研究的最新进展主要来自“患有疾病老年人的死亡率降低”所取得的巨大进步。预期寿命进一步的提高取决于科学家是否可以改变基本老化进程。

学习指路标 3：研究者提出的解释老化原因的理论有哪些？关于寿命延长可能性的研究说明了什么？

- 生物老化的理论可以分为两类：基因程控理论和变速理论或错误理论。
- 通过操作基因或者能量限制延长人类寿命的研究，对于人类寿命具有生物限制的观点构成了挑战。

生理变化

学习指路标 4：成年晚期个体会发生哪些生理变化，这些变化表现出哪些个体差异？

- 疾病能够导致身体系统和器官的变化呈现出很大的个体差异；反过来讲，生活方式也会影响疾病。
- 老年人身体的大部分系统通常可以功能良好地持续工作，但是心脏对疾病更加敏感。储备能量也开始下降。
- 大脑随年龄而变化，但是这种变化通常是适度的。大脑的变化包括神经细胞的丧失或萎缩及反应的普遍减慢。但是，在生命晚期，大脑同样可以长出新的神经细胞和建立新的联结。
- 和以往相比，老年人睡眠较少，并且做梦较少。长期失眠是抑郁症的前兆。
- 视觉和听觉问题影响老年人的日常生活，但是这些问题是可以矫正的。老年性黄斑退化症或者青光眼可能造成不可逆转的伤害。味觉和嗅觉的丧失可能导致营养不良。训练可以提高肌肉力量、平衡感和反应时。老年人更容易发生意外和跌倒。
- 很多老年人的性生活非常活跃，尽管他们性生活的频率和强度比年轻人要低。
- 智力可以预测寿命。

生理和心理健康

学习指路标 5：成年晚期常见的健康问题有哪些？相关的影响因素有哪些？

- 大多数老年人仍然相当健康，尤其是生活方式健康的老年人。多数老年人患有慢性疾病，但是这些疾病不会很大程度上限制他们的活动或者干扰日常生活。
- 锻炼和营养是影响健康的重要因素。牙齿脱落可以严重影响营养。

学习指路标 6：一些老年人将会经历哪些心理和行为失调？

- 很多老年人心理健康状况良好。抑郁、酗酒和很多慢性疾病通过治疗可以逆转；但是少数疾病（如阿尔茨海默病）是不可逆转的。

- 随着年龄的增长，阿尔茨海默病越来越普遍。这种病具有高度的遗传性，但是饮食、锻炼和生活方式等其他因素也发挥着部分作用。通过建立认知储备，让大脑在压力状况下仍能发挥其功能，这样可以保护认知活动。中度认知损伤是疾病的早期症状，目前研究者正在开发早期诊断工具。

认知发展

认知发展的方方面面

学习指路标 7：成年晚期认知能力通常会有哪些得失？干预措施是否可以提高老年人的认知表现？

- 生理和心理因素影响老年人在智力测验上的表现，这可能使研究者低估了老年人的智力。横断研究表明智力下降，这可能是同辈效应造成的。
- 流体智力和晶体智力的区分测量带来了鼓舞人心的模式，晶体智力随年龄增长而增长。
- 巴尔特斯的双重加工模型：即智力的机械成分随年龄下降，但是智力的实用成分随年龄上升。
- 西雅图追踪研究发现，成年晚期的认知功能具有高度的可变性。极少数人表现出全部或者多数领域的下降，反而很多人在一些领域有所提高。参与性的假设或许可以解释这些差异。
- 尽管研究结果是复杂的，总体来讲，成年晚期的日常问题解决能力有所下降。老年人在和自身情感相关的任务上表现得更好。
- 中枢神经系统功能的普遍下降可能影响信息加工的速度。但是，这种下降可能局限于特定的加工任务或者在个体内部表现出很大的差异。
- 智力可以预测寿命。
- 感觉记忆、语义记忆和程序记忆以及启动，似乎在老年人身上和年轻人身上同样有效。工作记忆（回忆具体事件或者最新学习信息）的容量和有效性随年龄的增长而降低。
- 老年人在口头单词提取和拼写任务上比年轻人表现得更差；在语法复杂性和句子命题内容上下降最快，但是词汇量仍比较强大。
- 神经学方面的变化和知觉速度的下降，可以部分解释老年人记忆功能的下降。但是，大脑可以补偿一些随年龄增长而带来的功能下降。
- 根据元记忆的研究，可能由于对老化的刻板印象，一些老年人高估了他们的记忆丧失。
- 老年人的认知表现具有很强的可塑性，可以通过干预训练得到提高。
- 根据巴尔特斯的研究，智慧不是特定年龄的产物，而是所有年龄段的参与者都可以富有智慧地回答问题，这影响了他们所在的年龄组。

终生学习

学习指路标 8：老年人可以参加的教育机会有哪些？

- 终生学习可以让老年人保持心理警觉性。
- 面向老年人的教育项目不断发展。这些项目多数以关注社会或者实践问题的解决为目的，也有一些项目以教育为目的。
- 提供满足老年人需要的学习材料和学习方法，老年人同样也可以学得很好。

成年晚期的心理社会发展

第18章

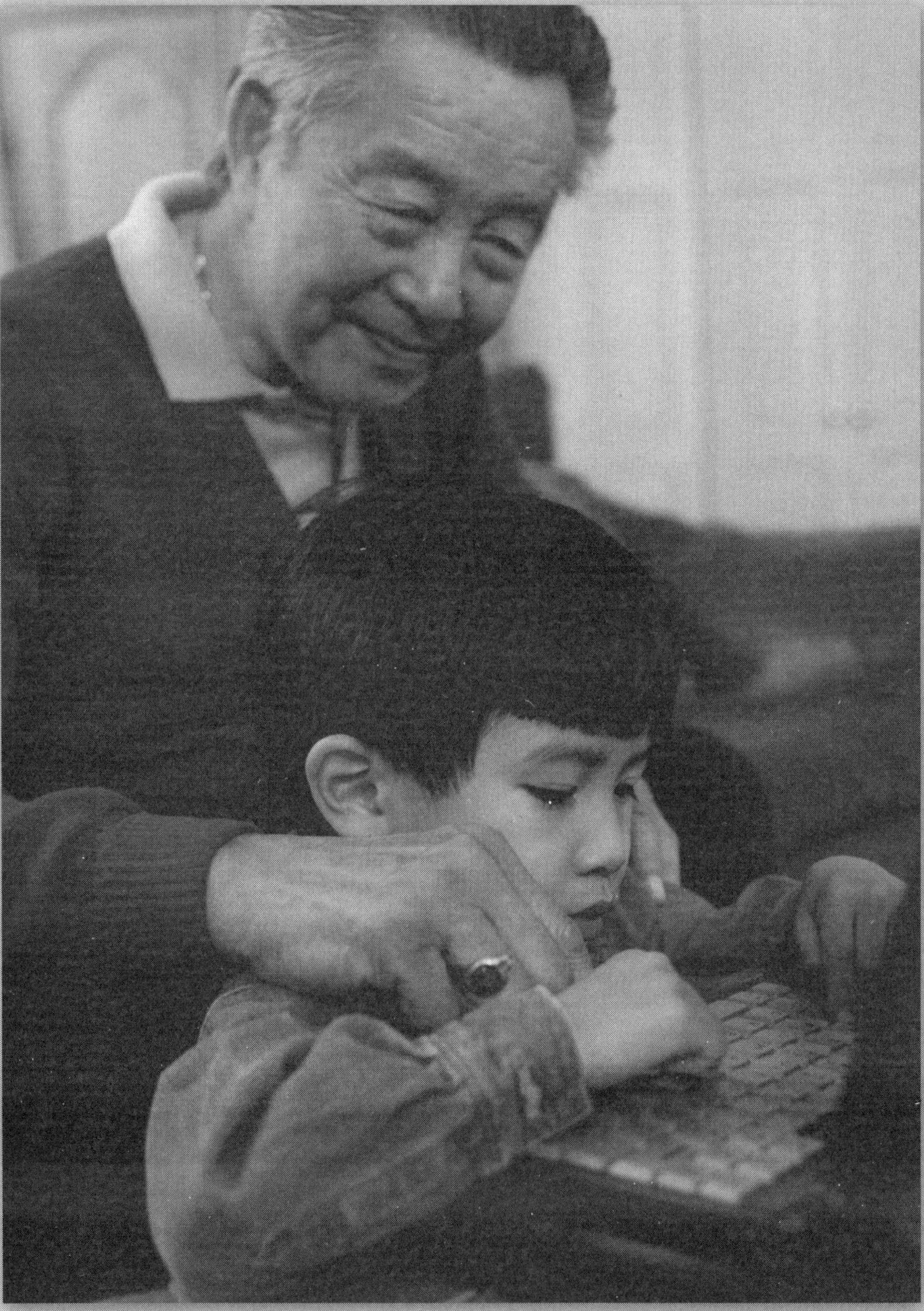

今天和明天，梦想依旧新鲜：

生命从不老去

——丽塔·杜斯肯的“俳句”《声与光》，1987

本章提纲

焦点人物

- 吉米·卡特——“退休”的总统

关于心理社会发展的理论和研究

- 晚年的人格
- 埃里克森：规范性问题和任务
- 应对模型
- “成功”或“乐观”老年的模型

与老年有关的生活方式和社会事件

- 工作与退休
- 老年人的经济状况
- 生活安排
- 对老年人的虐待

晚年的人际关系

- 社会联系和社会支持理论
- 社会关系的重要性
- 多代家庭

亲密关系

- 长期的婚姻
- 离婚和再婚
- 丧偶
- 单身
- 同性恋
- 友谊

非婚姻的亲属关系

- 与成年子女之间的关系——或无子女
- 与兄弟姐妹的关系
- 成为曾祖父母

焦点人物：吉米·卡特——“退休”的总统

吉米·卡特

詹姆斯·厄尔·卡特（James Earl Carter），习称吉米·卡特（生于 1924 年）* 是 20 世纪美国历史上最不受欢迎的总统之一。然而，卸任总统后的 25 年中，他却是一位积极活跃、备受尊敬的美国前总统，他以传教士般的热忱不断追寻曾经失去的和曾经忽略的目标，并取得了惊人的成功（Nelson, 1994）。

1976 年的“水门事件”过后，卡特，这位靠种花生起家的农民，结束了佐治亚州的州长任期，成为 20 世纪美国第一位来自南部州郡的总统。他的选举诉求是“旁观者清”，作为局外人，他会革除政府的流弊，重建清明政治。虽然他在任时取得了诸如埃及和以色列和平这样的历史性成就，但却深陷为期日久的伊朗人质危机事件，并因为居高不下的石油价格和持续低迷的国内经济而备受指责。1980 年，卡特在连任选举中一败涂地，从而结束了他的政治生涯；这一年，他才 56 岁。

卡特和他的妻子——长期以来的贤内助——罗莎琳曾共同面对毁灭性的打击。他的农田和货仓欠了一屁股债，而他一时也找不到事业成功的途径。“我们觉得，好日子已经过完了，”卡特回忆说，“然而我们还是相互搀扶着熬过了最艰难的日子”（Beyette, 1998, p. 6A）。终于，卡特夫妇下定决心要把握好生命中剩下的时光，于是他们问自己：这些日子里应该去尝试什么样的经历，有哪些兴趣是以前没时间去

* 关于吉米·卡特的传记资料来自 Beyette（1998）、Bird（1990）、Carter（1975, 1998）、Carter Center（1995）、J. Nelson（1994）、Spalding（1977）、Wooten（1995）和各种新闻文章。

专栏 18-1：知识拓展 人格能预测健康和长寿吗？

专栏 18-2：世界之窗 亚洲的老龄化现象

做的，又有哪些天赋是他们没有充分发挥的。

在那以后卡特都做了哪些事情？他是埃默里大学的教授，是一间周日教会学校的教师。他通过人类家园这个组织帮助低收入家庭建造房子。他创立了卡特中心，对有关人权、教育、疾病预防、农业技术以及解决争端的国际项目进行资助，保障被释放的许多政治犯的人身安全。作为和平的追寻者和自由的捍卫者，卡特监督了在尼加拉瓜举行的推翻桑定组织（Sandanistas）的选举。他促成了波斯尼亚的穆斯林人与塞尔维亚人之间的停火协议。他观察并帮助印度尼西亚、中国、尼日利亚、莫桑比克以及一些发展中国家建立公平的选举制度。他是第一位访问古巴共和国的美国前总统。由于这些充满了勇气、理想和服务性的行为，他被授予总统和平奖章及首枚美国人权奖章。2002 年，78 岁高龄的卡特获得了诺贝尔和平奖。

有人说，卡特“用他的总统履历做垫脚石，取得了更高的成就”（Bird, 1990, p. 564）。脱离了政治压力，他现在的角色是一位年老的公民。

卡特写了 14 本书，最近的一本是《老年的美德》。在这本书中，他谈到自己和妻子罗莎琳如何学会“给予彼此一些空间”；谈到成为祖父母进一步加深了他们的关系；谈到亲朋好友积极的生活态度如何为他树立了榜样并带来灵感；谈到如何应对母亲和兄弟姐妹的逝世；还谈到宗教信仰如何使他不再对即将到来的死亡感到恐惧。

卡特是如何看待老年美德的？“我们拥有前所未有的自由来选择我们想要的东西……我们能把握机会治愈创伤……我们拥有机会去加深与最爱的人之间的理解。”而新的世界依旧等待我们去征服。“我们最基本的目的就是，”卡特说，“不仅仅是活着……而要去抓住每一个能够使我们快乐、兴奋、探索和充实的机会”（Beyette, 1998, pp. 6A–7A）。

尽管许多人没有身为前总统的经历和资源，但吉米·卡特让他的退休生活丰富多彩，这种生活并不罕见。许多老年人在晚年都会对生活有更新鲜的体验，卡特只是其中的一员。

20 世纪 80 年代早期，就在卡特卸任总统职位后不久，作家贝蒂·弗里丹（Betty Friedan）受邀在哈佛大学进行了一场主题为“老年人的成长”的学术研讨会。著名心理学家斯金纳拒绝参加这次会议。他说，老年与成长“在概念上是自相矛盾的”（Friedan, 1993, p.23）。当时，斯金纳并非唯一持有这种观念的人。然而 20 年过去了，老年人仍然拥有发展的潜能，这样的观念已被越来越多的人所接受。

今天，像成功的晚年和乐观的晚年之类的字眼频繁地出现在学术文章中。这些术语的使用是存在争议的，因为这暗示了存在某种“正确的”或者“最好的”老年生活。然而，就如卡特一样，确实有一些老年人至少看起来从生活中获得了更多东西。“老年人的成长”是可能的。并且，许多人认为，健康的、有能力的、对自己生活经历有控制感的晚年才是积极的晚年。

在本章，我们会关注有关成年晚期心理社会发展的理论和研究。我们会讨论晚年的生活事件，如工作、退休、日常活动安排等，社会如何通过这些事件对老年群

学习指路标

1. 成年晚期的人格会发生什么变化？老年人需要应对哪些特殊的问题和任务？
2. 老年人有哪些应对方式？
3. 什么是成功的老年？如何进行测量？
4. 关于成年晚期的工作和退休有哪些问题？老年人又是怎样管理时间和金钱的？
5. 有哪些生活安排可供老年人选择？
6. 成年晚期的人际关系会发生什么变化？这些变化会对幸福感产生什么影响？
7. 成年晚斯的长期婚姻有什么特征？这个时期的离婚、再婚和丧偶对生活会造成什么影响？
8. 终身未婚者和同性恋者是如何度过他们的老年的？
9. 成年晚期的友谊会发生什么变化？
10. 老年人与成年子女或自己的兄弟姐妹——不管有或无——是怎样相处的？他们怎样才能成为好的曾祖父母？

体予以支持、对年老体弱者进行照顾。最后，我们考察老年期的家庭关系和朋友关系，这些关系对老年人的生活质量有巨大影响。

学习完本章后，你应该可以回答“学习指路标”中的所有问题了。为了检查你对本章“学习指路标”的掌握程度，请复习章节结尾部分的小结。“学习检查站”会贯穿整个章节并不时出现，以便检查你对所学知识的理解程度。

关于心理社会发展的理论和研究

通过研究像卡特这样的老年人的生活，心理学家把老年视为心理发展的一个独立阶段，该阶段有着特殊的发展问题和任务：重新审视自己的生活，完成未尽的事业，思考如何发挥余热，度过最后的岁月。有些老年人希望给家人或给世界留下最后的遗产，把自己的经验传承开来或巩固自己生命的意义；有些老年人则仅愿享受美好的回忆，并完成一些年轻时没时间做的事情；还有一些人像珊妮·苏·荷兰德·霍夫曼一样开始了全新的生活，她在 70 岁生日前不久，成为一名空姐，并以另一段婚姻结束了自己 20 年的守寡岁月。

让我们来看看，都有哪些关于心理社会发展的理论和研究讲述了生命全程发展的最后一个阶段：关于人格与情绪的稳定性，关于老人如何应对压力与丧失以及何

专栏18-1

知识拓展

人格能预测健康和长寿吗?

推孟（Terman）对天才儿童的研究发现，童年期的人格特征和家庭环境对成年期的成功有重要的作用。现在看来，这些因素似乎对人们的寿命也产生影响。

从 1921 年开始，研究人员对加利福尼亚州约 1 500 名 11 岁左右的高智商学龄儿童进行周期性的追踪施测。在 1986~1991 年之间，仍健在的参与者已近 80 岁。一组研究者（Friedman et al., 1992; Friedman, Tucker, Schwartz, Martin et al., 1995; Friedman, Tucker, Schwartz, Tomlinson-Keasey et al., 1995; Tucker & Friedman, 1996）* 决定调查有多少曾经的参与者已经去世、在什么时候去世，并以此探寻长寿的预测因素。由于研究中的参与者聪明且受教育程度高，研究结果不应该与营养不良、贫困或不当的药物治疗所引起的结果相混淆。尽管这些高智商人群的寿命在总体上高于平均寿命，但其个人寿命依旧受以下因素影响：健康相关的行为、心理适应能力、人格和社会关系，而这也是影响一般人死亡率的风险因素（Friedman & Markey, 2003）。

让人惊奇的是，童年期的自信、活力、交际能力都跟寿命没有关系。童年期的乐观也与长寿无关。事实还恰恰相反：拥有快乐童年的人更可能早亡。在很大程度上影响寿命的因素是人格的一个维度，即*尽责性*，或称为可靠性——这些人通常会被形容为整洁有序、小心谨慎或良好的自我控制力。

这一对老年夫妇看起来怡然自乐，能相互支持。根据推孟的研究，尽责性（或称可靠性）以及婚姻稳定性跟长寿有关。

这项研究表明，与童年期便显示出尽责性的人相比，拥有快乐童年的人在成长过程中更容易变得粗心大意。也许无忧无虑的乐观生活态度对于应对短期的情况，如疾病康复等有所助益；但从长期来看却是不健康的，特别是当这种态度让人忽视了值得注意的地方，并养成不良生活习惯时（Martin et al., 2002）。相反，许多研究表明，

为一种“成功”的老年。

学习指路标

1. 成年晚期的人格会发生什么变化？老年人需要应对哪些特殊的问题和任务？

晚年的人格

成年晚期的人格会发生变化吗？该问题的答案一定程度上依赖于如何测量稳定性与变化性。

人格特质的稳定性与变化性的测量 人格特质的稳定性与变化性可通过几种途径来测量。科斯特和麦克雷所报告的长时期人格稳定性研究是其中一种（在第 14 章和第 16 章中曾提及）：选取不同的人格特质在某个群体中施测，以测得其平均水平。根据大五人格模型及该模型的一个支持性研究，平均而言，敌意强的人随年龄增长其心智不会自然成熟，除非他们接受心理治疗；而乐观的人则易于维持一个充满希望的自我。像这样稳定的人格特质会对老年期的适应产生影响，并可以预测寿命与健康

知识拓展

尽责性高的人通常会养成健康良好的生活习惯。他们很少吸烟、酗酒、吸毒或久坐不动，也很少选择不健康的饮食。他们也不容易接触暴力、危险性行为、危险驾驶和自杀（Bogg & Roberts, 2004）。

与此相似，在一项以 883 名天主教牧师为对象的追踪研究中，5 年之内，高尽责性的参与者，其死亡率只有低尽责性参与者的一半；而高神经质的参与者，其死亡率则是低神经质参与者的 2 倍（Wilson, Mendes de Leon, Bienias, Evans, & Bennett, 2004）。

在推孟的研究中，尽责性与对长寿有积极影响的许多变量有关。与低尽责性的儿童相比，童年期便显示出尽责性的儿童到中年期所完成的学业水平要更高，更少表现出精神问题，也更少离婚或经历童年期的父母离异。

显然，长寿的原因并非婚姻本身，而是婚姻的*稳定性*。在推孟的研究中，到 40 岁时仍能维持其首次婚姻关系的参与者，比那些已离婚的参与者寿命更长，不论这些离婚者是否已再婚。相反，推孟的研究中从未结婚的参与者只有轻微的早逝倾向。

童年期家庭环境中的婚姻稳定性也是影响寿命的因素之一。在 21 岁前经历了父母离异的人——在研究中有 13% 这样的参与者——平均寿命比那些家庭完整的参与者少 4 年。另一方面，参与者父母一方的早逝，对参与者是否早逝影响很小。

关于婚姻稳定性和人格的结论存在交互作用。通常，性格冲动的儿童是在一个婚姻不稳定的家庭中长大的，并且更容易早逝。另外，离异家庭的儿童长大后也更容易经历婚姻破裂——这便解释了父母离异对寿命的影响。

因此，在照顾自己和经营婚姻上都可靠、勤勉而值得信任的人，再有幸生在父母没有离异的家庭中，似乎寿命会更长。

* 除非另有说明，本专栏的资料均来源于以上提及的研究。

我思我秀

想出一个你认识的长寿之人。他 / 她是否具有尽责性的人格特征？是否拥有稳定的婚姻？

课外链接

想了解有关此话题的更多信息，请登录 http://www.cpc.unc.edu/projects/lifecourse/terman。这是斯坦福大学为推孟的研究而设的网站。

状况（Baltes, Lindenberger, & Staudinger, 1998; 见专栏 18-1）。

另一种测量人格稳定性的方法是*参与者内研究*。在荷兰，有一项持续六年的研究随机抽取了 2 117 名 55~85 岁的老年人进行调查。研究发现，随着年龄的增长，个体在神经质维度上变化不大；即使有变化，也与健康状况下降、认知功能变差相互独立（Steunenberg, Twisk, Beekman, Deeg, & Kerkhof, 2005）。

还有一种测量人格稳定性的方法是，在给定的人格特质上选取不同样本进行等级比较。一篇回顾了 152 项纵向研究的文章发现，人格的个体相对差异在 50 岁前愈发稳定，50~70 岁之间则出现变化，之后又进入稳定期（Roberts & DelVecchio, 2000）。因此，假设艾尔莎在年轻时比曼纽尔更认真负责，那么当他们老了以后，很有可能依然如此。一项以 484 名来自维多利亚州的中老年人为对象的研究，支持了大五人格保持稳定的观点（Small et al., 2003）。以上三种测量方法均证明晚年人格将保持稳定性。

早期的跨文化研究表明，老年期的人格会更加僵化。然而，麦克雷和科斯特（1994

年）采用不同方法进行的大样本大规模纵向研究发现，实际上大多数人并非如此。相似地，西雅图纵向研究对 3 442 名参与者进行的调查发现，人格稳定性与年龄不相关（Schaie, 2005）。实际上，现在的人与以往的人相比，其人格更为灵活（即没这么稳定）。这一发现表明，早期研究中所发现的随年龄增长而更加稳定的人格，实际上很可能并非由于年龄的关系，而是由于年代，即与某一特定年代人群的独特生活经历有关。

人格、情绪及幸福感 人格是对情绪和主观幸福感的一个强预测源——在许多方面都比社会关系和健康状况的预测力更强（Isaacowitz & Smith, 2003）。一项为期 23 年、追踪了 4 代的纵向研究发现，自我报告的消极情绪，如不安、无聊、孤独、不快、沮丧等会随着年龄增长而减少（尽管减少的速度在 60 岁以后会变慢）；同时，积极情绪，如兴奋、有趣、自豪及成就感，则倾向于在老年期维持稳定，或只是轻微地、逐渐地减弱（Charles, Reynolds, & Gatz, 2001）。

社会情绪选择理论为这种积极的现象提供了一种可能的解释（见第 16 章）：随着年龄逐渐增大，个体会更自觉地寻找能够带来情绪满足的人或活动。另外，老人有更好的情绪调控能力，这也有助于解释为什么老人比年轻人更为积极快乐、消极情绪更少，即便有消极情绪也会很快消失（Blanchard-Fields, Stein, & Watson, 2004; Carstensen, 1999; Mroczek & Kolarz, 1998）。

大五人格中的两个维度——外倾性与神经质——能对上述的理论模式进行修正。像科斯特和麦克雷（1980）所预测的，外倾性（即活泼外向、社会指向）的人倾向于拥有特别高的积极情绪水平，比其他人更容易把这种积极性维持一生（Charles et al., 2001; Isaacowitz & Smith, 2003）。相似地，有一项为期 22 年的追踪研究，1 927 名男性参与者大部分在 40~85 岁之间。研究发现，外倾性维度上得分最高的人在老年期有着更高的生活满意度（Mroczek& Spiro, 2005）。

神经质（情绪化、敏感、焦虑不安）的人往往报告出消极情绪。随着年龄增长，他们的积极或消极感受都不会发生太大的变化（Charles et al., 2001; Isaacowitz & Smith, 2003）。比起诸如年龄、种族、性别、收入、受教育水平以及婚姻状况等变量，神经质维度对情绪和情绪障碍有更强的预测力（Costa & McCrae, 1996）。

埃里克森：规范性问题和任务

人格模型强调人格的基本稳定性，另外一些理论模型则关注促进个人成长的因素。根据规范阶段理论，人的发展取决于如何以健康而富于情感的方式完成生命各阶段的心理任务。

根据埃里克森的观点，晚年期最重要的任务是要获得自我整合。这种自我整合是基于对一生的经历进行回忆而获得的。生命全程的第 8 个阶段（即最后一个）为**自我整合对绝望**（ego integrity versus despair），老年人需要评价自己的一生并对其加以接纳，以此来接受死亡。以前七个人生阶段的结果为基础，老年人努力去获得一种联系感和整体感，不然便会陷入无法改变过去生活的绝望之中（Erikson, Erikson, & Kivnick, 1986）。在最后阶段的整合任务上获得成功的人，其生命会在更广泛的社会层面上获得意义感。而在这个阶段应发展起来的品质是智慧，这是一种“面临即将凋亡的生命抱持一种知生命和超然的态度”（Erikson, 1985, p. 61）。

根据埃里克森的理论，晚年的自我整合要求持续的刺激和挑战。图中这位雕刻家的刺激和挑战便来自于创造性的工作。不同人自我整合的来源相差很大，从政治活动到健身计划，到与孙辈之间建立关系都是可以的。

埃里克森说，智慧，意味着对生活的接纳，而没有重大的悔恨，不会纠结于“曾应去做”或“曾应如此”；意味着接纳自己的、父母的、孩子的以及生活中其他的各种不完美（这里的“智慧”，作为一种重要的心理资源，与第 17 章中提及的从认知角度的定义有所不同）。

为了在这个阶段取得成功，自我整合应该克服绝望。尽管如此，埃里克森也强调，有些绝望感是不可避免的，人们依然会感到悲痛——不仅仅为了自己个人的不幸、为了失之交臂的机会，更为了人生的脆弱与短暂。

但是，埃里克森仍然觉得，即使身体开始衰老，人们依然需要“充满精力地投入”社会。基于对 80 岁以上人群的过往生活的研究，他总结出，自我整合不仅仅来源于对过往生活的回忆，也能够从持续不断的新鲜刺激与挑战中获取，就如吉米·卡特一般。这些新鲜刺激和挑战可以来自政治活动、健身计划、创造性的工作，甚至与孙辈的关系当中（Erikson et al., 1986）。由埃氏理论所激发的研究，同样支持了“人们应该在晚年追求自我整合”这一观点（Sheldon & Kasser, 2001）。

学习检查站

你能否……

✓ 总结出关于老年期人格特质和情绪稳定性的观点和认识？

✓ 描述埃里克森关于自我整合对绝望的关键任务，并谈谈埃里克森说的智慧意味着什么？

应对模型

学习指路标

2. 老年人有哪些应对方式？

对于老年人来说，他们的身体健康已经不如原来了。他们可能已经失去了许多朋友与亲人，甚至已经失去了伴侣；他们也不像原来那样有固定收入了。他们的生活不断地发生变化，这些变化又会给他们带来数不清的压力。然而，总体来说，老年人与年轻人相比心理障碍更少，并对生活有更高的满意度（Mroczek & Kolarz, 1998; Wykle & Musil, 1993）。这样强大的应对能力，通过什么来解释呢？

应对（coping）是以减少由伤害、惊吓、挑战情境等引起的压力为目标的一种适应性思维或行为。它是心理健康的一个很重要的方面。让我们来了解一下关于应对研究的两种观点：适应性防御和认知评价模型。然后我们将探讨许多老年人求诸的一种支持系统：宗教。

范伦特：适应性防御 是什么使得老年人拥有如此积极的心理健康状态？根据三项持续50年的追踪研究，其中一个重要的预测因素就是，早年生活中用一种成熟的*适应性防御机制*应对问题。

范伦特（2000年）对三项研究的参与者进行了调查，包括他自己的哈佛大型研究中仍然在世的1920年左右出生的人（见第14章）、城市人研究中1930年左右出生的人以及推孟对加州天才儿童的研究中部分20世纪前十年出生的人（见专栏18-1）。研究发现，在这三组参与者当中，有些参与者在老年期显示出最佳的心理调节能力、有最高的收入并拥有最强的社会支持系统、对婚姻的满意度最高、生活最快乐，这些参与者在其早年生活中均显示出成熟的适应性防御机制，如利他、幽默、隐忍（遇到问题咬紧牙关、沉着坚定）、有远见（为未来进行打算）、升华（把消极情绪引导到积极的追求当中）。对适应性防御机制的使用与智商、受教育水平及父母的社会阶层相互独立。

适应性防御机制是如何工作的？根据范伦特（2000年）的说法，适应性防御机制能改变人们对无法改变之现实的知觉。例如，在刚才提到的三项研究当中，对适应性防御机制的应用很好地预测了主观身体功能，尽管它对医生所测得的客观身体功能无预测力。

适应性防御机制可能是无意识的或源于直觉的。相反，下面将提及的认知评价模型则强调了对于应对策略的主观选择。

认知评价模型 **认知评价模型**（cognitive-appraisal model）认为，人们根据对现实情境的知觉与分析来有意识地选择应对策略（Lazalus & Folkman, 1984）。应对是在人们觉得现实情况超出了他们所能负担的程度后所做出的非常规的努力。应对方式包括了人们在尝试应对压力的过程中所想所做的任何事情，不管这些事情能起多大的作用。要想选择最适当的应对策略，就要求人们对个体与环境的关系不断做出评估（见图18-1）。

应对策略：问题聚焦和情绪聚焦 应对策略可能关注*问题*，也可能关注*情绪*。**问题聚焦型应对**（problem-focused coping）指的是一种工具性的或行为导向性的策略，人们用这种策略排除、管理或应对压力。当人们发现了改变现实情境的机会时，这种应对策略便会起作用，就像卡特夫妇在对待竞选连任失败后的情况一样。**情绪聚焦型应对**（emotion-focused coping），有时也称*缓和式应对*，主要是为了“感觉好点”，对压力情境下的情绪反应进行管理，以减轻其在生理和心理上所造成的影响。当人们认为无法改变现实情况本身时，这种应对策略便会起作用。情绪聚焦策略包括转移注意力、放弃或否认问题的存在。对于受到老板一连串的严厉斥责，问题聚焦的应对方式可能是更努力地工作，寻找方法提高工作技能或者寻找跳槽的机会；而情绪聚焦的应对方式则可能是不去想这些斥责，或说服自己相信老板并不是有意要批评自己。

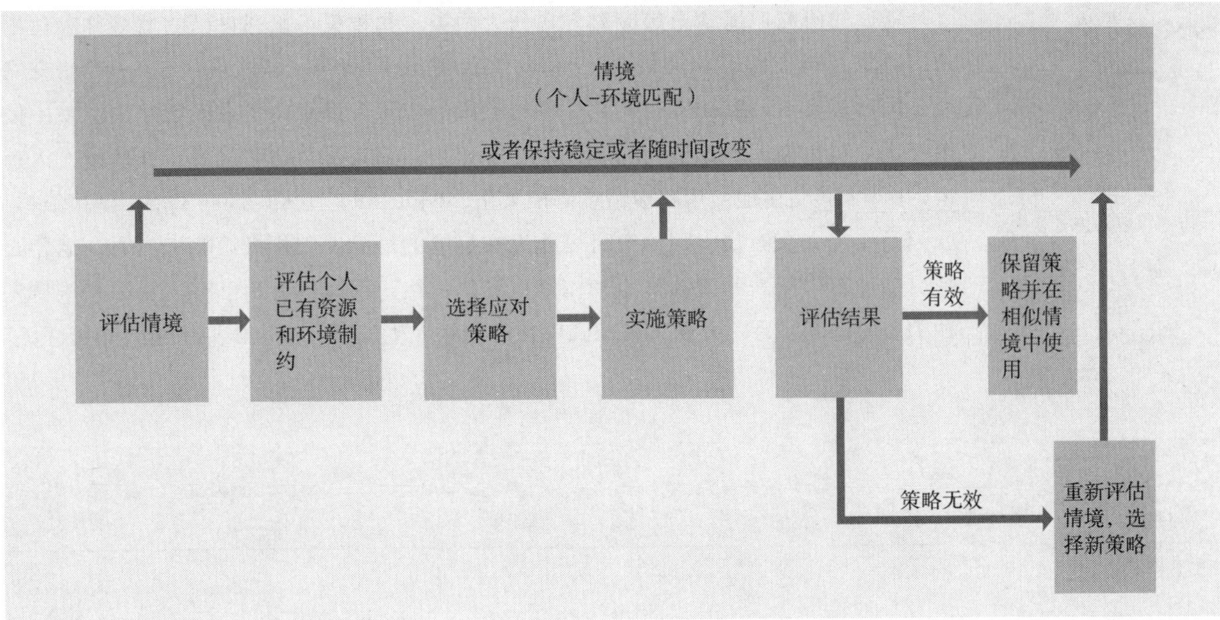

图 18–1　应对方式的认知评价模型。

资料来源：Lazarus & Folkman, 1984.

在应对方式选择上的年龄差异　老年人比年轻人更多地运用情绪聚焦型应对策略（Folkman, Lazarus, Pimley, & Novacek, 1987; Prohaska, Leventhal, Leventhal, & Keller, 1985）。这是因为老年人更难集中于问题，还是因为他们能更好地调节情绪呢？研究表明，答案是后者（Blanchard-Fields, Stein, & Watson, 2004）。

在一项研究中，以青年、中年和老年人为研究对象，在问及如何处理各种问题时，不论哪个年龄段，大多数参与者选择了问题聚焦型策略（为了对问题更好的理解而直接行动或分析问题）。最大的差异出现在那些有高度情绪卷入的或高度压力情境的问题当中，例如，离婚后的父亲希望能多见见孩子但却只被允许在周末见孩子。在这种情况下，各个年龄段的人都会使用情绪聚焦型应对方式（如什么都不做等待孩子长大，或尝试不去担心这件事情）；但老年人会比年轻人更多地运用这种方式（Blanchard-Fields, Jahnke, & Camp, 1995; Blanchard-Fields et al., 2004）。

显然，随着年龄的增长，人们会发展出一套灵活的应对策略（Blanchard-Fields, Stein, & Watson, 2004）。老年人完全可以使用问题聚焦型策略，然而当情境中更需要情绪调控时、当问题聚焦策略不见效甚至适得其反时，老年人比年轻人更能恰当地使用情绪聚焦策略（Blanchard-Fields & Camp, 1990; Blanchard-Fields, Chen, & Norris, 1997; Blanchard-Fields & Irion, 1987; Folkman & Lazarus, 1980; Labouvie-Vief, Hakim-Larson, & Hobart, 1987）。

> **我思我秀**
>
> - 问题聚焦策略、积极情绪聚焦策略和消极情绪聚焦策略——你喜欢运用哪种应对方式多一些？你的父母呢？你的祖父母呢？这些策略各自在什么情况下最为有效？

新近的研究把情绪聚焦应对方式分为两类：*积极型*（正视自己的情绪并表达出来，寻求社会支持）和*消极型*（回避、否认、压抑情绪，接受现实）。一项研究发现（Blanchard-Fields et al., 2004），各年龄段的成年人都倾向于在问题解决情境中使用问题聚焦策略，就像前面的研究一样；而当面临人际及情绪问题，如所爱的人逝世，中年人会更多地使用积极情绪调控策略，年轻人和老年人则倾向于使用消极策略。原因是年轻人在面临人际冲突时可能没有足够的经验使用积极策略来应对，老年人则可能没有中年人的充沛精力来探索自己的情绪，因而只能用已有的资源来维持一种积极的态度。另一方面，考虑到现在的老年人生长于"应该压抑情绪、咬紧牙关"

表 18–1　应对策略的方式

应对策略	描述	举例
工具型策略		
认知分析	在心里做出认知努力以更好地了解问题所在，通过逻辑分析来解决问题	"我处理这些事件的一种方式是，把我黄色的纸板拿来，写上一个加号、一个减号，然后在上面写上我做过的事情，这样能帮助我分析我到底做了些什么。"
有计划的问题解决	自发的明显而直接地处理问题本身及其带来的后果	"我知道问题出在哪儿，立刻去解决它。"
对他人的干涉和调整	尝试改变他人的观点或行为，以此符合问题解决者的形象	"我在很多方面给了他建议……就是给了些建议而已。"
消极情绪调整		
回避 / 否认 / 逃避	故意把思想和行为转移到问题情境之外	"那天我就找点儿别的事儿干……把我的注意力转移到别的地方去。"
通过压抑情绪来控制反应	尝试不去感受和表达情绪反应	"我试着保持冷静……不去烦我父亲，所以我试着在他面前保持冷静，不要暴躁。"
消极依赖	接受事实本身，过度依赖别人来解决	"我就这么一天一天地过，看看生活会变成什么样。"
积极情绪调整		
直面情绪并做出应对行为	向他人表达引起问题的情绪	"我告诉他们我对这一切的感受。"
情绪反省	有意识地处理自己或他人的情绪；站在他人的角度	"试着理解他都经历了些什么……解决问题的方法就是去理解这些感受。我很高兴自己至少保持着开放的心态去试着理解他的感受，而不是只想着我自己。"
承担责任	承认自己的义务，承担责任	"我想到自己是多么地自私，竟认为我的亲生姐姐侵犯了我的隐私，她其实只是想知道我那天都做了些什么而已。"
寻求社会支持	寻找他人协助，应对自己的情绪	"我去了一个单身父母的支持团体寻求帮助。我也找了一位牧师来倾诉我的问题。"

资料来源：引自 Blanchard-Fields et al., 2004, 表 1。

的大萧条期间，老年人的消极情绪倾向也可能是年代效应所造成的（p.267）。（表 18-1 给出了工具型策略——问题聚焦策略、消极情绪策略和积极情绪策略的描述及举例。）

家庭治疗师波林・波士（Pauline Boss, 1994, 2004）提出所谓的“**模糊失落感**”（ambiguous loss），在此情形下情绪聚焦策略特别有用（见第 19 章的专栏 19-1）。波士把这个概念定义为难以清晰定义的、并不迫在眉睫的损失。如亲人患了老年痴呆症或者人到晚年移居外地而离开了生活了一辈子的故乡。在这些情境下，经验让人们接受那些无法改变的事实，而这种听天由命的观念通常也是宗教所强调的。

这位老年妇女似乎在通过祈祷来获得支持。宗教活动能帮助许多人应对晚年的压力和丧失。

宗教或灵性体验能影响健康与幸福吗？ 像对吉米・卡特那样，宗教对许多老年人来说起到了支持性的作用。这种支持性可能通过各种方式来体现，如社会支持、健康的生活方式、通过祈祷而感到对生活某种程度上的控制以及情绪的鼓励、压力的减少，或通过宗教信仰来理解生活中的不幸（Seybold & Hill, 2001）。但是，宗教对健康和幸福有实质性的促进作用吗？

大量研究指出，宗教信仰与健康之间存在正相关，但这些研究大部分在方法学上不够严谨（Miller & Thoresen, 2003; Seeman, Dubin, & Seeman, 2003; Sloan & Bagiella, 2002），对术语的定义也并不精确（Hill & Pargament, 2003; Miller & Thoresen, 2003; Wink & Dillon, 2003）。一篇对采用严谨方法的研究进行的综述发现，每周参加宗教活动的健康成年人，死亡的风险比常人减少了 25%。宗教信仰有利于对心血管疾病的预防，其主要机制是它所强调的健康生活方式；而对宗教信仰能减缓癌症进程、增强急性疾病的康复及防止认知能力减退等说法，则没有证据能够支持（Powell, Shahabi, & Thoresen, 2003）。

另有研究综述发现，宗教信仰与健康、幸福感、婚姻满意度、心理功能等存在正相关；与自杀、违法犯罪、药物滥用及酒精滥用之间存在负相关（Seybold & Hill, 2001）。还有综述文章发现有证据支持沉思有益于身体健康（Seeman et al., 2003）。在一项涉及 223 名英国老人的研究中，宗教信仰显著地预测了幸福感，并在身体虚弱对幸福感的消极影响中起到调节作用（Kirby, Coleman, & Daley, 2004）。

宗教信仰方面的研究很少关注少数民族群体。在 3 050 名墨西哥裔美国老人中，每周参加一次教堂活动的老人与从不参加的老人相比，其死亡率降低 32%，甚至当控制了社会人口学变量、心血管健康状况、日常活动、认知功能、生理功能、社会支持、健康行为、心理健康以及自身对健康的感知等变量后，这一结论仍然成立（Hill,

学习检查站

你能否……

- ✓ 说出 5 种范伦特指出的适应性机制以及这些机制的工作方式？
- ✓ 描述应对方式的认知评价模型，并说出年龄与选择应对策略之间的关系？
- ✓ 说出宗教活动和灵性活动与晚年的死亡风险、健康、幸福之间有何关系？

Angel, Ellison, & Angel, 2005）。

美国老年黑人比白人对宗教活动更为投入，而黑人中女性比男性又更为投入（Coke &Twaite, 1995; Levin & Taylor, 1993; Levin, Taylor, & Chatters, 1994）。对老年黑人而言，宗教与生活满意度及幸福感密切相关（Coke, 1992; Coke &Twaite, 1995; Krause, 2004a; Walls & Zarit, 1991）。这其中有个特殊的因素，即许多黑人认为，宗教信仰能帮助他们正视种族间的不公正（Krause, 2004a）。

学习指路标

3. 什么是成功的老年？如何进行测量？

“成功”或“乐观”老年的模型

之前的观点认为，老年是一个伴随着丧失和衰退的过程，并且这一过程不可避免。有别于此，“成功”或“乐观”老年的概念反映了积极健康的老年个体数量日益增长这一现实，代表了老年学中一种重大的改变。既然诸多因素在个体进入老年的过程中起调节作用（见第 17 章），那么根据这种“新”的老年学，相对而言，一些人会拥有更为成功的晚年（Rowe & Kahn, 1997）。

麦克阿瑟基金研究网络（MacArthur Foundation Research Network）做了大量的实质性工作，证实了成功的晚年有三个主要成分：（1）没有疾病或与疾病相关的功能丧失；（2）保持高水平的生理和认知功能；（3）持续积极地投入到社会和生产性活动中（即那些无论是否得到报偿都能够创造社会价值的活动）。成功的老年人容易拥有社会支持，不论情感方面还是物质方面，这些支持对他们的心理健康有积极作用。而只要他们保持积极性和建设性，他们就不会觉得自己正在老去。

另外一种方法则测量主观经验：老年个体在多大程度上能达到自己的目标，他们对自己的生活有多满意等等。例如，有模型强调了老年人在生活各方面所能保持的控制力（Schulz & Heckhausen, 1996）。在一项研究中，参与者报告说，随着年龄的增长，自己对工作、经济和婚姻方面有更多的控制感，而对性生活及与孩子的关系方面的控制感则会降低（Lachman & Weaver, 1998）。另一项研究发现，在生活中一些重要角色（如伴侣、父母、供养者或朋友等）上有控制感的个体，通常更长寿（Krause & Shaw, 2000）。

所有有关成功老年或乐观老年的定义都不可避免地存在价值判断。批评者称，这些术语对老年人来说不是解放，而是负担；因为这些术语会给老年人一种压力，迫使他们做一些自己没有能力达到的或者不愿意去达到的标准（Holstein & Minkler, 2003）。另外，这些有关成功老年的概念也没有充分地考虑到那些限制个体生活选择的因素。并非所有人都拥有良好的基因、优质的教育、宜人的成长环境“来建构他们所选择的生活”（p.792），而那些“已经边缘化的人”则很容易“站在‘非此即彼’的两分法中错误的那一边”（p.791）。把老年个体划分为成功者和非成功者，难免会产生“对受害者的责备”，弄巧成拙地让那些“不成功”的个体产生“抵抗老年”的应对策略（见第 17 章专栏 17-1）。这也会贬低作为人生阶段之一的老年期，并否认接受与适应一些不可改变的事物的重要性。

记住这些概念，让我们来看看一些如何更好地度过晚年的经典理论和最新研究。

脱离理论和活动理论　一位老人坐在摇椅上，安静地观察着世界的变化；另一位老人从早到晚忙个不停。这两位老人谁对老年生活做出的调整更为健康？根据**脱离理论**（disengagement theory），老化这一过程会自然地使人们的社会投入逐渐减少，自我关注显著增加。而根据**活动理论**（activity theory），老年人活动得越积极则会生活得越好。

作家贝蒂·弗里丹（Betty Freidan）在 1963 年写的《女性的奥秘》（*The Feminine Mystique*），被认为开启了美国的女性运动；她展现了活动理论所描述的成功老年。在 60 岁时，她参加了户外拓展机构为 55 岁以上老人组建的第一支生存探险队。70 高龄时，她到加州大学和纽约大学任教，并且在 1993 年出版了另一本畅销书——《生命之泉》。

*脱离理论*是最有影响力的老年学理论之一。其提出者（Cunmming & Henry, 1961）把对社会投入的脱离看作是老年的自然状况。他们强调，生理机能的下降及对死亡临近的觉知会带来社会角色的收缩（工人角色、伴侣角色、父母角色等）；这个过程循序渐进且不可避免。由于社会并没有为老年人提供新的有用角色，因此这种脱离是普遍共有的。脱离的过程，如荣格所提出的一样，通常伴随着内省以及情绪安定。然而，近 40 年来，脱离理论仅得到了极少的独立研究的支持，因而“几乎从实证研究的文章中销声匿迹”（Achenbaum & Bengtson, 1994, p.756）。

与脱离理论相反，*活动理论*把活动与生活满意度联系起来。由于社会活动与社会角色紧密相关，因此角色缺失得越多——如退休、丧偶、子女离家以及身体虚弱——人们的满意度便越低。那些过得好的老年人维持着尽可能多的活动，并为缺失的角色寻找替代品（Nergarten, Havighurst, & Tobin, 1968）。实际上，研究发现，生活中主要角色的缺失是幸福感及心理健康降低的风险因素（Greenfield & Marks, 2004）。

然而，最初的活动理论在现在看来显得过于简单。在早期研究中（Neugarten et al., 1968），活动只跟满意度相互联系，但一些脱离了活动的老人同样也能获得很好的适应。这一事实表明，尽管活动理论对大部分人适用，但脱离理论也同样适用于一些老人，只不过它对成功老年的概括化叙述是有风险的（Moen, Dempster-McClain, & Williams, 1992; Musick, Herzog, & House, 1999）。同时，许多研究也发现，健康的老年人确实倾向于减少社会联系；而他们自身的活动则与幸福感及满意度没有太大关系（Carstensen, 1995, 1996; Lemon, Bengtson, & Peterson, 1972）。

更为精确的活动理论提出，社会活动的频率及其带来的亲密感在生活满意度中起着重要作用（Lemon, Bengtson, & Peterson, 1972）。综合几项研究结论发现，老年人参与社会活动的数量或频率与幸福感呈正相关，并且能预测其生理健康、认知功能状况、阿尔茨海默病的发病率，甚至寿命。然而，这些研究对活动的概念定义不同，这为比较研究带来了困难（Menec, 2003）。另外，多数有关活动理论的研究仅仅是相关研究。即使活动水平与成功的老年之间存在关系，目前还不清楚究竟是因为积极活动带来了成功的老年，还是由于他们拥有成功的老年而更积极地参与活动（Musick et al., 1999）。

连贯理论 由老年学家罗伯特·阿彻（Robert Archley, 1989）提出的**连贯理论**（continuity theory）强调，人们需要在自己的过去与现在之间维持一种联系。从这个角度讲，活动的重要性并不在于它本身，而在于其所表现出来的生活方式的连贯性。对于经常参加活动的老年人来说，维持较高的活动水平也许很重要。许多退休老年人在追寻与以往相似的工作或休闲活动的过程中感到最快乐（J. R. Kelly, 1994）。具备多重角色的老年女性（如妻子、母亲、工作者、志愿者等）随着年龄的增长，更愿意继续她们在角色中的投入，并从中获益（Moen et al., 1992）。另一方面，以往很少参加活动的老年人则在摇椅上会过得更好。

年龄增长会带来生理及认知功能上的显著变化，老年人可能因此需要照料，或者要对生活做出新的计划与安排。这时，来自家庭、朋友或者社区服务的支持能帮助他们把这种不连贯性最小化。因此，连贯理论认为应该让老人们离开养老机构回归社区，尽可能地帮助他们独立生活。

生产角色 一些学者关注生产性的活动；不论是否有报酬，生产性活动都是乐观老年的关键因素。（稍后在本章中我们还会讨论到志愿活动。）人们若有高水平的生理及认知功能、接受过良好教育，并且在自我效能、技能掌握及控制感上均有强烈的意识，则他们对一时的压力或限制有着足够的复原能力，这类人进入老年时，大多数都愿意投入到持续的生产性活动当中。

生产性活动在成功的老年中扮演重要角色，这一观点得到了研究的支持。生产能力在老年人身上不仅得到了维持，甚至变得比原来更强（Glass et al., 1995）。一项针对加拿大马尼托巴省的 3 218 名老年人的为期六年的纵向研究发现，社会性活动及生产性活动（如串门、做家务、园艺等）与主观幸福感及生理功能呈正相关，并与六年内的死亡率呈负相关。独自的活动，如阅读、手工等，虽对生理功能并无增益，但与幸福感相关，这也许是因为这些活动提高了老年人对生活的投入感（Menec, 2003）。

然而，一些研究表明，正如经常参加生产性活动一样，经常参加休闲活动对人们的健康也有益。也许，所有能够对自我的某方面有所表达或增强的常规活动都有益于成功的老年（Herzog et al., 1998）。

补偿的选择性优化 根据巴尔特斯及其同事的研究（Baltes, 1997; Baltes & Baltes, 1990; Riediger, Freund, & Baltes, 2005），人的发展产生于为了达成目标而对个人资

源——感觉资源、认知资源、性格资源、社会资源——进行分配的过程中。人一生的发展都存在得与失；但在晚年期，这种平衡会向消极的方向倾斜。于是，把资源分配从原来的偏向于成长与维持方面转变到偏向于应对丧失方面，就显得十分必要（Baltes, 1997）。

根据这一模型（参见第 17 章），成功的老年意味着补偿的选择性优化（SOC）。SOC 让老年人保存自己的资源，选择数目更少而意义更大的活动来投入精力，优化自身能力来维持身体强壮，并通过转移其他领域的资源来补偿丧失（Baltes, 1997; Lang, Rieckmann, & Baltes, 2002）。大名鼎鼎的钢琴演奏家阿图尔・鲁宾斯坦（Arthur Rubinstein）在 89 岁高龄举办了告别演奏会，而为了补偿不再复归的记忆和不再灵活的运动神经，他演奏的曲目数量少了，每天练习的时间长了，并且在快速弹奏（他再也无法以最高速度来演奏了）前会把速度放得更慢些，以增强快慢间的对比（Baltes & Baltes, 1990）。

该原则在心理社会的发展上也同样适用。在压力情境下，老年人会选择情绪聚焦策略，尝试去优化他们的精力投入，用以补偿生活中某些方面所失去的控制感。同样，根据卡斯腾森（Carstensen, 1991, 1995, 1996）的社会情绪选择理论，老年人对社会关系更有选择性，他们与那些能更好地满足自己当下情绪需求的亲戚朋友密切来往。这些有意义的社会关系能够帮助老年人对他们生活中失去的能力进行补偿。一项以 516 名 70~103 岁的老年人为对象进行的为期六年的纵向研究发现，老年人会减少活动以专注于他们认为更重要的事情；而且，老年人会通过多次小憩来补充他们耗尽的能量（Lang, Rieckmann, & Baltes, 2002）。

在认知评价理论中，对可用资源的评估十分重要（Balteser al., 1998）。在上面提到的研究中，拥有资源多的老年人比起资源少的老年人更长寿、更积极，也更倾向于使用补偿的选择性优化策略来适应老化带来的丧失（Lang et al., 2002）。坚持自己的目标也十分重要。根据一项对不同年龄段参与者进行的研究，老年参与者对目标更为坚持（Riediger, Freund, & Baltes, 2005）。

事实上，老年人在其可用资源方面会遇到限制，用尽所贮藏的能量，那么在补偿上的努力便不可能再有价值。一项为期四年、参与者为 762 名中老年人的纵向研究发现，补偿上的努力在 70 岁达到高峰，以后便逐渐下降。处在老年初期和中期阶段的参与者，补偿活动有助于维持以往活动水平；但老年晚期的参与者则无法做到。因此，调整生活目标，认清可达到什么目标，这些对于维持积极的老年生活十分重要（Rothermund & Brandstadter, 2003）。

对于什么才是成功老年或乐观老年的组成成分，这个争论仍在继续，甚至可能不会完结。只有一件事情是清楚的：人们能够如何度过老年、希望如何度过老年、实际上又是怎样度过老年的，仁者见仁智者见智。

我思我秀

- 你对本节中关于成功（或乐观）老年的定义是否满意？为什么？

学习检查站

你能否……

✓ 说出“成功的老年”意味着什么？为什么这个概念存在争论？

✓ 比较脱离理论、活动理论、连贯理论以及生产性老年理论？

✓ 举例说明补偿的选择性优化如何适用于心理社会的领域？

世界之窗

专栏 18-2

亚洲的老龄化现象

从 1940 年以来，亚洲便是世界上在限制人口方面做得最成功的地区。与此同时，生活水平提高、环境卫生改善以及有效的免疫措施延长了人们的寿命（Kinsella & Velkoff, 2001; Martin, 1988）。这种现象带来的结果便是赡养老年人的年轻人变少了。

在日本，65 岁以上老人在总人口中占了 1/6（Kinsella & Velkoff, 2001），这得益于政府在健康卫生方面的投入。预计在 2025 年之前，日本的老年人数量将是年轻人数量的 2 倍，而其中 40% 的老年人在 80 岁以上。养老金将要耗尽，社会福利负担也将花掉整个国民收入的 3/4——社会福利的很大部分将用于养老补助和老年人的健康医疗费用（Kinsella &Velkoff, 2001; WuDunn, 1997）。

日本的养老金系统和美国一样，是一个“只要你活着就给”的模式，因而，日本也和美国有着相似的问题。每个人被要求向养老基金支付最小的基础金额。然而，许多自行创业者出于对该系统的不信任，拒绝购买养老基金。许多人虽然参加了单位的养老基金，但由于 1990 年初股票市场的大崩溃，许多基金都已破产或者入不敷出。

如今的退休老人过得尚算不错，许多人很晚才开始买养老基金，但依然享受着全额养老福利。现在支付养老金的年轻一代退休时，肯定会发生问题。与美国相似，日本政府计划逐渐提高退休年龄（现在日本的退休年龄是 60 岁）。另外，政府还计划削减 1/5 的养老福利。中年员工担心，到他们退休时，将享受不到应有的福利（WuDunn, 1997）。

像图中这样的多代同堂已经不多见了。和西方的情况相似，城市移民日益增长和妇女外出工作，使老年人更难在家中得到照顾。

在整个亚洲，很大一部分老年人和子女共同生活；不过随着经济条件和健康条件的改善，这样的情形比以

学习指路标

4. 关于成年晚期的工作和退休有哪些问题？老年人又是怎样管理时间和金钱的？

与老年有关的生活方式和社会事件

“我永远不会退休！”戏剧家乔治（George Burns, 1983, p.138）在 87 岁时这样写道。乔治享年 100 岁，他一直从事表演，直到他逝世前 2 年。老年阶段的成功者会在耄耋之年依然活跃在他们所喜欢的工作上，乔治便是这众多成功者之中的一员。

是否退休、何时退休？当人们步入老年，这是他们需要做出的重要决定。这些决定会影响他们的经济状况和情绪状况以及如何打发时间、处理与亲戚朋友的联系。为众多的老年人提供经济资助，会对社会产生重大影响，特别是生育高峰的一代接近老年时。另外一个社会事件是为生活不能自理的老年人提供适当的安排和照顾。

往少了。在日本，1995年时，与亲属一起生活的老年人只有55%；而对比1960年，该比例则多于80%。与此同时，独居或仅与伴侣居住的老年人数量有所增加（Kinsella &Velkoff, 2001）。随着老年人与年轻人之间的平衡被诸如城市化、人口流动、妇女工作等打破，对老年人的家庭照料变得越来越难。为了遏制家庭照料减少的趋势，日本把赡养老人定为法律义务，并对那些赡养老人的人在经济上提供税收减免（Martin, 1988; Oshima, 1996）。

尽管体制养老是经济困难者或无家可归者的最终归宿，实际上，日本爆发式的老年人口让家庭照料供不应求。20世纪90年代中期，6%的老年人采取体制养老；而在1960年，这种养老方式根本不存在（Kinsella & Velkoff, 2001）。

中国也是一个老龄化国家。2002年，60岁以上的人口占总人口的近10%，预计在2030年会达到20%。在向市场经济的快速转轨之中，中国还没有建立起一种有效的社会保障和养老保险机制。另外，住房稀少和交通不便，使得老年人与成年子女，甚至成年子女夫妇一起居住的传统居住形式在城市中依然很常见。当然，对于能够支付社会提供的养老服务的中产阶级来说，这些都不是问题。

配偶去世的老人通常会按照传统的模式，与成年儿子一起居住，并由儿子来照顾。然而，实际的情况取决于具体的环境和家庭资源。例如，一位拥有兄弟的老年女性，很少会搬去与某个成年子女一起居住（Pimentel & Liu, 2004; Zhang, 2004）。

在中国台湾，这个同样经历了预期寿命快速增长的地区，老年父母也会与成年子女一起居住，特别是已婚的儿子。把父母安置到老人院会被视作对传统尽孝义务的违背；另外，与中国大陆一样，台湾地区也为老人提供了最低经济保障。由于社会的家长制结构，女性尽孝的对象在婚后转移到丈夫的父母身上，儿子则被视作父母赡养义务的主要承担者 (Lin et al., 2003)。

因此，尽管老年群体带来的考验在东西方存在一致，不同的文化传统和经济制度决定着每个社会用什么方式来应对这些考验。

我思我秀

亚洲的养老问题与美国有哪些相似之处？有哪些不同之处？

课外链接

想了解有关此话题的更多信息，请登录 http://www.indiana.edu/~japan/#。这是国家情报交换所 National Clearing-house 为美—日研究而设的网站，网站中还包含了一系列的链接，对日本的老年人口问题进行了讨论。

工作与退休

退休是一个相对新的概念，在多数工业化国家，退休的概念产生于19世纪末20世纪初，人们的预期寿命不断增长之时。在20世纪30年代美国大萧条的压力下建立起来的社会保障系统与由工会推动而完成的企业退休金计划一起，为许多老年工人提供了退休后的经济保障。事实上，美国人65周岁强制退休已是普遍现象。

自20世纪50年代起，强制退休被视为一种年龄歧视，已被美国法律禁止（除了一些特殊岗位，如飞行员），于是工作与退休的界限便不如原来清晰。何时退休，如何计划退休，退休后做些什么，这些都不再有严格的规范。人们有诸多选择，他们可以提前退休（参见第15章）；可以从原来行业退休转向其他行业；可以从事兼职工作以保持忙碌或补贴生活；可以回到学校里学习；可以从事志愿工作；可以满足其他休闲乐趣；甚至可以完全不退休。影响此决定最大的因素通常是健康及经济方面的因素（Kim & Moen, 2001）。

晚年工作和退休的趋势 大多数可以退休的老年人都退休了；而由于寿命延长，人们比以往拥有更多的退休时光（Kim & Moen, 2001; Kinsella & Velkoff, 2001; 见图 18-2）。

劳动大军里的老年人比例通常取决于国家的经济状况。在大多数发展中国家中，老年人需要继续工作的情况很普遍，尤其在农村。而在发达国家中，65 岁或以上的老年人工作的比例从比利时的不足 3% 到日本的 15% 不一而足；不过在大多数国家，这个比例不到 10%。发达国家中女性老年人比男性老年人更多地从事兼职工作（Kinsella & Velkoff, 2001）。

在过去的 80 年中，美国劳动力中的男性老年人比例有所下降，然而女性老年人

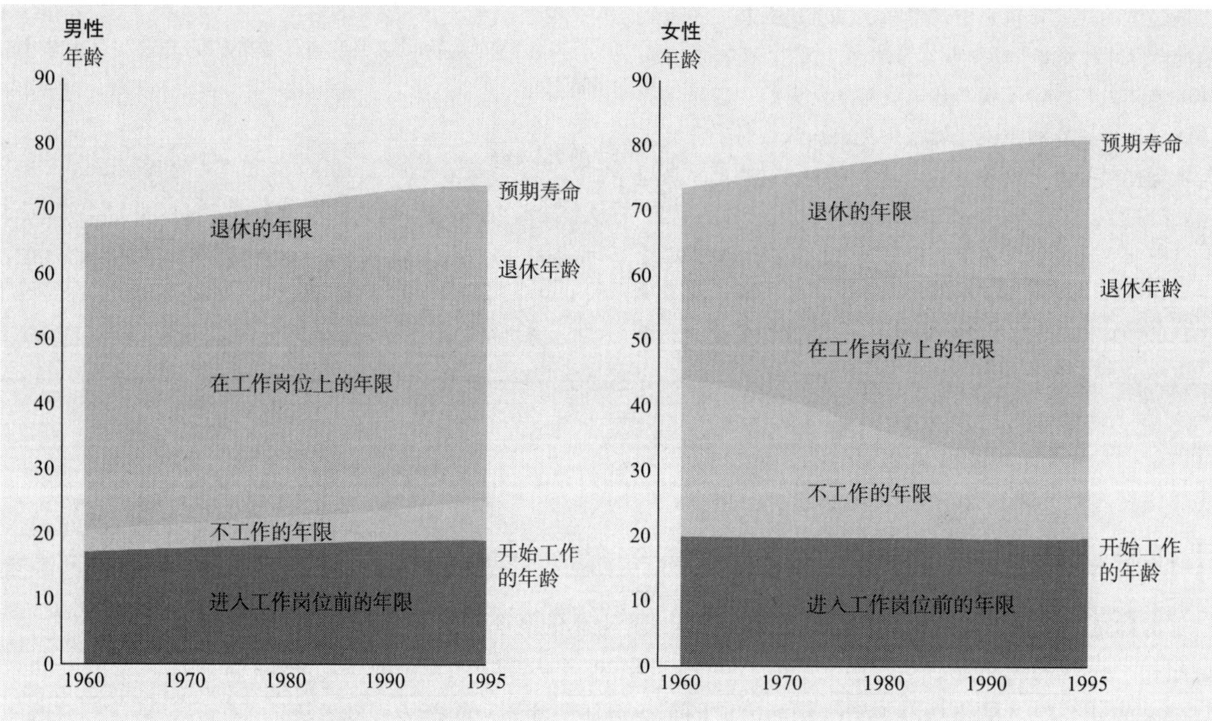

图 18–2

1960 年至 1995 年，在 15 个工业化国家中，人们在进入工作岗位前以及工作和退休的平均年限的变化。随着平均寿命的增长，退休后的年限增多了，特别是女性。尽管女性（不同于男性）比以往在工作岗位上的年限更长了，她们还是比以往更早退休。

资料来源：Kinsella & Velkoff, 2001, Figure 10-13, p. 111, from Organization for Economic Co-Operation and Development, 1998.

的比例却在上升——她们中的大多数在年轻时是家庭主妇，不外出工作。2003 年，65~69 岁的老年人中，33% 的男性和 23% 的女性仍在工作；而 70 岁以后依然工作的老年人，男女的比例分别下降至 12% 和 6%（Federal Interagency Forum on Aging-Related Statistics, 2004）。继续工作的黑人老年人比白人老年人要少，通常是一些健康问题迫使他们提前退休。而健康状况好的黑人则比白人的工作时间更长些（Gendell & Siegel, 1996; Hayward, Friedman, & Chen, 1996）。

对许多人来说，退休是一种"阶段性的现象，它包含了有薪工作和无薪工作之间各式各样的过渡"（Kim & Moen, 2001, p. 489）。有些人退休后从事"过渡性工作"，这是一种新的兼职或全职工作，作为从工作到完全退休之间的桥梁。有些人维持半退休状态，即还从事他们原来的工作，只是减少投入的时间及承担的责任。2002 年美国国家老年中心的一项调查发现，美国老年人中，58% 的人完全退休（即不再工作），23% 的人处于半退休半工作的状态，19% 的人完全没有退休。由于家务被看作是一种工作，女性老年人相比男性老年人（26% 对 20%），更认为自己是处于半退休半工作状态。

我思我秀

- 你想在多大年龄退休？为什么？你打算怎么过退休后的时间？

年龄如何影响个体的工作表现和工作态度？　65 岁，甚至 70 岁以后继续工作的人通常比较喜欢他们的工作，不会在工作时感到太大的压力。一般他们比那些身体健康但退休的人有更高的教育水平（Kiefer, Summer, & Shirey, 2001; Kiefer et al., 2001; Kim & Moen, 2001; Parnes & Sommers, 1994）。

与年龄歧视的观点相反，老龄员工通常在产出上比年轻员工更强。虽然他们工作起来比年轻人要慢一些，但他们更加敏锐（Czaja & Sharit, 1998; Salthouse & Maurer, 1996; Treas, 1995）。老年员工相比年轻员工会更值得信赖、更小心谨慎、更尽职尽责、更节约时间和材料，而且他们的建议也更容易被接受。尽管年轻员工在需要快速反应的任务上表现较好，但老年员工在一些需要精确反应、固定程序、成熟判断的工作上能力更强（Forteza & Prieto, 1994; Warr, 1994）。经验，而非年纪，应该是其中的关键原因。老年员工有这么好的表现，可能是由于他们在岗位上或者相似的作业上工作了更长的时间（Warr, 1994）。

在美国，雇佣年龄歧视法（ADEA）对员工数量为 20 人及以上的公司进行了规定，禁止公司对 40 岁以上的员工不安排工作岗位、辞退、扣减工资或强制提前退休等行为。一个由议会授权的特别工作组发现：（1）随着年龄的增长，不同群体的生理状况和精神能力的个体差异逐渐增大，同一年龄组组内的差异比不同年龄组之间的差异还要大；（2）关于心理能力、生理能力和知觉动作能力的测试结果对工作表现的预测，比年龄对工作表现的预测准确得多（Landy, 1992, 1994）。不过，依然有许多用人单位对老年员工施加一种无形的压力（Landy, 1994），且许多案例中很难证实的确存在年龄歧视（Carpenter, 2004）。

退休后的生活 退休不是单一的事件，而是持续的过程。个人资源（健康、社会经济地位、人格等）、经济资源及社会关系资源（如来自伴侣和朋友的支持）等，对退休者安然度过这种变迁都有影响（Kim & Moen, 2001, 2002）。退休者对工作的依恋也会产生影响。一项研究以 559 对荷兰老年夫妇为对象，这些夫妇中其中一人已退休。研究发现，以往有着多年全职工作的参与者在适应中有更大的困难；而同样有适应困难的是那些非自愿退休、在退休前对退休有消极期望以及低我效能感的参与者（Van Solinge & Henkens, 2005）。

一项研究对 458 名 50~72 岁相对健康的已婚男女进行了为期两年的纵向研究，结果发现那些在工作中士气低落的男性老年人在刚退休时会经历一个情绪高涨的“蜜月阶段”，但持续的退休生活会使他们的沮丧情绪逐渐增强。女性老年人的幸福感则与退休关系不大，不论是她们自己退休还是丈夫退休，她们更多地受到婚姻状况的影响。不论男女，对于幸福感而言，个人的控制感是一个关键的预测源（Kim & Moen, 2002）。另一项纵向研究发现，对退休后生活满意度的最有影响力的预测源是退休者的社会支持网络（Tarnowski & Antonucci, 1998）。

连贯理论认为，能维持原来的活动和生活方式的老年人能获得最成功的适应。社会经济地位会影响退休后以什么方式来打发时间。一种常见的方式是**家庭聚焦方式**（family-focused lifestyle），主要包括一些围绕家庭和伴侣进行的可行而低成本的活动，如日常谈话、观看电视、探亲访友、邀朋待客、棋牌娱乐或者“想做什么就做什么”。第二种方式是**平衡投资方式**（balanced investment），这在受教育程度较高的群体中较为典型，他们会把自己的时间较平均地分配到家庭、工作和休闲中（J. R. Kelly, 1987, 1994）。这些方式也可能随着年龄的增长而发生改变。一项研究发现，定期外出旅游并体验不同文化的年轻退休者对生活更为满意；而对于 75 岁以上的老年人来说，基于家庭的活动会带来更多的满意感（J. R. Kelly, Steinkamp, & Kelly, 1986）。

周末画家、业余木匠和那些努力掌握一门手艺或者追寻一种强烈兴趣的人，常会以这种手艺或兴趣作为自己退休后生活的中心来引发激情（Mannell, 1993）。这是第三种生活方式，即**认真的休闲方式**（serious leisure），它是被一些“需要技巧、专注以及承诺”的活动充实的生活（J. R. Kelly, 1994, p.502）。这种生活方式下的退休者常常对自己的生活特别满意。

从 20 世纪 60 年代末开始，在美国从事志愿工作的老年人（如卡特夫妇）的比例有了极大增长（Chambre, 1993）。在一次民意调查中，57% 的退休老年人报告说自己曾经从事过志愿工作或社区服务（Peter D. Hart Research Associates, 1999）。志愿工作与退休后的幸福感密切相关，它“在人们退出了工作的世界以后，取代他们失去的社会资本”（Kim & Moen, 2001, p.510）。在 MIDUS 研究的一个子样本中，373 名年龄为 65~74 岁的老年人的志愿工作能够预测积极的情绪体验。志愿工作对于因身份缺失引起的幸福感下降来说，是一个保护性因素（Greenfield & Marks, 2004）。在日本，健康积极的老年人经常被鼓励去做志愿者。一项对 784 名日本老年人进行的纵向研究发现，认为自己对他人和社会有用的老年人与对照组相比，寿命多出 6 年，而这个结果即使在对自我报告的健康状况进行修正之后，依然成立（Okamoto & Tanaka, 2004）。

可通过许多途径获得一种有意义而愉快的退休生活，其中有两点是共通的：去做让自己满意的事情以及拥有让自己满意的人际关系。对于大多数老年人来说，这两点都是“生命过程经历的扩展”（J. R. Kelly, 1994, p.501）。

这位退休老人利用空余时间，在社区大学作为一名志愿者教学生，他不但帮助了年轻人和社区，而且也帮助了自己。这位老人在工作中获得了自尊，他认为自己依然有用，对社会做出贡献，这是志愿者服务一种有价值的副产品。

老年人的经济状况

即使是卡特夫妇在退休后也不得不面对经济问题。大多数的老年人同样如此。

自 20 世纪 60 年代起，社会保险提供的福利占美国老年人收入中的最大份额。10 个美国老年人中有 9 个会说，他们的收入来源于社会保险（Administration on Aging, 2003a）。2002 年，社会保险占美国老年人收入来源的 39%，接下来依次是工资（25%）、退休金（19%）和资产收入（14%）。随着年龄增长，人们愈发依赖社会保险和资产带来的收入。社会保险在收入中的比例，从高收入阶层的 20% 迅速上升到低收入阶层的 83%（Federal Interagency Forum on Aging-Related Statistics, 2004；见图 18-3）。对 1937 年以后出生的美国人来说，获得社会全险的年龄资格从 65 岁逐渐上升到 67 岁（1960 年或以后生的人到 67 岁才有资格获得）。

社会保险和其他政府制度使得今天的美国老年人生活得相当舒适。以医疗保险制度为例，它覆盖了美国 65 岁以上居民及残疾居民的基本健康保险。老年人的贫困比例从 1959 年的 35% 下降到 2002 年的 10%（Federal Interagency Forum on Aging-Related Statistics, 2004），而老年贫困比例也比全体贫困比例要低（Gist & Hetzel, 2004）。

女性比男性更容易在老年陷入贫困，如果她们单身、丧偶、分居、离婚或者中年时就处于贫困状态，抑或只有兼职工作时，情况更为严重（Administration on Aging, 2003a; Vartanian & McNamara, 2002）。贫困的老年美国黑人是白人的 2.5 倍。独居的拉丁美洲裔女性老年群体的贫困率最高（Administration on Aging, 2003a）。

今天的中年人将来退休后会面临怎样的财政问题？目前的退休金计划本身存在缺陷，如美国航空公司的情况；再加上从有固定保障退休收入的保险金计划变化为

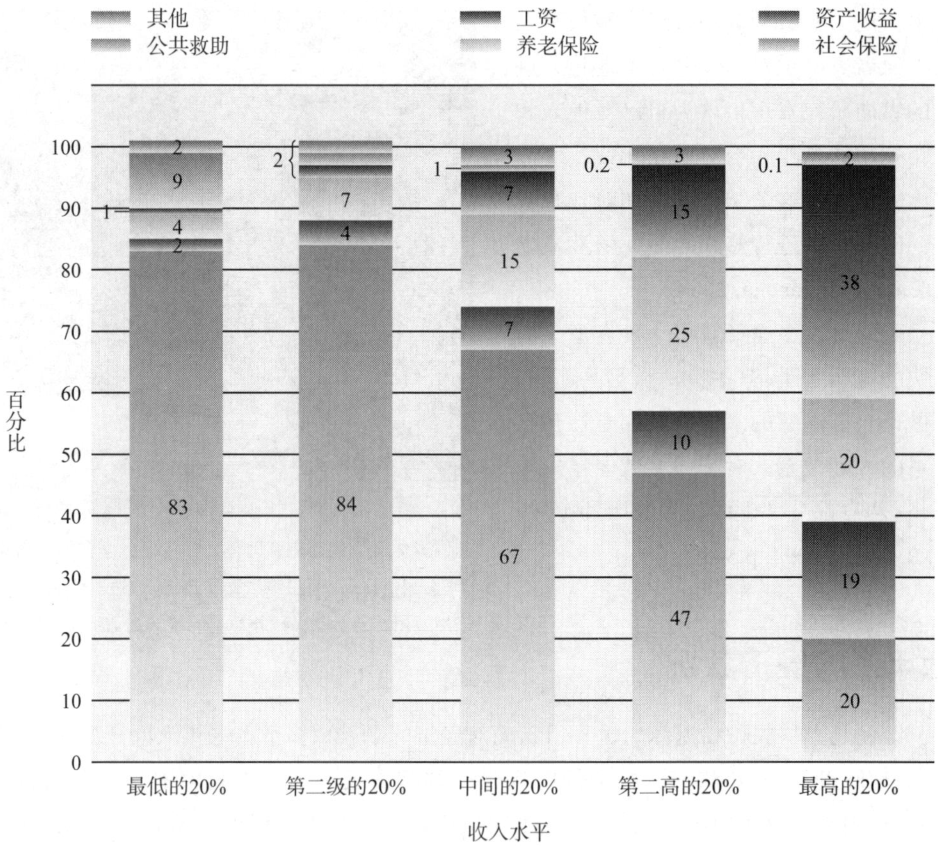

图 18–3
美国65岁以上老人按照收入水平划分5层后的收入来源。

资料来源：Federal Interagency Forum for Aging-Related Statistics, 2004, p. 15.

学习检查站
你能否……
- ✓ 描述当前晚年工作和退休的趋势?
- ✓ 引用研究结论，说明年龄、工作态度、工作技能之间的关系?
- ✓ 说出退休如何影响幸福感? 描述3种退休后最常见的生活方式?
- ✓ 说说老年人的经济状况及其有关社会保险、退休津贴等情况?

需要依靠投入回报来取得资金，这使得许多劳动者未来的财政状况变得更加不确定（Towers Perrin, 2004）。随着缴纳养老金人数和比例的下降，如果不进行改革，人们的收益终将下降，尽管这一问题的持续时间及其严重性仍没有定论（Sawicki, 2005）。

有人提出了一项有争议的建议：把社会保险部分私有化，让劳动者可以选择把部分需要上交的钱存放在个人帐户当中（President's Commission to Strengthen Social Security, 2001）。支持者称，私有化措施能让退休者从自己的劳动贡献中获得更多的回馈（Tanner, 2001）。反对者则担忧，若把作为基本收入储备的工资税置于私人帐户中，会偏离社保的原有目的，即保障老年人的基本收入，而国家与地方用于支持收入大幅减少的退休者的财政支出会如天文数字般大幅增加（Diamond & Orszag, 2002; Weller, 2005）。其他可采取的措施包括：提高工资税的起征点，根据市场价格而不是工资水平来确定保险金额，进一步提高退休年龄、调整老年生活适应的费用，在已有系统的基础上提供社保金的个人帐户（Bethell, 2005）。

生活安排

学习指路标

5. 有哪些生活安排可供老年人选择?

在发展中国家，老人通常会与成年子女及孙辈一起，多代共同居住。在发达国家，许多老人所得到的照顾和支持主要来自他们的伴侣（Kinsella &Velkoff, 2001）。

在美国，2003 年的数据表明，有 95.5% 的 65 岁及以上老年人居住在社区里，而其中 5% 居住在有特殊设施和支持服务的房子中（Administration on Aging, 2003a）。由于女性的平均寿命较长，居住在养老机构以外的老年人中，男性有 73% 与配偶同住，而女性则只有 50%。其中大约有 5% 的男性老年人和 9% 的女性老年人与亲属或子女一同居住，其余的独居。少数民族的老年人，特别是亚裔及西班牙裔的美国老年人，受其传统影响，比美国白人更喜欢居住在大家庭（即数代同堂的家庭）中。

生活安排本身并不能提供给我们更多有关老年人幸福感的情况。举例来说，独居并不一定表明缺乏家庭联系和支持；相反，独居也许正表明了老年人身体健康、经济自足以及渴望独立。同样的道理，与成年子女一同居住也并不能给我们提供任何有关家庭人际关系的信息（Kinsella &Velkoff, 2001）。

居家养老 美国家庭中的老人，每 10 个中就有 8 个拥有自己的房子，其中 3/4 的老年人拥有房子的所有权，这些房子内部干净整洁（Administration on Aging, 2003a）。大多数老人选择住在自己的房屋里，即使配偶去世，也独居（Administration on Aging, 2003a）。

如果老年人能够自理或只需轻微的帮助，有足够的收入，已偿清抵押贷款，能够应付日常生活费用，与邻居关系友好，希望独自生活、拥有隐私，又不想远离朋友和儿孙，如果这样，“居家养老”便合情合理了（Gonyea, Hudson, & Seltzer, 1990）。对于因为官能受损而难以完全自理的老人来说，提供较小的帮助也能够让他们就地养老，诸如一日三餐、日常出行及家庭健康援助等。在家中安装斜梯、扶手等简单设备能对老人有所帮助。一项全美规模的有代表性的调查发现，6 万户家庭里有 14% 的人身患影响家务劳动的残疾。虽然有 49% 的家庭在家中安装了至少一种辅助设备，但仍有 23% 的残疾老人在此项上的需求未得到满足（Newman, 2003）。

大部分老年人并不需要许多帮助。而确实需要许多帮助的老年人也可以继续居住在社区里，只要他们有至少一位能依靠的人即可。老年人不需去养老机构的唯一重要的因素便是结婚。只要一对夫妇健康状况相对较好，他们便可以独立生活，并相互照顾。而当夫妇一方或双方变得身体虚弱、残疾或其中一方去世时，生活安排问题便会变得更具压力（Chappell, 1991）。

下面我们来具体看看老年人在伴侣去世后最常见的两种生活安排：独居以及与子女共住，然后看看居住在养老机构或其他的群居方式，最后，我们会讨论对身体虚弱或有精神障碍的老年人存在的一个严重问题：被赡养者虐待。

独居 自 20 世纪 60 年代以来，独居老人的数量大幅增长，尽管他们依然是少数派

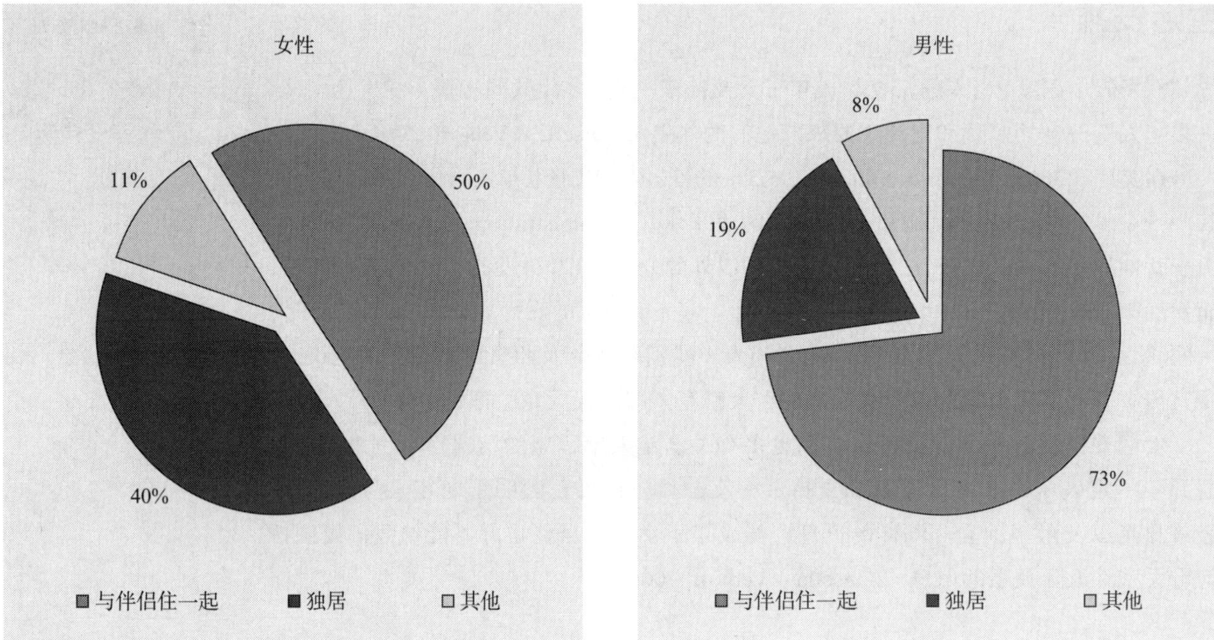

图 18–4

2003 年，美国 65 岁或以上非体制化养老的老年人的生活安排。女性老年人更多独居（特别是随着年龄的增大），部分原因是她们的平均寿命更长，而男性老年人则更多与配偶一起居住。“其他”情况包括与亲属或非亲属居住。注：由于取整，图中的百分比总数不一定为 100%。

资料来源：Federal Interagency Forum on Aging-Related Statistics, 2004.

（Kinsella &Velkoff, 2001）。2000 年，有 28% 的老年人独居（Gist & Hetzel, 2004）。由于女性的平均寿命比男性更长，女性老年人更容易丧偶独居。在美国，独居的女性老年人的数量是男性老年人数量的 2 倍，随着年龄的增长这一比例也在增加。75 岁及以上的女性老年人中有接近 50% 独居；与此相比，同年龄段的男性老年人独居比例只有 23%。独居的老年人比起与配偶共同居住的老年人更为贫困（Federal Interagency Forum on Aging-Related Statistics, 2004），也更容易去养老机构养老（McFall & Miller, 1992; Steinbach, 1992）。

相似的情况也发生在多数发达国家中：女性老年人更多地独居，而男性老年人则更多与配偶或其他家人一同居住。独居者家庭数量增长的部分原因是政策导向：增加老年群体收益的“反向抵押贷款 ”项目，使得老年人能够靠自己的房屋为生计；建设便利老年人居住的住房政策和长期看护政策使老年人不需进入养老机构养老（Kinsella & Velkooff, 2001）。

一般而言，独居的老年人，特别是老老人，容易感到孤独。然而，对孤独感的影响因素众多，如人格、认知能力、身体健康状况及逐渐减少的社会网络资源等（P.

Martin, Hagberg, & Poon, 1997）。社会活动，如到老年中心娱乐或从事志愿工作，都可以帮助独居老人保持与社区之间的联系（Hendricks & Cutler, 2004; Kim & Moen, 2001）。

与成年子女共同居住 在非洲、亚洲和拉丁美洲的许多国家中，老年人可以与儿孙一起居住并得到照顾；如在新加坡，90% 的老年人是与子女一同居住的（Kinsella &Velkoff, 2001）。在美国，即使他们的生活有困难，大多数老年人不愿意这样做。他们不愿意给子女的家庭带来负担，也不愿意牺牲自己的自由。家庭成员对额外的成员感到不方便，并且每个人的隐私和人际关系也可能会受到侵犯。老年父母在子女的家庭中可能会觉得自己无用、无聊、也无朋友往来。如果子女已经结婚，而父母又与儿媳或女婿合不来或是大家都感到家务太繁重，这样会使子女的婚姻受到威胁（Lund, 1993a; Shapiro, 1994）。（第 16 章和本章稍后有对照顾老年父母的讨论。）

这种安排的成功与否很大程度上取决于父母与子女之间一直以来的关系以及两代人之间充分坦率的沟通。让老年父母搬到成年子女的家中居住的决定必须经过彻底谨慎的考虑，并十分成熟。父母与子女需要尊重彼此的尊严和自由，并接纳两代人间的差异（Shapiro, 1994）。

进入养老机构 在世界各地，为照顾身体虚弱的老人而设的养老院有许多差异。在发展中国家，制度化的养老比较罕见；但非洲南部养老院的数量有所增加，因为生育率的下降导致老年人口比例迅速增长及家庭照料者出现短缺。在发达国家，20 世纪 90 年代制度化养老的人口比例就从葡萄牙的 2% 到荷兰、瑞典的 9%（Kinsella & Velkoff, 2001）。在英国、丹麦、澳大利亚等一些国家，全面老年家访计划有效地防止了老年人的功能衰退，从而控制了养老院的入住人数（Stuck, Egger, Hammer, Minder, & Beck, 2002）。

无论在哪个国家，老年人年龄越大，越倾向于进入养老院养老（Kinsella &Velkoff, 2001）。在美国，65~74 岁之间的老年人进入养老院的比例为 1%，而 85 岁及以上的人则达到了 18%（Administration on Aging, 2003a）。世界上大多数国家中，进入养老院的老年人多是女性；在美国，居住在养老院里的女性比例也达到了 75%（Federal Interagency Forum on Aging-Related Statistics, 2004; Kinsella & Velkoff, 2001）。最容易进入养老院的老年人包括：独居老年人、不参与社会活动的老年人、由于健康状况差或残疾影响日常活动的老年人以及其非正式照顾者负担过重的老年人（McFall & Miller, 1992; Steinbach, 1992）。在养老院中有不少老年人是大小便失禁的，有许多老年人的视觉和听觉有问题，有一半以上的老年人认知功能有损伤。一般来说，在 6 项日常生活活动中（ADLs），如洗澡、进食、穿衣、就座、如厕、行走，他们有 4 项到 5 项是需要他人帮助才能完成的（Sahyoun, Pratt, Lentzner, Dey, & Robinson, 2001）。

宾夕法尼亚大学当局为退休社区奠基。像“宾州村庄”这样的计划会提供租赁或出售的房屋，通常还附带物业服务和休闲娱乐设施，它受到越来越多独立自主、想生活得自给自足的老年人的欢迎。

美国养老院中的老年人数量从 20 世纪 70 年代以来有了显著的增长，但其占老年人总人口的比例从 1990 年的 5.1% 下降到了 2000 年的 4.5%（Administration on Aging, 2003a; U.S. Census Bureau, 2001）。这种下降部分可归因于老年残疾人比例的下降。另外，长期医疗保险的范围放宽以及私人长期医疗保险的出现，给老年人提供了养老院以外的一种更方便的选择（将在第 19 章讨论），也提供了一种家庭健康照料的方式（Ness, Ahmed, & Aronow, 2004）。然而，随着“婴儿潮”一代年龄的增长，养老院居住人数将在 2030 年翻一番（Sahyoun, Pratt et al., 2001）。这样的增长会对医疗补助带来沉重的负担，而这恰好是用于养老院资金投入最重要的支出项（Ness et al., 2004）。

联邦法律（1987 年和 1999 年的综合预算调节法）对养老院规定了严格的要求。法律规定：老年人有权利选择自己的医生，充分了解他们的护理与治疗状况，有权利不受生理上和精神上的虐待、不受体罚，有权利不接受未经同意的隔离、身体约束和化学药物约束。一些州专门训练志愿巡查员作为在养老院生活的老年人的保护者，给他们解释他们拥有的权利，并解决他们对隐私问题、待遇问题、餐饮问题和财政问题的投诉。

高质量的照料中最关键的一个成分是要给予被照料者自主决定的机会以及对自己生活的控制力。有研究发现，在 129 名在养老院接受中级护理的老年人中，那些高自尊、较少沮丧情绪、对生活有更好的满意度和意义感的老年人，在四年之后依然活着的比例很高，也许因为他们心理上的适应激励着他们活下去并接受更好的照料（O’Connor &Vallerand, 1998）。

其他方式的居住安排 也会有一些老年人不想供或供不起一间房子、不需要特殊照

料、没有家人在附近、想到不同的地方或在不同的气候下居住、喜欢旅游，他们住在仅需要少量维护甚至不需要维护的联排别墅、单元公寓、合作式公寓、租赁公寓或活动房屋中。针对那些不能或不愿意完全独自居住的老年人，出现了一大批可供选择的老年人集体住宅（Kinsella &Velkoff, 2001，见表 18-2），这些安排让那些健康状况差或残疾的老年人能够在不牺牲自由、隐私和尊严的前提下获得所需要的服务和照顾（Laquatra & Chi, 1998; Porcino, 1993; Sahyoun, Pratt, et al., 2001）。

2000 年，有将近 6% 的老年人住在老年人集体住宅里（Gist &Hetzel, 2004）；而在 20 世纪 90 年代中期这一比例只有 1%。如果有更多可用的这类房屋，那些将在养老院居住的老年人中将有 50% 的人能够花更少的钱留在社区里来养老（Laquatra & Chi, 1998）。

辅助生活，一种专门为老年人设计的居住形式，在美国很受欢迎，发展速度很快（Hawes, Phillips, Rose, Holan, & Sherman, 2003）。生活辅助住宅让住客们在拥有自己居住空间的同时，为其提供方便的 24 小时通道，来获得所需要的个人照料和健康

表 18-2　老年人的集体生活安排

养老设施	描述
退休旅馆	旅馆或公寓按照老年人的需要重新改造。通常会提供旅馆酒店式服务（总机、房间服务、信息中心等）
退休者社区	大型的、自给自足的居住单元供租赁或出售。通常还会提供物业服务和休闲娱乐设施
合住	可以通过亲朋戚友等私人途径与他人合住。有时候，社会机构会给需要住房的人与住房有空余房间的人牵线搭桥。这种情况下，老年人通常会拥有自己的私人房间，也有一起生活、吃饭、做饭的地方，并可能需要付出简单的家务劳动作为交换
附属公寓或供长期居住的平房	专门为老年人而建的单个居住单元，让老年人可以一家人住——通常是与成年子女，当然也不一定。单元能提供私密空间、与赡养者的亲近接触以及个人安全
集中居住	政府或私人出资兴建的专为老年人而设的复合式或活动式出租公寓，提供饮食、家务、交通、社交及娱乐设施，甚至健康服务。集中居住的一种类型称为群体住房，由拥有或租赁房屋物业的社会机构牵头，集中一小群老年人居住，并雇佣人员负责购物、做饭、做重型家务活、开车以及提供咨询。住在里面的老年人自行满足个人需求，并对一些日常事务分工负责
生活辅助住宅	在他人的房间或公寓里的半独立生活，与集中居住相似。但还会根据居住者的需要为其提供个人照料（如洗澡、穿衣、打扮等）及保护性的监督。寄宿住房与此相似，但要更小一些，并提供更多的个人服务和监督
寄养照料	一个家庭接受一位陌生的长者，提供饮食、家务及个人服务
连续照料的退休者社区	一种面向富人的长期居住计划，根据其需求的变化提供全方位的食宿和服务。老年人可以先入住独立公寓，然后搬去集中居住享受清洁、洗衣和饮食服务，再搬去生活辅助住宅，再搬往老人院。生活照料社区与此相似，但会针对专门的时期或生活额外提供房屋服务和医药服务，这种服务要求先缴纳一大笔报名费，然后每个月还会收取服务费用

资料来源：Laquatra & Chi, 1998; Porcino, 1993.

在像家一样的生活辅助住宅中，有很方便的途径来获取医疗服务和个人照料，这样的老人院是越来越多老年人的新选择。这些受助生活设施中的居民很大程度上可以维持自主、尊严、隐私以及友谊。

我思我秀

- 当你变老了、甚至功能减退时，你想给自己的生活安排些什么？

服务（Citro & Hermanson, 1999; Hawes et al., 2003）。在这些住宅里老人能够“就地养老”；如果需要，老年人可以相对独立地生活（只需要帮助其打扫房屋和提供餐饮），也可以获得诸如洗澡、穿衣、服药、用轮椅外出散步等方面的帮助。然而，不同的生活辅助住宅在居住条件、运营方式、服务观念以及价格方面存在很大差异，而 75 岁以上的中低收入阶层老年人也负担不起那些能够提供充分的私人空间和良好服务的住宅，除非他们愿意花光全部财产来弥补日常收入的不足（Hawes et al., 2003）。

对老年人的虐待

美国某城市的一位中年妇女开车到医院急诊室，她把一位身体虚弱的老年妇女抱出车外（这位老年人看起来还有点困惑）并放到轮椅上，把老人推进急诊室以后疾步走出医院，开车匆匆离开，没有留下任何信息（Barnhart, 1992）。

“被丢弃的奶奶”这个例子说明了**虐待老人**（elder abuse）的现象：对需要照顾的老年人进行虐待、忽视或侵害他们的个人权利。对老年人的虐待可以分为以下 6 种类型：（1）*身体虐待*——对老年人的身体使用暴力，并可能导致疼痛、受伤或损害；（2）*性虐待*——不经老年人同意的性接触；（3）*情感或心理虐待*——使老年人蒙受悲伤、痛苦或紧张（如害怕被遗弃或被送到养老院）；（4）*财政或物质剥削*——对老年人的金钱、财富和资产不恰当地或不合法地使用；（5）*忽视*——拒绝承担或不能承担对老年人的任何义务；（6）*自我忽视*——老年人的消沉、虚弱或精神不健全会对自身的健康和安全造成威胁，如不能进食或不能按规定服用药物（National Center on Elder Abuse & Westat, Inc., 1998）。美国医学协会（1992 年）加入了第七种分类：侵害个人权利，如老年人的隐私权以及对自己的个人事宜和健康做出决定的权利。

在 90% 的有明确施虐者的案件中，施虐者往往是老年人的家庭成员；而其中的 2/3 是老年人的伴侣或成年子女（National Center on Elder Abuse &Westat, Inc., 1998）。人们经常认识不到老年人被家庭照料者所忽视。许多照料者不懂得如何给予老年人适当的照料，甚至他们自己的健康状况也不好。照料者的思想状态和其所照顾的老年人，两者会相互影响。当老年女性接受非正式长期照料且被她的照料者尊重时，她们更不容易感到沮丧（Wolff & Agree, 2004）。

虐待老人还有一种形式是家庭暴力。施虐者需要去咨询治疗以认识到自己在做什么，也需要得到协助以减轻作为照料者的压力（AARP, 1993）。自助小组可以帮助照料者认识到究竟发生了什么，认识到他们并不需要通过虐待行为来解决问题，找出办法来停止并远离虐待行为。

学习检查站

你能否……

- ✓ 比较老年人中不同类型的生活安排、其相对流行程度及其优缺点？
- ✓ 指出老人虐待的 5 种类型，并举出每一种的例子？能否说说在哪儿、由谁实施的虐待更常见？
- ✓ 列举有关老人的权利与需要的国际准则？

表 18-3　关于老年人的联合国准则

独立	照料
老年人应当拥有适当的途径以获得食物、水、居住、穿衣以及健康照料，不论是通过收入所得、通过家庭或社区帮助或通过自助 老年人应当拥有工作的机会或其他获得收入的机会和途径 老年人应当有权参与决定其何时、何地离开工作岗位 老年人应当获得参与适当的教育和培训项目的途径 老年人应当居住在安全的、对其个人偏好和老化中的能力有所适应的环境中 老年人应当有权尽可能长地在家居住	老年人应当获得与所处社区的文化价值相符的家庭、社区照料或保护 老年人应当拥有获取健康照料的途径，帮助他们维持或重获最适宜的身体、心理和情绪上的幸福安康，并且防止或推迟疾病的发作 老年人应当拥有获取社会服务和法律服务的途径，加强他们的自主、保护和照料 老年人应当有权获得适当的体制化的照料，在人道主义及安全的环境中，为其提供保护、康复、社会和心理服务 老年人应当可以享受人权和基本的自由，包括尊重其尊严、信仰、隐私以及其对自己的照料方式和生活质量做出决定的权利，不论是在何种居住条件、照料方式或治疗设施之下
参与	**自我满足**
老年人应当保持与社会的联系，积极参与一些会直接影响到其自身福利政策的制定和实施，与年轻人分享自己的知识和技能 老年人应当有权寻求及发展为社区服务的机会，在感兴趣和有能力的位置上做志愿服务 老年人应当有权与其他人建立活动与联系	老年人应当有权追求充分发展自己潜能的机会 老年人应当拥有从社会获得教育资源、文化资源、宗教资源和娱乐资源的途径 **尊严** 老年人应当有权在尊严和安全下生活，并且不被利用，不被从身体或心理上虐待 老年人应当不论年龄、性别、种族背景、残疾或其他疾病而得到公平的对待，并且为他们的经济贡献而得到重视

由于老年人的需求和人权已经成为国际问题，联合国大会在 1991 年正式通过了一系列关于老年人的准则。这些准则覆盖了老年人独立的权利、参与社会的权利、接受照料的权利以及获得自我实现机会的权利（见表 18-3）。

学习指路标

6. 成年晚期的人际关系会发生什么变化？这些变化会对幸福感产生什么影响？

晚年的人际关系

当个体变老时，他们与他人共处的时间会更少。人们在工作中可以有效地建立社会联系，因此，长时间退休的老年人会比新近退休的或是持续工作的老年人更缺少社会联系。对一些老年人而言，身体的虚弱让他们更难外出结交朋友。因而，老年人能够维持下来的人际关系对其幸福感的影响比以往更重要（Antonucci & Akiyama, 1995; Carstensen, 1995; Lansford, Sherman, & Antonucci, 1998）。在美国老年委员会对老年人进行的一项调查（2002 年）中，只有 20% 的美国老年人报告存在严重的孤独问题，而 90% 的老年人认为家庭和朋友对其有意义有活力的生活最为重要。

社会联系和社会支持理论

根据*社会护航理论*（参见第 16 章），老年人会在其社会网络中确认出能够帮助自己的人，避开对他们不具支持性的人，以此来维持一定的社会支持水平。随着以往的同事和朋友不断去世，大多数老年人保留了一个稳固的内部交际圈作为“社会护航”。有些亲密的朋友和家庭成员能够让他们依靠，并强烈地影响他们的幸福感，这些亲朋便组成了这个“社会护航”交际圈。

*社会情绪选择理论*为老年人在社会关系中的变化提供了一些略微不同的解释（Carstensen, 1991, 1995, 1996）。因为生命中剩下的时间越来越少，老年人会把时间用在能满足他们即时需求的人身上。一位大学生可能会为了获取所需的知识而忍受并不喜欢的老师；但一位老年人则不愿意把宝贵的时间花在那些会使其紧张的朋友身上。年轻人会花半个小时来了解他们想更深入了解的人，而老年人则倾向于与已是知交的朋友相处。

因此，尽管老年人可能没有年轻人那么广泛的社会网络，但他们却有着更为亲密的人际关系（Lang & Carstensen, 1994, 1998），并且在这些人际关系上获得更高的满意度（Antonucci & Akiyama, 1995）。除了那些情绪不佳或认知受损的老年人，即便老年人的社会联系的范围缩小，频次减少，但社会支持无论在质量上还是在数量上都不会受到影响（Bosse, Aldwin, Levenson, Spiro, & Mroczek, 1993）。

社会关系的重要性

从生命早期开始，社会关系就与健康息息相关（Bosworth & Schaie, 1997; Vaillant, Meyer, Mukamal, & Soldz, 1998）。实际上，社会关系似乎能延长寿命。一项对 28 369 名老年人进行的为期 10 年的纵向研究发现，与社会隔离最严重的老人组相比于社会联系最充分的老人组，前者死于心血管疾病的比率比后者高 53%，前者死于事故或自杀的比率是后者的 2 倍（Eng, Rimm, Fitzmaurice, & Kawachi, 2002）。另外，如第 17 章所述，有广泛社会网络和频繁社会联系的老年人更不容易出现认知功能的下降（Holtzman et al., 2004）。

情感方面的支持能帮助老年人，尤其是高龄老年人，使其在面对诸如丧偶、丧子、病重或事故等压力和创伤的时候维持生活满意度（Krause, 2004b）。而积极的社会关系也能增强老年人的健康和幸福感，但冲突的社会关系则会产生更大的消极影响。一项对 515 名老人进行的追踪调查发现，一些难相处的社会关系充满了指责、排斥、争斗，侵犯彼此隐私并缺乏互助，这些社会关系本身便是慢性的压力源。在某社会关系（如亲子关系）上遇到问题的老年人，容易在其他关系（如朋友关系）上也产生问题，并因此使诸多的社会关系部分地成为问题的来源。另一方面，一些消极关系并不能说明社会交往技巧的好与差，它反映出的只是共有的压力，如财政问题和健康问题等（Krause & Rook, 2003）。

多代家庭

老年人的家庭有其特点。从历史上看，不管多代家庭多么流行，都很少有超过三代的家庭。今天，发达国家的许多家庭出现四世甚至五世同堂的情况，一个人可能同时身兼祖父母和孙辈的身份（Kinsella & Velkoff, 2001）。

如此多的家庭成员使家庭变得丰富多彩，但同时也会带来特殊的压力。不断增长的家庭人口通常意味着至少有一位长寿的老年人会患上多种慢性疾病，而这位老年人的照料者此时恰好在生理上和情绪上都感到枯竭（C. L. Johnson, 1995）。如今 85 岁以上的老年人口增长速度最快，许多年近七旬的人，其健康和精力都逐渐减弱，却不得不承担照料者的责任。在实际中，许多女性一生花在照顾父母上的时间比花在照顾孩子上的时间还多（Abel, 1991）。

> **我思我秀**
>
> - 你经历过多代同堂吗？你觉得你老了以后会经历多代同堂吗？这种生活方式有哪些吸引你的地方，有哪些你不喜欢的地方？

每个家庭处理这些问题的方式通常都有其文化根源。核心家庭，老年人对与子女分开居住的期望反映了地道美国人对个人主义、独立自主、自力更生的价值的追求。西班牙裔及亚裔美国人的文化传统注重亲子之间或代际之间的义务，而这些义务则是由老一辈人所提出的，有其权威性与力量。然而这些模式正在被地道的美国文化逐渐同化。非裔及爱尔兰裔美国人的文化曾遭遇贫穷的严重冲击，因而十分强调旁系亲属之间平等共有的关系。他们的家庭结构可以相当灵活，通常包括兄弟姐

学习检查站

你能否……

- ✓ 阐述晚年社会人际关系的变化以及对这些变化的理论解释？
- ✓ 说出积极的社会人际关系和社会支持的重要性，并引用研究成果说明社会交往和健康之间的关系？
- ✓ 说出新型多代家庭的特征？

妹、婶母姨娘、叔伯姑舅、表堂亲戚或者是新朋旧友，只要他们需要一片栖身之地。这些各不相同的文化类型影响着每个家庭处理与老年人的关系和责任的方式（C. L. Johnson, 1995）。

在本章的剩余部分，我们将更加深入地来了解老年人与家人及朋友的关系。我们还会阐述那些离婚、再婚、丧偶、独身以及无嗣老年人的生活。最后，我们讨论一种新的角色：曾祖父母的重要性。

亲密关系

与其他家庭关系不同，婚姻一般需要双方同意才能形成，至少在现代西方文化中是这样。因此，它对幸福感的影响同时具备友情和亲情的特性（Antonucci & Akiyama, 1995）。它可以让一个人感受到最高的情绪高峰，也可以让其感受到最低的情绪低谷（Carstensen et al., 1996）。那么晚年的婚姻满意度情况如何呢？

学习指路标

7. 成年晚期的长期婚姻有什么特征？这时期的离婚、再婚和丧偶对生活会造成什么影响？

长期的婚姻

相对而言，长期婚姻是一种比较新的现象。大多数婚姻，就像大多数人一样，仅拥有短期的生命。目前，每 5 对夫妇中仅有一对是能够像卡特夫妇那样维持 50 年或以上的婚姻(Brubaker, 1983, 1993)。这是因为女性通常与比自己年龄大的男性结婚，并且寿命更长，而男性又通常在离婚或丧偶以后再结婚；在许多国家中，老年结婚的男性比女性要多得多（Administration on Aging, 2001; Kinsella & Velkoff, 2001）。在美国，几乎所有（96%）的老年人曾结过婚（Fields, 2004），但在老年人中，则仅有 57% 的人依然维持着婚姻关系，其中男性的比例远远高于女性（Federal Interagency Forum on Aging-Related Statistics，见图 18-5）。

老年夫妇比中年夫妇对婚姻更加满意，并且许多老年夫妇认为彼此间的关系比以往要好（Carstensen et al., 1996; Gilford, 1986）。因为一段时期以来离婚变得更加容易，所以仍维持婚姻关系的夫妇通常已经适应了彼此的差异，形成了双方都满意的调节方式（Huyck, 1995）。由于不再需要抚养孩子，子女已变成了共同的快乐与自豪的源泉，而不再是冲突的来源（Carstensen et al., 1996）。麦克阿瑟对成功老年的研究发现，男性的社会支持主要来自于他们的妻子，女性则更依靠他们的亲戚朋友和孩子（Gurung, Taylor, & Seeman, 2003）。

在整个成年期，夫妻之间解决冲突的方式是维持婚姻满意度的关键因素。解决冲突的方式在婚姻关系中通常会保持不变，但老年夫妇的情绪调控力更好，因此他们的冲突更不容易走极端（Carstensen et al., 1996）。

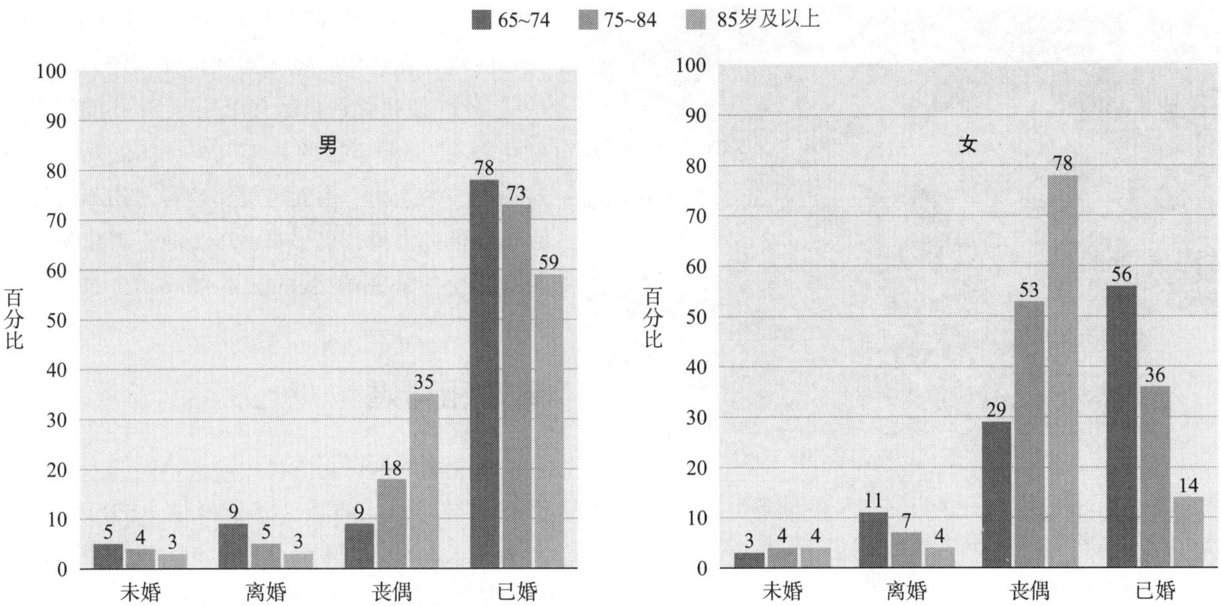

图 18–5

美国 65 岁及以上老年人的婚姻状况，按年龄段和性别分组的数据。

资料来源：Federal Interagency Forum on Aging-Related Statistics, 2004, p.5.

纵观世界上所有的发达国家，已婚者比未婚者更健康长寿（Kinsella & Velkof, 2001）。但婚姻与健康的关系对男女两性来说有所差异。对男性老年人而言，仅结婚这一点就可以对其健康有积极影响，而对女性老年人，她们的健康则更易受到婚姻质量的影响（Carstensen, Graff, Levenson, & Gottman, 1996）。

晚年的婚姻状况会受到年龄增长和身体疾患的考验。需要照顾残疾配偶的夫妇会感到孤独、生气和沮丧，特别是当他们自己的身体状况不佳时。这样的夫妇会进入一种恶性循环：疾病给婚姻关系带来了紧张，而这种紧张又加剧了疾病，一直延伸到超出夫妇两人的应对能力（Karney& Bradbury, 1995），并把照料者的生活置于高风险之下（Kiecolt-Glaser & Glaser, 1999; Schulz & Beach, 1999）。

一项对 818 对高龄夫妇的追踪研究获取了老年夫妇照料伴侣的一些变化特征。只有大约 25%（317 名）的老年人从追踪开始到结束的五年间一直照顾其伴侣；其他的或者是已经去世，或者是其伴侣已经去世，抑或伴侣已经被送到了长期的照料机构中。同时，只有大约一半（501 名）的老年人在追踪的五年内不需要照料其伴侣。无论追踪开始时参与者是否需要照顾伴侣，只要在追踪期间其伴侣需要重点看护，这些参与者通常都会身体更差、抑郁情绪更多（Burton, Zdaniuk, Schulz, Jackson, & Hirsch, 2003）。

照料过程的质量会影响照料者对被照料者去世的反应。一项研究对照料伴侣的

许多白头偕老的夫妻，特别是60多岁的夫妻，都会说他们现在的婚姻生活比年轻时更幸福。婚姻所带来的好处，包括亲密、分享、归属感等，可以帮助老年夫妻面对晚年生活中的得与失。浪漫、玩笑和性也有各自的位置，正如图中这对在热水桶里泡澡的夫妻这般。

老年人在伴侣去世前和去世后分别进行了访谈。访谈发现，在伴侣去世之前便很强调作为照料者的好处（“使我感到自己有用处”“让我能够更欣赏生命”）而非负担的老年人，在伴侣死后会表现出更多的悲伤。由此可见，这种悲伤不仅仅是由于伴侣的去世，更多是由于受照料者角色的丢失被强化（Boerner, Schulz, & Horowitz, 2004）。

离婚和再婚

老年期的离婚很少见。需要离婚的夫妇通常会在更早些时候离婚。65岁及以上的已经离婚的老年人，只有9%的女性和7%的男性没有再婚（Federal Interagency Forum on Aging-Related Statistics, 2004；见图18-5）。然而，这一比例自1980年以来便不断增长（Administration on Aging, 2003a），由于在离婚人数中占很大比例的年轻一代渐近晚年，这一比例仍持续增长（Administration on Aging, 2001; Kinsella & Velkoff, 2001）。

晚年期的再婚有独有的特征。在125名受过良好教育、家境殷实的老年参与者中，老年期的再婚关系有着更多的信任、接纳；而很少再需要对方深入分享个人感受。与女性相比，男性对晚年再婚的满意度要高于对中年再婚的满意度（Bograd & Spilka, 1996）。

再婚对社会也有益处。与独居的老年人相比，有婚姻关系的老年人不再需要更多的社区帮助。让老年人享受在前一段婚姻中可以享受到的养老金和社会保险福利以及提供更多的老年人集体住宅或其他形式的公共住房等措施，都对老年人再婚有鼓励作用。

学习检查站
你能否……
- ✓ 阐述中年人和老年人在婚姻满意度方面的差异?
- ✓ 讲出中青年的再婚和老年的再婚有何区别?
- ✓ 总结在常见的丧偶现象当中的性别差异?

丧 偶

在美国，每年有超过90万人会失去配偶，其中有3/4的人年龄超过65岁（Boerner, Wortman, & Bonanno, 2005），且大部分是女性。在65岁及以上的美国老年人中，女性的丧偶比率是男性的2倍还多——44%对14%（Federal Interagency Forum for Aging-Related Statistics, 2004；见图18-5）。在大多数国家，有超过半数的女性老年人寡居（Kinsella & Velkoff, 2001）。

正是由于更多的男性老年人拥有婚姻，才显得女性老年人更多地处于丧偶的境地，这两者有相似的原因。女性通常比男性寿命更长且更少再婚。随着男女寿命差异逐渐缩小，正如美国自 1990 年以来发生的情况，越来越多的丈夫比其妻子活得更久（Hetzel & Smith, 2001）。关于丧偶的适应问题将在第 19 章讨论。

单　身

学习指路标

8. 终身未婚者和同性恋者是如何度过他们的老年的？

在世界上很多地方，不足 5% 的男性老年人和不足 10% 的女性老年人从未结婚。在欧洲，单身的性别差异反映了二战的影响，因为这一代老年人在二战时恰逢适婚年龄，而战争让许多适龄男性失去了生命。在拉丁美洲和加勒比海一些国家，单身比例更高，可能是由于单身组织的普遍流行（Kinsella & Velkoff, 2001）。在美国，65 岁以上老人中只有 4% 的老年人没有结过婚（Federal Interagency Forum on Aging-Related Statistics, 2004；见图 18-5）。如今这一比例正在逐渐上升，因为这一代中年人的单身比例更高一些，特别是非裔美国人（U.S. Bureau of the Census, 1991a, 1991b, 1992, 1993）。

一直单身的老年人会比离婚或丧偶的老年人更愿意保持单身生活（Dykstra, 1995）。在一项研究中，未婚无子女的女性老年人报告出三种重要的人际角色或人际关系：与血亲的联系，如兄弟姐妹；与年轻人之间替代父母情感的联系；与同辈、同性之间的友谊（Rubinstein, Alexander, Goodman, & Luborsky, 1991）。

早年结婚的老年男性相比女性，会更多地与异性约会，可能是由于这一代人中有更多的单身女性。这些约会的老年人会在性方面很主动，但不愿意结婚。无论是美国白人还是非裔美国人，男性均比女性对浪漫关系更感兴趣，而害怕被传统性别角色“锁住”（K. Bulcroft & O’Conner, 1986; R. A. Bulcroft & Bulcroft, 1991; Tucher, Taylor, & Mitchell-Kernan, 1993）。

同性恋

很少有研究涉及老年的同性恋关系，主要因为在其早年所生活的年代中，同性恋关系是很少公开的（Huyck, 1995）。在 20 世纪 60 年代同性恋解放运动兴起之前，社会普遍认为同性恋是一种耻辱，当时同性恋者对同性恋的认识也会受到这种社会观念的影响。从同性恋解放运动活跃的年代中走过来的人，则更容易把同性恋看作是一种“状态”：一种普通的性格特征（Rosenfeld, 1999）。

亲密对于老年同性恋者而言很重要。与一般刻板印象不同，同性恋在晚年一般会比较牢固且具有支持性。

同性恋倾向在晚年更强烈、更具支持性，并且更为多样化。许多同性恋者在早年的婚姻里生育了子女或者收养了子女。友谊网络或支持性群体会代替传统的家庭（Reid, 1995）。在同性恋群体里维持着紧密友谊关系、得到强烈支持的老年人，会相对容易地适应衰老的过程（Friend, 1991; Reid, 1995）。

学习检查站

你能否……

- ✓ 讨论从未结婚者与曾经结婚但晚年单身者有何不同?
- ✓ 解释晚年同性恋关系的多样化，并指出影响同性恋者老年适应的因素?
- ✓ 例举老年人的友谊有何特别之处，老年期的友谊又会发生何种变化?

学习指路标

9. 成年晚期的友谊会发生什么变化?

老年同性恋者的主要问题大多来源于社会态度：人际关系限制在原有的家庭里，在养老机构中或其他地方受到的歧视，缺乏健康服务、社会服务和社会支持，社会机构出台的歧视政策，还有当伴侣生病之时需充当照顾者、去世之时处理丧礼及遗产相关的事务，但却没有获得伴侣的社会保险利益的权利（Berger & Kelly, 1986; Kimmel, 1990; Reid, 1995）。

友 谊

多数老年人都有亲密的朋友。像年轻人和中年人一样，朋友圈子更广的老年人会更健康快乐（Antonucci & Akiyama, 1995; Babchuk, 1978-1979; Lemon et al., 1972; Steinbach, 1992）。能够向朋友吐露心声、谈论苦痛忧愁的人，对老年期的变化和危机能处理得更好（Genevay, 1986; Lowenthal & Haven, 1968）,并更可能长寿（Steinbach, 1992）。友谊对老年人特别重要，因为他们对生活的控制越来越少了（R. G. Adams, 1986）。在友谊中获得的亲密感对老年人而言也是重要的，因为即使各种生理功能和其他功能都在丧失，他们也需要感觉到自己依然有价值、有渴望（Essex & Nam, 1987）。

老年人更享受与朋友而不是与家人在一起的时间，因为通常在早年的生活中，友谊涉及更多的欢乐和休闲，而家庭关系涉及更多日常的需求和任务（Antonucci & Akiyama, 1995; Larson, Mannell, & Zuzanek, 1986）。朋友能够提供即时的享受，而家庭则提供情绪上的依靠和支持。友谊对老年人的幸福有积极的影响；但若家庭关系薄弱甚至缺失，那么这种缺失的消极影响也十分明显（Antonucci & Akiyama, 1995）。

老年人通常更享受与朋友在一起的时光，而不是与家人在一起的时光。朋友间关系的开放性和刺激性有助于老年人克服问题和忧愁。亲密的友谊能给老年人一种被需要、被赋予价值的感觉，并且有助于应对老化过程中的变化与危机。

人们通常会在一些紧急事情上依靠邻居，在长期的义务上依靠亲戚；而朋友在某些时候能同时满足这两项功能。朋友即使不能代替配偶或伴侣，也能给予一定意义上的补偿（Hartup & Stevens, 1999）。在荷兰，在从未结过婚、离异或丧偶的 131 位老人中，那些从朋友处接受到高水平的情绪和实际支持的人较少感到孤独（Dykstra, 1995）。

根据社会护航理论和社会情绪选择理论，长久的友谊通常会持续到老年期（Hartup & Stevens, 1999）。有时候，搬家、生病或者残疾使得老年人难以与老朋友保持联系。即使是 85 岁高龄及以上的许多老年人也会结识新朋友（C. L. Johnson & Troll, 1994）；但老年人会比年轻人更倾向于把友谊中的益处归结于某些特定的人，当这些人逝世、进入养老院、搬家以后，不会那么容易被其他人代替（de Vries, 1996）。

非婚姻的亲属关系

学习指路标

10. 老年人与成年子女或自己的兄弟姐妹——不管有或无——是怎样相处的？他们怎样才能成为好的曾祖父母？

晚年重要而持续的关系并不只是相互选择的关系（如婚姻、同性恋和友谊等），还包括一种来自亲属间联系的关系。我们来看看这方面的内容。

与成年子女之间的关系——或无子女

80% 的老年人有儿女，其中 60% 的老年人至少每周与儿女见一次面，75% 的会经常通过电话聊天（AARP, 1995）。儿女给老年人提供了一种与其他家庭成员特别是与孙辈之间的联系。与成年子女关系好的老年人，不容易感觉到孤独和沮丧（Koropeckyj-Cox, 2002）。

母亲和女儿之间的关系倾向于特别亲密，这会影响到家庭中的其他关系。在一项研究中，研究者对 48 对教育水平良好的母女之间的对话进行了录音并做分析。这些母女大多来自于欧裔美国人，母亲的年龄都在 70 岁以上，并且健康状况良好。每一对母女需要对一位老年女性、一位年轻女性以及两位女性在一起这三种图片分别构建一个故事。研究发现，母女间的对话带有温馨及相互的情感、鼓励、支持，而很少有批评、敌意与评论。通常是女儿在对话中占主导，说得比母亲更多，也更多地去指引她们的母亲。母女都对她们之间的关系给予高度的评价，报告她们之间有许多积极情感而少有消极情感（Lefkowitz & Fingerman, 2003）。

父母和子女之间互助的平衡会随着父母年龄的增长而发生变化，父母逐渐变老，子女承担的抚养责任就会逐渐变大（Bengtson et al., 1990; 1996）。在发展中国家这种情况尤为常见。然而即使是在发展中国家，老年人会通过从事家务劳动、照看孙辈等活动，为家庭的幸福做出重要贡献（Kinsella & Velkoff, 2001）。在美国和其他的一些发达国家，机构化的支持，如社会保险、医疗保障制度等，分担了家庭成员对老年人的一些责任；但许多成年子女都会给老年父母提供充分的帮助和照顾（参见第16章）。尽管如此，老年父母还是倾向于给子女提供财政支持，而不是接受子女的支持，至少在北美是这样的（Kinsella & Velkoff, 2001）。这种情况有一部分例外，少数的老年国外移民更多地依靠成年子女生活（Glick & Van Hook, 2002）。

如果老年人需要子女的帮助，他们更容易感到沮丧。老年父母并不希望成为子女的负担或占用他们的资源。然而老年人若害怕成年子女不再照顾他们，同样也会感到沮丧（G. R. Lee, Netzer, & Coward, 1995）。

老年父母经常会对他们的子女表现出强烈的关注（Bengtson et al., 1996）。如果子女遇到了严重的问题，他们会感到忧虑和沮丧，并把这些问题看成是自己失败的标志（G. R. Lee et al., 1995; Pillemer & Suitor, 1991; Suitor, Pillemer, Keeton, & Robinson, 1995; Troll & Fingerman, 1996）。大多数有精神疾患、弱智、生理残疾或经受病痛折磨的成年人需要让其老年父母充当主要照料者的角色，直到其中一方去世（Brabant, 1994; Greenberg & Becker, 1988; Ryff & Seltzer, 1995）。

另外，抚养孙辈甚至曾孙辈的老年人的比例越来越高，特别是在非裔美国人群中。正如我们在第16章提到的，这些非正式的照料者会时常感到受限制，因为在没有预期的情况下他们便被赋予这样的角色。通常，他们在生理上、情绪上、财政上均没有做好充分的准备，并且也不知道应该向谁去寻求帮助和支持（Abramson, 1995）。

那么，越来越多的没有成年子女的老年人的情况又如何？ 1998年，5位女性老年人中便有1位没有子女（Kinsella &Velkoff, 2001）。一项研究针对具有代表性的全美老年人样本进行了访谈和问卷调查，结果发现，无子女对老年人幸福感的影响存在性别差异，并且与老年人对无子女这一事件的感知密切相关。认为有子女更好的女性老年人会感到更多的孤独和沮丧；而对男性老年人则非如此，这可能是受女性角色认知的影响。然而，无论是男性还是女性老年人，如果和子女的关系不好，都会感到孤独和沮丧。因此，有子女的老年人并不一定幸福，而无子女的老年人也不一定不幸福，重要的是老年人自己的态度和他们与子女之间关系的质量（Koropeckyj-Cox, 2002）。

与兄弟姐妹的关系

当伊莉莎·德拉尼（Elizabeth Delany，即贝茜）102岁、她的姐姐莎拉（Sarah，即塞迪）104岁时，她们出版了一本畅销书《听我们说：德拉尼姐妹的第一个一百年》（Delany, Delany, & Hearth, 1993）。她们的父亲最早是奴隶，后来获得自由，姐妹俩克服了种族和性别的歧视，贝茜当了一名牙医，塞迪成为一名高中教师。姐妹俩一直没有结婚，她们一起居住在纽约的芒特弗农长达60年。尽管她们俩性格迥异，却相处得很好，分享着快乐感以及从小被父母灌输的一些价值。

在60岁以上的美国老年人中，4个人中就有3人至少有一位在世的兄弟姐妹，而年纪更小一些的老人则平均有 2~3 位兄弟姐妹（Cicirelli, 1995）。在老年人的人际支持网络中，兄弟姐妹扮演着重要的角色。与其他家人相比，兄弟姐妹能像朋友一样给予自己陪伴；而与朋友相比，兄弟姐妹又能提供更多的情感支持（Bedford, 1995）。冲突和公开的竞争随着年龄的增长而日渐减少，一些兄弟姐妹之间会尝试解决早年遗留下的冲突；但潜藏的竞争感可能会一直存在着，特别是在兄弟之间（Cicirelli, 1995）。

贝茜·德拉尼（Bessie）和塞迪·德拉尼（Sadie Delany），其父亲曾为奴隶，姐妹俩在一生中是最好的朋友，其友谊超过 100 年，她们一起写过一本书，叙述她们成长中的价值以及她们悠长而活跃的一生。兄弟姐妹对老年人来说是一种重要的社会支持，而姐妹则对于维持家庭关系更为重要。

许多老年人会说，他们可以给予兄弟姐妹实际的帮助，也能在需要时向兄弟姐妹寻求帮助；实际上这样的情况相对较少，除非是在紧急时刻，如生病（兄弟姐妹便可能成为照料者）或者伴侣去世等（Cicirelli, 1995）。在发展中国家，老年人的兄弟姐妹倾向于提供经济上的帮助（Bedford, 1995）。不管他们实际上能提供多少帮助，兄弟姐妹愿意提供帮助，对老年人来说，这本身便是一种慰藉和保障（Cicirelli, 1995）。

兄弟姐妹之间居住的距离越近、兄弟姐妹数量越多，老年人就越会向兄弟姐妹们倾吐心事（Connidis & Davies, 1992）。老年人会经常回忆早年共同的生活经历，而这会帮助老年人检视自己的生活，考虑家庭关系的重要性（Cicirelli, 1995）。

姐妹之间的关系对维持家庭关系和幸福感尤其关键，这可能是由于女性善于表达情感以及她们传统的抚养者角色（Bedford, 1995; Cicirelli, 1989, 1995）。姐妹间关系好的老年人比起没有姐妹的或者姐妹关系不好的老年人，对生活感觉更好、担忧更少（Cicirelli, 1977, 1989）。

尽管兄弟姐妹的死亡在老年期是很平常的事情，但生者依然会感到强烈的悲伤，并变得孤单和沮丧。兄弟姐妹去世不仅仅是失去一个依靠的人和家庭结构发生了改变，同时也是个人身份的部分丧失。埋葬一位兄弟姐妹就是埋葬了原生家庭的完整性；而原生家庭是个体认识自己的地方。兄弟姐妹的去世也会让人感到自己已临近死亡（Cicirelli, 1995）。

我思我秀

- 本章中关于工作、退休、生活安排及人际关系的信息，对哪种老年心理社会发展理论起到了最好的支持？为什么？

成为曾祖父母

随着孙子女的长大，祖父母们与他们的见面会越来越少（见第 16 章对祖父母角色的讨论）。然后，当孙辈变成父母，祖父母也会随之拥有一种新角色：曾祖父母。

由于年龄、健康状况以及家人分散居住等原因，曾祖父母并不像祖父母那样投

祖父母和曾祖父母是智慧和陪伴感的重要来源，是一种与过往岁月的联系，是一种家庭生活延续的标志。这位非裔美国人正在给他的曾孙女指出，她的祖先来自于哪里。

学习检查站

你能否……

- ✓ 说出老年父母和成年子女之间的接触和彼此照顾在晚年是如何变化的？无子女对老年人又有何影响？
- ✓ 说说兄弟姐妹之间的关系在老年期的重要性？
- ✓ 指出曾祖父母的角色所带来的价值？

入到孩子们的生活中。因为四代甚至五代的家庭相对来说比较新，所以曾祖父母应该怎么做，目前还没有为大家普遍接受的准则（Cherlin & Furstenberg, 1986）。尽管如此，许多曾祖父母都在这个角色上获得了充实感（Pruchno & Johnson, 1996）。曾祖父母能提供一种个人和家庭的更新的感觉，提供一种消遣的源泉和长寿的标志。40名71~90岁的曾祖父母接受了访谈，其中93%的老年人评价说“在我家中，生活又重新开始了”“看着他们成长让我感觉自己也年轻了”以及“我从来没想过我能看见这一切”（Doka& Mertz, 1988, pp.193-194）。访谈样本中1/3的人（大多是女性）与曾孙子女维持着亲密的关系。和曾孙辈居住得比较近的、并且与曾孙辈的父母及祖父母关系也比较好的曾祖父母，通常能与曾孙辈维持紧密的联系，经常给他们提供财物支持，并照顾他们。

重新聚焦

回忆一下本章开始部分在焦点人物中关于吉米·卡特的故事：

- 卡特和他的妻子罗莎琳是如何解决埃里克森阶段论中关于自我整合对绝望这一任务的？
- 卡特夫妇使用了什么样的应对技巧？
- 卡特的经历对哪种成功老年理论做出最好的阐释？
- 卡特的晚年人际关系模式支持社会护航理论还是社会情绪选择理论？
- 你认为是什么因素导致了卡特夫妇长久而成功的婚姻？

祖父母和曾祖父母对家庭来说是重要的。他们是智慧的源泉、玩乐的伙伴、与遥远过去的联系以及家庭生活继续的标志。他们投入到最后的生产功能中：通过投资到下一代的生活中，表现出人类对超越死亡的渴望。

小　结

关于心理社会发展的理论和研究

学习指路标 1：成年晚期的人格会发生什么变化？老年人需要应对哪些特殊的问题和任务？

- 人格特质在晚年会保持稳定，尽管存在个体差异。
- 情绪阻抗和生活满意度会随年龄的增长而加大，不过这对高神经质的人并不适用。
- 与早些年代的老年人相比，新近一代的老年人人格固化较少。
- 老年人的情绪倾向于更多积极、更少消极；不过人格特质对这种规律起调节作用。
- 埃里克森理论中的最后一个阶段，即自我整合对绝望，会在智慧的“美德”中达到顶峰，或者对自己的一生予以接纳，并接受不可避免的死亡。
- 埃里克森强调，人们需要在社会中维持一种生机勃勃的投入感。

学习指路标 2：老年人有哪些应对方式？

- 范伦特发现，在成年早期展现出来的成熟的适应机制，可以预测老年的心理社会发展的适应性。
- 在认知评价模型当中，任何年龄阶段的人都倾向于选择问题聚焦应对策略，不过老年人相比年轻人在适当的情境中更多使用情绪聚焦应对策略，也更多地使用消极情绪策略而非积极情绪策略。
- 宗教对老年人来说是情绪聚焦应对策略的一种重要来源。宗教与死亡、寿命和幸福感之间的关系是一个新兴的重要研究领域，不过许多研究在方法上有缺陷，或者得出的结论并不准确。

学习指路标 3：什么是成功的老年？如何进行测量？

- “成功”或“乐观”老年的概念反映了健康而有活力的老年人数量的增长，不过对于如何定义和测量这个概念以及这个概念的有效性，均存在争论。
- 两种早期的“成功”或“乐观”老年的理论模型是脱离理论和活动理论。脱离理论得到的支持很少，而活动理论的研究结论很复杂。对活动理论的新表述有连贯理论以及对生产性活动和休闲性活动之间区别的分辨。
- 巴尔特斯及其同事认为，成功老年依赖于对补偿的选择性优化，无论是在心理社会领域抑或是在认知领域。

与老年有关的生活方式和社会事件

学习指路标 4：关于成年晚期的工作和退休有哪些问题？老年人又是怎样管理时间和金钱的？

- 一些老年人因为经济原因继续工作，不过大多数老年人会选择退休。然而，许多退休的人开始了新的事业或者从事有报酬的或志愿性的兼职工作。通常，退休是一种逐步进行的过程。
- 老年人倾向于对工作更满意，比年轻人更重承诺。年龄对工作表现有积极和消极两种影响，而个体差异比年龄差异更大。
- 退休是一种持续进行的过程，它在情绪上的影响要在特定情境下才会体现。个人、经济以及社会资源，还有退休时间的长短，均对老年人的精神状态有影响。
- 退休后常见的生活方式包括家庭聚焦方式、平衡投资方式以及认真的休闲方式。
- 美国老年人的财政状况已有所改善，生活在贫穷中的老年人少了。女性，西班牙裔和非裔美国人更多地在老年遭遇贫穷。对于如今的许多中年人来说，退休津贴可能并不稳定。

学习指路标 5：有哪些生活安排可供老年人选择?

- 在发展中国家，通常老年人与孙辈或曾孙辈一起生活。在发达国家，大多数老年人与配偶一起生活，独自生活的情况越来越少。少数民族的老年人比美国白人的老年人更多地与大家庭成员一起生活。
- 大多数美国老年人选择“就地养老”，在有伴侣或子女帮助的情况下，他们选择在社区中养老。
- 老年女性比男性更多地独居，大多数独居的美国老年人都是丧偶人士。
- 与传统国家的老年人不同，美国老年人通常不期待、也不愿意与成年子女一起居住。
- 发展中国家中的体制化养老较为罕见；而在发达国家中，体制化养老的范围则有很大差异。在美国，只有4.5%的老年在体制化的养老院中养老，不过其数量随老年群体的增长而增加，并且比例随着年龄的增长而迅速增大。最倾向于体制化养老的是老年女性、独居老年人、不参与社会活动的老年人、健康状况不佳的老年人、残疾人士以及其赡养者负担太重的老年人。
- 体制化养老的方式不断增多，包括生活辅助住宅以及其他共同居住的类型。
- 对老年人的虐待通常发生在与伴侣或子女居住的、身体虚弱或者精神错乱的老年人身上。

晚年的人际关系

学习指路标 6：成年晚期的人际关系会发生什么变化？这些变化会对幸福感产生什么影响?

- 尽管社会接触的频率在老年会下降，但人际关系对于老年人而言仍十分重要。
- 社会交往与健康密切相关，与世隔离则是死亡的危险因素。
- 根据社会护航理论，在晚年期，社会接触的减少或变化并不能破坏幸福感，因为老年人维持着稳定的内部社会支持网络。根据社会情绪选择理论，老年人选择与那些能加强其幸福感的人共处。
- 通常，多代家庭对待老人的方式受文化传统的影响。

亲密关系

学习指路标 7：成年晚期的长期婚姻有什么特征？这时期的离婚、再婚和丧偶对生活会造成什么影响?

- 随着预期寿命的增长，婚姻的寿命也随之变长。男性比女性更多地在老年拥有婚姻。能一直维持到老年的婚姻会相对地较为满足。
- 离婚在老年人中很少见，并且许多离过婚的老年人倾向于再婚。离婚对老年人而言十分困难，而再婚在老年则更为容易。
- 尽管男性丧偶的比例在增长，但是女性的寿命比男性的更长，并且很少再婚。

学习指路标 8：终身未婚者和同性恋者是如何度过他们的老年的?

- 未婚的老年人比例较少，但数量在增加。终生未婚的老年人比起离婚或丧偶的老年人，更少感到孤独。
- 老年的同性恋者与异性恋者一样，有亲密、社会交往以及繁殖后代的需要。许多同性恋者相对轻松地步入老年。勇于站出来也许是影响老年适应的一个因素。

学习指路标 9：成年晚期的友谊会发生什么变化?

- 老年人的友谊集中于陪伴与支持，而非工作与照料。大多数老年人有亲密的朋友，而这样的老年人会活得更加健康、更加开心。
- 老年人更愿意花时间与朋友在一起，而不是与家人在一起；不过家庭也是情绪支持的一个主要来源。

非婚姻的亲属关系

学习指路标 10：老年人与成年子女或自己的兄弟姐妹——不管有或无——是怎样相处的？他们怎样才能成为好的曾祖父母?

- 老年父母及其成年子女经常相互看望，相互联系，相互照顾，相互帮助。越来越多的老年人成为成年子女、孙辈、曾孙辈的抚养者。
- 在某些方面，无子女对老年人并不一定产生消极影响，不过对那些无子女而又身体虚弱的老人如何提供照料是普遍存在的问题。

- 通常，兄弟姐妹之间会提供情绪支持，有时甚至会提供更实际的支持。姐妹关系在维持家庭关系中起更大的作用。
- 曾祖父母相比祖父母，更少涉及孩子们的生活；不过大多数曾祖父母对这个角色很有满足感。

第九编

阅读链接

- 死亡涉及生理、心理、社会和文化诸方面。
- 接近死亡的个体会遭遇认知功能下降。
- 葬礼习俗反映了一个社会对死亡意义以及死后会发生什么的理解。
- 面临死亡，生还者常常经历紧张的生理和情绪反应。
- 不同年龄的儿童和青少年表现出的不同形式的悲伤，取决于他们的认知和情绪发展。
- 通常，一位老年丧偶者在配偶去世后不久会死去。
- 临终关怀问题涉及深层的情绪、道德、伦理的权利和原则，世俗态度以及缓解痛苦的医疗技术。

每个人都是独特的;他们拥有不同的经历,用不同的方式对世界做出反应。但是每个人都不可避免生命的终结。死亡是生命历程不可或缺的一个组成部分。为了更好地理解这一不可避免的事件以及更智慧地面对它，我们要更充实地生活，直到它真正到来。

正如面对生活中其他事情一样，在面临死亡和丧亲时，生理的、认知的和心理社会的各种元素也交织其中。对于死亡这种生物事实来说，我们在心理上如何体验它，取决于我们对死亡意义的理解。这种理解反映了社会界定死亡的方式和围绕它所形成的一些社会习俗。

生命终结

预览

第19章

面对死亡和亲人的丧亡

- 面对死亡，不同的文化中有不同的习俗。
- 不同的个体面对死亡和表达悲伤的方式各不相同。
- 对待死亡和亲人丧亡的态度的变化贯穿人的一生。
- 目前关于“死亡权利”的争论包括安乐死和协助自杀。
- 平淡而真实地面对死亡有助于赋予生命以意义和追求。

面对死亡和亲人的丧亡

第19章

解决死亡问题之钥能打开生命之门。

——伊丽莎白·库伯勒－罗斯，《死亡：成长的最终阶段》，1975

我用来学习如何生活的所有时间，
其实都在学习如何死亡。

——列奥纳多·达·芬奇的日记

本章提纲

焦点人物

路易莎·梅·奥尔科特——挚爱姐妹

死亡的诸多方面

文化背景

死亡革命

临终关怀

面对死亡和丧失：心理学的议题

面对自己的死亡

悲伤的类型

悲伤的治疗

生命不同时期的死亡和亲人丧亡

童年期和青少年期

成年期

丧失亲人的特殊情况

丧偶

成年丧亲

丧子

流产

医学、法律及伦理焦点："死亡的权利"

自杀

辅助死亡

在生命与死亡之间寻找意义和目的

回顾一生

发展：长达一生的历程

专栏 19-1：知识拓展

模糊失落感

专栏 19-2：世界之窗

器官捐赠：生命的礼物

焦点人物：路易莎·梅·奥尔科特——挚爱姐妹

路易莎·梅·奥尔科特

19 世纪著名小说家路易莎·梅·奥尔科特（Louisa May Alcott）有一部经典作品《小妇人》，其中最感人的一部分便是对温柔的、热爱家人的贝思最后岁月的叙述。贝思在马奇姐妹中排行第三，其余姐妹分别是大女儿梅格、二女儿乔和小女儿艾美。18 岁就去世的贝思，其人物原型是奥尔科特 23 岁的亲妹妹伊丽莎白。奥尔科特虚构出了一个家庭在面临悲剧时不断增长的亲密感，这本书被先后拍摄成 4 部电影，里面的情节打动了一代又一代的读者和观众，尽管这些读者和观众大多都没有在实际生活中经历过亲人的死亡。

在小说中，由于得知贝思身患绝症，"整个家庭接受了这个不可逃避的事实，并努力去积极地面对……他们收起了悲伤，每个人都在努力完成自己的使命，让这段最后的日子变得开心快乐。"

"屋子里最快乐的房间是为贝思单独设计的，里面放的全是她最喜爱的东西……父亲最喜欢的书，母亲最舒适的椅子，乔的书桌，艾美画得最漂亮的素描，都在那里找到自己的位置；而梅格则每天都带着她的孩子们去请安，为贝思带来阳光……"

"贝思被珍为家中的圣徒，就像在圣地里一般，一如既往的平静和忙碌……她那虚弱的手指从不停止，她的乐趣便是反反复复地制作一些学生们用的小玩意儿……"（Alcott, 1929, pp. 533–534）。

随着贝思病情加重，她放下了手中变得"很重"的针线。此时，"说话都会感觉累，有人会让她费神，好像疼痛已经将她据为己有一般。侵扰她身体的病魔也让她平静的灵魂感到了悲伤与忧虑。"然而"尽管身体上已极度虚弱，贝思的灵魂却愈发坚强。"

乔经常陪伴着贝思（正如作者奥尔科特陪伴她的妹妹伊丽莎白一样），在她身旁的长凳上入睡并且“经常醒来给暖炉里添柴火，侍候并鼓励这位病号”（pp. 534–535）。贝思“在一个温暖熟悉的地方，在她来到世界呼出第一口气的地方”，平静地呼出了生命中最后一口气；而“母亲和姐妹们帮助她做好了准备，准备好开始一次痛苦永不再临的长眠”（p. 540）。

《小妇人》中描述的事情与现实情况惊人地相似，奥尔科特把这些事情记录在了她的自传里：“2 月，伊丽莎白开始出现了医生所描述的症状。尽管心痛，路易莎还是在伊丽莎白缝针线活儿的时候、读书的时候或者躺着看着火炉的时候，都一直照看着她……安娜（奥尔科特的姐姐）包揽了家务活儿，让妈妈和路易莎能全身心地照顾伊丽莎白。这样哀伤平静的日子在她的房间里延伸开来，在无数个夜晚，路易莎点燃柴火，照看着她的妹妹”（Stern, 1950, pp. 85–86）。

奥尔科特也在妹妹死后作了记录，“我们的伊丽莎白最后过得很好，不是在这个世界，而是另外一个世界；我希望在那个世界里，她可以寻找到长久的休息，不要再受到病痛的折磨……上周五，在一整天的疼痛以后，她说想躺在父亲的怀里，让我们都握着她的手，她微笑地看着我们，似乎在向我们道别……午夜里，她说‘我现在很舒服很快乐’，然后就失去了意识。我们坐在她的身旁，看着她呼出了最后的气息，看着她在双眼永远合上之前睁开来给了我们一个美丽的眼神”（Myerson, Shealy, & Stern, 1987, pp. 32–33）。

在路易莎·梅·奥尔科特生活的时代，死亡是一件经常发生的寻常事，有时甚至是对痛苦的一种平静解脱。像奥尔科特家一样，在家中照顾一位将要去世的亲人是再平常不过的事情；并且这种现象在现在的许多乡村中依旧存在。然而，在西方社会的城市中，大部分人却是在不属于自己的地方结束生命，像医院、疗养院等地方，他们缺乏亲密的、私人的家庭关系。

亲眼看着死亡一天一天地来临，奥尔科特和她的家人无意中认识到一种重要的事实：死亡是生活的一部分。它也是人生发展中的一个重要的章节。人们对自己和亲人的死亡抱着各不相同的看法。人们对死亡的观念及死亡对人们的意义和影响受到其感受和行为的制约，而感受和行为又进一步受其所生活的时代和地域所影响。

在这一章中，我们会看到有关死亡（其状态和过程）的错综复杂的各个方面，包括关于死亡和丧葬的社会观念和习俗。我们会考察不同年龄的人对死亡的想法和感受。我们也将描述悲伤能表现出来的各种各样的形式以及人们如何面对配偶、父母或孩子的死亡。我们也会讨论自杀以及围绕“死亡权利”的各种争论。最后，我们来看看面临死亡如何给个体生活带来更深刻的意义和目标。

学习完本章后，你应该可以回答“学习指路标”中的所有问题了。为了检查你对本章“学习指路标”的掌握程度，请复习章节结尾部分的小结。“学习检查站”会贯穿整个章节并不时出现，以便检查你对所学知识的理解程度。

学习指路标

1. 关于死亡的态度和习俗在不同的文化中有何差异?
2. 在发达国家中出现的"死亡革命"的含义是什么?它是怎样影响临终关怀的?
3. 人们在临终前会发生哪些变化?
4. 是否有关于悲伤的标准化模式?
5. 对死亡或亲人丧亡的态度和理解在生命全程的不同阶段有何差异?
6. 在配偶、父母、孩子死亡或胎儿流产之后,人们会面临怎样的挑战?
7. 自杀很普遍吗?
8. 对协助死亡的看法为什么会发生改变?这样的事实又启发我们进行怎样的思考?
9. 人们如何克服对死亡的恐惧?如何应对死亡?

死亡的诸多方面

死亡是一种生理现象,同时也具有社会、文化、历史、宗教、法律、心理、发展、医学以及伦理各个方面的因素,并且这些因素通常会紧密地交织在一起。

尽管死亡是一种必然经历;但在不同文化下,死亡也有不同的含义。文化和宗教对于死亡的态度影响着人们如何从心理学和发展的角度看待死亡,如不同年龄段的人们是如何面对自己的死亡以及身边亲人的死亡的?一位老年日本佛教徒奉行接受命运的教义;而三代之后的一位日裔美国年轻人则生活在一种"自我决定命运"的信仰中;死亡对这两者来说有着截然不同的含义。

死亡通常被认为是生理过程的终止。然而,由于医学技术的进步,使得生命的基本特征得以延续,死亡的判定标准变得越来越复杂。这些医学上的发展带来了新的问题:在什么时候对生命的支持应该保留或移除?什么样的标准应被普遍接受?在一些地区,对"死亡权"的呼吁也诉诸法律:对于那些已身患绝症的人,生命已成为负担,是否允许医生帮助其结束生命?

在这一章中,我们会讨论所有的这些问题。首先我们来了解在文化和历史背景下的死亡和丧葬。

学习指路标

1. 关于死亡的态度和习俗在不同的文化中有何差异?

文化背景

有关死亡的习俗,如对遗体的处理、对死者的纪念、遗产的继承乃至对悲伤的

降半旗是美国官方对重要公众人物的死亡表达悲痛的一种方式。对悲痛的传统表达方式在不同的文化中各不相同。

表达，在不同文化中有着巨大的差异。通常，这些习俗由宗教或法律的条文所规定，并反映出一个社会对于死亡的观念。死亡的文化层面包括对死者生前如何照顾、死后如何对待的行为、在什么地方死亡以及丧葬的习俗和仪式——如爱尔兰人会为纪念死者而彻夜不眠，家人和朋友们为之祝酒；犹太人在长达一周的仪式里会宣泄他们的情绪并分享对死者的记忆。还有一些文化习俗则体现在法律中，如为公共人物的死亡降半旗。

在马来半岛，与其他未开化的社会一样，死亡被认为是一种逐渐的过程。遗体会被暂时掩埋，而生者则会持续进行丧葬仪式，直到遗体腐烂，人们才相信其灵魂已经离开了躯体，被神域接受。在古罗马尼亚，战士们会怀着见到他们最高的神Zalmoxis的期望，笑着走向他们的坟墓。

在古希腊，英雄的遗体会在公众场合被焚烧，作为荣誉的标志。在印度和尼泊尔，火葬依然是最普遍的形式。相反，在正统的犹太法律管辖地区，火葬是被禁止的，因为当地人相信死者会由于最后的审判而重获新生，并有可能长生不老（Ausubel, 1964）。

在日本，宗教仪式让生者保持与死者的联系。人们会在家中放置灵位以纪念他们的祖先。他们会与逝去的祖先谈话，并向祖先供上食物或者香烟。在冈比亚，死者会依然被看成是社区的一份子。在美洲土著中，霍比人（Hobi）会害怕死者的灵魂，并尽快地把死者忘记。埃及的穆斯林对死者会表现出沉痛和悲伤，而巴厘岛的穆斯林则会压抑他们的悲伤并表现出欢乐的气氛（Stroebe, Gergen, Gergen, & Stroebe, 1992）。所有这些不同的习俗都能通过一种广泛理解的文化意义来帮助人们应对死亡和亲人的逝世，在这种丧失的不安情绪下给予人们一份稳定的依靠。

一些现代社会关于死亡的习俗也是从古代习俗中进化而来的。用香料保存遗体的习俗可以追溯到古埃及和古中国：木乃伊可保存遗体以便灵魂可以再度进入。传统的犹太习俗是不能把死者遗体单独留下，人类学家认为产生这种习俗的最初原因是，古代人认为邪恶的灵魂会在四周盘旋，伺机进入死者的遗体（Ausubel, 1964）。这些仪式能给处在丧失情绪中的人一种可预测的、重要的事情去做；若非如此，人们很容易感到困惑和无助。

学习指路标

2. 在发达国家中出现的“死亡革命”的含义是什么？它是怎样影响临终关怀的？

死亡革命

《小妇人》生动地反映了19世纪以来发生的有关死亡方面的变化，特别是发展中国家的变化。医药与卫生系统的发展，治疗以往一些不治之症的新技术的出现以及人们教育水平的提高、对健康的日益重视，所有这些促使了“死亡革命”的发生。今天的女性很少会在生产的时候死亡，婴儿也更多地在生命的第一个年头里存活下来，许多孩子会长大成人，像奥尔科特的姐姐伊丽莎白这样年轻的成年人也更多地能活到老年；而对于老年人，他们年轻时的不治之症现在也有许多已经能够治愈了。

在 20 世纪的美国，死亡的直接诱因通常是容易影响孩子和年轻人的疾病，如肺炎、流感、肺结核、痢疾和肠胃病等。在现在的美国，接近 75% 的死亡发生在 65 岁以上的老年人当中，且近一半的死亡诱因是心脏病、癌症与中风，而这也恰是老年人死亡的三大主要诱因（NCHS, 2004）。

死亡逐渐变成老年期才会发生的现象，这让死亡变得越来越“隐形和抽象”（Fulton & Owen, 1987-1988, p. 380）。许多老年人在退休者社区里生活并死去。对临终者和死者的照顾更多地成为了专业人士的工作和任务。把临终的老人安置在医院或者养老院并拒绝公开讨论他们的状况，这样的社会习俗反映并延续了对死亡的回避和否认的态度。他们把死亡，即便是高龄老人的仙逝，也更多地归咎于药物治疗的失败，而不是看作生命的自然结束（McCue, 1995）。

发展到今天，上面的画面又发生了变化。暴力、药物滥用、贫困、自然灾害以及艾滋病的传播，让人们无法否认死亡的现实。**死亡学**（thanatology），这门对死亡和死亡过程进行研究的科学，正在引起人们的兴趣；而帮助人们应对死亡的教育课程也随之建立起来。对于致死性的疾病，医院的深入治疗花费昂贵却效果甚微，因此越来越多的死亡病例发生在了家里（Techner, 1994）。

临终关怀

随着人们能够越来越坦然地面对死亡，支持人道主义死亡的运动也相应兴起。例如针对临终者及其家庭的安养照料、自助支持小组等。

临终护理（hospice care）是针对个人的、以临终患者和患者家庭为中心的照料。它的焦点在于**临终关怀**（palliative care），即减轻患者的疼痛，控制其症状，维持一种相对满意的生活质量，并允许患者平静且有尊严地死亡。临终护理通常在家中进行，当然这种照料也可以在医院或者其他疗养机构或者临终关怀中心进行，也可以是家庭照料与机构照料相结合。家庭成员在其中常扮演着积极的角色。在 2001 年，

许多绝症患者可以留在家中养病，其家人可以在护理师的指导和支持下对其进行照料。临终护理试图缓解患者的痛苦并对其症状进行治疗，试图让病人尽可能保持注意力并感到舒适，试图向患者及其家人表现出友好和兴趣，试图帮助其家人应对疾病与死亡。

学习检查站

你能否……

- ✓ 举例说明有关死亡的观念和习俗之间的跨文化差异?
- ✓ 解释死亡在发达国家是如何逐渐变得“隐形和抽象”的?对死亡的态度在今天又有怎样的变化?
- ✓ 说出临终护理的主要目标是什么?

在美国约有 3 200 项临终护理计划，其所覆盖的病例数估计有 775 000 例（National Hospice and Palliative Care Organization, 2002）。

让一位临终患者保持尊严有何意义？一个研究小组决定去访谈患者本人。在对 55 位加拿大晚期癌症病人的访谈中，研究者们列出了一份清单，其中包括了病人与尊严有关的问题、思考以及治疗对策（Chochinov, Hack, McClement, Harlos, & Kristjanson, 2002; 见表 19-1）。除此之外，研究者还总结出，让患者享受有尊严的照料不仅取决于患者是如何被治疗的，更取决于人们是怎样看待患者的。“当临终患者被照料者照顾，并且知道他们自己被照顾，感到自己还能从照料者那里获得荣耀和自尊，他们便会更容易保持他们的尊严”（Chochinov, 2002, p. 2259）。

表 19–1 对临终患者保持尊严的干预

因素 / 次主题	与尊严相关的问题	治疗干预
疾病相关因素		
症状感受		
生理感受	“你觉得舒适吗？” “我们能做什么让你感到更舒适吗？”	症状管理的实际运用 经常进行症状评估 提供舒适的照料
心理感受	“你是如何应对发生在你身上的事情的？”	持有支持性的立场 做一个能共情的聆听者 给予咨询提议
药物治疗的不确定性	“对于你的病情，你还想进一步了解吗？” “你获得了想要的所有信息了吗？”	根据患者的要求提供准确且可理解的信息，并且提供对于将来可能出现的危机的应对方法
死亡焦虑	“关于你病情的后续阶段，你希望讨论哪些问题？”	
独立自主的程度		
独立自主	“你的疾病让你更依赖别人了吗？”	在治疗和个人事务方面，均让患者参与做出决定
认知灵敏度	“你在思考时有什么困难吗？”	对于治疗因疾病导致的精神错乱，可能的话，尽量不要使用镇静剂
功能水平	“你能够自理哪些事情？”	使用按摩疗法、物理疗法和活动疗法
保持尊严的因素		
保持尊严的期望		
自我延续	“你的疾病不会影响到哪些事情？”	确认患者生活中被赋予最大价值的事情，并对这些事情感兴趣
角色保持	“生病之前，你觉得做过的哪些事情最重要？”	保持患者值得接受荣誉、敬重及自尊的信念
自豪感的维持	“生活中让你最值得自豪的事情有哪些？”	鼓励病人，使其参与到有意义及有目的的活动当中
希望	“有什么事情依旧是可能发生的”	
自主 / 控制	“你觉得自己的控制感如何？”	让患者参与制定治疗和照料方式的决定

资料来源：引自 Chochinov, 2002, p. 2255。

面对死亡和丧失：心理学的议题

在死亡前的一段短时间内，人们会发生什么样的变化？对于即将到来的死亡，他们如何熬到尽头？生者又是如何应对悲伤的？

面对自己的死亡

学习指路标

3. 人们在临终前会发生哪些变化？

即使没有任何可以辨识的病症，100 岁左右的人，这个接近当今人类寿命极限的年龄，也会发生认知功能的下降，对日常饮食失去兴趣，并且将会迎来自然的死亡（Johansson et al., 2004; McCue, 1995; Rabbitt et al., 2003; Singer et al., 2003; Small et al.,

因素 / 次主题	与尊严相关的问题	治疗干预
繁殖 / 传承	“你希望如何被后人记住？”	建议患者从事一些与生命有关的活动（如制作录音或录像、写信、旅行等）。提供与尊严有关的心理治疗
接纳	“你是否能平静地对待发生在你身上的事情？”	从患者的角度给予支持
韧性 / 战斗精神	“现在你觉得身体哪个部分最强壮？”	鼓励患者做一些事情来增强其幸福感（如冥想、简单的锻炼、听音乐、祈祷等）
保持尊严的实践		
活在当下	“有哪些事情能够让你不再想你的疾病，并且能给你带来舒适感？”	允许病人按照常规作息来生活，可以进行一些短暂的疾病之外的活动（如短途郊游、简单锻炼、听音乐等）
维持常态	“这些事情是否能让你在已经习惯的基础上依然喜欢做？”	
寻找精神舒适感	“你是否正在或者想要与某个宗教团体建立联系？”	向患者介绍牧师或教会领袖，让其能参与到宗教或文化事务中去
社会尊严		
隐私范围	“你的隐私或身体对你有多重要？”	对患者检查前征求允许。保证适当的保密措施，尊重患者的隐私
社会支持	“谁对你最重要？谁是你的知己？”	对探问采取宽松政策，寻求对患者更广阔的社会支持网络
常规照料	“有没有哪些照料方式会降低你的尊严？”	保持患者值得接受荣誉、自尊及敬重的信念，并让患者感受到这点
成为他人的负担	“你担心自己成为其他人的负担吗？如果是，你担心成为谁的负担？”	鼓励病人把这些忧虑在这些“其他人”的面前都说出来
去世前的担忧	“在去世前你最担心谁？”	鼓励患者把这些事务安排妥当、准备遗嘱和葬礼的计划

2003）。这样的变化也会发生在即将死亡的年轻人身上。一项以 1 927 名男性为参与者为期 22 年的纵向研究发现，生活满意度在死亡前的一年中急剧下降，不管其健康状况如何（Mroczke & Spiro, 2005）。

临终功能下降（terminal drop）特指人在临终前的一段较短时间内，能够普遍观察到的认知功能的下降。这种现象在不同国家的许多纵向研究中都有发现，并且不仅限于高龄老人（Johansson er al., 2004; Singer, Verhaeghen, Ghisletta, Lindenerger, & Baltes, 2003; Small, Fratiglioni, von Strauss, & Bäckman, 2003）。其他任何年龄段的个体在临终前都会出现这种现象，而不受个人健康状况、性别、社会经济地位或者死亡诱因的影响（Rabbitt er al., 2002; Small et al., 2003）。临终功能下降甚至能提前 11 年预测死亡的到来。言语能力的下降一般会受到年龄增长的影响，同时也是临终功能下降的十分重要的标志之一（Rabbitt et al., 2002）。在英国，一项对 3 572 名年龄在 49~93 岁之间的参与者进行的研究表明，情绪低落能对临终功能下降做出一定的解释，因为低落的情绪会对大脑功能产生消极的影响（Rabbitt et al., 2002）。

临终前的个体会产生“濒死体验”，他们通常会感到离开了自己的躯体、看见明亮的光芒以及神秘的遭遇经历。这些现象有时会被解释为死亡过程中伴随的生理变化，或者是由于对死亡的恐惧而产生的心理反应。

精神病专家伊丽莎白·库伯勒—罗斯（Elisabeth Kübler-Ross）在对濒死者的开创性研究中发现，大多数濒死者很希望能有机会来公开地讨论他们的状况，来感受死亡的临近。对 500 名临终患者访谈后，罗斯（Kübler-Ross, 1969, 1970）列出了临终前的五个阶段：（1）否认（“这不可能发生在我身上！”）；（2）愤怒（“为什么是我？”）；（3）讨价还价（“如果我能活到我女儿结婚，那就够了”）；（4）沮丧；（5）接受。同时她还指出了面对亲人死亡的临近，人们也会有相似的反应（Kübler-Ross, 1975）。

库伯勒—罗斯的模型受到了不同领域学者的批评和修正。尽管她所描述的情绪是存在的，但并非每个人都会经历所有五个阶段，也并不一定沿着这个顺序发生。例如，人们可能在愤怒和沮丧的情绪之间来回切换或者同时感受到这两种情绪。有争议的是，一些学者认为这些阶段是普遍的、必定会经历的；而也有学者批评说，如果最终不能让临终者到达“接受”的阶段，则依然是这个理论的失败之处。

死亡与生活一样，是属于个人的经历体验。对于一些人来说，比起像贝思在《小妇人》中体现出来的对死亡的冷静面对，否认和愤怒也许是更为健康的方式。罗斯的研究，其价值在于帮助我们理解临终者的情绪感受，而不在于建立“好的死亡”的标准。

学习指路标

4. 是否有悲伤的标准化模式？

悲伤的类型

丧亲（bereavement）指的是身边亲密的人去世以及适应这个现实的过程，这个过程能影响到生者生活的各个方面。亲人丧亡通常会带来个体地位和角色的变化（例如从妻子到寡妇，从子女到孤儿）。它也会带来社会和经济的后果，如失去一位朋友或者意味着收入的中断。**悲伤**（grief）当然是最直接的后果，这是个体在亲人丧亡后所经历的情绪反应。

悲伤与死亡类似，也是十分个人化的经历。以往人们把悲伤当作一种单一的“正常的”情绪，并且有“正常的”复原时间；而今天的研究对这种观点提出了挑战。如果有一位寡妇与已去世的丈夫交谈，这种行为曾被认为反映了个体存在情绪上的困扰；而如今，这样的行为被视为是完全正常的，并且对个体是有帮助的（Lund, 1993b）。一些人会在亲人丧亡后迅速复原，而另一些人则不然。

经典的悲伤工作模型　经典的悲伤模型之一是三阶段模型。在这个模型中，经历了亲人丧亡的个体首先接受悲伤的现实，逐渐减少与逝者的联系，并最后重新适应生活，发展新的人际关系。这种“**悲伤工作**”（grief work）过程，即应对与悲伤相关的心理问题的过程，一般来说会遵循下列步骤——尽管这与库伯勒—罗斯的阶段模型有所不同（J. T. Brown & Stoudemire, 1983; R. Schulz, 1978）。

1. *震惊及否认。*紧跟着亲人的死亡，在世者会感到丧失和困惑的感觉。这种丧失感闯进意识，首先会带来震惊乃至麻木，并压抑了其他所有的感觉，因而无暇去悲伤与哭泣。这个最初阶段能持续几周，特别是面对突然的或预料之外的死亡。
2. *思维被与死者相关的回忆占据。*第二阶段会维持 6 个月到 2 年不等，在这个阶段中，在世者尝试接受亲人死亡的现实，但并不能真正接受它。一位妻子可能会再度体验丈夫的死亡过程，回忆丈夫在世的日子。她的思想可能会被“丈夫仍在世”的想法重复不断地占据。这种体验会随着时间而有所减缓，也许需要几年；然而依然会在一些特殊场合，例如结婚周年纪念日或者丈夫的忌日，重新来临。
3. *问题最终解决。*当在世者对日常活动重新燃起兴趣时，最后的阶段便会到来。对死者的回忆会带来愉快又带着淡淡悲伤的感觉，而不是强烈的痛楚和思念。

悲伤：多种方式　悲伤应对模型描述了悲伤的一般状况，但悲伤的情绪并非全都沿着从震惊麻木到最终解决的路径来发展。一组心理学家（Wortman & Silver, 1989）回顾了人们对重要丧失的反应的相关研究，如对亲人的死亡或由于脊椎骨受伤而造成的瘫痪。这一项研究发现了三种主要的悲伤模式，而不是单独一个三阶段的模式。在“一般模式”中，在世者的悲伤从一开始的强烈情绪逐渐减轻。在第二种模式中（有时被称为“悲伤缺失模式”），在世者在亲人死亡发生时或之后都没有强烈的悲伤体验。在第三种模式里，在世者的悲伤情绪维持一段相当长的时间（“长期悲伤模式”）（Wortman & Silver, 1989）。值得注意的是，研究者发现，一些广为接受的假设更多是虚构的，并非现实。

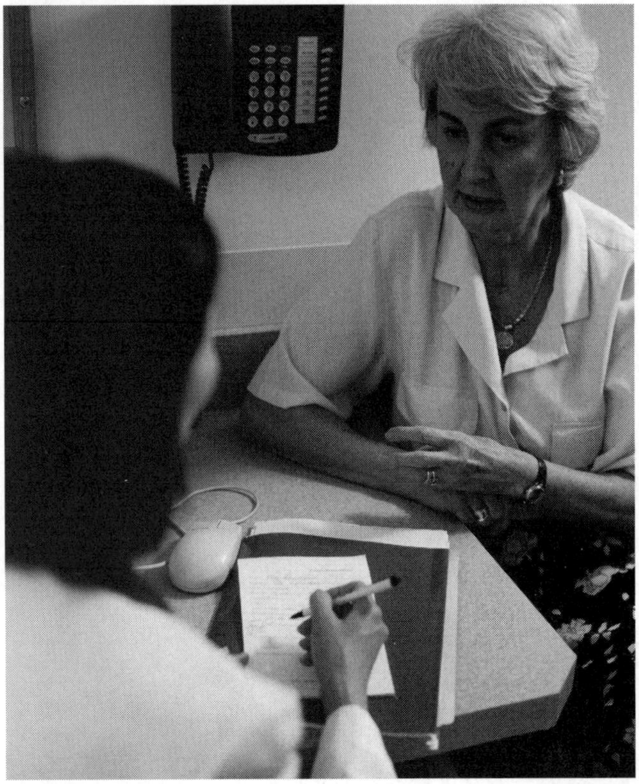

悲伤治疗可以帮助丧失亲人的个体表达出其感受，回顾其与逝者的关系，并且继续自己的生活。

首先，抑郁并非那么普遍。从悲伤事件发生后的 3 周到 2 年中，只有 15%~35% 的鳏夫寡妇或者脊椎骨受伤者表现出抑郁。其次，事件发生后短时间内的强烈悲伤并不一定能杜绝长期的各种问题；相反，这样的人在两年以后更多地陷入情绪困扰中。再次，并非每个人都需要“以工作的方式”来度过重大的丧失，或者从这种“工作”中获益。第四，也并非每个人都能快速地回复正常情绪。40% 以上的鳏夫寡妇要在伴侣逝去四年以后，那种强烈悲伤才有所缓和，特别是伴侣是突然死亡的那些个案。最后，人们并非总能克服他们的悲伤并接受丧亲的现实。若父母和伴侣在车祸中丧生，这样的悲伤甚至在多年以后依然会存在（Worman & Silver, 1989）。若一种丧失是模糊而不确定的，例如亲人失踪或仅仅是被视为死去，这样的情况接受起来更加困难（见专栏 19-1）。

下面介绍老年夫妻的生活变化（CLOC）研究。研究对 1 532 名已婚老年人进行了访谈，并对其中 185 名丧偶的参与者进行了跟踪访谈（其中 161 名女性，24 名男性）。访谈在配偶死亡后每 6 个月进行一次，为期四年（Boerner, Wortman, & Bonanno, 2005; Bonanno, Wortman, & Nesse, 2004; Bonanno et al., 2002）。研究结果如下：

一般的悲伤模式，就如经典的三阶段理论提到的，在亲人丧亡后立即表现出抑郁，这种抑郁会随时间减轻。令人惊讶的是，这样的模式并不“普遍”（只占样本总数的 11%）。另外，没有明确的证据支持悲伤缺失或延迟的模式——悲伤缺失，即在亲人丧亡后没有立即表现出外在的悲伤情绪，而悲伤延迟指的是在稍后的时间里悲伤情绪不健康地爆发。相反，在研究中最普遍的模式（占样本总数的 46%）是适应性模式：悲伤情绪较低，且逐渐减轻。适应性模式下的人们能够把死亡看作一种自然过程。在亲人去世以后，尽管他们也在最初 6 个月中感受到持续的悲伤，但他们仅会花费相对较少的时间来思考和谈论这件事情，也不怎么去探寻所谓的意义。原来的理论认为，经历了亲人丧亡的个体，如果只表现出模糊的悲伤是有问题的；但以上发现对以往的假设提出了挑战，并且说明了“在遭受丧失后‘表现良好’，我们并不需要因此而担忧，这只是许多老年人的一种正常反应而已”（Boerner et al., 2005, p. P72）。

在丧偶以后表现出长期悲伤的参与者中，研究者区分了长期悲伤（占样本总数

模糊失落感

一位女士的丈夫于2001年9月11日在世贸中心遭遇了恐怖袭击。数月之后，当救援清理人员发现了其丈夫的骨髓碎片时，这位女士才确信其丈夫已经死亡。2004年12月东南亚海啸中的生还者为其被海水冲走、无处可寻的伴侣、孩子和父母而感到悲痛。中年男士和女士乘坐飞机到东南亚寻找母亲或父亲的遗物，20年前他们的父母乘坐的飞机在那里发生了坠机事故。一位女士因为在父亲自杀后、下葬前没有机会最后看一眼他的遗体，于是依然怀有父亲仍然在世的幻想。

正常情况下，个体是很难应对亲人死亡的。但是如果连遗体都没留下——就是说死亡的消息还不确定——这样的丧失更难面对。尤其在美国的文化中，人们有一种拒绝接受死亡现实的倾向。“人们会要求见到遗体，”家庭治疗师库伯勒—罗斯（2002, p.15）说，“似乎有点矛盾，只有见到遗体才能让他们真正放开。”见到遗体，能让他们不会处于不确定的状态，“能提供死亡的确切消息，”并且让丧亲者可以开始准备丧礼。如果没有遗体，丧亲者会感到没有和逝者说再见的机会，也无法向逝者致敬。罗斯提到美国一位女士因其丈夫在事故中失踪，她希望找到哪怕是丈夫遗体的一部分（如指甲），才能让她确定丈夫已去世并把他埋葬。

罗斯（Boss, 1999, 2002, 2004; Boss, Beaulieu, Wieling, Turner, & LaCruz, 2003）使用了术语*模糊失落感*（见第18章）来描述处于不确定的丧失、并因此感到困惑和难以解决的情况。模糊失落感不是一种心理障碍，而只是在悲痛挥之不去、无法解决的情况下发生的相关障碍。它不是疾病，但却是削弱人力量的压力源。当丧失无法确认时，人们会拒绝在仪式和情绪上将此事告一段落，并且事态会难以改变，无法进一步完成必须的任务，如重新确认家庭中的角色和关系。这种丧失感会一直持续，使得人们身体能量和情绪能量消耗殆尽，而来自朋友和家庭的支持则逐渐减少。

在纽约，“9·11恐怖袭击事件”之后，数以千计的家庭必须面对这样的丧失。给这样的一种情境冠名，似乎能缓解丧亲者的苦恼，不然的话，他们会处于自己的困惑、无助、焦虑之中，无法正常地应对悲伤。罗斯也把模糊失落感这个概念用于另一种情境，即至亲者身体尚在而精神缺失，例如老年痴呆症患者、沉迷毒瘾以及其他慢性精神疾病。

能忍受模糊失落感的人们具有以下特征：（1）有深度的精神体验，并不期望理解世上发生的事情——他们对未知世界有着坚定的信仰；（2）天生乐观；（3）有辩证思维（“我需要重新组织我的生活，但依然可以抱有希望”）并因此可以生活在不确定性中；（4）从小的家庭文化对掌握、控制、寻找问题的答案不太重视，而更多地学会如何在问题中生活。

一些美国本土文化会提供仪式、典礼和符号来标明模糊失落感。在北明尼苏达州的一位女士照顾着她精神失常的母亲，而此前她已经给母亲举行过一次“丧礼”，“因为我认识的那位母亲已经不在这里了”（Boss, 1999. p. 17）。在纽约，市长罗道夫·朱里亚尼向废墟中心被认为可能的死者提供正式的死亡证明和骨灰盒。一些人接受这些代表死亡的标记，让自己能开始应对悲伤的过程；然而另一些人则选择等待更为确切的消息。不同的家庭、文化，甚至同一家庭中不同的人都会使用不同的应对方式。

治疗能帮助人们去“理解、应对，并在丧失之后继续前行，即便这种丧亲依旧不确定”（Boss, 1999, p. 7）。治疗过程可以由讲述或者聆听失踪人员的故事开始。家庭重建的仪式可以让家庭生活继续下去。

帮助人们应对模糊丧失感的治疗师本身要能容忍不确定性。他们必须认识到悲伤的经典阶段过程（在本章中有叙述）在此是行不通的。硬性的终结会带来阻抗。每个家庭必须用自己的方式按自己的步伐来应对模糊失落感所带来的压力。

资料来源：Boss (1999, 2002, 2004); Boss et al. (2003).

我思我秀

你曾经历过模糊失落感吗？或者你所认识的人经历过吗？如果有，哪种应对策略是最有效的？

课外链接

想了解有关此话题的更多信息，请登录 http://www.nytimes.com，浏览“悲伤速描”。这是对“9·11事件”中死亡及失踪人员的一种纪念方式。

的 16%）与慢性抑郁（占样本总数的 8%）；前者是在丧偶以后才体现出来悲伤，而后者则在丧偶前就表现出抑郁并且在其后愈发强烈。长期悲伤者通常在情感或生活的其他方面会极度依赖伴侣。他们会长时间地想这件事情，一直谈论并探寻其中的意义。当然，他们也能够在 48 个月时最终“解决”整个事件。而慢性抑郁者则无法最终解决情绪问题，因此这部分人是最应该接受治疗的。另一方面，部分参与者（占样本总数的 10%）在丧偶之前便表现出高水平的焦虑，反而在丧偶后情况有所好转。对于这部分人来说，丧偶这件事情结束了一种慢性压力源。他们的婚姻关系通常比较消极，他们对婚姻的情感较为矛盾，并且其中大部分人的伴侣在死亡之前便已经长期卧病在床。

悲伤情绪在形式和类型上都有所区别，这一发现对于帮助人们应对亲人的丧亡有重要意义（Boerner et al., 2004, 2005; Bonanno et al., 2002）。我们不必去引导甚至强迫一位丧亲者去“坦然面对”整件事情，也没有必要期望他们按照某种类型的反应顺序来行动，这样做甚至会对他们造成伤害，这就像我们没必要让每位临终患者都去经历库伯勒—罗斯的阶段模型一样。尊重不同的悲伤方式反而更能帮助人们去应对，而不是让他们觉得自己的行为是不正常的。

悲伤的治疗

大多数丧亲者在家人和朋友的帮助下，确实能够顺利地度过亲人丧亡这件事情并恢复正常生活。然而，也有一部分人需要接受**悲伤治疗**（grief therapy），即帮助他们应对亲人丧亡的治疗。专业的悲伤治疗师会帮助丧亲者表达自己的悲伤、内疚、敌意以及愤怒。他们会鼓励来访者回忆与死者的关系，并把死亡这一现实整合到自己的生活记忆之中。在帮助人们处理悲伤的过程中，咨询师需要注意伦理问题、家庭传统以及个体差异。

不幸的是，研究表明，悲伤治疗的效果并不好，甚至可能给丧亲者带来困扰（在某项研究中 38% 的参与者感觉到困扰），或者造成伤害（Fortner, Neimeyer, Anderson, & Berman, 引自 Neimeyer 在 2000 年的报告）。在本文的前面部分提到的研究中（Boerner et al., 2005; Bonanno et al., 2002），也发现了许多丧亲者并不需要咨询治疗或者并没有从咨询治疗中获益。在悲伤治疗中有一些典型假设，如“悲伤缺失”代表着丧亲者并未承认亲人丧失带来的问题，又如丧失亲人是大多数人生活中的一件压力事件，这些假设需要被重新审视。

但是，大部分长期悲伤者会在治疗中获益，因为治疗能够帮助他们找到亲人丧失这个事件的核心，并帮助他们去应对、去维持自尊并重建自己的生活。对于慢性抑郁者，则应该通过持续干预其情绪问题以及协助解决其寡居生活中的日常困难来帮助他们。如果这样的办法都不奏效，那么就应该使用抗抑郁药物了（Boerner et al., 2005）。

学习检查站

你能否……

- ✓ 总结个体临近死亡时可能发生的变化？
- ✓ 说出库伯勒—罗斯有关死亡应对的 5 个阶段的名称？能否说说为什么她的理论备受争议？
- ✓ 指出悲伤应对一般模式的 3 个阶段，并讨论有关悲伤应对过程中的变化的最新研究结果？
- ✓ 说出悲伤治疗如何实施？在何种条件下能更有效？

生命不同时期的死亡和亲人丧亡

> **学习指路标**
>
> 5. 对死亡或亲人丧亡的态度和理解在生命全程的不同阶段有何差异?

不同年龄段的人对死亡的理解是不一样的。人们对死亡的态度反映了他们的人格和经历以及他们认为自己与死亡的距离。同时，发展阶段的差异也是十分巨大的。正如事件时序模型中提到的，同样是死亡，它对患有严重关节炎的 85 岁老人，对正处于辉煌的事业高峰却患上了乳腺癌的 56 岁女性以及对死于药物滥用的 15 岁青少年来说，却有着不同的意义。在个体一生的发展中，对死亡态度的改变取决于个体的认知发展以及发展阶段的典型事件。

童年期和青少年期

根据早期新皮亚杰学派的研究（Speece & Brent, 1984），5~7 岁的儿童开始认识到死亡的不可逆性，即死去的人或动植物是不能复活的。在差不多同一个阶段，儿童也意识到了有关死亡的另外两个重要概念：第一，死亡的普遍性（所有的生物都会死亡）以及随之而来的不可避免性；第二，死去的人是去功能化的（在死去以后所有的生命功能都会终结）。在该阶段以前，儿童会以为某些人（如老师、父母、孩子）是可以不死的，或者如果人足够聪明或幸运的话就能够避免死亡，抑或者他们自己能够长命百岁。他们也可能认为死去的人仍有思维和感觉。而这些研究表明，不可逆性、普遍性和去功能化这些概念通常产生于前运算阶段到具体运算阶段的过渡期，即因果概念逐渐成熟的阶段。

近期的研究发现，儿童早在 4 岁时就能部分地理解死亡以后会发生什么，但这种理解要到学龄前才变得完整。在对两所郊区的大学附属学校进行的一系列研究中，大部分学龄前儿童和幼儿园儿童都能表达出已经死去的耗子不会复活并长成老耗子这样的知识，但 54% 的儿童仍会说这只耗子需要吃东西。到 7 岁时，则有 91% 的儿童能一贯地认为：像饮食这样的生理过程在死亡后也会停止。然而，当相似的问题用心理的形式表现（“它还感到饿吗？”）时，这个年龄段的儿童又不那么确定了。只有 21% 的幼儿园儿童和 55% 的学龄前儿童知道一只死去的耗子不会再感到病痛；而到了童年后期（11~12 岁），这样的儿童能达到 75%。关于死后认知功能停止的知识，儿童的理解则更为缓慢，到了童年后期，依然只有 30% 的儿童能理解思维、感觉以及欲望在死后不再存在（Bering & Bjourkund, 2004）。

表 19-2 总结了在各个发展阶段中个体对于死亡的认识。表中给出了不同年龄段的儿童提出的有关死亡的典型问题以及儿童的照料者能够给予的回答。

较早地让儿童接触死亡的概念，并且鼓励他们去讨论死亡，这样会帮助他们更好地理解死亡。死去的宠物也能提供一个自然的机会。如果有同龄的儿童去世，老师和父母则需要帮助其他儿童减轻焦虑。对于一些患有癌症或者其他不治之症的儿童来说，死亡理解便更为急迫也更为具体。然而父母们也许不愿意提及这一话题，

表 19–2 不同发展阶段对死亡的不同表述及帮助儿童应对死亡的策略

某年龄阶段关于死亡的典型问题或表述	指导行为的观念	对死亡的发展性理解	对死亡问题或表述的应答和策略
1~3 岁			
"妈妈，如果我死了以后，要多久我才会重新活过来？" "爸爸，如果我死了，你还会挠我痒痒吗？"	对过去与将来的偶然事件、对生与死之间差别的有限认识	死亡通常被视为生命的延续。生与死通常被看成是相互变换的状态，如同睡与醒、来与去一样	尽可能让其感到舒适，提供其最喜欢的玩具，让熟悉的人来陪伴。保持一致。用简单的身体接触和交流来满足孩子对于自我价值和爱的需要。 "我会永远爱你。" "你是我最好的孩子，我会找到办法挠你痒痒的。"
3~5 岁			
"肯定是因为我是个坏孩子，所以我必须去死。" "我希望天堂的食物合我的胃口。"	对死亡概念有天然理解，知道其不可逆转。这时的儿童可能无法分清现实和想象的区别。知觉决定了判断	这阶段的儿童把死亡看成是永远的、不可逆转的、且并非普遍发生的（只有老人才会死）。由于思维上的自我中心，他们经常会认为是自己用某种方式引起了死亡或者把死亡看成是对自己的一种惩罚。死亡像是一种能够俘获别人、能够人格化的外在力量（像鬼怪一般）	改正儿童把疾病当作惩罚的概念。父母尽量多陪伴儿童。这个年龄的儿童会想：家中没有了自己会如何运转。帮助父母接受并理解这样的观念，并促使他们一起进行讨论。用诚恳而准确的语言消除儿童的疑虑，帮助其父母减轻对孩子离开的内疚。 "在你死去以后，我们会永远记着你，我们知道你永远会陪伴着我们，并且在一个安全又美好的地方生活着（可以是和某位已逝的亲人一起）。"
5~10 岁			
"我会怎样死去？会疼吗？死亡很可怕吗？"	儿童开始出现系统的、逻辑性的思维，不再自我中心。儿童开始关注具体的问题解决、因果逻辑以及系统连贯的思维。然而，抽象思维尚未形成	儿童开始理解死亡的真实性和永久性。死亡意味着心跳停止、血液不再流动、呼吸停止。这可能被看成是一种暴力的后果。儿童可能无法接受死亡会发生在自己或自己认识的人身上；不过会意识到，他认识的人在某一天会死去	诚实地向儿童提供其所希望了解的细节。支持其对控制感的需要。允许并促进儿童参与做出决定。"我们一起来帮助你，让你舒服一些。有一点很重要，就是你要告诉我们你的感受和你的需要。我们会一直陪伴着你，所以你不用害怕。"

资料来源：Hurwitz, Duncan, & Wolfe, 2004.

可能是因为他们自己难以接受失去孩子的现实或者他们想去保护孩子。如果这样做，父母反而失去了一个机会来让孩子乃至整个家庭做好准备去迎接即将到来的现实（Wolfe, 2004）。

和对死亡的理解一样，儿童对其悲伤的表达也取决于他们的认知和情感发展（见表 19-3）。儿童有时会通过愤怒、角色扮演或者拒绝承认死亡来表达他们的悲伤，幻想着活着的人能解决他们的问题。儿童会被成年人的委婉语所迷惑，如一个人"呼

其年龄阶段关于死亡的典型问题或表述	指导行为的观念	对死亡的发展性理解	对死亡问题或表述的应答和策略
青少年			
10~13 岁			
“我害怕，如果我死了，妈妈会受不了。我害怕，如果我死了，我会想念我的家或者忘记什么事情。”	思维变得更加抽象，更接近一般的逻辑规则。产生抽象逻辑命题的能力、提出多种假设的能力、考虑问题多种结果的能力显得越来越突出。	儿童开始懂得死亡是真实的、终结性的以及普遍性的。死亡可以发生在自己和家人身上。儿童对疾病和死亡的生理细节、对葬礼的安排会感兴趣。他们会把死亡看成是对不当行为的惩罚，他们会担心如果父母死去谁来照顾他们。他们需要确定自己会一直被爱与被照顾。	帮助青少年加强其自尊和价值感。尊重其对隐私的需求，但同时要维持他和同伴朋友之间的接触。对其表达的强烈情绪感受予以宽容。支持其对独立的需求，允许并促进其参与做出决定。 “虽然我会失去你，可是你会一直伴随在我身边，给予我力量。”
14~18 岁			
“这不公平！我无法相信，癌症，让我变得这么难看！” “我只想一个人待着！” “我不信我会死去……我做错了什么？”	思维变得更加抽象化。青少年很容易产生一些危险行为，借以对自己的死亡予以否认。在这个阶段，青少年需要有人作为其情绪传递的媒介。	对死亡的认知更加成熟、更接近成人的理解。死亡被看成可以对抗的敌人。因此，死亡可能被青少年看成是一种失败、一种放弃。	“我能想象你的感受。你需要知道，无论如何，你对这些事情的处理非常难以置信。我想听听，你还需要些什么或者还担心些什么。”

出最后一口气”，或家里的一个人“不见了”，或者一个人“睡着了”并且不会再醒过来。在以下情况，儿童对死亡的理解会更为困难：当儿童和死者的关系比较复杂时；当有成年人被死亡所困扰，而过多地把依赖寄托在儿童身上时；当死亡是意料之外的，特别是谋杀或自杀时；当儿童自身存在行为和情绪问题时；当儿童缺乏家庭支持与社区支持的时候（AAP Committee on Psychosocial Aspects of Child and Family Health, 1992）。

表 19-3 儿童悲伤的表现

3 岁以前	3~5 岁	学龄儿童	青少年
退行	更多的活动	由于注意力不集中、缺乏兴趣、缺乏动机、不完成作业、上课开小差等造成学习成绩下降	沮丧
悲伤	便秘	不愿上学	身体不适
害怕	说脏话	持续哭喊	不良行为
食欲不振	尿床	说谎	乱交
发育不良	愤怒、发脾气	偷窃	自杀
睡眠不安	“不受控制的”行为	精神紧张	辍学
减少社会接触	做噩梦	腹痛	
发展缓慢	持续哭喊	头痛	
易激惹		无精打采	
过分哭喊		疲劳	
更多地依赖别人			
失语			

资料来源：引自 AAP 儿童及家庭健康心理事务委员会，1992。

父母或其他照料者能够帮助儿童应对亲人的丧亡，可以告诉他们，亲人的死亡是不能避免的，并不是由于他们的错误行为或想法而导致的。儿童需要得到保证，知道他们仍能够得到亲人的疼爱和照顾。一般来说，建议不要对儿童的环境、人际关系及日常活动做出太多的改变，建议对儿童的问题做出扼要并真诚的回答，建议鼓励儿童说出自己的感受、讨论有关死者的事情（AAP Committee on Psychosocial Aspects of Child and Family Health, 1992）。

我思我秀

- 如果你是一位绝症病人。试着想象你会有什么样的感受。这些感受与书中所描述的、你所在的年龄群体特征有没有一致或者不同的地方?

对于青少年而言，思考死亡不是普遍的事情，除非他们直接面对着死亡，如《小妇人》里的马奇姐妹。正如我们在前面章节中探讨的，在许多青少年（甚至年龄更小的儿童）居住的社区中，暴力以及死亡的威胁在日常生活中是不可避免的。许多青少年会率性地冒险。他们会搭便车、会冲动驾驶，还会尝试毒品和性——这些通常会带来悲剧性的后果。他们更为迫切的任务是发现及表达自我，于是他们会更关注生命应该如何进行，而不是生命会有多长。

成年期

结束了教育征程，准备展开自己的事业、婚姻和成年历程的年轻人渴望过上他们已准备好的生活。如果他们突然遭遇到潜伏的不治之症或致命创伤，他们会感到极度的沮丧。这种沮丧会变成愤怒，让他们成为医院中麻烦的病人。

二三十岁的致命性疾病患者，如艾滋病患者，在他们应该把注意力放在建立亲密关系的时候，他们却需要转而关注死亡。由于没有足够的时间来逐渐经历丧失感的准备，他们会感到整个世界在瞬间崩塌。

人到中年，许多人会比以往更强烈地意识到他们实际上在走向死亡。他们的身体给他们传递信号，告诉他们已不再像以往那般年轻、灵活和激情四射。对于剩下的日子还有多长、如何充实地度过剩下的日子这些问题，他们会想得越来越多（Neugarten, 1967）。通常他们会意识到，自己已经是在世的亲人中最接近死亡的一代，特别是在父母都去世以后（Scharlach & Fredriksen, 1993）。中老年人除了在情感上逐渐为死亡做准备，也会有许多实际的方式，如订立遗嘱、计划自己的葬礼以及和家人朋友谈论他们的愿望。

老年人对死亡可能会有更加复杂的情感，因为老化所带来的生理功能的衰退和诸多问题会削弱他们的生活乐趣和活下去的愿望（McCue, 1995），一些高龄老年人，特别是 70 岁以上的，放弃了他们仍未达到的愿望。另外一些老年人在剩余的日子里艰难地做自己力所能及的事情。也有许多老人尝试通过健康的生活方式来延年益寿或与病魔做斗争（Cicirelli, 2002）。

当想到面临即将到来的死亡，一些老年人会感到害怕。另外一些，特别是虔诚的宗教教徒，则处于库伯勒—罗斯理论中的"否认"阶段。当问及他们想象中的死亡时，他们把它比作睡眠，并转移到轻松而无痛苦的下一辈子的生活中。他们并不谈及死亡过程本身以及死亡过程中各种功能的下降。对于他们来说，这种方式能减轻他们对死亡的恐惧（Cicirelli, 2002）。

根据埃里克森的理论，老年人如果能解决这个阶段的关键问题——自我整合对绝望（见第 18 章）——他们就能接受自己的这一生，也能接受即将到来的死亡。解决这一问题的一种方式是回顾自己的生活，这将在本章后面有所论及。能够寻找到自己过往生活中的意义，并且能够适应生活中的丧失感的人会更好地面对死亡。

学习检查站
你能否……
✓ 讨论不同年龄段的人如何应对死亡及亲人的丧亡？

丧失亲人的特殊情况

比较难接受的亲人丧亡应该是在成年时丧偶、丧亲和丧子。还有一些较少提到的情况，如流产及死胎。

学习指路标
6. 在配偶、父母、孩子死亡或胎儿流产之后，人们会面临怎样的挑战？

丧　偶

由于女性一般寿命比男性更长，因此老年女性更容易成为寡妇。她们也容易在年轻时就丧偶。有 1/3 的女性在 65 岁以前就失去了丈夫；但在男性群体中则要到 75 岁才达到同样的丧偶比例（Atchley, 1997）。

对于把自己的生活和角色界定在取悦或者照顾丈夫上的女性而言，丈夫去世会

失去配偶的女性经常公开地表达她们的悲伤，失去配偶的男性也会有相似的丧失感，但男性与女性相比，更少与那些能提供社会支持的朋友待在一起。

是极大的打击（Marks & Lambert, 1998）。这种女性所失去的不仅仅是一个伴侣，更是一种重要的甚至是核心的角色（Lucas, Clark, Georgellis, & Diener, 2003）。尽管女性会更公开地表达自己的痛苦，但仍然会感到失去了依靠（Aldwin & Levenson, 2001）。丧偶的老年女性比男性更多地与朋友交往以获取社会支持（Kinsella & Velkoff, 2001）。

婚姻关系的质量决定丧偶对其心理健康的影响程度。在前面提到的 CLOC 的研究中，对伴侣高度依赖的人在丧偶的半年后表现出更强烈的焦虑以及对伴侣的思念。与伴侣十分亲密的人报告出更强烈的思念之情，这也是意料中的事（Carr et al., 2000）。

丧偶后独居的压力也会影响个体的心理健康。芬兰的一项大规模研究发现，丧偶后的男性老年人相比伴侣健在的同龄人在死亡率上高出了 21%；而女性群体中这个比例则为 10%（Martikainen & Valkonen, 1996）。正如我们在前面章节提到的，社会关系影响个体的健康状况。失去了陪伴关系这个保护性的“盾牌”，能解释为什么丧偶的老年人会更迅速地死去（Ray, 2004）。然而，CLOC 研究提出了一种更为现实的原因：伴侣去世以后，再没有人来提醒自己服药或者维持特殊的饮食计划。如果能有人给予他们这类提醒（如子女或负责其健康的雇工），他们就能改善健康习惯，并保持健康（Williams, 2004）。

独身生活也会带来其他的现实问题。如果去世的丈夫是家庭的主要经济来源，则妻子便会遭遇经济上的困难，陷入贫穷的困境（Hungerford, 2001）。又如一直承担家务的妻子过世后，丈夫便需要购买家务服务。双收入的家庭，无论哪一位配偶去世，都会对家庭收入带来影响。

最后一点，尤其对于女性来说，丧偶的痛苦能催化其内省与成长——丧偶能让她们发现自己潜在的某些方面，并学会独自生活。由于意识到生命即将结束，她们会重新评估自己的生活以寻找个人的意义所在。在这个过程中，她们会带着更现实的眼光来回顾她们的婚姻。有一些老年人则重新返回学校或寻找新的工作（Lieberman, 1996）。

因为丧偶的女性多于男性，老年男性再婚的比率是老年女性的 4 倍（Carstensen & Pasupathi, 1993），其中大多数是在丧偶一年以内（Aldwin & Levenson, 2001）。许多寡妇对再婚并没有太大的兴趣（Talbott, 1998）。女性通常能掌控自己对家庭的需要，也并不愿意放弃退休金，不愿意失去独自生活的自由，不愿意照顾或者是再次照顾体弱多病的丈夫。CLOC 研究中的数据显示，对男女两性来说，如果他们拥有亲密的有支持性的朋友，他们会更容易去寻找新的浪漫关系，表明晚年的许多婚姻最主要的功能就是提供陪伴（Carr, 2004）。

成年丧亲

很少有研究会关注失去老年父母对成年子女的影响。如今，随着预期寿命的延长，这样的情况在中年期会经常发生（Aldwin & Levensom, 2001）。MIDUS 的研究发现，成年早期失去双亲并不是普遍现象，但这会对中年个体的心理健康或生理健康产生消极的影响（Marks, Bumpass, & Jun, 2004）。

当然，在任何时候，丧亲都不是一件令人好受的事情。对 83 位 35~60 岁的志愿者进行深度访谈，研究发现，大多数失去父母的成年子女仍然处在痛苦的情绪中，如悲伤、哭泣、沮丧甚至有自杀念头，这些表现发生在丧亲后 1~5 年，特别是在失去母亲的情况下（Scharlach & Fredriken, 1993）。然而，丧亲也是成年人成长的一种经历。它能迫使人们去解决一个重要的发展问题：如何获得一种更强的自我意识，一种对于自己的死亡更为迫近更为现实的意识以及伴随而来的更强的责任、承诺和对他人的依恋（M. S. Moss & Moss, 1989; Scharlach & Fredriksen, 1993；见表 19-4）。

通常父母的去世也会带来其他关系的变化。丧亲的成年子女对健在的父母有更多的照顾责任，也有维系一个完整家庭的更大责任（Aldwin & Levenson, 2001）。丧亲带来的强烈情绪会让兄弟姐妹走得更近，也可能会因父母临终前的病症引发的不同意见而让兄弟姐妹相互疏远。父亲或母亲的去世会释放子女的时间，让他们能把更多的精力放在一些之前由于需要照料父母而暂时被忽略的事情上；也可能会让子女得到解脱，不再需要通过满足父母的期望来维持自己与父母间的关系（M. S. Moss & Moss, 1989; Scharlach & Fredriksen, 1993）。

父母中任何一方的去世都会对成年子女造成特别的影响。成年子女会特别强烈地感受到死亡，因为父母一辈的缓冲屏障已经不复存在（Aldwin & Levenson, 2001）。这种意识是一种成长机会，能让成年子女获得对生活更为成熟的认识，从而更加珍惜人际关系的价值（Scharlach & Frederiksen, 1993）。因为感受到死亡逐渐来临，感

友谊通常是老年丧偶者获取支持性和满足感的重要来源。

表 19–4 成年子女丧亲后自陈报告的心理影响

影响	丧母（%）	丧父（%）
自我概念		
更“成年化”	29	43
更自信	19	20
更具责任感	11	4
更不成熟	14	3
其他	8	17
无影响	19	12
对死亡的感觉		
对自己的死亡有更强的意识	30	29
更能接受自己的死亡	19	10
由于感到死亡的临近而制定更具体的计划	10	4
对自己的死亡愈发恐惧	10	18
其他	14	16
无影响	17	23
宗教		
更多地信仰宗教	26	29
更少地信仰宗教	11	2
其他	3	10
无影响	60	59
个人化的优先程度		
个人关系更为重要	35	28
简单快乐更为重要	16	13
个人幸福更为重要	10	7
物质财富更不重要	5	8
其他	20	8
无影响	14	36
工作或事业计划		
辞职	29	16
调整目标	15	10
由于家庭的需要改变计划	5	6
完全改变	4	10
其他	13	19
无影响	34	39

资料来源：Scharlach & Fredriksen, 1993, 表 1, p. 311。

受到不可能再跟父母谈话了，成年子女会趁着还有时间，积极解决自己人际关系中的烦恼。有些人与自己成年子女的关系会变得更和谐。有些已经疏远了的兄弟姐妹意识到给他们提供联系的父母已经不在世了，反而会尝试去修补兄弟姐妹之间的裂痕。

丧 子

19 世纪，父母丧子较为常见。如今，工业化国家中婴儿的死亡率大幅下降。

在以前，父母埋葬死去的孩子的情形并不罕见，就像奥尔科特的母亲一样。今天，由于工业社会中医疗技术的进步、人均寿命的增长，婴儿死亡率达到了历史的低点，能活过第一年的孩子更容易活到老年。

父母极少会在情绪上接受孩子死亡的现实。无论在任何年龄阶段，孩子的死对父母来说都是一次残酷的、非自然的打击，是一件不合时宜的、不应该发生的事情。无论父母对孩子的爱有多深，孩子的死亡都会让父母产生挫败感，并且难以释怀。如果夫妻两人的婚姻状况良好，则他们会变得更为亲密、相互支持、相互分担丧失感。另外一种状况则是孩子的死亡会削弱甚至破坏一段婚姻（Brandt, 1989）。失去孩子的父母，尤其是母亲，极易因精神疾病而需要住院治疗（Li, Laursen, Precht, Olsen, & Mortensen, 2005）。孩子死亡带来的压力也会危及父母的健康（Li, Precht, Mortensen, & Olsen, 2003）。

许多父母避而不谈重病缠身的孩子即将到来的死亡，然而能够把这些事情放开来谈的父母们却能获得更亲密的感觉，这种感觉能帮助他们应对孩子的死亡。2001 年，瑞典的一个研究团队调查了 449 名瑞典父母，他们的孩子已在 4~9 年前因癌症去世。1/3 的父母说他们曾和孩子谈及即将到来的死亡，其中没有任何一位父母后悔这样做；反而是在未跟孩子提及这个话题的父母中，27% 的人表示后悔。后悔情绪最严重的是那些得知了孩子已经意识到死亡的来临却没有跟孩子谈论过这个话题的父母。这其中，大部分的父母至今仍然承受着沮丧和焦虑的情绪（Kreicbergs, Baldimarsdottir, Onelov, Henter, & Steineck, 2004）。

每位丧子的父母都需要以自己的方式来应对丧子的悲痛。一些人会专注于工作、个人兴趣、其他的人际关系或者参加支持群体以减轻痛苦。智利作家阿连德曾在其昏迷不醒、奄奄一息的女儿的床边写过一篇回忆录（见第 8 章的焦点人物）。身边重要的朋友会劝慰丧子的父母不要深陷在丧失感中，对于他们而言，以一种有意义的方式来纪念逝去的孩子是很必要的。

我思我秀

- 你是否已失去父亲或母亲？是否已失去兄弟姐妹？是否已失去伴侣、失去孩子、失去朋友？如果没有，那你觉得身边哪种人的去世会让你最难以承受？为什么？如果你经历过不止一位上述这些亲戚朋友的去世，你当时的反应有什么不同？
- 对于处在亲丧期的朋友，你会给些什么建议？有哪些话是不能说的？

流 产

在日本东京的一座佛庙里，一些婴儿的小灵位与玩具、礼物等放在一起，供在了地藏菩萨（Jizo）之前。在日本，地藏菩萨被视为看护流产和死胎婴儿的神灵，它会通过转世的方法让这些灵魂获得新生。这样的仪式成为“水子供养”，即一种对流产胎儿表达歉意和纪念的仪式，也是对这些已经逝去的生命的一种补偿方式（Orenstein, 2002）。

日语中的 *mizuko* 一词的意思是“水子”（water child）。日本佛教徒相信，生命如水般逐渐进入有机体，而 mizuko 是指在生与死之间徘徊（Orenstein, 2002）。相反，

学习检查站

你能否……

- ✓ 描述丧偶所带来的考验？
- ✓ 说出在何种方式下，成人丧亲或丧偶的事件会成为促其成熟的经历？
- ✓ 解释为何父母对于失去孩子很少有情绪上的准备？
- ✓ 讨论一些方法，帮助充满希望的父母应对孩子胎死腹中的现实？

在英国则没有专门为流产或死胎胎儿设置的词语、仪式或丧礼。家人、朋友甚至健康专家们都不会提及这种生命丧失，因为流产与丧子相比微不足道(Van, 2001)。然而，如果没有社会支持，准父母的悲伤会变得更加剧烈。

准父母们在失去一位尚未谋面的孩子时，如何应对？由于每个个体或每对夫妇的经历不同，难以一般化地进行讨论（Van, 2001）。在一项小样本研究当中，11 位经历妻子流产的男性报告说，他们是在送丧期间或过后克服沮丧和无助的；而少数几位则在对其伴侣的支持当中寻得释然（Samuelsson, Radestad, & Segesten, 2001）。在另一项研究中，因流产而悲伤的夫妻认为，伴侣和家人对他们最有帮助，医生的帮助最少。一些夫妻在团体小组中获益，而另外一些则没有（DiMarco, Menke, & McNamara, 2001）。感受和处理悲伤的方法不同有可能导致夫妻关系出现紧张与分歧（Caelli, Downie, & Letendre, 2002）。曾经流产的妻子，在再一次怀孕期间需要更多的关怀与照料（Caelli et al., 2002）。

医学、法律及伦理焦点："死亡的权利"

人们有选择死亡的权利吗？如果有，在什么情况下可以使用这种权利？患有绝症的人若想自杀，可以得到允许甚至帮助吗？医生可以开具药方以减轻患者的疼痛并同时缩短他们的寿命吗？可以用致命的注射物来结束病人的痛苦吗？谁能决定生命值不值得延续？这些都是困扰大家的涉及道德、伦理和法律的问题。这些问题困扰着个体、家庭和医生，甚至整个社会；这些问题涉及生命的质量、死亡的本质和条件。

学习指路标

7. 自杀很普遍吗？

自　杀

在现代社会中虽然自杀不是一项犯罪，可依然是一种耻辱；其中部分是因为宗教的戒律，部分是因为社会对延续生命的倾向。表现出自杀倾向的人会被视为具有精神障碍。另一方面，愈来愈多的人认为，成年人选择何时结束自己的生命是一项需要得到捍卫的权利。

美国的自杀率从 1981 年到 1997 年间增长了 25%，但从 20 世纪 90 年代末期开始逐渐下降（Sahyoun, Lentzner et al., 2001）。然而，据初步统计，2003 年有超过 30 000 人自杀，是排在第 11 位的致死原因，而在 15~24 岁的青年人中则是排在第三位的致死原因。美国的自杀率为 0.011%（Hoyert, Kung, & Smith, 2005），比其他许多工业化国家要低（Kinsella & Velkoff, 2001）。在世界范围内，自杀是排在第 17 位的致死原因（WHO, 2003a）。

统计数据也许低估了自杀的人数，因为有些个案并未被统计在内（如某些交通"事故”“意外的”药物滥用)。统计数据也未对尝试自杀进行统计；约 20%~60% 自杀成功的人曾经尝试自杀而并非一次成功，约 10% 曾尝试自杀的人会在 10 年之内自杀成功（Harvard Medical School, 2003b）。一项全美性的研究发现，在美国医院急诊室中治疗的非致命性自我伤害病例中，特别是青少年病例，有 60% 的可能是尝试自杀所致，其中 10% 是危及生命的（Ikeda, et al., 2002）。（关于青少年的自杀在第 11 章有详细讨论。）

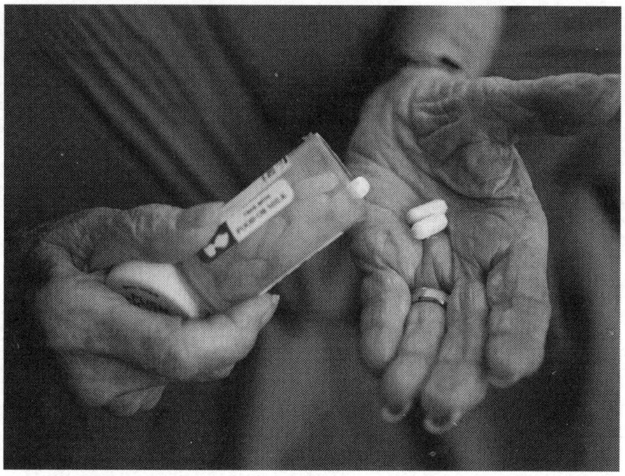

许多“偶然的”药物滥用实际上就是自杀。自杀在美国是重要的致死原因之一。

在许多国家，自杀率随着年龄的增长而增加，并且男性的自杀率高于女性（Kinsella & Velkoff, 2001）。在美国，虽然女性的自杀率要高些，但男性的自杀成功率是女性的 4 倍（NCHS, 2004）。这是因为男性所用的方法更加有效，如使用枪械；而女性更多采用服毒的方法。据估计，60% 的成功自杀者采取枪击方式（Harvard Medical School, 2003b）。美国白人和美国土著人的自杀率更高，这两个群体的自杀率约是西班牙裔、非裔及亚裔美国人的 2 倍（NCHS, 2004）。

迄今为止，美国自杀率最高的群体是 50 岁以上的男性白人，占所有自杀案例的 30%（Harvard Medical School, 2003b）。自杀率随着年龄的增长而提高，特别是 85 岁以上的老年人（NCHS, 2004）。老年人比年轻人更容易感到沮丧和被社会孤立，因而如果他们尝试自杀，更容易一次成功（CDC, 2002b）。离异或丧偶人士在所有的年龄段中均有着较高的自杀率。老年人的自杀与其身体状况、家庭冲突和财政困难并不相关（Harvard Medical School, 2003b）。非裔美国老年人的自杀率仅为美国老年白人的 1/3（NCHS, 2004），这部分是因为宗教上的义务，部分是因为他们习惯了应对困难与打击（NCHS, 1998; NIMH, 1999a）。家庭中有自杀史或曾有家人尝试自杀的个体会有较高的自杀风险。遗传的脆弱性与前额皮层中调节情绪和神经冲动的五羟色胺的低活动性有关，而这种活动性是判断、计划和控制的基础（Harvard Medical School, 2003b）。

虽然有些企图自杀的人会隐瞒自己的自杀计划，但 80% 的企图自杀者会表现出某些迹象。诸如与家人朋友隔绝，谈论死亡、来世或自杀，放弃原本重视的财富，滥用药物或酒精，发生人格上的改变，莫名其妙的愤怒、无聊和冷漠。企图自杀者不在乎自己的表现，与工作或其他日常活动隔绝，毫无病痛时抱怨身体不适，或贪食嗜睡，或少吃少睡。他们经常表现出抑郁的征兆，如难以集中精神，丧失自尊，产生无助感、无望感以及极端的焦虑或恐慌（Harvard Medical School, 2003b; NIMH, 1999a）。

我思我秀

- 在你看来，有意识地结束自己的生命是否情有可原？你曾经有过这种想法吗？如果有，是在什么情况下产生的？

自杀者身边的人被称为“自杀的其他受害者”。许多人抱怨自己未能辨认出自杀者的自杀征兆。他们“强迫性地回忆那次导致死亡的事件，想象着如果他们能够阻止该多好，并且责怪自己没有能够做到”（Goldman & Rothschild, in press）。由于涉及自杀的耻辱，他们通常独自应对自己的情绪，而不向能够理解他们的朋友寻求支持。

学习指路标

8. 对辅助死亡的看法为什么会发生改变？这样的事实启发我们进行怎样的思考？

辅助死亡

在伊利诺伊州的埃文斯顿镇，一位70岁的老人去医院看望66岁身患癌症和中风的妻子。他用枕头裹住枪口射向妻子的心脏，以此结束她的痛苦，然后又把枪口对准自己，自杀身亡。他留下了一张很长的字条，解释他们共同殉命的计划。“这看起来像是安乐死，”医院的发言人说（Wisby, 2001）。在伊利诺伊州的另一个案例中，奥克朗地区的一位77岁老人用枪射死了患有帕金森症和早期老年痴呆症的妻子后，被判了20年监禁（“Man, 77, pleads guilty to killing wife at hospital,” 2003）。

安乐死意味着“善终”。这些丈夫们的举动是**主动安乐死**（active euthanasia）的案例。主动安乐死是指为了让绝症患者减少痛苦或死得有尊严，直接且蓄意结束其生命，也称为*无痛苦死亡*。**被动安乐死**（passive euthanasia）是指撤走或停止向绝症患者提供的可能延长其生命的治疗，如药物、生命支持系统、喂食管等。主动安乐死通常是违法的，而被动安乐死在某些情况下是合法的。针对被动安乐死，最关键的问题是患者是否自愿，即是否出于患者的直接请求并执行其已表达的愿望。

协助自杀（assisted suicide）是指在医护人员或其他人的协助下，个体通过如服药、吸入致命毒气等方法实施的自杀行为。这种行为通常是在患者身患绝症的情况下进行的，它是一种结束自己生命的请求。协助自杀在美国许多地方仍属违法行为，但近些年已经逐渐出现在公众面前并被多次讨论。它与自愿的主动安乐死相似，如患者要求并接受致命毒剂的注射；但在这种自杀形式中，求死者起着主动作用。

有时候，上述所有这些形式被统称为*辅助死亡*或*促成死亡*，然而其中的道德和伦理意义是不同的，这几种死亡的含义也经常被争论。

预先指示 在路易莎·梅·奥尔科特的时代，帮助患病的亲人结束生命的想法是闻所未闻的。辅助死亡态度的改变很大程度上源自技术革命；而这些技术可能会违背病人的意愿、忽视其巨大的痛苦而延长生命，甚至是在病人的大脑死亡的情况下。

美国高等法院在判定南希·克鲁珊的案子时，认为个人在意愿明晰的情况下，可以拒绝或停止维持生命的治疗，这是宪法赋予的基本权利（*Cruzan v. Director, Missouri Department of Health*, 1990）。这意味着个人可以请求被动安乐死。意识清醒的个人，其愿望可以预先通过文件指定，这样的文件被称为**预先指示**（advance directive），其中会包含对何时停止和如何停止不济事的医学治疗的说明。美国所有50个州均已将某种形式的预先指示合法化或接受了决定终止生命的其他方式（APA

Working Group on Assisted Suicide and End-of-Life Decision-making, 2005）。

预先指令的一种形式是遗愿。其中可能包含了关于何种情况下终止治疗，在何种程度时（若能够判断出这样的程度）需要延续生命以及对疼痛用何种方式处理的愿望。个人也可以通过捐助卡或在驾照后面签名等方式，指定把自己的器官捐赠出来用于器官移植（见专栏 19-2）。

一些针对“遗愿”的立法仅仅对绝症患者有效，对那些被疾病或生理损伤困扰、多年深受巨大痛苦折磨的病人则无效。预先指示对处于昏迷或永久植物人状态的病人也不起作用，这类病人即在技术的辅助下也不能形成意识、仅能维持基本大脑功能。这些情况可以通过**长期授权委托书**（durable power of attorney）来解决，即在本人无法做出决定的情况下指定另外的人代为决定。很多情况下，病人可以通过一种简单形式做出健康护理的决定，这就是医学法定代理人的承继权。

在特利·夏沃的案例中，一位年轻妇女被诊断为永久性植物人，因为并没有留下书面的预先指示，从而引发了一次长达七年的法律纠纷，并导致了美国国会对法律程序前所未有的干预。事情源自其丈夫和其父母之间对她的意愿、对她是否真的不能康复等问题上存在严重的分歧（Annas, 2005）。即使有预先指示，许多病人的意愿也会被违背，并承受漫长而无效的治疗。一项在美国五家教学医院中对 9 000 多名病例进行的为期五年的研究发现，医生在病人心脏停博的情况下，对病人不治疗的请求通常熟视无睹（The SUPPORT Principal Investigators, 1995）。

这些研究结果促使美国医学会成立了负责监督濒死者医疗护理质量的专门小组。现在，许多医院都设有伦理委员会，负责提出指导方针、审查案例，帮助医生、患者及家属决定采用何种临终照料（Simpson, 1996）；为数不多的医院会雇佣全职的伦理顾问。一项对 551 名重症监护患者进行的为期两年的随机控制研究发现，伦理顾问能帮助医院解决一些艰难的价值负荷的冲突案例，这些案例涉及延长无效或患者不想要的治疗（Schneiderman et al., 2003）。

协助自杀：利与弊　在美国几乎所有的州中协助自杀是违法的；但规定通常会被漠视，从而隐蔽地进行。美国医学学会反对死亡中的辅助，因为这与医生的誓言“不伤害”相悖。若有药物能够减轻痛苦而同时缩短生命，医生可以开具这样的药方（Gostin, 1997; Quill, Lo, & Brock, 1997），但一些医生出于个人或医学伦理的原因拒绝这么做（APA, 2001）。

支持协助自杀的伦理论据基于个人的自主自治权：具有意识能力的个体有权利控制自己的生活质量，有权利控制自己死亡的时间和方式。协助自杀的支持者非常重视保护临终者的尊严和人格。医学上的论据是医生有义务用任何可能的方式减轻病人的痛苦。另外，协助自杀是由患者本人完成结束生命的关键一步。法律上的论据则是协助自杀的合法化能对已经存在的、出于怜悯临终患者而采取的行动进行规范。通过立法和专家规定，可以对此采取适当的措施以防止滥用（APA, 2001）。

世界之窗

专栏19-2

器官捐赠：生命的礼物

滑雪运动员克里斯·克鲁格（Chris Klug）在2002年盐湖城冬奥会男子平行大回转障碍滑雪项目中夺得铜牌——而此时，距离他得到救命的捐赠肝脏已经有18个月了。

2004年，美国有26 984名患者接受了身体器官和组织（如皮肤、骨髓等）的捐赠移植，并因此得以延续性命；这个数字比2003年增长了近11%，这是一项很高的纪录。捐赠身体器官和组织数量的增长，很大程度上归功于"在世捐赠"的兴起：即由依然健在的人捐献其某个器官（如肾脏）或捐献某个器官的一部分（如肝脏或肺脏）。人类拥有两个肾脏，只有一个也可以维持生命。2004年，近半数的器官捐赠者（6 996名）依然健在（OPTN, 2005; USDHHS, 2005），这也归功于医学的进步，让器官捐赠过程更加安全、更易成功（USDHHS, 2002）。近2/3的捐赠者与接受者有血缘关系，剩余1/3中的大部分捐赠者与接受者有私人关系，不过也有一些是陌生人（Steinbrook, 2005）。已故的捐赠者可以捐赠更多的器官，用以救助或改善他人的生活（USDHHS, 2005）。

尽管器官捐赠数量在增长，但从世界范围来看，可用于移植的器官远远不够（West & Burr, 2002）。在美国，每天约有16人死于没有合适的可移植器官，每年则有近6 000人（Scientific Registry of Transplant Recipients, 2004）。超过87 000名患者正在等待合适的器官移植（OPTN, 2005）。只有当捐赠者来自与接受者相同的人种或民族，他们的器官才不容易被接受者的身体所排斥；而一些器官疾病如肾病、心脏病、肺病、胰腺疾病和肝病等却在一些人种或少数民族中更为流行，其发病率高于一般群体(USDHHS, 2002)。

影响器官捐赠的因素有：对脑死亡的误解、请求器官捐赠的时间和状况以及请求的方式。文化也发挥了重要影响（West & Burr, 2002）。例如，等候器官捐赠的非裔美国人的人数是其他族群的2倍。在美国南方农村中的非裔美国女性由于宗教信仰的原因，不喜欢捐赠器官（Witting, 2001）。在英国，亚裔移民的捐赠器官短缺极为严重，在格拉斯哥和苏格兰地区的亚裔移民对器官移植普遍不支持，特别是死后的器官移植，即便他们了解相关的事宜（Baines, Joseph, & Jindal, 2002）。在印度，大多数成功的器官移植均是来源于在生人士，这同样是由于道德、宗教以及情绪上对脑死亡后的人捐赠器官的反对（Chandra & Singh, 2001）。

文化敏感性教育可以改变这种状况。在美国西南部的印度裔美国人社区中进行的一个教育项目发现，不仅

一些伦理学和法学学者则更为激进：他们赞同把所有形式的自愿安乐死合法化，并且同时对非自愿的安乐死进行防卫。在这些学者看来，关键问题不在于死亡如何发生，而在于谁来做出决定。塞住呼吸装置、拔出喂食管、注射致命毒素、按照患者意愿开具过量药物的药方，他们认为这些死亡方式之间在原则上毫无差别。他们强调，如果辅助死亡能够公开实施，那么会减少患者由于无法控制自己的命运而产生的恐惧与无助（APA, 2001; Brock, 1992; R. A. Epstein, 1989; Orentlicher, 1996）。

而反对协助自杀的伦理论据集中于两条原则：（1）剥夺生命，即便是经由允许的剥夺也是错误的；（2）考虑到对弱势群体的保护。辅助死亡的反对者指出，个人的自主权通常会被诸如贫穷、残疾、受歧视的群体成员身份等因素所限制；他们担心由于治疗费用这个潜在的因素，这样的弱势群体会有意无意地被迫选择自杀。一些患者会把费用纳入考虑，坚持不让家人把仅有的资源浪费在漫长的治疗上。反对协助自杀的医学论据包括，误诊的可能性、未来新治疗方法的可能性、预后判断错误的可能性以及医生作为治疗者帮助病人死亡的不协调性，还有就是对辅助死亡滥

世界之窗

捐赠者本身的态度需要改变，作为器官捐赠发起者的美国本土医护人员，其持有的刻板印象也需要改变（Thomas, 2002）。对美国的日裔、韩裔及印度裔移民的访谈发现，文化差异极大，不仅仅是关于器官捐赠方面的，更涉及求医问药的其他诸多方面，例如何时寻求帮助、医生护士的角色、如何与医学专家谈话、话题的隐秘与公开以及临终照料等各个方面（Andresen, 2001）。

美国的联邦器官移植法案（The National Organ Transplant Act）规定了稀缺器官的获取、分配及移植等过程中的事宜。任何年龄的健康人士均可成为器官的捐赠者，甚至是新生儿。低于18岁的捐赠者需要得到父母的同意。希望在死后捐赠器官的成人可以通过在驾驶证后签字、填写器官捐赠卡来表达其意愿，或者把愿望告知一位在器官捐赠时能签字的家人。捐赠者的家人并不承担器官移植的费用，费用由器官的受赠者承担，通常通过医疗保险的方式。人体器官和组织的买卖是违法的（USDHHS, 2002）。

在世者的器官捐赠带来了一些伦理问题。医学伦理学家认为，“在世者的器官捐赠必须在移植成功的可能性极高、风险极低，并且得到所有相关人士的真正同意时才可进行”（Ingelfinger, 2005, p. 449）。捐赠者需要获知手术的风险以及术后的长期影响（Ingelfinger, 2005）。如今已可以通过网络或广告等方式招募捐赠者，他们可以对器官移植中的非法利益、对器官的不公平分配以及其他违反器官捐赠法案的事情进行提问和监督（Steinbrook, 2005）。对捐赠者的评估方案需要标准化，由独立的法律顾问确定手术成功的可能性是否足以克服风险，并帮助捐赠者在知情的情况下做出决定（Truog, 2005）。

我思我秀

你会给有需要的朋友或家人捐赠器官吗？会给陌生人捐吗？是在你死后才捐吗？为什么？

课外链接

想了解有关此话题的更多信息，请登录 http://www.organdonor.gov。这是美国政府的一个健康及人类服务部的网站，网站上有关于器官捐赠的基本事实和数据。

用的适当防卫是不可能的。反对协助自杀的*法律论据*包括对辅助死亡滥用的防卫的可行性以及患者与家人对结束生命意见不一时的法律问题。

由于自我管理并非总是有效，一些反对者认为，由医护人员辅助的自杀会导致自愿的主动安乐死（Groenewoud et al., 2000）。有人提醒说，下一步的“滑坡效应”会导致非自愿的安乐死，并且不仅仅是对绝症患者，也会对其他生活质量下降的人，如残疾人产生影响。他们认为，一个人希望死亡通常是因为暂时的抑郁，而且会对治疗或临终关怀改变看法（APA, 2005; Butler, 1996; Hendin, 1994; Latimer, 1992; Quill et al., 1997; Simpson, 1996; Singer, 1988; Singer & Siegler, 1990）。

使医生辅助死亡合法化　1996年9月，一位患有晚期前列腺癌的66岁的澳大利亚男子成为了合法协助自杀的第一个案例。根据澳大利亚北领地已通过的法律，他按下了计算机上的按键，给自己注射了含有巴比妥酸盐的致命毒剂。1997年，这项法律规定被撤销（《澳大利亚人》，1996；自愿安乐死社会，2002）。

俄勒冈州协助自杀法律的反对者担心，该法律规定会给残疾人带来结束生命的压力，不管对滥用该法案的法律防卫有多强大。

自 1997 年以来，美国高等法院将对辅助死亡的判决权下放给各州后，在一些州对绝症患者协助自杀已经合法化。至今为止，俄勒冈州是唯一通过此法案的州——尊严死亡法案（the Death with Dignity Act）。1994 年俄勒冈州公民投票表决，允许意识清醒、被两位医生诊断出生命只剩下不足 6 个月的患者，可以在确保请求的严肃性、自愿性以及其他一切需要考虑的事项的前提下，请求获取致命的药方。俄勒冈州的该项法律在 1997 年经历了一次法庭盘问和一次反对性表决后被保留下来。2002 年，美国首席检察官约翰·阿什克里夫特通过追究医生开具毒药帮助病人结束生命的犯罪责任企图阻止安乐死合法化，俄勒冈联邦地方法庭驳回了他的上述。2005 年美国高等法院维持了俄勒冈州联邦地方法院的原判（Greenhouse, 2005）。

俄勒冈州该项法案有哪些被实行的案例？在法案实行后的七年之间，共 238 例请求医学专家结束其生命的案例，2004 年便有 37 例（Schwartz, 2005）。一项对法案实施早期的研究发现，医生允许了 221 例致死请求中的 1/6，然而其中近半的患者改变了主意，并未服用致命药物。接受临终干预的患者，如控制疼痛或参与临终关怀计划，会更倾向于改变求死意愿（Ganzini et al., 2000）。请求并服用了致命药物的病人更多地关注对身体机能的控制权和自主权的丧失，而不是对疼痛的恐惧或金钱上的损失（Chin, Hedberg, Higginson, & Fleming, 1999; Sullivan et al., 2000）。

主动安乐死在美国依然是违法的，即便是在俄勒冈州；但在荷兰，对那些处于持续且无法忍受、不可治愈的病人，主动安乐死在 2001 年被合法化（Johnston, 2001; Osborn, 2002）。在这些主动安乐死的案例中，医生可以给病人注射致命药物。比利时则在 2002 年紧随荷兰其后对主动安乐死合法化（《安乐死在比利时的合法化》，2002）。

在 2001 年以前，协助自杀和主动安乐死在荷兰均为违法，但参与其中的医务人员则可以通过严格详细的报告及在政府的监督之下免除被起诉（Simons, 1993）。1995 年荷兰的死亡人数当中，2.5% 的人是死于安乐死或协助自杀（Van der Maas et al., 1996）。研究表明，没有证据支持“滑坡效应”，并且荷兰的医生们都是“不情愿的在强迫性的情况下”，才充当协助死亡的执行者（Angell, 1996, p.1677）。而美国的批评者则持有异议，他们声称荷兰的医生们已经从帮助绝症患者提供协助自杀转变到向慢性病患者、向心理抑郁的病人提供安乐死，甚至有时是非自愿的安乐死

（Hendin, Rutenfrans, & Zylicz, 1997）。

结束生命的决定以及不同文化中的态度 把像荷兰这样人种同质、国家医疗体系普及的国家与像美国这样人群庞大且复杂的国家相提并论并不合适（APA, 2001; Griffiths, Bood, & Weyers, 1998）。然而，由于越来越多的美国人支持对那些希望结束生命的绝症患者实施安乐死，如在 2005 年的盖洛普民意调查中，3/4 的人持赞同意见（Moore, 2005），因此一些美国的医生也同意了患者提出的协助其结束生命的请求。对 1 902 名不同科室专业照料临终病人的医护人员进行的一次广泛调查发现，在那些曾被提出辅助自杀请求的（18%）或要求注射致命毒物的（11%）医护人员中，有 7% 的至少答应过一次（Meier et al., 1998）。另外，英国的一项调查发现，80% 的老年科室医生认为主动的自愿安乐死是完全不符合伦理的，而重症监护科室的医生则只有 52% 的人持有此观点（Dickinson, Lancaster, Clark, Ahmedzai, & Noble, 2002）。

研究者在欧洲六个国家（比利时、丹麦、意大利、荷兰、瑞典及瑞士）针对结束生命的决定所进行的一项有代表性的研究发现，存在很重要的文化差异。在研究中，让接触到死亡事务的医生在 6 个月内填写匿名问卷。在所有六个国家中，医护人员保持或撤回延续生命的手段大多数时候是通过药物，其次是提供水分及营养。但患者的死亡率差异很大，从瑞士的 41% 到意大利的 6% 不等（Bosshard et al., 2005）。医生辅助死亡的主动形式在荷兰和比利时最为普遍。在这两个国家和瑞士，患者与家人间关于是否决定结束生命的沟通要多于其他 3 个国家（van der Heide et al., 2003）。

结束生命的特殊事务涉及患不治之症或预后生活质量极差的新生儿。对于那些无望生还和患有先天性脑缺损或器官缺损的新生儿来说，放弃治疗是被人们广泛接受的医学手段（Verhagen & Sauer, 2005）。然而，在这个问题上也存在文化差异。一项在法国、德国、意大利、荷兰、西班牙、瑞典及英国进行的医护人员自陈报告研究中，所有七个国家中大部分的产科医生均作出过至少一次对新生儿撤回医疗设备、甚至根本不予治疗的决定。法国、英国、荷兰和瑞典的医生更多地报告了果断的决定，如撤回呼吸设备。另外，只有法国和荷兰的医生承认，经常用药物来结束新生儿的生命（Cuttini et al., 2000）。

对于有严重先天疾病的婴儿实施主动安乐死依然是违法的，在荷兰也一样。但是在荷兰，由于在 2001 年法律制定之前已经有协助自杀的案例，相似的婴儿主动安乐死案例也以合法协议的方式发生过。在荷兰，自 1998 年以来，22 例对患有脊髓露出体外瘫痪症新生儿实施安乐死的医生并未遭到起诉。阿姆斯特丹的格罗宁恩医院在 2002 年与地方法院合作制定了一份纲要，纲要允许医生可以在医疗小组及其他医生一致同意康复无望的前提下、在征得父母同意的情况下结束患有不治之症或严重残疾的婴儿的生命（Verhagen & Sauer, 2005）。

我思我秀

- 你认为协助自杀应该合法化吗？如果是，需要有什么保护措施？你是否赞同自愿的主动安乐死？对于绝症患者，你觉得安乐死和镇静剂的过度使用在伦理上有什么不同吗？

结束生命的选择——多种考虑 对于辅助死亡的讨论所带来的其中一个益处是，提醒人们给予患者更好的临终关怀，并对其想法、动机和精神状态给予更多的关注。对辅助死亡的请求可以是一个开端，让人们探讨其背后的原因。当医生能够与患者开放性地沟通，谈论他们的生理和精神症状，他们的期望、恐惧、目标，他们对终止生命的选择、对家庭的忧虑以及对生命意义及生活质量的需求，那么，患者求死的念头可能会被消除（Bascom & Tolle, 2002）。对于绝症患者，求死的念头会此起彼伏，因此若患者有辅助死亡的打算，依然需要确认该打算是否只是一时意气用事（Chochinov, Tataryn, Clinch, & Dudgeon, 1999）。有时，一次心理咨询便可能发现在貌似理性的请求之下的冲动（Muskin, 1998）。如果致死的操作确实要执行，那也必须有医护人员在旁协助，确保死亡的过程是平和的、无痛苦的（Nuland, 2000）。

在美国，由于存在伦理原则各不相同的许多人群，在决定结束生命时，需要注意到社会和文化间的需求差异。计划死亡在纳瓦伙族的传统价值观中是不允许的，他们会避免消极的想法和对话。在中国，家人会试图不让病人知道自己将死的消息，包括有关其死亡的知识。新近的美国墨西哥和韩国移民对个人自主权则不像美国本土文化那般重视。在一些少数民族地区，长寿的价值高于健康。比如非裔美国人和西班牙裔美国人比欧裔美国人更愿意选择维持生命的治疗，这与疾病的状态及个人的教育水平无关（APA Working Group on Assisted Suicide, 2005）。

加速死亡的问题将变得如人口老化一样紧迫。在未来的几年中，不论是法庭还是公众都将被推向这些问题的讨论中，因为越来越多的人要求得到有尊严、有辅助的死亡。

学习检查站

你能否……

✓ 解释为什么自杀有时不能被识别？自杀有哪些先兆？

✓ 讨论关于预先指示、安乐死和协助自杀的伦理、实践和法律之争？

学习指路标

9. 人们如何克服对死亡的恐惧？如何应对死亡？

在生命与死亡之间寻找意义和目的

列夫·托尔斯泰的作品《伊凡·伊里奇之死》的主角死于绝症。他所受的精神折磨比身体上的痛苦还要严重。他反复地问自己：临死前的痛苦有什么样的意义；终于，他相信生命是无意义的，自己的死也是无足轻重的。然而，在弥留之际，他经历了一种神圣的启示——对妻儿的关怀与担忧，这样的启示让他在临终一刻获得了完满感，让他克服了对死亡的恐惧。

托尔斯泰在文学作品中描述的情景被研究所证实。一项对39位平均年龄为76岁的女性的研究发现，生命目的最强的人对死亡的恐惧最小（Durlak, 1973）。与此相应，库伯勒—罗斯（Ross, 1975）发现，面对死亡的现实会让生命的意义更加明确：

> 对死亡的否认是导致人们活得空虚且缺乏目标的一种原因。因为你若能长命百岁，你会很容易把必须做的事情延期；相反，当你完全理解到每一个醒着的日子都可能是你最后的日子，那么你会珍惜这些日子来促进自我成长，过上属于自己的生活，并接触身边更多的人（p. 164）。

回顾一生

分享家庭相册带来的回忆是生命回顾的一种方式。生命回顾可以帮助人们重新审视生命中的重要事件，激发人们通过重建破损的关系或完成未竟的事业来获得完满感。

在狄更斯的作品《圣诞颂歌》中，守财奴在看到关于他的过去、现在与将来死亡时鬼魅般的影像之后，他改变了自己贪婪无情的性格。在黑泽明的电影《生之欲》中，一位发现自己患有晚期癌症的官僚回顾了自己生活的空虚，在回光返照之时，创造了一份极具意义的遗产：推动了一项儿童公园建设的计划，而这正是之前被他否定的计划。这些虚构的人物，通过**生命回顾**（life review）来让剩余的时间更有目的感，生命回顾是一种能让个体看到自己生命意义的回忆过程。

当然，生命回顾可以发生在任何时候。然而，老年人的生命回顾具有特殊的意义，因为在这时它可以促进自我整合；按照埃里克森的理论，这是生命最后一个阶段的核心任务。随着生命终点的临近，人们会回顾自己的成功与失败，拷问自己生命的意义。对临终的意识促进了人们重新检视自己的价值观、回顾一生的经历，并在新的希望中生活。一些人想要完成未竟的任务，例如与久不来往的家人或朋友重建关系，并因此获得临终前的完满。

并非所有的记忆都对心理健康及成长有益。通过追忆来理解自我的老年人拥有极佳的自我整合；但只追忆快乐经历的人，其自我整合则较差。许多适应不良的老年人都是那些不断回忆消极事件，被后悔、无望及对死亡的恐惧困扰的老年人，他们的自我整合被绝望所取代（Sherman, 1993; Walasky, Whitbourne, & Nehrke, 1983-1984）。

生命回顾疗法可以帮助老年人专注于生命回顾的自然过程，并让他们有意识、有目的并且更有效地进行生命回顾（Butler, 1961; M. I. Lewis & Butler, 1974）。在生命回顾疗法中唤回记忆的方法（也可以由个体自身自行使用）包括：撰写或录制自传，制作家谱，讲述剪贴本、相册、陈旧信件或其他纪念物背后的故事，到童年和少年时期的故乡旅游，与以前的同学、同事或远房亲戚聚会，描述家族传统，总结一生的工作成果。

发展：长达一生的历程

艺术家皮埃尔－奥古斯特·雷诺阿在古稀之年关节疼痛，患有慢性支气管炎，他的妻子也先他而去。他在轮椅上度过了剩余的日子，病痛使他无法安睡。他连拿

学习检查站
你能否……

- ✓ 解释为何生命回顾在老年期有特殊的意义？生命回顾如何帮助人们克服对死亡的恐惧？
- ✓ 说出何种类型的记忆有助于进行生命回顾？
- ✓ 列出用于生命回顾治疗的几种活动？
- ✓ 说说死亡如何能成为一种心理发展的经历？

调色板和握笔都做不到，只能把笔绑在右手上。然而，在此期间他却创作出了优秀的画作，画作中充满了色彩，充满了蓬勃的生命力。最后，因为患肺炎他只能躺在床上，凝视着助手挑来的几株海葵他集中了足够的力量，为这些美丽的花儿画了一幅素描。在临终前的一刻倒下去，口中还念叨着："我想我只是刚开始认识它的一些什么"（L. Hanson, 1968）。

即便是死亡，也可以是一种成长性的经历。正如一位健康医师所说："……在死亡中有一些东西也是可以获得和完成的。伴随身边人的时间，自我价值最后的、持续的感觉以及对放下一切的准备，是死亡所带来的有益的无价之宝"（Weinberger, 1999），这也正是路易莎·梅·奥尔科特在《小妇人》中所描述的。

重新聚焦

回忆本章开始部分在焦点人物中关于路易莎·梅·奥尔科特的故事：

- 妹妹贝思的死反映了当时当地对于死亡的态度和习俗，奥尔科特对此事是如何进行描述的？
- 贝思经历了库伯勒—罗斯提出的死亡阶段论吗？
- 她的家人是如何应对悲伤的？
- 贝思和她的家人在其生命最后的岁月里寻找到生命意义了吗？

在短暂的一生中，没有人能够掌握所有的才能、满足所有的愿望、探究所有感兴趣的事物、悉数获得生命中所有的丰富经历。在成长的可能性与成长时间的有限性之间存在着一种张力，这种张力决定着人的生命。通过选择某种可能性去追求，通过让这些可能性渐行渐远、达至无穷，每个人都在编写着有关人的发展的未尽故事。

小　结

死亡的诸多方面

- 死亡涉及生理、社会、文化、历史、宗教、法律、心理、个体发展以及伦理等诸多方面。

学习指路标 1：关于死亡的态度和习俗在不同的文化中有何差异？

- 与死亡和丧葬相关的习俗在不同的文化中大相径庭，这依赖于该社会对死亡本质和死亡后果的看法。一些现代的习俗是从古代的信仰和实践中发展而来的。

学习指路标 2：在发达国家中出现的“死亡革命”的含义是什么？它是怎样影响临终关怀的？

- 死亡率在 20 世纪骤然降低，特别是在发达国家。
- 如今，75% 的死亡数据来源于老年人，而最主要的死亡原因是最先影响老年人的疾病。
- 当死亡变成几乎是老年人才会发生的现象时，在很大程度上它“隐形”了；而对临终者的照料也变为单独由专业人士来完成。
- 如今兴起了理解死亡、直面死亡及关怀死亡的潮流。这一潮流的一种表现便是对死亡学以及临终护理和临终关怀日益增长的兴趣。

面对死亡和丧失：心理学的议题

学习指路标 3：人们在临终前会发生哪些变化？

- 人们在临终前通常会经历认知功能上的衰退。
- 一些临终者会产生“临终体验”。
- 库伯勒—罗斯提出了临终前的 5 个阶段：否认、愤怒、讨价还价、沮丧和接受。这些阶段以及阶段发生的顺序并非普遍适用。

学习指路标 4：是否有关于悲伤的标准化模型？

- 没有关于悲伤的标准模型。研究的模式通常是：首先是震惊，然后是从沉浸于去世者的回忆当中抽离，到最终的解决。然而，研究也发现了在悲伤应对中的巨大差异以及大量的记忆回放。
- 悲伤治疗可以帮助长期沉浸于悲伤当中的人。

生命不同时期的死亡和亲人丧亡

学习指路标 5：对死亡或亲人丧亡的态度和理解在生命全程的不同阶段有何差异？

- 儿童对死亡的理解是循序渐进的。若幼儿曾经历过身边亲人的去世，那么他们对死亡的理解会更深刻。虽然儿童也会像成人一样经历悲伤，但对悲伤的感受会受制于认知和情绪的发展水平。
- 一般来说，尽管青少年不会考虑太多关于死亡话题，但暴力、死亡威胁等却是青少年日常生活中的一部分。青少年时常会经历不必要的风险。
- 接受死亡不可避免的现实会在整个成年期中逐渐发展。

学习指路标 6：在配偶、父母、孩子死亡或胎儿流产之后，人们会面临怎样的挑战？

- 女性更容易丧偶，并且在比男性更年轻时便经历丧偶；另外，丧偶的经历也会有所不同。丧偶后的身体和心理健康状况容易下降；不过对于一些人来说，丧偶可以是一种完全积极的发展历程。
- 如今，丧亲的经历通常发生在中年期。父母一方的死亡可能会使得自我及人际关系发生突然的改变。
- 丧子变得难以应对，因为丧子在当今社会并不普遍。
- 由于流产在美国社会并不被视为一种重要的亲人丧亡，经历流产的人通常得用自己的方式来应对。

医学、法律及伦理焦点：“死亡的权利”

学习指路标 7：自杀很普遍吗？

- 虽然自杀在现代国家不再是违法行为，但依然是一种耻辱感。一些人强调“死亡的权利”，特别是对于那些长期功能退化的人们。
- 自杀作为死亡原因，在美国排第 11 位；在世界范围则排在第 13 位。由于某些原因，自杀者的人数很可能被低估。

- 自杀率随着年龄的增长而提高，虽然女性更容易做出自杀的尝试，但男性的自杀率比女性的高。在美国，自杀率最高的人群是老年白人。自杀通常与沮丧、孤单以及年老体衰有关。

学习指路标 8：人们为何对协助死亡的看法发生了改变？这样的事实又启发我们进行怎样的思考？

- 安乐死和协助自杀带来了伦理、医学以及法律上的争论。
- 为了避免由于人为延长生命而带来的不必要的痛苦，在得到病人的口头同意或书面预先指示的情况下，被动安乐死已逐渐被接受。然而，并非总能得到这样的预先指示。如今，许多医院都成立了专门处理结束生命决定的伦理委员会。
- 对不能存活或只能维持极差生命质量的新生儿，撤走其医疗设备已成为常见的处理方法，特别是在欧洲一些国家。
- 对辅助死亡的争论更多地集中于对更好的临终关怀的需要以及对病人精神状态的理解。另外，也需要考虑社会和文化的差异。

在生命与死亡之间寻找意义和目的

学习指路标 9：人们如何克服对死亡的恐惧？如何应对死亡？

- 个体若在生命中寻找到更多的意义和目的，那么对死亡的恐惧会更少。
- 生命回顾可以帮助人们做好对死亡的准备，给予他们最后的机会来完成未竟之业。
- 死亡也可以是一种成长经历。

专业术语表

达成阶段
achieving stage Second of Schaie's seven cognitive stages, in which young adults use knowledge to gain competence and independence.

获得阶段
acquisitive stage First of Schaie's seven cognitive stages, in which children and adolescents learn information and skills largely for their own sake or as preparation for participation in society.

主动安乐死
active euthanasia Deliberate action taken to shorten the life of a terminally ill person in order to end suffering or to allow death with dignity; also called *mercy killing.*

日常生活活动
activities of daily living (ADLs) Essential activities that support survival, such as eating, dressing, bathing, and getting around the house.

活动理论
activity theory Theory of aging, proposed by Neugarten and others, which holds that in order to age successfully a person must remain as active as possible.

预先指示（遗愿）
advance directive (living will) Document specifying the type of care wanted by the maker in the event of an incapacitating or terminal illness.

年龄分化
age-differentiated Describing a life structure in which primary roles—learning, working, and leisure—are based on age; typical in industrialized societies. Compare *age-integrated.*

年龄整合
age-integrated Describing a life structure in which primary roles—learning, working, and leisure—are open to adults of all ages and can be interspersed throughout the life span. Compare *age-differentiated.*

年龄歧视
ageism Prejudice or discrimination against a person (most commonly an older person) based on age.

老年性黄斑变性
age-related macular degeneration Condition in which the center of the retina gradually loses its ability to discern fine details; leading cause of irreversible visual impairment in older adults.

酒精中毒
alcoholism Chronic disease involving dependence on use of alcohol, causing interference with normal functioning and fulfillment of obligations.

阿尔茨海默病
Alzheimer's disease Progressive, irreversible, degenerative brain disorder characterized by cognitive deterioration and loss of control of bodily functions, leading to death.

模糊失落感
ambiguous loss A loss that is not clearly defined or does not bring closure.

淀粉样斑
amyloid plaque Waxy chunks of insoluble tissue found in brains of persons with Alzheimer's disease.

协助自杀
assisted suicide Suicide in which a physician or someone else helps a person take his or her own life.

自体免疫
autoimmunity Tendency of an aging body to mistake its own tissues for foreign invaders and to attack and destroy them.

平衡投资方式
balanced investment Pattern of retirement activity allocated among family, work, and leisure.

基础代谢
basal metabolism Use of energy to maintain vital functions.

丧亲
bereavement Loss, due to death, of someone to whom one feels close and the process of adjustment to the loss.

职业倦怠
burnout Syndrome of emotional exhaustion and a sense that one can no longer accomplish anything on the job.

照料者倦怠
caregiver burnout Condition of physical, mental, and emotional exhaustion affecting adults who provide continuous care for sick or aged persons.

白内障
cataracts Cloudy or opaque areas in the lens of the eye, which cause blurred vision.

认知储备
cognitive reserve Hypothesized fund of energy that may enable a deteriorating brain to continue to function normally.

认知评价模型
cognitive-appraisal model Model of coping, proposed by Lazarus and Folkman, which holds that, on the basis of continuous appraisal of their relationship with the environment, people choose appropriate coping strategies to deal with situations that tax their normal resources.

同居
cohabitation Status of an unmarried couple who live together and maintain a sexual relationship.

成分性智力
componential element Sternberg's term for the analytic aspect of intelligence.

情境性智力
contextual element Sternberg's term for the practical aspect of intelligence.

连贯理论
continuity theory Theory of aging, described by Atchley, which holds that in order to age successfully people must maintain a balance of continuity and change in both the internal and external structures of their lives.

应对
coping Adaptive thinking or behavior aimed at reducing or relieving stress that arises from harmful, threatening, or challenging conditions.

晶体智力
crystallized intelligence Type of intelligence, proposed by Horn and Cattell, involving the ability to remember and use learned information; it is largely dependent on education and cultural background.

痴呆
dementia Deterioration in cognitive and behavioral functioning due to physiological causes.

发展任务
developmental tasks In normative-stage theories, typical challenges that need to be mastered for successful adaptation to each stage of life.

脱离理论
disengagement theory Theory of aging, proposed by Cumming and Henry, which holds that successful aging is characterized by mutual withdrawal between the older person and society.

双重加工模型
dual-process model Model of cognitive functioning, proposed by Baltes, which identifies and seeks to measure two dimensions of intelligence: mechanics and pragmatics.

长期授权委托书
durable power of attorney Legal instrument that appoints an individual to make decisions in the event of another person's incapacitation.

自我整合对绝望
ego integrity versus despair According to Erikson, the eighth and final stage of psychosocial development, in which people in late adulthood either achieve a sense of integrity of the self by accepting the lives they have lived, and thus accept death, or yield to despair that their lives cannot be relived.

自我约束
ego-control Self-control.

自我韧性
ego-resiliency Adaptability under potential sources of stress.

虐待老人
elder abuse Maltreatment or neglect of dependent older persons, or violation of their personal rights.

成人初显期
emerging adulthood Proposed transitional period between adolescence and adulthood, usually extending from the late teens through the midtwenties.

情绪智力
emotional intelligence Salovey and Mayer's term for ability to understand and regulate emotions; an important component of effective, intelligent behavior.

情绪聚焦型应对
emotion-focused coping In the cognitive-appraisal model, coping strategy directed toward managing the emotional response to a stressful situation so as to lessen its physical or psychological impact; sometimes called *palliative coping*.

空巢
empty nest Transitional phase of parenting following the last child's leaving the parents' home.

封装
encapsulation In Hoyer's terminology, progressive dedication of information processing and fluid thinking to specific knowledge systems, making knowledge more readily accessible.

情景记忆
episodic memory Long-term memory of specific experiences or events, linked to time and place.

勃起障碍
erectile dysfunction Inability of a man to achieve or maintain an erect penis sufficient for satisfactory sexual performance.

执行阶段
executive stage Fourth of Schaie's seven cognitive stages, in which middle-aged people responsible for societal systems deal with complex relationships on several levels.

经验性智力
experiential element Sternberg's term for the insightful or creative aspect of intelligence.

家庭聚焦方式
family-focused lifestyle Pattern of retirement activity that revolves around family, home, and companions.

孝顺危机
filial crisis In Marcoen's terminology, normative development of middle age, in which adults learn to balance love and duty to their parents with autonomy within a two-way relationship.

子女成熟期
filial maturity Stage of life, proposed by Marcoen and others, in which middle-aged children, as the outcome of a filial crisis, learn to accept and meet their parents' need to depend on them.

五因素模型
five-factor model Theoretical model of personality, developed and tested by Costa and McCrae, based on the "Big Five" factors underlying clusters of related traits: neuroticism, extraversion, openness to experience, conscientiousness, and agreeableness.

流体智力
fluid intelligence Type of intelligence, proposed by Horn and Cattell, which is applied to novel problems and is relatively independent of educational and cultural influences.

自由基
free radicals Unstable, highly reactive atoms or molecules, formed during metabolism, which can cause internal bodily damage.

功能年龄
functional age Measure of a person's ability to function effectively in his or her physical and social environment in comparison with others of the same chronological age.

性别转换
gender crossover Gutmann's term for reversal of gender roles after the end of active parenting.

繁殖对停滞
generativity versus stagnation Erikson's seventh stage of psychosocial development, in which the middle-aged adult develops a concern with establishing, guiding, and influencing the next generation or else experiences stagnation (a sense of inactivity or lifelessness).

繁殖感
generativity Erikson's term for concern of mature adults for establishing, guiding, and influencing the next generation.

基因程控理论
genetic-programming theories Theories that explain biological aging as resulting from a genetically determined developmental timetable.

老年医学
geriatrics Branch of medicine concerned with processes of aging and medical conditions associated with old age.

老年学
gerontology Study of the aged and the process of aging.

青光眼
glaucoma Irreversible damage to the optic nerve caused by increased pressure in the eye.

悲伤
grief Emotional response experienced in the early phases of bereavement.

悲伤治疗
grief therapy Treatment to help the bereaved cope with loss.

悲伤工作
grief work Working out of psychological issues connected with grief.

海弗利克界限
Hayflick limit Genetically controlled limit, proposed by Hayflick, on the number of times cells can divide in mem-

bers of a species.

激素替代疗法
hormone replacement therapy (HRT) Treatment with artificial estrogen, sometimes in combination with the hormone progesterone, to relieve or prevent symptoms caused by decline in estrogen levels after menopause.

临终护理
hospice care Warm, personal patient- and family-centered care for a person with a terminal illness.

高血压
hypertension Chronically high blood pressure.

子宫切除手术
hysterectomy Surgical removal of the uterus.

同一性顺应
identity accommodation Whitbourne's term for adjusting the self-concept to fit new experience.

同一性同化
identity assimilation Whitbourne's term for effort to fit new experience into an existing self-concept.

同一性过程模型
identity process model Whitbourne's model of identity development based on processes of assimilation and accommodation.

同一性风格
identity style Whitbourne's term for a characteristic way of confronting, interpreting, and responding to experience.

个性
individuation Jung's term for emergence of the true self through balancing or integration of conflicting parts of the personality.

不孕症
infertility Inability to conceive after 12 months of trying.

工具性日常生活活动（IADLs）
instrumental activities of daily living (IADLs) Indicators of functional well-being and of the ability to live independently.

内省
interiority Neugarten's term for a concern with inner life (introversion or introspection), which usually appears in middle age.

亲密对孤独
intimacy versus isolation Erikson's sixth stage of psychosocial development, in which young adults either make commitments to others or face a possible sense of isolation and self-absorption.

亲属抚养
kinship care Care of children living without parents in the home of grandparents or other relatives, with or without a change of legal custody.

遗产创造阶段
legacy-creating stage Seventh of Schaie's seven cognitive stages, in which very old people prepare for death by recording their life stories, distributing possessions, and the like.

预期寿命
life expectancy Age to which a person in a particular cohort is statistically likely to live (given his or her current age and health status), on the basis of average longevity of a population.

生命回顾
life review Reminiscence about one's life in order to see its significance.

寿命
life span The longest period that members of a species can live.

生活结构
life structure In Levinson's theory, the underlying pattern of a person's life at a given time, built on whatever aspects of life the person finds most important.

终生学习
lifelong learning Organized, sustained study by adults of all ages.

读写能力
literacy (1) Ability to read and write. (2) In an adult, ability to use printed and written information to function in society, achieve goals, and develop knowledge and potential.

长寿
longevity Length of an individual's life.

乳房X线照相术
mammography Diagnostic X-ray examination of the breasts.

婚姻资本
marital capital Financial and emotional benefits built up during a long-standing marriage, which tend to hold a couple together.

智力中的机械成分
mechanics of intelligence In Baltes's dual-process model, the abilities to process information and solve problems, irrespective of content; the area of cognition in which there is

often an age-related decline.

更年期
menopause Cessation of menstruation and of ability to bear children, typically around age 50.

新陈代谢
metabolism Conversion of food and oxygen into energy.

成人元认知（MIA）
Metamemory in Adulthood (MIA) Questionnaire designed to measure various aspects of adults' metamemory, including beliefs about their own memory and the selection and use of strategies for remembering.

中年危机
midlife crisis In some normative-crisis models, stressful life period precipitated by the review and reevaluation of one's past, typically occurring in the early to middle forties.

中年审查
midlife review Introspective examination that often occurs in middle age, leading to reappraisal and revision of values and priorities.

近视
myopia Nearsightedness.

神经纤维缠结
neurofibrillary tangles Twisted masses of protein fibers found in brains of persons with Alzheimer's disease.

常规生活事件
normative life events In the timing-of-events model, commonly expected life experiences that occur at customary times.

标准化阶段模型
normative-stage models Theoretical models that describe psychosocial development in terms of a definite sequence of age-related changes.

骨质疏松症
osteoporosis Condition in which the bones become thin and brittle as a result of rapid calcium depletion.

临终关怀
palliative care Care aimed at relieving pain and suffering and allowing the terminally ill to die in peace, comfort, and dignity.

帕金森病
Parkinson's disease Progressive, irreversible degenerative neurological disorder, characterized by tremor, stiffness, slowed movement, and unstable posture.

被动安乐死
passive euthanasia Deliberate withholding or discontinuation of life-prolonging treatment of a terminally ill person in order to end suffering or allow death with dignity.

围绝经期
perimenopause Period of several years during which a woman experiences physiological changes that bring on menopause; also called *climacteric.*

后形式思维
postformal thought Mature type of thinking that relies on subjective experience and intuition as well as logic and is useful in dealing with ambiguity, uncertainty, inconsistency, contradiction, imperfection, and compromise.

智力中的实用成分
pragmatics of intelligence In Baltes's dual-process model, the dimension of intelligence that tends to grow with age and includes practical thinking, application of accumulated knowledge and skills, specialized expertise, professional productivity, and wisdom.

经前综合征（PMS）
premenstrual syndrome (PMS) Disorder producing symptoms of physical discomfort and emotional tension during the one to two weeks before a menstrual period.

老年性耳聋
presbycusis Age-related, gradual loss of hearing, which accelerates after age 55, especially with regard to sounds at higher frequencies.

远视
presbyopia Age-related, progressive loss of the eyes' ability to focus on nearby objects due to loss of elasticity in the lens.

主因老化
primary aging Gradual, inevitable process of bodily deterioration throughout the life span.

启动
priming Increase in ease of doing a task or remembering information as a result of a previous encounter with the task or information.

问题聚焦型应对
problem-focused coping In the cognitive-appraisal model, coping strategy directed toward eliminating, managing, or improving a stressful situation.

程序记忆
procedural memory Long-term memory of motor skills, habits, and ways of doing things, which often can be recalled without conscious effort; sometimes called *implicit*

memory.

反思性思维
reflective thinking Type of logical thinking that may emerge in adulthood, involving continuous, active evaluation of information and beliefs in the light of evidence and implications.

重新整合阶段
reintegrative stage Sixth of Schaie's seven cognitive stages, in which older adults choose to focus limited energy on tasks that have meaning to them.

重组阶段
reorganizational stage Fifth of Schaie's seven cognitive stages, in which adults entering retirement reorganize their lives around nonwork-related activities.

备用容量
reserve capacity Ability of body organs and systems to put forth four to ten times as much effort as usual under acute stress; also called *organ reserve.*

责任阶段
responsible stage Third of Schaie's seven cognitive stages, in which middle-aged people are concerned with long-range goals and practical problems related to their responsibility for others.

旋转门症候群
revolving door syndrome Tendency for young adults who have left home to return to their parents' household in times of financial, marital, or other trouble.

夹心一代
sandwich generation Middle-aged adults squeezed by competing needs to raise or launch children and to care for elderly parents.

次因老化
secondary aging Aging processes that result from disease and bodily abuse and disuse and are often preventable.

补偿选择最优化（SOC）
selective optimization with compensation (SOC) In Baltes's dual-process model, enhancing overall cognitive functioning by using stronger abilities to compensate for those that have weakened.

语义记忆
semantic memory Long-term memory of general factual knowledge, social customs, and language.

衰老
senescence Period of the life span marked by declines in physical functioning usually associated with aging; begins at different ages for different people.

感觉记忆
sensory memory Initial, brief, temporary storage of sensory information.

认真的休闲方式
serious leisure Leisure activity requiring skill, attention, and commitment.

性功能障碍
sexual dysfunction Persistent disturbance in sexual desire or sexual response.

社会时钟
social clock Set of cultural norms or expectations for the times of life when certain important events, such as marriage, parenthood, entry into work, and retirement, should occur.

社会护航理论
social convoy theory Theory, proposed by Kahn and Antonucci, that people move through life surrounded by concentric circles of intimate relationships on which they rely for assistance, well-being, and social support.

社会情绪选择理论
socioemotional selectivity theory Theory, proposed by Carstensen, that people select social contacts on the basis of the changing relative importance of social interaction as a source of information, as an aid in developing and maintaining a self-concept, and as a source of emotional well-being.

溢出假设
spillover hypothesis Hypothesis that there is a positive correlation between intellectuality of work and of leisure activities because of a carryover of cognitive gains from work to leisure.

压力源
stressors Perceived environmental demands that may produce stress.

实质复杂性
substantive complexity Degree to which a person's work requires thought and independent judgment.

生存曲线
survival curves Curves, plotted on a graph, showing percentages of a population that survive at each age level.

内隐知识
tacit knowledge Sternberg's term for information that is not formally taught or openly expressed but is necessary to function successfully.

临终功能下降
terminal drop A frequently observed decline in cognitive abilities near the end of life. Also called *terminal decline.*

死亡学
thanatology Study of death and dying.

事件时序模型
timing-of-events model Theoretical model that describes adult psychosocial development as a response to the expected or unexpected occurrence and timing of important life events.

特质模型
trait models Theoretical models of personality development that focus on mental, emotional, temperamental, and behavioral traits, or attributes.

爱情三元亚理论
triangular subtheory of love Sternberg's theory that patterns of love hinge on the balance among three elements: intimacy, passion, and commitment.

类型学模型
typological models Theoretical models of personality development that identify broad personality types, or styles.

变速理论
variable-rate theories Theories explaining biological aging as a result of processes that vary from person to person and are influenced by both the internal and the external environment; sometimes called *error theories.*

肺活量
vital capacity Amount of air that can be drawn in with a deep breath and expelled.

韦克斯勒成人智力量表（WAIS）
Wechsler Adult Intelligence Scale (WAIS) Intelligence test for adults, which yields verbal and performance scores as well as a combined score.

工作记忆
working memory Short-term storage of information being actively processed.

参考文献

AAP Committee on Nutrition. (2003). Prevention of pediatric overweight and obesity. *Pediatrics, 112,* 424–430.

Aaron, V., Parker, K. D., Ortega, S., & Calhoun, T. (1999). The extended family as a source of support among African Americans. *Challenge: A Journal of Research on African American Men, 10*(2), 23–36.

Abbott, R. D., White, L. R., Ross, G. W., Masaki, K. H., Curb, J. D., & Petrovitch, H. (2004). Walking and dementia in physically capable elderly men. *Journal of the American Medical Association, 292,* 1447–1453.

Abel, E. K. (1991). *Who cares for the elderly?* Philadelphia: Temple University Press.

Aber, J. L., Brown, J. L., & Jones, S. M. (2003). Developmental trajectories toward violence in middle childhood: Course, demographic differences, and response to school-based intervention. *Developmental Psychology, 39,* 324–348.

Abma, J. C., Chandra, A., Mosher, W. D., Peterson, L., & Piccinino, L. (1997). Fertility, family planning, and women's health: New data from the 1995 National Survey of Family Growth. *Vital Health Statistics, 23*(19). Washington, DC: National Center for Health Statistics.

Abma, J. C., Martinez, G. M., Mosher, W. D., & Dawson, B. S. (2004). Teenagers in the United States: Sexual activity, contraceptive use, and childbearing, 2002. *Vital Health Statistics, 23*(24), Washington, DC: National Center for Health Statistics.

Abramovitch, R., Corter, C., & Lando, B. (1979). Sibling interaction in the home. *Child Development, 50,* 997–1003.

Abramovitch, R., Corter, C., Pepler, D., & Stanhope, L. (1986). Sibling and peer interactions: A final follow-up and comparison. *Child Development, 57,* 217–229.

Abramovitch, R., Pepler, D., & Corter, C. (1982). Patterns of sibling interaction among preschool-age children. In M. E. Lamb (Ed.), *Sibling relationships: Their nature and significance across the lifespan.* Hillsdale, NJ: Erlbaum.

Abrams, J. (2004, December 15). U.S. says China forces abortions. Associated Press.

Abramson, T. A. (1995, Fall). From nonnormative to normative caregiving. *Dimensions: Newsletter of American Society on Aging,* pp. 1–2.

Achenbach, T. M., & Howell, C. T. (1993). Are American children's problems getting worse? A 13-year comparison. *Journal of the American Academy of Child and Adolescent Psychiatry, 32,* 1145–1154.

Achenbaum, W. A., & Bengtson, V. L. (1994). Re-engaging the disengagement theory of aging: On the history and assessment of theory development in gerontology. *The Gerontologist, 34,* 756–763.

Ackerman, B. P., Brown, E. D., & Izard, C. E. (2004). The relations between persistent poverty and contextual risk and children's behavior in elementary school. *Developmental Psychology, 40,* 367–377.

Ackerman, B. P., Kogos, J., Youngstrom, E., Schoff, K., & Izard, C. (1999). Family instability and the problem behaviors of children from economically disadvantaged families. *Developmental Psychology, 35*(1), 258–268.

Ackerman, M. J., Siu, B. L., Sturner, W. Q., Tester D. J., Valdivia, C. R., Makielski, J. C., & Towbin, J. A. (2001). Postmortem molecular analysis of SCN5A defects in sudden infant death syndrome. *Journal of the American Medical Association, 286,* 2264–2269.

Acosta, M. T., Arcos-Burgos, M., & Muenke, M. (2004). Attention deficit/hyperactivity disorder (ADHD): Complex phenotype, simple genotype? *Genetics in Medicine, 6,* 1–15.

ACT for Youth Upstate Center of Excellence. (2002). *Adolescent brain development. Research facts and findings.* [A collaboration of Cornell University, University of Rochester, and the NYS Center for School Safety.] [Online]. Available: http://www.human.cornell.edu/actforyouth. Access date: March 23, 2004.

AD2000 Collaborative Group. (2004). Long-term donepezil treatment in 565 patients with Alzheimer's disease (AD2000): Randomized double-blind trial. *The Lancet, 363,* 2105–2115.

Adam, E. K., Gunnar, M. R., & Tanaka, A. (2004). Adult attachment, parent emotion, and observed parenting behavior: Mediator and moderator models. *Child Development, 75,* 110–122.

Adams, B. N. (2004). Families and family study in international perspective. *Journal of Marriage and Family, 66,* 1076–1088.

Adams, C. (1991). Qualitative age differences in memory for text: A life-span developmental perspective. *Psychology and Aging, 6,* 323–336.

Adams, R. G. (1986). Friendship and aging. *Generations, 10*(4), 40–43.

Adams, R. G., & Allan, G. (1998). *Placing friendship in context.* Cambridge, MA: Cambridge University Press.

Adams, R., & Laursen, B. (2001). The organization and dynamics of adolescent conflict with parents and friends. *Journal of Marriage and the Family, 63,* 97–110.

Addis, M. E. & Mahalik, J. R. (2003). Men, masculinity, and the contexts of help seeking. *American Psychologist, 58,* 5–14.

Ades, P. A., Ballor, D. L., Ashikaga, T., Utton, J. L., & Nair, K. S. (1996). Weight training improves walking endurance in healthy elderly persons. *Annals of Internal Medicine, 124,* 568–572.

Adler, N. E., & Newman, K. (2002). Socioeconomic disparities in health: Pathways and policies. *Health Affairs, 21,* 60–76.

Adler, N. E., Ozer, E. J., & Tschann, J. (2003). Abortion among adolescents. *American Psychologist, 58,* 211–217.

Adler, P. A., & Adler, P. (1995). Dynamics of inclusion and exclusion in preadolescent cliques. *Social Psychology Quarterly, 58,* 145–162.

Administration on Aging. (2001). *A profile of older Americans: 2001.* Washington, DC: Author.

Administration on Aging. (2003a). *A profile of older Americans.* Washington, DC: U.S. Department of Health and Human Services.

Administration on Aging. (2003b, August 27). *Challenges of global aging.* (Fact sheet). Washington, DC: U.S. Department of Health and Human Services.

Adolph, K. E. (1997). Learning in the development of infant locomotion. *Monographs of the Society for Research in Child Development, 62*(3, Serial No. 251).

Adolph, K. E. (2000). Specificity of learning: Why infants fall over a veritable cliff. *Psychological Science, 11,* 290–295.

Adolph, K. E., & Eppler, M. A. (2002). Flexibility and specificity in infant motor skill acquisition. In J. Fagen & H. Hayne (Eds.), *Progress in infancy research* (vol. 2, pp. 121–167). Mahwah, NJ: Lawrence Erlbaum Associates.

Adolph, K. E., Vereijken, B., & Shrout, P. E. (2003). What changes in infant walking and why. *Child Development, 74,* 475–497.

Agency for Healthcare Research and Quality and the Centers for Disease Control. (2002). *Physical activity and older Americans: Benefits and strategies.* [Online]. Available: http://www.ahrq.gov/ppip/activity.htm

Aggarwal, S., Gollapudi, S., & Gupta, S. (1999). Increased TNF-alpha-induced apoptosis in lymphocytes from aged humans: Changes in TNF-alpha receptor expression and activation of caspases. *Journal of Immunology, 162,* 2154–2161.

Agoda, L. (1995). Minorities and ESRD. Review: African American study of kidney disease and hypertension clinical trials. *Nephrology News & Issues, 9,* 18–19.

Agosin, M. (1999). Pirate, conjurer, feminist. In J. Rodden (Ed.), *Conversations with Isabel Allende* (pp. 35–47). Austin: University of Texas Press.

Ahnert, L., & Lamb, M. E. (2003). Shared care: Establishing a balance between home and child care settings. *Child Development, 74,* 1044–1049.

Ahnert, L., Gunnar, M. R., Lamb, M. E., & Barthel, M. (2004). Transition to child care: Associations with infant-mother attachment, infant negative emotion and corticol elevation. *Child Development, 75,* 639–650.

Ahrons, C. R., & Tanner, J. L. (2003). Adult children and their fathers: Relationship changes

20 years after parental divorce. *Family Relations, 52,* 340–351.

Ainsworth, M. D. S. (1967). *Infancy in Uganda: Infant care and the growth of love.* Baltimore: Johns Hopkins University Press.

Ainsworth, M. D. S., Blehar, M. C., Waters, E., & Wall, S. (1978). *Patterns of attachment: A psychological study of the strange situation.* Hillsdale, NJ: Erlbaum.

Akutsu, H., Legge, G. E., Ross, J. A., & Schuebel, K. J. (1991). Psychophysics of reading: Effects of age-related changes in vision. *Journal of Gerontology: Psychological Sciences, 46*(6), P325–331.

Alaimo, K., Olson, C. M., & Frongillo, E. A. (2001). Food insufficiency and American school-aged children's cognitive, academic, and psychosocial development. *Pediatrics, 108,* 44–53.

Alan Guttmacher Institute (AGI). (1994). *Sex & America's teenagers.* New York: Author.

Alan Guttmacher Institute (AGI). (1999a). Facts in brief: Teen sex and pregnancy. [Online]. Available: http://www.agi_usa.org/pubs/fb_teen_sex.html#sfd. Access date: January 31, 2000.

Alan Guttmacher Institute (AGI). (1999b). Occasional report: Why is teenage pregnancy declining? The roles of abstinence, sexual activity and contraceptive use. [Online]. Available: http://www.agi_usa.org/pubs/or_teen_preg_decline.html. Access date: January 31, 2000.

Albright, M. (2003). *Madam Secretary: A memoir.* New York: Hyperion.

Alcott, L. M. (1929). *Little women.* New York: Saalfield. (Original work published 1868)

Aldwin, C. M., & Levenson, M. R. (2001). Stress, coping, and health at midlife: A developmental perspective. In M. E. Lachman (Ed.), *Handbook of midlife development* (pp. 188–214). New York: Wiley.

Alexander, K. L., Entwisle, D. R., & Dauber, S. L. (1993). First-grade classroom behavior: Its short- and long-term consequences for school performance. *Child Development, 64,* 801–814.

Aligne, C. A., & Stoddard, J. J. (1997). Tobacco and children: An economic evaluation of the medical effects of parental smoking. *Archives of Pediatric and Adolescent Medicine, 151,* 648–653.

Allen, G. L., & Ondracek, P. J. (1995). Age-sensitive cognitive abilities related to children's acquisition of spatial knowledge. *Developmental Psychology, 31,* 934–945.

Allen, J. P., & Philliber, S. (2001). Who benefits most from a broadly targeted prevention program? Differential efficacy across populations in the Teen Outreach Program. *Journal of Community Psychology, 29,* 637–655.

Allen, J. P., McElhaney, K. B., Land, D. J., Kuperminc, G. P., Moore, C. W., O'Beirner-Kelly, H., & Kilmer, S. L. (2003). A secure base in adolescence: Markers of attachment security in the mother-adolescent relationship. *Child Development, 74,* 292–307.

Allen, K. R., Blieszner, R., & Roberto, K. A. (2000). Families in the middle and later years: A review and critique of research in the 1990s. *Journal of Marriage and the Family, 62,* 911–926.

Allende, I. (1995). *Paula.* (M. S. Peden, Trans.) New York: HarperCollins.

Almeida, D. M., & Horn, M. C. (2004). Is daily life more stressful during adulthood? In O. G. Brim, C. D. Riff, & R. C. Kessler (Eds.). *How healthy are we? A national study of well-being at midlife.* Chicago: University of Chicago Press.

Almeida, D. M., Maggs, J. L., & Galambos, N. L. (1993). Wives' employment hours and spousal participation in family work. *Journal of Family Psychology, 7,* 233–244.

Als, H., Duffy, F. H., McAnulty, G. B., Rivkin, M. J., Vajapeyam, S., Mulkern, R. V., Warfield, S. K., Huppi, P. S., Butler, S. C., Conneman, N., Fischer, C., and Eichenwald, E. C. (2004). Early experience alters brain function and structure. *Pediatrics, 113,* 846–857.

Alzheimer's disease: Recent progress and prospects. Part I. (2001, October). *The Harvard Mental Health Letter, 18*(4), 1–4.

Alzheimer's disease: Recent progress and prospects. Part III. (2001, December). *The Harvard Mental Health Letter, 18*(6), 1–4.

Alzheimer's Disease: The search for causes and treatments—Part I. (1998, August). *The Harvard Mental Health Letter, 15*(2).

Amato, P. R. (2000). The consequences of divorce for adults and children. *Journal of Marriage and the Family, 62,* 1269–1287.

Amato, P. R. (2003). Reconciling divergent perspectives: Judith Wallerstein, quantitative family research, and children of divorce. *Family Relations, 52,* 332–339.

Amato, P. R., & Booth, A. (1997). *A generation at risk: Growing up in an era of family upheaval.* Cambridge, MA: Harvard University Press.

Amato, P. R., & Cheadle, J. (2005). The long reach of divorce: Divorce and child well-being across three generations. *Journal of Marriage and Family, 67,* 191–206.

Amato, P. R., & Gilbreth, J. G. (1999). Nonresident fathers and children's well-being: A meta-analysis. *Journal of Marriage and the Family, 61,* 557–573.

Amato, P. R., Johnson, D. R., Booth, A., & Rogers, S. J. (2003). Continuity and change in marital quality between 1980 and 2000. *Journal of Marriage and Family, 65,* 1–22.

American Academy of Child & Adolescent Psychiatry. (2002). Children and the news. *Facts for Families* #67. [Online]. Retrieved April 24, 2005, from http://www.aacap.org/publications/factsfam/67.htm.

American Academy of Child & Adolescent Psychiatry. (2003). Talking to children about terrorism and war. *Facts for Families* #87. [Online]. Retrieved April 22, 2005, from http://www.aacap.org/publications/factsfam/87.htm.

American Academy of Child and Adolescent Psychiatry (AACAP). (1997). *Children's sleep problems.* [Fact sheet] No. 34.

American Academy of Pediatrics (AAP). (2004, September 30). *American Academy of Pediatrics (AAP) supports Institute of Medicine's (IOM) childhood obesity recommendations.* Press release.

American Academy of Pediatrics (AAP) and Canadian Paediatric Society. (2000). Prevention and management of pain and stress in the neonate. *Pediatrics, 105*(2), 454–461.

American Academy of Pediatrics (AAP) Committee on Accident and Poison Prevention. (1988). Snowmobile statement. *Pediatrics, 82,* 798–799.

American Academy of Pediatrics (AAP) Committee on Adolescence and Committee on Early Childhood, Adoption, and Dependent Care. (2001). Care of adolescent parents and their children. *Pediatrics, 107,* 429–434.

American Academy of Pediatrics (AAP) Committee on Adolescence. (1994). Sexually transmitted diseases. *Pediatrics, 94,* 568–572.

American Academy of Pediatrics (AAP) Committee on Adolescence. (1999). Adolescent pregnancy. Current trends and issues: 1998. *Pediatrics, 103,* 516–520.

American Academy of Pediatrics (AAP) Committee on Adolescence. (2000). Suicide and suicide attempts in adolescents. *Pediatrics, 105*(4), 871–874.

American Academy of Pediatrics (AAP) Committee on Adolescence. (2003). Policy statement: Identifying and treating eating disorders. *Pediatrics, 111,* 204–211.

American Academy of Pediatrics (AAP) Committee on Bioethics. (2001). Ethical issues with genetic testing in pediatrics. *Pediatrics, 107*(6), 1451–1455.

American Academy of Pediatrics (AAP) Committee on Child Abuse and Neglect. (2001). Shaken baby syndrome: Rotational cranial injuries—Technical report. *Pediatrics, 108,* 206–210.

American Academy of Pediatrics (AAP) Committee on Children with Disabilities. (2001). The pediatrician's role in the diagnosis and management of autistic spectrum disorder in children. *Pediatrics, 107*(5), 1221–1226.

American Academy of Pediatrics (AAP) Committee on Children with Disabilities and Committee on Drugs. (1996). Medication for children with attentional disorders. *Pediatrics, 98,* 301–304.

American Academy of Pediatrics (AAP) Committee on Community Health Services. (1996). Health needs of homeless children and families. *Pediatrics, 88,* 789–791.

American Academy of Pediatrics (AAP) Committee on Drugs. (1994). The transfer of drugs and other chemicals into human milk. *Pediatrics, 93,* 137–150.

American Academy of Pediatrics (AAP) Committee on Drugs. (2000). Use of psychoactive medication during pregnancy and possible effects on the fetus and newborn. *Pediatrics, 105,* 880–887.

American Academy of Pediatrics (AAP) Committee on Environmental Health. (1997). Environmental tobacco smoke: A hazard to children. *Pediatrics, 99,* 639–642.

American Academy of Pediatrics (AAP) Committee on Environmental Health. (1998).

Screening for elevated blood lead levels. *Pediatrics, 101,* 1072–1078.

American Academy of Pediatrics (AAP) Committee on Fetus and Newborn and American College of Obstetricians and Gynecologists Committee on Obstetric Practice. (1996). Use and abuse of the Apgar score. *Pediatrics, 98,* 141–142.

American Academy of Pediatrics (AAP) Committee on Genetics. (1996). Newborn screening fact sheet. *Pediatrics, 98,* 1–29.

American Academy of Pediatrics (AAP) Committee on Genetics. (1999). Folic acid for the prevention of neural tube defects. *Pediatrics, 104,* 325–327.

American Academy of Pediatrics (AAP) Committee on Infectious Diseases. (2000). Recommended childhood immunization schedule—United States, January–December, 2000, *Pediatrics, 105,* 148.

American Academy of Pediatrics (AAP) Committee on Injury and Poison Prevention. (2001a). Bicycle helmets. *Pediatrics, 108*(4), 1030–1032.

American Academy of Pediatrics (AAP) Committee on Injury and Poison Prevention. (2001b). Injuries associated with infant walkers. *Pediatrics, 108*(3), 790–792.

American Academy of Pediatrics (AAP) Committee on Injury and Poison Prevention and Committee on Sports Medicine and Fitness. (1999). Policy statement: Trampolines at home, school, and recreational centers. *Pediatrics, 103,* 1053–1056.

American Academy of Pediatrics (AAP) Committee on Injury and Poison Prevention. (2000). Firearm-related injuries affecting the pediatric population. *Pediatrics, 105*(4), 888–895.

American Academy of Pediatrics (AAP) Committee on Nutrition. (1992a). Statement on cholesterol. *Pediatrics, 90,* 469–473.

American Academy of Pediatrics (AAP) Committee on Pediatric AIDS and Committee on Infectious Diseases. (1999). Issues related to human immunodeficiency virus transmission in schools, child care, medical settings, the home, and community. *Pediatrics, 104,* 318–324.

American Academy of Pediatrics (AAP) Committee on Pediatric AIDS. (2000). Education of children with human immunodeficiency virus infection. *Pediatrics, 105,* 1358–1360.

American Academy of Pediatrics (AAP) Committee on Pediatric Research. (2000). Race/ethnicity, gender, socioeconomic status—Research exploring their effects on child health: A subject review. *Pediatrics, 105,* 1349–1351.

American Academy of Pediatrics (AAP) Committee on Practice and Ambulatory Medicine and Section on Ophthalmology. (1996). Eye examination and vision screening in infants, children, and young adults. *Pediatrics, 98,* 153–157.

American Academy of Pediatrics (AAP) Committee on Practice and Ambulatory Medicine and Section on Ophthalmology. (2002). Use of photoscreening for children's vision screening. *Pediatrics, 109,* 524–525.

American Academy of Pediatrics (AAP) Committee on Psychosocial Aspects of Child and Family Health. (1992). The pediatrician and childhood bereavement. *Pediatrics, 89*(3), 516–518.

American Academy of Pediatrics (AAP) Committee on Psychosocial Aspects of Child and Family Health. (1998). Guidance for effective discipline. *Pediatrics, 101,* 723–728.

American Academy of Pediatrics (AAP) Committee on Psychosocial Aspects of Child and Family Health. (2000). The pediatrician and childhood bereavement. *Pediatrics, 105,* 445–447.

American Academy of Pediatrics (AAP) Committee on Psychosocial Aspects of Child and Family Health. (2002). Coparent or second-parent adoption by same-sex parents. *Pediatrics, 109,* 339–340.

American Academy of Pediatrics (AAP) Committee on Psychosocial Aspects of Child and Family Health and Committee on Adolescence. (2001). Sexuality education for children and adolescence. *Pediatrics, 108*(2), 498–502.

American Academy of Pediatrics (AAP) Committee on Public Education. (2001a). Media violence. *Pediatrics, 108,* 1222–1226.

American Academy of Pediatrics (AAP) Committee on Public Education (2001b). Policy statement: Children, adolescents, and television. *Pediatrics, 107,* 423–426.

American Academy of Pediatrics (AAP) Committee on Quality Improvement. (2002). Making Advances Against Jaundice in Infant Care (MAJIC). [Online]. Available: http://www/aap.org/visit/majic.htm. Access date: October 25, 2002.

American Academy of Pediatrics (AAP) Committee on Sports Medicine and Fitness. (1992). Fitness, activity, and sports participation in the preschool child. *Pediatrics, 90,* 1002–1004.

American Academy of Pediatrics (AAP) Committee on Sports Medicine and Fitness. (1997). Participation in boxing by children, adolescents, and young adults. *Pediatrics, 99,* 134–135.

American Academy of Pediatrics (AAP) Committee on Sports Medicine and Fitness. (1999). Human immunodeficiency virus and other blood-borne viral pathogens in the athletic setting. *Pediatrics, 104*(6), 1400–1403.

American Academy of Pediatrics (AAP) Committee on Sports Medicine and Fitness. (2000). Injuries in youth soccer: A subject review. *Pediatrics, 105*(3), 659–660.

American Academy of Pediatrics (AAP) Committee on Sports Medicine and Fitness. (2001). Risk of injury from baseball and softball in children. *Pediatrics, 107*(4), 782–784.

American Academy of Pediatrics (AAP) Committee on Substance Abuse and Committee on Children with Disabilities. (1993). Fetal alcohol syndrome and fetal alcohol effects. *Pediatrics, 91,* 1004–1006.

American Academy of Pediatrics (AAP) Committee on Substance Abuse. (2001). Tobacco's toll: Implications for the pediatrician. *Pediatrics, 107,* 794–798.

American Academy of Pediatrics (AAP) Section on Breastfeeding. (2005). Breastfeeding and the use of human milk. *Pediatrics, 115,* 496–506.

American Academy of Pediatrics (AAP) Task Force on Infant Positioning and SIDS. (1997). Does bed sharing affect the risk of SIDS? *Pediatrics, 100,* 272.

American Academy of Pediatrics (AAP) Task Force on Infant Sleep Position and Sudden Infant Death Syndrome. (2000). Changing concepts of sudden infant death syndrome: Implications for infant sleeping environment and sleep position. *Pediatrics, 105,* 650–656.

American Academy of Pediatrics (AAP) Work Group on Breastfeeding. (1997). Breastfeeding and the use of human milk. *Pediatrics, 100,* 1035–1039.

American Association of Retired Persons (AARP). (1993). *Abused elders or battered women?* Washington, DC: Author.

American Association of Retired Persons (AARP). (1995). *A profile of older Americans.* Washington, DC: Author.

American Association of University Women (AAUW) Educational Foundation. (1992). *The AAUW report: How schools shortchange girls.* Washington, DC: Author.

American Cancer Society. (2001). *Cancer facts and figures.* Atlanta: Author.

American College of Obstetricians and Gynecologists (ACOG). (2001a). Management of premenstrual syndrome. *Practice Bulletin.* Washington, DC: Author.

American College of Obstetricians and Gynecologists (ACOG). (2001b). Repeated miscarriage. *ACOG Education Pamphlet AP1000.* Washington, DC: Author.

American College of Obstetricians and Gynecologists. (2001, February). Management of recurrent early pregnancy loss. *ACOG Practice Bulletin,* No. 24.

American College of Obstetrics and Gynecology. (1994). *Exercise during pregnancy and the postpartum pregnancy* (Technical Bulletin No. 189). Washington, DC: Author.

American Diabetes Association. (1992). *Diabetes facts.* Alexandria, VA: Author.

American Heart Association (AHA). (1995). *Silent epidemic: The truth about women and heart disease.* Dallas: Author.

American Medical Association (AMA). (1992). *Diagnosis and treatment guidelines on elder abuse and neglect.* Chicago: Author.

American Medical Association. (1998). *Essential guide to menopause.* New York: Simon & Schuster.

American Psychiatric Association (APA). (1994). *Diagnostic and statistical manual of mental disorders* (4th ed.). Washington, DC: Author.

American Psychiatric Association (APA). (2000). *Diagnostic and Statistical Manual of Mental Disorders* (4th ed., Text Revision). Washington, DC: Author.

American Psychological Association and American Academy of Pediatrics. (1996).

Raising children to resist violence: What you can do [Online, Brochure]. Available: http:/www.apa.org/pubinfo/apaaap.html.

American Psychological Association Division 44/Committee on Lesbian, Gay, and Bisexual Concerns Joint Task Force on Guidelines for Psychotherapy with Lesbian, Gay, and Bisexual Clients. (2000). Guidelines for psychotherapy with lesbian, gay, and bisexual clients. *American Psychologist, 55,* 1440–1451.

American Psychological Association. (1997). Resolution on appropriate therapeutic responses to sexual orientation. In *Resolutions related to lesbian, gay, and bisexual interests.* Retrieved September 13, 2001, from http://www.apa.org/pi/reslgbc.html.

American Psychological Association. (2002). Ethical principles of psychologists and code of conduct. *American Psychologist,* 57, 1060–1073.

American Psychological Association. (undated). *Answers to your questions about sexual orientation and homosexuality* [Brochure]. Washington, DC: Author.

American Public Health Association. (2004). Disparities in infant mortality. Fact sheet. [Online]. Available: http://www.medscape.com/viewarticle/472721.

American Stroke Association. (2005). Learn to recognize a stroke. Retrieved May 23, 2005, from http://www.strokeassociation.org/presenter.jhtml?identifier=1020.

Americans on Values Follow-Up Survey, 1998. (1999). Washington, DC: Kaiser Family Foundation/Washington Post/Harvard University.

Ames, E. W. (1997). *The development of Romanian orphanage children adopted to Canada: Final report* (National Welfare Grants Program, Human Resources Development, Canada). Burnaby, BC, Canada: Simon Fraser University, Psychology Department.

Ammenheuser, M. M., Berenson, A. B., Babiak, A. E., Singleton, C. R., & Whorton, E. B. (1998). Frequencies of hprt mutant lymphocytes in marijuana-smoking. *Mutation Research, 403,* 55–64.

Amsel, E., Goodman, G., Savoie, D., & Clark, M. (1996). The development of reasoning about causal and noncausal influences on levers. *Child Development, 67,* 1624–1646.

Anastasi, A. (1988). *Psychological testing* (6th ed.). New York: Macmillan.

Anastasi, A., & Schaefer, C. E. (1971). Note on concepts of creativity and intelligence. *Journal of Creative Behavior, 3,* 113–116.

Anastasi, A., & Urbina, S. (1997). *Psychological testing* (7th ed.). Upper Saddle River, NJ: Prentice-Hall.

Andel, R., Crowe, M., Pedersen, N. L., Mortimer, J., Crimmins, E., Johansson, B., & Gatz, M. (2005). Complexity of work and risk of Alzheimer's disease: A population-based study of Swedish twins. *Journal of Gerontology, Psychological Sciences, 60B,* P251–P258.

Andersen, A. E. (1995). Eating disorders in males. In K. D. Brownell & C. G. Fairburn (Eds.), *Eating disorders and obesity: A comprehensive handbook* (pp. 177–187). New York: Guilford.

Andersen, R. E., Wadden, T. A., Bartlett, S. J., Zemel, B., Verde, T. J., & Franckowiak, S. C. (1999). Effects of lifestyle activity vs. structured aerobic exercise in obese women: A randomized trial. *Journal of the American Medical Association, 281,* 335–340.

Anderson, A. H., Clark, A., & Mullin, J. (1994). Interactive communication between children: Learning how to make language work in dialog. *Journal of Child Language, 21,* 439–463.

Anderson, C. (2000). *The impact of interactive violence on children.* Statement before the Senate Committee on Commerce, Science, and Transportation, 106th Congress, 1st session.

Anderson, C. A., Berkowitz, L., Donnerstein, E., Huesmann, L. R., Johnson, J. D., Linz, D., Malamuth, N. M., & Wartella, E. (2003). The influence of media violence on youth. *Psychological Science in the Public Interest, 4,* 367–377.

Anderson, D., & Anderson, R. (1999). The cost-effectiveness of home birth. *Journal of Nurse-Midwifery, 44*(1), 30–35.

Anderson, D. A., & Hamilton, M. (2005). Gender role stereotyping of parents in children's picture books: The invisible father. *Sex Roles, 52,* 145–151.

Anderson, D. R., Huston, A. C., Schmitt, K. L., Linebarger, D. L., & Wright, J. C. (2001). Early childhood television viewing and adolescent behavior. *Monographs of the Society for Research in Child Development,* Serial No. 264, *66*(1).

Anderson, M. (1992). *My Lord, what a morning.* Madison: University of Wisconsin Press.

Anderson, M., Kaufman, J., Simon, T. R., Barrios, L., Paulozzi, L., Ryan, G., Hammond, R., Modzeleski, W., Feucht, T., Potter, L., & the School-Associated Violent Deaths Study Group. (2001). School-associated violent deaths in the United States, 1994–1999. *Journal of the American Medical Association, 286*(21), 2695–2702.

Anderson, P., Doyle, L. W., and the Victorian Infant Collaborative Study Group. (2003). Neurobehavioral outcomes of school-age children born extremely low birth weight or very preterm in the 1990s. *Journal of the American Medical Association, 289,* 3264–3272.

Anderson, R. N. (2002). Deaths: Leading causes for 2000. *National Vital Statistics Reports, 50* (16). Hyattsville, MD: National Center for Health Statistics.

Anderson, R. N., & Smith, B. L. (2003). Deaths: Leading causes for 2001. *National Vital Statistics Reports, 52*(9). Hyattsville, MD: National Center for Health Statistics.

Anderson, R. N., & Smith, B. L. (2005). Deaths: Leading causes for 2002. *National Vital Statistics Reports, 53*(17). Hyattsville, MD: National Center for Health Statistics.

Anderson, S. E., Dallal, G. E., & Must, A. (2003). Relative weight and race influence average age at menarche: Results from two nationally representative surveys of U.S. girls studied 25 years apart. *Pediatrics, 111,* 844–850.

Anderson, W. F. (1998). Human gene therapy. *Nature, 392*(Suppl.), 25–30.

Anderssen N., Amlie, C., & Ytteroy, E. A. (2002). Outcomes for children with lesbian or gay parents: A review of studies from 1978 to 2000. *Scandinavian Journal of Psychology, 43,* 335–351.

Andrade, S. E., Gurwitz, J. H., Davis, R. L., Chan, K. A., Finkelstein, J. A., Fortman, K., McPhillips, H., Raebel, M. A., Roblin, D., Smith, D. H., Yood, M. U., Morse, A. N., & Platt, R. (2004). Prescription drug use in pregnancy. *American Journal of Obstetrics and Gynecology, 191,* 398–407.

Andresen, J. (2001). Cultural competence and health care: Japanese, Korean, and Indian patients in the United States. *Journal of Cultural Diversity, 8,* 109–121.

Andrews, N., Miller, E., Grant, A., Stowe, J., Osborne, V., & Taylor, B. (2004). Thimerosal exposure in infants and developmental disorders: A retrospective cohort study in the United Kingdom does not support a causal association. *Pediatrics, 114,* 584–591.

Angell, M. (1996). Euthanasia in the Netherlands—Good news or bad? *New England Journal of Medicine, 335,* 1676–1678.

Anisfeld, M. (1996). Only tongue protrusion modeling is matched by neonates. *Developmental Review, 16,* 149–161.

Ann Bancroft (1955–), explorer. (1999). Women in American history by Encyclopedia Britannica. [Online]. Available: http://www.britannica.com/women/articles/Bancroft_Ann.html. Access date: April 4, 2002.

Ann Bancroft, 1955–. (1998). National Women's Hall of Fame. [Online]. Available: http://www.jerseycity.k12.nj.us/womenshistory/bancroft.htm. Access date: April 4, 2002.

Ann Bancroft, explorer. (undated). [Online]. http://www.people/memphis.edu/~cbburr/gold/bancroft.htm. Access date: April 4, 2002.

Annas, G. J. (2005). "Culture of life" politics at the bedside—The case of Terri Shiavo. *New England Journal of Medicine.* [Online]. Retrieved from www.nejm.org on March 23, 2005.

Antonarakis, S. E., & Down Syndrome Collaborative Group. (1991). Parental origin of the extra chromosome in trisomy 21 as indicated by analysis of DNA polymorphisms. *New England Journal of Medicine, 324,* 872–876.

Antonio, A. L., Chang, M. J., Hakuta, K., Kenny, D. A., Levin, S., & Milem, J. F. (2004). Effects of racial diversity on complex thinking in college students. *Psychological Science, 15,* 507–510.

Antonucci, T. C. (1991). Attachment, social support, and coping with negative life events in mature adulthood. In E. M. Cummings, A. L. Greene, & K. H. Karraker (Eds.), *Life-span developmental psychology: Perspectives on stress and coping* (pp. 261–276). Hillsdale, NJ: Erlbaum.

Antonucci, T. C., & Akiyama, H. (1995). Convoys of social relations: Family and friendships within a life-span context. In R. Blieszner & V. Hilkevitch (Eds.), *Handbook of aging and the family* (pp. 355–371). Westport, CT: Greenwood Press.

Antonucci, T. C., Akiyama, H., & Merline, A. (2001). Dynamics of social relationships in midlife. In M. E. Lachman (Ed.), *Handbook of midlife development* (pp. 571–598). New York: Wiley.

Antonucci, T., & Akiyama, H. (1997). Concern with others at midlife: Care, comfort, or compromise? In M. E. Lachman & J. B. James (Eds.), *Multiple paths of midlife development* (pp. 145–169). Chicago: University of Chicago Press.

APA Online. (2001). End-of-life issues and care. Accessed 3/11/05. http://www.apa.org/pi/eol/arguments.html.

APA Working Group on Assisted Suicide and End-of-Life Decisions. (2005). Orientation to end-of-life decision making. APA Online. Accessed 2/7/05. http://www/apa.org/pi/aseol/section 1.html.

Apgar, V. (1953). A proposal for a new method of evaluation of the newborn infant. *Current Research in Anesthesia and Analgesia, 32,* 260–267.

Aquilino, W. S. (1996). The returning adult child and parental experience at midlife. In C. Ryff & M. M. Seltzer (Eds.), *The parental experience in midlife* (pp. 423–458). Chicago: University of Chicago Press.

Archer, S. L. (1993). Identity in relational contexts: A methodological proposal. In J. Kroger (Ed.), *Discussions on ego identity* (pp. 75–99). Hillsdale, NJ: Erlbaum.

Arcus, D., & Kagan, J. (1995). Temperament and craniofacial variation in the first two years. *Child Development, 66,* 1529–1540.

Arend, R., Gove, F., & Sroufe, L. A. (1979). Continuity of individual adaptation from infancy to kindergarten: A predictive study of ego resiliency and curiosity in preschoolers. *Child Development, 50,* 950–959.

Arias, E., MacDorman, M. F., Strobino, D. M., & Guyer, B. (2003). Annual summary of vital statistics—2002. *Pediatrics, 112,* 1215–1230.

Aries, P. (1962). *Centuries of childhood.* New York: Random House.

Arking, R., Novoseltsev, V., & Novoseltseva, J. (2004). The human life span is not that limited: The effect of multiple longevity phenotypes. *Journal of Gerontology: Biological Sciences, 59A,* 697–704.

Arlin, P. K. (1984). Adolescent and adult thought: A structural interpretation. In M. L. Commons, F. A. Richards, & C. Armon (Eds.), *Beyond formal operations* (pp. 258–271). New York: Praeger.

Arnett, J. J. (1999). Adolescent storm and stress, reconsidered. *American Psychologist, 54,* 317–326.

Arnett, J. J. (2000). Emerging adulthood: A theory of development from the late teens through the twenties. *American Psychologist, 55,* 469–480.

Arnett, J. J. (2004). *Emerging adulthood.* New York: Oxford University Press.

Arnold, D. S., & Whitehurst, G. J. (1994). Accelerating language development through picture book reading: A summary of dialogic reading and its effects. In D. K. Dickinson (Ed.), *Bridges to literacy: Children, families, and schools* (pp. 103–128). Oxford: Blackwell.

Arrich, J., Lalouschek, W., & Müllner, M. (2005). Influence of socioeconomic status on mortality after stroke: Retrospective cohort study. *Stroke, 36,* 310–314.

Ashe, A., & Rampersad, A. (1993). *Days of grace: A memoir.* New York: Ballantine.

Ashman, S. B., & Dawson, G. (2002). Maternal depression, infant psychobiological development, and risk for depression. In S. H. Goodman, & I. H. Gotlib (Eds.), *Children of depressed parents: Mechanisms of risk and implications for treatment* (pp. 37–58). Washington, DC: American Psychological Association.

Associated Press. (2004a, November 22). Boys have no place in politics: 4-year-old. AP Newswire.

Associated Press. (2004b, April 29). Mom in C-section case received probation: Woman originally charged with murder for delaying operation. [Online]. Available: http://www.msnbc.msn.com/id/4863415. Access date: June 8, 2004.

Associated Press. (2005, February 22). Britain starts gay civil unions this year, predicts 42,000. *Chicago Sun-Times,* p. 39.

Asthana, S., Bhasin, S., Butler, R. N., Fillit, H., Finkelstein, J., Harman, S. M., Holstein, L., Korenman, S. G., Matsumoto, A. M., Morley, J. E., Tsitouras, P., & Urban, R. (2004). Masculine vitality: Pros and cons of testosterone in treating the andropause. *Journal of Gerontology: Medical Sciences, 59A,* 461–466.

Astington, J. W. (1993). *The child's discovery of the mind.* Cambridge, MA: Harvard University Press.

Atchley, R. C. (1989). A continuity theory of normal aging. *The Gerontologist, 29,* 183–190.

Atchley, R. C. (1997). *Social forces and aging: An introduction to social gerontology* (8th ed.). Belmont, CA: Wadsworth.

Athansiou, M. S. (2001). Using consultation with a grandmother as an adjunct to play therapy. *Family Journal—Consulting and Therapy for Couples and Families, 9,* 445–449.

Australian man first in world to die with legal euthanasia. (1996, September 26). *The New York Times* (International Ed.), p. A5.

Ausubel, N. (1964). *The book of Jewish knowledge.* New York: Crown.

Autism-Part II. (2001, July). *The Harvard Mental Health Letter, 18*(1), 1–4.

Avis, N. E. (1999). Women's health at midlife. In S. L. Willis & J. D. Reid (Eds.), *Life in the middle: Psychological and social development in middle age* (pp. 105–146). San Diego: Academic Press.

Avolio, B. J., & Sosik, J. J. (1999). A life-span framework for assessing the impact of work on white-collar workers. In S. L. Willis & J. D. Reid (Eds.), *Life in the middle: Psychological and social development in middle age.* San Diego: Academic Press.

Aylward, G. P., Pfeiffer, S. I., Wright, A., & Verhulst, S. J. (1989). Outcome studies of low birth weight infants published in the last decade: A meta-analysis. *Journal of Pediatrics, 115,* 515–520.

Azar, B. (2002a, January). At the frontier of science. *Monitor on Psychology,* 40–41.

Azar, B. (2002b, March). Helping older adults get on the technology bandwagon. *Monitor on Psychology, 33*(3), [Online]. Available: http://www.apa.org/monitor/mar02/helpingold.html. Access date: April 15, 2002.

Azuma, H. (1994). Two modes of cognitive socialization in Japan and the United States. In P. M. Greenfield & R. R. Cocking (Eds.), *Cross-cultural roots of minority child development* (pp. 275–284). Hillsdale, NJ: Erlbaum.

Babchuk, N. (1978–1979). Aging and primary relations. *International Journal of Aging and Human Development, 9*(2), 137–151.

Babu, A., & Hirschhorn, K. (1992). *A guide to human chromosome defects* (Birth Defects: Original Article Series, 28[2]). White Plains, NY: March of Dimes Birth Defects Foundation.

Bach, P. B., Schrag, D., Brawley, O. W., Galaznik, A., Yakren, S., & Begg, C. B. (2002). Survival of blacks and whites after a cancer diagnosis. *Journal of the American Medical Association, 287,* 2106–2113.

Baddeley, A. (1996). Exploring the central executive. *Quarterly Journal of Experimental Psychology: Human Experimental Psychology* (Special Issue: Working Memory), *49A,* 5–28.

Baddeley, A. (1998). Recent developments in working memory. *Current Opinion in Neurobiology, 8,* 234–238.

Baddeley, A. D. (1981). The concept of working memory: A view of its current state and probable future development. *Cognition, 10,* 17–23.

Baddeley, A. D. (1986). *Working memory.* London: Oxford University Press.

Baddeley, A. D. (1992). Working memory. *Science, 255,* 556–559.

Baer, J. S., Sampson, P. D., Barr, H. M., Connor, P. D., & Streissguth, A. P. (2003). A 21-year longitudinal analysis of the effects of prenatal alcohol exposure on young adult drinking. *Archives of General Psychiatry, 60,* 377–385.

Bagwell, C. L., Newcomb, A. F., & Bukowski, W. M. (1998). Preadolescent friendship and peer rejection as predictors of adult adjustment. *Child Development, 69,* 140–153.

Bailey, A., Le Couteur, A., Gottesman, I., & Bolton, P. (1995). Autism as a strongly genetic disorder: Evidence from a British twin study. *Psychological Medicine, 25,* 63–77.

Bailey, J. M., & Zucker, K. J. (1995). Childhood sex-typed behavior and sexual orientation: A conceptual analysis and quantitative review. *Developmental Psychology, 31,* 43–55.

Bailey, J. M., Dunne, M. P., & Martin, N. G. (2000). Genetic and environmental influences on sexual orientation and its correlates in an Australian twin sample. *Journal of Personality and Social Psychology, 78,* 524–536.

Baillargeon, R. (1994a). How do infants learn about the physical world? *Current Directions in Psychological Science, 3,* 133–140.

Baillargeon, R. (1994b). Physical reasoning in young infants: Seeking explanations for impossible events. *British Journal of Developmental Psychology, 12,* 9–33.

Baillargeon, R. (1999). Young infants' expectations about hidden objects. *Developmental Science, 2,* 115–132.

Baillargeon, R., & DeVos, J. (1991). Object permanence in young infants: Further evidence. *Child Development, 62,* 1227–1246.

Baines, L. S., Joseph, J. T., & Jindal, R. M. (2002). A public forum to promote organ donation amongst Asians: The Scottish initiative. *Transplant International, 15,* 124–131.

Baird, A. A., Gruber, S. A., Fein, D. A., Maas, L. C., Steingard, R. J., Renshaw, P. F., Cohen, B. M., &Yurgelon-Todd, D. A. (1999). Functional magnetic resonance imaging of facial affect recognition in children and adolescents. *Journal of the American Academy of Child and Adolescent Psychiatry, 38,* 195–199.

Baker, D. W., Sudano, J. J., Albert, J. M., Borawski, E. A., & Dor, A. (2001). Lack of health insurance and decline in overall health in late middle age. *New England Journal of Medicine, 345,* 1106–1112.

Baldwin, D. A., & Moses, L. J. (1996). The ontogeny of social information gathering. *Child Development, 67,* 1915–1939.

Balercia, G., Mosca, F., Mantero, F., Boscaro, M., Mancini, A., Ricciardo-Lamonica, G., & Littarru, G. (2004). Coenzyme q(10) supplementation in infertile men with idiopathic asthenozoospermia: An open, uncontrolled pilot study. *Fertility & Sterility, 81,* 93–98.

Balluz, L. S., Okoro, C. A., & Strine, T. W. (2004). Access to health-care preventive services among Hispanics and non-Hispanics—United States, 2001–2002. *Morbidity and Mortality Weekly Report, 53,* 937–941.

Balsis, S., Carpenter, B. D., & Storandt, M. (2005). Personality change precedes clinical diagnosis of dementia of the Alzheimer type. *Journal of Gerontology, Psychological Sciences, 60B,* P98–P101.

Baltes, P. B. (1987). Theoretical propositions of life-span development psychology: On the dynamics between growth and decline. *Developmental Psychology, 23*(5), 611–626.

Baltes, P. B. (1993). The aging mind: Potential and limits. *The Gerontologist, 33,* 580–594.

Baltes, P. B. (1997). On the incomplete archetecture of human ontogeny: Selection, optimization, and compensation as foundation of developmental theory. *American Psychologist, 52,* 366–380.

Baltes, P. B., & Baltes, M. M. (1990). Psychological perspectives on successful aging: The model of selective optimization with compensation. In P. B. Baltes & M. M. Baltes (Eds.), *Successful aging: Perspectives from the behavioral sciences* (pp. 1–34). New York: Cambridge University Press.

Baltes, P. B., & Staudinger, U. M. (2000). Wisdom: A metaheuristic (pragmatic) to orchestrate mind and virtue toward excellence. *American Psychologist, 55,* 122–136.

Baltes, P. B., & Willis, S. L. (1982). Enhancement (plasticity) of intellectual functioning in old age: Penn State's Adult Development and Enrichment Project (ADEPT). In F. I. M. Craik & S. Trehub (Eds.), *Aging and cognitive processes* (pp. 353–389). New York: Plenum.

Baltes, P. B., Lindenberger, U., & Staudinger, U. M. (1998). Life-span theory in developmental psychology. In R. M. Lerner (Ed.), *Handbook of child psychology: Vol. 1. Theoretical models of human development* (pp. 1029–1143). New York: Wiley.

Baltes, P. B., Reese, H. W., & Lipsitt, L. (1980). Life-span developmental psychology. *Annual Review of Psychology, 31,* 65–110.

Baltes, P. B., Staudinger, U. M., Maercker, A., & Smith, J. (1995). People nominated as wise: A comparative study of wisdom-related knowledge. *Psychology and Aging, 10,* 155–166.

Bandura, A. (1977). *Social learning theory.* Englewood Cliffs, NJ: Prentice-Hall.

Bandura, A. (1986). *Social foundations of thought and action: A social cognitive theory.* Englewood Cliffs, NJ: Prentice-Hall.

Bandura, A. (1989). Social cognitive theory. In R. Vasta (Ed.), *Annals of child development.* Greenwich, CT: JAI.

Bandura, A. (1994). Self-efficacy. In V. S. Ramachaudran (Ed.), *Encyclopedia of human behavior* (Vol. 4, pp. 71–81). New York: Academic Press.

Bandura, A., Barbaranelli, C., Caprara, G. V., & Pastorelli, C. (1996). Multifaceted impact of self-efficacy beliefs on academic functioning. *Child Development, 67,* 1206–1222.

Bandura, A., Barbaranelli, C., Caprara, G. V., & Pastorelli, C. (2001). Self-efficacy beliefs as shapers of children's aspirations and career trajectories. *Child Development, 72*(1), 187–206.

Bandura, A., Ross, D., & Ross, S. A. (1961). Transmission of aggression through imitation of aggressive models. *Journal of Abnormal and Social Psychology, 63,* 575–582.

Bandura, A., Ross, D., & Ross, S. A. (1963). Imitation of film-mediated aggressive models. *Journal of Abnormal and Social Psychology, 66,* 3–11.

Banks, D. A., & Fossel, M. (1997). Telomeres, cancer, and aging: Altering the human life span. *Journal of the American Medical Association, 278,* 1345–1348.

Banks, E. (1989). Temperament and individuality: A study of Malay children. *American Journal of Orthopsychiatry, 59,* 390–397.

Barber, B. K. (1994). Cultural, family, and personal contexts of parent-adolescent conflict. *Journal of Marriage and the Family, 56,* 375–386.

Barber, B. L., & Eccles, J. S. (1992). Long-term influence of divorce and single parenting on adolescent family- and work-related values, behaviors, and aspirations. *Psychological Bulletin, 111*(1), 108–126.

Barfield, W., & Martin, J. (2004). Racial/ethnic trends in fetal mortality—United States, 1990–2000. *Morbidity and Mortality Weekly Report, 53,* 529–532.

Barinaga, M. (1998). Alzheimer's treatments that work now. *Science, 282,* 1030–1032.

Barkley, R. A. (1998a, February). How should attention deficit disorder be described? *Harvard Mental Health Letter,* p. 8.

Barkley, R. A. (1998b, September). Attention deficit hyperactivity disorder. *Scientific American,* pp. 66–71.

Barkley, R. A., Murphy, K. R., & Kwasnik, D. (1996). Motor vehicle competencies and risks in teens and young adults with attention deficit hyperactivity disorder. *Pediatrics, 98,* 1089–1095.

Barlow, S. E., & Dietz,W. H. (1998). Obesity evaluation and treatment: Expert committee recommendations [On-line]. *Pediatrics, 102*(3), e29. Available: http://www.pediatrics.org/cgi/content/full/102/3/e29

Barnes, J., Sutcliffe, A., Ponjaert, I., Loft, A., Wennerholm, U., Tarlatzis, V., & Bonduelle, M. (2003, July). The European study of 1,523 ICSI/IVF versus naturally conceived 5-year-old children and their families: Family functioning and socio-emotional development. Paper presented at conference of European Society of Human Reproduction and Embryology, Madrid.

Barnes, P. M., & Schoenborn, C. A. (2003). Physical activity among adults: United States, 2000. *Advance Data from Vital and Health Statistics,* No. 133. Hyattsville, MD: National Center for Health Statistics.

Barnett, R. (1985, March). *We've come a long way—but where are we and what are the rewards?* Paper presented at the conference on Women in Transition, New York University School of Continuing Education, Center for Career and Life Planning, New York, NY.

Barnett, R. C. (1997). Gender, employment, and psychological well-being: Historical and life-course perspectives. In M. E. Lachman & J. B. James (Eds.), *Multiple paths of midlife development* (pp. 325–343). Chicago: University of Chicago Press.

Barnett, R. C., & Hyde, J. S. (2001). Women, men, work, and family. *American Psychologist, 56,* 781–796.

Barnhart, M. A. (1992, Fall). Coping with the Methuselah syndrome. *Free Inquiry,* pp. 19–22.

Barrett-Connor, E., Hendrix, S., Ettinger, B., Wenger, N. K., Paoletti, R., Lenfant, C. J. M., & Pinn, V. W. (2002). Best clinical practices: Chapter 13. *International position paper on women's health and menopause: A comprehensive approach.* Washington, DC: National Heart, Lung, and Blood Institute.

Barry, B. K., & Carson, R. G. (2004). The consequences of resistance training for movement control in older adults. *Journal of Gerontology, Medical Sciences, 59A,* 730–754.

Bartoshuk, L. M., & Beauchamp, G. K. (1994). Chemical senses. *Annual Review of Psychology, 45,* 419–449.

Bascom, P. B., & Tolle, S. W. (2002). Responding to requests for physician-assisted suicide: "These are uncharted waters for both of us. . . ." *Journal of the American Medical Association, 288,* 91–98.

Bashore, T. R., Ridderinkhof, F., & van der Molen, M. W. (1998). The decline of cognitive processing speed in old age. *Current Directions in Psychological Science, 6,* 163–169.

Bassuk, E. L. (1991). Homeless families. *Scientific American, 265*(6), 66–74.

Bates, E., Bretherton, I., & Snyder, L. (1988). *From first words to grammar: Individual differences and dissociable mechanisms.* New York: Cambridge University Press.

Bates, E., O'Connell, B., & Shore, C. (1987). Language and communication in infancy. In

J. D. Osofsky (Ed.), *Handbook of infant development* (2nd ed.). New York: Wiley.

Bateson, M. C. (1984). *With a daughter's eye: A memoir of Margaret Mead and Gregory Bateson.* New York: William Morrow & Co.

Bauer, J. J., & McAdams, D. P. (2004). Growth goals, maturity, and well-being. *Developmental Psychology, 40,* 114–127.

Bauer, J. J., McAdams, D. P., & Sakaeda, A. R. (2005). Interpreting the good life: Growth memories in the lives of mature, happy people. *JPSP, 88,* 203–217.

Bauer, P. J. (1996). What do infants recall of their lives? Memory for specific events by 1- to 2-year-olds. *American Psychologist, 51,* 29–41.

Bauer, P. J. (2002). Long-term recall memory: Behavioral and neuro-developmental changes in the first 2 years of life. *Current Directions in Psychological Science, 11,* 137–141.

Bauer, P. J., Wenner, J. A., Dropik, P. L., & Wewerka, S. S. (2000). Parameters of remembering and forgetting in the transition from infancy to early childhood. *Monographs of the Society for Research in Child Development,* Serial No. 263, *65*(4). Malden, MA: Blackwell Publishers.

Bauer, P. J., Wiebe, S. A., Carver, L. J., Waters, J. M., & Nelson, C. A. (2003). Developments in long-term explicit memory late in the first year of life: Behavioral and electrophysiological indices. *Psychological Science, 14,* 629–635.

Baum, A., Cacioppo, J. T., Melamed, B. G., Gallant, S. J., & Travis, C. (1995). *Doing the right thing: A research plan for healthy living.* Washington, DC: American Psychological Association Science Directorate.

Baumer, E. P., & South, S. J. (2001). Community effects on youth sexual activity. *Journal of Marriage and the Family, 63,* 540–554.

Baumrind, D. (1971). Harmonious parents and their preschool children. *Developmental Psychology, 41,* 92–102.

Baumrind, D. (1989). Rearing competent children. In W. Damon (Ed.), *Child development today and tomorrow* (pp. 349–378). San Francisco: Jossey-Bass.

Baumrind, D. (1991). Parenting styles and adolescent development. In J. Brooks-Gunn, R. Lerner, & A. C. Peterson (Eds.), *The encyclopedia of adolescence* (pp. 746–758). New York: Garland.

Baumrind, D. (1996a). A blanket injunction against disciplinary use of spanking is not warranted by the data. *Pediatrics, 88,* 828–831.

Baumrind, D. (1996b). The discipline controversy revisited. *Family Relations, 45,* 405–414.

Baumrind, D., & Black, A. E. (1967). Socialization practices associated with dimensions of competence in preschool boys and girls. *Child Development, 38,* 291–327.

Baumrind, D., Larzelere, R. E., & Cowan, P. A. (2002). Ordinary physical punishment: Is it harmful? Comment on Gershoff (2002). *Psychological Bulletin, 128,* 580–589.

Bauserman, R. (2002). Child adjustment in joint-custody versus sole-custody arrangements: A meta-analytic review. *Journal of Family Psychology, 16,* 91–102.

Bayley, N. (1969). *Bayley Scales of Infant Development.* New York: Psychological Corporation.

Bayley, N. (1993). *Bayley Scales of Infant Development: II.* New York: Psychological Corporation.

Bayley, N. (2005). *Bayley Scales of Infant Development, Third Ed.* (Bayley-III). New York: Harcourt Brace.

Beall, A. E., & Sternberg, R. J. (1995). The social construction of love. *Journal of Social and Personal Relationships, 12*(3), 417–438.

Bearman, P. S., & Bruckner, H. (2001). Promising the future: Virginity pledges and first intercourse. *American Journal of Sociology, 106,* 859–913.

Bearman, P. S., & Moody, J. (2004). Suicide and friendships among American adolescents. *American Journal of Public Health, 94,* 89–95.

Becker, A. E., Grinspoon, S. K., Klibanski, A., & Herzog, D. B. (1999). Eating disorders. *New England Journal of Medicine, 340,* 1092–1098.

Becker, G. S. (1991). *A treatise on the family* (enlarged ed.). Cambridge, MA: Harvard University Press.

Becker, P. E., & Moen, P. (1999). Scaling back: Dual-earner couples' work-family strategies. *Journal of Marriage and the Family, 61,* 995–1007.

Bedford, V. H. (1995). Sibling relationships in middle and old age. In R. Blieszner & V. Hilkevitch (Eds.), *Handbook of aging and the family* (pp. 201–222). Westport, CT: Greenwood Press.

Behrman, R. E. (1992). *Nelson textbook of pediatrics* (13th ed.). Philadelphia: Saunders.

Beidel, D. C., & Turner, S. M. (1998). *Shy children, phobic adults: Nature and treatment of social phobia.* Washington, DC: American Psychological Association.

Bekedam, D. J., Engelsbe1, S., Mol, B. W., Buitendijk, S. E., & van der Pal-de Bruin, K. M. (2002). Male predominance in fetal distress during labor. *American Journal of Obstetrics and Gynecology, 187,* 1605–1607.

Belbin, R. M. (1967). Middle age: What happens to ability? In R. Owen (Ed.), *Middle age.* London: BBC.

Belgium legalises euthanasia. (2002, May 16). BBC-News online. Available: http://www.nvve.nl [Web site of the Dutch Voluntary Euthanasia Society].

Belizzi, M. (2002, May). *Obesity in children—What kind of future are we creating?* Presentation at the Fifty-Fifth World Health Assembly Technical Briefing, Geneva.

Bell, M. A., & Fox, N. A. (1992). The relations between frontal brain electrical activity and cognitive development during infancy. *Child Development, 63,* 1142–1163.

Bellafante, G. (2005, May 8). Even in gay circles, the women want the ring. *New York Times,* Section 9, pp. 1, 7.

Bellinger, D. (2004). Lead. *Pediatrics, 113,* 1016–1022.

Belsky, J. (1993). Etiology of child maltreatment: A developmental-ecological analysis. *Psychological Bulletin, 114,* 413–434.

Belsky, J., Fish, M., & Isabella, R. (1991). Continuity and discontinuity in infant negative and positive emotionality: Family antecedents and attachment consequences. *Developmental Psychology, 27,* 421–431.

Belsky, J., Jaffee, S. R., Caspi, A., Moffitt, T., & Silva, P. A. (2003). Intergenerational relationships in young adulthood and their life course, mental health, and personality correlates. *Journal of Family Psychology, 17,* 460–471.

Belsky, J., Jaffee, S., Hsieh, K., & Silva, P. A. (2001). Childrearing antecedents of intergenerational relations in young adulthood: A prospective study. *Developmental Psychology, 37,* 801–814.

Bem, S. L. (1983). Gender schema theory and its implications for child development: Raising gender-aschematic children in a gender-schematic society. *Signs, 8,* 598–616.

Bem, S. L. (1985). Androgyny and gender schema theory: A conceptual and empirical integration. In T. B. Sondregger (Ed.), *Nebraska Symposium on Motivation, 1984: Psychology and gender.* Lincoln: University of Nebraska Press.

Bem, S. L. (1993). *The lenses of gender: Transforming the debate on sexual inequality.* New Haven, CT: Yale University Press.

Benenson, J. F. (1993). Greater preference among females than males for dyadic interaction in early childhood. *Child Development, 64,* 544–555.

Benes, F. M., Turtle, M., Khan, Y., & Farol, P. (1994). Myelination of a key relay zone in the hippocampal formation occurs in the human brain during childhood, adolescence, and adulthood. *Archives of General Psychiatry, 51,* 447–484.

Bengtson, V. L. (2001). Beyond the nuclear family: The increasing importance of multigenerational bonds. *Journal of Marriage and Family, 63,* 1–16.

Bengtson, V. L., Rosenthal, C., & Burton, L. (1996). Paradoxes of families and aging. In R. H. Binstock & L. K. George (Eds.), *Handbook of aging and the social sciences* (pp. 253–282). San Diego: Academic Press.

Bengtson, V. L., Rosenthal, C. J., & Burton, L. M. (1990). Families and aging: Diversity and heterogeneity. In R. Binstock & L. George (Eds.), *Handbook of aging and the social sciences* (pp. 263–287). San Diego: Academic Press.

Benloucif, S., Orbeta, L., Ortiz, R., Janssen, I., Finkel, S. I., Bleiberg, J., & Zee, P. C. (2004). Morning or evening activity improves neuropsychological performance and subjective sleep quality in older adults. *Sleep, 27,* 1542–1551.

Benloucif, S., Zee, P. C., Orbeta, L., Ortiz, R., Janssen, I., Finkel, S., & Bleiberg, J. (2005). Nonagenarians and centarians in Switzerland, 1860–2001: A demographic analysis. *Journal of Epidemiology and Community Health, 59,* 31–37.

Benson, E. (2003). Intelligent intelligence testing. *Monitor on Psychology, 43*(2), 48–51.

Ben-Ze'ev A. (1997). Emotions and morality. *Journal of Value Inquiry, 31,* 195–212.

Berg, C. A., & Klaczynski, P. A. (1996). Practical intelligence and problem solving: Search for perspectives. In F. Blanchard-Fields & T. M. Hess (Eds.), *Perspectives on cognitive change in adulthood and aging* (pp. 323–357). New York: McGraw-Hill.

Bergeman, C. S., & Plomin, R. (1989). Genotype-environment interaction. In M. Bornstein & J. Bruner (Eds.), *Interaction in human development* (pp. 157–171). Hillsdale, NJ: Erlbaum.

Bergen, D. (2002). The role of pretend play in children's cognitive development. *Early Childhood Research & Practice, 4*(1). [Online]. Available: http://ecrp.uiuc.edu/v4n1/bergen.html.

Bergen, D., Reid, R., & Torelli, L. (2000). *Educating and caring for very young children: The infant-toddler curriculum.* Washington, DC: National Association for the Education of Young Children.

Berger, R. M., & Kelly, J. J. (1986). Working with homosexuals of the older population. *Social Casework, 67,* 203–210.

Bergman, I., & Burgess, A. (1980). *Ingrid Bergman: My story.* New York: Delacorte.

Bering, J. M., & Bjorklund, D. F. (2004). The natural emergence of reasoning ability about the afterlife as a developmental regularity. *Developmental Psychology, 40,* 217–233.

Berk, L. E. (1986a). Development of private speech among preschool children. *Early Child Development and Care, 24,* 113–136.

Berk, L. E. (1986b). Private speech: Learning out loud. *Psychology Today, 20*(5), 34–42.

Berk, L. E. (1992). Children's private speech: An overview of theory and the status of research. In R. M. Diaz & L. E. Berk (Eds.), *Private speech: From social interaction to self-regulation* (pp. 17–53). Hillsdale, NJ: Erlbaum.

Berk, L. E., & Garvin, R. A. (1984). Development of private speech among low-income Appalachian children. *Developmental Psychology, 20,* 271–286.

Berkman, L. F., & Glass, T. (2000). Social integration, social networks, social support, and health. In L. F. Berkman & I. Kawachi (Eds.), *Social epidemiology* (pp. 137–173). New York: Oxford University Press.

Berkowitz, G. S., Skovron, M. L., Lapinski, R. H., & Berkowitz, R. L. (1990). Delayed childbearing and the outcome of pregnancy. *New England Journal of Medicine, 322,* 659–664.

Berkowitz, R. I., Stallings, V. A., Maislin, G., & Stunkard, A. J. (2005). Growth of children at high risk of obesity during the first 6 y of life: Implications for prevention. *American Journal of Clinical Nutrition, 81,* 140–146.

Berkowitz, R. I., Wadden, T. A., Tershakovec, A. M., & Cronquist, J. L. (2003). Behavior therapy and sibutramine for the treatment of adolescent obesity: A randomized controlled trial. *Journal of the American Medical Association, 289,* 1805–1812.

Bernard, B. P. (Ed.). (1997). *Musculoskeletal disorders and workplace factors: A critical review of epidemiologic evidence for work-related musculoskeletal disorders of the neck, upper extremity, and low back.* Cincinnati, OH: National Institute for Occupational Safety and Health.

Berndt, T. J., & Perry, T. B. (1990). Distinctive features and effects of early adolescent friendships. In R. Montemayor, G. R. Adams, & T. P. Gullotta (Eds.), *From childhood to adolescence: A transitional period?* Newbury Park, CA: Sage.

Bernhardt, P. C. (1997). Influences of serotonin and testosterone in aggression and dominance: Convergence with social psychology. *Current Directions in Psychological Science, 6,* 44–48.

Bernstein, A. M., Willcox, B. J., Tamaki, H., Kunishima, N., Suzuki, M., Willcox, D. C., Yoo, J. K., & Perls, T. T. (2004). First autopsy study of an Okinawan centenarian: Absence of many age-related diseases. *Journal of Gerontology: Medical Sciences, 59A,* 1195–1199.

Bernstein, N. (2004, March 7). Behind fall in pregnancy, a new teenage culture of restraint. *New York Times,* pp. 1, 36–37.

Berrick, J. D. (1998). When children cannot remain home: Foster family care and kinship care. *The Future of Children, 8,* 72–87.

Berrueta-Clement, J. R., Schweinhart, L. J., Barnett, W. S., & Weikart, D. P. (1987). The effects of early educational intervention on crime and delinquency in adolescence and early adulthood. In J. D. Burchard & S. N. Burchard (Eds.), *Primary prevention of psychopathology: Vol. 10. Prevention of delinquent behavior* (pp. 220–240). Newbury Park, CA: Sage.

Berrueta-Clement, J. R., Schweinhart, L. J., Barnett, W. S., Epstein, A. S., & Weikart, D. P. (1985). *Changed lives: The effects of the Perry Preschool Program on youths through age 19.* Ypsilanti, MI: High/Scope.

Berry, M., Dylla, D. J., Barth, R. P., & Needell, B. (1998). The role of open adoption in the adjustment of adopted children and their families. *Children and Youth Services Review, 20,* 151–171.

Berry, N., Jobanputra, V., & Pal, H. (2003). Molecular genetics of schizophrenia: A critical review. *Journal of Psychiatry and Neuroscience, 28,* 415–429.

Berry, R. J., Li, Z., Erickson, J. D., Li, S., Moore, C. A., Wang, H., Mulinare, J., Zhao, P., Wong, L.-Y. C., Gindler, J., Hong, S.-X., & Correa, A. for the China-U.S. Collaborative Project for Neural Tube Defect Prevention. (1999). Prevention of neural-tube defects with folic acid in China. *New England Journal of Medicine, 341,* 1485–1490.

Bertenthal, B. I., & Campos, J. J. (1987). New directions in the study of early experience. *Child Development, 58,* 560–567.

Bertenthal, B. I., Campos, J. J., & Barrett, K. C. (1984). Self-produced locomotion: An organizer of emotional, cognitive, and social development in infancy. In R. N. Emde & R. J. Harmon (Eds.), *Continuities and discontinuities in development.* New York: Plenum.

Bertenthal, B. I., Campos, J. J., & Kermoian, R. (1994). An epigenetic perspective on the development of self-produced locomotion and its consequences. *Current Directions in Psychological Science, 3*(5), 140–145.

Bertenthal, B. I., & Clifton, R. K. (1998). Perception and action. In W. Damon (Ed.-in-Chief) & D. Kuhn & R. S. Siegler (Vol. Eds.), *Handbook of child psychology, Vol. 2: Cognition, perception, and language* (pp. 51–102). New York: Wiley.

Bertram, L., Hiltunen, M., Parkinson, M., Ingelsson, M., Lange, C., Ramasamy, K., Mullin, K., Menon, R., Sampson, A. J., Hsiao, M., Elliott, K. J., Velicelebi, G., Moscarillo, T., Hyman, B. T., Wagner, S. L., Becker, K. D., Blacker, D., & Tanzi, R. E. (2005). Family-based association between Alzheimer's disease and variants in *UBQLN1. New England Journal of Medicine, 352,* 884–894.

Bespalova, I. N., & Buxbaum, J. D. (2003). Disease susceptibility genes for autism. *Annals of Medicine, 35,* 274–281.

Bethell, T. N. (2005, April). What's the big idea? There's more than one solution for Social Security. Here are nine ways to keep the system solvent. *AARP Bulletin,* pp. 22–26.

Beumont, P. J. V., Russell, J. D., & Touyz, S. W. (1993). Treatment of anorexia nervosa. *The Lancet, 341,* 1635–1640.

Beversdorf, D. Q., Manning, S. E., Anderson, S. L., Nordgren, R. E., Walters, S. E., Cooley, W. C., Gaelic, S. E., & Bauman, M. L., (2001, November 10–15). *Timing of prenatal stressors and autism.* Presentation at the 31st Annual Meeting of the Society for Neuroscience, San Diego.

Beyene, Y. (1986). Cultural significance and physiological manifestations of menopause: A biocultural analysis. *Culture, Medicine, and Psychiatry, 10,* 47–71.

Beyene, Y. (1989). *From menarche to menopause: Reproductive lives of peasant women in two cultures.* Albany: State University of New York Press.

Beyette, B. (1998, November 29). Carter keeps zest for life. *Chicago Sun-Times,* pp. A6–A7.

Bialystok, E., Craik, F. I. M., Klein, R., & Viswanathan, M. (2004). Bilingualism, aging, and cognitive control: Evidence from the Simon task. *Psychology and Aging, 19,* 290–303.

Bialystok, E., & Senman, L. (2004). Executive processes in appearance-reality tasks: The role of inhibition of attention and symbolic representation. *Child Development, 75,* 562–579.

Biason-Lauber, A., Konrad, D., Navratil, F., and Schoenle, E. J. (2004). A WNT4 mutation associated with Mullerian-duct regression and virilization in a 46, XX woman. *New England Journal of Medicine, 351,* 792–798.

Biegel, D. E. (1995). Caregiver burden. In G. E. Maddox (Ed.), *The encyclopedia of aging* (2nd ed., pp. 138–141). New York: Springer.

Bielby, D., & Papalia, D. (1975). Moral development and perceptual role-taking egocentrism: Their development and interrelationship across the lifespan. *International Journal of Aging and Human Development, 6*(4), 293–308.

Bienvenu. O. J., Nestadt, G., Samuels, J. F., Costa, P. T., Howard, W. T., & Eaton, W. W. (2001). Phobic, panic, and major depressive disorders and the five-factor model of personality. *Journal of Mental Diseases, 189,* 154–161.

Bierman, K. L., Smoot, D. L., & Aumiller, K. (1993). Characteristics of aggressive-rejected, aggressive (non-rejected), and rejected (nonaggressive) boys. *Child Development, 64,* 139–151.

Billet, S. (2001). Knowing in practice: Reconceptualising vocational expertise. *Learning & Instruction, 11,* 431–452.

Binstock, G. & Thornton, A. (2003). Separations, reconciliations, and living apart in cohabiting and marital units. *Journal of Marriage and Family, 65,* 432–443.

Binstock, R. H. (2004). Anti-aging medicine and research: A realm of conflict and profound societal implications. *Journal of Gerontology: Biological Sciences, 59A,* 523–533.

Birch, E. E., Garfield, S., Hoffman, D. R., Uauy, R. Birch, D. G. (2000). A randomized controlled trial of early dietary supply of long-chain polyunsaturated fatty acids and mental development in term infants. *Developmental Medicine & Child Neurology, 42,* 174–181.

Bird, K. (1990, November 12). The very model of an ex-president. *The Nation,* pp. 545, 560–564.

Bird, T. D. (2005). Genetic factors in Alzheimer's disease. *New England Journal of Medicine, 352,* 862–864.

Birmaher, B. (1998). Should we use antidepressant medications for children and adolescents with depressive disorders? *Psychopharmacology Bulletin, 34,* 35–39.

Birmaher, B., Ryan, N. D., Williamson, D. E., Brent, D. A., Kaufman, J., Dahl, R. E., Perel, J., & Nelson, B. (1996). Childhood and adolescent depression: A review of the past 10 years. *Journal of the American Academy of Child, 35,* 1427–1440.

Birren, J. E., Woods, A. M., & Williams, M. V. (1980). Behavioral slowing with age: Causes, organization, and consequences. In L. W. Poon (Ed.), *Aging in the 1980s.* Washington, DC: American Psychological Association.

Bishop, D. V. M., Price, T. S., Dale, P. S., & Plomin, R. (2003). Outcome of early language delay: II. Etiology of transient and persistent language difficulties. *Journal of Speech, Language, and Hearing Research, 46,* 561–575.

Bjork, J. M., Knutson, B., Fong, G. W., Caggiano, D. M., Bennett, S. M., & Hommer, D. W. (2004). Incentive-elicited brain activities in adolescents: Similarities and differences from young adults. *The Journal of Neuroscience, 24,* 1793–1802.

Bjorklund, D. F. (1997). The role of immaturity in human development. *Psychological Bulletin, 122,* 153–169.

Bjorklund, D. F., & Harnishfeger, K. K. (1990). The resources construct in cognitive development: Diverse sources of evidence and a theory of inefficient inhibition. *Developmental Review, 10,* 48–71.

Bjorklund, D. F., & Pellegrini, A. D. (2000). Child development and evolutionary psychology. *Child Development, 71*(6), 1687–1708.

Bjorklund, D. F., & Pellegrini, A. D. (2002). *The origins of human nature: Evolutionary developmental psychology.* Washington, DC: American Psychological Association.

Black, J. E. (1998). How a child builds its brain: Some lessons from animal studies of neural plasticity. *Preventive Medicine, 27,* 168–171.

Black, M. M., & Krishnakumar, A. (1998). Children in low-income, urban settings: Interventions to promote mental health and well-being. *American Psychologist, 53,* 636–646.

Black, R. E., Morris, S. S., & Bryce, J. (2003). Where and why are 10 million children dying each year? *The Lancet, 361,* 2226–2234.

Blackburn, J. A., Papalia-Finlay, D., Foye, B. F., & Serlin, R. C. (1988). Modifiability of figural relations performance among elderly adults. *Journal of Gerontology: Psychological Sciences, 43*(3), P87–89.

Blackman, A. (1998). *The seasons of her life: A biography of Madeleine Korbel Albright.* New York: Scribner.

Blagrove, M., Alexander, C., & Horne, J. A. (1995). The effects of chronic sleep reduction on the performance of cognitive tasks sensitive to sleep deprivation. *Applied Cognitive Psychology, 9,* 21–40.

Blair, C. (2002). School readiness: Integrating cognition and emotion in a neurobiological conceptualization of children's functioning at school entry. *American Psychologist, 57,* 111–127.

Blake, S. M., Ledsky, R., Goodenow, C., Sawyer, R., Lohrmann, D., & Windsor, R. (2003). Condom availability programs in Massachusetts high schools: Relationships with condom use and sexual behavior. *American Journal of Public Health, 93,* 955–962.

Blanchard-Fields, F., & Camp, C. J. (1990). Affect, individual differences, and real world problem solving across the adult life span. In T. Hess (Ed.), *Aging and cognition: Knowledge organization and utilization* (pp. 461–498). Amsterdam: North-Holland, Elsevier.

Blanchard-Fields, F., & Irion, J. (1987). Coping strategies from the perspective of two developmental markers: Age and social reasoning. *Journal of Genetic Psychology, 149,* 141–151.

Blanchard-Fields, F., & Norris, L. (1994). Causal attributions from adolescence through adulthood: Age differences, ego level, and generalized response style. *Aging and Cognition, 1,* 67–86.

Blanchard-Fields, F., Chen, Y., & Norris, L. (1997). Everyday problem solving across the adult life span: Influence of domain specificity and cognitive appraisal. *Psychology and Aging, 12,* 684–693.

Blanchard-Fields, F., Jahnke, H. C., & Camp, C. J. (1995). Age differences in problem solving style: The role of emotional salience. *Psychology and Aging, 10,* 173–180.

Blanchard-Fields, F., Stein, R., & Watson, T. L. (2004). Age differences in emotion-regulation strategies in handling everyday problems. *Journal of Gerontology: Psychological Sciences, 59B,* P261–P269.

Blieszner, R., Willis, S. L., & Baltes, P. B. (1981). Training research on induction ability: A short-term longitudinal study. *Journal of Applied Developmental Psychology, 2,* 247–265.

Block, J. (1971). *Lives through time.* Berkeley, CA: Bancroft.

Block, J. (1995a). A contrarian view of the Five-Factor approach to personality description. *Psychological Bulletin, 117,* 187–215.

Block, J. (1995b). Going beyond the five factors given: Rejoinder to Costa and McCrae (1995) and Goldberg and Saucier (1995). *Psychological Bulletin, 117,* 226–229.

Blood, M. R., & Rogers, J. (2004, June 10). Remembering Reagan: Confusion mixed with smiles in last years: Couldn't finish his jokes, but friends didn't mind. *Chicago Sun-Times,* p. 12.

Blood, T. (1997). *Madam secretary: A biography of Madeleine Albright.* New York: St. Martin's.

Bloom, B., Cohen, R. A., Vickerie, J. L., & Wondimu, E. A. (2003). Summary health statistics for U.S. children: National Health Interview Survey, 2001. *Vital and Health Statistics, 10*(216). Hyattsville, MD: National Center for Health Statistics.

Bloom, H. (Ed.). (1999). *A scholarly look at The Diary of Anne Frank.* Philadelphia: Chelsea.

Blum, N. J., Taubman, B., & Nemeth, N. (2003). Relationship between age at initiation of toilet training and duration of training: A prospective study. *Pediatrics, 111,* 810–814.

Blumenthal, J. A., Emery, C. F., Madden, D. J., Schniebolk, S., Walsh-Riddle, M., George, L. K., McKee, D. C., Higginbotham, M. B., Cobb, F. R., & Coleman, R. E. (1991). Long-term effects of exercise on psychological functioning in older men and women. *Journal of Gerontology, 46*(6), P352–361.

Boatman, D., Freeman, J., Vining, E., Pulsifer, M., Miglioretti, D., Minahan, R., Carson, B., Brandt, J., & McKhann, G. (1999). Language recovery after left hemispherectomy in children with late onset seizures. *Annals of Neurology, 46*(4), 579–586.

Bodkin, N. L., Alexander, T. M., Ortmeyer, H. K., Johnson, E., & Hansen, B. C. (2003). Mortality and morbidity in laboratory-maintained rhesus monkeys and effects of long-term dietary restriction. *Journal of Gerontology: Biological Sciences, 58A,* 212-219.

Bodrova, E., & Leong, D. J. (1998). Adult influences on play: The Vygotskian approach. In D. P. Fromberg & D. Bergen (Eds.), *Play from birth to twelve and beyond: Contexts, perspectives, and meanings* (pp. 277–282). New York: Garland.

Boerner, K., Schulz, R., & Horowitz, A. (2004). Positive aspects of caregiving and adaptation to bereavement. *Psychology and Aging, 19,* 668–675.

Boerner, K., Wortman, C. B., & Bonanno, G. A. (2005). Resilient or at risk? A 4-year study of older adults who initially showed high or low distress following conjugal loss. *Journal of Gerontology: Psychological Sciences, 60B,* P67–P73.

Bogg, T., & Roberts, B. W. (2004). Conscientiousness and health-related behaviors: A meta-analysis of the leading behavioral contributors to mortality. *Psychological Bulletin, 130,* 887–919.

Bograd, R., & Spilka, B. (1996). Self-disclosure and marital satisfaction in mid-life and latelife remarriages. *International Journal of Aging and Human Development, 42*(3), 161–172.

Bojczyk, K. E., & Corbetta, D. (2004). Object retrieval in the 1st year of life: Learning effects of task exposure and box transparency. *Developmental Psychology, 40,* 54–66.

Bolger, K. E., Patterson, C. J., Thompson, W. W., & Kupersmidt, J. B. (1995). Psychosocial adjustment among children experiencing persistent and intermittent family economic hardship. *Child Development, 66,* 1107–1129.

Bolla, K. I., Cadet, J. L., & London, E. D. (1998). The neuropsychiatry of chronic cocaine abuse. *Journal of Neuropsychiatry and Clinical Neuroscience, 10,* 280–289.

Bolla, K. I., Rothman, R., & Cadet, J. L. (1999). Dose-related neurobehavioral effects of chronic cocaine use. *Journal of Neuropsychiatry & Clinical Neurosciences, 11,* 361–369.

Bollinger, M. B. (2003). Involuntary smoking and asthma severity in children: Data from the Third National Health and Nutrition Examination Survey (NHANES III). *Pediatrics, 112,* 471.

Bonanno, G. A., Wortman, C. B., & Nesse, R. M. (2004). Prospective patterns of resilience and maladjustment during widowhood. *Psychology and Aging, 19,* 260–271.

Bonanno, G. A., Wortman, C. B., Lehman, D. R., Tweed, R. G., Haring, M., Sonnega, J., Carr, D., & Nesse, R. M. (2002). Resilience to loss and chronic grief: A prospective study from preloss to 18-month postloss. *Journal of Personality and Social Psychology,* 1150–1164.

Bond, C. A. (1989, September). A child prodigy from China wields a magical brush. *Smithsonian,* pp. 70–79.

Bonham, V. L., Warshauer-Baker, E., & Collins, F. S. (2005). Race and ethnicity in the genome era. *American Psychologist, 60,* 9–15.

Book, A. S., Starzyk, K. B., & Quinsey, V. L. (2001, November-December). The relationship between testosterone and aggression: A meta-analysis. *Aggression and Violent Behavior, 6,* 579–599.

Boosting brittle bones. (2004, May). *Health-News,* p. 8.

Booth, A. E., & Waxman, S. (2002). Object names and object functions serve as cues to categories for infants. *Developmental Psychology, 38,* 948–957.

Booth-Kewley, S., Minagawa, R. Y., Shaffer, R. A., & Brodine, S. K. (2002). A behavioral intervention to prevent sexually transmitted diseases/human immunodeficiency virus in a Marine Corps sample. *Military Medicine, 167,* 145–150.

Borman G., Boulay, M., Kaplan, J., Rachuba, L., & Hewes, G. (1999, December 13). *Evaluating the long-term impact of multiple summer interventions on the reading skills of low-income, early-elementary students.* Preliminary report, Year 1. Center for Social Organization of Schools, Johns Hopkins University.

Bornstein, M., Kessen, W., & Weiskopf, S. (1976). The categories of hue in infancy. *Science, 191,* 201–202.

Bornstein, M. H. & Cote, L. R. with Maital, S., Painter, K., Park, S. Y., Pascual, L., Pecheux, M. G., Ruel, J., Venuti, P., and Vyt, A. (2004). Cross-linguistic analysis of vocabulary in young children: Spanish, Dutch, French, Hebrew, Italian, Korean, and American English. *Child Development, 75,* 1115–1139.

Bornstein, M. H., Haynes, O. M., O'Reilly, A. W., & Painter, K. (1996). Solitary and collaborative pretense play in early childhood: Sources of individual variation in the development of representational competence. *Child Development, 67,* 2910–2929.

Bornstein, M. H., Haynes, O. M., Pascual, L., Painter, K. M., & Galperin, C. (1999). Play in two societies: Pervasiveness of process, specificity of structure. *Child Development, 70,* 317–331.

Bornstein, M. H., & Sigman, M. D. (1986). Continuity in mental development from infancy. *Child Development, 57,* 251–274.

Bornstein, M. H., & Tamis-LeMonda, C. S. (1994). Antecedents of information processing skills in infants: Habituation, novelty responsiveness, and cross-modal transfer. *Infant Behavior and Development, 17,* 371–380.

Bornstein, M. H., Tamis-LeMonda, C. S., & Haynes, O. M. (1999). First words in the second year: Continuity, stability, and models of concurrent and predictive correspondence in vocabulary and verbal responsiveness across age and context. *Infant Behavior and Development, 22,* 65–85.

Borowsky, I. A., Ireland, M., & Resnick, M. D. (2001). Adolescent suicide attempts: Risks and protectors. *Pediatrics, 107*(3), 485–493.

Bortfield, H., Morgan, J. L., Golinkoff, R. M., & Rathbun, K. (2005). Mommy and me: Familiar names help launch babies into speech-stream segmentation. *Psychological Science, 16,* 298-304.

Bortz, W. M., II, & Wallace, D. H., & Wiley, D. (1999). Sexual function in 1,202 aging males: Differentiating aspects. *The Journals of Gerontology: Series A. Biological Sciences and Medical Sciences, 54,* M237–M241.

Bosch, J., Sullivan, S., Van Dyke, D. C., Su, H., Klockau, L., Nissen, K., Blewer, K., Weber, E., & Eberly, S. S. (2003). Promoting a healthy tomorrow here for children adopted from abroad. *Contemporary Pediatrics, 20*(2), 69–86.

Bosma, H., Peter, R., Siegrist, J., & Marmot, M. (1998). Two alternative job stress models and the risk of coronary heart disease. *American Journal of Public Health, 88,* 68–74.

Boss, P. (1999). *Ambiguous loss: Learning to live with unresolved grief.* Cambridge, MA: Harvard University Press.

Boss, P. (2004). Ambiguous loss research, theory, and practice: Reflections after 9/11. *Journal of Marriage and Family, 66,* 551–566.

Boss, P. G. (2002). Ambiguous loss: Working with families of the missing. *Family Processes, 41,* 14–17.

Boss, P., Beaulieu, L., Wieling, E., Turner, W., & LaCruz, S. (2003). Healing loss, ambiguity, and trauma: A community-based intervention with families of union workers missing after the 9/11 attacks in New York City. *Journal of Marital and Famly Therapy, 29,* 455–467.

Bossé, R., Aldwin, C. M., Levenson, M. R., Spiro, A., & Mroczek, D. K. (1993). Change in social support after retirement: Longitudinal findings from the normative aging study. *Journal of Gerontology: Psychological Sciences, 48,* P210–217.

Bosshard, G., Nilstun, T., Bilsen, J., Norup, M., Miccinesi, G., vanDelden, J. J. M, Faisst, K., van der Heide, A., for the European End-of-Life (EURELD) Consortium. (2005). Forgoing treatment at the end of life in 6 European countries. *Archives of Internal Medicine, 165,* 401–407.

Bosworth, H. B., & Schaie, K. W. (1997). The relationship of social environment, social networks, and health outcomes in the Seattle Longitudinal Study: Two analytical approaches. *Journals of Gerontology: Psychological Sciences, 52B,* P197–P205.

Botwinick, J. (1984). *Aging and behavior* (3rd ed.). New York: Springer.

Bouchard, T. J. (1994). Genes, environment, and personality. *Science, 264,* 1700–1701.

Bouchard, T. J. (2004). Genetic influence on human psychological traits: A survey. *Current Directions in Psychological Science, 13,* 148–154.

Bouchey, H. A. & Furman, W. (2003). Dating and romantic experiences in adolescence. In G. R. Adams and M.D. Berzonsky. (eds.). *Blackwell handbook of adolescence* (pp. 313–329).

Boulé, N. G., Haddad, E., Kenny, G. P.,Wells, G. A., & Sigal, R. J. (2001). Effects of exercise on glycemic control and body mass in type 2 diabetes mellitus: A meta-analysis of controlled clinical trials. *Journal of the American Medical Association, 286,* 1218–1227.

Boulton, M. J. (1995). Playground behaviour and peer interaction patterns of primary school boys classified as bullies, victims and not involved. *British Journal of Educational Psychology, 65,* 165–177.

Boulton, M. J., & Smith, P. K. (1994). Bully/victim problems in middle-school children: Stability, self-perceived competence, peer perception, and peer acceptance. *British Journal of Developmental Psychology, 12,* 315–329.

Boutin, P., Dina, C., Vasseur, F., Dubois, S. S., Corset, L., Seron, K., Bekris, L., Cabellon, J., Neve, B., Vasseur-Delannoy, V., Chikri, M., Charles, M. A., Clement, K., Lernmark, A., & Froguel, P. (2003). GAD2 on chromosome 10p12 is a candidate gene for human obesity. *Public Library of Science Biology, 1*(3), E68.

Bower, B. (1993). A child's theory of mind. *Science News, 144,* 40–42.

Bowlby, J. (1951). Maternal care and mental health. *Bulletin of the World Health Organization, 3,* 355–534.

Bowman, S. A., Gortmaker, S. L., Ebbeling, C. B., Pereira, M. A., Ludwig, D. S. (2004). Effects of fast food consumption on energy intake and diet quality among children in a national household survey. *Pediatrics, 113,* 112–118.

Boyles, S. (2002, January 27). Toxic landfills may boost birth defects. *WebMD Medical News.* [Online].

Brabant, S. (1994). An overlooked AIDS affected population: The elderly parent as caregiver. *Journal of Gerontological Social Work, 22,* 131–145.

Brabeck, M. M., & Shore, E. L. (2003). Gender differences in intellectual and moral development? The evidence refutes the claims. In

J. Demick and C. Andreoletti (eds.). *Handbook of adult development.* NY: Plenum Press.

Bracher, G., & Santow, M. (1999). Explaining trends in teenage childbearing in Sweden. *Studies in Family Planning, 30,* 169–182.

Bradford, J., & Ryan, C. (1991). Who are we: Health concerns of middle-aged lesbians. In J. W. B. Sang & A. Smith (Eds.), *Lesbians at midlife: The creative transition* (pp. 147–163). San Francisco: Spinsters.

Bradley, R. H. (1989). Home measurement of maternal responsiveness. In M. H. Bornstein (Ed.), *Maternal responsiveness: Characteristics and consequences* (New Directions for Child Development No. 43). San Francisco: Jossey-Bass.

Bradley, R. H., Corwyn, R. F., Burchinal, M., McAdoo, H. P., & Coll, C. G. (2001). The home environment of children in the United States: Part II: Relations with behavioral development through age thirteen. *Child Development, 72*(6), 1868–1886.

Bradley, R. H., Corwyn, R. F., McAdoo, H. P., & Coll, C. G. (2001). The home environment of children in the United States: Part I: Variation by age, ethnicity, and poverty status. *Child Development, 72*(6), 1844–1867.

Braine, M. (1976). Children's first word combinations. *Monographs of the Society for Research in Child Development, 41*(1, Serial No. 164).

Brambati, S. M., Termine, C., Ruffino, M., Stella, G., Fazio, F., Cappa, S. F., & Perani, D. (2004). Regional reductions of gray matter volume in familial dyslexia. *Neurology, 63,* 742–745.

Bramlett, M. D., & Mosher, W. D. (2001). *First marriage dissolution, divorce, and remarriage: United States.* (Advance data from vital and health statistics, no. 323). Hyattsville, MD: National Center for Health Statistics.

Bramlett, M. D., & Mosher, W. D. (2002). Cohabitation, marriage, divorce, and remarriage in the United States. *Vital Health Statistics, 23*(22). Hyattsville, MD: National Center for Health Statistics.

Brandt, B. (1989). A place for her death. *Humanistic Judaism, 17*(3), 83–85.

Bratton, S. C., & Ray, D. (2002). Humanistic play therapy. In D. J. Cain (Ed.), *Humanistic psychotherapies: Handbook of research and practice* (pp. 369–402). Washington, DC: American Psychological Association.

Braungart, J. M., Plomin, R., DeFries, J. C., & Fulker, D. W. (1992). Genetic influence on tester-rated infant temperament as assessed by Bayley's Infant Behavior Record: Nonadoptive and adoptive siblings and twins. *Developmental Psychology, 28,* 40–47.

Braungart-Rieker, J., Garwood, M. M., Powers, B. P., & Notaro, P. C. (1998). Infant affect and affect regulation during the still-face paradigm with mothers and fathers: The role of infant characteristics and parental sensitivity. *Developmental Psychology, 34*(6), 1428–1437.

Braungart-Rieker, J. M., Garwood, M. M., Powers, B. P., & Wang, X. (2001). Parental sensitivity, infant affect, and affect regulation: Predictors of later attachment. *Child Development, 72,* 252–270.

Bray, J. H. (1991). Psychosocial factors affecting custodial and visitation arrangements. *Behavioral Sciences and the Law, 9,* 419–437.

Bray, J. H., & Hetherington, E. M. (1993). Families in transition: Introduction and overview. *Journal of Family Psychology, 7,* 3–8.

Brazelton, T. B. (1973). *Neonatal behavioral assessment scale.* Philadelphia: Lippincott.

Brazelton, T. B. (1984). *Neonatal Behavioral Assessment Scale.* Philadelphia: Lippincott.

Brazelton, T. B., & Nugent, J. K. (1995). The Neonatal Behavioral Assessment Scale. Cambridge: Mac Keith Press.

Breier, J. I., Simos, P. G., Fletcher, J. M., Castillo, E. M., Zhang, W., & Papanicolaou, A. C. (2003). Abnormal activation of temporoparietal language areas during phonetic analysis in children with dyslexia. *Neuropsychology, 17,* 610–621.

Bremner, W. J., Vitiello, M. V., & Prinz, P. N. (1983). Loss of circadian rhythmicity in blood testosterone levels with aging in normal men. *Journal of Clinical Endocrinology and Metabolism, 56,* 1278–1281.

Brener, N., Lowry, R., Kann, L., Kolbe, L., Lenhherr, J., Janssen, R., & Jaffe, H. (2002). Trends in sexual risk behaviors among high school students—United States, 1991–2001. *Morbidity and Mortality Weekly Report, 51*(38), 856–859.

Brenneman, K., Massey, C., Machado, S. F., & Gelman, R. (1996). Young children's plans differ for writing and drawing. *Cognitive Development, 11,* 397–419.

Brenner, M. H. (1991). Health, productivity, and the economic environment: Dynamic role of socio-economic status. In G. Green & F. Baker (Eds.), *Work, health, and productivity* (pp. 241–255). New York: Oxford University Press.

Brenner, R. A., Simons-Morton, B. G., Bhaskar, B., Revenis, M., Das, A., & Clemens, J. D. (2003). Infant-parent bed sharing in an inner-city population. *Archives of Pediatrics and Adolescent Medicine, 57,* 33–39.

Brent, D. A., & Birmaher, B. (2002). Adolescent depression. *New England Journal of Medicine, 347,* 667–671.

Brent, R. L. & Weitzman, M. (2004). The current state of knowledge about the effects, risks, and science of children's environmental exposures. *Pediatrics, 113,* 1158–1166.

Bretherton, I. (1990). Communication patterns, internal working models, and the intergenerational transmission of attachment relationships. *Infant Mental Health Journal, 11*(3), 237–252.

Bretherton, I. (Ed.). (1984). *Symbolic play: The development of social understanding.* Orlando, FL: Academic.

Brezina, T. (1999). Teenage violence toward parents as an adaptation to family strain: Evidence from a national survey of male adolescents. *Youth & Society, 30,* 416–444.

Brim, O. G., Ryff, C. D., & Kessler, R. C. (2004). The MIDUS National Survey: An overview. In O. G. Brim, C. D. Ryff, & R. C. Kessler (Eds.), *How healthy are we? A national study of well-being at midlife.* Chicago: University of Chicago Press.

Briss, P. A., Sacks, J. J., Addiss, D. G., Kresnow, M., & O'Neil, J. (1994). A nationwide study of the risk of injury associated with day care center attendance. *Pediatrics, 93,* 364–368.

Brock, D. W. (1992, March–April). Voluntary active euthanasia. *Hastings Center Report,* pp. 10–22.

Broder, M. S., Kanouse, D. E., Mittman, B. S., & Bernstein, S. J. (2000). The appropriateness of recommendations for hysterectomy. *Obstetrics & Gynecology, 95,* 199–205.

Brody, G. H. (1998). Sibling relationship quality: Its causes and consequences. *Annual Review of Psychology, 49,* 1–24.

Brody, G. H. (2004). Siblings' direct and indirect contributions to child development. *Current Directions in Psychological Science, 13,* 124–126.

Brody, G. H., Flor, D. L., & Gibson, N. M. (1999). Linking maternal efficacy beliefs, developmental goals, parenting practices, and child competence in rural single-parent African American families. *Child Development, 70*(5), 1197–1208.

Brody, G. H., Ge, X., Conger, R., Gibbons, F. X., Murry, V. M., Gerrard, M., and Simons, R. L. (2001). The influence of neighborhood disadvantage, collective socialization, and parenting on African American children's affiliation with deviant peers. *Child Development, 72*(4), 1231–1246.

Brody, G. H., Kim, S., Murry, V. M., & Brown, A. C. (2004). Protective longitudinal paths linking child competence to behavioral problems among African American siblings. *Child Development, 75,* 455–467.

Brody, G. H., Stoneman, Z., & Flor, D. (1995). Linking family processes and academic competence among rural African American youths. *Journal of Marriage and the Family, 57,* 567–579.

Brody, G. H., Stoneman, Z., & Gauger, K. (1996). Parent-child relationships, family problem-solving behavior, and sibling relationship quality: The moderating role of sibling temperaments. *Child Development, 67,* 1289–1300.

Brody, J. E. (1995, June 28). Preventing birth defects even before pregnancy. *The New York Times,* p. C10.

Brody, L. R., Zelazo, P. R., & Chaika, H. (1984). Habituation-dishabituation to speech in the neonate. *Developmental Psychology, 20,* 114–119.

Brodzinsky, D. (1997). Infertility and adoption adjustment: Considerations and clinical issues. In S. R. Leiblum (Ed.), *Infertility: Psychological issues and counseling strategies* (pp. 246–262). New York: Wiley.

Broidy, L. M., Tremblay, R. E., Brame, B., Fergusson, D., Horwood, J. L., Laird, R., Moffitt, T. E., Nagin, D. S., Bates, J. E., Dodge, K. A., Loeber, R., Lyam, D. R., Pettit, G. S., & Vitaro, F. (2003). Developmental trajectories of childhood disruptive behaviors and adolescent delinquency: A six-site cross-national study. *Developmental Psychology, 39,* 222–245.

Bronfenbrenner, U. (1979). *The ecology of human development.* Cambridge, MA: Harvard University Press.

Bronfenbrenner, U. (1986). Ecology of the family as a context for human development: Research perspectives. *Developmental Psychology, 22,* 723–742.

Bronfenbrenner, U. (1994). Ecological models of human development. In T. Husen & T. N. Postlethwaite (Eds.), *International encyclopedia of education* (2nd ed., Vol. 3). Oxford: Pergamon Press/Elsevier Science.

Bronfenbrenner, U., & Morris, P. A. (1998). The ecology of developmental processes. In W. Damon (Series Ed.) & R. Lerner (Vol. Ed.), *Handbook of child psychology: Vol. 1. Theoretical models of human development* (5th ed., pp. 993–1028). New York: Wiley.

Bronner, E. (1999, January 22). Social promotion is bad; repeating a grade may be worse. *The New York Times* [Online]. Available: http://search.nytimes.com/search/daily/bin/fastweb?getdoc+site+site+13235+0+wAAA+social%7Epromotion

Bronstein, P. (1988). Father-child interaction: Implications for gender role socialization. In P. Bronstein & C. P. Cowan (Eds.), *Fatherhood today: Men's changing role in the family.* New York: Wiley.

Bronstein, P., Clauson, J., Stoll, M. F., & Abrams, C. L. (1993). Parenting behavior and children's social, psychological, and academic adjustment in diverse family structures. *Family Relations, 42,* 268–276.

Brooks, R., & Meltzoff, A. N. (2002). The importance of eyes: How infants interpret adult looking behavior. *Developmental Psychology, 38,* 958–966.

Brooks-Gunn, J. (2003). Do you believe in magic? What can we expect from early childhood intervention programs? *SRCD Social Policy Report, 17*(1).

Brooks-Gunn, J., Britto, P. R., & Brady, C. (1998). Struggling to make ends meet: Poverty and child development. In M. E. Lamb (Ed.), *Parenting and child development in "nontraditional" families* (pp. 279–304). Mahwah, NJ: Erlbaum.

Brooks-Gunn, J., & Duncan, G. J. (1997). The effects of poverty on children. *The Future of Children, 7,* 55–71.

Brooks-Gunn, J., Duncan, G. J., Leventhal, T., & Aber, J. L. (1997). Lessons learned and future directions for research on the neighborhoods in which children live. In J. Brooks-Gunn, G. J. Duncan, & J. L. Aber (Eds.), *Neighborhood poverty: Context and consequences for children* (Vol. 1, pp. 279–297). New York: Russell Sage Foundation.

Brooks-Gunn, J., Han, W.-J., & Waldfogel, J. (2002). Maternal employment and child cognitive outcomes in the first three years of life: The NICHD study of early child care. *Child Development, 73,* 1052–1072.

Brooks-Gunn, J., Klebanov, P. K., Liaw, F., & Spiker, D. (1993). Enhancing the development of low-birthweight, premature infants: Changes in cognition and behavior over the first three years. *Child Development, 64,* 736–753.

Brooks-Gunn, J., McCarton, C. M., Casey, P. H., et al. (1994). Early intervention in low-birthweight premature infants: Results through age 5 years from the Infant Health Development Program. *Journal of the American Medical Association, 272,* 1257–1262.

Broude, G. J. (1994). *Marriage, family, and relationships: A cross-cultural encyclopedia.* Santa Barbara, CA: ABC-CLIO.

Broude, G. J. (1995). *Growing up: A cross-cultural encyclopedia.* Santa Barbara, CA: ABC-CLIO.

Brown, A. L., Metz, K. E., & Campione, J. C. (1996). Social interaction and individual understanding in a community of learners: The influence of Piaget and Vygotsky. In A. Tryphon & J. Voneche (Eds), *Piaget-Vygotsky: The social genesis of thought* (pp. 145–170). Hove, England: Psychology/Erlbaum (UK) Taylor & Francis.

Brown, A. S., Begg, M. D., Gravenstein, S., Schaefer, C. A., Wyatt, R. J., Bresnahan, M., Babulas, V. P., & Susser, E. S. (2004). Serologic evidence of prenatal influence in the etiology of schizophrenia. *Archives of General Psychiatry, 61,* 774–780.

Brown, B. B., & Klute, C. (2003). Friendships, cliques, and crowds. In G. R. Adams and M. D. Berzonsky. (Eds.). *Blackwell handbook of adolescence* (pp. 330–348). Malden, MA: Blackwell.

Brown, B. B., Mounts, N., Lamborn, S. D., & Steinberg, L. (1993). Parenting practices and peer group affiliation in adolescence. *Child Development, 64,* 467–482.

Brown, J. L. (1987). Hunger in the U.S. *Scientific American, 256*(2), 37–41.

Brown, J. M. (1989). *Gandhi: Prisoner of hope.* New Haven: Yale University Press.

Brown, J. R., & Dunn, J. (1996). Continuities in emotion understanding from three to six years. *Child Development, 67,* 789–802.

Brown, J. T., & Stoudemire, A. (1983). Normal and pathological grief. *Journal of the American Medical Association, 250,* 378–382.

Brown, J. V., Bakeman, R., Coles, C. D., Platzman, K. A., and Lynch, M. E. (2004). Prenatal cocaine exposure: A comparison of 2-year-old children in parental and nonparental care. *Child Development, 75,* 1282–1295.

Brown, L. J., Wall, T. P., & Lazar, V. (2000). Trends in untreated caries in primary teeth of children 2 to 10 years old. *Journal of the American Dental Association, 131,* 93–100.

Brown, L. M., & Gilligan, C. (1990, April). *The psychology of women and the development of girls.* Paper presented at the Laurel-Harvard Conference on the Psychology of Women and the Education of Girls, Cleveland, OH.

Brown, N. M. (1990). Age and children in the Kalahari. *Health and Human Development Research, 1,* 26–30.

Brown, P. (1993, April 17). Motherhood past midnight. *New Scientist,* pp. 4–8.

Brown, S. L. (2004). Family structure and child well-being: The significance of parental cohabitation. *Journal of Marriage and Family, 66,* 351–367.

Brown, S. L., Bulanda, J. R., & Lee, G. R. (2005). The significance of nonmarital cohabitation: Marital status and mental health benefits among middle-aged and older adults. *Journal of Gerontology: Social Sciences, 60B,* S21–S29.

Brown, S. S. (1985). Can low birth weight be prevented? *Family Planning Perspectives, 17*(3), 112–118.

Browne, A., & Finkelhor, D. (1986). Impact of child sexual abuse: A review of research. *Psychological Bulletin 99*(1), 66–77.

Browning, C. R. (2002). The span of collective efficacy: Extending social disorganization theory to partner violence. *Journal of Marriage and Family, 64,* 833–850.

Brubaker, T. H. (1983). Introduction. In T. H. Brubaker (Ed.), *Family relationships in later life.* Beverly Hills, CA: Sage.

Brubaker, T. H. (Ed.). (1993). *Family relationships: Current and future directions.* Newbury Park, CA: Sage.

Bruck, M., & Ceci, S. J. (1997). The suggestibility of young children. *Current Directions in Psychological Science, 6,* 75–79.

Bruck, M., Ceci, S. J., & Hembrooke, H. (1998). Reliability and credibility of young children's reports: From research to policy and practice. *American Psychologist, 53,* 136–151.

Bruer, J. T. (2001). A critical and sensitive period primer. In D. B. Bailey, J. T. Bruer, F. J. Symons, & J. W. Lichtman (Eds.). *Critical thinking about critical periods: A series from the National Center for Early Development and Learning* (pp. 289–292). Baltimore, MD: Paul Brooks Publishing.

Bruner, A. B., Joffe, A., Duggan, A. K., Casella, J. F., & Brandt, J. (1996). Randomised study of cognitive effects of iron supplementation in non-anaemic iron-deficient adolescent girls. *Lancet, 348,* 992–996.

Bryant, B. K. (1987). Mental health, temperament, family, and friends: Perspectives on children's empathy and social perspective taking. In N. Eisenberg & J. Strayer (Eds.), *Empathy and its development* (pp. 245–270). Cambridge, UK: Cambridge University Press.

Bryce, J., Boschi-Pinto, C., Black, R. E., & the WHO Child Health Epidemiology Reference Group. (2005). WHO estimates of the causes of death in children. *Lancet, 365,* 1147–1152.

Buchanan, C. M., Eccles, J. S., & Becker, J. B. (1992). Are adolescents the victims of raging hormones?: Evidence for activational effects of hormones on moods and behavior at adolescence. *Psychological Bulletin, 111,* 62–107.

Buckner, J. C., Bassuk, E. L., Weinreb, L. F., & Brooks, M. G. (1999). Homelessness and its relation to the mental health and behavior of low-income school-age children. *Developmental Psychology, 35*(1), 246–257.

Budson, A. E., & Price, B. H. (2005). Memory dysfunction. *New England Journal of Medicine, 352,* 692–699.

Buhrmester, D. (1990). Intimacy of friendship, interpersonal competence, and adjustment during preadolescence and adolescence. *Child Development, 61,* 1101–1111.

Buhrmester, D. (1996). Need fulfillment, interpersonal competence, and the developmental contexts of early adolescent friendship. In W. M. Bukowski, A. F. Newcomb, & W. W. Hartup (Eds.), *The company they keep: Friendship in childhood and adolescence* (pp. 158–185). New York: Cambridge University Press.

Buhrmester, D., & Furman,W. (1990). Perceptions of sibling relationships during middle childhood and adolescence. *Child Development, 61,* 138–139.

Bulcroft, K., & O'Conner, M. (1986). The importance of dating relationships on quality of life for older persons. *Family Relations, 35,* 397–401.

Bulcroft, R. A., & Bulcroft, K. A. (1991). The nature and function of dating in later life. *Research on Aging, 13,* 244–260.

Bulkley, K., & Fisler, J. (2002). A decade of charter schools: From theory to practice. Philadelphia: Consortium for Policy Research in Education, Graduate School of Education, University of Pennsylvania.

Bumpass, L. L., & Lu, H.-H. (2000). Trends in cohabitation and implications for children's family contexts in the United States. *Population Studies, 54,* 29–41.

Bunikowski, R., Grimmer, I., Heiser, A., Metze, B., Schafer, A., & Obladen, M. (1998). Neurodevelopmental outcome after prenatal exposure to opiates. *European Journal of Pediatrics, 157,* 724–730.

Burchinal, M. R., Campbell, F. A., Bryant, D. M., Wasik, B. H., & Ramey, C. T. (1997). Early intervention and mediating processes in cognitive performance of children of low income African American families. *Child Development, 68,* 935–954.

Burchinal, M. R., Roberts, J. E., Nabors, L. A., & Bryant, D. M. (1996). Quality of center child care and infant cognitive and language development. *Child Development, 67,* 606–620.

Bureau of Labor Standards. (2000–2001, Winter). High-paying jobs requiring on-the-job training. *Occupational Outlook Quarterly.* [Online]. Available: http:/www.bls.gov/opub/ooq.htm.

Bureau of Labor Statistics. (1998). *Workers on flexible and shift schedules in 1997* (Suppl. to May 1997 Current Population Survey) [Online]. Available: http://www.bls.gov/news.release/flex.nws.htm.

Bureau of Labor Statistics. (2001). Industry at a glance. [Online] Available: http://www.bls.gov/iag/iaghome.htm.

Bureau of Labor Statistics. (2002a). Employment Characteristics of Families, 2001. *Current Population Survey* (USDL 02–175). Washington, DC: U. S. Department of Labor.

Bureau of Labor Statistics. (2002b). Table D-6: Employed persons by age and sex, seasonally adjusted. [Online]. Available: ftp://ftp.bls.gov/pub/suppl/empsit.cpspeed6.txt. Access date: December 20, 2002.

Bureau of Labor Statistics. (2005a). Data on unemployment rate. [Online]. Retrieved February 16, 2005 from http://www.bls.gov/cps/home.htm.

Bureau of Labor Statistics. (2005b). *Women in the labor force: A databook.* [Online]. Retrieved May 19, 2005, from http://www.bls.gov/cps/wlf-databook2005.htm.

Burhans, K. K., & Dweck, C. S. (1995). Helplessness in early childhood: The role of contingent worth. *Child Development, 66,* 1719–1738.

Burke, D. M., & Shafto, M. A. (2004). Aging and language production. *Current Directions in Psychological Science,* 13, 81–84.

Burns, B. J., Phillips, S. D., Wagner, H. R., Barth, R. P., Kolko, D. J., Campbell, Y., & Landsverk, J. (2004). Mental health need and access to mental health services by youths involved with child welfare: A national survey. *Journal of the American Academy of Child & Adolescent Psychiatry, 43,* 960–970.

Burns, G. (1983). *How to live to be 100—or more: The ultimate diet, sex, and exercise book.* New York: Putnam.

Burton, L. C., Zolaniuk, B., Schulz, R., Jackson, S., & Hirsch, C. (2003). Transitions in spousal caregiving. *The Gerontologist, 43,* 230–241.

Bushnell, E. W., & Boudreau, J. P. (1993). Motor development and the mind: The potential role of motor abilities as a determinant of aspects of perceptual development. *Child Development, 64,* 1005–1021.

Busse, E. W. (1987). Primary and secondary aging. In G. L. Maddox (Ed.), *The encyclopedia of aging* (p. 534). New York: Springer.

Bussey, K., & Bandura, A. (1992). Self-regulatory mechanisms governing gender development. *Child Development, 63,* 1236–1250.

Bussey, K., & Bandura, A. (1999). Social cognitive theory of gender development and differentiation. *Psychological Review, 106,* 676–713.

Butler, R. (1961). Re-awakening interests. *Nursing Homes: Journal of the American Nursing Home Association, 10,* 8–19.

Butler, R. (1996). The dangers of physician-assisted suicide. *Geriatrics, 51,* 7.

Butler, R. N., Davis, R., Lewis, C. B., Nelson, M. E., & Strauss, E. (1998a). Physical fitness: Benefits of exercise for the older patient. 2. *Geriatrics 53,* 46, 49–52, 61–62.

Butler, R. N., Davis, R., Lewis, C. B., Nelson, M. E., & Strauss, E. (1998b). Physical fitness: How to help older patients live stronger and longer. 1. *Geriatrics, 53,* 26–28, 31–32, 39–40.

Butler, R. N., Sprott, R., Warner, H., Bland, J., Feuers, R., Forster, M., Fillit, H., Harman, M., Hewitt, M., Hyman, M., Johnson, K., Kligman, E., McClearn, G., Nelson, J., Richardson, A., Sonntag, W., Weindruch, R., & Wolf, N. (2004). Biomarkers of aging: From primitive organisms to humans. *Journal of Gerontology: Biological Sciences, 59A,* 560–567.

Byrne, M., Agerbo, E., Ewald, H., Eaton, W. W., & Mortensen, P. B. (2003). Parental age and risk of schizophrenia: A case-control study. *Archives of General Psychiatry, 60,* 673–678.

Byrnes, J. P., & Fox, N. A. (1998). The educational relevance of research in cognitive neuroscience. *Educational Psychology Review, 10,* 297–342.

Cabrera, N. J., Tamis-LeMonda, C. S., Bradley, R. H., Hofferth, S., & Lamb, M. E. (2000). Fatherhood in the twenty-first century. *Child Development, 71,* 127–136.

Cadman, C., Brewer, J. (2001). Emotional intelligence: A vital prerequisite for recruitment in nursing. *Journal of Nursing Management, 9,* 321–324.

Caelli, K., Downie, J., & Letendre, A. (2002). Parents' experiences of midwife-managed care following the loss of a baby in a previous pregnancy. *Journal of Advanced Nursing, 39,* 127–136.

Cain, W. S., Reid, F., & Stevens, J. C. (1990). Missing ingredients: Aging and the discrimination of flavor. *Journal of Nutrition for the Elderly, 9,* 3–15.

Caldwell, B. M., & Bradley, R. H. (1984). *Home Observation for Measurement of the Environment.* Unpublished manuscript, University of Arkansas at Little Rock.

Calkins, S. D., & Fox, N. A. (1992). The relations among infant temperament, security of attachment, and behavioral inhibition at twenty-four months. *Child Development, 63,* 1456–1472.

Camp, C. J. (1989). World-knowledge systems. In L. W. Poon, D. C. Rubin, & B. A. Wilson (Eds.), *Everyday cognition in adulthood and late life.* Cambridge, England: Cambridge University Press.

Camp, C. J., & McKitrick, L. A. (1989). The dialectics of remembering and forgetting across the adult lifespan. In D. Kramer & M. Bopp (Eds.), *Dialectics and contextualism in clinical and developmental psychology: Change, transformation, and the social context* (pp. 169–187). New York: Springer.

Camp, C. J., & McKitrick, L. A. (1992). Memory interventions in Alzheimer's-type dementia populations: Methodological and theoretical issues. In R. L. West & J. D. Sinnott (Eds.), *Everyday memory and aging: Current research and methodology* (pp. 155–172). New York: Springer-Verlag.

Camp, C. J., Doherty, K., Moody-Thomas, S., & Denney, N. W. (1989). Practical problem solving in adults: A comparison of problem types and scoring methods. In J. D. Sinnott (Ed.), *Everyday problem solving: Theory and applications* (pp. 211–228). New York: Praeger.

Camp, C. J., Foss, J. W., Stevens, A. B., Reichard, C. C., McKitrick, L. A., & O'Hanlon, A. M. (1993). Memory training in normal and demented populations: The E-I-E-I-O model. *Experimental Aging Research, 19,* 277–290.

Campbell, A., Shirley, L., & Candy, J. (2004). A longitudinal study of gender-related cognition and behaviour. *Developmental Science, 7,* 1–9.

Campbell, A., Shirley, L., Heywood, C., & Crook, C. (2000). Infants' visual preference for sex-congruent babies, children, toys, and activities: A longitudinal study. *British Journal of Developmental Psychology, 18,* 479–498.

Campbell, F. A., Pungello, E. P., Miller-Johnson, S., Burchinal, M., & Ramey, C. T. (2001). The development of cognitive and academic abilities: Growth curves from an early childhood education experiment. *Developmental Psychology, 37*(2), 231–242.

Campfield, L. A., Smith, F. J., & Burns, P. (1998, May 29). Strategies and potential molecular targets for obesity treatment. *Science, 280,* 1383–1387.

Campfield, L. A., Smith, F. J., Guisez, Y., Devos, R., & Burns, P. (1995). Recombinant mouse OB protein: Evidence for a peripheral signal linking adiposity and central neural networks. *Science, 269,* 546–549.

Campos, J., Bertenthal, B., & Benson, N. (1980, April). *Self-produced locomotion and the extraction of form invariance.* Paper presented at the meeting of the International Conference on Infant Studies, New Haven, CT.

Canfield, R. L., Henderson, C. R., Cory-Slechta, D. A., Cox, C., Jusko, T. A., & Lanphear, B. P. (April 17, 2003). Intellectual impairment in children with blood lead concentrations below 10 g per deciliter. *New England Journal of Medicine, 348,* 1517–1526.

Cantor, J. (1994). Confronting children's fright responses to mass media. In D. Zillman, J. Bryant, & A. C. Huston (Eds.), *Media, children, and the family: Social scientific, psychoanalytic, and clinical perspectives.* Hillsdale, NJ: Erlbaum.

Cao, A., Saba, L., Galanello, R., & Rosatelli, M. C. (1997). Molecular diagnosis and carrier screening for thalassemia. *Journal of the American Medical Association, 278,* 1273–1277.

Cao, X.-Y., Jiang, X.-M., Dou, Z.-H., Rakeman, M. A., Zhang, M.-L., O'Donnell, K., Ma, T., Amette, K., DeLong, N., & DeLong, G. R. (1994). Timing of vulnerability of the brain to iodine deficiency in endemic cretinism. *New England Journal of Medicine, 331,* 1739–1744.

Capaldi, D. M., Stoolmiller, M., Clark, S., & Owen, L. D. (2002). Heterosexual risk behaviors in at-risk young men from early adolescence to young adulthood: Prevalence, prediction, and association with STD contraction. *Developmental Psychology, 38,* 394–406.

Caplan, M., Vespo, J., Pedersen, J., & Hay, D. F. (1991). Conflict and its resolution in small groups of one- and two-year olds. *Child Development, 62,* 1513–1524.

Capon, N., Kuhn, D., & Carretero, M. (1989). Consumer reasoning. In J. D. Sinnott (Ed.), *Everyday problem solving: Theory and application* (pp. 153–174). New York: Praeger.

Caraballo, R. S., Giovino, G. A., Pechacek, T. F., Mowery, P. D., Richter, P. A., Strauss, W. J., Sharp, D. J., Eriksen, M. P., Pirkle, J. L., & Maurer, K. R. (1998). Racial and ethnic differences in serum cotinine levels of cigarette smokers. *Journal of the American Medical Association, 280,* 135–139.

Carbery, J., & Buhrmester, D. (1998). Friendship and need fulfillment during three phases of young adulthood. *Journal of Social & Personal Relationships, 15,* 393–409.

Carlson, E. A. (1998). A prospective longitudinal study of attachment disorganization/disorientation. *Child Development, 69*(4), 1107–1128.

Carlson, E. A., Sroufe, L. A., & Egeland, B. (2004). The construction of experience: A longitudinal study of representation and behavior. *Child Development, 75,* 66–83.

Carlson, S. M., & Taylor, M. (in press). Imaginary companions and impersonated characters: Sex differences in children's fantasy play. *Merrill-Palmer Quarterly.*

Carlson, S. M., Moses, L. J., & Hix, H. R. (1998). The role of inhibitory processes in young children's difficulties with deception and false belief. *Child Development, 69*(3), 672–691.

Carlson, S. M., Wong, A., Lemke, M., & Cosser, C. (2005). Gesture as a window in children's beginning understanding of false belief. *Child Development, 76,* 73–86.

Carmichael, M. (2004, January 26). In parts of Asia, sexism is ingrained and gender selection often means murder. No girls, please. *Newsweek,* p. 50.

Carpenter, D. (2004, May 16). An age-old issue: Some expect more lawsuits with half the work force 40 or older. *Chicago Sun-Times,* p. 45A.

Carr, D. (2004). The desire to date and remarry among older widows and widowers. *Journal of Marriage and Family, 66,* 1951–1968.

Carr, D., House, J. S., Kessler, R. C., Nesse, R. M., Sonnega, J., & Wortman, C. (2000). Marital quality and psychological adjustment to widowhood among older adults: A longitudinal analysis. *Journal of Gerontology: Social Sciences, 55B,* S197–S207.

Carraher, T. N., Schliemann, A. D., & Carraher, D. W. (1988). Mathematical concepts in everyday life. In G. B. Saxe and M. Gearhart (Eds.), Children's mathematics. *New Directions in Child Development, 41,* 71–87.

Carrel, L., & Willard, B. F. (2005). X-inactivation profile reveals extensive variability in X-linked gene expression in females. *Nature, 434,* 400–404.

Carroll-Pankhurst, C., & Mortimer, E. A. (2001). Sudden infant death syndrome, bed sharing, parental weight, and age at death. *Pediatrics, 107*(3), 530–536.

Carskadon, M. A., Acebo, C., Richardson, G. S., Tate, B. A., & Seifer, R. (1997). Long nights protocol: Access to circadian parameters in adolescents. *Journal of Biological Rhythms, 12,* 278–289.

Carstensen, L. L. (1991). Selectivity theory: Social activity in life-span context. In *Annual review of gerontology and geriatrics* (Vol. 11, pp. 195–217). New York: Springer.

Carstensen, L. L. (1995). Evidence for a life-span theory of socioemotional selectivity. *Current Directions in Psychological Science, 4,* 150–156.

Carstensen, L. L. (1996). Socioemotional selectivity: A life-span developmental account of social behavior. In M. R. Merrens & G. G. Brannigan (Eds.), *The developmental psychologists: Research adventures across the life span* (pp. 251–272). New York: McGraw-Hill.

Carstensen, L. L. (1999). Elderly show their emotional know-how. (Cited in *Science News, 155,* p. 374). Paper presented at the meeting of the American Psychological Society, Denver, CO.

Carstensen, L. L., & Pasupathi, M. (1993). Women of a certain age. In S. Matteo (Ed.), *Critical issues facing women in the '90s* (pp. 66–78). Boston: Northeastern University Press.

Carstensen, L. L., Graff, J., Levenson, R. W., & Gottman, J. M. (1996). Affect in intimate relationships: The development course of marriage. In C. Magai & S. H. McFadden (Eds.), *Handbook of emotion, adult development, and aging* (pp. 227–247). San Diego: Academic Press.

Carstensen, L. L., Gross, J., & Fung, H. (1997). The social context of emotion. *Annual Review of Geriatrics and Gerontology, 17,* 331.

Carstensen, L. L., Isaacowitz, D. M., & Charles, S. T. (1999). Taking time seriously: A theory of socioemotional selectivity. *American Psychologist, 54,* 165–181.

Carstensen, L. L., Pasupathi, M., Mayr, U., & Nesselroade, J. (2000). Emotional experience in everyday life across the adult life span. *Journal of Personality and Social Psychology, 79,* 644–655.

Carter Center. (1995, Winter). *Carter Center News,* pp. 1, 3, 4–6, 9.

Carter, J. (1975). *Why not the best?* Nashville, TN: Broadman.

Carter, J. (1998). *The virtues of aging.* New York: Ballantine.

Casaer, P. (1993). Old and new facts about perinatal brain development. *Journal of Child Psychology and Psychiatry, 34*(1), 101–109.

Case, R. (1985). *Intellectual development: Birth to adulthood.* Orlando, FL: Academic Press.

Case, R. (1992). Neo-Piagetian theories of child development. In R. Sternberg & C. Berg (Eds.), *Intellectual development.* New York: Cambridge University Press.

Case, R., & Okamoto, Y. (1996). The role of central conceptual structures in the development of children's thought. *Monographs of the Society for Research in Child Development, 61*(1–2, Serial No. 246).

Casey, B. M., McIntire, D. D., & Leveno, K. J. (2001). The continuing value of the Apgar score for the assessment of newborn infants. *New England Journal of Medicine, 344,* 467–471.

Casper, L. M. (1997). My daddy takes care of me: Fathers as care providers. *Current Population Reports* (P70–59). Washington, DC: U.S. Bureau of the Census.

Casper, L. M., & Bryson, K. R. (1998). *Coresident grandparents and their grandchildren: Grandparent maintained families* (Population Division Working Paper No. 26). Washington, DC: U.S. Bureau of the Census.

Caspi, A. (1998). Personality development across the life course. In W. Damon (Series Ed.) & N. Eisenberg (Vol. Ed.), *Handbook of child psychology: Vol. 3. Social, emotional, and personality development* (5th ed., pp. 311–388). New York: Wiley.

Caspi, A. (2000). The child is father of the man: Personality continuity from childhood to adulthood. *Journal of Personality and Social Psychology, 78,* 158–172.

Caspi, A., McClay, J., Moffitt, T. E., Mill, J., Martin, J., Craig, I. W., Taylor, A., & Poulton, R. (2002). Role of genotype in the cycle of violence in maltreated children. *Science, 297,* 851–854.

Caspi, A., & Silva, P. (1995). Temperamental qualities at age 3 predict personality traits in young adulthood: Longitudinal evidence from a birth cohort. *Child Development, 66,* 486–498.

Caspi, A., Sugden, K., Moffitt, T. E., Taylor, A., Craig, I. W., Harrington, H., McClay, J., Mill, J., Martin, J., Braithwaite, A., & Poulton, R. (2003). Influence of life stress on depression: Moderation by a polymorphism in the 5-HTT gene. *Science, 301,* 386–389.

Cassel, C. (1992). Ethics and the future of aging research: Promises and problems. *Generations, 16*(4), 61–65.

Cassidy, J. (1988). Child-mother attachment and the self in six-year-olds. *Child Development, 59,* 121–134.

Cassidy, J., & Hossler, A. (1992). State and federal definitions of the gifted: An update. *Gifted Child Quarterly, 15,* 46–53.

Cassidy, K. W., Werner, R. S., Rourke, M., Zubernis, L. S., & Balaraman, G. (2003). The relationship between psychological understanding and positive social behaviors. *Social Development, 12,* 198–221.

Cattell, R. B. (1965). *The scientific analysis of personality.* Baltimore: Penguin.

Cavanaugh, J. C., Kramer, D. A., Sinnott, J. D., Camp, C. J., & Markley, R. P. (1985). On missing links and such: Interfaces between cognitive research and everyday problem solving. *Human Development, 28,* 146–168.

Cavazanna-Calvo, M., Hacein-Bey, S., de Saint Basile, G., Gross, F., Yvon, E., Nusbaum, P., Selz, F., Hue, C., Certain, S., Casanova, J. L., Bousso, P., Deist, F. L., & Fischer, A. (2000). Gene therapy of human severe combined immunodeficiency (SCID)-X1 disease. *Science, 288,* 669–672.

Cawthon, R. M., Smith, K. R., O'Brien, E., Sivatchenko, A., & Kerber, R. A. (2003). Association between telomere length in blood and mortality in people aged 60 years or older. *The Lancet, 361,* 393–394.

CDC. (undated). Patterns of prescription drug use in the United States, 1988–1994. National Health and Nutrition Examination Survey.

Ceci, S., & Liker, J. (1986). A day at the races: A study of IQ, expertise, and cognitive complexity. *Journal of Experimental Psychology: General, 114,* 255–266.

Ceci, S. J. (1991). How much does schooling influence general intelligence and its cognitive components? A reassessment of the evidence. *Developmental Psychology, 27,* 703–722.

Ceci, S. J., & Bruck, M. (1993). Child witnesses: Translating research into policy. *Social Policy Report of the Society for Research in Child Development, 7*(3).

Ceci, S. J., & Williams, W. M. (1997). Schooling, intelligence, and income. *American Psychologist, 52*(10), 1105–1058.

Celis, W. (1990). More states are laying school paddle to rest. *New York Times,* pp. A1, B12.

Center for Education Reform. (2004, August 17). Comprehensive data discounts New York Times account; reveals charter schools performing at or above traditional schools. (CER Press Release). [Online]. Available: http://edreform.com/index.cfm?fuseAction=do-cument&documentID=1806. Access date: September 17, 2004.

Center for Effective Discipline. (2005). Facts about corporal punishment in Canada. Retrieved April 20, 2005, from http://www.stophitting.com/news.

Center for Weight and Health (2001). *Pediatric overweight: A review of the literature: Executive summary.* Berkeley, CA: University of California at Berkeley.

Center on Addiction and Substance Abuse at Columbia University (CASA). (1996, June). *Substance abuse and the American woman.* New York: Author.

Centers for Disease Control and Prevention (CDC). (2000a). *CDC's guidelines for school and community programs: Promoting lifelong physical activity.* [Online]. Available: http://www.cdc.gov/nccdphp/dash/phactaag.htm. Access date: May 26, 2000.

Centers for Disease Control and Prevention (CDC). (2000b). *Tracking the hidden epidemic: Trends in STDs in the U.S., 2000.* Washington, DC: Author.

Centers for Disease Control and Prevention (CDC). (2001a). *Assisted reproductive technology success rates: National summary and fertility clinic reports.* Atlanta, GA: Author.

Centers for Disease Control and Prevention (CDC). (2001b). *HIV/AIDS surveillance report, 13*(1).

Centers for Disease Control and Prevention (CDC). (2002a). Recent trends in mortality rates for four major cancers, by sex and race/ethnicity—United States, 1990–1998. *Morbidity and Mortality Weekly Report, 51,* 49–53.

Centers for Disease Control and Prevention (CDC) (2002b). Suicide in the United States. [Online]. Available: http://www.cdc.gov/ncipc/factsheets/suifacts.htm.

Centers for Disease Control and Prevention. (CDC) (2003). *Second National Report on Human Exposure to Environmental Chemicals.* Atlanta, GA: Author.

Centers for Disease Control and Prevention (CDC). (2004). National, state, and urban area vaccination coverage among children aged 19–36 months—United States, 2003. *Morbidity and Mortality Weekly Report, 53,* 658–661.

Centre for Educational Research and Innovation. (2004). Education at a Glance: OECD indicators—2004. *Education and Skills, 2004*(14), 1–456.

Cepeda-Benito, A., Reynoso, J. T., & Erath, S. (2004). Meta-analysis of the efficacy of nicotine replacement therapy for smoking cessation: Differences between men and women. *Journal of Consulting and Clinical Psychology, 72,* 712–722.

Chafetz, M. D. (1992). *Smart for life.* New York: Penguin.

Chambers, R. A., Taylor, J. R., & Potenza, M. N. (2003). *American Journal of Psychiatry, 160,* 1041–1052.

Chambre, S. M. (1993). Volunteerism by elders: Past trends and future prospects. *The Gerontologist, 33,* 221–227.

Chan, R. W., Raboy, B., & Patterson, C. J. (1998). Psychosocial adjustment among children conceived via donor insemination by lesbian and heterosexual mothers. *Child Development, 69,* 443–457.

Chandra, H., & Singh, P. (2001). Organ transplantation: Present scenario and future strategies for transplant programme (specially cadaveric) in India: Socioadministrative respects. *Journal of the Indian Medical Association, 99,* 374–377.

Chao, A., Thun, M. J., Connell, C. J., McCullough, M. L., Jacobs, E. J., Fllanders, W. D., Rodriguez, C., Sinha, R., & Calle, E. E. (2005). Meat consumption and risk of colorectal cancer. *Journal of the American Medical Association, 293,* 172–182.

Chao, R. (1996). Chinese and European American mothers' beliefs about the role of parenting in children's school success. *Journal of Cross-Cultural Psychology, 27,* 403–423.

Chao, R. K. (1994). Beyond parental control and authoritarian parenting style: Understanding Chinese parenting through the cultural notion of training. *Child Development, 65,* 1111–1119.

Chao, R. K. (2001). Extending research on the consequences of parenting style for Chinese Americans and European Americans. *Child Development, 72,* 1832–1843.

Chapman, M., & Lindenberger, U. (1988). Functions, operations, and décalage in the development of transitivity. *Developmental Psychology, 24,* 542–551.

Chappell, N. L. (1991). Living arrangements and sources of caregiving. *Journal of Gerontology: Social Sciences, 46*(1), S1–8.

Charles, S. T., Reynolds, C. A., & Gatz, M. (2001). Age-related differences and change in positive and negative affect over 23 years. *Journal of Personality and Social Psychology, 80,*136–151.

Charness, N., & Schultetus, R. S. (1999). Knowledge and expertise. In F. T. Durso, (Ed.), *Handbook of applied cognition* (pp. 57–81). Chichester, England: Wiley.

Chase-Lansdale, P. L., Moffitt, R. A., Lohman, B. J., Cherlin, A. J., Coley, R. L., Pittman, L. D., Rolf, J., & Votruba-Drzal, E. (2003). Mothers' transitions from welfare to work and the well-being of preschoolers and adolescents. *Science, 299*(5612), 1548–1552.

Chehab, F. F., Mounzih, K., Lu, R., & Lim, M. E. (1997, January 3). Early onset of reproductive function in normal female mice treated with leptin. *Science, 275,* 88–90.

Chen, A., & Rogan, W. J. (2004). Breastfeeding and the risk of postneonatal death in the United States. *Pediatrics, 113,* e435–e439.

Chen, C., & Stevenson, H. W. (1995). Motivation and mathematics achievement: A comparative study of Asian American, Caucasian American, and East Asian high school students. *Child Development, 66,* 1215–1234.

Chen, C. L., Weiss, N. S., Newcomb, P., Barlow, W., & White, E. (2002). Hormone replacement therapy in relation to breast cancer. *Journal of the American Medical Association, 287,* 734–741.

Chen, E., Matthews, K. A., & Boyce, W. T. (2002). Socioeconomic differences in children's health: How and why do these relationships change with age? *Psychological Bulletin, 128,* 295–329.

Chen, L., Baker S. P., Braver, E. R., & Li, G. (2000). Carrying passengers as a risk factor for crashes fatal to 16- and 17-year-old drivers. *Journal of the American Medical Association, 283*(12), 1578–1582.

Chen, W., Li, S., Cook, N. R., Rosner, B. A., Srinivasan, S. R., Boerwinkle, E., & Berenson, G. S. (2004). An autosomal genome scan for loci influencing longitudinal burden of body mass index from childhood to young adulthood in white sibships. The Bogalusa Heart Study. *International Journal of Obesity, 28,* 462–469.

Chen, X., Cen, G., Li, D., & He, Y. (2005). Social functioning and adjustment in Chinese children: The imprint of historical time. *Child Development, 76,* 182–195.

Chen, X., Hastings, P. D., Rubin, K. H., Chen, H., Cen, G., & Stewart, S. L. (1998). Child-rearing attitudes and behavioral inhibition in Chinese and Canadian toddlers: A cross-cultural study. *Developmental Psychology, 34*(4), 677–686.

Chen, X., Rubin, K. H., & Li, Z. (1995). Social functioning and adjustment in Chinese children: A longitudinal study. *Developmental Psychology, 31,* 531–539.

Chen, X., Rubin, K. H., & Sun, Y. (1992). Social reputation and peer relationships in Chinese and Canadian children: A cross-cultural study. *Child Development, 63,* 1336–1343.

Cherlin, A. (2004). The deinstitutionalization of American marriage. *Journal of Marriage and Family, 66,* 848–861.

Cherlin, A., & Furstenberg, F. F. (1986). *The new American grandparent.* New York: Basic Books.

Cherniss, C. (2002). Emotional intelligence and the good community. *American Journal of Community Psychology, 30,* 1–11.

Cherniss, C., & Adler, M. (2000). *Promoting emotional intelligence in organizations.* Alexandria, VA: American Society for Training & Development (ASTD).

Cherry, K. E., & Park, D. C. (1993). Individual differences and contextual variables influence spatial memory in younger and older adults. *Psychology and Aging, 8,* 517–526.

Chia, S. E., Shi, L. M., Chan, O. Y., Chew, S. K., & Foong, B. H. (2004). A population-based study on the association between parental occupations and some common birth defects in Singapore (1994–1998). *Journal of Occupational and Environmental Medicine, 46*(9), 916–923.

Childers, J. B., & Tomasello, M. (2002). Two-year-olds learn novel nouns, verbs, and conventional actions from massed or distributed exposures. *Developmental Psychology, 38,* 967–978.

Children's Defense Fund. (1998). *The state of America's children yearbook, 1998.* Washington, DC: Author.

Children's Defense Fund. (2004). *The state of America's children 2004.* Washington, DC: Author.

Chin, A. E., Hedberg, K., Higginson, G. K., & Fleming, D. W. (1999). Legalized physician-assisted suicide in Oregon: The first year's experience. *New England Journal of Medicine, 340,* 577–583.

Chipungu, S. S., & Bent-Goodley, T. B. (2004). Meeting the challenges of contemporary foster care. In David and Lucile Packard Foundation, Children, families, and foster care. *The Future of Children, 14*(1). Available: http://www.futureofchildren.org.

Chiriboga, C. A., Brust, J. C. M., Bateman, D., & Hauser, W. A. (1999). Dose-response effect of fetal cocaine exposure on newborn neurologic function. *Pediatrics, 103,* 79–85.

Chiriboga, D. A. (1997). Crisis, challenge, and stability in the middle years. In M. E. Lachman & J. B. James (Eds.), *Multiple paths of midlife development* (pp. 293–322). Chicago: University of Chicago Press.

Chivers, M. L., Rieger, G., Latty, E., & Bailey, J. M. (2004). A sex difference in the specificity of sexual arousal. *Psychological Science, 15,* 736–744.

Chochinov, H. M. (2002). Dignity-conserving care: A new model for palliative care: Helping the patient feel valued. *Journal of the American Medical Association, 287,* 2253–2260.

Chochinov, H. M., Hack, T., McClement, S., Harlos, M., & Kristjanson, L. (2002). Dignity in the terminally ill: A developing empirical model. *Social Science Medicine, 54,* 433–443.

Chochinov, H. M., Tataryn, D., Clinch, J. J., & Dudgeon, D. (1999). Will to live in the terminally ill. *Lancet, 354,* 816–819.

Chodirker, B. N., Cadrin, C., Davies, G. A. L., Summers, A. M., Wilson, R. D., Winsor, E. J. T., & Young, D. (2001, July). Canadian guidelines for prenatal diagnosis: Techniques of prenatal diagnosis. *JOGC Clinical Practice Guidelines,* No. 105.

Chomitz, V. R., Cheung, L. W. Y., & Lieberman, E. (1995). The role of lifestyle in preventing low birth weight. *The Future of Children, 5*(1), 121–138.

Chomsky, C. S. (1969). *The acquisition of syntax in children from five to ten.* Cambridge, MA: MIT Press.

Chomsky, N. (1957). *Syntactic structures.* The Hague: Mouton.

Chomsky, N. (1972). *Language and mind* (2nd ed.). New York: Harcourt Brace Jovanovich.

Chomsky, N. (1995). *The minimalist program.* Cambridge, MA: MIT Press.

Chorpita, B. P., & Barlow, D. H. (1998). The development of anxiety: The role of control in the early environment. *Psychological Bulletin, 124,* 3–21.

Christakis, D. A., Zimmerman, F. J., DiGiuseppe, D. L., & McCarty, C. A. (2004). Early television exposure and subsequent attentional problems in children. *Pediatrics, 113,* 708–713.

Christian, M. S., & Brent, R. L. (2001). Teratogen update: Evaluation of the reproductive and developmental risks of caffeine. *Teratology, 64*(1), 51–78.

Christie, J. F. (1991). *Psychological research on play: Connections with early literacy development.* Albany: State University of New York Press.

Christie, J. F. (1998). Play as a medium for literacy development. In D. P. Fromberg & D. Bergen (Eds.), *Play from birth to twelve and beyond: Contexts, perspectives, and meanings* (pp. 50–55). New York: Garland.

Chronis, A. M., Lahey, B. B., Pelham Jr., W. E., Kipp, H. L., Baumann, B. L., & Lee, S. S. (2003). Psychopathology and substance abuse in parents of young children with attention-deficit/hyperactivity disorder. *Journal of the American Academy of Child & Adolescent Psychiatry, 42,* 1424–1432.

Chu, S. Y., Barker, L. E., & Smith, P. J. (2004). Racial/ethnic disparities in preschool immunizations: United States, 1996-2001. *American Journal of Public Health, 94,* 973–977.

Chubb, N. H., Fertman, C. I., & Ross, J. L. (1997). Adolescent self-esteem and locus of control: A longitudinal study of gender and age differences. *Adolescence, 32,* 113–129.

Chugani, H. T. (1998). A critical period of brain development: Studies of cerebral glucose utilization with PET. *Preventive Medicine, 27,* 184–187.

Chugani, H. T., Behen, M. E., Muzik, O., Juhasz, C., Nagy, F., & Chugani, D. C. (2001). Local brain functional activity following early deprivation: A study of postinstitutionalized Romanian orphans. *NeuroImage, 14,* 1290–1301.

Chun, K. M., Organista, P. B., & Marin, G. (Eds.). (2002). *Acculturation: Advances in theory, measurement & applied research.* Washington, DC: American Psychological Association.

Cicchetti, D., & Toth, S. L. (1998). The development of depression in children and adolescents. *American Psychologist, 53,* 221–241.

Cicero, S., Curcio, P., Papageorghiou, A., Sonek, J., & Nicolaides, K. (2001). Absence of nasal bone in fetuses with trisomy 21 at 11–14 weeks of gestation: An observational study. *Lancet, 358,* 1665–1667.

Cicirelli, V. G. (1976). Family structure and interaction: Sibling effects on socialization. In M. F. McMillan & S. Henao (Eds.), *Child psychiatry: Treatment and research.* New York: Brunner/Mazel.

Cicirelli, V. G. (1977). Relationship of siblings to the elderly person's feelings and concerns. *Journal of Gerontology, 12*(3), 317–322.

Cicirelli, V. G. (1989). Feelings of attachment to siblings and well-being in later life. *Psychology and Aging, 4*(2), 211–216.

Cicirelli, V. G. (1994). Sibling relationships in cross-cultural perspective. *Journal of Marriage and the Family, 56,* 7–20.

Cicirelli, V. G. (1995). *Sibling relationships across the life span.* New York: Plenum Press.

Cicirelli, V. G. (Ed.). (2002). Older adults' views on death. New York: Springer.

Cillessen, A. H. N., & Mayeux, L. (2004). From censure to reinforcement: Developmental changes in the association between aggression and social status. *Child Development, 75,* 147–163.

Cirillo, D. J., Wallace, R. B., Rodabough, R. J., Greenland, P., LaCroix, A. Z., Limacher, M. C., & Larson, J. C. (2005). Effect of estrogen therapy on gallbladder disease. *Journal of the American Medical Association, 293,* 330–339.

Citizens for Equal Protection, Inc., Nebraska Advocates for Justice and Equality, Inc., & ACLU Nebraska v. Attorney General Jon C. Bruning & Governor Michael O. Johanns (2005, May 12). In the U.S. District Court for the District of Nebraska.

Citro, J., & Hermanson, S. (1999, March). *Assisted living in the United States* [Online]. Available: http://www.research.aarp.org/il/fs62r_assisted.html

Clark, A. G., Glanowski, S., Nielsen, R., Thomas, P. D., Kejariwal, A., Todd, M. A., Tanenbaum, D. M., Civello, D., Lu, F., Murphy, B., Ferriera, S., Wang, G., Zheng, X., White, T. J., Sninsky, J. J., Adams, M. D., & Cargill, M. (2003). Inferring nonneutral evolution from human-chimp-mouse orthologous gene trios. *Science, 302,* 1960–1963.

Clarke, S. C. (1995, March 22). Advance report of final divorce statistics, 1989 and 1990 (*Monthly Vital Statistics Report, 43*[9, Suppl.]). Hyattsville, MD: National Center for Health Statistics.

Clark-Plaskie, M., & Lachman, M. E. (1999). The sense of control in midlife. In S. L. Willis & J. D. Reid (Eds.), *Life in the middle* (pp. 181–208). San Diego: Academic Press.

Clausen, J. A. (1993). *American lives.* New York: Free Press.

Clavel-Chapelon, G., and the E3N-EPIC Group. (2002). Differential effects of reproductive factors on the risk of pre- and post-menopausal breast cancer: Results from a large cohort of French women. *British Journal of Cancer,* DOI 10.1038/sj/bjc/6600124.

Clay, R. A. (1998, July). Many managers frown on use of flexible work options [Online]. *APA Monitor, 29*(7). Available: http://www.apa.org/monitor/jul98/flex.html.

Clayton, E. W. (2003). Ethical, legal, and social implications of genomic medicine. *New England Journal of Medicine, 349,* 562–569.

Clearfield, M. W., & Mix, K. S. (1999). Number versus contour length in infants' discrimination of small visual sets. *Current Directions in Psychological Science, 10,* 408–411.

Cleary, P. D., Zaborski, L. B., & Ayanian, J. Z. (2004). Sex differences in health over the course of midlife. In O. G. Brim, C. E. Ryff, and R. C. Kessler (Eds.). How healthy are we? A national study of well-being at midlife. Chicago: University of Chicago Press.

Clément, K., Vaisse, C., Lahlou, N., Cabrol, S., Pelloux, V., Cassuto, D., Gourmelen, M., Dina, C., Chambaz, J., Lacorte, J.-M., Basdevant, A., Bougnères, P., Lebouc, Y., Froguel, P., & Guy-Grand, B. (1998). A mutation in the human leptin receptor gene causes obesity and pituitary dysfunction. *Nature, 392,* 398–401.

Clements, M. L., Stanley, S. M., & Markman, H. J. (2004). Before they said "I do": Discriminating among marital outcomes over 13 years. *Journal of Marriage and Family, 66,* 613–626.

Cleveland, H. H., & Wiebe, R. P. (2003). The moderation of adolescent-to-peer similarity in tobacco and alcohol use by school level of substance use. *Child Development, 74,* 279–291.

Clifton, R. K., Muir, D. W., Ashmead, D. H., & Clarkson, M. G. (1993). Is visually guided reaching in early infancy a myth? *Child Development, 64,* 1099–1110.

Climo, A. H., & Stewart, A. J. (2003). Eldercare and personality development in middle age. In J. Demick and C. Andreoletti (Eds.), *Handbook of adult development.* New York: Plenum Press.

Cnattingius, S., Bergstrom, R., Lipworth, L., & Kramer, M. S. (2000). Prepregnancy weight and the risk of adverse pregnancy outcomes. *New England Journal of Medicine, 338,* 147–152.

Cochran, S. D. (2001). Emerging issues in research on lesbians' and gay men's mental health: Does sexual orientation really matter? *American Psychologist, 56,* 931–947.

Coffey, C. E., Lucke, J. F., Saxton, J. A., Ratcliff, G., Unitas, L. J., Billig, B., & Bryan, N. (1998). Sex differences in brain aging: A quantitative magnetic resonance imaging study. *Archives of Neurology, 55,* 169–179.

Coffey, C. E., Saxton, J. A., Ratcliff, G., Bryan, R. N., & Lucke, J. F. (1999). Relation of education to brain size in normal aging: Implications for the reserve hypothesis. *Neurology, 53,* 189–196.

Cohan, C. L., & Kleinbaum, S. (2002). Toward a greater understanding of the cohabitation effect: Premarital cohabitation and marital communication. *Journal of Marriage and Family, 64,* 180–192.

Cohen, D. A., Nsuami, M., Martin, D. H., & Farley, T. A. (1999). Repeated school-based screening for sexually transmitted diseases: A feasible strategy for reaching adolescents. *Pediatrics, 104*(6), 1281–1285.

Cohen, L. B., & Amsel, L. B. (1998). Precursors to infants' perception of the causality of a simple event. *Infant Behavior and Development, 21,* 713–732.

Cohen, L. B., & Oakes, L. M. (1993). How infants perceive a simple causal event. *Developmental Psychology, 29,* 421–433.

Cohen, L. B., Rundell, L. J., Spellman, B. A., & Cashon, C. H. (1999). Infants' perception of causal chains. *Current Directions in Psychological Science, 10,* 412–418.

Cohen, R. A., & Bloom, B. (2005). Trends in health insurance and access to medical care for children under age 19 years: United States, 1998–2003. *Advance Data from Vital and Health Statistics,* No. 355. Hyattsville, MD: National Center for Health Statistics.

Cohen, S. (2004). Social relationships and health. *American Psychologist,* 59, 676–684.

Cohen, S., Doyle, W. J., Skoner, D. P., Rabin, B. S., & Gwaltney, Jr., J. M. (1997). Social ties and susceptibility to the common cold. *Journal of the American Medical Association, 277,* 1940–1944.

Cohen, S., Gottlieb, B., & Underwood, L. (2000). Social relationships and health. In S. Cohen, L. Underwood, & B. Gottlieb (Eds.), *Measuring and intervening in social support* (pp. 3–25). New York: Oxford University Press.

Cohler, B. J., Hostetler, A. J., & Boxer, A. M. (1998). Generativity, social context, and lived experience: Narratives of gay men in middle adulthood. In D. P. McAdams & E. de St. Aubin (Eds.), *Generativity and adult development* (pp. 265–309). Washington, DC: American Psychological Association.

Cohn, J. F., & Tronick, E. Z. (1983). Three-month-old infants' reaction to simulated maternal depression. *Child Development, 54,* 185–193.

Coie, J. D., & Dodge, K. A. (1998). Aggression and antisocial behavior. In W. Damon (Series Ed.) & N. Eisenberg (Vol. Ed.), *Handbook of child psychology: Vol. 3. Social, emotional, and personality development* (5th ed., pp. 780–862). New York: Wiley.

Coke, M. M. (1992). Correlates of life satisfaction among elderly African-Americans. *Journal of Gerontology: Psychological Sciences, 47*(5), P316–320.

Coke, M. M., & Twaite, J. A. (1995). *The black elderly: Satisfaction and quality of later life.* New York: Haworth.

Colapinto, J. (2000). *As nature made him: The boy who was raised as a girl.* New York: HarperCollins.

Colapinto, J. (2004, June 3). Gender gap: What were the real reasons behind David Reimer's suicide? *Medical Examiner.* [Online]. Available: http://slate.msn.com/id/2101678. Access date: December 13, 2004.

Colby, A., & Damon, W. (1992). *Some do care: Contemporary lives of moral commitment.* New York: Free Press.

Colby, A., Kohlberg, L., Gibbs, J., & Lieberman, M. (1983). A longitudinal study of moral development. *Monographs of the Society for Research in Child Development, 48*(1–2, Serial No. 200).

Colcombe, S. J., Erickson, K. I., Raz, N., Webb, A. G., Cohen, N. J., Mcauley, E., & Kramer, A. F. (2003). Aerobic fitness reduces brain tissue loss in aging humans *Journal of Gerontology: Medical Sciences, 58,* M176–M180.

Cole, M. (1998). *Cultural psychology: A once and future discipline.* Cambridge, MA: Belknap.

Cole, M., & Cole, S. R. (1989). *The development of children.* New York: Freeman.

Cole, P. M., Barrett, K. C., & Zahn-Waxler, C. (1992). Emotion displays in two-year-olds during mishaps. *Child Development, 63,* 314–324.

Cole, P. M., Bruschi, C. J., & Tamang, B. L. (2002). Cultural differences in children's emotional reactions to difficult situations. *Child Development, 73,* 983–996.

Coleman, J. S. (1988). Social capital in the creation of human capital. *American Journal of Sociology, 94*(Suppl. 95), S95–S120.

Coles, L. S. (2004). Demography of human supercentenarians. *Journal of Gerontology: Biological Sciences, 59A,* 579–586.

Coley, R. L. (2001). (In)visible men: Emerging research on low-income, unmarried, and minority fathers. *American Psychologist, 56,* 743–753.

Coley, R. L., Morris, J. E., & Hernandez, D. (2004). Out-of-school care and problem behavior trajectories among low-income adolescents: Individual, family, and neighborhood characteristics as added risks. *Child Development, 75,* 948–965.

Collier, V. P. (1995). Acquiring a second language for school. *Directions in Language and Education, 1*(4), 1–11.

Collins, N. L., & Miller, L. C. (1994). Self-disclosure and liking: A meta-analytic review. *Psychological Bulletin, 116,* 457–475.

Collins, W. A., Maccoby, E. E., Steinberg, L., Hetherington, E. M., & Bornstein, M. H. (2000). Contemporary research in parenting: The case for nature and nurture. *American Psychologist, 55,* 218–232.

Colombo, J. (1993). *Infant cognition: Predicting later intellectual functioning.* Thousand Oaks, CA: Sage.

Colombo, J. (2001). The development of visual attention in infancy. *Annual Review of Psychology, 52,* 337–367.

Colombo, J. (2002). Infant attention grows up: The emergence of a developmental cognitive neuroscience perspective. *Current Directions in Psychological Science, 11,*196–200.

Colombo, J., & Janowsky, J. S. (1998). A cognitive neuroscience approach to individual differences in infant cognition. In J. E. Richards (Ed.), *Cognitive neuroscience of attention* (pp. 363–391). Mahwah, NJ: Erlbaum.

Colombo, J., Kannass, K. N., Shaddy, D. J., Kundurthi, S., Maikranz, J. M., Anderson, C. J., Blaga, O. M., and Carlson, S. E. (2004). Maternal DHA and the development of attention in infancy and toddlerhood. *Child Development, 75,* 1254–1267.

Coltrane, S., & Adams, M. (1997). Work-family imagery and gender stereotypes: Television and the reproduction of difference. *Journal of Vocational Behavior, 50,* 323–347.

Commissioner's Office of Research and Evaluation and Head Start Bureau, Department of Health and Human Services. (2001). *Building their futures: How Early Head Start programs are enhancing the lives of infants and toddlers in low-income families. Summary report.* Washington, DC: Author.

Committee on Obstetric Practice. (2002). ACOG committee opinion: Exercise during pregnancy and the postpartum period. *International Journal of Gynaecology & Obstetrics, 77*(1), 79–81.

Compas, B. E., & Luecken, L. (2002). Psychological adjustment to breast cancer. *Current Directions in Psychological Science, 11,* 111–114.

Compton, W. M., Grant, B. F., Colliver, J. D., Glantz, M. D., & Stinson, F. S. (2004). Prevalence of marijuana use disorders in the United States 1991–1992 and 2001–2002. *Journal of the American Medical Association, 291,* 2114–2121.

Comuzzie, A. G., & Allison, D. B. (1998). The search for human obesity genes. *Science, 280,* 1374–1377.

Conel, J. L. (1959). *The postnatal development of the human cerebral cortex.* Cambridge, MA: Harvard University Press.

Conference Board. (1999, June 25). *Workplace education programs are benefiting U.S. corporations and workers* [Online, Press release]. Available: http://www.newswise.com/articles/1999/6/WEP.TCB.html.

Conger, R. C., Ge, X., Elder, G. H., Lorenz, F. O., & Simons, R. L. (1994). Economic stress, coercive family processes, and developmental problems of adolescents. *Child Development, 65,* 541–561.

Conger, R. D., & Elder, G. H., Jr. (1994). *Families in troubled times: Adapting to change in rural America.* New York: Aldine de Gruyter.

Conger, R. D., Conger, K. J., Elder, G. H., Jr., Lorenz, F. O., Simons, R. L. & Whitbeck, L. B. (1993). Family economic stress and adjustment of early adolescent girls. *Developmental Psychology, 29,* 206–219.

Congressional Budget Office. (2004a, November). Disability and retirement: The early exit of baby boomers from the labor force. [Online]. Retrieved February 14, 2005, from http://www.cbo.gov/showdoc.cfm?index=6018&sequence=0.

Congressional Budget Office. (2004b, May 12). Retirement age and the need for saving. *Economic and Budget Issue Brief.* [Online]. Retrieved February 14, 2005, from http://www.cbo.gov/showdoc.cfm?index=5419&sequence=0.

Congressional Budget Office. (2004c, March 18). The retirement prospects of the baby boomers. *Economic and Budget Issue Brief.* [Online]. Retrieved February 14, 2005, from http://www.cbo.gov/showdoc.cfm?index=5195&sequence=0.

Connidis, I. A., & Davies, L. (1992). Confidants and companions: Choices in later life. *Journal of Gerontology: Social Sciences, 47*(30), S115–122.

Constantino, J. N. (2003). Autistic traits in the general population: A twin study. *Archives of General Psychiatry, 60,* 524–530.

Conway, E. E. (1998). Nonaccidental head injury in infants: The shaken baby syndrome revisited. *Pediatric Annals, 27,* 677–690.

Cook, E. H., Courchesne, R., Lord, C., Cox, N. J., Yan, S., Lincoln, A., Haas, R., Courchesne, E., & Leventhal, B. L. (1997). Evidence of linkage between the serotonin transporter and autistic disorder. *Molecular Psychiatry, 2,* 247–250.

Cooper, H. (1989, November). Synthesis of research on homework. *Educational Leadership,* 85–91.

Cooper, H., Lindsay, J. J., Nye, B., & Greathouse, S. (1998). Relationships among attitudes about homework, amount of homework assigned and completed, and student achievement. *Journal of Educational Psychology, 90,* 70–83.

Cooper, H., Valentine, J. C., Nye, B., & Lindsay, J. J. (1999). Relationships between five after-school activities and academic achievement. *Journal of Educational Psychology, 91*(2), 369–378.

Cooper, K. L., & Gutmann, D. L. (1987). Gender identity and ego mastery style in middle-aged, pre- and post-empty nest women. *The Gerontologist, 27*(3), 347–352.

Cooper, R. P., & Aslin, R. N. (1990). Preference for infant-directed speech in the first month after birth. *Child Development, 61,* 1584–1595.

Cooper, R. S., Rotimi, C. N., & Ward, R. (1999, February). The puzzle of hypertension in African-Americans. *Scientific American,* pp. 56–63.

Coplan, R. J., Prakash, K., O'Neil, K., & Armer, M. (2004). Do you "want" to play? Distinguishing between conflicted-shyness and social disinterest in early childhood. *Developmental Psychology, 40,* 244–258.

Corbet, A., Long, W., Schumacher, R., Gerdes, J., Cotton, R., & the American Exosurf Neonatal Study Group 1. (1995). Double-blind developmental evaluation at 1-year corrected age of 597 premature infants with birth weights from 500 to 1350 grams enrolled in three placebo-controlled trials of prophylactic synthetic surfactant. *Journal of Pediatrics, 126,* S5–S12.

Corcoran, M., & Matsudaira, J. (2005). Is it getting harder to get ahead? Economic attainment in early adulthood for two cohorts. In R. A. Settersten, Jr., F. F. Furstenberg, Jr., & R. G. Rumbaut (Eds.), *On the frontier of adulthood: Theory, research, and public policy* (pp. 356–395). (John D. and Catherine T. MacArthur Foundation Series on Mental Health and Development, Research Network on Transitions to Adulthood and Public Policy.) Chicago: University of Chicago Press.

Cornelius, S. W., & Caspi, A. (1987). Everyday problem solving in adulthood and old age. *Psychology and Aging, 2,* 144–153.

Correa, A., Botto, L., Liu, V., Mulinare, J., & Erickson, J. D. (2003). Do multivitamin supplements attenuate the risk for diabetes-associated birth defects? *Pediatrics, 111,* 1146–1151.

Costa, P. T., Jr., & McCrae, R. R. (1980). Still stable after all these years: Personality as a key to some issues in adulthood and old age. In P. B. Baltes, Jr., & O. G. Brim (Eds.), *Life-span development and behavior* (Vol. 3, pp. 65–102). New York: Academic Press.

Costa, P. T., Jr., & McCrae, R. R. (1988). Personality in adulthood: A six-year longitudinal study of self-reports and spouse ratings on the NEO Personality Inventory. *Journal of Personality and Social Psychology, 54,* 853–863.

Costa, P. T., Jr., & McCrae, R. R. (1994a). Set like plaster? Evidence for the stability of adult personality. In T. F. Heatherton & J. L. Weinberger (Eds.), *Can personality change?* (pp. 21–41). Washington, DC: American Psychological Association.

Costa, P. T., Jr., & McCrae, R. R. (1994b). Stability and change in personality from adolescence through adulthood. In C. F. Halverson, G. A. Kohnstamm, & R. P. Martin (Eds.), *The developing structure of temperament and personality from infancy to adulthood.* Hillsdale, NJ: Erlbaum.

Costa, P. T., Jr., & McCrae, R. R. (1996). Mood and personality in adulthood. In C. Magai & S. H. McFadden (Eds.), *Handbook of emotion, adult development, and aging* (pp. 369–383). San Diego: Academic Press.

Costa, P. T., Jr., McCrae, R. R., Zonderman, A. B., Barbano, H. E., Lebowitz, B., & Larson, D. M. (1986). Cross-sectional studies of personality in a national sample: 2. Stability in neuroticism, extraversion, and openness. *Psychology and Aging, 1,* 144–149.

Costello, E. J., Compton, S. N., Keeler, G., & Angold, A. (2003). Relationship between poverty and psychopathology: A natural experiment. *Journal of the American Medical Association, 290,* 2023–2029.

Costello, E. J., Mustillo, S., Erkanli, A., Keeler, G., & Angold, A. (2003). Prevalence and development of psychiatric disorders in childhood and adolescence. *Archives of General Psychiatry, 60,* 837–844.

Costello, S. (1990, December). Yani's monkeys: Lessons in form and freedom. *School Arts,* pp. 10–11.

Courchesne, E., Carper, R., & Akshoomoff, N. (2003). Evidence of brain overgrowth in the first year of life in autism. *Journal of the American Medical Association, 290,* 337–344.

Cowan, N., Nugent, L. D., Elliott, E. M., Ponomarev, I., & Saults, J. S. (1999). The role of attention in the development of short-term memory: Age differences in the verbal span of apprehension. *Child Development, 70,* 1082–1097.

Cox, J., Daniel, N., & Boston, B. O. (1985). *Educating able learners: Programs and promising practices.* Austin: University of Texas Press.

Cox, W. M., & Alm, R. (2005, February 28). Scientists are made, not born. *The New York Times,* p. A19.

Coyle, T. R., & Bjorklund, D. F. (1997). Age differences in, and consequences of, multiple and variable-strategy use on a multitrial sort-recall task. *Developmental Psychology, 33,* 372–380.

Craik, F. I. M., & Byrd, M. (1982). Aging and cognitive deficits: The role of attentional resources. In F. I. M. Craik & S. Trehub (Eds.), *Aging and cognitive processes* (pp. 191–221). New York: Plenum.

Craik, F. I. M., & Jennings, J. M. (1992). Human memory. In F. I. M. Craik & T. A. Salthouse (Eds.), *Handbook of aging and cognition* (pp. 51–110). Hillsdale, NJ: Erlbaum.

Craik, F. I. M., & Salthouse, T. A. (Eds.). (2000). *The handbook of aging and cognition* (2nd ed.). Mahwah, NJ: Erlbaum.

Crain-Thoreson, C., & Dale, P. S. (1992). Do early talkers become early readers? Linguistic precocity, preschool language, and emergent literacy. *Developmental Psychology, 28,* 421–429.

Creed, P. A., & Macintyre, S. R. (2001). The relative effects of deprivation of the latent and manifest benefits of employment on the well being of unemployed people. *Journal of Occupational Health Psychology, 6,* 324–331.

Crick, N. R., & Dodge, K. A. (1994). A review and reformulation of social information-processing mechanisms in children's social adjustment. *Psychological Bulletin, 115,* 74–101.

Crick, N. R., & Dodge, K. A. (1996). Social information-processing mechanisms in reactive and proactive aggression. *Child Development, 67,* 993–1002.

Crick, N. R., & Grotpeter, J. K. (1995). Relational aggression, gender, and social-psychological adjustment. *Child Development, 66,* 710–722.

Crick, N. R., Bigbee, M. A., & Howes, C. (1996). Gender differences in children's normative beliefs about aggression: How do I hurt thee? Let me count the ways. *Child Development, 67,* 1003–1014.

Crick, N. R., Casas, J. F., & Nelson, D. A. (2002). Toward a more comprehensive understanding of peer maltreatment: Studies of relational victimization. *Current Directions in Psychological Science, 11*(3), 98–101.

Crijnen, A. A. M., Achenbach, T. M., & Verhulst, F. C. (1999). Problems reported by parents of children in multiple cultures: The Child Behavior Checklist syndrome constructs. *American Journal of Psychiatry, 156,* 569–574.

Crockenberg, S. C. (2003). Rescuing the baby from the bathwater: How gender and temperament influence how child care affects child development. *Child Development, 74,* 1034–1038.

Crouter, A., & Larson, R. (Eds.). (1998). *Temporal rhythms in adolescence: Clocks, calendars, and the coordination of daily life* (New Directions in Child and Adolescent Development, No. 82). San Francisco: Jossey-Bass.

Crouter, A. C., & Manke, B. (1994). The changing American workplace: Implications for individuals and families. *Family Relations, 43,* 117–124.

Crouter, A. C., Helms-Erikson, H., Updegraff, K., & McHale, S. M. (1999). Conditions underlying parents' knowledge about children's daily lives in middle childhood: Between- and within-family comparisons. *Child Development, 70,* 246–259.

Crouter, A. C., MacDermid, S. M., McHale, S. M., & Perry-Jenkins, M. (1990). Parental monitoring and perception of children's school performance and conduct in dual- and single-earner families. *Developmental Psychology, 26,* 649–657.

Crouter, A. C., & McHale, S. M. (1993). Temporal rhythms in family life: Seasonal variation and the relation between parental work and family processes. *Developmental Psychology, 29,* 198–205.

Crow, J. F. (1993). How much do we know about spontaneous human mutation rates? *Environmental and Molecular Mutagenesis, 21,* 122–129.

Crow, J. F. (1995). Spontaneous mutation as a risk factor. *Experimental and Clinical Immunogenetics, 12*(3), 121–128.

Crow, J. F. (1999). The odds of losing at genetic roulette. *Nature, 397,* 293–294.

Crowe, M., Andel, R., Pedersen, N.L., Johansson, B., & Gatz, M. (2003). Does participation in leisure activities lead to reduced risk of Alzheimer's Disease? A prospective study of Swedish twins. *Journal of Gerontology: Psychological Sciences, 58B,* P249–P 255.

Crowley, S. L. (1993, October). Grandparents to the rescue. *AARP Bulletin,* pp. 1, 16–17.

***Cruzan v. Director, Missouri Department of Health,* 110 S. Ct. 2841 (1990).**

Csikszentmihalyi, M. (1999). If we are so rich, why aren't we happy? *American Psychologist, 54,* 821–827.

Cumming, E., & Henry, W. (1961). *Growing old.* New York: Basic Books.

Cummings, E. M., Iannotti, R. J., & Zahn-Waxler, C. (1989). Aggression between peers in early childhood: Individual continuity and developmental change. *Child Development, 60,* 887–895.

Cummings, J. L. (2004). Alzheimer's disease. *New England Journal of Medicine, 351,* 56–67.

Cunniff, C., & the Committee on Genetics. (2004). Prenatal screening and diagnosis for pediatricians. *Pediatrics, 114,* 889–894.

Cunningham, A. S., Jelliffe, D. B., & Jelliffe, E. F. P. (1991). Breastfeeding and health in the 1980s: A global epidemiological review. *Journal of Pediatrics, 118,* 659–666.

Cunningham, F. G., & Leveno, K. J. (1995). Childbearing among older women—The message is cautiously optimistic. *New England Journal of Medicine, 333,* 1002–1004.

Curtin, S. C., & Park, M. M. (1999). Trends in the attendant, place, and timing of births, and in the use of obstetric interventions: United States, 1989–97 (*National Vital Statistics Reports, 47*[27]). Hyattsville, MD: National Center for Health Statistics.

Curtiss, S. (1977). *Genie.* New York: Academic Press.

Cutler, S. J. (1998, December). Senator/astronaut John Glenn shows what older persons can do. *Gerontology News,* p. 1.

Cuttini, M., Nadai, M., Kaminski, M., Hansen, G., de Leeuw, R., Lenoir, S., Persson, J., Rabagliato, M., Reid, M., de Vonderweid, U., Lenard, H. G., Orzalesi, M., & Saracci, R., for the EURONIC Study Group. (2000). End-of-life decisions in neonatal intensive care: Physicians' self-reported practices in seven European countries. *Lancet, 355,* 2112–2118.

Cutz, E., Perrin, D. G., Hackman, R., & Czegledy-Nagy, E. N. (1996). Maternal smoking and pulmonary neuroendocrine cells in sudden infant death syndrome. *Pediatrics, 88,* 668–672.

Cytrynbaum, S., Bluum, L., Patrick, R., Stein, J., Wadner, D., & Wilk, C. (1980). Midlife development: A personality and social systems perspective. In L. Poon (Ed.), *Aging in the 1980s.* Washington, DC: American Psychological Association.

Czaja, A. J., & Sharit, J. (1998). Ability-performance relationships as a function of age and task experience for a data entry task. *Journal of Experimental Psychology-Applied, 4,* 332–351.

Czeisler, C. A., Duffy, J. F., Shanahan, T. L., Brown, E. N., Mitchell, J. F., Rimmer, D. W., Ronda, J. M., Silva, E. J., Allan, J. S., Emens, J. S., Dijk, D., & Kronauer, R. E. (1999). Stability, precision, and near 24-hour period of the human circadian pacemaker. *Science, 284,* 2177–2181.

Daiute, C., Hartup, W. W., Sholl, W., & Zajac, R. (1993, March). *Peer collaboration and written language development: A study of friends and acquaintances.* Paper presented at the meeting of the Society for Research in Child Development, New Orleans, LA.

Dale, P. S., Price, T. S., Bishop, D. V. M., & Plomin, R. (2003). Outcomes of early language delay: I. Predicting persistent and transient language difficulties at 3 and 4 years. *Journal of Speech, Language, and Hearing Research, 46,* 544–560.

Dale, P. S., Simonoff, E., Bishop, D. V. M., Eley, T. C., Oliver, B., Price, T. S., Purcell, S., Stevenson, J., & Plomin, R. (1998). Genetic influence on language delay in two-year-old children. *Nature Neuroscience, 1,* 324–328.

Dan, A. J., & Bernhard, L. A. (1989). Menopause and other health issues for midlife women. In S. Hunter & M. Sundel (Eds.), *Midlife myths.* Newbury Park, CA: Sage.

Danesi, M. (1994). *Cool: The signs and meanings of adolescence.* Toronto: University of Toronto Press.

Dangour, A. D., Sibson, V. L., & Fletcher, A. E. (2004). Micronutrient supplementation in later life: Limited evidence for benefit. *Journal of Gerontology: Biological Sciences, 59A,* 659–673.

Darling, N., & Steinberg, L. (1993). Parenting style as context: An integrative model. *Psychological Bulletin, 113,* 487–496.

Darroch, J. E., Singh, S., Frost, J. J., & the Study Team. (2001). Differences in teenage pregnancy rates among five developed countries: The roles of sexual activity and contraceptive use. *Family Planning Perspectives, 33,* 244–250, 281.

Datar, A., & Sturm, R. (2004a). Childhood overweight and parent- and teacher-reported behavior problems. *Archives of Pediatric and Adolescent Medicine, 158,* 804–810.

Datar, A., & Sturm, R. (2004b). Physical education in elementary school and body mass index: Evidence from the Early Childhood Longitudinal Study. *American Journal of Public Health, 94,* 1501–1507.

Datar, A., Sturm, R., & Magnabosco, J. L. (2004). Childhood overweight and academic performance: National study of kindergartners and first-graders. *Obesity Research, 12,* 58–68.

David and Lucile Packard Foundation. (2004). Children, families, and foster care: Executive summary. *The Future of Children, 14*(1). Available: http://www.futureofchildren.org.

David, R. J., & Collins, J. W., Jr. (1997). Differing birth weight among infants of U.S.-born blacks, African-born blacks, and U.S.-born whites. *New England Journal of Medicine, 337,* 1209–1214.

Davidson, J. I. F. (1998). Language and play: Natural partners. In D. P. Fromberg & D. Bergen (Eds.), *Play from birth to twelve and beyond: Contexts, perspectives, and meanings* (pp. 175–183). New York: Garland.

Davidson, N. E. (1995). Hormone-replacement therapy—Breast versus heart versus bone. *New England Journal of Medicine, 332,* 1638–1639.

Davidson, P. W., Myers, G. J., & Weiss, B. (2004). Mercury exposure and child development outcomes. *Pediatrics, 113,* 1023–1029.

Davidson, R. J., & Fox, N. A. (1989). Frontal brain asymmetry predicts infants' response to maternal separation. *Journal of Abnormal Psychology, 948*(2), 58–64.

Davies, C., & Williams, D. (2002). *The grandparent study 2002 report.* Washington, DC: AARP.

Davies, M., Stankov, L., Roberts, R. D. (1998). Emotional intelligence: In search of an elusive construct. *Journal of Personality and Social Psychology, 75,* 989–1015.

Davis, B. E., Moon, R. Y., Sachs, H. C., Ottolini, M. C. (1998). Effects of sleep position on infant motor development. *Pediatrics, 102,* 1135–1140.

Davis, M., & Emory, E. (1995). Sex differences in neonatal stress reactivity. *Child Development, 66,* 14–27.

Davis-Kean, P. E., & Sandler, H. M. (2001). A meta-analysis of measures of self-esteem for young children: A framework for future measures. *Child Development, 72,* 887–906.

Davison, K. K., & Birch, L. L. (2001). Weight status, parent reaction, and self-concept in five-year-old girls. *Pediatrics, 107,* 46–53.

Davison, K. K., Susman, E. J., & Birch, L. L. (2003). Percent body fat at age 5 predicts earlier pubertal development among girls at age 9. *Pediatrics, 111,* 815–821.

Dawson, D. A. (1991). Family structure and children's health and well-being: Data from the 1988 National Health Interview Survey on child health. *Journal of Marriage and the Family, 53,* 573–584.

Dawson, G., Frey, K., Panagiotides, H., Yamada, E., Hessl, D., & Osterling, J. (1999). Infants of depressed mothers exhibit atypical frontal electrical brain activity during interactions with mother and with a familiar nondepressed adult. *Child Development, 70,* 1058–1066.

Dawson, G., Klinger, L. G., Panagiotides, H., Hill, D., & Spieker, S. (1992). Frontal lobe activity and affective behavior of infants of mothers with depressive symptoms. *Child Development, 63,* 725–737.

Dawson-Hughes, B., Harris, S. S., Krall, E. A., & Dallal, G. E. (1997). Effect of calcium and vitamin D supplementation on bone density in men and women 65 years of age and older. *New England Journal of Medicine, 337,* 670–676.

Day, S. (1993, May). Why genes have a gender. *New Scientist, 138*(1874), 34–38.

de Castro, B. O., Veerman, J. W., Koops, W., Bosch, J. D., & Monshouwer, H. J. (2002). Hostile attribution of intent and aggressive behavior: A meta-analysis. *Child Development, 73,* 916–934.

Deary, I. J., & Der, G. (2005). Reaction time explains IQ's association with death. *Psychological Science, 16,* 64–69.

Deary, I. J., Leaper, S. A., Murray, A. D., Staff, R. T., & Whalley, L. J. (2003). Cerebral white matter abnormalities and lifetime cognitive change: A 67-year follow-up of the Scottish Mental survey of 1932. *Psychology and Aging, 18,* 140–148.

Deary, I. J., Whalley, L. J., & Starr, J. M. (2003). IQ at age 11 and longevity: Results from a follow-up of the Scottish Mental Survey 1932. In C. D. Finch, J.-M. Robine, & Y. Christen (Eds.), *Brain and longevity: Perspectives in longevity* (pp. 153–164). Berlin: Springer.

DeBell, M., & Chapman, C. (2003). *Computer and Internet use by children and adolescents in 2001* (NCES 2004–014). Washington, DC: National Center for Education Statistics, U.S. Department of Education.

DeCasper, A. J., & Fifer, W. P. (1980). Of human bonding: Newborns prefer their mothers' voices. *Science, 208,* 1174–1176.

DeCasper, A. J., & Spence, M. J. (1986). Prenatal maternal speech influences newborns' perceptions of speech sounds. *Infant Behavior and Development, 9,* 133–150.

DeCasper, A. J., Lecanuet, J. P., Busnel, M. C., Granier-Deferre, C., & Maugeais, R. (1994). Fetal reactions to recurrent maternal speech. *Infant Behavior and Development, 17,* 159–164.

deGroot, L. C. P. M. G., Verheijden, M. W., deHenauw, S., Schroll, M., & van Staveren, W. A. for the SENECA Investigators. (2004). Lifestyle, nutritional status, health, and mortality in elderly people across Europe: A review of the longitudinal results of the SENECA study. *Journal of Gerontology: Medical Sciences, 59A,* 1277–1284.

DeHaan, L. G., & MacDermid, S. M. (1994). Is women's identity achievement associated with the expression of generativity? Examining identity and generativity in multiple roles. *Journal of Adult Development, 1,* 235–247.

Dekovic, M., & Janssens, J. M. A. M. (1992). Parents' child-rearing style and child's sociometric status. *Developmental Psychology, 28,* 925–932.

de la Chica, R. A., Ribas, I., Giraldo, J., Egozcue, J., & Fuster, C. (2005). Chromosomal instability in amniocytes from fetuses of mothers who smoke. *Journal of the American Medical Association, 293,* 1212–1222.

de Lange, T. (1998). Telomeres and senescence: Ending the debate. *Science, 279,* 334–335.

Del Carmen, R. D., Pedersen, F. A., Huffman, L. C., & Bryan, Y. E. (1993). Dyadic distress management predicts subsequent security of attachment. *Infant Behavior and Development, 16,* 131–147.

Delany, E., Delany, S., & Hearth, A. H. (1993). *The Delany sisters' first 100 years.* New York: Kodansha America.

DeLoache, J., & Gottlieb, A. (2000). If Dr. Spock were born in Bali: Raising a world of babies. In J. DeLoache & A. Gottlieb (Eds.), *A world of babies: Imagined childcare guides for seven societies* (pp. 1–27). New York: Cambridge University Press.

DeLoache, J. S. (2000). Dual representation and young children's use of scale models. *Child Development, 71,* 329–338.

DeLoache, J. S., Miller, K. F., & Pierroutsakos, S. L. (1998). Reasoning and problem solving. In D. Kuhn & R. S. Siegler (Eds.), *Handbook of Child Psychology: Vol. 2. Cognition, perception, and language* (5th ed., pp. 801–850). New York: Wiley.

DeLoache, J. S., Miller, K. F., & Rosengren, K. S. (1997). The credible shrinking room: Very young children's performance with symbolic and nonsymbolic relations. *Psychological Science, 8,* 308–313.

DeLoache, J. S., Pierroutsakos, S. L., & Uttal, D. H. (2003). The origins of pictorial competence. *Current Directions in Psychological Science, 12,* 114–118.

DeLoache, J. S., Pierroutsakos, S. L., Uttal, D. H., Rosengren, K. S., & Gottleib, A. (1998). Grasping the nature of pictures. *Psychological Science, 9,* 205–210.

DeMaris, A., Benson, M. L., Fox, G. L, Hill, T., & VanWyk, J. (2003). Distal and proximal factors in domestic violence: A test of an integrated model. *Journal of Marriage and Family, 65,* 652–667.

Demo, D. H. (1991). A sociological perspective on parent-adolescent disagreements. In R. L. Paikoff (Ed.), *Shared views in the family during adolescence* (New Directions for Child Development, No. 51, pp. 111–118). San Francisco: Jossey-Bass.

Denham, M., Schell, L. M., Deane, G., Gallo, M. V., Ravenscroft, J., & DeCaprio, A. P., & the Akwesasne Task Force on the Environment. (2005). Relationship of lead, mercury, mirex, dichlorodiphenyldichloroethylene, hexachlorobenzene, and polychlorinated biphenyls to timing of menarche among Akwesasne Mohawk girls. *Pediatrics, 115*(2), e127–e134.

Denham, S. A., Blair, K. A., DeMulder, E., Levitas, J., Sawyer, K., Auerbach-Major, S., & Queenan, P. (2003). Preschool emotional competence: Pathway to social competence? *Child Development, 74,* 238–256.

Denney, N. W., & Palmer, A. M. (1981). Adult age differences on traditional and practical problem-solving measures. *Journal of Gerontology, 36*(3), 323–328.

Denney, N. W., & Pearce, K. A. (1989). A developmental study of practical problem solving in adults. *Psychology and Aging, 4*(4), 438–442.

Dennis, W. (1936). A bibliography of baby biographies. *Child Development, 7,* 71–73.

Denton, K., West, J., and Walston, J. (2003). *Reading—young children's achievement and classroom experiences: Findings from* The Condition of Education 2003. Washington, DC: National Center for Education Statistics.

Department of Commerce. (2002). *A nation online: How Americans are expanding their use of the Internet.* Washington, DC: Author.

Desai, M., Pratt, L. A., Lentzner, H., & Robinson, K. N. (2001). Trends in vision and hearing among older Americans. *Aging Trends,* No. 2. Hyattsville, MD: National Center for Health Statistics.

DeStefano, F., Bhasin, T. K., Thompson, W. W., Yeargin-Allsopp, M., and Boyle, C. (2004). Age at first measles-mumps-rubella vaccination in children with autism and school-matched control subjects: A population-based study in metropolitan Atlanta. *Pediatrics, 113,* 259–266.

Detrich, R., Phillips, R., & Durett, D. (2002). Critical issue: Dynamic debate—determining the evolving impact of charter schools. [Online]. North Central Regional Educational Laboratory. Available: http://www.ncrel.org/sdrs/areas/issues/envrnmnt/go/go800.htm.

Devaney, B., Johnson, A., Maynard, R., & Trenholm, C. (2002). *The evaluation of abstinence education programs funded under Title V, Section 510: Interim report.* Washington, DC: U.S. Department of Health and Human Services.

DeVoe, J. F., Peter, K., Kaufman, P., Miller, A., Noonan, M., Snuder, T. D., & Baum, K. (2004). *Indicators of school crime and safety: 2004* (NCES 2005-002/NCJ 205290). Washington, DC: U.S. Departments of Education and Justice.

de Vries, B. (1996). The understanding of friendship: An adult life course perspective. In C. Magai & S. H. McFadden (Eds.), *Handbook of emotion, adult development, and aging* (pp. 249–269). San Diego: Academic Press.

De Wolff, M. S., & van IJzendoorn, M. H. (1997). Sensitivity and attachment: A meta-analysis on parental antecedents of infant attachment. *Child Development, 68,* 571–591.

Dewey, K. G., Heinig, M. J., & Nommsen-Rivers, L. A. (1995). Differences in morbidity between breast-fed and formula-fed infants. *Journal of Pediatrics, 126,* 696–702.

Dey, A. N., Schiller, J. S., & Tai, D. A. (2004). Summary health statistics for U.S. children: National Health Interview Survey, 2002. *Vital Health Statistics 10* (221). Bethesda, MD: National Center for Health Statistics.

Deykin, E. Y., Alpert, J. J., & McNamara, J. J. (1985). A pilot study of the effect of exposure to child abuse or neglect on adolescent suicidal behavior. *American Journal of Psychiatry, 142*(11), 1299–1303.

Diamond, A. (1991). Neuropsychological insights into the meaning of object concept development. In S. Carey & R. Gelman (Eds.), *Epigenesis of mind* (pp. 67–110). Hillsdale, NJ: Erlbaum.

Diamond, L. M. (1998). Development of sexual orientation among adolescent and young adult women. *Developmental Psychology, 34*(5), 1085–1095.

Diamond, L. M. (2000). Sexual identity, attractions, and behavior among young sexual minority women over a 2-year period. *Developmental Psychology, 36,* 241–250.

Diamond, L. M. (2003). Was it a phase? Young women's relinquishment of lesbian/bisexual identities over a 5-year period. *Journal of Personality and Social Psychology, 84,* 352–364.

Diamond, L. M., & Savin-Williams, R. C. (2003). The intimate relationships of sexual-minority youths. In G. R. Adams & M. D. Berzonsky (Eds.), *Blackwell handbook of adolescence* (pp. 393–412). Malden, MA: Blackwell.

Diamond, M. C. (1988). *Enriching heredity.* New York: Free Press.

Diamond, M., & Sigmundson, H. K. (1997). Sex reassignment at birth: Long-term review and clinical implications. *Archives of Pediatric and Adolescent Medicine, 151,* 298–304.

Diamond, P., & Orszag, P. (2002). *Reducing benefits and subsidizing private accounts: An analysis of the plans proposed by the President's Commission to Strengthen Social Security.* Washington, DC: Center on Budget and Policy Priorities and the Century Foundation.

Diary of Anaïs Nin (1931–1934).

Dickinson, G. E., Lancaster, C. J., Clark, D., Ahmedzai, S. H., & Noble, W. (2002). U.K. physicians' attitudes toward active voluntary euthanasia and physician-assisted suicide. *Death Studies, 26,* 479–490.

Diehl, M., Willis, S. L., & Schaie, K. W. (1994). *Practical problem solving in older adults: Observational assessment and cognitive correlates.* Unpublished manuscript, Wayne State University, Detroit.

Dien, D. S. F. (1982). A Chinese perspective on Kohlberg's theory of moral development. *Developmental Review, 2,* 331–341.

Diener, E. (2000). Subjective well-being: The science of happiness and a proposal for a national index. *American Psychologist, 55,* 34–43.

DiFranza, J. R., Aligne, C. A., & Weitzman, M. (2004). Prenatal and postnatal environmental tobacco smoke exposure and children's health. *Pediatrics, 113,* 1007–1015.

Dillaway, H., & Broman, C. (2001). Race, class, and gender in marital satisfactions and divisions of household labor among dual-earner couples. *Journal of Family Issues, 22,* 309–327.

Dimant, R. J., & Bearison, D. J. (1991). Development of formal reasoning during successive peer interactions. *Developmental Psychology, 27,* 277–284.

DiMarco, M. A., Menke, E. M., & McNamara, T. (2001). Evaluating a support group for perinatal loss. *MCN American Journal of Maternal and Child Nursing, 26,* 135–140.

Ding, Y-C., Chi, H-C., Grady, D. L., Morishima, A., Kidd, J. R., Kidd, K. K., Flodman, P., Spence, M. A., Schuck, S., Swanson, J. M., Zhang, Y-P., & Moyzis, R. K. (2002). Evidence of positive selection acting at the human dopamine receptor D4 gene locus. *Proceedings of the National Academy of Science, 99,* 309–314.

Dingfelder, S. (2004). Programmed for psychopathology? Stress during pregnancy may increase children's risk for mental illness, researchers say. *Monitor on Psychology, 35*(2), 56–57.

DiPietro, J., Hilton, S., Hawkins, M., Costigan, K., & Pressman, E. (2002). Maternal stress and affect influences fetal neurobehavioral development. *Developmental Psychology, 38,* 659–668.

DiPietro, J. A. (2004). The role of prenatal maternal stress in child development. *Current Directions in Psychological Science, 13*(2), 71–74.

DiPietro, J. A., Caulfield, L. E., Costigan, K. A., Merialdi, M., Nguyen, R. H. N., Zavaleta, N., & Gurewitsch, E. D. (2004). Fetal neurobehavioral development: A tale of two cities. *Developmental Psychology, 40,* 445–456.

DiPietro, J. A., Hodgson, D. M., Costigan, K. A., Hilton, S. C., & Johnson, T. R. B. (1996). Fetal neurobehavioral development. *Child Development, 67,* 2553–2567.

Dishion, T. J., McCord, J., & Poulin, F. (1999). When intervention harms. *American Psychologist, 54,* 755–764.

Dixon, R. A., & Baltes, P. B. (1986). Toward lifespan research on the functions and pragmatics of intelligence. In R. J. Sternberg & R. K. Wagner (Eds.), *Practical intelligence: Nature and origins of competence in the everyday world* (pp. 203–235). New York: Cambridge University Press.

Dixon, R. A., & Hultsch, D. F. (1999). Intelligence and cognitive potential in late life. In J. C. Cavanaugh & S. K. Whitbourne (Eds.), *Gerontology: An interdisciplinary perspective.* New York: Oxford University Press.

Dixon, R. A., Hultsch, D. F., & Herzog, C. (1988). The metamemory in adulthood (MIA) questionnaire. *Psychopharmacology Bulletin, 24,* 671–688.

Dlugosz, L., Belanger, K., Helienbrand, K., Holfard, T. R., Leaderer, B., & Bracken, M. B. (1996). Maternal caffeine consumption and spontaneous abortion: A prospective cohort study. *Epidemiology, 7,* 250–255.

Dodge, K. A., Coie, J.D., Pettit, G. S., & Price, J. M. (1990). Peer status and aggression in boys' groups: Developmental and contextual analysis. *Child Development, 61,* 1289–1309.

Dodge, K. A., Pettit, G. S., & Bates, J. E. (1994). Socialization mediators of the relation between socioeconomic status and child conduct problems. *Child Development, 65,* 649–665.

Doherty, W. J., Kouneski, E. F., & Erickson, M. F. (1998). Responsible fathering: An overview and conceptual framework. *Journal of Marriage and the Family, 60,* 277–292.

Doka, K. J., & Mertz, M. E. (1988). The meaning and significance of greatgrandparenthood. *The Gerontologist, 28*(2), 192–197.

Dolan, M. A., & Hoffman, C. D. (1998). Determinants of divorce among women: A reexamination of critical influences. *Journal of Divorce & Remarriage, 28,* 97–106.

Donovan, W. L., Leavitt, L. A., & Walsh, R. O. (1998). Conflict and depression predict maternal sensitivity to infant cries. *Infant Behavior and Development, 21,* 505–517.

Dorris, M. (1989). *The broken cord.* New York: Harper & Row.

Dorsey, M. J., & Schneider, L. C. (2003). Improving asthma outcomes and self-management behaviors of inner-city children. *Pediatrics, 112,* 474.

Dougherty, T. M., & Haith, M. M. (1997). Infant expectations and reaction time as predictors of childhood speed of processing and IQ. *Developmental Psychology, 33,* 146–155.

Downey, D. B., & Condron, D. J. (2004). Playing well with others in kindergarten: The benefit of siblings at home. *Journal of Marriage and Family, 66,* 333–350.

Dozier, M., Stovall, K. C., Albus, K. E., & Bates, B. (2001). Attachment for infants in foster care: The role of caregiver state of mind. *Child Development, 72,* 1467–1477.

Dreher, M. C., Nugent, K., & Hudgins, R. (1994). Prenatal marijuana exposure and neonatal outcomes in Jamaica: An ethnographic study. *Pediatrics, 93,* 254–260.

Dreyfus, H. L. (1993–1994, Winter). What computers still can't do. *Key Reporter,* pp. 4–9.

Driscoll, I., McDaniel, M. A., & Guynn, M. J. (2005). Apolipoprotein E and prospective memory in normally aging adults. *Neuropsychology, 19,* 28–34.

Drug Policy Alliance. (2004, June 23). South Carolina v. McKnight. [Online]. Retrieved April 6, 2005 from http://www.drugpolicy.org/law/womenpregnan/mcknight.cfm.

Drumm, P., & Jackson, D. W. (1996). Developmental changes in questioning strategies during adolescence. *Journal of Adolescent Research, 11,* 285–305.

Drummond, S. P. A., Brown, G. G., Gillin, J. C., Stricker, J. L., Wong, E. C., & Buxton, R. B. (2000). Altered brain response to verbal learning following sleep deprivation. *Nature, 403,* 655–657.

Dubé, E. M., & Savin-Williams, R. C. (1999). Sexual identity development among ethnic sexual-minority youths. *Developmental Psychology, 35*(6), 1389–1398.

Dube, S. R., Anda, R. F., Felitti, V. J., Chapman, D. P., Williamson, D. F., & Giles, W. H. (2001). Childhood abuse, household dysfunction, and the risk of attempted suicide throughout the life span: Findings from the Adverse Childhood Experiences Study. *Journal of the American Medical Association, 286*(24), 3089–3096.

Dube, S. R., Felitti, V. J., Dong, M., Chapman, D. P., Giles, W. H. & Anda, R. F. (2003 March). Childhood abuse, neglect, and household dysfunction and the risk of illicit drug use: The Adverse Childhood Experiences Study. *Pediatrics, 111*(3), 564–572.

Dubowitz, H. (1999). The families of neglected children. In M. E. Lamb (Ed.), *Parenting and child development in "nontraditional" families* (pp. 327–345). Mahwah, NJ: Erlbaum.

Duenwald, M. (2003, July 15). After 25 years, new ideas in the prenatal test tube. *New York Times.* [Online]. Available: http://www.nytimes.com/2003/07/15/health/15IVF.html?ex1059274835&ei1&en21c6928d1811f348.

Duffy, P. H., Seng, J. E., Lewis, S. M., Mayhugh, M. A., Aidoo, A., Hattan, D. G., Casciano, D. A., & Feuers, R. J. (2001). The effects of different levels of dietary restriction on aging and survival in the Sprague-Dawley rat: Implications for chronic studies. *Aging, 13,* 263–272.

Duke, J., Huhman, M., & Heitzler, C. (2003). Physical activity levels among children aged 9–13 years—United States, 2002. *Morbidity and Mortality Weekly Report, 52,* 785–788.

Duncan, G. J., & Brooks-Gunn, J. (1997). Income effects across the life span: Integration and interpretation. In G. J. Duncan & J. Brooks-Gunn (Eds.), *Consequences of growing up poor* (pp. 596–610). New York: Russell Sage Foundation.

Dunham, P. J., Dunham, F., & Curwin, A. (1993). Joint-attentional states and lexical acquisition at 18 months. *Developmental Psychology, 29,* 827–831.

Dunlosky, J., & Hertzog, C. (1998). Aging and deficits in associative memory: What is the role of strategy production? *Psychology and Aging, 13,* 597–607.

Dunn, A. L., Marcus, B. H., Kampert, J. B., Garcia, M. E., Kohl, H. W., III, & Blair, S. N. (1999). Comparison of lifestyle and structured interventions to increase physical activity and cardiorespiratory fitness: A randomized trial. *Journal of the American Medical Association, 281,* 327–334.

Dunn, A. L., Trivedi, M. H., Kampert, J. B., Clark, C. G., & Chambliss, H. O. (2005). Exercise treatment for depression: Efficacy and dose response. *American Journal of Preventive Medicine, 28,* 1–8.

Dunn, J. (1991). Young children's understanding of other people: Evidence from observations within the family. In D. Frye & C. Moore (Eds.), *Children's theories of mind: Mental states and social understanding.* Hillsdale, NJ: Erlbaum.

Dunn, J. (1996). Sibling relationships and perceived self-competence: Patterns of stability between childhood and early adolescence. In A. J. Sameroff & M. M. Haith (Eds.), *The five to seven year shift: The age of reason and responsibility* (pp. 253–269). Chicago: University of Chicago Press.

Dunn, J., Brown, J., Slomkowski, C., Tesla, C., & Youngblade, L. (1991). Young children's understanding of other people's feelings and beliefs: Individual differences and antecedents. *Child Development, 62,* 1352–1366.

Dunn, J., & Hughes, C. (2001). "I got some swords and you're dead!": Violent fantasy, antisocial behavior, friendship, and moral sensibility in young children. *Child Development, 72,* 491–505.

Dunn, J., & Munn, P. (1985). Becoming a family member: Family conflict and the development of social understanding in the second year. *Child Development, 56,* 480–492.

Dunson, D. (2002). *Late breaking research session. Increasing infertility with increasing age: Good news and bad news for older couples.* Paper presented at 18th Annual Meeting of the European Society of Human Reproduction and Embryology, Vienna.

Dunson, D. B., Colombo, B., & Baird, D. D. (2002). Changes with age in the level and duration of fertility in the menstrual cycle. *Human Reproduction, 17,* 1399–1403.

DuPont, R. L. (1983). Phobias in children. *Journal of Pediatrics, 102,* 999–1002.

Durand, A. M. (1992). The safety of home birth: The Farm study. *American Journal of Public Health, 82,* 450–452.

DuRant, R. H., Smith, J. A., Kreiter, S. R., & Krowchuk, D. P. (1999). The relationship between early age of onset of initial substance use and engaging in multiple health risk behaviors among young adolescents. *Archives of Pediatrics & Adolescent Medicine, 153,* 286–291.

Durlak, J. A. (1973). Relationship between attitudes toward life and death among elderly women. *Developmental Psychology, 8*(1), 146.

Dush, C. M. K., Cohan, C. L., & Amato, P. R. (2003). The relationship between cohabitation and marital quality and stability: Change across cohorts? *Journal of Marriage and Family, 65,* 539–549.

Duskin, Rita. (1987). Haiku. In C. Spelius, Ed., *Sound and Light.* Deerfield, IL: Lakeshore Publishing.

Dwyer, T., Ponsonby, A. L., Blizzard, L., Newman, N. M., & Cochrane, J. A. (1995). The contribution of changes in the prevalence of prone sleeping position to the decline in sudden infant death syndrome in Tasmania. *Journal of the American Medical Association, 273,* 783–789.

Dychtwald, K., & Flower, J. (1990). *Age wave: How the most important trend of our time will change your future.* New York: Bantam.

Dykstra, P. A. (1995). Loneliness among the never and formerly married: The importance of supportive friendships and a desire for independence. *Journal of Gerontology: Social Sciences, 50B,* S321–329.

Early detection of Alzheimer's disease. (2002, August). *Harvard Mental Health Letter,* pp. 3–5.

Eastell, R. (1998). Treatment of postmenopausal osteoporosis. *New England Journal of Medicine, 338,* 736–746.

Eastman, F. (1965). John H. Glenn. In *The world book encyclopedia* (Vol. 8, pp. 214–214d). Chicago: Field Enterprises Educational Corporation.

Eating disorders—Part I. (1997, October). *The Harvard Mental Health Letter,* pp. 1–5.

Eating disorders—Part II. (1997, November). *The Harvard Mental Health Letter,* pp. 1–5.

Eber, G. B., Annest, J. L., Mercy, J. A., & Ryan, G. W. (2004). Nonfatal and fatal firearm-related injuries among children aged 14 years and younger: United States, 1993–2000. *Pediatrics, 113,* 1686–1692.

Eccles, A. (1982). *Obstetrics and gynaecology in Tudor and Stuart England.* Kent, OH: Kent State University Press.

Eccles, J. S., Wigfield, A., & Byrnes, J. (2003). Cognitive development in adolescence. In Weiner, I. B., (Ed.), *Handbook of psychology. Vol. 6: Developmental psychology.* Vol. Eds. R. M. Lerner, M. A. Easterbrooks, and J. Mistry. New York: John Wiley and Sons.

Echeland, Y., Epstein, D. J., St-Jacques, B., Shen, L., Mohler, J., McMahon, J. A., & McMahon, A. P. (1993). Sonic hedgehog, a member of a family of putative signality molecules, is implicated in the regulation of CNS polarity. *Cell, 75,* 1417–1430.

Eckerman, C. O., Davis, C. C., & Didow, S. M. (1989). Toddlers' emerging ways of achieving social coordination with a peer. *Child Development, 60,* 440–453.

Eckerman, C. O., & Didow, S. M. (1996). Nonverbal imitation and toddlers' mastery of verbal means of achieving coordinated action. *Developmental Psychology, 32,* 141–152.

Eckerman, C. O., & Stein, M. R. (1982). The toddler's emerging interactive skills. In K. H. Rubin & H. S. Ross (Eds.), *Peer relationships and social skills in childhood.* New York: Springer-Verlag.

Eden, G. F., Jones, K. M., Cappell, K., Gareau, L., Wood, F. B., Zeffiro, T. A., Dietz, N. A. E., Agnew, J. A., & Flowers, D. L. (2004). Neural changes following remediation in adult developmental dyslexia. *Neuron, 44,* 411–422.

Edwards, C. P. (1981). The comparative study of the development of moral judgment and reasoning. In R. Monroe, R. Monroe, & B. B. Whiting (Eds.), *Handbook of cross-cultural human development.* New York: Garland.

Edwards, C. P. (1994, April). *Cultural relativity meets best practice, or, anthropology and early education, a promising friendship.* Paper presented at the meeting of the American Educational Research Association, New Orleans.

Edwards, K. I. (1993). Obesity, anorexia, and bulimia. *Clinical Nutrition, 77,* 899–909.

Effective solutions for impotence. (1994, October). *Johns Hopkins Medical Letter: Health after 50,* pp. 2–3.

Egan, S. K., & Perry, D. G. (2001). Gender identity: A multidimensional analysis with implications for psychosocial adjustment. *Developmental Psychology, 37,* 451–463.

Egbuono, L., & Starfield, B. (1982). Child health and social status. *Pediatrics, 69,* 550–557.

Eggebeen, D. J., & Knoester, C. (2001). Does fatherhood matter for men? *Journal of Marriage and Family, 63,* 381–393.

Ehrensaft, M. K., Cohen, P., Brown, J., Smailes, E., Chen, H., & Johnson, J. G. (2003). Intergenerational transmission of partner violence: A 20-year prospective study. *Journal of Consulting and Clinical Psychology, 71,* 741–753.

Eimas, P., Siqueland, E., Jusczyk, P., & Vigorito, J. (1971). Speech perception in infants. *Science, 171,* 303–306.

Eisen, M., & Zellman, G. L. (1987). Changes in incidence of sexual intercourse of unmarried teenagers following a community-based sex education program. *Journal of Sex Research, 23*(4), 527–544.

Eisenberg, A. (April 5, 2001). A "smart" home, to avoid the nursing home. *The New York Times,* pp. G1, G6.

Eisenberg, A. R. (1996). The conflict talk of mothers and children: Patterns related to culture, SES, and gender of child. *Merrill-Palmer Quarterly, 42,* 438–452.

Eisenberg, L. (1995, Spring). Is the family obsolete? *Key Reporter,* pp. 1–5.

Eisenberg, N. (1992). *The caring child.* Cambridge, MA: Harvard University Press.

Eisenberg, N. (2000). Emotion, regulation, and moral development. *Annual Review of Psychology, 51,* 665–697.

Eisenberg, N., & Fabes, R. A. (1998). Prosocial development. In W. Damon (Series Ed.) & N. Eisenberg (Vol. Ed.), *Handbook of child psychology: Vol. 3. Social, emotional, and personality development* (5th ed., pp. 701–778). New York: Wiley.

Eisenberg, N., Fabes, R. A., Guthrie, I. K., & Reiser, M. (2000). Dispositional emotionality and regulation: Their role in predicting quality of social functioning. *Journal of Personality and Social Psychology, 78,* 136–157.

Eisenberg, N., Fabes, R. A., & Murphy, B. C. (1996). Parents' reactions to children's negative emotions: Relations to children's social competence and comforting behavior. *Child Development, 67,* 2227–2247.

Eisenberg, N., Fabes, R. A., Nyman, M., Bernzweig, J., & Pinuelas, A. (1994). The relations of emotionality and regulation to children's anger-related reactions. *Child Development, 65,* 109–128.

Eisenberg, N., Fabes, R. A., Schaller, M., & Miller, P. A. (1989). Sympathy and personal distress: Development, gender differences, and interrelations of indexes. In N. Eisenberg (Ed.), *Empathy and related emotional responses* (New Directions for Child Development No. 44). San Francisco: Jossey-Bass.

Eisenberg, N., Fabes, R. A., Shepard, S. A., Guthrie, I. K., Murphy, B. C., & Reiser, M. (1999). Parental reactions to children's negative emotions: Longitudinal relations to quality of children's social functioning. *Child Development, 70*(2), 513–534.

Eisenberg, N., Guthrie, I. K., Fabes, R. A., Reiser, M., Murphy, B. C., Holgren, R.,Maszk, P., & Losoya, S. (1997). The relations of regulation and emotionality to resiliency and competent social functioning in elementary school children. *Child Development, 68,* 295–311.

Eisenberg, N., Guthrie, I. K., Murphy, B. C., Shepard, S. A., Cumberland, A., & Carlo, G. (1999). Consistency and development of prosocial dispositions: A longitudinal study. *Child Development, 70*(6), 1360–1372.

Eisenberg, N., Spinrad, T. L., Fabes, R. A., Reiser, M., Cumberland, A., Shepard, S. A., Valiente, C., Losoya, S. H., Guthrie, I. K., & Thompson, M. (2004). The relations of effortful control and impulsivity to children's resiliency and adjustment. *Child Development, 75,* 25–46.

Elbert, S. E. (1984). *A hunger for home: Louisa May Alcott and "Little Women."* Philadelphia: Temple University Press.

Elder, G. H., Jr. (1974). *Children of the Great Depression: Social change in life experience.* Chicago: University of Chicago Press.

Elder, G. H., Jr. (1998). The life course and human development. In W. Damon (Series Ed.) & R. M. Lerner (Vol. Ed.), *Handbook of child psychology: Vol. 1. Theoretical models of human development* (5th ed., pp. 939–9992). New York: Wiley.

Elia, J., Ambrosini, P. J., & Rapoport, J. L. (1999). Treatment of attention-deficit hyperactivity disorder. *New England Journal of Medicine, 340,* 780–788.

Elicker, J., Englund, M., & Sroufe, L. A. (1992). Predicting peer competence and peer relationships in childhood from early parent-child relationships. In R. Parke & G. Ladd (Eds.), *Family-peer relationships: Modes of linkage* (pp. 77–106). Hillsdale, NJ: Erlbaum.

Elkind, D. (1981). *The hurried child.* Reading, MA: Addison-Wesley.

Elkind, D. (1984). *All grown up and no place to go.* Reading, MA: Addison-Wesley.

Elkind, D. (1986). *The miseducation of children: Superkids at risk.* New York: Knopf.

Elkind, D. (1997). *Reinventing childhood: Raising and educating children in a changing world.* Rosemont, NJ: Modern Learning Press.

Elkind, D. (1998). *All grown up and no place to go.* Reading, MA: Perseus Books.

Ellickson, P. L., Orlando, M., Tucker, J. S., & Klein, D. J. (2004). From adolescence to young adulthood: Racial/ethnic disparities in smoking. *American Journal of Public Health, 94,* 293–299.

Elliott, D. S. (1993). Health enhancing and health compromising lifestyles. In S. G. Millstein, A. C. Petersen, & E. O. Nightingale (Eds.), *Promoting the health of adolescents: New directions for the twenty-first century.* New York: Oxford University Press.

Elliott, V. S. (2000, November 20). Doctors caught in middle of ADHD treatment controversy: Critics charge that medications are being both under- and overprescribed. *AMNews.* [Online]. Retrieved April 21, 2005, from http://www.ama-assn.org/amednews/2000/11/20/hlsb1120.htm.

Ellis, B. J., Bates, J. E., Dodge, K. A., Fergusson, D. M., Horwood, L. J., Pettit, G. S., & Woodward, L. (2003). Does father-absence place daughters at special risk for early sexual activity and teenage pregnancy? *Child Development, 74,* 801–821.

Ellis, B. J., & Garber, J. (2000). Psychosocial antecedents of variation in girls' pubertal timing: Maternal depression, stepfather presence, and marital family stress. *Child Development, 71*(2), 485–501.

Ellis, B. J., McFadyen-Ketchum, S., Dodge, K. A., Pettit, G. S., & Bates, J. E. (1999). Quality of early family relationships and individual differences in the timing of pubertal maturation in girls: A longitudinal test of an evolutionary model. *Journal of Personality and Social Psychology, 77,* 387–401.

Ellis, K. J., Abrams, S. A., & Wong, W. W. (1997). Body composition of a young, multiethnic female population. *American Journal of Clinical Nutrition, 65,* 724–731.

Eltzschig, H. K., Lieberman, E. S., & Camann, W. R. (2003). Regional anesthesia and analgesia for labor and delivery. *New England Journal of Medicine, 348,* 319–332.

Emde, R. N. (1992). Individual meaning and increasing complexity: Contributions of Sigmund Freud and René Spitz to developmental psychology. *Developmental Psychology, 28,* 347–359.

Emde, R. N., Plomin, R., Robinson, J., Corley, R., DeFries, J., Fulker, D. W., Reznick, J. S., Campos, J., Kagan, J., & Zahn-Waxler, C. (1992). Temperament, emotion, and cognition at 14 months: The MacArthur longitudinal twin study. *Child Development, 63,* 1437–1455.

Emmons, R. A., & McCullough, M. E. (2003). Counting blessings versus burdens: An experimental investigation of gratitude and subjective well-being in daily life. *JPSP, 84,* 377–389.

Emslie, G. J. (2004). *The Treatment of Adolescents with Depression Study (TADS): Primary safety outcomes.* Presentation at the New Clinical Drug Evaluation Unit conference, Phoenix, AZ.

Eng, P. M., Rimm, E. B., Fitzmaurice, G., & Kawachi, I. (2002). Social ties and change in social ties in relation to subsequent total and cause-specific mortality and coronary heart disease incidence in men. *American Journal of Epidemiology, 155,* 700–709.

Engels, H., Drouin, J., Zhu, W., & Kazmierski, J. F. (1998). Effects of low-impact, moderate-intensity exercise training with and without wrist weights on functional capacities and mood states in older adults. *Gerontology, 44,* 239–244.

Engle, P. L., & Breaux, C. (1998). Fathers' involvement with children: Perspectives from developing countries. *Social Policy Report, 12*(1), 1–21.

Enloe, C. F. (1980). How alcohol affects the developing fetus. *Nutrition Today, 15*(5), 12–15.

Eogan, M. A., Geary, M. P., O'Connell, M. P., & Keane, D. P. (2003). Effect of fetal sex on labour and delivery: Retrospective review. *British Medical Journal, 326,* 137.

Epel, E. S., Blackburn, E. H., Lin, J., Dhabhar, F. S., Adler, N. E., Morrow, J. D., & Cawthon, R. M. (2004). Accelerated telomere shortening in response to life stress. *Proceedings of the National Academy of Sciences, 101,* 17312–17315.

Epstein, R. A. (1989, Spring). Voluntary euthanasia. *Law School Record* (University of Chicago), pp. 8–13.

Erdley, C. A., Cain, K. M., Loomis, C. C., Dumas-Hines, F., & Dweck, C. S. (1997). Relations among children's social goals, implicit personality theories, and responses to social failure. *Developmental Psychology, 33,* 263–272.

Erikson, E. (1969). *Gandhi's Truth: On the origins of militant nonviolence.* New York: Norton.

Erikson, E. H. (1950). *Childhood and society.* New York: Norton.

Erikson, E. H. (1968). *Identity: Youth and crisis.* New York: Norton.

Erikson, E. H. (1973). The wider identity. In K. Erikson (Ed.), *In search of common ground: Conversations with Erik H. Erikson and Huey P. Newton.* New York: Norton.

Erikson, E. H. (1982). *The life cycle completed.* New York: Norton.

Erikson, E. H. (1985). *The life cycle completed* (paperback reprint ed.). New York: Norton.

Erikson, E. H., Erikson, J. M., & Kivnick, H. Q. (1986). *Vital involvement in old age: The experience of old age in our time.* New York: Norton.

Eriksson, P. S., Perfilieva, E., Björk-Eriksson, T., Alborn, A., Nordborg, C., Peterson, D. A., & Gage, F. H. (1998). Neurogenesis in the adult human hippocampus. *Nature Medicine, 4,* 1313–1317.

Eron, L. D. (1980). Prescription for reduction of aggression. *American Psychologist, 35,* 244–252.

Eron, L. D. (1982). Parent-child interaction, television violence, and aggression in children. *American Psychologist, 37,* 197–211.

Eron, L. D., & Huesmann, L. R. (1986). The role of television in the development of prosocial and antisocial behavior. In D. Olweus, J. Block, & M. Radke-Yarrow (Eds.), *The development of antisocial and prosocial behavior: Research, theories, and issues.* New York: Academic.

Ervin, R. B., Wright, J. D., Wang, C.-Y., & Kennedy-Stephenson, J. (2004). Dietary intake of fats and fatty acids for the United States Population: 1999–2000. *Advance Data from Vital and Health Statistics, No. 348.* Hyattsville, MD: National Center for Health Statistics.

Escobar-Chaves, S. L., Tortolero, S. R., Markham, C. M., Low, B. J., Eitel, P., & Thickstun, P. (2005). Impact of the media on Adolescent Sexual Attitudes and Behaviors. *Pediatrics, 116,* 303–326.

Espeland, M. A., Gu, L., Masaki, K. H., Langer, R. D., Coker, L. H., Stefanick, M. L., Ockene, J., & Rapp, S. R., for the Women's Health Initiative Memory Study. (2005). Association between reported alcohol intake and cognition: Results from the Women's Health Initiative Memory Study. *American Journal of Epidemiology, 161,* 228–238.

Espeland, M. A., Rapp, S. R., Shumaker, S. A., Brunner, R., Manson, J. E., Sherwin, B. B., Hsia, J., Margolis, K. L., Hogan, P. E., Wallace, R., Dailey, M., Freeman, R., Hays, J. for the Women's Health Initiative Memory Study Investigators. (2004). Conjugated equine estrogens and global cognitive function in postmenopausal women: Women's Health Initiative Memory Study. Journal of the American Medical Association, 21, 2959–2968.

Esposito, K., Marfella, R., Ciotola, M., DiPalo, C., Giugliano, F., Giugliano, G., D'Armiento, M., D'Andrea, F., & Giugliano, D. (2004). Effects of a Mediterranean-style diet on endothelial dysfunction and markers of vascular inflammaion in the metabolic syndrome: A randomized trial. *Journal of the American Medical Association, 292,* 1440–1446.

Essex, M. J., & Nam, S. (1987). Marital status and loneliness among older women: The differential importance of close family and friends. *Journal of Marriage and the Family, 49,* 93–106.

Ettinger, B., Friedman, G. D., Bush, T., & Quesenberry, C. P. (1996). Reduced mortality associated with long-term postmenopausal estrogen therapy. *Obstetrics & Gynecology, 87,* 6–12.

Etzel, R. A. (2003). How environmental exposures influence the development and exacerbation of asthma. *Pediatrics, 112*(1), 233–239.

European Collaborative Study. (1994). Natural history of vertically acquired human immunodeficiency virus-1 infection. *Pediatrics, 94,* 815–819.

Evans, G. (1976). The older the sperm . . . *Ms., 4*(7), 48–49.

Evans, G. W. (2004). The environment of childhood poverty. *American Psychologist, 59,* 77–92.

Evans, G. W., & English, K. (2002). The environment of poverty: Multiple stressor exposure, psychophysiological stress, and socioemotional adjustment. *Child Development, 73,* 1238–1248.

Evans, J. (1994). *Caring for the caregiver: Body, mind and spirit.* New York: American Parkinson Disease Association.

Evert, J., Lawler, E., Bogan, H., & Perls, T. (2003). Morbidity profiles of centenarians: Survivors, delayers, and escapers. *Journal of Gerontology: Medical Sciences,* 58A, 232–237.

Evertsson, M., & Nermo, M. (2004). Dependence within families and the division of labor:

Comparing Sweden and the United States. *Journal of Marriage and Family, 66,* 1272–1286.
Eyre-Walker, A., & Keightley, P. D. (1999). High genomic deleterious rates in hominids. *Nature, 397,* 344–347.
Ezzati, M., & Lopez, A. D. (2004). Regional, disease specific patterns of smoking-attributable mortality in 2000. *Tobacco Control, 13,* 388–395.
Fabes, R. A., & Eisenberg, N. (1992). Young children's coping with interpersonal anger. *Child Development, 63,* 116–128.
Fabes, R. A., & Eisenberg, N. (1996). *An examination of age and sex differences in prosocial behavior and empathy.* Unpublished data, Arizona State University.
Fabes, R. A., Leonard, S. A., Kupanoff, K., & Martin, C. L. (2001). Parental coping with children's negative emotions: Relations with children's emotional and social responding. *Child Development, 72,* 907–920.
Fabes, R. A., Martin, C. L., & Hanish, L. D. (2003, May). Young children's play qualities in same-, other-, and mixed-gender peer groups. *Child Development, 74*(3), 921–932.
Fagot, B. I. (1997). Attachment, parenting, and peer interactions of toddler children. *Developmental Psychology, 33,* 489–499.
Fagot, B. I., & Leinbach, M. D. (1995). Gender knowledge in egalitarian and traditional families. *Sex Roles, 32,* 513–526.
Faison, S. (1997, August 17). Chinese happily break the "one child" rule. *The New York Times,* pp. 1, 10.
Faith, M. S., Berman, N., Heo, M., Pietrobelli, A., Gallagher, D., Epstein, L. H., Eiden, M. T., & Allison, D. B. (2001). Effects of contingent television on physical activity and television viewing in obese children. *Pediatrics, 107,* 1043–1048.
Falbo, T., & Polit, D. F. (1986). Quantitative review of the only child literature: Research evidence and theory development. *Psychological Bulletin, 100*(2), 176–189.
Falbo, T., & Poston, D. L. (1993). The academic, personality, and physical outcomes of only children in China. *Child Development, 64,* 18–35.
Falkner, D. (1995). *Great time coming: The life of Jackie Robinson, from baseball to Birmingham.* New York: Simon & Schuster.
Fantz, R. L. (1963). Pattern vision in newborn infants. *Science, 140,* 296–297.
Fantz, R. L. (1964). Visual experience in infants: Decreased attention to familiar patterns relative to novel ones. *Science, 146,* 668–670.
Fantz, R. L. (1965). Visual perception from birth as shown by pattern selectivity. In H. E. Whipple (Ed.), *New issues in infant development. Annals of the New York Academy of Science, 118,* 793–814.
Fantz, R. L., Fagen, J., & Miranda, S. B. (1975). Early visual selectivity. In L. Cohen & P. Salapatek (Eds.), *Infant perception: From sensation to cognition: Vol. 1. Basic visual processes* (pp. 249–341). New York: Academic Press.
Fantz, R. L., & Nevis, S. (1967). Pattern preferences and perceptual-cognitive development in early infancy. *Merrill-Palmer Quarterly, 13,* 77–108.
Farquhar, C. M., & Steiner, C. A. (2002). Hysterectomy rates in the United States 1990–1997. *Obstetrics & Gynecology, 99,* 229–234.
Farver, J. A. M., Kim, Y. K., & Lee, Y. (1995). Cultural differences in Korean- and Anglo-American preschoolers' social interaction and play behavior. *Child Development, 66,* 1088–1099.
Fawcett, G. M., Heise, L. L., Isita-Espejel, L., & Pick, S. (1999). Change community responses to wife abuse: A research and demonstration project in Iztacalco, Mexico. *American Psychologist, 54,* 41–49.
Fearon, P., O'Connell, P., Frangou, S., Aquino, P., Nosarti, C., Allin, M., Taylor, M., Stewart, A., Rifkin, L., & Murray, R. (2004). Brain volume in adult survivors of very low birth weight: A sibling-controlled study. *Pediatrics, 114,* 367–371.
Federal Glass Ceiling Commission. (1995). *Good for business: Making full use of the nation's human capital: The environmental scam.* Washington, DC: U.S. Department of Labor.
Federal Interagency Forum on Aging-Related Statistics. (2004). *Older Americans 2004: Key indicators of well-being.* Washington, DC: U.S. Government Printing Office.
Feingold, A., & Mazzella, R. (1998). Gender differences in body image are increasing. *Psychological Science, 9*(3), 190–195.
Feinleib, J. A., & Michael, R. T. (2000). Reported changes in sexual behavior in response to AIDS in the United States. In Laumann, E. O., & Michael, R. T. (Eds.), *Sex, love, and health in America: Private choices and public policies* (pp. 302–326). Chicago: University of Chicago Press.
Feldhusen, J. F. (1992). *Talent identification and development in education (TIDE).* Sarasota, FL: Center for Creative Learning.
Feldman, H. A., Goldstein, I., Hatzichristou, D. G., Krane, R. J., & McKinlay, J. B. (1994). Impotence and its medical and psychosocial correlates: Results of the Massachusetts Male Aging Study. *Journal of Urology, 151,* 54–61.
Felner, R. D., Brand, S., DuBois, D. L., Adan, A. M., Mulhall, P. F., & Evans, E. G. (1995). Socioeconomic disadvantage, proximal environmental experiences, and socioemotional and academic adjustment in early adolescence: Investigation of a mediated effect. *Child Development, 66,* 774–792.
Ferber, R. (1985). *Solve your child's sleep problems.* New York: Simon & Schuster.
Ferber, S. G. & Makhoul, I. R. (2004). The effect of skin-to-skin contact (Kangaroo Care) shortly after birth on the neurobehavioral responses of the term newborn: A randomized, controlled trial. *Pediatrics, 113,* 858–865.
Fernald, A., & O'Neill, D. K. (1993). Peekaboo across cultures: How mothers and infants play with voices, faces, and expectations. In K. MacDonald (Ed.), *Parent-child play* (pp. 259–285). Albany: State University of New York Press.
Fernald, A., Pinto, J. P., Swingley, D., Weinberg, A., & McRoberts, G. W. (1998). Rapid gains in speed of verbal processing by infants in the 2nd year. *Psychological Science, 9*(3), 228–231.
Fetal development: A psychobiological perspective (pp. 239–262). Hillsdale, NJ: Erlbaum.
Fiatarone, M. A., Marks, E. C., Ryan, N. D., Meredith, C. N., Lipsitz, L. A., & Evans, W. J. (1990). High-intensity strength training in nonagenarians: Effects on skeletal muscles. *Journal of the American Medical Association, 263,* 3029–3034.
Fiatarone, M. A., O'Neill, E. F., & Ryan, N. D. (1994). Exercise training and nutritional supplementation for physical frailty in very elderly people. *New England Journal of Medicine, 330,* 1769–1775.
Fiatarone, M. A., O'Neill, E. F., Ryan, N. D., Clements, K. M., Solares, G. R., Nelson, M. E., Roberts, S. B., Kehayias, J. J., Lipsitz, L. A., & Evans, W. J. (1994). Exercise training and nutritional supplementation for physical frailty in very elderly people. *New England Journal of Medicine, 330,* 1769–1775.
Field, A. E., Camargo, C. A., Taylor, B., Berkey, C. S., Roberts, S. B., & Colditz, G. A. (2001). Peer, parent, and media influence on the development of weight concerns and frequent dieting among preadolescent and adolescent girls and boys. *Pediatrics, 107*(1), 54–60.
Field, A. E., Cook, N. R., & Gillman, M. W. (2005). Weight status in childhood as a predictor of becoming overweight or hypertensive in early adulthood. *Obesity Research, 13,* 163–169.
Field, T. (1995). Infants of depressed mothers. *Infant Behavior and Development, 18,* 1–13.
Field, T. (1998a). Emotional care of the at-risk infant: Early interventions for infants of depressed mothers. *Pediatrics, 102,* 1305–1310.
Field, T. (1998b). Massage therapy effects. *American Psychologist, 53,* 1270–1281.
Field, T. (1998c). Maternal depression effects on infants and early intervention. *Preventive Medicine, 27,* 200–203.
Field, T., Diego, M., Hernandez-Reif, M., Schanberg, S., & Kuhn, C (2003). Depressed mothers who are "good interaction" partners versus those who are withdrawn or intrusive. *Infant Behavior & Development, 26,* 238–252.
Field, T., Fox, N. A., Pickens, J., Nawrocki, T., & Soutollo, D. (1995). Right frontal EEG activation in 3- to 6-month-old infants of depressed mothers. *Developmental Psychology, 31,* 358–363.
Field, T., Grizzle, N., Scafidi, F., Abrams, S., Richardson, S., Kuhn, C., & Schanberg, S. (1996). Massage therapy for infants of depressed mothers. *Infant Behavior and Development, 19,* 107–112.
Field, T., Hernandez-Reif, M., & Freedman, J. (2004). Stimulation programs for preterm infants. *Social Policy Report, 18*(1), 1–19.
Field, T. M. (1978). Interaction behaviors of primary versus secondary caretaker fathers. *Developmental Psychology, 14,* 183–184.
Field, T. M. (1986). Interventions for premature infants. *Journal of Pediatrics, 109*(1), 183–190.
Field, T. M., & Roopnarine, J. L. (1982). Infant-peer interaction. In T. M. Field, A. Huston, H. C. Quay, L. Troll, & G. Finley (Eds.), *Review of human development.* New York: Wiley.

Field, T. M., Sandberg, D., Garcia, R.,Vega-Lahr, N., Goldstein, S., & Guy, L. (1985). Pregnancy problems, postpartum depression, and early infant-mother interactions. *Developmental Psychology, 21,* 1152–1156.

Fields, J. (2003). Children's living arrangements and characteristics: March 2002. *Current Population Reports* (p. 20–547). Washington, DC: U.S. Bureau of the Census.

Fields, J. (2004). America's families and living arrangements: 2003. *Current Population Reports* (P20–553). Washington, DC: U.S. Census Bureau.

Fields, J., & Casper, L. (2001). *America's families and living arrangements: March 2000.* (Current Population Reports, P20–537). Washington, DC: U.S. Census Bureau.

Fields, J. M., & Smith, K. E. (1998, April). *Poverty, family structure, and child well-being: Indicators from the SIPP* (Population Division Working Paper No. 23, U.S. Bureau of the Census). Paper presented at the Annual Meeting of the Population Association of America, Chicago, IL.

Fields, L. E., Burt, V. L., Cutler, J. A., Hughes, J., Roccella, E. J., & Sorlie, P. (2004). The burden of adult hypertension in the United States 1999 to 2000: A rising tide. *Hypertension, 44,* 398.

Fifer, W. P., & Moon, C. M. (1995). The effects of fetal experience with sound. In J. P. Lecanuet, W. P. Fifer, N. A. Krasnegor, & W. P. Smotherman (Eds.), *Fetal development: A psychobiological perspective* (pp. 351–366). Hillsdale, NJ: Erlbaum.

Finch, C. E. (2001). Toward a biology of middle age. In M. E. Lachman (Ed.), *Handbook of midlife development* (pp. 77–108). New York: Wiley.

Fincham. F. D., Beach, S. H., & Davila, J. (2004). Forgiveness and conflict resolution in marriage. *Journal of Family Psychology, 18,* 72–81.

Finn, J. D., & Rock, D. A. (1997). Academic success among students at risk for dropout. *Journal of Applied Psychology, 82,* 221–234.

Finn, R. (1993, February 8). Arthur Ashe, tennis champion, dies of AIDS. *The New York Times,* pp. B1, B43.

First woman to both poles—Ann Bancroft. (1997). [Online]. Available: http://www.zplace.com/rhonda/abancroft. Access date: April 4, 2002.

Fiscella, K., Kitzman, H. J., Cole, R. E., Sidora, K. J., & Olds, D. (1998). Does child abuse predict adolescent pregnancy? *Pediatrics, 101,* 620–624.

Fischer, K. (1980). A theory of cognitive development: The control and construction of hierarchies of skills. *Psychological Review, 87,* 477–531.

Fischer K. W., & Pruyne, E. (2003). Reflective thinking in adulthood. In J. Demick & C. Andreoletti (Eds.) *Handbook of adult development.* New York: Plenum Press.

Fischer, K. W., & Rose, S. P. (1994). Dynamic development of coordination of components in brain and behavior: A framework for theory and research. In G. Dawson & K. W. Fischer (Eds.), *Human behavior and the developing brain* (pp. 3–66). New York: Guilford.

Fischer, K. W., & Rose, S. P. (1995, Fall). Concurrent cycles in the dynamic development of brain and behavior. *SRCD Newsletter,* pp. 3–4, 15–16.

Fisher, C. B., Hoagwood, K., Boyce, C., Duster, T., Frank, D. A., Grisso, T., Levine, R. J., Macklin, R., Spencer, M. B., Takanishi, R., Trimble, J. E., & Zayas, L. H. (2002). Research ethics for mental health science involving ethnic minority children and youth. *American Psychologist, 57,* 1024–1040.

Fisk, A. D., & Rogers, W. A. (2002). Psychology and aging: Enhancing the lives of an aging population. *Current Directions in Psychological Science, 11,* 107–110.

Fivush, R., Hudson, J., & Nelson, K. (1983). Children's long-term memory for a novel event: An exploratory study. *Merrill-Palmer Quarterly, 30,* 303–316.

Fivush, R., & Schwarzmeuller, A. (1998). Children remember childhood: Implications for childhood amnesia. *Applied Cognitive Psychology, 12,* 455–473.

Flavell, J. (1963). *The developmental psychology of Jean Piaget.* New York: Van Nostrand.

Flavell, J. H. (1970). Developmental studies of mediated memory. In H. W. Reese & L. P. Lipsitt (Eds.), *Advances in child development and behavior* (Vol. 5, pp. 181–211). New York: Academic.

Flavell, J. H. (1992). Cognitive development: Past, present, and future. *Developmental Psychology, 28,* 998–1005.

Flavell, J. H. (1993). Young children's understanding of thinking and consciousness. *Current Directions in Psychological Science, 2,* 40–43.

Flavell, J. H., Green, F. L., & Flavell, E. R. (1986). Development of knowledge about the appearance-reality distinction. *Monographs of the Society for Research in Child Development, 51* (1, Serial No. 212).

Flavell, J. H., Green, F. L., & Flavell, E. R. (1995). Young children's knowledge about thinking. *Monographs of the Society for Research in Child Development, 60*(1, Serial No. 243).

Flavell, J. H., Green, F. L., Flavell, E. R., & Grossman, J. B. (1997). The development of children's knowledge about inner speech. *Child Development, 68,* 39–47.

Flavell, J. H., Miller, P. H., & Miller, S. A. (1993). *Cognitive development.* Englewood Cliffs, NJ: Prentice-Hall.

Flavell, J. H., Miller, P. H., & Miller, S. A. (2002). *Cognitive development.* Englewood Cliffs, NJ: Prentice-Hall.

Fleeson, W. (2004). The quality of American life at the end of the century. In O. G. Brim, C. D. Ryff, & R. C. Kessler (Eds.), *How healthy are we? A national study of well-being at midlife.* Chicago: University of Chicago Press.

Flegal, K. M., Graubard, B. I., Williamson, D. F., & Gail, M. H. (2005). Excess deaths associated with underweight, overweight, and obesity. *Journal of the American Medical Association, 293,* 1861–1867.

Flint, M., & Samil, R. S. (1990). Cultural and subcultural meanings of the menopause. In M. Flint, F. Kronenberg, & W. Utian (Eds.), *Multidisciplinary perspectives on menopause* (pp. 134–148). New York: Annals of the New York Academy of Sciences.

Flores, G., Fuentes-Afflick, E., Barbot, O., Carter-Pokras, O., Claudio, L., Lara, M., McLaurin, J. A., Pachter, L., Gomez, F. R., Mendoza, F., Valdez, R. B., Villarruel, A. M., Zambrana, R. E., Greenberg, R., & Weitzman, M. (2002). The health of Latino children: Urgent priorities, unanswered questions, and a research agenda. *Journal of the American Medical Association, 288,* 82–90.

Flores, G., Olson, L, & Tomany-Korman, S. C. (2005). Racial and ethnic disparities in early childhood health and health care. *Pediatrics, 115,* e183–e193.

Fluoxetine-Bulimia Collaborative Study Group. (1992). Fluoxetine in the treatment of bulimia nervosa: A multicenter placebo-controlled, double-blind trial. *Archives of General Psychiatry, 49,* 139–147.

Flynn, J. R. (1984). The mean IQ of Americans: Massive gains 1932 to 1978. *Psychological Bulletin, 95,* 29–51.

Flynn, J. R. (1987). Massive IQ gains in 14 nations: What IQ tests really measure. *Psychological Bulletin, 101,* 171–191.

Foldvari, M., Clark, M., Laviolette, L. C., Bernstein, M. A., Kaliton, D., Castaneda, C., Pu, C. T., Hausdorff, J. M., Fielding, R. A., & Singh, M. A. (2000). Association of muscle power with functional status in community-dwelling elderly women. *Journal of Gerontology: Biological and Medical Sciences, 55,* M192–199.

Foley, D. J., & White, L. (2002). Dietary intake of antioxidants and risk of Alzheimer disease: Food for thought. *Journal of the American Medical Association, 287,* 3261–3263.

Folkman, S., & Lazarus, R. S. (1980). An analysis of coping in a middle-aged community sample. *Journal of Health and Social Behavior, 21,* 219–239.

Folkman, S., Lazarus, R. S., Pimley, S., & Novacek, J. (1987). Age differences in stress and coping processes. *Psychology and Aging, 2,* 171–184.

Fombonne, E. (2001). Is there an epidemic of autism? *Pediatrics, 107,* 411–412.

Fombonne, E. (2003). The prevalence of autism. *Journal of the American Medical Association, 289,* 87–89.

Fontanel, B., & d'Harcourt, C. (1997). *Babies, history, art and folklore.* New York: Abrams.

Ford, D. Y., & Harris, J. J., III. (1996). Perceptions and attitudes of black students toward school, achievement, and other educational variables. *Child Development, 67,* 1141–1152.

Ford, P. (April 10, 2002). In Europe, marriage is back. *Christian Science Monitor,* p. 1.

Ford, R. P., Schluter, P. J., Mitchell, E. A., Taylor, B. J., Scragg, R., & Stewart, A. W. (1998). Heavy caffeine intake in pregnancy and sudden infant death syndrome (New Zealand Cot Death Study Group). *Archives of Disease in Childhood, 78*(1), 9–13.

Forteza, J. A., & Prieto, J. M. (1994). Aging and work behavior. In H. C. Triandis, M. D. Dunnette, & L. M. Hough (Eds.), *Handbook of industrial and organizational psychology* (pp. 447–483). Palo Alto, CA: Consulting Psychologists Press.

Fortner, M. R., Crouter, A. C., & McHale, S. M. (2004). Is parents' work involvement responsive to the quality of relationships with adolescent offspring? *Journal of Family Psychology, 18,* 530–538.

Foster, D. (1999). Isabel Allende unveiled. In J. Rodden (Ed.), *Conversations with Isabel Allende* (pp. 105–113). Austin: University of Texas Press.

Foundation Fighting Blindness. (2005). Macular Degeneration—Treatments. [Online]. Retrieved May 21, 2005, from http://www.blindness.org/disease/treatment detail.asp?typed=2&id=6.

Fowler, J. (1981). *Stages of faith: The psychology of human development and the quest for meaning.* New York: Harper & Row.

Fowler, J. W. (1989). Strength for the journey: Early childhood development in selfhood and faith. In D. A. Blazer, J. W. Fowler, K. J. Swick, A. S. Honig, P. J. Boone, B. M. Caldwell, R. A. Boone, & L. W. Barber (Eds.), *Faith development in early childhood* (pp. 1–63). New York: Sheed & Ward.

Fowler, M. G., Simpson, G. A., & Schoendorf, K. C. (1993). Families on the move and children's health care. *Pediatrics, 91,* 934–940.

Fox, M. A., Connolly, B. A., & Snyder, T. D. (2005). *Youth Indicators, 2005: Trends in the Well-Being of American Youth* (NCES 2005050). Washington, DC: National Center for Education Statistics.

Fox, M. K., Pac, S., Devaney, B., & Jankowski, L. (2004). Feeding Infants and Toddlers Study: What foods are infants and toddlers eating? *Journal of the American Dietetic Association, 104,* 22–30.

Fox, N. A., Kimmerly, N. L., & Schafer, W. D. (1991). Attachment to mother/attachment to father: A meta-analysis. *Child Development, 62,* 210–225.

Fox, N. C., Black, R. S., Gilman, S., Rossor, M. N., Griffith, S. G., Jenkins, L., & Koller, M. for the AN1792(QS-21)-201 Study Team. (2005). Effects of Aß immunization (AN1792) on MRI measures of cerebral volume in Alzheimer disease. *Neurology, 64,* 1563–1572.

Fraiberg, S. (1959). *The magic years.* New York: Scribner's.

Frank, A. (1958). *The diary of a young girl* (B. M. Mooyaart-Doubleday, Trans.). New York: Pocket.

Frank, A. (1995). *The diary of a young girl: The definitive edition* (O. H. Frank & M. Pressler, Eds.; S. Massotty, Trans.). New York: Doubleday.

Frank, D. A., Augustyn, M., Knight, W. G., Pell, T., & Zuckerman, B. (2001). Growth, development, and behavior in early childhood following prenatal cocaine exposure. *Journal of the American Medical Association, 285,* 1613–1625.

Frankenburg, W. K., Dodds, J., Archer, P., Bresnick, B., Maschka, P., Edelman, N., & Shapiro, H. (1992). *Denver II training manual.* Denver: Denver Developmental Materials.

Frankenburg, W. K., Dodds, J. B., Fandal, A. W., Kazuk, E., & Cohrs, M. (1975). *The Denver Developmental Screening Test: Reference manual.* Denver: University of Colorado Medical Center.

Franz, C. E. (1997). Stability and change in the transition to midlife: A longitudinal study of midlife adults. In M. E. Lachman & J. B. James (Eds.), *Multiple paths of midlife development* (pp. 45–66). Chicago: University of Chicago Press.

Fraser, A. M., Brockert, J. F., & Ward, R. H. (1995). Association of young maternal age with adverse reproductive outcomes. *New England Journal of Medicine, 332*(17), 1113–1117.

Frazier, J. A., & Morrison, F. J. (1998). The influence of extended-year schooling on growth of achievement and perceived competence in early elementary school. *Child Development, 69,* 495–517.

Fredricks, J. A., & Eccles, J. S. (2002). Children's competence and value beliefs from childhood through adolescence: Growth trajectories in two male-sex-typed domains. *Developmental Psychology, 38,* 519–533.

Fredriksen, K., Rhodes, J., Reddy, R., & Way, N. (2004). Sleepless in Chicago: Tracking the effects of adolescent sleep loss during the middle-school years. *Child Development, 75,* 84–95.

Freeark, K., Rosenberg, E. B., Bornstein, J., Jozefowicz-Simbeni, D., Linkevich, M., & Lohnes, K. (2005). Gender differences and dynamics shaping the adoption life cycle: Review of the literature and recommendations. *American Journal of Orthopsychiatry, 75,* 86–101.

Freedman, J. (2004). Stimulation programs for preterm infants. *Social Policy Report, 18*(1), 1–19.

Freeman, C. (2004). *Trends in educational equity of girls & women: 2004* (NCES 2005016). Washington, DC: National Center for Education Statistics.

Freeman, D. (1983). *Margaret Mead and Samoa: The making and unmaking of an anthropological myth.* Cambridge, MA: Harvard University Press.

Freud, A. (1946). *The ego and the mechanisms of defense.* New York: International Universities Press.

Freud, S. (1942). On psychotherapy. In E. Jones (Ed.), *Collected papers.* London: Hogarth. (Original work published 1906).

Freud, S. (1953). *A general introduction to psychoanalysis* (J. Riviere, Trans.). New York: Perma-books (Original work published 1935).

Freud, S. (1964a). New introductory lectures on psycho-analysis. In J. Strachey (Ed. & Trans.), *The standard edition of the complete psychological works of Sigmund Freud* (Vol. 22). London: Hogarth (Original work published 1933).

Freud, S. (1964b). An outline of psychoanalysis. In J. Strachey (Ed. & Trans.), *The standard edition of the complete psychological works of Sigmund Freud* (Vol. 23). London: Hogarth (Original work published 1940).

Fried, P. A., & Smith, A. M. (2001). A literature review of the consequences of prenatal marijuana exposure: An emerging theme of a deficiency in aspects of executive function. *Neurotoxicology and Teratology, 23,* 1–11.

Fried, P. A., Watkinson, B., & Willan, A. (1984). Marijuana use during pregnancy and decreased length of gestation. *American Journal of Obstetrics and Gynecology, 150,* 23–27.

Friedan, B. (1993). *The fountain of age.* New York: Simon & Schuster.

Friedland, R. P. (1993). Epidemiology, education, and the ecology of Alzheimer's disease. *Neurology, 43,* 246–249.

Friedman, H. S., & Markey, C. N. (2003). Paths to longevity in the highly intelligent Terman cohort. In C. E. Finch, J. Robine, J., & Y. Christen (Eds.), *Brain and longevity* (pp. 165–175). New York: Springer.

Friedman, H. S., Tucker, J. S., Schwartz, J. E., Martin, L. R., Tomlinson-Keasey, C.,Wingard, D. L., & Criqui, M. H. (1995). Childhood conscientiousness and longevity: Health behaviors and cause of death. *Journal of Personality and Social Psychology, 68,* 696–703.

Friedman, H. S., Tucker, J. S., Schwartz, J. E., Tomlinson-Keasey, C., Martin, L. R., Wingard, D. L., & Criqui, M. H. (1995). Psychosocial and behavioral predictors of longevity. *American Psychologist, 50,* 69–78.

Friedman, H. S., Tucker, J. S., Tomlinson-Keasey, C., Schwartz, J. E., Martin, L. R., Wingard, D. L., & Criqui, M. H. (1993). Does childhood personality predict longevity? *Journal of Personality and Social Psychology, 65,* 176–185.

Friedman, L. J. (1999). *Identity's architect.* New York: Scribner.

Friedmann, P. D., Saitz, R., & Samet, J. H. (1998). Management of adults recovering from alcohol or other drug problems. *Journal of the American Medical Association, 279,* 1227–1231.

Friend, M., & Davis, T. L. (1993). Appearance reality distinction: Children's understanding of the physical and affective domains. *Developmental Psychology, 29,* 907–914.

Friend, R. A. (1991). Older lesbian and gay people: A theory of successful aging. In J. A. Lee (Ed.), *Gay midlife and maturity* (pp. 99–118). New York: Haworth.

Frith U. (1989). *Autism: Explaining the enigma.* Oxford: Basil Blackwell.

Fromkin, V., Krashen, S., Curtiss, S., Rigler, D., & Rigler, M. (1974). The development of language in Genie: Acquisition beyond the "critical period." *Brain and Language, 15*(9), 28–34.

Fromm, Erich. (1995). *The Sane Society.* New York. Rinehart.

Frydman, O., & Bryant, P. (1988). Sharing and the understanding of number equivalence by young children. *Cognitive Development, 3,* 323–339.

Fuchs, C. S., Stampfer, M. J., Colditz, G. A., Giovannucci, E. L., Manson, J. E., Kawachi, I., Hunter, D. J., Hankinson, S. E., Hennekens, C. H., Rosner, B., Speizer, F. E., & Willett, W. C. (1995). Alcohol consumption and mortality among women. *New England Journal of Medicine, 332,* 1245–1250.

Fujita, F., & Diener, E. (2005). Life satisfaction set point: Stability and change. *Journal of*

Personality and Social Psychology, 88, 158–164.

Fuligni, A. J. (1997). The academic achievement of adolescents from immigrant families: The roles of family background, attitudes, and behavior. *Child Development, 68,* 351–363.

Fuligni, A. J., & Eccles, J. S. (1993). Perceived parent-child relationships and early adolescents' orientation toward peers. *Developmental Psychology, 29,* 622–632.

Fuligni, A. J., Eccles, J. S., Barber, B. L., & Clements, P. (2001). Early adolescent peer orientation and adjustment during high school. *Developmental Psychology, 37*(1), 28–36.

Fuligni, A. J., & Stevenson, H. W. (1995). Time use and mathematics achievement among American, Chinese, and Japanese high school students. *Child Development, 66,* 830–842.

Fuligni, A. J., & Witkow, M. (2004). The post-secondary educational progress of youth from immigrant families. *Journal of Research on Adolescence, 14,* 159–183.

Fuligni, A. J., Yip, T., & Tseng, V. (2002). The impact of family obligation on the daily activities and psychological well-being of Chinese American adolescents. *Child Development, 73*(1), 302–314.

Fulton, R., & Owen, G. (1987–1988). Death and society in twentieth-century America: Special issue—Research in thanatology. *Omega: Journal of Death and Dying, 18,* 379–395.

Fung, H. H., Carstensen, L. L., & Lang, F. R. (2001). Age-related patterns in social networks among European-Americans and African-Americans: Implications for socioemotional selectivity across the life span. *International Journal of Aging and Human Development, 52,* 185–206.

Funk, J. B., & Bachman, D. D. (1996). Playing violent video and computer games and adolescent self-concept. *Journal of Communications, 46,* 19–32.

Furman, L., Taylor, G., Minich, N., & Hack, M. (2003). The effect of maternal milk on neonatal morbidity of very low-birth-weight infants. *Archives of Pediatrics and Adolescent Medicine, 157,* 66–71.

Furman, W. (1982). Children's friendships. In T. M. Field, A. Huston, H. C. Quay, L. Troll, & G. E. Finley (Eds.), *Review of human development.* New York: Wiley.

Furman, W., & Bierman, K. L. (1983). Developmental changes in young children's conception of friendship. *Child Development, 54,* 549–556.

Furman, W., & Buhrmester, D. (1985). Children's perceptions of the personal relationships in their social networks. *Developmental Psychology, 21,* 1016–1024.

Furman, W., & Wehner, E. A. (1997). Adolescent romantic relationships: A developmental perspective. In S. Shulman & A. Collins (Eds.). Romantic relationships in adolescence: Developmental perspectives. *New Directions for Child and Adolescent Development, 78,* 21–36.

Furrow, D. (1984). Social and private speech at two years. *Child Development, 55,* 355–362.

Furstenberg, F. F., Levine, J. A., & Brooks-Gunn, J. (1990). The children of teenage mothers: Patterns of early child bearing in two generations. *Family Planning Perspectives, 22*(2), 54–61.

Furstenberg, Jr., F. F., Rumbaut, R. G., & Setterstein, Jr., R. A. (2005). On the frontier of adulthood: Emerging themes and new directions. In R. A. Settersten, Jr., F. F. Furstenberg, Jr., & R. G. Rumbaut (Eds.), *On the frontier of adulthood: Theory, research, and public policy* (pp. 3–25). (John D. and Catherine T. MacArthur Foundation Series on Mental Health and Development, Research Network on Transitions to Adulthood and Public Policy.) Chicago: University of Chicago Press.

Furth, H. G., & Kane, S. R. (1992). Children constructing society: A new perspective on children at play. In H. McGurk (Ed.), *Childhood social development: Contemporary perspectives.* Hove: Erlbaum.

Fussell, E., & Furstenberg, F. (2005). The transition to adulthood during the twentieth century: Race, nativity, and gender. In R. A. Settersten, Jr., F. F. Furstenberg, Jr., & R. G. Rumbaut (Eds.), *On the frontier of adulthood: Theory, research, and public policy* (pp. 29–75). (John D. and Catherine T. MacArthur Foundation Series on Mental Health and Development, Research Network on Transitions to Adulthood and Public Policy.) Chicago: University of Chicago Press.

Fussell, E., & Gauthier, A. (2005). American women's transition to adulthood in comparative perspective. In R. A. Settersten, Jr., F. F. Furstenberg, Jr., & R. G. Rumbaut (Eds.), *On the frontier of adulthood: Theory, research, and public policy* (pp. 76–109). (John D. and Catherine T. MacArthur Foundation Series on Mental Health and Development, Research Network on Transitions to Adulthood and Public Policy.) Chicago: University of Chicago Press.

Gabbard, C. P. (1996). *Lifelong motor development* (2nd ed.). Madison, WI: Brown and Benchmark.

Gabhainn, S., & François, Y. (2000). Substance use. In C. Currie, K. Hurrelmann, W. Settertobulte, R. Smith, & J. Todd (Eds.), *Health behaviour in school-aged children: a WHO cross-national study (HBSC) international report* (pp. 97–114). WHO Policy Series: Healthy Policy for Children and Adolescents, Series No. 1.

Gabriel, T. (1996, January 7). High-tech pregnancies test hope's limit. *The New York Times,* pp. 1, 18–19.

Gaffney, M., Gamble, M., Costa, P., Holstrum, J., & Boyle, C. (2003). Infants tested for hearing loss—United States, 1999–2001. *Morbidity and Mortality Weekly Report, 51,* 981–984.

Galen, B. R., & Underwood, M. K. (1997). A developmental investigation of social aggression among children. *Developmental Psychology, 33,* 589–600.

Galinsky, E., Kim, S. S., & Bond, J. T. (2001). *Feeling overworked: When work becomes too much.* New York: Families and Work Institute.

Gallagher, W. (1993, May). Midlife myths. *The Atlantic Monthly,* pp. 51–68.

Gallagher-Thompson, D. (1995). Caregivers of chronically ill elders. In G. E. Maddox (Ed.), *The encyclopedia of aging* (pp. 141–144). New York: Springer.

Galli, R. L., Shukitt-Hale, B., Youdim, K. A., & Joseph, J. A. (2002). Fruit polyphenolics and brain aging: nutritional interventions targeting age-related neuronal and behavioral deficits. *Annals of the New York Academy of Science, 959,* 128–132.

Gallo, L. C., & Matthews, K. A. (2003). Understanding the association between socioeconomic status and physical health: Do negative emotions play a role? *Psychological Bulletin, 129,* 10–51.

Gallo, L. C., Troxel, W. M., Matthews, K. A., & Kuller, L. H. (2003). Marital status and quality in middle-aged women: Associations with levels and trajectories of cardiovascular risk factors. *Health Psychology, 22,* 453–463.

Galotti, K. M., Komatsu, L. K., & Voelz, S. (1997). Children's differential performance on deductive and inductive syllogisms. *Developmental Psychology, 33,* 70–78.

Gandhi, M. (1948). *Autobiography: The story of my experiments with truth.* New York: Dover.

Ganger, J. & Brent, M. R. (2004). Reexamining the vocabulary spurt. *Developmental Psychology, 40,* 621–632.

Gannon, P. J., Holloway, R. L., Broadfield, D. C., & Braun, A. R. (1998). Asymmetry of chimpanzee planum temporale: Humanlike pattern of Wernicke's brain language homolog. *Science, 279,* 22–222.

Gans, J. E. (1990). *America's adolescents: How healthy are they?* Chicago: American Medical Association.

Ganzini, L., Nelson, H. D., Schmidt, T. A., Kraemer, D. F., Delorit, M. A., & Lee, M. A. (2000). Physicians' experiences with the Oregon Death with Dignity Act. *New England Journal of Medicine, 342,* 557–563.

Garbarino, J., Dubrow, N., Kostelny, K., & Pardo, C. (1992). *Children in danger: Coping with the consequences of community violence.* San Francisco: Jossey-Bass.

Garbarino, J., Dubrow, N., Kostelny, K., & Pardo, C. (1998). *Children in danger: Coping with the consequences of community violence.* San Francisco: Jossey-Bass.

Garbarino, J., & Kostelny, K. (1993). Neighborhood and community influences on parenting. In T. Luster & L. Okagaki (Eds.), *Parenting: An ecological perspective* (pp. 203–226). Hillsdale, NJ: Erlbaum.

Garcia, M. M., Shaw, D. S., Winslow, E. B., & Yaggi, K. E. (2000). Destructive sibling conflict and the development of conduct problems in young boys. *Developmental Psychology, 36*(1), 44–53.

Gardiner, H. W. & Kosmitzki, C. (2005). *Lives across cultures: Cross-cultural human development.* Boston: Allyn & Bacon.

Gardner, H. (1986, Summer). Freud in three frames. *Daedalus,* 105–134.

Gardner, H. (1988). Creative lives and creative works: A synthetic scientific approach. In R. J. Sternberg (Ed.), *The nature of creativity: Contemporary psychological perspectives* (pp. 298–321). Cambridge, UK: Cambridge University Press.

Gardner, H. (1993). *Frames of mind: The theory of multiple intelligences.* New York: Basic. (Original work published 1983)

Gardner, H. (1995). Reflections on multiple intelligences: Myths and messages. *Phi Delta Kappan,* pp. 200–209.

Gardner, H. (1997). *Extraordinary minds: Portraits of exceptional individuals and an examination of our extraordinariness.* New York: Basic Books.

Gardner, H. (1998). Are there additional intelligences? In J. Kane (Ed.), *Education, information, and transformation: Essays on learning and thinking.* Englewood Cliffs, NJ: Prentice-Hall.

Gardner, M. (2002, Aug. 1). Meet the nanny—'Granny': Grandparents, says census, are nation's leading child-care providers. *Christian Science Monitor.* [Online]. Available: csmonitor.com

Garland, A. F., & Zigler, E. (1993). Adolescent suicide prevention: Current research and social policy implications. *American Psychologist, 48*(2), 169–182.

Garlick, D. (2003). Integrating brain science research with intelligence research. *Current Directions in Psychological Science, 12,* 185–192.

Garmon, L. C., Basinger, K. S., Gregg, V. R., & Gibbs, J. C. (1996). Gender differences in stage and expression of moral judgment. *Merrill-Palmer Quarterly, 42,* 418–437.

Garner, B. P. (1998). Play development from birth to age four. In D. P. Fromberg & D. Bergen (Eds.), *Play from birth to twelve and beyond: Contexts, perspectives, and meanings* (pp. 137–145). New York: Garland.

Garner, D. M. (1993). Pathogenesis of anorexia nervosa. *The Lancet, 341,* 1631–1635.

Garner, P. W., & Power, T. G. (1996). Preschoolers' emotional control in the disappointment paradigm and its relation to temperament, emotional knowledge, and family expressiveness. *Child Development, 67,* 1406–1419.

Gartstein, M. A., & Rothbart, M. K. (2003). Studying infant temperament via the Revised Infant Behavior Questionnaire. *Infant Behavior & Development, 26,* 64–86.

Gattis, K. S., Berns, S., Simpson, L. E., & Christensen, A. (2004). Birds of a feather or strange birds? Ties among personality dimensions, similarity, and marital quality. *Journal of Family Psychology, 18,* 564–574.

Gauderman, W. J., Avol, E., Gilliland, F., Vora, H., Thomas, D., Berhane, K., McConnell, R., Kuenzli, N., Lurmann, F., Rappaport, E., Margolis, H., Bates, D., & Peters, J. (2004). The effects of air pollution on lung development from 10 to 18 years of age. *New England Journal of Medicine, 351,* 1057–1067.

Gauthier, A. H., & Furstenberg, Jr., F. F. (2005). Historical trends in patterns of time use among young adults in developed countries. In R. A. Settersten, Jr., F. F. Furstenberg, Jr., & R. G. Rumbaut (Eds.), *On the frontier of adulthood: Theory, research, and public policy* (pp. 150–176). (John D. and Catherine T. MacArthur Foundation Series on Mental Health and Development, Research Network on Transitions to Adulthood and Public Policy.) Chicago: University of Chicago Press.

Gauvain, M. (1993). The development of spatial thinking in everyday activity. *Developmental Review, 13,* 92–121.

Gazzaniga, M. S. (Ed.). (2000). *The new cognitive neurosciences* (2nd ed.). Cambridge, MA: The MIT Press.

Ge, X., Conger, R. D., & Elder, G. H. (2001). Pubertal transition, stressful life events, and the emergence of gender differences in adolescent depressive symptoms. *Developmental Psychology, 37*(3), 404–417.

Geary, D. C. (1993). Mathematical disabilities: Cognitive, neuropsychological, and genetic components. *Psychological Bulletin, 114,* 345–362.

Geary, D. C. (1999). Evolution and developmental sex differences. *Current Directions in Psychological Science, 8*(4), 115–120.

Gecas, V., & Seff, M. A. (1990). Families and adolescents: A review of the 1980s. *Journal of Marriage and the Family, 52,* 941–958.

Geen, R. (2004). The evolution of kinship care: Policy and practice. In David and Lucile Packard Foundation, Children, families, and foster care. *The Future of Children, 14*(1). Available: http://www.futureofchildren.org.

Gelfand, D. M., & Teti, D. M. (1995, November). How does maternal depression affect children? *The Harvard Mental Health Letter,* p. 8.

Gelineau, K. (2004, December 28). 55-year-old has triplets for her daughter. *Associated Press.*

Gélis, J. (1991). *History of childbirth:* Fertility, pregnancy, and birth in early modern Europe. Boston: Northeastern University Press.

Gelman, R., & Gallistel, C. R. (1978). *The child's understanding of number.* Cambridge, MA: Harvard University Press.

Gelman, R., & Gallistel, C. R. (2004). Language and the origin of numerical concepts. *Science, 306,* 441–443.

Gelman, R., Spelke, E. S., & Meck, E. (1983). What preschoolers know about animate and inanimate objects. In D. R. Rogers & J. S. Sloboda (Eds.), *The acquisition of symbolic skills* (pp. 297–326). New York: Plenum.

Gendell, M., & Siegel, J. S. (1996). Trends in retirement age in the U.S., 1955–1993, by sex and race. *Journal of Gerontology: Social Sciences, 51B,* S132–139.

Genesee, F., Nicoladis, E., & Paradis, J. (1995). Language differentiation in early bilingual development. *Journal of Child Language, 22,* 611–631.

Genevay, B. (1986). Intimacy as we age. *Generations, 10*(4), 12–15.

Georganopoulou, D. G., Chang, l., Nam, J.-M., Thaxton, C. S., Mufson, E. J., Klein, W. L., & Mirkin, C. A. (2005). Nanoparticle-based detection in cerebral spinal fluid of a soluble pathogenic biomarker for Alzheimer's disease. *Proceedings of the National Academy of Sciences, 102,* 2273–2276.

George, C., Kaplan, N., & Main, M. (1985). *The Berkeley Adult Attachment Interview,* Unpublished protocol, Department of Psychology, University of California, Berkeley, CA.

George, T. P., & Hartmann, D. P. (1996). Friendship networks of unpopular, average, and popular children. *Child Development, 67,* 2301–2316.

Gershoff, E. T. (2002). Corporal punishment by parents and associated child behaviors and experiences: A meta-analytic and theoretical review. *Psychological Bulletin, 128,* 539–579.

Gertner, B. L., Rice, M. L., & Hadley, P. A. (1994). Influence of communicative competence on peer preferences in a preschool classroom. *Journal of Speech and Hearing Research, 37,* 913–923.

Gesell, A. (1929). Maturation and infant behavior patterns. *Psychological Review, 36,* 307–319.

Getzels, J. W. (1964). Creative thinking, problem-solving, and instruction. In *Yearbook of the National Society for the Study of Education* (Pt. 1, pp. 240–267). Chicago: University of Chicago Press.

Getzels, J. W. (1984, March). *Problem-finding in creativity in higher education* [The Fifth Rev. Charles F. Donovan, S. J., Lecture]. Boston College, School of Education, Boston, MA.

Getzels, J. W., & Jackson, P. W. (1962). *Creativity and intelligence: Explorations with gifted students.* New York: Wiley.

Getzels, J. W., & Jackson, P. W. (1963). The highly intelligent and the highly creative adolescent: A summary of some research findings. In C. W. Taylor & F. Baron (Eds.), *Scientific creativity: Its recognition and development* (pp. 161–172). New York: Wiley.

Ghetti, S., & Alexander, K. W. (2004). "If it happened, I would remember it": Strategic use of event memorability in the rejection of false autobiographical events. *Child Development, 75,* 542–561.

Giambra, L. M., & Arenberg, D. (1993). Adult age differences in forgetting sentences. *Psychology and Aging, 8,* 451–462.

Gibbs, J. C. (1991). Toward an integration of Kohlberg's and Hoffman's theories of moral development. In W. M. Kurtines & J. L. Gewirtz (Eds.), *Handbook of moral behavior and development: Advances in theory, research, and application,* Vol. 1. Hillsdale, NJ: Erlbaum.

Gibbs, J. C. (1995). The cognitive developmental perspective. In W. M. Kurtines & J. L. Gewirtz (Eds.), *Moral development: An introduction.* Boston: Allyn & Bacon.

Gibbs, J. C., Potter, G. B., Barriga, A. Q., & Liau, A. K. (1996). Developing the helping skills and prosocial motivation of aggressive adolescents in peer group programs. *Aggression and Violent Behavior, 1*(3), 283–305.

Gibbs, J. C., Potter, G. C., Goldstein, A. P., & Brendtro, L. K. (1998). How EQUIP programs help youth change. *Reclaiming Children and Youth, 7*(2), 117–122.

Gibbs, J. C., & Schnell, S. V. (1985). Moral development "versus" socialization. *American Psychologist, 40*(10), 1071–1080.

Gibbs, N. (1995, October 2). The EQ factor. *Time,* pp. 60–68.

Gibson, E. J. (1969). *Principles of perceptual learning and development.* New York: Appleton-Century-Crofts.

Gibson, E. J., & Pick, A. D. (2000). *An ecological approach to perceptual learning and development.* New York: Oxford University Press.

Gibson, E. J., & Walker, A. S. (1984). Development of knowledge of visual-tactual affordances of substance. *Child Development, 55,* 453–460.

Gibson, J. J. (1979). *The ecological approach to visual perception.* Boston: Houghton-Mifflin.

Gidwani, P. P., Sobol, A., DeJong, W., Perrin, J. M., & Gortmaker, S. L. (2002). Television viewing and initiation of smoking among youth. *Pediatrics, 110,* 505–508.

Gidycz, C. A., Hanson, K., & Layman, M. J. (1995). A prospective analysis of the relationships among sexual assault experiences: An extension of previous findings. *Psychology of Women Quarterly, 19,* 5–29.

Gielen, U., & Kelly, D. (1983, February). *Buddhist Ladakh: Psychological portrait of a nonviolent culture.* Paper presented at the Annual Meeting of the Society for Cross-Cultural Research: Washington, DC.

Gilbert, L. A. (1994). Current perspectives in dual-career families. *Current Directions in Psychological Science, 3,* 101–105.

Gilbert, W. M., Nesbitt, T. S., & Danielsen, B. (1999). Childbearing beyond age 40: Pregnancy outcome in 24,032 cases. *Obstetrics and Gynecology, 93,* 9–14.

Gilford, R. (1986). Marriages in later life. *Generations, 10*(4), 16–20.

Gill, B., & Schlossman, S. (1996). "A sin against childhood": Progressive education and the crusade to abolish homework, 1897–1941. *American Journal of Education, 105,* 27–66.

Gill, T. M., Allore, H. G., Holford, T. R, & Guo, Z. (2004). Hospitalization, restricted activity, and the development of disability among older persons. *Journal of the American Medical Association, 292,* 2115–2124.

Gill, T. M., Williams, C. S., Robison, J. T., & Tinetti, M. E. (1999). A population-based study of environmental hazards in the homes of older persons. *American Journal of Public Health, 89,* 553–556.

Gilligan, C. (1982). *In a different voice: Psychological theory and women's development.* Cambridge, MA: Harvard University Press.

Gilligan, C. (1987a). Adolescent development reconsidered. In E. E. Irwin (Ed.), *Adolescent social behavior and health.* San Francisco: Jossey-Bass.

Gilligan, C. (1987b). Moral orientation and moral development. In E. F. Kittay & D. T. Meyers (Eds.), *Women and moral theory* (pp. 19–33). Totowa, NJ: Rowman & Littlefield.

Gilligan, C., Murphy, J. M., & Tappan, M. B. (1990). Moral development beyond adolescence. In C. N. Alexander & E. J. Langer (Eds.), *Higher stages of human development* (pp. 208–228). New York: Oxford University Press.

Gillman, M. W., Cupples, L. A., Gagnon, D., Posner, B. M., Ellison, R. C., Castelli, W. P., & Wolf, P. A. (1995). Protective effects of fruit and vegetables on development of stroke in men. *Journal of the American Medical Association, 273,* 1113–1117.

Gilman, S., Koller, M., Black., R. S., Jenkins, L., Griffith, S. G., Fox, N. C., Eisner, L., Kirby, L., Rovira, B., Forette, F., & Orgogozo, J.-M. for the AN1792(QS-21)-201 Study Team. (2005). Clinical effects of Aß immunization (AN1792) in patients with AD in an interrupted trial. *Neurology, 64,* 1553–1562.

Ginsburg, G. S., & Bronstein, P. (1993). Family factors related to children's intrinsic/extrinsic motivational orientation and academic performance. *Child Development, 64,* 1461–1474.

Ginsburg, H., & Opper, S. (1979). *Piaget's theory of intellectual development* (2nd ed.). Englewood Cliffs, NJ: Prentice-Hall.

Ginsburg, H. P. (1997). Mathematics learning disabilities: A view from developmental psychology. *Journal of Learning Disabilities, 30,* 20–33.

Ginzburg, N. (1985). *The Little Virtues.* (D. Davis, Trans.). Manchester, England: Carcanet.

Giordano, P. C., Cernkovich, S. A., & DeMaris, A. (1993). The family and peer relations of black adolescents. *Journal of Marriage and the Family, 55,* 277–287.

Giovannucci, E., Rimm, E. B., Colditz, G. A., Stampfer, M. J., Ascherio, A., Chute, C. C., & Willett,W. C. (1993). A prospective study of dietary fat and risk of prostate cancer. *Journal of the National Cancer Institute, 85,* 1571–1579.

Gist, Y. J., & Hetzel, L. I. (2004). We the people: Aging in the United States. *Census 2000 Special Reports.* Washington, DC: U.S. Census Bureau.

Gitau, R., Cameron, A., Fisk, N. & Glover, V. (1998). Fetal exposure to maternal cortisol. *Lancet, 352,* 707–708.

Gjerdingen, D. (2003). The effectiveness of various postpartum depression treatments and the impact of antidepressant drugs on nursing infants. *Journal of American Board of Family Practice, 16,* 372–382.

Glantz, S. A., Kacirk, K. W., & McCulloch, C. (2004). Back to the future: Smoking in movies in 2002 compared with 1950 levels. *American Journal of Public Health, 94,* 261–263.

Glasgow, K. L., Dornbusch, S. M., Troyer, L., Steinberg, L., & Ritter, P. L. (1997). Parenting styles, adolescents' attributions, and educational outcomes in nine heterogeneous high schools. *Child Development, 68,* 507–529.

Glass, R. M. (2004). Treatment of adolescents with major depression: Contributions of a major trial. *Journal of the American Medical Association, 292,* 861–863

Glass, T. A., Seeman, T. E., Herzog, A. R., Kahn, R., & Berkman, L. F. (1995). Change in productive activity in late adulthood: MacArthur studies of successful aging. *Journal of Gerontology: Social Sciences, 50B,* S65–66.

Glasson, E. J., Bower, C., Petterson, B., de Klerk, N., Chaney, G., & Hallmayer, J. F. (2004). Perinatal factors and the development of autism: A population study. *Archives of General Psychiatry, 61,* 618–627.

Gleason, T. R., Sebanc, A. M., & Hartup, W. W. (2000). Imaginary companions of preschool children. *Developmental Psychology, 36,* 419–428.

Gleitman, L. R., Newport, E. L., & Gleitman, H. (1984). The current status of the motherese hypothesis. *Journal of Child Language, 11,* 43–79.

Glenn, N., & Marquardt, E. (2001). *Hooking up, hanging out, and hoping for Mr. Right: College women on dating and mating today.* New York: Institute for American Values.

Glick, J. E., & Van Hook, J. (2002). Parents' coresidence with adult children: Can immigration explain racial and ethnic variation? *Journal of Marriage and Family, 64,* 240–253.

Globe, D. R., Wu, J., Azen, S. P., Varma, R., & Los Angeles Latino Eye Study Group. (2004). The impact of visual impairment on self-reported visual functioning in Latinos: The Los Angeles Latino Eye Study. *Ophthalmology, 111,* 1141–1149.

Glover, M. J., Greenlund, K. J., Ayala, C., & Croft, J. B. (2005). Racial/ethnic disparities in prevalence, treatment, and control of hypertension—United States, 1999–2002. *Morbidity and Mortality Weekly Report, 54,* 7–9.

Goel, M. S., McCarthy, E. P., Phillips, R. S., & Wee, C. C. (2004). Obesity among US immigrant subgroups by duration of residence. *Journal of the American Medical Association, 292,* 2860–2867.

Goetz, P. J. (2003). The effects of bilingualism on theory of mind development. *Bilingualism: Language and Cognition, 6,* 1–15.

Gold, P. E., Cahill, L., & Wenk, G. L. (2002). Ginkgo biloba: A cognitive enhancer? *Psychological Science in the Public Interest, 3* (1), 3–11.

Goldberg, W. A., Greenberger, E., & Nagel, S. K. (1996). Employment and achievement: Mothers' work involvement in relation to children's achievement behaviors and mothers' parenting behaviors. *Child Development, 67,* 1512–1527.

Goldenberg, R. L., & Rouse, D. J. (1998). Prevention of premature labor. *New England Journal of Medicine, 339,* 313–320.

Goldin-Meadow, S., & Mylander, C. (1998). Spontaneous sign systems created by deaf children in two cultures. *Nature, 391,* 279–281.

Goldman, L., Falk, H., Landrigan, P. J., Balk, S. J., Reigart, J. R., and Etzel, R. A. (2004). Environmental pediatrics and its impact on government health policy. *Pediatrics, 113,* 1146–1157.

Goldman, L. L., & Rothschild, J. (in press). Healing the wounded with art therapy. In B. Danto (Ed.), *Bereavement and suicide.* Philadelphia: Charles Publishing.

Goldman, S. R., Petrosino, A. J., & Cognition and Technology Group at Vanderbilt. (1999). Design principles for instruction in content domains: Lessons from research on expertise and learning. In F. T. Durso, (Ed.), *Handbook of applied cognition* (pp. 595–627). Chichester, England: Wiley.

Goldstein, I., Padma-Nathan, H., Rosen, R. C., Steers, W. D., & Wicker, P. A., for the Sildenafil Study group. (1998). Oral sildenafil in the treatment of erectile dysfunction. *New England Journal of Medicine, 338,* 1397–1404.

Goleman, D. (1992, November 24). Anthropology goes looking in all the old places. *The New York Times,* p. B1.

Goleman, D. (1995). *Emotional intelligence: Why it can matter more than IQ.* New York: Bantam.

Goleman, D. (1998). *Working with emotional intelligence.* New York: Bantam.

Goleman, D. (2001). An EI-based theory of performance. In C. Cherniss & D. Goleman (Eds.), *The emotionally intelligent workplace: How to select for, measure, and improve emotional intelligence in individuals, groups, and organizations* (pp. 27–44). San Francisco: Jossey-Bass.

Golinkoff, R. M., Jacquet, R. C., Hirsh-Pasek, K., & Nandakumar, R. (1996). Lexical principles may underlie the learning of verbs. *Child Development, 67,* 3101–3119.

Golomb, C., & Galasso, L. (1995). Make believe and reality: Explorations of the imaginary realm. *Developmental Psychology, 31,* 800–810.

Golombok, S., Lycett, E., MacCallum, F., Jadva, V., Murray, C., Rust, J., Abdalla, H., Jenkins, J., & Margara, R. (2004). Parenting infants conceived by gamete donation. *Journal of Family Psychology, 18,* 443–452.

Golombok, S., MacCallum, F., & Goodman, E. (2001). The "test-tube" generation: Parent-child relationships and the psychological well-being of in vitro fertilization children at adolescence. *Child Development, 72,* 599–608.

Golombok, S., MacCallum, F., Goodman, E., & Rutter, M. (2002). Families with children conceived by donor insemination: A follow-up at age twelve. *Child Development, 73,* 952–968.

Golombok, S., Murray, C., Jadva, V., MacCallum, F., & Lycett, E. (2004). Families created through surrogacy arrangements: Parent-child relationships in the 1st year of life. *Developmental Psychology, 40,* 400–411.

Gonyea, J. G., Hudson, R. B., & Seltzer, G. B. (1990). Housing preferences of vulnerable elders in suburbia. *Journal of Housing for the Elderly, 7,* 79–95.

Gonzales, N. A., Cauce, A. M., & Mason, C. A. (1996). Interobserver agreement in the assessment of parental behavior and parent-adolescent conflict: African American mothers, daughters, and independent observers. *Child Development, 67,* 1483–1498.

Gonzalez, E., Kulkarni, H., Bolivar, H., Mangano, A., Sanchez, R., Catano, G., Nibbs, R. J., Freedman, B. I., Quinones, M. P., Bamshad, M. J., Murthy, K. K., Rovin, B. H., Bradley, W., Clark, R. A., Anderson, S. A., O'Connell, R. J., Agan, B. K., Ahuja, S. S., Bologna, R., Sen, L., Dolan, M. J., & Ahuja, S. K. (2005). The influence of *CCL3L1* gene-containing segmental duplications on HIV-1/AIDS susceptibility. *Science,* DOI 10.1126/science.1101160.

Gonzalez, P., Guzmàn, J. C., Partelow, L., Pahlke, E., Jocelyn, L., Kastberg, D., & Williams, T. (2004). *Highlights from the Trends in International Mathematics and Science Study (TIMSS) 2003* (NCES 2005-005). Washington, DC: National Center for Education Statistics.

Gooden, A. M. (2001). Gender representation in Notable Children's picture books: 1995–1999. *Sex Roles: A Journal of Research.* [Online]. Retrieved April 20, 2005 from http://www.findarticles.com/p/articles/mi m2294/is_2001_July/ai_81478076.

Goodman, G. S., Emery, R. E., & Haugaard, J. J. (1998). Developmental psychology and law: Divorce, child maltreatment, foster care, and adoption. In W. Damon (Series Ed.), I. E. Sigel, & K. A. Renninger (Vol. Eds.), *Handbook of child psychology* (Vol. 4, pp. 775–874). New York: Wiley.

Goodwyn, S. W., & Acredolo, L. P. (1998). Encouraging symbolic gestures: A new perspective on the relationship between gesture and speech. In J. M Iverson & S. Goldin-Meadow (Eds.), *The nature and functions of gesture in children's communication* (pp. 61–73). San Francisco: Jossey-Bass.

Gootman, E., & Herszenhorn, D. M. (2005, May 3). Getting smaller to improve the big picture. *New York Times.* [Online]. Retrieved May 3, 2005, from http://www.nytimes.com/1005/05/03/nyregion/03small.html.

Gopnik, A., Sobel, D. M., Schulz, L. E., & Glymour, C. (2001). Causal learning mechanisms in very young children: Two-, three-, and four-year-olds infer causal relations from patterns of variation and covariation. *Developmental Psychology, 37*(5), 620–629.

Gordon, I., Lask, B., Bryantwaugh, R., Christie, D., & Timini, S. (1997). Childhood onset anorexia nervosa: Towards identifying a biological substrate. *International Journal of Eating Disorders, 22*(2), 159–165.

Gordon, P. (2004). Numerical cognition without words: Evidence from Amazonia. *Science, 306,* 496–499.

Gorman, M. (1993). Help and self-help for older adults in developing countries. *Generations,* 17(4), 73–76.

Gortmaker, S. L., Hughes, M., Cervia, J., Brady, M., Johnson, G. M., Seage, G. R., Song, L. Y., Dankner, W. M., & Oleske, J. M. for the Pediatric AIDS Clinical Trial Group Protocol 219 Team. (2001). Effect of combination therapy including protease inhibitors on mortality among children and adolescents infected with HIV-1. *New England Journal of Medicine, 345*(21), 1522–1528.

Gortmaker, S. L., Must, A., Perrin, J. M., Sobol, A. M., & Dietz, W. H. (1993). Social and economic consequences of overweight in adolescence and young adulthood. *New England Journal of Medicine, 329,* 1008–1012.

Gostin, L. O. (1997). Deciding life and death in the courtroom: From Quinlan to Cruzan, Glucksberg, and Vacco—A brief history and analysis of constitutional protection of the "right to die." *Journal of the American Medical Association, 278,* 1523–1528.

Gottfredson, L. S., & Deary, I. J. (2004). Intelligence predicts health and longevity, but why? *Current Directions in Psychological Science, 13,* 1–4.

Gottfried, A. E., Fleming, J. S., & Gottfried, A. W. (1998). Role of cognitively stimulating home environment in children's academic intrinsic motivation: A longitudinal study. *Child Development, 69,* 1448–1460.

Gottlieb, G. (1991). Experiential canalization of behavioral development theory. *Developmental Psychology, 27*(1), 4–13.

Gottman, J. M., & Notarius, C. I. (2000). Decade review: Observing marital interaction. *Journal of Marriage and the Family, 62,* 927–947.

Goubet, N. & Clifton, R. K. (1998). Object and event representation in 6 1/2-month-old infants. *Developmental Psychology, 34,* 63–76.

Gould, E., Reeves, A. J., Graziano, M. S. A., & Gross, C. G. (1999). Neurogenesis in the neocortex of adult primates. *Science, 286,* 548–552.

Gould, M. S., Marrocco, F. A., Kleinman, M., Thomas, J. G., Mostkoff, K., Cote, J., & Davies, M. (2005). Evaluating iatrogenic risk of youth suicide screening programs: A randomized controlled trial. *Journal of the American Medical Association, 293,* 1635–1643.

Graber, J. A., Brooks-Gunn, J., & Warren, M. P. (1995). The antecedents of menarcheal age: Heredity, family environment, and stressful life events. *Child Development, 66,* 346–359.

Grady, D., Herrington, D., Bittner, V., Blumenthal, R., Davidson, M., Hlatky, M., Hsia, J., Hulley, S., Herd, Al., Khan, S., Newby, L. K., Waters, D., Vittinghoff, E., & Wenger, N. (2002). Cardiovascular disease outcomes during 6.8 years of hormone therapy: Heart and Estrogen/Progestin Replacement Study follow-up (HERS II). *Journal of the American Medical Association, 288,* 49–57.

Grant, B. F., Stinson, F. S., Dawson, D. A., Chou, S. P., Dufour, M. C., Compton, W., Pickering, R. P., & Kaplan, K. (2004). Prevalence and co-occurrence of substance use disorders and independent mood and anxiety disorders: Results from the National Epidemiologic Survey on Alcohol and Related Conditions. *Archives of General Psychiatry, 61,* 807–816.

Grant, B. F., Stinson, F. S., Hasin, D. S., Dawson, D. A., Chou, S. P., and Anderson, K. (2004). Immigration and lifetime prevalence of DSM-IV psychiatric disorders among Mexican Americans and non-Hispanic whites in the United States. *Archives of General Psychiatry, 61,* 1226–1233.

Grantham-McGregor, S., Powell, C., Walker, S., Chang, S., & Fletcher, P. (1994). The longterm follow-up of severely malnourished children who participated in an intervention program. *Child Development, 65,* 428–439.

Gray, M. R., & Steinberg, L. (1999). Unpacking authoritative parenting: Reassessing a multidimensional construct. *Journal of Marriage and the Family, 61,* 574–587.

Green, C. R., Tait, R. C., & Gallagher, R. M. (2005). The unequal burden of pain: Disparities and differences. *Pain Medicine, 8,* 1–2.

Greenberg, J., & Becker, M. (1988). Aging parents as family resources. *The Gerontologist, 28*(6), 786–790.

Greene, M. F. (2002). Outcomes of very low birth weight in young adults. *New England Journal of Medicine, 346*(3), 146–148.

Greene, M. L., & Way, N. (2005). Self-esteem trajectories among ethnic minority adolescents:

A growth curve analysis of the patterns and predictors of change. *Journal of Research on Adolescence, 15,* 151–178.

Greenfield, E. A., & Marks, N. F. (2004). Formal volunteering as a protective factor for older adults' psychological well-being. *Journal of Gerontology: Social Sciences, 59B,* S258–S264.

Greenfield, P. M., & Childs, C. P. (1978). Understanding sibling concepts: A developmental study of kin terms in Zinacanten. In P. R. Dasen, (Ed.), *Piagetian psychology* (pp. 335–358). New York: Gardner.

Greenhouse, L. (2000a, June 6). Justices reject visiting rights in divided case: Ruling favors mother over grandparents. *The New York Times* (national edition), pp. A1, A15.

Greenhouse, L. (2000b, February 29). Program of drug-testing pregnant women draws review by the Supreme Court. *The New York Times,* p. A12.

Greenhouse, L. (2005, February 23). Justices accept Oregon case weighing assisted suicide. *New York Times,* p. A1.

Greenstone, M., & Chay, K. (2003). The impact of air pollution on infant mortality: Evidence from geographic variation in pollution shocks induced by a recession. *Quarterly Journal of Economics, 118,* 1121–1167.

Gregg, E. W., Cauley, J. A., Stone, K., Tompson, T. J., Bauer, D. C., Cummings, S. R., Ensrud, K. E., for the Study of Osteopoorotic Fractures Research Group. (2003). Relationship of changes in physical activity and mortality among older women. *Journal of the American Medical Association, 289,* 2379–2386.

Gregg, E. W., Cheng, Y. J., Cadwell, B. L., Imperatore, G., Williams, D. E., Flegal, K. M., Narayan, K. M. V., & Williamson, D. F. (2005). Secular trends in cardiovascular disease risk factors according to body mass index in U.S. adults. *Journal of the American Medical Association, 293,* 1868–1874.

Greider, L. (2001, December). Hard times drive adult kids "home": Parents grapple with rules for "boomerangers." *AARP Bulletin,* pp. 3, 14.

Griffiths, J., Bood, A., & Weyers. H. (1998). *Euthanasia & law in the Netherlands.* Amsterdam: Amsterdam University Press.

Griffiths, M. D., & Hunt, N. (1998). Dependence on computer games by adolescents. *Psychology Report, 82,* 475–480.

Grigorenko, E. L., Meier, E., Lipka, J., Mohatt, G., Yanez, E., & Sternberg, R. J. (in press). The relationship between academic and practical intelligence: A case study of the tacit knowledge of Native American Yup'ik people in Alaska. *Learning and Individual Differences.*

Grigorinko, E. L., & Sternberg, R. J. (1998). Dynamic testing. *Psych Bulletin, 124,* 75–111.

Grigorenko, E. L., & Sternberg, R. J. (2001). Analytical, creative, and practical intelligence as predictors of self-reported adaptive functioning: A case study in Russia. *Intelligence, 29,* 57–73.

Grim, C. E., Cowley Jr., A. W., Hamet, P., Gaudet, D., Kaldunski, M. L., Kotchen, J. M., Krishnaswami, S., Pausova, Z., Roman, R., Tremblay, J., & Kotchen, T. A. (2005). Hyperaldosteronism and hypertension: Ethnic differences. *Hypertension, 45,* 1–7.

Grodstein, F. (1996). Postmenopausal estrogen and progestin use and the risk of cardiovascular disease. *New England Journal of Medicine, 335,* 453.

Groenewoud, J. H., van der Heide, A., Onwuteaka-Philipsen, B. D., Willems, D. L., van der Maas, P. J., & van der Wal, G. (2000). Clinical problems with the performance of euthanasia and physician-assisted suicide in the Netherlands. *New England Journal of Medicine, 342,* 551–556.

Grote, N. K., Clark, M. S., & Moore, A. (2004). Perceptions of injustice in family work: The role of psychological distress. *Journal of Family Psychology, 18,* 480–492.

Grotevant, H. D., McRoy, R. G., Elde, C. L., & Fravel, D. L. (1994). Adoptive family system dynamics: Variations by level of openness in the adoption. *Family Process, 33*(2), 125–146.

Grubman, S., Gross, E., Lerner- Weiss, N., Hernandez, M., McSherry, G. D., Hoyt, L. G., Boland, M., & Oleske, J. M. (1995). Older children and adolescents living with perinatally acquired human immunodeficiency virus. *Pediatrics, 95,* 657–663.

Grunberg, J. A. (Ed. Dir.), Kann, L., Kinchen, S. A., Williams, B., Ross, J. G., Lowry, R., & Kolbe, L. (2002, June 28). Youth risk behavior surveillance—United States, 2001. *MMWR Surveillance Summaries, 51*(SS04), 1–64.

Grusec, J. E., & Goodnow, J. J. (1994). Impact of parental discipline methods on the child's internalization of values: A reconceptualization of current points of view. *Developmental Psychology, 30,* 4–19.

Grusec, J. E., Goodnow, J. J., & Kuczynski, L. (2000). New directions in analyses of parenting contributions to children's acquisition of values. *Child Development, 71,* 205–211.

Guberman, S. R. (1996). The development of everyday mathematics in Brazilian children with limited formal education. *Child Development, 67,* 1609–1623.

Guerrero, L. (2001, April 25). Almost third of kids bullied or bullies: Health officials concerned either could lead to more aggressive behavior. *Chicago Sun-Times,* p. 28.

Guilford, J. P. (1956). Structure of intellect. *Psychological Bulletin, 53,* 267–293.

Guilford, J. P. (1959). Three faces of intellect. *American Psychologist, 14,* 469–479.

Guilford, J. P. (1960). Basic conceptual problems of the psychology of thinking. *Proceedings of the New York Academy of Sciences, 91,* 6–21.

Guilford, J. P. (1967). *The nature of human intelligence.* New York: McGraw-Hill.

Guilford, J. P. (1986). *Creative talents: Their nature, uses and development.* Buffalo, NY: Bearly.

Guilleminault, C., Palombini, L., Pelayo, R., & Chervin, R. D. (2003). Sleeping and sleep terrors in prepubertal children: What triggers them? *Pediatrics, 111,* pp. e17–e25.

Guillette, E. A., Meza, M. M., Aquilar, M. G., Soto, A. D., & Garcia, I. E. (1998). An anthropological approach to the evaluation of preschool children exposed to pesticides in Mexico. *Environmental Health Perspectives, 106,* 347–353.

Gullette, M. M. (1998). Midlife discourse in the twentieth-century United States: An essay on the sexuality, ideology, and politics of "middle-ageism." In R. A. Shweder (Ed.), *Welcome to middle age (and other cultural fictions)* (pp. 5–44). Chicago: University of Chicago Press.

Gullone, E. (2000). The development of normal fear: A century of research. *Clinical Psychology Review, 20,* 429–451.

Gunnar, M. R., Larson, M. C., Hertsgaard, L., Harris, M. L., & Brodersen, L. (1992). The stressfulness of separation among nine-month-old infants: Effects of social context variables and infant temperament. *Child Development, 63,* 290–303.

Gunnoe, M. L., & Hetherington, E. M. (2004). Stepchildren's perceptions of noncustodial mothers and noncustodial fathers: Differences in socioemotional involvement and associations with adolescent adjustment problems. *Journal of Family Psychology, 18,* 555–563.

Gunnoe, M. L., & Mariner, C. L. (1997). Toward a developmental-contextual model of the effects of parental spanking on children's aggression. *Archives of Pediatric and Adolescent Medicine, 151,* 768–775.

Gurung, R. A. R., Taylor, S. E., & Seeman, T. E. (2003). Accounting for changes in social support among married older adults: Insights from the MacArthur studies of successful aging. *Psychology and Aging, 18,* 487–496.

Gustafson, D., Lissner, L., Bengtsson, C., Björkelund, C., & Skoog, I. (2004). A 24-year follow-up of body mass index and cerebral atrophy. *Neurology, 63,* 1876–1881.

Gutmann, D. (1975). Parenting: A key to the comparative study of the life cycle. In N. Datan & L. H. Ginsberg (Eds.), *Life-span developmental psychology: Normative life crises.* New York: Academic Press.

Gutmann, D. (1977). The cross-cultural perspective: Notes toward a comparative psychology of aging. In J. E. Birren & K. W. Schaie (Eds.), *Handbook of the psychology of aging* (pp. 302–326). New York: Van Nostrand Reinhold.

Gutmann, D. (1985). The parental imperative revisited. In J. Meacham (Ed.), *Family and individual development.* Basel, Switzerland: Karger.

Gutmann, D. L. (1987). *Reclaimed powers; Toward a new psychology of men and women in later life.* New York: Basic Books.

Guyer, B., Hoyert, D. L., Martin, J. A., Ventura, S. J., MacDorman, M. F., & Strobino, D. M. (1999). Annual summary of vital statistics—1998. *Pediatrics, 104,* 1229–1246.

Guyer, B., Strobino, D. M., Ventura, S. J., & Singh, G. K. (1995). Annual summary of vital statistics—1994. *Pediatrics, 96,* 1029–1039.

Guzell, J. R., & Vernon-Feagans, L. (2004). Parental perceived control over caregiving and its relationship to parent-infant interaction. *Child Development, 75,* 134–146.

Haas, S. M., & Stafford, L. (1998). An initial examination of maintenance behaviors in gay and lesbian relationships. *Journal of Social and Personal Relationships, 15,* 846–855.

Haber, C. (2004). Life extension and history: The continual search for the Fountain of Youth. *Journal of Gerontology: Biological Sciences, 59A,* 515–522.

Hack, M., Flannery, D. J., Schluchter, M., Cartar, L., Borawski, E., & Klein, N. (2002). Outcomes in young adulthood for very low-birth-weight infants. *New England Journal of Medicine, 346*(3), 149–157.

Hack, M., Friedman, H., & Fanaroff, A. A. (1996). Outcomes of extremely low-birth-weight infants. *Pediatrics, 98,* 931–937.

Haddow, J. E., Palomaki, G. E., Allan, W. C., Williams, J. R., Knight, G. J., Gagnon, J., O'Heir, C. E., Mitchell, M. L., Hermos, R. J., Waisbren, S. E., Faix, J. D., & Klein, R. Z. (1999). Maternal thyroid deficiency during pregnancy and subsequent neuropsychological development of the child. *New England Journal of Medicine, 341,* 549–555.

Haden, C. A., & Fivush, F. (1996). Contextual variation in maternal conversational styles. *Merrill-Palmer Quarterly, 42,* 200–227.

Haden, C. A., Haine, R. A., & Fivush, R. (1997). Developing narrative structure in parent-child reminiscing across the preschool years. *Developmental Psychology, 33,* 295–307.

Haden, C. A., Ornstein, P. A., Eckerman, C. O., & Didow, S. M. (2001). Mother-child conversational interactions as events unfold: Linkages to subsequent remembering. *Child Development, 72*(4), 1016–1031.

Hagestad, G. O. (2000). *Intergenerational relations.* Paper prepared for the United Nations Economic Commission for Europe Conference on Generations and Gender, Geneva, July 3–5.

Haight, W. L., Wang, X., Fung, H. H., Williams, K., & Mintz, J. (1999). Universal, developmental, and variable aspects of young children's play: A cross-cultural comparison of pretending at home. *Child Development, 70*(6), 1477–1488.

Haith, M. M. (1986). Sensory and perceptual processes in early infancy. *Journal of Pediatrics, 109*(1), 158–171.

Haith, M. M. (1998). Who put the cog in infant cognition? Is rich interpretation too costly? *Infant Behavior and Development, 21*(2), 167–179.

Haith, M. M., & Benson, J. B. (1998). Infant cognition. In D. Kuhn & R. S. Siegler (Eds.), *Handbook of Child Psychology: Vol. 2. Cognition, perception, and language* (5th ed., pp. 199–254). New York: Wiley.

Hajat, A., Lucas, J. B., & Kington, R. (2000). Health outcomes among Hispanic subgroups: Data from National Health Interview Survey, 1992–1995. *Advance Data No. 310.* (PHS 2000–1250). Hyattsville, MD: National Center for Health Statistics.

Halaas, J. L., Gajiwala, K. S., Maffei, M., Cohen, S. L., Chait, B. T., Rabinowitz, D., Lallone, R. L., Burley, S. K., & Friedman, J. M. (1995). Weight reducing effects of the plasma protein encoded by the obese gene. *Science, 269,* 543–546.

Hale, S., Bronik, M. D., & Fry, A. F. (1997). Verbal and spatial working memory in schoolage children: Developmental differences in susceptibility to interference. *Developmental Psychology, 33,* 364–371.

Hall, D. G., & Graham, S. A. (1999). Lexical form class information guides word-to-object mapping in preschoolers. *Child Development, 70,* 78–91.

Hall, D. R., & Zhao, J. Z. (1995). Cohabitation in Canada: Testing the selectivity hypothesis. *Journal of Marriage and the Family, 57,* 421–427.

Hall, G. S. (1916). *Adolescence.* New York: Appleton. (Original work published 1904.)

Halpern, D. F. (1997). Sex differences in intelligence: Implications for education. *American Psychologist, 52*(10), 1091–1102.

Halterman, J. S., Aligne, A., Auinger, P., McBride, J. T., & Szilagyi, P. G. (2000). Inadequate therapy for asthma among children in the United States. *Pediatrics, 105*(1), 272–276.

Halterman, J. S., Kaczorowski, J. M., Aligne, A., Auinger, P., and Szilagyi, P. G. (2001). Iron deficiency and cognitive achievement among school-aged children and adolescence in the United States. *Pediatrics, 107*(6), 1381–1386.

Hamilton, B. E., Martin, J. A., & Sutton, P. D. (2004). Births: Preliminary data for 2003. *National Vital Statistics Reports, 53*(9). Hyattsville, MD: National Center for Health Statistics.

Hamm, J. V. (2000). Do birds of a feather flock together? The variable bases for African American, Asian American, and European American adolescents' selection of similar friends. *Developmental Psychology, 36*(2), 209–219.

Han, K. K., Soares, J. M., Jr., Haidar, M. A., de Lima, G. R., & Baracat, E. C. (2002). Benefits of soy isoflavene therapeutic regimen on menopausal symptoms. *Obstetrics & Gynecology, 99,* 389–394.

Hansen, D., Lou, H. C., & Olsen, J. (2000). Serious life events and congenital malformations: A national study with complete follow-up. *Lancet, 356,* 875–880.

Hanson, L. (1968). *Renoir: The man, the painter, and his world.* New York: Dodd, Mead.

Hara, H. (2002). Justifications for bullying among Japanese school children. *Asian Journal of Social Psychology, 5,* 197–204.

Hardy, R., Kuh, D., Langenberg, C., & Wadsworth, M. E. (2003). Birth weight, childhood social class, and change in adult blood pressure in the 1946 British birth cohort. *Lancet, 362,* 1178–1183.

Hardy-Brown, K., & Plomin, R. (1985). Infant communicative development: Evidence from adoptive and biological families for genetic and environmental influences on rate differences. *Developmental Psychology, 21,* 378–385.

Hardy-Brown, K., Plomin, R., & DeFries, J. C. (1981). Genetic and environmental influences on rate of communicative development in the first year of life. *Developmental Psychology, 17,* 704–717.

Harley, K., & Reese, E. (1999). Origins of autobiographical memory. *Developmental Psychology, 35,* 1338–1348.

Harlow, H. F., & Harlow, M. K. (1962). The effect of rearing conditions on behavior. *Bulletin of the Menninger Clinic, 26,* 213–224.

Harlow, H. F., & Zimmerman, R. R. (1959). Affectional responses in the infant monkey. *Science, 130,* 421–432.

Harman, S. M., & Blackman, M. R. (2004). Use of growth hormone for prevention of effects of aging. *Journal of Gerontology: Biological Sciences, 59A,* 652–658.

Harnishfeger, K. K., & Bjorklund, D. F. (1993). The ontogeny of inhibition mechanisms: A renewed approach to cognitive development. In M. L. Howe & R. P. Pasnak (Eds.), *Emerging themes in cognitive development* (Vol. 1, pp. 28–49). New York: Springer-Verlag.

Harnishfeger, K. K., & Pope, R. S. (1996). Intending to forget: The development of cognitive inhibition in directed forgetting. *Journal of Experimental Psychology, 62,* 292–315.

Harris, G. (1997). Development of taste perception and appetite regulation. In G. Bremner, A. Slater, & G. Butterworth (Eds.), *Infant development: Recent advances* (pp. 9–30). East Sussex, UK: Psychology Press.

Harris, G. (2005, March 3). Gene therapy is facing a crucial hearing. *New York Times.* [Online]. Retrieved March 3, 2005 from http://www.nytimes.com/2005/03/03/politics/03gene.html.

Harris, L. H., & Paltrow, L. (2003). The status of pregnant women and fetuses in U.S. criminal law. *Journal of the American Medical Association, 289,* 1697–1699.

Harris, P. L., Brown, E., Marriott, C.,Whittall, S., & Harmer, S. (1991). Monsters, ghosts, and witches: Testing the limits of the fantasy-reality distinction in young children. In G. E. Butterworth, P. L. Harris, A. M. Leslie, & H. M. Wellman (Eds.), *Perspective on the child's theory of mind.* Oxford: Oxford University Press.

Harris, P. L., Olthof, T., Meerum Terwogt, M., & Hardman, C. (1987). Children's knowledge of situations that provoke emotion. *International Journal of Behavioral Development, 10,* 319–343.

Harrison, Y., & Horne, J. A. (1997). Sleep deprivation affects speech. *Sleep, 20,* 871–877.

Harrison, Y., & Horne, J. A. (2000a). Impact of sleep deprivation on decision making: A review. *Journal of Experimental Psychology, 6,* 236–249.

Harrison, Y., & Horne, J. A. (2000b). Sleep loss and temporal memory. *Quarterly Journal of Experimental Psychology: Human Experimental Psychology, 53A,* 271–279.

Harrison, Y., Horne, J. A., & Rothwell, A. (2000). Prefrontal neuropsychological effects of sleep deprivation in young adults—a model for healthy aging? *Sleep, 23,* 1067–1073.

Harrist, A. W., & Waugh, R. M. (2002). Dyadic synchrony: Its structure and function in children's development. *Developmental Review, 22,* 555–592.

Harrist, A. W., Zain, A. F., Bates, J. E., Dodge, K. A., & Pettit, G. S. (1997). Subtypes of social withdrawal in early childhood: Sociometric status and social-cognitive differences across four years. *Child Development, 68,* 278–294.

Hart, C. H., DeWolf, M., Wozniak, P., & Burts, D. C. (1992). Maternal and paternal disciplinary styles: Relations with preschoolers' playground behavioral orientation and peer status. *Child Development, 63,* 879–892.

Hart, C. H., Ladd, G. W., & Burleson, B. R. (1990). Children's expectations of the outcome of social strategies: Relations with sociometric status and maternal disciplinary style. *Child Development, 61,* 127–137.

Hart, D., Hofmann, V., Edelstein, W., & Keller, M. (1997). The relation of childhood personality types to adolescent behavior and development: A longitudinal study of Icelandic children. *Developmental Psychology, 33,* 195–205.

Hart, D., Southerland, N., & Atkins, R. (2003). Community service and adult development. In J. Demick & C. Andreoletti (Eds.), *Handbook of adult development* (pp. 585–597). New York: Plenum.

Hart, S., Field, T., del Valle, C., & Pelaez-Nogueras, M. (1998). Depressed mothers' interactions with their one-year-old infants. *Infant Behavior and Development, 21,* 519–525.

Harter, S. (1985a). Competence as a dimension of self-worth. In R. Leahy (Ed.), *The development of the self.* New York: Academic Press.

Harter, S. (1985b). *Manual for the Self-Perception Profile for Children.* Denver, CO: University of Denver.

Harter, S. (1990). Causes, correlates, and the functional role of global self-worth: A life-span perspective. In J. Kolligan & R. Sternberg (Eds.), *Competence considered: Perceptions of competence and incompetence across the life-span* (pp. 67–97). New Haven: Yale University Press.

Harter, S. (1993). Developmental changes in self-understanding across the 5 to 7 shift. In A. Sameroff & M. Haith (Eds.), *Reason and responsibility: The passage through childhood.* Chicago: University of Chicago Press.

Harter, S. (1996). Developmental changes in self-understanding across the 5 to 7 shift. In A. J. Sameroff & M. M. Haith (Eds.), *The five to seven year shift: The age of reason and responsibility* (pp. 207–235). Chicago: University of Chicago Press.

Harter, S. (1998). The development of self representations. In W. Damon (Series Ed.) & N. Eisenberg (Vol. Ed.), *Handbook of child psychology: Vol. 3. Social, emotional, and personality development* (5th ed., pp. 553–617). New York: Wiley.

Hartford, J. (1971). *Life prayer.*

Hartley, A. A., Speer, N. K., Jonides, J., Reuter-Lorenz, P. A., & Smith, E. E. (2001). Is the dissociability of working memory systems for name identity, visual-object identity, and spatial location maintained in old age? *Neuropsychology, 15,* 3–17.

Hartshorn, K., Rovee-Collier, C., Gerhardstein, P., Bhatt, R. S., Wondoloski, R. L., Klein, P., Gilch, J., Wurtzel, N., & Campos-de-Carvalho, M. (1998). The ontogeny of long-term memory over the first year-and-a-half of life. *Developmental Psychobiology, 32,* 69–89.

Hartup, W. W. (1989). Social relationships and their developmental significance. *American Psychologist, 44,* 120–126.

Hartup, W. W. (1992). Peer relations in early and middle childhood. In V. B. Van Hasselt & M. Hersen (Eds.), *Handbook of social development: A lifespan perspective* (pp. 257–281). New York: Plenum.

Hartup, W. W. (1996a). The company they keep: Friendships and their developmental significance. *Child Development, 67,* 1–13.

Hartup, W. W. (1996b). Cooperation, close relationships, and cognitive development. In W. M. Bukowski, A. F. Newcomb, & W. W. Hartup (Eds.), *The company they keep: Friendship in childhood and adolescence* (pp. 213–237). New York: Cambridge University Press.

Hartup, W. W., & Stevens, N. (1999). Friendships and adaptation across the life span. *Current Directions in Psychological Science, 8,* 76–79.

Harvard Medical School. (2002a). The mind and the immune system—Part I. *The Harvard Mental Health Letter, 18*(10), pp. 1–3.

Harvard Medical School. (2002b, July). Treatment of bulimia and binge eating. *Harvard Mental Health Letter, 19*(1), pp. 1–4.

Harvard Medical School. (2003a, November). Alzheimer's disease: A progress report. *Harvard Mental Health Letter, 20*(5), 1–4.

Harvard Medical School. (2003b, May). Confronting suicide, Part I. *Harvard Mental Health Letter, 19*(11), 1–4.

Harvard Medical School. (2003c, June). Confronting suicide, Part II. *Harvard Mental Health Letter, 19*(12), 1–5.

Harvard Medical School. (2003d, September). Depression in old age. *Harvard Mental Health Letter, 20*(3), 5.

Harvard Medical School. (2004a, December). Children's fears and anxieties. *Harvard Mental Health Letter, 21*(6), 1–3.

Harvard Medical School. (2004b, April). Countering domestic violence. *Harvard Mental Health Letter, 20*(10), pp. 1–5.

Harvard Medical School. (2004c, October). Is obesity a mental health issue? *Harvard Mental Health Letter, 21*(4).

Harvard Medical School. (2004d, May). Women and depression: How biology and society may make women more vulnerable to mood disorders. *Harvard Mental Health Letter, 20*(11), 1–4.

Harvard Medical School. (2005, February). Dysthymia: Psychotherapists and patients confront the high cost of "low-grade" depression. *Harvard Mental Health Letter, 21*(8), 1–3.

Harvey, E. (1999). Short-term and long-term effects of early parental employment on children of the National Longitudinal Survey of Youth. *Developmental Psychology, 35*(2), 445–459.

Harvey, J. H., & Omarzu, J. (1997). Minding the close relationship. *Personality and Psychology Review, 1,* 224–240.

Harvey, J. H., & Pauwels, B. G. (1999). Recent developments in close-relationships theory. *Current Directions in Psychological Science, 8*(3), 93–95.

Harwood, R. L., Schoelmerich, A., Ventura-Cook, E., Schulze, P. A., & Wilson, S. P. (1996). Culture and class influences on Anglo and Puerto Rican mothers' beliefs regarding long-term socialization goals and child behavior. *Child Development, 67,* 2446–2461.

Hatano, G., Siegler, R. S., Richards, D. D., Inagaki, K., Stavy, R., & Wax, N. (1993). The development of biological knowledge: A multinational study. *Cognitive Development, 8,* 47–62.

Hatzichristou, C., & Hopf, D. (1996). A multiperspective comparison of peer sociometric status groups in childhood and adolescence. *Child Development, 67,* 1085–1102.

Hauck, F. R., Herman, S. M., Donovan, M., Iyasu, S., Moore, C. M., Donoghue, E., Kirschner, R. H., & Willinger, M. (2003). Sleep environment and the risk of sudden infant death syndrome in an urban population: The Chicago Infant Mortality Study. *Pediatrics, 111,* 1207–1214.

Haugaard, J. J. (1998). Is adoption a risk factor for the development of adjustment problems? *Clinical Psychology Review, 18,* 47–69.

Hawes, C., Phillips, C. D., Rose, M., Holan, S., & Sherman, M. (2003). A national survey of assisted living facilities. *The Gerontologist, 43,* 875–882.

Hawkins, J. D., Catalano, R. F., Kosterman, R., Abbott, R., & Hill, K. G. (1999). Preventing adolescent health-risk behaviors by strengthening protection during childhood. *Archives of Pediatrics and Adolescent Medicine, 153,* 226–234.

Hawkins, J. D., Catalano, R. F., & Miller, J. Y. (1992). Risk and protective factors for alcohol and other drug problems in adolescence and early adulthood: Implications for substance abuse programs. *Psychological Bulletin, 112*(1), 64–105.

Hay, D. (2003). Pathways to violence in the children of mothers who were depressed postpartum. *Developmental Psychology, 39,* 1083-1094.

Hay, D. F., Pedersen, J., & Nash, A. (1982). Dyadic interaction in the first year of life. In K. H. Rubin & H. S. Ross (Eds.), *Peer relationships and social skills in children.* New York: Springer.

Hayes, A., & Batshaw, M. L. (1993). Down syndrome. *Pediatric Clinics of North America, 40,* 523–535.

Hayflick, L. (1974). The strategy of senescence. *The Gerontologist, 14*(1), 37–45.

Hayflick, L. (1981). Intracellular determinants of aging. *Mechanisms of Aging and Development, 28,* 177.

Hayflick, L. (1994). *How and why we age.* New York: Ballantine.

Hayflick, L. (2004). "Anti-aging" is an oxymoron. *Journal of Gerontology: Biological Sciences, 59A,* 573–578.

Hayne, H., Barr, R., & Herbert, J. (2003). The effect of prior practice on memory reactivation and generalization. *Child Development, 74,* 1615–1627.

Hays, J., Ockene, J. K., Brunner, R. L., Kotchen, J. M., Manson, J. A. E., Patterson, R. E., Aragaki, A. K., Schumaker, S. A., Brzyski, R. G., LaCroix, A. Z., Granek, I. A., & Valanis, B. B., for the Women's Health Initiative Investigation. (2003, March 17). Effects of estrogen plus progestin on health-related quality of life. *New England Journal of*

Medicine, 348, [Online]. Available: http://www.nejm.org (10.1056/NEJ-Moa030311). Access date: March 20, 2003.

Hayward, M. D., Friedman, S., & Chen, H. (1996). Race inequalities in men's retirement. *Journal of Gerontology: Social Sciences, 51B,* S1–10.

Heath, S. B. (1989). Oral and literate tradition among black Americans living in poverty. *American Psychologist, 44,* 367–373.

Hebert, J. R., Hurley, T. G., Olendzki, B. C., Teas, J., Ma, Y., & Hampl, J. S. (1998). Nutritional and socioeconomic factors in relation to prostate cancer mortality: A cross-national study. *Journal of the National Cancer Institute, 90,* 1637–1647.

Hebert, L. E., Scherr, P. A., Bienias, J. L., Bennett, D. A., & Evans, D. A. (2003). Alzheimer disease in the U.S. population: Prevalence estimates using the 2000 census. *Archives of Neurology, 60,* 1119–1122.

Heckhausen, J. (2001). Adaptation and resilience in midlife. In M. E. Lachman (Ed.), *Handbook of midlife development* (pp. 345–394). New York: Wiley.

Heckhausen, J., Wrosch, C., & Fleeson, W. (2001). Developmental regulation before and after a developmental deadline: The sample case of biological clock for childbearing. *Psychology and Aging, 16,* 400–413.

Hedley, A. A., Ogden, C. L., Johnson, C. L., Carroll, M. D., Curtin, L. R., & Flegal, K. M. (2004). Prevalence of overweight and obesity among U.S. children, adolescents, and adults, 1999–2002. *Journal of the American Medical Association, 291,* 2847–2850.

Heijl, A., Leske, M. C., Bengtsson, B., Hyman, L., Bengtsson, B., & Hussein, M., for the Early Manifest Glaucoma Trial Group. (2002). Reduction of intraocular pressure and glaucoma progression: Results from the Early Manifest Glaucoma Trial. *Archives of Ophthalmology, 120,* 1268–1279.

Heilbronn, L. K., & Ravussin, E. (2003). Calorie restriction and aging: Review of the literature and implications for studies in humans. *American Journal of Clinical Nutrition, 78,* 361–369.

Heilbrunn, J. (1998, November 15). Frequent flier: A biography of Secretary of State Madeleine Albright. *The New York Times Book Review,* p. 12.

Heller, R. B., & Dobbs, A. R. (1993). Age differences in word finding in discourse and nondiscourse situations. *Psychology and Aging, 8,* 443–450.

Helms, H. M., Crouter, A. C., & McHale, S. M. (2003). Marital quality and spouses' marriage work with close friends and each other. *Journal of Marriage and Family, 65,* 963–977.

Helms, J. E. (1992). Why is there no study of cultural equivalence in standardized cognitive ability testing? *American Psychologist, 47,* 1083–1101.

Helms, J. E., Jernigan, M., & Macher, J. (2005). The meaning of race in psychology and how to change it: A methodological perspective. *American Psychologist, 60,* 27–36.

Helson, R. (1993). Comparing longitudinal studies of adult development: Toward a paradigm of tension between stability and change. In D. C. Funder, R. D. Parke, C. Tomlinson-Keasey, & K. Widaman (Eds.), *Studying lives through time: Personality and development* (pp. 93–120). Washington, DC: American Psychological Association.

Helson, R. (1997). The self in middle age. In M. E. Lachman & J. B. James (Eds.), *Multiple paths of midlife development* (pp. 21–43). Chicago: University of Chicago Press.

Helson, R., & Moane, G. (1987). Personality change in women from college to midlife. *Journal of Personality and Social Psychology, 53,* 176–186.

Helson, R., & Roberts, B. W. (1994). Ego development and personality change in adulthood. *Journal of Personality and Social Psychology, 66,* 911–920.

Helson, R., & Wink, P. (1992). Personality change in women from the early 40s to the early 50s. *Psychology and Aging, 7*(1), 46–55.

Helwig, C. C., & Jasiobedzka, U. (2001). The relation between law and morality: Children's reasoning about socially beneficial and unjust laws. *Child Development, 72,* 1382–1393.

Hemingway, H., Nicholson, A., Stafford, M., Roberts, R., & Marmot, M. (1997). The impact of socioeconomic status on health functioning as assessed by the SF-35 questionnaire: The Whitehall II Study. *American Journal of Public Health, 87,* 1484–1490.

Henderson, H. A., Marshall, P. J., Fox, N. A., & Rubin, K. H. (2004). Psychophysiological and behavioral evidence for varying forms and functions of nonsocial behavior in preschoolers. *Child Development, 75,* 251–263.

Hendin, H. (1994, December 16). Scared to death of dying. *The New York Times,* p. A39.

Hendin, H., Rutenfrans, C., & Zylicz, Z. (1997). Physician-assisted suicide and euthanasia in the Netherlands: Lessons from the Dutch. *Journal of the American Medical Association, 277,* 1720–1722.

Hendricks, J., & Cutler, S. J. (2004). Volunteerism and socioemotional selectivity in later life. *Journal of Gerontology: Social Sciences, 59B,* S251–S257.

Henker, F. O. (1981). Male climacteric. In J. G. Howells (Ed.), *Modern perspectives in the psychiatry of middle age.* New York: Brunner/Mazel.

Henrich, C. C., Brown, J. L., & Aber, J. L. (1999). Evaluating the effectiveness of school-based violence prevention: Developmental approaches. *Social Policy Report, SRCD, 13*(3).

Heraclitus, fragment (sixth century B.C.)

Herbig, B., Büssing, A., & Ewert, T. (2001). The role of tacit knowledge in the work context of nursing. *Journal of Advanced Nursing, 34,* 687–695.

Hernandez, D. J. (1997). Child development and the social demography of childhood. *Child Development, 68,* 149–169.

Hernandez, D. J. (2004, Summer). Demographic change and the life circumstances of immigrant families. In R. E. Behrman (Ed.), Children of immigrant families (pp. 17–48). The Future of Children, 14(2). [Online]. Available: http://www.futureofchildren.org. Access date: October 7, 2004.

Heron, J., Golding, J., and the ALSPAC Study Team. (2004). Thimerosal exposure in infants and developmental disorders: A prospective cohort study in the United Kingdom does not support a causal association. *Pediatrics, 114,* 577–583.

Herrmann, D. (1999). *Helen Keller: A Life.* Chicago: University of Chicago Press.

Herrmann, H. J., & Roberts, M. W. (1987). Preventive dental care: The role of the pediatrician. *Pediatrics, 80,* 107–110.

Hertenstein, M. J., & Campos, J. J. (2004). The retention effects of an adult's emotional displays on infant behavior. *Child Development, 75,* 595–613.

Hertzog, C. (1989). Influences of cognitive slowing on age differences in intelligence. *Developmental Psychology, 25*(4), 636–651.

Hertzog, C., Dixon, R. A., & Hultsch, D. F. (1990). Relationships between metamemory, memory predictions, and memory task performance in adults. *Psychology and Aging, 5*(2), 215–227.

Hertz-Pannier, L., Chiron, C., Jambaque, I., Renzux-Kieffer, V., Van de Moortele, P., Delalande, O., Fohlen, M., Brunelle, F., & Le Bihan, D. (2002). Late plasticity language in a child's nondominant hemisphere. A pre- and post-surgery fMRI study. *Brain,* 125(2), 361–372.

Herzog, A. R., Franks, M. M., Markus, H. R., & Holmberg, D. (1998). Activities and well-being in older age: Effects of self-concept and educational attainment. *Psychology and Aging, 13*(2), 179–185.

Herzog, D. B., Dorer, D. J., Keel, P. K., Selwyn, S. E., Ekeblad, E. R., Flores, A. T., Greenwood, D. N., Burwell, R. A., & Keller, M. B. (1999). Recovery and relapse in anorexia and bulimia nervosa: A 7.5-year follow-up study. *Journal of the American Academy of Child and Adolescent Psychiatry, 38,* 829–837.

Hess, T. M., Hinson, J. T., & Statham, J. A. (2004). Explicit and implicit stereotype activation effects on memory: Do age and awareness moderate the impact of priming? *Psychology and Aging, 19,* 495–505.

Hesso, N. A., & Fuentes, E. (2005). Ethnic differences in neonatal and postneonatal mortality. *Pediatrics, 115,* e44–e51.

Hetherington, E. M. (1987). Family relations six years after divorce. In K. Pasley & M. Ihinger-Tallman (Eds.), *Remarriage and parenting today: Research and theory.* New York: Guilford.

Hetherington, E. M., Bridges, M., & Insabella, G. M. (1998). What matters? What does not? Five perspectives on the association between marital transitions and children's adjustment. *American Psychologist, 53,* 167–184.

Hetherington, E. M., & Kelly, J. (2002). *For better or worse: Divorce reconsidered.* New York: Norton.

Hetherington, E. M., & Stanley-Hagan, M. (1999). The adjustment of children with divorced parents: A risk and resiliency perspective. *Journal of Child Psychology and Psychiatry, 40,* 129–140.

Hetherington, E. M., Stanley-Hagan, M., & Anderson, E. (1989). Marital transitions: A child's perspective. *American Psychologist, 44,* 303–312.

Hetzel, B. S. (1994). Iodine deficiency and fetal brain damage. *New England Journal of Medicine, 331,* 1770–1771.

Hetzel, L., & Smith, A. (2001). The 65 years and over population: 2000 (Census 2000 Brief C2KBR/01–10). Washington, DC: U.S. Census Bureau.

Heuveline, P. & Timberlake, J. M. (2004). The role of cohabitation in family formation: The United States in comparative perspective. *Journal of Marriage and Family, 66,* 1214–1230.

Hewlett, B. S. (1987). Intimate fathers: Patterns of paternal holding among Aka pygmies. In M. E. Lamb (Ed.), *The father's role: Cross-cultural perspectives* (pp. 295–330). Hillsdale, NJ: Erlbaum.

Hewlett, B. S. (1992). Husband-wife reciprocity and the father-infant relationship among Aka pygmies. In B. S. Hewlett (Ed.), *Father-child relations: Cultural and biosocial contexts* (pp. 153–176). New York: de Gruyter.

Hewlett, B. S., Lamb, M. E., Shannon, D., Leyendecker, B., & Schölmerich, A. (1998). Culture and early infancy among central African foragers and farmers. *Developmental Psychology, 34*(4), 653–661.

Heyman, R. E. & Slep, A. M. S. (2002). Do child abuse and interpersonal violence lead to adulthood family violence? *Journal of Marriage and Family, 64,* 864–870.

Hickling, A. K., & Wellman, H. M. (2001). The emergence of children's causal explanations and theories: Evidence from everyday conversations. *Developmental Psychology, 37*(5), 668–683.

Hickman, M., Roberts, C., & de Matos, M. G. (2000). Exercise and leisure time activities. In C. Currie, K. Hurrelmann, W. Settertobulte, R. Smith, & J. Todd (Eds.), *Health and health behaviour among young people.* WHO Policy Series: Healthy Policy for Children and Adolescents, Series No. 1. (pp. 73–82).

Hiedemann, B., Suhomilinova, O., & O'Rand, A. M. (1998). Economic independence, economic status, and empty nest in midlife marital disruption. *Journal of Marriage and the Family, 60,* 219–231.

Hill, D. A., Gridley, G., Cnattingius, S., Mellemkjaer, L., Linet, M., Adami, H.-O., Olsen, J. H., Nyren, O., & Fraumeni, J. F. (2003). Mortality and cancer incidence among individuals with Down syndrome. *Archives of Internal Medicine, 163,* 705–711.

Hill, N. E., & Taylor, L. C. (2004). Parental school involvement and children's academic achievement: Pragmatics and issues. *Current Directions in Psychological Science, 13,* 161–168.

Hill, P. C., & Pargament, K. I. (2003). Advances in the conceptualization and measurement of religion and spirituality: Implications for physical and mental health research. *American Psychologist, 58,* 64–74.

Hill, T. D., Angel, J. L., Ellison, C. G., & Angel, R. J. (2005). Religious attendance and mortality: An 8-year follow-up of older Mexican Americans. *Journal of Gerontology: Social Sciences, 60B,* S102–S109.

Hillier, L. (2002). "It's a catch-22": Same-sex-attracted young people on coming out to parents. In S. S. Feldman & D. A. Rosenthal, (Eds.), Talking sexuality. *New Directions for Child and Adolescent Development, 97,* 75–91.

Hillis, S. D., Anda, R. F., Dubè, S. R., Felitti, V. J., Marchbanks, P. A., & Marks, J. S. (2004). The association between adverse childhood experiences and adolescent pregnancy, long-term psychosocial consequences, and fetal death. *Pediatrics, 113,* 320–327.

Hilts, P. J. (1999, June 1). Life at age 100 is surprisingly healthy. *New York Times,* p. D7.

Hinds, D. A., Stuve, L. L., Nilsen, G. B., Halperin, E., Eskin, E., Ballinger, D. G., Frazer, K. A., & Cox, D. R. (2005). Whole-genome patterns of common DNA variation in three human populations. *Science, 307,* 1072–1079.

Hinds, T. S., West, W. L., Knight, E. M., & Harland, B. F. (1996). The effect of caffeine on pregnancy outcome variables. *Nutrition Reviews, 54,* 203–207.

Hines, A. M. (1997). Divorce-related transitions, adolescent development, and the role of the parent-child relationship: A review of the literature. *Journal of Marriage and the Family, 59,* 375–388.

Hines, M., Chiu, L.,McAdams, L. A., Bentler, M. P., & Lipcamon, J. (1992). Cognition and the corpus callosum: Verbal fluency, visuospatial ability, language lateralization related to midsagittal surface areas of the corpus callosum. *Behavioral Neuroscience, 106,* 3–14.

Hingson, R., Heeren, T., Winter, M., & Wechsler, H. (2005). Magnitude of alcohol-related mortality and morbidity among U.S. college students ages 18–24: Changes from 1998–2001. *Annual Reviews, 26,* 259–279.

Hirsch, H. V., & Spinelli, D. N. (1970). Visual experience modifies distribution of horizontally and vertically oriented receptive fields in cats. *Science, 168,* 869–871.

Hirschl, T. A., Altobelli, J., & Rank, M. R. (2003). Does marriage increase the odds of affluence? Exploring the life course probabilities. *Journal of Marriage and Family, 65,* 927–938.

Hitchins, M. P., & Moore, G. E. (2002, May 9). Genomic imprinting in fetal growth and development. *Expert Reviews in Molecular Medicine.* [Online]. Retrieved April 6, 2005, from http://www.expertreviews.org/0200457Xh.htm.

Hitt, R., Young-Xu, Y., Perls, T. (1999). Centenarians: The older you get, the healthier you've been. *Lancet, 354,* 652.

Ho, C. S. -H., & Fuson, K. C. (1998). Children's knowledge of teen quantities as tens and ones: Comparisons of Chinese, British, and American kindergartners. *Journal of Educational Psychology, 90,* 536–544.

Ho, D. (1999, June 16). Midwestern living suits women to a ripe old age. *Chicago Sun-Times,* p. 26.

Ho, W. C. (1989). *Yani: The brush of innocence.* New York: Hudson Hills.

Hoban, T. F. (2004). Sleep and its disorders in children. *Seminars in Neurology, 24,* 327–340.

Hobson, J. A., & Silvestri, L. (1999, February). Parasomnias. *Harvard Mental Health Letter,* pp. 3–5.

Hodges, E. V. E., Boivin, M., Vitaro, F., & Bukowski, W. M. (1999). The power of friendship: Protection against an escalating cycle of peer victimization. *Developmental Psychology, 35,* 94–101.

Hoff, E. (2003). The specificity of environmental influence: Socioeconomic status affects early vocabulary development via maternal speech. *Child Development, 74,* 1368–1378.

Hofferth, S. L., & Jankuniene, Z. (2000, April 2). *Children's after-school activities.* Paper presented at biennial meeting of the Society for Research on Adolescence, Chicago.

Hofferth, S. L., & Sandberg, J. (1998). *Changes in American children's time, 1981–1997* (Report of the 1997 Panel Study of Income Dynamics, Child Development Supplement). Ann Arbor: University of Michigan Institute for Social Research.

Hoffman, H. J., & Hillman, L. S. (1992). Epidemiology of the sudden infant death syndrome: Maternal, neonatal, and postneonatal risk factors. *Clinics in Perinatology, 19,* 717–737.

Hoffman, M. L. (1970a). Conscience, personality, and socialization techniques. *Human Development, 13,* 90–126.

Hoffman, M. L. (1970b). Moral development. In P. H. Mussen (Ed.), *Carmichael's manual of child psychology* (Vol. 2, 3rd ed., pp. 261–360). New York: Wiley.

Hoffman, M. L. (1977). Sex differences in empathy and related behaviors. *Psychological Bulletin, 84,* 712–722.

Hoffman, M. L. (1998). Varieties of empathy-based guilt. In J. Bybee (Ed.), *Guilt and children* (pp. 91–112). San Diego: Academic.

Hoffrage, U., Weber, A., Hertwig, R., & Chase, V. M. (2003). How to keep children safe in traffic: Find the daredevils early. *Journal of Experimental Psychology: Applied, 9,* 249–260.

Hofman, P. L., Regan, F., Jackson, W. E., Jefferies, C., Knight, D. B., Robinson, E. M., & Cutfield, W. S. (2004). Premature birth and later insulin resistance. *New England Journal of Medicine, 351,* 2179–2186.

Hogge, W. A. (2003). The clinical use of karyotyping spontaneous abortions. *American Journal of Obstetrics and Gynecology, 189,* 397–402.

Holden, G. W., & Miller, P. C. (1999). Enduring and different: A meta-analysis of the similarity in parents' child rearing. *Psychological Bulletin, 125,* 223–254.

Holliday, R. (2004). The multiple and irreversible causes of aging. *Journal of Gerontology: Biological Sciences, 59A,* 568–572.

Holmes, T. H., & Rahe, R. H. (1976). The social readjustment rating scale. *Journal of Psychosomatic Research, 11,* 213.

Holowka, S., & Petitto, L. A. (2002). Left hemisphere cerebral specialization for babies while babbling. *Science, 297,* 1515.

Holstein, M. B., & Minkler, M. (2003). Self, society, and the "New Gerontology." *The Gerontologist, 43,* 787–796.

Holtzman, N. A., Murphy, P. D., Watson, M. S., & Barr, P. A. (1997). Predictive genetic testing: From basic research to clinical practice. *Science, 278,* 602–605.

Holtzman, R. E., Rebok, G. W., Saczynski, J. S. Kouzis, A. C., Doyle, K. W., & Eaton, W. W. (2004). Social network characteristics and cognition in middle-aged and older adults. *Journal of Gerontology: Psychological Sciences, 59B,* P278–P284.

Home, J. (1985). *Caregiving: Helping an aging loved one.* Washington, DC: AARP Books.

Honein, M. A., Paulozzi, L. J., Mathews, T. J., Erickson, J. D., & Wong, L.-Y. C. (2001). Impact of folic acid fortification of the U.S. food supply on the occurrence of neural tube defects. *Journal of the American Medical Association, 285,* 2981–2986.

Hood, B., Cole-Davies, V., & Dias, M. (2003). Looking and search measures of object knowledge in preschool children. *Developmental Psychology, 39,* 61–70.

Hopfensperger, J. (1996, April 15). Germany's fast track to a career. *Minneapolis Star-Tribune,* pp. A1, A6.

Hopkins, B., & Westra, T. (1988). Maternal handling and motor development: An intracultural study. *Genetic, Social and General Psychology Monographs, 14,* 377–420.

Hopkins, B., & Westra, T. (1990). Motor development, maternal expectations and the role of handling. *Infant Behavior and Development, 13,* 117–122.

Hopper, J. L., & Seeman, E. (1994). The bone density of female twins discordant for tobacco use. *New England Journal of Medicine, 330,* 387–392.

Horbar, J. D., Wright, E. C., Onstad, L., & the Members of the National Institute of Child Health and Human Development Neonatal Research Network. (1993). Decreasing mortality associated with the introduction of surfactant therapy: An observational study of neonates weighing 601 to 1300 grams at birth. *Pediatrics, 92,* 91–196.

Horn, I. B., Cheng, T. L., & Joseph, J. (2004). Discipline in the African American community: The impact of socioeconomic status on beliefs and practices. *Pediatrics, 113,* 1236–1241.

Horn, J. C., & Meer, J. (1987, May). The vintage years. *Psychology Today,* pp. 76–90.

Horn, J. L. (1967). Intelligence—Why it grows, why it declines. *Transaction, 5*(1), 23–31.

Horn, J. L. (1968). Organization of abilities and the development of intelligence. *Psychological Review, 75,* 242–259.

Horn, J. L. (1970). Organization of data on life-span development of human abilities. In L. R. Goulet & P. B. Baltes (Eds.), *Life-span developmental psychology: Theory and research* (pp. 424–466). New York: Academic Press.

Horn, J. L. (1982a). The aging of human abilities. In B. B. Wolman (Ed.), *Handbook of developmental psychology* (pp. 847–870). Englewood Cliffs, NJ: Prentice-Hall.

Horn, J. L. (1982b). The theory of fluid and crystallized intelligence in relation to concepts of cognitive psychology and aging in adulthood. In F. I. M. Craik & S. Trehub (Eds.), *Aging and cognitive processes* (pp. 237–278). New York: Plenum.

Horn, J. L., & Donaldson, G. (1980). Cognitive development: 2. Adulthood development of human abilities. In O. G. Brim & J. Kagan (Eds.), *Constancy and change in human development.* Cambridge, MA: Harvard University Press.

Horn, J. L., & Hofer, S. M. (1992). Major abilities and development in the adult. In R. J. Sternberg & C. A. Berg (Eds.), *Intellectual development.* Cambridge, UK: Cambridge University Press.

Horn, L., & Berger, R. (2004). College persistence on the rise? Changes in 5-year completion and postsecondary persistence rates between 1994 and 2000 (NCES 2005-156). U.S. Department of Education, National Center for Education Statistics. Washington, DC: U.S. Government Printing Office.

Horne, J. (2000). Neuroscience: Images of lost sleep. *Nature, 403,* 605–606.

Horowitz, F. D. (2000). Child development and the PITS: Simple questions, complex answers, and developmental theory. *Child Development, 71*(1), 1–10.

Horton, R., & Shweder, R. A. (2004). Ethnic conservatism, psychological well-being, and the downside of mainstreaming: Generational differences. In O. G. Brim, C. D. Ryff, and R. C. Kessler (Eds.), *How healthy are we? A national study of well-being at midlife* (pp. 373–397). Chicago: University of Chicago Press.

Horvath, T. B., & Davis, K. L. (1990). Central nervous system disorders in aging. In E. L. Schneider & J. W. Rowe (Eds.), *The handbook of the biology of aging* (3rd ed., pp. 306–329). San Diego: Academic.

Horwitz, B., Rumsey, J. M., & Donohue, B. C. (1998). Functional connectivity of the angular gyrus in normal reading and dyslexia. *Proceedings of the National Academy of Sciences USA, 95,* 8939–8944.

Houston, D. K., Stevens, J., Cai, J., & Haines, P. S. (2005). Dairy, fruit, and vegetable intakes and functional limitations and disability in a biracial cohort: The Atherosclerosis Risk in Communities Study. *American Journal of Clinical Nutrition, 81,* 515–522.

Hoven, C. W., Mandell, D. J., & Duarte, C. S. (2003). Mental health of New York City public school children after 9/11: An epidemiological investigation. In S. Coates, J. L. Rosenthal, & D. L. Schechter (Eds.), *September 11: Trauma and human bonds.* Hillsdale, NJ: Analytic.

How to raise HDL. (2001, December). *University of California, Berkeley Wellness Letter, 18*(3), p. 3.

Howe, M. L. (2003). Memories from the cradle. *Current Directions in Psychological Science, 12,* 62–65.

Howe, M. L., & Courage, M. L. (1993). On resolving the enigma of infantile amnesia. *Psychological Bulletin, 113,* 305–326.

Howe, M. L., & Courage, M. L. (1997). The emergence and early development of autobiographical memory. *Psychological Review, 104,* 499–523.

Howes, C., & Matheson, C. C. (1992). Sequences in the development of competent play with peers: Social and social pretend play. *Developmental Psychology, 28,* 961–974.

Hoyer, W. J., & Rybash, J. M. (1994). Characterizing adult cognitive development. *Journal of Adult Development, 1*(1), 7–12.

Hoyert, D. L., Arias, E., Smith, B. L., Murphy, S. L., & Kochanek, K. D. (2001). Deaths: Final data for 1999. *National Vital Statistics Reports, 49*(8). Hyattsville, MD: National Center for Health Statistics.

Hoyert, D. L., Kochanek, K. D., & Murphy, S. L. (1999). Deaths: Final data for 1997. *National Vital Statistics Reports, 47*(19). Hyattsville, MD: National Center for Health Statistics.

Hoyert, D. L., Kung, H.-C., & Smith, B. L. (2005). Deaths: Preliminary data for 2003. *National Vital Statistics Reports, 53*(15). Hyattsville, MD: National Center for Health Statistics.

Hoyert, D. L., & Rosenberg, H. M. (1999). Mortality from Alzheimer's Disease: An update. *National Vital Statistics Reports, 47*(20). Hyattsville, MD: National Center for Health Statistics.

Hu, F. B., Li, T. Y., Colditz, G. A., Willett, W. C., & Manson, J. E. (2003). Television watching and other sedentary behaviors in relation to risk of obesity and type 2 diabetes mellitus in women. *Journal of the American Medical Association, 289,* 1785–1791.

Hu, F. B., Manson, J. E., Stampfer, M. J., Colditz, G., Liu, S., Solomon, C. G., & Willett, W. C. (2001). Diet, lifestyle, and the risk of type 2 diabetes mellitus in women. *New England Journal of Medicine, 345,* 790–797.

Hu, F. B., Willett, W. C., Li, T., Stampfer, M. J., Colditz, G. A., & Manson, J. E. (2004). Adiposity as compared with physical activity in predicting mortality among women. *New England Journal of Medicine,* 351, 2694–2703.

Hubbard, F. O. A., & van IJzendoorn, M. H. (1991). Maternal unresponsiveness and infant crying across the first 9 months: A naturalistic longitudinal study. *Infant Behavior and Development, 14,* 299–312.

Hudnall, C. E. (2001, November). "Grand" parents get help: Programs aid aging caregivers and youngsters. *AARP Bulletin,* pp. 9, 12–13.

Hudson, J. I., & Pope, H. G. (1990). Affective spectrum disorder: Does antidepressant response identify a family of disorders with a common pathophysiology? *American Journal of Psychiatry, 147*(5), 552–564.

Hudson, V. M., & den Boer, A. M. (2004). *Bare branches: Security implications of Asia's surplus male population.* Cambridge, MA: MIT Press.

Huesmann, L. R. (1986). Psychological processes promoting the relation between exposure to media violence and aggressive behavior by the viewer. *Journal of Social Issues, 42,* 125–139.

Huesmann, L. R., & Eron, L. D. (1984). Cognitive processes and the persistence of aggressive behavior. *Aggressive Behavior, 10,* 243–251.

Huesmann, L. R., Moise-Titus, J., Podolski, C. L., & Eron, L. (2003). Longitudinal relations between children's exposure to TV violence and their aggressive and violent behavior in young adulthood: 1977–1992. *Developmental Psychology, 39,* 201–221.

Hughes, I. A. (2004). Female development—all by default? *New England Journal of Medicine, 351,* 748–750.

Hughes, M. (1975). *Egocentrism in preschool children.* Unpublished doctoral dissertation, Edinburgh University, Edinburgh, Scotland.

Huizink, A., Robles de Medina, P., Mulder, E., Visser, G., & Buitelaar, J. (2002). Psychological measures of prenatal stress as predictors of infant temperament. *Journal of the American Academy of Child & Adolescent Psychiatry, 41,* 1078–1085.

Huizink, A. C., Mulder, E. J. H., & Buitelaar, J. K. (2004). Prenatal stress and risk for psychopathology: Specific effects or induction of general susceptibility? *Psychological Bulletin 130,* 80–114.

Hujoel, P. P., Bollen, A.-M., Noonan, C. J., & del Aguila, M. A. (2004). Antepartum dental radiography and infant low birth weight. *Journal of the American Medical Association, 291,* 1987–1993.

Hulley, S., Furberg, C., Barrett-Connor, E., Cauley, J., Grady, D., Haskell, W., Knopp, R., Lowery, M., Satterfield, S., Schrott, H., Vittinghoff, E., & Hunninghake, D. (2002). Noncardiovascular disease outcomes during 6.8 years of hormone therapy. *Journal of the American Medical Association, 288,* 58–66.

Hultsch, D. F. (1971). Organization and memory in adulthood. *Human Development, 14,* 16–29.

Humphrey, L. L. (1986). Structural analysis of parent-child relationships in eating disorders. *Journal of Abnormal Psychology, 95*(4), 395–402.

Humphreys, A. P., & Smith, P. K. (1984). Rough-and-tumble in preschool and playground. In P. K. Smith (Ed.), *Play in animals and humans.* Oxford: Blackwell.

Humphreys, G.W. (2002). Cognitive neuroscience. In H. Pashler, & D. Medin, (Eds.). *Steven's handbook of experimental psychology (3rd ed.), Vol. 2: Memory and cognitive processes* (pp. 77–112). New York: John Wiley & Sons, Inc.

Hungerford, T. L. (2001). The economic consequences of widowhood on elderly women in the United States and Germany. *The Gerontologist, 41,* 103–110.

Hunt, C. E. (1996). Prone sleeping in healthy infants and victims of sudden infant death syndrome. *Journal of Pediatrics, 128,* 594–596.

Huntsinger, C. S., & Jose, P. E. (1995). Chinese American and Caucasian American family interaction patterns in spatial rotation puzzle solutions. *Merrill-Palmer Quarterly, 41,* 471–496.

Huntsinger, C. S., Jose, P. E., & Larson, S. L. (1998). Do parent practices to encourage academic competence influence the social adjustment of young European American and Chinese American children? *Developmental Psychology, 34*(4), 747–756.

Huston, H. C., Duncan, G. J., Granger, R., Bos, J., McLoyd, V., Mistry, R., Crosby, D., Gibson, C., Magnuson, K., Romich, J., and Ventura, A. (2001). Work-based antipoverty programs for parents can enhance the performance and social behavior of children. *Child Development, 72*(1), 318–336.

Huth-Bocks, A. C., Levendossky, A. A., Bogat, G. A., & von Eye, A. (2004). The impact of maternal characteristics and contextual variables on infant-mother attachment. *Child Development, 75,* 480–496.

Huttenlocher, J. (1998). Language input and language growth. *Preventive Medicine, 27,* 195–199.

Huttenlocher, J., Haight, W., Bryk, A., Seltzer, M., & Lyons, T. (1991). Early vocabulary growth: Relation to language input and gender. *Developmental Psychology, 27,* 236–248.

Huttenlocher, J., Levine, S., & Vevea, J. (1998). Environmental input and cognitive growth: A study using time-period comparisons. *Child Development, 69,* 1012–1029.

Huttenlocher, J., Newcombe, N., & Vasilyeva, M. (1999). Spatial scaling in young children. *Psychological Science, 10,* 393–398.

Huttenlocher, J., Vasilyeva, M., Cymerman, E., & Levine, S. (2002). Language input and child syntax. *Cognitive Psychology, 45,* 337–374.

Huyck, M. H. (1990). Gender differences in aging. In J. E. Birren & K. W. Schaie (Eds.), *Handbook of the psychology of aging* (3rd ed., pp. 124–132). San Diego: Academic Press.

Huyck, M. H. (1995). Marriage and close relationships of the marital kind. In R. Blieszner & V. Hilkevitch (Eds.), *Handbook of aging and the family* (pp. 181–200). Westport, CT: Greenwood Press.

Huyck, M. H. (1999). Gender roles and gender identity in midlife. In S. L. Willis & J. D. Reid (Eds.), *Life in the middle: Psychological and social development in middle age* (pp. 209–232). New York: Academic.

Hwang, J., & Rothbart, M.K. (2003). Behavior genetics studies of infant temperament: Findings vary across parent-report instruments. *Infant Behavior & Development, 26,* 112–114.

Hwang, S. J., Beaty, T. H., Panny, S. R., Street, N. A., Joseph, J. M., Gordon, S., McIntosh, I., & Francomano, C. A. (1995). Association study of transforming growth factor alpha (TGFa) TaqI polymorphism and oral clefts: Indication of gene-environment interaction in a population-based sample of infants with birth defects. *American Journal of Epidemiology, 141,* 629–636.

Ialongo, N. S., Edelsohn, G., & Kellam, S. G. (2001). A further look at the prognostic power of young children's reports of depressed mood and feelings. *Child Development, 72,* 736–747.

Iervolino, A. C., Pike, A., Manke, B., Reiss, D., Hetherington, E. M., & Plomin, R. (2002). Genetic and environmental influences in adolescent peer socialization: Evidence from two genetically sensitive designs. *Child Development, 73*(1), 162–174.

Iglowstein, I., Jenni, O. G., Molinari, L., & Largo, R. H. (2003). Sleep duration from infancy to adolescence: Reference values and generational trends. *Pediatrics, 111,* 302–307.

Ikeda, R., Mahendra, R., Saltzman, L., Crosby, A., Willis, L., Mercy, J., Holmgreen, P., & Annest, J. L. (2002). Nonfatal self-inflicted injuries treated in hospital departments, United States, 2000. *Morbidity and Mortality Weekly Report 51,* 436–438.

Impagnatiello, F., Guidotti, A. R., Pesold, C., Dwivedi, Y., Caruncho, H., Pisu, M. G., Uzonov, D. P., Smalheiser, N. R., Davis, J. M., Pandey, G. N., Pappas, G. D., Tueting, P., Sharma, R. P., & Costa, E. (1998). A decrease of reelin expression as a putative vulnerability factor in schizophrenia. *Proceedings of the National Academy of Science, 95,* 15718–15723.

Infant Health and Development Program (IHDP). (1990). Enhancing the outcomes of low-birth-weight, premature infants. *Journal of the American Medical Association, 263*(22), 3035–3042.

Infante-Rivard, C., Fernández, A., Gauthier, R., David, M., & Rivard, G. E. (1993). Fetal loss associated with caffeine intake before and during pregnancy. *Journal of the American Medical Association, 270,* 2940–2943.

Ingelfinger, J. R. (2005). Risks and benefits to the living donor. *New England Journal of Medicine, 353,* 447–449.

Ingersoll, E. W., & Thoman, E. B. (1999). Sleep/wake states of preterm infants: Stability, developmental change, diurnal variation, and relation with caregiving activity. *Child Development, 70,* 1–10.

Ingersoll-Dayton, B., Neal, M. B., Ha, J., & Hammer, L. B. (2003). Redressing inequity in parent care among siblings. *Journal of Marriage and Family, 65,* 201–212.

Ingoldsby, B. B. (1995). Mate selection and marriage. In B. B. Ingoldsby & S. Smith (Eds.), *Families in multicultural perspective* (pp.143–160). New York: Guilford.

Ingram, J. L., Stodgell, C. S., Hyman, S. L., Figlewicz, D. A., Weitkamp, L. R., & Rodier, P. M. (2000). Discovery of allelic variants of HOXA1 and HOXB1: Genetic susceptibility to autism spectrum disorders. *Teratology, 62,* 393–406.

Institute of Medicine (IOM) National Academy of Sciences. (1993, November). *Assessing genetic risks: Implications for health and social policy.* Washington, DC: National Academy of Sciences.

International Agency for Cancer Research. (2002). Second-hand smoke carcinogenic to humans. Monographs Programme of the International Agency for Research on Cancer. Lyon, France: World Health Organization.

International Cesarean Awareness Network. (2003, March 5). Statistics: International cesarean and VBAC rates. [Online]. Available:

http://www.ican-online.org/resources.statistics3.htm. Access date: January 20, 2004.

International Human Genome Sequencing Consortium. (2004). Finishing the euchromatic sequence of the human genome. *Nature, 431,* 931–945.

International Longevity Center-USA. (2002). Is there an anti-aging medicine? ILC Workshop Report. On-line. Available at http://www.ilcusa.org

Isaacowitz, D. M., & Smith, J. (2003). Positive and negative affect in very old age. *Journal of Gerontology: Psychological Sciences, 58B,* P143–P152.

Isabella, R. A. (1993). Origins of attachment: Maternal interactive behavior across the first year. *Child Development, 64,* 605–621.

Ishii, N., Fujii, M., Hartman, P. S., Tsuda, M., Yasuda, K., Senoo-Matsuda, N., Yanase, S., Ayusawa, D., & Suzuki, K. (1998). A mutation in succinate dehydrogenase cytochrome b causes oxidative stress and ageing in nematodes. *Nature, 394,* 694–697.

ISLAT Working Group. (1998, July 31). ART into science: Regulation of fertility techniques. *Science, 281,* 651–652.

Iverson, J. M., & Goldin-Meadow, S. (1998). Why people gesture when they speak. *Nature, 396,* 228.

Ivy, G. O., MacLeod, C. M., Petit, T. L., & Markus, E. J. (1992). A physiological framework for perceptual and cognitive changes in aging. In F. I. M. Craik & T. A. Salthouse (Eds.), *Handbook of aging and cognition* (pp. 273–314). Hillsdale, NJ: Erlbaum.

Izard, C. E., Huebner, R. R., Resser, D., McGinness, G. C., & Dougherty, L. M. (1980). The young infant's ability to produce discrete emotional expressions. *Developmental Psychology, 16,* 132–140.

Jaccard, J., Blanton, H., & Dodge, T. (2005). Peer influences on risk behavior: An analysis of the effects of a close friend. *Developmental Psychology, 41,* 135–147.

Jaccard, J., & Dittus, P. J. (2000). Adolescent perceptions of maternal approval of birth control and sexual risk behavior. *American Journal of Public Health, 90,* 1426–1430.

Jacobsen, T., & Hofmann, V. (1997). Children's attachment representations: Longitudinal relations to school behavior and academic competency in middle childhood and adolescence. *Developmental Psychology, 33,* 703–710.

Jacobson, J. L., & Wille, D. E. (1986). The influence of attachment pattern on developmental changes in peer interaction from the toddler to the preschool period. *Child Development, 57,* 338–347.

Jacobson, M. W., Delis, D. C., Bondi, M. W., & Salmon, D. P. (2002). Do neuropsychological tests detect preclinical Alzheimer's disease?: Individual-test versus cognitive-discrepancy score analyses. *Neuropsychology, 16,* 132–139.

Jacques, E. (1967). The midlife crisis. In R. Owen (Ed.), *Middle age.* London: BBC.

Jaffee, S., & Hyde, J. S. (2000). Gender differences in moral orientation: A metaanalysis. *Psychological Bulletin, 126,* 703–725.

Jaffee, S. R., Caspim A., Moffitt, T. E., Polo-Tomas, M., Price, T. S., & Taylor, A. (2004). The limits of child effects: Evidence for genetically mediated child effects on corporal punishment but not on physical maltreatment. *Developmental Psychology, 40,* 1047–1058.

Jagasia, R., Grote, P., Westermann, B., & Conradt, B. (2005). DRP-1-mediated mitochondrial fragmentation during EGL-1-induced cell death in *C. elegans. Nature, 433,* 754–760.

Jagers, R. J., Bingham, K., & Hans, S. L. (1996). Socialization and social judgments among inner-city African-American kindergartners. *Child Development, 67,* 140–150.

Jain, T., Missmer, S. A., & Hornstein, M. D. (2004). Trends in embryo-transfer practice and in outcomes of the use of assisted reproductive technology in the United States. *New England Journal of Medicine, 350,* 1639–1645.

Jakicic, J. M., Marcus, B. H., Gallagher, K. I., Napolitano, M., & Lang, W. (2003). Effect of exercise duration and intensity on weight loss in overweight sedentary women: A randomized trial. *Journal of the American Medical Association, 290,* 1323–1330.

James, J. B., & Lewkowicz, C. J. (1997). Themes of power and affiliation across time. In M. E. Lachman & J. B. James (Eds.), *Multiple paths of midlife development* (pp. 109–143). Chicago: University of Chicago Press.

Jankowiak, W. (1992). Father-child relations in urban China. *Father-child relations: Cultural and biosocial contexts* (pp. 345–363). New York: de Gruyter.

Jankowski, J. J., Rose, S. A., & Feldman, J. F. (2001). Modifying the distribution of attention in infants. *Child Development, 72,* 339–351.

Janowsky, J. S., & Carper, R. (1996). Is there a neural basis for cognitive transitions in school-age children? In A. J. Sameroff & M. M. Haith (Eds.), *The five to seven year shift: The age of reason and responsibility* (pp. 33–56). Chicago: University of Chicago Press.

Janssen, I., Craig, W. M., Boyce, W. F., & Pickett, W. (2004). Associations between overweight and obesity with bullying behaviors in school-aged children. *Pediatrics, 113,* 1187–1194.

Japan in shock at school murder. (2004). June 2). BBC News. [Online]. Available: http://news.bbc.co.uk/go/pr/fr/-/1/hi/world/asia-pacific/3768983.stm. Access date: June 2, 2004.

Jarrell, R. H. (1998). Play and its influence on the development of young children's mathematical thinking. In D. P. Fromberg & D. Bergen (Eds.), *Play from birth to twelve and beyond: Contexts, perspectives, and meanings* (pp. 56–67). New York: Garland.

Jeffery, H. E., Megevand, M., & Page, M. (1999). Why the prone position is a risk factor for sudden infant death syndrome. *Pediatrics, 104,* 263–269.

Jeffords, J. M., & Daschle, T. (2001). Political issues in the genome era. *Science, 291,* 1249–1251.

Jenkins, J. M., Turrell, S. L., Kogushi, Y., Lollis, S., & Ross, H. S. (2003). A longitudinal investigation of the dynamics of mental state talk in families. *Child Development, 74,* 905–920.

Jensen, C. D., Block, G., Buffler, P., Ma, X., Selvin, S., & Month, S., representing the Northern California Childhood Leukemia Study Group. (2004). Maternal dietary risk factors in childhood acute lymphoblastic leukemia. *Cancer Causes and Control, 15,* 559–570.

Ji, B. T., Shu, X. O., Linet, M. S., Zheng, W., Wacholder, S., Gao, Y. T., Ying, D. M., & Jin, F. (1997). Paternal cigarette smoking and the risk of childhood cancer among offspring of nonsmoking mothers. *Journal of the National Cancer Institute, 89,* 238–244.

Jiao, S., Ji, G., & Jing, Q. (1996). Cognitive development of Chinese urban only children and children with siblings. *Child Development, 67,* 387–395.

Jimerson, S., Egeland, B., & Teo, A. (1999). A longitudinal study of achievement trajectories: Factors associated with change. *Journal of Educational Psychology, 91*(1), 116–126.

Jodl, K. M., Michael, A., Malanchuk, O., Eccles, J. S., & Sameroff, A. (2001). Parents' roles in shaping early adolescents' occupational aspirations. *Child Development, 72*(4), 1247–1265.

Johansson, B., Hofer, S. M., Allaire, J. C., Maldonado-Molina, M. M., Piccinin, A. M., Berg, S., Pedersen, N. L., & McClearn, G. E. (2004). Change in cognitive capabilities in the oldest old: The effects of proximity to death in genetically related individuals over a 6-year period. *Psychology and Aging, 19,* 145–156.

Johansson, G., Evans, G. W., Rydstedt, L. W., & Carrere, S. (1998). Job hassles and cardiovascular reaction patterns among urban bus drivers. *International Journal of Behavioral Medicine, 5,* 267–280.

Johnson, C. L. (1995). Cultural diversity in the late-life family. In R. Blieszner & V. Hilkevitch (Eds.), *Handbook of aging and the family* (pp. 307–331).Westport, CT: Greenwood Press.

Johnson, C. L., & Troll, L. E. (1994). Constraints and facilitators to friendships in late life. *The Gerontologist, 34,* 79–87.

Johnson, D. J., Jaeger, E., Randolph, S. M., Cauce, A. M., Ward, J., & National Institute of Child Health and Human Development Early Child Care Research Network. (2003). Studying the effects of early child care experiences on the development of children of color in the United States. Toward a more inclusive research agenda. *Child Development, 74,* 1227–1244.

Johnson, D. W., Johnson, R. T., & Tjosvold, D. (2000). Constructive controversy: The value of intellectual opposition. In M. Deutsch & P. T. Coleman (Eds.), *The handbook of conflict resolution: Theory and practice* (pp. 65–85). San Francisco: Jossey-Bass.

Johnson, J. E. (1998). Play development from ages four to eight. In D. P. Fromberg & D. Bergen (Eds.), *Play from birth to twelve and beyond: Contexts, perspectives, and meanings* (pp. 145–153). New York: Garland.

Johnson, J., Canning, J., Kaneko, T., Pru, J. K., & Tilly, J. L. (2004). Germline stem cells and follicular renewal in the postnatal mammalian ovary. *Nature, 428*(6979), 145–150.

Johnson, J., Stewart, W., Hall, E., Fredlund, P., & Theorell, T. (1996). Long-term psychosocial work environment and cardiovascular mortality among Swedish men. *American Journal of Public Health, 86,* 324–331.

Johnson, J. G., Cohen, P., Smailes, E. M., Kasen, S., & Brook, J. S. (2002). Television viewing and aggressive behavior during adolescence and adulthood. *Science, 295,* 2468–2471.

Johnson, K. E., Scott, P., & Mervis, C. B. (1997). Development of children's understanding of basic-subordinate inclusion relations. *Developmental Psychology, 33,* 745–763.

Johnson, M. H. (1998). The neural basis of cognitive development. In D. Kuhn & R. S. Siegler (Eds.), *Handbook of child psychology: Vol. 2. Cognition, perception, and language* (5th ed., pp. 1–49). New York: Wiley.

Johnson, M. H. (1999). Developmental cognitive neuroscience. In M. Bennett, (Ed.), *Developmental psychology: Achievements and prospects* (pp. 147–164). Philadelphia, PA: Psychology Press/Taylor & Francis.

Johnson, M. H. (2001). Functional brain development during infancy. In G. Bremner, & A. Fogel (Eds.), *Handbooks of developmental psychology: Blackwell handbook of infant development* (pp. 169–190). Malden, MA: Blackwell Publishers.

Johnson, M. M. S. (1990). Age differences in decision making: A process methodology for examining strategic information processing. *Journal of Gerontology, Psychological Sciences, 45,* P75–78.

Johnson, M. M. S., Schmitt, F. A., & Everard, K. (1994). *Task driven strategies: The impact of age and information on decision-making performance.* Unpublished manuscript, University of Kentucky, Lexington.

Johnson, R. A., Hoffmann, J. P., & Gerstein, D. R. (1996). *The relationship between family structure and adolescent substance use* (DHHS Publication No. SMA 96–3086). Washington, DC: U.S. Department of Health and Human Services.

Johnson, S. J., & Rybash, J. M. (1993). A cognitive neuroscience perspective on age-related slowing: Developmental changes in the functional architecture. In J. Cerella, J. M. Rybash, W. J. Hoyer, & M. L. Commons (Eds.), *Adult information processing: Limits on loss* (pp. 143–175). San Diego: Academic Press.

Johnson, T. E. (1990). Age-1 mutants of Caenorhabditis elegans prolong life by modifying the Gompertz rate of aging. *Science, 229,* 908–912.

Johnston, J., & Ettema, J. S. (1982). *Positive images: Breaking stereotypes with children's television.* Newbury Park, CA: Sage.

Johnston, L. D., O'Malley, P. M., Bachman, J. G., & Schulenberg, J. E. (2004a, December 21). *Cigarette smoking among American teens continues to decline, but more slowly than in the past.* Ann Arbor, MI: University of Michigan News and Information Services. [Online]. Available: http://www.monitoringthefuture.org. Access date: December 22, 2004.

Johnston, L. D., O'Malley, P. M., Bachman, J. G., & Schulenberg, J. E. (2004b, December 21). *Overall teen drug use continues gradual decline; but use of inhalants rises.* Ann Arbor, MI: University of Michigan News and Information Services. [Online]. Available: http://www.monitoringthefuture.org. Access date: December 22, 2004.

Johnston, L. D., O'Malley, P. M., Bachman, J. G., & Schulenberg, J. E. (2005). *Monitoring the Future national results on adolescent drug use: Overview of key findings, 2004* (NIH Publication No. 05-5726). Bethesda, MD: National Institute on Drug Abuse.

Johnston, P. (2001, April 10). Dutch make euthanasia legal. *Chicago Sun-Times,* p. 22.

Joint United Nations Programme on HIV/AIDS and World Health Organization (UNAIDS/WHO). (2004). *AIDS epidemic update* (Publication No. UNAIDS/04.45E). Geneva: Author.

Jones, C. L., Tepperman, L., & Wilson, S. J. (1995). *The future of the family.* Englewood Cliffs, NJ: Prentice-Hall.

Jones, N. A., Field, T., Fox, N. A., Davalos, M., Lundy, B., & Hart, S. (1998). Newborns of mothers with depressive symptoms are physiologically less developed. *Infant Behavior & Development, 21*(3), 537–541.

Jones, N. A., Field, T., Fox, N. A., Lundy, B., & Davalos, M. (1997). *EEG activation in one-month-old infants of depressed mothers.* Unpublished manuscript, Touch Research Institute, University of Miami School of Medicine.

Jones, R. K., Purcell, A., Singh, S., & Finer, L. B. (2005). Adolescents' reports of parental knowledge of adolescents' use of sexual health services and their reactions to mandated parental notification for prescription contraception. *Journal of the American Medical Association, 293,* 340–348.

Jones, R. L. (2004). Biographies: Marian Anderson (1897–1993). *Afrocentric Voices in "Classical" Music.* [Online]. Available: http://www.afrovoices.com/anderson.html. Access date: November 18, 2004.

Jones, S. S. (1996). Imitation or exploration? Young infants' matching of adults' oral gestures. *Child Development, 67,* 1952–1969.

Jordan, B. (1993). *Birth in four cultures: A crosscultural investigation of childbirth in Yucatan, Holland, Sweden, and the United States* (4th ed.). Prospect Heights, IL: Waveland Press. (Original work published 1978).

Joshipura, K. J., Ascherio, A., Manson, J. E., Stampfer, M. H., Rim, E. B., Speizer, F. E., Hennekens, C. H., Spiegleman, D., & Willett,W. C. (1999). Fruit and vegetable intake in relation to risk of ischemic stroke. *Journal of the American Medical Association, 282,* 1233–1239.

Josselson, R. (2003). Revisions: Processes of development in midlife women. In J. Demick and C. Andreoletti (Eds.), *Handbook of adult development.* New York: Plenum Press.

Juffer, F., & van IJzendoorn, M. H. (2005). Behavior problems and mental health referrals of international adoptees. *Journal of the American Medical Association, 293,* 2501–2515.

Jung, C. G. (1933). *Modern man in search of a soul.* New York: Harcourt Brace.

Jung, C. G. (1953). The stages of life. In H. Read, M. Fordham, & G. Adler (Eds.), *Collected works* (Vol. 2). Princeton, NJ: Princeton University Press. (Original work published 1931).

Jung, C. G. (1966). Two essays on analytic psychology. In *Collected works* (Vol. 7). Princeton, NJ: Princeton University Press.

Jung, C. G. (1969). *The structure and dynamics of the psyche.* Princeton, NJ: Princeton University Press.

Jung, C. G. (1971). Aion: Phenomenology of the self (the ego, the shadow, the syzgy: Anima/animus). In J. Campbell (Ed.), *The portable Jung.* New York: Viking Penguin.

Jusczyk, P. W. (2003). The role of speech perception capacities in early language acquisition. In M. T. Banich & M. Mack (Eds.), *Mind, brain, and language: Multidisciplinary perspectives.* Mahwah, NJ: Erlbaum.

Jusczyk, P. W., & Hohne, E. A. (1997). Infants' memory for spoken words. *Science, 277,* 1984–1986.

Just, M. A., Cherkassky, V. L., Keller, T. A., & Minshew, N. J. (2004). Cortical activation and synchronization during sentence comprehension in high-functioning autism: Evidence of underconnectivity. *Brain, 127,* 1811–1821.

Juster, F. T., Ono. H., & Stafford, F. P. (2004). *Changing times of American youth: 1981–2003.* (Child Development Supplement). Ann Arbor, MI: University of Michigan Institute for Social Research.

Justice, B. (1994). Critical life events and the onset of illness. *Comprehensive Therapy, 20,* 232–238.

Juul-Dam, N., Townsend, J. & Courchesne, E. (2001). Prenatal, perinatal, and neonatal factors in autism, pervasive developmental disorder-not otherwise specified, and the general population. *Pediatrics, 107*(4), p. e63.

Kadhim, H., Kahn, A., & Sebire, G. (2003). High levels of immune protein in infant brain linked to SIDS. *American Academy of Neurology, 61,* 1256–1259.

Kagan, J. (1997). Temperament and the reactions to unfamiliarity. *Child Development, 68,* 139–143.

Kagan, J., & Snidman, N. (1991a). Infant predictors of inhibited and uninhibited behavioral profiles. *Psychological Science, 2,* 40–44.

Kagan, J., & Snidman, N. (1991b). Temperamental factors in human development. *American Psychologist, 46,* 856–862.

Kahn, R. L., & Antonucci, T. C. (1980). Convoys over the life course: Attachment, roles, and social support. In P. B. Baltes & O. G. Brim, Jr. (Eds.), *Life-span development and behavior* (pp. 253–286). New York: Academic Press.

Kail, R. (1991). Processing time declines exponentially during childhood and adolescence. *Developmental Psychology, 27,* 259–266.

Kail, R. (1997). Processing time, imagery, and spatial memory. *Journal of Experimental Child Psychology, 64,* 67–78.

Kail, R., & Park, Y. (1994). Processing time, articulation time, and memory span. *Journal of Experimental Child Psychology, 57,* 281–291.

Kaiser Family Foundation, Hoff, T., Greene, L., & Davis, J. (2003). *National survey of adolescents and young adults: Sexual health knowledge, attitudes and experiences.* Menlo Park, CA: Henry J. Kaiser Foundation.

Kalish, C. W. (1998). Young children's predictions of illness: Failure to recognize probabilistic cause. *Developmental Psychology, 34*(5), 1046–1058.

Kanaya, T., Scullin, M. H., & Ceci, S. J. (2003). The Flynn effect and U.S. policies: The impact of rising IQ scores on American society via mental retardation diagnoses. *American Psychologist, 58,* 778–790.

Kanetsuna, T., & Smith, P. K. (2002). Pupil insight into bullying and coping with bullying: A bi-national study in Japan and England. *Journal of School Violence, 1,* 5–29.

Kanoy, K., Ulku-Steiner, B., Cox, M., & Burchinal, M. (2003). Marital relationship and individual psychological characteristics that predict physical punishment of children. *Journal of Family Psychology, 17,* 20–28.

Kaplan, H., & Dove, H. (1987). Infant development among the Ache of East Paraguay. *Developmental Psychology, 23,* 190–198.

Kaplowitz, P. B., Oberfield, S. E., & the Drug and Therapeutics and Executive Committees of the Lawson Wilkins Pediatric Endocrine Society. (1999). Reexamination of the age limit for defining when puberty is precocious in girls in the United States: Implications for evaluation and treatment. *Pediatrics, 104,* 936–941.

Karafantis, D. M., & Levy, S. R. (2004). The role of children's lay theories about the malleability of human attributes in beliefs about and volunteering for disadvantaged groups. *Child Development, 75,* 236–250.

Karasik, D., Hannan, M. T., Cupples, L. A., Felson, D. T., & Kiel, D. P. (2004). Genetic contribution to biological aging: The Framingham study. *Journal of Gerontology: Biological Sciences, 59A,* 218–226.

Karney, B. R., & Bradbury, T. N. (1995). The longitudinal course of marital quality and stability: A review of theory, method, and research. *Psychological Bulletin, 118,* 3–34.

Katchadourian, H. (1987). *Fifty: Midlife in perspective.* New York: Freeman.

Katzman, R. (1993). Education and prevalence of Alzheimer's disease. *Neurology, 43,* 13–20.

Kaufman, A. S., & Kaufman, N. L. (1983). *Kaufman assessment battery for children: Administration and scoring manual.* Circle Pines, MN: American Guidance Service.

Kaufman, A. S., & Kaufman, N. L. (2003). *Kaufman Assessment Battery for Children* (2nd ed.). Circle Pines, MN: American Guidance Service.

Kaufman, P., Alt, M. N., & Chapman, C. (2001). *Dropout rates in the United States: 2000.* Washington, DC: National Center for Education Statistics.

Kaufman, P., Alt, M., & Chapman, C. (2004). *Dropout rates in the United States: 2001* (NCES 2005046). Washington, DC: National Center for Education Statistics.

Kaukinen, C. (2004). Status compatibility, physical violence, and emotional abuse in intimate relationships. *Journal of Marriage and Family, 66,* 452–471.

Kausler, D. H. (1990). Automaticity of encoding and episodic memory-processes. In E. A. Lovelace (Ed.), *Aging and cognition: Mental processes, self-awareness, and interventions* (pp. 29–67). Amsterdam: North-Holland, Elsevier.

Kawachi, I., Colditz, G. A., Stampfer, M. J., Willett, W. C., Manson, J. E., Rosner, B., Speizer, F. E., & Hennekens, C. H. (1993). Smoking cessation and decreased risk of stroke in women. *Journal of the American Medical Association, 269,* 232–236.

Kaye, W. H., Weltzin, T. E., Hsu, L. K. G., & Bulik, C. M. (1991). An open trial of fluoxetine in patients with anorexia nervosa. *Journal of Clinical Psychiatry, 52,* 464–471.

Kazdin, A. E., & Benjet, C. (2003). Spanking children: Evidence and issues. *Current Directions in Psychological Science, 12,* 99–103.

Kearney, P. M., Whelton, M., Reynolds, K., Muntner, P., Whelton, P. K., & He, J. (2005). Global burden of hypertension: Analysis of worldwide data. *The Lancet, 365,* 217–223.

Keegan, C., Gross, S., Fisher, L., & Remez, S. (2004). Boomers at midlife: The AARP Life Stage Study executive summary. Wave 3. Washington, DC: American Association of Retired Persons.

Keegan, R. T. (1996). Creativity from childhood to adulthood: A difference of degree and not of kind. *New Directions for Child Development, 72,* 57–66.

Keegan, R. T., & Gruber, H. E. (1985). Charles Darwin's unpublished "Diary of an Infant": An early phase in his psychological work. In G. Eckardt, W. G. Bringmann, & L. Sprung (Eds.), *Contributions to a history of developmental psychology: International William T. Preyer Symposium* (pp. 127–145). Berlin, Germany: Walter de Gruyter.

Keel, P. K., Dorer, D. J., Eddy, K. T., Franko, D., Charatan, D. L., & Herzog, D. B. (2003). Predictors of mortality in eating disorders. *Archives of General Psychiatry, 60*(2), 179–183.

Keel, P. K., & Klump, K. L. (2003). Are eating disorders culture-bound syndromes? Implications for conceptualizing their etiology. *Psychological Bulletin, 129,* 747–769.

Keel, P. K., & Mitchell, J. E. (1997). Outcome in bulimia nervosa. *American Journal of Psychiatry, 154,* 313–321.

Keen, R. (2003). Representation of objects and events: Why do infants look so smart and toddlers look so dumb? *Current Directions in Psychological Science, 12,* 79–83.

Keenan, K., & Shaw, D. (1997). Developmental and social influences on young girls' early problem behavior. *Psychological Bulletin, 121*(1), 95–113.

Keightley, P. D., & Eyre-Walker, A. (2001). Response to Kondrashov. *Trends in Genetics, 17*(2), 77–78.

Kelleher, K. J., Casey, P. H., Bradley, R. H., Pope, S. K., Whiteside, L., Barrett, K. W., Swanson, M. E., & Kirby, R. S. (1993). Risk factors and outcomes for failure to thrive in low birth weight preterm infants. *Pediatrics, 91,* 941–948.

Keller, H. (1905). *The story of my life.* New York: Grosset & Dunlap. (Original work published 1903.)

Keller, H. (1920). *The world I live in.* New York: Century. (Original work published 1908.)

Keller, H. (1929). *The Bereaved.* New York: Leslie Fulenwider, Inc.

Keller, H. (2003). *The Story of My Life: The Restored Edition* (J. Berger, Ed.). New York: Norton.

Keller, M., Gummerum, M., Wang, T., & Lindsey, S. (2004). Understanding perspectives and emotions in contract violation: Development of deontic and moral reasoning. *Child Development, 75,* 614–635.

Kelley, M. L., Smith, T. S., Green, A. P., Berndt, A. E., & Rogers, M. C. (1998). Importance of fathers' parenting to African-American toddlers' social and cognitive development. *Infant Behavior & Development, 21,* 733–744.

Kellman, P. J., & Arterberry, M. E. (1998). *The cradle of knowledge: Development of perception in infancy.* Cambridge, MA: MIT.

Kellman, P. J., & Banks, M. S. (1998). Infant visual perception. In W. Damon (Ed.-in-Chief), D. Kuhn, & R. S. Siegler (Vol. Eds.), *Handbook of Child Psychology: Vol. 2. Cognition, perception, and language* (5th ed., pp. 103–146). New York: Wiley.

Kellogg, R. (1970). Understanding children's art. In P. Cramer (Ed.), *Readings in developmental psychology today.* Delmar, CA: CRM.

Kelly, A. M., Wall, M., Eisenberg, M., Story, M., & Neumark-Sztainer, D. (2004). High body satisfaction in adolescent girls: Association with demographic, socio-environmental, personal, and behavioral factors. *Journal of Adolescent Health, 34,* 129.

Kelly, J. B., & Emery, R. E. (2003). Children's adjustment following divorce: Risk and resiliency perspectives. *Family Relations, 52,* 352–362.

Kelly, J. R. (1987). *Peoria winter: Styles and resources in later life.* Lexington, MA: Lexington.

Kelly, J. R. (1994). Recreation and leisure. In A. Monk (Ed.), *The Columbia retirement handbook* (pp. 489–508). New York: Columbia University Press.

Kelly, J. R., Steinkamp, M., & Kelly, J. (1986). Later life leisure: How they play in Peoria. *The Gerontologist, 26,* 531–537.

Kemp. J. S., Unger, B., Wilkins, D., Psara, R. M., Ledbetter, T. L., Graham, M. A., Case, M., & Thach, B. T. (2000). Unsafe sleep practices and an analysis of bedsharing among infants dying suddenly and unexpectedly: Results of a four-year, population-based, death-scene investigation study of sudden infant death and related syndromes. *Pediatrics, 106*(3), e41.

Kemper, S., Thompson, M., & Marquis, J. (2001). Longitudinal change in language production: Effects of aging and dementia on grammatical complexity and propositional content. *Psychology and Aging, 16,* 600–614.

Kemper, T. L. (1994). Neuroanatomical and neuropathological changes during aging and dementia. In M. L. Albert & J. E. Knoefel (Eds.), *Clinical neurology of aging* (pp. 3–67). New York: Oxford University Press.

Kendler, K. S., MacLean, C., Neale, M., Kessler, R., Heath, A., & Eaves, L. (1991).

The genetic epidemiology of bulimia nervosa. *American Journal of Psychiatry, 148,* 1627–1637.

Kendler, K. S., Thornton, L. M., Gilman, S. E., & Kessler, R. C. (2000). Sexual orientation in a U.S. national sample of twin and nontwin sibling pairs. *American Journal of Psychiatry, 157,* 1843–1847.

Keppel, K. G., Pearcy, J. N., & Wagener, D. K. (2002). Trends in racial and ethnic-specific rates for the health status indicators: United States, 1990–1998. *Statistical Notes,* No. 23. Hyattsville, MD: National Center for Health Statistics.

Kernan, M. (1993, June). The object at hand. *Smithsonian,* pp. 14–16.

Kerns, K. A., Don, A., Mateer, C. A., & Streissguth, A. P. (1997). Cognitive deficits in nonretarded adults with fetal alcohol syndrome. *Journal of Learning Disabilities, 30,* 685–693.

Kessler, R. C., Berglund, P., Demler, O., Jin, R., Merikangas, K. R., & Walters, E. E. (2005). Lifetime prevalence and age-of-onset distributions of *DSM-IV* disorders in the National Comorbidity Survey Replication. *Archives of General Psychiatry, 62,* 593–602.

Kessler, R. C., Gilman, S. E., Thornton, L. M., & Kendler, K. S. (2004). Health, well-being, and social responsibility in the MIDUS twin and sibling subsamples. In O. G. Brim, C. D. Ryff, & R. Kessler (Eds.), *How healthy are we: A national study of well-being in midlife* (pp. 124–152). Chicago: University of Chicago Press.

Kestenbaum, R., & Gelman, S. A. (1995). Preschool children's identification and understanding of mixed emotions. *Cognitive Development, 10,* 443–458.

Keyes, C. L. M., & Ryff, C. D. (1998). Generativity in adult lives: Social structural contours and quality of life consequences. In D. P. McAdams & E. de St. Aubin (Eds.), *Generativity and adult development* (pp. 227–263). Washington, DC: American Psychological Association.

Keyes, C. L. M., & Ryff, C. D. (1999). Psychological well-being in midlife. In S. L. Willis & J. D. Reid (Eds.), *Life in the middle* (pp. 161–180). San Diego: Academic Press.

Keyes, C. L. M., & Shapiro, A. D. (2004). Social well-being in the United States: A descriptive epidemiology. In O. G. Brim, C. D. Ryff, and R. C. Kessler (Eds.), *How healthy are we? A national study of well-being at midlife* (pp. 350–372). Chicago: University of Chicago Press.

Khoury, M. J., McCabe, L. L., & McCabe, E. R. B. (2003). Population screening in the age of genomic medicine. *New England Journal of Medicine, 348,* 50–58.

Kiecolt-Glaser, J. K., & Glaser, R. (1999). Chronic stress and mortality among older adults. *Journal of the American Medical Association, 282,* 2259–2260.

Kiecolt-Glaser, J. K., & Glaser, R. (2001). Stress and immunity: Age enhances the risks. *Current Directions in Psychological Science, 10,* 18–21.

Kiefe, C. I., Williams, O. D., Weissman, N. W., Schreiner, P. J., Sidney, S., & Wallace, D. D. (2000). Changes in U.S. health care access in the 90s: Race and income differences from the CARDIA study. Coronary Artery Risk Development in Young Adults. *Ethnicity and Disease, 10,* 418–431.

Kiefer, K. M., Summer, L., & Shirey, L. (2001). What are the attitudes of young retirees and older workers? *Data Profiles: Young Retirees and Older Workers, 5.*

Kier, C., & Lewis, C. (1998). Preschool sibling interaction in separated and married families: Are same-sex pairs or older sisters more sociable? *Journal of Child Psychology and Psychiatry, 39,* 191–201.

Kiernan, K. (2002). Cohabitation in Western Europe: Trends, issues, and implications. In A. Booth & A. C. Crouter (Eds.), *Just living together: Implications of cohabitation on families, children, and social policy* (pp. 3–31). Mahwah, NJ: Erlbaum.

Killen, J. D., Robinson, T. N., Ammerman, S., Hayward, C., Rogers, J., Stone, C., Samuels, D., Levin, S. K., Green, S., & Schatzberg, A. F. (2004). Randomized clinical trial of the efficacy of bupropion combined with nicotine patch in the treatment of adolescent smokers. *Journal of Consulting and Clinical Psychology, 72,* 729–735.

Kim, J. E., & Moen, P. (2001). Moving into retirement: Preparation and transitions in late midlife. In M. E. Lachman (Ed.), *Handbook of midlife development* (pp. 487–527). New York: Wiley.

Kim, J. E., & Moen, P. (2002). Retirement transitions, gender, and psychological well-being: A life-course, ecological model. *Journal of Gerontology: Psychological Sciences, 57B,* P212–P222.

Kim, K. J., Conger, R. D., Elder, G. H., & Lorenz, F. O. (2003). Reciprocal influences between stressful life events and adolescent internalizing and externalizing problems. *Child Development, 74*(1), 127–143.

Kim, Y, S., Koh, Y.-J., & Leventhal, B. (2005). School bullying and suicidal risk in Korean middle school students. *Pediatrics, 115,* 357–363.

Kimball, M. M. (1986). Television and sex-role attitudes. In T. M. Williams (Ed.), *The impact of television: A natural experiment in three communities* (pp. 265–301). Orlando, FL: Academic Press.

Kim-Cohen, J., Caspi, A., Moffitt, T. E., Harrington, H., Milne, B. J., & Poulton, R. (2003). Prior juvenile diagnoses in adults with mental disorder: Developmental follow-back of a prospective-longitudinal cohort. *Archives of General Psychiatry, 60,* 709–717.

Kim-Cohen, J., Moffitt, T. E., Caspi, A., & Taylor, A. (2004). Genetic and environmental processes in young children's resilience and vulnerability to socioeconomic deprivation. *Child Development, 75,* 651–668.

Kim-Cohen, J., Moffitt, T. E., Taylor, A., Pawlby, S. J., & Caspi, A. (2005). Maternal depression and children's antisocial behavior: Nature and nurture effects. *Archives of General Psychiatry, 62,* 173–181.

Kimmel, D. (1990). *Adulthood and aging: An interdisciplinary, developmental view.* New York: Wiley.

Kimmel, D. C., & Sang, B. E. (1995). Lesbians and gay men in midlife. In A. R. D'Augelli & C. J. Patterson (Eds.), *Lesbian, gay, and bisexual identities over the lifespan: Psychological perspectives* (pp. 190–214). New York: Oxford University Press.

King, B. M. (1996). *Human sexuality today.* Englewood Cliffs, NJ: Prentice-Hall.

King, V. (2003). The legacy of a grandparent's divorce: Consequences for ties between grandparents and grandchildren. *Journal of Marriage and Family, 65,* 170–183.

King, W. J., MacKay, M., Sirnick, A., & The Canadian Shaken Baby Study Group. (2003). Shaken baby syndrome in Canada: Clinical characteristics and outcomes of hospital cases. *CMAJ* (Canadian Medical Association Journal), *168,* 155–159.

Kinney, H. C., Filiano, J. J., Sleeper, L. A., Mandell, F., Valdes-Dapena, M., & White, W. F. (1995). Decreased muscarinic receptor binding in the arcuate nucleus in Sudden Infant Death Syndrome. *Science, 269,* 1446–1450.

Kinsella, K., & Velkoff, V. A. (2001). *An aging world: 2001. U.S. Census Bureau, Series P95/01–1.* Washington, DC: U.S. Government Printing Office.

Kirby, D. (1997). *No easy answers: Research findings on programs to reduce teen pregnancy.* Washington, DC: National Campaign to Prevent Teen Pregnancy.

Kirby, S. E., Coleman, P. G., & Daley, D. (2004). Spirituality and well-being in frail and nonfrail older adults. *Journal of Gerontology: Psychological Sciences, 59B,* P123–P129.

Kisilevsky, B. S., Hains, S. M. J., Lee, K., Muir, D. W., Xu, F., Fu, G., Zhao, Z. Y., & Yang, R. L. (1998). The still-face effect in Chinese and Canadian 3- to 6-month-old infants. *Developmental Psychology, 34*(4), 629–639.

Kisilevsky, B. S., Hains, S. M. J., Lee, K., Xie, X., Huang, H., Ye, H. H., Zhang, K., & Wang, Z. (2003). Effects of experience on fetal voice recognition. *Psychological Science, 14,* 220–224.

Kisilevsky, B. S., Muir, D. W., & Low, J. A. (1992). Maturation of human fetal responses to vibroacoustic stimulation. *Child Development, 63,* 1497–1508.

Kistner, J., Eberstein, I. W., Quadagno, D., Sly, D., Sittig, L., Foster, K., Balthazor, M., Castro, R., & Osborne, M. (1997). Children's AIDS related knowledge and attitudes: Variations by grade, race, gender, socioeconomic status, and size of community. *AIDS Education and Prevention, 9,* 285–298.

Kitson, G. C., & Morgan, L. A. (1990). The multiple consequences of divorce: A decade review. *Journal of Marriage and Family Therapy, 52,* 913–924.

Kitzmann, K. M., Gaylord, N. K., Holt, A. R., & Kenny, E. D. (2003). Child witnesses to domestic violence: A meta-analytic review. *Journal of Counseling and Clinical Psychology, 71,* 339–352.

Kivett, V. R. (1991). Centrality of the grandfather role among older rural black and white men. *Journal of Gerontology: Social Sciences, 46*(5), S250–258.

Kivett, V. R. (1993). Racial comparisons of the grandmother role: Implications for strengthening the family support system of older Black women. *Family Relations, 42,* 165–172.

Kivett, V. R. (1996). The saliency of the grandmother—granddaughter relationship: Predictors of association. *Journal of Women & Aging, 8,* 25–39.

Kjerulff, K. H., Langenberg, P. W., & Rhodes, J. C. (2000). Effectiveness outcome of hysterectomy. *Obstetrics & Gynecology, 95,* 319–326.

Kjos, S. L., & Buchanan, T. A. (1999). Gestational diabetes mellitus. *New England Journal of Medicine,* 341.

Klaczynski, P. A., & Robinson, B. (2000). Personal theories, intellectual abiblity, and epistemological beliefs: Adult age differences in everyday reasoning biases. *Psychology and Aging, 15,* 400–416.

Klar, A. J. S. (1996). A single locus, RGHT, specifies preference for hand utilization in humans. In *Cold Spring Harbor Symposia on Quantitative Biology* (Vol. 61, pp. 59–65). Cold Spring Harbor, NY: Cold Spring Harbor Laboratory Press.

Klaus, M. H., & Kennell, J. H. (1997). The doula: An essential ingredient of childbirth rediscovered. *Acta Paediatrica, 86,* 1034–1036.

Klebanoff, M. A., Levine, R. J., DerSimonian, R., Clemens, J. D., & Wilkins, D. G. (1999). Maternal serum paraxanthine, a caffeine metabolite, and the risk of spontaneous abortion. *New England Journal of Medicine, 341,* 1639–1644.

Klebanov, P. K., Brooks-Gunn, J., McCarton, C., & McCormick, M. C. (1998). The contribution of neighborhood and family income to developmental test scores over the first three years of life. *Child Development, 69*(5), 1420–1436.

Klebanov, P. K., Brooks-Gunn, J., & McCormick, M. C. (2001). Maternal coping strategies and emotional distress: Results of an early intervention program for low birth weight young children. *Developmental Psychology, 37*(5), 654–667.

Kleiner, A., & Farris, E. (2002). *Internet access in U.S. public schools and classrooms: 1994–2001* (NCES 2002–018). Washington, DC: National Center for Education Statistics, U.S. Department of Education.

Kleiner, A., & Lewis, L. (2003). *Internet access in U.S. public schools and classrooms: 1994–2002* (NCES 2004-011). Washington, DC: National Center for Education Statistics.

Kleiner, B., Nolin, M. J., & Chapman, C. (2004). *Before- and after-school care, programs, and activities of children in kindergarten through eighth grade: 2001. Statistical analysis report* (NCES 2004–008). Washington, DC: National Center for Education Statistics.

Kline, D. W., Kline, T. J. B., Fozard, J. L., Kosnik, W., Schieber, F., & Sekuler, R. (1992). Vision, aging, and driving: The problems of older drivers. *Journal of Gerontology: Psychological Sciences, 47*(1), P27–34.

Kline, D. W., & Scialfa, C. T. (1996). Visual and auditory aging. In J. E. Birren & K. W. Schaie (Eds.), *Handbook of the psychology of aging* (pp. 191–208). San Diego: Academic Press.

Kline, G. H., Stanley, S. M., Markman, H. J., Olmos-Gallo, P. A., St. Peters, M., Whitton, S. W., & Prado, L. M. (2004). Timing is everything: Pre-engagement cohabitation and increased risk for poor marital outcomes. *Journal of Family Psychology, 18,* 311–318.

Kling, K. C., Hyde, J. S., Showers, C. J., & Buswell, B. N. (1999). Gender differences in self-esteem: A meta-analysis. *Psychological Bulletin, 125,* 470–500.

Klohnen, E. C., Vandewater, E., & Young, A. (1996). Negotiating the middle years: Ego-resiliency and successful midlife adjustment in women. *Psychology and Aging, 11,* 431–442.

Knoop, R. (1994). Relieving stress through value-rich work. *Journal of Social Psychology, 134,* 829–836.

Knoops, K. T. B., deGroot, L. C. P. G. M., Kromhout, D., Perrin, E., Moreiras,-Varela, O., Menotti, A., & van Staveren, W. A. (2004). Mediterranean diet, lifestyle factors, and 10-year mortality in elderly European men and women. Journal of the American Medical Association, 292, 1433–1439.

Knox, E. G. (2005). Childhood cancers and atmospheric carcinogens. *Journal of Epidemiology and Community Health, 59,* 101–105.

Knox, N. (2004, July 14). European gay-union trends influence U.S. debate: Lawmakers look to other nations. *USA Today.* [Online]. Available: http://www.keepmedia.com/pubs/USATODAY/2004/07/14/506463. Retrieved January 2, 2005.

Kochanek, K. D., Murphy, S. L., Anderson, R. N., & Scott, C. (2004). Deaths: Final data for 2002. *National Vital Statistics Reports, 53*(5). Hyattsville, MD: National Center for Health Statistics.

Kochanek, K. D., & Smith, B. L. (2004). Deaths: Preliminary data for 2002. *National Vital Statistics Reports, 52*(13). Hyattsville, MD: National Center for Health Statistics.

Kochanska, G. (1993). Toward a synthesis of parental socialization and child temperament in early development of conscience. *Child Development, 64,* 325–437.

Kochanska, G. (1995). Children's temperament, mothers' discipline, and security of attachment: Multiple pathways to emerging internalization. *Child Development, 66,* 597–615.

Kochanska, G. (1997a). Multiple pathways to conscience for children with different temperaments: From toddlerhood to age 5. *Developmental Psychology, 33,* 228–240.

Kochanska, G. (1997b). Mutually responsive orientation between mothers and their young children: Implications for early socialization. *Child Development, 68,* 94–112.

Kochanska, G. (2001). Emotional development in children with different attachment histories: The first three years. *Child Development, 72,* 474–490.

Kochanska, G. (2002). Mutually responsive orientation between mothers and their young children: A context for the early development of conscience. *Current Directions in Psychological Science, 11,* 191–195.

Kochanska, G., & Aksan, N. (1995). Mother-child positive affect, the quality of child compliance to requests and prohibitions, and maternal control as correlates of early internalization. *Child Development, 66,* 236–254.

Kochanska, G., Aksan, N., Knaack, A., & Rhines, H. M. (2004). Maternal parenting and children's conscience: Early security as moderator. *Child Development, 75,* 1229–1242.

Kochanska, G., Coy, K. C., & Murray, K. T. (2001). The development of self-regulation in the first four years of life. *Child Development, 72*(4), 1091–1111.

Kochanska, G., Friesenborg, A. E., Lange, L. A., & Martel, M. M. (2004). Parents' personality and infants' temperament as contibutors to their emerging relationship. *Journal of Personality and Social Psychology, 86,* 744–759.

Kochanska, G., Murray, K., & Coy, K. C. (1997). Inhibitory control as a contributor to conscience in childhood: From toddler to early school age. *Child Development, 68,* 263–277.

Kochanska, G., Tjebkes, T. L., & Forman, D. R. (1998). Children's emerging regulation of conduct: Restraint, compliance, and internalization from infancy to the second year. *Child Development, 69*(5), 1378–1389.

Kochenderfer, B. H., & Ladd, G. W. (1996). Peer victimization: Cause or consequence of school maladjustment? *Child Development, 67,* 1305–1317.

Koechlin, E., Basso, G., Pietrini, P., Panzer, S., & Grafman, J. (1999). The role of the anterior prefrontal cortex in human cognition. *Nature, 399,* 148–151.

Koechlin, E., Dehaene, S., & Mehler, J. (1997). Numerical transformations in five-month-old human infants. *Mathematical Cognition, 3,* 89–104.

Koenig, H. G. (1994). *Aging and God.* New York: Haworth.

Kogan., M. D., Alexander, G. R., Kotelchuck, M., MacDorman, M. F., Buekens, P., Martin, J. A., & Papiernik, E. (2000). Trends in twin birth outcomes and prenatal care utilization in the United States, 1981–1997. *Journal of the American Medical Association, 284,* 335–341.

Kogan, M. D., Martin, J. A., Alexander, G. R., Kotelchuck, M., Ventura, S. J., & Frigoletto, F. D. (1998). The changing pattern of prenatal care utilization in the United States, 1981–1995, using different prenatal care indices. *Journal of the American Medical Association, 279,* 1623–1628.

Kohlberg, L. (1966). A cognitive-developmental analysis of children's sex-role concepts and attitudes. In E. E. Maccoby (Ed.), *The development of sex differences.* Stanford, CA: Stanford University Press.

Kohlberg, L. (1969). Stage and sequence: The cognitive-developmental approach to socialization. In D. A. Goslin (Ed.), *Handbook of socialization theory and research.* Chicago: Rand McNally.

Kohlberg, L. (1973). Continuities in childhood and adult moral development revisited. In P. Baltes & K. W. Schaie (Eds.), *Life-span* *developmental psychology: Personality and socialization* (pp. 180–207). New York: Academic Press.

Kohlberg, L. (1981). *Essays on moral development.* San Francisco: Harper & Row.

Kohlberg, L., & Gilligan, C. (1971, Fall). The adolescent as a philosopher: The discovery of the self in a postconventional world. *Daedalus,* pp. 1051–1086.

Kohlberg, L., & Ryncarz, R. A. (1990). Beyond justice reasoning: Moral development and consideration of a seventh stage. In C. N. Alexander & E. J. Langer (Eds.), *Higher stages of human development* (pp. 191–207). New York: Oxford University Press.

Kohlberg, L., Yaeger, J., & Hjertholm, E. (1968). Private speech: Four studies and a review of theories. *Child Development, 39,* 691–736.

Kohn, M. L. (1980). Job complexity and adult personality. In N. J. Smelser & E. H. Erikson (Eds.), *Themes of work and love in adulthood.* Cambridge, MA: Harvard University Press.

Kohn, M. L., & Schooler, C. (1983). The cross-national universality of the interpretive model. In M. L. Kohn & C. Schooler (Eds.), *Work and personality: An inquiry into the impact of social stratification* (pp. 281–295). Norwood, NJ: Ablex.

Koivula, I., Sten, M., & Makela, P. H. (1999). Prognosis after community-acquired pneumonia in the elderly. *Archives of Internal Medicine, 159,* 1550–1555.

Kolata, G. (1999, March 9). Pushing limits of the human life span. *The New York Times* [Online]. Available: http://www.nytimes.com/library/national/science/030999sci-aging.html.

Kolata, G. (2003, February 18). Using genetic tests, Ashkenazi Jews vanquish a disease. *The New York Times,* pp. D1, D6.

Kolbert, E. (1994, January 11). Canadians curbing TV violence. *The New York Times,* pp. C15, C19.

Kopp, C. B. (1982). Antecedents of self-regulation. *Developmental Psychology, 18,* 199–214.

Kopp, C. B., & Kaler, S. R. (1989). Risk in infancy: Origins and implications. *American Psychologist, 44*(2), 224–230.

Kopp, C. B., & McCall, R. B. (1982). Predicting later mental performance for normal, at-risk, and handicapped infants. In P. B. Baltes & O. G. Brim (Eds.), *Life-span development and behavior* (Vol. 4). New York: Academic Press.

Koren, G., Pastuszak, A., & Ito, S. (1998). Drugs in pregnancy. *New England Journal of Medicine, 338,* 1128–1137.

Korner, A. (1996). Reliable individual differences in preterm infants' excitation management. *Child Development, 67,* 1793–1805.

Korner, A. F., Zeanah, C. H., Linden, J., Berkowitz, R. I., Kraemer, H. C., & Agras, W. S. (1985). The relationship between neonatal and later activity and temperament. *Child Development, 56,* 38–42.

Koropeckyj-Cox, T. (2002). Beyond parental status: Psychological well-being in middle and old age. *Journal of Marriage and Family, 64,* 957–971.

Korte, D., & Scaer, R. (1984). *A good birth, a safe birth.* New York: Bantam.

Kosnik, W., Winslow, L., Kline, D., Rasinski, K., & Sekuler, R. (1988). Visual changes in daily life throughout adulthood. *Journal of Gerontology: Psychological Sciences, 43*(3), P63–70.

Kosterman, R., Graham, J. W., Hawkins, J. D., Catalano, R. F., & Herrenkohl, T. I. (2001). Childhood risk factors for persistence of violence in the transition to adulthood: A social developmental perspective. *Violence & Victims. Special Issue: Perspectives on Violence and Victimization, 16,* 355–369.

Kotre, J. (1984). *Outliving the self: Generativity and the interpretation of lives.* Baltimore: Johns Hopkins University Press.

Kottak, C. P. (1994). *Cultural anthropology.* New York: McGraw-Hill.

Kowal, A. K., & Pike, L. B. (2004). Sibling influences on adolescents' attitudes toward safe sex practices. *Family Relations, 53,* 377–384.

Kozlowska, K., & Hanney, L. (1999). Family assessment and intervention using an interactive art exercise. *Australia and New Zealand Journal of Family Therapy, 20*(2), 61–69.

Kraaykamp, G. (2002). Trends and countertrends in sexual permissiveness: Three decades of attitude change in the Netherlands 1965–1995. *Journal of Marriage and Family, 64,* 225–239.

Kralovec, E., & Buell, J. (2000). *The end of homework.* Boston: Beacon.

Kramer, A. F., Hahn, S., McAuley, E., Cohen, N. J., Banich, M. T., Harrison, C., Chason, J., Boileau, R. A., Bardell, L., Colcombe, A., & Vakil, E. (1999). Ageing, fitness and neurocognitive function. *Nature, 400,* 418–419.

Kramer, D. A. (2003). The ontogeny of wisdom in its variations. In J. Demick & C. Andreolett (Eds.), *Handbook of adult development* (pp. 131–151). New York: Plenum Press.

Kranish, M. (2004, November 3). Gay marriage bans passed: Measures OK'd in all 11 states where eyed. *Boston Globe.* [Online]. Available: http://www.boston.com/news/nation/articles/2004/11/03/gay_marriage. Retrieved January 2, 2005.

Krause, N. (2004a). Common facets of religion, unique facets of religion, and life satisfaction among older African Americans. *Journal of Gerontology: Social Sciences, 59B,* S109–S117.

Krause, N. (2004b). Lifetime trauma, emotional support, and life satisfaction among older adults. *The Gerontologist, 44,* 615–623.

Krause, N., & Rook, K. S. (2003). Negative interaction in late life: Issues in the stability and generalizability of conflict across relationships. *Journal of Gerontology: Psychological Sciences, 58B,* P88–P99.

Krause, N., & Shaw, B. A. (2000). Role-specific feelings of control and mortality. *Psychology and Aging, 15,* 617–626.

Krauss, S., Concordet, J. P., & Ingham, P. W. (1993). A functionally conserved homolog of the Drosophila segment polarity gene hh is expressed in tissues with polarizing activity in zebra fish embryos. *Cell, 75,* 1431–1444.

Kravetz, J. D., & Federman, D. G. (2002). Cat-associated zoonoses. *Archives of Internal Medicine, 162,* 1945–1952.

Kreicbergs, U., Valdimarsdottir, U., Onelov, E., Henter, J., & Steineck, G. (2004). Talking about death with children who have severe malignant disease. *New England Journal of Medicine, 351,* 1175–1253.

Kreider, R. M. (2003). Adopted children and stepchildren: 2000. *Census 2000 Special Reports.* Washington, DC: U.S. Bureau of the Census.

Kreider, R. M. (2005). Number, timing, and duration of marriages and divorces: 2001. *Household Economic Studies* (P70–97). Washington, DC: U.S. Census Bureau.

Kreider, R. M., & Fields, J. M. (2002). Number, timing, and duration of marriages and divorces: Fall 1996. *Current Population Reports, P70–80.* Washington, DC: U.S. Census Bureau.

Kreijkamp-Kaspers, S., Kok, L., Grobbee, D. E., deHaan, E. H. F., Aleman, A., Lampe, J. W., & van der Schouw, Y. T. (2004). Effects of soy protein containing isoflavones on cognitive function, bone mineral density, and plasma lipids in postmenopausal women: A randomized controlled trial. *Journal of the American Medical Association, 292,* 65–74.

Kreutzer, M., Leonard, C., & Flavell, J. (1975). An interview study of children's knowledge about memory. *Monographs of the Society for Research in Child Development, 40*(1, Serial No. 159).

Krevans, J., & Gibbs, J. C. (1996). Parents' use of inductive discipline: Relations to children's empathy and prosocial behavior. *Child Development, 67,* 3263–3277.

Kristof, N. D. (1991, June 17). A mystery from China's census: Where have young girls gone? *The New York Times,* pp. A1, A8.

Kristof, N. D. (1993, July 21). Peasants of China discover new way to weed out girls. *The New York Times,* pp. A1, A6.

Kritchovski, S. B., Nicklas, B. J., Visser, M., Simonsick, E. M., Newman, A. B., Harris, T. B., Lange, E. M., Penninx, B. W., Goodpaster, B. H., Satterfield, S., Colbert, L. H., Rubin, S. M., & Pahor, M. (2005). Angiotensin—converting enzyme insertion—deletion genotype, exercise, and physical decline. *Journal of the American Medical Association, 294,* 691–698.

Kroenke, K., & Spitzer, R. L. (1998). Gender differences in the reporting of physical and somatoform symptoms. *Psychosomatic Medicine, 60,* 50–155.

Kroger, J. (1993). Ego identity: An overview. In J. Kroger (Ed.), *Discussions on ego identity.* Hillsdale, NJ: Erlbaum.

Kroger, J. (2003). Identity development during adolescence. In G. R. Adams and M. D. Berzonsky. (eds.). *Blackwell handbook of adolescence* (pp. 205–226). Malden, MA: Blackwell.

Kroger, J., & Haslett, S. J. (1991). A comparison of ego identity status transition pathways and change rates across five identity domains. *International Journal of Aging and Human Development, 32,* 303–330.

Krueger, A. B. (February 2003). Economic considerations and class size. *The Economic Journal, 113,* F34–F63.

Krueger, A. B., & Whitmore, D. M. (April 2000). The effect of attending a small class in the early grades on college-test taking and middle school test results: Evidence from Project STAR. NBER Working Paper No. W7656.

Kübler-Ross, E. (1969). *On death and dying.* New York: Macmillan.

Kübler-Ross, E. (1970). *On death and dying* [Paperback]. New York: Macmillan.

Kübler-Ross, E. (Ed.). (1975). *Death: The final stage of growth.* Englewood Cliffs, NJ: Prentice-Hall.

Kuczmarski, R. J., Ogden, C. L., Grummer-Strawn, L. M., Flegal, K. M., Guo, S. S., Wei, R., Mei, Z., Curtin, L. R., Roche, A. F., & Johnson, C. L. (2000). CDC growth charts: United States. *Advance Data,* No. 314. Centers for Disease Control and Prevention, U.S. Department of Health and Human Services.

Kuhl, P. K., Andruski, J. E., Chistovich, I. A., Chistovich, L. A., Kozhevnikova, E. V., Ryskina, V. L., Stolyarova, E. I., Sundberg, U., & Lacerda, F. (1997). Cross-language analysis of phonetic units in language addressed to infants. *Science, 277,* 684–686.

Kuhl, P. K., Williams, K. A., Lacerda, F., Stevens, K. N., & Lindblom, B. (1992). Linguistic experience alters phonetic perception in infants by 6 months of age. *Science, 255,* 606–608.

Kumar, C., & Puri, M. (1983). *Mahatma Gandhi: His life and influence.* New York: Franklin Watts.

Kupersmidt, J. B., & Coie, J. D. (1990). Preadolescent peer status, aggression, and school adjustment as predictors of externalizing problems in adolescence. *Child Development, 61,* 1350–1362.

Kurdek, L.A. (2004). Are gay and lesbian cohabiting couples really different from heterosexual married couples? *Journal of Marriage and Family, 66,* 880–900.

Kurjak, A., Kupesic, S., Matijevic, R., Kos, M., & Marton, U. (1999). First trimester malformation screening. *European Journal of Obstetrics, Gynecology, and Reproductive Biology (E4L), 85,* 93–96.

Kye, C., & Ryan, N. (1995). Pharmacologic treatment of child and adolescent depression. *Child and Adolescent Psychiatric Clinics of North America, 4,* 261–281.

La Sala, M. C. (1998). Coupled gay men, parents, and in-laws: Intergenerational disapproval and the need for a thick skin. *Families in Society, 79,* 585–595.

Labarere, J., Gelbert, Baudino, N., Ayral, A. S., Duc, C., Berchotteau, M., Bouchon, N., Schelstraete, C., Vittoz, J.-P., Francois, P., & Pons, J.-C. (2005). Efficacy of breastfeeding support provided by trained clinicians during an early, routine, preventive visit: A prospective, randomized, open trial of 226 mother-infant pairs. *Pediatrics, 115,* e139–e146.

Laberge, L., Tremblay, R. E., Vitaro, F., & Montplaisir, J. (2000). Development of parasomnias from childhood to early adolescence. *Pediatrics, 106,* 67–74.

Labouvie-Vief, G. (1985). Intelligence and cognition. In J. E. Birren & K. W. Schaie (Eds.), *Handbook of the psychology of aging* (pp. 500–530). New York: Van Nostrand Reinhold.

Labouvie-Vief, G. (1990a). Modes of knowledge and the organization of development. In M. L. Commons, L. Kohlberg, F. Richards, & J. Sinnott (Eds.), *Beyond formal operations: 2. Models and methods in the study of adult and adolescent thought.* New York: Praeger.

Labouvie-Vief, G. (1990b). Wisdom as integrated thought: Historical and development perspectives. In R. J. Sternberg (Ed.), *Wisdom: Its nature, origins, and development* (pp. 52–83). Cambridge, England: Cambridge University Press.

Labouvie-Vief, G., & Hakim-Larson, J. (1989). Developmental shifts in adult thought. In S. Hunter & M. Sundel (Eds.), *Midlife myths.* Newbury Park, CA: Sage.

Labouvie-Vief, G., Hakim-Larson, J., & Hobart, C. J. (1987). Age, ego level, and the life-span development of coping and defense processes. *Psychology and Aging, 2,* 286–293.

Labov, T. (1992). Social and language boundaries among adolescents. *American Speech, 67,* 339–366.

Lacey Jr., J. V., Mink, P. J., Lubin, J. H., Sherman, M. E., Troisi, R., Hartge, P., Schatzkin, A., & Schairer, C. (2002). Menopausal hormone replacement therapy and risk of ovarian cancer. *Journal of the American Medical Association, 288,* 334–341.

Lachman, J. L., & Lachman, R. (1980). Age and the actualization of knowledge. In L. W. Poon, J. L. Fozard, L. S. Cermak, D. Arenberg, & L. W. Thompson (Eds.), *New directions in memory and aging* (pp. 313–343). Hillsdale, NJ: Erlbaum.

Lachman, M. E. (2001). Introduction. In M. E. Lachman (Ed.), *Handbook of midlife development.* New York: Wiley.

Lachman, M. E. (2004). Development in midlife. *Annual Review of Psychology, 55,* 305–331.

Lachman, M. E., & Bertrand, R. M. (2001). Personality and the self in midlife. In M. E. Lachman (Ed.), *Handbook of midlife development* (pp. 279–309). New York: Wiley.

Lachman, M. E. & Firth, K. M. P. (2004). The adaptive value of feeling in control during midlife. In O. G. Brim, C. D. Ryff, & R. C. Kessler (Eds.), *How healthy are we? A national study of well-being at midlife.* Chicago: University of Chicago Press.

Lachman, M. E., & James, J. B. (1997). Charting the course of midlife development: An overview. In M. E. Lachman & J. B. James (Eds.), *Multiple paths of midlife development* (pp. 1–17). Chicago: University of Chicago Press.

Lachman, M. E., & Weaver, S. L. (1998). Sociodemographic variations in the sense of control by domain: Findings from the MacArthur Studies of Midlife. *Psychology and Aging, 13,* 553–562.

Ladd, G. W. (1996). Shifting ecologies during the 5 to 7 year period: Predicting children's adjustment during the transition to grade school. In A. J. Sameroff & M. M. Haith (Eds.), *The five to seven year shift: The age of reason and responsibility* (pp. 363–386). Chicago: University of Chicago Press.

Ladd, G. W., Birch, S. H., & Buhs, E. S. (1999). Children's social and scholastic lives in kindergarten: Related spheres of influence? *Child Development, 70,* 1373–1400.

LaFontana, K. M., & Cillessen, A. H. N. (2002). Children's perceptions of popular and unpopular peers: A multi-method assessment. *Developmental Psychology, 38,* 635–647.

Lagercrantz, H., & Slotkin, T. A. (1986). The "stress" of being born. *Scientific American, 254*(4), 100–107.

Laible, D. J., & Thompson, R. A. (1998). Attachment and emotional understanding in preschool children. *Developmental Psychology, 34*(5), 1038–1045.

Laible, D. J., & Thompson, R. A. (2002). Mother-child conflict in the toddler years: Lessons in emotion, morality, and relationships. *Child Development, 73,* 1187–1203.

Laird, R. D., Pettit, G. S., Bates, J. E., & Dodge, K. A. (2003). Parents' monitoring-relevant knowledge and adolescents' delinquent behavior: Evidence of correlated developmental changes and reciprocal influences. *Child Development, 74,* 752–768.

Lalonde, C. E., & Werker, J. F. (1995). Cognitive influences on cross-language speech perception in infancy. *Infant Behavior and Development, 18,* 459–475.

Lamb, M. E. (1981). The development of father-infant relationships. In M. E. Lamb (Ed.), *The role of the father in child development* (2nd ed.). New York: Wiley.

Lamb, M. E., Frodi, A. M., Frodi, M., & Hwang, C. P. (1982). Characteristics of maternal and paternal behavior in traditional and nontraditional Swedish families. *International Journal of Behavior Development, 5,* 131–151.

Lamberg, L. (1997). "Old and gray and full of sleep"? Not always. *Journal of the American Medical Association, 278,* 1302–1304.

Lamberts, S. W. J., van den Beld, A. W., & van der Lely, A. (1997). The endocrinology of aging. *Science, 278,* 419–424.

Lambeth, G. S., & Hallett, M. (2002). Promoting healthy decision making in relationships: Developmental interventions with young adults on college and university campuses. In C. L. & D. R. Atkinson (Eds.), *Counseling across the lifespan: Prevention and treatment* (pp. 209–226). Thousand Oaks, CA: Sage.

Lamborn, S. D., Mounts, N. S., Steinberg, L., & Dornbusch, S. M. (1991). Patterns of competence and adjustment among adolescents from authoritative, authoritarian, indulgent, and neglectful families. *Child Development, 62,* 1049–1065.

Landesman-Dwyer, S., & Emanuel, I. (1979). Smoking during pregnancy. *Teratology, 19,* 119–126.

Landi, F. F., Cesari, M., Onder, G., Lattanzio, F., Gravina, E. M., Bernabei, R., on behalf of the SilverNet-HC Study Group. (2004). Physical activity and mortality in frail, community-living elderly patients. *Journal of Gerontology: Medical Sciences, 59A,* M833–M837.

Landon, M. B., Hauth, J. C., Leveno, K. J., Spong, C. Y., Leindecker, S., Varner, M. W., Moawad, A. H., Caritis, S. N., Harper, M., Wapner, R. J., Sorokin, Y., Miodovnik, M., Carpenter, M., Peaceman, A. M., O'Sullivan, M. J., Sibai, B., Langer, O., Thorp, J. M., Ramin, S. M., Mercer, B. M., & Gabbe, S. G., for the National Institute of Child Health and Human Development Maternal-Fetal Medicine Units Network. (2004). Maternal and perinatal outcomes associated with a trial of labor after prior cesarean delivery. *New England Journal of Medicine, 351,* 2581–2589.

Landry, S. H., Smith, K. E., Swank, P. R., & Miller Loncar, C. L. (2000). Early maternal and child influences on children's later independent cognitive and social functioning. *Child Development, 71,* 358–375.

Landy, F. J. (1992, February). *Research on the use of fitness tests for police and fire fighting jobs.* Paper presented at the Second Annual Scientific Psychology Forum of the American Psychological Association, Washington, DC.

Landy, F. J. (1994, July–August). Mandatory retirement age: Serving the public welfare? *Psychological Science Agenda* (Science Directorate, American Psychological Association), pp. 10–11, 20.

Lane, H. (1976). *The wild boy of Aveyron.* Cambridge, MA: Harvard University Press.

Lang, F. R., & Carstensen, L, L. (1994). Close emotional relationships in late life: Further support for proactive aging in the social domain. *Psychology and Aging, 9,* 315–324.

Lang, F. R., & Carstensen, L. L. (1998). Social relationships and adaptation in later life. In A. S. Bellack & M. Hersen (Eds.), *Comprehensive clinical psychology* (pp. 55–72). Oxford: Pergamon.

Lang, F. R., Rieckmann, N., & Baltes, M. M. (2002). Adapting to aging losses: Do resources facilitate strategies of selection, compensation, and optimization in everyday functioning? *Journal of Gerontology: Psychological Sciences, 57B,* P501–P509.

Lange, G., MacKinnon, C. E., & Nida, R. E. (1989). Knowledge, strategy, and motivational contributions to preschool children's object recall. *Developmental Psychology, 25,* 772–779.

Lanphear, B. P., Aligne, C. A., Auinger, P., Weitzman, M., & Byrd, R. S. (2001). Residential exposure associated with asthma in U.S. children. *Pediatrics, 107,* 505–511.

Lansford, J. E., Dodge, K. A., Pettit, G. S., Bates, J. E., Crozier, J., & Kaplow, J. (2002). A 12-year prospective study of the long-term effects of early child physical maltreatment on psychological, behavioral, and academic problems in adolescence. *Archives of Pediatric and Adolescent Medicine, 156*(8), 824–830.

Lansford, J. E., Sherman, A. M., & Antonucci, T. C. (1998). Satisfaction with social networks: An examination of socioemotional selectivity. *Psychology and Aging, 13*(4), 544–552.

Lanting, C. I., Fidler, V., Huisman, M., Touwen, B. C. L., & Boersma, E. R. (1994). Neurological differences between 9-year-old children fed breast-milk or formula-milk as babies. *The Lancet, 334,* 1319–1322.

Lapham, E. V., Kozma, C., & Weiss, J. O. (1996). Genetic discrimination: Perspectives of consumers. *Science, 274,* 621–624.

Laquatra, J., & Chi, P. S. K. (1998, September). *Housing for an aging-in-place society.* Paper presented at the European Network for Housing Research Conference, Cardiff, Wales.

Larner, M. B., Stevenson, C. S., & Behrman, R. E. (1998). Protecting children from abuse and neglect: Analysis and recommendations. *The Future of Children, 8,* 4–22.

Larsen D. (1990, December–1991, January). Unplanned parenthood. *Modern Maturity,* pp. 32–36.

Larson, R. (1998). Implications for policy and practice: Getting adolescents, families, and communities in sync. In A. Crouter & R. Larson (Eds.), *Temporal rhythms in adolescence: Clocks, calendars, and the coordination of daily life* (New Directions in Child and Adolescent Development, No. 82, pp. 83–88). San Francisco: Jossey-Bass.

Larson, R., Mannell, R., & Zuzanek, J. (1986). Daily well being of older adults with friends and family. *Psychology and Aging, 1*(2), 117–126.

Larson, R., & Seepersad, S. (2003). Adolescents' leisure time in the United States: Partying, sports, and the American experiment. In S. Verma and R. Larson (Eds.), Examining adolescent leisure time across cultures: Developmental opportunities and risks. *New Directions for Child and Adolescent Development, 99,* 53–64.

Larson, R.W. (1997). The emergence of solitude as a constructive domain of experience in early adolescence. *Child Development, 68,* 80–93.

Larson, R.W., Moneta, G., Richards, M. H., & Wilson, S. (2002). Continuity, stability, and change in daily emotional experience across adolescence. *Child Development, 73,* 1151–1165.

Larson, R.W., Richards, M. H., Moneta, G., Holmbeck, G., & Duckett, E. (1996). Changes in adolescents' daily interactions with their families from ages 10 to 18: Disengagement and transformation. *Developmental Psychology, 32,* 744–754.

Larson, R.W., & Verma, S. (1999). How children and adolescents spend time across the world: Work, play, and developmental opportunities. *Psychological Bulletin, 125,* 701–736.

Larzalere, R. E. (2000). Child outcomes of nonabusive and customary physical punishment by parents: An updated literature review. *Clinical Child and Family Psychology Review, 3,* 199–221.

Lash, J. P. (1980). *Helen and teacher: The story of Helen Keller and Anne Sullivan Macy.* New York: Delacorte.

Latimer, E. J. (1992, February). Euthanasia: A physician's reflections. *Ontario Medical Review,* pp. 21–29.

Laucht, M., Esser, G., & Schmidt, M. H. (1994). Contrasting infant predictors of later cognitive functioning. *Journal of Child Psychology and Psychiatry, 35,* 649–652.

Laumann, E. O., Gagnon, J. H., Michael, R. T., & Michaels, S. (1994). *The social organization of sexuality: Sexual practices in the United States.* Chicago: University of Chicago Press.

Laumann, E. O., & Michael, R. T. (Eds.). (2000). *Sex, love, and health in America: Private choices and public policies.* Chicago: University of Chicago Press.

Laumann, E. O., Paik, A., & Rosen, R. C. (1999). Sexual dysfunction in the United States. *Journal of the American Medical Association, 281,* 537–544.

Laumann, E. O., Paik, A., & Rosen, R. C. (2000). Sexual dysfunction in the United States: Prevalence and predictors. In E. O. Laumann, & R. T. Michael, (Eds.), *Sex, love, and health in America: Private choices and public policies* (pp. 352–376). Chicago: University of Chicago Press.

Launer, L. J., Andersen, K., Dewey, M. E., Letenneur, L., Ott, A., Amaducci, L. A., Brayne, C., Copeland, J. R. M., Dartigues, J.-F., Kragh-Sorensen, P., Lobo, A., Martinez-Lage, J. M., Stijnen, T., & Hofman, A. (1999). Rates and risk factors for dementia and Alzheimer's disease: Results from EURODEM pooled analyses. *Neurology, 52,* 78–84.

Laursen, B. (1996). Closeness and conflict in adolescent peer relationships: Interdependence with friends and romantic partners. In W. M. Bukowski, A. F. Newcomb, & W. W. Hartup (Eds.), *The company they keep: Friendship in childhood and adolescence* (pp. 186–210). New York: Cambridge University Press.

Laursen, B., Coy, K. C., & Collins, W. A. (1998). Reconsidering changes in parent-child conflict across adolescence: A meta-analysis. *Child Development, 69,* 817–832.

Laursen, B., Pulkkinen, L., & Adams, R. (2002). The antecedents and correlates of agreeableness in adulthood. *Developmental Psychology, 38,* 591–603.

Lavee, Y. & Ben-Ari, A. (2004). Emotional expressiveness and neuroticism: Do they predict marital quality? *Journal of Marriage and Family, 18,* 620–627.

Lavie, C. J., Kuruvanka, T., Milani, R. V., Prasad, A., & Ventura, H. O. (2004). Exercise capacity in adult African-Americans referred for exercise stress testing: Is fitness affected by race? *Chest, 126,* 1962–1968.

Law, K. L., Stroud, L. R., LaGasse, L. L., Niaura, R., Liu, J., and Lester, B. (2003). Smoking during pregnancy and newborn neurobehavior. *Pediatrics, 111,* 1318–1323.

Layne, J. E., & Nelson, M. E. (1999). The effects of progressive resistance training on bone density: A review. *Medicine & Science in Sports & Exercise, 31,* 25–30.

Lazarus, R. S., & Folkman, S. (1984). *Stress, appraisal, and coping.* New York: Springer.

Le Bourdais, C., & LaPierre-Adamcyk, E. (2004). Changes in conjugal life in Canada: Is cohabitation progressively replacing marriage? *Journal of Marriage and Family, 66,* 929–942.

Leaper, C., Anderson, K. J., & Sanders, P. (1998). Moderators of gender effects on parents' talk to their children: A meta-analysis. *Developmental Psychology, 34*(1), 3–27.

Leaper, C., & Smith, T. E. (2004). A meta-analytic review of gender variations in children's language use: Talkativeness, affiliative speech, and assertive speech. *Developmental Psychology, 40,* 993–1027.

Leblanc, M., & Ritchie, M. (2001). A meta-analysis of play therapy outcomes. *Counseling Psychology Quarterly, 14,* 149–163.

Lecanuet, J. P., Granier-Deferre, C., & Busnel, M.-C. (1995). Human fetal auditory perception. In J. P. Lecanuet, W. P. Fifer, N. A. Krasnegor, & W. P. Smotherman (Eds.), *Fetal development: A psychobiological perspective* (pp. 239–262). Hillsdale, NJ: Erlbaum.

Lee, D. J., Gomez-Marin, O., Lam, B. L., & Zheng, D. D. (2004). Trends in hearing impairment in United States adults: The National Health Interview Survey, 1986–1995. *Journal of Gerontology: Medical Sciences, 59A,* 1186–1190.

Lee, F. R. (2004, July 3). Engineering more sons than daughters: Will it tip the scales toward war? *New York Times,* pp. A17, A19.

Lee, G. R., Dwyer, J. W., & Coward, R. T. (1993). Gender differences in parent care: Demographic factors and some gender preferences. *Journal of Gerontology: Social Sciences, 48,* S9–16.

Lee, G. R., Netzer, J. K., & Coward, R. T. (1995). Depression among older parents: The role of intergenerational exchange. *Journal of Marriage and the Family, 57,* 823–833.

Lee, J. (1998). Children, teachers, and the Internet. *Delta Kappa Gamma Bulletin, 64*(2), 5–9.

Lee, R. D. (2003). Rethinking the evolutionary theory of aging: Transfers, not births, shape senescence in social species. *Proceedings of the National Academy of Sciences, 100,* 9637–9642.

Leeman, L. W., Gibbs, J. C., & Fuller, D. (1993). Evaluation of a multi-component group treatment program for juvenile delinquents. *Aggressive Behavior, 19,* 281–292.

Lefkowitz, E. S., & Fingerman, K. L. (2003). Positive and negative emotional feelings and behaviors in mother-daughter ties in late life. *Journal of Family Psychology, 17,* 607–617.

Legerstee, M., & Varghese, J. (2001). The role of maternal affect mirroring on social expectancies in three-month-old infants. *Child Development, 72,* 1301–1313.

Lehman, S. (2005, March 4). At age 125, Brazilian woman has good memory, loves to talk. *Chicago Sun-Times,* p. 36.

Leibel, R. L. (1997). And finally, genes for human obesity. *Nature Genetics, 16,* 218–220.

Leichtman, M. D., & Ceci, S. J. (1995). The effects of stereotypes and suggestions on preschoolers' reports. *Developmental Psychology, 31,* 568–578.

Leigh, B. C. (1999). Peril, chance, adventure: Concepts of risk, alcohol use, and risky behavior in young adults. *Addiction, 94*(3), 371–383.

Leman, P. J., Ahmed, S., & Ozarow, L. (2005). Gender, gender relations, and the social dynamics of children's conversations. *Developmental Psychology, 41,* 64–74.

Lemke, M., Miller, D., Johnson, J., Krenze, T., Alvarez-Rojas, L., Kastberg, D., & Jocelyn, L. (2005). *Highlights from the 2003 International Adult Literacy and Lifeskills Survey (ALL)* - Revised (NCES 2005–117). Washington, DC: National Center for Education Statistics.

Lemke, M., Sen, A., Pahlke, E., Partelow, L., Miller, D., Williams, T., Kastberg, D., & Jocelyn, L. (2004). *International outomes of learning in mathematics literacy and problem solving: PISA 2003. Results from the U.S. Perspective* (NCES 2005–003). Washington, DC: National Center for Education Statistics.

Lemon, B., Bengtson, V., & Peterson, J. (1972). An exploration of the activity theory of aging: Activity types and life satisfaction among in-movers to a retirement community. *Journal of Gerontology, 27*(4), 511–523.

Lenneberg, E. H. (1967). *Biological functions of language.* New York: Wiley.

Lenneberg, E. H. (1969). On explaining language. *Science, 164*(3880), 635–643.

Leone, J. M., Johnson, M. P., Cohan, C. L., & Lloyd, S. E. (2004). Consequences of male partner violence for low-income minority women. *Journal of Marriage and Family, 66,* 472–490.

Lerman, C., Caporaso, N. E., Audrain, J., Main, D., Bowman, E. D., Lockshin, B., Boyd, N. R., & Shields, P. G. (1999). Evidence suggesting the role of specific genetic factors in cigarette smoking. *Health Psychology, 18,* 14–20.

Lerner, J. V., & Galambos, N. L. (1985). Maternal role satisfaction, mother-child interaction, and child temperament: A process model. *Child Development, 21,* 1157–1164.

Lerner, M. J., Somers, D. G., Reid, D., Chiriboga, D., & Tierney, M. (1991). Adult children as caregivers: Egocentric biases in judgments of sibling contributions. *The Gerontologist, 31*(6), 746–755.

Lesch, K. P., Bengel, D., Heils, A., Sabol, S. Z., Greenberg, B. D., Petri, S., Benjamin, J., Müller, C. R., Hamer, D. H., & Murphy, D. L. (1996). Association of anxiety-related traits with a polymorphism in the serotonin transporter gene regulatory region. *Science, 274,* 1527–1531.

Lesgold, A. M. (1983). *Expert systems.* Paper represented at the Cognitive Science Meetings, Rochester, NY.

Lesgold, A., Glaser, R., Rubinson, H., Klopfer, D., Feltovich, P., & Wang, Y. (1988). Expertise in a complex skill: Diagnosing x-ray pictures. In M. T. H. Chi, R. Glaser, & M. J. Farr (Eds.), *The Nature of Expertise* (pp. 311–342). Hillsdale, NJ: Erlbaum.

Leslie, A. M. (1982). The perception of causality in infants. *Perception, 11,* 173–186.

Leslie, A. M. (1984). Spatiotemporal continuity and the perception of causality in infants. *Perception, 13,* 287–305.

Lester, B. M., & Boukydis, C. F. Z. (1985). *Infant crying: Theoretical and research perspectives.* New York: Plenum.

Lethbridge-Cejku, M., Schiller, J. S., & Bernadel, L. (2004). Summary health statistics for U.S. adults: National Health Interview Survey, 2002. *Vital and Health Statistics, 10*(222). Hyattsville, MD: National Center for Health Statistics.

LeVay, S. (1991). A difference in hypothalamic structure between heterosexual and homosexual men. *Science, 253,* 1034–1037.

Levenstein, S., Ackerman, S., Kiecolt-Glaser, J. K., & Dubois, A. (1999). Stress and peptic ulcer disease. *Journal of the American Medical Association, 281,* 10–11.

Leventhal, T., & Brooks-Gunn, J. (2000). The neighborhoods they live in: The effects of neighborhood residence on child and adolescent outcomes. *Psychological Bulletin, 126*(2), 309–337.

Levin, J. S., & Taylor, R. J. (1993). Gender and age differences in religiosity among black Americans. *The Gerontologist, 33*(1), 16–23.

Levin, J. S., Taylor, R. J., & Chatters, L. M. (1994). Race and gender differences in religiosity among older adults: Findings from four national surveys. *Journal of Gerontology: Social Sciences, 49,* S137–145.

Levine, R. (1980). Adulthood among the Gusii of Kenya. In N. J. Smelser & E. H. Erikson (Eds.), *Themes of work and love in adulthood* (pp. 77–104). Cambridge, MA: Harvard University Press.

LeVine, R. A. (1974). Parental goals: A cross-cultural view. *Teacher College Record, 76,* 226–239.

LeVine, R. A. (1989). Human parental care: Universal goals, cultural strategies, individual behavior. In R. A. LeVine, P. M. Miller, & M. M. West (Eds.), *Parental behavior in diverse societies* (pp. 3–12). San Francisco: Jossey-Bass.

LeVine, R. A. (1994). *Child care and culture: Lessons from Africa.* Cambridge, England: Cambridge University Press.

LeVine, R. A., & LeVine, S. (1998). Fertility and maturity in Africa: Gusii parents in middle adulthood. In R. A. Schweder (Ed.), *Welcome to middle age! (and other cultural fictions).* Chicago: University of Chicago Press.

Levine, S. C., Huttenlocher, J., Taylor, A., & Langrock, A. (1999). Early sex differences in spatial skill. *Developmental Psychology, 35*(4), 940–949.

Levinson, D. (1978). *The seasons of a man's life.* New York: Knopf.

Levinson, D. (1980). Toward a conception of the adult life course. In N. J. Smelser & E. H. Erikson (Eds.), *Themes of work and love in adulthood* (pp. 265–290). Cambridge, MA: Harvard University Press.

Levinson, D. (1986). A conception of adult development. *American Psychologist, 41,* 3–13.

Levinson, D. (1996). *The seasons of a woman's life.* New York: Knopf.

Levinson, W., & Altkorn, D. (1998). Primary prevention of postmenopausal osteoporosis. *Journal of the American Medical Association, 280,* 1821–1822.

Leviton, A., & Cowan, L. (2002). A review of the literature relating caffeine consumption by women to their risk of reproductive hazards. *Food & Chemical Toxicology, 40*(9), 1271–1310.

Levron, J., Aviram, A., Madgar, I., Livshits, A., Raviv, G., Bider, D., Hourwitz, A., Barkai, G., Goldman, B., & Mashiach, S. (1998, October). *High rate of chromosomal aneupoloidies in testicular spermatozoa retrieved from azoospermic patients undergoing testicular sperm extraction for in vitro fertilization.* Paper presented at the 16th World Congress on Fertility and Sterility and the 54th annual meeting of the American Society for Reproductive Medicine, San Francisco, CA.

Levy, B., & Langer, E. (1994). Aging free from negative stereotypes: Successful memory in China and among the American deaf. *Journal of Personality and Social Psychology, 66,* 989–997.

Levy, B. R. (2003). Mind matters: Cognitive and physical effects of aging self-stereotypes. *Journal of Gerontology: Psychological Sciences, 58B,* P203–P211.

Levy, G. D., & Carter, D. B. (1989). Gender schema, gender constancy, and gender-role knowledge: The roles of cognitive factors in preschoolers' gender-role stereotype attributions. *Developmental Psychology, 25,* 444–449.

Levy-Shiff, R. (1994). Individual and contextual correlates of marital change across the transition to parenthood. *Developmental Psychology, 30,* 591–601.

Levy-Shiff, R., Zoran, N., & Shulman, S. (1997). International and domestic adoption: Child, parents, and family adjustment. *International Journal of Behavioral Development, 20,* 109–129.

Lewinsohn, P. M., Gotlib, I. H., Lewinsohn, M., Seeley, J. R., & Allen, N. B. (1998). Gender differences in anxiety disorders and anxiety symptoms in adolescents. *Journal of Abnormal Psychology, 107,* 109–117.

Lewis, M. (1995). Self-conscious emotions. *American Scientist, 83,* 68–78.

Lewis, M. (1997). The self in self-conscious emotions. In S. G. Snodgrass & R. L. Thompson (Eds.), *The self across psychology: Self-recognition, self-awareness, and the self-concept* (Vol. 818). *Annals of the New York Academy of Sciences.* New York: The New York Academy of Sciences.

Lewis, M. (1998). Emotional competence and development. In D. Pushkar, W. Bukowski, A. E. Schwartzman, D. M. Stack, & D. R. White (Eds.), *Improving competence across the lifespan* (pp. 27–36). New York: Plenum.

Lewis, M., & Brooks, J. (1974). Self, other, and fear: Infants' reaction to people. In H. Lewis & L. Rosenblum (Eds.), *The origins of fear: The origins of behavior* (Vol. 2). New York: Wiley.

Lewis, M. I., & Butler, R. N. (1974). Life-review therapy: Putting memories to work in individual and group psychotherapy. *Geriatrics, 29,* 165–173.

Lewit, E., & Kerrebrock, N. (1997). Population-based growth stunting. *The Future of Children, 7*(2), 149–156.

Li, F., Harmer, P., Fisher, K. J., & McAuley, E. (2004). Tai Chi: Improving functional balance and predicting subsequent falls in older persons. *Medicine & Science in Sports & Exercise, 36,* 2046–2052.

Li, J., Laursen, T. M., Precht, D. H., Olsen, J., & Mortensen, P. B. (2005). Hospitalization for mental illness among parents after the death of a child. *New England Journal of Medicine, 352,* 1190–1196.

Li, J., Precht, D. H., Mortensen, P. B., & Olsen, J. (2003). Mortality in parents after death of a child in Denmark: A nationwide follow-up study. *The Lancet, 361,* 363–367.

Li, R., Darling, N., Maurice, E., Barker, L., & Grummer-Strawn, L. M. (2005). Breastfeeding rates in the United States by characteristics of the child, mother, or family: The 2002 National Immunization Survey. *Pediatrics, 115,* e31–e37.

Li, X., Li, S., Ulusoy, E., Chen, W., Srinivasan, S. R., & Berenson, G. S. (2004). Childhood adiposity as a predictor of cardiac mass in adulthood. *Circulation, 110,* 3488–3492.

Liaw, F., & Brooks-Gunn, J. (1993). Patterns of low-birth-weight children's cognitive development. *Developmental Psychology, 29,* 1024–1035.

Lieberman, M. (1996). *Doors close, doors open: Widows, grieving and growing.* New York: Putnam.

Liebman, B. (1995, June). A meat & potatoes man. *Nutrition Action Health Letter, 22*(5), 6–7.

Light, K. C., Girdler, S. S., Sherwood, A., Bragdon, E. E., Brownley, K. A., West, S. G., & Hinderliter, A. L. (1999). High stress responsivity predicts later blood pressure only in combination with positive family history and high life stress. *Hypertension, 33,* 1458–1464.

Light, L. L. (1990). Interactions between memory and language in old age. In J. E. Birren & K. W. Schaie (Eds.), *Handbook of the psychology of aging* (pp. 275–290). San Diego: Academic Press.

Lillard, A., & Curenton, S. (1999). Do young children understand what others feel, want, and know? *Young Children, 54*(5), 52–57.

Lillard, A. S. (1998). Ethnopsychologies: Cultural variations in theory of mind. *Psychological Bulletin, 123,* 3–33.

Lin, I., Goldman, N., Weinstein, M., Lin, Y., Gorrindo, T., & Seeman, T. (2003). Gender differences in adult childrens' support of their parents in Taiwan. *Journal of Marriage and Family, 65,* 184–200.

Lin, S., Hwang, S. A., Marshall, E. G., & Marion, D. (1998). Does paternal occupational lead exposure increase the risks of low birth weight or prematurity? *American Journal of Epidemiology, 148,* 173–181.

Lin, S. S., & Kelsey, J. L. (2000). Use of race and ethnicity in epidemiological research: Concepts, methodological issues, and suggestions for research. *Epidemiologic Reviews, 22*(2), 187–202.

Lin, Y., Seroude, L., & Benzer, S. (1998). Extended life-span and stress resistance in the Drosophila mutant methuselah. *Science, 282,* 943–946.

Lindbergh, Anne Morrow, *Gift from the Sea,* 1955.

Lindegren, M. L., Byers, R. H., Jr., Thomas, P., Davis, S. F., Caldwell, B., Rogers, M., Gwinn, M., Ward, J. W., & Fleming, P. L. (1999). Trends in perinatal transmission of HIV/AIDS in the United States. *Journal of the American Medical Association, 282,* 531–538.

Linder, K. (1990). *Functional literacy projects and project proposals: Selected examples.* Paris: United Nations Educational, Scientific, and Cultural Organization.

Lindsay, R., Gallagher, J. C., Kleerekoper, M., & Pickar, J. H. (2002). Effect of lower doses of conjugated equine estrogens with and without medroxyprogesterone acetate on bone in early postmenopausal women. *Journal of the American Medical Association, 287,* 2668–2676.

Lindwer, W. (1991). *The last seven months of Anne Frank* (A. Meersschaert, Trans.). New York: Pantheon.

Lino, M. (2001). *Expenditures on children by families, 2000 annual report* (Misc. Publication No. 1528–2000). Washington, DC: U.S. Department of Agriculture, Center for Nutrition Policy and Promotion.

Lissau, I., Overpeck, M. D., Ruan, J., Due, P., Holstein, B. E., Hediger, M. L., & Health Behaviours in School-Aged Children Obesity Working Group. (2004). Body mass index and overweight in adolescents in 13 European countries, Israel, and the Untied States. *Archives of Pediatric and Adolescent Medicine, 158,* 27–33.

Litovitz, T. L., Klein-Schwartz, W., Caravati, E. M., Youniss, J., Crouch, B., & Lee, S. (1999). Annual report of the American Association of Poison Control Centers Toxic Exposure Surveillance System. *American Journal of Emergency Medicine, 17,* 435–487.

Liu, J., Raine, A., Venables, P. H., Dalais, C., and Mednick, S. A. (2003). Malnutrition at age 3 years and lower cognitive ability at age 11 years. *Archives of Pediatric and Adolescent Medicine, 157,* 593–600.

Liu, S., Manson, J. E., Lee, I. M., Cole, S. R., Hennekens, C. H.,Willett,W. C., & Buring, J. E. (2000). Fruit and vegetable intake and risk of cardiovascular disease: The Women's Health Study. *American Journal of Clinical Nutrition, 72,* 922–928.

Llagas, C., & Snyder, T. D. (April 2003). *Status and trends in the Education of Hispanics.* Washington, DC: National Center for Education Statistics.

Lloyd, J. J., & Anthony, J. C. (2003). Hanging out with the wrong crowd: How much difference can parents make in an urban environment? *Journal of Urban Health, 80,* 383–399.

Lloyd, T., Andon, M. B., Rollings, N., Martel, J. K., Landis, J. R., Demers, L. M., Eggli, D. F., Kieselhorst, K., & Kulin, H. E. (1993). Calcium supplementation and bone mineral density in adolescent girls. *Journal of the American Medical Association, 270,* 841–844.

Lloyd-Jones, D. M., Liu, K., Colangelo, L. A., Yan, L. L., Klein, L., Loria, C. M., Lewis, C. E., & Savage, P. (2004). Consistently stable body mass index and changes in risk factors associated with the metabolic syndrome. The CARDIA Study. *Circulation, 110,* III-772.

Lock, A., Young, A., Service, V., & Chandler, P. (1990). Some observations on the origin of the pointing gesture. In V. Volterra & C. J. Erting (Eds.), *From gesture to language in hearing and deaf children.* New York: Springer.

Lock, M. (1994). Menopause in cultural context. *Experimental Gerontology, 29,* 307–317.

Lock, M. (1998). Deconstructing the change: Female maturation in Japan and North America. In R. A. Shweder (Ed.), *Welcome to middle age (and other cultural fictions)* (pp. 45–74). Chicago: University of Chicago Press.

Lockwood, C. J. (2002). Predicting premature delivery—no easy task. *New England Journal of Medicine, 346,* 282–284.

Loeb, S., Fuller, B., Kagan, S. L., & Carrol, B. (2004). Child care in poor communities: Early learning effects of type, quality, and stability. *Child Development, 75,* 47–65.

Loewen, N., & Bancroft, A. (2001). *Four to the Pole: The American Women's Expedition to Antartica, 1992–1993.* North Haven, CT: Shoestring Press.

Lonczak, H. S., Abbott, R. D., Hawkins, J. D., Kosterman, R., & Catalano, R. F. (2002). Effects of the Seattle Social Development Project on sexual behavior, pregnancy, birth, and sexually transmitted disease. *Archives of Pediatric and Adolescent Medicine, 156,* 438–447.

Longino, C. F., & Earle, J. R. (1996). Who are the grandparents at century's end? *Generations, 20*(1), 13–16.

Longnecker, M. P., Klebanoff, M. A., Zhou, H., & Brock, J. W. (2001). Association between maternal serum concentration of the DDT metabolite DDE and preterm and small-for-gestational-age babies at birth. *Lancet, 358,* 110–114.

Lonigan, C. J., Burgess, S. R., & Anthony, J. L. (2000). Development of emergent literacy and early reading skills in preschool children: Evidence from a latent-variable longitudinal study. *Developmental Psychology, 36,* 593–613.

Lonigan, C. J., Fischel, J. E.,Whitehurst, G. J., Arnold, D. S., & Valdez-Menchaca, M. C. (1992). The role of otitis media in the development of expressive language disorder. *Developmental Psychology, 28,* 430–440.

Looft, W. R. (1973). Socialization and personality: Contemporary psychological approaches. In P. B. Baltes & K. W. Schaie (Eds.), *Lifespan developmental psychology.* New York: Academic Press.

Lorenz, K. (1957). Comparative study of behavior. In C. H. Schiller (Ed.), *Instinctive behavior.* New York: International Universities Press.

Lorsbach, T. C., & Reimer, J. F. (1997). Developmental changes in the inhibition of previously relevant information. *Journal of Experimental Child Psychology, 64,* 317–342.

Love, J. M., Kisker, E. E., Ross, C. M., Schochet, P. Z., Brooks-Gunn, J., Paulsell, D., Boller, K., Constantine, J., Vogel, C., Fuligni, A. S., & Brady-Smith, C. (2002). *Making a difference in the lives of infants and toddlers and their families: The impacts of Early Head Start: Executive Summary.* Washington, DC: U.S. Department of Health and Human Services.

Love, K. M. & Murdock, B. (2004). Attachment to parents and psychological well-being: An examination of young adult college students in intact families and stepfamilies. *Journal of Family Psychology, 18,* 600–608.

Lovelace, E. A. (1990). Basic concepts in cognition and aging. In E. A. Lovelace (Ed.), *Aging and cognition: Mental processes, self-awareness, and interventions* (pp. 1–28). Amsterdam: North-Holland, Elsevier.

Lowenthal, M., & Haven, C. (1968). Interaction and adaptation: Intimacy as a critical variable. *American Sociological Review, 33,* 20–30.

Lu, T., Pan, Y., Kao, S.-Y., Li, C., Cohane, I., Chan, J., & Yankner, B. A. (2004). Gene regulation and DNA damage in the ageing human brain. *Nature, 429,* 883–891.

Lubell, K. M., Swahn, M. H., Crosby, A. E., & Kegler, S. R. (2004). Methods of suicide among persons aged 10–19 years—United States, 1992–2001. *Morbidity and Mortality Weekly Report, 53,* 471–474.

Lucas, R. E., Clark, A. E., Georgellis, Y., & Diener, E. (2003). Reexamining adaptation and the set point model of happiness: Reactions to changes in marital status. *Journal of Personality and Social Psychology, 84,* 527–539.

Luecke-Aleksa, D., Anderson, D. R., Collins, P. A., & Schmitt, K. L. (1995). Gender constancy and television viewing. *Developmental Psychology, 31,* 773–780.

Lugaila, T. A. (1998). Marital status and living arrangements: March 1998 (update) *Current Population Reports* (pp. 20–514). Washington, DC: U.S. Bureau of the Census.

Lugaila, T. A. (2003). A child's day: 2000 (Selected indicators of child well-being). *Current Population Reports* (P70-89). Washington, DC: U.S. Census Bureau.

Luke, B., Mamelle, N., Keith, L., Munoz, F., Minogue, J., Papiernik, E., Johnson, T. R., & Timothy, R. B. (1995). The association between occupational factors and preterm birth: A United States nurses' study. *American Journal of Obstetrics and Gynecology, 173,* 849–862.

Luman, E. T., Barker, L., E., Shaw, K. M., McCauley, M. M., Buehler, J. W., & Pickering, L. K. (2005). Timeliness of childhood vaccinations in the United States: Days undervaccinated and number of vaccines delayed. *Journal of the American Medical Association, 293,* 1204–1211.

Lund, D. A. (1993a). Caregiving. In R. Kastenbaum (Ed.), *Encyclopedia of adult development* (pp. 57–63). Phoenix: Oryx.

Lund, D. A. (1993b). Widowhood: The coping response. In R. Kastenbaum (Ed.), *Encyclopedia of adult development* (pp. 537–541). Phoenix: Oryx.

Lundy, B., Field, T., & Pickens, J. (1996). Newborns of mothers with depressive symptoms are less expressive. *Infant Behavior and Development, 19,* 419–424.

Lundy, B. L. (2003). Father- and mother-infant face-to-face interactions: Differences in mind-related comments and infant attachment? *Infant Behavior & Development, 26,* 200–212.

Lundy, B. L., Jones, N. A., Field, T., Nearing, G., Davalos, M., Pietro, P. A., Schanberg, S., & Kuhn, C. (1999). Prenatal depression effects on neonates. *Infant Behavior and Development, 22,* 119–129.

Luszcz, M. A., & Bryan, J. (1999). Toward understanding age-related memory loss in late adulthood. *Gerontology, 45,* 2–9.

Luthar, S. S., & Latendresse, S. J. (2005). Children of the affluence: Challenges to well-being. *Current Directions in Psychological Science, 14,* 49–53.

Lyman, R. (1997, April 15). Michael Dorris dies at 52: Wrote of his son's suffering. *The New York Times,* p. C24.

Lynskey, M. T., Heath, A. C., Bucholz, K. K., Slutske, W. S., Madden, P. A. F., Nelson, E. C., Statham, D. J., & Martin, N. G. (2003). Escalation of drug use in early-onset cannabis users versus co-twin controls. *Journal of the American Medical Association, 289,* 427–433.

Lyon, T. D., & Saywitz, K. J. (1999). Young maltreated children's competence to take the oath. *Applied Developmental Science, 3*(1), 16–27.

Lyons-Ruth, K., Alpern, L., & Repacholi, B. (1993). Disorganized infant attachment classification and maternal psychosocial problems as predictors of hostile-aggressive behavior in the preschool classroom. *Child Development, 64,* 572–585.

Lytton, H., & Romney, D. M. (1991). Parents' differential socialization of boys and girls: A meta-analysis. *Psychological Bulletin, 109*(2), 267–296.

Lyytinen, P., Poikkeus, A., Laakso, M., Eklund, K., & Lyytinen, H. (2001). Language development and symbolic play in children with and without familial risk for dyslexia. *Journal of Speech, Language, and Hearing Research, 44,* 873–885.

Maccoby, E. (1980). *Social development.* New York: Harcourt Brace Jovanovich.

Maccoby, E. E. (1984). Middle childhood in the context of the family. In W. A. Collins (Ed.), *Development during middle childhood.* Washington, DC: National Academy.

Maccoby, E. E. (1988). Gender as a social category. *Developmental Psychology, 24,* 755–765.

Maccoby, E. E. (1990). Gender and relationships: A developmental account. *American Psychologist, 45*(11), 513–520.

Maccoby, E. E. (1992). The role of parents in the socialization of children: An historical overview. *Developmental Psychology, 28,* 1006–1017.

Maccoby, E. E. (1994). Commentary: Gender segregation in childhood. In C. Leaper (Ed.), *Childhood gender segregation: Causes and consequences* (New Directions for Child Development No. 65, pp. 87–97). San Francisco: Jossey-Bass.

Maccoby, E. E., & Lewis, C. C. (2003). Less day care or different day care? *Child Development, 74,* 1069–1075.

Maccoby, E. E., & Martin, J. A. (1983). Socialization in the context of the family: Parent-child interaction. In P. H. Mussen (Series Ed.)

& E. M. Hetherington (Vol. Ed.), *Handbook of child psychology: Vol. 4. Socialization, personality, and social development* (pp. 1–101). New York: Wiley.

MacDonald, R. K. (1983). *Louisa May Alcott.* Boston: Twayne.

MacDonald, W. L., & DeMaris, A. (1996). Parenting stepchildren and biological children. *Journal of Family Issues, 17,* 5–25.

Macfarlane, A. (1975). Olfaction in the development of social preferences in the human neonate. In *Parent-infant interaction* (CIBA Foundation Symposium No. 33). Amsterdam: Elsevier.

MacKinnon-Lewis, C., Starnes, R., Volling, B., & Johnson, S. (1997). Perceptions of parenting as predictors of boys' sibling and peer relations. *Developmental Psychology, 33,* 1024–1031.

Macmillan, C., Magder, L. S., Brouwers, P., Chase, C., Hittelman, J., Lasky, T., Malee, K., Mellins, C. A., & Velez-Borras, J. (2001). Head growth and neurodevelopment of infants born to HIV-1-infected drug-using women. *Neurology, 57,* 1402–1411.

MacMillan, H. M., Boyle, M. H., Wong, M. Y.-Y., Duku, E. K., Fleming, J. E., & Walsh, C. A. (1999). Slapping and spanking in childhood and its association with lifetime prevalence of psychiatric disorders in a general population sample. *Canadian Medical Association Journal, 161,* 805–809.

Macmillan, R., McMorris, B. J., & Kruttschnitt, C. (2004). Linked lives: Stability and change in maternal circumstances and trajectories of antisocial behavior in children. *Child Development, 75,* 205–220.

Madole, K. L., Oakes, L. M., & Cohen, L. B. (1993). Developmental changes in infants' attention to function and form-function correlations. *Cognitive Development, 8,* 189–209.

Madsen, K. M., Lauritsen, M. B., Pedersen, C. B., Thorsen, P. Plesner, A. M., Andersen, P. H., & Mortensen, P. B. (2003). Thimerosal and the occurrence of autism: Negative ecological evidence from the Danish population-based data. *Pediatrics, 112,* 604–606.

Mahoney, J. L. (2000). School extracurricular activity participation as a moderator in the development of antisocial patterns. *Child Development, 71*(2), 502–516.

Main, M. (1995). Recent studies in attachment: Overview, with selected implications for clinical work. In S. Goldberg, R. Muir, & J. Kerr (Eds.), *Attachment theory: Social, developmental, and clinical perspectives* (pp. 407–470). Hillsdale, NJ: Analytic Press.

Main, M., Kaplan, N., & Cassidy, J. (1985). Security in infancy, childhood and adulthood: A move to the level of representation. In I. Bretherton & E. Waters (Eds.), Growing points in attachment. *Monographs of the Society for Research in Child Development, 50*(1–20), 66–104.

Main, M., & Solomon, J. (1986). Discovery of an insecure, disorganized/disoriented attachment pattern: Procedures, findings, and implications for the classification of behavior. In M. Yogman & T. B. Brazelton (Eds.), *Affective development in infancy.* Norwood, NJ: Ablex.

Makino, M., Tsuboi, K., and Dennerstein, L. (2004). Prevalence of eating disorders: A comparison of Western and non-Western countries. *Medscape General Medicine, 6*(3). [Online]. Available: http://www.medscape.com/viewarticle/487413. Access date: 9/27/2004.

Makrides, M., Neumann, M., Simmer, K., Pater, J., & Gibson, R. (1995). Are long-chain polyunsaturated fatty acids essential nutrients in infancy? *The Lancet, 345,* 1463–1468.

Malaspina, D., Harlap, S., Fennig, S., Heiman, D., Nahon, D., Feldman, D., & Susser, E. S. (2001). Advancing paternal age and the risk of schizophrenia. *Archives of General Psychiatry, 58,* 361–371.

Malloy, M. H. (2004). SIDS—A syndrome in search of a cause. *New England Journal of Medicine, 351,* 957–959.

Man, 77, pleads guilty to killing wife at hospital. (2003, March 6). *Chicago Sun-Times,* p. 59.

Mandel, D. R., Jusczyk, P. W., & Pisoni, D. B. (1995). Infants' recognition of the sound patterns of their own names. *Psychological Science, 6*(5), 314–317.

Manders, M., deGroot, L. C. P. G. M., van Staveren, W. A., Woulters-Wesseling, W., Mulders, A. J. M. J., Schols, J. M. G. A., & Hoefnaagels, W. H. L. (2004). Effectiveness of nutritional supplements on cognitive functioning in elderly persons: A systematic review. *Journal of Gerontology: Medical Sciences, 59A,* 1041–1049.

Mandler, J. (1998). The rise and fall of semantic memory. In M. A. Conway, S. E. Gathercole, & C. Cornoldi (Eds.), *Theories of memory* (Vol. 2). East Sussex, England: Psychology Press.

Mandler, J. M., & McDonough, L. (1993). Concept formation in infancy. *Cognitive Development, 8,* 291–318.

Mandler, J. M., & McDonough, L. (1996). Drinking and driving don't mix: Inductive generalization in infancy. *Cognition, 59,* 307–335.

Mandler, J. M., & McDonough, L. (1998). Cognition across the life span: On developing a knowledge base in infancy. *Developmental Psychology. 34,* 1274–1288.

Manhardt, J., & Rescorla, L. (2002). Oral narrative skills of late talkers at ages 8 and 9. *Applied Psycholinguistics, 23,* 1–21.

Manlove, J., Ryan, S., & Franzetta, K. (2003). Patterns of contraceptive use within teenagers' first sexual relationships. *Perspectives on Sexual and Reproductive Health, 35,* 246–255.

Mannell, R. (1993). High investment activity and life satisfaction: Commitment, serious leisure, and flow in the daily lives of older adults. In J. Kelly (Ed.), *Activity and aging.* Newbury Park, CA: Sage.

Manning, W. D. (2004). Children and stability of cohabiting couples. *Journal of Marriage and Family, 66,* 674–689.

Manson, J. E., & Martin, K. A. (2001). Postmenopausal hormone-replacement therapy. *New England Journal of Medicine, 345,* 34–40.

March of Dimes Birth Defects Foundation. (1987). *Genetic counseling: A public health information booklet* (Rev. ed.). White Plains, NY: Author.

March of Dimes Birth Defects Foundation. (2004a). *Cocaine use during pregnancy.* Fact sheet. [Online]. Available: http://www.marchofdimes.com/professionals/681_1169.asp. Access date: October 29, 2004.

March of Dimes Birth Defects Foundation. (2004b). *Marijuana: What you need to know.* [Online]. Available: http://www.marchofdimes.com/pnhec/159_4427.asp. Access date: October 29, 2004.

March of Dimes Foundation. (2002). *Toxoplasmosis.* (Fact Sheet). Wilkes-Barre, PA: Author.

Marcia, J. E. (1966). Development and validation of ego identity status. *Journal of Personality and Social Psychology, 3*(5), 551–558.

Marcia, J. E. (1979, June). *Identity status in late adolescence: Description and some clinical implications.* Address given at symposium on identity development, Rijksuniversitat Groningen, Netherlands.

Marcia, J. E. (1980). Identity in adolescence. In J. Adelson (Ed.), *Handbook of adolescent psychology.* New York: Wiley.

Marcia, J. E. (1993). The relational roots of identity. In J. Kroger (Ed.), *Discussions on ego identity* (pp. 101–120). Hillsdale, NJ: Erlbaum.

Marcoen, A. (1995). Filial maturity of middle-aged adult children in the context of parent care: Model and measures. *Journal of Adult Development, 2,* 125–136.

Marcon, R. A. (1999). Differential impact of preschool models on development and early learning of inner-city children: A three-cohort study. *Developmental Psychology, 35*(2), 358–375.

Marcus, G. F., Vijayan, S., Rao, S. B., & Vishton, P. M. (1999). Rule learning by seven-month-old infants. *Science, 283,* 77–80.

Mariani, M. (Summer 2001). Distance learning in postsecondary education: Learning whenever, wherever. *Occupational Outlook Quarterly,* 1–10.

Markoff, J. (1992, October 12). Miscarriages tied to chip factories. *The New York Times,* pp. A1, D2.

Marks, N. (1998). Does it hurt to care? Caregiving, work-family conflict, and midlife well-being. *Journal of Marriage and the Family, 60,* 951–956.

Marks, N. F. (1996). Caregiving across the lifespan: National prevalence and predictors. *Family Relations, 45,* 27–36.

Marks, N. F., Bumpass, L. L., & Jun, H. (2004). Family roles and well-being during the middle life course. In O. G. Brim, C. D. Ryff, and R. C. Kessler (Eds.), *How healthy are we? A national study of well-being at midlife* (pp. 514–549). Chicago: University of Chicago Press.

Marks, N. F., & Lambert, J. D. (1998). Marital status continuity and change among young and midlife adults. *Journal of Family Issues, 19,* 652–686.

Markus, H. R., Ryff, C. D., Curhan, K. B., & Palmersheim, K. A. (2004). In their own words: Well-being at midlife among high school-educated and college-educated adults.

In O. G. Brim, C. D. Ryff, and R. C. Kessler (Eds.), *How healthy are we? A national study of well-being at midlife* (pp. 273–319). Chicago: University of Chicago Press.

Marlow, N., Wolke, D., Bracewell, M. A., & Samara, M., for the EPICure Study Group. (2005). Neurologic and developmental disability at six years of age after extremely preterm birth. *New England Journal of Medicine, 352,* 9–19.

Marmot, M. G., & Fuhrer, R. (2004). Socioeconomic position and health across midlife. In O G. Brim, C. D. Ryff, and R. C. Kessler (Eds.). *How healthy are we? A national study of well-being at midlife.* Chicago: University of Chicago Press.

Marshall, N. L. (2004). The quality of early child care and children's development. *Current Directions in Psychological Science, 13,* 165–168.

Marshall, T. A., Levy, S. M., Broffitt, B., Warren, J. J., Eichenberger-Gilmore, J. M., Burns, T. L., and Stumbo, P. J. (2003). Dental caries and beverage consumption in young children. *Pediatrics, 112,* e184–e191.

Marsiske, M., Lang, F. R., Baltes, P. B., & Baltes, M. M. (1995). Selective optimization with compensation: Life-span perspectives on successful human development. In R. A. Dixon & L. Backman (Eds.), *Compensating for psychological deficits and declines: Managing losses and promoting gains* (pp. 35–79). Mahwah, NJ: Erlbaum.

Martikainen, P., & Valkonen, T. (1996). Mortality after the death of a spouse: Rates and causes of death in a large Finnish cohort. *American Journal of Public Health, 86,* 1087–1093.

Martin, C. L., Eisenbud, L., & Rose, H. (1995). Children's gender-based reasoning about toys. *Child Development, 66,* 1453–1471.

Martin, C. L., & Halverson, C. F. (1981). A schematic processing model of sex typing and stereotyping in children. *Child Development, 52,* 1119–1134.

Martin, C. L., & Ruble, D. (2004). Children's search for gender cues: Cognitive perspectives on gender development. *Current Directions in Psychological Science, 13,* 67–70.

Martin, J. A., Hamilton, B. E., Sutton, P. D., Ventura, S. J., Menacker, F., & Munson, M. L. (2003). Births: Final data for 2002. *National Vital Statistics Reports, 52*(10). Hyattsville, MD: National Center for Health Statistics.

Martin, J. A., Hamilton, B. E., Ventura, S. J., Menacker, F., & Park, M. M. (2002). Births: Final Data for 2000. *National Vital Statistics Reports, 50*(5). Hyattsville, MD: National Center for Health Statistics.

Martin, J. A., Kochanek, K. D., Strobino, D. M., Guyer, B., & MacDorman, M. F. (2005). Annual summary of vital statistics—2003. *Pediatrics, 115,* 619–634.

Martin, L. G. (1988). The aging of Asia. *Journal of Gerontology: Social Sciences, 43*(4), S99–113.

Martin, L. R., Friedman, H. S., Tucker, J. S., Tomlinson-Keasey, C., Criqui, M. H., & Schwartz, J. E. (2002). A life course perspective on childhood cheerfulness and its relation to mortality risk. *Personality and Social Psychology Bulletin, 28,* 1155–1165.

Martin, P., Hagberg, B., & Poon, L. W. (1997). Predictors of loneliness in centenarians: A parallel study. *Journal of Cross-Cultural Gerontology, 12,* 203–224.

Martin, R., Noyes, J., Wisenbaker, J., & Huttunen, M. (2000). Prediction of early childhood negative emotionality and inhibition from maternal distress during pregnancy. *Merrill-Palmer Quarterly, 45,* 370–391.

Martínez-González, M. A., Gual, P., Lahortiga, F., Alonso, Y., de Irala-Estévez, J., & Cervera, S. (2003). Parental factors, mass media influences, and the onset of eating disorders in a prospective population-based cohort. *Pediatrics, 111,* 315–320.

Marwick, C. (1997). Health care leaders form drug policy group. *Journal of the American Medical Association,* 278, 378.

Marwick, C. (1998). Physician leadership on national drug policy finds addiction treatment works. *Journal of the American Medical Association, 279,* 1149–1150.

Maslach, C. (2003). Job burnout: New directions in research and intervention. *Current Directions in Psychological Science, 12*(5), 189–192.

Maslow, A. (1968). *Toward a psychology of living.* Princeton, NJ: Van Nostrand Reinhold.

Mason, J. A., & Herrmann, K. R. (1998). Universal infant hearing screening by automated auditory brainstem response measurement. *Pediatrics, 101,* 221–228.

Masse, L. C., & Tremblay, R. E. (1997). Behavior of boys in kindergarten and the onset of substance use during adolescence. *Archives of General Psychiatry, 54,* 62–68.

Masten, A., Best, K., & Garmezy, N. (1990). Resilience and development: Contributions from the study of children who overcome adversity. *Development and Psychopathology, 2,* 425–444.

Masten, A. S. (2001). Ordinary magic: Resilience processes in development. *American Psychologist, 56,* 227–238.

Masten, A. S., & Coatsworth, J. D. (1998). The development of competence in favorable and unfavorable environments: Lessons from research on successful children. *American Psychologist, 53,* 205–220.

Masters, W. H., & Johnson, V. E. (1966). *Human sexual response.* Boston: Little, Brown.

Masters, W. H., & Johnson, V. E. (1981). Sex and the aging process. *Journal of the American Geriatrics Society, 29,* 385–390.

Mathews, T. J., Menacker, F., & MacDorman, M. F. (2003). Infant mortality statistics from the 2001 period linked birth/infant death data set. *National Vital Statistics Reports, 52*(2). Hyattsville, MD: National Center for Health Statistics.

Matthews, S. H. (1995). Gender and the division of filial responsibility between lone sisters and their brothers. *Journal of Gerontology: Social Sciences, 50B,* S312–320.

Maurer, D., Stager, C. L., & Mondloch, C. J. (1999). Cross-modal transfer of shape is difficult to demonstrate in one-month-olds. *Child Development, 70,* 1047–1057.

Maynard, A. E. (2002). Cultural teaching: The development of teaching skills in Maya sibling interactions. *Child Development, 73,* 969–982.

Mazzeo, R. S., Cavanaugh, P., Evans, W. J., Fiatarone, M., Hagberg, J., McAuley, E., & Startzell, J. (1998). ACSM position stand on exercise and physical activity for older adults. *Medicine & Science in Sports & Exercise, 30,* 992–1008.

McAdams, D. (1993). *The stories we live by.* New York: Morrow.

McAdams, D. P. (2001). Generativity in midlife. In M. E. Lachman (Ed.), *Handbook of midlife development* (pp. 395–443). New York: Wiley.

McAdams, D. P., & de St. Aubin, E. (1992). A theory of generativity and its assessment through self-report, behavioral acts, and narrative themes in autobiography. *Journal of Personality and Social Psychology, 62,* 1003–1015.

McAdams, D. P., de St. Aubin, E., & Logan, R. L. (1993). Generativity among young, midlife, and older adults. *Psychology and Aging, 8,* 221–230.

McAdams, D. P., Diamond, A., de St. Aubin, E., & Mansfield, E. (1997). Stories of commitment: The psychosocial construction of generative lives. *Journal of Personality and Social Psychology, 72,* 678–694.

McCall, R. B., & Carriger, M. S. (1993). A meta-analysis of infant habituation and recognition memory performance as predictors of later IQ. *Child Development, 64,* 57–79.

McCallum, K. E., & Bruton, J. R. (2003). The continuum of care in the treatment of eating disorders. *Primary Psychiatry, 10*(6), 48–54.

McCartney, N., Hicks, A. L., Martin, J., & Webber, C. E. (1996). A longitudinal trial of weight training in the elderly: Continued improvements in year 2. *The Journals of Gerontology: Series A: Biological Sciences and Medical Sciences, 51,* B425–B433.

McCarton, C. M., Brooks-Gunn, J.,Wallace, I. F., Bauer, C. R., Bennett, F. C., Bernbaum, J. C., Broyles, S., Casey, P. H., McCormick, M. C., Scott, D. T., Tyson, J., Tonascia, J., & Meinert, C. L., for the Infant Health and Development Program Research Group. (1997). Results at age 8 years of early intervention for low-birth-weight premature infants. *Journal of the American Medical Association, 277,* 126–132.

McCartt, A. T. (2001). Graduated driver licensing systems: Reducing crashes among teenage drivers. *Journal of the American Medical Association, 286,* 1631–1632.

McCarty, M. E., Clifton, R. K., Ashmead, D. H., Lee, P., & Goubet, N. (2001). How infants use vision for grasping objects. *Child Development, 72,* 973–987.

McClearn, G. E., Johansson, B., Berg, S., Pedersen, N. L., Ahern, F., Petrill, S. A., & Plomin, R. (1997). Substantial genetic influence on cognitive abilities in twins 80 or more years old. *Science, 276,* 1560–1563.

McClintock, M. K., & Herdt, G. (1996). Rethinking puberty: The development of sexual attraction. *Current Directions in Psychological Science, 5*(6), 178–183.

McCord, J. (1996). Unintended consequences of punishment. *Pediatrics, 88,* 832–834.

McCormick, M. C., McCarton, C., Brooks-Gunn, J., Belt, P., & Gross, R. T. (1998). The infant health and development program: Interim summary. *Journal of Developmental and Behavioral Pediatrics, 19,* 359–371.

McCoy, A. R., & Reynolds, A. J. (1999). Grade retention and school performance: An extended investigation. *Journal of School Psychology, 37,* 273–298.

McCrae, R. R. (2002). Cross-cultural research on the five-factor model of personality. In W. J. Lonner, D. L. Dinnel, S. A. Hayes, & D. N. Sattler (Eds.), *Online readings in psychology and culture* (Unit 6, Chapter 1). Bellingham, WA: Center for Cross-Cultural Research, Western Washington University.

McCrae, R. R., & Costa, P. T. (1994). The stability of personality: Observations and evaluations. *Current Directions in Psychological Science, 3*(6), 173–175.

McCrae, R. R., & Costa, P. T., Jr. (1984). *Emerging lives, enduring dispositions.* Boston: Little, Brown.

McCrae, R. R., Costa, P. T., Jr., & Busch, C. M. (1986). Evaluating comprehensiveness in personality systems: The California Q-set and the five factor model. *Journal of Personality, 54,* 430–446.

McCrae, R. R., Costa, P. T., Jr., Ostendorf, F., Angleitner, A., Hebrícková, M., Avia, M. D., Sanz, J., Sánchez-Bernardos, M. L., Kusdil, M. E., Woodfield, R., Saunders, P. R., & Smith, P. B. (2000). Nature over nurture: Temperament, personality, and lifespan development. *Journal of Personality and Social Psychology, 78,* 173–186.

McCue, J. D. (1995). The naturalness of dying. *Journal of the American Medical Association, 273,* 1039–1043.

McDaniel, M. A., Maier, S. F., & Einstein, G. O. (2002). "Brain-specific" nutrients: A memory cure? *Psychological Science in the Public Interest, 3*(1), 12–38.

McFall, S., & Miller, B. H. (1992). Caregiver burden and nursing home admission of frail elderly patients. *Journal of Gerontology: Social Sciences, 47,* S73–79.

McFarland, R. A., Tune, G. B., & Welford, A. (1964). On the driving of automobiles by older people. *Journal of Gerontology, 19,* 190–197.

McGauhey, P. J., Starfield, B., Alexander, C., & Ensminget, M. E. (1991). Social environment and vulnerability of low birth weight children: A social-epidemiological perspective. *Pediatrics, 88,* 943–953.

McGee, R., Partridge, F., Williams, S., & Silva, P. A. (1991). A twelve-year follow-up of preschool hyperactive children. *Journal of the American Academy of Child and Adolescent Psychiatry, 30,* 224–232.

McGruder, H. F., Greenlund, K. J., Croft, J. B., & Zheng, Z. J. (2005, January 14). Differences in disability among black and white stroke survivors—United States, 2000–2001. *Morbidity and Mortality Weekly Report, 54*(01), 3–6.

McGue, M. (1993). From proteins to cognitions: The behavioral genetics of alcoholism. In R. P. Plomin & G. E. McClearn (Eds.), *Nature, nurture, and psychology.* Washington, DC: American Psychological Association.

McGue, M. (1997). The democracy of the genes. *Nature, 388,* 417–418.

McGuffin, P., Owen, M. J., & Farmer, A. E. (1995). Genetic basis of schizophrenia. *The Lancet, 346,* 678–682.

McGuffin, P., Riley, B., & Plomin, R. (2001). Toward behavioral genomics. *Science, 291,* 1232, 1249.

McGuigan, F. & Salmon, K. (2004). The time to talk: The influence of the timing of adult-child talk on children's event memory. *Child Development, 75,* 669–686.

McGuire, P. A. (1998, July). Wanted: Workers with flexibility for 21st century jobs [Online]. *APA Monitor Online, 29*(7). Available: http://www.apa.org/monitor/jul98/factor.html.

McHale, S. M., Kim, J., Whiteman, S., & Crouter, A. C. (2004). Links between sex-typed time use in middle childhood and gender development in early adolescence. *Developmental Psychology, 40,* 868–881.

McHale, S. M., Updegraff, K. A., Helms-Erikson, H., & Crouter, A. C. (2001). Sibling influences on gender development in middle childhood and early adolescence: A longitudinal study. *Developmental Psychology, 37,* 115–125.

McKay, N. Y. (1992). Introduction. In M. Anderson, *My Lord, what a morning* (pp. ix–xxxiii). Madison: University of Wisconsin Press.

McKenna, J. J., & Mosko, S. (1993). Evolution and infant sleep: An experimental study of infant-parent co-sleeping and its implications for SIDS. *Acta Paediatrica, 389*(Suppl.), 31–36.

McKenna, J. J., Mosko, S. S., & Richard, C. A. (1997). Bedsharing promotes breastfeeding. *Pediatrics, 100,* 214–219.

McKitrick, L. A., Camp, C. J., & Black, F. W. (1992). Prospective memory intervention in Alzheimer's disease. *Journal of Gerontology: Psychological Sciences, 47*(5), P337–343.

McKusick, V. A. (2001). The anatomy of the human genome. *Journal of the American Medical Association, 286*(18), 2289–2295.

McLanahan, S., & Sandefur, G. (1994). *Growing up with a single parent.* Cambridge, MA: Harvard University Press.

McLeskey, J., Lancaster, M., & Grizzle, K. L. (1995). Learning disabilities and grade retention: A review of issues with recommendations for practice. *Learning Disabilities Research & Practice, 10,* 120–128.

McLoyd, V. C. (1990). The impact of economic hardship on black families and children: Psychological distress, parenting, and socioemotional development. *Child Development, 61,* 311–346.

McLoyd, V. C. (1998). Socioeconomic disadvantage and child development. *American Psychologist, 53,* 185–204.

McLoyd, V. C., Jayaratne, T. E., Ceballo, R., & Borquez, J. (1994). Unemployment and work interruption among African American single mothers: Effects on parenting and adolescent socioemotional functioning. *Child Development, 65,* 562–589.

McLoyd, V. C., & Smith, J. (2002). Physical discipline and behavior problems in African American, European American, and Hispanic children: Emotional support as a moderator. *Journal of Marriage and Family, 64,* 40–53.

McNeilly-Choque, M. K., Hart, C. H., Robinson, C. C., Nelson, L. J., & Olsen, S. F. (1996). Overt and relational aggression on the playground: Correspondence among different informants. *Journal of Research in Childhood Education, 11,* 47–67.

McNicholas, J., & Collis, G. M. (2001). Children's representations of pets in their social networks. *Child: Care, Health, & Development, 27,* 279–294.

McQuillan, J., Greil, A. L., White, L., & Jacob, M. C. (2003). Frustrated fertility: Infertility and psychological distress among women. *Journal of Marriage and Family, 65,* 1007–1018.

McTiernan, A., Kooperberg, C., White, E., Wilcox, S., Coates, R., Adams-Campbell, L. L., Woods, N., & Ockene, J. (2003). Recreational physical activity and the risk of breast cancer in postmenopausal women: The Women's Health Initiative Cohort Study. *Journal of the American Medical Association, 290,* 1331–1336.

Mead, M. (1928). *Coming of age in Samoa.* New York: Morrow.

Mead, M. (1930). *Growing up in New Guinea.* New York: Blue Ribbon.

Mead, M. (1935). *Sex and temperament in three primitive societies.* New York: Morrow.

Mead, M. (1972). *Blackberry winter: My earlier years.* New York: Morrow.

Mears, B. (2005, March 1). High court: Juvenile death penalty unconstitutional: Slim majority cites 'evolving standards' in American society. CNN.com. [Online]. Retrieved March 30, 2005, from http://cnn.com./2005/LAW/03/01/scotus.death.penalty.

Measelle, J. R., Ablow, J. C., Cowan, P. A., & Cowan, C. P. (1998). Assessing young children's view of their academic, social, and emotional lives: An evaluation of the self-perception scales of the Berkeley Puppet Interview. *Child Development, 69,* 1556–1576.

Mednick, S. C., Nakayama, K., Cantero, J. L., Atienza, M., Levin, A. A., Pathak, N., & Stickgold, R. (2002). The restorative effect of naps on perceptual deterioration. *Nature Neuroscience, 5,* 677–681.

Meeks, J. J., Weiss, J., & Jameson, J. L. (2003, May). Dax1 is required for testis formation. *Nature Genetics, 34,* 32–33.

Meier, D. (1995). *The power of their ideas.* Boston: Beacon.

Meier, D. E., Emmons, C.-A., Wallenstein, S., Quill, T., Morrison, R. S., & Cassel, C. (1998). A national survey of physician-assisted suicide and euthanasia in the United States. *New England Journal of Medicine, 338,* 1193–1201.

Meier, R. (1991, January-February). Language acquisition by deaf children. *American Scientist, 79,* 60–70.

Meins, E. (1998). The effects of security of attachment and maternal attribution of meaning on children's linguistic acquisitional style. *Infant Behavior and Development, 21,* 237–252.

Meis, P. J., Klebanoff, M., Thom, E., Dombrowski, M. P., Sibai, B., Moawad, A. H., Spong, C. Y., Hauth, J. C., Miodovnik, M., Varner, M. W., Leveno, K. J., Caritis, S. N., Iams, J. D., Wapner, R. J., Conway, D., O'-Sullivan, M. J., Carpenter, M., Mercer, B., Ramin, S. M., Thorp, J. M., Peaceman, A. M., Gabbe, S., & National Institute of Child Health and Human Development Maternal-Fetal Medicine Units Network. (2003). Prevention of recurrent preterm delivery by 17 alpha-hydroxyprogesterone caproate. *New England Journal of Medicine, 348,* 2379–2385.

Melson, G. F. (1998). The role of companion animals in human development. In D. D. Wilson & D. C. Turner (Eds.), *Companion animals in human health* (pp. 219–236). Thousand Oaks, CA: Sage.

Meltzoff, A. N., & Moore, M. K. (1983). Newborn infants imitate adult facial gestures. *Child Development, 54,* 702–709.

Meltzoff, A. N., & Moore, M. K. (1989). Imitation in newborn infants: Exploring the range of gestures imitated and the underlying mechanisms. *Developmental Psychology, 25,* 954–962.

Meltzoff, A. N., & Moore, M. K. (1994). Imitation, memory, and the representation of persons. *Infant Behavior and Development, 17,* 83–99.

Meltzoff, A. N., & Moore, M. K. (1998). Object representation, identity, and the paradox of early permanence: Steps toward a new framework. *Infant Behavior & Development, 21,* 201–235.

Menacker, F., Martin, J. A., MacDorman, M. F., & Ventura, S. J. (2004). Births to 10–14 year-old mothers, 1990–2002: Trends and health outcomes. *National Vital Statistics Reports, 53*(7). Hyattsville, MD: National Center for Health Statistics.

Menec, V. H. (2003). The relation between everyday activities and successful aging: A 6-year longitudinal study. *Journal of Gerontology: Social Sciences, 58B,* S74–S82.

Mennella, J. A., & Beauchamp, G. K. (1996a). The early development of human flavor preferences. In E. D. Capaldi (Ed.), *Why we eat what we eat: The psychology of eating* (pp. 83–112). Washington, DC: American Psychological Association.

Mennella, J. A., & Beauchamp, G. K. (1996b). The human infant's response to vanilla flavors in mother's milk and formula. *Infant Behavior and Development, 19,* 13–19.

Mennella, J. A., & Beauchamp, G. K. (2002). Flavor experiences during formula feeding are related to preferences during childhood. *Early Human Development, 68,* 71–82.

Menon, U. (2001). Middle adulthood in cultural perspective: The imagined and the experienced in three cultures. In M. E. Lachman (Ed.), *Handbook of midlife development* (pp. 40–74). New York: Wiley.

Ment, L. R., Vohr, B., Allan, W., Katz, K. H., Schneider, K. C., Westerveld, M., Duncan, C. C., & Makuch, R. W. (2003). Changes in cognitive function over time in very low-birth-weight infants. *Journal of the American Medical Association, 289,* 705–711.

Merrill, S. S., & Verbrugge, L. M. (1999). Health and disease in midlife. In S. L. Willis & J. D. Reid (Eds.), *Life in the middle: Psychological and social development in middle age* (pp. 78–103). San Diego: Academic Press.

Merva, M., & Fowles, R. (1992). *Effects of diminished economic opportunities on social stress: Heart attacks, strokes, and crime* [Briefing paper]. Washington, DC: Economic Policy Institute.

Messinger, D. S., Bauer, C. R., Das, A., Seifer, R., Lester, B. M., Lagasse, L. L., Wright, L. L., Shankaran, S., Bada, H.S., Smeriglio, V. L., Langer, J. C., Beeghly, M., and Poole, W. K. (2004). The maternal lifestyle study: Cognitive, motor, and behavioral outcomes of cocaine-exposed and opiate-exposed infants through three years of age. *Pediatrics, 113,* 1677–1685.

Meyer, B. J. F., Russo, C., & Talbot, A. (1995). Discourse comprehension and problem solving: Decisions about the treatment of breast cancer by women across the life-span. *Psychology in Aging, 10,* 84–103.

Michael, R. T., Gagnon, J. H., Laumann, E. O., & Kolata, G. (1994). *Sex in America: A definitive survey.* Boston: Little, Brown.

Miedzian, M. (1991). *Boys will be boys: Breaking the link between masculinity and violence.* New York: Doubleday.

Milberger, S., Biederman, J., Faraone, S. V., Chen, L., & Jones, J. (1996). Is maternal smoking during pregnancy a risk factor for attention hyperactivity disorder in children? *American Journal of Psychiatry, 153,* 1138–1142.

Milgram, N. W., Head, E., Zicker, S. C., Ikeda-Douglas, C. J., Murphey, H., Muggenburg, B., Siwak, C., Tapp, D., & Cotman, C. W. (2005). Learning ability in aged beagle dogs is preserved by behavioral enrichment and dietary fortification: A two-year longitudinal study. *Neurobiology of Aging, 26,* 77–90.

Milkie, M. A, & Peltola, P. (1999). Playing all the roles: Gender and the work-family balancing act. *Journal of Marriage and the Family, 61,* 476–490.

Milkie, M. A., Mattingly, M. J., Nomaguchi, S. M., Bianchi, S. M., & Robinson, J. P. (2004). The time squeeze: Parental statuses and feelings about time with children. *Journal of Marriage and Family, 66,* 739–761.

Miller, K. F., Smith, C. M., Zhu, J., & Zhang, H. (1995). Preschool origins of cross-national differences in mathematical competence: The role of number-naming systems. *Psychological Science, 6,* 56–60.

Miller, K., & Kohn, M. (1983). The reciprocal effects of job condition and the intellectuality of leisure-time activities. In M. L. Kohn & C. Schooler (Eds.), *Work and personality: An inquiry into the impact of social stratification* (pp. 217–241). Norwood, NJ: Ablex.

Miller, W. R., & Thoresen, C. E. (2003) Spirituality, religion, and health. *American Psychologist, 58,* 24–35.

Miller-Kovach, K. (2003). Childhood and adolescent obesity: A review of the scientific literature. Weight Watchers International: Unpublished ms.

Mills, D. L., Cofley-Corina, S. A., & Neville, H. J. (1997). Language comprehension and cerebral specialization from 13 to 20 months. *Developmental Neuropsychology, 13,* 397–445.

Mills, J. L., & England, L. (2001). Food fortification to prevent neural tube defects: Is it working? *Journal of the American Medical Association, 285,* 3022–3033.

Mills, J. L., Holmes, L. B., Aarons, I. H., Simpson, J. L., Brown, Z. A., Jovanovic-Peterson, L. G., Conley, M. R., Graubard, B. I., Knopp, R. H., & Metzger, B. E. (1993). Moderate caffeine use and the risk of spontaneous abortion and intrauterine growth retardation. *Journal of the American Medical Association, 269,* 593–597.

Milunsky, A. (1992). *Heredity and your family's health.* Baltimore: Johns Hopkins University Press.

Minkler, M., & Fuller-Thomson, E. (2005). African American grandparents raising grandchildren: A national study using the Census 2000 American Community Survey. *Journal of Gerontology: Social Sciences, 60B,* S82–S92.

Minnesota explorer Ann Bancroft. (2002). Minnesota Public Radio. [Online]. http://news.mpr.org/programs/midmorning. Access date: February 20, 2002.

Mintz, T. H. (2005). Linguistic and conceptual influences on adjective acquisition in 24- to 36-month-olds. *Developmental Psychology, 41,* 17–29.

Miserandino, M. (1996). Children who do well in school: Individual differences in perceived competence and autonomy in above-average children. *Journal of Educational Psychology, 88*(2), 203–214.

Misra, D. P., & Guyer, B. (1998). Benefits and limitations of prenatal care: From counting visits to measuring content. *Journal of the American Medical Association, 279,* 1661–1662.

Mistry, R. S., Vandewater, E. A., Huston, A. C., & McLoyd, V. (2002). Economic well-being and children's social adjustment: The role of family process in an ethnically diverse low-income sample. *Child Development, 73,* 935–951.

Mitchell, B. A.,Wister, A. V., & Burch, T. K. (1989). The family environment and leaving the parental home. *Journal of Marriage and the Family, 51,* 605–613.

Mitchell, V., & Helson, R. (1990). Women's prime of life: Is it the 50s? *Psychology of Women Quarterly, 16,* 331–347.

Mitka, M. (2004). Improvement seen in U.S. immunization rates. *Journal of the American Medical Association, 292,* 1167.

Mix, K. S., Huttenlocher, J., & Levine, S. C. (2002). Multiple cues for quantification in infancy: Is number one of them? *Psychological Bulletin, 128,* 278–294.

Mix, K. S., Levine, S. C., & Huttenlocher, J. (1999). Early fraction calculation ability. *Developmental Psychology, 35,* 164–174.

Miyake, K., Chen, S., & Campos, J. (1985). Infants' temperament, mothers' mode of interaction and attachment in Japan: An interim report. In I. Bretherton & E. Waters (Eds.), Growing points of attachment theory and research. *Monographs of the Society for Research in Child Development, 50*(1–2, Serial No. 109), 276–297.

Mlot, C. (1998). Probing the biology of emotion. *Science, 280,* 1005–1007.

Moen, P., Dempster-McClain, D., & Williams, R. M., Jr. (1992). Successful aging: A life-course perspective on women's multiple roles and health. *American Journal of Sociology, 97,* 1612–1638.

Moen, P., Kim, J. E., & Hofmeister, H. (2001). Couples' work/retirement transitions, gender, and marital quality. *Social Psychology Quarterly, 64,* 55–71.

Moen, P., & Wethington, E. (1999). Midlife development in a life course context. In S. L. Willis & J. D. Reid (Eds.), *Life in the middle: Psychological and social development in middle age* (pp. 1–23). San Diego: Academic Press.

Moffitt, T. E. (1993). Adolescent-limited and life-course persistent antisocial behavior: A developmental taxonomy. *Psychological Review, 100,* 674–701.

Moffitt, T. E., Caspi, A., Belsky, J., & Silva, P. A. (1992). Childhood experience and the onset of menarche: A test of a sociobiological model. *Child Development, 63,* 47–58.

Mokdad, A. H., Bowman, B. A., Ford, E. S., Vinicor, F., Marks, J. S., & Koplan, J. P. (2001). The continuing epidemics of obesity and diabetes in the United States. *Journal of the American Medical Association, 286,* 1195–1200.

Mokdad, A. H., Ford, E. S., Bowman, B. A., Dietz,W. H.,Vinicor, F., Bales,V. S., & Marks, J. S. (2003). Prevalence of obesity, diabetes, and obesity-related health risk factors, 2001. *Journal of the American Medical Association, 289,* 76–79.

Mokdad, A. H., Marks, J. S., Stroup, D. F., & Gerberding, J. L. (2005). Correction: Actual causes of death in the United States, 2000. *Journal of the American Medical Association, 293,* 293–294.

Molina, B. S. G., & Chassin, L. (1996). The parent-adolescent relationship at puberty: Hispanic ethnicity and parent alcoholism as moderators. *Developmental Psychology, 32,* 675–686.

Molina, B. S. G., & Pelham Jr., W. E. (2003). Childhood predictors of adolescent substance use in a longitudinal study of children with ADHD. *Journal of Abnormal Psychology, 112,* 497–507.

Moline, M. L., & Zendell, S. M. (2000). Evaluating and managing premenstrual syndrome. Medscape General Medicine, 2. Accessed online 12/27/04. http://www.medscape.com/viewarticle/408913_print.

Mollenkopf, J., Waters, M. C., Holdaway, J., & Kasinitz, P. (2005). The ever-winding path: Ethnic and racial diversity in the transition to adulthood. In R. A. Settersten, Jr., F. F. Furstenberg, Jr., & R. G. Rumbaut (Eds.), *On the frontier of adulthood: Theory, research, and public policy* (pp. 454–497). (John D. and Catherine T. MacArthur Foundation Series on Mental Health and Development, Research Network on Transitions to Adulthood and Public Policy.) Chicago: University of Chicago Press.

Mondschein, E. R., Adolph, K. E., & Tamis-Lemonda, C. S. (2000). Gender bias in mothers' expectations about infant crawling. *Journal of Experimental Child Psychology. Special Issue on Gender, 77,* 304–316.

Money, J., & Ehrhardt, A. A. (1972). *Man and woman/Boy and girl.* Baltimore: Johns Hopkins University Press.

Monk, T. H. (2000). What can the chronobiologist do to help the shift worker? *Journal of Biological Rhythms, 15,* 86–94.

Montague, D. P. F., & Walker-Andrews, A. S. (2001). Peekaboo: A new look at infants' perception of emotion expressions. *Developmental Psychology, 37,* 826–838.

Montaldo, C. (2005). About death penalty for juveniles. [Online]. Retrieved May 5, 2005, from http://crime.about.com/od/juvenile/i/juvenile death 2.htm.

Montenegro, X. P. (2004). *The divorce experience: A study of divorce at midlife and beyond.* Washington, DC: American Association of Retired Persons.

Montgomery, M. J., & Cote, J. E. (2003). College as a transition to adulthood. In G. R. Adams and M. D. Berzonsky (eds.). Blackwell *Handbook of adolescence.* Malden, MA: Blackwell Publishing.

Moon, C., Cooper, R. P., & Fifer, W. P. (1993). Two-day-olds prefer their native language. *Infant Behavior and Development, 16,* 495–500.

Moon, C., & Fifer, W. P. (1990, April). *Newborns prefer a prenatal version of mother's voice.* Paper presented at the biannual meeting of the International Society of Infant Studies, Montreal, Canada.

Mooney-Somers, J., & Golombok, S, (2000). Children of lesbian mothers: From the 1970s to the new millennium. *Sexual & Relationship Therapy, 15,* 121–126.

Moore, D. W. (2005, May 17). Three in four Americans support euthanasia: Significantly less support for doctor-assisted suicide. The Gallup Organization. [Online]. Retrieved May 24, 2005, http://www.gallup.com/poll/content/login.aspx?ci=16333.

Moore, M. J., Moir, P., & Patrick, M. M. (2004). *The state of aging and health in America 2004.* Washington, DC: Centers for Disease Control and Prevention and Merck Institute of Aging & Health.

Moore, S. E., Cole, T. J., Poskitt, E. M. E., Sonko, B. J., Whitehead, R. G., McGregor, I. A., & Prentice, A. M. (1997). Season of birth predicts mortality in rural Gambia. *Nature, 388,* 434.

Morelli, G. A., Rogoff, B., Oppenheim, D., & Goldsmith, D. (1992). Cultural variation in infants' sleeping arrangements: Questions of independence. *Developmental Psychology, 28,* 604–613.

Morgan, B., Maybery, M., & Durkin, K. (2003). Weak central coherence, poor joint attention, and low verbal ability: Independent deficits in early autism. *Developmental Psychology, 39,* 646–656.

Morgan, W. J., Crain, E. F., Gruchalla, R. S., O'Connor, G. T., Kattan, M., Evans, R., Stout, J., Malindzak, G., Smartt, E., Plaut, M., Walter, M., Vaughan, B., & Mitchell, H. for the Inner-City Asthma Study Group. (2004). Results of a home-based environmental intervention among urban children with asthma. *New England Journal of Medicine, 351,* 1068–1080.

Morin, C. M., Colecchi, C., Stone, J., Sood, R., & Brink, D. (1999). Behavioral and pharmacological therapies for late-life insomnia: A randomized controlled trial. *Journal of the American Medical Association, 281,* 991–999.

Morison, P., & Masten, A. S. (1991). Peer reputation in middle childhood as a predictor of adaptation in adolescence: A seven-year follow-up. *Child Development, 62,* 991–1007.

Morison, S. J., Ames, E. W., & Chisholm, K. (1995). The development of children adopted from Romanian orphanages. *Merrill-Palmer Quarterly Journal of Developmental Psychology, 41,* 411–430.

Morison, S. J., & Ellwood, A.-L. (2000). Resiliency in the aftermath of deprivation: A second look at the development of Romanian orphanage children. *Merrill-Palmer Quarterly, 46,* 717–737.

Morris, M. C. (2004). Diet and Alzheimer's Disease: What the evidence shows. *Medscape General Medicine, 6,* 1–5.

Morris, M. C., Evans, D. A., Bienias, J. L., Tangney, C. C., & Wilson, R. S. (2002). Vitamin E and cognitive decline in older persons. *Archives of Neurology, 59,* 1125–1132.

Morris, R. D., Stuebing, K. K., Fletcher, J. M., Shaywitz, S. E., Lyon, G. R., Shankweiler, D. P., Katz, L., Francis, D. J., & Shaywitz, B. A. (1998). Subtypes of reading disability: Variability around a phonological core. *Journal of Educational Psychology, 90,* 347–373.

Morrison, D. R., & Cherlin, A. J. (1995). The divorce process and young children's well-being: A prospective analysis. *Journal of Marriage and the Family, 57,* 800–812.

Morrow, D. G., Menard, W. W. E., Stine-Morrow, E. A. L., Teller, T., & Bryant, D. (2001). The influence of expertise and task factors on age differences in pilot communication. *Psychology and Aging, 16,* 31–46.

Morse, J. M., & Field, P. A. (1995). *Qualitative research methods for health professionals.* Thousand Oaks, CA: Sage.

Mortensen, E. L., Michaelson, K. F., Sanders, S. A., & Reinisch, J. M. (2002). The association between duration of breastfeeding and adult intelligence. *Journal of the American Medical Association, 287,* 2365–2371.

Mortimer, J. A., Gosche, K. M., Riley, K. P., Markesbery, W. R., & Snowdon, D. A. (2004). Delayed recall, hippocampal volume and Alzheimer's neuropathology: Findings from the Nun Study. *Neurology, 62,* 428–432.

Mortimer, J. A., Snowdon, D. A., & Markesbery, W. R. (2002). Head circumference, education, and risk of dementia: Findings from the Nun Study. *Journal of Clinical and Experimental Neuropsychology, 25,* 671–679.

Morton, K. R., Worthley, J. S., Nitch, S. R., Lamberton, H. H., Loo, L. K., & Testerman, J. K. (2000). Integration of cognition and emotion: A postformal operations model of physician-patient interaction. *Journal of Adult Development, 7,* 151–160.

Mosca, L., Collins, P., Harrington, D. M., Mendelsohn, M. E., Pasternak, R. C., Robertson, R. M., Schen K-Gustafsson, K., Smith, S. C., Jr., Taubert, K. A., & Wenger, N. K., (2001). Hormone therapy and cardiovascular disease: A statement for healthcare professionals from the American Heart Association. *Circulation, 104,* 499–503.

Mosconi, L. Tsui, W.-H., De Santi, S., Li, J., Rusinek, H., Convit, A., Li, Y., Boppana, M., & de Leon, M. J. (2005). Reduced hippocampal metabolism in MCI and ADO Automated FDG-PET image analysis. *Neurology, 64,* 1860–1867.

Moscovitch, M., & Winocur, G. (1992). The neuropsychology of memory and aging. In F. I. M. Craik & T. A. Salthouse (Eds.), *Handbook of aging and cognition* (pp. 315–372). Hillsdale, NJ: Erlbaum.

Moses, L. J., Baldwin, D. A., Rosicky, J. G., & Tidball, G. (2001). Evidence for referential understanding in the emotions domain at twelve and eighteen months. *Child Development, 72,* 718–735.

Mosier, C. E., & Rogoff, B. (2003). Privileged treatment of toddlers: Cultural aspects of individual choice and responsibility. *Developmental Psychology, 39,* 1047–1060.

Moskovitz, J., Bar-Noy, S., Williams, W. M., Requena, J., Berlett, B. S., & Stadtman, E. R. (2001). Methionine sulfoxide reductase (MsrA) is a regulator of antioxidant defense and lifespan in mammals. *Proceedings of the National Academy of Sciences, 98,* 12920–12925.

Moskow-McKenzie, D., & Manheimer, R. J. (1994). *A planning guide to organize educational programs for older adults.* Asheville, NC: University Publications, UNCA.

Moss, E., & St-Laurent, D. (2001). Attachment at school age and academic performance. *Developmental Psychology, 37,* 863–874.

Moss, M. H. (2003). Trends in childhood asthma: Prevalence, health care utilization, and mortality. *Pediatrics, 112,* 479.

Moss, M. S., & Moss, S. Z. (1989). The death of a parent. In R. A. Kalish (Ed.), *Midlife loss: Coping strategies.* Newbury Park, CA: Sage.

Mounts, N. S., & Steinberg, L. (1995). An ecological analysis of peer influence on adolescent grade point average and drug use. *Developmental Psychology, 31,* 915–922.

Mouw, T. (2005). Sequences of early adult transition: A look at variability and consequences. In R. A. Settersten, Jr., F. F. Furstenberg, Jr., & R. G. Rumbaut (Eds.), *On the frontier of adulthood: Theory, research, and public policy* (pp. 256–291). (John D. and Catherine T. MacArthur Foundation Series on Mental Health and Development, Research Network on Transitions to Adulthood and Public Policy.) Chicago: University of Chicago Press.

Mroczek, D. K. (2004). Positive and negative affect at midlife. In O. G. Brim, C. D. Ryff, and R. C. Kessler (Eds.), How healthy are we? A national study of well-being at midlife. (pp. 205–226). Chicago: University of Chicago Press.

Mroczek, D. K., & Kolarz, C. M. (1998). The effect of age on positive and negative affect: A developmental perspective on happiness. *Journal of Personality and Social Psychology, 75*(5), 1333–1349.

Mroczek, D. K., & Spiro, A. (2005). Change in life satisfaction during adulthood: Findings from the Veterans Affairs Normative Aging Study. *Journal of Personality and Social Psychology, 88,* 189–202.

Msall, M. S. E. (2004). Developmental vulnerability and resilience in extremely preterm infants. *Journal of the American Medical Association, 292,* 2399–2401.

MTA Cooperative Group. (1999). A 14-month randomized clinical trial of treatment strategies for attention-deficit/hyperactivity disorder. *Archives of General Psychiatry, 56,* 1073–1986.

MTA Cooperative Group. (2004a). National Institute of Mental Health multimodal treatment study of ADHD follow-up: Changes in effectiveness and growth after the end of treatment. *Pediatrics, 113,* 762–769.

MTA Cooperative Group. (2004b). National Institute of Mental Health multimodal treatment study of ADHD follow-up: 24-month outcomes of treatment strategies for attention-deficit/hyperactivity disorder. *Pediatrics, 113,* 754–769.

Mueller, T. I., Kohn, R., Leventhal, N., Leon, A. C., Solomon, D., Coryell, W., Endicott, J., Alexopoulos, G. S., & Keller, M. B. (2004). The course of depression in elderly patients. *American Journal of Psychiatry, 12,* 22–29.

Mullan, D., & Currie, C. (2000). Socioeconomic equalities in adolescent health. In C. Currie, K. Hurrelmann, W. Settertobulte, R. Smith, & J. Todd (Eds.), *Health and health behaviour among young people: a WHO cross-national study (HBSC) international report* (pp. 65–72). WHO Policy Series: Healthy Policy for Children and Adolescents, Series No. 1.

Müller, M. (1998). *Anne Frank: The biography.* New York: Holt.

Mulrine, A. (2004, February 2). Coming of age in ancient times. *U.S. News & World Report.* [Online]. Retrieved March 31, 2004, from http://www.usnews.com/usnews/culture/articles/040202/2child.htm.

Mumme, D. L., & Fernald, A. (2003). The infant as onlooker: Learning from emotional reactions observed in a television scenario, *Child Development, 74,* 221–237.

Munakata, Y. (2001). Task-dependency in infant behavior: Toward an understanding of the processes underlying cognitive development. In F. Lacerda, C. von Hofsten, & M. Heimann (Eds.), *Emerging cognitive abilities in early infancy.* Hillsdale, NJ: Erlbaum.

Munakata, Y., McClelland, J. L., Johnson, M. J., & Siegler, R. S. (1997). Rethinking infant knowledge: Toward an adaptive process account of successes and failures in object permanence tasks. *Psychological Review, 104,* 686–714.

Munson, M. L., & Sutton, P. O. (2004). Births, marriages, divorces, and deaths: Provisional data for 2003. *National Vital Statistics Reports, 52*(22). Hyattsville, MD: National Center for Health Statistics.

Muntner, P., He, J., Cutler, J. A., Wildman, R. P., & Whelton, P. K. (2004, May 5). Trends in blood pressure among children and adolescents. *Journal of the American Medical Association, 291,* 2107–2113.

Murachver, T., Pipe, M., Gordon, R., Owens, J. L., & Fivush, R. (1996). Do, show, and tell: Children's event memories acquired through direct experience, observation, and stories. *Child Development, 67,* 3029–3044.

Murchison, C., & Langer, S. (1927). Tiedemann's observations on the development of the mental facilities of children. *Journal of Genetic Psychology, 34,* 205–230.

Muris, P., Merckelbach, H., & Collaris, R. (1997). Common childhood fears and their origins. *Behaviour Research and Therapy, 35,* 929–937.

Murphy, C. M., & Bootzin, R. R. (1973). Active and passive participation in the contact desensitization of snake fear in children. *Behavior Therapy, 4,* 203–211.

Murphy, G. C., & Athanasou, J. (1999). The effect of unemployment on mental health. *Journal of Occupational and Organizational Psychology, 72,* 83–99.

Murray, M. L., deVries, C. S., and Wong, I. C. K. (2004). A drug utilisation study of antidepressants in children and adolescents using the General Practice Research data base. *Archives of the Diseases of Children, 89,* 1098–1102.

Musick, K. (2002). Planned and unplanned childbearing among unmarried women. *Journal of Marriage and Family, 64,* 915–929.

Musick, M. A., Herzog, A. R., & House, J. S. (1999). Volunteering and mortality among older adults: Findings from a national sample. *Journal of Gerontology: Psychological Sciences, 54B,* S173–S180.

Muskin, P. R. (1998). The request to die. Role for a psychodynamic perspective on physician-assisted suicide. *Journal of the American Medical Association, 279,* 323–328.

Must, A., Jacques, P. F., Dallal, G. E., Bajema, C. J., & Dietz, W. H. (1992). Long-term morbidity and mortality of overweight adolescents: A follow-up of the Harvard Growth Study of 1922 to 1935. *New England Journal of Medicine, 327*(19), 1350–1355.

Mustanski, B. S., DuPree, M. G., Nievergelt, C. M., Bocklandt, S., Schork, N. J., & Hamer, D. H. (2005). A genomewide scan of male sexual orientation. *Human Genetics, 116,* 272–278.

Mustillo, S., Worthman, C., Erkanli, A., Keeler, G., Angold, A., & Costello, E. J. (2003). Obesity and psychiatric disorder: Developmental trajectories. *Pediatrics, 111,* 851–859.

Muter, V., Hulme, C., Snowling, M. J., & Stevenson, J. (2004). Phonemes, rimes, vocabulary, and grammatical skill as foundations of early reading development: Evidence from a longitudinal study. *Developmental Psychology, 40,* 665–681.

Myers, D., & Diener, E. (1995). Who is happy? *Psychological Science, 6,* 10–19.

Myers, D. G. (2000). The funds, friends, and faith of happy people. *American Psychologist, 55,* 56–67.

Myers, D. G., & Diener, E. (1996). The pursuit of happiness. *Scientific American, 274,* 54–56.

Myers, J. E., & Perrin, N. (1993). Grandparents affected by parental divorce: A population at risk? *Journal of Counseling and Development, 72,* 62–66.

Myerson, J., Shealy, D., & Stern, M. B. (Eds.). (1987). *The selected letters of Louisa May Alcott.* Boston: Little, Brown.

Mykityshyn, A. L., Fisk, A. D., & Rogers, W. A. (in press). Learning to use a home medical device: Mediating age-related differences with training. *Human Factors.*

Naeye, R. L., & Peters, E. C. (1984). Mental development of children whose mothers smoked during pregnancy. *Obstetrics and Gynecology, 64,* 601.

Nagaoka, J., & Roderick, M. (April 2004). Ending social promotion: The effects of retention. Chicago: Consortium on Chicago School Research.

Naito, M., & Miura, H. (2001). Japanese children's numerical competencies: Age- and schooling-related influences on the development of number concepts and addition skills. *Developmental Psychology, 37,* 217–230.

Nakonezny, P. A., Shull, R. D., & Rodgers, J. L. (1995). The effect of no-fault divorce rate across the 50 states and its relation to income, education, and religiosity. *Journal of Marriage and the Family, 57,* 477–488.

Nansel, T. R., Overpeck, M., Pilla, R. S., Ruan, W. J., Simons-Morton, B., & Scheidt, P. (2001). Bullying behaviors among U.S. youth: Prevalence and association with psychosocial adjustment. *Journal of the American Medical Association, 285,* 2094–2100.

Nash, J. M. (1997, February 3). Fertile minds. *Time,* pp. 49–56.

Nathanielsz, P. W. (1995). The role of basic science in preventing low birth weight. *The Future of Our Children, 5*(1), 57–70.

National Association of Educational Progress: The Nation's Report Card. (2004). *America's charter schools: Results from the NAEP 2003 Pilot Study* (NCES 2005-456). Jessup, MD: U.S. Department of Education.

National Center for Biotechnology Information. (2002). Genes and disease. [Online] Available: http://www.ncbi.nlm.nih.gov/disease.

National Center for Education Statistics (NCES). (1999). *The condition of education, 1999* (NCES 1999-022). Washington, DC: U.S. Government Printing Office.

National Center for Education Statistics (NCES). (2001). *The condition of education 2001* (NCES 2001-072). Washington, DC: U.S. Government Printing Office.

National Center for Education Statistics (NCES). (2003). *The condition of education, 2003* (Publication No. 2003–067). Washington, DC: Author.

National Center for Education Statistics (NCES). (2003). *The condition of education 2003* (NCES 2003-067). Washington, DC: U.S. Department of Education.

National Center for Education Statistics (NCES). (2004a). *The condition of education 2004* (NCES 2004-077). Washington, DC: U.S. Department of Education.

National Center for Education Statistics. (2004b, August). English language learner students in U.S. public schools: 1994 and 2000. Issue Brief (NCES 2004-035). Washington, DC: Author.

National Center for Education Statistics (NCES). (2004c). *The nation's report card: America's charter school report* (NCES 2005-456). Washington, DC: Author.

National Center for Education Statistics. (2005a). Children born in 2001—First results from the base year of Early Childhood Longitudinal Study, Birth Cohort (ECLS-B). [Online]. Retrieved November 19, 2004 from http://nces.ed.gov/pubs2005/children/index.asp.

National Center for Education Statistics. (2005b). *The condition of education 2005* (NCES 2005-094). Washington, DC: U.S. Government Printing Office.

National Center for Education Statistics. (2005c). Postsecondary participation rates by sex and race/ethnicity: 1974-2003. *Issue Brief* (NCES 2005-028). Jessup, MD: Author.

National Center for Health Statistics (NCHS). (1994). Advance report of final natality statistics, 1992 (*Monthly Vital Statistics Report, 43*[5, Suppl.]). Hyattsville, MD: U.S. Public Health Service.

National Center for Health Statistics (NCHS). (1998). *Health, United States, 1998 with socioeconomic status and health chartbook.* Hyattsville, MD: Author.

National Center for Health Statistics (NCHS). (2001). *Health, United States, 2001 with Urban and Rural Health Chartbook.* (PHS) 2001–1232. Hyattsville, MD: Author.

National Center for Health Statistics (NCHS). (2003). *Health, United States, 2003.* Hyattsville, MD: Author.

National Center for Health Statistics (NCHS). (2004). *Health, United States, 2004 with chartbook on trends in the health of Americans* (DHHS Publication No. 2004–1232). Hyattsville, MD: National Center for Health Statistics.

National Center for Health Statistics (NCHS). (2004). *Health, United States, 2004 with chartbook on trends in the health of Americans* (DHHS Publication No. 2004-1232). Hyattsville, MD: Author.

National Center for Injury Prevention and Control (NCIPC) (2001). *2001 United States suicide: Ages 15–19, all races, both sexes* (Web-based injury statistics query and reporting system) [Online]. Available: http://www.cdc.gov/ncipc. Access date: May 7, 2004.

National Center for Injury Prevention and Control (NCIPC) (2004). *Fact sheet: Teen drivers* [Online]. Available: http://www.cdc.gov/ncipc. Access date: May 7, 2004.

National Center for Learning Disabilities. (2004a). *Dyslexia: Learning disabilities in reading.* Fact sheet. [Online]. Available: http://www.ld.org/LDInfoZone/InfoZone_FactSheet_Dyslexia.cfm. Access date: May 30, 2004.

National Center for Learning Disabilities. (2004b). *LD at a glance.* Fact sheet. [Online]. Available: http://www.ld.org/LDInfoZone/InfoZone_FactSheet_LD.cfm. Access date: May 30, 2004.

National Center on Elder Abuse & Westat, Inc. (1998). *National Elder Abuse Incidence Study: Executive summary.* Washington, DC: American Public Human Services Association.

National Center on Shaken Baby Syndrome. (2000). SBS questions. [Online]. Available: http://www.dontshake.com/sbsquestions.html.

National Child Abuse and Neglect Data System (NCANDS). (2001). *Child maltreatment 1999.* [Online]. Available: http://www.calib.com/nccanch/pubs.factsheets/canstats.cfm. Access date: April 8, 2002.

National Children's Study. (2004, November 16). National Children's Study releases study plan and locations. [Online]. Retrieved from http://www.nationalchildrensstudy.gov/research/study plan/index.cfm on April 3, 2005.

National Clearinghouse on Child Abuse and Neglect Information (NCCANI). (2004a). Child abuse and neglect fatalities: Statistics and interventions. Washington, DC: Author.

National Clearinghouse on Child Abuse and Neglect Information (NCCANI). (2004b). Long-term consequences of child abuse and neglect. Washington, DC: Author. [Online]. Available: http://nccanch.acf.hhs.gov/pubs/factsheets/long term consequences.cfm. Access date: October 5, 2004.

National Coalition for the Homeless. (2002, September). *How many people experience homelessness?* NCH Fact Sheet 2. Washington, DC: Author.

National Coalition for the Homeless. (2004, May). *Who is homeless?* NCH Fact Sheet 3. Washington, DC: Author.

National Commission for the Protection of Human Subjects of Biomedical and Behavioral Research. (1978). *Report.* Washington, DC: Author.

National Committee for Citizens in Education (NCCE). (1986, Winter Holiday). Don't be afraid to start a suicide prevention program in your school. *Network for Public Schools,* pp. 1, 4.

National Council on Aging. (2000, March). *Myths and Realities 2000 survey results.* Washington, DC: Author.

National Council on the Aging. (2002). American perceptions of aging in the 21st century: The NCOA's Continuing Study of the Myths and Realities of Aging (2002 update). Washington, DC: Author.

National Enuresis Society. (1995). *Enuresis.* [Fact sheet].

National High Blood Pressure Education Program Working Group on High Blood Pressure in Children and Adolescents. (2004). The fourth report on the diagnosis, evaluation, and treatment of high blood pressure in children and adolescents. *Pediatrics, 114*(2-Supp.), 555–576.

National Highway Traffic Safety Administration. (2003). *Traffic safety facts 2002: Young drivers.* Washington, DC: Author.

National Hospice and Palliative Care Organization. (2002). *NHPCO Facts and Figures.* Alexandria, VA: Author.

National Institute of Child Health and Development (NICHD). (1997; updated 1/12/00). *Sudden Infant Death Syndrome.* [Fact sheet] [Online]. Available: http://www.nichd.nih.gov/sids/sids_fact.html. Access date: January 30, 2001.

National Institute of Mental Health (NIMH). (1999a, April). *Suicide facts* [Online]. Washington, DC: Author. Available: http://www.nimh.nih.gov/research/suifact.htm.

National Institute of Mental Health (NIMH). (1999b, June 1). *Older adults: Depression and suicide facts* [Online]. Washington, DC: Author. Available: http:www.nimh.hin.gov/publicat/elderlydepsuicide.htm.

National Institute of Mental Health (NIMH). (2001a). *Helping children and adolescents cope with violence and disasters: Fact sheet* (NIH Publication No., 01-3518). Bethesda, MD: Author.

National Institute of Mental Health (NIMH). (2001b). *Teenage brain: A work in progress.* Available: http://www.nimh.gov/publicat/teenbrain.cfm. Access date: March 11, 2004.

National Institute of Neurological Disorders and Stroke. (1999, November 10). *Autism* [Fact sheet]. (NIH Publication No. 96–1877.) Bethesda, MD: National Institutes of Health.

National Institute on Aging (NIA). (1980). *Senility: Myth or madness.* Washington, DC: U.S. Government Printing Office.

National Institute on Aging (NIA). (1993). *Bound for good health: A collection of Age Pages.* Washington, DC: U.S. Government Printing Office.

National Institute on Aging (NIA). (1994). *Age page: Sexuality in later life.* Washington, DC: U.S. Government Printing Office.

National Institute on Aging (NIA). (1995). *Don't take it easy—exercise.* Washington, DC: U.S. Government Printing Office.

National Institute on Alcohol Abuse and Alcoholism (NIAAA). (1996, July). *Alcohol alert* (No. 33-1996 [PH 366]). Bethesda, MD: Author.

National Institute on Alcohol Abuse and Alcoholism (NIAAA). (1998, January). *Alcohol Alert,* No. 39-1998. Rockville, MD: Author.

National Institute on Alcohol Abuse and Alcoholism (NIAAA). (2002). *A call to action: Changing the culture of drinking at U.S. colleges.* Washington, DC: Author.

National Institutes of Health (NIH). (1992, December 7–9). Impotence (*NIH Consensus Statement, 10*[4]). Washington, DC: U.S. Government Printing Office.

National Institutes of Health Consensus Development Panel. (2001). National Institutes of Health Consensus Development conference statement: Phenylketonuria screening and management. October 16–18, 2000. *Pediatrics, 108*(4). 972–982.

National Library of Medicine. (2003a). Medical Encyclopedia: Antisocial personality disorder. [Online]. Retrieved April 23, 2005, from http://www.nlm.nih.gov/medlineplus/ency/article/000921.htm.

National Library of Medicine. (2003b). Medical Encyclopedia: Conduct disorder. [Online]. Retrieved April 23, 2005, from http://www.nlm.nih.gov/medlineplus/ency/article/000919.htm.

National Library of Medicine. (2004). Medical Encyclopedia: Oppositional defiant disorder. [Online]. Retrieved April 23, 2005, from http://www.nlm.nih.gov/medlineplus/ency/article/001537.htm.

National Parents' Resource Institute for Drug Education. (1999, September 8). *PRIDE surveys, 1998–99 national summary: Grades 6–12.* Bowling Green, KY: Author.

National Reading Panel. (2000). *Report of the National Reading Panel: Teaching children to read: An evidence-based assessment of the scientific research literature on reading and its implications for reading instruction: Reports of the subgroups.* Washington, DC: National Institute of Child Health and Human Development.

National Research Council (NRC). (1993a). *Losing generations: Adolescents in high-risk settings.* Washington, DC: National Academy Press.

National Research Council (NRC). (1993b). *Understanding child abuse and neglect.* Washington, DC: National Academy Press.

National Research Council (NRC). (1998). *Work-related musculoskeletal disorders: A review of the evidence.* Washington, DC: National Academy Press.

National Research Council (NRC). (2001). *Musculoskeletal disorders and the workplace: Low back and upper extremities.* Washington, DC: National Academy Press.

National Sleep Foundation. (2001). *2001 Sleep in America poll.* [Online]. Available: http://www.sleepfoundation.org/publications/2001poll.html. Access date: October 18, 2002.

National Television Violence Study. (1995). *Scientific Papers: 1994–1995.* Studio City, CA: Mediascope.

National Television Violence Study: Key findings and recommendations. (1996, March). *Young Children, 51*(3), 54–55.

Nawrot, T. S., Staessen, J. A., Gardner, J. P., & Aviv, A. (2004). Telomere length and possible link to X chromosome. *The Lancet, 363,* 507–510.

NCES Digest of Education Statistics (2001). [Online] Available: http://nces.ed.gov/pubsearch/pubsinfo.asp?pubid_2002130.

Needleman, H. L., Riess, J. A., Tobin, M. J., Biesecker, G. E., & Greenhouse, J. B. (1996). Bone lead levels and delinquent behavior. *Journal of the American Medical Association, 275,* 363–369.

Nef, S. Verma-Kurvari, S., Merenmies, J., Vassallt, J.-D., Efstratiadis, A., Accili, D., & Parada, L. F. (2003). Testis determination requires insulin receptor family function in mice. *Nature, 426,* 291–295.

Neimeyer, R. A. (2000). Searching for the meaning of meaning: Grief therapy and the process of reconstruction. *Death Studies, 24,* 541–558.

Neisser, U. (1976). General, academic, and artificial intelligence. In L. Resnick (Ed.), *Human intelligence: Perspectives on its theory and measurement* (pp. 179–189). Norwood, NJ: Ablex.

Neisser, U., Boodoo, G., Bouchard, T. J., Jr., Boykin, A. W., Brody, N., Ceci, S. J., Halpern, D. F., Loehlin, J. C., Perloff, R., Sternberg, R. J., & Urbina, S. (1996). Intelligence: Knowns and unknowns. *American Psychologist, 51*(2), 77–101.

Neitzel, C., & Stright, A. D. (2003). Relations between parents' scaffolding and children's academic self-regulation: Establishing a foundation of self-regulatory competence. *Journal of Family Psychology, 17,* 147–159.

Nelson, C. A. (1995). The ontogeny of human memory: A cognitive neuroscience perspective. *Developmental Psychology, 31,* 723–738.

Nelson, C. A., & Monk, C. S. (2001). The use of event-related potentials in the study of cognitive development. In C. A. Nelson & M. Luciana (Eds.), *Handbook of developmental cognitive neuroscience* (pp. 125–136). Cambridge, MA: MIT Press.

Nelson, C. A., Monk, C. S., Lin, J., Carver, L. J., Thomas, K. M., & Truwit, C. L. (2000). Functional neuroanatomy of spatial working memory in children. *Developmental Psychology, 36,* 109–116.

Nelson, J. (1994, December 18). Motive behind Carter's missions spark debate. *Chicago Sun-Times,* p. 40.

Nelson, K. (1992). Emergence of autobiographical memory at age 4. *Human Development, 35,* 172–177.

Nelson, K. (1993a). Events, narrative, memory: What develops? In C. Nelson (Ed.), *Memory and affect in development: The Minnesota Symposia on Child Psychology* (Vol. 26, pp. 1–24). Hillsdale, NJ: Erlbaum.

Nelson, K. (1993b). The psychological and social origins of autobiographical memory. *Psychological Science, 47,* 7–14.

Nelson, K. B., Dambrosia, J. M., Ting, T. Y., & Grether, J. K. (1996). Uncertain value of electronic fetal monitoring in predicting cerebral palsy. *New England Journal of Medicine, 334,* 613–618.

Nelson, L. J., & Marshall, M. F. (1998). *Ethical and legal analyses of three coercive policies aimed at substance abuse by pregnant women.*

Report published by the Robert Wood Johnson Substance Abuse Policy Research Foundation.

Nelson, M. E., Fiatarone, M. A., Morganti, C. M., Trice, I., Greenberg, R. A., & Evans, W. J. (1994). Effects of high-intensity strength training on multiple risk factors for osteoporotic fractures: A randomized controlled trial. *Journal of the American Medical Association, 272,* 1909–1914.

Neporent, L. (1999, January 12). Balancing exercises keep injuries at bay. *The New York Times,* p. D8.

Neppl, T. K., & Murray, A. D. (1997). Social dominance and play patterns among preschoolers: Gender comparisons. *Sex Roles, 36,* 381–393.

Ness, J., Ahmed, A., & Aronow, W. S. (2004). Demographics and payment characteristics of nursing home residents in the United States: A 23-year trend. *Journal of Gerontology: Medical Sciences, 59A,* 1213–1217.

Netherlands State Institute for War Documentation. (1989). *The diary of Anne Frank: The critical edition* (D. Barnouw & G. van der Stroom, Eds.; A. J. Pomerans & B. M. Mooyaart-Doubleday, Trans.). New York: Doubleday.

Neugarten, B. L. (1967). The awareness of middle age. In R. Owen (Ed.), *Middle age.* London: BBC.

Neugarten, B. L. (1968). Adult personality: Toward a psychology of the life cycle. In B. Neugarten (Ed.), *Middle age and aging.* Chicago: University of Chicago Press.

Neugarten, B. L. (1977). Personality and aging. In J. E. Birren & K. W. Schaie (Eds.), *Handbook of the psychology of aging and the social sciences.* New York: Van Nostrand Reinhold.

Neugarten, B. L., Havighurst, R., & Tobin, S. (1968). Personality and patterns of aging. In B. Neugarten (Ed.), *Middle age and aging.* Chicago: University of Chicago Press.

Neugarten, B. L., Moore, J. W., & Lowe, J. C. (1965). Age norms, age constraints, and adult socialization. *American Journal of Sociology, 70,* 710–717.

Neugarten, B. L., & Neugarten, D. A. (1987, May). The changing meanings of age. *Psychology Today,* pp. 29–33.

Neugebauer, R., Hoek, H. W., & Susser, E. (1999). Prenatal exposure to wartime famine and development of antisocial personality disorder in early adulthood. *Journal of the American Medical Association, 282,* 455–462.

Neville, H. J., & Bavelier, D. (1998). Neural organization and plasticity of language. *Current Opinion in Neurobiology, 8*(2), 254–258.

Newacheck, P. W., & Halfon, N. (2000). Prevalence, impact, and trends in childhood disability due to asthma. *Archives of Pediatrics and Adolescent Medicine, 154,* 287–293.

Newacheck, P. W., Stoddard, J. J., & McManus, M. (1993). Ethnocultural variations in the prevalence and impact of childhood chronic conditions. *Pediatrics, 91,* 1031–1047.

Newacheck, P. W., Strickland, B., Shonkoff, J. P., Perrin, J. M., McPherson, M., McManus, M., Lauver, C., Fox, H., & Arango, P. (1998). An epidemiologic profile of children with special health care needs. *Pediatrics, 102,* 117–123.

Newcomb, A. F., & Bagwell, C. L. (1995). Children's friendship relations: A meta-analytic review. *Psychological Bulletin, 117*(2), 306–347.

Newcomb, A. F., Bukowski, W. M., & Pattee, L. (1993). Children's peer relations: A meta-analytic review of popular, rejected, neglected, controversial, and average sociometric status. *Psychological Bulletin, 113,* 99–128.

Newman, A. J., Bavelier, D., Corina, D., Jezzard, P., & Neville, H. J. (2002). A critical period for right hemisphere recruitment in American Sign Language processing. *Nature Neuroscience, 5*(1), 76–80.

Newman, D. L., Caspi, A., Moffitt, T. E., & Silva, P. A. (1997). Antecedents of adult interpersonal functioning: Effects of individual differences in age 3 temperament. *Developmental Psychology, 33,* 206–217.

Newman, J. (1995). How breast milk protects newborns. *Scientific American, 273,* 76–79.

Newman, S. (2003). The living conditions of elderly Americans. *The Gerontologist, 43,* 99–109.

Newport, E., & Meier, R. (1985). The acquisition of American Sign Language. In D. Slobin (Ed.), *The cross-linguistic study of language acquisition* (Vol. 1, pp. 881–938). Hillsdale, NJ: Erlbaum.

Newport, E. L. (1991). Contrasting conceptions of the critical period for language. In S. Carey & R. Gelman (Eds.), *The epigenesis of mind: Essays on biology and cognition.* Hillsdale, NJ: Erlbaum.

Newport, E. L., Bavelier, D., & Neville, H. J. (2001). Critical thinking about critical periods: Perspectives on a critical period for language acquisition. In E. Dupoux, Emmanuel (Ed.), *Language, brain, and cognitive development: Essays in honor of Jacques Mehler* (pp. 481–502). Cambridge, MA: The MIT Press.

Newschaffer, C. J., Falb, M. D., & Gurney, J. G. (2005). National autism prevalence trends from United States special education data. *Pediatrics, 115,* e277–e282.

Newsweek Poll. (2000). *Post super Tuesday/gays and lesbians (United States).* Storrs, CT: Roper Center for Public Opinion Research.

Newswise. (2004, November 16). High stress doubles risk of painful periods. [Online]. Available: http://www.newswise.com/p/articles/view/508336. Access date: November 18, 2004.

NFO Research, Inc. (1999). *AARP/Modern Maturity sexuality survey: Summary of findings.* [Online]. Available: http://research.aarp.org/health/mmsexsurvey 1.html.

NICHD Early Child Care Research Network. (1997). The effects of infant child care on infant-mother attachment security: Results of the NICHD study of early child care. *Child Development, 68,* 860–879.

NICHD Early Child Care Research Network. (1998a). Early child care and self-control, compliance and problem behavior at twenty-four and thirty-six months. *Child Development, 69,* 1145–1170.

NICHD Early Child Care Research Network. (1998b). Relations between family predictors and child outcomes: Are they weaker for children in child care? *Developmental Psychology, 34,* 1119–1128.

NICHD Early Child Care Research Network. (1998c, November). *When childcare classrooms meet recommended guidelines for quality.* Paper presented at the meeting of the National Association for the Education of Young People.

NICHD Early Child Care Research Network. (1999a). Child outcomes when child care center classes meet recommended standards for quality. *American Journal of Public Health, 89,* 1072–1077.

NICHD Early Child Care Research Network. (1999b). Chronicity of maternal depressive symptoms, maternal sensitivity, and child functioning at 36 months. *Developmental Psychology, 35,* 1297–1310.

NICHD Early Child Care Research Network. (2000). The relation of child care to cognitive and language development. *Child Development, 71,* 960–980.

NICHD Early Child Care Research Network. (2001a). Child care and children's peer interaction at 24 and 36 months: The NICHD Study of Early Child Care. *Child Development, 72,* 1478–1500.

NICHD Early Child Care Research Network. (2001b). Child-care and family predictors of preschool attachment and stability from infancy. *Developmental Psychology, 37,* 847–862.

NICHD Early Child Care Research Network. (2002). Child-care structure → process → outcome: Direct and indirect effects of childcare quality on young children's development. *Psychological Science, 13,* 199–206.

NICHD Early Child Care Research Network. (2003). Does amount of time spent in child care predict socioemotional adjustment during the transition to kindergarten? *Child Development, 74,* 976–1005.

NICHD Early Child Care Research Network. (2004a). Are child developmental outcomes related to before- and after-school care arrangement? Results from the NICHD Study of Early Child Care. *Child Development 75,* 280–295.

NICHD Early Child Care Research Network. (2004b). Does class size in first grade relate to children's academic and social performance or observed classroom processes? *Developmental Psychology, 40,* 651–664.

NICHD Early Child Care Research Network. (2005). Predicting individual differences in attention, memory, and planning in first graders from experiences at home, child care, and school. *Developmental Psychology, 41,* 99–114.

NICHD Early Child Care Research Network & Duncan, G. J. (2003). Modeling the impacts of child care quality on children's preschool cognitive development. *Child Development, 74,* 1454–1475.

Nielsen, K., McSherry, G., Petru, A., Frederick, T., Wara, D., Bryson, Y., Martin, N., Hutto, C., Ammann, A. J., Grubman, S., Oleske, J., & Scott, G. B. (1997). A descriptive survey of pediatric human immunodeficiencv virus-infected, long-term survivors [Online]. *Pediatrics, 99.* Available: http://www.pediatrics.org/cgi/content/full/99/4/e4.

Nielsen, M., Dissanayake, C., & Kashima, Y. (2003). A longitudinal investigation of self-other discrimination and the emergence of mirror self-recognition. *Infant Behavior & Development, 26,* 213–226.

NIH Consensus Development Panel on Osteoporosis Prevention, Diagnosis, and Therapy. (2001). Osteoporosis prevention, diagnosis, and therapy. *Journal of the American Medical Association, 285,* 785–794.

Nin, A. (1971). *The Diaries of Anaïs Nin* (Vol. IV). New York: Harcourt.

Nisan, M., & Kohlberg, L. (1982). Universality and variation in moral judgment: A longitudinal and cross-sectional study in Turkey. *Child Development, 53,* 865–876.

Nisbett, R. E. (1998). Race, genetics, and IQ. In C. Jencks & M. Phillips (Eds.), *The Black-White test score gap* (pp. 86–102). Washington, DC: Brookings Institution.

Nishimura, H., Hashikawa, K., Doi, K., Iwaki, T., Watanabe, Y., Kusuoka, H., Nishimura, T., & Kubo, T. (1999). Sign language 'heard' in the auditory cortex. *Nature, 397,* 116.

Niskar, A. S., Kieszak, S. M., Holmes, A., Esteban, E., Rubin, C., & Brody D. J. (1998). Prevalence of hearing loss among children 6 to 19 years of age: The Third National Health and Nutrition Examination Survey. *Journal of the American Medical Association, 279,* 1071–1075.

Nix, R. L., Pinderhughes, E. E., Dodge, K. A., Bates, J. E., Pettit, G. S., & McFadyen-Ketchum, S. A. (1999). The relation between mothers' hostile attribution tendencies and children's externalizing behavior problems: The mediating role of mothers' harsh discipline practices. *Child Development, 70*(4), 896–909.

Nixon, K., & Crews, F. T. (2004). Temporally specific burst in cell proliferation increases hippocampal neurogenesis in protracted abstinence from alcohol. *Journal of Neuroscience, 24,* 9714-9722.

Nobre, A. C., & Plunkett, K. (1997). The neural system of language: Structure and development. *Current Opinion in Neurobiology, 7,* 262–268.

Noël, P. H., Williams, J. W., Unutzer, J., Worchel, J., Lee, S., Cornell, J., Katon, W., Harpole, L. H., & Hunkeler, E. (2004). Depression and comorbid illness in elderly primary care patients: Impact on multiple domains of health status and well-being. *Annals of Family Medicine, 2,* 555–562.

Nojima, M. (1994). Japan's approach to continuing education for senior citizens. *Educational Gerontology, 20,* 463–471.

Nomaguchi, K. M. & Milkie, M. A. (2003). Costs and rewards of children: The effects of becoming a parent on adults' lives. *Journal of Marriage and Family, 65,* 356–374.

Noone, K. (2000). Ann Bancroft, polar explorer. *My Prime Time.* [Online]. Available: http://www.myprimetime.com/misc/bae_abpro/index.shtml. Access date: April 4, 2002.

Norton, A. J., & Moorman, J. E. (1987). Current trends in marriage and divorce among American women. *Journal of Marriage and the Family, 49*(1), 3–14.

Notzon, F. C., Komarov, Y. M., Ermakov, S. P., Sempos, C. T., Marks, J. S., & Sempos, E. V. (1998). Causes of declining life expectancy in Russia. *Journal of the American Medical Association, 279,* 793–800.

Nourot, P. M. (1998). Sociodramatic play: Pretending together. In D. P. Fromberg & D. Bergen (Eds.), *Play from birth to twelve and beyond: Contexts, perspectives, and meanings* (pp. 378–391). New York: Garland.

Nozyce, M., Hittelman, J., Muenz, L., Durako, S. J., Fischer, M. L., & Willoughby, A. (1994). Effect of perinatally acquired human immunodeficiency virus infection on neurodevelopment in children during the first two years of life. *Pediatrics, 94,* 883–891.

Nugent, J. K., Keefer, C., O'Brien, S., Johnson, L., & Blanchard, Y. (2005). The Newborn Behavioral Observation System. Brazelton Institute, Children's Hospital, Boston.

Nugent, J. K., Lester, B. M., Greene, S. M., Wieczorek-Deering, D., & O'Mahony, P. (1996). The effects of maternal alcohol consumption and cigarette smoking during pregnancy on acoustic cry analysis. *Child Development, 67,* 1806–1815.

Nugent, T. (1999, September). At risk: 4 million students with asthma: Quick access to rescue inhalers critical for school children. *AAP News,* pp. 1, 10.

Nuland, S. B. (2000). Physician-assisted suicide and euthanasia in practice. *New England Journal of Medicine, 342,* 583–584.

Nurnberg, H. G., Hensley, P. L., Gelenberg, A. J., Fava, M., Lauriello, J., & Paine, S. (2003). Treatment of antidepressant-associated sexual dysfunction with sildenafil. *Journal of the American Medical Association, 289,* 56–64.

Nurnberger, J. I., Foroud, T., Flury, L., Su, J., Meyer, E. T., Hu, K., Crowe, R., Edenberg, H., Goate, A., Bierut, L., Reich, T., Schuckit, M., & Reich, W. (2001). Evidence for a locus on chromosome 1 that influences vulnerability to alcoholism and affective disorder. *American Journal of Psychiatry, 158,* 718–724.

Nussbaum, R. L. (1998). Putting the parkin into Parkinson's. *Nature, 392,* 544–545.

O'Brien, C. M., & Jeffery, H. E. (2002). Sleep deprivation, disorganization and fragmentation during opiate withdrawal in newborns. *Pediatric Child Health, 38,* 66–71.

O'Connor, B. P., & Vallerand, R. J. (1998). Psychological adjustment variables as predictors of mortality among nursing home residents. *Psychology and Aging, 13*(3), 368–374.

O'Connor, T., Heron, J., Golding, J., Beveridge, M., & Glover, V. (2002). Maternal antenatal anxiety and children's behavioural/emotional problems at 4 years. *British Journal of Psychiatry, 180,* 502–508.

O'Neill, G., Summer, L, & Shirey, L. (1999). Hearing loss: A growing problem that affects quality of life. Washington, DC: National Academy on an Aging Society.

O'Rahilly, S. (1998). Life without leptin. *Nature, 392,* 330–331.

O'Sullivan, J. T., Howe, M. L., & Marche, T. A. (1996). Children's beliefs about long-term retention. *Child Development, 67,* 2989–3009.

Oakes, L. M. (1994). Development of infants' use of continuity cues in their perception of causality. *Developmental Psychology, 30,* 869–879.

Oakes, L. M., Coppage, D. J., & Dingel, A. (1997). By land or by sea: The role of perceptual similarity in infants' categorization of animals. *Developmental Psychology, 33,* 396–407.

Oakes, L. M., & Madole, K. L. (2000). The future of infant categorization research: A process-oriented approach. *Child Development, 71,* 119–126.

Ochsner, K. N., & Lieberman, M. D. (2001). The emergence of social cognitive neuroscience. *American Psychologist, 56,* 717–734.

Offer, D. (1987). In defense of adolescents. *Journal of the American Medical Association, 257,* 3407–3408.

Offer, D., & Church, R. B. (1991). Generation gap. In R. M. Lerner, A. C. Petersen, & J. Brooks-Gunn (Eds.), *Encyclopedia of adolescence* (pp. 397–399). New York: Garland.

Offer, D., Kaiz, M., Ostrov, E., & Albert, D. B. (2002). Continuity in family constellation. *Adolescent and Family Health, 3,* 3–8.

Offer, D., Offer, M. K., & Ostrov, E. (2004). *Regular guys: 34 years beyond adolescence.* Dordrecht, Netherlands: Kluwer Academic.

Offer, D., Ostrov, E., & Howard, K. I. (1989). Adolescence: What is normal? *American Journal of Diseases of Children, 143,* 731–736.

Offer, D., Ostrov, E., Howard, K. I., & Atkinson, R. (1988). *The teenage world: Adolescents' self-image in ten countries.* New York: Plenum.

Offer, D., & Schonert-Reichl, K. A. (1992). Debunking the myths of adolescence: Findings from recent research. *Journal of the American Academy of Child and Adolescent Psychiatry, 31,* 1003–1014.

Office of Minority Health, Centers for Disease Control and Prevention. (2005). Health disparities experienced by black or African Americans—United States. *Morbidity and Mortality Weekly Report, 54,* 1–3.

Offit, P. A., Quarles, J., Gerber, M. A., Hackett, C. J., Marcuse, E. K., Kollman, T. R., Gellin, B. G., & Landry, S. (2002). Addressing parents' concerns: Do multiple vaccines overwhelm or weaken the infant's immune system? *Pediatrics, 109,* 124–129.

Ogden, C. L., Flegal, K. M., Carroll, M. D., & Johnson, C. L. (2002). Prevalence and trends in overweight among US children and adolescents, 1999–2000. *Journal of the American Medical Association, 288,* 1728–1732.

Ogden, C. L., Fryar, C. D., Carroll, M. D., & Flegal, K. M. (2004). Mean body weight, height, and body mass index, United States 1960–2002. Advance data from *Vital and Health Statistics,* No. 347. Hyattsville, MD: National Center for Health Statistics.

Okamoto, K. & Tanaka, Y. (2004). Subjective usefulness and 6-year mortality risks among elderly persons in Japan. *Journal of Gerontology: Psychological Sciences, 59B,* P246–P249.

Olds, D. L., Henderson, C. R., & Tatelbaum, R. (1994a). Intellectual impairment in children of women who smoke cigarettes during pregnancy. *Pediatrics, 93,* 221–227.

Olds, D. L., Henderson, C. R., & Tatelbaum, R. (1994b). Prevention of intellectual impairment in children of women who smoke cigarettes during pregnancy. *Pediatrics, 93,* 228–233.

Ollendick, T. H., Yang, B., King, N. J., Dong, Q., & Akande, A. (1996). Fears in American, Australian, Chinese, and Nigerian children and adolescents: A crosscultural study. *Journal of Child Psychology and Psychiatry, 37,* 213–220.

Olmsted, P. P., & Weikart, D. P. (Eds.). (1994). *Family speak: Early childhood care and education in eleven countries.* Ypsilanti, MI: High/Scope.

Olshansky, S. J., Carnes, B. A., & Desesquelles, A. (2001). Prospects for human longevity. *Science, 291*(5508), 1491–1492.

Olshansky, S. J. Hayflick, L., & Carnes, B. A. (2002a). No truth to the fountain of youth. *Scientific American, 286,* 92–95.

Olshansky, S. J., Hayflick, L., & Carnes, B. A. (2002b). The truth about human aging. *Scientific American.* [Online]. Available: http://www.sciam.com/explorations/ 2002/051302aging. Access date: August 23, 2002.

Olshansky, S. J., Hayflick, L., & Perls, T. T. (2004). Anti-aging medicine: The hype and the reality—Part I. *Journal of Gerontology: Biological Sciences, 59A,* 513–514.

Olshansky, S. J., Passaro, D. J., Hershow, R. C., Layden, J., Carnes, B. A., Brody, J., Hayflick, L., Butler, R. N., Allison, D. B., & Ludwig, D. S. (2005). A potential decline in life expectancy in the United States in the 21st century. *New England Journal of Medicine, 352,* 1138–1145.

Olthof, T., Schouten, A., Kuiper, H., Stegge, H., & Jennekens-Schinkel, A. (2000). Shame and guilt in children: Differential situational antecedents and experiential correlates. *British Journal of Developmental Psychology, 18,* 51–64.

Olweus, D. (1995). Bullying or peer abuse at school: Facts and intervention. *Current Directions in Psychological Science, 4,* 196–200.

Orbuch, T. L., House, J. S., Mero, R. P., & Webster, P. S. (1996). Marital quality over the life course. *Social Psychology Quarterly, 59,* 162–171.

Orenstein, P. (2002, April 21). Mourning my miscarriage. Available: http://www.*NYTimes.com.*

Orentlicher, D. (1996). The legalization of physician-assisted suicide. *New England Journal of Medicine, 335,* 663–667.

Organ Procurement & Transplantation Network (OPTN). (2005). Data. [Online]. Retrieved from http://www.optn.org/data/ on March 27, 2005.

Organisation for Economic Cooperation and Development. (2004). Education at a glance: OECD indicators—2004. *Education & Skills, 2004* (14), 1–456.

Organization for Economic Co-Operation and Development. (1998). *Maintaining prosperity in an ageing society.* Paris: Author.

Oropesa, R. S. & Landale, N. S. (2004). The future of marriage and Hispanics. *Journal of Marriage and Family, 66,* 901–920.

Orr, W. C., & Sohal, R. S. (1994). Extension of life-span by overexpression of superoxide dimutase and catylase in drosphila melanogaster. *Science, 263,* 1128–1130.

Osborn, A. (2002, April 1). Mercy killing now legal in Netherlands. *The Guardian.* [Online]. Available: http://www.nvve.nl/english/info/euth.legal_guardian01-04-02.htm. Access date: July 31, 2002.

Osgood, D. W., Ruth, G., Eccles, J., Jacobs, J., & Barber, B. (2005). Six paths to adulthood: Fast starters, parents without careers, educated partners, educated singles, working singles, and slow starters. In R. A. Settersten, Jr., F. F. Furstenberg, Jr., & R. G. Rumbaut (Eds.), *On the frontier of adulthood: Theory, research, and public policy* (pp. 320–355). (John D. and Catherine T. MacArthur Foundation Series on Mental Health and Development, Research Network on Transitions to Adulthood and Public Policy.) Chicago: University of Chicago Press.

Oshima, S. (1996, July 5). Japan: Feeling the strains of an aging population. *Science,* pp. 44–45.

Oshima-Takane, Y., Goodz, E., & Derevensky, J. L. (1996). Birth order effects on early language development: Do secondborn children learn from overheard speech? *Child Development, 67,* 621–634.

Ossorio, P., & Duster, T. (2005). Race and genetics: Controversies in biomedical, behavioral, and forensic sciences. *American Psychologist, 60,* 115–128.

Ostir, G. V., Ottenbacher, K. J., & Markides, K. S. (2004). Onset of frailty in older adults and the protective role of positive affect. *Psychology and Aging, 19,* 402–408.

Otsuka, R., Watanabe, H., Hirata, K., Tokai, K., Muro, T., Yoshiyama, M., Takeuchi, K., & Yoshikawa, J. (2001). Acute effects of passive smoking on the coronary circulation in healthy young adults. *Journal of the American Medical Association, 286,* 436–441.

Ott, A., Slooter, A. J. C., Hofman, A., Van Harskamp, F.,Witteman, J. C. M., Van Broeckhoven, C., Van Duijn, C. M., & Breteler, M. M. B. (1998). Smoking and risk of dementia and Alzheimer's disease in a population-based cohort study. *Lancet, 351,* 1840–1843.

Otten, M. W., Teutsch, S. M., Williamson, D. F., & Marks, J. S. (1990). The effect of known risk factors on the excess mortality of black adults in the United States. *Journal of the American Medical Association, 263*(6), 845–850.

Owen, C. G., Whincup, P. H., Odoki, K., Gilg, J. A., & Cook, D. G. (2002). Infant feeding and blood cholesterol: A study in adolescents and a systematic review. *Pediatrics, 110,* 597–608.

Owens, R. E. (1996). *Language development* (4th ed.). Boston: Allyn and Bacon.

Ozick, C. (2003, June 16 & 23). What Helen Keller saw: The making of a writer. *New Yorker,* pp. 188–196.

Padden, C. A. (1996). Early bilingual lives of deaf children. In I. Parasnis (Ed.), *Cultural and language diversity and the deaf experience* (pp. 99–116). New York: Cambridge University Press.

Padilla, A. M., Lindholm, K. J., Chen, A., Durán, R., Hakuta, K., Lambert, W., & Tucker, G. R. (1991). The English-only movement: Myths, reality, and implications for psychology. *American Psychologist, 46*(2), 120–130.

Padovani, A., Borroni, B., Colciaghi, F., Pettenati, C., Cottini, E., Agosti, C., Lenzi, G. L., Caltagirone C., Trabucchi, M., Cattabeni, F., & Di Luca, M. (2002). Abnormalities in the pattern of platelet amyloid precursor protein forms in patients with mild cognitive impairment and Alzheimer disease. *Archives of Neurology, 59,* 71–75.

Palella, F. J., Delaney, K. M., Moorman, A. C., Loveless, M. O., Fuhrer, J., Satten, G. A., Aschman, D. J., Holmberg, S. D., & the HIV Outpatient Study investigators. (1998). Declining morbidity and mortality among patients with advanced human immunodeficiency virus infection. *New England Journal of Medicine, 358,* 853–860.

Pally, R. (1997). How brain development is shaped by genetic and environmental factors. *International Journal of Psychoanalysis, 78,* 587–593.

Pamuk, E., Makuc, D., Heck, K., Reuben, C., & Lochner, K. (1998). Socioeconomic status and health chartbook. In *Health, United States, 1998.* Hyattsville, MD: National Center for Health Statistics.

Panigrahy, A., Filiano, J., Sleeper, L. A., Mandell, F., Vales-Dapena, M., Krous, H. F., Rava, L. A., Foley, E., White, W. F., & Kinney, H. C. (2000). Decreased serotonergic receptor binding in rhombic lip-derived regions of the medulla oblongata in the sudden infant death syndrome. *Journal of Neuropathology and Experimental Neurology, 59,* 377–384.

Papalia, D. (1972). The status of several conservation abilities across the lifespan. *Human Development, 15,* 229–243.

Papernow, P. (1993). *Becoming a stepfamily: Patterns of development in remarried families.* San Francisco: Jossey-Bass.

Parasuraman, R., Greenwood, P. M., & Sunderland, T. (2002). The Apolilpoprotein E gene, attention, and brain function. *Neuropsychology, 16,* 254–274.

Park, S., Belsky, J., Putnam, S., & Crnic, K. (1997). Infant emotionality, parenting, and 3-year inhibition: Exploring stability and lawful discontinuity in a male sample. *Developmental Psychology, 33,* 218–227.

Parke, R. D. (2004). The Society for Research in Child Development at 70: Progress and promise. *Child Development, 75,* 1–24.

Parke, R. D., & Buriel, R. (1998). Socialization in the family: Ethnic and ecological perspectives. In W. Damon (Series Ed.) & N. Eisenberg (Vol. Ed.), *Handbook of child psychology: Vol. 3. Social, emotional, and personality development* (5th ed., pp. 463–552). New York: Wiley.

Parke, R. D., Coltrane, S., Duffy, S., Buriel, R., Dennis, J., Powers, J., French, S., & Widaman, K. F., (2004). Economic stress, parenting, and child adjustment in Mexican American and European American families. *Child Development, 75,* 1632–1656.

Parke, R. D., Grossman, K., & Tinsley, R. (1981). Father-mother-infant interaction in the newborn period: A German-American comparison. In T. M. Field, A. M. Sostek, P. Viete, & P. H. Leideman (Eds.), *Culture and early interaction.* Hillsdale, NJ: Erlbaum.

Parke, R. D., Ornstein, P. A., Rieser, J. J., & Zahn-Waxler, C. (1994). The past as prologue: An overview of a century of developmental psychology. In R. D. Parke, P. A. Ornstein, J. J. Rieser, & C. Zahn-Waxler (Eds.), *A century of developmental psychology* (pp. 1–70). Washington, DC: American Psychological Association.

Parker, J. G., & Asher, S. R. (1987). Peer relations and later personal adjustment: Are low-accepted children at risk? *Psychological Bulletin, 102,* 357–389.

Parker, L., Pearce, M. S., Dickinson, H. O., Aitkin, M., & Craft, A. W. (1999). Stillbirths among offspring of male radiation workers at Sellafield nuclear reprocessing plant. *Lancet, 354,* 1407–1414.

Parker, S. K., Schwartz, B., Todd, J., & Pickering, L. K. (2004). Thimerosal-containing vaccines and autistic spectrum disorder: A critical review of published original data. *Pediatrics, 114,* 793–804.

Parkes, T. L., Elia, A. J., Dickinson, D., Hilliker, A. J., Phillips, J. P., & Boulianne, G. L. (1998). Extension of Drosophila lifespan by overexpression of human SOD1 in motorneurons. *Nature Genetics, 19,* 171–174.

Parnes, H. S., & Sommers, D. G. (1994). Shunning retirement: Work experience of men in their seventies and early eighties. *Journal of Gerontology: Social Sciences, 49,* S117–124.

Parrish, K. M., Holt, V. L., Easterling, T. R., Connell, F. A., & LeGerfo, J. P. (1994). Effect of changes in maternal age, parity, and birth weight distribution on primary cesarean delivery rates. *Journal of the American Medical Association, 271,* 443–447.

Parten, M. B. (1932). Social play among preschool children. Journal of Abnormal and Social *Psychology, 27,* 243–269.

Pascarella, E. T., Edison, M. I., Nora, A., Hagedorn, L. S., & Terenzini, P. T. (1998). Does work inhibit cognitive development during college? *Educational Evaluation and Policy Analysis, 20,* 75–93.

Pasterski, V. L., Geffner, M. E., Brain, C., Hindmarsh, P., Brook, C., & Hines, M. (2005). Prenatal hormones and postnatal socialization by parents as determinants of male-typical toy play in girls with congenital adrenal hyperplasia. *Child Development, 76,* 264–278.

Pastor, P. N., Makuc, D. M., Reuben, C., & Xia, H. (2002). Chartbook on trends in the health of Americans. In *Health, United States, 2002.* Hyattsville, MD: National Center for Health Statistics.

Pasupathi, M., Staudinger U. M., & Baltes, P. B. (2001). Seeds of wisdom: Adolescents' knowledge and judgment about difficult life problems. *Developmental Psychology, 37*(3), 351–361.

Patel, H., Rosengren, A., & Ekman, I. (2004). Symptoms in acute coronary syndromes: Does sex make a difference? *American Heart Journal, 148,* 27–33.

Patenaude, A. F., Guttmacher, A. E., & Collins, F. S. (2002). Genetic testing and psychology: New roles, new responsibilities. *American Psychologist, 57,* 271–282.

Patrick, K., Norman, G. J., Calfas, K. J., Sallis, J. F., Zabinski, M. F., Rupp, J., & Cella, J. (2004). Diet, physical activity, and sedentary behaviors as risk factors for overweight in adolescence. *Archives of Pediatric Adolescent Medicine, 158,* 385–390.

Patterson, C. J. (1992). Children of lesbian and gay parents. *Child Development, 63,* 1025–1042.

Patterson, C. J. (1995a). Lesbian mothers, gay fathers, and their children. In A. R. D'Augelli & C. J. Patterson (Eds.), *Lesbian, gay, and bisexual identities over the lifespan: Psychological perspectives* (pp. 293–320). New York: Oxford University Press.

Patterson, C. J. (1995b). Sexual orientation and human development: An overview. *Developmental Psychology, 31,* 3–11.

Patterson, C. J. (1997). Children of gay and lesbian parents. In T. H. Ollendick & R. J. Prinz (Eds.), *Advances in clinical child psychology* (Vol. 19, pp. 235–282). New York: Plenum.

Patterson, G. R., DeBaryshe, B. D., & Ramsey, E. (1989). A developmental perspective on antisocial behavior. *American Psychologist, 44*(2), 329–335.

Patterson, G. R., Reid, J. B., & Dishion, T. J. (1992). *Antisocial boys.* Eugene, OR: Castalia.

Pauen, S. (2002). Evidence for knowledge-based category discrimination in infancy. *Child Development, 73,* 1016–1033.

Paul, E. L. (1997). A longitudinal analysis of midlife interpersonal relationships and well-being. In M. E. Lachman & J. B. James (Eds.), *Multiple paths of midlife development* (pp. 171–206). Chicago: University of Chicago Press.

Pearce, M. J., Jones, S. M., Schwab-Stone, M. E., & Ruchkin, V. (2003). The protective effects of religiousness and parent involvement on the development of conduct problems among youth exposed to violence. *Child Development, 74,* 1682–1696.

Pearman, A., & Storandt, M. (2004). Predictors of subjective memory in older adults. *Journal of Gerontology: Psychological Sciences, 59B,* P4–P6.

Pearson, H. (2002, February 12). Study refines breast cancer risks. *Nature Science Update.* [Online]. Available: http://www.nature.com/nsu/020211/020211–8. html. Access date: February 19, 2002.

Pearson, J. D., Morell, C. H., Gordon-Salant, S., Brant, L. J., Metter, E. J., Klein, L., & Fozard, J. L. (1995). Gender differences in a longitudinal study of age-associated hearing loss. *Journal of the Acoustical Society of America, 97,* 1196–1205.

Peeters, A., Barendregt, J. J.,Willekens, F., Mackenbach, J. P., Al Mamun, A., & Bonneux, L., for NEDCOM, the Netherlands Epidemiology and Demography Compression of Morbidity Research Group (2003). Obesity in adulthood and its consequences for life expectancy. *Annals of Internal Medicine, 138,* 24–32.

Peisner-Feinberg, E. S., Burchinal, M. R., Clifford, R. M., Culkin, M. L., Howes, C., Kagan, S. L., & Yazejian, N. (2001). The relation of preschool child-care quality to children's cognitive and social developmental trajectories through second grade. *Child Development, 72,* 1534–1553.

Pellegrini, A. D. (1998). Rough-and-tumble play from childhood through adolescence. In D. P. Fromberg & D. Bergen (Eds.), *Play from birth to twelve and beyond: Contexts, perspectives, and meanings* (pp. 401–408). New York: Garland.

Pellegrini, A. D., & Long, J. D. (2002). A longitudinal study of bullying, dominance, and victimization during the transition from primary school through secondary school. *British Journal of Developmental Psychology, 20,* 259–280.

Pellegrini, A. D., Kato, K., Blatchford, P., & Baines E. (2002). A short-term longitudinal study of children's playground games across the first year of school: Implications for social competence and adjustment to school. *American Educational Research Journal, 39,* 991–1015.

Pellegrini, A. D., & Smith, P. K. (1998). Physical activity play: The nature and function of a neglected aspect of play. *Child Development, 69,* 577–598.

Pelleymounter, N. A., Cullen, M. J., Baker, M. B., Hecht, R., Winters, D., Boone, T., & Collins, F. (1995). Effects of the obese gene product on body regulation in ob/ob mice. *Science, 269,* 540–543.

Pellicano, E., & Rhodes, G. (2003). Holistic processing of faces in preschool children and adults. *Psychological Science, 14,* 618–622.

Penning, M. J. (1998). In the middle: Parental caregiving in the context of other roles. *Journal of Gerontology: Social Sciences, 53B,* S188–S197.

Pennington, B. F., Moon, J., Edgin, J., Stedron, J., & Nadel, L. (2003). The neuropsychology of Down Syndrome: Evidence for hippocampal dysfunction. *Child Development, 74,* 75–93.

Penninx, B. W. J. H., Guralnik, J. M., Ferrucci, L., Simonsick, E. M., Deeg, D. J. H., & Wallace, R. B. (1998). Depressive symptoms and physical decline in community-dwelling older persons. *Journal of the American Medical Association, 279,* 1720–1726.

Pennisi, E. (1998). Single gene controls fruit fly life-span. *Science, 282,* 856.

Peplau, L. A. (2003). Human sexuality: How do men and women differ? *Current Directions in Psychological Science, 12*(2), 37–40.

Pepper, S. C. (1942). *World hypotheses.* Berkeley: University of California Press.

Pepper, S. C. (1961). *World hypotheses.* Berkeley: University of California Press.

Pereira, M. A. Kartashov, A. I., Ebbeling, C. B., Van Horn, L., Slattery, M. L., Jacobs, Jr., D. R., & Ludwig, D. S. (2005). Fast-food habits, weight gain, and insulin resistance (the

CARDIA study): 15-year prospective analysis. *Lancet, 365,* 36–42.

Perera, F. P., Rauh, V., Whyatt, R. M., Tsai, W.-Y., Bernert, J. T., Tu, Y.-H., Andrews, H., Ramirez, J., Qu, L., & Tang, D. (2004). Molecular evidence of an interaction between prenatal environmental exposures and birth outcomes in a multiethnic population. *Environmental Health Perspectives, 112,* 626–630.

Perera, F. P., Tang, D., Tu, Y.-H., Cruz, L. A., Borjas, M., Bernert, T., & Whyatt, R. M. (2004). Biomarkers in maternal and newborn blood indicate heightened fetal susceptibility to procarcinogenic DNA damage. *Environmental Health Perspectives, 112,* 1133–1136.

Perera, V. (1995). Surviving affliction. [Online.] Available: http://www.metroactive.com/papers/metro/12.14.95/allende-9550.html. Access date: April 1, 2002.

Pérez-Stable, E. J., Herrera, B., Jacob, P., III, & Benowitz, N. L. (1998). Nicotine metabolism and intake in black and white smokers. *Journal of the American Medical Association, 280,* 152–156.

Perlmutter, M., Kaplan, M., & Nyquist, L. (1990). Development of adaptive competence in adulthood. *Human Development, 33,* 185–197.

Perls, T., Kunkel, L. M., & Puca, A. (2002a). The genetics of aging. *Current Opinion in Genetics and Development, 12,* 362–369.

Perls, T., Kunkel, L. M., & Puca, A. A. (2002b). The genetics of exceptional human longevity. *Journal of the American Geriatric Society, 50,* 359–368.

Perls, T. T. (2004). Anti-aging quackery: Human growth hormone and tricks of the trade—More dangerous than ever. *Journal of Gerontology: Biological Sciences, 59A,* 682–691.

Perls, T. T., Alpert, L., & Fretts, R. C. (1997). Middle-aged mothers live longer. *Nature, 389,* 133.

Perls, T. T., Hutter-Silver, M., & Lauerman, J. F. (1999). *Living to 100: Lessons in living to your maximum potential at any age.* New York: Basic Books.

Perls, T. T., Wilmoth, J., Levenson, R., Drinkwater, M., Cohen, M., Bogan, H., Joyce, E., Brewster, S., Kunkel, L., & Puca, A. (2002). Life-long sustained mortality advantage of siblings of centenarians. *Proceedings of the National Academy of Sciences, 99,* 8442–8447.

Perozynski, L., & Kramer, L. (1999). Parental beliefs about managing sibling conflict. *Developmental Psychology, 35,* 489–499.

Perrin, E. C. and the Committee on Psychosocial Aspects of Child and Family Health. (2002). Technical report: Coparent or second-parent adoption by same-sex parents. *Pediatrics, 109*(2), 341–344.

Perrucci, C. C., Perrucci, R., & Targ, D. B. (1988). *Plant closings.* New York: Aldine.

Perry, W. G. (1970). *Forms of intellectual and ethical development in the college years.* New York: Holt.

Pérusse, L., Chagnon, Y. C.,Weisnagel, J., & Bouchard, C. (1999). The human obesity gene map: The 1998 update. *Obesity Research, 7,* 111–129.

Pesonen, A., Raikkonen, K, Keltikangas-Jarvinen, L., Strandberg, T., & Jarvenpaa, A. (2003). Parental perception of infant temperament: Does parents' joint attachment matter? *Infant Behavior & Development, 26,* 167–182.

Peter D. Hart Research Associates. (1999). *The new face of retirement.* Washington, DC: Author.

Peter, K., & Horn, L. (2005). *Gender differences in participation and completion of undergraduate education and how they have changed over time* (NCES 2005-169). Washington, DC: U.S. Government Printing Office.

Peters, R. D., Kloeppel, A. E., Fox, E., Thomas, M. L., Thorne, D. R., Sing, H. C., & Balwinski, S. M. (1994). *Effects of partial and total sleep deprivation on driving performance.* Washington, DC: Federal Highway Administration.

Peters, V., Liu, K.-L., Dominguez, K., Frederick, T., Melville, S., Hsu, H.-W., Ortiz, I., Rakusan, T., Gill, B., & Thomas, P. (2003). Missed opportunities for perinatal HIV prevention among HIV-exposed infants born 1996–2000, Pediatric Spectrum of HIV Disease Cohort. *Pediatrics, 111,* 1186–1191.

Petersen, A. C. (1993). Presidential address: Creating adolescents: The role of context and process in developmental transitions. *Journal of Research on Adolescents, 3*(1), 1–18.

Petersen, A. C., Compas, B. E., Brooks-Gunn, J., Stemmler, M., Ey, S., & Grant, K. E. (1993). Depression in adolescence. *American Psychologist, 48*(2), 155–168.

Petersen, R. C., Thomas, R. G., Grundman, M., Bennett, D., Doody, R., Ferris, S., Galasko, D., Jin, S., Kaye, J., Levey, A., Pfeiffer, E., Sano, M., van Dyck, C. H., & Thal, L. J. for the Alzheimer's Disease Cooperative Study Group. (2005). Vitamin E and donepezil for the treatment of mild cognitive impairment. *New England Journal of Medicine, 352,* 2379–2388.

Peterson, B. E. (2002). Longitudinal analysis of midlife generativity, intergenerational roles, and caregiving. *Psychology and Aging, 17,* 161–168.

Peterson, C., & McCabe, A. (1994). A social interactionist account of developing decontextualized narrative skill. *Developmental Psychology, 30,* 937–948.

Peterson, J. L., Moore, K. A., & Furstenberg, F. F., Jr. (1991). Television viewing and early initiation of sexual intercourse: Is there a link? *Journal of Homosexuality, 21,* 93–118.

Peterson, J. T. (1993). Generalized extended family exchange: A case from the Philippines. *Journal of Marriage and the Family,* 55(3), 570–584.

Peterson, K. (2005, April 14). Same-sex unions—A constitutional race. *Stateline.org.* Retrieved May 13, 2005 from http://www.stateline.org/live/ViewPage.action?siteNodeId=137&languageId=1&contentId=20695.

Petitti, D. B. (2002). Hormone replacement therapy for prevention: More evidence, more pessimism. *Journal of the American Medical Association, 288,* 99–101.

Petitto, L. A., Katerelos, M., Levy, B., Gauna, K., Tetrault, K., & Ferraro, V. (2001). Bilingual signed and spoken language acquisition from birth: Implications for mechanisms underlying bilingual language acquisition. *Journal of Child Language, 28,* 1–44.

Petitto, L. A., & Kovelman, I. (2003). The bilingual paradox: How signing-speaking bilingual children help us to resolve it and teach us about the brain's mechanisms underlying all language acquisition. *Learning Languages, 8,* 5–18.

Petitto, L. A., & Marentette, P. F. (1991). Babbling in the manual mode: Evidence for the ontogeny of language. *Science, 251,* 1493–1495.

Petrill, S. A., Lipton, P. A., Hewitt, J. K., Plomin, R., Cherny, S. S., Corley, R., and DeFries, J. C. (2004). Genetic and environmental contributions to general cognitive ability through the first 16 years of life. *Developmental Psychology, 40,* 805–812.

Pettit, G. S., Bates, J. E., & Dodge, K. A. (1997). Supportive parenting, ecological context, and children's adjustment: A seven-year longitudinal study. *Child Development, 68,* 908–923.

Pharaoh, P. D. P., Antoniou, A., Bobrow, M., Zimmern, R. L., Easton, D. F., & Ponder, B. A. J. (2002). Polygenic susceptibility to breast cancer and implications for prevention. *Nature Genetics, 31,* 33–36.

Phelan, E. A., Williams, B., Penninx, B. W. J. H., LoGerfo, J. P. & Leveille, S. G. (2004). Activities of daily living function and disability in older adults in a randomized trial of the Health Enhancement Program. *Journal of Geronotology: Medical Sciences, 59A,* 838–843.

Philipp, B. L., Merewood, A., Miller, L. W., Chawla, N., Murphy-Smith, M. M., Gomes, J. S., Cimo, S., & Cook, J. T. (2001). Baby-friendly hospital initiative improves breastfeeding initiation rates in a U.S. hospital setting. *Pediatrics, 108*(3), 677–681.

Phillips, D. F. (1998). Reproductive medicine experts till an increasingly fertile field. *Journal of the American Medical Association, 280,* 1893–1895.

Phinney, J. S. (1998). Stages of ethnic identity development in minority group adolescents. In R. E. Muuss & H. D. Porton (Eds.), *Adolescent behavior and society: A book of readings* (pp. 271–280). Boston: McGraw-Hill.

Piaget, J. (1929). *The child's conception of the world.* New York: Harcourt Brace.

Piaget, J. (1932). *The moral judgment of the child.* New York: Harcourt Brace.

Piaget, J. (1951). *Play, dreams, and imitation* (C. Gattegno & F. M. Hodgson, Trans.). New York: Norton.

Piaget, J. (1952). *The origins of intelligence in children.* New York: International Universities Press. (Original work published 1936).

Piaget, J. (1962). *The language and thought of the child* (M. Gabain, Trans.). Cleveland, OH: Meridian. (Original work published 1923.)

Piaget, J. (1964). *Six psychological studies.* New York: Vintage.

Piaget, J. (1969). *The child's conception of time* (A. J. Pomerans, Trans.). London: Routledge & Kegan Paul.

Piaget, J. (1972). Intellectual evolution from adolescence to adulthood. *Human Development, 15,* 1–12.

Piaget, J., & Inhelder, B. (1967). *The child's conception of space.* New York: Norton.

Piaget. J., & Inhelder, B. (1969). *The psychology of the child.* New York: Basic Books.

Pianezza, M. L., Sellers, E. M., & Tyndale, R. F. (1998). Nicotine metabolism defect reduces smoking. *Nature, 393,* 750.

Pickering, L. K., Granoff, D. M., Erickson, J. R., Mason, M. L., Cordle, C. T., Schaller, J. P., Winship, T. R., Paule, C. L., & Hilty, M. D. (1998). Modulation of the immune system by human milk and infant formula containing nucleotides. *Pediatrics, 101,* 242–249.

Pickett, W., Streight, S., Simpson, K., & Brison, R. J. (2003). Injuries experienced by infant children: A population-based epidemiological analysis. *Pediatrics, 111,* e365–e370.

Pierce, K. M., Hamm, J. V., & Vandell, D. L. (1999). Experiences in after-school programs and children's adjustment in first-grade classrooms. *Child Development, 70*(3), 756–767.

Pillemer, K., & Suitor, J. J. (1991). "Will I ever escape my child's problems?" Effects of adult children's problems on elderly parents. *Journal of Marriage and the Family, 53,* 585–594.

Pillow, B. H., & Henrichon, A. J. (1996). There's more to the picture than meets the eye: Young children's difficulty understanding biased interpretation. *Child Development, 67,* 803–819.

Pimentel, E. E., & Liu, J. (2004). Exploring nonnormative coresidence in urban China: Living with wives' parents. *Journal of Marriage and Family, 66,* 821–836.

Piña, J. A. (1999). The "uncontrollable" rebel. In J. Rodden (Ed.), *Conversations with Isabel Allende* (pp. 167–200). Austin: University of Texas Press.

Pines, M. (1981). The civilizing of Genie. *Psychology Today, 15*(9), 28–34.

Pinzone-Glover, H. A., Gidycz, C. A., & Jacobs, C. D. (1998). An acquaintance rape prevention program: Effects on attitudes toward women, rape-related attitudes, and perceptions of rape scenarios. *Psychology of Women Quarterly, 22,* 605–621.

Pleck, J. H. (1997). Paternal involvement: Levels, sources, and consequences. In M. E. Lamb et al. (Eds.), *The role of the father in child development* (3rd ed., pp. 66–103). New York: Wiley.

Plemons, J., Willis, S., & Baltes, P. (1978). Modifiability of fluid intelligence in aging: A short-term longitudinal training approach. *Journal of Gerontology, 33*(2), 224–231.

Plomin, R. (1990). The role of inheritance in behavior. *Science, 248,* 183–188.

Plomin, R. (1996). Nature and nurture. In M. R. Merrens & G. G. Brannigan (Eds.), *The developmental psychologist: Research adventures across the life span* (pp. 3–19). New York: McGraw-Hill.

Plomin, R., & Crabbe, J. (2000). DNA. *Psychological Bulletin, 126*(6), 806–828.

Plomin, R., & Daniels, D. (1987). Why are children in the same family so different from one another? *Behavioral and Brain Sciences, 10,* 1–16.

Plomin, R., & DeFries, J. C. (1999). The genetics of cognitive abilities and disabilities. In S. J. Ceci & W. M. Williams (Eds.), *The nature nurture debate: The essential readings* (pp. 178–195). Malden, MA: Blackwell.

Plomin, R., Owen, M. J., & McGuffin, P. (1994). The genetic bases of behavior. *Science, 264,* 1733–1739.

Plomin, R., & Rutter, M. (1998). Child development, molecular genetics, and what to do with genes once they are found. *Child Development, 69*(4), 1223–1242.

Plotkin, S. A., Katz, M., & Cordero, J. F. (1999). The eradication of rubella. *Journal* specialization? *Child Development, 72,* 691–695.

Polit, D. F., & Falbo, T. (1987). Only children and personality development: A quantitative review. *Journal of Marriage and the Family, 49,* 309–325.

Pollock, L. A. (1983). *Forgotten children.* Cambridge, England: Cambridge University Press.

Pomerantz, E. M., & Saxon, J. L. (2001). Conceptions of ability as stable and selfevaluative processes: A longitudinal examination. *Child Development, 72,* 152–173.

Pong, S. L. (1997). Family structure, school context, and eighth-grade math and reading achievement. *Journal of Marriage and the Family, 59,* 734–746.

Pong, S., Dronkers, J., & Hampden-Thompson, G. (2003). Family policies and children's school achievement in single- versus two-parent families. *Journal of Marriage and the Family, 65,* 681–699.

Poon, L. W. (1985). Differences in human memory with aging: Nature, causes, and clinical implications. In J. E. Birren & K. W. Schaie (Eds.), *Handbook of the psychology of aging* (pp. 427–462). New York: Van Nostrand Reinhold.

Pope, A. W., Bierman, K. L., & Mumma, G. H. (1991). Aggression, hyperactivity, and inattention-immaturity: Behavior dimensions associated with peer rejection in elementary school boys. *Developmental Psychology, 27,* 663–671.

Popenoe, D., & Whitehead, B. D. (1999). *Should we live together? What young adults need to know about cohabitation before marriage.* New Brunswick: National Marriage Project Rutgers, State University of New Jersey.

Popenoe, D., & Whitehead, B. D. (2003). *The state of our unions 2003: The social health of marriage in America.* Piscataway, NJ: The National Marriage Project.

Popenoe, D., & Whitehead, B. D. (Eds.) (2004). *The state of our unions 2004: The social health of marriage in America.* Piscataway, NJ: The National Marriage Project, Rutgers University.

Population Reference Bureau. (2005). Human population: Fundamentals of growth; World health. [Online]. Retrieved April 11, 2005 from http://www.prb.org/Content/NavigationMenu/PRB/Educators/Human_Population/Health2/World_Health1.htm.

Porcino, J. (1993, April–May). Designs for living. *Modern Maturity,* pp. 24–33.

Porter, E., & Walsh, M. W. (2005, February 9). Retirement turns into a rest stop as benefits dwindle. *New York Times.* [Online]. Retrieved February 9, 2005, from http://www.nytimes.com/2005/02/09/business/09retire.html.

Portwood, S. G., & Repucci, N. D. (1996). Adults' impact on the suggestibility of preschoolers' recollections. *Journal of Applied Developmental Psychology, 17,* 175–198.

Posada, G., Gao, Y., Wu, F., Posada, R., Tascon, M., Schoelmerich, A., Sagi, A., Kondo-Ikemura, K., Haaland, W., & Synnevaag, B. (1995). The secure-base phenomenon across cultures: Children's behavior, mothers' preferences, and experts' concepts. In E. Waters, B. E. Vaughn, G. Posada, & K. Kondo-Ikemura (Eds.), Caregiving, cultural, and cognitive perspectives on secure-base behavior and working models: New growing points of attachment theory and research (pp. 27–48). *Monographs of the Society for Research in Child Development, 60*(2–3, Serial No. 244).

Posner, J. K., & Vandell, D. L. (1999). After-school activities and the development of low income urban children: A longitudinal study. *Developmental Psychology, 35*(3), 868–879.

Posner, M. L., & DiGirolamo, G. J. (2000). Cognitive neuroscience: Origins and promise. *Psychological Bulletin, 126*(6), 873–889.

Post, S. G. (1994). Ethical commentary: Genetic testing for Alzheimer's disease. *Alzheimer Disease and Associated Disorders, 8,* 66–67.

Povinelli, D. J., & Giambrone, S. (2001). Reasoning about beliefs: A human specialization? *Child Development, 72,* 691–695.

Powell, L. H., Shahabi, L., & Thoresen, C. E. (2003). Religion and spirituality: Linkages to physical health. *American Psychologist, 58,* 36–52.

Powell, M. B., & Thomson, D. M. (1996). Children's memory of an occurrence of a repeated event: Effects of age, repetition, and retention interval across three question types. *Child Development, 67,* 1988–2004.

Powlishta, K. K., Serbin, L. A., Doyle, A. B., & White, D. R. (1994). Gender, ethnic, and body type biases: The generality of prejudice in childhood. *Developmental Psychology, 30,* 526–536.

Pratt, M. (1999). Benefits of lifestyle activity vs. structured exercise. *Journal of the American Medical Association, 281,* 375–376.

President's Commission to Strengthen Social Security. (2001). *Strengthening Social Security and creating personal wealth for all Americans.* Executive summary.

Preston, S. H. (2005). Deadweight?—The influence of obesity on longevity. *New England Journal of Medicine, 352,* 1135–1137.

Previti, D. & Amato, P. R. (2003). Why stay married? Rewards, barriers, and marital stability. *Journal of Marriage and the Family, 65,* 561–573.

Price, T. S., Simonoff, E., Waldman, I., Asherson, P., & Plomin, R. (2001). Hyperactivity in preschool children is highly heritable. *Journal of the American Academy of Child & Adolescent Psychiatry, 40*(12), 1362–1364.

Princiotta, D., Bielick, S., & Chapman, C. (2004). *1.1 million homeschooled students in the United States in 2003* (NCES 2004–115). Washington, DC: National Center for Education Statistics.

Prockop, D. J. (1998). The genetic trail of osteoporosis. *New England Journal of Medicine, 338,* 1061–1062.

Proctor, B. D., & Dalaker, J. (2003). *Poverty in the United States: 2002* (Current Population Reports, Series P60–222). Washington, DC: U.S. Government Printing Office.

ProEnglish (2002). *The status of bilingual education.* Fact sheet. [Online]. Available: http://www.proenglish.org/issues/education/bestatus.html. Access date: May 30, 2004.

Prohaska, T. R., Leventhal, E. A., Leventhal, H., & Keller, M. L. (1985). Health practices and illness cognition in young, middle-aged, and elderly adults. *Journal of Gerontology, 40,* 569–578.

Pruchno, R., & Johnson, K. W. (1996). Research on grandparenting: Current studies and future needs. *Generations, 20*(1), 65–70.

Puca, A. A., Daly, M. J., Brewster, S. J., Matise, T. C., Barrett, J., SheapDrinkwater, M., Kang, S., Joyce, E., Nicoli, J., Benson, E., Kunkel, L. M., & Perls, T. (2001). A genomewide scan for linkage to human exceptional longevity identifies a locus on chromosome 4. *Proceedings of the National Academy of Science, 28,* 10505–10508.

Pulkkinen, L. (1996). Female and male personality styles: A typological and developmental analysis. *Journal of Personality and Social Psychology, 70,* 1288–1306.

Purcell, J. H. (1995). Gifted education at a crossroads: The program status study. *Gifted Child Quarterly, 39*(2), 57–65.

Putallaz, M., & Bierman, K. L. (Eds.). (2004). *Aggression, antisocial behavior, and violence among girls: A developmental perspective.* New York: Guilford.

Putney, N. M., & Bengtson, V. L. (2001). Families, intergenerational relationships, and kinkeeping in midlife. In M. E. Lachman (Ed.), *Handbook of midlife development* (pp. 528–570). New York: Wiley.

Quadrel, M. J., Fischoff, B., & Davis, W. (1993). Adolescent (in)vulnerability. *American Psychologist, 48,* 102–116.

Quattrin, T., Liu, E., Shaw, N., Shine, B., & Chiang, E. (2005). Obese children who are referred to the pediatric oncologist: Characteristics and outcome. *Pediatrics, 115,* 348–351.

Quill, T. E., Lo, B., & Brock, D. W. (1997). Palliative options of the last resort. *Journal of the American Medical Association, 278,* 2099–2104.

Quinn, P. C., Eimas, P. D., & Rosenkrantz, S. L. (1993). Evidence for representations of perceptually similar natural categories by 3-month-old and 4-month-old infants. *Perception, 22,* 463–475.

Rabbitt, P., Diggle, P., Holland, F., & McInnes, L. (2004). Practice and drop-out effects during a 17-year longitudinal study of cognitive aging. *Journal of Gerontology: Psychological Sciences, 59B,* 84–P97.

Rabbitt, P., Watson, P., Donlan, C., McInnes, L., Horan, M., Pendleton, N., & Clague, J. (2002). Effects of death within 11 years on cognitive performance in old age. *Psychology and Aging, 17,* 468–481.

Rabiner, D., & Coie, J. (1989). Effect of expectancy induction on rejected peers' acceptance by unfamiliar peers. *Developmental Psychology, 25,* 450–457.

Raffaelli, M., & Crockett, L. J. (2003). Sexual risk-taking in adolescence: The role of self-regulation and attraction to risk. *Developmental Psychology, 39,* 1036–1046.

Rafferty, Y., & Shinn, M. (1991). Impact of homelessness on children. *American Psychologist, 46*(11), 1170–1179.

Ragland, D. R., Satariano, W. A., & MacLeod, K. E. (2004). Reasons given by older people for limitation or avoidance of driving. *The Gerontologist, 44,* 237–244.

Raine, A., Mellingen, K., Liu, J., Venables, P., & Mednick, S. (2003). Effects of environmental enrichment at ages 3–5 years in schizotypal personality and antisocial behavior at ages 17 and 23 years. *American Journal of Psychiatry, 160,* 1627–1635.

Rakoczy, H., Tomasello, M., and Striano. T. (2004). Young children know that trying is not pretending: A test of the "behaving-as-if" construal of children's early concept of pretense. *Developmental Psychology, 40,* 388–399.

Rall, L. C., Meydani, S. N., Kehayias, B. D. H., Dawson-Hughes, B., & Roubenoff, R. (1996). The effect of progressive resistance training in rheumatoid arthritis. *Arthritis and Rheumatism, 39,* 415–426.

Ram, A., & Ross, H. S. (2001). Problem solving, contention, and struggle: How siblings resolve a conflict of interests. *Child Development, 72,* 1710–1722.

Ramey, C. T., & Campbell, F. A. (1991). Poverty, early childhood education, and academic competence. In A. Huston (Ed.), *Children reared in poverty* (pp. 190–221). Cambridge, England: Cambridge University Press.

Ramey, C. T., Campbell, F. A., Burchinal, M., Skinner, M. L., Gardner, D. M., & Ramey, S. L. (2000). Persistent effects of early childhood education on high-risk children and their mothers. *Applied Developmental Science, 4*(1), 2–14.

Ramey, C. T., & Ramey, S. L. (1996). Early intervention: Optimizing development for children with disabilities and risk conditions. In M. Wolraich (Ed.), *Disorders of development and learning: A practical guide to assessment and management* (2nd ed., pp. 141–158). Philadelphia: Mosby.

Ramey, C. T., & Ramey, S. L. (1998a). Early intervention and early experience. *American Psychologist, 53,* 109–120.

Ramey, C. T., & Ramey, S. L. (1998b). Prevention of intellectual disabilities: Early interventions to improve cognitive development. *Preventive Medicine, 21,* 224–232.

Ramey, S. L. (1999). Head Start and preschool education: Toward continued improvement. *American Psychologist, 54,* 344–346.

Ramey, S. L., & Ramey, C. T. (1992). Early educational intervention with disadvantaged children—To what effect? *Applied and Preventive Psychology, 1,* 131–140.

Ramirez, J. M. (2003). Hormones and aggression in childhood and adolescence. *Aggression and Violent Behavior, 8,* 621–644.

Ramoz, N., Reichert, J. G., Smith, C. J., Silverman, J. M., Bespalova, I. N., Davis, K. L., & Buxbaum, J. D. (2004). Linkage and association of the mitochondrial aspartate/glutamate carrier SLC25A12 gene with autism. *American Journal of Psychiatry, 161,* 662–669.

Rampersad, A. (1997). *Jackie Robinson: A biography.* New York: Knopf.

Ramsey, P. G., & Lasquade, C. (1996). Preschool children's entry attempts. *Journal of Applied Developmental Psychology, 17,* 135–150.

Randall, D. (2005). *Corporal punishment in school.* FamilyEducation.com. [Online]. Retrieved April 20, 2005, from http://www.familyeducation.com/article/0,1120,1–3980,00.html.

Rao, R., & Georgieff, M. K. (2000). Early nutrition and brain development. *The effects of early adversity on neurobehavioral development. The Minnesota Symposia on Child Psychology* (Vol. 31, pp. 1–30). Mahwah, NJ: Lawrence Erlbaum Associates.

Rapin, I. (1997). Autism. *New England Journal of Medicine, 337,* 97–104.

Rapp, S. R., Espeland, M. A., Shumaker, S. A., Henderson, V. W., Brunner, R. L., Manson, J. E., Gass, M. L. S., Stefanisk, M. L., Lane, D. S., Hays, J., Johnson, K. C., Coker, L. H., Dailey, M., Bowen, D., for the WHIMIS Investigators. (2003). Effects of estrogen plus progestin on global cognitive function in postmenopausal women: The Women's Health Initiative Memory Study: A randomized controlled trial. *Journal of the American Medical Association,* 2663–2672.

Rask-Nissilä, L., Jokinen, E., Terho, P., Tammi, A., Lapinleimu, H., Ronnemaa, T., Viikari, J., Seppanen, R., Korhonen, T., Tuominen, J., Valimaki, I., & Simell, O. (2000). Neurological development of 5-year-old children receiving a low-saturated fat, low-cholesterol diet since infancy. *Journal of the American Medical Association, 284*(8), 993–1000.

Rathbun, A., West, J., & Germino-Hausken, E. (2004). From kindergarten through third grade: Children's beginning school experiences (NCES 2004–007). Washington, DC: National Center for Education Statistics.

Ratner, H. H., & Foley, M. A. (1997, April). *Children's collaborative learning: Reconstructions of the other in the self.* Paper presented at the meeting of the Society for Research in Child Development,Washington, DC.

Rauh, V. A., Whyatt, R. M., Garfinkel, R., Andrews, H., Hoepner, L., Reyes, A., Diaz, D., Camann, D., & Perera, F. P. (2004). Developmental effects of exposure to environmental tobacco smoke and material hardship among inner-city children. *Neurotoxicology and Teratology, 26,* 373–385.

Raver, C. C. (2002). Emotions matter: Making the case for the role of young children's emotional development for early school readiness. *Social Policy Report, 16*(3).

Ray, O. (2004). How the mind hurts and heals the body. *American Psychologist, 59,* 29–40.

Redding, R. E., Harmon, R. J., & Morgan, G. A. (1990). Maternal depression and infants' mastery behaviors. *Infant Behavior and Development, 113,* 391–396.

Reed, T., Dick, D. M., Uniacke, S. K., Foroud, T., & Nichols, W. C. (2004). Genomewide scan for a healthy aging phenotype provides support for a locus near D4S1564 promoting healthy aging. *Journal of Gerontology: Biological Sciences, 59A,* 227–232.

Reese, E. (1995). Predicting children's literacy from mother-child conversations. *Cognitive Development, 10,* 381–405.

Reese, E., & Cox, A. (1999). Quality of adult book reading affects children's emergent literacy. *Developmental Psychology, 35,* 20–28.

Reese, E., & Fivush, R. (1993). Parental styles of talking about the past. *Developmental Psychology, 29,* 596–606.

Reese, E., Haden, C., & Fivush, R. (1993). Mother-child conversations about the past: Relationships of style and memory over time. *Cognitive Development, 8,* 403–430.

Reeves, M. J., & Rafferty, A. P. (2005). Healthy lifestyle characteristics among adults in the United States, 2000. *Archives of Internal Medicine, 165,* 854–857.

Reid, J. D. (1995). Development in late life: Older lesbian and gay life. In A. R. D'Augelli & C. J. Patterson (Eds.), *Lesbian, gay, and bisexual identities over the lifespan: Psychological perspectives* (pp. 215–240). New York: Oxford University Press.

Reid, J. D., & Willis, S. K. (1999). Middle age: New thoughts, new directions. In S. L. Willis & J. D. Reid (Eds.), *Life in the middle* (pp. 272–289). San Diego: Academic Press.

Reid, J. R., Patterson, G. R., & Loeber, R. (1982). The abused child: Victim, instigator, or innocent bystander? In D. J. Berstein (Ed.), *Response structure and organization.* Lincoln: University of Nebraska Press.

Reijo, R., Alagappan, R. K., Patrizio, P., & Page, D. C. (1996). Severe oligozoospermia resulting from deletions of azoospermia factor gene on Y chromosome. *The Lancet, 347,* 1290–1293.

Reilly, J. J., Jackson, D. M., Montgomery, C., Kelly, L. A., Slater, C., Grant, S., & Paton, J. Y. (2004). Total energy expenditure and physical activity in young Scottish children: Mixed longitudinal study. *Lancet, 363,* 211–212.

Reiner, W. (2000, May 12). Cloacal exstrophy: A happenstance model for androgen imprinting. Presentation at the meeting of the Pediatric Endocrine Society, Boston.

Reiner, W. G., & Gearhart, J. P. (2004). Discordant sexual identity in some genetic males with cloacal exstrophy assigned to female sex at birth. *New England Journal of Medicine, 350*(4), 333–341.

Reis, H. T., & Patrick, B. C. (1996). Attachment and intimacy: Component processes. In E. T. Higgins & A. Kruglanski (Eds.), *Social psychology: Handbook of basic principles* (pp. 523–563). New York: Guilford.

Reisberg, B., Doody, R., Stoffler, A., Schmitt, F., Ferris, S., & Mobius, H. J. (2003). Memantine in moderate-to-severe Alzheimer's Disease. *New England Journal of Medicine, 348,* 1333–1341.

Reiss, A. L., Abrams, M. T., Singer, H. S., Ross, J. L., & Denckla, M. B. (1996). Brain development, gender and IQ in children: A volumetric imaging study. *Brain, 119,* 1763–1774.

Reitzes, D. C., & Mutran, E. J. (2002). Self-concept as the organization of roles: Importance, centrality, and balance. *Sociological Quarterly, 43,* 647–667.

Reitzes, D. C., & Mutran, E. J. (2004). Grandparenthood: Factors influencing frequency of grandparent-grandchildren contact and role satisfaction. *Journal of Gerontology: Social Sciences,* S9–S16.

Remafedi, G., French, S., Story, M., Resnick, M.D., & Blum, R. (1998). The relationship between suicide risk and sexual orientation: Results of a population-based study. *American Journal of Public Health, 88,* 57–60.

Remafedi, G., Resnick, M., Blum, R., & Harris, L. (1992). Demography of sexual orientation in adolescents. *Pediatrics, 89,* 714–721.

Remez, L. (2000). Oral sex among adolescents: Is it sex or is it abstinence? *Family Planning Perspectives, 32,* 298–304.

Research Unit on Pediatric Psychopharmacology Anxiety Study Group. (2001). Fluvoxamine for the treatment of anxiety disorder in children and adolescents. *New England Journal of Medicine, 344,* 1279–1285.

Resnick, L. B. (1989). Developing mathematical knowledge. *American Psychologist, 44,* 162–169.

Resnick, M. D., Bearman, P. S., Blum, R. W., Bauman, K. E., Harris, K. M., Jones, J., Tabor, J., Beuhring, T., Sieving, R. E., Shew, M., Ireland, M., Bearinger, L. H., & Udry, J. R. (1997). Protecting adolescents from harm: Findings from the National Longitudinal Study on Adolescent Health. *Journal of the American Medical Association, 278,* 823–832.

Rest, J., Narvaez, D., Bebeau, M. J., & Thoma, S. J. (1999). *Postconventional moral thinking.* Mahwah, NJ: Erlbaum.

Rest, J. R. (1975). Longitudinal study of the Defining Issues Test of moral judgment: A strategy for analyzing developmental change. *Developmental Psychology, 11,* 738–748.

Rest, J. R., Deemer, D., Barnett, R., Spickelmier, J., & Volker, J. (1986). Life experiences and developmental pathways. In J. R. Rest (Ed.), *Moral development: Advances in theory and research.* New York: Praeger.

Restak, R. (1984). *The brain.* New York: Bantam.

Reuter-Lorenz, P. A., Jonides, J., Smith, E. E., Hartley, A., Miller, A., Marshuetz, C., & Koeppe, R. A. (2000). Age differences in the frontal lateralization of verbal and spatial working memory revealed by PET. *Journal of Cognitive Neuroscience, 12,* 174–187.

Reuter-Lorenz, P. A., Stanczak, L., & Miller, A. (1999). Neural recruitment and cognitive aging: Two hemispheres are better than one especially as you age. *Psychological Science, 10,* 494–500.

Reuters. (2004a). Canada first country to ban sale of baby walkers.

Reuters. (2004b). Senate passes Unborn Victims Bill. *New York Times.* [Online]. Available: http://www.nytimes.com/reuters/politics/politics-congress-unborn.html?ex=1081399302&ei=1&en=636394338d275008. Access date: March 29, 2004.

Reynolds, A. J. (1994). Effects of a preschool plus follow-on intervention for children at risk. *Developmental Psychology, 30,* 787–804.

Reynolds, A. J., & Robertson, D. L. (2003). School-based early intervention and later child maltreatment in the Chicago Longitudinal Study. *Child Development, 74,* 3–26.

Reynolds, A. J., & Temple, J. A. (1998). Extended early childhood intervention and school achievement: Age thirteen findings from the Chicago Longitudinal Study. *Child Development, 69,* 231–246.

Reynolds, A. J., Temple, J. A., Robertson, D. L., & Mann, E. A. (2001). Long-term effects of an early childhood intervention on educational achievement and juvenile arrest. *Journal of the American Medical Association, 285,* 2339–2346.

Reynolds, C. F., III, Buysse, D. J., & Kupfer, D. J. (1999). Treating insomnia in older adults: Taking a long-term view. *Journal of the American Medical Association, 281,* 1034–1035.

Reynolds, M. A., Schieve, L. A., Martin, J. A., Jeng, G., & Macaluso, M. (2003). Trends in multiple births conceived using assisted reproductive technology, United States, 1997–2000. *Pediatrics, 111,* 1159–1166.

Reznick, J. S., Chawarska, K., & Betts, S. (2000). The development of visual expectations in the first year. *Child Development, 71,* 1191–1204.

Ricciuti, H. N. (1999). Single parenthood and school readiness in white, black, and Hispanic 6- and 7-year-olds. *Journal of Family Psychology, 13,* 450–465.

Ricciuti, H. N. (2004). Single parenthood, achievement, and problem behavior in white, black, and Hispanic children. *Journal of Educational Research, 97,* 196–206.

Rice, C., Koinis, D., Sullivan, K., Tager-Flusberg, H., & Winner, E. (1997). When 3-year-olds pass the appearance-reality test. *Developmental Psychology, 33,* 54–61.

Rice, M., Oetting, J. B., Marquis, J., Bode, J., & Pae, S. (1994). Frequency of input effects on SLI children's word comprehension. *Journal of Speech and Hearing Research, 37,* 106–122.

Rice, M. L. (1989). Children's language acquisition. *American Psychologist, 44*(2), 149–156.

Rice, M. L., Hadley, P. A., & Alexander, A. L. (1993). Social biases toward children with speech and language impairments: A correlative causal model of language limitations. *Applied Psycholinguistics, 14,* 445–471.

Rice, M. L., Huston, A. C., Truglio, R., & Wright, J. (1990). Words from "Sesame Street": Learning vocabulary while viewing. *Developmental Psychology, 26,* 421–428.

Richards, M. H., Boxer, A. M., Petersen, A. C., & Albrecht, R. (1990). Relation of weight to body image in pubertal girls and boys from two communities. *Developmental Psychology, 26,* 313–321.

Richards, T. L., Dager, S. R., Corina, D., Serafini, S., Heide, A. C., Steury, K., Strauss, W., Hayes, C. E., Abbott, R. D., Craft, S., Shaw, D., Posse, S., & Berninger, V. W. (1999). Dyslexic children have abnormal brain lactate response to reading-related language tasks. *American Journal of Neuroradiology, 20,* 1393–1398.

Richardson, C. R., Kriska, A. M., Lantz, P. M., & Hayward, R. A. (2004). Physical activity and mortality across cardiovascular disease risk groups. *Medicine and Science in Sports and Exercise, 36,* 1923–1929.

Richardson, J. (1995). *Achieving gender equality in families: The role of males* (Innocenti Global Seminar, Summary Report). Florence, Italy: UNICEF International Child Development Centre, Spedale degli Innocenti.

Riddle, R. D., Johnson, R. L., Laufer, E., & Tabin, C. (1993). Sonic hedgehog mediates the polarizing activity of the ZPA. *Cell, 75,* 1401–1416.

Rideout, V. J., Vandewater, E. A., & Wartella, E. A. (2003). *Zero to six: Electronic media in the lives of infants, toddlers and preschoolers.* A Kaiser Family Foundation Report.

Riediger, M., Freund, A. M., & Baltes, P. B. (2005). Managing life through personal goals: Intergoal facilitation and intensity of goal pursuit in younger and older adults. *Journal of Gerontology: Psychological Sciences, 60B,* P84–P91.

Riemann, M. K., & Kanstrup Hansen, I. L. (2000). Effects on the fetus of exercise in pregnancy. *Scandinavian Journal of Medicine & Science in Sports. 10*(1), 12–19.

Rifkin, J. (1998, May 5). Creating the "perfect" human. *Chicago Sun-Times,* p. 29.

Riis, J., Baron, J., Loewenstein, G., Jepson, C., Fagerlin, A., & Ubel, P. A. (2005). Ignorance of hedonic adaptation to hemodialysis: A study using ecological momentary assessment. *Journal of Experimental Psychology: General, 134,* 3–4.

Riley, K. P., Snowdon, D. A., Desrosiers, M. F., & Markesbery, W. R. (2005). Early life linguistic ability, late life cognitive function, and neuropathology: Findings from the Nun Study. *Neurobiology of Aging, 26,* 341–347.

Riley, M. W. (1994). Aging and society: Past, present, and future. *The Gerontologist, 34,* 436–446.

Rimm, E. B., Ascherio, A., Giovannucci, E., Spiegelman, D., Stampfer, M. J., & Willett, W. C. (1996). Vegetable, fruit, and cereal fiber intake and risk of coronary heart disease among men. *Journal of the American Medical Association, 275,* 447–451.

Rimm, E. B., & Stampfer, M. J. (2004). Diet, lifestyle, and longevity—the next steps? *Journal of the American Medical Association, 292,* 1490–1492.

Rios-Ellis, B., Bellamy, L., & Shoji, J. (2000). An examination of specific types of *ijime* within Japanese schools. *School Psychology International, 21,* 227–241.

Ripple, C. H., Gilliam,W. S., Chanana, N., & Zigler, E. (1999). Will fifty cooks spoil the broth? The debate over entrusting Head Start to the states. *American Psychologist, 54,* 327–343.

Risks of hormone use continue to emerge: Ongoing analyses strengthen case against menopausal hormone therapy. (2004, May). *HealthNews,* p. 3.

Ritchie, L., Crawford, P., Woodward-Lopez, G., Ivey, S., Masch, M., & Ikeda, J. (2001). *Prevention of childhood overweight: What should be done?* Berkeley, CA: Center for Weight and Health, U.C. Berkeley.

Ritter, J. (1999, November 23). Scientists close in on DNA code. *Chicago Sun-Times,* p. 7.

Rivera, J. A., Sotres-Alvarez, D., Habicht, J.-P., Shamah, T., & Villalpando, S. (2004). Impact of the Mexican Program for Education, Health and Nutrition (Progresa) on rates of growth and anemia in infants and young children. *Journal of the American Medical Association, 291,* 2563–2570.

Rivera, S. M., Wakeley, A., & Langer, J. (1999). The drawbridge phenomenon: Representational reasoning or perceptual preference? *Developmental Psychology, 35*(2), 427–435.

Rizzo, T. A., Metzger, B. E., Dooley, S. L., & Cho, N. H. (1997). Early malnutrition and child neurobehavioral development: Insights from the study of children of diabetic mothers. *Child Development, 68,* 26–38.

Robbins, A., & Wilner, A. (Eds.) (2001). *Quarterlife crisis: The unique challenges of life in your twenties.* New York: Putnam.

Roberts, B. W., & Del Vecchio, W. F. (2000). The rank-order consistency of personality traits from childhood to old age: A quantitative review of longitudinal studies. *Psychological Bulletin, 126,* 3–25.

Roberts, B. W., Caspi, A., & Moffitt, T. E. (2003). Work experiences and personality development in young adulthood. *Journal of Personality and Social Psychology, 84,* 582–593.

Roberts, G. C., Block, J. H., & Block, J. (1984). Continuity and change in parents' child-rearing practices. *Child Development, 55,* 586–597.

Robin, D. J., Berthier, N. E., & Clifton, R. K. (1996). Infants' predictive reaching for moving objects in the dark. *Developmental Psychology, 32,* 824–835.

Robine, J., & Michel, P. (2004). Looking forward to a general theory on population aging. *Journal of Gerontology: Medical Sciences, 59,* M590–M597.

Robins, R.W., John, O. P., Caspi, A., Moffitt, T. E., & Stouthamer-Loeber, M. (1996). Resilient, overcontrolled, and undercontrolled boys: Three replicable personality types. *Journal of Personality and Social Psychology, 70,* 157–171.

Robinson, J. (as told to A. Duckett). (1995). *I never had it made.* Hopewell, NJ: Ecco.

Robinson, L. C., & Blanton, P. W. (1993). Marital strengths in enduring marriages. *Family Relations, 42,* 38–45.

Robinson, S. (1996). *Stealing home.* New York: HarperCollins.

Robinson, S. D., Rosenberg, H. J., & Farrell, M. P. (1999). The midlife crisis revisited. In S. L. Willis & J. D. Reid (Eds.), *Life in the middle: Psychological and social development in middle age* (pp. 47–77). San Diego, CA: Academic.

Robinson, T. N., Wilde, M. L., Navracruz, L. C., Haydel, K. F., & Varady, A. (2001). Effects of reducing children's television and video game use on aggressive behavior: A randomized controlled trial. *Archives of Pediatric and Adolescent Medicine, 155,* 17–23.

Rochat, P., Querido, J. G., & Striano, T. (1999). Emerging sensitivity to the timing and structure of proto conversations in early infancy. *Developmental Psychology, 35,* 950–957.

Rochat, P., & Striano, T. (2002). Who's in the mirror? Self-other discrimination in specular images by four- and nine-month-old infants. *Child Development, 73,* 35–46.

Rockwood, K., Howlett, S. E., MacKnight, C., Beattie, B. L., Bergman, H., Hebert, R., Hogan, D. B., Wolfson, C., & McDowell, I. (2004). Prevalence, attributes, and outcomes of fitness and frailty in community-dwelling older adults: Report from the Canadian Study of Health and Aging. *Journal of Gerontology: Medical Sciences, 59A,* 1310–1317.

Rodden, J. (Ed.). (1999). *Conversations with Isabel Allende.* Austin: University of Texas Press.

Roderick, M., Engel, M., & Nagaoka, J. (2003). *Ending social promotion: Results from Summer Bridge.* Chicago: Consortium on Chicago School Research.

Rodier, P. M. (2000, February). The early origins of autism. *Scientific American,* pp. 56–63.

Rodin, J., & Ickovics, J. (1990). Women's health: Review and research agenda as we approach the 21st century. *American Psychologist, 45,* 1018–1034.

Rodkin, P. C., Farmer, T. W., Pearl, R., & Van Acker, R. (2000). Heterogeneity of popular boys: Antisocial and prosocial configurations. *Developmental Psychology, 36*(1), 14–24.

Rodriguez, C., Patel, A.V., Calle, E. E., Jacob, E. J., & Thun, M. J. (2001). Estrogen replacement therapy and ovarian cancer mortality in a large prospective study of U.S. women. *Journal of the American Medical Association, 285,* 1460–1465.

Rogan, W. J, Dietrich, K. N., Ware, J. H., Dockery, D. W., Salganik, M., Radcliffe, J., Jones, R. L., Ragan, N. B., Chisolm Jr., J. J., & Rhoads, G. G., for the Treatment of Lead-Exposed Children Trial Group. (2001). The effect of chelation therapy with succimer on neuropsychological development in children exposed to lead. *New England Journal of Medicine, 344,* 1421–1426.

Rogers, A. R. (2003). Economics and the evolution of life histories. *Proceedings of the National Academy of Sciences, 100,* 9114–9115.

Rogers, C. R. (1961). *On becoming a person.* Boston: Houghton Mifflin.

Rogers, R. G. (1995). Marriage, sex and mortality. *Journal of Marriage and the Family, 57,* 515–526.

Rogers, S. J. (2004). Dollars, dependency, and divorce: Four perspectives on the role of wives' income. *Journal of Marriage and Family, 66,* 59–74.

Rogers, W. A., Meyer, B., Walker, N., & Fisk, A. D. (1998). Functional limitations to daily living tasks in the aged: A focus group analysis. *Human Factors, 40,* 111–125.

Rogler, L. H. (2002). Historical generations and psychology: The case of the Great Depression and World War II. *American Psychologist, 57*(12), 1013–1023.

Rogoff, B., Mistry, J., Göncü, A., & Mosier, C. (1993). Guided participation in cultural activity by toddlers and caregivers. *Monographs of the Society for Research in Child Development, 58*(8, Serial No. 236).

Rogoff, B., & Morelli, G. (1989). Perspectives on children's development from cultural psychology. *American Psychologist, 44,* 343–348.

Roisman, G. I., Masten, A. S., Coatsworth, J. D., & Tellegen, A. (2004). Salient and emerging developmental tasks in the transition to adulthood. *Child Development, 75,* 123–133.

Rolls, B. J., Engell, D., & Birch, L. L. (2000). Serving portion size influences 5-year-old but not 3-year-old children's food intake. *Journal of the American Dietetic Association, 100,* 232–234.

Rome-Flanders, T., Cronk, C., & Gourde, C. (1995). Maternal scaffolding in mother-infant games and its relationship to language development: A longitudinal study. *First Language, 15,* 339–355.

Ronca, A. E., & Alberts, J. R. (1995). Maternal contributions to fetal experience and the transition from prenatal to postnatal life. In J. P. Lecanuet, W. P. Fifer, N. A. Krasnegor, & W. P. Smotherman (Eds.), *Fetal development: A psychobiological perspective* (pp. 331–350). Hillsdale, NJ: Erlbaum.

Rönnlund, M., Nyberg, L., Bäckman, L., & Nilsson, L.-G. (2005). Stability, growth, and decline in adult life span development of declarative memory: Cross-sectional and longitudinal data from a population-based study. *Psychology and Aging, 20,* 3–18.

Roopnarine, J., & Honig, A. S. (1985, September). The unpopular child. *Young Children,* pp. 59–64.

Roopnarine, J. L., Hooper, F. H., Ahmeduzzaman, M., & Pollack, B. (1993). Gentle play partners: Mother-child and father-child play in New Delhi, India. In K. MacDonald (Ed.), *Parent-child play* (pp. 287–304). Albany: State University of New York Press.

Roopnarine, J. L., Talokder, E., Jain, D., Josh, P., & Srivastav, P. (1992). Personal well-being, kinship ties, and mother-infant and father-infant interactions in single-wage and dual-wage families in New Delhi, India. *Journal of Marriage and the Family, 54,* 293–301.

Rosamond, W. D., Chambless, L. E., Folsom, A. R., Cooper, L. S., Conwill, D. E., Clegg, L., Wang, C.-H., & Heiss, G. (1998). Trends in the incidence of myocardial infarction and in mortality due to coronary heart disease, 1987 to 1994. *New England Journal of Medicine, 339,* 861–867.

Rose, A. J. & Asher, S. R., (2004). Children's strategies and goals in response to help-giving and help-seeking tasks within a friendship. *Child Development, 75,* 749–763.

Rose, S. A. (1994). Relation between physical growth and information processing in infants born in India. *Child Development, 65,* 889–902.

Rose, S. A., & Feldman, J. F. (1995). Prediction of IQ and specific cognitive abilities at 11 years from infancy measures. *Developmental Psychology, 31,* 685–696.

Rose, S. A., & Feldman, J. F. (1997). Memory and speed: Their role in the relation of infant information processing to later IQ. *Child Development, 68,* 630–641.

Rose, S. A., & Feldman, J. F. (2000). The relation of very low birth weight to basic cognitive skills in infancy and childhood. In CA. Nelson (Ed.), The effects of early adversity on neurobehavioral development. *The Minnesota Symposia on Child Psychology* (Vol. 31, pp. 31–59). Mahwah, NJ: Lawrence Erlbaum Associates.

Rose, S. A., Feldman, J. F., & Jankowski, J. J. (2001). Attention and recognition memory in the 1st year of life: A longitudinal study of preterm and full-term infants. *Developmental Psychology, 37,* 135–151.

Rose, S. A., Feldman, J. F., & Jankowski, J. J. (2002). Processing speed in the 1st year of life: A longitudinal study of preterm and full-term infants. *Developmental Psychology, 38,* 895–902.

Rosenberg, S. D., Rosenberg, H. J., & Farrell, M. P. (1999). The midlife crisis revisited. In S. L. Willis & J. D. Reid (Eds.), *Life in the middle* (pp. 47–73). San Diego: Academic Press.

Rosenblum, G. D., & Lewis, M. (1999). The relations among body image, physical attractiveness, and body mass in adolescence. *Child Development, 70,* 50–64.

Rosenblum, K. L., McDonough, S., Muzik, M., Miller, A., & Sameroff, A. (2002). Maternal representations of the infant: Associations with infant response to the still face. *Child Development, 73,* 999–1015.

Rosenbluth, S. C., & Steil, J. M. (1995). Predictors of intimacy for women in heterosexual and homosexual couples. *Journal of Social and Personal Relationships, 12*(2), 163–175.

Rosenfeld, D. (1999). Identity work among lesbian and gay elderly. *Journal of Aging Studies, 13,* 121–144.

Rosengren, K. S., Gelman, S. A., Kalish, C. W., & McCormick, M. (1991). As time goes by: Children's early understanding of growth in animals. *Child Development, 62,* 1302–1320.

Rosenthal, C. J., Martin-Matthews, A., & Matthews, S. H. (1996). Caught in the middle? Occupancy in multiple roles and help to parents in a national probability sample of Canadian adults. *Journal of Gerontology: Social Sciences, 51B,* S274–S283.

Rosenthal, E. (1998, November 1). For one-child policy, China rethinks iron hand. *The New York Times,* pp. 1, 20.

Rosenthal, E. (2003, July 20). Bias for boys leads to sale of baby girls in China. *New York Times,* sec. 1, p. 6, col. 3.

Rosenthal, R., & Vandell, D. L. (1996). Quality of care at school-aged child-care programs: Regulatable features, observed experiences, child perspectives, and parent perspectives. *Child Development, 67,* 2434–2445.

Ross, C. E., Mirowsky, J., & Goldsteen, K. (1990). The impact of the family on health: A decade in review. *Journal of Marriage and the Family, 52,* 1059–1078.

Ross, G., Lipper, E. G., & Auld, P. A. M. (1991). Educational status and school-related abilities of very low birth weight premature children. *Pediatrics, 8,* 1125–1134.

Ross, H. S. (1996). Negotiating principles of entitlement in sibling property disputes. *Developmental Psychology, 32,* 90–101.

Rossi, A. S. (2004). The menopausal transition and aging process. In O. G. Brim, C. D. Ryff, and R. C. Kessler (Eds.). *How healthy are we? A national study of well-being at midlife.* Chicago: University of Chicago Press.

Rossi, R. (1996, August 30). Small schools under microscope. *Chicago Sun-Times,* p. 24.

Rotenberg, K. J., & Eisenberg, N. (1997). Developmental differences in the understanding of and reaction to others' inhibition of emotional expression. *Developmental Psychology, 33,* 526–537.

Roth, G. S., Lane, M. A., Ingram, D. K., Mattison, J. A., Elahi, D., Tobin, J. D., Muller, D., & Metter, E. J. (2002). Biomarkers of caloric restriction may predict longevity in humans. *Science, 297,* 811.

Rothbart, M. K., Ahadi, S. A., & Evans, D. E. (2000). Temperament and personality: Origins and outcomes. *Journal of Personality and Social Psychology, 78,* 122–135.

Rothbart, M. K., Ahadi, S. A., Hershey, K. L., & Fisher, P. (2001). Investigations of temperament at three to seven years: The Children's Behavior Questionnaire. *Child Development, 72,* 1394–1408.

Rothbart, M. K., & Hwang, J. (2002). Measuring infant temperament. *Infant Behavior & Development, 130,* 1–4.

Rotheram-Borus, M. J., & Futterman, D. (2000). Promoting early detection of human immunodeficiency virus infection among adolescents. *Archives of Pediatric and Adolescent Medicine, 154,* 435–439.

Rothermund, K., & Brandtstadter, J. (2003). Coping with deficits and losses in later life: From compensatory action to accommodation. *Psychology and Aging, 18,* 896–905.

Rouse, C., Brooks-Gunn, J., & McLanahan, S. (2005). Introducing the issue. *The Future of Children, 15*(1), 5–14.

Roush, W. (1995). Arguing over why Johnny can't read. *Science, 267,* 1896–1898.

Rovee-Collier, C. (1996). Shifting the focus from what to why. *Infant Behavior and Development, 19,* 385–400.

Rovee-Collier, C. (1999). The development of infant memory. *Current Directions in Psychological Science, 8,* 80–85.

Rowe, J. W., & Kahn, R. L. (1997). Successful aging. *The Gerontologist, 37,* 433–440.

Rowland, A. S., Umbach, D. M., Stallone, L., Naftel, J., Bohlig, E. M., & Sandler, D. P. (2002). Prevalence of medication treatment for attention-deficit hyperactivity disorder among elementary school children in Johnston County, North Carolina. *American Journal of Public Health, 92,* 231–234.

Rubin, D. H., Erickson, C. J., San Agustin, M., Cleary, S. D., Allen, J. K., & Cohen, P. (1996). Cognitive and academic functioning of homeless children compared with housed children. *Pediatrics, 97,* 289–294.

Rubin, D. H., Krasilnikoff, P. A., Leventhal, J. M., Weile, B., & Berget, A. (1986, August 23). Effect of passive smoking on birth-weight. *The Lancet,* pp. 415–417.

Rubin, K. H., Bukowski, W., & Parker, J. G. (1998). Peer interactions, relationships, and groups. In W. Damon (Series Ed.) & N. Eisenberg (Vol. Ed.), *Handbook of child psychology: Vol. 3. Social, emotional, and personality development* (5th ed., pp. 619–700). New York: Wiley.

Rubin, K. H., Fein, G. G., & Vandenberg, B. (1983). Play. In P. H. Mussen (Series Ed.) & E. M. Hetherington (Vol. Ed.), *Handbook of child psychology: Vol. 4. Socialization, personality, and social development* (pp. 694–774). New York: Wiley.

Rubinstein, R. L., Alexander, B. B., Goodman, M., & Luborsky, M. (1991). Key relationships of never married, childless older women: A cultural analysis. *Journal of Gerontology: Social Sciences, 46,* S270–277.

Ruble, D. N., & Dweck, C. S. (1995). Self-conceptions, person conceptions, and their development. In N. Eisenberg, (Ed.), *Social development: Review of personality and social psychology* (pp. 109–139). Thousand Oaks, CA: Sage.

Ruble, D. N., & Martin, C. L. (1998). Gender development. In W. Damon (Series Ed.) & N. Eisenberg (Vol. Ed.), *Handbook of child psychology: Vol. 3. Social, emotional, and personality development* (5th ed., pp. 933–1016). New York: Wiley.

Rudman, D., Axel, G. F., Hoskote, S. N., Gergans, G. A., Lalitha, P. Y., Goldberg, A. F., Schlenker, R. A., Cohn, L., Rudman, I. W., & Mattson, D. E. (1990). Effects of human growth hormone in men over 60 years old. *New England Journal of Medicine, 323*(1), 1–6.

Rudolph, K. D., Lambert, S. F., Clark, A. G., & Kurlakowsky, K. D. (2001). Negotiating the transition to middle school: The role of self-regulatory processes. *Child Development, 72*(3), 929–946.

Rueter, M. A., & Conger, R. D. (1995). Antecedents of parent-adolescent disagreements. *Journal of Marriage and the Family, 57,* 435–448.

Ruffman, T., Slade, L., & Crowe, E. (2002). The relation between children's and mothers' mental state language and theory-of-mind understanding. *Child Development, 73,* 734–751.

Ruitenberg, A., van Swieten, J. C.,Witteman, J. C., Mehta, K. M., van Duijn, C. M., Hofman, A., & Breteler, M. M. (2002). Alcohol consumption and risk of dementia: The Rotterdam Study. *Lancet, 359,* 281–286.

Ruiz, F., & Tanaka, K. (2001). The *ijime* phenomenon and Japan: Overarching consideration for cross-cultural studies. *Psychologia: An International Journal of Psychology in the Orient, 44,* 128–138.

Rutland, A. F., & Campbell, R. N. (1996). The relevance of Vygotsky's theory of the "zone of proximal development" to the assessment of children with intellectual disabilities. *Journal of Intellectual Disability Research, 40,* 151–158.

Rutledge, T., Reis, S. T., Olson, M., Owens, J., Kelsey, S. F., Pepine, C. J., Mankad, S., Rogers, W. J., Merz, C. N. B., Sopko, G., Cornell, C. E., Sharaf, B., & Matthews, K. A. (2004). Social networks are associated with lower mortality rates among women with suspected coronary disease: The National Heart, Lung, and Blood Institute-sponsored Women's Ischemia Syndrome Evaluation Study. *Psychosomatic Medicine, 66,* 882–888.

Rutter, M. (2002). Nature, nurture, and development: From evangelism through science toward policy and practice. *Child Development, 73,* 1–21.

Rutter, M. (2003). Commentary: Causal processes leading to antisocial behavior. *Developmental Psychology, 39,* 372–378.

Rutter, M., Caspi, A., Fergusson, D., Horwood, L. J., Goodman, R., Maughan B., Moffitt, T. E., Meltzer, H., & Carroll, J. (2004). Sex differences in developmental reading disability: New findings from 4 epidemiological studies. *Journal of the American Medical Association, 291,* 2007–2012.

Rutter, M., & the English and Romanian Adoptees (ERA) Study Team. (1998). Developmental catch-up, and deficit, following adoption after severe global early privation. *Journal of Child Psychology and Psychiatry, 39,* 465–476.

Rutter, M., O'Connor, T. G., and the English and Romanian Adoptees (ERA) Study Team. (2004). Are there biological programming effects for psychological development? Findings from a study of Romanian adoptees. *Developmental Psychology, 40,* 81–94.

Ryan, A. (2001). The peer group as a context for the development of young adolescent motivation and achievement. *Child Development, 72*(4), 1135–1150.

Ryan, A. S. (1997). The resurgence of breastfeeding in the United States. *Pediatrics, 99.* [Online]. Available: http://www.pediatrics.org/cgi/content/full/99/4/e12.

Ryan, A. S., Wenjun, Z., & Acosta, A. (2002). Breastfeeding continues to increase into the new millennium. *Pediatrics, 110,* 1103–1109.

Ryan, V., & Needham, C. (2001). Nondirective play therapy with children experiencing psychic trauma. *Clinical Child Psychology and Psychiatry* (special issue), *6,* 437–453.

Rybash, J. M., Hoyer, W. J., & Roodin, P. A. (1986). *Adult cognition and aging: Developmental changes in processing, knowing, and thinking.* New York: Pergamon.

Ryff, C. D. (1995). Psychological well-being in adult life. *Current Directions in Psychological Science, 4,* 99–104.

Ryff, C. D., & Keyes, C. L. M. (1995). The structure of psychological well-being revisited. *Journal of Personality and Social Psychology, 69,* 719–727.

Ryff, C. D., Keyes, C. L., & Hughes, D. L. (2004). Psychological well-being in MIDUS: Profiles of ethnic/racial diversity and life-course uniformity. In O. G. Brim, C. D. Ryff, and R. C. Kessler (Eds.), *How healthy are we? A national study of well-being at midlife* (pp. 398–424). Chicago: University of Chicago Press.

Ryff, C. D., & Seltzer, M. M. (1995). Family relations and individual development in adulthood and aging. In R. Blieszner & V. Hilkevitch (Eds.), *Handbook of aging and the family* (pp. 95–113). Westport, CT: Greenwood Press.

Ryff, C. D., & Singer, B. (1998). Middle age and well-being. *Encyclopedia of Mental Health, 2,* 707–719.

Ryff, C. D, Singer, B. H., & Palmersheim, K. A. (2004). Social inequalities in health and well-being: The role of relational and religious protective factors. In O. G. Brim, C. D. Ryff, and R. C. Kessler (Eds.). *How healthy are we? A national study of well-being at midlife.* Chicago: University of Chicago Press.

Rymer, R. (1993). *An abused child: Flight from silence.* New York: HarperCollins.

Saarni, C., Mumme, D. L., & Campos, J. J. (1998). Emotional development: Action, communication, and understanding. In W. Damon (Series Ed.) & N. Eisenberg (Vol. Ed.), *Handbook of child psychology: Vol. 3. Social, emotional, and personality development* (5th ed., pp. 237–309). New York: Wiley.

Sabbagh, M. A., & Baldwin, D. A. (2001). Learning words from knowledgeable versus ignorant speakers: Links between preschoolers' theory of mind and semantic development. *Child Development, 72*(4), 1054–1070.

Sabol, S. Z., Nelson, M. L., Fisher, C., Gunzerath, L., Brody, C. L., Hu, S., Sirota, L. A., Marcus, S. E., Greenberg, B. D., Lucas, F. R., IV, Benjamin, J., Murphy, D. L., & Hamer, D. H. (1999). A genetic association for cigarette smoking behavior. *Health Psychology, 18,* 7–13.

Sachs, B. P., Kobelin, C., Castro, M. A., & Frigoletto, F. (1999). The risks of lowering the cesarean-delivery rate. *New England Journal of Medicine, 340,* 54–57.

Sadeh, A., Raviv, A., & Gruber, R. (2000). Sleep patterns and sleep disruptions in school age children. *Developmental Psychology, 36*(3), 291–301.

Saffran, J. R. & Thiessen, E.D. (2003). Pattern induction by infant language learners. *Developmental Psychology, 39,* 484–494.

Sahyoun, N. R., Lentzner, H., Hoyert, D., & Robinson, K. N. (2001). Trends in causes of death among the elderly. *Aging Trends, No. 1.* Hyattsville, MD: National Center for Health Statistics.

Sahyoun, N. R., Pratt, L. A., Lentzner, H., Dey, A., & Robinson, K. N. (2001). The changing profile of nursing home residents: 1985–1997. *Aging Trends,* No. 4.

Saigal, S., Hoult, L. A., Streiner, D. L., Stoskopf, B. L., & Rosenbaum, P. L. (2000). School difficulties at adolescence in a regional cohort of children who were extremely low birth weight. *Pediatrics, 105,* 325–331.

Saigal, S., Stoskopf, B. L., Streiner, D. L., & Burrows, E. (2001). Physical growth and current health status of infants who were of extremely low birth weight and controls at adolescence. *Pediatrics, 108*(2), 407–415.

Salihu, H. M., Shumpert, M. N., Slay, M., Kirby, R. S., & Alexander, G. R. (2003). Childbearing beyond maternal age 50 and fetal outcomes in the United States. *Obstetrics and Gynecology, 102,* 1006–1014.

Salisbury, A., Law, K., LaGasse, L., & Lester, B. (2003). Maternal-fetal attachment. *Journal of the American Medical Association, 289,* 1701.

Salovey, P., Rothman, A. J., Detweiler, J. B., & Steward, W. T. (2000). Emotional states and physical health. *American Psychologist, 55,* 110–121.

Salthouse, T. A. (1984). Effects of age and typing skill. *Journal of Experimental Psychology: General, 113,* 345–371.

Salthouse, T. A. (1985). Anticipatory processing in transcription typing. *Journal of Applied Psychology, 70,* 264–271.

Salthouse, T. A. (1991). *Theoretical perspectives on cognitive aging.* Hillsdale, NJ: Erlbaum.

Salthouse, T. A., Fristoe, N., McGuthry, K. E., & Hambrick, D. Z. (1998). Relation of task switching to speed, age, and fluid intelligence. *Psychology and Aging, 13,* 445–461.

Salthouse, T. A., & Maurer, T. J. (1996). Aging, job performance, and career development. In J. E. Birren & K. W. Schaie (Eds.), *Handbook of the psychology of aging* (pp. 353–364). San Diego: Academic Press.

Samdal, O., & Dür, W. (2000). The school environment and the health of adolescents. In C. Currie, K. Hurrelmann, W. Settertobulte, R. Smith, & J. Todd (Eds.), *Health and health behaviour among young people: a WHO crossnational study (HBSC) international report* (pp. 49–64). WHO Policy Series: Healthy Policy for Children and Adolescents, Series No. 1.

Sampson, R. J. (1997). The embeddedness of child and adolescent development: A community-level perspective on urban violence. In J. McCord (Ed.), *Violence and childhood in the inner city* (pp. 31–77). Cambridge, England: Cambridge University Press.

Samuelsson, M., Radestad, I., & Segesten, K. (2001). A waste of life: Fathers' experience of losing a child before birth. *Birth, 28,* 124–130.

Sandberg, S., Järvenpää, S., Penttinen, A., Paton, J. Y., & McCann, D. C. (2004). Asthma exacerbations in children immediately following stressful life events: A Cox's hierarchical regression. *Thorax, 59,* 1046–1051.

Sandefur, G., Eggerling-Boeck, J., & Park, H. (2005). Off to a good start? Postsecondary education and early adult life. In R. A. Settersten, Jr., F. F. Furstenberg, Jr., & R. G. Rumbaut (Eds.), *On the frontier of adulthood: Theory, research, and public policy* (pp. 292–319). (John D. and Catherine T. MacArthur Foundation Series on Mental Health and Development, Research Network on Transitions to Adulthood and Public Policy.) Chicago: University of Chicago Press.

Sandler, D. P., Everson, R. B.,Wilcox, A. J., & Browder, J. P. (1985). Cancer risk in adulthood from early life exposure to parents' smoking. *American Journal of Public Health, 75,* 487–492.

Sandler, W., Meir, I., Padden, C., & Aronoff, M. (2005). The emergence of grammar: Systematic structure in a new language. *Proceedings of the National Academy of Sciences, 102,* 2661–2665.

Sandnabba, H. K., & Ahlberg, C. (1999). Parents' attitudes and expectations about children's cross-gender behavior. *Sex Roles, 40,* 249–263.

Sandstrom, M. J., & Coie, J. D. (1999). A developmental perspective on peer rejection: Mechanisms of stability and change. *Child Development, 70*(4), 955–966.

Sankar, P., Cho. M. K., Condit, C. M., Hunt, L. M., Koenig, B., Marshall, P., Lee, S., & Spicer, P. (2004). Genetic research and health disparities. *Journal of the American Medical Association, 291,* 2985–2989.

Santer, L. J., & Stocking, C. B. (1991). Safety practices and living conditions of low-income urban families. *Pediatrics, 88,* 111–118.

Santos, F., & Ingrassia, R. (August 18, 2002). The face of homelessness has changed: Family surge at shelters. *New York Daily News.* Available at www.nationalhomeless.org/housing/familiesarticle.html.

Santos, I. S., Victora, C. G., Huttly, S., & Carvalhal, J. B. (1998). Caffeine intake and low birth weight: A population-based case-control study. *American Journal of Epidemiology, 147,* 620–627.

Sapienza, C. (1990, October). Parental imprinting of genes. *Scientific American,* pp. 52–60.

Sapolsky, R. M. (1992). Stress and neuroendocrine changes during aging. *Generations, 16*(4), 35–38.

Sapp, F., Lee, K., & Muir, D. (2000). Three-year-olds' difficulty with the appearance-reality distinction: Is it real or apparent? *Developmental Psychology, 36,* 547–560.

Sarkisian, N., & Gerstel, N. (2004). Explaining the gender gap in help to parents: The importance of employment. *Journal of Marriage and Family, 66,* 431–451.

Satariano, W. A., MacLeod, K.E., Cohn, T. E., & Ragland, D. R. (2004). Problems with vision associated with limitations of avoidance of driving in older populations. *Journal of Gerontology: Social Sciences, 59B,* S281–S286.

Satcher, D. (2001). *Women and smoking: A report of the Surgeon General.* Washington, DC: Department of Health and Human Services.

Satz, P. (1993). Brain reserve capacity on symptom onset after brain injury: A formulation and review of evidence for threshold theory. *Neuropsychology, 7,* 273–295.

Saudino, K. J. (2003a). Parent ratings of infant temperament: Lessons from twin studies. *Infant Behavior & Development, 26,* 100–107.

Saudino, K. J. (2003b). The need to consider contrast effects in parent-rated temperament *Infant Behavior & Development, 26,* 118–120.

Saudino, K. J., Wertz, A. E., Gagne, J. R., & Chawla, S. (2004). Night and day: Are siblings as different in temperament as parents say they are? *Journal of Personality and Social Psychology, 87,* 698–706.

Savage, S. L., & Au, T. K. (1996). What word learners do when input contradicts the mutual exclusivity assumption. *Child Development, 67,* 3120–3134.

Savic, I., Berglund, H., Gulyas, B., & Roland, P. (2001). Smelling of odorous sex hormone-like compounds causes sex-differentiated hypothalamic activations in humans. *Neuron, 31,* 661–668.

Savic, I., Berglund, H., & Lindström, P. (2005). Brain response to putative pheromones in homosexual men. *Proceedings of the National Academy of Sciences, 102,* 7356–7361.

Sawicki, M. B. (2005, March 16). *Collision course: The Bush budget and Social Security.* EPI Briefing Paper #156. Retrieved April 28, 2005, from http://www.epinet.org/content.cfm/bp156.

Saxe, G. B., Guberman, S. R., & Gearhart, M. (1987). Social processes in early number development. *Monographs of the Society for Research in Child Development, 52*(216).

Scandinavian Simvastatin Survival Study Group. (1994). Randomized trial of cholesterol lowering in 4444 patients with coronary heart disease: The Scandinavian Simvastatin Survival Study (4S). *The Lancet, 344,* 1383–1389.

Scarborough, H. S. (1990). Very early language deficits in dyslexic children. *Child Development, 61,* 1728–1743.

Scariati, P. D., Grummer-Strawn, L. M., & Fein, S. B. (1997). A longitudinal analysis of infant morbidity and the extent of breastfeeding in the United States. *Pediatrics, 99,* e5.

Scarr, S. (1992). Developmental theories for the 1990s: Development and individual differences. *Child Development, 63,* 1–19.

Scarr, S. (1997b). Why child care has little impact on most children's development. *Current Directions in Psychological Science, 6*(5), 143–148.

Scarr, S., & McCartney, K. (1983). How people make their own environments: A theory of genotype environment effects. *Child Development, 54,* 424–435.

Schacter, D. L. (1999). The seven sins of memory: Insights from psychology and cognitive neuroscience. *American Psychologist, 54,* 182–203.

Schafer, G. (2005). Infants can learn decontextualized words before their first birthday. *Child Development, 76,* 87-96.

Schaie, K. W. (1977–1978). Toward a stage theory of adult cognitive development. *Journal of Aging and Human Development, 8*(2), 129–138.

Schaie, K. W. (1983). The Seattle Longitudinal Study: A twenty-one-year investigation of psychometric intelligence. In K. W. Schaie (Ed.), *Longitudinal studies of adult personality development* (pp. 64–155). New York: Guilford.

Schaie, K. W. (1984). Midlife influences upon intellectual functioning in old age. *International Journal of Behavioral Development, 7,* 463–478.

Schaie, K. W. (1990). Intellectual development in adulthood. In J. E. Birren & K. W. Schaie (Eds.), *Handbook of the psychology of aging* (pp. 291–309). San Diego: Academic Press.

Schaie, K. W. (1994). The course of adult intellectual development. *American Psychologist, 49*(4), 304–313.

Schaie, K. W. (1996a). Intellectual development in adulthood. In J. E. Birren & K. W. Schaie (Eds.), *Handbook of the psychology of aging* (4th ed., pp. 266–286). San Diego: Academic Press.

Schaie, K. W. (1996b). *Intellectual development in adulthood: The Seattle Longitudinal Study.* Cambridge, England: Cambridge University Press.

Schaie, K. W. (2005). *Developmental influences on adult intelligence: The Seattle Longitudinal Study.* New York: Oxford University Press.

Schaie, K. W., & Hertzog, C. (1983). Fourteen-year cohort sequential analyses of adult intellectual development. *Developmental Psychology, 19*(4), 531–543.

Schaie, K. W., & Willis, S. L. (1986). Can decline in adult intellectual functioning be reversed? *Developmental Psychology, 22,* 223–232.

Schaie, K. W., & Willis, S. L. (1991). Adult personality and psychomotor performance: Cross-sectional and longitudinal analysis. *Journal of Gerontology, 46*(6), P275–284.

Schaie, K. W., & Willis, S. L. (1996). Psychometric intelligence and aging. In F. Blanchard-Fields & T. M. Hess (Eds.), *Perspectives on cognitive change in adulthood and aging* (pp. 293–322). New York: McGraw-Hill.

Schaie, K. W., & Willis, S. L. (2000). A stage theory model of adult cognitive development revisited. In B. Rubinstein, M. Moss, & M. Kleban (Eds.). *The many dimensions of aging: Essays in honor of M. Powell Lawton* (pp. 173–191). New York: Springer.

Schairer, C., Lubin, J., Troisi, R., Sturgeon, S., Brinton, L., & Hoover, R. (2000). Menopausal estrogen and estrogen-progestin replacement therapy and breast cancer risk. *Journal of the American Medical Association, 283,* 485–491.

Schanberg, S. M., & Field, T. M. (1987). Sensory deprivation illness and supplemental stimulation in the rat pup and preterm human neonate. *Child Development, 58,* 1431–1447.

Schardt, D. (1995, June). For men only. *Nutrition Action Health Letter, 22*(5), 4–7.

Scharf, M., Mayseless, O., & Kivenson-Baron, I. (2004). Adolescents' attachment representations and developmental tasks in emerging adulthood. *Developmental Psychology, 40,* 430–444.

Scharlach, A. E., & Fredriksen, K. I. (1993). Reactions to the death of a parent during midlife. *Omega, 27,* 307–319.

Schauble, L. (1996). The development of scientific reasoning in knowledge-rich contexts. *Developmental Psychology, 32,* 102–119.

Schaubroeck, J., Jones, J. R., & Xie, J. L. (2001). Individual differences in utilizing control to cope with job demands: Effects on susceptibility to infectious disease. *Journal of Applied Psychology, 86,* 265–278.

Schaumberg, D. A., Mendes, F., Balaram, M., Dana, M. R., Sparrow, D., & Hu, H. (2004). Accumulated lead exposure and risk of age-related cataract in men. *Journal of the American Medical Association, 292,* 2750–2754.

Scheers, N. J., Rutherford, G. W., & Kemp, J. S. (2003). Where should infants sleep? A comparison of risk for suffocation of infants sleeping in cribs, adult beds, and other sleeping locations. *Pediatrics, 112,* 883–889.

Scheidt, P., Overpeck, M. D., Wyatt, W., & Aszmann, A. (2000). In C. Currie, K. Hurrelmann, W. Settertobulte, R. Smith, & J. Todd (Eds.), *Health and health behaviour among young people: a WHO cross-national study (HBSC) international report* (pp. 24–38). WHO Policy Series: Healthy Policy for Children and Adolescents, Series No. 1.

Schemo, D. J. (2004, August 19). Charter schools lagging behind, test scores show. *New York Times,* pp. A1, A16.

Scher, M. S., Richardson, G. A., & Day, N. L., (2000). Effects of prenatal crack/cocaine and other drug exposure on electroencephalographic sleep studies at birth and one year. *Pediatrics, 105,* 39–48.

Schieve, L. A., Meikle, S. F., Ferre, C., Peterson, H. B., Jeng, G., & Wilcox, L. S. (2002). Low- and very low-birth-weight in infants conceived with use of assisted reproductive technology. *New England Journal of Medicine, 346,* 731–737.

Schiller, J. S., & Bernadel, L. (2004). Summary health statistics for the U.S. population: National Health Interview Survey, 2002. *Vital and Health Statistics, 10*(220). Hyattsville, MD: National Center for Health Statistics.

Schlegel, A., & Barry, H. (1991). *Adolescence: An anthropological inquiry.* New York: Free Press.

Schmidt, P. J., Nieman, L. K., Danaceau, M. A., Adams, L. F., & Rubinow, D. R. (1998). Differential behavioral effects of gonadal steroids in women with and in those without premenstrual syndrome. *New England Journal of Medicine, 338,* 209–216.

Schmitt, B. D. (1997). Nocturnal enuresis. *Pediatrics in Review, 18,* 183–190.

Schmitz, S., Saudino, K. J., Plomin, R., Fulker, D. W., & DeFries, J. C. (1996). Genetic and environmental influences on temperament in middle childhood: Analyses of teacher and tester ratings. *Child Development, 67,* 409–422.

Schmuckler, M. A., & Fairhall, J. L. (2001). Visual-proprioceptive intermodal perception using point light displays. *Child Development, 72,* 949–962.

Schnall, P. L., Pieper, C., Schwartz, J. E., Karasek, R. A., Schlussel, Y., Devereaux, R. B., Ganau, A., Alderman, M.,Warren, K., & Pickering, T. G. (1990). The relationship between "job strain," workplace diastolic blood pressure, and left ventricular mass index: Results of a case-control study. *Journal of the American Medical Association, 263,* 1929–1935.

Schneider, B. H., Atkinson, L., & Tardif, C. (2001). Child-parent attachment and children's peer relations: A quantitative review. *Developmental Psychology, 37,* 86–100.

Schneider, E. L. (1992). Biological theories of aging. *Generations, 16*(4), 7–10.

Schneider, M. (2002). *Do school facilities affect academic outcomes?* Washington, DC: National Clearinghouse for Educational Facilities.

Schneiderman, L. J., Gilmer, T., Teetzel, H. D., Dugan, D. O., Blustein, J., Cranford, R., Briggs, K. B., Komatsu, G. I., Goodman-Crews, P., Cohn, F., & Young, E. W. D. (2003). Effects of ethics consultations on non-beneficial life-sustaining treatments in the intensive care setting: A randomized controlled trial. *Journal of the American Medical Association, 290,* 1166–1172.

Schoenborn, C. A. (2004). Marital status and health: United States, 1999–2002. *Advance Data from Vital and Health Statistics,* No. 351. Hyattsville, MD: National Center for Health Statistics.

Schoeni, R., & Ross, K. (2005). Maternal assistance from families during the transition to adulthood. In R. A. Settersten, Jr., F. F. Furstenberg, Jr., & R. G. Rumbaut (Eds.), *On the frontier of adulthood: Theory, research, and public policy* (396–416). (John D. and Catherine T. MacArthur Foundation Series on Mental Health and Development, Research Network on Transitions to Adulthood and Public Policy.) Chicago: University of Chicago Press.

Scholten, C. M. (1985). *Childbearing in American society: 1650–1850.* New York: New York University Press.

Schonfeld, D. J., Johnson, S. R., Perrin, E. C., O'Hare, L. L., & Cicchetti, D. V. (1993). Understanding of acquired immunodeficiency syndrome by elementary school children—A developmental survey. *Pediatrics, 92,* 389–395.

Schonfield, D. (1974). Translations in gerontology—From lab to life: Utilizing information. *American Psychologist, 29,* 228–236.

Schooler, C. (1984). Psychological effects of complex environments during the life-span: A review and theory. *Intelligence, 8,* 259–281.

Schooler, C. (1990). Psychosocial factors and effective cognitive functioning in adulthood. In J. E. Burren & K. W. Schaie (Eds.), *The handbook of aging* (pp. 347–358). San Diego: Academic Press.

Schore, A. N. (1994). *Affect regulation and the origin of the self: The neurobiology of emotional development.* Hillsdale, NJ: Erlbaum.

Schreiber, J. B., Robins, M., Striegel-Moore, R., Obarzanek, E., Morrison, J. A., & Wright, D. J. (1996). Weight modification efforts reported by preadolescent girls. *Pediatrics, 96,* 63–70.

Schulenberg, J., O'Malley, P., Backman, J., & Johnston, L. (2005). Early adult transitions and their relation to well-being and substance use. In R. A. Settersten, Jr., F. F. Furstenberg, Jr., &

R. G. Rumbaut (Eds.), *On the frontier of adulthood: Theory, research, and public policy* (pp.417–453). (John D. and Catherine T. MacArthur Foundation Series on Mental Health and Development, Research Network on Transitions to Adulthood and Public Policy.) Chicago: University of Chicago Press.

Schulz, M. S., Cowan, P. A., Cowan, C. P., & Brennan, R. T. (2004). Coming home upset: Gender, marital satisfaction, and the daily spillover of workday experience into couple interactions. *Journal of Family Psychology, 18,* 250–263.

Schulz, R. (1978). *A psychology of death, dying, and bereavement.* Reading, MA: Addison-Wesley.

Schulz, R., & Beach, S. R. (1999). Caregiving as a risk factor for mortality: The Caregiver Health Effects Study. *Journal of the American Medical Association, 282,* 2215–2219.

Schulz, R., & Heckhausen, J. (1996). A life-span model of successful aging. *American Psychologist, 51,* 702–714.

Schulz, R, & Martire, L. M. (2004). Family caregiving of persons with dementia: Prevalence, health effects, and support strategies. *American Journal of Geriatric Psychiatry, 12,* 240–249.

Schumann, J. (1997). The view from elsewhere: Why there can be no best method for teaching a second language. *The Clarion: Magazine of the European Second Language Acquisition, 3*(1), 23–24.

Schwartz, D., Chang, L., & Farver, J. M. (2001). Correlates of victimization in Chinese children's peer groups. *Developmental Psychology, 37*(4), 520–532.

Schwartz, D., Dodge, K. A., Pettit, G. S., & Bates, J. E. & The Conduct Problems Prevention Research Group (2000). Friendship as a moderating factor in the pathway between early harsh home environment and later victimization in the peer group. *Developmental Psychology, 36*(5), 646–662.

Schwartz, D., McFadyen-Ketchum, S. A., Dodge, K. A., Pettit, G. S., & Bates, J. E. (1998). Peer group victimization as a predictor of children's behavior problems at home and in school. *Development and Psychopathology, 10,* 87–99.

Schwartz, J. (2004). Air pollution and children's health. *Pediatrics, 113,* 1037–1043.

Schwartz, J. (2005, March 21). New openness in deciding when and how to die. *New York Times,* p. A1.

Schwartz, L. L. (2003). A nightmare for King Solomon: The new reproductive technologies. *Journal of Family Psychology, 17,* 292–237.

Schweinhart, L. J., Barnes, H. V., & Weikart, D. P. (1993). *Significant benefits: The High/Scope Perry Preschool Study through age 27* (Monographs of the High/Scope Educational Research Foundation No. 10). Ypsilanti, MI: High/Scope.

Schwimmer, J. B., Burwinkle, T. M., Varni, J. W. (2003 April). Health-related quality of life of severely obese children and adolescents. *Journal of the American Medical Association, 289*(14), 1813–1819.

Scientific Registry of Transplant Recipients. (2004). Fast facts about transplants, July 1, 2003-June 30, 2004. [Online]. Retrieved from http://www.ustransplant.org/csr0105/facts.php on March 15, 2005.

Scott, G., & Ni, H. (2004). Access to health care among Hispanic/Latino children: United States, 1998–2001. *Advance Data from Vital and Health Statistics,* No. 344. Hyattsville, MD: National Center for Health Statistics.

Scott, J. (1998). Changing attitudes to sexual morality: A cross-national comparison. *Sociology, 32,* 815–845.

Sedlak, A. J., & Broadhurst, D. D. (1996). *Executive summary of the third national incidence study of child abuse and neglect* (NIS-3). Washington, DC: U.S. Department of Health and Human Services.

Seeman, E. Dubin, L. F., & Seeman, M. (2003). Religiosity/spirituality and health: A critical review of the evidence for biological pathways. *American Psychologist, 58,* 53–63.

Seftor, N. S., & Turner, S. E. (2002). Back to school: Federal student aid policy and adult college enrollment. *Journal of Human Resources, 37,* 336–352.

Segerstrom, S. C., & Miller, G. E. (2004). Psychological stress and the human immune system: A meta-analytic study of 30 years of inquiry. *Psychological Bulletin, 130,* 601–630.

Seidler, A., Neinhaus, A., Bernhardt, T., Kauppinen, T., Elo, A. L., & Frolich, L. (2004). Psychosocial work factors and dementia. *Occupational and Environmental Medicine, 61,* 962–971.

Seifer, R. (2003). Twin studies, biases of parents, and biases of researchers. *Infant Behavior & Development, 26,* 115–117.

Seifer, R., Schiller, M., Sameroff, A. J., Resnick, S., & Riordan, K. (1996). Attachment, maternal sensitivity, and infant temperament during the first year of life. *Developmental Psychology, 32,* 12–25.

Seiner, S. H., & Gelfand, D. M. (1995). Effects of mother's simulated withdrawal and depressed affect on mother-toddler interactions. *Child Development, 60,* 1519–1528.

Seitz, V. (1990). Intervention programs for impoverished children: A comparison of educational and family support models. *Annals of Child Development, 7,* 73–103.

Selkoe, D. J. (1991). The molecular pathology of Alzheimer's disease. *Neuron, 6*(4), 487–498.

Selkoe, D. J. (1992). Aging brain, aging mind. *Scientific American, 267,* 135–142.

Sellers, E. M. (1998). Pharmacogenetics and ethnoracial differences in smoking. *Journal of the American Medical Association, 280,* 179–180.

Selman, R. L. (1980). *The growth of interpersonal understanding: Developmental and clinical analyses.* New York: Academic.

Selman, R. L., & Selman, A. P. (1979, April). Children's ideas about friendship: A new theory. *Psychology Today,* pp. 71–80.

Seltzer, J. A. (2000). Families formed outside of marriage. *Journal of Marriage and the Family, 62,* 1247–1268.

Seltzer, J. A. (2004). Cohabitation in the United States and Britain: demography, kinship, and the future. *Journal of Marriage and Family, 66,* 921–928.

Seminara, S. B., Messager, S., Chatzidaki, E. E., Thresher, R. R., Acierno Jr., J. S., Shagoury, J. K., Bo-Abbas, Y., Kuohung, W., Schwinof, K. M., Hendrick, A. G., Zahn, D., Dixon, J., Kaiser, U. B., Slaugenhaupt, S. A., Gusella, J. F., O'Rahilly, S., Carlton, M. B. L., Crowley Jr., W. F., Aparicio, S. A. J. R., & Colledge, W. H. (2003). The GPR54 gene as a regulator of puberty. *New England Journal of Medicine, 349,* 1614–1627.

Sen, A., Partelow, L., & Miller, D. C. (2005). *Comparative indicators of education in the United States and other G8 countries: 2004* (NCES 2005-021). Washington, DC: National Center for Education Statistics.

Senghas, A., & Coppola, M. (2001). Children creating language: How Nicaraguan sign language acquired a spatial grammar. *Psychological Science, 12,* 323–328.

Senghas, A., Kita, S., & Ozyürek, A. (2004). Children creating core properties of language: Evidence from an emerging sign language in Nicaragua. *Science, 305,* 1779–1782.

Serbin, L. A., Moller, L. C., Gulko, J., Powlishta, K. K., & Colburne, K. A. (1994). The emergence of gender segregation in toddler playgroups. In C. Leaper (Ed.), *Childhood gender segregation: Causes and consequences* (*New Directions for Child Development No. 65,* pp. 7–17). San Francisco: Jossey-Bass.

Serbin, L., Poulin-Dubois, D., Colburne, K. A., Sen, M., & Eichstedt. J. A. (2001). Gender stereotyping in infancy: Visual preferences for knowledge of gender-stereotyped toys in the second year. *International Journal of Behavioral Development, 25,* 7–15.

Serres, L. (2001). Morphological changes of the human hippocampal formation from midgestation to early childhood. In C. A. Nelson & M. Luciana (Eds.), *Handbook of developmental cognitive neuroscience* (pp. 45–58). Cambridge, MA: MIT Press.

Seshadri, S., Beiser, A., Selhub, J., Jacques, P. F., Rosenberg, I. H., D'Agostino, R. B., Wilson, P. W., & Wolf, P. A. (2002). Plasma homocysteine as a risk factor for dementia and Alzheimer's disease. *New England Journal of Medicine, 346,* 476–483.

Sethi, A., Mischel, W., Aber, J. L., Shoda, Y., & Rodriguez, M. L. (2000). The role of strategic attention deployment in development of selfregulation: Predicting preschoolers' delay of gratification from mother-toddler interactions. *Developmental Psychology, 36,* 767–777.

Settersten, Jr., R. A. (2005). Social policy and the transition to adulthood: Toward stronger institutions and individual capacities. In R. A. Settersten, Jr., F. F. Furstenberg, Jr., & R. G. Rumbaut (Eds.), *On the frontier of adulthood: Theory, research, and public policy* (534–560). Chicago: University of Chicago Press.

Sexton, A. (1966). Little girl, my string bean, my lovely woman. *The complete poems: Anne Sexton.* New York: Houghton Mifflin, 1981.

Seybold, K. S., & Hill, P. C. (2001). The role of religion and spirituality in mental and physical health. *Current Directions in Psychological Science, 10,* 21–24.

Shanahan, M. J., & Flaherty, B. P. (2001). Dynamic patterns of time use in adolescence. *Child Development, 72*(2), 385–401.

Shanahan, M., Porfeli, E., & Mortimer, J. (2005). Subjective age identity and the transition to adulthood: When do adolescents become adults? In R. A. Settersten, Jr., F. F. Furstenberg, Jr., & R. G. Rumbaut (Eds.), *On the frontier of adulthood: Theory, research, and public policy* (pp. 225–255). (John D. and Catherine T. MacArthur Foundation Series on Mental Health and Development, Research Network on Transitions to Adulthood and Public Policy.) Chicago: University of Chicago Press.

Shankaran, S., Das, A., Bauer, C. R., Bada, H. S., Lester, B., Wright, L. L., and Smeriglio, V. (2004). Association between patterns of maternal substance use and infant birth weight, length, and head circumference. *Pediatrics, 114,* e226–e234.

Shannon, J. D., Tamis-LeMonda, C. S., London, K., & Cabrera, N. (2002). Beyond rough and tumble: Low income fathers' interactions and children's cognitive development at 24 months. *Parenting: Science & Practice, 2*(2), 77–104.

Shannon, M. (2000). Ingestion of toxic substances by children. *New England Journal of Medicine, 342,* 186–191.

Shapiro, P. (1994, November). My house is your house: Advance planning can ease the way when parents move in with adult kids. *AARP Bulletin,* p. 2.

Sharma, A. R., McGue, M. K., & Benson, P. L. (1996a). The emotional and behavioral adjustment of United States adopted adolescents, Part I: An overview. *Children and Youth Services Review, 18,* 83–100.

Sharma, A. R., McGue, M. K., & Benson, P. L. (1996b). The emotional and behavioral adjustment of United States adopted adolescents, Part II: Age at adoption. *Children and Youth Services Review, 18,* 101–114.

Shatz, M., & Gelman, R. (1973). The development of communication skills: Modifications in the speech of young children as a function of listener. *Monographs of the Society for Research in Child Development, 38*(5, Serial No. 152).

Shaw, B. A., Krause, N., Chatters, L. M., Connell, C. M., & Ingersoll-Dayton, B. (2004). Emotional support from parents early in life, aging, and health. *Psychology and Aging, 19,* 4–12.

Shaywitz, S. (2003). *Overcoming dyslexia: A new and complete science-based program for overcoming reading problems at any level.* New York: Knopf.

Shaywitz, S. E. (1998). Current concepts: Dyslexia. *New England Journal of Medicine, 338,* 307–312.

Shaywitz, S. E., Shaywitz, B. A., Pugh, K. R., Fulbright, R. K., Constable, R. T.,Mencl, W. E., Shankweiler, D. P., Liberman, A. M., Skudlarski, P., Fletcher, J. M., Katz, L., Marchione, K. E., Lacadie, C., Gatenby, C., & Gore, J. C. (1998). Functional disruption in the organization of the brain for reading in dyslexia. *Proceedings of the National Academy of Sciences of the United States of America, 95,* 2636–2641.

Shea, K. M., Little, R. E., & the ALSPAC Study Team (1997). Is there an association between preconceptual paternal X-ray exposure and birth outcome? *American Journal of Epidemiology, 145,* 546–551.

Shea, S., Basch, C. E., Stein, A. D., Contento, I. R., Irigoyen, M., & Zybert, P. (1993). Is there a relationship between dietary fat and stature or growth in children three to five years of age? *Pediatrics, 92,* 579–586.

Shedlock, D. J., & Cornelius, S. W. (2003). Psychological approaches to wisdom and its development. In J. Demick & C. Andreolett (Eds.), *Handbook of adult development* (pp. 153–167). New York: Plenum Press.

Sheldon, K. M., & Kasser, T. (2001). Getting older, getting better? Personal strivings and psychological maturity across the life span. *Developmental Psychology, 37,* 491–501.

Shepherd, J., Cobbe, S. M., Ford, I., Isles, C. G., Lorimer, A. R., MacFarlane, P. W., McKillop, J. H., & Packard, C. J. (1995). Prevention of coronary heart disease with pravastatin in men with hypercholesterolemia. *New England Journal of Medicine, 333,* 1301–1307.

Sherman, E. (1993). Mental health and successful adaptation in late life. *Generations, 17*(1), 43–46.

Shields, M. K., & Behrman, R. E. (2004). Children of immigrant families: Analysis and recommendations. In R. E. Behrman (Ed.), Children of immigrant families (pp. 4–15). *The Future of Children, 14*(2). [Online]. Available: http://www.futureofchildren.org. Access date: October 8, 2004.

Shields. A. E., Comstock, C., & Weiss, K. B. (2004). Variations in asthma by race/ethnicity among children enrolled in a state Medicaid program. *Pediatrics, 113,* 496–504.

Shiono, P. H., & Behrman, R. E. (1995). Low birth weight: Analysis and recommendations. *The Future of Children, 5*(1), 4–18.

Shoghi-Jadid, K., Small, G. W., Agdeppa, E. D., Kepe, V., Ercoli, L. M., Siddarth, P., Read, S., Satyamurthy, N., Petric, A., Huang, S. C., & Barrio, J. R. (2002). Localization of neurofibrillary tangles and beta-amyloid plaques in the brains of living patients with Alzheimer disease. *American Journal of Geriatric Psychiatry, 10,* 24–35.

Shonkoff, J., & Phillips, D. (2000). Growing up in child care. In I. Shonkoff & D. Phillips (Eds.), *From neurons to neighborhoods* (pp. 297–327). Washington, DC: National Research Council/Institute of Medicine.

Should you take estrogen to prevent osteoporosis? (1994, August). *Johns Hopkins Medical Letter: Health after 50,* pp. 4–5.

Shuey, K., & Hardy, M.A. (2003). Assistance to aging parents and parents-in-law: Does lineage affect family allocation decisions? *Journal of Marriage and Family, 65,* 418-431.

Shulik, R. N. (1988). Faith development in older adults. *Educational Gerontology, 14,* 291–301.

Shulman, S., Scharf, M., Lumer, D., & Maurer, O. (2001). Parental divorce and young adult children's romantic relationships: Resolution of the divorce experience. *American Journal of Orthopsychiatry, 71,* 473–478.

Shumaker, S. A., Legault, C., Kuller, L., Rapp, S. R., Thal, L., Lane, D. S., Fillit, H., Stefanick, M. L., Hendrix, S. L., Lewis, C. E., Masaki, K., Coker, L. H. for the Women's Health Initiative Memory Study Investigators. (2004). Conjugated equine estrogens and incidence of probable dementia and mild cognitive impairment in postmenopausal women: Women's Health Initiative Memory Study. *Journal of the American Medical Association, 291,* 2947–2958.

Shumaker, S. A., Legault, C., Rapp, S. R., Thal, L., Wallace, R. B., Ockene, J. K., Hendrix, S. L., Jones, B. N., Assaf, A. R., Jackson, R. D., Kotchen, J. M., Wassertheil-Smoller, S., Wactawski-Wende, J., for the WHIMS Investigators. (2003). Estrogen plus progestin and the incidence of dementia and mild cognitive impairment in postmenopausal women: The Women's Health Initiative Memory Study: A randomized controlled trial. *Journal of the American Medical Association, 289,* 2651–2662.

Shwe, H. I., & Markman, E. M. (1997). Young children's appreciation of the mental impact of their communicative signals. *Developmental Psychology, 33*(4), 630–636.

Sick, W. T., Perfetti, C. A., Jin, Z., & Tan, L. H. (2004). Biological abnormality of impaired reading is constrained by culture. *Nature, 431,* 71–76.

Siegal, M., & Peterson, C. C. (1998). Preschoolers' understanding of lies and innocent and negligent mistakes. *Developmental Psychology, 34*(2), 332–341.

Siegel, A. C., & Burton, R. V. (1999). Effects of baby walkers on motor and mental development in human infants. *Journal of Developmental and Behavioral Pediatrics, 20,* 355–361.

Siegler, I. C. (1997). Promoting health and minimizing stress in midlife. In M. E. Lachman & J. B. James (Eds.), *Multiple paths of midlife development* (pp. 241–255). Chicago: University of Chicago Press.

Siegler, I. C., & Brummett, B. H. (2000). Associations among NEO personality assessments and well-being at midlife: Facet-level analyses. *Psychology and Aging, 15,* 710–714.

Siegler, R. S. (1998). *Children's thinking* (3rd ed.). Upper Saddle River, NJ: Prentice-Hall.

Siegler, R. S., & Booth, J. L. (2004). Development of numerical estimation in young children. *Child Development, 75,* 428–444.

Siegler, R. S., & Opfer, J. E. (2003). The development of numerical estimation: Evidence for multiple representations of numerical quantity. *Psychological Science, 14,* 237–243.

Siegler, R. S., & Richards, D. (1982). The development of intelligence. In R. Sternberg (Ed.), *Handbook of human intelligence.* London: Cambridge University Press.

Siegrist, J. (1996). Adverse health effects of high-effort/low-reward conditions. *Journal of Occupational Health Psychology, 1*(1), 27–41.

Sieving, R. E., McNeely, C. S., & Blum, R. W. (2000). Maternal expectations, mother-child connectedness, and adolescent sexual debut.

Archives of Pediatric & Adolescent Medicine, 154, 809–816.

Sieving, R. E., Oliphant, J. A., & Blum, R. W. (2002). Adolescent sexual behavior and sexual health. *Pediatrics in Review, 23,* 407–416.

Sigelman, C., Alfeld-Liro, C., Derenowski, E., Durazo, O., Woods, T., Maddock, A., & Mukai, T. (1996). Mexican American and Anglo American children's responsiveness to a theory-centered AIDS education program. *Child Development, 67,* 253–266.

Sigman, M., Cohen, S. E., & Beckwith, L. (1997). Why does infant attention predict adolescent intelligence? *Infant Behavior and Development, 20,* 133–140.

Signorello, L. B., Nordmark, A., Granath, F., Blot, W. J., McLaughlin, J. K., Anneren, G., Lundgren, S., Ekbom, A., Rane, A., & Cnattingius, S. (2001). Caffeine metabolism and the risk of spontaneous abortion of normal karyotype fetuses. *Obstetrics & Gynecology, 98*(6), 1059–1066.

Silberner, J. (2005), July 9). Labels on erectile dysfunction drugs to contain new warnings. [Online]. Retrieved from http://www.npr.org/templates/story/story.php?story Id=4736996.

Silver, M. H., Bubrick, E., Jilinskaia, E., & Perls, T. T. (1998, August). Is there a centenarian personality? Paper presented at the annual meeting of the American Psychological Association, San Francisco.

Silver, M. H., Jininskaia, E., & Perls, T. T. (2001). Cognitive functional status of age-confirmed centenarians in a population-based study. *Journal of Gerontology: Psychological Sciences, 56B,* P134–140.

Silverberg, S. B. (1996). Parents' well-being as their children transition to adolescence. In C. Ryff & M. M. Seltzer (Eds.), *The parental experience in midlife* (pp. 215–254). Chicago: University of Chicago Press.

Silverman, W. K., La Greca, A. M., & Wasserstein, S. (1995). What do children worry about? Worries and their relation to anxiety. *Child Development, 66,* 671–686.

Silvern, S. B. (1998). Educational implications of play with computers. In D. P. Fromberg & D. Bergen (Eds.), *Play from birth to twelve and beyond: Contexts, perspectives, and meanings* (pp. 530–536). New York: Garland.

Silverstein, M., & Bengtson, V. L. (1997). Intergenerational solidarity and the structure of adult child-parent relationships in American families. *American Journal of Sociology, 103,* 429–460.

Silverstein, M., & Long, J. D. (1998). Trajectories of grandparents' perceived solidarity with adult grandchildren: A growth curve analysis over 23 years. *Journal of Marriage and the Family, 60,* 912–923.

Simmons, R. G., Blyth, D. A., & McKinney, K. L. (1983). The social and psychological effect of puberty on white females. In J. Brooks-Gunn & A. C. Petersen (Eds.), *Girls at puberty: Biological and psychological perspectives.* New York: Plenum.

Simon, T. J., Hespos, S. J., & Rochat, P. (1995). Do infants understand simple arithmetic: A replication of Wynn (1992). *Cognitive Development, 10,* 253–269.

Simons, M. (1993, February 10). Dutch parliament approves law permitting euthanasia. *The New York Times,* p. A10.

Simons, R. L., Chao, W., Conger, R. D., & Elder, G. H. (2001). Quality of parenting as mediator of the effect of childhood defiance on adolescent friendship choices and delinquency: A growth curve analysis. *Journal of Marriage and the Family, 63,* 63–79.

Simons, R. L., Lin, K.-H., & Gordon, L. C. (1998). Socialization in the family of origin and male dating violence: A prospective study. *Journal of Marriage and the Family, 60,* 467–478.

Simonton, D. K. (1989). The swan-song phenomenon: Last-works effects for 172 classical composers. *Psychology and Aging, 4,* 42–47.

Simonton, D. K. (1990). Creativity and wisdom in aging. In J. E. Birren & K. W. Schaie (Eds.), *Handbook of the psychology of aging* (pp. 320–329). New York: Academic Press.

Simonton, D. K. (1998). Career paths and creative lives: A theoretical perspective on late life potential. In C. E. Adams-Price (Ed)., *Creativity and successful aging.* New York: Springer.

Simonton, D. K. (2000a). Creative development as acquired expertise: Theoretical issues and an empirical test. *Developmental Review, 20,* 283–318.

Simonton, D. K. (2000b). Creativity: Cognitive, personal, developmental, and social aspects. *American Psychologist, 55,* 151–158.

Simpson, G. A., Bloom, B., Cohen, R. A., Blumberg, S., & Bourdon, K. H. (2005). U.S. children with emotional and behavioral difficulties: Data from the 2001, 2002, and 2003 National Health Interview Surveys. *Advance Date form Vital and Health Statistics,* No. 360. Hyattsville, MD: National Center for Health Statistics.

Simpson, G. A., & Fowler, M. G. (1994). Geographic mobility and children's emotional/behavioral adjustment and school functioning. *Pediatrics, 93,* 303–309.

Simpson, K. H. (1996). Alternatives to physician-assisted suicide. *Humanistic Judaism, 24*(4), 21–23.

Singer, D. G., & Singer, J. L. (1990). *The house of make-believe: Play and the developing imagination.* Cambridge, MA: Harvard University Press.

Singer, J. L., & Singer, D. G. (1981). *Television, imagination, and aggression: A study of preschoolers.* Hillsdale, NJ: Erlbaum.

Singer, J. L., & Singer, D. G. (1998). *Barney & Friends* as entertainment and education: Evaluating the quality and effectiveness of a television series for preschool children. In J. K. Asamen & G. L. Berry (Eds.), *Research paradigms, television, and social behavior* (pp. 305–367). Thousand Oaks, CA: Sage.

Singer, P. A. (1988, June 1). Should doctors kill patients? *Canadian Medical Association Journal, 138,* 1000–1001.

Singer, T., Lindenberger, U., & Baltes, P. B. (2003). Plasticity of memory for new learning in very old age: A story of major loss? *Psychology and Aging, 18,* 306–317.

Singer, T., Verhaeghen, P., Ghisletta, P., Lindenberger, U., & Baltes, P. B. (2003). The fate of cognition in very old age: Six-year longitudinal findings in the Berlin Aging Study (BASE). *Psychology and Aging, 18,* 318–331.

Singh, K. K., Barroga, C. F., Hughes, M. D., Chen, J., Raskino, C., McKinney, R. E., & Spector, S. A. (2003, November 15). Genetic influence of CCR5, CCR2, and SDF1 variants on human immunodeficiency virus 1 (HIV-1)-related disease progression and neurological impairment, in children with symptomatic HIV-1 infection. *Journal of Infectious Disease, 188*(10), 1461–1472.

Singh, S., Wulf, D., Samara, R., & Cuca, Y. P. (2000). Gender differences in the timing of first intercourse: Data from 14 countries. *International Family Planning Perspectives, Part 1, 26,* 21–28.

Singhal, A., Cole, T. J., Fewtrell, M., & Lucas, A. (2004). Breastmilk feeding and lipoprotein profile in adolescents born preterm: Follow-up of a prospective randomised study. *Lancet, 363,* 1571–1578.

Singletary, K. W., & Gapstur, S. M. (2001). Alcohol and breast cancer: Review of epidemiologic and experimental evidence and potential mechanisms. *Journal of the American Medical Association, 286,* 2143–2151.

Sinnott, J. (1996). The developmental approach: Postformal thought as adaptive intelligence. In F. Blanchard-Fields & T. M. Hess (Eds.), *Perspectives on cognitive change in adulthood and aging* (pp. 358–386). New York: McGraw-Hill.

Sinnott, J. D. (1984). Postformal reasoning: The relativistic stage. In M. L. Commons, F. A. Richards, & C. Armon (Eds.), *Beyond formal operations: Late adolescence and adult cognitive development* (pp. 357–380). New York: Praeger.

Sinnott, J. D. (1989a). A model for solution of ill-structured problems: Implications for everyday and abstract problem-solving. In J. D. Sinnott (Ed.), *Everyday problem solving: Theory and applications* (pp. 72–99). New York: Praeger.

Sinnott, J. D. (1989b). Life-span relativistic postformal thought: Methodology and data from everyday problem–solving studies. In M. L. Commons, J. D. Sinnott, F. A. Richards, & C. Armon (Eds.), *Adult development: Vol. 1. Comparison and application of developmental models* (pp. 239–278). New York: Praeger.

Sinnott, J. D. (1991). Limits to problem solving: Emotion, intention, goal clarity, health and other factors in postformal thought. In J. D. Sinnott & J. C. Cavanaugh (Eds.), *Bridging paradigms: Positive development in adulthood and cognitive aging* (pp. 169–202). New York: Praeger.

Sinnott, J. D. (1998). *The development of logic in adulthood: Postformal thought and its applications.* New York: Plenum.

Sinnott, J. D. (2003). Postformal thought and adult development. In J. Demick and C. Andreoletti (Eds.). *Handbook of adult development.* NY: Plenum Press.

Siris, E. S., Miller, P. D., Barrett-Connor, E., Faulkner, K. G.,Wehren, L. E., Abbott, T. A.,

Berger, M. L., Santora, A. C., & Sherwood, L. M. (2001). Identification and fracture outcomes of undiagnosed low bone mineral density in postmenopausal women: Results from the National Osteoporosis Risk Assessment. *Journal of the American Medical Association, 286,* 2815–2822.

Sjostrom, K., Valentin, L., Thelin, T., & Marsal, K. (1997). Maternal anxiety in late pregnancy and fetal hemodynamics. *European Journal of Obstetrics and Gynecology, 74,* 149–155.

Skadberg, B. T., Morild, I., & Markestad, T. (1998). Abandoning prone sleeping: Effects on the risk of sudden infant death syndrome. *Journal of Pediatrics, 132,* 234–239.

Skinner, B. F. (1938). *The behavior of organisms: An experimental approach.* New York: Appleton-Century.

Skinner, B. F. (1957). *Verbal behavior.* New York: Appleton-Century-Crofts.

Skinner, D. (1989). The socialization of gender identity: Observations from Nepal. In J. Valsiner (Ed.), *Child development in cultural context* (pp. 181–192). Toronto: Hogrefe & Huber.

Skoe, E. E., & Diessner, R. E. (1994). Ethic of care, justice, identity, and gender: An extension and replication. *Merrill-Palmer Quarterly, 40,* 272–289.

Skoe, E. E., & Gooden, A. (1993). Ethics of care and real-life moral dilemma content in male and female early adolescents. *Journal of Early Adolescence, 13*(2), 154–167.

Skolnick, A. A. (1993). "Female athlete triad" risk for women. *Journal of the American Medical Association, 270,* 921–923.

Slade, A., Belsky, J., Aber, J. L., & Phelps, J. L. (1999). Mothers' representation of their relationships with their toddlers: Links to adult attachment and observed mothering. *Developmental Psychology, 35,* 611–619.

Slap, G. B., Vorters, D. F., Chaudhuri, S., & Centor, R. M. (1989). Risk factors for attempted suicide during adolescence. *Pediatrics, 84,* 762–772.

Slemenda, C. W. (1994). Cigarettes and the skeleton. *New England Journal of Medicine, 330,* 430–431.

Sliwinski, M., & Buschke, H. (1999). Cross-sectional and longitudinal relationships among age, cognition, and processing speed. *Psychology and Aging, 14,* 18–33.

Sloan, R. P., & Bagiella, E. (2002). Claims about religious involvement and health outcomes. *Annals of Behavioral Medicine, 24,* 14–21.

Slobin, D. (1971). Universals of grammatical development in children. In W. Levett & G. B. Flores d'Arcais (Eds.), *Advances in psycholinguistic research.* Amsterdam: New Holland.

Slobin, D. (1973). Cognitive prerequisites for the acquisition of language. In C. Ferguson & D. Slobin (Eds.), *Studies of child language development.* New York: Holt, Rinehart, & Winston.

Slobin, D. (1983). Universal and particular in the acquisition of grammar. In E. Wanner & L. Gleitman (Eds.), *Language acquisition: The state of the art.* Cambridge, England: Cambridge University Press.

Sly, R. M. (2000). Decreases in asthma mortality in the United States. *Annals of Allergy, Asthma, and Immunology, 85,* 121–127.

Small, B. J., Fratiglioni, L., von Strauss, E., & Bäckman, L. (2003). Terminal decline and cognitive performance in very old age: Does cause of death matter? *Psychology and Aging, 18,* 193–202.

Small, B. J., Hertzog, C., Hultsch, D. F., & Dixon, R. A. (2003). Stability and change in adult personality over 6 years: Findings from the Victoria Longitudinal Study. *Journal of Gerontology: Psychological Sciences, 58B,* P166–P176.

Small, G. W., Rabins, P. V., Barry, P. P., Buckholtz, N. S., DeKosky, S. T., Ferris, S. H., Finkel, S. I., Gwyther, L. P., Khachaturian, Z. S., Lebowitz, B. D., McRae, T. D., Morris, J. C., Oakley, F., Schneider, L. S., Streim, J. E., Sunderland, T., Teri, L. A., & Tune, L. E. (1997). Diagnosis and treatment of Alzheimer's Disease and related disorders: Consensus statement of the American Association for Geriatric Psychiatry, the Alzheimer's Association, and the American Geriatrics Society. *Journal of the American Medical Association, 278,* 1363–1371.

Small, M. Y. (1990). *Cognitive development.* New York: Harcourt Brace.

Smedje, J., Broman, J. E., & Hetta, J. (1999). Parents' reports of disturbed sleep in 5–7-year-old Swedish children. *Acta Paediatrica, 88,* 858–865.

Smedley, A., & Smedley, B. D. (2005). Race as biology is fiction, racism as a social problem is real: Anthropological and historical perspectives on the social construction of race. *American Psychologist, 60,* 16–26.

Smedley, B. D., Stith, A. Y., & Nelson, A. R. (Eds.). (2002). *Unequal treatment: Confronting racial and ethnic disparities in health care.* Washington, DC: National Academy Press.

Smetana, J. G., Metzger, A., & Campione-Barr, N. (2004). African American late adolescents' relationships with parents: Developmental transitions and longitudinal patterns. *Child Development, 75,* 932–947.

Smilansky, S. (1968). *The effects of sociodramatic play on disadvantaged preschool children.* New York: Wiley.

Smith, A. D., & Earles, J. L. (1996). Memory changes in normal aging. In F. Blanchard-Fields & T. M. Hess (Eds.), *Perspectives on cognitive change in adulthood and aging* (pp. 165–191). New York: McGraw-Hill.

Smith, B. A., & Blass, E. M. (1996). Taste-mediated calming in premature, preterm, and full-term human infants. *Developmental Psychology, 32,* 1084–1089.

Smith, E. A. (2001). The role of tacit and explicit knowledge in the workplace. *Journal of Knowledge Management, 5,* 311–321.

Smith, E. E., Geva, A., Jonides, J., Miller, A., Reuter-Lorenz, P., & Koeppe, R. A. (2001). The neural basis of task-switching in working memory: Effects of performance and aging. *Proceedings of the National Academy of Science USA, 98,* 2095–2100.

Smith, G. C. S., Pell, J. P., Cameron, A. D., & Dobbie, R. (2002). Risk of perinatal death associated with labor after previous cesarean delivery in uncomplicated term pregnancies. *Journal of the American Medical Association, 287,* 2684–2690.

Smith, G. C. S., Wood, A. M., Pell, J. P., White, I. R., Crossley, J. A., & Dobbie, R. (2004). Second-trimester maternal serum levels of alpha-fetoprotein and the subsequent risk of Sudden Infant Death Syndrome. *New England Journal of Medicine, 351,* 978–986.

Smith, J., & Baltes, P. B. (1990). Wisdom-related knowledge: Age/cohort differences in response to life planning problems. *Developmental Psychology, 26*(3), 494–505.

Smith, K. (2002). Who's minding the kids? Child care arrangements: Spring 1997. *Current Population Reports,* P70–86. Washington, DC: U.S. Census Bureau.

Smith, K. A., Fairburn, C. G., & Cowen, P. J. (1999). Symptomatic release in bulimia nervosa following acute tryptophan depletion. *Archives of General Psychiatry (72C), 56*(2), 171–176.

Smith, P. K., & Levan, S. (1995). Perceptions and experiences of bullying in younger pupils. *British Journal of Educational Psychology, 65,* 489–500.

Smith, R. B., & Brown, R. A. (1997). The impact of social support on gay male couples. *Journal of Homosexuality, 33,* 39–61.

Smith, T. W. (2003). *American sexual behavior: Trends, socio-demographic differences, and risk behavior* (GSS Topical Report No. 25). Chicago: National Opinion Research Center, University of Chicago.

Smith, T. W. (2005). Generation gaps in attitudes and values from the 1970s to the 1990s. In R. A. Settersten, Jr., F. F. Furstenberg, Jr., & R. G. Rumbaut (Eds.), *On the frontier of adulthood: Theory, research, and public policy* (pp. 177–221). (John D. and Catherine T. MacArthur Foundation Series on Mental Health and Development, Research Network on Transitions to Adulthood and Public Policy.) Chicago: University of Chicago Press.

Smith-Khuri, E., Iachan, R., Scheidt, P. C., Overpeck, M. D., Gabhainn, S. N., Pickett, W., & Harel, Y. (2004). A cross-national study of violence-related behaviors in adolescents. *Archives of Pediatrics and Adolescent Medicine, 158,* 539–544.

Smith-Warner, S. A., Spiegelman, D., Yaun, S., van den Brandt, P. A., Folsom, A. R., Goldbohm, A., Graham, S., Holmberg, L., Howe, G. R., Marshall, J. R., Miller, A. B., Potter, M. D., Speizer, F. E., Willett, W. C., Wolk, A., & Hunter, D. J. (1998). Alcohol and breast cancer in women: A pooled analysis of cohort studies. *Journal of the American Medical Association, 279,* 535–540.

Smotherman, W. P., & Robinson, S. R. (1995). Tracing developmental trajectories into the prenatal period. In J. P. Lecanuet, W. P. Fifer, N. A. Krasnegor, & W. P. Smotherman (Eds.), *Fetal development: A psychobiological perspective* (pp. 15–32). Hillsdale, NJ: Erlbaum.

Smotherman, W. P., & Robinson, S. R. (1996). The development of behavior before birth. *Developmental Psychology, 32,* 425–434.

Snarey, J. R. (1985). Cross-cultural universality of social-moral development: A critical review of Kohlbergian research. *Psychological Bulletin, 97,* 202–232.

Snow, C. E. (1990). The development of definitional skill. *Journal of Child Language, 17,* 697–710.

Snow, C. E. (1993). Families as social contexts for literacy development. In C. Daiute (Ed.), *The development of literacy through social interaction* (New Directions for Child Development No. 61, pp. 11–24). San Francisco: Jossey-Bass.

Snow, M. E., Jacklin, C. N., & Maccoby, E. E. (1983). Sex-of-child differences in father-child interaction at one year of age. *Child Development, 54,* 227–232.

Snyder, H. N. (2000). *Special analyses of FBI serious violent crimes data.* Pittsburgh, PA: National Center for Juvenile Justice.

Snyder, J., Cramer, A., Afrank, J., & Patterson, G. R. (2005). The contributions of ineffective discipline and parental hostile attributions of child misbehavior to the development of conduct problems at home and school. *Developmental Psychology, 41,* 30–41.

Snyder, J., West, L., Stockemer, V., Gibbons, S., & Almquist-Parks, L. (1996). A social learning model of peer choice in the natural environment. *Journal of Applied Developmental Psychology, 17,* 215–237.

Snyder, T. D., & Hoffman, C. M. (2001). *Digest of Education Statistics, 2000.* NCES 2001–034. Washington, DC: National Center for Education Statistics.

Snyder, T. D., & Hoffman, C. M. (2002). *Digest of Education Statistics 2001.* Washington, DC: National Center for Education Statistics.

Snyder, T. D., & Hoffman, C. M. (2003). *Digest of education statistics, 2002* (Publication No. NCES 2003-060). Washington, DC: Author.

Society for Assisted Reproductive Technology, The American Fertility Society. (1993). Assisted reproductive technology in the United States and Canada: 1991 results from the Society for Assisted Reproductive Technology generated from The American Fertility Society Registry. *Fertility and Sterility, 59,* 956–962.

Society for Assisted Reproductive Technology and the American Society for Reproductive Medicine. (2002). Assisted reproductive technology in the United States: 1998 results generated from the American Society for Reproductive Medicine/Society for Assisted Reproductive Technology Registry. *Fertility & Sterility, 77*(1), 18–31.

Society for Research in Child Development. (1996). Ethical standards for research with children. In *Directory of members* (pp. 337–339). Ann Arbor, MI: Author.

Sokol, R. J., Delaney-Black, V., and Nordstrom, B. (2003). Fetal alcohol spectrum disorder, *Journal of the American Medical Association, 209,* 2996–2999.

Soldz, S., & Vaillant, G. E. (1998). A 50-year longitudinal study of defense use among inner city men: A validation of the DSM-IV defense axis. *Journal of Nervous and Mental Disease, 186,* 104–111.

Solomon, P. R., Adams, F., Silver, A., Zimmer, J., & DeVeaux, R. (2002). Ginkgo for memory enhancement: A randomized controlled trial. *Journal of the American Medical Association, 288,* 835–840.

Solomon, P. R., Hirschoff, A., Kelly, B., Relin, M., Brush, M., DeVeaux, R. D., & Pendlebury, W. W. (1998). A 7-minute neurocognitive screening battery highly sensitive to Alzheimer's disease. *Archives of Neurology, 55,* 349–355.

Solomon, S. E., Rothblum, E. D., & Balsam, K. F. (2004). Pioneers in partnership: lesbian and gay male couples in civil unions compared with those not in civil unions and married heterosexual siblings. *Journal of Family Psychology, 18,* 275–286.

Solowij, N., Stephens, R. S., Roffman, R. A., Babor, T., Kadden, R. Miller, M., Christiansen, K., McRee, B., & Vendetti, J. for the Marijuana Treatment Research Group. (2002). Cognitive functioning of long-term heavy cannabis users seeking treatment. *Journal of the American Medical Association, 287,* 1123–1131.

Sondergaard, C., Henriksen, T. B., Obel, C., & Wisborg, K. (2001). Smoking during pregnancy and infantile colic. *Pediatrics, 108*(2), 342–346.

Sood, B., Delaney-Black, V., Covington, C., Nordstrom-Klee, B., Ager, J., Templin, T., Janisse, J., Martier, S., & Sokol, R. J. (2001). Prenatal alcohol exposure and childhood behavior at age 6 to 7 years: I. Dose-response effect. *Pediatrics, 108*(8), e461–462.

Sophian, C. (1988). Early developments in children's understanding of numbers: Inferences about numerosity and one-to-one correspondence. *Child Development, 59,* 1397–1414.

Sophian, C., Garyantes, D., & Chang, C. (1997). When three is less than two: Early developments in children's understanding of fractional quantities. *Developmental Psychology, 33,* 731–744.

Sophian, C., & Wood, A. (1997). Proportional reasoning in young children: The parts and the whole of it. *Journal of Educational Psychology, 89,* 309–317.

Sophian, C., Wood, A., & Vong, K. I. (1995). Making numbers count: The early development of numerical inferences. *Developmental Psychology, 31,* 263–273.

Sorof, J. M., Lai, D., Turner, J., Poffenbarger, T., & Portman, R. J. (2004). Overweight, ethnicity, and the prevalence of hypertension in school-aged children. *Pediatrics, 113.* 475–482.

Sowell, E. R., Thompson, P. M., Welcome, S. E., Henkenius, A. L., Toga, A. W., & Peterson, B. S. (2003). Cortical abnormalities in children and adolescents with attention-deficit hyperactivity disorder. *Lancet, 362,* 1699–1701.

Spady, D. W., Saunders. D. L., Schopflocher, D. P., & Svenson, L. W. (2004). Patterns for injury in childhood: A population-based approach. *Pediatrics, 113,* 522–529.

Spalding, J. J. (1977). Carter, James Earl, Jr. In W. H. Nault (Ed.), *The 1977 World Book Yearbook* (pp. 542–547). Chicago: Field Enterprises Educational Corporation.

Speece, M. W., & Brent, S. B. (1984). Children's understanding of death: A review of three components of a death concept. *Child Development, 55,* 1671–1686.

Spelke, E. (1994). Initial knowledge: Six suggestions. *Cognition, 50,* 431–445.

Spelke, E. S. (1998). Nativism, empiricism, and the origins of knowledge. *Infant Behavior and Development, 21*(2), 181–200.

Spence, A. P. (1989). *Biology of human aging.* Englewood Cliffs, NJ: Prentice-Hall.

Sperling, M. A. (2004). Prematurity—A window of opportunity? *New England Journal of Medicine, 351,* 2229–2231.

Spieker, S. J., Nelson, D. C., Petras, A., Jolley, S. N., & Barnard, K. E. (2003). Joint influence of child care and infant attachment security for cognitive and language outcomes of low-income toddlers. *Infant Behavior & Development, 26,* 326–344.

Spinrad, T. L., Eisenberg, N., Harris, E., Hanish, L., Fabes, R. A., Kupanoff, K., Ringwald, S., & Holmes, J. (2004). The relation of children's everyday nonsocial peer play behavior to their emotionality, regulation, and social functioning. *Developmental Psychology, 40,* 67–80.

Spirduso, W. W., & MacRae, P. G. (1990). Motor performance and aging. In J. E. Birren & K. W. Schaie (Eds.), *Psychology of aging* (3rd ed., pp. 183–200). New York: Academic Press.

Spiro, A., III (2001). Health in midlife: Toward a life-span view. In M. E. Lachman (Ed.), *Handbook of midlife development* (pp. 156–187). New York: Wiley.

Spitz, R. A. (1945). Hospitalism: An inquiry into the genesis of psychiatric conditioning in early childhood. In D. Fenschel et al. (Eds.), *Psychoanalytic studies of the child* (Vol. 1, pp. 53–74). New York: International Universities Press.

Spitz, R. A. (1946). Hospitalism: A follow-up report. In D. Fenschel et al. (Eds.), *Psychoanalytic studies of the child* (Vol. 1, pp. 113–117). New York: International Universities Press.

Spohr, H. L.,Willms, J., & Steinhausen, H.-C. (1993). Prenatal alcohol exposure and longterm developmental consequences. *The Lancet, 341,* 907–910.

Spoto, D. (1997). *Notorious: The life of Ingrid Bergman.* New York: HarperCollins.

Springer, M. V., McIntosh, A. R., Winocur, G., & Grady, C. L. (2005). The relation between brain activity during memory tasks and years of education in young and older adults. *Neuropsychology, 19,* 181–192.

Squire, L. R. (1992). Memory and the hippocampus: A synthesis of findings with rats, monkeys, and humans. *Psychological Review, 99,* 195–231.

Squire, L. R. (1994). Declarative and nondeclarative memory: Multiple brain systems supporting learning and memory. In D. L. Schacter & E. Tulving (Eds.), *Memory systems 1994* (pp. 203–232). Cambridge, MA: MIT Press.

Srivastava, S., John. O. P., Gosling, S. D., & Potter, J. (2003). Development of personality in early and middle adulthood: Set like plaster or persistent change? *Journal of Personality and Social Psychology, 84,* 1041–1053.

Sroufe, L. A. (1997). *Emotional development.* Cambridge, England: Cambridge University Press.

Sroufe, L. A., Bennett, C., Englund, M., Urban, J., & Shulman, S. (1993). The significance of gender boundaries in preadolescence: Contemporary correlates and antecedents of boundary violation and maintenance. *Child Development, 64,* 455–466.

Sroufe, L. A., Carlson, E., & Shulman, S. (1993). Individuals in relationships: Development from infancy through adolescence. In D. C. Funder, R. D. Parke, C. Tomlinson-Keasey, & K. Widaman (Eds.), *Studying lives through time: Personality and development* (pp. 315–342). Washington, DC: American Psychological Association.

Stadtman, E. R. (1992). Protein oxidation and aging. *Science, 257,* 1220–1224.

Stamler, J., Dyer, A. R., Shekelle, R. B., Neaton, J., & Stamler, R. (1993). Relationship of baseline major risk factors to coronary and all-cause mortality, and to longevity: Findings from long-term follow-up of Chicago cohorts. *Cardiology, 82*(2–3), 191–222.

Standley, J. M. (1998). Strategies to improve outcomes in critical care—The effect of music and multimodal stimulation on responses of premature infants in neonatal intensive care. *Pediatric Nursing, 24,* 532–538.

Stapleton, S. (1998, May 11). Asthma rates hit epidemic numbers; experts wonder why [Online]. *American Medical News, 41*(18). Available: http://www.ama-assn.org/special/asthma/newsline/special/epidem.htm.

Staplin, L., Lococo, K., Byington, S., & Harkey, D. (2001a). *Guidelines and recommendations to accommodate older drivers and pedestrians.* McLean, VA: Office of Safety and Traffic Operations, Federal Highway Administration.

Staplin, L., Lococo, K., Byington, S., & Harkey, D. (2001b). *Highway design handbook for older drivers and pedestrians.* McLean, VA: Office of Safety and Traffic Operations, Federal Highway Administration.

Starfield, B. (1991). Childhood morbidity: Comparisons, clusters, and trends. *Pediatrics, 88,* 519–526.

Starr, J. M., Deary, I. J., Lemmon, H., & Whalley L. J. (2000). Mental ability age 11 years and health status age 77 years. *Age and Ageing, 29,* 523–528.

Staub, E. (1996). Cultural-societal roots of violence: The examples of genocidal violence and of contemporary youth violence in the United States. *American Psychologist, 51,* 117–132.

Stauder, J. E. A., Molenaar, P. C. M., & Van der Molen, M. W. (1993). Scalp topography of event-related brain potentials and cognitive transition during childhood. *Child Development, 64,* 769–788.

Staudinger, U. M., & Baltes, P. B. (1996). Interactive minds: A facilitative setting for wisdom-related performance? *Journal of Personality and Social Psychology, 71,* 746–762.

Staudinger, U. M., & Bluck, S. (2001). A view of midlife development from life-span theory. In M. E. Lachman (Ed.), *Handbook of midlife development* (pp. 3–39). New York: Wiley.

Staudinger, U. M., Fleeson, W., & Baltes, P. B. (1999). Predictors of subjective physical health and global well-being: Similarities and differences between the United States and Germany. *Journal of Personality and Social Psychology, 76,* 305–319.

Staudinger, U. M., Smith, J., & Baltes, P. B. (1992). Wisdom-related knowledge in a life review task: Age differences and the role of professional specialization. *Psychology and Aging, 7,* 271–281.

Steinbach, U. (1992). Social networks, institutionalization, and mortality among elderly people in the United States. *Journal of Gerontology: Social Sciences, 47*(4), S183–190.

Steinberg, L. (1988). Reciprocal relation between parent-child distance and pubertal maturation. *Developmental Psychology, 24,* 122–128.

Steinberg, L. (2000, January 19). *Should juvenile offenders be tried as adults? A developmental perspective on changing legal policies.* Paper presented as part of a Congressional Research Briefing entitled "Juvenile Crime: Causes and Consequences." Washington, DC.

Steinberg, L., & Darling, N. (1994). The broader context of social influence in adolescence. In R. Silberstein & E. Todt (Eds.), *Adolescence in context.* New York: Springer.

Steinberg, L., Dornbusch, S. M., & Brown, B. B. (1992). Ethnic differences in adolescent achievement: An ecological perspective. *American Psychologist, 47,* 723–729.

Steinberg, L., & Scott, E. S. (2003). Less guilty by reason of adolescence: Developmental immaturity, diminished responsibility, and the juvenile death penalty. *American Psychologist, 58,* 1009–1018.

Steinbrook, R. (2005). Public solicitation of organ donors. *New England Journal of Medicine, 353,* 441–444.

Stennes, L. M., Burch, M. M., Sen, M. G., & Bauer, P. J. (2005). A longitudinal study of gendered vocabulary and communicative action in young children. *Developmental Psychology, 41,* 75–88.

Stern, M. B. (1950). *Louisa May Alcott.* Norman: University of Oklahoma Press.

Sternbach, H. (1998). Age-associated testosterone decline in men: Clinical issues for psychiatry. *American Journal of Psychiatry, 155,* 1310–1318.

Sternberg, R. J. (1985a). *Beyond IQ: A triarchic theory of human intelligence.* New York: Cambridge University Press.

Sternberg, R. J. (1986). A triangular theory of love. *Psychological Review, 93,* 119–135.

Sternberg, R. J. (1987, September 23). The use and misuse of intelligence testing: Misunderstanding meaning, users over-rely on scores. *Education Week,* pp. 22, 28.

Sternberg, R. J. (1990). Wisdom and its relations to intelligence and creativity. In R. J. Sternberg (Ed.), *Wisdom: Its nature, origins, and development* (pp. 142–159). Cambridge: Cambridge University Press.

Sternberg, R. J. (1993). *Sternberg Triarchic Abilities Test.* Unpublished manuscript.

Sternberg, R. J. (1995). Love as a story. *Journal of Social and Personal Relationships, 12*(4), 541–546.

Sternberg, R. J. (1997). The concept of intelligence and its role in lifelong learning and success. *American Psychologist, 52,* 1030–1037.

Sternberg, R. J. (1998). A balance theory of wisdom. *Review of General Psychology, 2,* 347–365.

Sternberg, R. J. (1998a). *Cupid's arrow.* New York: Cambridge University Press.

Sternberg, R. J. (1998b). *Love is a story.* New York: Oxford University Press.

Sternberg, R. J. (2004). Culture and intelligence. *American Psychologist, 59,* 325–338.

Sternberg, R. J. (in press). A duplex theory of love. In R. J. Sternberg & M. L. Barnes (Eds.), *The psychology of love* (2nd ed.). New Haven: Yale University Press.

Sternberg, R. J., & Clinkenbeard, P. (1995). A triarchic view of identifying, teaching, and assessing gifted children. *Roeper Review, 17,* 255–260.

Sternberg, R. J., Forsythe, G. B., Hedlund, J., Horvath, J. A., Wagner, R. K., Williams, W. M., Snook, S. A., & Grigorenko, E. L. (2000). *Practical intelligence in everyday life.* New York: Cambridge University Press.

Sternberg, R. J., Grigorenko, E. L., & Kidd, K. K. (2005). Intelligence, race, and genetics. *American Psychologist, 60,*46–59.

Sternberg, R. J., Grigorenko, E. L., & Oh, S. (2001). The development of intelligence at midlife. In M. E. Lachman (Ed.), *Handbook of midlife development* (pp. 217–247). New York: Wiley.

Sternberg, R. J., Hojjat, M., & Barnes, M. L. (2001). Empirical aspects of a theory of love as a story. *European Journal of Personality, 15,* 1–20.

Sternberg, R. J., & Horvath, J. A. (1998). Cognitive conceptions of expertise and their relations to giftedness. In R. C. Friedman & K. B. Rogers (Eds.), *Talent in context: Historical and social perspectives on giftedness* (pp. 177–191). Washington, DC: American Psychological Association.

Sternberg, R. J., & Lubart, T. I. (1995). *Defying the crowd: Cultivating creativity in a culture of conformity.* NY: Free Press.

Sternberg, R. J., Nokes, K., Geissler, P. W., Prince, R., Okatcha, F., Bundy, D. A., & Grigorenko, E. L. (2001). The relationship between academic and practical intelligence: A case study in Kenya. *Intelligence, 29,* 401–418.

Sternberg, R. J., Torff, B., & Grigorenko, E. L. (1998). Teaching triarchically improves school achievement. *Journal of Educational Psychology, 90*(3), 374–384.

Sternberg, R. J., & Wagner, R. K. (1989). Individual differences in practical knowledge, and its acquisition. In P. L. Ackerman, R. J. Sternberg, & R. Glaser (Eds.), *Learning and individual differences* (pp. 255–278). New York: Freeman.

Sternberg, R. J., & Wagner, R. K. (1993). The *g*-ocentric view of intelligence and job performance is wrong. *Current Directions in Psychological Science, 2*(1), 1–4.

Sternberg, R. J., Wagner, R. K., Williams, W. M., & Horvath, J. A. (1995). Testing common sense. *American Psychologist, 50,* 912–927.

Sterns, H. L., & Huyck, M. H. (2001). The role of work in midlife. In M. E. Lachman (Ed.), *Handbook of midlife development* (pp. 447–486). New York: Wiley.

Steunenberg, B., Twisk, J. W. R., Beekman, A. T. F., Deeg, D. J. H., & Kerkof, A. J. F. M. (2005). Stability and change of neuroticism in aging. *Journal of Gerontology: Psychological Sciences, 60B,* P27–P33.

Stevens, J. C., Cain, W. S., Demarque, A., & Ruthruff, A. M. (1991). On the discrimination of missing ingredients: Aging and salt flavor. *Appetite, 16,* 129–140.

Stevens, J. C., Cruz, L. A., Hoffman, J. M., & Patterson, M. Q. (1995). Taste sensitivity and aging: High incidence of decline revealed by repeated threshold measures. *Chemical Senses, 20,* 451–459.

Stevenson, H. W. (1995). Mathematics achievement of American students: First in the world by the year 2000? In C. A. Nelson (Ed.), *The Minnesota Symposia on Child Psychology: Vol. 28. Basic and applied perspectives on learning, cognition, and development* (pp. 131–149). Mahwah, NJ: Erlbaum.

Stevenson, H. W., Chen, C., & Lee, S. Y. (1993). Mathematics achievement of Chinese, Japanese, and American children: Ten years later. *Science, 258* (5081), 53–58.

Stevenson, H. W., Lee, S., Chen, C., & Lummis, M. (1990). Mathematics achievement of children in China and the United States. *Child Development, 61,* 1053–1066.

Stevenson, H. W., Lee, S. Y., Chen, C., Stigler, J. W., Hsu, C. C., & Kitamura, S. (1990). Contexts of achievement: A study of American, Chinese, and Japanese children. *Monographs of the Society for Research in Child Development, 55*(1–2, Serial No. 221).

Stevenson-Hinde, J., & Shouldice, A. (1996). Fearfulness: Developmental consistency. In A. J. Sameroff & M. M. Haith (Eds.), *The five to seven year shift: The age of reason and responsibility* (pp. 237–252). Chicago: University of Chicago Press.

Steward, M. S., & Steward, D. S. (1996). Interviewing young children about body touch and handling. *Monographs of the Society for Research in Child Development, 61*(4–5, Serial No. 248).

Stewart, A. J., & Ostrove, J. M. (1998). Women's personality in middle age: Gender, history, and midcourse correction. *American Psychologist, 53,* 1185–1194.

Stewart, A. J., & Vandewater, E. A. (1998). The course of generativity. In D. P. McAdams & D. de St. Aubin (Eds.), *Generativity and adult development: How and why we care for the next generation.* Washington, DC: American Psychological Association.

Stewart, A. J., & Vandewater, E. A. (1999). "If I had to do it over again . . . ": Midlife review, midlife corrections, and women's well-being in midlife. *Journal of Personality and Social Psychology, 76,* 270–283.

Stewart, I. C. (1994, January 29). Two-part message [Letter to the editor]. *The New York Times,* p. A18.

Stice, E., & Bearman, K. (2001). Body image and eating disturbances prospectively predict increases in depressive symptoms in adolescent girls: A growth curve analysis. *Developmental Psychology, 37*(5), 597–607.

Stice, E., Presnell, K., & Bearman, S. K. (2001). Relation of early menarche to depression, eating disorders, substance abuse, and comorbid psychopathology among adolescent girls. *Developmental Psychology, 37,* 608–619.

Stick, S. M., Burton, P. R., Gurrin, L., Sly, P. D., & LeSouëf, P. N. (1996). Effects of maternal smoking during pregnancy and a family history of asthma on respiratory function in newborn infants. *The Lancet, 348,* 1060–1064.

Stipek, D. (2002). At what age should children enter kindergarten? A question for policy makers and parents. *SRCD Social Policy Report, 16*(2), 1–16.

Stipek, D., & Byler, P. (2001). Academic achievement and social behaviors associated with age of entry into kindergarten. *Journal of Applied Developmental Psychology, 22,* 175–189.

Stipek, D. J., Gralinski, H., & Kopp, C. B. (1990). Self-concept development in the toddler years. *Developmental Psychology, 26,* 972–977.

Stock, G., & Callahan, D. (2004). Point-counterpoint: Would doubling the human life span be a net positive or negative for us either as individuals or as a society? *Journal of Gerontology: Biological Sciences, 59A,* 554–559.

Stoecker, J. J., Colombo, J., Frick, J. E., & Allen, J. R. (1998). Long- and short-looking infants' recognition of symmetrica and asymmetrical forms. *Journal of Experimental Child Psychology, 71,* 63–78.

Stoelhorst, M. S. J., Rijken, M., Martens, S. E., Brand, R., den Ouden, A. L., Wit, J.-M., & Veen, S., on behalf of the Leiden Follow-up Project on Prematurity. (2005). Changes in neonatology: Comparison of two cohorts of very preterm infants (gestational age <32 weeks): The Project on Preterm and Small for Gestational Age Infants 1983 and the Leiden Follow-up Project on Prematurity 1996–1997. *Pediatrics, 115,* 396–405.

Stoll, B. J., Hansen, N. I., Adams-Chapman, I., Fanaroff, A. A., Hintz, S. R., Vohr, B., & Higgins, R. D., for the National Institute of Child Health and Human Development Neonatal Research Network. (2004). Neurodevelopmental and growth impairment among extremely low-birth-weight infants with neonatal infection. *Journal of the American Medical Association, 292,* 2357–2365.

Stones, M. J., & Kozma, A. (1996). Activity, exercise, and behavior. In J. E. Birren & K. W. Schaie (Eds.), *Handbook of the psychology of aging* (4th ed., pp. 338–352). San Diego: Academic Press.

Strasburger, V. C., & Donnerstein, E. (1999). Children, adolescents, and the media: Issues and solutions. *Pediatrics, 103,* 129–139.

Strassberg, Z., Dodge, K. A., Pettit, G. S., & Bates, J. E. (1994). Spanking in the home and children's subsequent aggression toward kindergarten peers. *Development and Psychopathology, 6,* 445–461.

Straus, M. A. (1994a). *Beating the devil out of them: Corporal punishment in American families.* San Francisco, CA: Jossey-Bass.

Straus, M. A. (1994b). Should the use of corporal punishment by parents be considered child abuse? In M. A. Mason & E. Gambrill (Eds.), *Debating children's lives: Current controversies on children and adolescents* (pp. 196–222). Newbury Park, CA: Sage.

Straus, M. A. (1999). The benefits of avoiding corporal punishment: New and more definitive evidence. Submitted for publication in K. C. Blaine (Ed.), *Raising America's Children.*

Straus, M. A., & Field, C. J. (2003). Psychological aggression by American parents: National data on prevalence, chronicity, and severity. *Journal of Marriage and Family, 65,* 795–808.

Straus, M. A., & Paschall, M. J. (1999, July). *Corporal punishment by mothers and children's cognitive development: A longitudinal study of two age cohorts.* Paper presented at the Sixth International Family Violence Research Conference, University of New Hampshire, Durham, NH.

Straus, M. A., & Stewart, J. H. (1999). Corporal punishment by American parents: National data on prevalence, chronicity, severity, and duration, in relation to child and family characteristics. Clinical Child and Family Psychology *Review, 2*(2), 55–70.

Straus, M. A., Sugarman, D. B., & Giles-Sims, J. (1997). Spanking by parents and subsequent antisocial behavior of children. *Archives of Pediatric and Adolescent Medicine, 151,* 761–767.

Strawbridge,W. J., & Wallhagen, M. I. (1991). Impact of family conflict on adult child caregivers. *The Gerontologist, 31*(6), 770–777.

Streissguth, A. P., Aase, J. M., Clarren, S. K., Randels, S. P., LaDue, R. A., & Smith, D. F. (1991). Fetal alcohol syndrome in adolescents and adults. *Journal of the American Medical Association, 265,* 1961–1967.

Streissguth, A. P., Bookstein, F. L., Barr, H. M., Sampson, P. D., O'Malley, K., Young, J. K. (2004). Risk factors for adverse life outcomes in fetal alcohol syndrome and fetal alcohol effects. *Journal of Developmental & Behavioral Pediatrics, 25,* 228–238.

Streissguth, A. P., Martin, D. C., Barr, H. M., Sandman, B. M., Kirchner, G. L., & Darby, B. L. (1984). Intrauterine alcohol and nicotine exposure: Attention and reaction time in 4-year-old children. *Developmental Psychology, 20,* 533–541.

Striano, T. (2004). Direction of regard and the still-face effect in the first year: Does intention matter? *Child Development, 75,* 468–479.

Strobel, A., Camoin, T. I. L., Ozata, M., & Strosberg, A. D. (1998). A leptin missense mutation associated with hypogonadism and morbid obesity. *Nature Genetics, 18,* 213–215.

Stroebe, M., Gergen, M. M., Gergen, K. J., & Stroebe, W. (1992). Broken hearts or broken bonds: Love and death in historical perspective. *American Psychologist, 47*(10), 1205–1212.

Strömland, K., & Hellström, A. (1996). Fetal alcohol syndrome—An ophthalmological and socioeducational prospective study. *Pediatrics, 97,* 845–850.

Stuart, J. (1991). Introduction. In Z. Zhensun & A. Low, *A young painter: The life and paintings of Wang Yani—China's extraordinary young artist* (pp. 6–7). New York: Scholastic.

Stuck, A. E., Egger, M., Hammer, A., Minder, C. E., & Beck, J. C. (2002). Home visits to prevent nursing home admission and functional decline in elderly people: Systematic review and meta-regression analysis. *Journal of the American Medical Association, 287,* 1022–1028.

Sturges, J. W., & Sturges, L. V. (1998). In vivo systematic desensitization in a single-session treatment of an 11-year-old girl's elevator phobia. *Child & Family Behavior Therapy, 20,* 55–62.

Sturm, R. (2002). The effects of obesity, smoking, and drinking on medical problems and costs. *Health Affairs, 21,* 245–253.

Subramanian, G., Adams, M. D., Venter, J. C., & Broder, S. (2001). Implications of the human genome for understanding human biology and medicine. *Journal of the American Medical Association, 26*(18), 2296–2307.

Substance Abuse and Mental Health Services Administration (SAMHSA). (2001). *Summary of findings from the 2000 National Household Survey on Drug Abuse.* NHSDA Series H-13, DHHS Publication No. (SMA) 01-3549. Rockville, MD: Office of Applied Studies.

Substance Abuse and Mental Health Services Administration (SAMHSA). (2004a, October 22). Alcohol dependence or abuse and age at first use. *The NSDUH Report.* [Online]. Available: http://oas.samhsa.gov/2k4/ageDependence/ageDependence.htm. Access date: December 18, 2004.

Substance Abuse and Mental Health Services Administration (SAMHSA). (2004b). *Results from the 2003 National Survey on Drug Use & Health: National findings* (Office of Applied Studies, NSDUH Series H-25, DHHS Publication No. SMA 04-3964). Rockville, MD: U.S. Department of Health and Human Services.

Suddendorf, T. (2003). Early representational insight: 24-month-olds can use a photo to find an object in the world. *Child Development, 74,* 896–904.

Sue, S., & Okazaki, S. (1990). Asian-American educational achievements: A phenomenon in search of an explanation. *American Psychologist, 45*(8), 913–920.

Suicide—Part I. (1996, November). *The Harvard Mental Health Letter,* pp. 1–5.

Suitor, J. J., & Pillemer, K. (1993). Support and interpersonal stress in the social networks of married daughters caring for parents with dementia. *Journal of Gerontology: Social Sciences, 41*(1), S1–8.

Suitor, J. J., Pillemer, K., Keeton, S., & Robison, J. (1995). Aged parents and aging children: Determinants of relationship quality. In R. Blieszner & V. Hilkevitch (Eds.), *Handbook of aging and the family* (pp. 223–242). Westport, CT: Greenwood Press.

Sullivan, A. D., Hedberg, K., & Fleming, D. W. (2000). Legalized physician-assisted suicide in Oregon: the second year. *New England Journal of Medicine, 342,* 598–604.

Sullivan, P. F., Bulik, C. M., Fear, J. L., & Pickering, A. (1998). Outcome of anorexia nervosa: A case-control study. *American Journal of Psychiatry, 155,* 939–946.

Sum, A., Kirsch, I., & Taggart, R. (2002). *The twin challenges of mediocrity and inequality: Literacy in the U.S. from an international perspective.* Princeton, NJ: Policy Information Center, Educational Testing Service.

Sun, Y. (2001). Family environment and adolescents' well-being before and after parents' marital disruption. *Journal of Marriage and the Family, 63,* 697–713.

Suomi, S., & Harlow, H. (1972). Social rehabilitation of isolate-reared monkeys. *Developmental Psychology, 6,* 487–496.

Surkan, P. J., Stephansson, O., Dickman, P. W., & Cnattingius, S. (2004). Previous preterm and small-for-gestational-age births and the subsequent risk of stillbirth. *New England Journal of Medicine, 350,* 777–785.

Susman, E. J., Dorn, L. D., & Schiefelbein, V. L. (2003). Puberty, sexuality, and health. In I. Weiner (Ed.) and R. M. Lerner, M. A. Easterbrooks, & J. Mistry (Vol. Eds.), *Handbook of Psychology. Vol. 6: Developmental Psychology* (295–324). Hoboken, NJ: Wiley.

Susman-Stillman, A., Kalkoske, M., Egeland, B., & Waldman, I. (1996). Infant temperament and maternal sensitivity as predictors of attachment security. *Infant Behavior and Development, 19,* 33–47.

Sutcliffe, A., Loft, A., Wennerholm, U. B., Tarlatzis, V., & Bonduelle, M. (2003, July). The European study of 1,523 ICSI/IVF versus naturally conceived 5-year-old children and their families: Physical development at five years. Paper presented at conference of European Society of Human Reproduction and Embryology, Madrid.

Suzuki, L. A., & Valencia, R. R. (1997). Race-ethnicity and measured intelligence: Educational implications. *American Psychologist, 52,* 1103–1114.

Swain, I. U., Zelazo, P. R., & Clifton, R. K. (1993). Newborn infants' memory for speech sounds retained over 24 hours. *Developmental Psychology, 29,* 312–323.

Swallen, K. C., Reither, E. N., Haas, S. A., & Meier, A. M. (2005). Overweight, obesity, and health-related quality of life among adolescents: The National Longitudinal Study of Adolescent Health. *Pediatrics, 115,* 340–347.

Swan, S. H., Kruse, R. L., Liu, F., Barr, D. B., Drobnis, E. Z., Redmon, J. B., Wang, C., Brazil, C., Overstreet, J. W., and Study for Future Families Research Group. (2003). Semen quality in relation to biomarkers of pesticide exposure. *Environmental Health Perspectives, 111,* 1478–1484.

Swanson, H. L. (1999). What develops in working memory? *Developmental Psychology, 35,* 986–1000.

Swanston, H. Y., Tebbutt, J. S., O'Toole, B. I., & Oates, R. K. (1997). Sexually abused children 5 years after presentation: A case-control study. *Pediatrics, 100,* 600–608.

Swarr, A. E., & Richards, M. H. (1996). Longitudinal effects of adolescent girls' pubertal development, perceptions of pubertal timing, and parental relations on eating problems. *Developmental Psychology, 32,* 636–646.

Swedo, S., Rettew, D. C., Kuppenheimer, M., Lum, D., Dolan, S., & Goldberger, E. (1991). Can adolescent suicide attemptors be distinguished from at-risk adolescents? *Pediatrics, 88*(3), 620–629.

Sweeney, M. M. & Phillips, J. A. (2004). Understanding racial differences in marital disruption: Recent trends and explanations. *Journal of Marriage and Family, 66,* 639–650.

Szaflarski, J. P., Holland, S. K., Schmithorst, V. J., & Weber-Byars, A. (2004). An fMRI study of cerebral language lateralization in 121 children and adults. Paper presented at the 56th Annual Meeting of the American Academy of Neurology, San Francisco, CA.

Szatmari, P. (1999). Heterogeneity and the genetics of autism. *Journal of Psychiatry and Neuroscience, 24,* 159–165.

Szinovacz, M. E. (1998). Grandparents today: A demographic profile. *The Gerontologist, 38,* 37–52.

Szkrybalo, J., & Ruble, D. N. (1999). "God made me a girl": Sex category constancy judgments and explanations revisited. *Developmental Psychology, 35,* 392–403.

Talbott, M. M. (1998). Older widows' attitudes towards men and remarriage. *Journal of Aging Studies, 12,* 429–449.

Tamburro, R. F., Gordon, P. L., D'Apolito, J. P., & Howard, S. C. (2004). Unsafe and violent behavior in commercials aired during televised major sporting events. *Pediatrics, 114,* 694–698.

Tamis-LeMonda, C. S., Bornstein, M. H., & Baumwell, L. (2001). Maternal responsiveness and children's achievement of language milestones. *Child Development, 72*(3), 748–767.

Tanda, G., Pontieri, F. E., & DiChiara, G. (1997). Cannabinoid and heroin activation of mesolimbic dopamine transmission by a common N1 opioid receptor mechanism. *Science, 276,* 2048–2050.

Tang, Y.-P., Shimizu, E., Dube, G. R., Rampon, C., Kerchner, G. A., Zhuo, M., Liu, G., & Tsien, J. Z. (1999). Genetic enhancement of learning and memory in mice. *Nature, 401*(6748), 63–68.

Tanner, M. D. (2001, October 18). Testimony before the President's Commission to Strengthen Social Security. Washington, DC.

Tao, K.-T. (1998). An overview of only child family mental health in China. *Psychiatry and Clinical Neurosciences, 52*(Suppl.), S206–S211.

Tarabulsy, G. M., Provost, M. A., Deslandes, J., St-Laurent, D., Moss, E., Lemelin, E., Bernier, A., & Dassylva, J. (2003). Individual differences in infant still-face response at 6 months. *Infant Behavior & Development, 26,* 421–438.

Tarnowski, A. C., & Antonucci, T. C. (1998, June 21). Adjustment to retirement: The influence of social relations. Paper presented at the SPSSI Convention, Ann Arbor, MI.

Taubes, G. (1998, May 29). As obesity rates rise, experts struggle to explain why. *Science, 280,* 1367–1368.

Taveras, E. M., Capra, A. M., Braveman, P. A., Jensvold, N. G., Escobar, G. J., & Lieu, T. A. (2003). Clinician support and psychosocial risk factors associated with breastfeeding discontinuation. *Pediatrics, 112,* 108–115.

Taylor, M. (1997). The role of creative control and culture in children's fantasy/reality judgments. *Child Development, 68,* 1015–1017.

Taylor, M., & Carlson, S. M. (1997). The relation between individual differences in fantasy and theory of mind. *Child Development, 68,* 436–455.

Taylor, M., Carlson, S. M., Maring, B. L., Gerow, L., & Charley, C. M. (2004). The characteristics and correlates of fantasy in school-age children: Imaginary companions, impersonation, and social understanding. *Developmental Psychology, 40,* 1173–1187.

Taylor, M., Cartwright, B. S., & Carlson, S. M. (1993). A developmental investigation of children's imaginary companions. *Developmental Psychology, 28,* 276–285.

Taylor, M. G. (1996). The development of children's beliefs about social and biological aspects of gender differences. *Child Development, 67,* 1555–1571.

Taylor, R. D., & Roberts, D. (1995). Kinship support in maternal and adolescent well-being in economically disadvantaged African-American families. *Child Development, 66,* 1585–1597.

Teachman, J. (2003a). Childhood living arrangements and the formation of coresidential unions. *Journal of Marriage and Family, 65,* 507–524.

Teachman, J. (2003b). Premarital sex, premarital cohabitation, and the risk of subsequent marital dissolution among women. *Journal of Marriage and Family, 65,* 444–455.

Teachman, J. D., Tedrow, L. M., & Crowder, K. D. (2000). The changing demography of America's families. *Journal of Marriage and Family, 62,* 1234–1246.

Techner, D. (1994, February 6). *Death and dying.* Seminar presentation for candidates in Leadership Program, International Institute for Secular Humanistic Judaism, Farmington Hills, MI.

Teller, D. Y., & Bornstein, M. H. (1987). Infant color vision and color perception. In P. Salapatek & L. B. Cohen (Eds.), *Handbook of infant perception: Vol. 1. From sensation to perception* (pp. 185–236). Orlando, FL: Academic Press.

Temple, J. A., Reynolds, A. J., & Miedel, W. T. (2000). Can early intervention prevent high school dropout? Evidence from the Chicago Child-Parent Centers. *Urban Education, 35*(1), 31–57.

Tennyson, Alfred, Lord (1850). "In Memoriam A. H. H., Canto 54."

Termine, N. T., & Izard, C. E. (1988). Infants' responses to their mothers' expressions of joy and sadness. *Developmental Psychology, 24,* 223–229.

Terry, D. F., Wilcox, M. A., McCormick, M. A., & Perls, T. T. (2004). Cardiovascular disease delay in centenarian offspring. *Journal of Gerontology: Medical Sciences, 59A,* 385–389.

Tesman, J. R., & Hills, A. (1994). Developmental effects of lead exposure in children. *Social Policy Report of the Society for Research in Child Development, 8*(3), 1–16.

Teti, D. M., & Ablard, K. E. (1989). Security of attachment and infant-sibling relationships: A laboratory study. *Child Development, 60,* 1519–1528.

Teti, D. M., Gelfand, D. M., Messinger, D. S., & Isabella, R. (1995). Maternal depression and the quality of early attachment: An examination of infants, preschoolers, and their mothers. *Developmental Psychology, 31,* 364–376.

Thabes, V. (1997). A survey analysis of women's long-term, postdivorce adjustment. *Journal of Divorce & Remarriage, 27,* 163–175.

Thal, D., Tobias, S., & Morrison, D. (1991). Language and gesture in late talkers: A one-year follow-up. *Journal of Speech and Hearing Research, 34,* 604–612.

Thapar, A., Fowler, T., Rice, F., Scourfield, J., van den Bree, M., Thomas, H., Harold, G., & Hay, D. (2003). Maternal smoking during pregnancy and attention deficit hyperactivity disorder symptoms in offspring. *American Journal of Psychiatry, 160,* 1985–1989.

Tharp, R. G. (1989). Psychocultural variables and constants: Effects on teaching and learning in schools. *American Psychologist, 44,* 349–359.

The breast cancer genes. (1994, December). *Harvard Women's Health Watch,* p. 1.

The Breastfeeding and HIV International Transmission Study Group. (2004). Late postnatal transmission of HIV-1 in breast-fed children: An individual patient data meta-analysis. *Journal of Infectious Diseases, 189,* 2154–2166.

The Early College High School Initiative. (undated). [Online]. Available: http://www.earlycolleges.org. Access date: March 31, 2004.

The SUPPORT Principal Investigators. (1995). A controlled trial to improve care for seriously ill hospitalized patients: The Study to Understand Prognoses and Preferences for Outcomes and Risks of Treatments (SUPPORT). *Journal of the American Medical Association, 274,* 1591–1598.

Thelen, E. (1995). Motor development: A new synthesis. *American Psychologist, 50*(2), 79–95.

Thelen, E., & Fisher, D. M. (1982). Newborn stepping: An explanation for a "disappearing" reflex. *Developmental Psychology, 18,* 760–775.

Thelen E., & Fisher, D. M. (1983). The organization of spontaneous leg movements in newborn infants. *Journal of Motor Behavior, 15,* 353–377.

Theodore, A. D., Chang, J. J., Runyan, D. K., Hunter, W. M., Bangdiwala, S. I., & Agans, R. (2005). Epidemiological features of the physical and sexual maltreatment of children in the Carolinas. *Pediatrics, 115,* 331–337.

Thomas, A., & Chess, S. (1977). *Temperament and development.* New York: Brunner/Mazel.

Thomas, A., & Chess, S. (1984). Genesis and evolution of behavioral disorders: From infancy to early adult life. *American Journal of Orthopsychiatry, 141*(1), 1–9.

Thomas, A., Chess, S., & Birch, H. G. (1968). *Temperament and behavior disorders in children.* New York: New York University Press.

Thomas, C. (2002). Development of a culturally sensitive, locality-based program to increase kidney donation. *Advances in Renal Replacement Therapy, 9,* 54–56.

Thomas, C. R., Holzer, C. E., & Wall, J. (2002). The Island Youth Programs: Community interventions for reducing youth violence and delinquency. In L. T. Flaherty (Ed.), *Adolescent psychiatry: Developmental and clinical studies, Vol. 26. Annals of the American Society for Adolescent Psychiatry* (pp. 125–143). Hillsdale, NJ: Analytic Press.

Thomas, M. (2005, March 14). At age 69, her career is just taking off: Shows how far flight attendants have come. *Chicago Sun-Times,* p. 3.

Thomas, R. M. (1996). *Comparing theories of child development* (4th ed.). Pacific Grove, CA: Brooks-Cole.

Thomas, S. P. (1997). Psychosocial correlates of women's self-rated physical health in middle adulthood. In M. E. Lachman & J. B. James (Eds.), *Multiple paths of midlife development* (pp. 257–291). Chicago: University of Chicago Press.

Thomas, W. P., & Collier, V. P. (1997). *School effectiveness for language minority students.* Washington, DC: National Clearinghouse for Bilingual Education.

Thomas, W. P., & Collier, V. P. (1998). Two languages are better than one. *Educational Leadership, 55*(4), 23–28.

Thompson, R. A. (1990). Vulnerability in research: A developmental perspective on research risk. *Child Development, 61,* 1–16.

Thompson, R. A. (1991). Emotional regulation and emotional development. *Educational Psychology Review, 3,* 269–307.

Thompson, R. A. (1998). Early sociopersonality development. In W. Damon (Series Ed.) & N. Eisenberg (Vol. Ed.), *Handbook of child psychology: Vol. 3. Social, emotional, and personality development* (4th ed., pp. 25–104). New York: Wiley.

Thompson, R. A. (2001). Development in the first years of life. In R. E. Behrman (Ed.). Caring for infants and children. *The Future of Children, 11,* 21–33.

Thomson, E., Mosley, J., Hanson, T. L., & McLanahan, S. S. (2001). Remarriage, cohabitation, and changes in mothering behavior. *Journal of Marriage and Family, 63,* 370–380.

Thorne, A., & Michaelieu, Q. (1996). Situating adolescent gender and self-esteem with personal memories. *Child Development, 67,* 1374–1390.

Thornton, W. J. L., & Dumke, H. A. (2005). Age differences in everyday problem-solving and decision-making effectiveness: A meta-analytic review. *Psychology and Aging, 20,* 85–99.

Thurstone, L. L. (1938). Primary mental abilities. *Psychometric Monographs,* No. 1.

Tice, J. A., Ettinger, B., Ensrud, K., Wallace, R., Blackwell, T., & Cummings, S. R. (2003). Phytoestrogen supplements for the treatment of hot flashes: The Isoflavone Clover Extract (ICE) Study: A randomized controlled trial. *Journal of the American Medical Association, 290,* 207–214.

Tiedemann, D. (1897). *Beobachtungen ber die entwickelung der seelenfhigkeiten bei kindern* (Record of an infant's life). Altenburg, Germany: Oscar Bonde. (Original work published 1787.)

Tilvis, R. S., Kahonen-Vare, M. H., Jolkkonen, J., Valvanne, J., Pitkala, K. H., & Stradnberg, T. E. (2004). Predictors of cognitive decline and mortality of aged people over a 10-year period. *Journal of Gerontology: Medical Sciences, 59A,* 268–274.

Tincoff, R., & Jusczyk, P. W. (1999). Some beginnings of word comprehension in 6-month-olds. *Psychological Science, 10,* 172–177.

Tisdale, S. (1988). The mother. *Hippocrates,* 2(3), 64–72.

Tolan, P. H., Gorman-Smith, D., & Henry, D. B. (2003). The developmental ecology of urban males' youth violence. *Developmental Psychology, 39,* 274–291.

Tomashek, K. M., Hsia, J., & Iyasu, S. (2003). Trends in postneonatal mortality attributable to injury, United States, 1988–1998. *Pediatrics, 111,* 1215–1218.

Torrance, E. P. (1966). *The Torrance Tests of Creative Thinking: Technical-norms manual (Research ed.).* Princeton, NJ: Personnel Press.

Torrance, E. P. (1974). *The Torrance Tests of Creative Thinking: Technical-norms manual.* Bensonville, IL: Scholastic Testing Service.

Torrance, E. P. (1988). The nature of creativity as manifest in its testing. In R. J. Sternberg (Ed.), *The nature of creativity: Contemporary psychological perspectives* (pp. 43–75). Cambridge, UK: Cambridge University Press.

Torrance, E. P., & Ball, O. E. (1984). *Torrance Tests of Creative Thinking: Streamlined (revised) manual, Figural A and B.* Bensonville, IL: Scholastic Testing Service.

Towers Perrin. (2004). Back to the future: Redefining retirement in the 21st century. [Online]. Retrieved from http://www.towersperrin.com/hrservices/webcache/towers/United States/publications/Reports/Redefining_Retirement/2002_redefining_ret.pdf.

Townsend, N. W. (1997). Men, migration, and households in Botswana: An exploration of connections over time and space. *Journal of Southern African Studies, 23,* 405–420.

Trautner, H. M., Ruble, D. N., Cyphers, L., Kirsten, B., Behrendt, R., & Hartmann, P. (2003). *Rigidity and flexibility of gender stereotypes in childhood: Developmental or differential?* Manuscript submitted for publication.

Travis, J. (1996, January 6). Obesity researchers feast on two scoops. *Science News,* p. 6.

Travis, J. M. J. (2004). The evolution of programmed death in a spatially structured population. *Journal of Gerontology: Biological Sciences, 59A,* 301–305.

Treas, J. (1995, May). Older Americans in the 1990s and beyond. *Population Bulletin, 50*(2). Washington, DC: Population Reference Bureau.

Treatment for Adolescents with Depression Study (TADS) Team. (2004). Fluoxetine, cognitive-behavioral therapy, and their combination for adolescents with depression: Treatment of Adolescent with Depression Study (TADS) randomized controlled trial. *Journal of the American Medical Association, 292,* 807–820.

Trimble, C. L., Genkinger, J. M., Burke, A. E., Helzlsouer, K. J., Diener-West, M., Comstock, G. W., & Alberg, A. J. (2005). Active and passive cigarette smoking and the risk of cervical neoplasia. *Obstetrics & Gynecology, 105,* 174–181.

Trimble, J. E., & Dickson, R. (in press). Ethnic gloss. In C. B. Fisher & R. M. Lerner (Eds.), *Applied developmental science: An encyclopedia of research, policies, and programs.* Thousand Oaks, CA: Sage.

Troiano, R. P. (2002). Physical inactivity among young people. *New England Journal of Medicine, 347,* 706–707.

Troll, L. E. (1985). *Early and middle adulthood* (2nd ed.). Monterey, CA: Brooks/Cole.

Troll, L. E., & Fingerman, K. L. (1996). Connections between parents and their adult children. In C. Magai & S. H. McFadden (Eds.), *Handbook of emotion, adult development, and aging* (pp. 185–205). San Diego: Academic Press.

Tronick, E. (1972). Stimulus control and the growth of the infant's visual field. *Perception and Psychophysics, 11,* 373–375.

Tronick, E., Als, H., Adamson, L.,Wise, S., & Brazelton, T. B. (1978). The infant's response to entrapment between contradictory messages in face-to-face interaction. *American Academy of Child Psychiatry, 17,* 1–13.

Tronick, E. Z. (1980). On the primacy of social skills. In D. B. Sawin, L. O. Walker, & J. H. Penticuff (Eds.), *The exceptional infant: Psychosocial risk in infant environment transactions.* New York: Brunner/Mazel.

Tronick, E. Z. (1989). Emotions and emotional communication in infants. *American Psychologist, 44*(2), 112–119.

Tronick, E. Z., Morelli, G. A., & Ivey, P. (1992). The Efe forager infant and toddler's pattern of social relationships: Multiple and simultaneous. *Developmental Psychology, 28,* 568–577.

Troseth, G. L. (2003). TV Guide: 2-year-old children learn to use video as a source of information. *Developmental Psychology, 39,* 140–150.

Troseth, G. L., & DeLoache, J. S. (1998). The medium can obscure the message: Young children's understanding of video. *Child Development, 69,* 950–965.

Trotter, R. J. (1986, August). Profile: Robert J. Sternberg: Three heads are better than one. *Psychology Today,* pp. 56–62.

Trottier, G., Srivastava, L., & Walker, C. (1999). Etiology of infantile autism: A review of recent advances in genetic and neurobiological research. *Journal of Psychiatry and Neuroscience, 24,* 103–115.

True, M. M., Pisani, L., & Oumar, F. (2001). Infant-mother attachment among the Dogon of Mali. *Child Development, 72,* 1451–1466.

Truog, R. D. (2005). The ethics of organ donation by living donors. *New England Journal of Medicine, 353,* 444–446.

Tsai, J., & Floyd, R. L. (2004). Alcohol consumption among women who are pregnant or who might become pregnant—United States, 2002. *Morbidity and Mortality Weekly Report, 53*(50), 1178–1181.

Tsao, F. M., Liu, H. M., and Kuhl, P. K. (2004). Speech perception in infancy predicts language development in the second year of life: A longitudinal study. *Child Development, 75,* 1067–1084.

Tschann, J., Johnston, J. R., & Wallerstein, J. S. (1989). Resources, stressors, and attachment as predictors of adult adjustment after divorce: A longitudinal study. *Journal of Marriage and Family Therapy, 51,* 1033–1046.

Tseng, V. (2004). Family interdependence and academic adjustment in college youth from immigrant and U.S.-born families. *Child Development, 75,* 966–983.

Tucker, J. S., & Friedman, H. S. (1996). Emotion, personality, and health. In C. Magai, & S. H. McFadden (Eds.), *Handbook of emotion, adult development, and aging* (pp. 307–326). San Diego: Academic Press.

Tucker, M. B., & Mitchell-Kernan, C. (1998). Psychological well-being and perceived marital opportunity among single African American, Latina and White women. *Journal of Comparative Family Studies, 29,* 57–72.

Tucker, M. B., Taylor, R. J., & Mitchell-Kernan, C. (1993). Marriage and romantic involvement among aged African Americans. *Journal of Gerontology: Social Sciences, 48,* S123–132.

Turati, C., Simion, F., Milani, I., & Umilta, C. (2002). Newborns' preference for faces: What is crucial? *Developmental Psychology, 38,* 875–882.

Turiel, E. (1998). The development of morality. In W. Damon (Series Ed.) & N. Eisenberg (Vol. Ed.), *Handbook of child psychology: Vol. 3. Social, emotional, and personality development* (4th ed., pp. 863–932). New York: Wiley.

Turkheimer, E., Haley, A., Waldron, J., D'Onofrio, B., & Gottesman, I. I. (2003). Socioeconomic status modifies heritability of IQ in young children. *Psychological Science, 14,* 623–628.

Turner, C. F., Ku, L., Rogers, S. M., Lindberg, L. D., Pleck, J. H., & Sonenstein, F. L. (1998). Adolescent sexual behavior, drug use, and violence: Increased reporting with computer survey technology. *Science, 280,* 867–873.

Turner, P. J., & Gervai, J. (1995). A multidimensional study of gender typing in preschool children and their parents: Personality, attitudes, preferences, behavior, and cultural differences. *Developmental Psychology, 31,* 759–772.

Tuulio-Henriksson, A., Haukka, J., Partonen, T., Varilo, T., Paunio, T., Ekelund, J., Cannon, T. D., Meyer, J. M., & Lonnqvist, J. (2002). Heritability and number of quantitative trait loci of neurocognitive functions in families with schizophrenia. *American Journal of Medical Genetics, 114*(5), 483–490.

Twenge, J. M. (2000). The age of anxiety? Birth cohort change in anxiety and neuroticism,

1952–1993. *Journal of Personality and Social Psychology, 79,* 1007–1021.

Twenge, J. M., Campbell, W. K., & Foster, C. A. (2003). Parenthood and marital satsifaction: A meta-analytic review. *Journal of Marriage and Family, 65,* 574–583.

Tygiel, J. (1983). Baseball's great experiment: Jackie Robinson and his legacy. New York: Oxford University Press.

Tygiel, J. (Ed.). (1997). *The Jackie Robinson reader.* New York: Dutton.

U.S. Bureau of the Census. (1991a). *Household and family characteristics, March 1991* (Publication No. AP-20–458). Washington, DC: U.S. Government Printing Office.

U.S. Bureau of the Census. (1991b). *1990 census of population and housing.* Washington, DC: Data User Service Division.

U.S. Bureau of the Census. (1992). *Marital status and living arrangements: March 1991* (Current Population Reports, Series P-20–461). Washington, DC: U.S. Government Printing Office.

U.S. Bureau of the Census. (1993). *Sixty-five plus in America.* Washington, DC: U.S. Government Printing Office.

U.S. Cancer Statistics Working Group. (2004). United States Cancer Statistics: 2001 Incidence and Mortality. Atlanta: Centers for Disease Control and National Cancer Institute.

U.S. Census Bureau, (1930). *Population in the United States: Population characteristics.* January, 1930. Washington, DC: U.S. Government Printing Office.

U.S. Census Bureau. (2000, November). Resident population estimates of the United States by age and sex. Washington, DC: Author.

U.S. Census Bureau. (2001). *The 65 years and over population: 2000.* Washington, DC: Author.

U.S. Census Bureau. (2002). Grandparents living with own grandchildren under 18 years old and responsibility for own grandchildren. Table PCT015 of the Census 2001 Supplementary Survey. Retrieved November 12, 2002, from http://factfinder.census.gov/servlet/BasicFactsServlet.

U.S. Census Bureau, (2003a). *Population in the United States: Population characteristics.* June, 2002. Washington, DC: U.S. Government Printing Office.

U.S. Census Bureau. (2003b). Table 010. Infant mortality rates and deaths, and life expectancy at birth, by sex. International Data Base. Available: http://www.census.gov/cgi-bin/ipc.agggen.

U.S. Conference of Mayors. (2003). *A status report on hunger and homelessness in America's cities: 2003.* Washington, DC: Author.

U.S. Department of Agriculture. (1999). *Household food security in the United States 1995–1998.* Washington, DC: Author.

U.S. Department of Agriculture & U.S. Department of Health and Human Services. (2000). *Dietary guidelines for Americans* (5th ed.), USDA Home and Garden Bulletin No. 232. Washington, DC: U.S. Department of Agriculture.

U.S. Department of Agriculture and U.S. Department of Health and Human Services (USDHHS). (2005). *Dietary guidelines for Americans, 2005.* Washington, DC: U.S. Government Printing Office.

U.S. Department of Commerce. (1996). *Statistical abstract of the United States, 1996.* Washington, DC: U.S. Government Printing Office.

U.S. Department of Education. (1992). *Dropout rates in the U.S., 1991* (Publication No. NCES 92–129). Washington, DC: U.S. Government Printing Office.

U.S. Department of Health and Human Services (USDHHS). (1992). *Health, United States, 1991, and Prevention Profile* (DHHS Publication No. PHS 92–1232). Washington, DC: U.S. Government Printing Office.

U.S. Department of Health and Human Services (USDHHS). (1996a). *Health, United States, 1995* (DHHS Publication No. PHS 96–1232). Washington, DC: U.S. Government Printing Office.

U.S. Department of Health and Human Services (USDHHS). (1996b). *HHS releases study of relationship between family structure and adolescent substance abuse* [Press release, online]. Available: http://www.hhs.gov

U.S. Department of Health and Human Services (USDHHS). (1999a). *Blending perspectives and building common ground: A report to Congress on substance abuse and child protection.* Washington, DC: U.S. Government Printing Office.

U.S. Department of Health and Human Services (USDHHS). (1999b). *Mental health: A report of the Surgeon General*—Rockville, MD: U.S. Department of Health and Human Services, Substance Abuse and Mental Health Services Administration, National Institutes of Health, National Institute of Mental Health.

U.S. Department of Health and Human Services (USDHHS). (2000, December 6). *Statistics on child care help* (HHS Press Release). [Online] 10 paragraphs. Available: http://www.hhs.gov/search/press.html. Access date: December 6, 2000.

U.S. Department of Health and Human Services (USDHHS). (2002). "Gift of life" donation initiative fact sheet. [Online]. Available: http://www.organdonor.gov

U.S. Department of Health and Human Services (USDHHS). (2003a). State-funded prekindergarten: What the evidence shows. http://aspe.hhs.gov/hsp/state-funded-pre-k/index.htm

U.S. Department of Health and Human Services (USDHHS). (2003b). Strengthening Head Start: What the evidence shows. http://aspe.hhs.gov/hsp/StrengthenHeadStart03/index.htm

U.S. Department of Health and Human Services (USDHHS). (2004). [Online]. Child maltreatment 2002. Accessed: http://www.acf.hhs.gov/programs/cb/publications/cm02/index.htm.

U.S. Department of Health and Human Services (USDHHS). (2005, March 29). New high set for organ transplants: Nearly 27,000 individuals received transplants last year. (News release). [Online]. Available: http://www.hhs.gov/news.

U.S. Environmental Protection Agency. (1994). *Setting the record straight: Secondhand smoke is a preventable health risk* (EPA Publication No. 402-F-94-005). Washington, DC: U.S. Government Printing Office.

U.S. Preventive Services Task Force. (2002). *Screening for breast cancer: Recommendations and rationale.* Rockville, MD: Agency for Healthcare Research and Quality. [Online]. Available: http://www.ahrq.gov/clinic/3rduspstf/breastcancer/brcanrr.htm

Uhlenberg, P. (1988). Aging and the social significance of cohorts. In J. E. Birren & V. L. Bengtson (Eds.), *Emergent theories of aging* (pp. 405–425). New York: Springer.

Uhlenberg, P., Cooney, T., & Boyd, R. (1990). Divorce for women after midlife. *Journal of Gerontology, 45*(1), 53–61.

Uitterlinden, A. G., Burger, H., Huang, Q., Yue, F., McGuigan, F. E. A., Grant, S. F. A., van Leeuwen, J. P. T., Pols, H. A. P., & Ralston, S. H. (1998). Relation of alleles of the collagen type Ia1 gene to bone density and the risk of osteoporitic fractures in postmenopausal women. *New England Journal of Medicine, 33,* 1016–1021.

Uller, C., Carey, S., Huntley-Fenner, G., & Klatt, L. (1999). What representations might underlie infant numerical knowledge? *Cognitive Development, 14,* 1–36.

Umberger, F. G., & Van Reenen, J. S. (1995). Thumb sucking management: A review. *International Journal of Orofacial Myology, 21,* 41–47.

Umberson, D., Anderson, K. L., Williams, K., & Chen, M. D. (2003). Relationship dynamics, emotion state, and domestic violence. *Journal of Marriage and Family, 65,* 233–247.

UNAIDS. (2000). UNAIDS/WHO-AIDS epidemic update—December 2000. Geneva: UNAIDS. [Online]. Available: http://www.unaids.org/epidemic_update/index.html. Access date: May 21, 2002.

Underwood, M. K., Schockner, A. E., & Hurley, J. C. (2001). Children's responses to same- and other-gender peers: An experimental investigation with 8-, 10-, and 12-year-olds. *Developmental Psychology, 37,* 362–372.

UNESCO. (2004). *Education for All Global Monitoring Report 2005—The quality imperative.* [Online]. Available: http://www.unesco.org/education/GMR2005/press. Access date: November 10, 2004.

UNICEF. (2002). Official summary of The State of the World's Children 2002. [Online]. Available: http://www.unicef.org/pubsgen/sowc02summary/index.html. Access date: September 19, 2002.

UNICEF. (2003). *Social monitor 2003.* Florence, Italy: Innocenti Social Monitor, UNICEF Innocenti Research Centre.

United Nations International Labor Organization (UNILO). (1993). *Job stress: The 20th-century disease.* New York: United Nations.

University of Virginia Health System. (2004). How chromosome abnormalities happen: Meiosis, mitosis, maternal age, environment. [Online]. Available: http://www.healthsystem.

virginia.edu/UVAHealth/peds_genetics/happen.cfm. Access date: September 16, 2004.

Urban Institute. (2000). *A new look at homelessness in America.* Washington, DC: Author.

Utiger, R. D. (1998). A pill for impotence. *New England Journal of Medicine, 338,* 1458–1459.

Vaillant, G. E. (1977). *Adaptation to life.* Boston: Little, Brown.

Vaillant, G. E. (1989). The evolution of defense mechanisms during the middle years. In J. M. Oldman & R. S. Liebert (Eds.), *The middle years.* New Haven: Yale University Press.

Vaillant, G. E. (1993). *The wisdom of the ego.* Cambridge, MA: Harvard University Press.

Vaillant, G. E. (2000). Adaptive mental mechanisms: Their role in a positive psychology. *American Psychologist, 55,* 89–98.

Vaillant, G. E., Meyer, S. E., Mukamal, K., & Soldz, S. (1998). Are social supports in late midlife a cause or a result of successful physical aging? *Psychological Medicine, 28*(5), 1159–1168.

Vaillant, G., & Mukamal, K. (2001). Successful aging. *American Journal of Psychiatry, 158,* 839–847.

Vainio, S., Heikkiia, M., Kispert, A., Chin, N., & McMahon, A. P. (1999). Female development in mammals is regulated by Wnt-4 signalling. *Nature, 397,* 405–409.

Valeski, T. N., & Stipek, D. J. (2001). Young children's feelings about school. *Child Development, 72*(4), 1198–1213.

van den Boom, D. C. (1989). Neonatal irritability and the development of attachment. In G. A. Kohnstamm, J. E. Bates, & M. K. Rothbart (Eds.), *Temperament in childhood* (pp. 299–318). Chichester, England: Wiley.

van den Boom, D. C. (1994). The influence of temperament and mothering on attachment and exploration: An experimental manipulation of sensitive responsiveness among lower-class mothers with irritable infants. *Child Development, 65,* 1457–1477.

van der Heide, A., Deliens, L., Faisst, K., Nilstun, T., Norup, M., Paci, E., van der Wei, G., & van der Maas, P. J. on behalf of the EURELD consortium. (2003). End-of-life decision making in six European countries: Descriptive study. *Lancet, 362,* 345–350.

Van der Maas, P. J.,Van der Wal, G., Haverkate, I., De Graeff, C. L. M., Kester, J. G. C., Onwuteaka-Philipsen, B. D.,Van der Heide, A., Bosma, J. M., & Willems, D. L. (1996). Euthanasia, physician-assisted suicide, and other medical practices involving the end of life in the Netherlands, 1990–1995. *New England Journal of Medicine, 335,* 1699–1705.

Van Dongen, H. P. A., Maislin, G., Mullington, J. M., & Dinges, D. F. (2003). The cumulative cost of additional wakefulness: Dose-response effects on neurobehavioral functions and sleep physiology from chronic sleep restriction and total sleep deprivation. *Sleep, 26,* 117–126.

van Dyk, D. (2005, January 24). Parlez-vous twixter? *Time,* p. 50.

van Gelder, B. M., Tijhuis, M. A. R., Kalmijn, S., Giampaoli, S., Nissinen, A., & Krombout, D. (2004). Physical activity in relation to cognitive decline in elderly men. *American Academy of Neurology, 63,* 2316–2321.

van Gils, C. H., Peeters, P. H. M., Bueno-de-Mesquita, H. B., Boshuizen, H. C., Lahmann, P. H., Clavel-Chapelon, F., Thiébaut, A., Kesse, E., Sieri, S., Palli, D., Tumino, R., Panico, S., Vineis, P., Gonzalez, C. A., Ardanaz, E., Sánchez, M.-J., Amiano, P., Navarro, C., Quirós, J. R., Key, T. J., Allen, N., Khaw, K.-T., Bingham, S. A., Psaltopoulou, T., Koliva, M., Trichopoulou, A., Nagel, G., Linseisen, J., Boeing, H., Berglund, G., Wirfält, E., Hallmans, G., Lenner, P., Overvad, K., Tjonneland, A., Olsen, A., Lund, E., Engeset, D., Alsaker, E., Norat, T., Kaaks, R., Slimani, N., & Riboli, E. (2005). Consumption of vegetables and fruits and risk of breast cancer. *Journal of the American Medical Association, 293,* 183–193.

Van Heuvelen, M. J., Kempen, G. I., Ormel, J., & Rispens, P. (1998). Physical fitness related to age and physical activity in older persons. *Medicine & Science in Sports and Exercise, 30,* 434–441.

van Hooren, S. A. H., Valentijn, S. A. M., Bosma, H., Ponds, R. W. H. M., van Boxtel, M. P. J. & Jolles, J. (2005). Relation between health status and cognitive functioning: A 6-year follow-up of the Maastricht Aging Study. *Journal of Gerontology: Psychological Sciences, 60B,* P57–P60.

van IJzendoorn, M. H. (1995). Adult attachment representations, parental responsiveness, and infant attachment: A meta-analysis on the predictive validity of the Adult Attachment Interview. *Psychological Bulletin, 117*(3), 387–403.

van IJzendoorn, M. H., & Kroonenberg, P. M. (1988). Cross-cultural patterns of attachment: A meta-analysis of the strange situation. *Child Development, 59,* 147–156.

van IJzendoorn, M. H., & Sagi, A. (1997). Crosscultural patterns of attachment: Universal and contextual dimensions. In J. Cassidy & P. Shaver (Eds.), *Handbook on attachment theory and research.* New York: Guilford Press.

van IJzendoorn, M. H., & Sagi, A. (1999). Crosscultural patterns of attachment: Universal and contextual dimensions. In J. Cassidy & P. R. Shaver (Eds.), *Handbook of attachment: Theory, research, and clinical applications* (pp. 713–734). New York: Guilford.

van IJzendoorn, M. H., Schuengel, C., & Bakermans-Kranenburg, M. J. (1999). Disorganized attachment in early childhood: Meta-analysis of precursors, concomitants, and sequelae. *Development and Psychopathology, 11,* 225–250.

van IJzendoorn, M. H., Vereijken, C.M. J. L., Bakermans-Kranenburg, M. J., & Riksen-Walraven, J. M. (2004). Assessing attachment security with the Attachment Q Sort: Meta-analytic evidence for the validity of the observer AQS. *Child Development, 75,* 1188.

van Lieshout, C. F. M., Haselager, G. J. T., Riksen-Walraven, J. M., & van Aken, M. A. G. (1995, April). Personality development in middle childhood. In D. Hart (Chair), *The contribution of childhood personality to adolescent competence: Insights from longitudinal studies from three societies.* Symposium conducted at the Biennial Meeting of the Society for Research in Child Development, Indianapolis, IN.

van Noord-Zaadstra, B. M., Looman, C. W., Alsbach, H., Habbema, J. D., te Velde, E. R., & Karbaat, J. (1991). Delayed childbearing: Effect of age on fecundity and outcome of pregnancy. *British Medical Journal, 302,* 1361–1365.

Van Praag, H., Schinder, A. F., Christie, B. R., Toni, N., Palmer, T. D., & Gage, F. H. (2002). Functional neurogenesis in the adult hippocampus. *Nature, 415,* 1030–1034.

Van, P. (2001). Breaking the silence of African American women: Healing after pregnancy loss. *Health Care Women International, 22,* 229–243.

Vandell, D. L. (2000). Parents, peer groups, and other socializing influences. *Developmental Psychology, 36,* 699–710.

Vandell, D. L., & Bailey, M. D. (1992). Conflicts between siblings. In C. U. Shantz & W. W. Hartup (Eds.), *Conflict in child and adolescent development* (pp. 242–269). New York: Cambridge University Press.

Vandell, D. L., & Ramanan, J. (1992). Effects of early and recent maternal employment on children from low-income families. *Child Development, 63,* 938–949.

Vandewater, E. A., Ostrove, J. M., & Stewart, A. J. (1997). Predicting women's well-being in midlife: The importance of personality development and social role involvements. *Journal of Personality and Social Psychology, 72,* 1147–1160.

VanSolinge, H., & Henkens, K. (2005). Couples' adjustment to retirement: A multi-actor panel study. *Journal of Gerontology: Social Sciences, 60B,* S11–S20.

Vargas, C. M., Kramarow, F. A., & Yellowitz, J. A. (2001). The oral health of older Americans. *Aging Trends,* No. 3. Hyattsville, MD: National Center for Health Statistics.

Vargha-Khadem, F., Gadian, D. G., Watkins, K. E., Connelly, A., Van Paesschen, W., & Mishkin, M. (1997). Differential effects of early hippocampal pathology on episodic and semantic memory. *Science, 277,* 376–380.

Varma, R., Fraser-Bell, S., Tan, S., Klein, R., Azen, S. P., & Los Angeles Latino Eye Study Group. (2004). Prevalence of age-related macular degeneration in Latinos: The Los Angeles Latino Eye Study. *Ophthalmology, 111,* 1288–1297.

Varma, R., Paz, S. H., Azen, S. P., Klein, R., Globe, D., Torres, M., Shufelt, C., Preston-Martin, S., & Los Angeles Latino Eye Study Group. (2004). The Los Angeles Latino Eye Study: Design, methods, and baseline data. *Ophthalmology, 111,* 1121–1131.

Varma, R., Torres, M., & Los Angeles Latino Eye Study Group. (2004). Prevalence of lens opacities in Latinos: The Los Angeles Latino Eye Study. *Ophthalmology, 111,* 1449–1456.

Varma, R., Torres, M., Peña, F., Klein, R., Azen, S. P., & Los Angeles Latino Eye Study Group. (2004). Prevalence of diabetic retinopathy in adult Latinos: The Los Angeles

Latino Eye Study. *Ophthalmology, 111,* 1298–1306.

Varma, R., Ying-Lai, M., Francis, B. A., Nguyen, B. B.-T., Deneen, J., Wilson, M. R., Azen, S. P., & Los Angeles Latino Eye Study Group. (2004). Prevalence of open-angle glaucoma and ocular hypertension in Latinos: The Los Angeles Latino Eye Study. *Ophthalmology, 111,* 1439–1448.

Varma, R., Ying-Lai, M., Klein, R., Azen, S. P., & Los Angeles Latino Eye Study Group. (2004). Prevalence and risk indicators of visual impairment and blindness in Latinos: The Los Angeles Latino Eye Study. *Ophthalmology, 111,* 1132–1140.

Vartanian, L. R., & Powlishta, K. K. (1996). A longitudinal examination of the social-cognitive foundations of adolescent egocentrism. *Journal of Early Adolescence, 16,* 157–178.

Vartanian, T. P., & McNamara, J. M. (2002). Older women in poverty: The impact of midlife factors. *Journal of Marriage and Family, 64,* 532–548.

Vasilyeva, M. & Huttenlocher, J. (2004). Early development of scaling ability. *Developmental Psychology, 40,* 682–690.

Vaswani, M., & Kapur, S. (2001). Genetic basis of schizophrenia: trinucleotide repeats. *An update Progress in Neuro-Psychopharmacology & Biological Psychiatry, 25*(6), 1187–1201.

Vaughn, B. E., Stevenson-Hinde, J., Waters, E., Kotsaftis, A., Lefever, G. B., Shouldice, A., Trudel, M., & Belsky, J. (1992). Attachment security and temperament in infancy and early childhood: Some conceptual clarifications. *Developmental Psychology, 28,* 463–473.

Vaupel, J. W., Carey, J. R., Christensen, K., Johnson, T. E., Yashin, A. I., Holm, N. V., Iachine, I. A., Kannisto, V., Khazaeli, A. A., Liedo, P., Longo, V. D., Zeng, Y., Manton, K. G., & Curtsinger, J. W. (1998). Biodemographic trajectories of longevity. *Science, 280,* 855–860.

Vecchiotti, S. (2003). Kindergarten: An overlooked educational policy priority. *SRCD Social Policy Report, 17*(2), 1–19.

Ventura, S. J., Abma, J. C., Mosher, W. D., & Henshaw, S. (2004). Estimated pregnancy rates for the United States, 1990–2000: An update. *National Vital Statistics Reports, 52*(23). Hyattsville, MD: National Center for Health Statistics.

Ventura, S. J., Hamilton, B. E., Mathews, T. J., & Chandra, A. (2003). Trends and variations in smoking during pregnancy and low birth weight: Evidence from the birth certificate 1990–2000. *Pediatrics, 111,* 1176–1180.

Ventura, S. J., Martin, J. A., Curtin, S. C., Menacker, F., & Hamilton, B. E. (2001). Births: Final data for 1999. *National Vital Statistics Reports, 49*(1). Hyattsville, MD: National Center for Health Statistics.

Ventura, S. J., Mathews, T. J., & Curtin, S. C. (1999). Declines in teenage birth rates 1991–1998: Update of national and state trends. *National Vital Statistics Reports, 47*(6). Hyattsville, MD: National Center for Health Statistics.

Vercruyssen, M. (1997). Movement control and speed of behavior. In A. D. Fisk & W. A. Rogers (Eds.), *Handbook of human factors and the older adult* (pp. 55–86). San Diego: Academic Press, Inc.

Vereecken, C., & Maes, L. (2000). Eating habits, dental care and dieting. In C. Currie, K. Hurrelmann, W. Settertobulte, R. Smith, & J. Todd (Eds.), *Health and health behaviour among young people: a WHO cross-national study (HBSC) international report* (pp. 83–96). WHO Policy Series: Healthy Policy for Children and Adolescents, Series No. 1.

Verhaeghen, P., Marcoen, A., & Goossens, L. (1992). Improving memory performance in the aged through mnemonic training: A meta-analytic study. *Psychology and Aging, 7*(2), 242–251.

Verhagen, E., & Sauer, P. J. J. (2005). The Groningen Protocol—Euthanasia in severely ill newborns. *New England Journal of Medicine, 352,* 959–962.

Verlinsky, Y., Rechitsky, S., Verlinsky, O., Masciangelo, C., Lederer, K., and Kuliev, A. (2002). Preimplantation diagnosis for early-onset Alzheimer disease caused by V717L mutation. *Journal of the American Medical Association, 287,* 1018–1021.

Verma, S., & Larson, R. (2003). Editors' notes. In S. Verma and R. Larson (Eds.), Examining adolescent leisure time across cultures: Developmental opportunities and risks. *New Directions for Child and Adolescent Development, 99,* 1–7.

Verschueren, K., Buyck, P., & Marcoen, A. (2001). Self-representations and socioemotional competence in young children: A 3-year longitudinal study. *Developmental Psychology, 37,* 126–134.

Verschueren, K., Marcoen, A., & Schoefs, V. (1996). The internal working model of the self, attachment, and competence in five-year-olds. *Child Development, 67,* 2493–2511.

Verschuren, W. M. M., Jacobs, D. R., Bloemberg, B. P. M., Kromhout, D., Menotti, A., Aravanis, C., Blackburn, H., Buzina, R., Dontas, A. S., Fidanza, F., Karvonen, M. J., Nedeljkovic, S., Nissinen, A., & Toshima, H. (1995). Serum total cholesterol and long-term coronary heart disease mortality in different cultures. *Journal of the American Medical Association, 274,* 131–136.

Vgontzas, A. N., & Kales, A. (1999). Sleep and its disorders. *Annual Review of Medicine, 50,* 387–400.

Vink, T., Hinney, A., van Elburg, A. A., van Goozen, S. H. M., Sandkuijl, L. A., Sinke, R. J., Herpertz-Dahlmann, B.-M., Hebebrand, J., Remschmidt, H., van Engeland, H., & Adan, R. A. H. (2001). Association between an agouti-related protein gene polymorphism and anorexia nervosa. *Molecular Psychiatry, 6, 325–328.*

Vinokur, A. D., Schul, Y., Vuori, J., & Price, R. H. (2000). Two years after a job loss: Long-term impact of the JOBS program on reemployment and mental health. *Journal of Occupational Health Psychology, 5,* 32–47.

Vita, A. J., Terry, R. B., Hubert, H. B., & Fries, J. F. (1998). Aging, health risk, and cumulative disability. *New England Journal of Medicine, 338,* 1035–1041.

Vitaliano, P. P., Zhang, J., & Scanlan, J. M. (2003). Is caregiving hazardous to one's physical health? A meta-analysis. *Psychological Bulletin, 129,* 946–972.

Vitaro, F., Tremblay, R. E., Kerr, M., Pagani, L., & Bukowski,W. M. (1997). Disruptiveness, friends' characteristics, and delinquency in early adolescence: A test of two competing models of development. *Child Development, 68,* 676–689.

Voluntary Euthanasia Society. (2002). In depth: Factsheets. Australia. [Online]. Available: http://www.ves.org.uk/DpFS_Aust.html

Vondra, J. I., & Barnett, D. (1999). A typical attachment in infancy and early childhood among children at developmental risk. *Monographs of the Society for Research in Child Development, Serial No. 258, 64*(3).

Vosniadou, S. (1987). Children and metaphors. *Child Development, 58,* 870–885.

Votruba-Drzal, E., Coley, R. L., & Chase-Lansdale, P. L. (2004). Child care and low-income children's development: Direct and moderated effects. *Child Development, 75,* 296–312.

Voydanoff, P. (1987). *Work and family life.* Newbury Park, CA: Sage.

Voydanoff, P. (1990). Economic distress and family relations: A review of the eighties. *Journal of Marriage and the Family, 52,* 1099–1115.

Voydanoff, P. (2004). The effects of work demands and resources on work-to-family conflict and facilitation. *Journal of Marriage and Family, 66,* 398–412.

Vrijheld, M., Dolk, H., Armstrong, B., Abramsky, L., Bianchi, F., Fazarinc, I., Garne, E., Ide, R., Nelen, V., Robert, E., Scott, J. E. S., Stone, D., & Tenconi, R. (2002). Chromosomal congenital anomalies and residence near hazardous waste landfill sites. *Lancet, 359,* 320–322.

Vuchinich, S., Angelelli, J., & Gatherum, A. (1996). Context and development in family problem solving with preadolescent children. *Child Development, 67,* 1276–1288.

Vygotsky, L. S. (1956). *Selected psychological investigations.* Moscow: Izdstel'sto Akademii Pedagogicheskikh Nauk USSR.

Vygotsky, L. S. (1962). *Thought and language.* Cambridge, MA: MIT Press. (Original work published 1934).

Vygotsky, L. S. (1978). *Mind in society: The development of higher psychological processes.* Cambridge, MA: Harvard University Press.

Wade, N. (2001, Aug. 24). Human genome now appears more complicated after all. *The New York Times,* p. A13.

Wagner, C. L., Katikaneni, L. D., Cox, T. H., & Ryan, R. M. (1998). The impact of prenatal drug exposure on the neonate. *Obstetrics and Gynecology Clinics of North America, 25,* 169–194.

Wagner, R. K., & Sternberg, R. J. (1985). Practical intelligence in real-world pursuits: The role of tacit knowledge. *Journal of Personality and Social Psychology, 49,* 436–458.

Wagner, R. K., & Sternberg, R. J. (1986). Tacit knowledge and intelligence in the everyday world. In R. J. Sternberg & R. K. Wagner (Eds.), *Practical intelligence: Nature and origins of competence in the everyday world.* Cambridge, UK: Cambridge University Press.

Wahlbeck, K., Forsen, T., Osmond, C., Barker, D. J. P., & Erikkson, J. G. (2001). Association of schizophrenia with low maternal body mass index, small size at birth, and thinness during childhood. *Archives of General Psychiatry, 58,* 48–55.

Wainright, J. L., Russell, S. T., & Patterson, C. J. (2004). Psychosocial adjustment, school outcomes, and romantic relationships of adolescents with same-sex parents. *Child Development, 75,* 1886–1898.

Waisbren, S. E., Albers, S., Amato, S., Ampola, M., Brewster, T. G., Demmer, L., Eaton, R. B., Greenstein, R., Korson, M., Larson, C., Marsden, D., Msall, M., Naylor, E. W., Pueschel, S., Seashore, M., Shih, V. E., & Levy, H. L. (2003). Effect of expanded newborn screening for biochemical disorders on child outcomes and parental stress. *Journal of the American Medical Association, 290,* 2564–2572.

Waite, L. J., & Joyner, K. (2000). Emotional and physical satisfaction with sex in married, cohabiting, and dating sexual unions: Do men and women differ? In Laumann, E. O., & Michael, R. T. (Eds.), *Sex, love, and health in America: Private choices and public policies* (pp. 239–269). Chicago: University of Chicago Press.

Wakefield, M., Reid, Y., Roberts, L., Mullins, R., & Gillies, P. (1998). Smoking and smoking cessation among men whose partners are pregnant: A qualitative study. *Social Science and Medicine, 47,* 657–664.

Wakschlag, L. S., Lahey, B. B., Loeber, R., Green, S. M., Gordon, R. A., & Leventhal, B. L. (1997). Maternal smoking during pregnancy and the risk of conduct disorder in boys. *Archives of General Psychiatry, 54,* 670–676.

Walasky, M., Whitbourne, S. K., & Nehrke, M. F. (1983–1984). Construction and validation of an ego-integrity status interview. *International Journal of Aging and Human Development, 81,* 61–72.

Waldman, I. D. (1996). Aggressive boys' hostile perceptual and response biases: The role of attention and impulsivity. *Child Development, 67,* 1015–1033.

Waldstein, S. R. (2003). The relation of hypertension to cognitive function. *Current Directions in Psychological Sciences, 12,* 9–12.

Walfish, S., Antonovsky, A., & Maoz, B. (1984). Relationship between biological changes and symptoms and health and behavior during the climacteric. *Maturitas, 6,* 9–17.

Walk, R. D., & Gibson, E. J. (1961). A comparative and analytical study of visual depth perception. *Psychology Monographs, 75*(15).

Walker, L. (1995). Sexism in Kohlberg's moral psychology? In W. M. Kurtines & J. L. Gewirtz (Eds.), *Moral development: An introduction* (pp. 83–107). Boston: Allyn and Bacon.

Walker, L. E. (1999). Psychology and domestic violence around the world. *American Psychologist, 54,* 21–29.

Walker, L. J. (1984). Sex differences in the development of moral reasoning: A critical review. *Child Development, 55,* 677–691.

Walker, L. J., & Taylor, J. H. (1991). Family interactions and the development of moral reasoning. *Child Development, 62,* 264–283.

Walker, M. P., Brakefield, T., Morgan, A., Hobson, J. A., & Stickgold, R. (2002). Practice with sleep makes perfect: Sleep-dependent motor skill learning. *Neuron, 35,* 205–211.

Walker, W. R., Skowronski, J. J., & Thompson, C. P. (2003). Life is pleasant—and memory helps to keep it that way! *Review of General Psychology, 7,* 203–210.

Wallace, D. C. (1992). Mitochondrial genetics: A paradigm for aging and degenerative diseases? *Science, 256,* 628–632.

Wallerstein, J., & Corbin, S. B. (1999). The child and the vicissitudes of divorce. In R. M. Galatzer-Levy & L. Kraus (Eds.), *The scientific basis of child custody decisions* (pp. 73–95). New York: Wiley.

Wallerstein, J. S., Lewis, J. M., & Blakeslee, S. (2000). *The unexpected legacy of divorce: A 25-year landmark study.* New York: Hyperion.

Wallhagen, M. I., Strawbridge,W. J., Cohen, R. D., & Kaplan, G. A. (1997). An increasing prevalence of hearing impairment and associated risk factors over three decades of the Alameda County Study. *American Journal of Public Health, 87,* 440–442.

Wallhagen, M. I., Strawbridge, W. J., Shema, S. J., & Kaplan, G. A. (2004). Impact of self-assessed hearing loss on a spouse: A longitudinal analysis of couples. *Journal of Gerontology: Social Sciences, 59,* S190–S196.

Walls, C., & Zarit, S. (1991). Informal support from black churches and well-being of elderly blacks. *The Gerontologist, 31,* 490–495.

Walma van der Molen, J. (2004). Violence and suffering in television news: Toward a broader conception of harmful television content for children. *Pediatrics, 113,* 1771–1775.

Walsh, D. A., & Hershey, D. A. (1993). Mental models and the maintenance of complex problem solving skills into old age. In J. Cerella & W. Hoyer (Eds.), *Adult information processing: Limits on loss* (pp. 553–584). New York: Academic Press.

Walston, J. T., & West, J. (2004). *Full-day and half-day kindergarten in the United States: Findings from the Early Childhood Longitudinal Study, Kindergarten Class of 1998–99* (NCES 2004–078). Washington, DC: National Center for Education Statistics.

Wang, D. E. (2003). Risk profiles of adolescent girls who were victims of dating violence. *Adolescence, 38,* 1–14.

Wang, L., Wang, X., Wang, W., Chen, C., Ronnennberg, A. G., Guang, W., Huang, A., Fang, Z., Zang, T., Wang, L., & Xu, X. (2004). Stress and dysmenorrhea: A population-based prospective study. *Occupational and Environmental Medicine, 61,* 1021–1026.

Wang, Q. (2004). The emergence of cultural self-constructs: Autobiographical memory and self-description in European American and Chinese children. *Developmental Psychology, 40,* 3–15.

Wannamethee, S. G., Shaper, A. G., Whincup, P. H., & Walker, M. (1995). Smoking cessation and the risk of stroke in middle-aged men. *Journal of the American Medical Association, 274,* 155–160.

Ward, R. A., & Spitze, G. D. (2004). Marital implications of parent-adult child coresidence: A longitudinal view. *Journal of Gerontology: Social Sciences, 59B,* S2–S8.

Wardle, J., Robb, K. A., Johnson, F., Griffith, J., Brunner, E., Power, C., & Tovée, M. (2004). Socioeconomic variation in attitudes to eating and weight in female adolescents. *Health Psychology, 23,* 275–282.

Warner, H. R. (2004). Current status of efforts to measure and modulate the biological rate of aging. *Journal of Gerontology: Biological Sciences, 59A,* 692–696.

Warr, P. (1994). Age and employment. In H. C. Triandis, M. D. Dunnette, & L. M. Hough (Eds.), *Handbook of industrial and organizational psychology* (Vol. 4, pp. 485–550). Palo Alto, CA: Consulting Psychologists Press.

Warren, J. A., & Johnson, P. J. (1995). The impact of workplace support on work-family role strain. *Family Relations, 44,* 163–169.

Wasik, B. H., Ramey, C. T., Bryant, D. M., & Sparling, J. J. (1990). A longitudinal study of two early intervention strategies: Project CARE. *Child Development, 61,* 1682–1696.

Wassertheil-Smoller, S., Hendrix, S. L., Limacher, M., Heiss, G., Kooperberg, C., Baird, A., Kotchen, T., Curb, J. D., Black, H., Rosssouw, J. E., Aragaki, A., Safford, M., Stein, E., Laowattana, S., Mysiw, W. J., for the WHI Investigators. (2003). Effects of estrogen plus progestin on stroke in postmenopausal women: The Women's Health Initiative: A randomized trial. *Journal of the American Medical Association, 289,* 2673–2684.

Watamura, S. E., Donzella, B., Alwin, J., & Gunnar, M. R. (2003). Morning-to-afternoon increases in cortisol concentrations for infants and toddlers at child care: Age differences and behavioral correlates. *Child Development, 74,* 1006–1020.

Waters, E., & Deane, K. E. (1985). Defining and assessing individual differences in attachment relationships: Q-methodology and the organization of behavior in infancy and early childhood. *Monographs of the Society for Research in Child Development, 50,* 41–65.

Waters, E., Wippman, J., & Sroufe, L. A. (1979). Attachment, positive affect, and competence in the peer group: Two studies in construct validation. *Child Development, 50,* 821–829.

Waters, K. A., Gonzalez, A., Jean, C., Morielli, A., & Brouillette, R. T. (1996). Face-straight-down and face-near-straight-down positions in healthy prone-sleeping infants. *Journal of Pediatrics, 128,* 616–625.

Watson, A. C., Nixon, C. L.,Wilson, A., & Capage, L. (1999). Social interaction skills and theory of mind in young children. *Developmental Psychology, 35*(2), 386–391.

Watson, J. B., & Rayner, R. (1920). Conditioned emotional reactions. *Journal of Experimental Psychology, 3,* 1–14.

Watts, D. H. (2002). Management of human immunodeficiency virus infection in pregnancy. *New England Journal of Medicine, 346,* 1879–1891.

Weese-Mayer, D. E., Berry-Kravis, E. M., Maher, B. S., Silvestri, J. M., Curran, M. E., & Marazita, M. L. (2003). Sudden infant death syndrome: Association with a promoter polymorphism of the serotonin transporter gene. *American Journal of Medical Genetics, 117A,* 268–274.

Weese-Mayer, D. E., Berry-Kravis, E. M., Zhou, L., Maher, B. S., Curran, M. E., Silvestri, J. M., & Marazita, M. L. (2004). Sudden Infant Death Syndrome: Case-control frequency differences at genes pertinent to autonomic nervous system embryological development. *Pediatric Research, 56,* 391–395.

Weg, R. B. (1989). Sensuality/sexuality of the middle years. In S. Hunter & M. Sundel (Eds.), *Midlife myths.* Newbury Park, CA: Sage.

Wegman, M. E. (1992). Annual summary of vital statistics—1991. *Pediatrics, 90,* 835–845.

Wegman, M. E. (1994). Annual summary of vital statistics—1993. *Pediatrics, 94,* 792–803.

Wegman, M. E. (1999). Foreign aid, international organizations, and the world's children. *Pediatrics, 103*(3), 646–654.

Weinberg, M. K., & Tronick, E. Z. (1996). Infant affective reactions to the resumption of maternal interaction after still face. *Child Development, 67,* 905–914.

Weinberger, B., Anwar, M., Hegyi, T., Hiatt, M., Koons, A., & Paneth, N. (2000). Antecedents and neonatal consequences of low Apgar scores in preterm newborns. *Archives of Pediatric and Adolescent Medicine, 154,* 294–300.

Weinberger, D. R. (2001, March 10). A brain too young for good judgment. *The New York Times.* [Online]. Available: http://www.nytimes.com/2001/03/10/opinion/10WEIN.html?ex_985250309&ei_1&en_995bc03f7a8c7207.

Weinberger, J. (1999, May 18). Enlightening conversation [Letter to the editor]. *The New York Times,* p. F3.

Weindruch, R., & Walford, R. L. (1988). *The retardation of aging and disease by dietary restriction.* Springfield, IL: Thomas.

Weinreb, L., Wehler, C., Perloff, J., Scott, R., Hosmer, D., Sagor, L., and Gundersen, C. (2002). Hunger: Its impact on children's health and mental health. *Pediatrics, 110,* 816.

Weinstein, A. R., Sesso, H. D., Lee, I. M., Cook, N. R., Manson, J. E., Buring, J. E., & Gaziano, J. M. (2004). Relationship of physical activity vs body mass index with type 2 diabetes in women. *Journal of the American Medical Association, 292,* 1188–1194.

Weinstock, H., Berman, S., & Cates Jr., W. (2004). Sexually transmitted diseases among American youth: Incidence and prevalence estimates, 2000. *Perspectives on Sexual and Reproductive Health, 36,* 6–10.

Weisner, T. S. (1993). Ethnographic and ecocultural perspectives on sibling relationships. In Z. Stoneman & P. W. Berman (Eds.), *The effects of mental retardation, visibility, and illness on sibling relationships* (pp. 51–83). Baltimore, MD: Brooks.

Weiss, B., Amler, S., & Amler, R. W. (2004). Pesticides. *Pediatrics, 113,* 1030–1036.

Weiss, B., Dodge, K. A., Bates, J. E., & Pettit, G. S. (1992). Some consequences of early harsh discipline: Child aggression and a maladaptive social information processing style. *Child Development, 63,* 1321–1335.

Weissman, M. M., Warner, V., Wickramaratne, P. J., & Kandel, D. B. (1999). Maternal smoking during pregnancy and psychopathology in offspring followed to adulthood. *Journal of the American Academy of Child and Adolescent Psychiatry, 38,* 892–899.

Weisz, J. R., Weiss, B., Han, S. S., Granger, D. A., & Morton, T. (1995). Effects of psychotherapy with children and adolescents revisited: A meta-analysis of treatment outcome studies. *Psychological Bulletin, 117*(3), 450–468.

Weitzman, M., Gortmaker, S., & Sobol, A. (1992). Maternal smoking and behavior problems of children. *Pediatrics, 90,* 342–349.

Welch-Ross, M. K. (1997). Mother-child participation in conversation about the past: Relationships to preschoolers' theory of mind. *Developmental Psychology, 33*(4), 618–629.

Welch-Ross, M. K., & Schmidt, C. R. (1996). Gender-schema development and children's story memory: Evidence for a developmental model. *Child Development, 67,* 820–835.

Weller, C. E. (2005, April). *Social Security privatization: The mother of all unfunded mandates.* Washington, DC: Center for American Progress.

Wellman, H. M., & Cross, D. (2001). Theory of mind and conceptual change. *Child Development, 72,* 702–707.

Wellman, H. M., Cross, D., & Watson, J. (2001). Meta-analysis of theory-of-mind development: The truth about false belief. *Child Development, 72,* 655–684.

Wellman, H. M., & Gelman, S. A. (1998). Knowledge acquisition in foundational domains. In W. Damon (Series Ed.), D. Kuhn, & R. S. Siegler (Vol. Eds.), *Handbook of child psychology: Vol. 2. Cognition, perception, and language* (5th ed., pp. 523–573). New York: Wiley.

Wellman, H. M., & Liu, D. (2004). Scaling theory-of-mind tasks. *Child Development, 75,* 523–541.

Wellman, H. M., & Woolley, J. D. (1990). From simple desires to ordinary beliefs: The early development of everyday psychology. *Cognition, 35,* 245–275.

Wells, G. (1985). Preschool literacy-related activities and success in school. In D. R. Olson, N. Torrence, & A. Hilyard (Eds.), *Literacy, language, and learning* (pp. 229–255). New York: Cambridge University Press.

Wender, P. H. (1995). *Attention-deficit hyperactivity disorder in adults.* New York: Oxford University Press.

Wennerholm, U. B., & Bergh, C. (2000). Obstetric outcome and follow-up of children born after in-vitro fertilization (IVF). *Human Fertility, 3*(1), 52–64.

Wentworth, N., Benson, J. B., & Haith, M. M. (2000). The development of infants' reaches for stationary and moving targets. *Child Development, 71,* 576–601.

Wenzel, D. (1990). *Ann Bancroft: On top of the world.* Minneapolis: Dillon.

Werker, J. F. (1989). Becoming a native listener. *American Scientist, 77,* 54–59.

Werker, J. F., Pegg, J. E., & McLeod, P. J. (1994). A cross-language investigation of infant preference for infant-directed communication. *Infant Behavior and Development, 17,* 323–333.

Werner, E., & Smith, R. S. (2001). *Journeys from childhood to midlife.* Ithaca: Cornell University Press.

Werner, E., Bierman, L., French, F. E., Simonian, K., Conner, A., Smith, R., & Campbell, M. (1968). Reproductive and environmental casualties: A report on the 10-year follow-up of the children of the Kauai pregnancy study. *Pediatrics, 42,* 112–127.

Werner, E. E. (1985). Stress and protective factors in children's lives. In A. R. Nichol (Ed.), *Longitudinal studies in child psychology and psychiatry.* New York: Wiley.

Werner, E. E. (1987, July 15). *Vulnerability and resiliency: A longitudinal study of Asian Americans from birth to age 30.* Invited address at the Ninth Biennial Meeting of the International Society for the Study of Behavioral Development, Tokyo, Japan.

Werner, E. E. (1989). Children of the garden island. *Scientific American, 260*(4), 106–111.

Werner, E. E. (1993). Risk and resilience in individuals with learning disabilities: Lessons learned from the Kauai longitudinal study. *Learning Disabilities Research and Practice, 8,* 28–34.

Werner, E. E. (1995). Resilience in development. *Current Directions in Psychological Science, 4*(3), 81–85.

Wessel, T. R., Arant, C. B., Olson. M. B., Johnson, B. D., Reis, S. E., Sharaf, B. L., Shaw, L. J., Handberg, E., Sopko, G., Kelsey, S. F., Pepine, C. J., & Merz, C. N. B. (2004). Relationship of physical fitness vs. body mass index with coronary artery disease and cardiovascular events in women. *Journal of the American Medical Association, 292,* 1179–1187.

West, R., & Burr, G. (2002). Why families deny consent to organ donation. *Australian Critical Care, 15,* 27–32.

West, R. L. (1996). An application of prefrontal cortex function theory to cognitive aging. *Psychological Bulletin, 120,* 272–292.

West, R. L., & Yassuda, M. S. (2004). Aging and memory control beliefs: Performance in relation to goal setting and memory self-evaluation. *Journal of Gerontology: Psychological Sciences, 59B,* P56–P65.

Westen, D. (1998). The scientific legacy of Sigmund Freud: Toward a psychodynamically informed psychological science. *Psychological Bulletin, 124,* 333–371.

Wethington, E., Kessler, R. C., & Pixley, J. E. (2004). Turning points in adulthood. In O. G. Brim, C. D. Ryff, and R. C. Kessler (Eds.), *How healthy are we? A national study of well-being at midlife* (pp. 586–613). Chicago: University of Chicago Press.

Weuve, J., Kang, J. H., Manson, J. E., Breteler, M. M. B., Ware, J. H., & Grodstein, F. (2004). Physical activity, including walking, and cognitive function in older women. *Journal of the American Medical Association, 292,* 1454–1461.

Whalen, C. K., Jamner, L. D., Henker, B., Delfino, R. J., & Lozano, J. M. (2002). The ADHD spectrum and everyday life: Experience sampling of adolescent moods, activities, smoking, and drinking. *Child Development, 73,* 209–228.

Whalley, L. J., & Deary, I. J. (2001). Longitudinal cohort study of childhood IQ and survival up to age 76. *British Medical Journal, 322,* 819.

Whalley, L. J., Starr, J. M., Athawes, R., Hunter, D., Pattie, A., & Deary, I. J. (2000). Childhood mental ability and dementia. *Neurology, 55,* 1455–1459.

What is Elderhostel? (2005). [Online]. Retrieved from www.elderhostel.org/about/whatis.asp on March 11, 2005.

Whisman, M. A., Uebelacker, L. A., & Weinstock, L. M. (2004). Psychopathology and marital satisfaction: The importance of evaluating both partners. *Journal of Consulting and Clinical Psychology, 72,* 830–838.

Whitaker, R. C., Wright, J. A., Pepe, M. S., Seidel, K. D., & Dietz, W. H. (1997). Predicting obesity in young adulthood from childhood and parental obesity. *New England Journal of Medicine, 337,* 869–873.

Whitbourne, S. K. (1987). Personality development in adulthood and old age: Relationships among identity style, health, and well-being. In K. W. Schaie (Ed.), *Annual review of gerontology and geriatrics* (pp. 189–216). New York: Springer.

Whitbourne, S. K. (1996). *The aging individual: Physical and psychological perspectives.* New York: Springer.

Whitbourne, S. K. (1999). Physical changes. In J. C. Cavanaugh & S. K.Whitbourne (Eds.). *Gerontology: An interdisciplinary perspective* (pp. 91–122). New York: Oxford University Press.

Whitbourne, S. K. (2001). The physical aging process in midlife: Interactions with psychological and sociocultural factors. In M. E. Lachman (Ed.), *Handbook of midlife development* (pp. 109–155). New York: Wiley.

Whitbourne, S. K., & Connolly, L. A. (1999). The developing self in midlife. In S. L. Willis & J. D. Reid (Eds.), *Life in the middle: Psychological and social development in middle age* (pp. 25–45). San Diego: Academic Press.

White, A. (2001). Alcohol and adolescent brain development. [Online]. Available: http://www.duke.edu/~amwhite/alc_adik_pf.html.

Whitehead, B. D., & Popenoe, D. (2003). Marriage and children: Coming together again? Executive summary. In Popenoe, D., & Whitehead, B. D. (Eds.), *The state of our unions: The social health of marriage in America* (pp. 6–18). Piscataway, NJ: The National Marriage Project, Rutgers University.

Whitehurst, G. J., & Lonigan, C. J. (1998). Child development and emergent literacy. *Child Development, 69,* 848–872.

Whitehurst, G. J., Falco, F. L., Lonigan, C. J., Fischel, J. E., DeBaryshe, B. D., Valdez-Menchaca, M. D., & Caufield, M. (1988). Accelerating language development through picture book reading. *Developmental Psychology, 24,* 552–559.

Whyatt, R. M., Rauh, V., Barr, D. B., Camann, D. E., Andrews, H. F., Garfinkel, R., Hoepner, L. A., Diaz, D., Dietrich, J., Reyes, A. Tang, D., Kinney, P. L., & Perera, F. P. (in press). Prenatal insecticide exposures, birth weight and length among an urban minority cohort.

Wickelgren, I. (1996, July 5). For the cortex, neuron loss may be less than thought. *Science,* pp. 48–50.

Wickelgren, I. (1998, May 29). Obesity: How big a problem? *Science, 280,* 1364–1367.

Wiggins, S., Whyte, P., Higgins, M., Adams, S., et al. (1992). The psychological consequences of predictive testing for Huntington's disease. *New England Journal of Medicine, 327,* 1401–1405.

Wilcox, A. J., Weinberg, C. R., & Baird, D. D. (1995). Timing of sexual intercourse in relation to ovulation: Effects on the probability of conception, survival of the pregnancy, and sex of the baby. *New England Journal of Medicine, 333,* 1563–1565.

Wilcox, A. J., Weinberg, C. R., O'Connor, J. F., Baird, D. D., Schlatterer, J. P., Canfield, R. E., Armstrong, E. G., & Nisula, B. C. (1988). Incidence of early loss of pregnancy. *New England Journal of Medicine, 319,* 189–194.

Wilens, T. E., Faraone, S. V., & Biederman, J. (2004). Attention-Deficit Hyperactivity Disorder in adults. *Journal of the American Medical Association, 292,* 619–623.

Willcox, B. J., Yano, K., Chen, R., Willcox, D. C., Rodriguez, B. L., Masaki, K. H., Donlon, T., Tanaka, B., & Curb, J. D. (2004). How much should we eat? The association between energy intake and mortality in a 36-year follow-up study of Japanese-American men. *Journal of Gerontology: Biological Sciences, 59A,* 789–795.

Willett, W. C. (1994). Diet and health: What should we eat? *Science, 264,* 532–537.

Willett, W. C., Colditz, G., & Stampfer, M. (2000). Postmenopausal estrogens—opposed, unopposed, or none of the above. *Journal of the American Medical Association, 283,* 534–535.

Willett, W. C., Hunter, D. J., Stampfer, M. J., Colditz, G., Manson, J. E., Spiegelman, D., Rosner, B., Hennekens, C. H., & Spiezer, F. E. (1992). Dietary fat and fiber in relation to risk of breast cancer. *Journal of the American Medical Association, 268,* 2037–2044.

Willett, W. C., Stampfer, M. J., Colditz, G. A., Rosner, B. A., & Speizer, F. E. (1990). Relation of meat, fat, and fiber intake to the risk of colon cancer in a prospective study among women. *New England Journal of Medicine, 323,* 1664–1672.

Williams, G. (1991, October–November). Flaming out on the job: How to recognize when it's all too much. *Modern Maturity,* pp. 26–29.

Williams, G. J. (2001). The clinical significance of visual-verbal processing in evaluating children with potential learning-related visual problems. *Journal of Optometric Vision Development, 32*(2), 107–110.

Williams, J., Wake, M., Hesketh, K., Maher, E., & Waters, E. (2005). Health-related quality of life of overweight and obese children. *Journal of the American Medical Association, 293,* 70–76.

Williams, K. (2004). The transition to widowhood and the social regulation of health: Consequences for health and health risk behavior. *Journal of Gerontology: Social Sciences, 59B,* S343–S349.

Williams, M. E. (1995). *The American Geriatric Society's complete guide to aging and health.* New York: Harmony.

Willinger, M., Hoffman, H. T., & Hartford, R. B. (1994). Infant sleep position and risk for sudden infant death syndrome: Report of meeting held January 13 and 14, 1994. *Pediatrics, 93,* 814–819.

Willis, S. L. (1990). Current issues in cognitive training research. In E. A. Lovelace (Ed.), *Aging and cognition: Mental processes, self-awareness, and intervention* (pp. 263–280). Amsterdam: North-Holland, Elsevier.

Willis, S. L., Blieszner, R., & Baltes, P. B. (1981). Intellectual training research in aging: Modification of performance on the fluid ability of figural relations. *Journal of Educational Psychology, 73,* 41–50.

Willis, S. L., Jay, G. M., Diehl, M., & Marsiske, M. (1992). Longitudinal change and prediction of everyday task competence in the elderly. *Research on Aging, 14,* 68–91.

Willis, S. L., & Nesselroade, C. S. (1990). Long-term effects of fluid ability training in old-old age. *Developmental Psychology, 26,* 905–910.

Willis, S. L., & Reid, J. D. (1999). *Life in the middle.* San Diego: Academic Press.

Willis, S. L., & Schaie, K. W. (1986a). Practical intelligence in later adulthood. In R. J. Sternberg & R. K. Wagner (Eds.), *Practical intelligence: Nature and origins of competence in the everyday world* (pp. 236–268). New York: Cambridge University Press.

Willis, S. L., & Schaie, K. W. (1986b). Training the elderly on the ability factors of spatial orientation and inductive reasoning. *Psychology and Aging, 2,* 239–247.

Willis, S. L., & Schaie, K. W. (1999). Intellectual functioning in midlife. In S. L. Willis & J. D. Reid (Eds.), *Life in the middle: Psychological and social development in middle age* (pp. 233–247). San Diego: Academic Press.

Willis, S. L., Schaie, K. W., Yanling, Z., Kennett, J., Intrieri, B., & Persaud, A. (1998). *Longitudinal studies of practical intelligence.* University Park: Pennsylvania State University.

Willson, A. E., Shuey, K. M., & Elder, G. H. (2003). Ambivalence in the relationship of adult children to aging parents and in-laws. *Journal of Marriage and Family, 65,* 1055–1072.

Wilmoth, J., & Koso, G. (2002). Does marital history count? Marital status and wealth outcomes among preretirement adults. *Journal of Marriage and Family, 64,* 254–268.

Wilmoth, J. R. (2000). Demography of longevity: Past, present, and future trends. *Experimental Gerontology, 35,* 1111–1129.

Wilmoth, J. R., Deegan, L. J., Lundstrom, H., & Horiuchi, S. (2000). Increase of maximum life-span in Sweden, 1861–1999. *Science, 289,* 2366–2368.

Wilson, E. O. (1975). *Sociobiology: The new synthesis.* Cambridge, MA: Belknap Press of Harvard University Press.

Wilson, K., & Ryan, V. (2001). Helping parents by working with their children in individual child therapy. *Child and Family Social Work* (special issue), *6,* 209–217.

Wilson, R. S. (2005). Mental challenge in the workplace and risk of dementia in old age: Is there a connection? *Occupational and Environmental Medicine, 62,* 72–73.

Wilson, R. S., Beckett, L. A., Barnes, L. L., Schneider, J. A., Bach, J., Evans, D. A., & Bennett, D. A. (2002). Individual differences in rates of change in cognitive abilities of older persons. *Psychology and Aging, 17,* 179–193.

Wilson, R. S., & Bennett, D. A. (2003). Cognitive activity and risk of Alzheimer's Disease. *Current Directions in Psychological Science, 12,* 87–91.

Wilson, R. S., Mendes de Leon, C. F., Bienias, J. L., Evans, D. A., & Bennett, D. A. (2004). Personality and mortality in old age. *Journal of Gerontology: Psychological Sciences, 59B,* P110–P116.

Wilson, S. J., Lipsey, M. W., & Derzon, J. H. (2003). The effects of school-based intervention programs on aggressive behavior: A meta-analysis. *Journal of Consulting and Clinical Psychology, 71,* 136–149.

Winefield, A. H. (1995). Unemployment: Its psychological costs. In C. L. Cooper & I. T. Robertson (Eds.), *International review of industrial and organizational psychology* (pp. 169–212). Chichester, England: Wiley.

Wingfield, A., & Stine, E. A. L. (1989). Modeling memory processes: Research and theory on memory and aging. In G. C. Gilmore, P. J. Whitehouse, & M. L. Wykle (Eds.), *Memory, aging, and dementia: Theory, assessment, and treatment* (pp. 4–40). New York: Springer.

Wingfield, A., Tun, P. A., & McCoy, S. L. (2005). Hearing loss in older adulthood: What it is and how it interacts with congnitive performance. *Current Directions in Psychological Science, 14,* 144–148.

Wink, P., & Dillon, M. (2003). Religiousness, spirituality, and psychosocial functioning in late adulthood: Findings from a longitudinal study. *Psychology and Aging, 18,* 916–924.

Winner, E. (1997). Exceptionally high intelligence and schooling. *American Psychologist, 52*(10), 1070–1081.

Wisby, G. (2001, Sept. 27). Husband kills wife, himself in hospital. *Chicago Sun-Times,* p. 18.

Witteman, P. A. (1993, February 15). A man of fire and grace: Arthur Ashe, 1943–1993. *Time,* p. 70.

Wittig, D. R. (2001). Organ donation beliefs of African American women residing in a small southern community. *Journal of Transcultural Nursing, 12,* 203–210.

Wittstein, I. S., Thiemann, D. R., Lima, J. A. C., Baughman, K. L., Schulman, S. P., Gerstenblith, G., Wu, K. C., Rade, J. J., Bivalacqua, T. J., & Champion, H. C. (2005). Neurohumoral features of myocardial stunning due to sudden emotional stress. *New England Journal of Medicine, 352,* 539–548.

Wolchik, S. A., Sandler, I. N., Millsap, R. E., Plummer, B. A., Greene, S. M., Anderson, E. R., Dawson-McClure, S. R., Hipke, K., & Haine, R. A. (2002). Six-year follow-up of preventive interventions for children of divorce: A randomized controlled trial. *Journal of the American Medical Association, 288,* 1874–1881.

Wolf, M. (1968). *The house of Lim.* Englewood Cliffs, NJ: Prentice-Hall.

Wolfe, D. A., Edwards, B., Manion, I., & Koverola, C. (1988). Early intervention for parents at risk of child abuse and neglect: A preliminary investigation. *Journal of Consulting and Clinical Psychology, 56,* 40–47.

Wolfe, L. (2004). Should parents speak with a dying child about impending death? *New England Journal of Medicine, 351,* 1251–1253.

Wolff, J. L., & Agree, E. M. (2004). Depression among recipients of informal care: The effects of reciprocity, respect, and adequacy of support. *Journal of Gerontology: Psychological Sciences, 59B,* S173–S180.

Wolff, P. H. (1963). Observations on the early development of smiling. In B. M. Foss (Ed.), *Determinants of infant behavior* (Vol. 2). London: Methuen.

Wolff, P. H. (1969). The natural history of crying and other vocalizations in early infancy. In B. M. Foss (Ed.), *Determinants of infant behavior* (Vol. 4). London: Methuen.

Wolf-Maier, K., Cooper, R. S., Banegas, J. R., Giampaoli, S., Hense, H., Joffres, M., Kastarinen, M., Poulter, N., Primatesta, P., Rodriguez-Artalejo, F., Steggmayr, B., Thamm, M., Tuomilehto, J., Vanuzzo, D., & Vescio, F. (2003). Hypertension prevalence and blood pressure levels in 6 European countries, Canada, and the United States. *Journal of the American Medical Association, 289,* 2363–2369.

Women in History. (2004). *Marian Anderson biography.* Lakewood, OH: Lakewood Public Library. [Online]. Available: http://www.lkwdpl.org/wihohio/ande-mar.htm. Access date: November 18, 2004.

Wong, C. A., Scavone, B. M., Peaceman, A. M., McCarthy, R. J., Sullivan, J. T., Diaz, N. T., Yaghmour, E., Marcus, R.-J. L., Sherwani, S. S., Sproviero, M. T., Yilmaz, M., Patel, R., Robles, C., & Grouper, S. (2005). The risk of cesarean delivery with neuraxial analgesia given early versus late in labor. *New England Journal of Medicine, 352,* 655–665.

Wong, C.K., Murray, M.L., Camilleri-Novak, D., & Stephens, P. (2004). Increased prescribing trends of paediatric psychtropic medications. *Archives of the Diseases of Children, 89,* 1131–1132.

Wood, D. (1980). Teaching the young child: Some relationships between social interaction, language, and thought. In D. Olson (Ed.), *The social foundations of language and thought.* New York: Norton.

Wood, D., Bruner, J., & Ross, G. (1976). The role of tutoring in problem solving. *Journal of Child Psychiatry and Psychology, 17,* 89–100.

Wood, R. M., & Gustafson, G. E. (2001). Infant crying and adults' anticipated caregiving responses: Acoustic and contextual influences. *Child Development, 72,* 1287–1300.

Woodruff, T. J., Axelrad, D. A., Kyle, A. D., Nweke, O., Miller, G. G., and Hurley, B. J. (2004). Trends in environmentally related childhood illnesses. *Pediatrics, 113,* 1133–1140.

Woodward, A. L., Markman, E. M., & Fitzsimmons, C. M. (1994). Rapid word learning in 13- and 18-month olds. *Developmental Psychology, 30,* 553–566.

Woodward, S. A., McManis, M. H., Kagan, J., Deldin, P., Snidman, N., Lewis, M., & Kahn, V. (2001). Infant temperament and the brainstem auditory evoked response in later childhood. *Developmental Psychology, 37,* 533–538.

Woolley, J. D. (1997). Thinking about fantasy: Are children fundamentally different thinkers and believers from adults? *Child Development, 68*(6), 991–1011.

Woolley, J. D., & Boerger, E. A. (2002). Development of beliefs about the origins and controllability of dreams. *Developmental Psychology, 38*(1), 24–41.

Woolley, J. D., & Bruell, M. J. (1996). Young children's awareness of the origins of their mental representations. *Developmental Psychology, 32,* 335–346.

Wooten, J. (1995, January 29). The conciliator. *The New York Times Magazine,* pp. 28–33.

World Health Organization (WHO). (1998). *Obesity: Preventing and managing the global epidemic.* Geneva: Author.

World Health Organization (WHO). (2000, June 4). *WHO issues new healthy life expectancy rankings: Japan number one in new "healthy life" system.* (Press release). Washington, DC: Author.

World Health Organization (WHO). (2002a). *Move for Health.* Geneva: Author.

World Health Organization (WHO). (2002b). *Toward health with justice: Litigation and public inquiries as tools for tobacco control.* Geneva: World Health Organization.

World Health Organization (WHO). (2003a). *Causes of death: Global, regional and country-specific estimates of death by cause, age and sex.* Retrieved from http://www.who.int/mip/2003/other_documents/en/causesofdeath.pdf on March 25, 2005.

World Health Organization (WHO). (2003b). *Facts and figures: The world health report 2003–Shaping the future.* [Online]. Retrieved from http://www.who.int/whr.2003.en/Facts and Figures-en.pdf on March 18, 2005.

Wortman, C. B., & Silver, R. C. (1989). The myths of coping with loss. *Journal of Consulting and Clinical Psychology, 57*(3), 349–357.

Wright, A. L. (1983). A cross-cultural comparison of menopausal symptoms. *Medical Anthropology, 7,* 20–35.

Wright, J. C., Huston, A. C., Murphy, K. C., St. Peters, M., Pinon, M., Scantlin, R., & Kotler, J. (2001). The relations of early television viewing to school readiness and vocabulary of children from low-income families: The Early Window Project. *Child Development, 72*(5), 1347–1366.

Wright, J. T., Waterson, E. J., Barrison, I. G., Toplis, P. J., Lewis, I. G., Gordon, M. G., MacRae, K. D., Morris, N. F., & Murray Lyon, I. M. (1983, March 26). Alcohol consumption, pregnancy, and low birth weight. *The Lancet,* pp. 663–665.

Wright, V. C., Schieve, L. A., Reynolds, M. A., & Jeng, G. (2003). *Assisted Reproductive Technology Surveillance—United States, 2000.* Division of Reproductive Health, National Center for Chronic Disease Prevention and Health Promotion. [Online]. Available: http://www.cdc.gov/reprod.

Writing Group for the Women's Health Initiative Investigators. (2002). Risks and benefits of estrogen plus progestin in healthy postmenopausal women: Principal results from the Women's Health Initiative randomized controlled trial. *Journal of the American Medical Association, 288,* 321–333.

Wrosch, C., & Heckhausen, J. (1999). Control processes before and after passing a developmental deadline: Activation and deactivation of intimate relationship goals. *Journal of Personality and Social Psychology, 77,* 415–427.

Wu, T., Mendola, P., & Buck, G. M. (2002). Ethnic differences in the presence of secondary sex characteristics and menarche among U.S. girls: The Third National Health and Nutrition Survey, 1988–1994. *Pediatrics, 11,* 752–757.

Wu, Z. (1999). Premarital cohabitation and the timing of first marriage. *Canadian Review of Sociology and Anthropology, 36,* 109–127.

Wu, Z., & Hart, R. (2002). The effects of marital and nonmarital union transition on health. *Journal of Marriage and Family, 64,* 420–432.

WuDunn, S. (1997, January 14). Korean women still feel demands to bear a son. *The New York Times* (International Ed.), p. A3.

Wulczyn, F. (2004). Family reunification. In David and Lucile Packard Foundation, Children, families, and foster care. *The Future of Children, 14*(1). Available: http://www.futureofchildren.org.

Wykle, M. L., & Musil, C. M. (1993). Mental health of older persons: Social and cultural factors. *Generations, 17*(1), 7–12.

Wynn, K. (1992). Evidence against empiricist accounts of the origins of numerical knowledge. *Mind and Language, 7,* 315–332.

Wynn, K. (1996). Infants' individuation and enumeration of actions. *Psychological Science, 7,* 164–169.

Wynn, K. (2000). Findings of addition and subtraction in infants are robust and consistent: Reply to Wakeley, Rivera, and Langer. *Child Development, 71,* 1535–1536.

Yamada, H. (2004). Japanese mothers' views of young children's areas of personal discretion. *Child Development, 75,* 164–179.

Yan, L. L., Liu, K., Matthews, K. A., Daviglus, M. L., Ferguson, T. F., & Kiefe, C. I. (2003). Psychosocial factors and risk of hypertension: The Coronary Artery Risk Development in Young Adults (CARDIA) study. *Journal of the American Medical Association, 290,* 2138.

Yang, B., Ollendick, T. H., Dong, Q., Xia, Y., & Lin, L. (1995). Only children and children with siblings in the People's Republic of China: Levels of fear, anxiety, and depression. *Child Development, 66,* 1301–1311.

Yardley, J. (2005, January 31). Fearing future, China starts to give girls their due. *New York Times.* [Online]. Retrieved February 1, 2005, from http://www.nytimes.com/2005/01/31/international/asia/31china.html.

Yazigi, R. A., Odem, R. R., & Polakoski, K. L. (1991). Demonstration of specific binding of cocaine to human spermatozoa. *Journal of the American Medical Association, 266,* 1956–1959.

Yeargin-Allsopp, M., Rice, C., Karapurkar, T., Doernberg, N., Boyle, C., & Murphy, C. (2003). Prevalence of autism in a U.S. metropolitan area. *Journal of the American Medical Association, 289,* 49–55.

Yeung, W. J., Sandberg, J. F., Davis-Kean, P. E., & Hofferth, S. L. (2001). Children's time with fathers in intact families. *Journal of Marriage and Family, 63,* 136–154.

Yingling, C. D. (2001). Neural mechanisms of unconscious cognitive processing. *Clinical Neurophysiology, 112*(1), 157–158.

Yokota, F., & Thompson, K. M. (2000). Violence in G-rated animated films. *Journal of the American Medical Association, 283,* 2716–2720.

Yoshikawa, H. (1994). Prevention as cumulative protection: Effects of early family support and education on chronic delinquency and its risks. *Psychological Bulletin, 115*(1), 28–54.

Young, L. R., & Nestle, M. (2002). The contribution of expanding portion sizes to the US obesity epidemic. *American Journal of Public Health, 92,* 246–249.

Youngblade, L. M., & Belsky, J. (1992). Parent-child antecedents of 5-year-olds' close friendships: A longitudinal analysis. *Developmental Psychology, 28,* 700–713.

Youth violence: A report of the Surgeon General. (2001, January). [Online]. Available: http://www.surgeongeneral.gov/library/youthviolence/default.htm.

Yu, S. M., Huang, Z. J., & Singh, G. K. (2004). Health status and health services utilization among U.S. Chinese, Asian Indian, Filipino, and other Asian/Pacific Islander children. *Pediatrics, 113*(1), 101–107.

Yunger, J. L., Carver, P. R., & Perry, D. G. (2004). Does gender identity influence children's psychological well-being? *Developmental Psychology, 40,* 572–582.

Yurgelon-Todd, D. (2002). *Inside the teen brain.* [Online]. Available: http://www.pbs.org/wgbh/pages/frontline/shows/teenbrain/interviews/todd.html.

Zahn-Waxler, C., Friedman, R. J., Cole, P. M., Mizuta, I., & Hiruma, N. (1996). Japanese and U.S. preschool children's responses to conflict and distress. *Child Development, 67,* 2462–2477.

Zahn-Waxler, C., Radke-Yarrow, M.,Wagner, E., & Chapman, M. (1992). Development of concern for others. *Developmental Psychology, 28,* 126–136.

Zametkin, A. J. (1995). Attention-deficit disorder: Born to be hyperactive. *Journal of the American Medical Association, 273*(23), 1871–1874.

Zametkin, A. J., & Ernst, M. (1999). Problems in the management of Attention-Deficit-Hyperactivity Disorder. *New England Journal of Medicine, 340,* 40–46.

Zandhi, P. P., Carlson, M. C., Plassman, B. L., Welsh-Bohmer. K. A., Mayer, L. S., Steffens, D. C., & Breitner, J. C. S., for the Cache County Memory Study Investigators. (2002). Hormone replacement therapy and incidence of Alzheimer disease in older women: The Cache County Study. *Journal of the American Medical Association, 288,* 2123–2129.

Zarbatany, L., Hartmann, D. P., & Rankin, D. B. (1990). The psychological functions of preadolescent peer activities. *Child Development, 61,* 1067–1080.

Zeedyk, M. S., Wallace, L., & Spry, L. (2002). Stop, look, listen, and think? What young children really do when crossing the road. *Accident Analysis and Prevention, 34*(1), 43–50.

Zelazo, P. D., Müller, U., Frye, D., & Marcovitch, S. (2003). The development of executive function in early childhood. *Monographs of the Society for Research in Child Development, 68*(3, Serial No. 274).

Zelazo, P. R., Kearsley, R. B., & Stack, D. M. (1995). Mental representations for visual sequences: Increased speed of central processing from 22 to 32 months. *Intelligence, 20,* 41–63.

Zeskind, P. S., & Stephens, L. E. (2004). Maternal selective serotonin reuptakle inhibitor use during pregnancy and newborn neurobehavior. *Pediatrics, 11,* 368–375.

Zhang, J., Meikle, S., Grainger, D. A., & Trumble, A. (2002). Multifetal pregnancy in older women and perinatal outcomes. *Fertility and Sterility, 78,* 562–568.

Zhang, Q. F. (2004). Economic transition and new patterns of parent-adult child coresidence in China. *Journal of Marriage and Family, 66,* 1232–1245.

Zhang, Y., Proenca, R., Maffei, M., Barone, M., Leopold, L., & Friedman, J. M., (1994). Positional cloning of the mouse obese gene in its human homologue. *Nature, 372,* 425–431.

Zhao, Y. (2002, May 29). Cultural divide over parental discipline. *The New York Times.* [Online]. Available: www.nytimes.com/2002/05/29/

nyregion/29DISC.html?ex_1023674535&ei_1&en_5eeaee8e940eee1a.

Zhensun, Z., & Low, A. (1991). *A young painter: The life and paintings of Wang Yani—China's extraordinary young artist.* New York: Scholastic.

Zhou, Q., Eisenberg, N., Wang, Y., & Reiser, M. (2004). Chinese children's effortful control and dispositional anger/frustration: Relations to parenting styles and children's social functioning. *Developmental Psychology, 40,* 352–366.

Zhu, B.-P., Rolfs, R. T., Nangle, B. E., & Horan, J. M. (1999). Effect of the interval between pregnancies on perinatal outcomes. *New England Journal of Medicine, 340,* 589–594.

Zigler, E. (1998). School should begin at age 3 years for American children. *Journal of Developmental and Behavioral Pediatrics, 19,* 37–38.

Zigler, E., & Styfco, S. J. (1993). Using research and theory to justify and inform Head Start expansion. *Social Policy Report of the Society for Research in Child Development, 7*(2).

Zigler, E., & Styfco, S. J. (1994). Head Start: Criticisms in a constructive context. *American Psychologist, 49*(2), 127–132.

Zigler, E., & Styfco, S. J. (2001). Extended childhood intervention prepares children for school and beyond. *Journal of the American Medical Association, 285,* 2378.

Zigler, E., Taussig, C., & Black, K. (1992). Early childhood intervention: A promising preventative for juvenile delinquency. *American Psychologist, 47,* 997–1006.

Zigler, E. F. (1987). Formal schooling for four-year-olds? *North American Psychologist, 42*(3), 254–260.

Zimmerman, B. J., Bandura, A., & Martinez-Pons, M. (1992). Self-motivation for academic attainment: The role of self-efficacy beliefs and personal goal setting. *American Educational Research Journal, 29,* 663–676.

Zito, J. M., Safer, D. J., dosReis, S., Gardner. J. F., Magder, L., Soeken, K., Boles, M., Lynch, F., & Riddle, M. A. (2003). Psychotropic practice patterns for youth: A 10-year perspective. *Archives of Pediatrics and Adolescent Medicine, 57,* 17–25.

Zizza, C., Siega-Riz, A. M., & Popkin, B. M. (2001). Significant increase in young adults' snacking between 1977–1978 and 1994–1996 represents a cause for concern! *Preventive Medicine, 32,* 303–310.

Zubenko, G. S., Maher, B., Hughes, III, H. B., Zubenko, W. N., Stiffler, J. S., Kaplan, B. B., & Marazita, M. L. (2003). Genome-wide linkage survey for genetic loci that influence the development of depressive disorders in families with recurrent, early-onset, major depression. *American Journal of Medical Genetics Part B: Neuropsychiatric Genetics, 123B*(1), 1–18.

Zucker, A. N., Ostrove, J. M., & Stewart, A. J. (2002). College-educated women's personality development in adulthood: Perceptions and age differences. *Psychology and Aging, 17,* 236–244.

Zuckerman, B. S., & Beardslee, W. R. (1987). Maternal depression: A concern for pediatricians. *Pediatrics, 79,* 110–117.

第10版·上册
教育部高等学校心理学教学指导委员会推荐用书
E. Papalia
Wendkos Olds
Duskin Feldman
Development 10th ed.
发展心理学
从生命早期到青春期
人民邮电出版社

第10版·下册
教育部高等学校心理学教学指导委员会推荐用书
E. Papalia
Wendkos Olds
Duskin Feldman
Development 10th ed.
发展心理学
从成年早期到老年期
人民邮电出版社